普通高等教育“十二五”规划教材（高职高专教育）

建筑结构

主　编　张玉敏　段卫东
副主编　焦凤丽　李　军　吕俊利
编　写　朱　辉　侯旭魁　孙　伟
　　　　刘阳花　殷宪花　封　妍
　　　　张杰超
主　审　张锡增

中国电力出版社
CHINA ELECTRIC POWER PRESS

内 容 提 要

本书为普通高等教育“十二五”规划教材（高职高专教育）。全书依据 GB 50010—2010《混凝土结构设计规范》、GB 50003—2011《砌体结构设计规范》以及钢结构等相关规范编写。

全书共 16 章，内容包括钢筋和混凝土材料的力学性能，结构设计方法，受弯、受剪、受扭、受压、受拉构件承载力计算，钢筋混凝土构件变形及裂缝宽度验算，预应力混凝土基本知识，钢筋混凝土楼盖，楼梯与雨篷，多层框架结构，砌体材料及其力学性能，砌体构件承载力计算，砌体结构房屋墙、柱设计，钢结构材料，钢结构的连接，钢结构构件设计等。根据培养高素质技能型专门人才的要求，本书突出工程实际应用，对解题方法的介绍翔实清楚，具有语言精练、概念清楚、重点突出、层次分明、结构严谨等特点。

本书主要作为高职高专院校土建类工程造价、工程管理、工程监理、房地产、给排水、建筑学、城市规划、建筑装饰工程技术、建筑企业管理等专业教材，也可用于函授、自学考试和在职人员的培训教材，还可供相关工程技术人员参考。

图书在版编目（CIP）数据

建筑结构/张玉敏，段卫东主编. —北京：中国电力出版社，2011.1

普通高等教育“十二五”规划教材. 高职高专教育

ISBN 978-7-5123-1194-7

Ⅰ.①建… Ⅱ.①张…②段… Ⅲ.①建筑结构-高等学校：技术学校-教材 Ⅳ.①TU3

中国版本图书馆 CIP 数据核字（2011）第 015029 号

中国电力出版社出版、发行

（北京市东城区北京站西街 19 号 100005 http://www.cepp.sgcc.com.cn）

北京雁林吉兆印刷有限公司印刷

各地新华书店经售

*

2011 年 3 月第一版 2012 年 8 月北京第二次印刷

787 毫米×1092 毫米 16 开本 29.25 印张 719 千字

定价 **47.00** 元

前 言

本书是根据建筑类专业建筑结构课程教学大纲要求和新修订的 GB 50010—2010《混凝土结构设计规范》和 GB 50003—2011《砌体结构设计规范》以及其他相关规范、标准编写的。书中反映了我国建筑结构在土木工程领域的新进展和可持续发展的要求。本书主要囊括混凝土结构、砌体结构、钢结构这三部分。内容包括绪论，钢筋和混凝土材料的力学性能，结构设计方法，受弯、受剪、受扭、受压、受拉构件承载力计算，钢筋混凝土构件变形及裂缝宽度验算，预应力混凝土基本知识，钢筋混凝土楼盖，楼梯与雨篷，多层框架结构，砌体材料及其力学性能，砌体构件承载力计算，砌体结构房屋墙、柱设计，钢结构材料，钢结构的连接，钢结构构件设计。

本书在编写过程中，密切结合混凝土结构、砌体结构、钢结构课程教学内容的改革和实践，吸收了各院校近年来建筑结构课程的教学经验，从培养高素质技能型专门人才的定位出发，本着理论知识以必须、够用为度，以实际应用为重的原则，力求体现高等职业教育的特色，并对教材内容进行了适当的取舍，突出学生对基本知识的掌握，理论推导从简，精选了典型例题，加大了思考题和习题的分量，以便于学生得到较为全面的训练，提高专业综合应用能力。

本书力求简明基本理论和基本概念，突出工程实际应用，对解题方法的介绍清楚细致，尽量做到语言精练、概念清楚、重点突出、层次分明、结构严谨。本书主要作为技能型高职高专院校建筑类工程造价、工程管理、工程监理、房地产、给排水、建筑学、城市规划、装饰装潢、建筑企业经济管理专业的教学用书，也可用于建筑类函授教育、自学考试和在职人员培训教材，或供有关工程技术人员参考。

参加本书编写的人员有：山东协和学院的张玉敏、朱辉、殷宪花、封妍、张杰超，济南泰宇工程咨询有限公司的段卫东，山东凯文科技职业学院的焦凤丽、刘阳花，开封大学的李军，山东建筑大学的吕俊利，淄博福田建筑安装有限公司的侯旭魁，青岛黄海职业学院的孙伟。其中，张玉敏编写第 1、4 章，段卫东编写第 2、12 章，焦凤丽编写第 3、15 章，刘阳花编写第 5 章，李军编写第 6 章，吕俊利编写第 7、9 章，孙伟编写第 8 章，朱辉编写第 10 章，封妍编写第 11 章，侯旭魁编写第 13 章，殷宪花编写第 14 章，张杰超编写第 16 章。全书由张玉敏、段卫东担任主编，焦凤丽、李军、吕俊利任副主编。

承蒙济南大学张锡增先生仔细地审阅了全书，并提出了许多宝贵意见，编者在此谨致衷心的感谢！

由于编者水平有限，书中难免有不足之处，敬请广大读者批评指正。

编 者

2010 年 12 月

目　　录

第1章 绪　　论

1.1 建筑结构的分类

建筑结构是由各种基本结构构件（梁、板、柱、墙、桁架、楼盖和基础等）组合建造成的能承受各种作用、起骨架作用的受力体系，故应具有足够的强度、刚度、稳定性和耐久性，从而满足使用要求。

建筑结构可按所使用材料和主体结构的形式来分类。

1.1.1 按使用材料分类

建筑结构按所使用材料不同可分为钢筋混凝土结构、砌体结构、钢结构和木结构等。

一、钢筋混凝土结构

钢筋混凝土结构是由钢筋和混凝土这两种材料组成的共同受力的结构。在钢筋和混凝土两种材料中，钢筋的抗拉和抗压强度都很高，但细长的钢筋受压时极易压屈失稳，故工程应用以承受拉力为主；混凝土的抗压强度高而抗拉强度很低，一般只有抗压强度的1/20～1/8，混凝土承受拉力时极易开裂，因此，纯混凝土构件在实际工程中的应用受到很大限制。在这种情况下，将钢筋和混凝土这两种材料合理配置使用，可以取长补短，充分利用各自的材料性能。

钢筋和混凝土两种材料的物理力学性能各不相同，两者能够结合在一起共同工作并能有效地承担外荷载的原因在于：①钢筋与混凝土之间有良好的黏结力，在荷载作用下，可以保证两者能够协调变形，共同受力；②钢筋和混凝土两种材料的温度线膨胀系数很接近（钢筋为$1.2\times10^{-5}/℃$，混凝土为$1.0\times10^{-5}\sim1.5\times10^{-5}/℃$），当温度变化时，两者间不会因产生过大的相对变形而致使黏结力遭到破坏；③钢筋的弹性模量约为混凝土的6～10倍，在共同变形时，钢筋应力约为混凝土应力的6～10倍，因而使钢筋的强度能够得到充分发挥。

钢筋混凝土结构在土木工程中的应用十分广泛，除了能够充分利用钢筋和混凝土各自的材料性能外，还具有以下优点：

（1）强度高。与砌体、木结构相比，其强度很高；与钢结构相比，其用钢量少得多，在一定条件下可以替代钢结构，达到节约钢材、降低工程造价的目的。

（2）耐久性好。钢筋与混凝土具有良好的化学相容性，混凝土属于碱性性质，会在钢筋表面形成一层氧化膜，它能有效地保护钢筋，在一般环境下钢筋不会产生锈蚀，且混凝土的强度随时间的推移还会有所增加，所以耐久性好，几乎不用保养和维修。

（3）耐火性好。钢筋被包在混凝土内，在遭受火灾时，钢筋不会很快因升温而软化，因此比钢、木结构的耐火性好。

（4）可模性好。混凝土可根据设计需要浇筑成各种形状和尺寸的结构，特别适于建造外形复杂的大体积结构、曲线型的梁和拱以及空间薄壁结构。这一特点是砖石、钢、木等结构所不能代替的。

（5）整体性好。现浇式或装配整体式的钢筋混凝土结构整体性好，有利于抗震及防爆。

（6）就地取材。钢筋混凝土所用的材料除少量的钢筋和水泥外，绝大部分材料是石子和砂，它们的产地普遍，可就地取材，减少材料运输费用，显著降低工程造价。

钢筋混凝土结构也存在一些缺点，主要包括：

(1) 自重大。钢筋混凝土的容重为24～25kN/m^3，属于自重较大的材料。

(2) 抗裂性差。普通钢筋混凝土结构，在正常使用阶段往往是带裂缝工作的，虽不影响承载力，但对防渗漏的结构，如某些水工混凝土结构很不利。由于裂缝会引起漏水，将影响结构物的正常使用功能；同时裂缝的存在会导致钢筋锈蚀，影响结构物的耐久性。

(3) 施工比较复杂，工序多，施工时间长。冬季施工和雨天施工困难，需采取必要的措施以保证工程质量。

(4) 耗费模板较多。浇筑钢筋混凝土要用模板，如采用木模板，则要消耗大量的木材。

(5) 损伤补强困难。混凝土结构一旦被损伤，其修复、加固比较困难，原有强度也难以恢复。

随着科学技术的发展，这些缺点正在得到克服和改善。如采用轻质高强混凝土可减轻结构的自重；采用预应力混凝土结构可较好地解决开裂问题；采用预制装配式构件可节约模板，加快施工进度，施工不受季节气候的影响；采用粘贴碳纤维布、粘钢或植筋技术，可解决加固、补强的问题。

二、砌体结构

砌体结构是由块体材料和砂浆砌筑而成的墙、柱作为建筑物主要受力构件的结构。是砖砌体、砌块砌体和石砌体结构的统称。砌体结构具有悠久的历史，至今仍是世界上应用最广泛的结构形式之一。

砌体结构之所以如此广泛地被应用，是因为它有着以下优点：

(1) 可就地取材，造价低廉。天然石材易于加工开采；黏土、砂等可就近取材，价格也较水泥、钢材、木材便宜。利用工业废料制成的块材如煤矸石、粉煤灰、页岩等生产的新型砌块既有利于节约天然资源、降低造价，又有利于保护环境。

(2) 有很好的耐火性和较好的耐久性，较好的化学稳定性和大气稳定性，使用年限长。

(3) 保温、隔热性能较好。特别是砖砌体的保温、隔热性能较好。

(4) 施工设备简单，施工技术上无特殊要求。由于新砌体即可承担一定荷载，故可实现连续施工作业，在寒冷地区，必要时还可以用冻结法施工。

(5) 当采用砌块或大型板材作墙体时，可以减轻结构自重，加快施工进度，进行工业化生产和施工。采用配筋混凝土砌块的高层建筑较现浇钢筋混凝土高层建筑可节约模板，加快施工进度。

砌体结构也存在下述一些缺点：

(1) 砌体结构的自重大。因为砖石砌体的抗弯、抗拉性能很差，强度较低，故必须采用较大截面尺寸的构件，耗用材料多，自重也大。

(2) 砌体的抗震和抗裂性能较差。砌筑砂浆和砖、石、砌块之间的黏结力较弱，无筋砌体的抗拉、抗弯及抗剪强度都很低，造成砌体抗震和抗裂性能较差。

(3) 砌筑施工劳动强度大。砌筑大都是采用手工方式操作，一块砖、一铲灰、一弯腰地循环往复，砌筑工作量大，劳动强度高，生产效率低。

(4) 黏土砖制造耗用黏土，影响农业生产不利于环保。烧制黏土砖不仅占用大量农田，影响农业生产，而且耗能大，还对环境造成污染。

上述缺点限制了砌体结构的使用范围，目前人们正在大力研究和开发各种新技术、新材料，如加强对轻质、高强的砖和砌块及高黏结强度的砂浆的研究和应用，以取代传统的黏土砖砌体并减轻自重；采用配筋砌体，并加强抗震抗裂的构造措施，来克服砌体抗震和抗裂性能较差的不足；进一步推广砌块和墙板等工业化施工方法，以逐步克服劳动强度大的缺点；利用工业废料如煤矸石、粉煤灰、页岩等制作砌块，减少或克服与农业争地的矛盾，同时也改善环境污染问题。现在我国一些大城市已禁止使用实心黏土砖。

三、钢结构

钢结构是用钢板、热轧型钢或冷加工成型的薄壁型钢制作而成的。和其他材料的结构相比，钢结构的主要优缺点如下所述。

（一）优点

(1) 材料强度高，塑性和韧性好。钢材和其他材料如混凝土、砖石和木材相比，强度要高得多。因此特别适用于建造跨度大、高度高或荷载很大的构件和结构。但由于强度高，一般做成的构件截面小而壁薄，在受压时需要满足稳定性的要求，强度有时不能充分发挥。

塑性好，结构超载时一般不会突然断裂，但变形明显，故易被发现并采取措施防止事故发生。

韧性好，结构对动力荷载的适应性强，因此在地震区采用钢结构更为有利。

(2) 材质均匀，和力学计算的假定比较符合。钢材在冶炼和轧制过程中质量可以严格控制，其组织比较均匀，接近各向同性，为理想的弹塑性体。因此，钢结构的实际受力情况和工程力学计算结果比较符合。

(3) 钢结构的质量轻。钢结构比钢筋混凝土、砖石结构轻得多，原因是钢材的强度高，构件截面尺寸小。以同样跨度承受同样的荷载，钢屋架的质量仅为钢筋混凝土屋架的1/4～1/3，冷弯薄壁型钢屋架甚至接近1/10。

(4) 钢结构制造简便，施工周期短。组成钢结构的各个构件一般是在专业化的金属结构厂制作，施工机械化，准确度和精密度皆较高。钢结构所用的材料单纯而且是成材，加工制作比较简便。制成的构件运至现场，用螺栓或焊接进行拼接和吊装，安装方便，施工周期短。小量的钢结构和轻型钢结构还可以在现场就地制造，可用简便机具吊装。此外，对已建成的钢结构也比较容易进行加固和改扩建，用螺栓连接的结构还可以根据需要进行拆迁。

（二）缺点

(1) 钢材耐热但不耐火。钢材长期经受100℃辐射热时，强度没有多大变化，具有一定的耐热性能。但当温度超过200℃后，会出现兰脆和徐变现象；达600℃时，钢材进入热塑性状态，将丧失承载能力。因此，设计规定钢材表面温度超过150℃后就需用隔热层加以保护，对有防火要求者，必须采用耐火材料加以保护。

(2) 钢材耐腐蚀性差，需要维护费用。钢材耐腐蚀的性能比较差，必须对结构采取防护措施。尤其是暴露在大气中的结构如桥梁等，更应特别注意。这使钢材料结构维护费用比钢筋混凝土、砖石结构高。不过在没有侵蚀性介质的一般厂房中，钢结构经过彻底除锈并涂上合格的油漆后，锈蚀问题并不严重。对处于湿度大，有侵蚀性介质环境中的结构，可采用具有较好抗锈蚀性能的耐候钢或不锈钢。

四、木结构

木结构是指全部或大部分用木材（方木、圆木、条木、板材等）制成的结构。由于木材的资源匮乏，加之木结构楼层数少，土地利用率低，实际工程中已很少使用。木结构具有就地取材，制作简单，便于施工等优点。也具有易燃，易腐蚀和结构变形等缺点。

1.1.2 按组成房屋主体结构的形式分类

(1) 墙体结构。墙体结构是利用房屋的墙体（砖墙、砌块墙、钢筋混凝土墙、剪力墙等）作为竖向承重和抵抗水平荷载（如风荷载或水平地震作用）的结构，墙体同时也作为房屋的围护和分隔构件，如图 1-1 (a) 所示。

(2) 框架结构。由梁和柱以刚接或铰接相连而构成房屋的承重结构，并同时承受水平荷载。在材料上，既可用钢材制成钢框架结构，也可用混凝土制成钢筋混凝土框架结构。其中如梁和柱整体连接，其间不能自由转动，可以承受弯矩的称为刚接框架结构；如梁和柱非整体连接，其间可以自由转动，不能承受弯矩的称为铰接框架结构，如图 1-1 (b) 所示。

(3) 筒体结构及其框架—筒体结构。筒体结构是利用钢筋混凝土筒形墙体形成的封闭筒体（也可以利用房屋外围由间距很密的柱与截面很高的梁，组成一个形式上像框架，实质上是一个有许多窗洞的筒体）作为主要抵抗水平荷载的结构，还可以利用框架和筒体组合成框架—筒体结构，如图 1-1 (c) 所示。

(4) 错列桁架结构。利用一系列与楼层等高的桁架组成，桁架横向跨越房屋两排外柱之间，并利用承重桁架在垂直方向上交错跳层布置的方法增加整个房屋的刚度，也使楼层的布局更加灵活，这种结构体系称为错列桁架结构，如图 1-1 (d) 所示。

(5) 拱结构。以在一个平面内受力的，由曲线（或者折线）形构件组成的拱所形成的结构，来承受整个房屋的竖向荷载和水平荷载，如图 1-1 (e) 所示。

(6) 网架结构。由多根直线形杆件结构按照一定网格形式通过节点（焊接球节点、螺栓球节点、钢板节点）连接而成的空间结构。具有空间受力，刚度大、质量轻、跨度大、抗震性能好等优点，如图 1-1 (f) 所示。

(7) 空间薄壳结构。由曲面形板与边缘构件（梁、拱或桁架）组成的空间结构，能以较

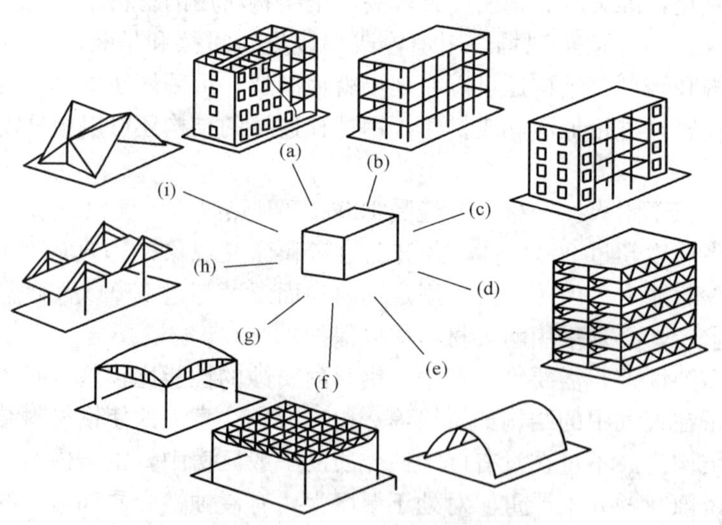

图 1-1 房屋主体结构的各种形式

(a) 墙体结构；(b) 框架结构；(c) 筒体结构（也是框架—筒体结构）；(d) 错列桁架结构；(e) 拱结构；(f) 网架结构；(g) 空间薄壳结构；(h) 钢索结构；(i) 空间折板结构

薄的板面形成承载能力高、刚度大的承重结构，能覆盖大跨度的空间而无需中间支柱，如图1-1（g）所示。

（8）钢索结构。楼面荷载通过吊索或者吊杆传递到支承柱上去，再由柱传递到基础的结构，如图1-1（h）所示。

（9）空间折板结构。由若干狭长的薄板以一定角度相交连成折线形的空间薄壁结构，是一种既能承重又可围护，用料较省，刚度较大的薄壁结构，如图1-1（i）所示。

1.2 建筑结构的应用

1.2.1 混凝土结构的工程应用

1824年，英国人阿斯普丁发明硅酸盐水泥，距今仅180多年。1850年，法国人朗波制造了第一艘钢筋混凝土小船。1872年，在纽约建造了第一座钢筋混凝土房屋，混凝土结构开始在工程中实际应用，和砖石结构、钢木结构相比，它的历史并不长，但发展非常迅速，已成为现代工程建设中应用最广泛的结构之一。混凝土结构的应用范围如下：

一、房屋建筑工程

在房屋建筑工程中，多层住宅、办公楼、教学楼等大多采用砌体结构作为竖向承重构件，但其楼板和屋面板几乎全部采用预制钢筋混凝土楼板或现浇钢筋混凝土楼盖；多层厂房一般采用现浇钢筋混凝土梁、板、柱框架结构；高层或小高层住宅则大多采用钢筋混凝土剪力墙结构；单层工业厂房多采用预制钢筋混凝土基础、柱、屋架或屋面梁以及大型屋面板；高层和超高层建筑采用钢筋混凝土体系也获得很大发展。目前，采用钢筋混凝土结构体系建造的高度位于前列的高层建筑主要有：马来西亚石油双塔楼，88层，高452m；香港中环广场大厦，78层，高374m；广州中天广场大厦，80层，高322m；美国芝加哥双咨询大楼，64层，高303m；上海的金茂大厦，88层，高421m等。

二、桥梁工程

在桥梁工程中，中小跨度桥梁绝大部分采用钢筋混凝土结构建造。拱桥方面，我国混凝土拱桥建设居世界领先地位。1996年建成的广西邕宁邕江拱桥，跨度为312m，采用钢管混凝土作骨架浇筑成混凝土箱形截面，钢管不外露，为劲性混凝土结构；1997年建成的四川万县长江大桥，也是采用钢管混凝土作骨架浇筑成三室单箱截面上承式拱桥，跨长420m。刚架桥方面，1997年建成通车的我国虎门大桥由东引桥、主桥、中引桥、辅航道桥和西引桥组成，其中辅航道桥为两座单桥组成，都为单室单箱预应力混凝土连续刚架桥，行车道宽14.25m，跨度达到270m。斜拉桥方面，虽然采用钢悬索或钢制斜拉索，但其桥墩、塔桥和桥面仍采用钢筋混凝土结构。1993年建成通车的上海杨浦组合斜拉桥，主跨602m，采用混凝土面板与钢加劲大梁共同工作；1997年建成的香港青马大桥，跨度1377m，桥体为悬索结构，支承悬索的两端塔高203m，为钢筋混凝土结构；1997年建成的江阴长江大桥，主跨1385m。

三、水利工程

在水利工程中，水利枢纽中的水电站、拦洪坝、引水渡槽、污水排灌管也大都采用混凝土结构。世界最高的重力坝为瑞士大狄克桑斯坝，高285m；我国大坝建设也已达到国际先进水平，长江三峡水利枢纽大坝为重力坝，高度190m，设计装机容量1860万千瓦，为世界最大的水利发电站。四川二滩双曲拱坝于1998年建成投产，坝高242m，装机容量330万千瓦；黄河小浪底水利枢纽中小浪底大坝高154m，主体工程中混凝土用量达269万m^3。我国还将建造高度达290m的四川溪洛渡及其他高坝，已经开工的南水北调工程是一项跨世纪的宏伟工程，沿线建有很多预应力混凝土渡槽、混凝土水闸等。

四、隧道工程

在隧道工程中，我国新中国成立以来修建了总长2500km的铁道隧道，其中成昆铁路线中就有隧道427座，总长341km，占线路长度的31.5%；到2007年修建公路隧道4673座，总长2555.5km。2009年建成的上海长江隧道长8.9km；北京、上海、天津、广州、南京等城市已建或在建的地铁以及穿越长江的江底隧道大多采用盾构法和预制钢筋混凝土构件衬砌施工技术。

五、特种结构

如电线杆、烟囱、水塔、筒仓、储水池、储罐、电视塔、核电站反应堆安全壳、近海采油平台等也多用混凝土结构建造。山西云岗建成两座预应力混凝土煤仓，容量6万t；日本建成的地下液化天然气储罐容量已达20万m^3；由于滑模施工技术的发展，许多高耸建筑可以采用混凝土结构，宁波北仑火力发电厂建有高度达270m筒中筒结构的烟囱；加拿大多伦多电视塔，高553.3m；上海东方明珠电视塔也是由三个钢筋混凝土筒体组成独特造型，高468m。

随着对混凝土和钢材性能的深入研究和电子计算机的应用，各种高强混凝土、轻质混凝土和高强钢筋正得到迅速发展。由于将电子计算机、有限元法和现代化的测试技术引入到钢筋混凝土的理论和试验研究中来，使得钢筋混凝土的计算理论和设计方法正日趋完善，并向更高阶段发展，因此钢筋混凝土结构的应用跨度和高度都将不断增加。

1.2.2 砌体结构的工程应用

砌体结构具有极其广泛的应用范围，我国大约90%的民用建筑采用砌体结构。

一、房屋建筑工程

一般民用建筑中的基础、内外墙、柱、过梁等构件都可用砌体结构。由于砖砌体质量的提高及计算理论和计算方法的逐步完善，住宅、办公楼等5～6层高的房屋，采用以砖砌体承重的混合结构非常普遍，不少城市已建到7～8层；重庆市20世纪70年代建成了高达12层的以砌体承重的住宅楼。利用配筋砌块，我国各地建造了不少的砌体高层建筑，1983年、1986年南宁建成了配筋砌块10层住宅楼和11层办公楼；1988年本溪用煤矸石混凝土砌块配筋建成了一批10层住宅楼；1997年在辽宁盘锦市建成一栋15层配筋砌块剪力墙式住宅楼；1998年上海建成了一栋配筋砌块剪力墙18层塔楼，这是我国最高的18层砌块高层房屋，而且是建在7度抗震设防的地区；2000年抚顺建成一栋6.6m大开间12层配筋砌块剪力墙板式住宅楼；2001年哈尔滨阿继科技园建成了12层配筋砌块房屋，其后一幢18层砌块高层也已建成。

在某些盛产石材地区，还建有不少以毛石或料石作承重墙的房屋，但一般在6层以下。

二、工业建筑

工业建筑中，通常用砌体砌筑围护墙，对于中、小型厂房和多层轻工业厂房以及仓库等建筑，也较广泛地采用砌体作墙身或立柱的承重结构。工业企业中的烟囱、料斗、地沟、管道支架和对抗渗要求不高的水池等特殊构件也可用砌体建造。农村建筑如粮仓、跨度不大的加工厂房也可用砌体结构建造。如在江苏省镇江市建成的顶部外径 2.18m、底部外径 4.78m、高 60m 的砖砌烟囱；用料石建成的 80m 排气塔；在湖南建造的高 12.4m、直径 6.3m、壁厚 240mm 的砖砌粮仓群等。

三、交通工程

在交通运输方面，砌体可用于建造桥梁、隧道、涵洞、挡土墙等。如 1971 年建成的四川丰都九溪沟变截面敞肩式公路石拱桥，跨度为 116m；2000 年建成的位于山西省晋城—焦作高速公路上的丹河石拱桥，净跨度达 146 m，是目前世界上跨度最大的石拱桥。

四、水利工程

在水利工程方面，可用石材砌筑水坝、围堰、渡槽等。如著名的河南林州市长达 1500 km 的引水灌溉工程红旗渠也大量采用石砌渡槽；在福建用石砌体建成横跨云霄、东山两县的大型引水工程，其中陈岱渡槽全长超过 4400m，高 20m，渡槽支墩共 258 座。

随着新材料、新技术和新结构的不断研发和应用，砌体结构计算理论和计算方法的逐步完善，砌体结构必将在建筑、交通、水利等领域中，发挥其更重要的作用。

1.2.3 钢结构的工程应用

根据钢结构具有的特点，钢结构的应用范围如下。

一、大跨度结构

结构跨度越大，自重在全部荷载中所占的比重就越大，减轻结构自重可以获得明显的经济效益。钢材强度高、结构质量轻的优点正好适合于大跨度建筑结构和大跨度桥梁结构。北京人民大会堂的钢屋架、各地体育馆的悬索结构、钢网架和网壳，陕西秦始皇墓陶俑陈列馆的三铰拱架都是大跨度屋盖的具体例子。很多大型体育馆屋盖结构的跨度都已超过 100m，1998 年建造的长春体育馆，采用了两个部分球壳组成的长轴 191.68m，短轴 146m 的方钢管拱壳屋盖结构，高 40.67m。1968 年建成的我国第一座铁路公路两用的南京长江大桥，最大跨度 160m，其后在九江和芜湖建成的长江大桥跨度分别是 216m 和 312m；而长江上的公路桥跨度更大，有 1088m 的苏通斜拉桥，1490m 的润扬悬索桥等。

二、重型厂房结构

重型厂房是指吊车的起重质量大（常在 100t 以上，有的达到 440t）或其工作较繁重的车间。这些车间的主要承重骨架往往全部或者部分采用钢结构。如宝山钢铁公司很多车间、各冶金工厂和重型机械制造厂的车间等。另外，有强烈辐射热的车间也常采用钢结构。

三、受动力荷载影响的结构

由于钢材具有良好的韧性，设有较大锻锤或产生动力作用的其他设备的厂房，即使屋架跨度不是很大，也往往用钢材料制成。对于抗震能力要求高的结构，采用钢结构也是比较适宜的。

四、高层和超高层建筑

高层和超高层建筑的骨架，也是钢结构应用范围的一个方面，深圳赛格广场大厦 70 层、高 279m，为世界上最高的全部采用钢管混凝土的超高层建筑；上海浦东世界环球金融中心大厦，101 层，高 492m；正在建造的“上海中心”，118 层，高 580m。

五、高耸结构

高耸结构包括塔架和桅杆结构，如高压输电线路的塔架、广播、通信和电视发射用的塔架和桅杆、火箭发射塔架等。上海的东方明珠电视塔高达 468m，1977 年建成的北京环境气象塔高 325m，是五层拉线的桅杆结构。

六、可拆卸的结构

钢结构不仅质量轻，还可以用螺栓或其他便于拆装的手段来连接，因此非常适用于需要搬迁的结构，如建筑工地、油田和需野外作业的生产和生活用房的骨架，临时性展览馆等，钢结构最为适宜。钢筋混凝土结构施工用的模板支架，现在也趋向于用工具式的钢桁架代替。

七、容器和其他构筑物

用钢板焊成的容器具有密封和耐高压的特点，广泛用于冶金、石油、化工企业中，包括油罐、煤气罐、高炉、热风炉等，此外，经常使用的还有皮带通廊栈桥、管道支架、井架、水闸的闸门、各种管道，以及海上采油平台等其他钢构筑物。

八、轻型钢结构

钢结构质量轻不仅对大跨度结构有利，对使用荷载特别轻的小跨结构也有优越性。因为使用荷载特别轻时，小跨结构的自重也成为一个重要因素。冷弯薄壁型钢屋架在一定条件下的用钢量可比钢筋混凝土屋架的用钢量还少。轻型门式钢架因其轻便和安装迅速得以广泛应用。如安徽芜湖 951 一期工程的厂房（长 315m，宽 240m，建筑面积达 7.56 万 m^2）、浙江吉利建成的临海机车工业公司厂房（14.5 万 m^2）等工程均采用了轻型钢结构。

随着科学技术的发展和新材料、新连接方式、新设计方法的出现，钢结构的新型结构体系、应用范围将会有新的突破和拓展。

1.3 本课程的主要内容、任务和学习方法

本课程属于学科的基础课，主要介绍建筑结构中常用材料的力学性能和结构设计方法，并较全面地介绍钢筋混凝土结构构件的设计计算、砌体结构的设计计算和钢结构构件和连接的设计计算。主要内容包括：钢筋混凝土的材料、结构计算原则、钢筋混凝土基本构件（受弯、受剪、受拉和受压构件）承载力的计算、钢筋混凝土构件的变形和裂缝宽度验算、预应力混凝土结构的基础知识、钢筋混凝土现浇楼盖设计和钢筋混凝土框架结构；砌体的力学性能，砌体构件的承载力计算、墙体及过（圈）梁的布置计算；钢结构的材料和连接、钢柱和钢梁等。

本课程的教学目的是使学生通过课程的学习，能熟知相关的基础概念，掌握建筑结构的基本理论和知识，学会结构设计计算的方法，并在学习过程中逐步熟悉和正确运用我国颁布的一些设计规范和设计规程；熟悉结构计算的基本方法步骤、掌握建筑结构的基本构件及楼盖的设计计算；能对结构构件进行截面设计、承载力复核，包括材料选择、结构方案、构件选型、配筋计算和构造等。通过本课程的学习和课程设计等实践性教学环节，使学生初步运用这些理论知识正确进行课程设计（钢筋混凝土现浇楼盖设计）和解决工程中实际问题的能力。

建筑结构构件的基本理论和计算方法是建立在科学实验的基础上的。但由于材料物理力学性能的复杂性，目前还没有建立起完善的强度理论，因此对实验的依赖性更强。所以，学习过程中要重视构件的实验研究，了解实验中的规律现象，理解建立公式时所采用的基本假定和实验依据，应用公式时要注意适用范围和限制条件。除课堂学习以外，还要加强实验的

教学环节，以进一步理解学习内容和训练实验的基本技能。当有条件时，可进行简支梁正截面受弯承载力、斜截面受剪承载力、偏心受压短柱正截面受压承载力的实验。

本课程的特点是内容多、符号多、系数多、计算公式多、构造规定也多，学习时要深刻理解重要的概念，熟练掌握设计计算的基本功，切忌死记硬背、生搬硬套，要突出重点并注意难点的学习。另外，由于构件设计计算涉及结构方案、构件选型、材料选择、构造、施工方案等，这是一个综合性的问题。对同一问题，往往有多种方案或解决办法，需综合考虑使用要求、材料供应、施工条件和经济效益等各种因素，从中选择较优的方案。此外，本课程的知识还需要课后动手练习来帮助巩固加以理解，教材的每一章均提供一定数量的习题，可供学生选用。习题应在复习了教学内容、理解例题后再动手做，切忌边做题边看例题。习题的正确答案往往不是唯一的，这也是本课程与一般的数学、力学课程所不同的。本课程的实践性很强，应经常到附近的建筑工地去看一看，用尺子量一量，对结构和构件增加感性认识，甚至可以结合具体工程，运用学过的知识，复核一下其结构设计是否安全、经济。

构造要求是长期科学实验和工程实践经验的总结，是对计算必不可少的补充，在设计结构和构件时，计算和构造是同样重要的，因此，要充分重视对构造要求的学习，并注意理解构造原理。

建筑结构是一门发展很快的应用科学，学习时要多注意它的新动向和新成就，不断扩大知识面。

思 考 题

1-1 何谓建筑结构？

1-2 钢筋混凝土结构有哪些优点和缺点？其应用范围是什么？

1-3 钢筋混凝土结构是由两种物理力学性质不同的材料组成的，为什么能共同工作？

1-4 砌体结构有哪些优点和缺点？其应用范围是什么？

1-5 钢结构有哪些优点和缺点？其应用范围是什么？

1-6 按组成房屋主体结构的形式，建筑结构可分为哪几类？

第 2 章　钢筋和混凝土材料的力学性能

结构构件的强度和变形性能，主要取决于材料的强度和变形性能。因此，了解钢筋和混凝土两种材料的物理力学性能及其相互间的作用是掌握钢筋混凝土构件受力性能、计算理论、设计方法的前提和基础。本章主要讲述钢筋和混凝土在不同受荷方式下的强度和变形性能，以及二者间的相互作用。

2.1　钢　　筋

2.1.1　钢筋的品种分类和级别

在混凝土结构中所用的钢筋品种很多，按钢筋的外形分为光面钢筋和变形钢筋两大类，如图 2-1 所示。光面钢筋的表面呈光圆形，表面光滑无花纹，如图 2-1(a)所示。变形钢筋的外形一般轧制成螺旋纹、人字纹和月牙纹。螺旋纹和人字纹钢筋统称等高肋钢筋，如图 2-1(b)、(c)所示。月牙纹钢筋称为月牙肋钢筋，如图 2-1(d)所示。前两者因在其表面纵向和斜向的凸缘处有较大的应力集中，故目前已不生产。

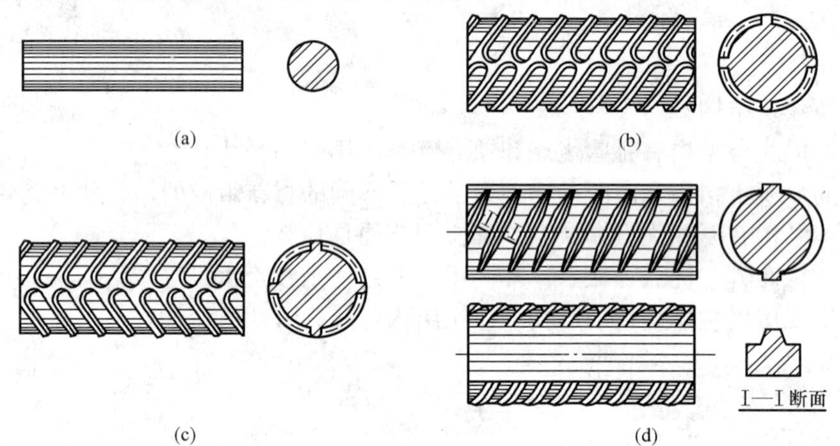

图 2-1　钢筋的形式
(a) 光面钢筋；(b) 螺旋纹钢筋；(c) 人字纹钢筋；(d) 月牙纹钢筋

混凝土结构中所采用的钢材按其化学成分的不同，又可分为碳素钢和普通低合金钢。碳素钢的化学成分以铁为主，还含少量的碳、硅、锰、硫、磷等元素。碳素钢按其含碳量的多少可分为低碳钢（含碳量＜0.25%）、中碳钢（含碳量 0.25%～0.6%）和高碳钢（含碳量 0.6%～1.4%）。碳素钢的强度随含碳量增加而提高，但塑性和韧性随之降低，可焊接性变差。普通低合金钢是在碳素钢已有成分中再加入少量的合金元素，如锰、硅、钒、钛、铬等，加入这些元素后可有效地提高钢材的强度，改善塑性和可焊接性能。

钢筋和钢丝按生产和加工工艺的不同，分为热轧钢筋、中强度预应力钢丝、消除应力钢丝、钢绞线、预应力螺纹钢筋和冷加工钢筋。

一、热轧钢筋

热轧钢筋是经热轧成型并自然冷却的成品钢筋，由低碳钢、普通低合金钢在高温状况下轧制而成的，用于混凝土结构中的钢筋和预应力混凝土结构中的非预应力钢筋主要是热轧钢筋，分为热轧光圆钢筋和热轧带肋钢筋两种。根据对强度、延性、连接方式、施工适应性等的要求，选用下列牌号的钢筋：

（1）纵向受力普通钢筋宜采用 HRB400、HRB500、HRBF400、HRBF500 钢筋，也可采用 HPB300、HRB335、HRBF335 和 RRB400 钢筋；

（2）梁、柱纵向受力普通钢筋应采用 HRB400、HRB500、HRBF400、HRBF500 钢筋；

（3）箍筋宜采用 HRB400、HRBF400、HPB300、HRB500、HRBF500 钢筋，也可采用 HRB335、HRBF335 钢筋。

RRB 系列余热处理钢筋由轧制钢筋经高温淬火，余热处理后提高强度。其延性、可焊性、机械连接性能及施工适应性降低，一般可用于对变形性能及加工性能要求不高的构件中，如基础、大体积混凝土、楼板、墙体以及次要的中小结构构件等。

二、中强度预应力钢丝和消除应力钢丝

中强度预应力钢丝是由优质高碳钢经冷拔和热处理而成的抗拉强度很高的钢丝。按外形分为光面钢丝、刻痕钢丝和螺旋肋钢丝三种。光面钢丝的表面经过机械刻痕处理后称为刻痕钢丝，如图 2-2(a)所示；经轧制成螺旋肋的，则称为螺旋肋钢丝，如图 2-2(b)所示。锚固性能很差的刻痕钢丝不再列入 GB 50010—2010《混凝土结构设计规范》。消除应力钢丝按外形分为光面钢丝和螺旋肋钢丝两种。

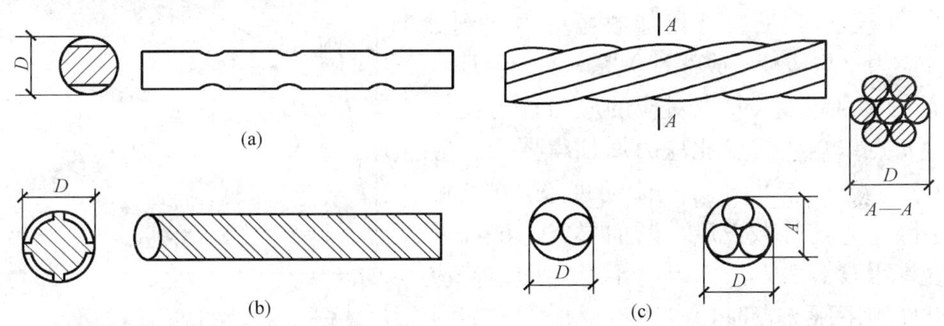

图 2-2　钢丝和钢绞线

（a）刻痕钢丝；（b）螺旋肋钢丝；（c）钢绞线

三、钢绞线

钢绞线是由多根高强钢丝捻制在一起经过低温回火处理内应力后而制成，分为 2 股、3 股和 7 股三种，如图 2-2(c)所示。

四、预应力螺纹钢筋

预应力混凝土用螺纹钢筋，也称精轧螺纹钢筋。它是一种特殊形状带有不连续的外螺纹的直条钢筋，该钢筋在任意截面处，均可以用带有内螺纹的连接器或锚具进行连接或锚固，如图 2-3 所示。

五、冷加工钢筋

冷加工钢筋是由热轧钢筋或盘条经冷拉、冷拔、冷轧、冷扭加工而成，对钢筋进行冷加

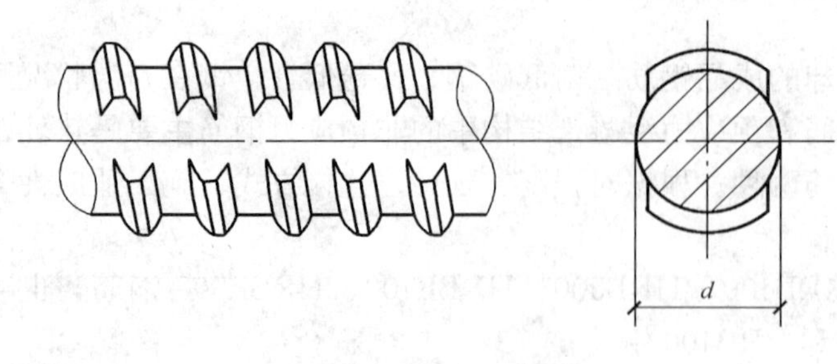

图 2-3　精轧螺纹钢筋

工的目的是为了提高强度、节约钢材。冷加工后，其塑性和伸长率随之降低和减小，钢材产生硬化，易造成脆性断裂。GB 50010—2010《混凝土结构设计规范》（以下简称《混凝土规范》）未列入冷加工钢筋，使用时应遵照专门规程。

中强度预应力钢丝、消除应力钢丝、钢绞线和预应力螺纹钢筋是用于预应力混凝土结构的预应力筋。

此外，还可以按刚度将混凝土结构中使用的钢筋分为柔性钢筋和劲性钢筋。常用的普通钢筋统称为柔性钢筋，其外形有光圆和带肋两类，而劲性钢筋是由各种型钢或型钢与钢筋焊成的骨架。用劲性钢筋浇筑的混凝土称为劲性混凝土，由于劲性钢筋本身刚度很大，施工时可由劲性钢筋承担模板和混凝土自重及施工荷载，以便节省支架，加快施工进度。

2.1.2　钢筋的强度和变形

用于混凝土结构的钢筋可分为两类：一类是有明显流幅的钢筋，如热轧钢筋；另一类是没有明显流幅的钢筋，如钢丝、钢绞线和精轧螺纹钢筋。

一、有明显流幅钢筋

有明显流幅钢筋拉伸时的典型应力—应变曲线如图 2-4 所示。钢筋自开始加载至应力达到 a 点之前，应力 σ 与应变 ε 成线性关系，即 $\sigma=E_s\varepsilon$，E_s 为钢筋的弹性模量，a 点对应的应力称为比例极限。过 a 点以后，应变比应力增加得要快，应力到达 b 点后，应变出现塑性流动现象，b 点称为屈服上限，它与加载速度、断面形式、试件表面光洁度等因素有关，故 b 点是不稳定的；待应力下降至屈服下限 c 点时，应力不增加而应变急剧增加，应力—应变关系接近水平直线，延伸至 d 点，c 点到 d 点的水平距离的大小称为流幅或屈服台阶。有明显流幅的热轧钢筋屈服强度是以屈服下限 c 点确定的。过 d 点以后，随应变的增加，应力又继续增加，二者关系为一上升的曲线，至 e 点应力达到最大值，e 点的应力称为钢筋的抗拉强度或极限强度，de 段称为强化阶段。过了 e 点以后，试件薄弱处的截面将会突然显著缩小，称为局部颈缩现象，此时应力随之降低，变形迅速增加，直至达 f 点试件被拉断。

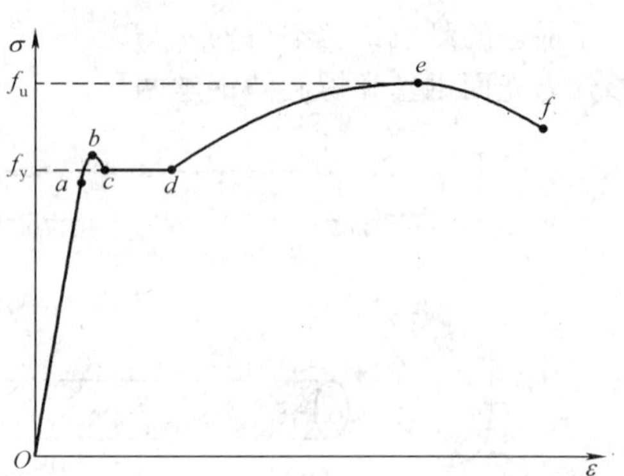

图 2-4　有明显流幅钢筋的应力—应变曲线

屈服强度是作为钢筋强度的设计依据。这是因为钢筋的应力达到屈服强度后，将产生很大的塑性变形，且卸载后塑性变形不可恢复，这会使钢筋混凝土构件出现很大的变形和不可闭合的裂缝，以致无法使用。由于屈服上限不稳定，一般取屈服下限作为钢材的屈服强度。

钢筋除需有足够的强度外，还应具有一定的塑性变形能力。钢筋的塑性变形以钢筋试件的总伸长率和冷弯性能两个指标来衡量。《规范》用钢筋在最大力下的总伸长率（均匀伸长率）δ_{gt} 表示钢筋的变形能力，普通钢筋及预应力筋在最大力下的总伸长率 δ_{gt} 最低限值见表

2-1。总伸长率越大，钢筋的塑性性能越好。冷弯是将直径为 d 的钢筋围绕直径为 D（$D=1d$ 或 $D=3d$）的钢辊进行弯折，如图 2-5 所示，在达到规定的冷弯角度 α（90°或 180°）时，不能出现裂纹或断裂。若钢筋所绕钢辊直径 D 越小，弯转角度 α 越大，则该钢筋的塑性性能就越好。

表 2-1　普通钢筋及预应力筋在最大力下的总伸长率限值

钢筋品种	普通钢筋			预应力筋
	HPB300	HRB335、HRBF335、HRB400、HRBF400、HRB500、HRBF500	RRB400	
δ_{gt}（%）	10.0	7.5	5.0	3.5

热轧钢筋的应力—应变曲线有明显的屈服点和流幅，断裂时有“颈缩现象”，伸长率比较大，塑性好，能给出构件即将破坏的预兆，并且使钢筋加工成型时不发生断裂。而钢材中含碳量越高，屈服强度和抗拉强度就越高，伸长率就越小，流幅也相应缩短。

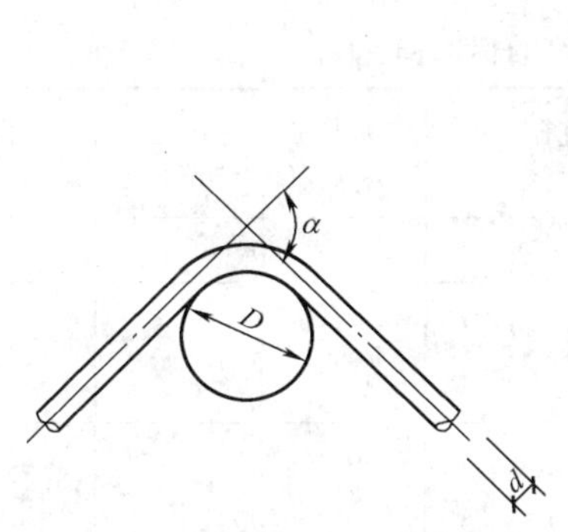

图 2-5　钢筋的冷弯
α—冷弯角度；D—辊轴直径

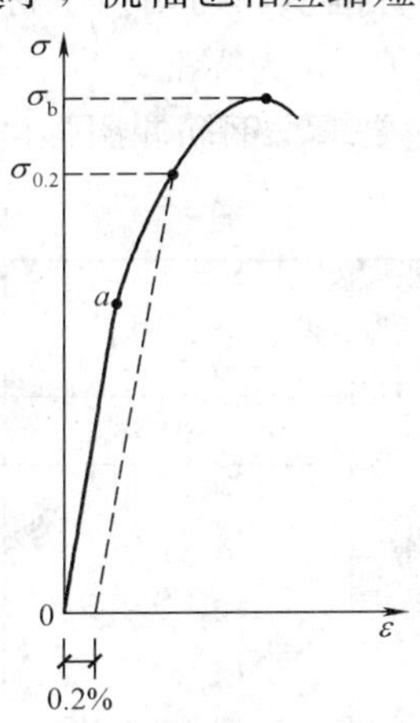

图 2-6　无明显流幅钢筋的应力—应变曲线

二、无明显流幅的钢筋

无明显流幅钢筋拉伸时的典型应力—应变曲线如图 2-6 所示。最大应力 σ_b 称为极限抗拉强度；a 点为比例极限，约为 $0.65\sigma_b$；过 a 点之后，应力—应变呈非线性关系，产生一定的塑性变形，但整个应力—应变关系没有明显的流幅（屈服台阶），达到极限抗拉强度 σ_b 后很快被拉断。

对于无明显流幅的钢筋，在设计中，一般取残余应变为 0.2%时所对应的应力作为钢筋的强度取值，通常称为条件屈服强度或名义屈服强度，用 $\sigma_{0.2}$ 表示。对于消除应力钢丝、中强度预应力钢丝及钢绞线筋，《混凝土规范》取条件屈服强度为 $0.85\sigma_b$。预应力螺纹钢筋的条件屈服强度根据产品国家标准 GB/T 20065—2006《预应力混凝土用螺纹钢筋》确定。

无明显流幅的钢筋，其强度很高，但伸长率小，塑性较差，破坏前没有明显的预兆，呈脆性破坏。

屈服强度、抗拉强度、总伸长率和冷弯性能是无明显屈服点钢筋进行质量检验的四项主要指标，对明显屈服点的钢筋则只测定后三项。

三、钢筋的强度标准值

由于材料性能的离散性，即使是同一炉钢生产的同一批次钢筋，每根钢筋的强度也不可能完全相同。为保证设计时材料强度取值的可靠性，一般对同一等级的材料，取具有一定保证率的强度值作为该等级强度的标准值。《混凝土规范》规定材料强度的标准值应具有不小于95%的保证率，即

$$f_{sk}=f_{sm}-1.645\sigma=f_{sm}(1-1.645\delta) \tag{2-1}$$

式中 f_{sk}——材料强度标准值；

f_{sm}——该批材料强度的平准值；

σ——该批材料强度的标准差；

δ——该批材料强度的变异系数。

为了使钢材强度标准值与其检验标准相统一，《混凝土规范》取冶金行业标准的废品限值作为钢材强度标准值，约相当于材料强度的平均值减去2倍标准差（$f_{ym}-2\sigma$）（f_{ym}为钢筋屈服强度平准值，σ为标准差），即有97.73%的保证率，满足《混凝土规范》规定的不小于95%保证率的要求。钢筋屈服强度、极限强度标准值见表2-2。

表2-2　普通钢筋强度的标准值

种　类	符　号	公称直径 d/mm	屈服强度标准值 f_{yk}/(N/mm²)	极限强度标准值 f_{stk}/(N/mm²)
HPB300	Φ	6～22	300	420
HRB335 HRBF335	Φ Φ^F	6～50	335	455
HRB400 HRBF400 RRB400	Φ Φ^F Φ^R	6～50	400	540
HRB500 HRBF500	Φ Φ^F	6～50	500	630

中强度预应力钢丝、预应力螺纹钢筋、消除应力钢丝和钢绞线的屈服强度、极限强度标准值见表2-3。

表2-3　预应力筋强度标准值　N/mm²

种　类		符　号	公称直径 d/mm	屈服强度标准值 f_{pyk}	极限强度标准值 f_{ptk}
中强度预应力钢丝	光面螺旋肋	Φ^{PM} Φ^{HM}	5、7、9	620	800
				780	970
				980	1270
预应力螺纹钢筋	螺纹	Φ^T	18、25、32、40、50	785	980
				930	1080
				1080	1230

续表

种　类		符　号	公称直径 d/mm	屈服强度标准值 f_{pyk}	极限强度标准值 f_{ptk}
消除应力钢丝	光面 螺旋肋	ϕ^P ϕ^H	5	—	1570
				—	1860
			7	—	1570
			9	—	1470
				—	1570
钢绞线	1×3 （三股）	ϕ^S	8.6、10.8、12.9	—	1570
				—	1860
				—	1960
	1×7 （七股）		9.5、12.7、15.2、17.8	—	1720
				—	1860
				—	1960
			21.6	—	1860
				—	

注　极限强度标准值为 1960N/mm² 的钢绞线作后张预应力配筋时，应有可靠的工程经验。

四、钢筋的弹性模量

钢筋的弹性模量是反映弹性阶段钢筋应力与应变之间关系的物理量，即

$$E_s = \frac{\sigma_s}{\varepsilon_s} \tag{2-2}$$

式中　σ_s——屈服前的钢筋应力，N/mm²；

ε_s——相应的钢筋应变。

钢筋的弹性模量由拉伸试验来测定，同一种类钢筋的受拉和受压弹性模量相同。钢筋的弹性模量见表 2-4。

表 2-4　**钢筋的弹性模量**　（$\times 10^5$ N/mm²）

牌号或种类	弹性模量 E_s
HPB300 钢筋	2.10
HRB335、HRB400、HRB500 钢筋 HRBF335、HRBF400、HRBF500 钢筋 RRB400 钢筋 预应力螺纹钢筋	2.00
消除应力钢丝、中强度预应力钢丝	2.05
钢绞线	1.95

注　必要时可采用实测的弹性模量。

2.1.3　混凝土结构对钢筋性能的要求

一、强度

钢筋应具有可靠的屈服强度和极限强度，屈服强度是设计计算时的主要依据，钢筋的屈

服强度越高，则钢筋的用量就越少，所以要选用高强度钢筋。

二、塑性

要求钢筋在断裂前有足够的变形，能给人以破坏的预兆。另外，钢筋的塑性好，钢筋的加工成型也较容易，因此应保证钢筋的伸长率和冷弯性能合格。

三、可焊性

在很多情况下，钢筋的接长和钢筋之间的连接需通过焊接，因此要求在一定的工艺条件下，钢筋焊接后施焊热影响区域不能产生裂纹及过大的变形，保证焊接后的接头性能良好。

四、与混凝土的黏结力

钢筋和混凝土这两种物理性能不同的材料之所以能结合在一起共同工作，主要是由于混凝土在结硬时，牢固地与钢筋黏结在一起，相互传递内力的缘故。通常在钢筋表面上加以刻痕或制成各种肋纹，来提高钢筋与混凝土的黏结力。

在寒冷地区，对钢筋的低温性能也有一定的要求，以防钢筋低温冷脆而致破坏。

2.2 混 凝 土

普通混凝土是由水泥、砂、石和水按一定配合比例拌和，经过凝固硬化后形成的人造石材，是一种复杂的多相复合材料。在混凝土中，砂、石起骨架作用，称为骨料。水泥与水形成水泥浆，包裹在骨料表面并填充其空隙。混凝土的强度和变形性能不仅与组成成分的水泥的强度、骨料的性质、水胶比、级配和配合比等有直接关系外，还与制作方法、硬化养护条件、龄期、试件的形状和尺寸、试验方法、加载速度等有密切关系。本节介绍混凝土在不同受荷方式下的强度和变形性能。

2.2.1 混凝土的强度

一、立方体抗压强度

混凝土结构中，主要是利用混凝土的抗压强度。因此混凝土的抗压强度是衡量混凝土力学性能中最主要的指标。混凝土强度等级应按立方体抗压强度标准值确定。立方体抗压强度标准值是指按标准方法制作养护（温度为20℃±3℃，湿度在90%以上的标准养护室中）的边长为150mm的立方体试件，在28d龄期用标准试验方法（加荷速度C30以下控制在0.3～0.5N/mm²/s范围，C30以上控制在0.5～0.8N/mm²/s范围，两边不涂润滑剂）测得的，具有95%保证率的抗压强度值，用符号$f_{cu,k}$表示。混凝土的强度等级以符号C表示，单位N/mm²。如C30，表示立方体强度标准值为30N/mm²的混凝土强度等级。《混凝土结构设计规范》(GB 50010—2010）将混凝土强度划分为14个强度等级，即C15、C20、C25、C30、C35、C40、C45、C50、C55、C60、C65、C70、C75、C80；C50级及以下为普通强度混凝土，C50级以上的为高强混凝土。目前在实验室已能配制出C100级以上的混凝土，且也有一定的工程应用。

立方体抗压强度也可采用边长200mm或边长100mm的立方体试块测定。但是，对同一种混凝土材料，采用不同尺寸的立方体试块，所测强度不同，立方体边长越小，抗压强度越高。当采用边长200mm和边长100mm的立方体试块且混凝土强度等级不超过C50时，要换算为150mm的立方体试块强度，应分别乘以1.05和0.95的尺寸效应换算系数。

试验方法对立方体强度有很大的影响。试块在试验机上单向受压时，竖向压缩，横向膨胀。由于混凝土试件的刚度比试验机承压垫板的刚度小得多，而混凝土的横向变形系数大于垫板的横向变形系数，因而试件受压时，垫板通过接触面上的摩擦力约束混凝土试块的横向变形，就像在试件上、下端各加了一个“套箍”，最后导致试件形成两个对顶的角锥形破坏面，如图 2-7(a)所示。

如果在承压钢板与试块接触面之间涂一些润滑剂，这时试件与试验机垫板间的摩擦力大大减小，其横向变形几乎不受约束，受压时没有“套箍”作用的影响，试块将出现与压力方向大致平行的竖向裂缝，把试块分裂成若干个小柱体而使之破坏，如图 2-7(b)所示。此时测得的抗压强度较不涂润滑剂要小。根据实际工程混凝土的受力情况，《混凝土结构设计规范》规定的标准试验方法是不涂润滑剂的。

试验加载速度对立方体强度也有影响，加载速度越快，测得的强度越高。

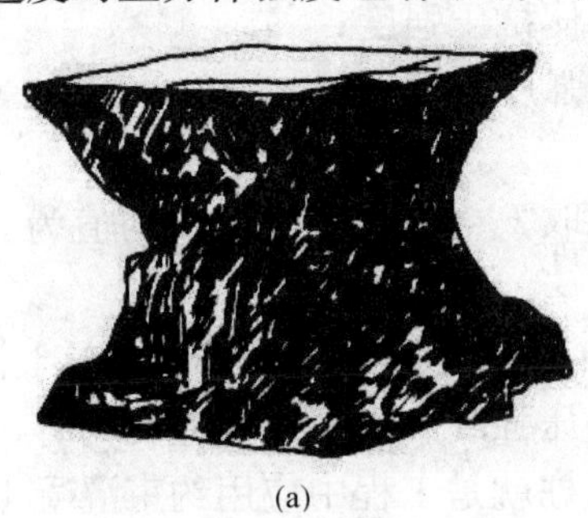
(a)

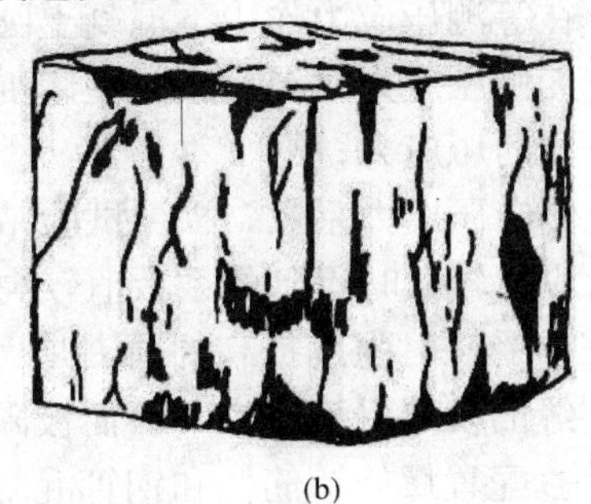
(b)

图 2-7　混凝土立方体试块的破坏
(a) 不涂润滑剂；(b) 涂润滑剂

由于混凝土中水泥胶块的硬化过程需要若干年才能完成，混凝土的抗压极限强度随混凝土的龄期逐渐增长，开始时增长速度较快，后来逐渐缓慢，这个增长过程往往要延续几年，在潮湿环境中延续时间更长。

素混凝土结构的强度等级不应低于 C15；钢筋混凝土结构的混凝土强度等级不应低于 C20；采用强度等级 400MPa 及以上的钢筋时，混凝土强度等级不应低于 C25；承受重复荷载的钢筋混凝土构件，混凝土强度等级不应低于 C30。预应力混凝土结构的混凝土强度等级不宜低于 C40，且不应低于 C30。同时，还应根据建筑物所处的环境条件确定混凝土的最低强度等级，以保证建筑物的耐久性。

二、混凝土轴心抗压强度

混凝土的抗压强度与试件的形状尺寸有关，采用棱柱体测定的抗压强度能够更好地反映混凝土在实际构件中的受压情况。用混凝土棱柱体试件测得的抗压强度称为轴心抗压强度。

我国《普通混凝土力学性能试验方法》规定以 150mm×150mm×300mm 的棱柱体作为混凝土轴心抗压强度试验的标准试件。棱柱体试件的制作、养护和加载方法同立方体试件。由试验分析可知，混凝土轴心抗压强度标准值与立方体抗压强度标准值的关系按式（2-3）确定

$$f_{ck} = 0.88\alpha_{c1}\alpha_{c2}f_{cu,k} \tag{2-3}$$

式中　α_{c1}——棱柱体抗压强度与立方体抗压强度之比，对 C50 及以下普通混凝土取 0.76，对高强混凝土 C80 取 0.82，中间按线性规律变化插值；

α_{c2}——混凝土脆性折减系数，仅对 C40 以上混凝土考虑脆性折减系数，对混凝土强

度等级不大于 C40 取 1.0，对高强混凝土 C80 取 0.87，中间按线性规律变化插值；

0.88——考虑到结构中混凝土的实测强度与立方体试件混凝土强度的差异，对试件混凝土的强度修正系数。

三、三向受压强度

混凝土试件三向受压则由于变形受到相互间有利的约束，形成约束混凝土，其强度有较大的提高。三向受压试验一般采用圆柱体在等测压条件下进行，由试验结果可知，其纵向抗压强度随侧向压应力 σ_2 的增加而增加，等测压应力条件下混凝土抗压强度经验公式为

$$f'_{cc} = f'_c + k\sigma_2 \tag{2-4}$$

式中 f'_{cc}——在等测压应力作用下混凝土圆柱体抗压强度；

f'_c——无侧压应力时混凝土圆柱体抗压强度；

σ_2——侧向压应力；

k——侧向压应力系数，根据试验结果取 $k=4.5\sim7.0$，平均值为 5.6，当侧向压应力较低时得到的系数值较高。

混凝土在三向受压时强度提高的原因是：由于侧向压应力限制了混凝土横向膨胀变形，混凝土内部微裂缝的发展受到约束，因而极限抗压强度和极限压缩应变均有显著提高，并显示了较大的塑性。配置螺旋箍筋柱和钢管混凝土柱就是工程中应用约束混凝土的实例。

四、混凝土轴心抗拉强度

轴心抗拉强度也是混凝土的基本力学性能，它是混凝土结构计算中计算抗裂度和裂缝宽度以及斜截面强度的主要指标。混凝土的轴心抗拉强度远小于其抗压强度，一般只有抗压强度的 1/18～1/9，且与立方体抗压强度不成线性关系，f_{cu}越大，f_t/f_{cu}的比值越小。

确定混凝土轴心抗拉强度的试验方法有直接法和劈裂法两种。直接法的试件通常采用 100mm×100mm×500mm 的棱柱体，试件两端中心埋设长为 150mm 的变形钢筋（$d=$16mm），试验机夹紧两端伸出的钢筋进行拉伸，破坏时试件中部产生横向裂缝，其截面上的平均拉应力即为混凝土的轴心抗拉强度。直接测试法因两端所设钢筋不易对中，实测数据离散性较大，而且需要精度较高的拉力试验机，故国内外多采用圆柱体或边长 150mm 标准立方体试件的劈裂试验来间接测定。

由试验分析可知，混凝土轴心抗拉强度标准值与立方体抗压强度标准值的关系按式(2-5)确定

$$f_{tk} = 0.88 \times 0.395 f_{cu,k}^{0.55} (1-1.645\delta)^{0.45} \times \alpha_{c2} \tag{2-5}$$

式中 系数 0.395，指数 0.55——轴心抗拉强度与立方体抗压强度的折算关系，是根据试验数据（包括对高强混凝土研究的试验数据），统一进行统计分析后得出的；

δ——混凝土立方体强度变异系数，根据对混凝土强度的统计调查结果确定，可由规范查出。

五、混凝土强度的标准值

如前所述，《混凝土规范》规定材料强度的标准值应具有不小于 95%的保证率，即按式(2-1) 确定。混凝土轴心抗压、抗拉强度标准值见表 2-5。

表 2-5　**混凝土强度标准值**　(N/mm^2)

强度种类	混凝土强度等级													
	C15	C20	C25	C30	C35	C40	C45	C50	C55	C60	C65	C70	C75	C80
f_{ck}	10.0	13.4	16.7	20.1	23.4	26.8	29.6	32.4	35.5	38.5	41.5	44.5	47.4	50.2
f_{tk}	1.27	1.54	1.78	2.01	2.20	2.39	2.51	2.64	2.74	2.85	2.93	2.99	3.05	3.11

2.2.2　混凝土的变形

混凝土的变形可分为两大类，一类是由外荷载作用而产生的受力变形，包括一次短期加载变形、荷载长期作用下的变形和重复荷载作用下的变形；另一类是非荷载引起的体积变形，包括混凝土收缩变形、温度变形等。

一、混凝土在一次短期加载下的应力—应变曲线

混凝土在一次短期加载下的受压应力—应变关系，反映了混凝土受力全过程的重要力学特征，它是混凝土构件应力分析、建立承载力和变形计算理论的基础。

混凝土棱柱体试件在一次短期加载下的应力—应变曲线如图 2-8 所示，由图可见，曲线由上升段和下降段两部分组成。

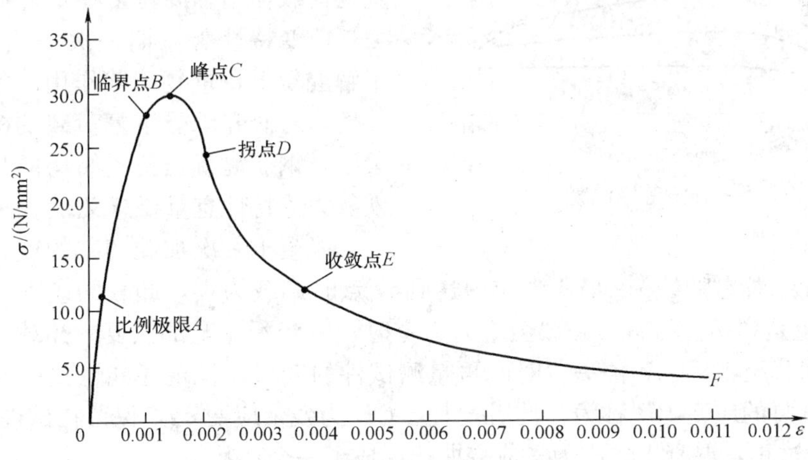

图 2-8　混凝土受压时的应力—应变曲线

OA 段：应力较小 ($\sigma \leqslant 0.3 f_c$)，应力—应变关系接近于直线，可将混凝土视为理想的弹性体，其内部的初始微裂缝没有发展，混凝土变形主要是骨料和水泥结晶体受力产生的弹性变形。

AB 段：应力 $\sigma = (0.3 \sim 0.8) f_c$，应变增长速度大于应力增长速度，应力—应变曲线逐渐偏离直线，呈现出非弹性性质。在此阶段，混凝土内部微裂缝已有所发展，但仍处于稳定状态。

BC 段：应力 $\sigma > 0.8 f_c$，应变增长速度进一步加快，曲线斜率急剧减小，混凝土内部微裂缝扩大且贯通，进入非稳定发展阶段。当应力达到 *C* 点即峰值应力 σ_{max} 时，混凝土发挥出它受压时的最大承载能力。这时的峰值应力即为混凝土棱柱体的轴心抗压强度 f_c，相应的应变为峰值应变 ε_0，其值在 0.001 5～0.002 5 之间变动，平均值 $\varepsilon_0 = 0.002$。

压应力超过 *C* 点后，随着压应变的增加，压应力将不断降低，试件表面相继出现多条不连续的纵向裂缝，横向变形急剧发展，混凝土骨料与砂浆的黏结不断遭到破坏，达到 *E*

点时裂缝连通形成斜向破坏面。E 点的应变 ε_E 为 0.004～0.006。E 点以后，应力下降缓慢，趋向于稳定的残余应力。由图 2-8 可见，混凝土的应力—应变关系是一条曲线，这说明混凝土是一种弹塑性材料，只有在压应力很低时才可将它视为弹性材料。曲线分为上升段和下降段，表明混凝土在破坏过程中，其承载力有一个从增加到减少的过程。尤其需要注意的是，混凝土最大应变对应的不是最大应力，最大应力对应的也不是最大应变，而且压应力达到最大时并不意味着立即破坏。

对于不同强度等级的混凝土，其相应的应力—应变曲线有着相似的形状，但也有区别。如图 2-9 所示，随着混凝土强度的提高，曲线上升段和峰值应变的变化不很显著，峰值应力 f_c 所对应的应变 ε_0 大致都在 0.002 左右，而下降段形状有较大的差异，强度越高，混凝土的极限压应变 ε_{cu} 明显减少。《混凝土规范》规定：混凝土的极限压应变 ε_{cu} 可按 $\varepsilon_{cu}=0.0033-(f_{cu,k}-50)\times10^{-5}$ 计算；如算得的 $\varepsilon_{cu}\geqslant0.0033$，则取 $\varepsilon_{cu}=0.0033$。

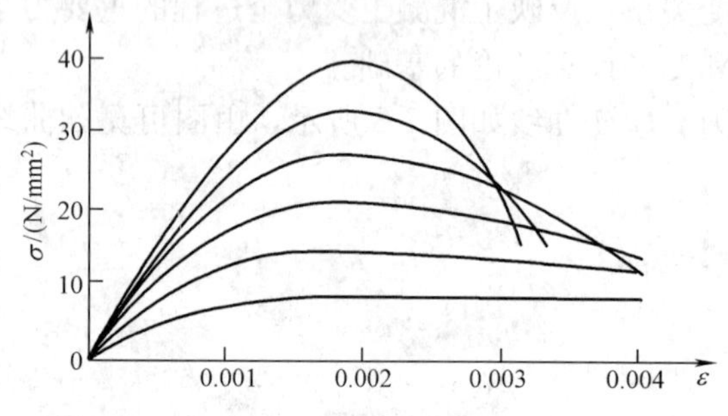

图 2-9 不同强度等级混凝土的应力—应变曲线

二、混凝土在重复荷载下的变形

将试件加载至某一数值，然后卸载至零，并将这种过程多次重复，即通常所指的重复荷载作用。混凝土在重复荷载作用下应力—应变特性与短期一次加载有显著不同。了解混凝土在重复荷载作用下的应力—应变特性，对研究承受重复荷载的构件，如吊车梁以及钢筋混凝土抗震结构的强度、延性和恢复力等特性有重要意义。

混凝土一次加载卸载的应力—应变曲线如图 2-10 所示。加载曲线为 OA，当应力达到 A 点时卸载为零，卸载的应力—应变曲线为 AB。因混凝土是弹塑性材料，卸载至应力为零时，应变不能全部恢复。卸载时瞬时恢复的应变为 ε_{ce}；卸载至零后，若停一段时间再量测试件的变形，发现还能恢复一部分变形而达到 B' 点，则恢复的应变 BB' 称为弹性后效 ε_{ae}。OB' 为残余应变 ε_{cp}，保留在试件中不再恢复。一次加载卸载过程，混凝土的应力—应变曲线形成了一个环状。

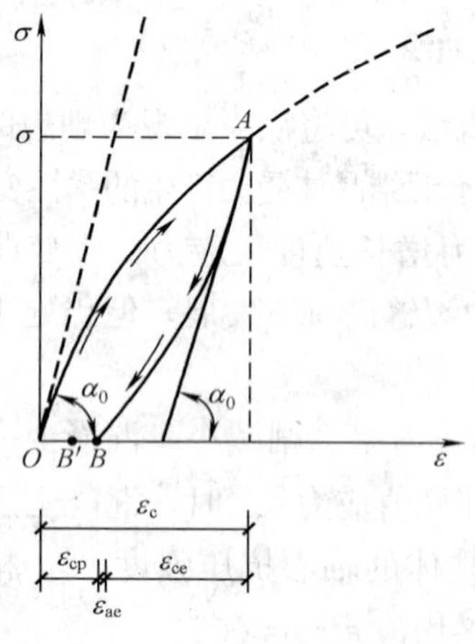

图 2-10 混凝土一次加载卸载过程的 σ-ε 曲线

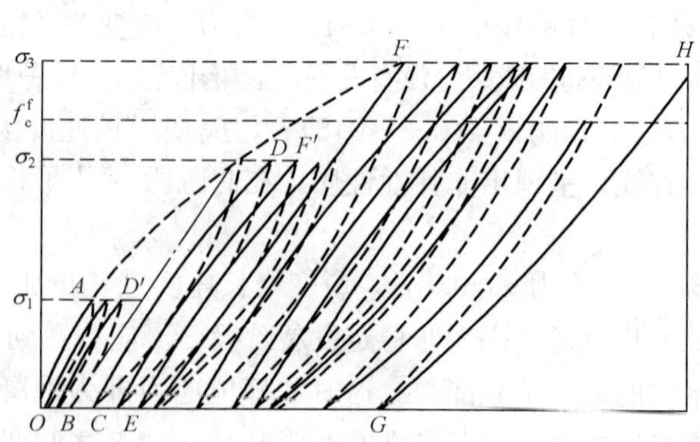

图 2-11 混凝土在重复荷载下的 σ-ε 曲线

混凝土棱柱体试件在多次重复荷载作用下的应力—应变曲线如图 2-11 所示，这时曲线的形状和变化与加载时应力的大小有关。当每次循环加载的应力 σ_1 较小时（$\sigma_1 < f_c^f$），随着加载卸载重复次数的增加，其应力—应变曲线越来越闭合，使原来呈环状的曲线闭合趋近于一条直线，此时混凝土如同弹性体一样工作。试验表明，这条直线与一次加载曲线在 O 点的切线基本平行。如果再选择一个较高的加载应力 σ_2（$\sigma_2 < f_c^f$），其加卸载的规律同前，多次重复后形成闭合直线。当作用在混凝土试件上的应力 σ_3 高于某一限值 f_c^f 时，随着重复加载次数的增多，应力—应变曲线也会渐变成直线，但再继续重复加载后，加载的应力—应变曲线的形状发生变化，由凸向应力轴逐渐变为凸向应变轴，以致不能与卸载的应力—应变曲线形成封闭环。这就标志着混凝土内部微裂缝的发展加剧，试件趋近破坏。随着荷载重复次数的增加，应力—应变曲线的斜率不断降低，当荷载重复到一定次数时，混凝土试件因严重开裂或变形过大而破坏。这种因荷载重复作用而引起的混凝土破坏即为混凝土疲劳破坏，混凝土在重复荷载作用下的强度极限值称为混凝土的疲劳强度 f_c^f。

混凝土的疲劳强度用疲劳试验测定。疲劳试验采用 100mm×100mm×300mm 或 150mm×150mm×450mm 的棱柱体，把能使棱柱体试件承受 200 万次或其以上循环荷载而发生破坏的压应力值称为混凝土的疲劳抗压强度。

三、混凝土的变形模量

在混凝土结构的内力分析及构件变形、裂缝等计算中，都要用到混凝土的弹性模量。由于混凝土受压应力—应变关系是一曲线，只有当应力很小时，应力—应变关系才近似于直线，其他应力阶段应力—应变关系均为一变数，计算应变时可采用以下三种变形模量。

（1）如图 2-12（a）所示，过混凝土应力—应变曲线的原点 O 作曲线的切线，该切线的斜率为原点切线模量，用 E_c 表示。则

$$E_c = \tan\alpha_0 \tag{2-6}$$

混凝土原点切线模量也称为混凝土的弹性模量，它反映出混凝土应力与其弹性应变的关系，即

$$\sigma = E_c \varepsilon_e \tag{2-7}$$

（2）如图 2-12(b)所示，连接原点 O 和应力—应变曲线上任一点应力处割线的斜率称为任意点的割线模量，用 E'_c 表示，则

$$E'_c = \tan\alpha_1 = \frac{\sigma}{\varepsilon} \tag{2-8}$$

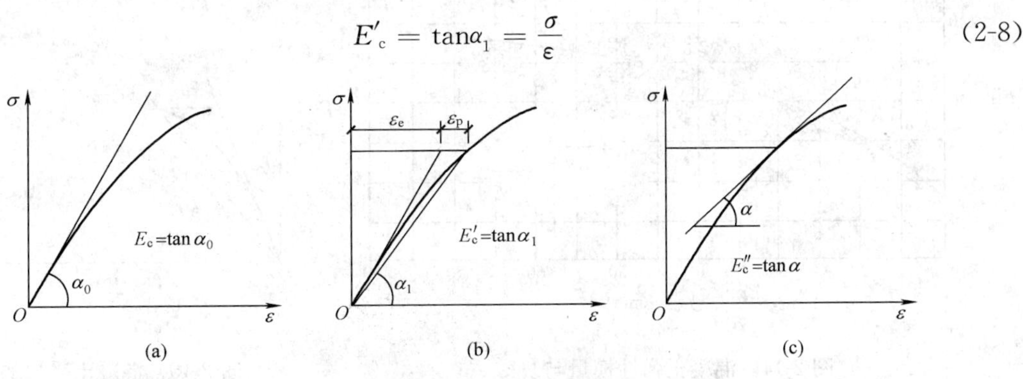

图 2-12　混凝土的变形模量

（a）原点切线模量；（b）割线模量；（c）切线模量

在弹塑性阶段，总变形 ε 包括弹性变形 ε_e 和塑性变形 ε_p 两部分，即 $\varepsilon=\varepsilon_e+\varepsilon_p$。由式（2-7）和式（2-8）可推导出混凝土割线模量与弹性模量的关系式为

$$E'_c=\frac{\varepsilon_e}{\varepsilon}E_c=\nu E_c \tag{2-9}$$

因此弹塑性阶段的应力—应变关系可表示为

$$\sigma=\nu E_c\varepsilon \tag{2-10}$$

式中 ν——混凝土受压时的弹性系数。

ν 为混凝土弹性应变与总应变的比值，随应力的增大而减小，其值在 1～0.5 之间变化。

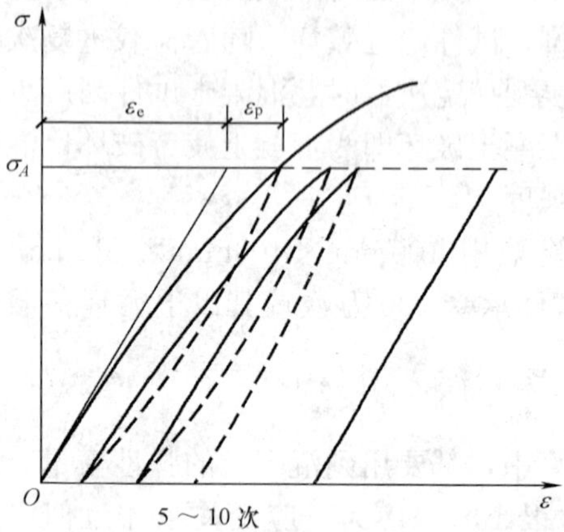

图 2-13 重复加卸载测定混凝土弹性模量

（3）如图 2-12(c)所示，应力—应变曲线上任一点应力处切线的斜率称为任意点的切线模量，用 E''_c 表示，则

$$E''_c=\tan\alpha=\frac{d\sigma}{d\varepsilon} \tag{2-11}$$

其值随应力的增大而减少，该模量主要用于非线性分析中的增量法。

混凝土弹性模量的确定并非易事，因为要在混凝土一次加载应力—应变曲线上做原点切线，找出 α_0 角是很难准确的。但其近似值可以利用重复加载、卸载后应力—应变关系趋于直线的特性来测定。即先加载至 $\sigma_A=(0.4\sim0.5)f_c$，然后卸载至零，再重复加载卸载 5～10 次，应力—应变曲线渐趋稳定并接近于一直线，该直线基本上平行丁 次加载应力—应变曲线的原点切线，故该直线的斜率即为混凝土的弹性模量，如图 2-13 所示。根据不同等级混凝土弹性模量试验值的统计分析，如图 2-14 所示，混凝土弹性模量 E_c 与立方体强度 $f_{cu,k}$ 的关系为

$$E_c=\frac{10^5}{2.2+\dfrac{34.7}{f_{cu,k}}} \tag{2-12}$$

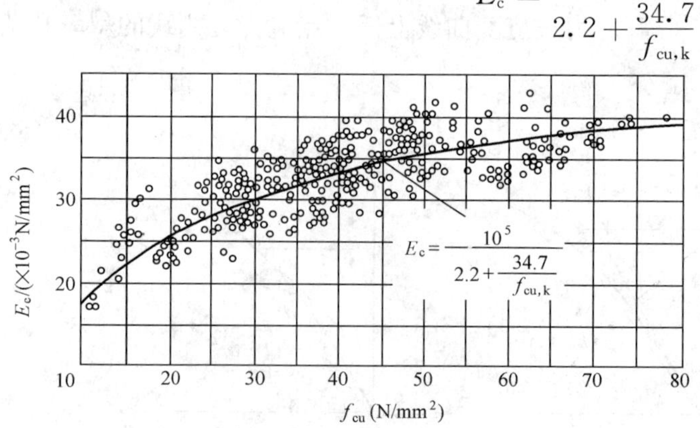

图 2-14 混凝土弹性模量与立方体强度的关系

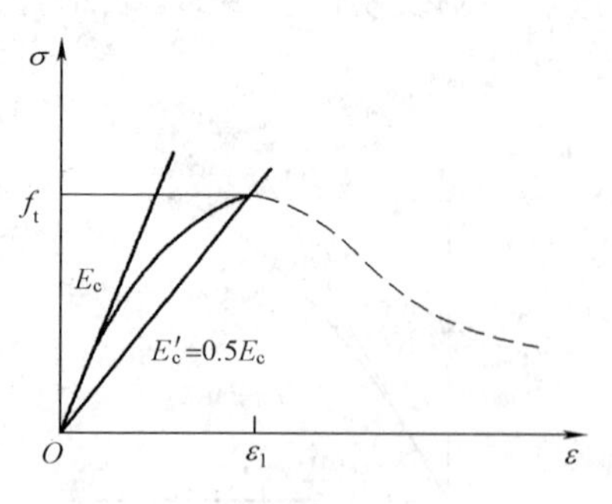

图 2-15 混凝土受拉的应力—应变曲线

混凝土受拉的应力—应变全曲线形状与受压的曲线类似，如图 2-15 所示。从原点切线

的斜率来看，受拉与受压基本一致，故混凝土的受拉弹性模量近似取受压弹性模量。当应力 σ_c 达到混凝土的抗拉强度 f_t 时，弹性系数 $\nu\approx0.5$，相应于混凝土的抗拉强度 f_t 时的变形模量 E'_c 可由下式求得

$$E'_c = \nu E_c = 0.5E_c \tag{2-13}$$

《混凝土规范》规定的各混凝土强度等级的弹性模量 E_c 见表 2-6。

表 2-6　混凝土弹性模量　($10^4\,N/mm^2$)

混凝土强度等级	C15	C20	C25	C30	C35	C40	C45	C50	C55	C60	C65	C70	C75	C80
E_c	2.20	2.55	2.80	3.00	3.15	3.25	3.35	3.45	3.55	3.60	3.65	3.70	3.75	3.80

注　1. 当有可靠试验数据时，弹性模量可根据实测数据确定；

2. 当混凝土中掺有大量矿物掺合料时，弹性模量可按规定龄期根据实测数据确定。

2.2.3　混凝土的收缩和徐变

一、混凝土的收缩

混凝土在空气中结硬时体积随时间增长而缩小的现象称为收缩。收缩是混凝土在不受外力情况下因体积变化而产生的变形。混凝土的收缩主要是由于混凝土中的水分散失或湿度降低引起的，收缩是使混凝土内部产生初始裂缝的主要原因。

图 2-16 所示为混凝土的收缩随时间变化的曲线。可以看出，混凝土从浇筑完毕后就产生收缩，早期收缩变形发展较快，1 个月可完成约 50%，6 个月可完成其变形的 80%～90%。往后逐渐减慢，整个收缩过程可延续 2 年以上。最终收缩应变值为$(2\sim5)\times10^{-4}$，而混凝土开裂时的拉应变为$(0.5\sim2.7)\times10^{-4}$，可见收缩应变如受到约束，很容易导致混凝土开裂。从图中还可看出蒸汽养护的混凝土的收缩值小于常温养护下的收缩值。这是因为高温高湿的养护条件促进了水泥石水化作用，加速了其凝结与硬化所致。

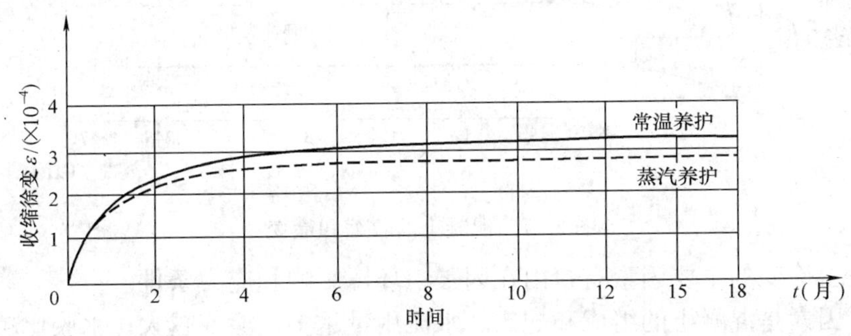

图 2-16　混凝土收缩应变与时间的关系

除养护条件外，混凝土的收缩还与下列因素有关：①水泥品种，所用水泥强度等级越高，混凝土收缩越大；②水泥用量和水胶比，水泥用量越多，水胶比越大，收缩也越大；③骨料性质，骨料颗粒越小，空隙率越大，骨料的弹性模量越低，收缩越大；④混凝土的振捣和所处环境，混凝土振捣越密实，收缩越小，构件所处环境湿度越大，收缩越小；⑤构件的体积与表面面积比值越小，收缩越大。

如果混凝土构件处于完全自由状态时，则混凝土收缩只会引起构件的缩短而不会导致裂缝。当收缩变形受到外部（支座）或内部（钢筋）的约束作用时，将使混凝土中产生拉应

力，甚至导致混凝土开裂。混凝土收缩应变会使预应力混凝土构件产生预应力损失；收缩可能会使结构或构件在未受荷前就产生裂缝；收缩可使某些对跨度变化比较敏感的超静定结构（如拱结构）产生不利的内力。

对混凝土的收缩很难作定量分析，往往在设计和施工中针对影响收缩的因素采取措施，以减少对结构的不利影响。如在构造上预留施工缝，浇筑混凝土时设置施工后浇带，待混凝土收缩充分发展后再浇筑混凝土，可有效避免或减少裂缝的发生或发展。

二、混凝土的徐变

混凝土在荷载长期作用下，应力不变，应变随时间的增加还会不断增长的现象称为混凝土的徐变。徐变主要是混凝土中水泥凝胶体的黏性流动以及骨料界面和砂浆内部微裂缝的发展引起的。

如图 2-17 所示是混凝土试件在持续荷载作用下应变与时间的关系曲线。在初始加载瞬间试件产生瞬时应变 ε_{ce}，随着荷载作用时间的延续而不断增长的变形称为徐变 ε_{cr}，ε_{ch} 为随时间增长的收缩应变。由图可见，徐变的发展规律是先快后慢，前 4 个月徐变增长较快，6 个月可达最终徐变值的 70%～80%，以后增长逐渐缓慢，2～3 年后趋于稳定。若在 B 点（2 年）卸载，则会产生瞬时恢复应变为 ε'_{ce}。由于混凝土的弹性模量随时间而增大，一般恢复应变 ε'_{ce} 稍小于加载时的瞬时应变 ε_{ce}。再经过一段时间（20 天）后，还有一部分应变 ε'_{ae} 可以恢复，称为弹性后效（又称徐回），但徐变变形大部分是不可恢复的，因此卸载后会存在不可恢复的残留永久应变 ε'_{cr}。

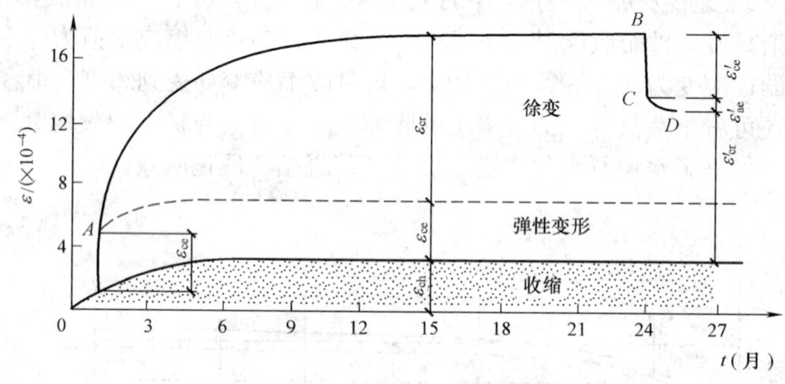

图 2-17　混凝土的收缩和徐变

影响混凝土徐变的主要因素有：内在因素、环境影响和应力条件。

（1）内在因素是混凝土的组成和配比。水泥用量越多，徐变越大；水胶比越大，徐变也越大。骨料越坚硬、弹性模量越高，对水泥石徐变的约束作用越大，徐变越小。

（2）环境影响是指混凝土的养护条件和使用条件。受荷前养护温度越高、湿度越大，水泥水化作用越充分，徐变就越小。采用蒸汽养护可使徐变减少 20%～35%。而混凝土受荷后所处的环境的温度越高、相对湿度越小，则徐变越大。构件的形状、截面尺寸也会影响徐变大小。截面积与截面周界长度的比值的越大，混凝土内部失水受限，徐变减少。

（3）应力条件是指初应力水平（σ/f_c）和加荷时混凝土的龄期，它们是影响徐变的主要因素。加荷时混凝土构件的龄期越长，水泥石中结晶体所占比例就越大，胶体的黏性流动相对就越小，徐变也越小。加荷龄期相同时，初应力越大，徐变也越大。

混凝土的徐变对混凝土结构或构件的受力性能有较大影响，它将使结构或构件的变形增大，特别是对于以自重为主的大跨结构；在预应力混凝土结构中，徐变变形将引起相当大的预应力损失，降低预应力效果。徐变对结构和构件的影响，在多数情况下是不利的。但徐变引起的内力或应力重分布及应力松弛有时候对结构构件有利。如钢筋混凝土轴心受压柱，徐变引起的混凝土和受压钢筋之间的应力重分布，可能使钢筋和混凝土的应力同时达到各自的强度，有利于充分发挥材料强度。对存在温度应力的结构，如大体积混凝土结构，徐变可使温度应力降低。在局部应力集中区，徐变可调整应力分布。

2.3　钢筋与混凝土的黏结

2.3.1　黏结力的概念

钢筋与混凝土这两种力学性能完全不同的材料为什么能结合在一起共同工作的原因，除了两者具有相近的温度线膨胀系数及混凝土对钢筋具有保护作用以外，主要是由于混凝土硬化后，在钢筋与混凝土之间的接触面上产生了良好的黏结力。一般来说，外力很少直接作用在钢筋上，钢筋所受到的力是通过周围的混凝土传递给它的，这就要依靠钢筋与混凝土之间的黏结力来传力。所谓黏结力是指在钢筋与混凝土接触界面上所产生的沿钢筋纵向的剪应力。正是通过这种黏结作用使钢筋与混凝土两者之间可进行应力传递并协调变形。试验表明，钢筋与混凝土之间的黏结力由三部分组成：一是因混凝土收缩将钢筋紧紧握固而产生的摩擦力，钢筋和混凝土之间挤压力越大、接触面越粗糙，则摩擦力越大；二是因水泥凝胶体与钢筋表面之间的化学吸附作用产生的胶合力，该力一般较小，当接触面发生相对滑移时，该力即行消失；三是由于钢筋表面凹凸不平与混凝土之间产生的机械咬合力，机械咬合力约占总黏结力的一半以上。另外，钢筋端部弯折、弯钩、焊接件等的附加机械作用也起到两种材料共同受力与变形的作用。光圆钢筋以摩擦力为主，变形钢筋则以机械咬合力为主。

2.3.2　黏结强度及其影响因素

黏结强度通常采用拔出试验来确定，如图 2-18 所示，将钢筋的一端埋置在混凝土试件中，在伸出的一端施力将钢筋拔出。取钢筋拉拔力到达极限时的平均黏结应力来代表钢筋与混凝土之间的黏结强度 τ_u，由式（2-14）确定

$$\tau_u = \frac{F}{\pi d l} \tag{2-14}$$

式中　F——拉拔力的极限值；

d——钢筋的直径；

l——钢筋的埋入长度。

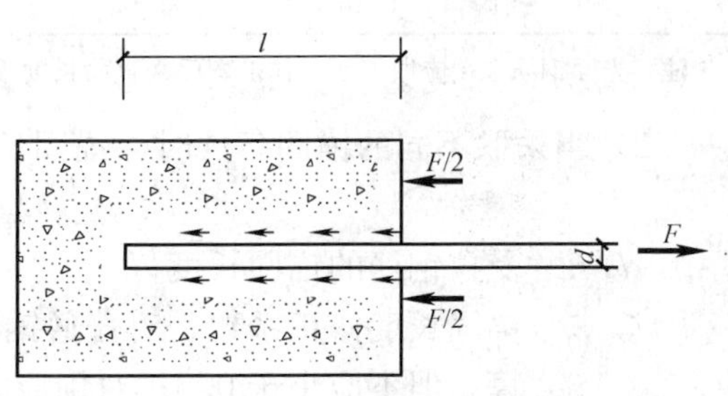

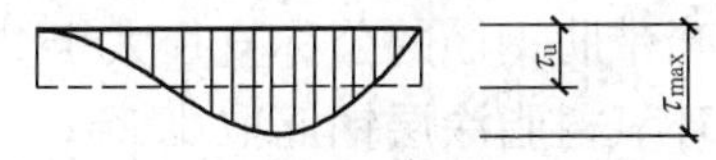

图 2-18　拔出试验及黏结应力分布

影响钢筋与混凝土之间黏结强度的主要因素如下。

（1）混凝土的强度等级。混凝土的强度等级越高，黏结强度越大。

（2）混凝土保护层厚度及钢筋间的净距。钢筋外围的混凝土保护层太薄时，外围混凝土将发生径向劈裂；钢筋间的净距过小，外围混

凝土将发生水平劈裂，形成贯穿整个梁宽的劈裂裂缝，造成整个混凝土保护层剥落，黏结强度显著降低。因此，《混凝土规范》对保护层最小厚度和钢筋的最小间距均作了要求。

(3) 钢筋的表面形状。变形钢筋表面凹凸不平与混凝土之间产生的机械咬合力大，则黏结强度高于光面钢筋，所以设计时要在受拉光面钢筋端部做弯钩来增加其黏结强度。

(4) 横向钢筋的设置。构件中设置横向钢筋（如箍筋），可以限制混凝土内部裂缝的发展，提高黏结强度。因此，在使用较大直径钢筋的锚固区、搭接长度范围内，以及当一排的并列钢筋根数较多时，应设置一定数量的附加箍筋，以防止混凝土保护层的劈裂崩落。

另外，黏结强度还和钢筋周围有无侧向压力及浇筑混凝土时钢筋所处位置有关。有侧向压力，可以约束混凝土的横向变形，增大摩阻力，则黏结力增大；浇筑混凝土时，如果钢筋下部的混凝土厚度较大，钢筋底面的混凝土会出现沉淀收缩和离析泌水，使水平钢筋的底面与混凝土之间形成了疏松空隙层，黏结强度就将大大降低。

2.3.3 钢筋的锚固与连接

一、钢筋的锚固

当计算中充分利用钢筋的抗拉强度时，受拉钢筋的锚固应符合下列要求。

(1) 基本锚固长度应按下列公式计算：

普通钢筋
$$l_{ab}=\alpha\frac{f_y}{f_t}d \tag{2-15}$$

预应力筋
$$l_{ab}=\alpha\frac{f_{py}}{f_t}d \tag{2-16}$$

式中 l_{ab}——受拉钢筋的基本锚固长度；

f_y、f_{py}——普通钢筋、预应力筋的抗拉强度设计值；

f_t——混凝土轴心抗拉强度设计值，按混凝土结构设计规范的有关规定采用；当混凝土强度等级高于 C60 时，按 C60 取值；

d——锚固钢筋的直径；

α——锚固钢筋的外形系数，按表 2-7 取用。

表 2-7 锚固钢筋的外形系数 α

钢筋类型	光面钢筋	带肋钢筋	螺旋肋钢丝	三股钢绞线	七股钢绞线
α	0.16	0.14	0.13	0.16	0.17

注 光面钢筋末端应做 180°弯钩，弯后平直段长度不应小于 $3d$，但作受压钢筋时可不做弯钩。

(2) 当采取不同的锚固条件时，锚固长度应按式（2-17）计算，且不应小于 200mm

$$l_a=\zeta_a l_{ab} \tag{2-17}$$

式中 l_a——受拉钢筋的锚固长度；

ζ_a——锚固长度修正系数，对普通钢筋按下面规定取用，当多于一项时，可按连乘计算，但不应小于 0.6；对预应力筋，可取 1.0。

纵向受拉带肋钢筋的锚固长度修正系数应根据钢筋的锚固条件按下列规定取用：

1) 当带肋钢筋的公称直径大于 25mm 时取 1.10；

2) 环氧树脂涂层钢筋取 1.25；

3) 施工过程中易受扰动的钢筋取 1.10；

4）当纵向受力钢筋的实际配筋面积大于其设计计算面积时，修正系数取设计计算面积与实际配筋面积的比值，但对有抗震设防要求及直接承受动力荷载的结构构件，不应考虑此项修正；

5）锚固钢筋的保护层厚度为 $3d$ 时修正系数可取 0.80，保护层厚度为 $5d$ 时修正系数可取 0.70，中间按内插法取值（此处 d 为锚固钢筋的直径）。

当纵向受拉普通钢筋末端采用弯钩或机械锚固措施时，包括弯钩或锚固端头在内的锚固长度（投影长度）可取为基本锚固长度 l_{ab} 的 0.6 倍。钢筋弯钩和机械锚固的形式和技术要求应符合表 2-8 及图 2-19 的规定。

表 2-8　钢筋弯钩和机械锚固的形式和技术要求

锚固形式	技术要求
90°弯钩	末端 90°弯钩，弯钩内径 $4d$，弯后直段长度 $12d$
135°弯钩	末端 135°弯钩，弯钩内径 $4d$，弯后直段长度 $5d$
一侧贴焊锚筋	末端一侧贴焊长 $5d$ 同直径钢筋
两侧贴焊锚筋	末端两侧贴焊长 $3d$ 同直径钢筋
焊端锚板	末端与厚度 d 的锚板穿孔塞焊
螺栓锚头	末端旋入螺栓锚头

注　1. 焊缝和螺纹长度应满足承载力要求；
2. 螺栓锚头和焊接锚板的承压净面积不应小于锚固钢筋计算截面积的 4 倍；
3. 螺栓锚头的规格应符合相关标准的要求；
4. 螺栓锚头和焊接锚板的钢筋净间距不宜大于 $4d$，否则应考虑群锚效应的不利影响；
5. 截面角部的弯钩和一侧贴焊锚筋的布筋方向宜向截面内侧偏置。

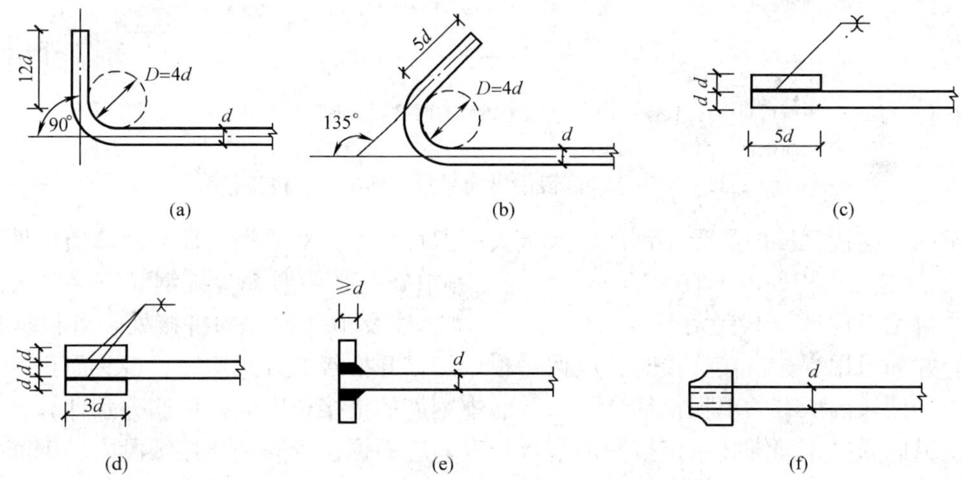

图 2-19　弯钩和机械锚固的形式和技术要求

（a）弯折；（b）弯钩；（c）一侧贴焊锚筋；（d）两侧贴焊锚筋；（e）焊端锚板；（f）螺栓锚头

当锚固钢筋的保护层厚度不大于 $5d$ 时，锚固长度范围内应配置横向构造钢筋，其直径不应小于 $d/4$；对梁、柱、斜撑等构件间距不应大于 $5d$，对板、墙等平面构件间距不应大于 $10d$，且均不应大于 100mm，此次 d 为锚固钢筋的直径。

混凝土结构中的纵向受压钢筋，当计算中充分利用钢筋的抗压强度时，受压钢筋的锚固长度不应小于相应受拉锚固长度的 0.7 倍。

二、钢筋的连接

在构件中由于钢筋长度不够或设置施工缝的要求需要采用连接接头。钢筋连接可采用绑扎搭接、机械连接或焊接。机械连接接头及焊接接头的类型及质量应符合国家现行有关标准的规定。

钢筋的连接应符合下列构造要求。

（1）混凝土结构中受力钢筋的连接接头宜设置在受力较小处。在同一根受力钢筋上宜少设接头。在结构的重要构件关键传力部位，纵向受力钢筋不宜设置连接接头。

（2）轴心受拉及小偏心受拉杆件的纵向受力钢筋不得采用绑扎搭接；其他构件中的钢筋采用绑扎搭接时，受拉钢筋直径不宜大于 25mm，受压钢筋直径不宜大于 28mm。

（3）同一构件中相邻纵向受力钢筋的绑扎搭接接头宜互相错开。钢筋绑扎搭接接头连接区段的长度为 1.3 倍搭接长度，凡搭接接头中点位于该连接区段长度内的搭接接头均属于同一连接区段，如图 2-20 所示。同一连接区段内纵向受力钢筋搭接接头面积百分率为该区段内有搭接接头的纵向受力钢筋与全部纵向受力钢筋截面面积的比值。当直径不同的钢筋搭接时，按直径较小的钢筋计算。

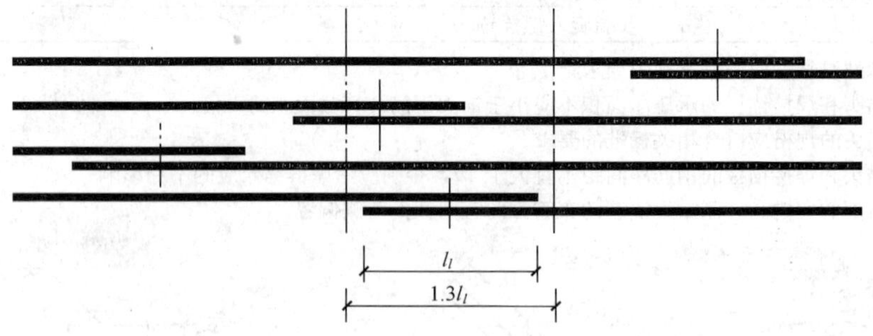

注：图中所示同一连接区段内的搭接接头钢筋为两根，当钢筋直径相同时，钢筋搭接接头面积百分率为 50%。

图 2-20　同一连接区段内纵向受拉钢筋的绑扎搭接接头

位于同一连接区段内的受拉钢筋搭接接头面积百分率：对梁类、板类及墙类构件，不宜大于 25%；对柱类构件，不宜大于 50%。当工程中确有必要增大受拉钢筋搭接接头面积百分率时，对梁类构件，不宜大于 50%；对板、墙、柱及预制构件的拼接处，可根据实际情况放宽。并筋采用绑扎搭接连接时，应按每根单筋错开搭接的方式连接。接头面积百分率应按同一连接区段内所有的单根钢筋计算。并筋中钢筋的搭接长度应按单筋分别计算。

（4）纵向受拉钢筋绑扎搭接接头的搭接长度，应根据位于同一连接区段内的钢筋搭接接头面积百分率按式（2-18）计算

$$l_l = \zeta_l l_a \tag{2-18}$$

式中　l_l——纵向受拉钢筋的搭接长度；

ζ_l——纵向受拉钢筋搭接长度修正系数，按表 2-9 采用当纵向搭接钢筋接头面积百分率为表的中间值时，修正系数可按内插取值。

表 2-9　　纵向受拉钢筋搭接接头面积百分率系数 ζ_l

纵向搭接钢筋接头面积百分率（%）	≤25	50	100
ζ_l	1.2	1.4	1.6

在任何情况下，纵向受拉钢筋绑扎搭接接头的搭接长度均不应小于 300mm。

（5）构件中的纵向受压钢筋当采用搭接连接时，其受压搭接长度不应小于纵向受拉钢筋搭接长度的 0.7 倍，且不应小于 200mm。

（6）在梁、柱类构件的纵向受力钢筋搭接长度范围内应配置横向构造钢筋，其直径不应小于 0.25d。间距不应大于 5d，且不应大于 100mm，d 为搭接钢筋的较小直径。

当受压钢筋直径大于 25mm 时，尚应在搭接接头两个端面外 100mm 的范围内各设置两道箍筋。

（7）纵向受力钢筋的机械连接接头宜相互错开。钢筋机械连接区段的长度为 35d，d 为连接钢筋的较小直径。凡接头中点位于该连接区段长度内的机械连接接头均属于同一连接区段。

位于同一连接区段内的纵向受拉钢筋接头面积百分率不宜大于 50%；但对板、墙、柱及预制构件的拼接处，可根据实际情况放宽。纵向受压钢筋的接头百分率可不受限制。

机械连接套筒的保护层厚度宜满足有关钢筋最小保护层厚度的规定。机械连接套筒的横向净间距不宜小于 25mm；套筒处箍筋的间距仍应满足相应的构造要求。

直接承受动力荷载结构构件中的机械连接接头，除应满足设计要求的抗疲劳性能外，位于同一连接区段内的纵向受力钢筋接头面积百分率不应大于 50%。

（8）细晶粒热轧带肋钢筋以及直径大于 28mm 的带肋钢筋，其焊接应经试验确定；余热处理钢筋不宜焊接。纵向受力钢筋的焊接接头应相互错开。钢筋焊接接头连接区段的长度为 35d 且不小于 500mm，d 为连接钢筋的较小直径。纵向受拉钢筋的接头面积百分率不宜大于 50%。但对于预制构件的拼接处，可根据实际情况放宽。纵向受压钢筋的接头百分率可不受限制。

（9）需进行疲劳验算的构件，其纵向受拉钢筋不得采用绑扎搭接接头，也不宜采用焊接接头，除端部锚固外不得在钢筋上焊有附件。

当直接承受吊车荷载的钢筋混凝土吊车梁、屋面梁及屋架下弦的纵向受拉钢筋采用焊接接头时，应符合下列规定：

1）应采用闪光接触对焊，并去掉接头的毛刺及卷边；

2）同一连接区段内纵向受拉钢筋焊接接头面积百分率不应大于 25%，焊接接头连接区段的长度应取为 45d，d 为纵向受力钢筋的较大直径；

3）疲劳验算时，焊接接头应符合《规范》疲劳应力幅限值的规定。

思　考　题

2-1　建筑结构用钢筋的种类有哪些？说明各种钢筋的应用范围？

2-2　钢筋的应力—应变曲线分为哪两类？各有何特点？

2-3　钢筋混凝土结构对钢筋的性能有哪些要求？

2-4　混凝土的强度等级是如何确定的？《混凝土规范》规定的混凝土强度等级有哪些？钢筋混凝土结构中对使用的混凝土有何要求？

2-5　混凝土有哪几个强度指标？各用什么符合表示？相互关系如何？

2-6　何谓材料强度标准值的概念？《混凝土规范》是如何确定钢筋和混凝土材料强度标

准值的？

2-7 绘制混凝土棱柱体试件在一次短期荷载作用下的应力—应变关系曲线，并指出 f_c、ε_0、ε_{cu}等特征值点。

2-8 混凝土有哪些变形模量？混凝土的弹性模量是如何确定的？

2-9 何谓混凝土的收缩？收缩对钢筋混凝土结构有哪些影响？影响收缩的主要因素有哪些？如何减少混凝土的收缩？

2-10 何谓混凝土的徐变？影响徐变的主要因素有哪些？徐变对钢筋混凝土结构有哪些影响？

2-11 钢筋与混凝土之间的黏结力由哪几部分组成？影响黏结强度的主要因素有哪些？

2-12 钢筋的锚固长度和搭接长度应如何确定？

第3章 结构设计方法

我国现行的建筑结构设计方法是以概率理论为基础的极限状态设计方法，以可靠指标代替失效概率来度量结构的可靠性，采用以基本变量标准值和相应的分项系数形式表达的极限状态实用设计表达式。因此，本章主要阐述结构设计的总目标、对结构的功能要求、结构的极限状态、可靠度及可靠指标、结构上的作用、各种作用的效应及结构的抗力、荷载的代表值及各种组合、材料强度等概念；围绕极限状态实用设计表达式，讲述其内涵和应用；并给出了混凝土结构耐久性的规定。

3.1 结构设计的极限状态

3.1.1 结构的功能要求

结构设计的基本目的是以最经济的手段，使结构在规定的使用期限内，能满足设计所预定的各种功能要求。建筑结构的功能要求主要包括以下三个方面。

一、安全性

结构在正常施工和正常使用时应能承受可能出现的各种作用，如荷载、外加变形和约束变形等；在偶然事件发生时及发生后能保持必要的整体稳定性，如遇强震、爆炸、撞击等，建筑结构虽有局部损伤但不致发生倒塌。

二、适用性

结构在正常使用时应能满足预定的使用要求，具有良好的工作性能。如不发生影响正常使用的过大变形和振幅，不产生过宽的裂缝。

三、耐久性

结构在正常维护条件下，应能在预定的使用期限内具有足够的耐久性，如不发生钢筋锈蚀，混凝土严重粉化、腐蚀、酥裂、脱落等，以免影响结构预期的使用寿命。

安全性、适用性和耐久性统称为结构的可靠性。结构的可靠性用可靠度来进行定量描述，即结构在规定的时间内（一般建筑结构规定为50年，称为设计基准期)，规定的条件下(正常设计、正常施工、正常使用和正常维修）完成预定功能的概率，称为结构的可靠度，结构的可靠度是衡量结构可靠性的重要指标。

设计基准期是为确定可变作用及与时间有关的材料性能取值选用的时间参数，并不等同于建筑结构的寿命，超过了设计基准期，建筑物并不意味着一定损坏，不能再使用了，只是完成预定功能的可靠度在逐渐降低。

3.1.2 结构极限状态的分类

结构在使用期间的工作情况称为结构的工作状态。整个结构或结构的一部分超过某一特定状态就不能满足设计规定的某一功能要求，这个特定状态称为该功能的极限状态。

结构能够满足功能要求并能良好地工作，则结构为“可靠”或“有效”；反之，则结构为“不可靠”或“失效”。区分结构可靠与失效的临界状态称为极限状态。如对于钢筋混凝土简支梁，不同功能要求的可靠、失效和极限状态的概念见表 3-1。

表 3-1 钢筋混凝土简支梁的可靠、失效和极限状态的概念

结构功能		可 靠	极限状态	失 效
安全性	受弯承载力	$M < M_u$	$M = M_u$	$M > M_u$
适用性	挠度变形	$f < [f]$	$f = [f]$	$f > [f]$
耐久性	裂缝宽度	$w_{max} < [w_{lim}]$	$w_{max} = [w_{lim}]$	$w_{max} > [w_{lim}]$

根据结构功能要求，《建筑结构设计统一标准》将极限状态分为两类：承载能力极限状态和正常使用极限状态。前者主要是使结构满足安全要求，后者则是使结构满足适用性能要求。

一、承载能力极限状态

结构或结构构件达到最大承载力，出现疲劳、倾覆、稳定、漂浮等破坏和不适于继续承载的变形，结构在偶然作用下连续倒塌或大范围破坏，即为承载能力极限状态。具体来说，当结构或结构构件出现下列状态之一时，即认为超过了承载能力极限状态：

（1）整个结构或其中一部分作为刚体失去平衡，如雨篷的倾覆，挡土墙的滑移等；

（2）构件截面或其连接因超过材料强度而破坏；或因塑性变形过大而不适于继续承载；

（3）结构或构件因受动力荷载的作用而产生疲劳破坏；

（4）结构转变为机动体系，如超静定结构中出现足够多塑性铰；

（5）结构或构件因达到临界荷载而丧失稳定，如细长受压构件的压屈失稳。

此外，对意外事件或偶然发生事件，如地震、爆炸、撞击等，结构应具有良好的整体性，不致因个别构件或结构局部破坏而导致连续倒塌或大范围破坏。

二、正常使用极限状态

结构或结构构件达到正常使用的某项限值或产生影响耐久性的局部损坏，即为正常使用极限状态。具体来说，当结构或结构构件出现下列状态之一时，即认为超过了正常使用极限状态：

（1）影响正常使用或外观的变形，如吊车梁变形过大致使吊车不能正常行驶，梁挠度过大影响外观或导致非结构构件的开裂等；

（2）影响正常使用或耐久性能的局部损坏，如混凝土构件裂缝过宽导致钢筋锈蚀，水池池壁开裂漏水不能正常使用；

（3）影响正常使用的振动，如振动过大使人感到不舒适，影响精密仪器的运作；

（4）影响正常使用的其他特定状态，地基相对沉降量过大，在侵蚀性介质作用下结构或构件严重腐蚀。

结构超过该类状态时将不能正常工作，影响其耐久性和使用性，但一般不会导致人身伤亡或重大经济损失。设计时，可靠度水平允许比承载能力极限状态的可靠度水平适当降低。通常先按承载能力极限状态设计结构构件，再按正常使用极限状态进行验算（校核）。

3.2 结构上的作用及其荷载代表值

3.2.1 结构上的作用

作用是指直接施加在结构上的集中荷载或分布荷载，以及引起结构外加变形或约束变形的原因（如温度变化、混凝土收缩和徐变、基础沉降、材料性能劣化等）。前者称为“直接作用”，后者则称为“间接作用”。由于能使结构产生效应的原因，多数可归结为直接作用在结构上的力集（集中荷载和分布荷载），因此习惯上都将结构上的各种作用称为荷载。

结构上的荷载按其作用时间的长短和性质不同，可分为三类。

（1）永久荷载。在设计基准期内其量值不随时间变化，或其变化与其平均值相比可以忽略不计的荷载，如结构自重、土压力、预应力、固定设备重等，永久荷载又称恒荷载。

（2）可变荷载。在设计基准期内其量值随时间变化，且变化幅度较大，与平均值相比不可忽略的荷载，如楼面人群荷载、风荷载、雪荷载、积灰荷载、吊车荷载、车辆荷载等，可变荷载又称活荷载。

（3）偶然荷载。在设计基准期内不一定出现，而一旦出现，其量值很大且持续时间较短的荷载，如地震、爆炸、撞击等。

3.2.2 荷载代表值

在结构设计时，应根据各种极限状态的设计要求采用不同的荷载代表值。永久荷载采用标准值作为代表值，可变荷载采用标准值、组合值、准永久值或频遇值作为代表值。标准值是荷载的基本代表值，荷载的其他代表值均以标准值乘以相应的系数后得到。

一、荷载标准值

荷载标准值是指结构构件在使用期间可能出现的最大荷载值。由于荷载本身具有随机性，因而使用期间内的最大荷载也是随机变量；对于不同的荷载，根据大量的统计分析，荷载标准值统一由设计基准期内最大荷载概率分布的某一分位值来确定。但是，有些荷载还不具备充分的统计资料，只能结合工程经验，通过分析判断确定。GB 50009—2001《建筑结构荷载规范》对各类荷载标准值的取值分别为：

（1）永久荷载标准值。对于结构或非承重构件的自重，由于变异性不大，一般以其平均值作为荷载标准值，即可按结构构件的设计尺寸与材料单位体积的自重计算确定。对自重变异较大的材料（如保温材料等），在设计时应根据其对结构有利或不利的情况，分别取其自重的上限值或下限值。常用材料与构件自重见 GB 50009—2001《建筑结构荷载规范》。

（2）可变荷载标准值。《建筑结构荷载规范》已给出了各种可变荷载标准值的取值，设计时可直接查用。民用建筑楼面均布活荷载、工业与民用建筑房屋的屋面均布活荷载和屋面积灰荷载见附录 1 中附表 1.1、附表 1.3 和附表 1.4。

二、可变荷载组合值

当结构构件受两种或两种以上的可变荷载同时作用时，考虑到各种可变荷载不可能以各自的最大值（标准值）同时出现，因此除了一个主导可变荷载（产生最大效应的荷载）仍用标准值外，其余可变荷载应在其标准值上乘以小于 1 的组合系数，对可变荷载标准值进行折减，使结构构件在两种或两种以上可变荷载作用下与仅有一种可变荷载作用下的可靠度保持一致。可变荷载组合值可由可变荷载标准值乘以相应的组合值系数得出，即

$$可变荷载组合值=\psi_c Q_k \tag{3-1}$$

式中 ψ_c——可变荷载组合值系数，其值小于 1.0，按附录 1 中附表 1.1、附表 1.3 和附表 1.4 取用；

Q_k——可变荷载标准值。

三、可变荷载准永久值

可变荷载准永久值是指可变荷载在按正常使用极限状态计算时，考虑荷载效应准永久组

合时所采用的代表值。可变荷载不像永久荷载那样在结构设计基准期内全部以其最大值经常作用在结构上，而是有时作用值大一点，有时作用值小一点，有时作用持续时间长一点，有时短一点。其准永久值是指可变荷载在结构设计基准期内经常作用的那一部分荷载（如住宅中较为固定的家具、图书馆的书库等），它对结构的影响类似于永久荷载。可变荷载准永久值可由可变荷载标准值乘以相应的准永久值系数得出，即

$$可变荷载准永久值=\psi_q Q_k \tag{3-2}$$

式中　ψ_q——可变荷载准永久值系数，其值小于1.0，按附录1中附表1.1、附表1.3和附表1.4取用。

四、可变荷载频遇值

对可变荷载，在设计基准期内，其超越的总时间为规定的较小比例或超越频率（或次数）为规定频率（或次数）的荷载值称为可变荷载频遇值。可变荷载频遇值可由可变荷载标准值乘以相应的荷载频遇值系数得出，即

$$可变荷载频遇值=\psi_f Q_k \tag{3-3}$$

式中　ψ_f——可变荷载频遇值系数，其值小于1.0，按附录1中附表1.1、附表1.3和附表1.4取用。

3.3　作用效应和结构抗力

3.3.1　作用效应

作用效应S是在各种作用（如荷载、基础的差异沉降、混凝土收缩、温度变化、地震等）下使结构或构件内产生的内力（如轴力、剪力、弯矩、扭矩等）、变形（挠度、转角等）和裂缝的总称。当内力和变形由荷载产生时，称为荷载效应。荷载和荷载效应一般近似呈线性关系，即

$$S = CQ \tag{3-4}$$

式中　S——荷载效应；

C——荷载效应系数；

Q——某种荷载。

例如，一承受均布荷载q作用的简支梁，计算跨度为l_0，跨中弯矩为

$$M = \frac{1}{8}ql_0^2$$

式中：M是荷载效应，q是荷载，$\frac{1}{8}l_0^2$相当于荷载效应系数。

因结构上的荷载一般具有不确定性，为随机变量，所以荷载效应也是随机变量。影响荷载效应的主要不确定因素有：荷载本身的变异性；内力计算假定与实际受力情况之间的差异等。

3.3.2　结构抗力

一、结构抗力的概念

结构抗力R是结构或构件抵抗作用效应的能力（如构件的承载力、刚度、抗裂度等），它是材料性能、截面几何特征及计算模式的函数。结构抗力也具有不确定性，是一个随机变量。影响结构抗力的主要不确定因素有材料强度的变异性和施工制造过程中

引起的偏差等。

二、材料的强度标准值

在第 2 章讨论过材料强度的变异性，通常取具有 95%保证率的下限分位值作为材料强度的代表值，该代表值即为材料的强度标准值。以混凝土强度为例，材料的强度标准值按其概率分布的 0.05 分位值确定，如图 3-1 所示，则其保证率为 95%。也就是材料的实际强度低于强度标准值的可能性只有 5%。

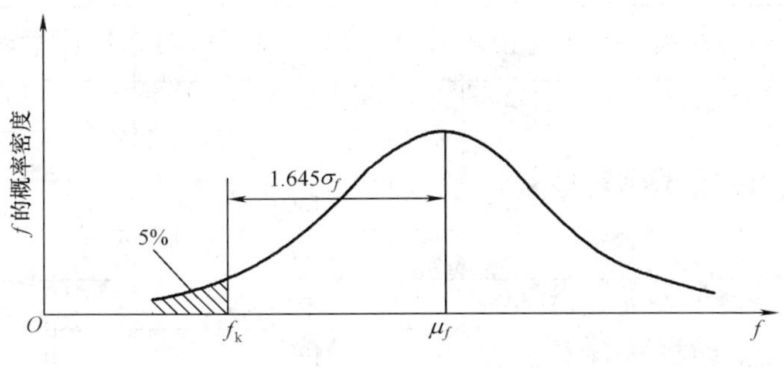

图 3-1 混凝土强度标准值的取值

钢筋和混凝土的强度标准值参见表 2-2、表 2-3 和表 2-5。

三、材料的强度设计值

(1) 钢筋的强度设计值。钢筋的强度设计值为其标准值除以材料分项系数 γ_s 的数值。即

普通钢筋
$$f_y = \frac{f_{yk}}{\gamma_s} \tag{3-5}$$

预应力筋
$$f_y = \frac{f_{pyk}}{\gamma_s} \tag{3-6}$$

式中 γ_s——钢筋材料分项系数，对 400MPa 级及以下的热轧钢筋取 $\gamma_s=1.10$，对 500MPa 级热轧钢筋取 $\gamma_s=1.15$ ，对预应力筋取 $\gamma_s=1.20$。

钢筋抗压强度设计值 f'_y 取与抗拉强度相同而预应力筋较小。这是由于构件中钢筋受到混凝土极限受压应变的控制，受压钢筋受到制约的缘故。

普通钢筋、预应力筋的强度设计值分别见表 3-2、表 3-3。

表 3-2 **普通钢筋强度设计值** (N/mm²)

种类	抗拉强度设计值 f_y	抗压强度设计值 f'_y	种类	抗拉强度设计值 f_y	抗压强度设计值 f'_y
HPB300	270	270	HRB400、HRBF400、RRB400	360	360
HRB335、HRBF335	300	300	HRB500、HRBF500、RRB500	435	410

表 3-3 **预应力筋强度设计值** (N/mm²)

种类	极限强度标准值 f_{ptk}	抗拉强度设计值 f_{py}	抗压强度设计值 f'_{py}
中强度预应力钢丝	800	510	410
	970	650	
	1270	810	
消除应力钢丝	1470	1040	410
	1570	1110	
	1860	1320	

续表

种 类	极限强度标准值 f_{ptk}	抗拉强度设计值 f_{py}	抗压强度设计值 f'_{py}
钢绞线	1570	1110	390
	1720	1220	
	1860	1320	
	1960	1390	
预应力螺纹钢筋	980	650	410
	1080	770	
	1230	900	

注 当预应力筋的强度标准值不符合表中规定时，其强度设计值应进行相应的比例换算。

(2) 混凝土的强度设计值。不同强度等级混凝土的强度设计值，由强度标准值除材料分项系数 γ_c 确定。即

轴心抗压强度设计值
$$f_c = \frac{f_{ck}}{\gamma_c} \tag{3-7}$$

轴心抗拉强度设计值
$$f_t = \frac{f_{tk}}{\gamma_c} \tag{3-8}$$

式中 γ_c——混凝土的材料分项系数，取 $\gamma_c=1.4$。

混凝土轴心抗压、抗拉强度强度设计值见表 3-4。

表 3-4 **混凝土强度设计值** (N/mm^2)

强度种类	混凝土强度等级													
	C15	C20	C25	C30	C35	C40	C45	C50	C55	C60	C65	C70	C75	C80
f_c	7.2	9.6	11.9	14.3	16.7	19.1	21.1	23.1	25.3	27.5	29.7	31.8	33.8	35.9
f_t	0.91	1.10	1.27	1.43	1.57	1.71	1.80	1.89	1.96	2.04	2.09	2.14	2.18	2.22

3.4 概率极限状态设计法

以概率理论为基础的极限状态设计方法，简称为概率极限状态设计法，它是用失效概率或可靠指标来定量表示结构可靠性的大小。

3.4.1 结构的功能函数与极限状态方程

一、结构的功能函数

结构构件的工作状态可以用结构抗力 R 和作用效应 S 的关系式来描述，这种表达式称为结构的功能函数，以 Z 表示。即

$$Z = g(R,S) = R - S \tag{3-9}$$

结构功能函数表达式可用来判断结构的工作状态：

当 $Z>0$ 时，结构处于可靠状态；

当 $Z=0$ 时，结构处于极限状态；

当 $Z<0$ 时，结构处于失效状态。

结构所处状态如图 3-2 所示。

二、结构极限状态方程

$Z=g(R,S)=R-S=0$ 为结构处于极限状态时的功能函数表达式，亦称为结构极限状态方程。

结构设计必须满足功能要求，即结构不应超过极限状态，要满足

$$S\leqslant R \tag{3-10}$$

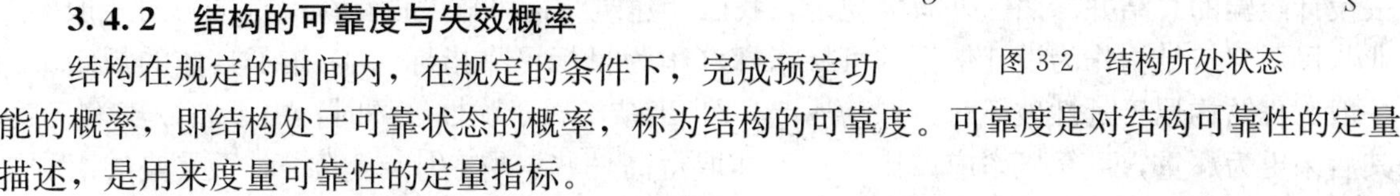

图 3-2 结构所处状态

3.4.2 结构的可靠度与失效概率

结构在规定的时间内，在规定的条件下，完成预定功能的概率，即结构处于可靠状态的概率，称为结构的可靠度。可靠度是对结构可靠性的定量描述，是用来度量可靠性的定量指标。

结构能完成预定功能（$R>S$）的概率即为“可靠概率”，用 P_s 表示；不能完成预定功能（$R<S$）的概率即为“失效概率”，用 P_f 表示。两者互补，即

$$P_s+P_f=1 \text{ 或 } P_f=1-P_s \tag{3-11}$$

故结构的可靠性也可以用失效概率来度量。

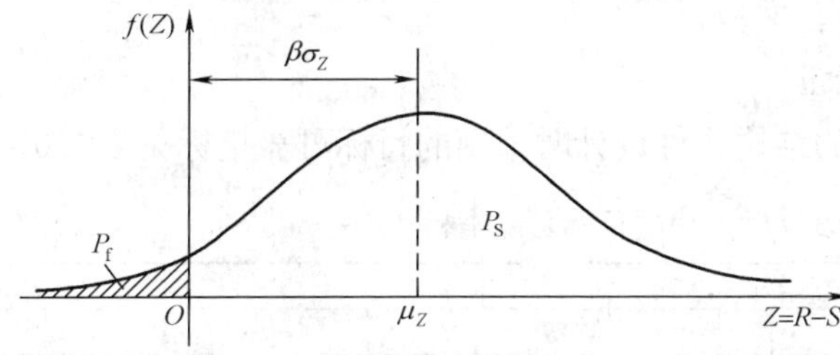

图 3-3 失效概率 P_f 与可靠指标 P_s 之间的关系

如前所述，荷载效应 S 和结构抗力 R 都是随机变量，所以 $Z=R-S$ 也应是随机变量。若 S 和 R 均服从正态分布，则 Z 亦服从正态分布，即概率密度分布曲线也是一条正态分布曲线，如图 3-3 所示。$Z<0$ 部分的面积就是失效概率 P_f，即图中阴影部分的面积。

若 Z 值的平均值为 μ_Z，标准差为 σ_Z，由概率论可知，对于正态分布函数，两个统计参数可计算如下

$$\mu_Z=\mu_R-\mu_S \tag{3-12}$$

$$\sigma_Z=\sqrt{\sigma_R^2+\sigma_S^2} \tag{3-13}$$

式中 μ_S、σ_S——结构构件作用效应的平均值和标准差；

μ_R、σ_R——结构构件抗力的平均值和标准差。

平均值 μ_Z 到坐标原点的距离可用 σ_Z 来度量，即取

$$\mu_Z=\beta\sigma_Z \tag{3-14}$$

则

$$\beta=\frac{\mu_Z}{\sigma_Z}=\frac{\mu_R-\mu_S}{\sqrt{\sigma_R^2+\sigma_S^2}} \tag{3-15}$$

由图 3-3 可知，曲线越靠右，β 越大，失效概率 P_f 就越小，结构就越可靠；反之，结构越容易失效，即 β 与 P_f 之间有一一对应关系，所以 β 和 P_f 一样可以作为衡量结构可靠性的一个指标，故 β 称为结构的可靠指标。用失效概率 P_f 来度量结构的可靠性有明确的物理意义，但计算复杂，而 β 值只与统计特征值（平均值与标准差）有关，计算 β 要比计算 P_f 方便得多，因此 GB 50068—2001《建筑结构可靠度设计统一标准》采用可靠指标 β 代替失效概率 P_f 来度量结构的可靠性。可靠指标 β 与失效概率 P_f 的对应关系见表 3-5。

表 3-5 可靠指标 β 与失效概率 P_f 的对应关系

β	2.7	3.2	3.7	4.2
P_f	3.5×10^{-3}	6.9×10^{-4}	1.1×10^{-4}	1.3×10^{-5}

3.4.3 结构的目标可靠指标与安全等级

由于 S、R 均为随机变量，要绝对保证 R 总是大于 S 是不可能的，只能做到绝大多数情况下 $R>S$，使失效概率小到人们可以接受的程度，即可认为结构是安全可靠的。通过对过去设计经验的总结并参照国外有关规定，我国《建筑结构可靠度设计统一标准》对一般的工业与民用建筑结构作为设计依据的可靠指标（称为目标可靠指标 $[\beta]$）作了具体的规定。当一般工程结构属于延性破坏时，取 $[\beta]=3.2$；当结构属于脆性破坏时，由于破坏较为突然，其后果更为严重，可靠概率应该比延性破坏取得高一些，取 $[\beta]=3.7$。对于重要的工程结构，可进一步提高可靠指标。此外，根据建筑物重要性不同，即一旦结构失效对生命财产的危害程度以及对社会的影响不同，《建筑结构可靠度设计统一标准》将建筑结构分为三个安全等级，并对其可靠指标作适当调整。三个安全等级的划分如下：

一级——重要的建筑物，破坏后果很严重；

二级——一般的建筑物，破坏后果严重；

三级——次要的建筑物，破坏后果不严重。

对于承载能力极限状态，不同安全等级的结构构件设计时采用的目标可靠指标见表 3-6。

表 3-6 不同安全等级的结构构件设计时采用的目标可靠指标 $[\beta]$

破坏类型	安全等级		
	一级	二级	三级
延性破坏	3.7	3.2	2.7
脆性破坏	4.2	3.7	3.2

以上介绍了以概率为理论基础，以各种功能要求的极限状态作为设计依据的概率极限状态设计法。由于方法还没达到完善程度，在计算中又做了一些假设和简化处理，故又称近似概率法。近似概率法基本概念合理，可以给出结构可靠度的定量概念，但计算过程繁琐，还不能普遍用于实际工程。为使实用设计更为简化，考虑到工程技术人员的习惯，《混凝土规范》仍然采用以基本变量标准值和相应的分项系数形式表达的极限状态实用设计表达式。

3.5 极限状态实用设计表达式

3.5.1 结构设计的状况

设计状况是代表一定时段内实际情况的一组设计条件，设计应做到在该组条件下结构不超越有关的极限状态。GB 50153—2008《工程结构可靠性设计统一标准》规定，工程结构设计时应区分下列设计状况：

（1）持久设计状况

持久设计状况是指在结构使用过程中一定出现且持续期很长的设计状况，其持续期一般与设计使用年限为同一数量级。持久设计状况适用于结构使用时的正常情况。

（2）短暂设计状况

短暂设计状况是指在结构施工和使用过程中出现概率较大，而与设计使用年限相比其持续期很短的设计状况。短暂设计状况适用于结构出现的临时情况，包括结构施工和检修时的情况等。

（3）偶然设计状况

偶然设计状况是指在结构使用过程中出现概率较小，且持续期很短的设计状况。偶然设计状况适用于结构出现的异常情况，包括结构遭受火灾、爆炸、撞击时的情况等。

（4）地震设计状况

地震设计状况是指结构遭受地震时的设计状况。地震设计状况适用于结构遭受地震时的情况，在抗震设防地区必须考虑地震设计状况。

对上述四种设计状况，均应进行承载能力极限状态设计。对持久设计状况，还应进行正常使用极限状态设计；对短暂设计状况和地震设计状况，可根据需要进行正常使用极限状态设计；对偶然设计状况，可不进行正常使用极限状态设计。

3.5.2 承载能力极限状态计算的基本表达式

一、计算内容和设计表达式

混凝土结构的承载能力极限状态计算应包括下列内容：

1）结构构件应进行承载力（包括失稳）计算；

2）直接承受重复荷载的构件应进行疲劳验算；

3）有抗震设防要求时，应进行抗震承载力计算；

4）必要时尚应进行结构的倾覆、滑移、漂浮验算；

5）对于可能遭受偶然作用，且倒塌可能引起严重后果的重要结构，宜进行防连续。

对持久设计状况、短暂设计状况和地震设计状况，当用内力形式表达时，结构构件应采用下列承载能力极限状态设计表达式

$$\gamma_0 S \leqslant R \tag{3-16}$$

$$R = R(f_c, f_s, a_k, \cdots)/\gamma_{Rd} \tag{3-17}$$

式中 γ_0——结构重要性系数。在持久设计状况和短暂设计状况下，对安全等级为一级的结构构件不应小于1.1，对安全等级为二级的结构构件不应小于1.0，对安全等级为三级的结构构件不应小于0.9；对地震设计状况下应取1.0。

S——承载能力极限状态下作用组合的效应设计值：对持久设计状况和短暂设计状况应按作用的基本组合计算；对地震设计状况应按作用的地震组合计算。

R——结构构件的抗力设计值。

$R(\cdot)$——结构构件的抗力函数。

γ_{Rd}——结构构件的抗力模型不定性系数。静力设计取1.0，对不确定性较大的结构构件根据具体情况取大于1.0的数值；抗震设计应用承载力抗震调整系数γ_{RE}代替γ_{Rd}。

f_c、f_s——混凝土、钢筋的强度设计值。

a_k——几何参数的标准值；当几何参数的变异性对结构性能有明显的不利影响时，可另增减一个附加值。

式（3-16）中的$\gamma_0 S$为内力设计值，通过结构分析用内力设计值（N、M、V、T等）表达。

二、荷载效应组合

结构上作用有多种可变荷载时，各可变荷载同时达到标准值的概率显然比其中一种可变

荷载达到标准值的概率要低。为使结构在两种或两种以上可变荷载同时作用的情况与仅有一种可变荷载作用的情况具有大致相同的可靠指标，GB 50009—2001《建筑结构荷载规范》还规定了可变荷载的组合值系数，对同时作用的多种可变荷载的标准值进行折减。

对于承载能力极限状态，荷载效应组合的设计值 S 应从下列组合值中取最不利值确定。

（1）由可变荷载效应控制的组合

$$S = \gamma_G S_{Gk} + \gamma_{Q1} S_{Q1k} + \sum_{i=2}^{n} \gamma_{Qi} \psi_{ci} S_{Qik} \tag{3-18}$$

（2）由永久荷载效应控制的组合

$$S = \gamma_G S_{Gk} + \sum_{i=1}^{n} \gamma_{Qi} \psi_{ci} S_{Qik} \tag{3-19}$$

式中 γ_G——永久荷载分项系数，①当其效应对结构不利时，对由可变荷载效应控制的组合，应取 1.2；对由永久荷载效应控制的组合，应取 1.35；②当其效应对结构有利时，一般情况下应取 1.0；对结构的倾覆、滑移或漂浮验算，应取 0.9。

γ_{Q1}、γ_{Qi}——第 1 个和第 i 个可变荷载分项系数，一般情况下取 1.4；对标准值大于 4kN/m^2 的工业房屋楼面结构的活荷载取 1.3。

S_{Gk}——按永久荷载标准值 G_k 计算的荷载效应值。

S_{Q1k}——按起控制作用的一个可变荷载标准值 Q_{1k} 计算的荷载效应值。

S_{Qik}——按可变荷载标准值 Q_{ik} 计算的荷载效应值。

ψ_{ci}——第 i 个可变荷载的组合值系数，应按 GB 50009—2001《建筑结构荷载规范》的规定采用。

n——参与组合的可变荷载数。

对于一般排架、框架结构，由多种荷载作用时不区分引起最大荷载效应的第一个可变荷载，而采用简化规则，按下列组合值中取最不利值确定。

（1）由可变荷载效应控制的组合

$$S = \gamma_G S_{Gk} + \gamma_{Q1} S_{Q1k} \tag{3-20}$$

$$S = \gamma_G S_{Gk} + 0.9 \sum_{i=1}^{n} \gamma_{Qi} S_{Qik} \tag{3-21}$$

（2）由永久荷载效应控制的组合仍按式（3-19）采用。

【例 3-1】 某教学楼楼面构造层分别为：20mm 厚水泥砂浆抹面（重力密度为 20kN/m^3）；50mm 厚钢筋混凝土垫层（重力密度为 25kN/m^3）；120mm 厚现浇钢筋混凝土楼板（重力密度为 25kN/m^3）；16mm 厚底板抹灰（重力密度为 17kN/m^3）。楼面均布活荷载 2.0kN/m^2，若安全等级为二级，求该楼板的荷载设计值。

解 取 1m 宽的板带作为计算单元。

（1）永久荷载标准值

20mm 厚水泥砂浆抹面	20×0.02×1.0=0.40kN/m
50mm 厚钢筋混凝土垫层	25×0.05×1.0=1.25kN/m
120mm 厚现浇钢筋混凝土楼板	25×0.12×1.0=3.00kN/m
16mm 厚底板抹灰	17×0.016×1.0=0.272kN/m

$$g_k = 0.40 + 1.25 + 3.00 + 0.272 = 4.922\text{kN/m}$$

（2）可变荷载标准值 $q_k = 2.0 \times 1.0 = 2.0\text{kN/m}$

（3）荷载设计值

由可变荷载效应控制的组合，取荷载分项系数 $\gamma_G = 1.2$，$\gamma_Q = 1.4$

$$q = \gamma_0(\gamma_G g_k + \gamma_Q q_k) = 1.0 \times (1.2 \times 4.922 + 1.4 \times 2.0) = 8.71\ \text{kN/m}$$

由永久荷载效应控制的组合，取荷载分项系数 $\gamma_G = 1.35$，$\gamma_Q = 1.4$；组合值系数 $\psi_c = 0.7$

$$q = \gamma_0(\gamma_G g_k + \gamma_Q q_k \psi_c) = 1.0 \times (1.35 \times 4.922 + 1.4 \times 2.0 \times 0.7) = 8.60\text{kN/m}$$

则楼板荷载设计值为

$$q = 8.71\ \text{kN/m}$$

3.5.3 正常使用极限状态计算的基本表达式

混凝土结构构件正常使用极限状态的验算应包括下列内容：

1）对需要控制变形的构件，应进行变形验算；

2）对不允许出现裂缝的构件，应进行混凝土拉应力验算；

3）对允许出现裂缝的构件，应进行受力裂缝宽度验算；

4）对舒适度有要求的楼盖结构，应进行竖向自振频率验算。

与承载能力极限状态相比，正常使用极限状态的目标可靠指标要低一些。因而在计算中对荷载和材料强度不再乘以分项系数，直接采用标准值，结构的重要性系数 γ_0 也不予考虑。

对于正常使用极限状态，结构构件应分别按荷载效应的标准组合、准永久组合并考虑荷载长期作用的影响进行验算，保证结构及构件变形、应力、裂缝等计算值不超过相应的规定限值。

一、标准组合

对于荷载效应的标准组合，荷载效应组合的设计值 S 按式（3-23）计算

$$S = S_{Gk} + S_{Q1k} + \sum_{i=2}^{n} \psi_{ci} S_{Qik} \tag{3-22}$$

二、准永久组合

对于荷载效应的准永久组合，荷载效应组合的设计值 S 按式（3-24）计算

$$S = S_{Gk} + \sum_{i=1}^{n} \psi_{qi} S_{Qik} \tag{3-23}$$

式中 ψ_{qi}——第 i 个可变荷载的准永久值系数，按附录 1 中附表 1.1、附表 1.3 和附表 1.4 取用。

【例 3-2】 已知某受弯构件在各种荷载引起的弯矩标准值分别为：永久荷载 2000N·m，使用活荷载 1500 N·m，风荷载 300N·m，雪荷载 200N·m。其中使用活荷载的组合值系数 $\psi_{c1} = 0.7$，风荷载的组合值系数 $\psi_{c2} = 0.6$，雪荷载的组合值系数 $\psi_{c3} = 0.7$。若安全等级为二级，求按承载能力极限状态设计时的荷载效应 M 的值为多少？又若各种可变荷载的准永久值系数分别为：使用活荷载 $\psi_{q1} = 0.4$，风荷载 $\psi_{q2} = 0$，雪荷载 $\psi_{q3} = 0.2$，求在正常使用极限状态下的荷载标准组合 M_s 和荷载准永久组合 M_l。

解 （1）按承载能力极限状态计算荷载效应 M

由可变荷载效应控制的组合

$$M=\gamma_0\left(\gamma_G M_{Gk}+\gamma_{Q1}M_{Q1k}+\sum_{i=2}^{3}\gamma_{Qi}\psi_{ci}M_{Qik}\right)$$
$$=1.0\times(1.2\times2000+1.4\times1500+1.4\times0.6\times300+1.4\times0.7\times200)$$
$$=4948\ \mathrm{N\cdot m}$$

由永久荷载效应控制的组合

$$M=\gamma_0\left(\gamma_G M_{Gk}+\sum_{i=1}^{3}\gamma_{Qi}\psi_{ci}M_{Qik}\right)$$
$$=1.0\times[1.35\times2000+1.4(0.7\times1500+0.6\times300+0.7\times200)]$$
$$=4618\ \mathrm{N\cdot m}$$

可见是由可变荷载效应控制。

(2) 按正常使用极限状态计算荷载效应 M_s 和 M_l。

荷载效应的标准组合

$$M_s=M_{Gk}+M_{Q1k}+\sum_{i=2}^{3}\psi_{ci}M_{Qik}$$
$$=2000+1500+0.6\times300+0.7\times200=3820\ \mathrm{N\cdot m}$$

荷载效应的准永久组合

$$M_l=M_{Gk}+\sum_{i=1}^{3}\psi_{qi}M_{Qik}$$
$$=2000+0.4\times1500+0\times300+0.2\times200=2640\ \mathrm{N\cdot m}$$

三、正常使用极限状态计算的基本表达式

对于正常使用极限状态，应按下列极限状态设计表达式进行验算

$$S\leqslant C$$

式中 S——正常使用极限状态的荷载效应组合值，按现行国家标准《建筑结构荷载规范》的规定进行计算；

C——结构构件达到正常使用要求所规定的变形挠度、裂缝状态等的限值，按表 3-7 和表 3-8 取用。

(1) 变形挠度。混凝土构件的挠度应不影响其使用功能和外观要求。

受弯构件的最大挠度应按荷载效应的标准组合或准永久组合并考虑荷载长期作用影响进行计算，其计算值不应超过表 3-7 规定的挠度限值。

表 3-7 受弯构件的挠度限值

构件类型		挠度限值	构件类型		挠度限值
吊车梁	手动吊车	$l_0/500$	屋盖、楼盖梯楼构件	当 $l_0<7$m	$l_1/200$ ($l_0/250$)
				当 7m$\leqslant l_0\leqslant$9m 时	$l_0/250$ ($l_0/300$)
	电动吊车	$l_0/600$		当 $l_0>$9m 时	$l_0/300$ ($l_0/400$)

注 1. 表中 l_0 为构件的计算跨度；计算悬臂构件的挠度限值时，其计算跨度 l_0 按实际悬臂长度的 2 倍取用；

2. 表中括号内的数值适用于使用上对挠度有较高要求的构件；

3. 如果构件制作时预先起拱，且使用上也允许，则在验算挠度时，可将计算所得的挠度值减去起拱值；对预应力混凝土构件，尚可减去预加力所产生的反拱值；

4. 构件制作时的起拱值和预加力所产生的反拱值，不宜超过构件在相应荷载组合作用下的计算挠度值。

(2) 裂缝及应力控制。结构构件正截面的受力裂缝控制等级分为三级。裂缝控制等级的划分及要求应符合下列规定。

一级——严格要求不出现裂缝的构件。按荷载标准组合计算时，构件受拉边缘混凝土不应产生拉应力。

二级——一般要求不出现裂缝的构件。按荷载标准组合计算时，构件受拉边缘混凝土拉应力不应大于混凝土抗拉强度的标准值。

三级——允许出现裂缝的构件。对钢筋混凝土构件，按荷载准永久组合并考虑长期作用影响计算时，构件的最大裂缝宽度不应超过表3-8规定的最大裂缝宽度限值。对预应力混凝土构件，按荷载标准组合并考虑长期作用的影响计算时，构件的最大裂缝宽度不应超过表3-8规定的最大裂缝宽度限值；对二a类环境的预应力混凝土构件，尚应按荷载准永久组合计算，且构件受拉边缘混凝土拉应力不应大于混凝土抗拉强度的标准值。

结构构件应根据结构类型和所处的环境类别及裂缝控制等级，按表3-8的裂缝宽度限值 w_{lim} 进行验算。

表3-8　结构构件的裂缝控制等级及最大裂缝宽度的限值 w_{lim}　(mm)

<table>
<tr><th rowspan="2">环境类别</th><th colspan="2">钢筋混凝土结构</th><th colspan="2">预应力混凝土结构</th></tr>
<tr><th>裂缝控制等级</th><th>w_{lim}</th><th>裂缝控制等级</th><th>w_{lim}</th></tr>
<tr><td>一</td><td rowspan="4">三级</td><td>0.30 (0.40)</td><td rowspan="2">三级</td><td>0.20</td></tr>
<tr><td>二a</td><td rowspan="3">0.20</td><td>0.10</td></tr>
<tr><td>二b</td><td>二级</td><td>—</td></tr>
<tr><td>三a、三b</td><td>一级</td><td>—</td></tr>
</table>

注 1. 对处于年平均相对湿度小于60%地区一类环境下的受弯构件，其最大裂缝宽度限值可采用括号内的数值。
2. 在一类环境下，对钢筋混凝土屋架、托架及需作疲劳验算的吊车梁，其最大裂缝宽度限值应取为0.20mm；对钢筋混凝土屋面梁和托梁，其最大裂缝宽度限值应取为0.30mm。
3. 在一类环境下，对预应力混凝土屋架、托架及双向板体系，应按二级裂缝控制等级进行验算；对一类环境下的预应力混凝土屋面梁、托梁、单向板，应按表中二a类环境的要求进行验算；在一类和二a类环境下需作疲劳验算的预应力混凝土吊车梁，应按裂缝控制等级不低于二级的构件进行验算。
4. 表中规定的预应力混凝土构件的裂缝控制等级和最大裂缝宽度限值仅适用于正截面的验算；预应力混凝土构件的斜截面裂缝控制验算应符合预应力构件的有关规定。
5. 对于烟囱、筒仓和处于液体压力下的结构构件，其裂缝控制要求应符合专门标准的有关规定。
6. 对于处于四、五类环境下的结构构件，其裂缝控制要求应符合专门标准的有关规定。
7. 表中的最大裂缝宽度限值为用于验算荷载作用引起的最大裂缝宽度。

3.6 混凝土结构的耐久性

3.6.1 混凝土结构耐久性的概念与影响因素

一、混凝土结构耐久性的概念

混凝土结构在自然环境和人为环境的长期作用下，发生着极其复杂的物理化学反应，除应保证建成后的承载力和适用性外，还应能保证在其预定的使用年限内，不出现无法接受的承载力减小、使用功能降低和不能接受的外观破损等的耐久性要求，以免影响结构的使用寿命。

混凝土结构的耐久性是指结构在规定的工作环境中，在预定的设计使用年限内，在正常维护条件下不需要进行大修就能完成预定功能要求的能力。规定的工作环境是指建筑物所在地区的环境及工业生产所形成的环境等；设计使用年限是设计规定的一个时期，在这一时期内，只需正常维修（不需大修）就能完成预定功能，即房屋建筑在正常设计、正常施工、正常使用和维护所应达到的使用年限。《建筑结构可靠度设计统一标准》首次提出了建筑结构的设计使用年限，见表 3-9。

表 3-9 设计使用年限分类

类　别	设计使用年限（年）	示　例
1	5	临时性建筑
2	25	易于替换的结构构件
3	50	普通房屋和构筑物
4	100	纪念性建筑和特别重要的建筑结构

二、影响混凝土结构耐久性的因素

影响混凝土结构耐久性的因素很多，如裂缝、混凝土碳化和腐蚀环境（如除冰盐、海洋环境）等导致钢筋锈蚀、冻融循环和碱骨料反应等引起混凝土强度降低、构件表面机械损伤和风化等造成构件截面减小。在各种因素的长期复合作用下，使得材料强度、结构承载力和刚度降低，结构表面美观受到影响，并首先影响到结构的正常使用，如漏水、挠度变形和开裂增大，并最终可能导致结构的破坏和垮塌。各种影响混凝土结构耐久性的因素有时又相互影响，而造成的结果会使这些不利影响加重。

上述影响混凝土结构耐久性的因素可分为内部和外部两方面。内部因素有混凝土的强度、渗透性、保护层厚度、水泥品种、标号和用量、氯离子及碱含量、外加剂等；外部因素主要有环境温度、湿度、CO_2 含量、侵蚀性介质、冻融及磨损等。

混凝土结构耐久性问题涉及面广，影响因素多，进行房屋混凝土结构的耐久性设计应包括下列内容：

（1）确定结构所处的环境类别；

（2）提出对混凝土材料的耐久性质量要求；

（3）确定构件中钢筋的混凝土保护层厚度；

（4）不同环境条件的耐久性技术措施；

（5）提出结构使用阶段的维护与检测要求。

对临时性的混凝土结构，可不考虑混凝土的耐久性要求。

3.6.2 耐久性设计

混凝土结构耐久性问题表现为：钢筋混凝土构件表面出现锈胀裂缝；预应力筋开始锈蚀；结构表面混凝土出现可见的耐久性损伤（酥裂、粉化等）。

鉴于混凝土结构材料性能劣化的规律不确定性很大，目前除个别特殊工程以外，一般建筑结构的耐久性问题只能采用经验性的方法解决。

一、混凝土结构的环境类别

混凝土结构的耐久性与结构所处的使用环境有密切关系。同一结构在强腐蚀环境中的使用寿命要比一般大气环境中的使用寿命短，对混凝土结构使用环境进行分类，可以在设计时针对不同的环境类别和耐久性作用等级采取相应的措施，达到设计使用年限的要求。我国《混凝土规范》规定，混凝土结构的耐久性应根据环境类别和设计使用年限进行设计。环境类别的划分见表3-10。

表3-10　混凝土结构的环境类别

环境类别	条　件
一	室内干燥环境；无侵蚀性静水侵没环境
二 a	室内潮湿环境；非严寒和非寒冷地区露天环境；非严寒和非寒冷地区与无侵蚀性的水或土壤直接接触的环境；严寒和寒冷地区的冰冻线以下与无侵蚀性的水或土壤直接接触的环境
二 b	干湿交替环境；水位频繁变动环境；严寒和寒冷地区露天环境；严寒和寒冷地区冰冻线以上与无侵蚀性的水或土壤直接接触的环境
三 a	严寒和寒冷地区冬季水位变动区环境；受除冰盐影响环境；海风环境
三 b	盐渍土环境；受除冰盐作用环境；海岸环境
四	海水环境
五	受人为或自然的侵蚀性物质影响的环境

注　1. 室内潮湿环境是指构件表面经常处于结露或湿润状态的环境；

2. 严寒和寒冷地区的划分应符合现行国家标准GB 50176—1993《民用建筑热工设计规范》的有关规定；

3. 海岸环境和海风环境宜根据当地情况，考虑主导风向及结构所处迎风、背风部位等因素的影响，由调查研究和工程经验确定；

4. 受除冰盐影响环境指受到除冰盐盐雾影响的环境，受除冰盐作用的环境指被除冰盐溶液溅射的环境以及使用除冰盐地区的洗车房、停车楼等建筑；

5. 暴露的环境是指混凝土结构表面所处的环境。

二、混凝土保护层

混凝土保护层厚度是一个重要参数，它不仅关系到构件的承载力和适用性，而且对结构构件的耐久性有决定性的影响。《混凝土规范》规定：构件中受力钢筋的保护层厚度不应小于钢筋的公称直径；对设计使用年限为50年的混凝土结构，最外层钢筋（包括箍筋和构造钢筋）的保护层厚度应符合表3-11的规定；对设计使用年限为100年的混凝土结构，保护层厚度不应小于表3-11数值的1.4倍。当有充分依据并采取有效措施时，可适当减少混凝土保护层的厚度，这些措施包括：构件表面有可靠的保护层；采用工厂化生产的预制构件；在混凝土中掺加阻锈剂或采用阴极保护处理等防锈措施；另外，当对地下室墙体采取可靠的建筑防水做法或防护措施时，与土层接触侧钢筋的保护层厚度可适当减少，但不应小于25mm。

表3-11　混凝土保护层的最小厚度 c　(mm)

环境等级	板、墙、壳	梁、柱、杆	环境等级	板、墙、壳	梁、柱、杆
一	15	20	三 a	30	40
二 a	20	25	三 b	40	50
二 b	25	35			

注　1. 混凝土强度等级不大于C25时，表中保护层厚度数值应增加5mm；

2. 钢筋混凝土基础宜设置混凝土垫层，基础中钢筋的混凝土保护层厚度应从垫层顶面算起，且不应小于40mm。

三、结构混凝土材料的耐久性质量要求

影响混凝土结构耐久性的主要内因是混凝土、钢筋抵抗性能退化的能力，从建筑材料的角度控制混凝土质量以保证结构的耐久性。合理设计混凝土的配合比，严格控制集料中的含盐量、含碱量，保证混凝土必要的强度，提高混凝土的密实性和抗渗性是保证混凝土耐久性的重要措施。《混凝土规范》对处于一、二、三类环境中，设计使用年限为50年的结构混凝土材料耐久性的基本要求，如最大水胶比、最低强度等级、最大氯离子含量和最大碱含量等，均作了明确规定，结构混凝土材料的耐久性基本要求见表3-12。

表3-12　　结构混凝土材料的耐久性基本要求

环境等级	最大水胶比	最低强度等级	最大氯离子含量（%）	最大碱含量/(kN/m³)
一	0.60	C20	0.30	不限制
二a	0.55	C25	0.20	3.0
二b	0.50（0.55）	C30（C25）	0.15	
三a	0.45（0.50）	C35（C30）	0.15	
三b	0.40	C40	0.10	

注　1. 氯离子含量系指其占胶凝材料的百分比；
2. 预应力构件混凝土中的最大氯离子含量为0.06%，最低混凝土强度等级宜按表中的规定提高两个等级；
3. 素混凝土构件的水胶比及最低强度等级的要求可适当放松；
4. 有可靠工程经验时，二类环境中的最低混凝土强度等级可降低一个等级；
5. 处于严寒和寒冷地区二b、三a类环境中的混凝土应使用引气剂，并可采用括号中的有关参数；
6. 当使用非碱活性骨料时，对混凝土中的碱含量可不作限制。

对二、三类环境中，设计使用年限100年的混凝土结构应采取专门的有效措施。

对在一类环境中设计使用年限为100年的混凝土结构，钢筋混凝土结构的混凝土最低强度等级为C30，预应力混凝土结构的混凝土最低强度等级为C40；混凝土中的最大氯离子含量为0.06%；宜使用非碱活性骨料，当使用碱活性骨料时，混凝土中的最大碱含量为3.0kg/m³。

四、满足耐久性要求的技术措施

对处在不利的环境条件下的结构，以及在二类和三类环境中设计使用年限为100年的混凝土结构，应采取专门的有效防护措施。这些措施包括：

（1）预应力混凝土结构中的预应力筋应根据工程的具体情况采取表面防护、管道灌浆、加大混凝土保护层厚度等措施；预应力筋外露锚固端应采取封锚和混凝土表面处理等有效措施；必要时，可采用可更换的预应力体系。

（2）有抗渗要求的混凝土结构，混凝土的抗渗等级应符合有关标准的要求。

（3）严寒及寒冷地区的潮湿环境中，结构混凝土应满足抗冻要求，混凝土抗冻等级应符合有关标准的要求。

（4）处于三类环境中的混凝土结构，受力钢筋可采用环氧树脂涂层钢筋、镀锌预应力筋或采取阴极保护处理等防锈措施。

（5）处于二、三类环境中的悬臂构件宜采用悬臂梁—板的结构形式，或在其上表面增设

防护层。

(6) 处于二、三类环境中的结构，其表面的预埋件、吊钩、连接件等金属部件应与混凝土中的钢筋隔离，并采取可靠的防锈措施。

五、混凝土结构在设计使用年限内的维护与检测

要保证混凝土结构的耐久性，还需要在设计使用年限内对结构进行正常的检查维修，不得随意改变建筑物所处的环境类别，这些检查维护的措施包括：

(1) 建立定期检测、维修制度；

(2) 设计中可更换的混凝土构件应按规定更换；

(3) 构件表面的防护层，应按规定维护或更换；

(4) 结构出现可见的耐久性缺陷时，应及时进行处理。

我国《混凝土结构设计规范》主要对处于一、二、三级环境中的混凝土结构的耐久性要求作了明确规定；对处于四、五类环境中的混凝土结构，其耐久性要求应符合有关标准的规定。

思考题

3-1 何谓结构可靠性？结构设计应使结构满足哪些功能要求？

3-2 何谓结构的极限状态？说明两种极限状态的具体内容。

3-3 何谓结构上的作用？荷载代表值是如何划分的？

3-4 何谓荷载效应？何谓结构的抗力？

3-5 何谓功能函数？如何用功能函数表达"可靠"、"失效"和"极限状态"？

3-6 何谓失效概率？何谓可靠指标？两者之间有何关系。

3-7 试说明材料强度平均值、标准值和设计值之间的关系。

3-8 建筑结构的安全等级是如何划分的？它与目标可靠指标之间的关系如何？

3-9 我国《混凝土规范》目前采用什么设计法？试写出承载能力极限状态实用设计表达式，说明表达式中各项符号的含义。

3-10 正常使用极限状态的验算具体包括哪些内容？试写出正常使用极限状态实用设计表达式，为什么在正常使用极限状态的验算中不考虑荷载分项系数和材料分项系数，即取荷载和材料强度的标准值？

3-11 正常使用极限状态中的挠度限值和裂缝控制等级是如何划分的？

3-12 何谓混凝土结构的耐久性？结构的环境等级如何分类？耐久性对混凝土有哪些要求？

习题

3-1 某办公楼用简支空心板，板长3300mm，计算跨度3180mm，板宽900mm，板自重2.04 kN/m^2，40mm厚后浇混凝土（重力密度为25kN/m^3）；20mm厚底板抹灰（重力密度为20kN/m^3），楼面均布活荷载2.0kN/m^2，其中使用活荷载的组合值系数$\psi_c=0.7$、准永久值系数$\psi_q=0.4$，若安全等级为二级。试计算按承载能力极限状态和正常使用极限状态设

计时的跨中截面弯矩设计值。

3-2 某钢筋混凝土简支梁，计算跨度 $l_0=6.15\text{m}$，在梁上作用永久荷载标准值 $g_k=8.5\text{kN/m}$（包括梁自重），活荷载标准值 $p_k=8.5\text{kN/m}$，其中使用活荷载的组合值系数 $\psi_c=0.7$、准永久值系数 $\psi_q=0.4$，若安全等级为二级，求：（1）按承载能力极限状态设计时的荷载效应 M；（2）在正常使用极限状态下的荷载标准组合 M_s 和荷载准永久组合 M_l。

第4章 钢筋混凝土梁

钢筋混凝土梁一般是水平（有时也倾斜）方向放置的构件，受荷后截面上会产生弯矩、剪力，还有的截面同时承受扭矩的作用。构件截面上同时受弯矩和剪力作用的构件称为受弯构件，如建筑结构中常用的混凝土肋形楼盖的梁和楼梯斜梁、工业厂房中的屋面梁、连系梁以及供吊车行驶的吊车梁，梁式桥的主梁和横梁，水工结构中的闸坝工作桥的纵梁等，这些都是典型的受弯构件。构件截面上同时受到扭矩作用的构件为弯剪扭构件，如雨篷梁、框架的边梁、曲梁和螺旋楼梯等。

4.1 基本构造要求

受弯构件在弯矩和剪力共同作用下，其破坏有两种可能：一种破坏主要是由弯矩作用引起的，破坏时截面大致与构件的纵轴线垂直正交，称为正截面破坏，如图 4-1（a）所示；另一种破坏主要是由弯矩和剪力共同作用引起的，破坏时截面与构件的纵轴线呈一定角度斜向相交，称为斜截面破坏，如图 4-1（b）所示。因此钢筋混凝土受弯构件设计通常包括以下内容：①正截面受弯承载力计算——按控制截面的弯矩设计值 M，计算确定截面尺寸和纵向受力钢筋；②斜截面受剪承载力计算——按受剪控制截面处的剪力设计值 V，计算确定箍筋和弯起钢筋的数量，以上两项属于构件承载能力极限状态的设计范畴；③钢筋布置——为保证钢筋与混凝土的黏结，并使钢筋充分发挥作用，根据荷载产生的弯矩图和剪力图确定钢筋的布置；④根据其使用条件还需要进行挠度变形和裂缝宽度的验算，以保证适用性和耐久性的要求，这属于构件正常使用极限状态的设计范畴；⑤绘制施工图。对于混凝土结构和构件设计，通常先按承载能力极限状态进行结构构件的设计，再按正常使用极限状态进行验算。

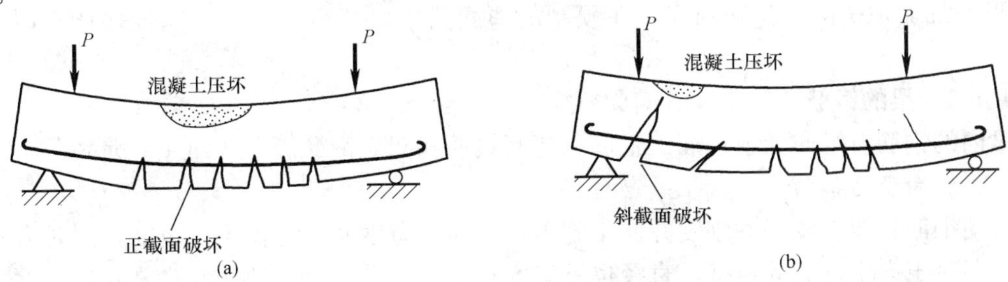

图 4-1 受弯构件破坏情况

（a）正截面破坏；（b）斜截面破坏

4.1.1 梁的截面形式与尺寸

一、梁的截面形式

梁的截面形式有矩形、T 形、倒 L 形、L 形、工字形和花篮形等，如图 4-2 所示。

受弯构件中，仅在受拉区配置纵向受力钢筋的截面称为单筋截面，如图 4-3（a）所示；

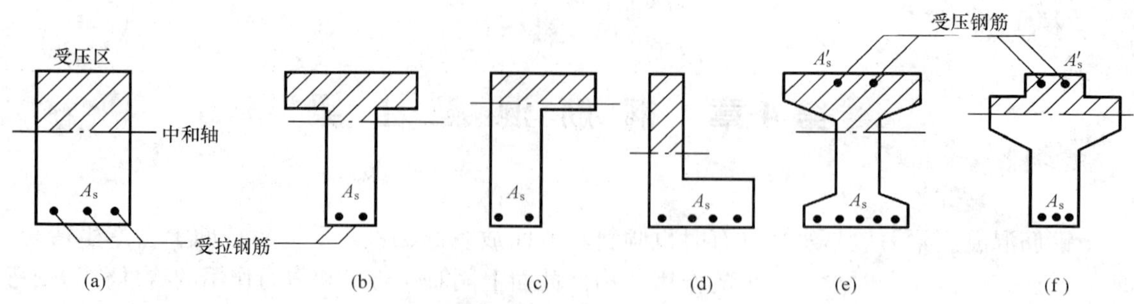

图 4-2　梁的截面形式

(a) 矩形梁；(b) T 形梁；(c) 倒 L 形梁；(d) L 形梁；(e) 工字形梁；(f) 花篮梁

受拉区和受压区都配置纵向受力钢筋的截面称为双筋截面，如图 4-3（b）所示。

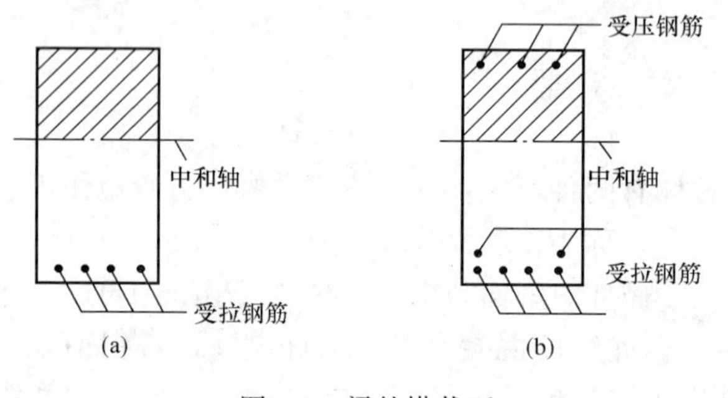

图 4-3　梁的横截面

(a) 单筋截面；(b) 双筋截面

二、梁的截面尺寸

为了能重复利用模板并方便施工，一般要求统一截面的尺寸，通常要考虑以下一些规定：

矩形截面的宽度 b 及 T 形截面的腹板宽度 b 取为 120mm、150mm、180mm、200mm、220mm、250mm，当 b 为 250mm 以上时，以 50mm 为模数递增。梁高 h 常取为 250mm、300mm、350mm、400mm、…、800mm 以 50mm 递增；800mm 以上则以 100mm 递增。

梁的高度 h 通常可由跨度 l 决定，梁高与跨度之比 h/l 称为高跨比。肋形楼盖的主梁高跨比 h/l 一般为 1/8～1/12，次梁为 1/15～1/20，独立梁不小于 1/15（简支）和 1/20（连续）。对于一般铁路桥梁为 1/6～1/10，公路桥梁为 1/10～1/18。

梁的高度与宽度（T 形梁为腹板宽度）之比 h/b，对矩形截面梁一般取 $h/b=2\sim3.5$，对 T 形截面梁取 $h/b=2.5\sim4.0$。在预制的薄腹梁中，其高度与腹板宽度之比有时可达 6 左右。

4.1.2　梁的钢筋

梁内的钢筋有纵向受力钢筋、箍筋、弯起钢筋和架立钢筋等，如图 4-4 所示。

一、纵向受力钢筋

为使钢筋骨架有较好的刚度并便于施工，纵向受力钢筋的直径不宜过细；同时为了避免受拉区混凝土产生过宽的裂缝，直径也不宜太粗，通常采用 10～32mm。常用的直径为 12、14、16、18、20、22、25、28mm。当梁高 $h\geqslant300$mm 时，受力钢筋直径不应小于 10mm；当梁高 $h<300$mm 时，其直径不应小于 8mm ；同一截面一边的受力钢筋直径一般不要超过两种，直径差应不小于 2mm，以便于识别，但也不宜超过 4～6mm。

伸入梁支座范围内的纵向受力钢筋不应少于 2 根。

梁上部纵向钢筋水平方向的净间距不应小于 30mm 和 $1.5d$；梁下部纵向钢筋水平方向的净间距不应小于 25mm 和 d。下部纵向钢筋应尽可能布置成一层，如根数较多，也可排成

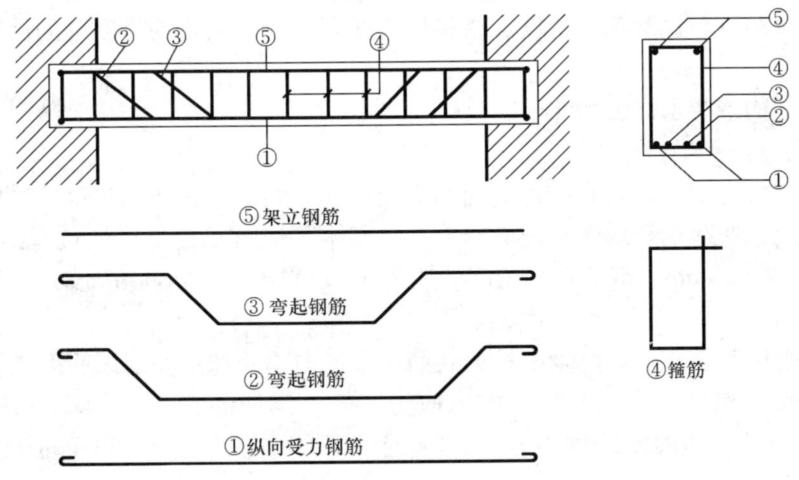

图 4-4　梁内钢筋布置

两层。当下部纵向钢筋多于两层时，两层以上钢筋的水平方向的中距应比下面两层的中距增大一倍；各层钢筋之间的净间距不应小于 25mm 和 d，d 为纵向钢筋的最大直径，如图 4-5 所示。当钢筋排成两层或多于两层时，要避免上下钢筋互相错位，以免使混凝土浇筑困难。

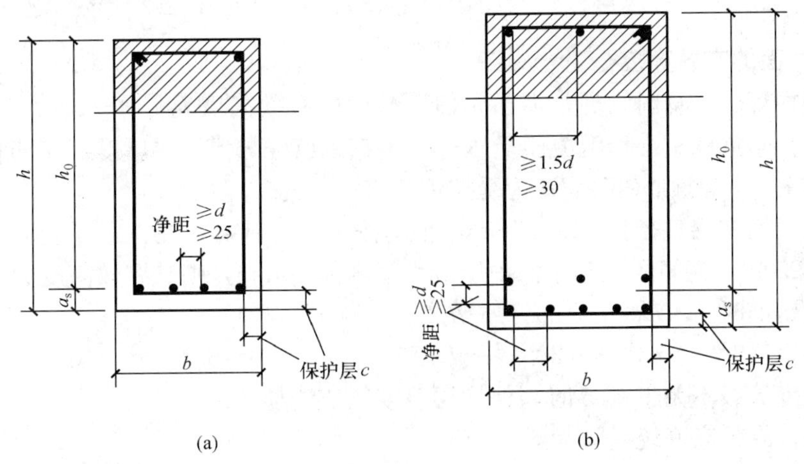

图 4-5　梁内钢筋净距

(a) 单层钢筋；(b) 双排钢筋

在梁的配筋密集区域，如受力钢筋单根布置导致混凝土浇筑密实困难时，为方便施工，可采用两根或三根钢筋并在一起配置，称为并筋（钢筋束），如图 4-6 所示。当采用并筋（钢筋束）的形式配筋时，并筋的数量不应超过 3 根。并筋可视为一根等效钢筋，其等效直径 d_e 可按截面面积相等的原则换算确定，等直径二并筋公称直径为 $d_e=1.41d$；三并筋为 $d_e=1.73d$，d 为单根钢筋的直径。等效钢筋公称直径的概念可用于钢筋间距、保护层

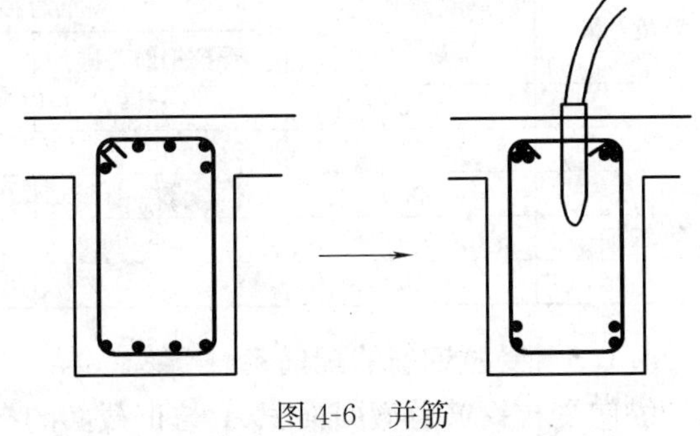

图 4-6　并筋

厚度、裂缝宽度验算、钢筋锚固长度、搭接接头面积百分率及搭接长度等的计算中。

二、箍筋

梁内箍筋的构造要求详见4.4节。

三、弯起钢筋

将跨中纵向受力钢筋（梁底的角部钢筋不应弯起，梁顶无现浇板时顶层的角部钢筋不应弯下）弯起而成。弯起钢筋承受斜截面剪力，端部水平段可承受支座处负弯矩产生的拉力。常用的直径为12～28mm。钢筋弯起角度一般为45°，当梁高$h>800$mm时，可采用60°。

四、架立钢筋

梁上部无受压钢筋时，需配置2根架立筋，以便与箍筋和梁底部纵筋形成钢筋骨架，并能承受混凝土收缩和温度变化所产生的内应力。架立钢筋的直径，当梁的跨度l小于4m时，不宜小于8mm；当梁的跨度l为4～6m时，不应小于10mm；当梁的跨度l大于6m时，不宜小于12mm。

4.1.3 钢筋的混凝土保护层

为防止钢筋锈蚀，保证耐久性、防火性以及钢筋与混凝土的黏结，梁内钢筋的两侧和近边都应有足够的保护层。梁最外层钢筋（从箍筋外皮算起）至混凝土表面的最小距离为钢筋的混凝土保护层厚度c，其值应满足表3-11中最小保护层厚度的规定，且不小于受力钢筋的直径d，如图4-5所示。

4.1.4 截面的有效高度

在进行截面配筋计算时，通常需预先估计截面的有效高度$h_0=h-c-\phi-d/2$。所谓有效高度是指受拉钢筋的重心至混凝土受压边的垂直距离，与保护层厚度、箍筋和受拉钢筋的直径及排放有关，ϕ为箍筋直径，d为受拉钢筋直径。

梁中受拉钢筋常用直径为12～28mm，平均按20mm计算，在正常环境下，当混凝土强度等级大于C25时，钢筋的混凝土保护层最小厚度为20mm，则其有效高度为：

当为一层钢筋时 $h_0=h-20-\phi-d/2=h-(35\sim40)$

当为两层钢筋时 $h_0=h-20-\phi-d-25/2=h-(60\sim65)$

混凝土强度等级不大于C25时，保护层厚度数值增加5mm。

综上所述，有效高度统一写为

$$h_0=h-a_s \tag{4-1}$$

式中 a_s——受拉钢筋的重心至混凝土受拉区边缘的垂直距离，见表4-1。

表4-1 钢筋混凝土梁a_s取近似值 (mm)

环境等级	梁混凝土保护层最小厚度	箍筋直径Φ6		箍筋直径Φ8	
		受拉钢筋一排	受拉钢筋两排	受拉钢筋一排	受拉钢筋两排
一	20	35	60	40	65
二a	25	40	65	45	70
二b	35	50	75	55	80
三a	40	55	80	60	85
三b	50	65	90	70	95

4.1.5 受拉钢筋的配筋率

纵向受拉钢筋总截面面积A_s与正截面的有效面积bh_0的比值，称为受拉钢筋的配筋百分

率，用 ρ 表示，或简称配筋率，用百分数计量，即

$$\rho = \frac{A_s}{bh_0} \quad (\%) \tag{4-2}$$

式中 ρ——纵向受拉钢筋配筋率；

A_s——纵向受拉钢筋总截面面积；

b——梁的截面宽度；

h_0——截面的有效高度。

受拉钢筋的配筋百分率 ρ 在一定程度上标志了正截面纵向受拉钢筋与混凝土之间的面积比率，它是对梁的受力性能有很大影响的一个重要指标。

4.2 受弯构件正截面的受力性能试验

钢筋混凝土是由钢筋和混凝土两种力学性能不同的材料所组成，由于混凝土的非弹性、非均质和抗拉、抗压强度存在巨大差异，如仍按材料力学的公式进行强度计算，则计算结果肯定与实际情况不符。目前，钢筋混凝土构件的计算理论一般都是建立在大量试验的基础之上的。因此，在计算钢筋混凝土受弯构件之前，应该对它从开始受力直到破坏为止整个工作过程中的应力—应变变化规律有充分的了解。

4.2.1 梁的试验和工作阶段

如图 4-7 所示为一配筋合适的钢筋混凝土矩形截面试验梁。为着重研究正截面的应力—应变规律，试验梁采用两点对称加荷，在不考虑自重的情况下，在梁跨中两集中荷载之间的区段，梁截面仅承受弯矩，该区段称为纯弯段。为研究分析梁截面的受弯性能，在纯弯段内沿梁高两侧布置了一系列应变计，量测混凝土的纵向应变沿截面高度的分布。同时，在受拉

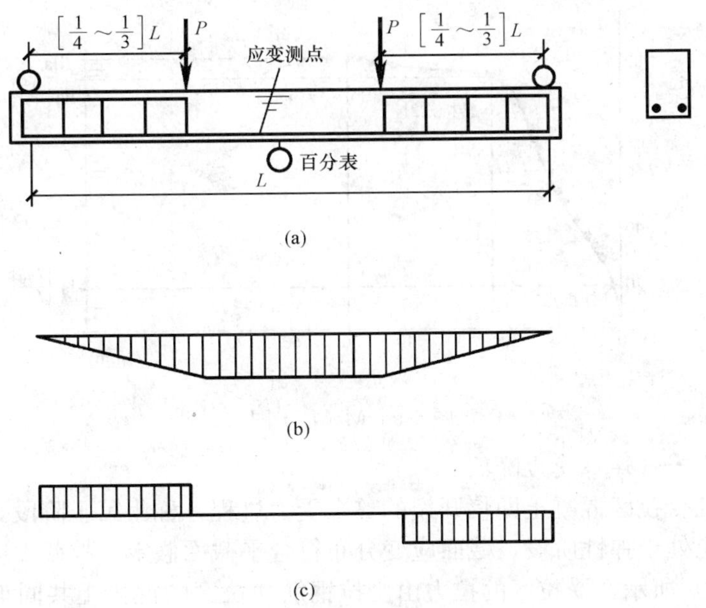

图 4-7 钢筋混凝土梁受弯试验

(a) 试验梁装置；(b) 弯矩图；(c) 剪力图

钢筋上也布置了应变计，量测钢筋的受拉应变。通过安装在跨中和两端的百分表测定梁的跨中挠度；并使用读数放大镜或裂缝测宽仪观察裂缝的出现与开展。试验时按预计的破坏荷载由零开始分级加荷，并逐级观察梁的变化，分别记录在各级荷载作用下的挠度、裂缝宽度和开展深度、钢筋和混凝土的应变，一直加荷到梁破坏。

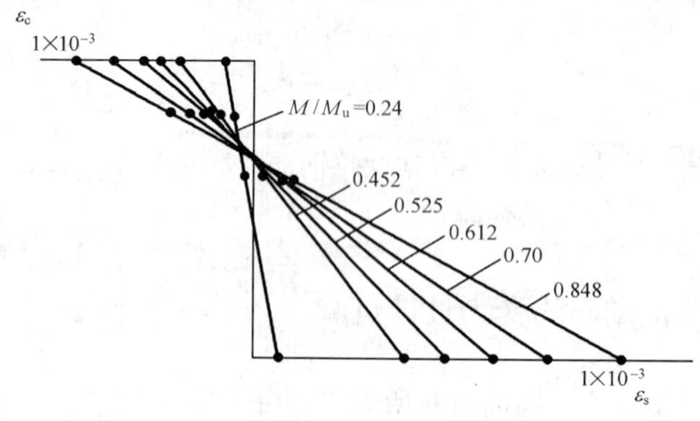

图 4-8 梁的截面应变实测结果

由试验可知，在受拉区混凝土开裂之前，截面在变形后仍保持为平面。在裂缝发生之后对特定的裂缝截面来说，截面不再为平面。但只要测量应变的应变计有一定的标距，所测得的变形数值实际上表示标距范围内的平均应变值。如图 4-8 所示为实测的沿梁高的应变分布图，由图可见，沿截面高度测得的各纤维层的平均应变值从开始加荷到接近破坏，基本上是按直线分布的，即始终符合平截面假定。由试验还可以看出，随着荷载的增加，受拉区裂缝向上延伸，中和轴不断上移，受压区高度逐渐减小。

如图 4-9 所示为配筋适中梁的弯矩与挠度的实测关系曲线。图中纵坐标为各级荷载作用下的弯矩 M 相对于梁破坏时极限弯矩 M_u 的比值，M/M_u 为无量纲值，横坐标为梁跨中挠度 f 的实测值。试验表明，钢筋混凝土梁从加荷到破坏，正截面上的应力和应变不断变化，在 M/M_u-f 关系曲线上具有两个明显的转折点（转折点 1 和转折点 2）。适筋梁从加荷到破坏整个过程可以分为三个阶段，如图 4-10 所示。

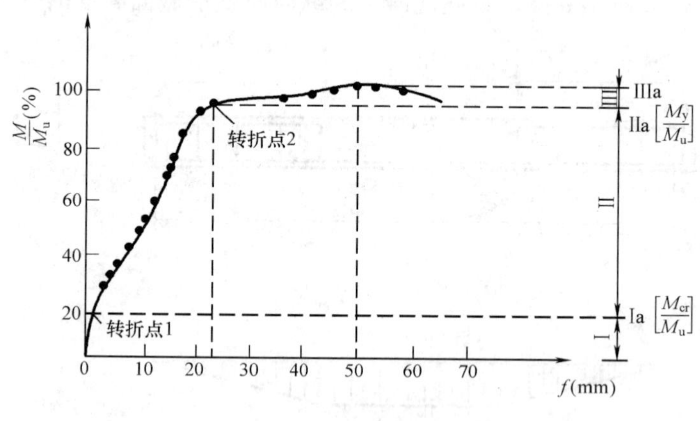

图 4-9 M/M_u-f 图

一、第Ⅰ阶段——弹性受力阶段

从开始加荷到受拉区混凝土即将开裂的整个受力过程，称为第Ⅰ阶段。加荷初期，由于荷载较小，混凝土处于弹性阶段，截面应变分布符合平截面假定，故截面应力分布为直线变化，如图 4-10（a）所示，受拉区的拉力由受拉钢筋和拉区的混凝土共同承担。随着荷载的逐渐增加，当截面受拉边缘的拉应变达到混凝土极限拉应变时（$\varepsilon_t=\varepsilon_{tu}$），如图 4-10（b）所示，截面达到即将开裂的临界状态，标志着第Ⅰ阶段终结，称为Ⅰa 阶段，相应截面的弯矩

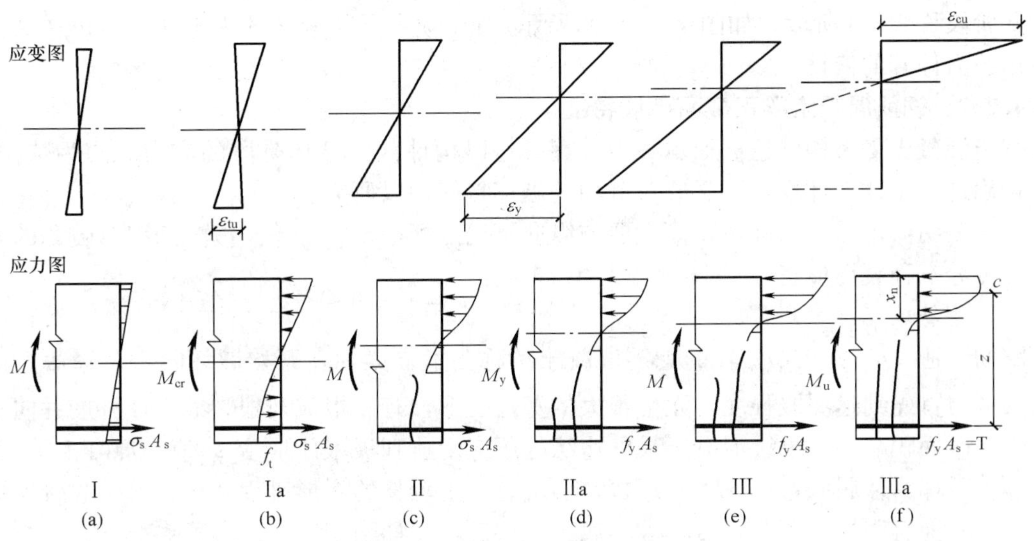

图 4-10 梁的应力—应变阶段

为开裂弯矩 M_{cr}，拉区混凝土应力为 f_t。此时，截面受拉区混凝土出现明显的塑性变形，应力图形呈曲线形，在受压区，由于压区混凝土应变相对还较小，仍处于弹性状态，其应力图形仍为三角形。Ⅰa 阶段的应力状态是受弯构件抗裂计算的依据。

二、第Ⅱ阶段——带裂缝工作阶段

从梁纯弯段最薄弱截面位置处出现第一条裂缝开始，到受拉区钢筋即将屈服的整个受力过程，称为第Ⅱ阶段（带裂缝工作阶段）。开裂瞬间，裂缝截面受拉区混凝土退出工作，其开裂前承担的拉力将转给钢筋承担，导致裂缝截面钢筋应力发生突然增加，这使中和轴比开裂前有较大上移，中和轴附近受拉区未开裂的混凝土仍能承受部分拉力。此后，随着荷载的增加，裂缝不断扩大并向上延伸，同时梁受拉区还会不断出现一些裂缝，使中和轴逐渐上移，梁的刚度降低，挠度比开裂前有较快的增长，在 M/M_u-f 关系曲线上出现了第 1 个明显的转折点，如图 4-9 所示。随荷载增大，截面应变增大，只要测量应变的应变计有一定的长度，则平均应变沿截面高度的分布近似为直线，即仍符合平截面假定。由于混凝土受压区高度减小、压应力增加，受压区混凝土出现塑性变形，压应力图形呈曲线形，如图 4-10（c）所示。当钢筋应力刚到达屈服时，为第Ⅱ阶段的终结，称为Ⅱa 阶段，相应的截面弯矩为 M_y，如图 4-10（d）所示。对于一般钢筋混凝土结构构件，在正常使用时都是带裂缝工作的。故第Ⅱ阶段的应力状态是受弯构件在正常使用阶段变形和裂缝宽度计算的依据。

三、第Ⅲ阶段——破坏阶段

钢筋应力达到屈服强度 f_y以后，即认为梁已进入“破坏阶段”。此时钢筋应力不增加而应变急剧增大，促使裂缝显著开展并向上延伸，中和轴迅速上移。此时，在 M/M_u-f 关系曲线上出现了第 2 个明显的转折点，挠度急剧增加，如图 4-9 所示。随着中和轴的迅速上移，受压区高度减小将使混凝土的压应力和压应变迅速增大，混凝土受压的塑性特征表现得更加明显，压应力图形呈现显著的曲线形，如图 4-10（e）所示。钢筋屈服后，截面应变已不再保持直线，但在受压区仍为直线变化。当受压区最外边缘处混凝土的压应变达到极限压应变 ε_{cu}值时，受压混凝土发生纵向水平裂缝而被压碎，梁达到极限承载力 M_u，梁随之破坏，此阶段称为Ⅲa 阶段，如图 4-10（f）所示。Ⅲa 阶段是梁破坏的极限状态，可作为梁正截面承载力计算的依据。

4.2.2 钢筋混凝土梁正截面破坏特征

钢筋混凝土受弯构件正截面承载力计算，是以构件截面破坏阶段的应力状态为依据的。为了正确进行承载力计算，有必要对截面的破坏特征加以研究。

试验表明，正截面的破坏特征主要与纵向钢筋的配筋率 ρ 有关，按配筋率对破坏的影响不同，可分三种破坏形态：

一、适筋破坏

配筋合适（$\rho_{min} \leqslant \rho \leqslant \rho_{max}$）的钢筋混凝土梁称为适筋梁，在开始破坏时，裂缝截面受拉钢筋的应力首先到达屈服强度，发生很大的塑性变形，有一根或几根裂缝迅速开展并向上延伸，受压区面积减小，最终混凝土最外边缘处压应变达到极限压应变 ε_{cu} 值，混凝土被压碎，构件即告破坏。从屈服弯矩 M_y 到极限弯矩 M_u 有一个较长的变形过程，构件可吸收较大的变形能，破坏前有明显的预兆，这种破坏属于延性破坏，如图 4-11（a）所示。

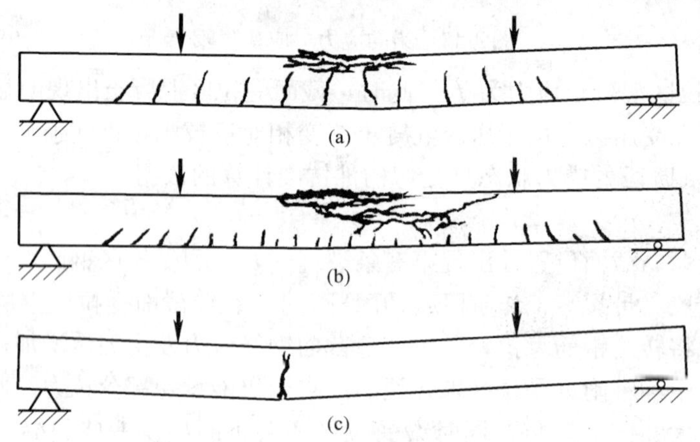

图 4-11 梁正截面破坏情况

（a）适筋破坏；（b）超筋破坏；（c）少筋破坏

二、超筋破坏

若钢筋用量过多（$\rho > \rho_{max}$），加载后受拉钢筋应力尚未达到屈服前，受压区边缘混凝土应变就已经达到极限压应变 ε_{cu} 而被压坏，表现为没有明显预兆的混凝土受压脆性破坏的特征，这种梁称为超筋梁，如图 4-11（b）所示。因为梁的承载力取决于受压区混凝土的压坏，即使配置了很多受拉钢筋，也不能增加截面承载力，这时钢筋未能发挥其应有的作用。这种配筋情况称为超筋。超筋梁在破坏时裂缝根数较多，裂缝宽度比较细，挠度也比较小。由于超筋构件混凝土压坏前无明显预兆，属于脆性破坏，而且浪费钢材，因此，在设计中尽量避免采用。

三、少筋破坏

若配筋量过少（$\rho < \rho_{min}$），受拉区混凝土一旦出现裂缝，导致裂缝截面钢筋的应力突然增大，因钢筋的配筋面积过少，其应力会很快达到屈服，并可能经过流幅段而进入强化阶段，甚至钢筋被拉断。这种少筋梁在破坏时往往只出现一条裂缝，但裂缝开展较宽，梁的挠

度也较大，如图 4-11（c）所示。尽管梁开裂后受压区混凝土尚未压坏，但梁已严重开裂下垂而不再能继续使用。因此梁的开裂就标志着梁的破坏。少筋梁的承载力取决于混凝土的抗拉强度，开裂前没有明显预兆，也属于脆性破坏，而且梁的承载力又很低，所以设计中严禁采用。

综上所述，当受弯构件的截面尺寸、混凝土强度等级相同时，正截面的破坏特征随配筋量多少而变化的规律是：

(1) 配筋量太少时，破坏弯矩接近于开裂弯矩，其大小取决于混凝土的抗拉强度及截面大小；

(2) 配筋量过多时，配筋不能充分发挥作用，构件的破坏弯矩取决于混凝土的抗压强度及截面大小，破坏呈脆性。

合理的配筋量应在这两个限度之间，避免发生超筋或少筋的破坏情况。因此，工程中的受弯构件应以适筋构件为设计目的，在下面计算公式推导中所取用的应力图形，也是以适筋截面计算简图来推导的。

4.3　受弯构件正截面承载力计算

4.2 节已介绍了钢筋混凝土梁的受弯性能，本节将详细介绍钢筋混凝土受弯构件正截面承载力的设计计算方法。

4.3.1　单筋矩形截面受弯构件正截面承载力计算

一、基本假定

正截面承载力应按下列基本假定进行计算：

(1) 截面应变保持平面，梁在弯曲后，截面各点应变与该点到中和轴的距离成正比，钢筋应变与外围混凝土的应变相同。

(2) 不考虑混凝土的抗拉强度，全部拉力均由纵向受拉钢筋承担。

(3) 混凝土受压的应力与应变关系采用如图 4-12 所示 σ-ε 曲线，按下列公式取用

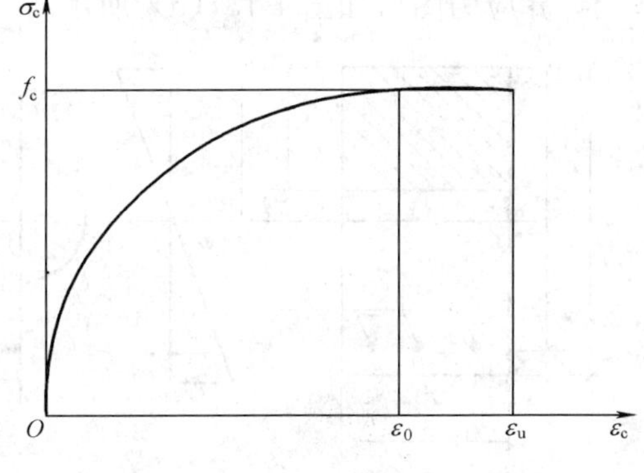

图 4-12　混凝土的应力—应变关系

当 $\varepsilon_c \leqslant \varepsilon_0$ 时

$$\sigma_c = f_c\left[1-\left(1-\frac{\varepsilon_c}{\varepsilon_0}\right)^n\right] \tag{4-3}$$

当 $\varepsilon_0 < \varepsilon_c \leqslant \varepsilon_{cu}$ 时

$$\sigma_c = f_c \tag{4-4}$$

$$n = 2-\frac{1}{60}(f_{cu,k}-50) \tag{4-5}$$

$$\varepsilon_0 = 0.002+0.5(f_{cu,k}-50)\times 10^{-5} \tag{4-6}$$

$$\varepsilon_{cu} = 0.0033-(f_{cu,k}-50)\times 10^{-5} \tag{4-7}$$

式中　σ_c——混凝土压应变为 ε_c 时的混凝土压应力。

f_c——混凝土轴心抗压强度设计值。

ε_0——混凝土压应力达到 f_c 时的混凝土压应变，当按式（4-6）计算的 ε_0 值小于 0.002

时，应取为 0.002。

ε_{cu}——正截面处于非均匀受压时的混凝土极限压应变，当按式（4-7）计算的 ε_{cu} 值大于 0.003 3 时，应取为 0.003 3；正截面处于轴心受压时取为 ε_0。

$f_{cu,k}$——混凝土立方体抗压强度标准值。

n——系数，当计算的 n 值大于 2.0 时，应取为 2.0。

（4）纵向钢筋的应力取 $\sigma_s = E_s \varepsilon_s$，但应满足 $-f'_y \leqslant \sigma_s \leqslant f_y$，纵向受拉钢筋的弹性极限拉应变取为 0.01 。纵向受拉钢筋的弹性极限拉应变取为 0.01 是为了避免过大的塑性变形。

二、压区混凝土等效矩形应力图形

如上节所述，确定钢筋混凝土梁达到极限弯矩 M_u 的准则是压区混凝土边缘纤维最大应变达到其极限压应变 ε_{cu}，破坏时混凝土压应力分布与混凝土的应力－应变曲线形状相似，在正截面承载力计算中，并不需要精确地知道压区混凝土的应力分布图形，只要能够确定混凝土的压应力合力 C 及其作用位置 y_c 就足够了。因此，为简化计算，《混凝土规范》规定取等效矩形应力图来代替受压区混凝土实际应力图，如图 4-13 所示。进行等效代换的条件是：等效矩形应力图的合力与原来受压区混凝土的合力大小相等，且合力作用点位置不变。这个等效矩形应力图的应力值取 $\alpha_1 f_c$，α_1 为矩形应力图形中混凝土的抗压强度与混凝土轴心抗压强度的比值。应力图的高度为 $x=\beta_1 x_n$，β_1 为等效受压区高度 x 与实际应力图受压区高度 x_n 的比值。α_1、β_1 的取值按表 4-2 直接查用。

表 4-2　混凝土压区等效矩形应力图系数 α_1、β_1

混凝土强度等级	≤C50	C55	C60	C65	C70	C75	C80
α_1	1.0	0.99	0.98	0.97	0.96	0.95	0.94
β_1	0.8	0.79	0.78	0.77	0.76	0.75	0.74

受压混凝土的曲线应力分布图形用等效矩形应力图形代替后，即可得到正截面承载力计算的计算应力图形如图 4-13（d）所示。

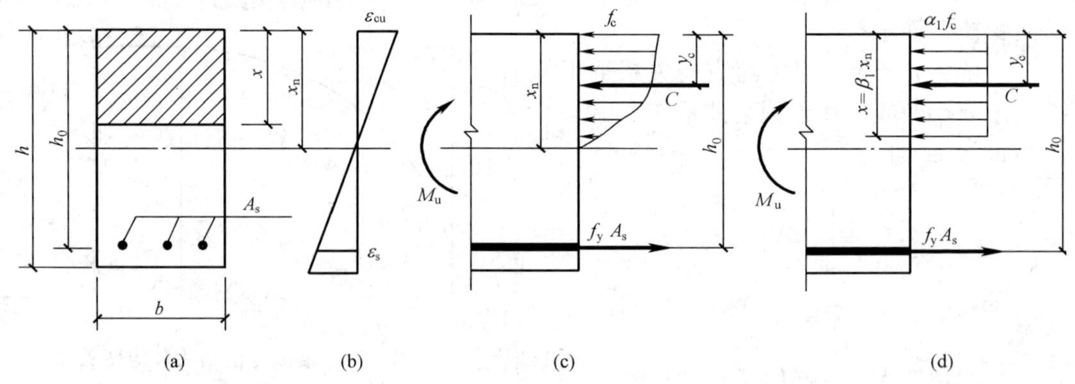

图 4-13　受弯构件正截面计算简图

三、界限相对受压区高度

为研究问题方便，引入相对受压区高度的概念。将等效矩形应力图受压区高度 x 与截面有效高度 h_0 的比值称为相对受压区高度，用 ξ 表示，即

$$\xi = \frac{x}{h_0} \tag{4-8}$$

如前所述，适筋破坏的特点是纵向受拉钢筋的应力首先达到屈服强度 f_y，经过一段流幅变形后，受压区混凝土边缘纤维最大应变达到其极限压应变 ε_{cu}，截面发生破坏。此时，$\varepsilon_s > \varepsilon_y = f_y/E_s$，而 $\varepsilon_c = \varepsilon_{cu}$。超筋破坏的特点是在受拉钢筋的应力尚未达到屈服强度时，受压区边缘混凝土的压应变已经达到极限压应变 ε_{cu} 而被压坏。此时，$\varepsilon_s < \varepsilon_y = f_y/E_s$，而 $\varepsilon_c = \varepsilon_{cu}$。显然，在适筋破坏和超筋破坏之间必定存在着一种界限状态。这种状态的特征是受拉钢筋达到屈服强度，同时受压区混凝土边缘的压应变恰好达到极限压应变而破坏，即为界限破坏。此时，$\varepsilon_s = \varepsilon_y = f_y/E_s$，$\varepsilon_c = \varepsilon_{cu}$，如图 4-14 所示。

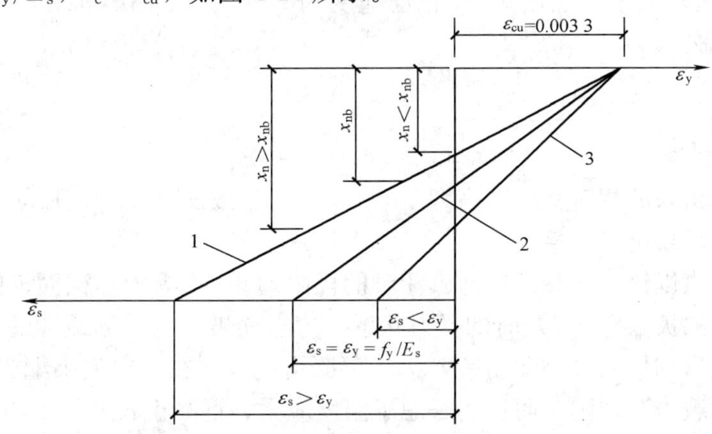

图 4-14　适筋、超筋、界限破坏时的截面平均应变图

1—适筋破坏；2—界限破坏；3—超筋破坏

界限破坏时，实际曲线应力图形中的中和轴高度 x_{nb} 与截面有效高度 h_0 的比值，用 ξ_{nb} 表示，可按三角形相似原理求得

$$\xi_{nb} = \frac{x_{nb}}{h_0} = \frac{\varepsilon_{cu}}{\varepsilon_{cu} + \varepsilon_y} \tag{4-9}$$

按基本假定，取 $\varepsilon_y = \dfrac{f_y}{E_s}$，代入上式，则

$$\xi_{nb} = \frac{\varepsilon_{cu}}{\varepsilon_{cu} + \dfrac{f_y}{E_s}} = \frac{1}{1 + \dfrac{f_y}{\varepsilon_{cu} E_s}} \tag{4-10}$$

在界限破坏时，将实际的曲线应力图形简化为矩形应力图形之后，等效矩形截面的受压区高度 x_b 与截面有效高度 h_0 的比值，称为界限相对受压区高度，用 ξ_b 表示。因 $x = \beta_1 x_n$，相应的有 $x_b = \beta_1 x_{nb}$，则界限相对受压区高度 ξ_b 为

$$\xi_b = \frac{x_b}{h_0} = \frac{\beta_1 x_{nb}}{h_0} = \frac{\beta_1}{1 + \dfrac{f_y}{\varepsilon_{cu} E_s}} \tag{4-11}$$

当相对受压区高度 $\xi \leqslant \xi_b$ 时，受拉钢筋首先达到屈服，然后混凝土受压破坏，属于适筋梁情况；当 $\xi > \xi_b$ 时，受拉钢筋未达到屈服，受压区混凝土先发生破坏，属超筋梁情况。

对于常用的有明显屈服点的热轧钢筋，将其抗拉设计强度 f_y 和弹性模量 E_s 代入式 (4-11) 中，可算得有明显屈服点配筋的受弯构件的界限相对受压区高度 ξ_b，如表 4-3 所示，设计时可直接查用。

表 4-3　　有明显屈服点配筋的受弯构件的界限相对受压区高度 ξ_b 值

混凝土强度等级	≤C50	C55	C60	C65	C70	C75	C80
HPB300	0.576	0.566	0.556	0.547	0.537	0.528	0.518
HRB335、HRBF335	0.550	0.541	0.531	0.522	0.512	0.503	0.493
HRB400、HRBF400、RRB400	0.518	0.508	0.499	0.490	0.481	0.472	0.463
HRB500、HRBF500、RRB500	0.482	0.473	0.464	0.455	0.447	0.438	0.429

对于没有明显屈服点的钢筋，取残余应变为 0.2%时所对应的应力 $\sigma_{0.2}$ 作为条件屈服点，即取 $f_y=\sigma_{0.2}$，这时对应于屈服点 $\sigma_{0.2}$ 时钢筋应变为 $\varepsilon_y=f_y/E_s+0.002$，于是，界限相对受压区高度 ξ_b 的计算公式为

$$\xi_b=\frac{\beta_1}{1+\dfrac{0.002}{\varepsilon_{cu}}+\dfrac{f_y}{\varepsilon_{cu}E_s}} \tag{4-12}$$

显然，若计算出来的相对受压区高度 $\xi=x/h_0>\xi_b$ 或 $x>\xi_b h_0$，则为超筋破坏。

四、适筋构件的最小配筋率

从理论上讲，应以钢筋混凝土构件破坏时的极限弯矩 M_u 等于同截面、同强度素混凝土受弯构件所能承担的极限弯矩 M_{cr} 时的受力状态，为适筋破坏与少筋破坏的界限，这时梁的配筋率应是适筋受弯构件的最小配筋率 ρ_{min}。《混凝土规范》在确定最小配筋率 ρ_{min} 时，不仅考虑了这种"等承载力"原则，而且还考虑了温度应力、混凝土收缩的影响，以及以往工程设计经验。《混凝土规范》规定钢筋混凝土结构构件中纵向受力钢筋的配筋百分率不应小于表 4-4 规定的数值。

表 4-4　　钢筋混凝土结构构件中纵向受力钢筋的最小配筋百分率

<table>
<tr><th colspan="3">受力类型</th><th>最小配筋百分率(%)</th></tr>
<tr><td rowspan="4">受压构件</td><td rowspan="3">全部纵向钢筋</td><td>强度等级 500N/mm^2</td><td>0.50</td></tr>
<tr><td>强度等级 400N/mm^2</td><td>0.55</td></tr>
<tr><td>强度等级 300、335N/mm^2</td><td>0.60</td></tr>
<tr><td colspan="2">一侧纵向钢筋</td><td>0.2</td></tr>
<tr><td colspan="3">受弯构件、偏心受拉、轴心受拉构件一侧的受拉钢筋</td><td>0.2 和 $45f_t/f_y$ 中的较大值</td></tr>
</table>

注　1. 受压构件全部纵向钢筋最小配筋百分率，当采用 C60 及以上强度等级的混凝土时，应按表中规定增加 0.10；
2. 板类受弯构件(不包括悬臂板)的受拉钢筋，当采用强度等级为 400、500N/mm^2 的钢筋时，其最小配筋百分率应允许采用 0.15 和 $45f_t/f_y$ 中的较大值；
3. 偏心受拉构件中的受压钢筋，应按受压构件一侧纵向钢筋考虑；
4. 受压构件的全部纵向钢筋和一侧纵向钢筋的配筋率以及轴心受拉构件和小偏心受拉构件一侧受拉钢筋的配筋率均应按构件的全截面面积计算；
5. 受弯构件、大偏心受拉构件一侧受拉钢筋的配筋率应按全截面面积扣除受压翼缘面积 $(b'_f-b)h'_f$ 后的截面面积计算；
6. 当钢筋沿构件截面周边布置时，"一侧纵向钢筋"是指沿受力方向两个对边中一边布置的纵向钢筋。

五、基本计算公式及适用条件

根据基本假定，用等效矩形应力图代替受压混凝土实际应力图形，可得到单筋矩形截面梁正截面承载力的计算简图，如图 4-15 所示。

（一）基本计算公式

根据图 4-15 所示计算应力图形，分别考虑轴向力平衡条件 $\Sigma X=0$ 和力矩平衡条件 $\Sigma M=0$，并满足承载能力极限状态的计算要求，即可得出基本计算公式。

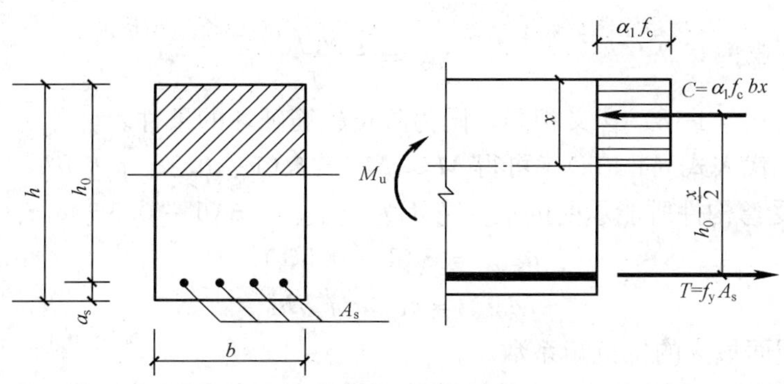

图 4-15 单筋矩形截面梁正截面承载力的计算简图

$$\sum X=0 \quad \alpha_1 f_c bx = f_y A_s \tag{4-13}$$

$$\sum M=0 \quad M \leqslant M_u = \alpha_1 f_c bx\left(h_0-\frac{x}{2}\right) \tag{4-14a}$$

或

$$M \leqslant M_u = f_y A_s\left(h_0-\frac{x}{2}\right) \tag{4-14b}$$

式中 M——弯矩设计值，按承载能力极限状态荷载效应组合计算，并考虑结构重要性系数 γ_0 在内；

M_u——正截面极限弯矩值；

f_c——混凝土轴心抗压强度设计值，按表 3-4 取用；

b——矩形截面的宽度；

x——等效矩形应力图形的混凝土受压区高度；

f_y——钢筋抗拉强度设计值，按表 3-2 取用；

α_1——系数，按表 4-2 取用；

A_s——受拉区纵向钢筋的截面面积；

h_0——截面的有效高度。

由式（4-13）可得

$$x=\frac{f_y A_s}{\alpha_1 f_c b} \tag{4-15}$$

相对受压区高度可表示为

$$\xi=\frac{x}{h_0}=\frac{f_y A_s}{\alpha_1 f_c b h_0}=\rho\frac{f_y}{\alpha_1 f_c} \tag{4-16}$$

由式（4-16）可得

$$\rho=\xi\frac{\alpha_1 f_c}{f_y} \tag{4-17}$$

（二）基本计算公式的适用条件

上述的基本公式是根据适筋截面的受拉钢筋应力达到设计强度 f_y 和受压混凝土的应力达到轴心抗压设计强度 f_c 推导出的，故仅适用于适筋截面。因为超筋截面破坏时，纵向受拉钢筋应力达不到 f_y；少筋截面破坏时，受压区混凝土未压坏，故不能像适筋截面那样用 $\alpha_1 f_c bx$ 来表示压区混凝土压力的合力。因此，基本公式必须限制在满足适筋破坏的条件下才能使用。

（1）为了避免超筋破坏，应用基本公式和由其派生出来的计算公式计算时，必须满足

$$\xi \leqslant \xi_b$$

或

$$x \leqslant \xi_b h_0 \tag{4-18}$$

或
$$\rho \leqslant \rho_{max} = \xi_b \frac{\alpha_1 f_c}{f_y} \tag{4-19}$$

式（4-19）与式（4-18）含义相同，同为防止超筋破坏的条件。

将式（4-18）代入式（4-14a），可得 $M \leqslant M_u = \xi_b(1-0.5\xi_b)\alpha_1 f_c b h_0^2$

因此，适筋受弯构件所能承受的最大弯矩为 $M_{umax} = \xi_b(1-0.5\xi_b)\alpha_1 f_c b h_0^2$

令
$$\alpha_{smax} = \xi_b(1-0.5\xi_b) \tag{4-20}$$

则有
$$M_{umax} = \alpha_{smax}\alpha_1 f_c b h_0^2 \tag{4-21}$$

式中 α_{smax}——截面最大的抵抗矩系数。

对于有明显屈服点配筋的受弯构件，其截面最大的抵抗矩系数见表 4-5。

表 4-5 受弯构件截面最大的抵抗矩系数 α_{smax} 值

混凝土强度等级	≤C50	C55	C60	C65	C70	C75	C80
HPB300	0.410 1	0.405 8	0.401 4	0.397 4	0.392 8	0.388 6	0.383 8
HRB335、HRBF335	0.398 8	0.394 7	0.390 0	0.385 8	0.380 9	0.376 5	0.371 5
HRB400、HRBF400、RRB400	0.383 8	0.379 0	0.374 5	0.370 0	0.365 3	0.360 6	0.355 8
HRB500、HRBF500、RRB500	0.365 8	0.361 1	0.356 4	0.351 5	0.347 1	0.342 1	0.337 0

（2）为了避免发生少筋破坏，使用基本公式计算的另一个适用条件是
$$\rho \geqslant \rho_{min} \tag{4-22}$$

式中 ρ_{min}——纵向受拉钢筋的最小配筋率。

当计算所得的配筋率小于最小配筋率（$\rho < \rho_{min}$）时，则按 $\rho = \rho_{min}$ 配筋，即取
$$A_s \geqslant A_{s,min} = \rho_{min} b h$$

六、采用参数计算的公式

按基本公式式（4-13）和式（4-14）进行截面配筋计算时，由于截面受压区高度 x 和钢筋截面积 A_s 均为未知，必须解二元二次联立方程式，比较麻烦。为了方便，工程中常引入参数进行分析和计算。

将 $\xi = x/h_0$ 代入式（4-14a）和式（4-14b）得
$$M = \alpha_1 f_c b x\left(h_0 - \frac{x}{2}\right) = \alpha_1 f_c b h_0^2 \xi(1-0.5\xi) \tag{4-23}$$

令
$$\alpha_s = \xi(1-0.5\xi) \tag{4-24}$$

则有
$$M = \alpha_s \alpha_1 f_c b h_0^2 \tag{4-25}$$

$$M = f_y A_s\left(h_0 - \frac{x}{2}\right) = f_y A_s h_0(1-0.5\xi) \tag{4-26}$$

令
$$\gamma_s = 1-0.5\xi \tag{4-27}$$

$$M = f_y A_s \gamma_s h_0 \tag{4-28}$$

由式（4-28），纵向钢筋截面面积为
$$A_s = \frac{M}{f_y \gamma_s h_0} \tag{4-29}$$

由式（4-13），亦可得纵向钢筋截面面积为

$$A_s = \frac{\alpha_1 f_c bx}{f_y} = \frac{x}{h_0} b h_0 \frac{\alpha_1 f_c}{f_y} = \xi b h_0 \frac{\alpha_1 f_c}{f_y} \tag{4-30}$$

式中 α_s——截面抵抗矩系数；

γ_s——内力臂系数。

α_s、γ_s都是相对受压区高度ξ的函数，根据不同的ξ值可由式（4-24）、式（4-27）计算出α_s及γ_s，并编制计算表格见表4-6，当已知ξ、α_s、γ_s三个系数中的任一值时，就可以查出相对应的另外两个系数。

利用表4-6求ξ及γ_s有时要用插入法。这时，ξ及γ_s可直接按下列公式计算

$$\xi = 1 - \sqrt{1 - 2\alpha_s} \tag{4-31}$$

$$\gamma_s = 0.5(1 + \sqrt{1 - 2\alpha_s}) \tag{4-32}$$

表4-6 **钢筋混凝土受弯构件正截面承载力计算系数表**

ξ	γ_s	α_s	ξ	γ_s	α_s
0.01	0.995	0.010	0.31	0.845	0.262
0.02	0.990	0.020	0.32	0.840	0.269
0.03	0.985	0.030	0.33	0.835	0.276
0.04	0.980	0.039	0.34	0.830	0.282
0.05	0.975	0.048	0.35	0.825	0.289
0.06	0.970	0.058	0.36	0.820	0.295
0.07	0.965	0.067	0.37	0.815	0.302
0.08	0.960	0.077	0.38	0.810	0.308
0.09	0.955	0.085	0.39	0.805	0.314
0.10	0.950	0.095	0.40	0.800	0.320
0.11	0.945	0.104	0.41	0.795	0.326
0.12	0.940	0.113	0.42	0.790	0.332
0.13	0.935	0.121	0.43	0.785	0.338
0.14	0.930	0.130	0.44	0.780	0.343
0.15	0.925	0.139	0.45	0.775	0.349
0.16	0.920	0.147	0.46	0.770	0.354
0.17	0.915	0.155	0.47	0.765	0.360
0.18	0.910	0.164	0.48	0.760	0.365
0.19	0.905	0.172	**0.482**	**0.759**	**0.366**
0.20	0.900	0.180	0.49	0.755	0.370
0.21	0.895	0.188	0.50	0.750	0.375
0.22	0.890	0.196	0.51	0.745	0.380
0.23	0.885	0.203	**0.518**	**0.741**	**0.384**
0.24	0.880	0.211	0.52	0.740	0.385
0.25	0.875	0.219	0.53	0.735	0.390
0.26	0.870	0.226	0.54	0.730	0.394
0.27	0.865	0.234	**0.550**	**0.725**	**0.399**
0.28	0.860	0.241	0.56	0.720	0.403
0.29	0.855	0.248	0.57	0.715	0.408
0.30	0.850	0.255	**0.576**	**0.713**	**0.410**

七、截面设计

（一）截面设计的基本方法和经济配筋率

截面设计是在结构形式、结构布置确定之后，要求确定构件的截面形式、尺寸，混凝土

强度等级，钢筋的品种和数量，以及钢筋在截面中的相对位置。在进行截面设计时，基本计算公式仅有两个，不确定因素却很多，因此需要根据构造要求并参考类似结构，先拟定构件的截面尺寸和材料强度等级，再进行配筋计算。

衡量截面设计是否经济合理的一个重要指标是配筋率。配筋率除了应满足式（4-22）最小配筋率的条件外，宜符合下列经济配筋率的要求。

实心板　　$\rho=0.4\%\sim0.8\%$

矩形梁　　$\rho=0.6\%\sim1.5\%$

T形梁　　$\rho=0.9\%\sim1.8\%$

如果在计算过程中，不符合基本公式的适用条件或配筋率不在经济范围内，一般需要调整截面尺寸、材料强度等设计参数，使之合适为止。

对于材料的选用，普通纵向受力钢筋宜采用 HRB400、HRB500、HRBF400、HRBF500 钢筋；也可采用 HRB335、HRBF335、HPB300 和 RRB400 钢筋；素混凝土结构的强度等级不应低于 C15；钢筋混凝土结构的混凝土强度等级不应低于 C20；采用 400MPa 级及以上的钢筋时混凝土强度等级不应低于 C25。承受重复荷载的钢筋混凝土构件，混凝土强度等级不应低于 C30。预应力混凝土结构的混凝土强度等级不宜低于 C40，且不应低于 C30。

（二）正截面抗弯配筋的设计步骤

（1）计算简图和内力计算。

计算简图中应表示支座及荷载情况、梁的计算跨度等。

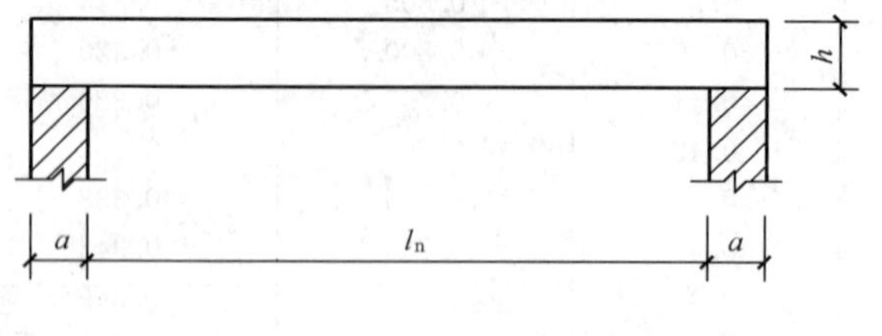

图 4-16　简支梁

简支梁（图 4-16）的计算跨度 l_0 可取下列各 l_0 值的较小者；

$$l_0=l_n+a \text{ 或 } l_0=1.05l_n$$

式中　l_n——板或梁的净跨度；

a——梁的支承长度。

对于简支梁或板，按作用在板或梁上的全部荷载（永久荷载及可变荷载），由式（3-19）或式（3-20）求出跨中最大弯矩设计值。对于外伸梁和连续梁，应根据永久荷载及最不利位置的可变荷载，分别求出简支跨跨中最大正弯矩和支座最大负弯矩设计值。

（2）确定截面尺寸 (b,h)。

按常用的高跨比、高宽比及模数尺寸，根据设计经验，确定截面尺寸 b、h；也可以先假定构件截面宽度 b 和配筋率 ρ（在经济配筋率范围内），估算 h_0 后再选定 b、h，即按 $\xi=\rho\dfrac{f_y}{\alpha_1 f_c}$，$\alpha_s=\xi(1-0.5\xi)$，$h_0=\sqrt{\dfrac{M}{\alpha_s\alpha_1 f_c b}}$，$h=h_0+a_s$，梁高常取 50mm 的整数倍。

（3）配筋计算。

已知构件的截面尺寸（$b\times h$）、材料强度设计值（f_c，f_y）、截面承受的弯矩设计值（M），求受拉钢筋截面面积 A_s。

公式法：

1）先估计钢筋一层或两层放置，取定 a_s，计算 $h_0=h-a_s$。

2）根据式（4-14a），利用求根公式求出 x，即 $x=h_0-\sqrt{h_0^2-\dfrac{2M}{\alpha_1 f_c b}}$。

若根号内出现负值，或 $x>\xi_b h_0$，应加大截面尺寸或提高混凝土强度等级（其中以加大截面高度 h 最为有效）后重新设计。

3）当 $x\leqslant\xi_b h_0$ 时，由式（4-13）求 A_s，即 $A_s=\dfrac{\alpha_1 f_c bx}{f_y}$。

4）根据计算的 A_s 在表 4-7 中选择合适的钢筋直径及根数。实际采用的钢筋面积一般宜等于或大于计算所需的钢筋面积，其差值宜控制在 5%以内。应注意满足有关构造要求，特别是钢筋的间距。

5）验算最小配筋率，实际配筋面积应满足 $A_s\geqslant\rho_{min}bh$。

若 $A_s<\rho_{min}bh$，应取 $A_s=\rho_{min}bh$。

表格法：

1）先估计钢筋一层或两层放置，取定 a_s，计算 $h_0=h-a_s$。

2）根据式（4-25）求 α_s，即 $\alpha_s=\dfrac{M}{\alpha_1 f_c b h_0^2}$。

验算 $\alpha_s\leqslant\alpha_{smax}$，如不满足，则应加大截面尺寸或提高混凝土强度等级后重新设计。

3）当 $\alpha_s\leqslant\alpha_{smax}$ 时，计算 $\gamma_s=\dfrac{1+\sqrt{1-2\alpha_s}}{2}$ 或 $\xi=1-\sqrt{1-2\alpha_s}$；或查表得出相应的 γ_s 或 ξ。

4）由式（4-29）求 A_s，即 $A_s=\dfrac{M}{f_y\gamma_s h_0}$ 或由式（4-30）求 A_s，即 $A_s=\xi b h_0\dfrac{\alpha_1 f_c}{f_y}$。

5）根据计算的 A_s 在表 4-7 中选择合适的钢筋直径及根数。

6）验算最小配筋率，实际配筋面积应满足 $A_s\geqslant\rho_{min}bh$。

若 $A_s<\rho_{min}bh$，应取 $A_s=\rho_{min}bh$。

表 4-7 钢筋的公称直径、计算截面面积及理论重量

公称直径/mm	不同根数钢筋的计算截面面积/mm²									单根钢筋理论重量/(kg/m)
	1	2	3	4	5	6	7	8	9	
6	28.3	57	85	113	142	170	198	226	255	0.222
8	50.3	101	151	201	252	302	352	402	453	0.395
10	78.5	157	236	314	393	471	550	628	707	0.617
12	113.1	226	339	452	565	678	791	904	1017	0.888
14	153.9	308	461	615	769	923	1077	1231	1385	1.21
16	201.1	402	603	804	1005	1206	1407	1608	1809	1.58
18	254.5	509	763	1017	1272	1527	1781	2036	2290	2.00
20	314.2	628	942	1256	1570	1884	2199	2513	2827	2.47
22	380.1	760	1140	1520	1900	2281	2661	3041	3421	2.98
25	490.9	982	1473	1964	2454	2945	3436	3927	4418	3.85
28	615.8	1232	1847	2463	3079	3695	4310	4926	5542	4.83
32	804.2	1609	2413	3217	4021	4826	5630	6434	7238	6.31
36	1017.9	2036	3054	4072	5089	6107	7125	8143	9161	7.99
40	1256.6	2513	3770	5027	6283	7540	8796	10 053	11 310	9.87
50	1964	3928	5892	7856	9820	11 784	13 748	15 712	17 676	15.42

表 4-8 钢绞线公称直径、计算截面面积及理论重量

种 类	公称直径/mm	计算截面面积/mm²	理论重量/（kg/m）
1×3	8.6	37.4	0.295
	10.8	59.3	0.465
	12.9	85.4	0.671
1×7 标准型	9.5	54.8	0.432
	11.1	74.2	0.580
	12.7	98.7	0.774
	15.2	139	1.101
	15.7	150	1178
	17.8	191	1500

表 4-9 钢丝公称直径、计算截面面积及理论重量

公称直径/mm	计算截面面积/mm²	理论重量/（kg/m）
5.0	19.63	0.154
7.0	38.48	0.302
9.0	63.62	0.499

【例 4-1】 已知某办公楼钢筋混凝土楼面简支梁，计算跨度 $l_0=6.3\text{m}$，梁的截面尺寸 $b\times h=250\text{mm}\times500\text{mm}$，永久荷载（包括梁自重）标准值 $g_k=16.5\text{kN/m}$，可变荷载标准值 $q_k=8.2\text{kN/m}$，混凝土强度等级为 C35，HRB500 级钢筋，构件的安全等级为二级，环境等级为一类。求梁所需的纵向受拉钢筋面积 A_s。

解 （1）确定基本数据。

由表 3-4、表 4-2 查得，混凝土的设计强度 $f_c=16.7\text{N/mm}^2$，$f_t=1.57\text{N/mm}^2$；$\alpha_1=1.0$；

由表 3-2、表 4-3 查得，钢筋的设计强度 $f_y=435\text{N/mm}^2$，$\xi_b=0.482$；

由表 3-11 查得，钢筋的混凝土保护层最小厚度为 20mm，设纵向受拉钢筋按一层放置，取 $a_s=35\text{mm}$，则梁的有效高度

$$h_0=h-a_s=500-35=465\text{mm}$$

构件的安全等级为二级，重要性系数 $\gamma_0=1.0$

（2）求跨中截面最大设计弯矩。

由可变荷载效应控制的组合

$$M=\gamma_0\times\frac{1}{8}(1.2\times g_k+1.4\times q_k)l_0^2$$

$$=1.0\times\frac{1}{8}(1.2\times16.5+1.4\times8.2)\times6.3^2$$

$$= 155.19\text{kN}\cdot\text{m}$$

由永久荷载效应控制的组合

$$M = \gamma_0 \times \frac{1}{8}\,(1.35 \times g_k + 1.4 \times 0.7 \times q_k) l_0^2$$

$$= 1.0 \times \frac{1}{8}\,(1.35 \times 16.5 + 1.4 \times 0.7 \times 8.2) \times 6.3^2$$

$$= 150.38\text{kN}\cdot\text{m}$$

则跨中截面最大设计弯矩值为 $M=155.19\text{kN}\cdot\text{m}$

(3) 求受压区高度。

$$x = h_0 - \sqrt{h_0^2 - \frac{2M}{\alpha_1 f_c b}} = 465 - \sqrt{465^2 - \frac{2 \times 155.19 \times 10^6}{1.0 \times 16.7 \times 250}} = 88.33\text{mm}$$

(4) 验算适用条件。

$x=88.33\text{mm}<\xi_b h_0=0.482\times465=224.13\text{mm}$，满足要求。

(5) 求受拉钢筋 A_s。

$$A_s = \frac{\alpha_1 f_c b x}{f_y} = \frac{1.0 \times 16.7 \times 250 \times 88.33}{435} = 847.76\text{mm}^2$$

(6) 选配钢筋直径及根数。(设箍筋直径为 6mm)

选配 2 Φ 16 + 2 Φ 18，实际配筋面积 $A_s = 402 + 509 = 911\text{mm}^2$，配筋如图 4-17 所示。

钢筋净距 $s = (250 - 2\times20 - 2\times6 - 2\times16 - 2\times18)/3 = 43.33\text{mm}>25\text{mm}$。

(7) 验算适用条件。

ρ_{min}取 0.2%和 $45f_t/f_y(\%)$中的较大值，$45f_t/f_y(\%)=45\times1.57/435=0.16\%$，故取 $\rho_{min}=0.2\%$

$A_{smin}=\rho_{min}bh=0.2\%\times250\times500=250\text{mm}^2<A_s=911\text{mm}^2$，满足要求。

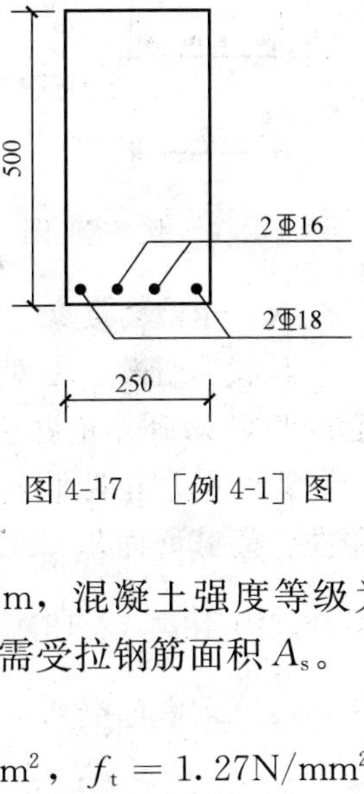

500
2Φ16
2Φ18
250

图 4-17 [例 4-1] 图

【例 4-2】 已知某梁由设计荷载产生的最大弯矩 $M=225\text{kN}\cdot\text{m}$，混凝土强度等级为 C25，HRB400 级钢筋，环境等级为一类。试确定梁的截面尺寸及所需受拉钢筋面积 A_s。

解 (1) 确定基本数据。

由表 3-4、表 4-2 查得，混凝土的设计强度 $f_c=11.9\text{N/mm}^2$，$f_t=1.27\text{N/mm}^2$；$\alpha_1=1.0$；

由表 3-2、表 4-3 查得，钢筋的设计强度 $f_y=360\text{N/mm}^2$，$\alpha_{smax}=0.3838$；

(2) 初选截面尺寸。

先假定配筋率 $\rho=1\%$，梁宽 $b=250\text{mm}$；

$$\xi = \rho\frac{f_y}{\alpha_1 f_c} = 0.01 \times \frac{360}{1.0 \times 11.9} = 0.3$$

$$\alpha_s = \xi(1-0.5\xi) = 0.3 \times (1-0.5\times0.3) = 0.255$$

$$h_0 = \sqrt{\frac{M}{\alpha_s \alpha_1 f_c b}} = \sqrt{\frac{225 \times 10^6}{0.255 \times 1.0 \times 11.9 \times 250}} = 544.6\text{mm}$$

由表 3-11 查得，钢筋的混凝土保护层最小厚度为 25mm，设纵向受拉钢筋按一层放置，取 $a_s = 40$mm，$h = h_0 + a_s = 544.6 + 40 = 584.6$mm，为施工方便，取 $h = 600$mm，实际的 $h_0 = h - a_s = 600 - 40 = 560$mm。

（3）求 α_s。

$$\alpha_s = \frac{M}{\alpha_1 f_c b h_0^2} = \frac{225 \times 10^6}{1 \times 11.9 \times 250 \times 560^2} = 0.242 < \alpha_{smax} = 0.3838\text{，满足要求。}$$

$$\gamma_s = \frac{1 + \sqrt{1 - 2\alpha_s}}{2} = \frac{1 + \sqrt{1 - 2 \times 0.242}}{2} = 0.859$$

（4）求受拉钢筋 A_s。

$$A_s = \frac{M}{f_y \gamma_s h_0} = \frac{225 \times 10^6}{360 \times 0.859 \times 560} = 1299\text{mm}^2$$

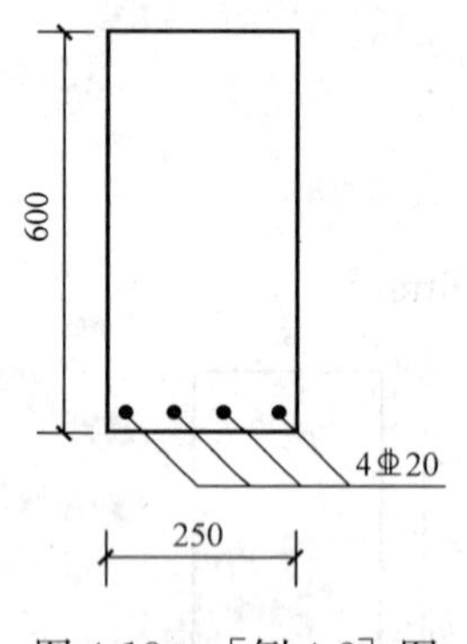

图 4-18 ［例 4-2］图

（5）选配钢筋直径及根数。（设箍筋直径为 6mm）

选配 4 Φ 20，实际配筋面积 $A_s = 1256\text{mm}^2$，配筋如图 4-18 所示。

钢筋净距 $s = (250 - 2 \times 25 - 2 \times 6 - 4 \times 20)/3 = 36\text{mm} > 25\text{mm}$。

（6）验算适用条件。

ρ_{min} 取 0.2% 和 $45 f_t / f_y$（%）中的较大值，$45 f_t / f_y$（%）$= 45 \times 1.27/360 = 0.16\%$，故取 $\rho_{min} = 0.2\%$。

$A_{smin} = \rho_{min} b h = 0.2\% \times 250 \times 600 = 300\text{mm}^2 < A_s = 1256\text{mm}^2$，满足要求。

八、承载力复核

承载力复核，是对已设计或施工好的混凝土构件截面的承载力进行复核，核算作用于截面的弯矩 M 是否超过截面受弯极限承载力 M_u。

受弯构件正截面承载力复核时，已知构件的尺寸（$b \times h$）、材料强度设计值（f_c，f_y）、受拉钢筋截面面积（A_s）以及截面承受的弯矩设计值（M），按下列步骤进行：

（1）由式（4-13）计算受压区高度 $x = \dfrac{f_y A_s}{\alpha_1 f_c b}$。

（2）求截面受弯极限承载力 M_u。

1）当 $x \leqslant \xi_b h_0$ 时，由式（4-14b）计算 $M_u = f_y A_s \left(h_0 - \dfrac{x}{2}\right)$。

2）当 $x > \xi_b h_0$ 时，由式（4-21）计算 $M_u = \xi_b(1 - 0.5\xi_b)\alpha_1 f_c b h_0^2 = \alpha_{smax} \alpha_1 f_c b h_0^2$。

（3）承载力校核。按承载能力极限状态计算要求，应满足 $M \leqslant M_u$。

【例 4-3】 已知单筋矩形截面梁如图 4-19 所示，$b \times h = 250\text{mm} \times 700\text{mm}$，环境等级为一类，混凝土强度等级 C25，钢筋采用 5 Φ 22，$A_s = 1900\text{mm}^2$。求该截面能否承受弯矩设计值 $M = 300\text{kN} \cdot \text{m}$。

解 （1）确定基本数据。

由表 3-4、表 4-2 查得，混凝土的设计强度 $f_c = 11.9\text{N/mm}^2$，$f_t = 1.27\text{N/mm}^2$；

$\alpha_1=1.0$；

由表3-2、表4-3查得，钢筋的设计强度 $f_y=300\text{N/mm}^2$，$\xi_b=0.550$。

（2）求 a_s 和 h_0。

判别5Φ22能否放在一层：混凝土保护层最小厚度为25mm，则

$$5\times22+4\times25+2\times25+2\times8=276\text{mm}>b=250\text{mm}$$

改为二层，第一层3Φ22，第二层2Φ22。

$$a_s=\frac{3\times(25+11)+2\times(25+22+25+11)}{5}+8=62.8\text{mm}$$

$$h_0=700-62.8=637.2\text{mm}$$

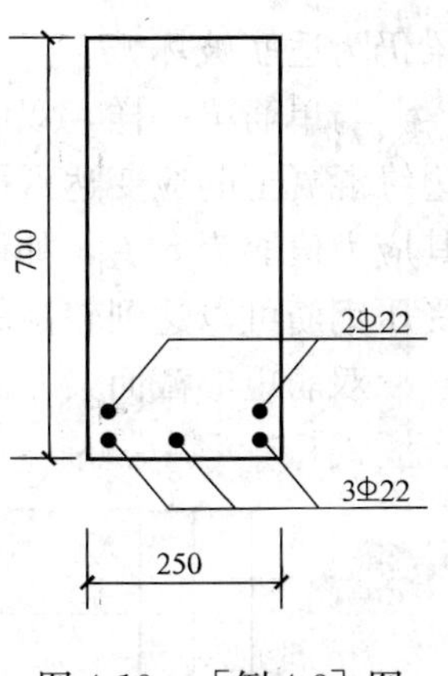

图4-19　［例4-3］图

（3）验算适用条件。

ρ_{min} 取0.2%和 $45f_t/f_y$（%）中的较大值，$45f_t/f_y$（%）$=45\times1.27/300=0.19\%$，故取 $\rho_{min}=0.2\%$

$A_{smin}=\rho_{min}bh=0.2\%\times250\times700=350\text{mm}^2<A_s=1900\text{mm}^2$，满足要求。

（4）求受压区高度 x。

$$x=\frac{f_yA_s}{\alpha_1f_cb}=\frac{300\times1900}{1\times11.9\times250}=191.6\text{mm}<\xi_bh_0=0.550\times637.2=350.46\text{mm}$$

（5）计算正截面受弯极限承载力。

$$M_u=f_yA_s\left(h_0-\frac{x}{2}\right)=300\times1900\times\left(637.2-\frac{191.6}{2}\right)$$
$$=308.6\times10^6\text{N}\cdot\text{m}=308.6\text{kN}\cdot\text{m}$$

（6）承载力复核。

$$M=300\text{kN}\cdot\text{m}<M_u=308.6\text{kN}\cdot\text{m}$$

该梁正截面是安全的。

4.3.2　双筋矩形截面受弯构件正截面承载力计算

钢筋混凝土结构中，钢筋不但可以设置在构件的受拉区，而且也可以配置在受压区与混凝土共同抗压。这种在梁的受拉区和受压区都配置纵向受力钢筋的截面，称为双筋截面。由于混凝土抗压性能好，价格比钢筋便宜，在梁中用钢筋协同混凝土受压是不经济的。因此只有在下列情况下才考虑使用双筋截面。

（1）截面承受的弯矩很大，按单筋截面计算，出现 $\xi>\xi_b$，同时截面尺寸及混凝土强度等级受到使用和施工条件限制不便加大或提高，则应采用双筋截面。

（2）在实际工程中，有些构件在不同荷载组合下，同一控制截面可能承受正、负两向弯矩，则在截面顶、底两侧均应配置受力钢筋，因而形成了双筋截面。

（3）在截面的受压区配置一定数量的受压钢筋，可提高混凝土的极限压应变，增加构件的延性，使构件在最终破坏之前产生较大的塑性变形，吸收大量的能量，对结构抗震有利。因此，设计地震区的构件时，可考虑采用双筋截面。

一、计算应力图形和基本公式

（一）应力图形

双筋梁与单筋梁的区别，只是在截面的受压区配置了纵向受压钢筋。双筋截面梁在破坏时截面的应力图形与单筋截面梁相似。试验证明，若双筋截面满足适筋梁条件 $\xi\leqslant\xi_b$，双筋

梁仍为适筋破坏。

与单筋梁一样，双筋梁破坏时仍然是受拉钢筋应力先达到屈服强度 f_y，然后受压最外边缘混凝土的应变达到极限压应变 ε_{cu}，压区混凝土应力分布图形仍采用等效矩形应力图形，其应力值取为 $\alpha_1 f_c$，如图 4-20 所示。由于构件中混凝土受配箍约束，极限受压应变加大，受压钢筋可以达到较高的强度，其抗压强度 f'_y 取与抗拉强度相同。

双筋矩形截面梁截面计算应力图形如图 4-20 所示。

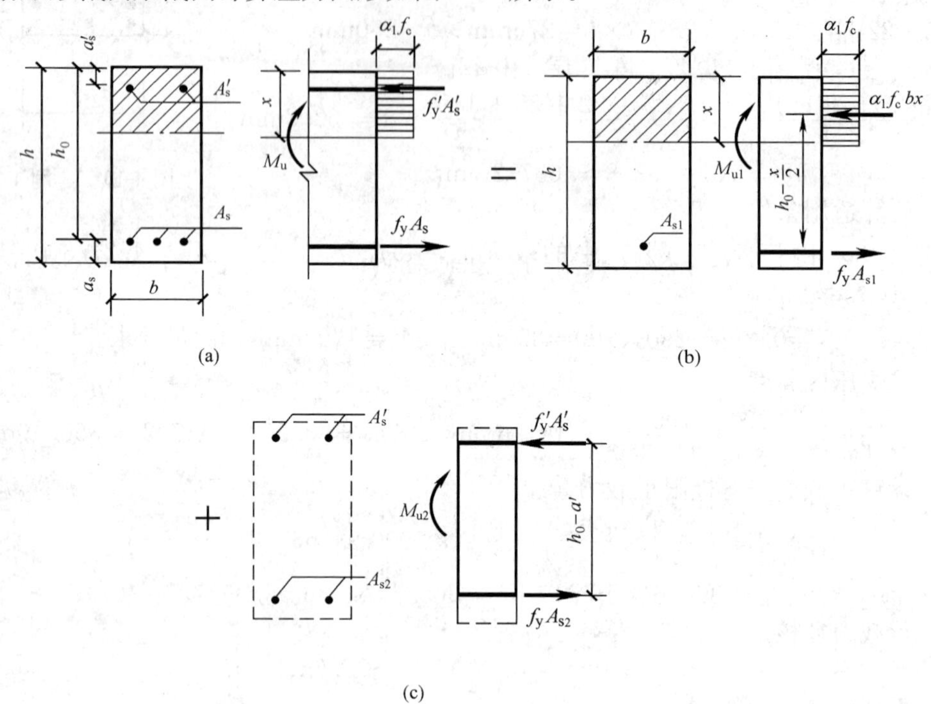

图 4-20 双筋矩形截面

（a）双筋截面；（b）单筋截面；（c）纯钢筋截面

（二）基本公式

双筋矩形截面达到受弯承载力极限状态时的截面应力如图 4-20（a）所示，由平衡条件可得其基本公式为

$$\alpha_1 f_c bx + f'_y A'_s = f_y A_s \tag{4-33}$$

$$M \leqslant M_u = \alpha_1 f_c bx\left(h_0 - \frac{x}{2}\right) + f'_y A'_s (h_0 - a'_s) \tag{4-34}$$

式中 f'_y——钢筋抗压强度设计值，按表 3-2 取用；

A'_s——受压区纵向钢筋的截面面积；

a'_s——受压钢筋合力点到受压区边缘的距离。

其余符号意义同前。

双筋矩形截面的受弯承载力设计值 M_u 及纵向受拉钢筋 A_s 可分解为两部分之和，即 $M_u = M_{u1} + M_{u2}$，$A_s = A_{s1} + A_{s2}$。

由图 4-20（b）得

$$\alpha_1 f_c bx = f_y A_{s1} \tag{4-35}$$

$$M_{u1}=\alpha_1 f_c bx\left(h_0-\frac{x}{2}\right) \tag{4-36}$$

由图 4-20（c）得

$$f'_y A'_s=f_y A_{s2} \tag{4-37}$$

$$M_{u2}=f'_y A'_s(h_0-a'_s) \tag{4-38}$$

第一部分是由压区混凝土与相应部分受拉钢筋 A_{s1} 组成的单筋矩形截面部分的受弯承载力 M_{u1}；第二部分则是由受压钢筋 A'_s 与相应其余部分受拉钢筋 A_{s2} 组成的“纯钢筋截面”部分的受弯承载力 M_{u2}。

（三）基本公式的适用条件

（1）$\xi\leqslant\xi_b$ 或 $A_{s1}\leqslant\rho_{max}bh$ 或 $M_{u1max}\leqslant\alpha_{smax}\alpha_1 f_c bh_0^2$，其意义与单筋截面相同，为了避免发生超筋破坏，保证受拉钢筋在截面破坏时应力能够达到抗拉强度设计值 f_y。

（2）$x\geqslant 2a'_s$，其意义是保证受压钢筋具有足够的变形，在截面破坏时应力能够达到抗压设计强度值 f'_y。

在实际的设计计算中，如果出现 $x<2a'_s$，表明受压钢筋太靠近中和轴，受压钢筋的压应变 ε'_s 太小，应力达不到抗压强度设计值 f'_y。对此情况，在计算中可近似的假定混凝土的压力合力点与受压钢筋的合力点重合，即取 $x=2a'_s$，如图 4-21 所示。对受压钢筋合力点取矩，可得正截面受弯承载力计算公式为

$$M\leqslant M_u=f_y A_s(h_0-a'_s) \tag{4-39}$$

如计算中不考虑受压钢筋 A'_s 的受压作用，则不需要满足 $x\geqslant 2a'_s$ 的条件，按单筋矩形截面计算 A_s。

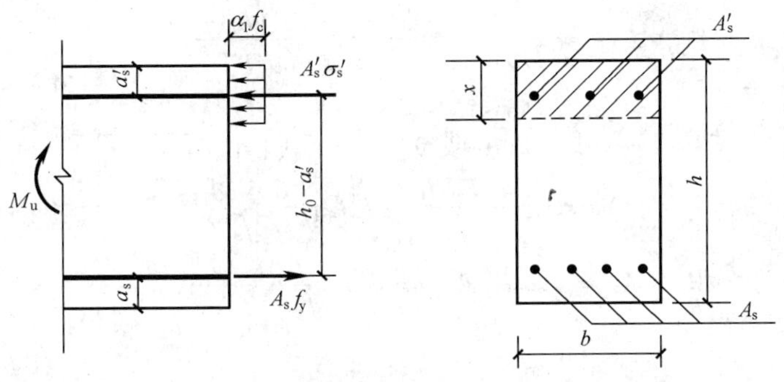

图 4-21　$x<2a'_s$ 时双筋截面的计算简图

双筋截面因纵向受拉钢筋配置较多，不会出现少筋破坏情况，故不必验算最小配筋率 ρ_{min}。

此外，为了充分利用受压钢筋的强度，防止受压钢筋过早压屈外凸，将受压区保护层崩裂，使构件提前发生破坏，降低构件承载力。《规范》规定：

（1）当梁中配有按计算需要的纵向受压钢筋时，箍筋应做成封闭式，且弯钩直线段长度不应小于 $5d$，d 为箍筋直径。

（2）箍筋的间距 s 不应大于 $15d$，同时不应大于 400mm，d 为受压钢筋的最小直径；当一层内的纵向受压钢筋多于 5 根且直径大于 18mm 时，箍筋间距 s 不应大于纵向受压钢筋的最小直径的 10 倍。

（3）箍筋直径应不小于 $d/4$，d 为受压钢筋的最大直径。

（4）当梁的宽度 b 大于 400mm 且一层内的纵向受压钢筋多于 3 根时，或当梁的宽度 b

不大于 400mm 但一层内的纵向受压钢筋多于 4 根时，应设置复合箍筋。

二、截面设计

双筋截面设计时，可能会遇到下面两种情况。

（一）第一种情况

已知截面尺寸（$b\times h$），截面弯矩设计值（M），混凝土的强度等级和钢筋的种类（f_c、f_y、f'_y），求受拉钢筋截面积 A_s 和受压钢筋截面积 A'_s。

由于式（4-33）、式（4-34）两个基本公式中含有 x、A_s、A'_s 三个未知数，可有多组解，故应补充一个条件才能求定解。为了充分发挥混凝土的抗压作用，使钢筋的总用量（$A_s+A'_s$）为最小，达到节约钢筋的目的，令 $\xi=\xi_b$（即 $x=\xi_b h_0$），由式（4-34）可得

$$A'_s=\frac{M-\alpha_1 f_c b h_0^2\xi_b(1-0.5\xi_b)}{f'_y(h_0-a'_s)} \tag{4-40}$$

由式（4-33）得

$$A_s=\xi_b\frac{\alpha_1 f_c b h_0}{f_y}+A'_s\frac{f'_y}{f_y} \tag{4-41}$$

（二）第二种情况

已知截面尺寸（$b\times h$），弯矩设计值（M），混凝土的强度等级和钢筋的种类（f_c、f_y、f'_y），受压钢筋截面面积 A'_s。求受拉钢筋的截面面积 A_s。

（1）求由已知 A'_s 承受的弯矩 M_{u2} 及相应的钢筋 A_{s2}

$$M_{u2}=f'_y A'_s(h_0-a'_s),\ A_{s2}=A'_s\frac{f'_y}{f_y}$$

（2）求 M_{u1} 及 A_{s1}

$$M_{u1}=M-M_{u2}=M-f'_y A'_s(h_0-a'_s)$$

即

$$\alpha_{s1}=\frac{M_{u1}}{\alpha_1 f_c b h_0^2}=\frac{M-f'_y A'_s(h_0-a'_s)}{\alpha_1 f_c b h_0^2}$$

由 α_{s1} 可求得 ξ 或 γ_s

$$\xi=1-\sqrt{1-2\alpha_{s1}}\ \text{或}\ \gamma_s=0.5\left(1+\sqrt{1-2\alpha_{s1}}\right)$$

$$A_{s1}=\xi\frac{\alpha_1 f_c b h_0}{f_y}\ \text{或}\ A_{s1}=\frac{M_{u1}}{f_y\gamma_s h_0}$$

（3）受拉钢筋总面积 $A_s=A_{s1}+A_{s2}=\xi\dfrac{\alpha_1 f_c b h_0}{f_y}+A'_s\dfrac{f'_y}{f_y}$

（4）配筋计算。

如按 M_{u1} 求得的 $\xi>\xi_b$ 时，说明已配置的受压钢筋 A'_s 数量不够，应增加其数量，可按受压钢筋 A'_s 未知的情况（即情况一）重新计算 A_s 和 A'_s。

当 $x<2a'_s$ 时，表明受压钢筋 A'_s 的应力达不到抗压设计强度，由式（4-39）计算受拉钢筋截面积。

$$A_s=\frac{M}{f_y(h_0-a'_s)}$$

【例 4-4】 一矩形截面简支梁，截面尺寸为 $b\times h=200\text{mm}\times500\text{mm}$，混凝土强度等级为 C30，采用 HRB400 级钢筋，环境等级为二 a 类，截面的弯矩设计值为 295kN · m，求此截面所需配置的纵向受力钢筋。

解 （1）确定基本数据。

由表 3-4、表 4-2 查得，混凝土的设计强度 $f_c=14.3\text{N/mm}^2$，$f_t=1.43\text{N/mm}^2$；$\alpha_1=1.0$；

由表 3-2、表 4-3 查得，钢筋的设计强度 $f_y=360\text{N/mm}^2$，$\xi_b=0.518$，$\alpha_{smax}=0.3838$；

由表 3-11 查得，钢筋的混凝土保护层最小厚度为 25mm，纵向受拉钢筋按两层放置，取 $a_s=70$mm，则梁的有效高度

$$h_0=h-a_s=500-70=430\text{mm}$$

（2）验算是否需要采用双筋截面。

$$M=295\text{kN}\cdot\text{m}>\alpha_{smax}\alpha_1 f_c b h_0^2=0.383\,8\times1.0\times14.3\times200\times430^2$$
$$=202.96\times10^6\text{N}\cdot\text{mm}=202.96\text{kN}\cdot\text{m}$$

因此应采用双筋截面。

（3）配筋计算。

受压钢筋为单层，取 $a'_s=35$mm，为节约钢筋，充分利用混凝土抗压，令 $\xi=\xi_b$，则

$$A'_s=\frac{M-\alpha_{smax}\alpha_1 f_c b h_0^2}{f'_y(h_0-a'_s)}=\frac{295\times10^6-202.96\times10^6}{360\times(430-35)}=647.26\text{mm}^2$$

$$A_s=\frac{\alpha_1 f_c\xi_b b h_0+f'_yA'_s}{f_y}=\frac{1.0\times14.3\times0.518\times200\times430+360\times647.26}{360}$$
$$=2416.8\text{mm}^2$$

（4）选配钢筋直径及根数。（设箍筋直径为 8mm）

受拉钢筋选配 3 Φ 25+3 Φ 20，实际配筋面积 $A_s=2415\text{mm}^2$，受压钢筋选配 2 Φ 20，$A'_s=628\text{mm}^2$，配筋如图 4-22 所示。

钢筋净距 $s=(200-2\times25-2\times8-3\times25)/2=29.5\text{mm}>25\text{mm}$。

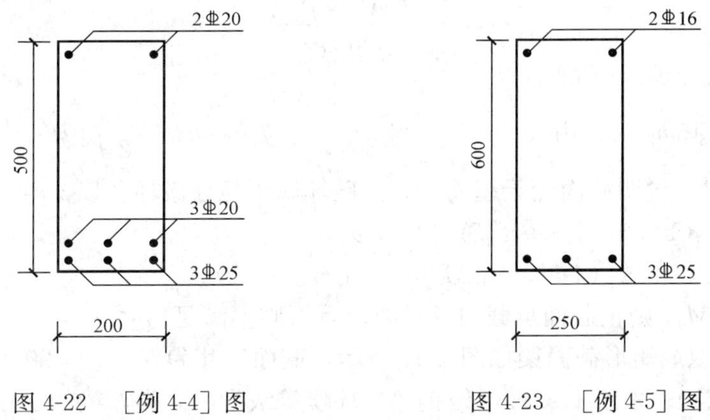

图 4-22　［例 4-4］图　　　　图 4-23　［例 4-5］图

【例 4-5】　一矩形截面梁，截面尺寸为 $b\times h=250\text{mm}\times600\text{mm}$，混凝土强度等级为 C30；采用 HRB400 级钢筋，环境等级为一类，梁的受压区已配置 2 Φ 16 的受压钢筋，$A'_s=402\text{mm}^2$，梁承受的设计弯矩值 265kN·m，求受拉钢筋的截面面积 A_s。

解　（1）确定基本数据。

由表 3-4、表 4-2 查得，混凝土的设计强度 $f_c=14.3\text{N/mm}^2$，$f_t=1.43\text{N/mm}^2$；$\alpha_1=1.0$；

由表 3-2、表 4-3 查得，钢筋的设计强度 $f_y=360\text{N/mm}^2$，$\xi_b=0.518$；

由表 3-11 查得，钢筋的混凝土保护层最小厚度为 20mm，受压钢筋为单层，取 $a'_s=35$mm，纵向受拉钢筋按一层放置，取 $a_s=35$mm，则梁截面的有效高度

$$h_0=h-a_s=600-35=565\text{mm}$$

（2）计算 ξ 及 x。

$$M_{u2}=f'_yA'_s(h_0-a'_s)=360\times402\times(565-35)=76.7\times10^6\text{N}\cdot\text{m}=76.7\text{kN}\cdot\text{m}$$

$$M_{u1} = M - M_{u2} = (265 - 76.7)\text{kN}\cdot\text{m} = 188.3\text{kN}\cdot\text{m}$$

$$\alpha_{s1} = \frac{M_{u1}}{\alpha_1 f_c b h_0^2} = \frac{188.3\times10^6}{1.0\times14.3\times250\times565^2} = 0.165$$

$$\xi = 1-\sqrt{1-2\alpha_{s1}} = 1-\sqrt{1-2\times0.165} = 0.181 < \xi_b = 0.518$$

$$x = \xi h_0 = 0.181\times565 = 102.53\text{mm} > 2a'_s = 2\times35 = 70\text{mm}$$

（3）受拉钢筋总面积。

$$A_s = A_{s1} + A_{s2} = \xi\frac{\alpha_1 f_c b h_0}{f_y} + A'_s\frac{f'_y}{f_y}$$

$$= 0.181\times\frac{1.0\times14.3\times250\times565}{360} + 402\times\frac{360}{360} = 1015.55 + 402$$

$$= 1417.55\text{mm}^2$$

（4）选配钢筋直径及根数。（设箍筋直径为 6mm）

受拉钢筋选配 3 Φ 25，实际配筋面积 A_s=1473mm²，配筋如图 4-23 所示。

钢筋净距 s=(250−2×20−2×6−3×25)/2=67.5mm>25mm。

三、承载力复核

已知截面尺寸 ($b\times h$)，混凝土的强度等级和钢筋的种类 (f_c、f_y、f'_y)，受拉钢筋和受压钢筋截面面积 (A_s、A'_s)，截面弯矩设计值 M。复核截面是否安全。

（1）先由式（4-33）计算受压区高度 x，再根据不同情况计算截面的受弯承载力极限值 M_u。

$$x = \frac{f_y A_s - f'_y A'_s}{\alpha_1 f_c b}$$

（2）受弯承载力极限值 M_u。

当 $2a'_s \leqslant x \leqslant \xi_b h_0$ 时，由式（4-34）得 $M_u = \alpha_1 f_c bx\left(h_0 - \frac{x}{2}\right) + f'_y A'_s(h_0 - a'_s)$

当 $x > \xi_b h_0$ 时，说明截面处于超筋状态，破坏属于脆性破坏。以 $x = \xi_b h_0$ 代入式(4-33)得 $M_u = \alpha_1 f_c b h_0^2 \xi_b(1-0.5\xi_b) + f'_y A'_s(h_0 - a'_s)$。

当 $x < 2a'_s$ 时，由式（4-39）得 $M_u = f_y A_s(h_0 - a'_s)$。

（3）如 $M \leqslant M_u$，则正截面承载力满足要求，否则不满足。

【例 4-6】 某双筋矩形截面梁如图 4-24 所示，截面尺寸为 $b\times h$ = 200mm × 500mm，混凝土强度等级为 C30；采用 HRB335 级钢筋，环境等级为一 a 类，梁的受压区已配置2 Φ 16 的受压钢筋，A'_s = 402mm²，受拉钢筋 3 Φ 25，A_s=1473mm²；梁承受的弯矩设计值 M = 178kN·m，试校核该截面是否安全。

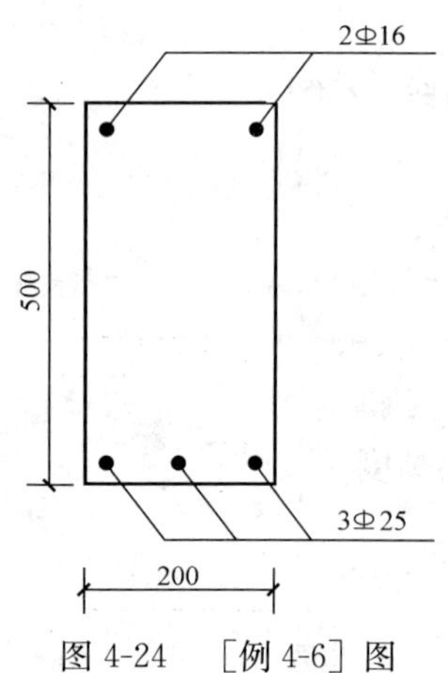

图 4-24 ［例 4-6］图

解 （1）确定基本数据。

由表 3-4、表 4-2 查得，混凝土的设计强度 f_c = 14.3N/mm²，f_t=1.43N/mm²；α_1=1.0；

由表 3-2、表 4-3 查得，钢筋的设计强度 f_y=300N/mm²，ξ_b=0.55；

由表 3-11 查得，钢筋的混凝土保护层最小厚度为 20mm，受压钢筋为单层，a'_s = 20 + 8 + 16/2 = 36mm，纵向受拉钢筋一层放置，a_s=20+8+25/2=40.5mm，则梁的有效高度

$$h_0 = h - a_s = 500 - 40.5 = 459.5\text{mm}$$

（2）计算受压区高度。

$$x=\frac{f_yA_s-f'_yA'_s}{\alpha_1 f_c b}=\frac{300\times1473-300\times402}{1.0\times14.5\times200}=112.34\text{mm}$$

$$2a'_s=72\text{mm},\ \xi_b h_0=0.55\times459.5=252.73\text{mm}$$

所以满足 $2a'_s<x<\xi_b h_0$。

（3）计算受弯承载力。

$$M_u=\alpha_1 f_c bx\left(h_0-\frac{x}{2}\right)+f'_yA'_s(h_0-a'_s)$$

$$=1.0\times14.3\times200\times112.34\times\left(459.5-\frac{112.34}{2}\right)+300\times402\times(459.5-36)$$

$$=180.66\times10^6\text{N}\cdot\text{mm}=180.66\text{kN}\cdot\text{m}$$

（4）比较。

$M=178\text{kN}\cdot\text{m}<M_u=180.66\text{kN}\cdot\text{m}$，此截面是安全的。

4.3.3　T形截面受弯构件正截面承载力计算

一、概述

矩形截面受弯构件具有构造简单、施工方便等优点，但由于受弯构件破坏时拉区混凝土早已开裂而逐步退出工作，若将拉区混凝土去掉一部分，并将钢筋集中放置在肋部，就形成T形截面，如图4-25（a）所示，这样做并不降低截面的受弯承载力，却能节省混凝土和减轻结构自重。若受拉钢筋较多，为方便布置钢筋，可将截面底部适当增大，形成工字形截面，如图4-25（b）所示。工字形截面的受弯承载力的计算与T形截面相同。

T形和工字形截面梁在工程中应用非常广泛，如T形吊车梁、薄腹屋面梁、槽形板和现浇肋形楼盖中的主、次梁等均为T形截面；空心楼板、箱形截面、桥梁中的梁为工字形截面。T形梁由梁肋和位于受压区的翼缘所组成。对于翼缘位于受拉区的T形截面，因翼缘受拉后混凝土会发生裂缝，不起受力作用，所以仍按矩形截面计算，如图4-26所示肋形楼盖中的负弯矩区段（2—2截面）。T形梁受压区较大，混凝土足够承担压力，一般不必再加受压钢筋，采用单筋截面。

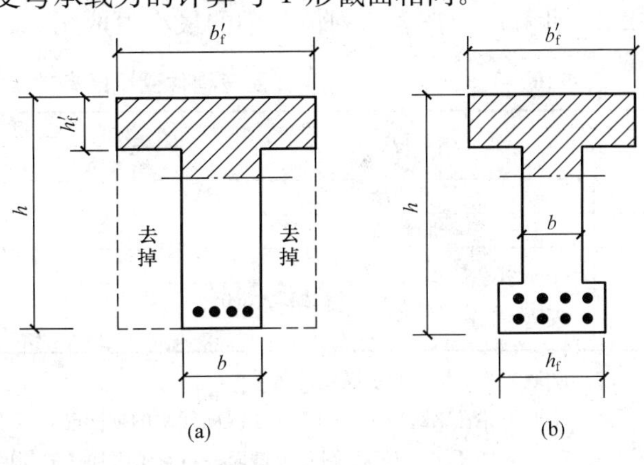

图4-25　T形截面

根据试验和理论分析可知，当T形梁受力时，压应力沿翼缘宽度的分布是不均匀的，

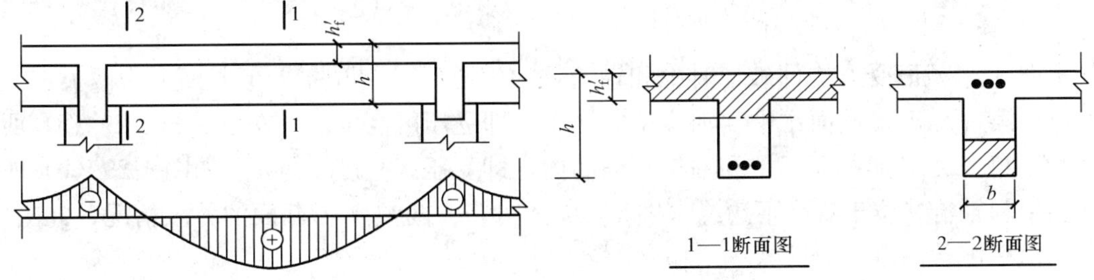

图4-26　T形截面构件

压应力由梁肋中部向两边逐渐减小，如图 4-27（a）所示。当翼缘宽度很大时，远离梁肋的一部分翼缘几乎不承受压力，因而在计算中不能将离梁肋较远受力很小的翼缘也计算为 T 形梁的一部分。为了简化计算，《混凝土规范》将 T 形截面的翼缘宽度限制在一定范围内，称为受压区有效翼缘计算宽度 b'_f，并假定在 b'_f 范围内应力均匀分布，而在 b'_f 范围以外，认为翼缘已不起作用，如图 4-27（b）所示。

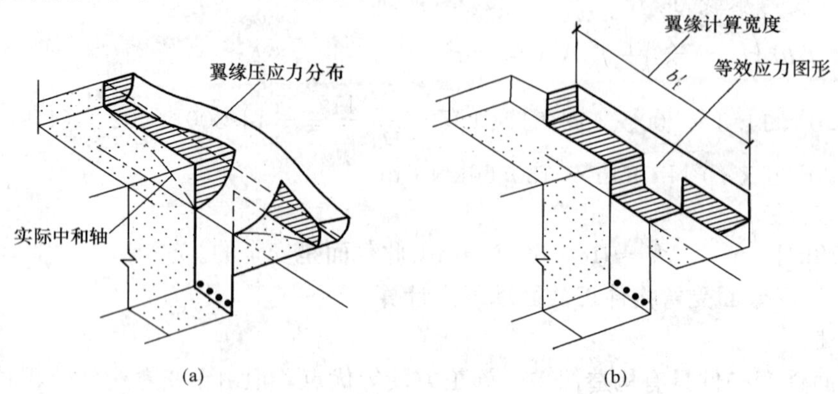

图 4-27　T 形梁受压区实际应力和计算应力图

有效翼缘的计算宽度 b'_f 主要与梁的工作情况（如整体肋形梁还是独立梁）、梁的跨度以及翼缘高度有关。《混凝土规范》规定的有效翼缘计算宽度 b'_f 见表 4-10（表中符号见图 4-28）。计算时应按表所列情况中的最小值取用。

表 4-10　受弯构件受压区有效翼缘计算宽度 b'_f

情况			T 形、I 形截面		倒 L 形截面
			肋形梁（板）	独立梁	肋形梁（板）
1	按计算跨度 l_0 考虑		$l_0/3$	$l_0/3$	$l_0/6$
2	按梁（肋）净距 s_n 考虑		$b+s_n$	—	$b+s_n/2$
3	按翼缘高度 h'_f 考虑	$h'_f/h_0 \geqslant 0.1$	—	$b+12h'_f$	—
		$0.1 > h'_f/h_0 \geqslant 0.05$	$b+12h'_f$	$b+6h'_f$	$b+5h'_f$
		$h'_f/h_0 < 0.05$	$b+12h'_f$	b	$b+5h'_f$

注　1. 表中 b 为梁的腹板厚度；
2. 肋形梁在梁跨内设有间距小于纵肋间距的横肋时，可不考虑表中情况 3 的规定；
3. 加腋的 T 形、I 形和倒 L 形截面，当受压区加腋的高度 h_h 不小于 h'_f 且加腋的长度 b_h 不大于 $3h_h$ 时，其翼缘计算宽度可按表中情况 3 的规定分别增加 $2b_h$（T 形、I 形截面）和 b_h（倒 L 形截面）；
4. 独立梁受压区的翼缘板在荷载作用下经验算沿纵肋方向可能产生裂缝时，其计算宽度应取腹板宽度 b。

二、基本公式及适用条件

（一）两类 T 形截面的判别

根据 T 形截面受弯构件破坏时中和轴所处的位置不同，可将 T 形截面分为两类：

（1）第一类 T 形截面：中和轴位于翼缘内，即受压区高度 $x \leqslant h'_f$，如图 4-29（a）所示。

（2）第二类 T 形截面：中和轴位于梁肋内，即受压区高度 $x > h'_f$，如图 4-29（b）所示。

当中和轴恰好位于翼缘下边缘（即 $x = h'_f$）时，为两类 T 形截面的界限情况，如图 4-30 所示。由平衡条件得

$$\alpha_1 f_c b'_f h'_f = f_y A_s \tag{4-42}$$

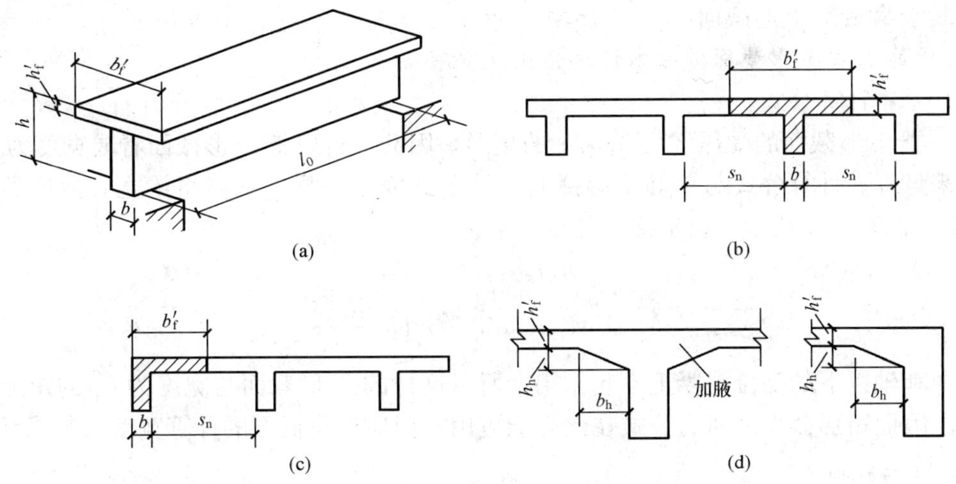

图 4-28　T 形、倒 L 形截面梁翼缘计算宽度 b'_f

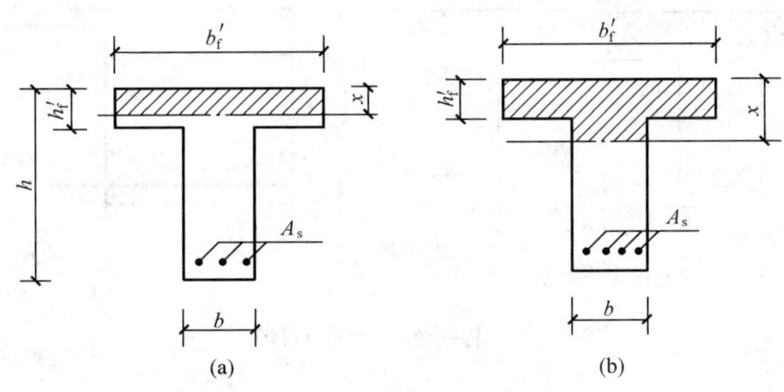

图 4-29　两类 T 形截面

(a) 第一类 T 形截面；(b) 第二类 T 形截面

$$M'_f = \alpha_1 f_c b'_f h'_f \left(h_0 - \frac{h'_f}{2}\right) \tag{4-43}$$

式中　b'_f——T 形截面受压区有效翼缘计算宽度，按表 4-10 确定；

h'_f——T 形截面受压区翼缘高度。

其他符号意义同前。

若
$$f_y A_s \leqslant \alpha_1 f_c b'_f h'_f \tag{4-44}$$

或
$$M \leqslant \alpha_1 f_c b'_f h'_f \left(h_0 - \frac{h'_f}{2}\right) \tag{4-45}$$

属于第一类 T 形截面。

若 $f_y A_s > \alpha_1 f_c b'_f h'_f$　　(4-46)

或 $M > \alpha_1 f_c b'_f h'_f \left(h_0 - \frac{h'_f}{2}\right)$　　(4-47)

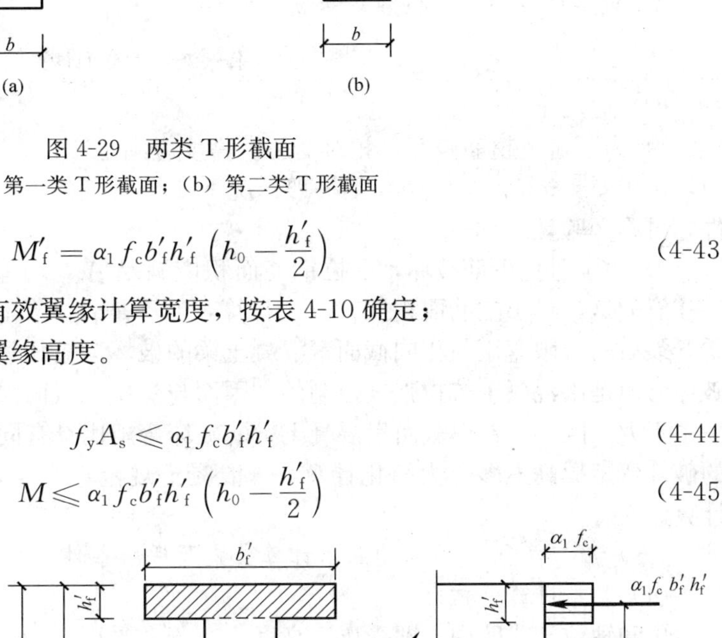

图 4-30　两类 T 形截面的界限

则属于第二类 T 形截面。

（二）第一类 T 形截面的基本计算公式及适用条件

（1）基本计算公式。

第一类 T 形截面的受压区为 $b'_f \times x$ 的矩形，因此，可以将 T 形截面看成宽度为 b'_f 的矩形截面来计算。计算公式与单筋矩形截面计算公式完全一样，只需将梁宽 b 换成翼缘宽度 b'_f 即可，如图 4-31 所示。由平衡条件得

$$\alpha_1 f_c b'_f x = f_y A_s \tag{4-48}$$

$$M \leqslant M_u = \alpha_1 f_c b'_f x \left(h_0 - \frac{x}{2}\right) \tag{4-49}$$

因中和轴以下的受拉混凝土不起作用，所以这样的 T 形截面与宽度为 b'_f 的矩形截面完全一样。因而矩形截面的所有公式在此都能应用。但应注意截面的计算宽度为翼缘计算宽度 b'_f，而不是梁肋宽 b。

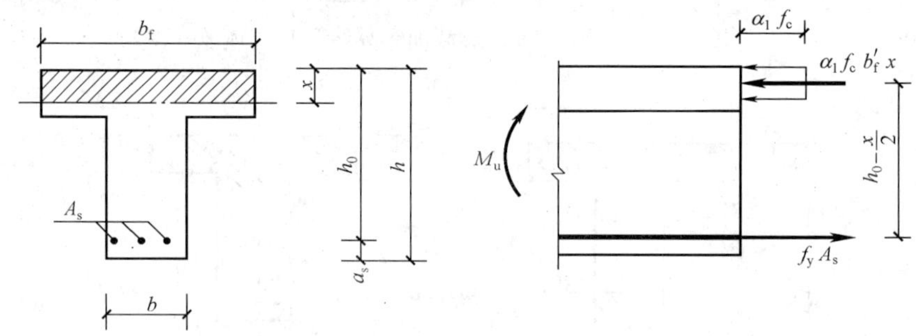

图 4-31 第一类 T 形截面计算简图

（2）适用条件。

1）为了避免超筋破坏，相对受压区高度应满足 $\xi \leqslant \xi_b$ 或 $x \leqslant \xi_b h_0$。对于第一类 T 形截面，由于 $\xi = x/h_0 \leqslant h'_f/h_0$，而一般情况下 T 形截面的 h'_f/h_0 较小，故通常均能满足这一条件，可不必验算。

2）为了避免少筋破坏，受拉钢筋面积应满足 $A_s \geqslant \rho_{min} bh$，$b$ 为 T 形截面的腹板宽度。需注意的是，最小配筋面积按 $\rho_{min} bh$ 计算，而不是 $\rho_{min} b'_f h$。这是因为 ρ_{min} 是根据钢筋混凝土梁开裂后的极限弯矩与相同截面素混凝土梁的破坏弯矩相等的条件确定的，但素混凝土梁的破坏弯矩是由混凝土抗拉强度控制的，因而与受拉区截面尺寸关系较大，与受压区截面尺寸关系不大。因此，T 形截面素混凝土梁的破坏弯矩比具有同样肋宽 b 的矩形截面素混凝土梁的破坏弯矩提高不多。为简化计算，《混凝土规范》规定，T 形截面的 ρ_{min} 仍按肋宽 b 来计算。

（三）第二类 T 形截面的基本计算公式及适用条件

（1）基本计算公式。

中和轴位于梁肋内，即受压区高度 $x > h'_f$，受压区为 T 形，计算简图如图 4-32（a）所示。根据计算简图和内力平衡条件，可列出第二类 T 形截面受弯构件的两个基本计算公式为

$$\alpha_1 f_c bx + \alpha_1 f_c (b'_f - b)h'_f = f_y A_s \tag{4-50}$$

$$M \leqslant M_u = \alpha_1 f_c bx \left(h_0 - \frac{x}{2}\right) + \alpha_1 f_c (b'_f - b)h'_f \left(h_0 - \frac{h'_f}{2}\right) \tag{4-51}$$

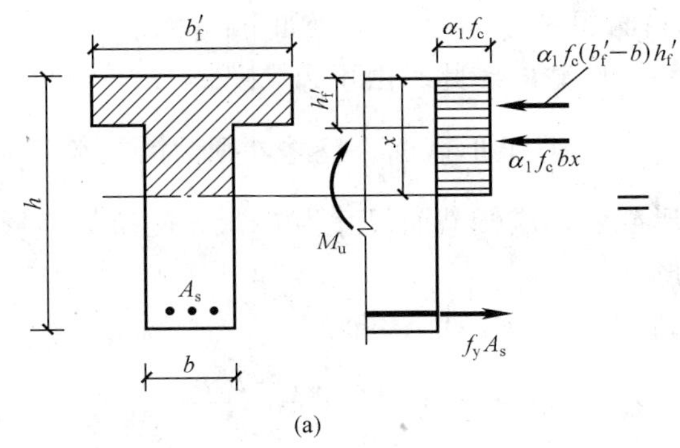

(a)

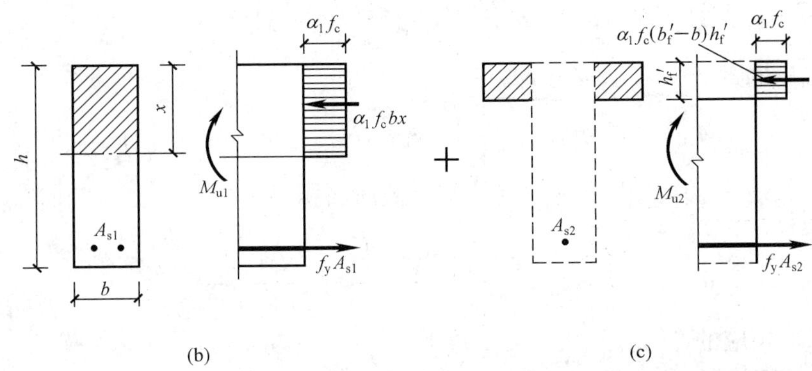

(b)　(c)

图 4-32　第二类 T 形截面受弯构件承载力计算简图

由式（4-50）和式（4-51）可以看出，第二类 T 形截面的受弯承载力设计值 M_u 及纵向受拉钢筋 A_s 可看成由两部分组成，即 $M_u=M_{u1}+M_{u2}$，$A_s=A_{s1}+A_{s2}$。

由图 4-32（b）得

$$\alpha_1 f_c bx = f_y A_{s1} \tag{4-52}$$

$$M_{u1} = \alpha_1 f_c bx\left(h_0 - \frac{x}{2}\right) \tag{4-53}$$

由图 4-32（c）得

$$\alpha_1 f_c(b'_f - b)h'_f = f_y A_{s2} \tag{4-54}$$

$$M_{u2} = \alpha_1 f_c(b'_f - b)h'_f\left(h_0 - \frac{h'_f}{2}\right) \tag{4-55}$$

第一部分是由肋部受压混凝土与相应部分受拉钢筋 A_{s1} 组成的单筋矩形截面部分的受弯承载力 M_{u1}；第二部分则是由受压翼缘挑出部分的混凝土与相应其余部分受拉钢筋 A_{s2} 组成的受弯承载力 M_{u2}。

（2）适用条件。

1）$x \leqslant \xi_b h_0$ 或 $\rho_1 = \dfrac{A_s}{bh} \leqslant \xi_b \dfrac{\alpha_1 f_c}{f_y} \times \dfrac{h_0}{h}$ 或 $M_{u1max} \leqslant \alpha_{smax}\alpha_1 f_c b h_0^2$；

2）为了避免少筋破坏，受拉钢筋面积应满足 $A_s \geqslant \rho_{min} bh$。由于截面受压区已进入肋部，相应地受拉钢筋配置较多，一般均能满足最小配筋率的要求，可不必验算。

三、截面设计

已知构件的截面尺寸（b、h、b'_f、h'_f）、材料强度设计值（f_c，f_y）、截面承受的弯矩设计值（M），求受拉钢筋截面面积 A_s。其计算步骤如下：

（1）判别属于哪一类 T 形截面。此时由于 A_s 未知，故应按式（4-45）来判别，如 $M \leqslant \alpha_1 f_c b'_f h'_f \left(h_0 - \frac{h'_f}{2}\right)$，则为第一类 T 形截面；反之，则为第二类 T 形截面。

（2）如为第一类 T 形截面，应按截面尺寸为 $b'_f \times h$ 的单筋矩形截面梁计算 A_s。

（3）如为第二类 T 形截面，则

1）由式（4-54）和式（4-55）计算 A_{s2} 和 M_{u2}

$$A_{s2} = \frac{\alpha_1 f_c (b'_f - b) h'_f}{f_y}$$

$$M_{u2} = \alpha_1 f_c (b'_f - b) h'_f \left(h_0 - \frac{h'_f}{2}\right)$$

2）计算受压肋部的受弯承载力 M_{u1}

$$M_{u1} = M - M_{u2} = M - \alpha_1 f_c (b'_f - b) h'_f \left(h_0 - \frac{h'_f}{2}\right)$$

3）计算在弯矩 M_{u1} 作用下所需的受拉钢筋截面面积 A_{s1}

$$\alpha_{s1} = \frac{M_{u1}}{\alpha_1 f_c b h_0^2} = \frac{M - \alpha_1 f_c (b'_f - b) h'_f \left(h_0 - \frac{h'_f}{2}\right)}{\alpha_1 f_c b h_0^2}$$

由 α_{s1} 可求得相应的 ξ、γ_s。

如 $\xi > \xi_b$，说明梁的截面尺寸不够，应加大截面尺寸，或改用双筋 T 形截面；

如 $\xi \leqslant \xi_b$，表明梁处于适筋状态，截面尺寸满足要求，则

$$A_{s1} = \frac{M_{u1}}{f_y \gamma_s h_0} \text{ 或 } A_{s1} = \xi b h_0 \frac{\alpha_1 f_c}{f_y}$$

4）受拉钢筋截面面积 A_s

$$A_s = A_{s1} + A_{s2}$$

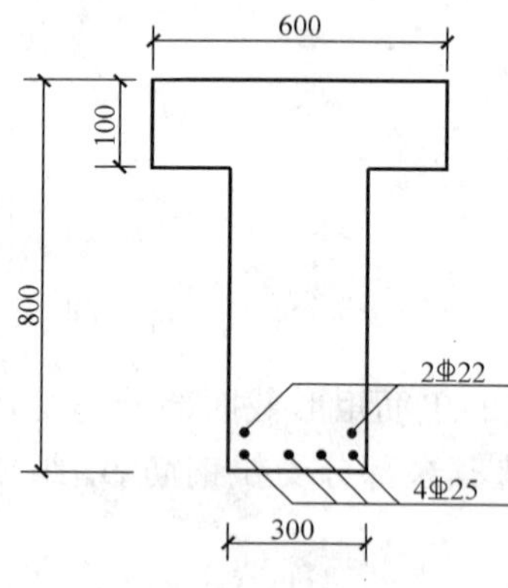

图 4-33 ［例 4-7］图

【例 4-7】 已知 T 形截面梁如图 4-33 所示，承受弯矩设计值 M＝650kN·m，混凝土强度等级 C25，采用 HRB400 级钢筋，环境等级为一类。求梁所需的纵向受拉钢筋面积 A_s。

解 （1）确定基本数据。

由表 3-4、表 4-2 查得，混凝土的设计强度 $f_c = 11.9\text{N/mm}^2$，$f_t = 1.27\text{N/mm}^2$；$\alpha_1 = 1.0$；

由表 3-2、表 4-3 查得，钢筋的设计强度 $f_y = 360\text{N/mm}^2$，$\xi_b = 0.518$；

由表 3-11 查得，钢筋的混凝土保护层最小厚度为 25mm，设纵向受拉钢筋按两层放置，取 a_s＝70mm，则梁的有效高度

$$h_0 = h - a_s = 800 - 70 = 730\text{mm}$$

（2）判别 T 形截面类型。

$$\alpha_1 f_c b'_f h'_f \left(h_0 - \frac{h'_f}{2}\right)$$

$$= 1.0 \times 11.9 \times 600 \times 100 \times (730 - 100/2) = 485.5 \times 10^6 \text{N} \cdot \text{mm}$$
$$= 485.5 \text{kN} \cdot \text{m} < M = 650 \text{kN} \cdot \text{m}$$

属于第二类型T形截面。

(3) 配筋计算。

$$A_{s2} = \frac{\alpha_1 f_c (b'_f - b) h'_f}{f_y} = \frac{1.0 \times 11.9 \times (600 - 300) \times 100}{360}$$
$$= 991.67 \text{mm}^2$$
$$M_{u2} = \alpha_1 f_c (b'_f - b) h'_f \left(h_0 - \frac{h'_f}{2}\right)$$
$$= 1.0 \times 11.9 (600 - 300) \times 100 \times \left(730 - \frac{100}{2}\right)$$
$$= 242.76 \times 10^6 \text{N} \cdot \text{m} = 242.76 \text{kN} \cdot \text{m}$$
$$M_{u1} = M - M_{u2} = 650 - 242.76 = 407.24 \text{kN} \cdot \text{m}$$
$$\alpha_{s1} = \frac{M_{u1}}{\alpha_1 f_c b' h_0^2} = \frac{407.24 \times 10^6}{1.0 \times 11.9 \times 300 \times 730^2} = 0.214$$
$$\xi = 1 - \sqrt{1 - 2\alpha_{s1}} = 1 - \sqrt{1 - 2 \times 0.214} = 0.244 < \xi_b = 0.518$$
$$\gamma_s = 0.5 \left(1 + \sqrt{1 - 2\alpha_{s1}}\right) = 0.5 \left(1 + \sqrt{1 - 2 \times 0.214}\right) = 0.878$$
$$A_{s1} = \frac{M_{u1}}{f_y \gamma_s h_0} = \frac{407.24 \times 10^6}{360 \times 0.878 \times 740} = 1764.9 \text{mm}^2$$

(4) 受拉钢筋截面面积 A_s。

$$A_s = A_{s1} + A_{s2} = 1764.9 + 991.67 = 2756.6 \text{mm}^2$$

(5) 选配钢筋直径及根数。(设箍筋直径为8mm)

选配4 Φ 25+2 Φ 22，实际配筋面积 A_s=2724mm²，配筋如图4-33所示。

钢筋净距 s=(300−2×25−2×8−4×25)/3=44.67mm>25mm。

【例4-8】 一肋形楼盖的次梁，计算跨度 l_0=5.2m，间距为2m，截面尺寸如图4-34(a)所示，跨中最大弯矩设计值 M=150kN·m，混凝土强度等级C30，采用HRB400级钢筋，环境等级为二a类。求梁所需的纵向受拉钢筋面积 A_s。

解 (1) 确定基本数据。

由表3-4、表4-2查得，混凝土的设计强度 f_c=14.3N/mm²，f_t=1.43N/mm²；α_1=1.0；

由表3-2、表4-3查得，钢筋的设计强度 f_y=360N/mm²，ξ_b=0.518；

由表3-11查得，钢筋的混凝土保护层最小厚度为25mm，设纵向受拉钢筋按一层放置，取 a_s=40mm，则梁的有效高度 $h_0 = h - a_s$=450−40=410mm。

(2) 确定翼缘计算宽度 b'_f。由表4-10查得。

按计算跨度 l_0 考虑：$b'_f = l_0/3 = 5200/3 = 1733\text{mm}$；

按梁肋净距 s_n 考虑：$b'_f = b + s_n = 200 + 1800 = 2000\text{mm}$；

按翼缘高度 h'_f 考虑：$h'_f/h_0 = 80/410 = 0.195 > 0.1$，不按翼缘高度考虑；

翼缘计算宽度 b'_f 取二者中的较小值，即 $b'_f = 1733\text{mm}$。

(3) 判别T形截面类型。

$$\alpha_1 f_c b'_f h'_f \left(h_0 - \frac{h'_f}{2}\right) = 1.0 \times 14.3 \times 1733 \times 80 \times (410 - 80/2)$$

$$= 750 \times 10^6 \text{N} \cdot \text{mm} = 750\text{kN} \cdot \text{m} > M = 150\text{kN} \cdot \text{m}$$

属于第一类型 T 形截面。

（4）配筋计算。

$$\alpha_s = \frac{M}{\alpha_1 f_c b'_f h_0^2} = \frac{150 \times 10^6}{1.0 \times 14.3 \times 1733 \times 410^2} = 0.036$$

$$\xi = 1 - \sqrt{1 - 2\alpha_s} = 1 - \sqrt{1 - 2 \times 0.036} = 0.037 < \xi_b = 0.518$$

$$A_s = \xi \frac{\alpha_1 f_c b'_f h_0}{f_y} = 0.037 \times \frac{1.0 \times 14.3 \times 1733 \times 410}{360} = 1057.95\text{mm}^2$$

（5）选配钢筋直径及根数。（设箍筋直径为 6mm）

选配 2 Φ 22+1 Φ 20，实际配筋面积 A_s=1074.2mm²，配筋如图 4-34（b）所示。

钢筋净距 s=(200−2×25−2×6−1×20−2×22)/2=37mm>25mm。

（6）验算适用条件。

ρ_{min}取 0.2%和 $45f_t/f_y$(%)中的较大值，$45f_t/f_y$(%)=45×1.43/360=0.18%，故取 ρ_{min}=0.2%。

$A_{smin}=\rho_{min}bh$=0.2%×200×450=180mm²<A_s=1074.2mm²，满足要求。

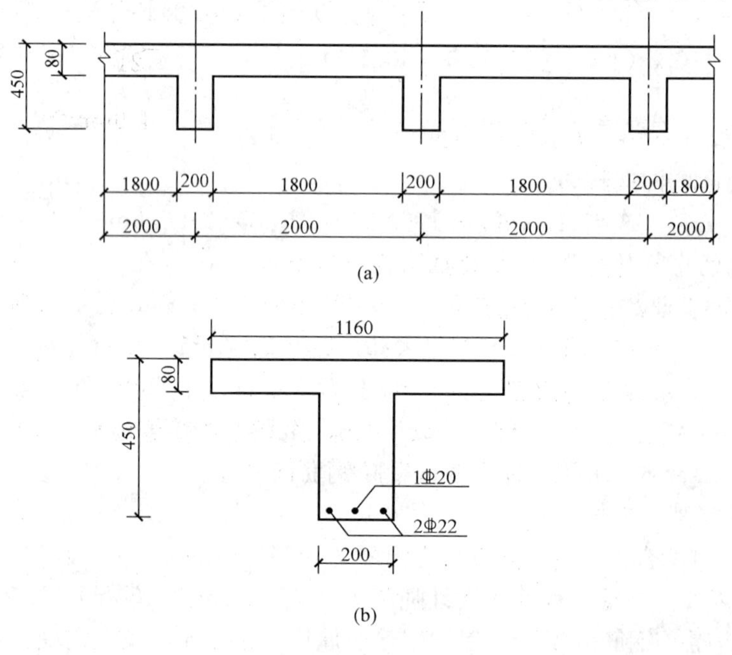

图 4-34 ［例 4-8］图

四、承载力复核

已知截面尺寸（b、h、b'_f、h'_f），混凝土的强度等级和钢筋的级别（f_c、f_y），受拉钢筋截面面积（A_s），截面弯矩设计值 M，可按下列步骤进行：

因受拉钢筋 A_s 已知，可按式（4-44）判别 T 形截面类型。

（1）如 $f_y A_s \leqslant \alpha_1 f_c b'_f h'_f$，为第一类 T 形截面，按截面尺寸为 $b'_f \times h$ 的矩形截面受弯构件计算极限承载力 M_u。

（2）如 $f_y A_s > \alpha_1 f_c b'_f h'_f$，为第二类 T 型截面：

1）由式（4-50）求 x，$x=\dfrac{f_yA_s-\alpha_1 f_c(b'_f-b)h'_f}{\alpha_1 f_c b}$。

2）求极限承载力 M_u。

当 $x\leqslant\xi_b h_0$ 时，由式（4-51）得

$$M_u=\alpha_1 f_c bx\left(h_0-\frac{x}{2}\right)+\alpha_1 f_c(b'_f-b)h'_f\left(h_0-\frac{h'_f}{2}\right)$$

当 $x>\xi_b h_0$ 时，以 $x=\xi_b h_0$ 代入式（4-51）得

$$M_u=\alpha_1 f_c b h_0^2\xi_b(1-0.5\xi_b)+\alpha_1 f_c(b'_f-b)h'_f\left(h_0-\frac{h'_f}{2}\right)$$

（3）如 $M\leqslant M_u$，则正截面承载力满足要求，否则不满足。

【例 4-9】 一T形截面梁，$b'_f=450$mm，$h'_f=100$mm，$b=250$mm，$h=600$mm，混凝土强度等级C30，采用HRB400级钢筋，环境等级为二a类。受拉纵筋为8 Φ 25，$A_s=3927\text{mm}^2$，求梁截面所能承受的弯矩设计值 M_u。

解 （1）确定基本数据。

由表3-4、表4-2查得，混凝土的设计强度 $f_c=14.3\text{N/mm}^2$，$f_t=1.43\text{N/mm}^2$；$\alpha_1=1.0$；

由表3-2、表4-3查得，钢筋的设计强度 $f_y=360\text{N/mm}^2$，$\xi_b=0.518$；

由表3-11查得，钢筋的混凝土保护层最小厚度为25mm，纵向受拉钢筋两层放置，$a_s=25+8+25+25/2=70.5$mm，则梁的有效高度 $h_0=h-a_s=600-70.5=529.5$mm。

（2）判别T形截面类型。

$f_yA_s=360\times3927\times10^{-3}=1413.72\text{kN}>\alpha_1 f_c b'_f h'_f=1.0\times14.3\times450\times100\times10^{-3}=643.5\text{kN}$ 属于第二类型T形截面。

（3）计算受压区高度。

$$\begin{aligned}x&=\frac{f_yA_s-\alpha_1 f_c(b'_f-b)h'_f}{\alpha_1 f_c b}\\&=\frac{360\times3927-1.0\times14.3\times(450-250)\times100}{1.0\times14.3\times250}\\&=315.45\text{mm}\\&\quad>\xi_b h_0=0.518\times529.5=274.28\text{mm}\end{aligned}$$

说明截面处于超筋状态。取 $x=\xi_b h_0$。

（4）计算弯矩设计值。

$$\begin{aligned}M_u&=\alpha_1 f_c b h_0^2\xi_b(1-0.5\xi_b)+\alpha_1 f_c(b'_f-b)h'_f\left(h_0-\frac{h'_f}{2}\right)\\&=1.0\times14.3\times250\times529.5^2\times0.518\times(1-0.5\times0.518)+1.0\times14.3\times(450-250)\\&\quad\times100\times(529.5-100/2)\\&=521.87\times10^6\text{N}\cdot\text{mm}=521.87\text{kN}\cdot\text{m}\end{aligned}$$

4.4 受弯构件斜截面承载力计算

4.4.1 概述

受弯构件除了在主要承受弯矩的区段内会沿正截面发生破坏外，剪弯段在弯矩和剪力共

同作用下还会产生斜裂缝，并沿斜向裂缝发生斜截面破坏。由于这种破坏是由剪力引起的，往往呈脆性破坏的特性，无明显的预兆。因此，在设计受弯构件时，应避免这种由剪力引起的斜截面破坏，体现“强剪弱弯”原则。这样受弯构件在荷载作用下，就将产生延性较好的受弯破坏形态，具有较好的变形能力。所以，进行斜截面承载力计算，防止斜截面受剪破坏先于正截面受弯破坏，是钢筋混凝土受弯构件设计的重要内容。

为了防止发生斜截面强度破坏，通常需要在梁内配置与梁轴垂直的箍筋，也可同时配置与主拉应力方向平行的斜筋来共同承担剪力。斜筋常由正截面强度所不需要的纵向钢筋弯起而成，又称弯起钢筋。箍筋与弯起钢筋统称为腹筋。腹筋、纵向钢筋和架立钢筋构成刚劲的钢筋骨架，如图 4-4 所示。

有箍筋、弯起钢筋和纵向钢筋的梁称为有腹筋梁；无箍筋及弯起钢筋，但有纵向钢筋的构件（多数称为板），称为无腹筋梁。

4.4.2 剪跨比及斜截面受剪破坏形态

一、剪跨比

剪弯段在弯矩 M 和剪力 V 的共同作用下，其斜截面的受剪破坏形态与截面上的弯曲正应力 σ 和剪应力 τ 比值有关。因为弯曲正应力 σ 与 M/bh_0^2 成比例，剪应力 τ 与 V/bh_0 成比例，因此 σ/τ 与 M/Vh_0 成比例，故也可用 M/Vh_0 表示，通常称为广义剪跨比，它是一个无量纲的参数，即

$$\lambda = \frac{M}{Vh_0} \tag{4-56}$$

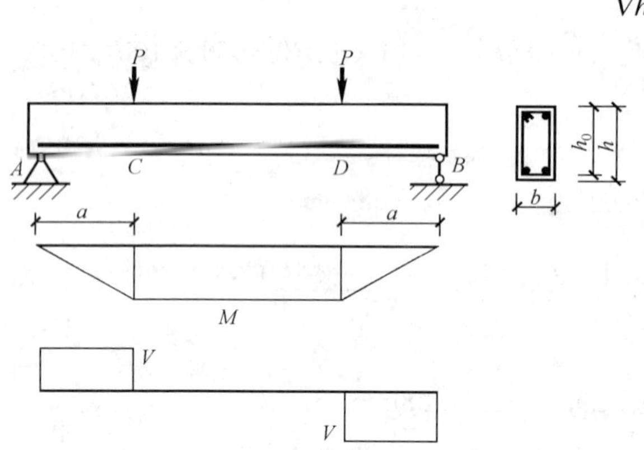

图 4-35 集中荷载作用下梁的剪跨比

对如图 4-35 所示集中荷载作用下的简支梁，集中荷载作用截面的剪跨比为

$$\lambda = \frac{M}{Vh_0} = \frac{Pa}{Ph_0} = \frac{a}{h_0} \tag{4-57}$$

式中 a——集中荷载作用点至支座的距离，称为剪跨。

二、无腹筋梁斜截面受剪破坏的主要形态

无腹筋梁的斜截面受剪破坏形态主要受剪跨比 λ 的影响，主要有斜压破坏、斜拉破坏和剪压破坏三种形态。

（一）斜压破坏（$\lambda<1$）

当集中荷载作用点至支座较近时，剪跨比很小，拱作用很大。斜裂缝出现后，梁转变为拱形式，荷载主要通过拱作用直接传递到支座。主压应力方向与支座和荷载作用点的连线基本一致，拱体如同斜向受压短柱，如图 4-36（a）所示。最后拱体混凝土在斜向压应力的作用下受压破坏，呈受压脆性破坏的特性。斜压破坏主要依靠拱机构传递剪力，因此受剪承载力主要取决于混凝土的抗压强度。

（二）斜拉破坏（$\lambda>3$）

当剪跨比很大时，σ/τ 也较大，主压应力角度较小，因此拱作用较小。剪力主要依靠（梁机构）传递到支座，斜裂缝一出现就很快形成临界斜裂缝，整个构件被斜拉为两部

分，剪力传递路线被切断，承载力急剧下降，脆性性质显著，属于受拉脆性破坏，如图4-36（c）所示。破坏是由于混凝土（斜向）拉坏引起的，称为斜拉破坏，因此斜拉机构的承载力主要取决于混凝土的抗拉强度。

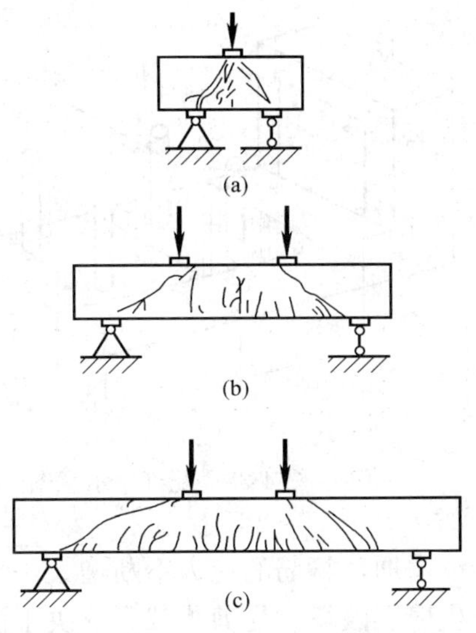

图4-36　斜截面受剪破坏形态

(a) 斜压破坏；(b) 剪压破坏；(c) 斜拉破坏

（三）剪压破坏（$1<\lambda<3$）

当剪跨比$1<\lambda<3$时，由于剪跨比适中，有一定拱作用。斜裂缝出现后，部分荷载通过拱作用传递到支座，承载力没有很快丧失。随着荷载继续增加，剪弯段还会出现一些其他斜裂缝。当荷载增大到一定程度时，其中一条形成临界斜裂缝。这条临界斜裂缝虽向斜上方伸展，但仍能保留一定的压区混凝土截面而不裂通，直到斜裂缝顶端处混凝土在剪应力和压应力共同作用下，达到混凝土的复合受力下的强度而破坏，破坏时也同样为脆性，如图4-36（b）所示。临界斜裂缝出现后，梁机构剪力传递失效，剪力传递主要依靠拉杆—拱机构。由于梁的最后破坏是因为临界斜裂缝迅速发展引起的，因此剪压破坏的承载力在很大程度上取决于混凝土的抗拉强度，且部分取决于斜裂缝顶端剪压区混凝土的复合（剪压）受力强度，介于斜拉破坏和斜压破坏之间。

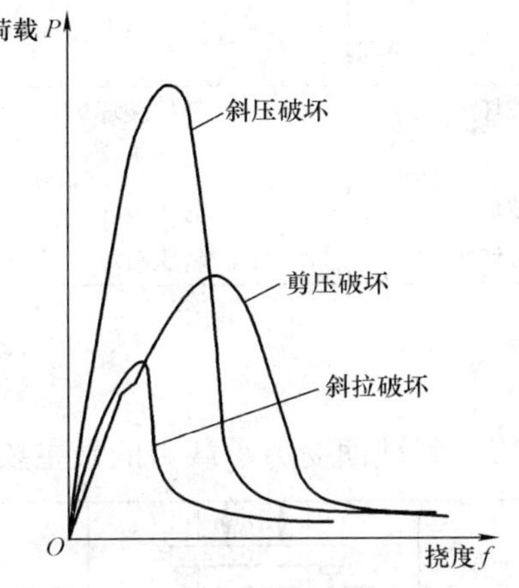

图4-37　斜截面受剪破坏的P-f关系曲线

如图4-37所示为三种破坏形态的荷载-挠度曲线图，从图中曲线可见，各种破坏形态的斜截面承载力各不相同，斜拉破坏最低，剪压破坏较高，斜压破坏最高。它们在达到峰值荷载时，跨中挠度都不大，破坏后荷载都会迅速下降，表明它们均属于无预兆的脆性破坏，而斜拉破坏的脆性更突出。产生不同破坏形态的原因主要是剪力传递路径的变化引起应力状态的不同。

三、有腹筋梁斜截面受剪破坏的主要形态

有腹筋梁的斜截面受剪破坏，其主要形态也可分为斜压破坏、斜拉破坏和剪压破坏三种。有腹筋梁的破坏形态不仅与剪跨比λ有关，还与梁的配箍率ρ_{sv}有关。钢筋混凝土梁的配箍率按式（4-58）计算

$$\rho_{sv}=\frac{A_{sv}}{bs}=\frac{nA_{sv1}}{bs} \tag{4-58}$$

式中　A_{sv}——配置在同一截面内箍筋各肢的截面面积总和，$A_{sv}=nA_{sv1}$，n为同一截面内的箍筋肢数，A_{sv1}为单肢箍筋的截面面积；

s——沿梁长度方向上箍筋的间距；

b——矩形截面的宽度，T形截面或工字形截面的腹板宽度。

由式（4-58）可见，配箍率是指混凝土单位水平截面面积上的箍筋截面面积，如图4-38所示。

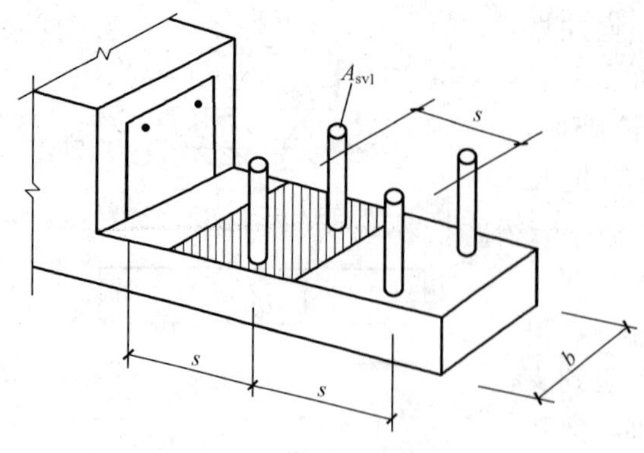

图 4-38 配箍率示意图

（一）配箍率 ρ_{sv} 很小

如果箍筋数量配置很少，不足以承担沿斜裂缝截面的拉应力，当斜裂缝出现时，原来由混凝土承担的拉力转由箍筋承受，箍筋就达到屈服，不能限制斜裂缝开展，破坏性质同无腹筋梁。当剪跨比较大时，将产生斜拉破坏。

（二）配箍率 ρ_{sv} 适当

如果箍筋数量配置适量，斜裂缝出现时，与斜裂缝相交的箍筋不会立即屈服，由于箍筋的受力，限制了斜裂缝的开展，荷载可以继续增加，箍筋的应力不断增大，直到达到屈服，剪压区的剪应力和压应力迅速增加，最终产生剪压破坏。受剪承载力取决于混凝土的复合受力强度和配箍率。

（三）配箍率 ρ_{sv} 很大

在箍筋尚未屈服时，斜裂缝间的混凝土会因主压应力过大而产生斜压破坏。受剪承载力取决于混凝土的抗压强度和截面尺寸，继续增加配箍率对提高承载力不起作用。

剪跨比和配箍率对受剪破坏形态的影响见表 4-11。

表 4-11 受剪破坏形态

配箍率 \ 剪跨比	$\lambda<1$	$1<\lambda<3$	$\lambda>3$
无腹筋	斜压破坏	剪压破坏	斜拉破坏
ρ_{sv}很少	斜压破坏	剪压破坏	斜拉破坏
ρ_{sv}适量	斜压破坏	剪压破坏	剪压破坏
ρ_{sv}很多	斜压破坏	斜压破坏	斜压破坏

4.4.3 影响斜截面受剪承载力的因素

一、剪跨比

试验表明，对集中荷载作用下的无腹筋梁，剪跨比是影响斜截面受剪承载力的最主要因素。随着剪跨比的增加，梁的破坏形态按斜压（$\lambda<1$）、剪压（$1<\lambda<3$）和斜拉（$\lambda>3$）的顺序变化，由图 4-39 可见，当 $\lambda>3$ 时，剪跨比对受剪承载力的影响将不明显。对于有腹筋梁，随着配箍率的增加，剪跨比对受剪承载力的影响逐渐变小。

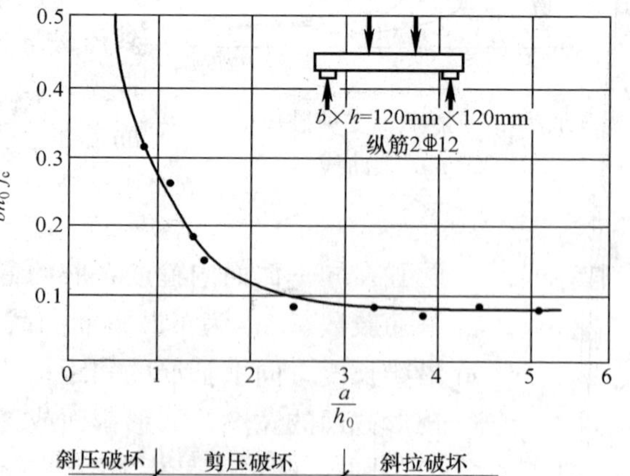

图 4-39 剪跨比对梁受剪承载力的影响

二、混凝土强度

斜截面破坏是因混凝土达到极限强度而发生的，故混凝土的强度对梁的受剪承载力影响很大。

梁斜拉破坏时，受剪承载力取决于混凝土的抗拉强度，剪压破坏也基本取决于混凝土的抗拉强度，只有在剪跨比很小时的斜压破坏才取决于混凝土的抗压强度。无腹筋梁的受剪承载力与混凝土的抗拉强度近似成正比。

三、配箍率和箍筋强度

配箍率越大，箍筋强度越高，斜截面的抗剪能力也越高。但当配箍率超过一定数量后，斜截面受剪承载力就不再提高。

四、纵筋配筋率

纵筋配筋率越大，混凝土受压面积越大，受剪面积也越大，并使纵筋的销栓作用增加。同时，增大纵筋配筋率还可以限制斜裂缝的发展，增加无腹筋梁斜裂缝间的骨料咬合力作用。因此受剪承载力随纵筋配筋率的增大而增大。

五、尺寸效应

混凝土尺寸越大，其强度越低。对于无腹筋梁，在其他条件相同情况下，梁的高度越大，相对抗剪承载力越低。无腹筋梁受剪承载力存在尺寸效应的原因是，随着梁截面高度的增加，斜裂缝的宽度将加大，骨料咬合力减小，同时使纵向钢筋劈裂力加大，导致纵筋的销栓力大大降低，对于截面高度 h 大于 800mm 的无腹筋梁，应考虑尺寸效应对受剪承载力降低的影响。配置腹筋后，尺寸效应的影响减小。

六、截面形状

T形、工字形截面有受压翼缘，增加了剪压区的面积，使得其斜拉破坏和剪压破坏的承载力比相同梁宽的矩形截面有所提高，但对斜压破坏的受剪承载力并没有提高作用，因为斜压破坏主要发生在腹板中。

4.4.4 斜截面受剪承载力的计算公式及适用范围

一、计算公式

由于影响斜截面受剪承载力的因素很多，尽管各国学者进行了大量的实验研究，但迄今为止，关于斜截面受剪承载力计算理论尚未圆满解决。我国《混凝土规范》所建议的公式是采用半理论半经验的实用计算公式作为斜截面受剪承载力的计算公式。

（一）无腹筋梁斜截面受剪承载力

不配置箍筋和弯起钢筋的一般板类受弯构件，其斜截面受剪承载力按式（4-59）、式（4-60）计算

$$V \leqslant V_c = 0.7\beta_h f_t b h_0 \tag{4-59}$$

$$\beta_h = \left(\frac{800}{h_0}\right)^{1/4} \tag{4-60}$$

式中 V——构件斜截面上的最大剪力设计值。

V_c——构件斜截面上混凝土的受剪承载力设计值。

β_h——截面高度影响系数：当 $h_0<800$mm 时，取 $h_0=800$mm；当 $h_0>2000$mm 时，取 $h_0=2000$mm。

f_t——混凝土轴心抗拉强度设计值。

（二）有腹筋梁斜截面受剪承载力

对于钢筋混凝土梁的三种斜截面破坏形态，在工程设计时都应设法避免，但采用的方式有所不同。对于斜拉破坏，通常用满足最小配箍率条件和构造要求来防止；对于斜压破坏，

则用限制截面尺寸的条件来防止；对于常见的剪压破坏，因为梁的受剪承载力变化幅度较大，必须通过计算，使构件满足一定的斜截面受剪承载力，从而防止剪压破坏。

（1）当仅配置箍筋时，矩形、T形和工字形截面受弯构件的斜截面受剪承载力计算。

《混凝土规范》对仅配置箍筋梁的受剪承载力计算公式采用了式（4-61）两部分叠加的形式，如图4-40所示，即

$$V_u = V_{cs} = V_c + V_s \tag{4-61}$$

式中 V_{cs}——构件斜截面上混凝土和箍筋的受剪承载力设计值；

V_c——构件斜截面上混凝土的受剪承载力设计值；

V_s——构件斜截面上箍筋的受剪承载力设计值。

根据试验结果分析统计，《混凝土规范》按95%保证率取偏下限给出受剪承载力的计算公式为

$$V \leqslant V_u = V_{cs} = a_{cv} f_t b h_0 + f_{yv} \frac{A_{sv}}{s} h_0 \tag{4-62}$$

式中 a_{cv}——截面混凝土受剪承载力系数；

f_{yv}——箍筋的抗拉强度设计值；

A_{sv}——配置在同一截面内箍筋各肢的全部截面面积，即 nA_{sv1}，此处，n 为 A_{sv} 在同一个截面内箍筋的肢数，A_{sv1} 为单肢箍筋的截面面积；

s——沿构件长度方向的箍筋间距。

对于一般受弯构件 a_{cv} 取0.7；楼盖中有次梁搁置的主梁或有明确的集中荷载作用的梁（如吊车梁等），取 $a_{cv}=1.75/(\lambda+1)$，λ 为计算截面的剪跨比，可取 $\lambda=a/h_0$，当 $\lambda<1.5$ 时，取1.5，当 $\lambda>3$ 时，取3，a 集中荷载作用点至支座截面或节点边缘的距离。

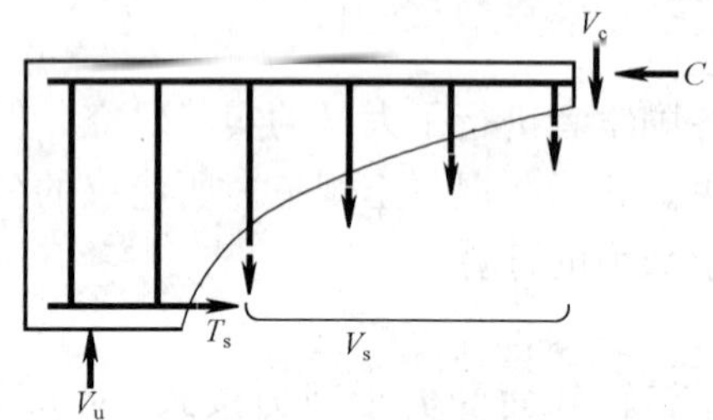

图4-40 仅配置箍筋

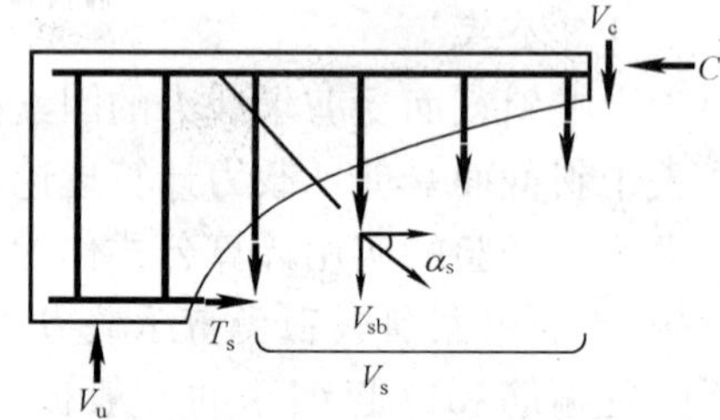

图4-41 配置箍筋和弯起钢筋

（2）当配置箍筋和弯起钢筋时，矩形、T形和工字形截面受弯构件的斜截面受剪承载力的计算。

《混凝土规范》对配置箍筋和弯起钢筋梁的受剪承载力计算公式采用了下式三部分叠加的形式，如图4-41所示，即

$$V_u = V_{cs} + V_{sb} = V_c + V_s + V_{sb} \tag{4-63}$$

$$V_{sb} = 0.8 f_y A_{sb} \sin\alpha_s \tag{4-64}$$

式中 V_{sb}——构件斜截面上弯起钢筋的受剪承载力设计值；

A_{sb}——配置在同一弯起平面内的弯起钢筋的截面面积；

f_y——弯起钢筋的抗拉强度设计值；

0.8——考虑到靠近剪压区的弯起钢筋在破坏时可能达不到屈服强度而采用的强度降

低系数；

α_s——斜截面上弯起钢筋的切线与构件纵轴线的夹角，一般取 45°；当梁高 h 大于 800mm 时，取 60°。

则同时配置箍筋和弯起钢筋时，矩形、T 形和工字形截面的受弯构件斜截面受剪承载力计算公式为

$$V \leqslant V_u = V_{cs} + V_{sb} = a_{cv} f_t b h_0 + f_{yv} \frac{A_{sv}}{s} h_0 + 0.8 f_y A_{sb} \sin\alpha_s \tag{4-65}$$

式中 V——配置弯起钢筋处的剪力设计值。

截面剪力设计值可按下列规定取用：

当计算支座边缘处的截面时，取该处的剪力设计值；当计算箍筋数量改变处的截面时，取箍筋数量开始改变处的剪力设计值；计算第一排（对支座而言）弯起钢筋时，取支座边缘处的剪力设计值 V_1；当计算以后的每一排弯起钢筋时，取前一排（对支座而言）弯起钢筋弯起点处的剪力设计值 V_2，V_3，…，弯起钢筋的计算一直要进行到最后一排弯起钢筋进入 V_{cs} 的控制区段内为止，如图 4-42 所示。

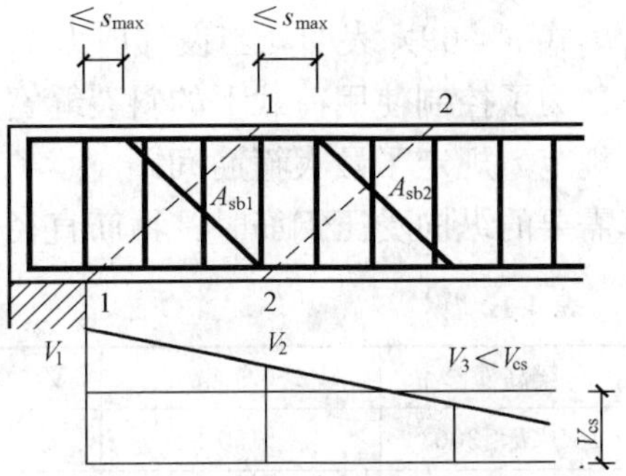

图 4-42 配置多排弯起筋剪力设计值的计算

二、适用范围

受弯构件斜截面受剪承载力计算公式是根据剪压破坏的受力特点建立的，为防止斜压破坏和斜拉破坏的发生，为此《混凝土规范》规定了计算公式的上、下限值。

（一）上限值——截面尺寸的最小值

如前所述，当配箍率超过一定值后，斜压杆混凝土先被压坏，箍筋未屈服，故取斜压破坏作为受剪承载力的上限。斜压破坏取决于混凝土的抗压强度和截面尺寸。《混凝土规范》是通过控制受剪截面的剪力设计值不大于斜压破坏时的受剪承载力来防止由于配箍率过大而发生斜压破坏。《混凝土规范》规定：矩形、T 形和工字形截面受弯构件的受剪截面应符合下列条件：

当 $h_w/b \leqslant 4.0$ 时 $$V \leqslant 0.25\beta_c f_c b h_0 \tag{4-66}$$

当 $h_w/b \geqslant 6.0$ 时 $$V \leqslant 0.2\beta_c f_c b h_0 \tag{4-67}$$

式中 V——构件斜截面上的最大剪力设计值。

β_c——混凝土强度影响系数：当混凝土强度等级不超过 C50 时，取 $\beta_c=1.0$；当混凝土强度等级为 C80 时，取 $\beta_c=0.8$；其间按线性内插法确定。

f_c——混凝土轴心抗压强度设计值。

b——矩形截面的宽度，T 形截面和工字形截面的腹板宽度。

h_0——截面的有效高度。

h_w——截面的腹板高度：对矩形截面，取有效高度 h_0；对 T 形截面，取有效高度减去翼缘高度；对工字形截面，取腹板净高。

当 $4.0 < h_w/b < 6.0$ 时，式中系数按线性内插法确定。

如果上述条件不能满足，则必须加大截面尺寸或提高混凝土强度等级。

（二）下限值——最小配箍率

当配箍率小于一定值时，斜裂缝出现后，箍筋不足以承担沿斜裂缝截面混凝土退出工作所释放出来的拉应力，受剪承载力与无腹筋梁基本相同，且当剪跨比较大时，可能产生斜拉破坏。为防止这种情况发生，《混凝土规范》规定当$V>0.7f_tbh_0$时，箍筋的配筋率应满足式（4-68）要求

$$\rho_{sv}=\frac{A_{sv}}{bs}\geqslant\rho_{sv,min}=0.24\frac{f_t}{f_{yv}} \tag{4-68}$$

对于一般受弯构件，将上述最小配箍率代入式（4-62），可得

$$V_{cs}=0.7f_tbh_0+f_{yv}\times(0.24f_t/f_{yv})\times bh_0=0.94f_tbh_0 \tag{4-69}$$

式（4-69）表明，当设计剪力V小于$0.94f_tbh_0$时，可直接按最小配箍率配置箍筋。

为了控制使用荷载下的斜裂缝宽度，并保证必要数量的箍筋穿过每一条斜裂缝。《混凝土规范》规定了最大箍筋间距s_{max}（表4-12）和箍筋的最小直径（表4-13）。当梁中配有计算需要的纵向受压钢筋时，箍筋直径及间距尚应满足防止受压钢筋压屈的有关构造要求。

表4-12　梁中箍筋的最大间距　(mm)

梁高h	$V>0.7f_tbh_0$	$V\leqslant0.7f_tbh_0$	梁高h	$V>0.7f_tbh_0$	$V\leqslant0.7f_tbh_0$
$150<h\leqslant300$	150	200	$500<h\leqslant800$	250	350
$300<h\leqslant500$	200	300	$h>300$	300	400

表4-13　梁中箍筋的最小直径　(mm)

梁高h	箍筋直径	梁高h	箍筋直径
$h\leqslant800$	6	$h>800$	8

4.4.5　斜截面受剪承载力的计算方法及步骤

一、斜截面受剪承载力的计算截面

保证梁不发生斜截面剪切破坏，必需首先选择控制截面，即受剪承载力的关键部位；其次验算这些控制截面，使之满足斜截面所受剪力设计值小于该截面的受剪承载力。根据梁上受剪情况分析，控制截面即斜截面剪力设计值的计算截面应按下列规定选定，如图4-43所示。

（1）支座边缘处的截面［图4-43（a）、（b）截面1-1］。通常支座边缘处截面的剪力最大，用该值确定第一排弯起钢筋A_{sb1}的用量和1-1截面箍筋的用量。

（2）受拉区弯起钢筋弯起点处的截面［图4-43（a）截面2-2、3-3］。用该处的剪力设计

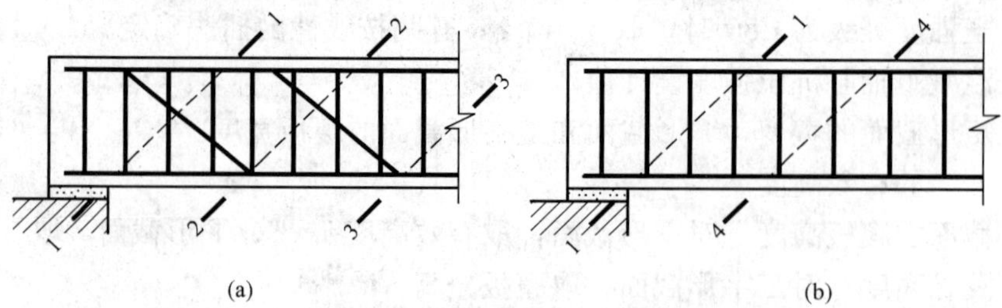

图4-43　斜截面受剪承载力剪力设计值的计算截面

（a）配箍筋和弯起钢筋的梁；（b）仅配箍筋的梁

值计算后排弯起钢筋的数量。

(3) 箍筋截面面积或间距改变处的截面［图4-43 (b) 截面4-4］。用该处的剪力设计值计算改变处截面箍筋的数量。

(4) 截面尺寸改变处的截面。

二、斜截面受剪承载力的设计计算步骤

钢筋混凝土受弯构件的设计应从控制受弯构件的正截面破坏和斜截面破坏这两方面考虑。一般先进行正截面受弯承载力设计，确定截面尺寸和纵向受力钢筋。在此基础上进行斜截面受剪承载力的设计计算。斜截面受剪承载力的设计计算包括两类问题：截面设计和承载力复核。

(一) 截面设计

已知梁的截面尺寸 (b、h 等)，材料强度设计值 (f_c、f_t、f_y、f_{yv} 等)，梁的荷载设计值和跨度，要求确定箍筋和弯起钢筋的数量，其步骤归纳如下：

(1) 确定控制截面的剪力设计值。计算剪力设计值时取计算跨度等于净跨，即 $l_0=l_n$；必要时画出剪力图。

(2) 验算截面尺寸。梁的截面尺寸一般根据正截面承载力和刚度确定，在进行斜截面承载力计算时首先应按式 (4-66) 或式 (4-67) 复核梁截面尺寸。若不满足要求，应加大截面尺寸或提高混凝土强度等级。

(3) 判别是否需要按计算配置腹筋。若计算截面承受的剪力设计值 $V\leqslant a_{cv}f_tbh_0$ 时，则可不进行斜截面受剪承载力计算，而仅需按构造要求确定箍筋的直径和间距；否则，应按计算配置腹筋。

(4) 计算腹筋数量。配置腹筋有两种方案：方案一，只配箍筋而不配弯起钢筋；方案二，同时配置箍筋和弯起钢筋。

方案一：剪力完全由混凝土和箍筋承担，箍筋的用量按式 (4-70) 计算

对于矩形、T形和工字形截面梁

$$\frac{nA_{sv1}}{s}\geqslant\frac{V-a_{cv}f_tbh_0}{f_{yv}h_0} \tag{4-70}$$

求得 $\frac{nA_{sv1}}{s}$ 后，可先确定箍筋肢数 (常用双肢箍 $n=2$)、箍筋直径和单肢箍筋截面面积 A_{sv1}，然后求出箍筋的间距 s，对 s 取整，并应满足最大箍筋间距的要求；也可先按构造要求选取 s，再算出 A_{sv}，确定 n 和 A_{sv1}，确定直径。

选择箍筋间距和直径应满足构造要求，同时应验算最小配箍率即

$$\rho_{sv}=\frac{A_{sv}}{bs}\geqslant\rho_{sv,\min}=0.24\frac{f_t}{f_{yv}}$$

如在不宜增大箍筋直径的情况下，所得箍筋间距过密，则应考虑方案二。

方案二：在剪力较大的区段由混凝土、箍筋和弯起钢筋共同承担剪力。设计时又有两种方法：

1) 一般先按常规配置箍筋数量 (肢数、直径和间距) $\frac{nA_{sv1}}{s}$，不足部分用弯起钢筋承担，则需要弯起钢筋面积为

$$A_{sb} \geqslant \frac{V - V_{cs}}{0.8 f_y \sin\alpha_s} \quad (4\text{-}71)$$

2）也可先选定弯起钢筋的截面面积 A_{sb}（结合斜截面受弯承载力的构造要求），再按只配箍筋的方法计算箍筋，箍筋的用量可按式（4-72）计算

$$\frac{A_{sv}}{s} = \frac{V - a_{cv} f_t b h_0 - 0.8 f_y A_{sb} \sin\alpha_s}{f_{yv} h_0} \quad (4\text{-}72)$$

结合构造要求确定箍筋的数量（肢数、直径和间距）。

后一种方法适合于支座附近正弯矩纵筋比较富裕，可以弯起一部分来承受剪力的情况。

（5）绘制配筋图。根据计算和构造规定以及弯矩图布置弯起钢筋，绘制构件配筋图。

若剪力图为三角形（均布荷载作用时）或梯形（集中荷载和均布荷载共同作用时），则弯起钢筋的计算应从支座边缘截面开始向跨中逐排进行，直至不需要弯起钢筋时为止。

当剪力图为矩形时（集中荷载作用时），则在每一等剪力区段内只需计算一个截面，然后按允许最大间距 S_{max} 在所计算的等剪力区段内确定所需弯起钢筋排数，每排弯起钢筋的截面面积均不应小于计算值。

【例 4-10】 如图 4-44 所示钢筋混凝土矩形截面简支梁，支座为厚度 240mm 的砌体墙，净跨 $l_n=3.56$m，承受均布荷载设计值 $q=100$kN/m（包括梁自重）。梁截面尺寸 $b\times h=200$mm$\times600$mm。混凝土强度等级 C30，箍筋采用 HRB335 级钢筋，纵向受力筋采用 HRB400 级钢筋，环境等级为一类。且已按正截面受弯承载力计算配置了 2Φ22+1Φ16 纵向钢筋。试进行斜截面受剪承载力计算。

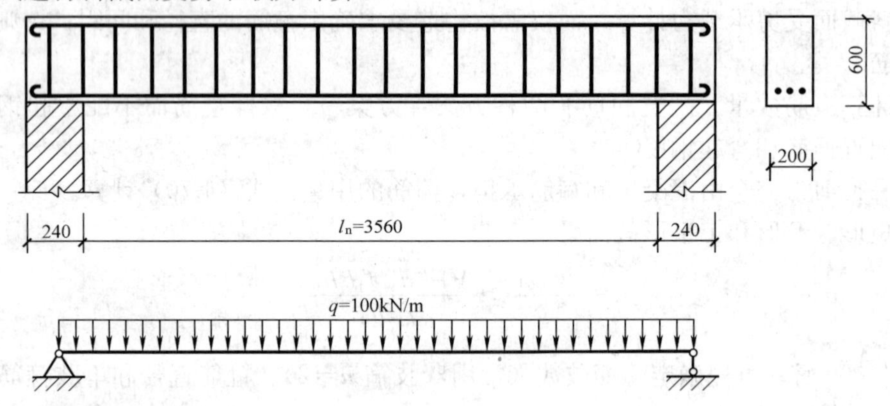

图 4-44 ［例 4-10］计算简图

解 （1）确定基本数据。

由表 3-4 查得，混凝土的设计强度 $f_c=14.3\text{N/mm}^2$，$f_t=1.43\text{N/mm}^2$；

由表 3-2 查得，纵向钢筋的设计强度 $f_y=360\text{N/mm}^2$，箍筋的设计强度 $f_{yv}=300\text{N/mm}^2$；

由表 3-13 查得，钢筋的混凝土保护层最小厚度为 20mm，纵向受拉钢筋一排放置，$a_s=20+6+22/2=37$mm，则梁的有效高度 $h_0=h-a_s=600-37=563$mm。

（2）计算剪力设计值，画出剪力图。

最危险截面在支座边缘处，该处剪力设计值为 $V=\frac{1}{2}ql_n=\frac{1}{2}\times100\times3.56=178$kN

（3）验算截面尺寸是否符合要求。

$$h_w = h_0 = 563\text{mm},\ h_w/b = 563/200 = 2.815 < 4.0,\ \beta_c = 1.0$$

$$0.25\beta_c f_c b h_0 = 0.25 \times 1 \times 14.3 \times 200 \times 563 = 402\,545\text{N}$$
$$= 402.5\text{kN} > V = 178\text{kN}$$

截面尺寸满足要求。

(4) 判别是否需要按计算配置腹筋。

$$0.7 f_t b h_0 = 0.7 \times 1.43 \times 200 \times 563 = 112\,712.6\text{N}$$
$$= 112.71\text{kN} < V = 178\text{kN}$$

需要按计算配置腹筋。

(5) 计算腹筋数量。

方案一：剪力完全由混凝土和箍筋承担，箍筋的用量可按下列公式确定

$$\frac{nA_{sv1}}{s} \geqslant \frac{V - 0.7 f_t b h_0}{f_{yv} h_0} = \frac{178 \times 10^3 - 0.7 \times 1.43 \times 200 \times 563}{300 \times 563}$$
$$= 0.387\text{mm}^2/\text{mm}$$

选Φ 6 双肢箍，将 $n=2$、单肢箍筋截面面积 $A_{sv1} = 28.3\text{mm}^2$ 代入上式得

$$s \leqslant \frac{2 \times 28.3}{0.387} = 146.05\text{mm},\ 取\ s = 140\text{mm}$$

配箍率 $\rho_{sv} = \dfrac{nA_{sv1}}{bs} = \dfrac{2 \times 28.3}{200 \times 140} = 0.202\% > \rho_{sv,\min} = 0.24\dfrac{f_t}{f_{yv}} = 0.24 \times \dfrac{1.43}{300} = 0.114\%$

且选择箍筋间距和直径均满足构造要求。

方案二：同时配置箍筋和弯起钢筋。先按常规配置箍筋数量，选Φ 6@200，弯起筋利用梁底纵向受力筋，弯起角 $\alpha_s = 45°$，则需要弯起钢筋面积为

$$\rho_{sv} = \frac{nA_{sv1}}{bs} = \frac{2 \times 28.3}{200 \times 200} = 0.142\% > \rho_{sv,\min} = 0.114\%$$

$$V_{cs} = 0.7 f_t b h_0 + f_{yv}\frac{nA_{sv1}}{s}h_0 = 0.7 \times 1.43 \times 200 \times 563 + 300 \times \frac{2 \times 28.3}{200} \times 563$$
$$= 160\,511\text{N} = 160.51\text{kN}$$

所以
$$A_{sb} \geqslant \frac{V - V_{cs}}{0.8 f_y \sin\alpha_s} = \frac{178 \times 10^3 - 160.51 \times 10^3}{0.8 \times 360 \times \sin 45°} = 85.88\text{mm}^2$$

实际弯起钢筋 1 Φ 16，$A_{sb} = 201.1\text{mm}^2$，满足要求。

弯起钢筋弯起点 C 处受剪承载力验算：弯起筋上弯点到支座边缘水平距离应$\leqslant S_{smax} = 250\text{mm}$，取 $S = 50\text{mm}$，其弯起段水平投影长度为 $600-20\times2-6\times2-16=532\text{mm}$，则下弯点到支座边缘水平距离为 $x = 532 + 50 = 582\text{mm}$，$C$ 处剪力设计值为

$$V_1 = \frac{1}{2}ql_n - qx = \frac{1}{2} \times 100 \times 3.56 - 100 \times 0.582 = 119.8\text{kN}$$

由于 $V_1 = 119.8\text{kN} < V_{cs} = 160.51\text{kN}$，所以 C 处斜截面受剪承载力满足要求，无须再弯起第二排钢筋。

配筋如图 4-45 所示。

【例 4-11】 如图 4-46 (a) 所示的矩形截面独立梁，截面尺寸 $b \times h = 250\text{mm} \times 600\text{mm}$，承受图示的荷载设计值。混凝土强度等级为 C35 级，箍筋采用 HRB400 级钢筋，环境等级为一类。试确定箍筋数量。

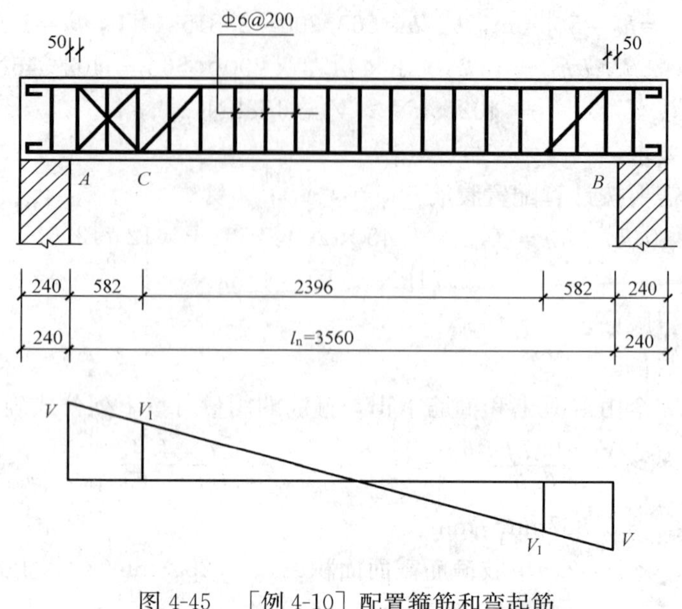

图 4-45 ［例 4-10］配置箍筋和弯起筋

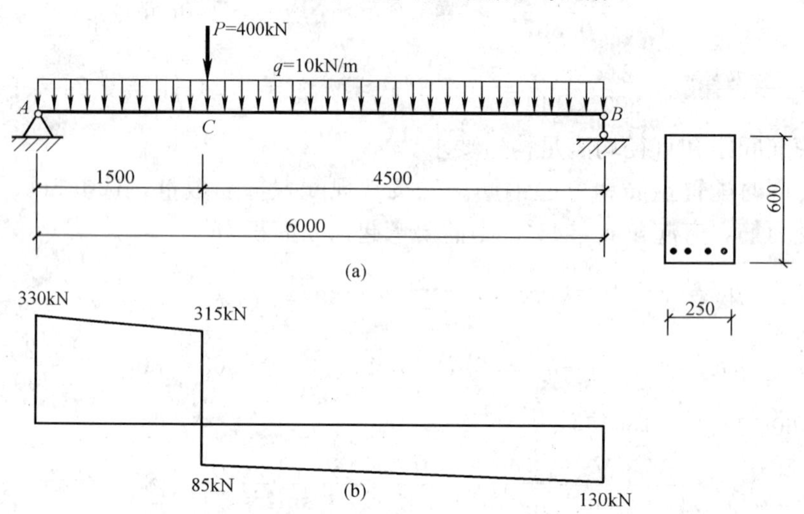

图 4-46 ［例 4-11］计算简图

解 （1）确定基本数据。

由表 3-4 查得，混凝土的设计强度 $f_c=16.7\text{N/mm}^2$，$f_t=1.57\text{N/mm}^2$；

由表 3-2 查得，纵向钢筋的设计强度 $f_y=360\text{N/mm}^2$，箍筋的设计强度 $f_{yv}=360\text{N/mm}^2$；

由表 3-11 查得，钢筋的混凝土保护层最小厚度为 20mm，取 $a_s=40\text{mm}$，则梁的有效高度 $h_0=h-a_s=600-40=560\text{mm}$。

（2）计算剪力设计值，画出剪力图。

支座边缘处剪力设计值为 $V_A=330\text{kN}$，$V_B=130\text{kN}$，剪力图如图 4-46（b）所示。

（3）验算截面尺寸是否符合要求。

$h_w=h_0=560\text{mm}$，$h_w/b=560/250=2.24<4.0$，$\beta_c=1.0$

$0.25\beta_c f_c b h_0 = 0.25\times1\times16.7\times250\times560 = 584\ 500\text{N}$

$= 584.5\text{kN} > V_A = 330\text{kN}$

截面尺寸满足要求。

(4) 判别是否需要按计算配置腹筋。

AC段 $\lambda = \dfrac{a}{h_0} = \dfrac{1500}{560} = 2.68 < 3.0$

$$\frac{1.75}{\lambda+1.0}f_t b h_0 = \frac{1.75}{2.68+1.0}\times1.57\times250\times560 = 104\ 524\text{N} = 104.52\text{kN} < V_A = 330\text{kN}$$

应按计算配置腹筋。

CB段 $\lambda = \dfrac{a}{h_0} = \dfrac{4500}{560} = 8.04 > 3.0$ 取 $\lambda = 3.0$

$$\frac{1.75}{\lambda+1.0}f_t b h_0 = \frac{1.75}{3+1.0}\times1.57\times250\times560 = 96\ 162.5\text{N} = 96.16\text{kN} < V_B = 130\text{kN}$$

应按计算配置腹筋。

(5) 计算箍筋数量：

AC段 $\dfrac{nA_{sv1}}{s} \geqslant \dfrac{V_A - \dfrac{1.75}{\lambda+1.0}f_t b h_0}{f_{yv}h_0} = \dfrac{330\ 000 - 104\ 524}{360\times560} = 1.118\text{mm}^2/\text{mm}$

选Φ10双肢箍，将 $n=2$、单肢箍筋截面面积 $A_{sv1} = 78.5\text{mm}^2$ 代入上式得

$$s \leqslant \frac{2\times78.5}{1.118} = 140.4\text{mm，取 } s = 140\text{mm}$$

配箍率 $\rho_{sv} = \dfrac{nA_{sv1}}{bs} = \dfrac{2\times78.5}{250\times140} = 0.449\% > \rho_{sv,\min} = 0.24\dfrac{f_t}{f_{yv}} = 0.24\times\dfrac{1.57}{360} = 0.105\%$

选择箍筋间距和直径均满足构造要求。

CB段 $\dfrac{nA_{sv1}}{s} \geqslant \dfrac{V - \dfrac{1.75}{\lambda+1.0}f_t b h_0}{f_{yv}h_0} = \dfrac{130\ 000 - 96\ 162.5}{360\times560} = 0.168\text{mm}^2/\text{mm}$

选Φ8双肢箍，将 $n=2$、单肢箍筋截面面积 $A_{sv1} = 50.3\text{mm}^2$ 代入上式得

$s \leqslant \dfrac{2\times50.3}{0.168} = 598.8\text{mm}$，按构造要求取 $s = 250\text{mm}$

配箍率 $\rho_{sv} = \dfrac{nA_{sv1}}{bs} = \dfrac{2\times50.3}{250\times250} = 0.161\% \geqslant \rho_{sv,\min} = 0.24\dfrac{f_t}{f_{yv}} = 0.24\times\dfrac{1.57}{360} = 0.105\%$

选择箍筋间距和直径均满足构造要求。

另选Φ6双肢箍，将 $n=2$、单肢箍筋截面面积 $A_{sv1} = 28.3\text{mm}^2$ 代入上式得

$s \leqslant \dfrac{2\times28.3}{0.168} = 336.9\text{mm}$，按构造要求取 $s = 250\text{mm}$

配箍率 $\rho_{sv} = \dfrac{nA_{sv1}}{bs} = \dfrac{2\times28.3}{250\times250} = 0.091\% < \rho_{sv,\min} = 0.24\dfrac{f_t}{f_{yv}} = 0.24\times\dfrac{1.57}{360} = 0.105\%$

不满足要求。

如再取 $s = 200\text{mm}$

配箍率 $\rho_{sv}=\frac{nA_{sv1}}{bs}=\frac{2\times 28.3}{250\times 200}=0.113\%>\rho_{sv,min}=0.24\frac{f_t}{f_{yv}}=0.24\times\frac{1.57}{360}=$ 0.105%

选择箍筋间距和直径均满足构造要求。

（二）承载力复核

承载力复核，是对已设计或施工好的混凝土构件斜截面的承载力进行复核，核算作用于斜截面的剪力设计值 V 是否超过斜截面受剪承载力 V_u。

已知截面尺寸（b、h 等），混凝土强度、箍筋和弯起钢筋的强度等级（f_c、f_t、f_y、f_{yv}）和配置腹筋数量（s、A_{sv}、A_{sb} 等），斜截面的剪力设计值 V。

进行梁斜截面受剪承载力验算时，要根据前述梁斜截面计算的位置分别进行验算。计算步骤如下：

（1）复核截面尺寸。

按式（4-66）或式（4-67）复核梁截面尺寸。若不满足要求，应取 $V_u=0.25\beta_c f_c bh_0$（或 $0.2\beta_c f_c bh_0$）。

（2）复核配箍率以及箍筋的构造要求。

用式（4-68）复核配箍率，并根据表 4-12、表 4-13 的规定复核箍筋的最大间距、箍筋的最小直径等是否满足构造要求。

（3）根据荷载形式按以下两种情况，计算可能的斜截面承载能力设计值。

当梁只配置箍筋时，将已知数据代入式（4-62）计算 V_u。

当梁同时配置箍筋和弯起钢筋时，将已知数据代入式（4-65）计算 V_u。

4）承载力校核。按承载能力极限状态计算要求，应满足 $V\leqslant V_{umin}$。

【例 4-12】 一矩形截面简支梁，截面尺寸 $b\times h=200\text{mm}\times 500\text{mm}$，混凝土强度等级为 C30，箍筋采用 HRB400 级钢筋，沿梁全长已配置双肢Φ 8@200 箍筋，环境等级为一类。试按受剪承载力确定该梁所能承受的最大剪力设计值。如该梁净跨 $l_n=5.86\text{m}$，求按受剪承载力计算，梁所能承担的单位均布荷载设计值 q 为多大？

解 （1）确定基本数据。

由表 3-4 查得，混凝土的设计强度 $f_c=14.3\text{N/mm}^2$，$f_t=1.43\text{N/mm}^2$；

由表 3-2 查得，箍筋的设计强度 $f_{yv}=360\text{N/mm}^2$；

由表 3-11 查得，钢筋的混凝土保护层最小厚度为 20mm，纵向受拉钢筋按一排放置，则梁的有效高度 $h_0=h-a_s=500-35=465\text{mm}$。

（2）验算配箍率是否符合要求。

配箍率 $\rho_{sv}=\frac{nA_{sv1}}{bs}=\frac{2\times 50.3}{200\times 200}=0.252\%>\rho_{sv,min}=0.24\frac{f_t}{f_{yv}}=0.24\times\frac{1.43}{360}=0.095\%$

满足要求。

（3）计算 V_{cs}。

$$\begin{aligned}V_{cs}&=0.7f_t bh_0+f_{yv}\frac{nA_{sv1}}{s}h_0\\&=0.7\times 1.43\times 200\times 465+360\times\frac{2\times 50.3}{200}\times 465\\&=177\ 295\text{N}=177.3\text{kN}\end{aligned}$$

(4) 复合截面尺寸。

$h_w = h_0 = 465\text{mm}, h_w/b = 465/200 = 2.33 < 4.0, \beta_c = 1.0$

$$0.25\beta_c f_c b h_0 = 0.25 \times 1 \times 14.3 \times 200 \times 465 = 332\,475\text{N}$$
$$= 332.48\text{kN} > V_{cs} = 177.3\text{kN}$$

截面尺寸满足要求。故该梁能承担的最大剪力设计值 $V = V_{cs} = 177.3\text{kN}$。

(5) 按受剪承载力计算，梁所能承担的单位均布荷载设计值 q 为

$$q = \frac{2V}{l_n} = \frac{2 \times 177.3}{5.86} = 60.51\text{kN/m}$$

4.4.6 纵向受力钢筋的弯起和截断

在实际工程设计中，梁的弯矩和剪力是沿梁轴线变化的，在进行梁的纵向钢筋配置时，一般是根据跨中最大正弯矩或支座最大负弯矩通过正截面承载力计算来确定的。在弯矩数值逐渐减小的区段，可以考虑将部分纵向钢筋弯起或截断，使截面的实际抗弯承载力随弯矩设计值的大小而变化，底部钢筋可以弯起作为支座的负钢筋来抵抗支座截面的负弯矩，同时弯起钢筋在支座附近可以协同箍筋抗剪，这种考虑从受力和节约材料方面来看是合理的，但是纵向钢筋的弯起和截断不是随意的，弯起钢筋必须满足正截面抗弯承载力、斜截面抗剪承载力的要求，也应满足斜截面抗弯承载力要求及锚固要求。

下面探讨截断与弯起钢筋时如何保证斜截面抗弯强度，首先介绍抵抗弯矩图的概念。

一、材料抵抗弯矩图

抵抗弯矩图是按实际配置的纵向受力钢筋绘制的梁上各正截面所能抵抗的弯矩图形，又称为 M_R 图。如图 4-47 所示，一承受均布荷载作用的钢筋混凝土简支梁，按跨中截面最大设计弯矩 M_{max} 计算，需配置 2 Φ 25＋1 Φ 22 纵向受拉钢筋。如将 2 Φ 25＋1 Φ 22 钢筋全部伸入支座并可靠锚固，则该梁所有截面均具有 $M_R = M_{max}$ 的抵抗弯矩，即 M_R 图为一水平线。这种钢筋布置方式显然满足正截面受弯承载力的要求，但仅在跨中截面与设计弯矩相等，钢筋得到充分利用，而其他截面钢筋的应力均未达到抗拉设计强度 f_y。为节约钢筋，可根据设计弯矩图 M 的变化将钢筋弯起作受剪钢筋或截断。因此，需要研究钢筋弯起或截断时 M_R 图的变化及其有关配筋构造要求，以使钢筋弯起或截断后的 M_R 图能包住 M 图，满足受弯承载力的要求。

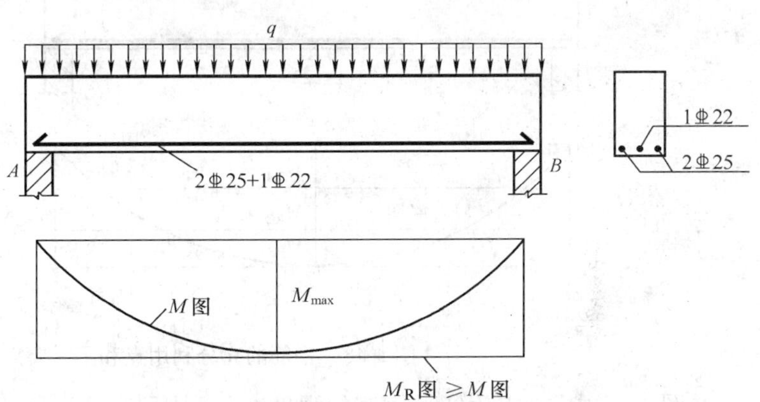

图 4-47 纵筋通长伸入支座的 M_R 图

做 M_R 图的过程就是对钢筋布置进行图解设计的过程，绘制应按照一定比例。下面以图 4-48 所示简支梁为例说明 M_R 图的做法。

(一) 充分利用点和不需要点

如果实际配筋面积等于计算所需纵向钢筋的面积，则 M_R 图的外围水平线正好与 M 图上最大设计弯矩点相切，若实际配筋面积略大于计算面积（事实上，由于实际配筋面积一般比

计算面积要大一些，M_R通常略大于M_{max}），则可根据实际配筋量A_s按式（4-73）计算求得M_R图处水平线的位置，即

$$M_R = A_s f_y \left(h_0 - \frac{f_y A_s}{2\alpha_1 f_c b} \right) \tag{4-73}$$

当钢筋等级相同时，每根钢筋所承担的M_{Ri}可按该钢筋的面积A_{si}与总钢筋面积A_s的比值乘以M_R求得，即

$$M_{Ri} = \frac{A_{si}}{A_s} M_R \tag{4-74}$$

确定了每根钢筋所承担的M_{Ri}，然后给钢筋编号（直径、形状、长度相同的编号可相同）。例如在图4-48中，记①号钢筋1Φ25的抵抗弯矩为M_{R1}、②号钢筋1Φ25的抵抗弯矩为M_{R2}、③号钢筋1Φ22的抵抗弯矩为M_{R3}。按各钢筋所承担的弯矩M_{Ri}布置钢筋，将先截断或先弯起的钢筋放在M_R图外边；分别从各M_{Ri}点引水平线，抵抗图中的M_{Ri}水平线与弯矩包络图M图的交点为强度充分利用点。

如所有钢筋的两端都伸入支座，则M_R图即为图4-48中的$abdc$。

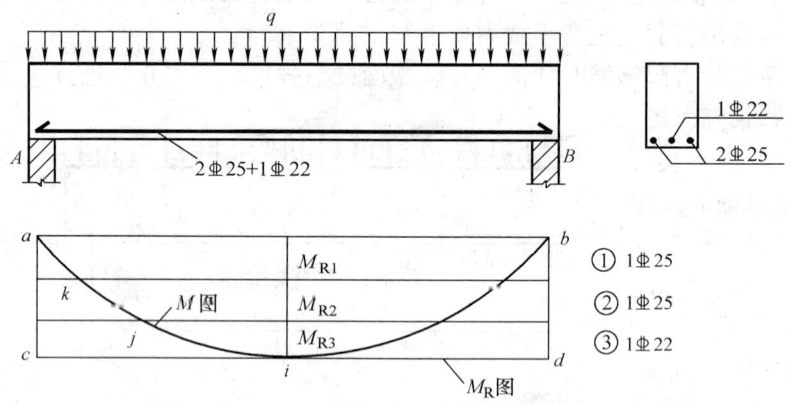

图4-48　钢筋的充分利用点和不需要点

在图4-48中，i点为③号钢筋的强度充分利用点；M_{R2}图水平线与M图的交点为j，在该点②号钢筋的强度可充分发挥，故j点为②号钢筋的强度充分利用点；同理，k点为①号钢筋的强度充分利用点。在j点以外范围（向支座方向），仅有②号和①号钢筋即可满足受弯承载力的要求，不再需要③号钢筋，因此，j点也是③号钢筋的不需要点。同理，在k点以外不再需要②号钢筋，在a点以外不再需要①号钢筋，则k、a两点分别为②号、①号钢筋的不需要点。

（二）钢筋弯起与截断时的画法

一般在梁的设计中，不宜将梁底部的纵向受拉钢筋在跨中截断，而是在靠近支座处将钢筋弯起抗剪，但伸入梁支座范围内的纵向受力钢筋不应少于两根。在连续梁中还可以利用弯起钢筋抵抗支座负弯矩。

由图4-49可见，除跨度中部外，M_R比M大得多，临近支座处正截面抗弯能力有富余。如果将③号钢筋在临近支座处弯起，弯起点e、f必须在j截面的外面，弯起钢筋在与梁中心线相交处G，可近似认为它不再提供受弯承载力，故该处的M_R图成为图4-49中所示的

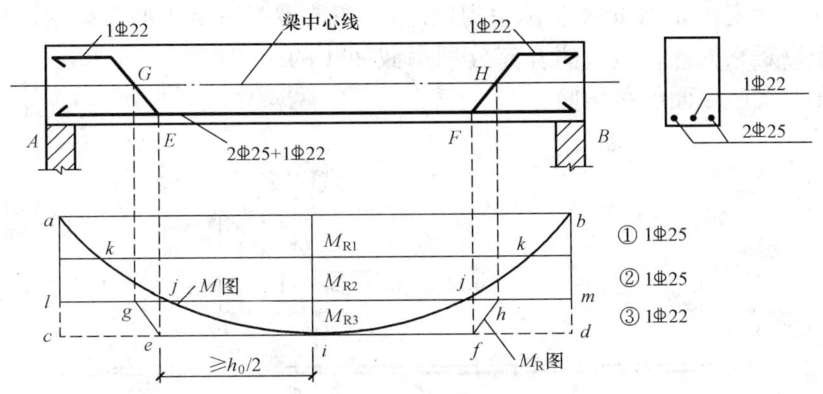

图 4-49 钢筋弯起时的材料抵抗弯矩图（M_R图）

$algefhmb$。图中 e、f 点分别垂直对应于弯起点 E 和 F，g、h 点分别垂直对应于弯起钢筋与梁中心线的交点 G、H。由于弯起钢筋的正截面抗弯内力臂逐渐减小，所以反映在 M_R图上 eg 和 fh 也呈斜线，承担的正截面受弯承载力相应减少。

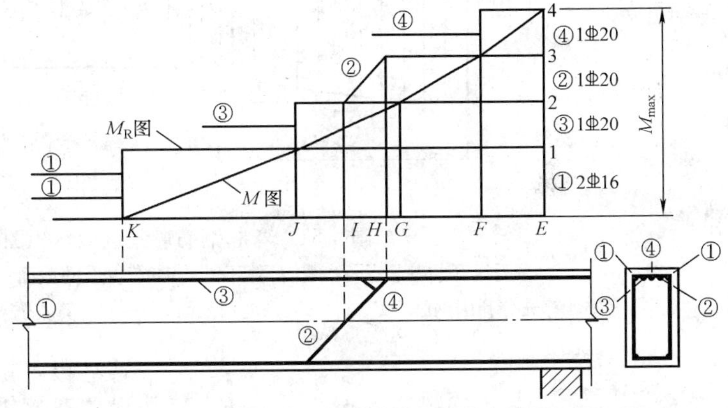

图 4-50 钢筋截断时的材料抵抗弯矩图（M_R图）

钢筋的截断在 M_R图上反映为截面抵抗弯矩的突变。如图4-50所示，③号、④号钢筋在 J、F 截面处截断，在 M_R图上就表现为 J、F 处产生突变，表明该截面抗弯承载力的突然减少。②号钢筋弯起，作为承担支座负弯矩的钢筋。

（三）M_R图与 M 图的关系

M_R图代表梁正截面的抗弯承载力，因此 M_R图各点都不能落在 M 图以内，也即 M_R图应能完全包住 M 图，M_R图与 M 图越贴近则钢筋利用越充分。由此可见，为确保构件正截面抗弯承载力结论的正确无误，M_R图与 M 图必须严格按统一比例作图，并保证图形有足够的精度。

M_R图完全包住 M 图，只能够保证正截面抗弯承载力满足要求，但斜截面抗弯承载力则不一定能够得到保证。

二、斜截面受弯承载力的保证

（一）纵向钢筋弯起时保证斜截面受弯承载力

（1）弯起钢筋弯起位置的确定。《混凝土规范》规定弯起点与按计算充分利用该钢筋的截面之间的距离不应小于 $h_0/2$，也即弯起点应在该钢筋充分利用截面之外，大于或等于 $h_0/2$ 处，并满足弯起钢筋与梁中心线的交点应位于不需要该钢筋的截面之外，所以图 4-49 中 e 点离 i 截面应大于等于 $h_0/2$，g 点位于不需要该钢筋的 j 截面之外。

在连续梁中，将跨中承受正弯矩的纵向钢筋弯起，并将其作为承担支座负弯矩的钢筋时也必须遵循这一规定，如图 4-51 所示中的钢筋 b，其在受拉区域中的弯起点（对承受正弯矩的纵向钢筋来讲是它的弯终点）离开充分利用截面 4 的距离应大于等于 $h_0/2$，否则，此弯起筋将不能用作支座截面的负钢筋。

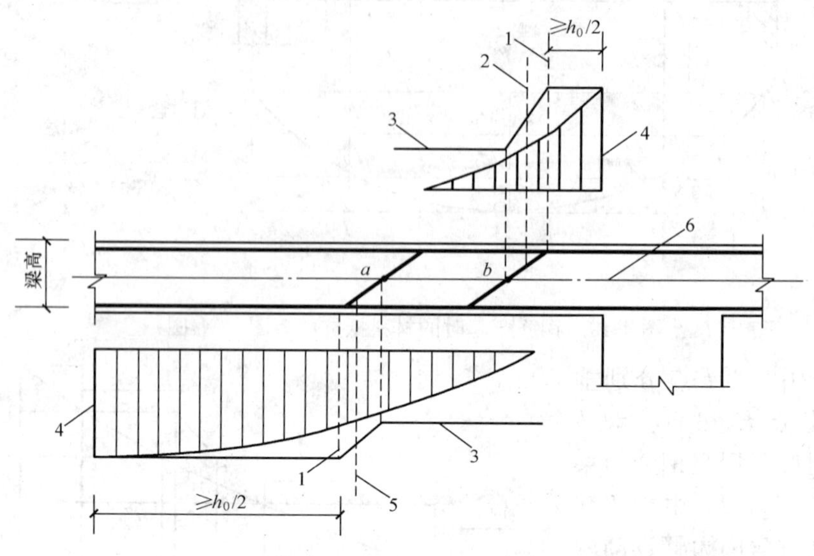

图 4-51 弯起钢筋弯起点域弯矩图的关系

1—受拉区的弯起点；2—按计算不需要钢筋“b”的截面；3—正截面受弯承载力图；4—按计算充分利用钢筋“a”或“b”强度的截面；5—按计算不需要钢筋“a”的截面；6—梁的中心线

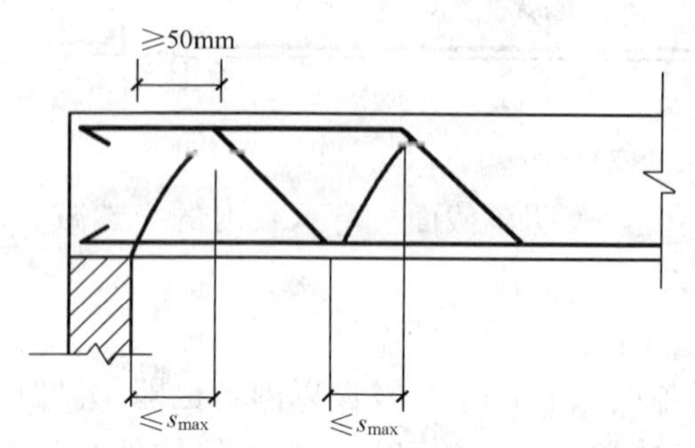

图 4-52 弯起钢筋弯终点位置

（2）弯起钢筋弯终点位置的确定。当按计算需要设置弯起钢筋时，从支座起前一排的弯起点至后一排的弯终点的距离不应大于表 4-12 中 $V \geqslant 0.7f_t bh_0$时的箍筋最大间距。目的是为了使每根弯起钢筋都能与斜裂缝相交，以保证斜截面的受剪和受弯承载力，如图 4-52 所示。

（二）纵向钢筋截断时保证斜截面受弯承载力

受弯构件的纵向钢筋是根据控制截面处（跨中或支座）最大弯矩值，按正截面受弯承载力的计算确定的。为了节约钢材，可以根据弯矩图的变化，在弯矩较小的区段将一部分钢筋截断，截断的根数和位置可由抵抗弯矩图决定，使抵抗弯矩图包在弯矩图外边。

一般正弯矩区段内的纵向钢筋是采用弯向支座（用来抗剪或抵抗负弯矩）的方式来减少其多余数量的，而不宜在受拉区截断。一方面，在截断处受力钢筋面积突然减少，对受力不利；另一方面，在正弯矩区段内弯矩图变化一般比较平缓，考虑截断后需一定的锚固长度，通常截断点已接近支座，截断钢筋意义不大。对于在支座附近的负弯矩区段内的纵向钢筋，则往往根据弯矩图的变化，采用分批截断钢筋的方式来减少纵向钢筋的数量。

从理论上讲，某一纵向钢筋在其不需要点处截断似乎无可非议，但事实上，当在其不需要点处截断后，相应于该处的混凝土拉应力会突然增大，在截断处会过早地出现斜裂缝，而该处未截断纵向钢筋的强度是被充分利用的，斜裂缝的出现将使斜裂缝顶端截面处承担的弯矩增大，未截断纵向钢筋的应力就有可能超过其抗拉强度，而造成梁的斜截面受弯破坏。因此，纵向钢筋必须从其不需要点向外延伸一定长度后再截断。此时，若在实际截断处出现斜裂缝，则因该处未截断的纵向钢筋并未充分利用，能承担一部分因斜裂缝出现而增大的弯矩，从而使斜截面的受弯承载力得以保证。《混凝土规范》规定：

(1) 当 $V \leqslant 0.7f_tbh_0$ 时，纵向钢筋应延伸至按正截面受弯承载力计算不需要该钢筋的截面（不需要点）以外不小于 $20d$ 处截断，且从该钢筋强度充分利用截面（充分利用点）伸出的长度不应小于 $1.2l_a$。

如图 4-53 所示，①号钢筋截断点仍位于负弯矩对应的受拉区内，则应延伸至按正截面受弯承载力计算不需要该钢筋的 b 截面（不需要点）以外不小于 $1.3h_0$ 且不小于 $20d$ 处截断，且从该钢筋强度充分利用 a 截面伸出的长度不应小于 $1.2l_a$。②号、③号钢筋截断点不在负弯矩对应的受拉区内，则应分别延伸至按正截面受弯承载力计算不需要该钢筋的 c、g 截面（不需要点）以外不小于 $20d$ 处截断，且分别从该钢筋强度充分利用 b、c 截面（充分利用点）伸出的长度不应小于 $1.2l_a$。

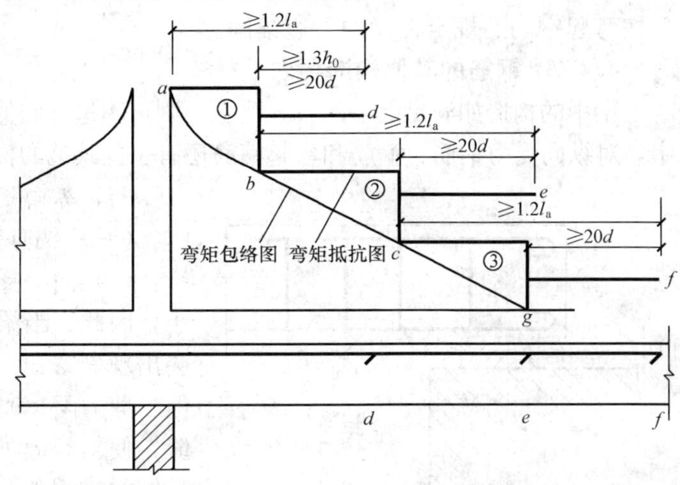

图 4-53 $V \leqslant 0.7f_tbh_0$ 钢筋截断时弯矩抵抗图

(2) 当 $V > 0.7f_tbh_0$ 时，纵向钢筋应延伸至按正截面受弯承载力计算不需要该钢筋的截面（不需要点）以外不小于 h_0 且不小于 $20d$ 处截断，且从该钢筋强度充分利用截面（充分利用点）伸出的长度不应小于 $1.2l_a + h_0$。

如图 4-54 所示，①号钢筋截断点仍位于负弯矩对应的受拉区内，则应延伸至按正截面受弯承载力计算不需要该钢筋的 b 截面（不需要点）以外不小于 $1.3h_0$ 且不小于 $20d$ 处截断，且从该钢筋强度充分利用 a 截面伸出的长度不应小于 $1.2l_a + 1.7h_0$。②号、③号钢筋截断点不在负弯矩对应的受拉区内，则应分别延伸至按正截面受弯承载力计算不需要该钢筋的 c、g 截面（不需要点）以外不小于 h_0 且不小于 $20d$ 处截断，且分别从该钢筋强度充分利用 b、c 截面（充分利用点）伸出的长度不应小于 $1.2l_a + h_0$。

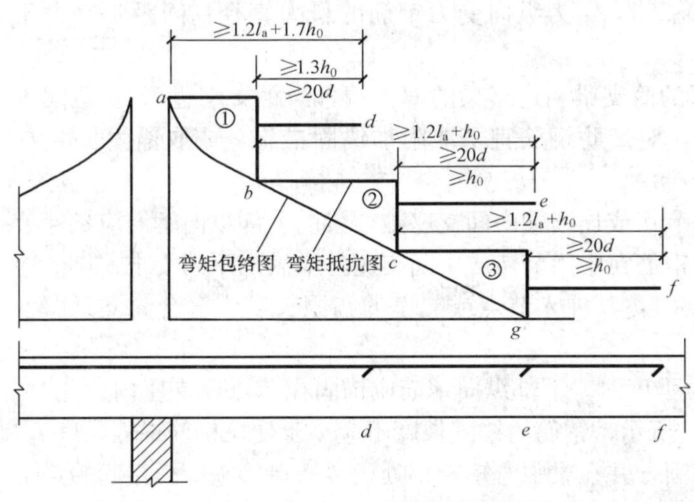

图 4-54 $V > 0.7f_tbh_0$ 钢筋截断时弯矩抵抗图

(3) 若按上述规定确定的截断点仍位于负弯矩对应的受拉区内，则应延伸至按正截面受弯承载力计算不需要该钢筋的截面（不需要点）以外不小于 $1.3h_0$ 且不小于 20

d 处截断，且从该钢筋强度充分利用截面伸出的延伸长度不应小于 $1.2l_a + 1.7h_0$。

上述规定中 l_a 为受拉钢筋的锚固长度。

在钢筋混凝土悬臂梁中，应有不小于两根上部钢筋伸至悬臂梁外端，并向下弯折不小于 $12d$，其余钢筋不应在梁的上部截断，而应根据弯矩图按纵向钢筋弯起的规定向下弯折，并按弯起钢筋的规定在梁的下边锚固。

4.4.7 钢筋的其他构造要求

梁中的构造如满足上述的各项要求，则可不进行斜截面的受弯承载力的计算。但工程设计中，对纵向受力钢筋、箍筋和弯起箍筋还有一些其他的构造要求，现将一些要求分述如下。

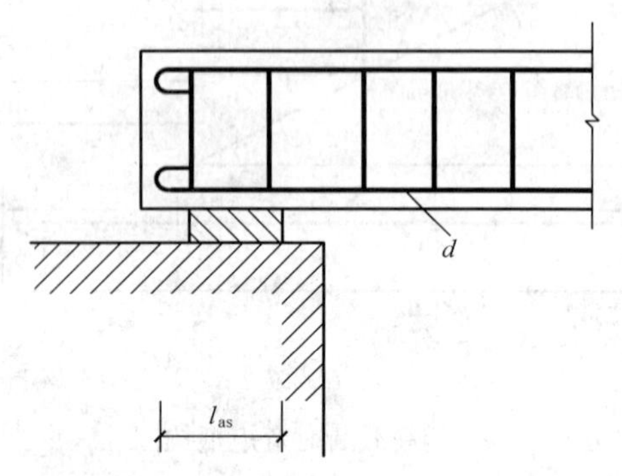

图 4-55 简支端纵向受力钢筋的锚固

一、纵向钢筋的构造

（一）纵向受力钢筋在支座中的锚固

（1）简支支座。对于简支支座，钢筋的受力较小，因此，当梁端剪力 $V \leqslant 0.7f_tbh_0$ 时，支座附近不会出现斜裂缝，纵向受力钢筋适当伸入支座即可。但当剪力 $V > 0.7f_tbh_0$ 时，可能在支座边缘出现斜裂缝，使斜裂缝处的纵向钢筋受力会显著增加，如无足够的锚固长度，纵向钢筋将从支座拔出而导致破坏。为此，简支梁和连续梁简支端下部纵向受力钢筋伸入支座的锚固长度 l_{as} 如图 4-55 所示，应符合下列条件：

当 $V \leqslant 0.7f_tbh_0$ 时，$l_{as} \geqslant 5d$ (4-75)

当 $V > 0.7f_tbh_0$ 时，$l_{as} \geqslant 12d$（带肋钢筋） (4-76)

$l_{as} \geqslant 15d$（光面钢筋） (4-77)

式中 d——钢筋的最大直径。

如纵向受力钢筋伸入梁支座范围内的锚固长度不符合上述要求时，应采取在钢筋上加焊锚固钢板或将钢筋端部焊接在梁端预埋件上等有效的锚固措施。

支承在砌体结构上的钢筋混凝土独立梁，在纵向受力钢筋的锚固长度 l_{as} 范围内应配置不少于两个箍筋，其直径不宜小于 $0.25d$，d 为纵向受力钢筋的最大直径；间距不宜大于 $10d$，d 为纵向受力钢筋的最小直径。

对混凝土强度等级为 C25 及以下的简支梁和连续梁的简支端，当距支座边 $1.5h$ 范围内作用有集中荷载，且 $V > 0.7f_tbh_0$ 时，对带肋钢筋宜采取附加锚固措施，或取锚固长度 $l_{as} \geqslant 15d$。

（2）中间支座。框架中间层中间节点或连续梁中间支座处，梁的上部纵向钢筋应贯穿节点或支座。框架梁或连续梁下部纵向钢筋在中间节点或中间支座处应满足下列要求：

1）当计算中不利用该钢筋的强度时，其伸入节点或支座的锚固长度应符合简支梁 $V > 0.7f_tbh_0$ 时的规定；

2）当计算中充分利用钢筋的抗拉强度时，下部纵向钢筋应锚固在节点或支座内。此时，可采用直线锚固方式，如图 4-56（a）所示，钢筋的锚固长度不应小于受拉钢筋锚固长度 l_a；下部纵向钢筋也可伸过节点或支座范围，并在梁中弯矩较小处设置搭接接头，搭接起始点至节点边缘的距离不应小于 $1.5h_0$，如图 4-56（b）所示；

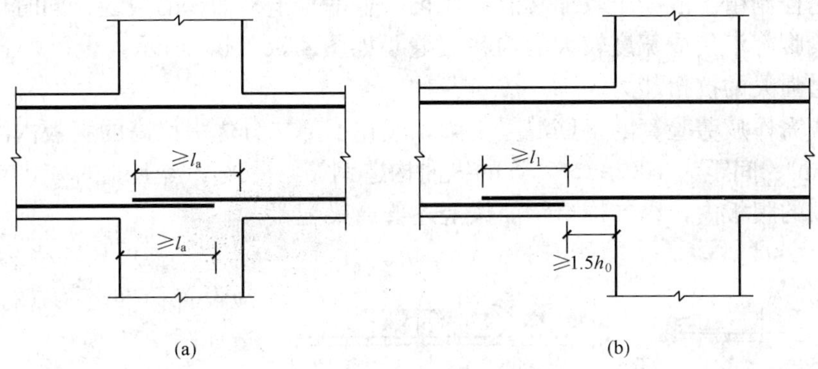

图 4-56　梁下部纵向钢筋在中间节点或中间支座范围的锚固与搭接

3）当计算中充分利用钢筋的抗压强度时，下部纵向钢筋应按受压钢筋锚固在中间节点或中间支座内，此时，其直线锚固长度不应小于 0.7l_a。

（3）中间端节点。框架中间层端节点处，梁上部纵向钢筋伸入节点的锚固长度，当采用直线锚固形式时，不应小于 l_a；且伸过柱中心线不宜小于 5d，d 为梁钢筋的直径。

当柱截面尺寸不足时，梁上部纵向钢筋可采用在钢筋端部加锚头（锚板）的机械锚固方式。当采用机械锚固且符合《混凝土规范》有关规定时，包含锚头（锚板）在内的锚固长度不应小于 0.4l_{ab}，且宜伸至柱外侧纵筋内边，如图 4-57（a）所示。

梁上部纵向钢筋也可采用 90°弯折锚固的方式。其时应将钢筋伸至节点对边并向节点内弯折，其包含弯弧段在内的水平投影长度不应小于 0.4l_{ab}，包含弯弧段在内的竖直投影长度应取为 15d，如图 4-57（b）所示。

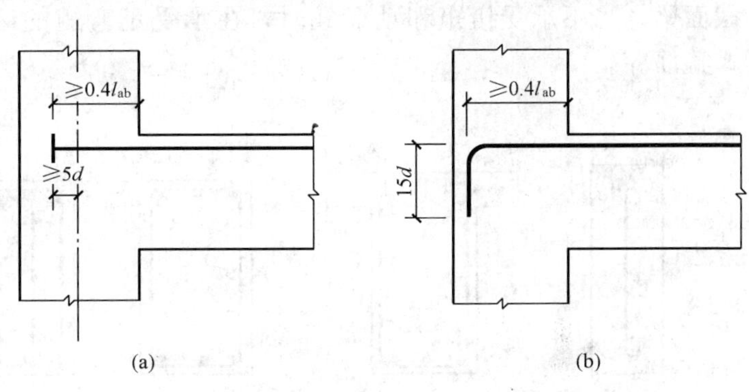

图 4-57　梁上部纵向钢筋在中层端节点内的锚固

（a）钢筋端头加锚板锚固；（b）钢筋末端 90°弯折锚固

（二）纵向构造钢筋（腰筋）

当梁的腹板高度 h_w≥450mm 时，在梁的两个侧面应沿高度配置纵向构造钢筋，每侧纵向构造钢筋（不包括梁上、下部受力钢筋及架立钢筋）的截面面积不应小于腹板截面面积（bh_w）的 0.1%，且其间距不宜大于 200mm，如图 4-58（a）所示。两侧腰筋之间用拉筋连系起来，拉筋也称连系筋，拉筋的直径可取与箍筋相同，拉筋的间距约为箍筋间距的 2 倍。

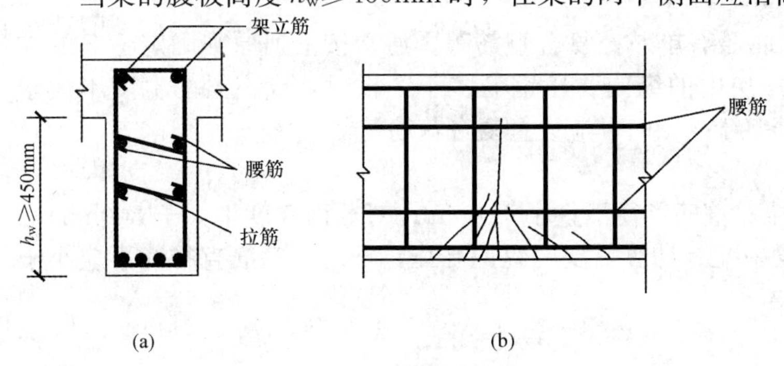

图 4-58　腰筋和拉筋

腰筋的作用是控制由于混凝土收缩和温度变化产生垂直于梁轴线的裂缝，同时也可控制拉区弯曲裂缝在梁腹部汇集成宽度较大的根状裂缝，如图 4-58（b）所示，也可加强梁内钢筋骨架的刚性，增强梁的抗扭能力。

薄腹梁或需作疲劳验算的钢筋混凝土梁，应在下部二分之一梁高的腹板内沿两侧配置直径为 8～14mm 、间距为 100～150mm 的纵向构造钢筋，并按下密上疏的方式布置。在上部二分之一梁高的腹板内，纵向构造钢筋按上述普通梁配置。

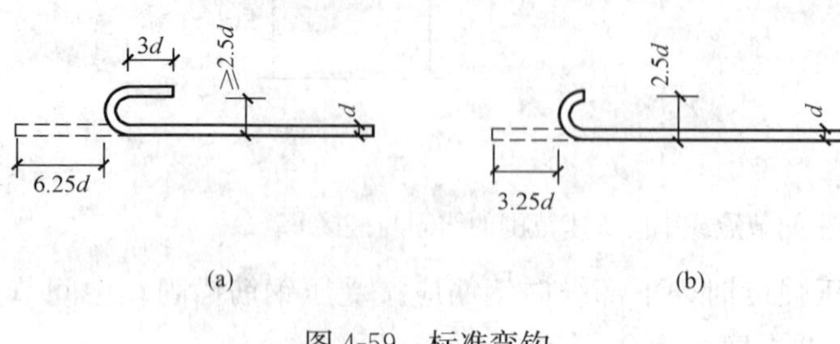

图 4-59 标准弯钩

（a）手工标准弯钩；（b）机械标准弯钩

（三）光圆受力钢筋在端部应设置标准弯钩，标准弯钩的构造如图 4-59 所示。

二、箍筋的构造

（一）箍筋的形式与肢数

箍筋的形式有封闭式和开口式两种，如图 4-60 所示。箍筋的主要作用是承受剪力，除此之外，还起到固定纵筋位置，形成钢筋骨架的作用。在一般的梁中通常采用封闭式箍筋，在受压区的水平肢将约束混凝土的横向变形，有助于提高混凝土的强度。对于现浇 T 形截面梁，当不承受扭矩和动荷载时，在承受正弯矩的区段内，为了节约钢筋常采用开口式箍筋。

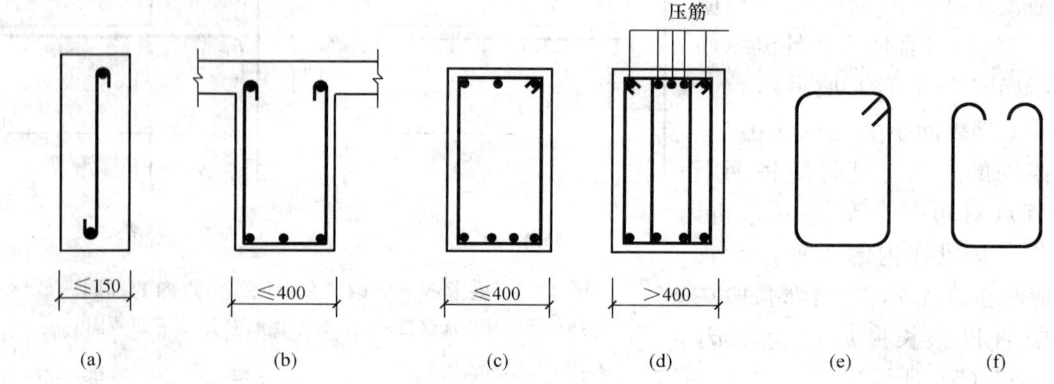

图 4-60 箍筋的形式与肢数

（a）单肢箍；（b）双肢开口式；（c）双肢封闭式；（d）复合箍；（e）封闭；（f）开口

箍筋的肢数常采用双肢，除此还有单肢、复合箍筋等。通常按下列原则确定箍筋的肢数：当梁的宽度大于 400mm 且一层内的纵向受压钢筋多于 3 根时，或当梁的宽度不大于 400mm 但一层内的纵向受压钢筋多于 4 根时，应设置复合箍筋。

（二）箍筋的直径

对截面高度大于 800mm 的梁，箍筋直径不宜小于 8mm；对截面高度不大于 800mm 的梁，箍筋直径不宜小于 6mm。梁中配有计算需要的纵向受压钢筋时，箍筋直径尚不应小于纵向受压钢筋最大直径的 0.25 倍。

（三）箍筋的布置

如按计算需要设置箍筋时，一般可在梁的全长均匀布置箍筋，也可以在梁两端剪力较大的部位布置得密一些；按承载力计算不需要箍筋的梁，当截面高度 $h>300\text{mm}$ 时，应沿梁全长设置构造箍筋；当截面高度 $h=150\sim300\text{mm}$ 时，可仅在构件端部 $l_0/4$ 范围内设置构造箍筋，l_0 为跨度。但当在构件中部 $l_0/2$ 范围内有集中荷载作用时，则应沿梁全长设置箍筋。当截面高度 $h<150\text{mm}$ 时，可以不设置箍筋。

（四）箍筋的最大间距

为了控制使用荷载下的斜裂缝宽度，并保证必要数量的箍筋穿过每一条斜裂缝。《混凝土规范》规定了最大箍筋间距 S_{max} 见表 4-12。

当梁中配有按计算需要的纵向受压钢筋时，箍筋应做成封闭式，箍筋的间距不应大于 $15d$，同时不应大于 400mm。当一层内的纵向受压钢筋多于 5 根且直径大于 18mm 时，箍筋间距不应大于纵向受压钢筋的最小直径的 10 倍。

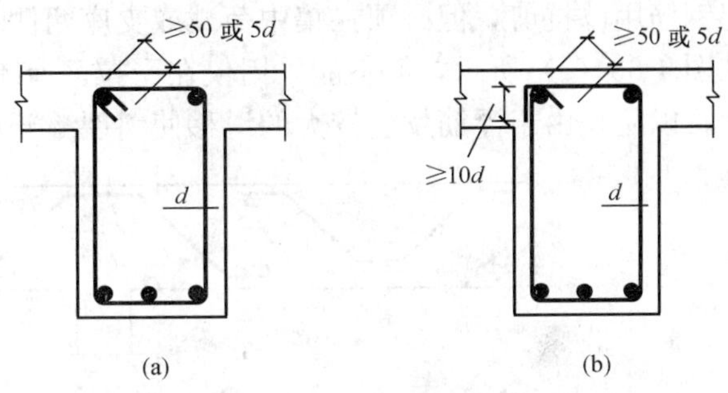

图 4-61 箍筋的锚固要求

（五）箍筋的锚固

有腹筋梁斜裂缝出现后箍筋受拉，必须有良好的锚固。通常箍筋都采用封闭式，如图 4-61 所示，箍筋末端采用 135°弯钩，弯钩端头直线端长度不小于 50mm 或 5 倍箍筋直径。如采用 90°弯钩，则箍筋受拉时弯钩会翘起，从而导致混凝土保护层崩裂。若梁两侧有楼板与梁整浇筑时，亦可采用 90°弯钩，但弯钩端头直线端长度不小于 10 倍钢筋直径。

三、弯起钢筋的构造

（一）弯起钢筋的锚固

梁中弯起钢筋的弯起角一般宜取 45°，当梁高 h 大于 800mm 时，宜取 60°。为了防止弯起钢筋因锚固不善而发生滑动，导致斜裂缝开展过大及弯起钢筋本身的强度不能充分发挥，在弯终点外应留有平行于梁轴线方向的锚固长度，且在受拉区不应小于 $20d$，在受压区不应小于 $10d$，d 为弯起钢筋的直径，如图 4-62 所示。对于光圆钢筋，在其末端尚应设置弯钩。

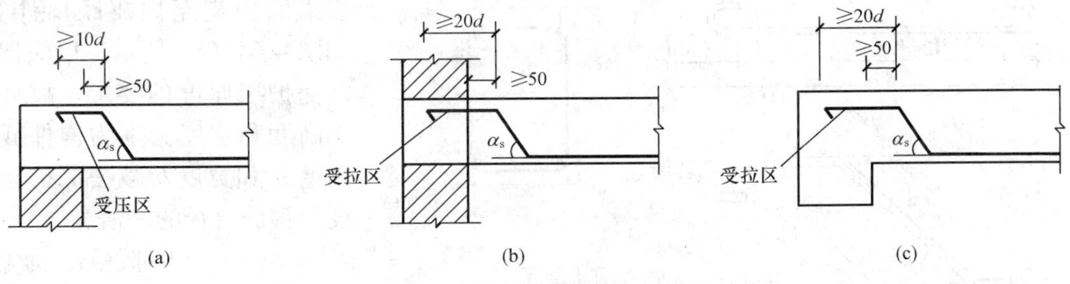

图 4-62 弯起钢筋端部构造

（二）弯起钢筋的间距

按抗剪设计需设置弯起钢筋时，弯起钢筋的最大间距 S_{max} 同箍筋一样，不得大于表 4-12 所列的数值。

为了避免由于钢筋尺寸误差而使弯起钢筋的弯终点进入梁的支座内，以至不能充分发挥其抗剪作用，且不利于施工，靠近支座处第一排弯起钢筋的弯终点到支座边缘的距离不宜小于 50mm，亦不应大于箍筋的最大间距 S_{max}，如图 4-62 所示。

（三）弯起钢筋的设置

当梁宽较大（例如 $b \geqslant 250$mm）时，为使弯起钢筋在整个宽度范围内受力均匀，宜在一个截面内同时弯起两根钢筋。

梁底的角部钢筋不应弯起，梁顶无现浇板时顶层的角部钢筋不应弯下，而应直通至梁端部，以便和箍筋构成钢筋骨架。

若弯起钢筋不能同时满足正截面和斜截面的承载力要求时，可单独设置仅用作抗剪的弯起钢筋用以抗剪，但必须在集中荷载或支座两侧均设置弯起钢筋，称为“鸭筋”或“吊筋”，如图 4-63（a）所示，但不能采用仅在受拉区有不大水平长度的“浮筋”，如图 4-63（b）所示，以防止由于浮筋发生较大的滑移使斜裂缝开展过大。

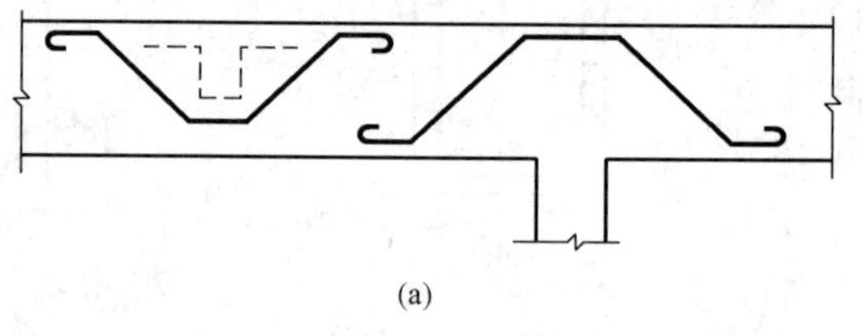

图 4-63 鸭筋、吊筋及浮筋

（a）吊筋、鸭筋；（b）浮筋

四、钢筋细部尺寸

为了钢筋加工成型及计算用钢量的需要，在构件施工图中还应给出钢筋细部尺寸，或编制钢筋表。

（1）直钢筋。按实际长度计算；光圆钢筋两端有标准弯钩，该钢筋的总长度为设计长度加 12.5d，如图 4-64（a）所示。

（2）弯起钢筋。弯起钢筋的高度以钢筋外皮至外皮的距离作为控制尺寸；弯折段的斜长如图 4-64（b）所示。

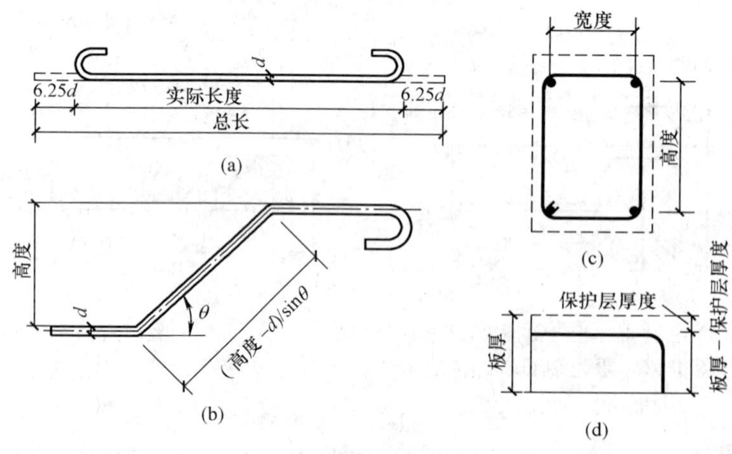

图 4-64 钢筋的尺寸

（a）直钢筋；（b）弯起钢筋；（c）箍筋；（d）板的上部钢筋

（3）箍筋。宽度和高度均按箍筋内皮至内皮距离计算，如图 4-64（c）所示，以保证纵筋保护层厚度的要求，故箍筋的高度和宽度分别为构件截面高度 h 和宽度 b 减去保护层厚度和箍筋直径的 2 倍。

（4）板的上部钢筋。为了保证截面的有效高度 h_0，板的上部钢筋（承受负弯矩钢筋）端部宜作成直钩，以便撑在模板上，如图 4-64（d）所示，直钩的高度为板厚减去保护层厚度。

4.5 钢筋混凝土受扭构件

结构构件除承受弯矩、剪力、轴向压力和拉力外，受扭也是一种基本的受力形式。例如现浇框架结构中的边梁、支承悬臂板的雨篷梁、厂房中受横向刹车力作用的吊车梁，如图4-65所示。工程中常见的受扭构件还有曲线梁、螺旋楼梯等。

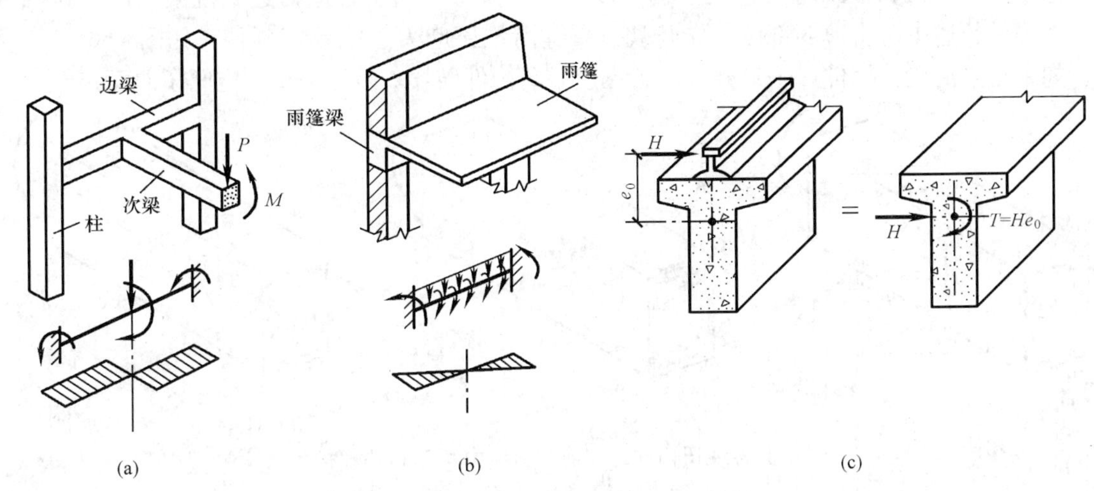

图 4-65 受扭构件

(a) 框架边梁；(b) 雨篷梁；(c) 吊车梁

工程中钢筋混凝土构件的受扭有两类情况，即平衡扭转和协调扭转。若构件中的扭矩由荷载直接引起，称为平衡扭转，其值可由静力平衡条件直接求出，与构件刚度无关，如图4-65(b)、(c) 所示支撑悬臂板的雨篷梁、偏心荷载作用下的吊车梁。另一类是在超静定结构中，由于相邻构件的位移受到该构件的约束而引起该构件的扭转，称为协调扭转，也称为约束扭转，其值不能仅由静力计算得出，需结合变形协调条件才能求得，扭矩的大小与受扭构件的抗扭刚度有关，如图4-65 (a) 所示框架边梁受到次梁负弯矩的作用在边梁引起的扭转。

在实际结构中，单纯受扭矩作用的构件很少，大多为弯矩、剪力和扭矩复合作用，有时还有轴向力同时作用。如图4-65所示的受扭构件均为弯剪扭复合受力构件。

由于剪扭、弯扭及弯剪扭构件承载力的计算方法是以受弯、受剪承载力计算理论和纯扭构件计算理论为基础建立起来的。因此，本节首先介绍纯扭构件承载力的计算，然后再讨论剪扭、弯扭及弯剪扭构件承载力的计算方法，且只介绍矩形截面的受扭构件和剪扭及弯剪扭构件。

4.5.1 纯扭构件的开裂扭矩和承载力计算

一、矩形截面纯扭构件开裂前的应力状态

如将钢筋混凝土纯扭构件视为弹性材料，在裂缝出现前，其应力状态与弹性扭转理论基本吻合。由于开裂前受扭钢筋应力很低，钢筋的存在对扭矩的影响很小，分析时可以忽略钢筋的影响。矩形截面构件在扭矩 T 的作用下产生自由扭转时，截面上将产生剪应力 τ，如图4-66 (a) 所示；截面剪应力分布如图 4-67 (a) 所示，最大剪应力 τ_{max} 发生在截面长边中点，为

$$\tau_{max}=\frac{T}{W_{te}} \tag{4-78}$$

式中 T——扭矩；

W_{te}——截面受扭弹性抵抗矩。

由微元平衡条件知，在构件侧面产生与剪应力方向成45°的主拉应力σ_{tp}和主压应力σ_{cp}如图4-66（b）所示，其数值与剪应力τ_{max}大小相等。在扭矩作用下，截面上的剪应力成环状分布，因此构件主拉应力和主压应力迹线沿构件表面成螺旋形。当主拉应力达到混凝土的抗拉强度时，在构件长边中某个薄弱部位首先开裂，裂缝沿主压应力迹线迅速延伸，如图4-66（c）所示。如果是素混凝土构件，一旦开裂就会迅速导致构件破坏，破坏面呈一空间扭曲面。

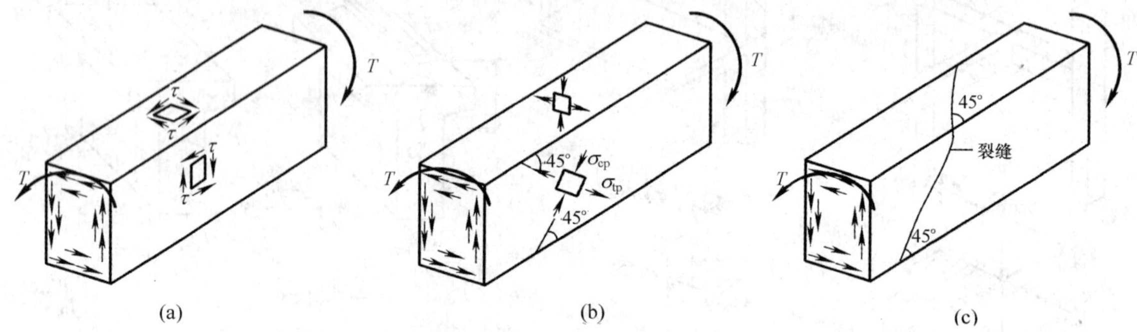

图4-66 纯扭构件开裂前的剪应力状态和裂缝状况

（a）剪应力；（b）主应力；（c）裂缝状况

二、矩形截面纯扭构件的开裂扭矩

按弹性理论，当主拉应力$\sigma_{tp}=\tau_{max}=f_t$时，构件开裂，此时的扭矩为开裂扭矩$T_{cr,e}$，即

$$T_{cr,e}=f_tW_{te} \tag{4-79}$$

式中 $T_{cr,e}$——弹性开裂扭矩；

f_t——混凝土的抗拉强度设计值。

对于理想弹塑性材料来说，截面上某一点的应力达到强度极限时并不立即破坏，该点能保持极限应力不变而继续变形，整个截面仍能继续承受荷载，直到截面上各点的应力全部达到强度极限时，构件才达到极限抗扭能力，这时截面上的应力分布如图4-67（b）所示。现

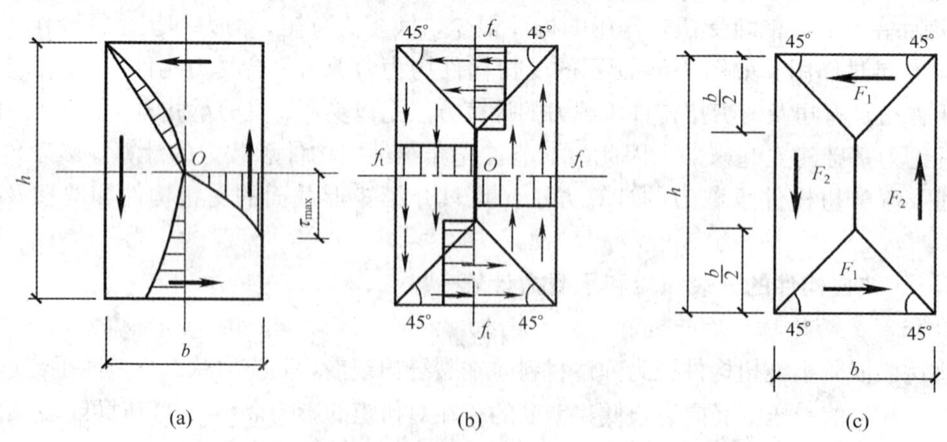

图4-67 受扭截面应力分布

（a）弹性理论；（b）塑性理论；（c）开裂扭矩计算图示

按图 4-67（b）所示的应力分布求其开裂扭矩。设矩形截面的长边为 h，短边为 b，相应的剪应力 $\tau_{max}=f_t$。为了便于计算，将截面上的剪应力分为四个区，两个三角形和两个梯形，如图 4-67（c）所示。分别计算各区合力及其对截面形心（扭心）的力偶之和，可求得开裂扭矩为

$$T_{cr,p}=f_t\frac{b^2}{6}(3h-b)=f_tW_t \tag{4-80}$$

式中　W_t——矩形截面受扭塑性抵抗矩，$W_t=\frac{b^2}{6}(3h-b)$；

b、h——分别为矩形截面的短边尺寸、长边尺寸。

实际上，混凝土材料既非弹性，也非理想弹塑性，而是介入两者之间的弹塑性材料。达到开裂极限状态时截面的应力分布介于弹性和理想弹塑性之间，因此开裂扭矩 T_{cr} 也介于 $T_{cr,e}$ 和 $T_{cr,p}$ 之间。为简便实用，可按塑性剪应力分布计算，并引入修正降低系数以考虑非完全塑性剪应力分布的影响。根据实验结果，修正系数在 0.87～0.97 之间，《混凝土规范》为偏于安全起见，取修正降低系数为 0.7，即开裂扭矩的计算公式为

$$T_{cr}=0.7f_tW_t \tag{4-81}$$

三、矩形截面纯扭构件的破坏形态和承载力计算

（一）受扭构件的配筋形式

扭矩在构件中引起的主拉应力轨迹线与构件的轴线成 45°角，从这一点看，最有效的配筋形式是将抗扭钢筋布置成与主拉应力方向相一致，即沿与构件轴线成 45°角方向的螺旋形布置。但螺旋形钢筋施工复杂，且在受力上不能适应扭矩方向的改变，在实际工程中扭矩沿构件全长不改变方向的情况是很少的，有的构件在使用过程中还会受变号扭矩的作用。所以，在实际结构中，一般都是采用横向封闭式箍筋与纵向抗扭钢筋共同组成的空间骨架来承担扭矩。

（二）矩形截面纯扭构件的破坏形态

试验表明，配置抗扭钢筋的数量及形式对构件的极限扭矩有很大的影响，构件的受扭破坏形态和极限扭矩随配筋数量的不同而变化。一般受扭破坏的形态有以下几种：

（1）适筋破坏。当抗扭箍筋和纵筋配置适当时，在扭矩作用下，构件表面陆续出现多条大体连续的、与构件轴线成 45°的螺旋形裂缝。由于抗扭钢筋的存在，构件开裂后并不立即破坏，开裂前混凝土承担的拉应力大部分转由钢筋承担。随着扭矩的继续增加，钢筋的应力迅速增加，直到其中一条裂缝所穿越的纵筋和箍筋达到屈服，此时这条裂缝迅速扩展，并向相邻两个面延伸，最后使第四个面上受压区的混凝土被压碎而使构件破坏。破坏过程是延续发生的，钢筋先达屈服而后混凝土被压碎，与受弯构件的适筋梁相似，属于塑性破坏。钢筋混凝土受扭构件的承载力计算，即以这种破坏为依据，其破坏扭矩的大小直接受配筋数量的影响。

（2）少筋破坏。当抗扭钢筋配得过少或过稀时，配筋对破坏扭矩的影响不大，构件的破坏扭矩与开裂扭矩非常接近。一旦开裂，抗扭箍筋和纵筋便很快达到屈服或被拉断，致使构件破坏。破坏过程急剧而突然，破坏前无任何预兆，与受弯构件的少筋梁类似，属于脆性破坏，在设计中应予避免。为防止少筋破坏，《混凝土规范》规定了抗扭箍筋和抗扭纵筋的最小配筋率及箍筋最大间距的要求。

（3）超筋破坏。当抗扭钢筋配置过多时，在扭矩作用下，构件表面将产生多条与构件轴

线成45°角的细而密的螺旋形裂缝。随着外扭矩的不断增加，构件由于混凝土被压碎而破坏，此时抗扭箍筋和纵筋均未屈服。这种破坏与受弯构件的超筋梁类似，属于脆性破坏，在设计中应予避免。为防止超筋破坏，《混凝土规范》规定了最小截面尺寸的要求。

(4) 部分超筋破坏。由于抗扭钢筋是由纵筋和箍筋两部分组成的，这两者配筋比例对构件的受扭承载力也有影响。当其中某一种抗扭钢筋用量过多时，会造成这种钢筋在构件破坏时达不到屈服强度。这种构件称为超筋构件。部分超筋构件的塑性比适筋构件要差一些，但还不是完全超筋，在设计中允许使用，只是不够经济。例如箍筋用量相对较少时，抗扭承载力由箍筋控制，这时多配纵筋也不能起到提高抗扭承载力的作用；反过来，纵筋较少时，多配箍筋也不能充分发挥作用。

（三）矩形截面纯扭构件承载力计算

(1) 抗扭纵筋和抗扭箍筋的配筋强度比 ζ。为了避免受扭构件发生部分超筋破坏，以保证构件破坏时抗扭纵筋与箍筋均能得以充分利用，设计过程中必须控制好抗扭纵筋与箍筋之间的数量比例，此数量比例用抗扭纵筋与抗扭箍筋的配筋强度比 ζ 来表示，即纵筋与箍筋对应的体积比和强度比的乘积

$$\zeta=\frac{f_y A_{stl} s}{f_{yv} A_{st1} u_{cor}} \tag{4-82}$$

式中 ζ——受扭的纵向钢筋与箍筋的配筋强度比值。当 ζ 大于1.7时，取1.7；当 ζ 小于0.6时，取0.6。

f_{yv}——受扭箍筋的抗拉强度设计值，按表3-2中的 f_y 的数值取用，但其数值不应大于360N/mm^2。

f_y——抗扭纵筋的抗拉强度设计值。

s——抗扭箍筋间距。

A_{st1}——受扭计算中沿截面周边配置的箍筋单肢截面面积。

A_{stl}——受扭计算中取对称布置的全部纵向普通钢筋截面面积，如图4-68 (b) 所示。

u_{cor}——截面核心部分的周长，$u_{cor}=2(b_{cor}+h_{cor})$，其中 b_{cor}、h_{cor} 分别为箍筋内表面范围内截面核心部分的短边、长边尺寸；如图4-68 (a) 所示。

试验表明，当 ζ 值在0.3～2.0范围内，钢筋混凝土受扭构件破坏时，其纵筋和箍筋基本能达到屈服强度。为稳妥起见，《混凝土规范》取限制条件为 $0.6\leqslant\zeta\leqslant1.7$。当 $\zeta>1.7$ 时取1.7；当 ζ 接近1.2时为钢筋达到屈服的最佳值。因截面内力平衡的需要，对不对称配置纵向钢筋的情况，在计算中只取对称布置的纵向钢筋截面面积。在工程结构中常用的范围为 $\zeta=1.0$～1.3。

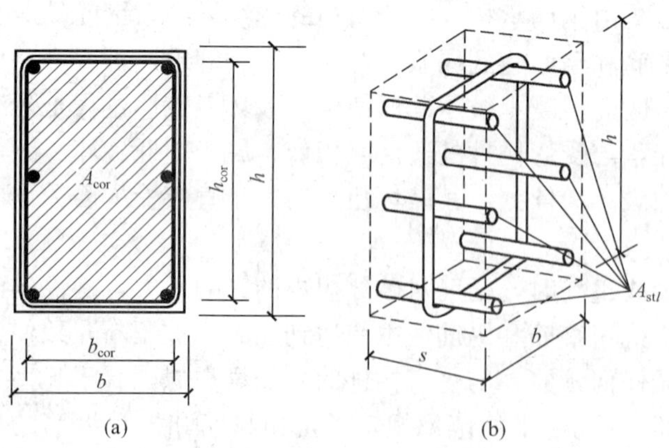

图4-68 截面核心和纵筋与箍筋体积比
(a) 截面核心；(b) 纵筋与箍筋体积比

(2) 矩形截面纯扭构件的承载力计算公式。当抗扭钢筋配置适当时，穿过裂缝的纵筋和箍筋在破坏时都可以达到屈服强度，不发生超筋破坏和少筋破

坏。试验表明，构件的受扭承载力 T_u可认为是由混凝土承担的扭矩 T_c和抗扭钢筋承担的扭矩 T_s两部分组成，即 $T_u=T_c+T_s$。

《混凝土规范》给出了矩形截面纯扭构件的受扭承载力计算公式为

$$T \leqslant T_u = 0.35 f_t W_t + 1.2\sqrt{\zeta} f_{yv} \frac{A_{st1}}{s} A_{cor} \tag{4-83}$$

$$W_t = \frac{b^2}{6}(3h - b)$$

式中 T——扭矩设计值；

T_u——构件受扭承载力设计值；

W_t——矩形截面抗扭塑性抵抗矩；

f_t——混凝土抗拉强度设计值；

A_{cor}——截面核芯部分的面积；

ζ——受扭构件纵向钢筋与箍筋的配筋强度比值，按式（4-82）计算。

取 $A_{cor}=b_{cor}\times h_{cor}$，此处 b_{cor}和 h_{cor}分别为从箍筋内表面计算所得截面核心的短边和长边尺寸。

（3）受扭构件承载力计算公式的适用条件。为了保证受扭构件破坏时有一定的延性，不致出现超筋与少筋的脆性破坏，计算公式要有其上限和下限条件。

1）上限条件：

为防止完全超筋破坏，截面尺寸不能太小。《混凝土规范》规定的截面尺寸限制条件为

当 $\frac{h_w}{b}\leqslant 4$ 时

$$T \leqslant 0.20\beta_c f_c W_t \tag{4-84}$$

当 $\frac{h_w}{b} = 6$ 时

$$T \leqslant 0.16\beta_c f_c W_t \tag{4-85}$$

当 $4 < \frac{h_w}{b} < 6$ 时，按线性内插法确定。

式中 h_w——截面的腹板高度，对矩形截面，取有效高度 h_0；对 T 形截面，取有效高度减去翼缘高度；对工字形和箱形截面，取腹板净高。

b——矩形截面的宽度，对 T 形或工字形截面，取腹板宽度；对箱形截面，取两侧壁总厚度 $2t_w$（t_w为箱形截面壁厚）。

β_c——混凝土强度影响系数：当混凝土强度等级不超过 C50 时，取 $\beta_c=1.0$；当混凝土强度等级为 C80 时，取 $\beta_c=0.8$；其间按线性内插法确定。

f_c——混凝土轴心抗压强度设计值。

若不满足以上要求，则需增大截面尺寸或提高混凝土强度等级。

2）下限条件：

为防止少筋破坏，《混凝土规范》规定受扭构件的箍筋和纵筋应满足最小配筋率的要求。

箍筋最小配筋率

$$\rho_{st} = \frac{nA_{st1}}{bs} \geqslant \rho_{st,min} = 0.28\frac{f_t}{f_{yv}} \tag{4-86}$$

纵筋最小配筋率

$$\rho_{tl} = \frac{A_{stl}}{bh} \geqslant \rho_{tl,min} = 0.85\frac{f_t}{f_y} \tag{4-87}$$

当扭矩小于开裂扭矩时，即 $T \leqslant T_{cr} = 0.7 f_t W_t$ (4-88)

可按上述受扭钢筋的最小配筋率、表4-12箍筋最大间距和表4-13箍筋最小直径的构造要求配置受扭钢筋。

4.5.2 弯剪扭构件的承载力计算

承受弯矩、剪力和扭矩共同作用的构件称为弯剪扭构件，其受扭承载力与受弯承载力、受剪承载力是相互影响的，这种相互影响的性质称为相关性。由于构件受扭、受弯和受剪承载力之间的相互影响问题过于复杂，采用统一的相关方程来计算比较困难。为了简化计算，《混凝土规范》对弯剪扭构件的计算采用了部分相关的方法，即对单独由混凝土提供的抗力部分考虑其相关性，而对钢筋提供的抗力部分不考虑相关性，而采用叠加的方法进行计算。

一、在弯扭共同作用下矩形截面构件的承载力计算

受弯构件同时受到扭矩作用时，扭矩的存在使构件的受弯承载力降低。这是因为扭矩的作用使纵筋产生拉应力，与受弯时钢筋拉应力叠加，使钢筋拉应力增大，致使钢筋应力提前到达屈服，因而降低了受弯承载能力。弯扭构件的承载力受很多因素的影响，精确计算是比较复杂的。为了简化，《混凝土规范》规定采用叠加法计算，偏安全地将受弯所需纵筋与纯扭所需纵筋分别计算后进行叠加。

二、在剪扭共同作用下矩形截面构件的承载力计算

同时受到剪力和扭矩作用的构件，其承载力也低于剪力和扭矩单独作用时的承载力。这是因为二者的剪应力在构件一个侧面上是叠加的，其受力性能也是非常复杂的，完全按照二者之间的关系进行承载力计算是很困难的。

由于受剪和受扭承载力中均包含钢筋和混凝土两部分，为方便计算，采用混凝土部分承载力相关，钢筋部分承载力不相关的近似计算方法。箍筋按受扭承载力和受剪承载力分别计算其用量，然后进行叠加。而混凝土在剪扭承载力计算中，有一部分被重复利用，显然其抗扭和抗剪能力应予降低。《混凝土规范》采用降低系数 β_t 来考虑剪扭共同作用的影响。一般剪扭构件 β_t 的计算公式为

$$\beta_t = \frac{1.5}{1 + 0.5 \dfrac{V}{T} \times \dfrac{W_t}{bh_0}} \tag{4-89}$$

式中 β_t——一般剪扭构件混凝土受扭承载力降低系数，当 β_t 小于0.5时，取0.5；当 β_t 大于1.0时，取1.0。

（一）一般剪扭构件的计算公式

（1）受剪承载力

$$V \leqslant 0.7(1.5 - \beta_t) f_t b h_0 + f_{yv} \frac{A_{sv}}{s} h_0 \tag{4-90}$$

式中 A_{sv}——受剪承载力所需的箍筋截面面积。

（2）受扭承载力

$$T \leqslant 0.35 \beta_t f_t W_t + 1.2 \sqrt{\zeta} f_{yv} \frac{A_{st1} A_{cor}}{s} \tag{4-91}$$

（二）集中荷载作用下的独立剪扭构件的计算公式

（1）受剪承载力 $V \leqslant \dfrac{1.75}{\lambda + 1}(1.5 - \beta_t) f_t b h_0 + f_{yv} \dfrac{A_{sv}}{s} h_0$ (4-92)

$$\beta_t = \frac{1.5}{1+0.2(\lambda+1)\frac{V}{T}\times\frac{W_t}{bh_0}} \tag{4-93}$$

(2) 受扭承载力。受扭承载力仍应按式（4-91）计算，但式中的β_t应按式（4-93）计算。

三、在弯剪扭矩共同作用下矩形截面构件的承载力计算

钢筋混凝土构件在弯矩、剪力和扭矩的共同作用下的受力状态比较复杂，为了简化计算，《混凝土规范》规定采用叠加方法进行计算，即按受弯构件受弯承载力和剪扭构件受扭受剪承载力分别进行计算。纵向钢筋截面面积由正截面受弯承载力和剪扭构件受扭承载力所需纵筋相叠加；箍筋截面面积由剪扭构件受剪承载力和受扭承载力所需箍筋相叠加。

为了简化计算，《混凝土规范》规定：

1）当$V\leqslant 0.35f_tbh_0$或$V\leqslant 0.875f_tbh_0/(\lambda+1)$时，剪力对构件承载力的影响可不予考虑，仅按受弯构件的正截面受弯承载力和纯扭构件的受扭承载力分别进行计算，然后将配筋叠加配置。

2）当$T\leqslant 0.175f_tW_t$时，扭矩对构件承载力的影响可不予考虑，仅按受弯构件的正截面受弯承载力和斜截面受剪承载力分别进行计算，配置纵筋和箍筋。

3）当$\frac{V}{bh_0}+\frac{T}{W_t}\leqslant 0.7f_t$时，可不进行剪扭承载力计算，仅按受扭构件最小配筋率、配箍率和构造要求配筋。

四、计算公式的适用条件

（一）上限条件

为防止完全超筋破坏，截面尺寸不能太小。《混凝土规范》规定的矩形截面尺寸限制条件为

当$\frac{h_w}{b}\leqslant 4$时
$$\frac{V}{bh_0}+\frac{T}{0.8W_t}\leqslant 0.25\beta_cf_c \tag{4-94}$$

当$\frac{h_w}{b}=6$时
$$\frac{V}{bh_0}+\frac{T}{0.8W_t}\leqslant 0.2\beta_cf_c \tag{4-95}$$

当$4<\frac{h_w}{b}<6$时，可按线性内插法确定。

若不满足以上要求，则需增大截面尺寸或提高混凝土强度等级。

（二）下限条件

为防止少筋破坏，《混凝土规范》规定受扭构件的箍筋和纵筋应满足最小配筋率的要求。

箍筋最小配筋率
$$\rho_{sv}=\frac{A_{sv}}{bs}\geqslant\rho_{sv,\min}=0.28\frac{f_t}{f_{yv}} \tag{4-96}$$

纵筋最小配筋率
$$\rho_{tl}=\frac{A_{stl}}{bh}\geqslant\rho_{tl,\min}=0.6\sqrt{\frac{T}{Vb}}\frac{f_t}{f_y} \tag{4-97}$$

当$\frac{T}{Vb}>2$时，取$\frac{T}{Vb}=2$。

五、在弯剪扭共同作用下矩形截面构件的承载力计算步骤

已知弯矩设计值M，剪力设计值V，扭矩设计值T，材料强度等级（f_c、f_t、f_y、f_{yv}等），截面尺寸（b、h等）。要求确定钢筋（纵筋和箍筋）的配置。其步骤归纳如下：

(1) 确定基本数据：f_c、f_t、f_y、ξ_b、h_0、b_{cor}、h_{cor}、u_{cor}、A_{cor}、W_t。

(2) 验算截面尺寸：按式（4-94）和式（4-95）验算，若满足则截面尺寸合适。否则应

加大截面尺寸或提高混凝土强度等级。

(3) 验算构造配筋条件——是否按剪扭承载力计算抗剪扭钢筋：

如 $\frac{V}{bh_0}+\frac{T}{W_t}\leqslant 0.7f_t$，可不进行剪扭承载力计算，仅按受扭构件最小配筋率、配箍率和构造要求配筋。受弯应按计算配筋。

(4) 确定计算方法——是否按计算确定抗剪钢筋：

如 $V\leqslant 0.35f_tbh_0$ 或 $V\leqslant 0.875f_tbh_0/(\lambda+1)$，则可不计剪力影响，只需按受弯构件的正截面受弯承载力和纯扭构件的受扭承载力分别进行计算。

(5) 确定计算方法——是否按计算确定抗扭钢筋：

如 $T\leqslant 0.175f_tW_t$，则可不计入扭矩影响，仅按构造要求配置抗扭钢筋。只需按受弯构件的正截面受弯承载力和斜截面受剪承载力分别进行计算。

(6) 若构件受力只满足第 (2) 项，而不满足第 (3) 项～第 (5) 项时，按下列几方面进行计算：

1) 确定箍筋数量，依次下述顺序进行：

①计算抗扭折减系数 β_t，按式 (4-89) 或式 (4-93) 计算；

②计算受剪箍筋数量 A_{sv1}/s，按式 (4-90) 或式 (4-92) 计算；

③计算受扭箍筋数量 A_{st1}/s，按式 (4-91) 计算；

④计算受剪扭箍筋的总数量，如图 4-69 所示。

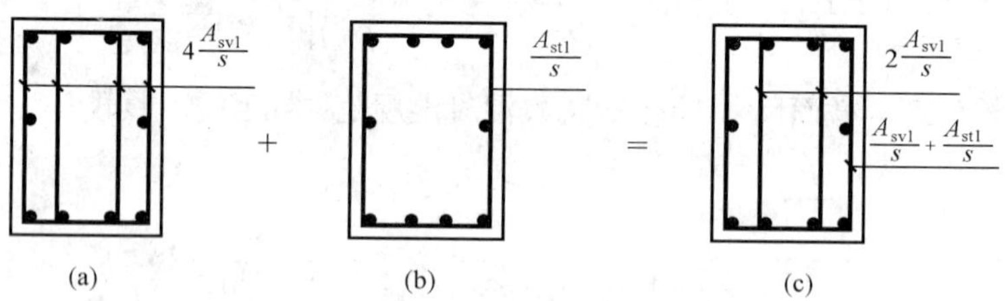

图 4-69 剪扭箍筋的叠加

(a) 受剪箍筋；(b) 受扭箍筋；(c) 箍筋叠加

$$\frac{A_{sv}}{s}=\frac{nA_{sv1}}{s}+\frac{nA_{st1}}{s}$$

2) 验算配箍率 ρ_{sv}，按式 (4-96) 计算。

3) 计算受扭纵筋数量 A_{stl}，按式 (4-82) 计算。

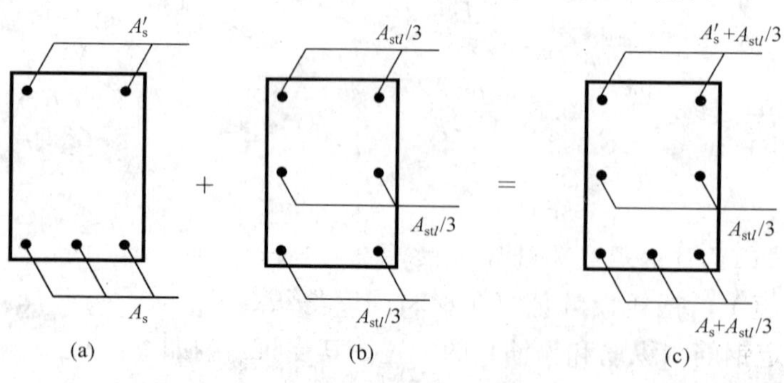

图 4-70 弯扭纵筋的叠加

(a) 受弯纵筋；(b) 受扭纵筋；(c) 纵筋叠加

4) 验算受扭纵筋的配筋率 ρ_{tl}，按式 (4-97) 计算。

5) 根据本章正截面受弯承载力计算受弯纵筋数量 $A_s(A'_s)$。

6) 将受扭纵筋截面面积 A_{stl} 与受弯纵筋截面面积 A_s (A'_s) 相叠加，即为构件截面所需的总的纵筋截面面积，如图 4-70 所示。

(7) 绘制配筋图。

4.5.3 受扭构件的配筋构造要求

一、纵筋的构造要求

沿截面周边布置的受扭纵向钢筋的间距不应大于200mm及梁截面短边长度；除应在梁截面四角设置受扭纵向钢筋外，其余受扭纵向钢筋宜沿截面周边均匀对称布置。受扭纵向钢筋应按受拉钢筋锚固在支座内。

在弯剪扭构件中，配置在截面弯曲受拉边的纵向受力钢筋，其截面面积不应小于受弯构件受拉钢筋最小配筋率计算出的钢筋截面面积与按受扭纵向钢筋配筋率计算并分配到弯曲受拉边的钢筋截面面积之和。

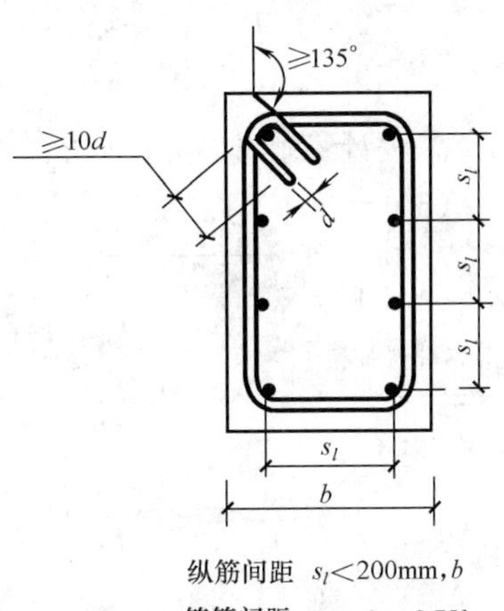

图4-71 受扭构件的配筋构造

二、箍筋的构造要求

受扭所需的箍筋应做成封闭式，且应沿截面周边布置。当采用复合箍筋时，位于截面内部的箍筋不应计入受扭所需的箍筋面积。受扭所需的箍筋末端应做成135°弯钩，弯钩端头平直段长度不应小于箍筋直径的10倍，以使箍筋端部锚固于截面核心混凝土内。

箍筋间距应符合表4-12的规定，在超静定结构中，考虑协调扭转而设置的箍筋，其间距不宜大于0.75b，b为截面短边尺寸，受扭构件的配筋构造如图4-71所示。

【例4-13】 已知矩形截面构件，$b\times h=250\text{mm}\times500\text{mm}$，采用C30级混凝土，纵筋采用HRB400级钢筋，箍筋采用HRB335级钢筋，环境等级为二a类。承受弯矩设计值120kN·m，均布荷载产生的剪力设计值180kN，扭矩设计值16.5kN·m，试计算其配筋。

解 (1) 确定基本数据。

由表3-4、表4-3查得，混凝土的设计强度 $f_c=14.3\text{N/mm}^2$，$f_t=1.43\text{N/mm}^2$；$\xi_b=0.518$；

由表3-2查得，纵向钢筋的设计强度 $f_y=360\text{N/mm}^2$，箍筋的设计强度 $f_{yv}=300\text{N/mm}^2$；

由表3-11查得，钢筋的混凝土保护层最小厚度为 $c=25\text{mm}$，设箍筋直径为Φ10，$a_s=25+10+20/2=45\text{mm}$，则

$h_0=500-45=455\text{mm}$，$b_{cor}=250-25\times2-10\times2=180\text{mm}$，$h_{cor}=500-25\times2-10\times2=430\text{mm}$

$u_{cor}=2\times(180+430)=1220\text{mm}$，$A_{cor}=180\times430=77\ 400\text{mm}^2$

$$W_t=\frac{b^2}{6}(3h-b)=\frac{250^2}{6}\times(3\times500-250)=13.02\times10^6\text{mm}^3$$

(2) 验算截面尺寸。

$$\frac{h_0}{b}=\frac{455}{250}=1.82\leqslant4$$

$$\frac{V}{bh_0}+\frac{T}{0.8W_t}=\frac{180\times10^3}{250\times455}+\frac{16.5\times10^6}{0.8\times13.02\times10^6}=3.17\text{N/mm}^2$$

$<0.25\beta_c f_c=0.25\times1\times14.3=3.58\text{N/mm}^2$，截面尺寸满足要求。

(3) 验算是否按剪扭承载力计算抗剪扭钢筋。

$$\frac{V}{bh_0}+\frac{T}{W_t}=\frac{180\times10^3}{250\times455}+\frac{16.5\times10^6}{13.02\times10^6}=2.85\text{N/mm}^2>0.7f_t=0.7\times1.43=1.0\text{N/mm}^2$$

应进行按剪扭相关计算确定配筋。

(4) 验算是否按计算确定抗剪钢筋。

$V = 180\text{kN} > 0.35 f_t b h_0 = 0.35 \times 1.43 \times 250 \times 455 = 56.93 \times 10^3\text{N} = 56.93\text{kN}$

需计算抗剪钢筋。

(5) 验算是否按计算确定抗扭钢筋。

$$T = 16.5\text{kN}\cdot\text{m} > 0.175 f_t W_t = 0.175 \times 1.43 \times 13.02 \times 10^6$$
$$= 3.26 \times 10^6\text{N}\cdot\text{mm} = 3.26\text{kN}\cdot\text{m}$$

需按计算确定抗扭钢筋。

(6) 计算抗弯纵筋。

$$x = h_0\left(1 - \sqrt{1 - 2\frac{M}{\alpha_1 f_c b h_0^2}}\right) = 455 \times \left(1 - \sqrt{1 - 2 \times \frac{120 \times 10^6}{1 \times 14.3 \times 250 \times 455^2}}\right) = 80.98\text{mm}$$

$$\xi = \frac{x}{h_0} = \frac{80.98}{455} = 0.178 \leqslant \xi_b = 0.518 \text{ 为适筋梁，}$$

$$A_s = \frac{\xi b h_0 \alpha_1 f_c}{f_y} = \frac{0.178 \times 250 \times 455 \times 1 \times 14.3}{360} = 804.28\text{mm}^2$$

$$\rho_{min} = \max\left(0.2\%, 0.45\frac{f_t}{f_y}\right) = 0.2\%$$

$A_{smin} = \rho_{min} b h = 0.2\% \times 250 \times 500 = 250\text{mm}^2 < A_s = 804.28\text{mm}^2$，抗弯纵筋满足要求。

(7) 计算抗剪箍筋。

$$\beta_t = \frac{1.5}{1 + 0.5\frac{VW_t}{Tbh_0}} = \frac{1.5}{1 + 0.5 \times \frac{180 \times 10^3 \times 13.02 \times 10^6}{16.5 \times 10^6 \times 250 \times 455}} = 0.923 < 1$$

采用双肢箍，$n=2$

由 $V = 0.7(1.5 - \beta_t) f_t b h_0 + f_{yv}\frac{nA_{sv1}}{s}h_0$ 得

$$\frac{A_{sv1}}{s} \geqslant \frac{V - 0.7(1.5 - \beta_t) f_t b h_0}{n f_{yv} h_0} = \frac{180 \times 10^3 - 0.7 \times (1.5 - 0.931) \times 1.43 \times 250 \times 455}{2 \times 300 \times 455}$$
$$= 0.422\text{mm}^2/\text{mm}$$

(8) 计算受扭箍筋和受扭纵筋。

取 $\zeta = 1$

由 $T \leqslant 0.35\beta_t f_t W_t + 1.2\sqrt{\zeta} f_{yv}\frac{A_{st1}A_{cor}}{s}$ 得

$$\frac{A_{sv1}}{s} \geqslant \frac{T - 0.35\beta_t f_t W_t}{1.2\sqrt{\xi} f_{yy} A_{cor}} = \frac{16.5 \times 10^6 - 0.35 \times 0.923 \times 1.43 \times 13.02 \times 10^6}{1.2 \times \sqrt{1} \times 300 \times 77\,400}$$
$$= 0.376\text{mm}^2/\text{mm}$$

由 $\zeta = \frac{f_y A_{stl} s}{f_{yv} A_{st1} u_{cor}}$ 得

$$A_{stl} = \zeta\frac{f_{yv} u_{cor}}{f_y}\frac{A_{st1}}{s} = 1 \times \frac{300 \times 1220}{360} \times 0.376 = 382.27\text{mm}^2$$

$$\frac{T}{Vb} = \frac{16.5 \times 10^6}{180 \times 10^3 \times 250} = 0.367 < 2 \text{ 取} \frac{T}{Vb} = 0.367$$

$$\rho_{tl,\min} = 0.6\sqrt{\frac{T}{Vb}}\frac{f_t}{f_y} = 0.6 \times \sqrt{0.367} \times \frac{1.43}{360} = 0.144\%$$

$$\rho_{tl} = \frac{A_{stl}}{bh} = \frac{382.27}{250 \times 500} = 0.306\% > \rho_{tl,\min} = 0.144\%$$

抗扭纵筋满足要求。

(9) 叠加上述计算所得到的纵向钢筋截面面积，选筋。

将受扭纵筋均匀分布在梁顶、梁腰和梁底，

梁底配筋$= A_s + \frac{1}{4}A_{stl} = 804.28 + \frac{1}{4} \times 382.27 = 899.85\text{mm}^2$

选配 2 Φ 18+2 Φ 16，实际配筋面积 $A_s = 509 + 402 = 911\text{mm}^2$

梁腰配筋$= \frac{1}{2}A_{stl} = \frac{1}{2} \times 382.27 = 191.14\text{mm}^2$

选配 4 Φ 10，实际配筋面积 $A_s = 314\text{mm}^2$

梁顶配筋$= \frac{1}{4}A_{stl} = \frac{1}{4} \times 382.27 = 95.57\text{mm}^2$

选配 2 Φ 10，实际配筋面积 $A_s = 157\text{mm}^2$

(10) 叠加上述计算所得到的箍筋截面面积，选箍筋。

$$\frac{A_{stl}}{s} + \frac{A_{sv1}}{s} = 0.376 + 0.422 = 0.798\text{mm}^2/\text{mm}$$

选 Φ 10 单肢截面面积 78.5mm²，s=98.37mm 取 s=90mm

最小配箍率验算

$$\rho_{sv} = \frac{A_{sv}}{bs} = \frac{2 \times 78.5}{250 \times 90} = 0.698\% > \rho_{sv,\min}$$

$$= 0.28\frac{f_t}{f_{yv}} = 0.28 \times \frac{1.43}{300} = 0.133\%$$

箍筋抗剪和抗扭的满足要求。

(11) 绘制截面配筋，如图 4-72 所示。

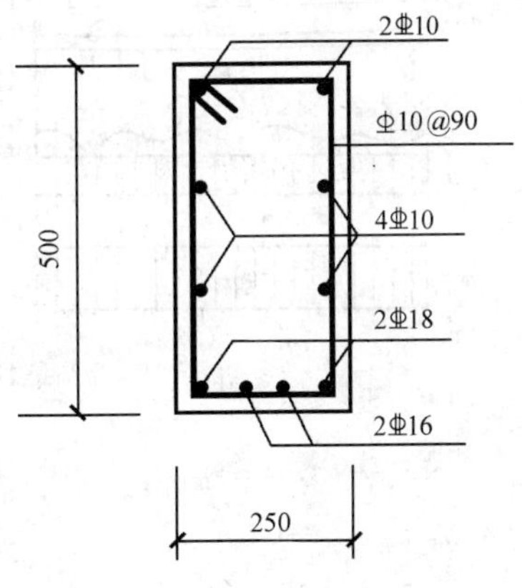

图 4-72　[例 4-13] 配筋图

4.6　钢筋混凝土受弯构件变形及裂缝宽度验算

钢筋混凝土结构构件，除应进行承载能力极限状态设计计算外，还应根据结构构件的工作条件或使用要求，进行正常使用极限状态的验算，以避免结构构件可能因变形过大或裂缝过宽而影响结构构件使用性和耐久性功能的要求。构件裂缝宽度过大不但影响美观，而且还会引起使用者的不安全感；在有腐蚀性介质环境下将使钢筋的锈蚀过程加速而影响结构的耐久性。而构件变形过大则影响正常使用。例如工业厂房的梁板构件，如果挠度过大，将影响仪器设备的正常工作，降低设备的加工精度；吊车梁的挠度过大会妨碍吊车的正常运行；楼盖中梁板变形过大会导致顶棚粉刷开裂、脱落；过梁变形过大会影响门窗开启和关闭等。

4.6.1　受弯构件的裂缝宽度验算

混凝土抗拉强度比抗压强度小得多，当混凝土结构中某个截面的拉应变超过混凝土的极限拉应变时将出现裂缝。使混凝土结构产生裂缝的原因很多，主要有两种类型：其一是直接荷载作用产生的裂缝；其二是间接荷载因素引起的裂缝，如混凝土的收缩及下沉、温度收缩、水化热、地基不均匀沉降、钢筋锈蚀、冻融循环以及碱骨料反应等。间接荷载因素引起的裂缝主要依靠选择良好的骨料级配，提高施工质量，设置伸缩缝和混凝土保护层的最小厚度等方面加以避免或控制；直接荷载作用产生的裂缝，则通过裂缝宽度验算来控制。

一、裂缝的出现、分布和发展

以受弯构件为例，在裂缝出现以前，受拉区由钢筋和混凝土共同受力，变形相同，沿构件轴线方向各截面上钢筋与混凝土的应力分布是均匀的，如图 4-73（a）所示。因混凝土抗拉强度的变异性，沿构件轴线的实际抗拉强度分布不均匀，因此，随着荷载的增加，截面应变不断增大，当受拉区外边缘的混凝土达到其极限拉应变时，在混凝土的最薄弱截面处将首先出现第一条裂缝，也可能同时出现几条。由于混凝土的非匀质性及截面的局部缺陷等因素的影响，裂缝出现的位置具有随机性。当裂缝出现后，裂缝截面处的混凝土不再承担拉力，应力降至零，开裂前由混凝土承担的拉力转由钢筋承担，使开裂截面处钢筋的应力突然增大，如图 4-73（b）所示。

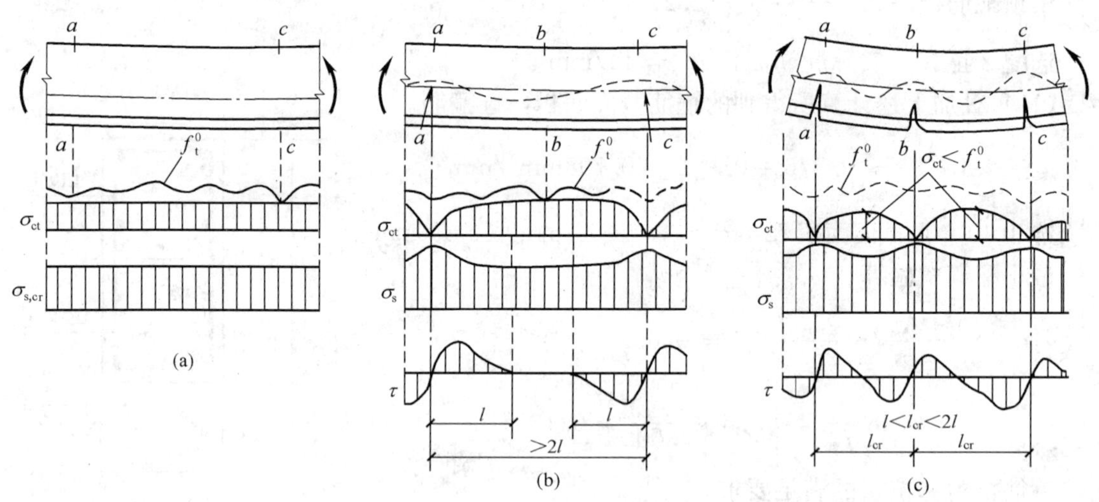

图 4-73 裂缝的出现、分布和开展

在裂缝出现瞬间，原受拉张紧的混凝土突然断裂向两边回缩，使混凝土和钢筋之间产生相对滑移和黏结应力。因受到钢筋与混凝土黏结作用的影响，混凝土的回缩受到约束。离裂缝截面越远，黏结力累计越大，混凝土的回缩就越小。通过黏结力的作用，钢筋的拉应力部分传递给混凝土，使钢筋的拉应力随着离裂缝截面距离的增大而逐渐减小，混凝土的应力在裂缝处为零，并随着距裂缝截面的距离的增大而逐渐增大，当达到某一距离 l 后，黏结应力消失，钢筋和混凝土又具有相同的拉伸应变，各自的应力又呈均匀分布。此 l 即为黏结应力作用长度，也称为传递长度。

裂缝出现后，超过黏结应力作用长度 l 的那部分混凝土仍处于受拉状态，随着荷载的继续增加，就会在距裂缝截面距离大于 l 的另外薄弱截面相继出现新的裂缝，如图 4-73（c）所示中的 b—b 截面。但裂缝的条数并不是无限增加的，达到一定阶段后，在原有裂缝两侧 l 范围内或当间距小于 $2l$ 的已有裂缝间，将不可能再出现新的裂缝。因为在这些范围内，通过黏结应力传递的混凝土拉应力将小于混凝土的实际抗拉强度，即已不足使拉区混凝土开裂，此时裂缝基本完全出现，裂缝间距及裂缝分布情况趋于稳定。此后，随着荷载的继续增加，裂缝的间距及其数量将不再发生变化，只是裂缝的宽度增大并向受压区延伸。从理论上讲，最小裂缝间距为 l，最大裂缝间距为 $2l$，当然，由于混凝土的非均匀性，实际裂缝分布有很大的离散性。但是裂缝间距在最小裂缝间距 l 到最大裂缝间距 $2l$ 之间变化，以平均裂缝间距代表相邻两条裂缝间的距离。

二、平均裂缝间距

试验分析表明，影响裂缝间距的主要因素是纵向受拉钢筋配筋率、纵向钢筋直径及外形特征、混凝土保护层厚度等。采用变形钢筋，纵向受拉钢筋配筋率越高，钢筋直径越细，裂缝间距越小；混凝土保护层厚度越大，裂缝间距越大。

考虑上述诸多因素并根据试验资料，《混凝土规范》给出了平均裂缝间距计算公式为

$$l_{cr}=\beta\left(1.9c_s+0.08\frac{d_{eq}}{\rho_{te}}\right) \tag{4-98}$$

$$d_{eq}=\frac{\sum n_i d_i^2}{\sum n_i \nu_i d_i} \tag{4-99}$$

$$\rho_{te}=\frac{A_s}{A_{te}} \tag{4-100}$$

式中　l_{cr}——平均裂缝间距。当计算的 l_{cr} 大于构件箍筋间距时，可取 l_{cr} 为构件箍筋间距。

c_s——最外层纵向受拉钢筋外边缘至受拉区底边的距离，mm，当 $c_s<20$mm 时，取 $c_s=20$mm；当 $c_s>65$mm 时，取 $c_s=65$mm。

β——系数，对轴心受拉构件取 $\beta=1.1$；对其他受力构件均取 $\beta=1.0$。

ρ_{te}——按有效受拉混凝土截面面积计算的纵向受拉钢筋配筋率，在最大裂缝宽度计算中，当 $\rho_{te}<0.01$ 时，取 $\rho_{te}=0.01$。

A_s——受拉区纵向钢筋截面面积。

d_{eq}——受拉区纵向钢筋的等效直径，mm。

d_i——受拉区第 i 种纵向钢筋的公称直径，mm。

n_i——受拉区第 i 种纵向钢筋的根数。

ν_i——受拉区第 i 种纵向钢筋的相对黏结特性系数，按表 4-14 采用。

A_{te}——有效受拉混凝土截面面积：对受弯、偏心受压和偏心受拉构件，取 $A_{te}=0.5bh+(b_f-b)h_f$，此处，b_f、h_f 为受拉翼缘的宽度、高度，如图 4-74 所示。

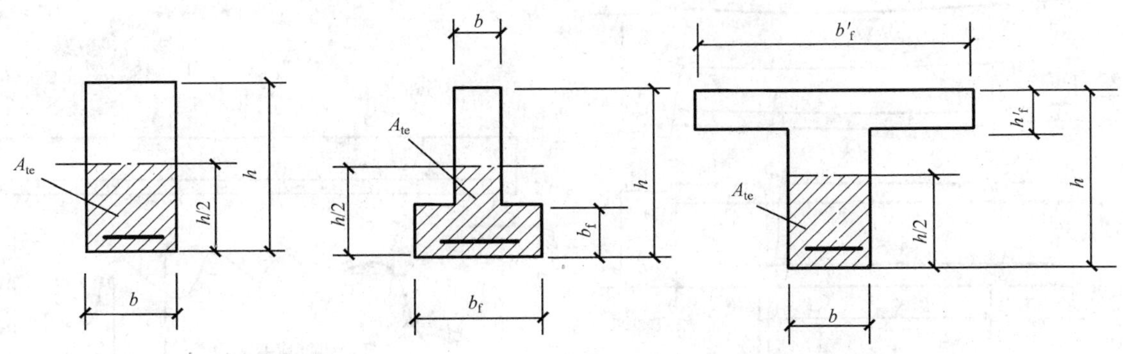

图 4-74　有效受拉混凝土截面面积

表 4-14 钢筋的相对黏结特性系数

钢筋类别	钢筋		先张法预应力筋			后张法预应力筋		
	光面钢筋	带肋钢筋	带肋钢筋	螺旋肋钢丝	刻痕钢丝、钢绞线	带肋钢筋	钢绞线	光面钢丝
i	0.7	1.0	1.0	0.8	0.6	0.8	0.5	0.4

注 对环氧树脂涂层带肋钢筋，其相对黏结特性系数应按表中系数的 0.8 倍取用。

三、平均裂缝宽度

裂缝宽度是指受拉钢筋截面重心处构件侧表面上的裂缝宽度。试验表明，裂缝宽度的离散性比裂缝间距更大些，因此，平均裂缝宽度的确定必须以平均裂缝间距为基础。

平均裂缝宽度是指混凝土在裂缝截面处的回缩量，根据黏结滑移理论，平均裂缝宽度 w_m 等于裂缝平均间距范围内钢筋截面重心处钢筋的平均伸长值与混凝土的平均伸长值之差。如图 4-75 所示，即

$$w_m = \varepsilon_{sm} l_{cr} - \varepsilon_{ctm} l_{cr} = \varepsilon_{sm}\left(1 - \frac{\varepsilon_{ctm}}{\varepsilon_{sm}}\right) l_{cr} = \alpha_c \varepsilon_{sm} l_{cr} \tag{4-101}$$

式中 ε_{sm} ——裂缝间纵向钢筋的平均拉应变；

ε_{ctm} ——裂缝间混凝土的平均拉应变；

w_m ——平均裂缝宽度；

α_c ——裂缝间混凝土自身伸长对裂缝宽度的影响系数，$\alpha_c = 1 - \frac{\varepsilon_{ctm}}{\varepsilon_{sm}}$。

试验研究表明，混凝土的平均拉应变 ε_{ctm} 要比纵向钢筋的平均拉应变 ε_{sm} 小得多，根据实测，α_c 可取为 0.77。ε_{sm} 为裂缝间纵向钢筋的平均拉应变。由图 4-76 所示的试验梁实测纵向受拉钢筋应变分布图可以看出，沿构件轴线方向各截面上钢筋应变是不均匀分布的，裂缝截面处最大，非裂缝截面的钢筋应变逐渐减小，这是因为裂缝之间的混凝土仍然能承担拉力的缘故。图中的水平虚线表示平均应变 ε_{sm} 。设 ψ 为裂缝之间纵向受拉钢筋应变不均匀系数，其值为裂缝间钢筋的平均拉应变 ε_{sm} 与开裂截面处钢筋的应变 ε_s 之比，即 $\psi = \varepsilon_{sm}/\varepsilon_s$ ，又由于$\varepsilon_s = \sigma_{sq}/E_s$，则平均裂缝宽度 w_m 可表达为

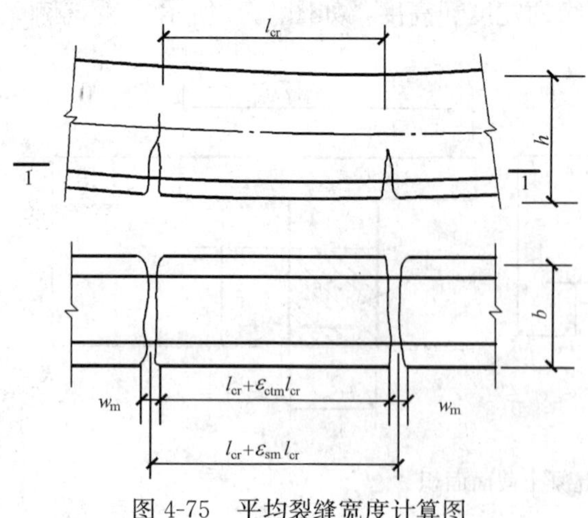

图 4-75 平均裂缝宽度计算图

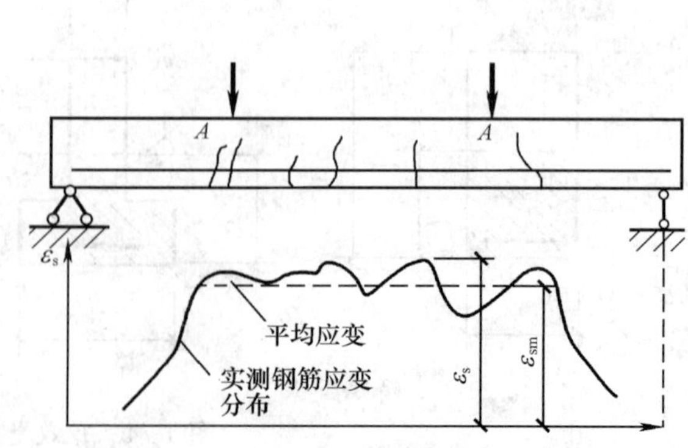

图 4-76 纯弯段内受拉钢筋的应变分布图

$$w_m = \alpha_c \psi \frac{\sigma_{sq}}{E_s} l_{cr} \tag{4-102}$$

由式（4-102）可以看出，裂缝宽度主要取决于裂缝截面的钢筋应力 σ_{sq}，而裂缝间距 l_{cr} 和裂缝间纵向受拉钢筋应变不均匀系数 ψ 也是两个重要的参数。

（一）裂缝截面处钢筋应力

在荷载效应的准永久组合下，钢筋混凝土构件受拉区纵向钢筋的应力按式（4-103）计算

$$\sigma_{sq} = \frac{M_q}{0.87h_0A_s} \tag{4-103}$$

式中 M_q——按荷载准永久组合计算的弯矩值；

σ_{sq}——按荷载准永久组合计算的纵向受拉钢筋的应力。

（二）纵向受拉钢筋应变不均匀系数

试验表明，纵向受拉钢筋应变不均匀系数 ψ 与混凝土轴心抗拉强度 f_{tk}、钢筋的应力 σ_{sq} 以及有效受拉区混凝土面积范围内的配筋率 ρ_{te} 有关。ψ 实质上反映了裂缝间混凝土参与受拉的程度，显然，f_{tk} 越大，混凝土参与受拉程度就越大，ψ 值越小。随着荷载的增大，钢筋应力 σ_{sq} 增大，裂缝进一步开展，混凝土参与受拉的程度就越小，因而 ψ 值随荷载、σ_{sq} 的增大而增大。当受拉区混凝土逐渐脱离工作时，ψ 值趋近于1。另外，ψ 的大小还与配筋率 ρ 有关。ρ 越小，说明周围混凝土的截面相对越大，则混凝土参与受拉的程度将越大，因而 ψ 值越小。考虑到混凝土参与受力主要是在钢筋周围一定范围内的混凝土（称为有效受拉区混凝土面积）起作用，因而 ψ 值仅与有效受拉区混凝土面积范围内的配筋率 ρ_{te} 有关。《混凝土规范》建议的计算公式为

$$\psi = 1.1 - 0.65 \frac{f_{tk}}{\rho_{te}\sigma_{sq}} \tag{4-104}$$

式中 f_{tk}——混凝土轴心抗拉强度标准值，按表 2-4 采用；

ψ——裂缝间纵向受拉钢筋应变不均匀系数：当 $\psi<0.2$ 时，取 $\psi=0.2$；当 $\psi>1$ 时，取 $\psi=1$；对直接承受重复荷载的构件，取 $\psi=1$。

四、最大裂缝宽度的计算及验算

（一）最大裂缝宽度的计算公式

由式（4-101）求得的是平均裂缝宽度。最大裂缝宽度比平均裂缝宽度要大。此外，在荷载长期作用下，裂缝还要增大。考虑了这些不利影响之后，《混凝土规范》对矩形、T 形、倒 T 形和工字形截面的钢筋混凝土受拉、受弯构件，按荷载准永久组合并考虑长期作用影响的最大裂缝宽度（mm）可按下列公式计算

$$w_{max} = \alpha_{cr} \psi \frac{\sigma_{sq}}{E_s}\left(1.9c_s + 0.08\frac{d_{eq}}{\rho_{te}}\right) \tag{4-105}$$

式中 α_{cr}——构件受力特征系数，按表 4-15 采用；

w_{max}——按荷载准永久组合并考虑长期作用影响计算的最大裂缝宽度。

表 4-15 构件受力特征系数

类型	α_{cr}	
	钢筋混凝土构件	预应力混凝土构件
受弯、偏心受压	1.9	1.5
偏心受拉	2.4	—
轴心受拉	2.7	2.2

（二）最大裂缝宽度验算

构件在荷载准永久组合并考虑长期作用的影响，计算的最大裂缝宽度不能超过《混凝土规范》规定的限值，应满足式（4-106）

$$w_{max} \leqslant w_{lim} \tag{4-106}$$

式中 w_{lim}——最大裂缝宽度限值，按表 3-8 采用。

五、控制及减小裂缝宽度的措施

当计算处的最大裂缝宽度不满足要求时，可采取下列措施减小裂缝宽度。

（1）合理布置钢筋。受拉钢筋直径与裂缝宽度成正比，在相同面积情况下，直径越大裂缝宽度也越大，因此在满足《混凝土规范》对纵筋最小直径和钢筋之间最小间距的前提下，梁内尽量采用直径小、根数多的配筋方式，这样可以有效地分散裂缝，减小裂缝的宽度。

（2）适当增加钢筋截面面积。裂缝宽度与裂缝截面纵向受拉钢筋应力成正比，与有效受拉配筋率成反比，因此可适当增加钢筋截面面积 A_s，以提高 ρ_{te}，降低 σ_{sq}。

（3）尽可能采用带肋钢筋。光面钢筋的相对黏结特性系数为 0.7，带肋钢筋为 1.0，表明带肋钢筋与混凝土的黏结较光面钢筋要好得多，裂缝宽度也将减小。

【例 4-14】 已知某教学楼钢筋混凝土楼面简支梁，计算跨度 $l_0=6.0\text{m}$，梁的截面尺寸 $b\times h=250\text{mm}\times 600\text{mm}$，永久荷载（包括梁自重）标准值 $g_k=19\text{kN/m}$，可变荷载标准值 $q_k=16\text{kN/m}$，准永久系数 $\psi_q=0.5$，混凝土强度等级为 C30，HRB335 级钢筋，已配置 2Φ22＋2Φ20 的纵向受拉钢筋，环境等级为一类。最大裂缝宽度限值为 $w_{lim}=0.3\text{mm}$，试验算梁的裂缝宽度是否满足要求？

解 （1）确定基本数据。

由表 2-5、2-6 查得，混凝土轴心抗拉强度标准值 $f_{tk}=2.01\text{N/mm}^2$，混凝土弹性模量 $E_c=3.0\times 10^4\text{N/mm}^2$；

由表 2-4 查得，钢筋的弹性模量 $E_s=2.0\times 10^5\text{N/mm}^2$；

由表 3-11 查得，钢筋的混凝土保护层最小厚度为 20mm，取 $a_s=35\text{mm}$，则梁的有效高度

$$h_0=h-a_s=600-35=565\text{mm},\quad A_s=760+628=1388\text{mm}^2$$

（2）计算跨中弯矩标准值。

荷载准永久组合下的弯矩值

$$M_q=\frac{1}{8}(g_k+\psi_q q_k)l_0^2=\frac{1}{8}\times(19+0.5\times 16)\times 6.0^2=121.5\text{kN}\cdot\text{m}$$

（3）计算裂缝截面受拉钢筋的应力。

$$\sigma_{sq}=\frac{M_q}{0.87h_0A_s}=\frac{121.5\times 10^6}{0.87\times 565\times 1388}=178.08\text{N/mm}^2$$

(4) 按有效受拉混凝土截面面积计算钢筋的配筋率。

$$\rho_{te}=\frac{A_s}{A_{te}}=\frac{1388}{0.5\times250\times600}=0.0185$$

(5) 计算受拉钢筋应变不均匀系数 ψ。

$$\psi=1.1-0.65\times\frac{f_{tk}}{\rho_{te}\sigma_{sq}}=1.1-0.65\times\frac{2.01}{0.0185\times178.08}=0.703$$

(6) 计算受拉区纵向钢筋的等效直径。

$$d_{eq}=\frac{\sum n_i d_i^2}{\sum n_i\nu_i d_i}=\frac{2\times22^2+2\times20^2}{2\times1\times22+2\times1\times20}=21.05$$

(7) 计算最大裂缝宽度。

$$\begin{aligned}w_{max}&=\alpha_{cr}\psi\frac{\sigma_{sq}}{E_s}\left(1.9c_s+0.08\frac{d_{eq}}{\rho_{te}}\right)\\&=1.9\times0.703\times\frac{178.08}{2.0\times10^5}\times\left(1.9\times26+0.08\times\frac{21.05}{0.0185}\right)\\&=0.167\text{mm}<w_{lim}=0.3\text{mm}\end{aligned}$$

裂缝宽度满足要求。

4.6.2 受弯构件的变形验算

一、截面抗弯刚度的概念及定义

由材料力学可知，匀质弹性材料梁的最大挠度计算公式为

$$f=S\frac{Ml_0^2}{EI} \tag{4-107}$$

或

$$f=S\phi l_0^2 \tag{4-108}$$

式中 M——梁的最大弯矩。

S——与荷载形式、支承条件有关的系数，如承受均布荷载的简支梁，$S=5/48$；跨中受集中荷载作用的简支梁，$S=1/12$。

l_0——梁的计算跨度。

ϕ、EI——分别为截面曲率和截面抗弯刚度。

EI 是梁的截面抗弯刚度，由式（4-107）和式（4-108）可知，$EI=M/\phi$。所以截面抗弯刚度就是使截面产生单位转角所需施加的弯矩。由此可知，在 M-ϕ 曲线上任一点与原点 O 的连线，其倾斜角的正切值就是相应的截面抗弯刚度，这体现了截面抵抗弯曲变形的能力。对于匀质弹性材料梁，当梁的截面尺寸和材料一定时，梁的截面抗弯刚度 EI 为一常数。由式（4-98）可知，弯矩 M 与挠度 f 成直线关系，如图 4-77 所示中的虚线 OA 所示。

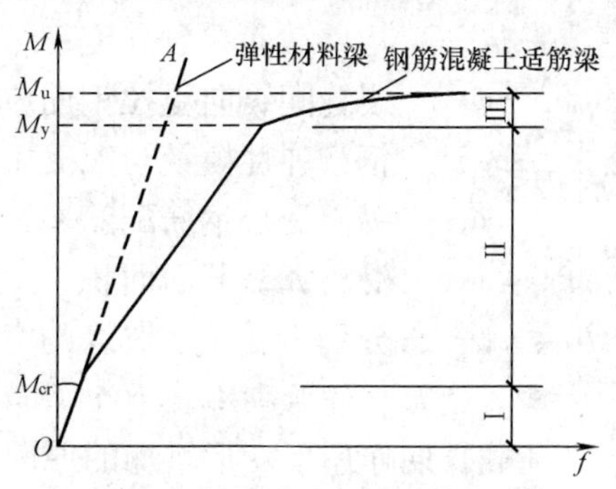

图 4-77 受弯构件的 M-f 曲线

对钢筋混凝土梁，由于其材料的非弹性性质和受拉区裂缝的发展，梁的截面刚度不是常数，而是随着荷载的增加不断降低。如图 4-77 所示的实线就是一根典型的配筋适量的钢筋混凝土梁的弯矩 M 与挠度 f 的关系曲线。从图可以看出，M-f 曲线可以分为三个阶段。

第Ⅰ阶段是裂缝出现以前，这一阶段梁基本为弹

性工作阶段，M与f基本上成直线关系。裂缝即将出现时，M与f关系由直线逐渐向下弯曲，这是由于受拉区混凝土出现了塑性变形，使梁的刚度有一定程度的降低。这一阶段梁的短期刚度可按式（4-109）计算，即

$$B_s = 0.85E_cI_0 \tag{4-109}$$

式中 E_c——混凝土的弹性模量，按表2-5取值；

I_0——换算截面的惯性矩。

裂缝出现以后到受拉区钢筋屈服以前为第Ⅱ阶段。裂缝出现以后，梁进入带裂缝工作阶段。M-f曲线发生明显转折，梁的刚度有明显的降低。这主要是由于受拉区混凝土裂缝开展使混凝土逐步退出工作，以及压区混凝土塑性变形所引起的。一般配筋率越低的构件，M-f曲线转折越明显。试验也表明，截面尺寸和材料都相同的适筋梁，配筋率大的，变形小些，相应的截面抗弯刚度大些，反之亦然。

当受拉区钢筋屈服以后，M-f关系曲线出现第二个转折点，进入第Ⅲ阶段。此阶段M增加很少甚至不增加，而f增加很快，说明刚度急剧降低，处于承载力极限状态。

由以上分析可以看出，钢筋混凝土梁的抗弯刚度不是一个始终不变的常数，而是随着荷载的增加而不断降低的。对普通钢筋混凝土梁来讲，在使用荷载作用下，绝大多数处于第Ⅱ阶段，因此，正常使用阶段的变形验算，主要是指这一阶段的变形验算。另外，在长期荷载作用下，由于混凝土的徐变因素，构件的刚度还会随时间的增长而降低。所以变形计算要考虑荷载短期作用和长期作用的影响，相应的钢筋混凝土梁在荷载准永久组合作用下受弯构件截面刚度用B_s表示，简称为短期刚度；钢筋混凝土梁在荷载准永久组合作用下并考虑荷载长期作用的受弯构件截面抗弯刚度，用B表示，简称为长期刚度。

因此，钢筋混凝土受弯构件的挠度计算问题，关键在于截面抗弯刚度的取值。

二、受弯构件短期刚度B_s的计算

按裂缝控制等级要求的荷载组合作用下，钢筋混凝土受弯构件的短期刚度，可按式（4-110）计算，即

$$B_s = \frac{E_sA_sh_0^2}{1.15\psi + 0.2 + \frac{6\alpha_E\rho}{1+3.5\gamma'_f}} \tag{4-110}$$

$$\gamma'_f = \frac{(b'_f - b)h'_f}{bh_0}$$

式中 A_s——纵向受拉钢筋截面面积；

h_0——构件截面有效高度；

ψ——裂缝间纵向受拉钢筋应变不均匀系数，按式（4-104）计算；

α_E——钢筋弹性模量与混凝土弹性模量的比值，即E_s/E_c；

ρ——纵向受拉钢筋配筋率：对钢筋混凝土受弯构件，取$\rho=A_s/(bh_0)$；

γ'_f——受压翼缘截面面积与腹板有效截面面积的比值；

b'_f、h'_f——分别为受压区翼缘的宽度、高度；当$h'_f > 0.2h_0$时，取$h'_f = 0.2h_0$。

三、受弯构件长期刚度B的计算

荷载长期作用下变形增加的原因主要是混凝土的徐变引起平均应变的增大。此外，钢筋与混凝土之间的滑移徐变使裂缝之间的受拉混凝土不断退出工作，从而引起受拉钢筋在裂缝

之间的应变不断增长。混凝土的收缩也会使刚度降低，导致变形增加。可以看到凡是影响混凝土徐变和收缩的因素，如混凝土的组成成分、受压钢筋的配筋率、荷载的作用时间、使用环境的温湿度等都会引起构件刚度的降低，因此，钢筋混凝土受弯构件的刚度应在短期刚度的基础上考虑荷载长期作用的影响后确定。

《混凝土规范》对矩形、T形、倒T形和工字形截面受弯构件考虑荷载长期作用影响的刚度可按下列公式计算，即

$$B=\frac{B_s}{\theta} \tag{4-111}$$

式中　θ——考虑荷载长期作用对挠度增大的影响系数。

对于钢筋混凝土受弯构件，当$\rho'=0$时，取$\theta=2.0$；当$\rho'=\rho$时，取$\theta=1.6$；当ρ'为中间数值时，θ按线性内插法取用；此处，$\rho'=A'_s/(bh_0)$，$\rho=A_s/(bh_0)$。

对翼缘位于受拉区的倒T形截面，θ应增加20%。

四、最小刚度原则与钢筋混凝土受弯构件的挠度验算

（一）最小刚度原则

如上所述，截面刚度与弯矩有关，前面所建立的刚度计算公式都是指在纯弯区段内的平均截面抗弯刚度。而实际上，一般钢筋混凝土受弯构件的截面弯矩沿构件长度是变化的，这就是说，即使是等截面的钢筋混凝土受弯构件，其各个截面的刚度也是不相等的。如图4-78所示一承受均布荷载作用钢筋混凝土简支梁，弯矩是两边小、中间大，截面刚度是中间小、两边大。由于按变刚度梁来计算挠度变形很麻烦，由材料力学可知，近支座截面的曲率对最大挠度计算值的影响很小，为简化计算，《混凝土规范》规定：在等截面构件中，可假定各同号弯矩区段内的刚度相等，并取用该区段内最大弯矩M_{max}截面处的刚度作为该区段的抗弯刚度。对允许出现裂缝的构件，它即为该区段的最小刚度B_{min}。这就是受弯构件挠度计算中的最小刚度原则。当计算跨度内的支座截面刚度不大于跨中截面刚度的两倍或不小于跨中截面刚度的二分之一时，该跨也可按等刚度构件进行计算，其构件刚度可取跨中最大弯矩截面的刚度。采用最小刚度原则按等刚度方法计算构件挠度，相当于使支座附近截面刚度比实际刚度减小，使计算挠度值偏大。但实际情况是，在剪跨区段内还存在着剪切变形，甚至可能出现少量斜裂缝，这些都会使梁的挠度增大。在一般情况下，这些使挠度增大的影响与按照最小刚度计算时的偏差大致可以相抵。经对国内外数百根试验梁的验算结果显示，计算值与试验值符合较好。这说明采用最小刚度原则用等刚度法计算钢筋混凝土受弯构件的挠度可以满足工程要求。

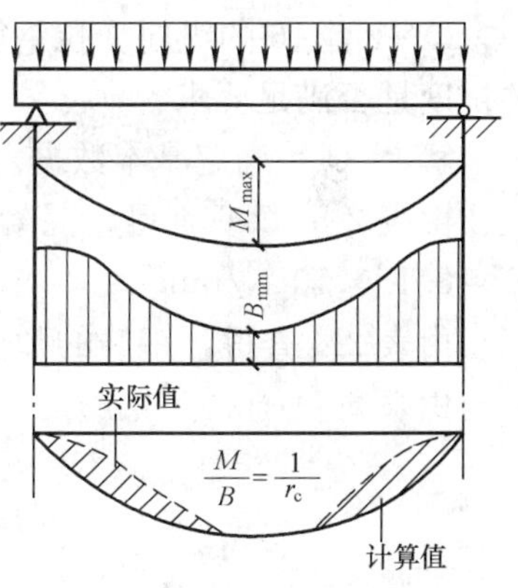

图4-78　沿梁长刚度和曲率分布

（二）钢筋混凝土受弯构件的变形验算

受弯构件的最大挠度应按荷载效应的准永久组合并考虑荷载长期作用影响，可按照材料力学的方法用式（4-113）进行计算，即

$$f=S\frac{M_k l_0^2}{B} \tag{4-112}$$

式中　l_0——梁的计算跨度；

f——根据最小刚度原则并采用荷载长期作用影响的刚度 B 进行计算的挠度。

按上述方法计算的挠度值不应超过《混凝土规范》规定的挠度限值，即

$$f \leqslant f_{\mathrm{lim}} \tag{4-113}$$

式中 f_{lim}——挠度的限值，按表 3-7 采用。

五、减小受弯构件的挠度措施

减小受弯构件挠度最有效的措施是增加构件的截面高度，提高抗弯刚度，以减小变形；其次，减小 θ 也可以增加刚度，可以通过配置受压钢筋以减小混凝土的徐变，降低 θ 值；但选择合理的截面形状、增加纵向受拉钢筋的截面面积或提高混凝土的强度等级的效果不明显。

【例 4-15】 已知某试验楼钢筋混凝土楼面简支梁，计算跨度 $l_0=6.3\mathrm{m}$，梁的截面尺寸 $b\times h=250\mathrm{mm}\times500\mathrm{mm}$，永久荷载（包括梁自重）标准值 $g_k=16.5\mathrm{kN/m}$，可变荷载标准值 $q_k=8.2\mathrm{kN/m}$，准永久系数 $\psi_q=0.5$，混凝土强度等级为 C35，HRB400 级钢筋，已配置 2Φ20+2Φ16 的纵向受拉钢筋，环境等级为一类。若挠度限值为 $f_{\mathrm{lim}}=l_0/200$，试验算梁的挠度是否满足要求？

解 （1）确定基本数据。

由表 2-5、2-6 查得，混凝土轴心抗拉强度标准值 $f_{tk}=2.20\mathrm{N/mm^2}$，混凝土弹性模量 $E_c=3.15\times10^4\mathrm{N/mm^2}$；

由表 2-4 查得，钢筋的弹性模量 $E_s=2.0\times10^5\mathrm{N/mm^2}$；

由表 3-11 查得，钢筋的混凝土最小保护层厚度为 20mm，$a_s=35\mathrm{mm}$，则梁的有效高度

$$h_0=h-a_s=500-35=465\mathrm{mm}$$

$$A_s=628+402=1030\mathrm{mm^2}$$

（2）计算跨中弯矩标准值。

荷载标准组合下的弯矩值

$$M_k=\frac{1}{8}(g_k+q_k)l_0^2=\frac{1}{8}\times(16.5+8.2)\times6.3^2=122.54\mathrm{kN\cdot m}$$

荷载准永久组合下的弯矩值

$$M_q=\frac{1}{8}(g_k+\psi_q q_k)l_0^2=\frac{1}{8}\times(16.5+0.5\times8.2)\times6.3^2=102.2\mathrm{kN\cdot m}$$

（3）计算受拉钢筋应变不均匀系数 ψ。

$$\sigma_{sq}=\frac{M_q}{0.87h_0A_s}=\frac{102.2\times10^6}{0.87\times465\times1030}=245.27\mathrm{N/mm^2}$$

$$\rho_{te}=\frac{A_s}{A_{te}}=\frac{1030}{0.5\times250\times500}=0.0165$$

$$\psi=1.1-0.65\times\frac{f_{tk}}{\rho_{te}\sigma_{sq}}=1.1-0.65\times\frac{2.2}{0.0165\times245.27}=0.747$$

（4）计算短期刚度 B_s。

$$\alpha_E = \frac{E_s}{E_c} = \frac{2.0\times10^5}{3.15\times10^4} = 6.35, \rho = \frac{A_s}{bh_0} = \frac{1030}{250\times465} = 0.0089$$

$$B_s = \frac{E_s A_s h_0^2}{1.15\psi + 0.2 + 6\alpha_E\rho} = \frac{2.0\times10^5\times1030\times465^2}{1.15\times0.747+0.2+6\times6.35\times0.0089}$$

$$=31\ 858.29\times10^9\,\text{N}\cdot\text{mm}^2$$

（5）计算长期刚度 B。

$$\rho' = 0, \text{取}\ \theta = 2.0$$

$$B = \frac{B_s}{\theta} = \frac{31\ 858.29\times10^9}{2} = 15\ 929.15\times10^9\,\text{N}\cdot\text{mm}^2$$

（6）计算跨中挠度。

$$f = \frac{5}{48}\frac{M_k l_0^2}{B} = \frac{5\times102.2\times10^6\times6300^2}{48\times15\ 929.15\times10^9} = 26.5\text{mm}$$

$$f < f_{\lim} = \frac{l_0}{200} = \frac{6300}{200} = 31.5\text{mm}$$

满足要求。

4.7　预应力混凝土基本知识

4.7.1　预应力混凝土基本概念

一、概述

在普通钢筋混凝土结构或构件中，由于混凝土的抗拉强度及极限拉应变值都很低（其极限拉应变值约为 $1.0\times10^{-4}\sim1.5\times10^{-4}$），对使用上不允许开裂的构件，受拉钢筋的应力只能用到 20～30N/mm²，不能充分利用其强度。对于允许开裂的构件，当裂缝宽度为 0.2～0.3mm 时，受拉的钢筋应力也只能用到 250N/mm² 左右。若采用高强度钢筋，在使用阶段其应力可达到 500～1000N/mm²，即在结构中钢筋的强度得到了充分利用，但其裂缝宽度已经很大，以致无法满足裂缝和变形控制的要求。因此，在普通钢筋混凝土结构中采用高强度钢筋是不能充分发挥其作用的，故普通钢筋混凝土结构用于大跨度或承受动力荷载的结构很不经济。另外，在普通钢筋混凝土结构中，提高混凝土强度等级对增加其极限拉应变的作用是极其有限的，即采用高强度混凝土也是不合理的。

二、预应力混凝土的基本原理

工程实践发现：为了避免普通钢筋混凝土结构裂缝的过早出现，可以设法在结构构件受外荷载作用之前，预先对由外荷载引起的混凝土受拉区施加压力，用预压应力来抵冲未来外荷载在该截面区域所引起的混凝土全部或部分拉应力。这样，在外荷载施加之后，裂缝就可延缓或不致发生，即使发生了，裂缝宽度也不会开展过宽，可以满足使用要求。这种在构件受荷载以前预先对混凝土受拉区施加压应力的结构称之为预应力混凝土结构。由此可见，预应力混凝土结构必须采用高强度钢筋及高强度混凝土，这样，也扩大了钢筋混凝土结构的工程材料的范围。

预应力的原理在日常生活中也是常见的，如图 4-79 所示。一个盛水用的木桶是由一块块木板由竹箍或铁箍箍成的，如图 4-79（a）所示，当用力套紧竹箍时，竹箍由于伸长产生拉应力，使木板与木板之间产生预压应力。当木桶盛水后，水压使木桶产生的环向拉应力只能抵消木板板缝之间的一部分预压应力，而木板与木板之间能始终保持受压的紧密状态，木桶就不会开裂和漏水。又如图 4-79（b）所示，当从书架上取下一叠书时，由于受到双手施加的压力，这一叠书就如同一横梁，可以承担全部书的重量。这就是预应力的简单原理。

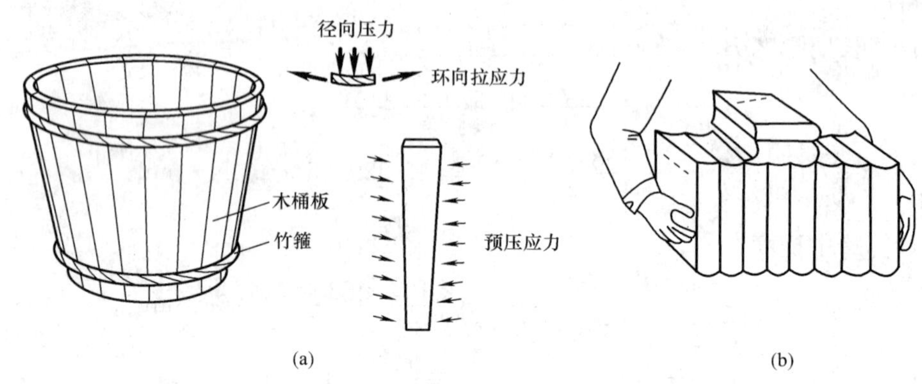

图 4-79 预应力原理的应用
（a）木桶；（b）一叠书

下面以如图 4-80 所示混凝土简支梁为例，说明预应力混凝土的基本概念。

在外荷载的作用之前，预先在梁的受拉区施加一对大小相等，方向相反的偏心预压力 N，使梁截面下边缘混凝土产生预压应力 σ_c，上边缘产生预拉应力 σ_{ct}，使梁产生反拱，如图 4-80（a）所示。在外荷载 q（包括梁自重）作用下，梁截面的下边缘将产生拉应力 σ_{ct}，上边缘将产生压应力 σ_c，如图 4-80（b）所示；这样梁截面上的最后应力应是上述两种情况下截面应力的叠加，其截面下边缘的拉应力将减至 $\sigma_{ct}-\sigma_c$，梁上边缘应力一般为压应力，也可能为拉应力，如图 4-80（c）所示。

由于预压力 N 的大小可控制，这样就可通过对预压力 N 的控制来达到抗裂控制等级的要求。对抗裂控制等级为一级的构件（严格要求不出现受力裂缝的构件），可使预压力 N 作用下截面下边缘（使用荷载作用下的受拉侧）的压应力 σ_c 大于使用荷载产生的拉应力 σ_{ct}，截面受拉边缘混凝土就不会出现拉应力；对于允许出现裂缝的构件，同样可以通过施加预应力来延缓混凝土的开裂，提高构件的抗裂度和刚度，节约材料，减轻结构的自重，从根本上克服了普通钢筋混凝土抗裂性差的主要缺点，并为采用高强度钢筋和高强度混凝土创造了条件。

预应力混凝土实际上就是预先储存了一定压应力的混凝土。对混凝土施加压力的高强度钢筋（称预应力钢筋）既是施加预应力的钢筋，同时也是构件的受力钢筋。由于混凝土的徐变、收缩和其他一些原因会产生较大的预应力损失，所以预应力混凝土构件应采用高强度钢筋，同时应采用高强度混凝土。

三、预应力混凝土结构的主要优点

与普通混凝土相比，预应力混凝土具有下列优点：

（1）抗裂性好，刚度大。由于对构件施加预应力，延缓了裂缝的出现和开展，提高了构件的抗裂度和刚度，增加了结构的耐久性，因此扩大了构件的适用范围，并提高了构件抵抗

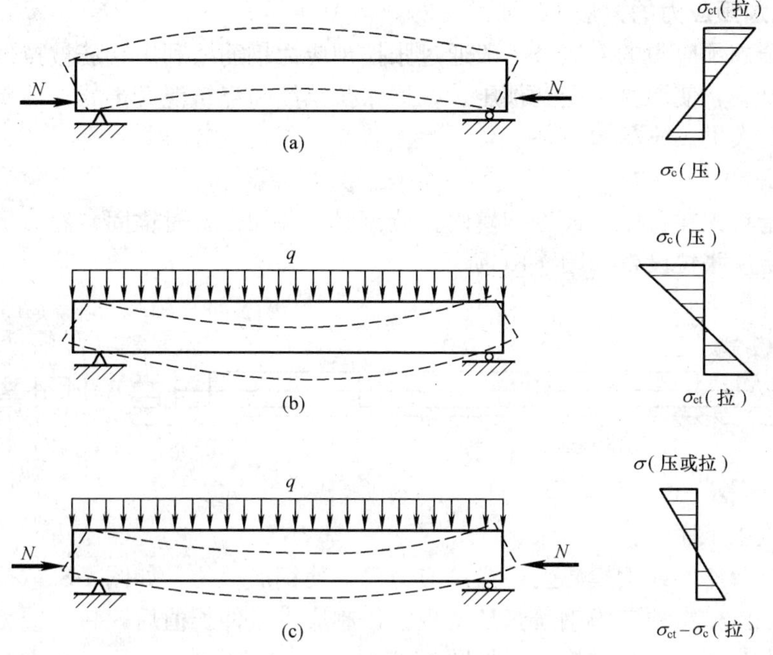

图 4-80 预应力混凝土简支梁

(a) 预压力作用下；(b) 外荷载作用下；(c) 预压力与外荷载共同作用下

外部不良环境影响的能力。

(2) 节约材料，减轻自重。能充分发挥高强度钢筋和高强度等级混凝土的性能，减少了钢筋用量和构件截面尺寸，减轻构件的自重，节约材料，降低造价。

(3) 提高构件的受剪承载力。施加纵向预应力可延缓斜裂缝的形成，提高受剪承载力。

(4) 提高构件的疲劳承载力。预应力筋在使用阶段因加载或卸载所引起的应力变化幅度相对较小，增加钢筋的疲劳强度。

(5) 卸载后的结构变形或裂缝得到恢复。由于预应力的作用，使用活荷载移去后，裂缝会闭合，结构变形也会得到复位。

四、预应力混凝土的应用

预应力混凝土结构虽然具有一系列的优点，但预应力混凝土结构施工和计算较复杂，这就给其应用带来一定的影响。但对下列结构，宜优先采用预应力混凝土结构。

(1) 裂缝控制等级较高的结构。某些特殊结构物，如水池、储油池、核反应堆、压力管道、混凝土船体结构，受到侵蚀性介质作用的工业厂房、水利、海洋工程结构等，要求有较高的密闭性或耐久性，在裂缝控制上要求较严格，应通过预应力混凝土结构来满足这种要求。

(2) 大跨度结构。在工程结构中，为了建造大跨度或承受动力荷载的构件，要求采用轻质高强材料，以减小截面、减轻自重，但又要控制变形及裂缝。采用预应力混凝土结构，可提高其刚度，减少变形和对裂缝加以控制，并能充分发挥高强材料的作用。

(3) 对构件的刚度和变形控制要求较高的结构构件。采用预应力混凝土结构，通过预压力作用使构件产生的反拱，可抵消或减少荷载作用下所产生的变形，以满足其使用要求，如工业厂房中的屋架、吊车梁及桥梁工程中的大跨度梁式构件等。

4.7.2 施加预应力的方法

对混凝土施加预应力的方法，一般通过张拉预应力钢筋，利用钢筋被拉伸后产生的弹性回缩来挤压混凝土，使混凝土受到预压。根据张拉钢筋与浇筑混凝土的先后次序，可分为先张法与后张法两大类。

一、先张法

先张法是指首先在台座上或者钢模内张拉钢筋，并加以临时锚固，然后浇筑混凝土的一种施工方法。台座张拉设备如图 4-81 所示。

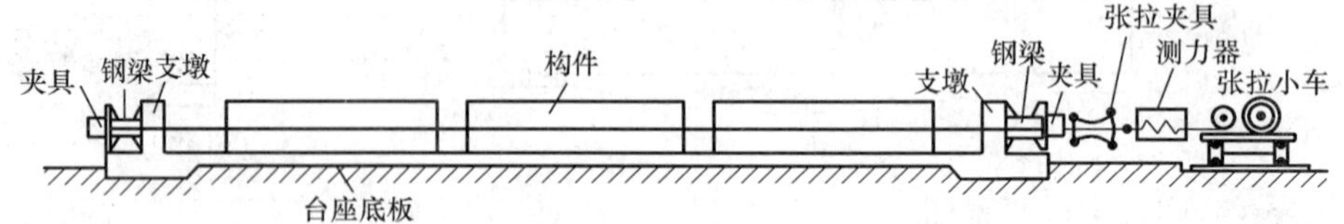

图 4-81 台座张拉设备

先张法的施工工序为：

(1) 在固定台座（或钢模）上，穿预应力筋，使钢筋就位，如图 4-82 (a) 所示；

(2) 用张拉机械将预应力钢筋张拉至规定控制应力或伸长值后，将预应力筋用夹具固定在台座或钢模上，再卸去张拉机具，如图4-82 (b)、(c) 所示；

(3) 支模、绑扎非预应力钢筋，浇筑并养护混凝土，如图 4-82 (c) 所示；

(4) 待混凝土达到规定强度后（约为设计强度的 75%以上），切断或放松预应力钢筋，预应力钢筋回缩使混凝土受到挤压，产生预压应力，如图 4-82 (d) 所示。

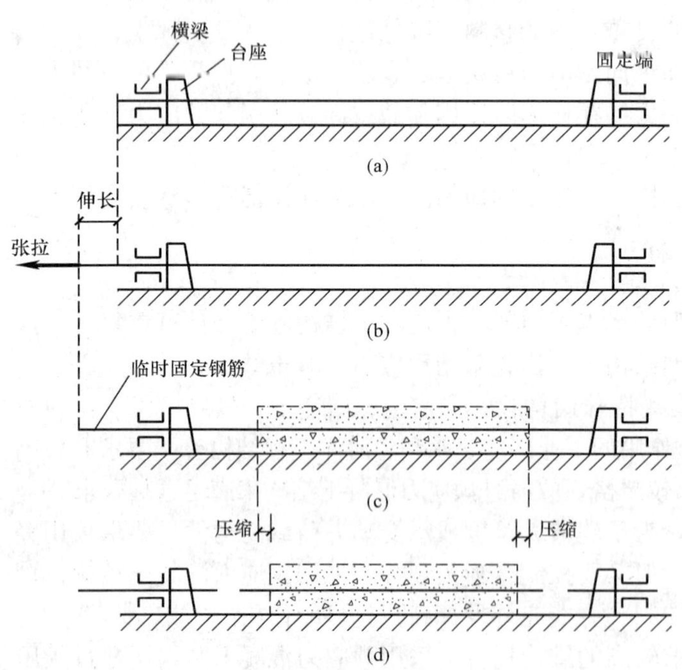

图 4-82 先张法主要工序示意图

(a) 钢筋就位；(b) 张拉钢筋；(c) 临时固定钢筋，浇灌混凝土并养护；(d) 放松钢筋，钢筋回缩，混凝土受预压应力

在先张法预应力混凝土构件中，预应力是通过钢筋与混凝土之间的黏结力来传递的。其预压应力的建立是通过端部一定长度（传递长度 L_{tr}）挤压混凝土来实现的，这种方式称为自锚。在建立预压应力时，切断并放松预应力筋的过程称为放张。

二、后张法

后张法是指先浇筑混凝土构件，待混凝土达到规定强度后直接在构件上张拉预应力钢筋的一种施工方法。

后张法的施工工序为：

(1) 先浇筑混凝土构件，并在构件中预留穿预应力筋的孔道和灌浆孔，如图 4-83 (a) 所示；

(2) 待混凝土达到规定的强度后，将预应力筋穿入预留孔道，安装固定端锚具，利用构件自身作为加力台座，用千斤顶张拉预应力筋，在张拉预应力筋的同时使混凝土受到预压，如图 4-83（b）所示；

（3）当预应力筋张拉到设计规定应力后，用锚具将张拉端预应力钢锚固（锚具留在构件上，不再取下），使混凝土受到预压应力，如图 4-83（c）所示；

（4）最后用压力泵将高强水泥浆灌入预留孔道，使预应力筋与混凝土形成整体，即成有黏结的预应力构件，如图 4-83（d）所示。也可以不灌浆，形成无黏结预应力构件。后张法是靠构件两端的锚具来保持和传递预应力的。

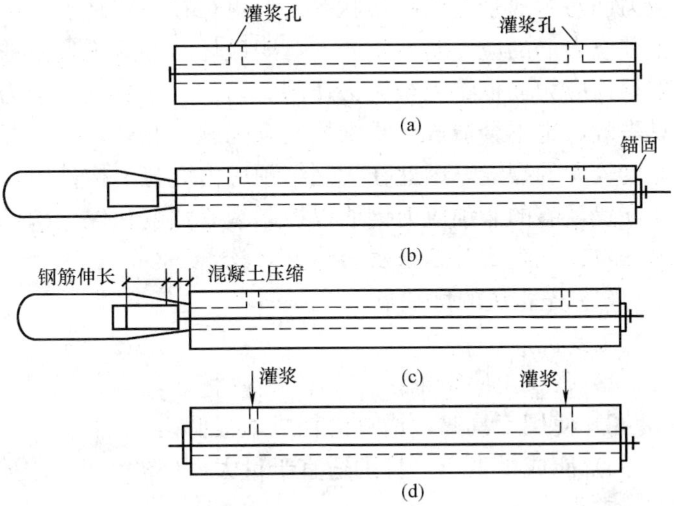

图 4-83　后张法主要工序示意图

（a）制作构件，预留孔道，穿入预应力钢筋；（b）安装千斤顶；（c）张拉钢筋；（d）锚固钢筋，拆除千斤顶、孔道压力灌浆

三、后张无黏结预应力

上述后张施加预应力方法的缺点是工序多，需预留孔道、穿筋、压力灌浆，施工复杂、费时，造价高。目前预应力混凝土结构的施工工艺已有了很大改进，采用后张无黏结预应力施工技术，可以克服这些缺点。其特点是不需要预留孔道，无黏结预应力筋可与非预应力钢筋同时铺设，并可采用曲线配筋，布置灵活。

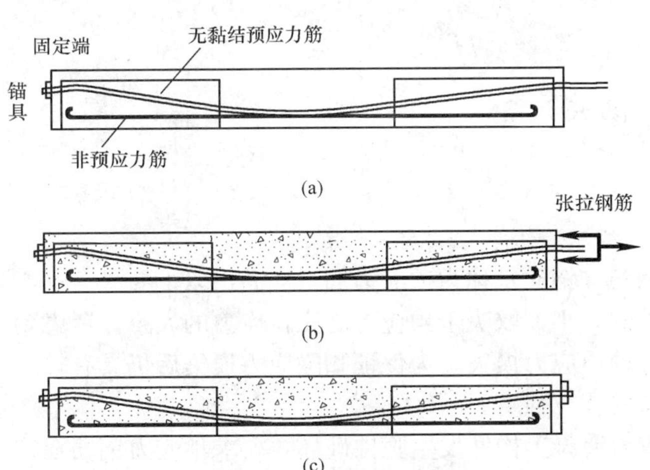

图 4-84　后张法无黏结预应力主要工序示意图

（a）绑扎钢筋；（b）张拉预应力钢筋；（c）锚固钢筋

后张无黏结预应力的施工工序为：

（1）制作无黏结预应力筋。在预应力筋表面涂抹防腐油脂层，用油纸包裹，再套以塑料套管。涂层的作用是保证预应力筋的自由拉伸，减少摩擦损失，并能防止预应力筋腐蚀。套管包裹层的作用是保护涂层与混凝土隔离，具有一定的强度以防止施工中破损，一端安装固定端锚具，另一端为张拉端；

（2）绑扎钢筋。无黏结预应力筋与非预应力钢筋一样预先铺设，可按设计要求绑扎成钢筋骨架，如图 4-84（a）所示；

（3）浇筑混凝土，待混凝土达到规定的强度后，在张拉端以结构为支座张拉预应力筋，如图 4-84（b）所示；当预应力筋张拉到设计要求的拉力后，用锚具将预应力筋锚固在结构上，如图 4-84（c）所示。

这种工艺的优点是施工时不需要预留孔道、穿筋、灌浆等繁杂费力过程，施工简单，预应力筋易弯成多跨曲线形状等。但也存在一些缺点。由于预应力筋与混凝土无黏结作用，整根预应力筋的应力基本相同，弯矩破坏时预应力筋的强度不能充分发挥，且一旦锚具失效，整根预应力筋也将完全失去作用。因此，无黏结预应力通常用于楼板结构，这样即使个别锚具失效，也不会造成严重结构安全问题。此外，如仅配无黏结筋，构件中将产生应力集中且宽度较大的裂缝。因此在无黏结预应力混凝土构件中，要求锚具具有更高的可靠性，并一定要配置足够的非预应力钢筋以控制裂缝宽度和保证构件的延性。

四、先张法与后张法的特点比较

(1) 先张法的优缺点

主要优点：

1) 张拉工序简单；

2) 使用工具锚，锚具消耗成本很低；

3) 能成批生产，特别适宜于量大面广的中小型构件，如楼板、屋面板等。

主要缺点：

1) 需要较大的台座或成批的钢模、养护池等固定设备，一次性投资较大；

2) 预应力筋布置呈直线型，曲线布置困难。

(2) 后张法的优缺点

主要优点：

1) 张拉预应力筋可以直接在构件上或整个结构上进行，因而可根据不同荷载性质合理布置各种形状的预应力筋；

2) 适宜于运输不便，只能在现场施工的大型构件、特殊结构或可由块体拼接而成的特大构件。

主要缺点：

1) 使用工作锚，耗钢量较大；

2) 张拉工序比先张法要复杂，施工周期长。

4.7.3 预应力混凝土材料

一、钢材

(一) 对预应力结构构件中预应力筋的要求

预应力构件中用作建立预压应力的钢筋（钢丝）称为预应力筋，应满足以下要求：

(1) 具有较高的强度。混凝土预应力的大小，取决于预应力筋张拉应力的大小。考虑到混凝土构件在制作和使用过程中会产生各种预应力损失。为保证扣除应力损失后仍具有较高的有效张拉应力，要求预应力筋具有较高的抗拉强度。

(2) 具有一定的塑性。为了避免预应力混凝土构件发生脆性破坏，要求预应力钢筋在拉断时，具有一定的伸长率。当构件处于低温环境或受到冲击荷载作用时，更应注意其钢筋塑性和抗冲击韧性的要求。

(3) 具有良好的加工性能。要求钢筋有良好的可焊性，并且钢筋在镦粗后不影响原来的物理力学性能。

(4) 与混凝土之间有良好的黏结强度。先张法构件主要是通过预应力筋与混凝土之间的黏结力来传递预压应力的，为此要求其预应力筋应具有良好的外形。

（二）预应力筋的种类

用于预应力混凝土结构中的预应力筋宜采用钢丝、钢绞线和精轧螺纹钢筋三大类。

（1）钢丝

钢丝是采用优质碳素钢盘条，经过几次冷拔后得到。预应力混凝土所用钢丝可分为中强度预应力钢丝及消除应力钢丝两种；按外形分有光圆钢丝和螺旋肋钢丝两类。

中强度预应力钢丝的抗拉强度为800～1270 N/mm²，钢丝直径为5mm、7mm、9mm三种。为增加与混凝土的黏结强度，钢丝表面可制成螺旋肋。

消除应力钢丝的抗拉强度为1470～1860 N/mm²，钢丝直径也为5mm、7mm、9mm三种。钢丝经冷拔后，存在较大的内应力，一般都需要采用低温回火处理来消除内应力。经这样处理的钢丝称为消除应力钢丝，其比例极限、条件屈服强度和弹性模量均比消除应力前有所提高，塑性也有所改善。

（2）钢绞线

将3股或7股平行的高强钢丝围绕中间的一根芯丝通过绞盘机以螺旋形式紧紧包住芯丝，使之拧成一股，即成为钢绞线。通常以7股钢绞线应用最多。7股钢绞线的钢绞线公称直径为9.5mm、12.7mm、15.2mm、17.8mm、21.6mm五种，通常用于无黏结预应力钢筋，抗拉强度高达1960N/mm²。3股钢绞线用途不广，仅用于某些先张法构件，以提高与混凝土的黏结力。

（3）预应力螺纹钢筋

预应力螺纹钢筋是一种特殊形状带有不连续的外螺纹的直条钢筋，该钢筋在任意截面处，均可以用带有内螺纹的连接器或锚具进行连接或锚固。直径为18mm、25mm、32mm、40mm、50mm五种，抗拉强度为980～1230N/mm²。

各种预应力钢筋的强度标准值和设计值见表2-3和表3-3。

二、混凝土

预应力混凝土构件是通过张拉预应力筋来预压混凝土，以提高构件的抗裂能力，因此预应力混凝土结构构件所用的混凝土应满足下列要求：

（1）具有较高的强度。预应力混凝土需要采用较高强度的混凝土，才能建立起较高的预压应力，并可减小构件的截面尺寸和减轻自重，以适应大跨度的要求。对于先张法构件，采用较高强度的混凝土，可提高黏结强度，减少预应力筋的应力传递长度。对于后张法构件，可增大端部混凝土的承压能力，便于锚具的布置和减少锚具垫板的尺寸。

（2）收缩、徐变小。可减小因混凝土收缩、徐变引起的预应力损失。

（3）快硬、早强。混凝土快硬、早强可较早施加预应力，加快施工速度，提高台座、模板、夹具的周转率，降低间接费用。

（4）弹性模量高。弹性模量高有利于提高截面的抗弯刚度，变形减小，并可减小预压时混凝土的弹性回缩。

《混凝土规范》规定预应力混凝土结构的混凝土强度等级不宜低于C40，且不应低于C30。

4.7.4 锚具和夹具

为了阻止被张拉的钢筋发生回缩，必须将钢筋端部进行锚固。锚固预应力筋的工具分为锚具和夹具两类。预应力构件制成后能够取下重复使用为夹具，而留在构件上不再取下的称为锚具。夹具和锚具之所以能夹住或锚住钢筋，主要是依靠摩阻、握裹和承压锚固。因此必须对夹具和锚具的要求及特点有所了解。

一、对锚具的要求

（1）性能可靠安全。要求锚具本身具有足够的强度和刚度，且工作时又不能损伤钢筋。

（2）滑移变形少。要求预应力筋在锚具内尽可能不产生滑移，以减少预应力损失。

（3）构造简单，易加工制作，施工方便。

（4）节约钢材，造价低廉。

二、锚具的形式

锚具的形成及种类很多，具体可分为以下几种。

（1）按锚具的钢筋类型分。可分为锚固粗钢筋、锚固平行钢筋（钢丝）束、锚固钢绞线的锚具几种。

对于粗钢筋，一般是一个锚具锚住一根钢筋；对于钢筋束和钢绞线，则是一个锚具须同时锚住若干根钢筋或钢绞线。

（2）按锚固和传递预应力的原理分。可分支承式、锥塞式和夹片式三种。

（3）按锚具的材料分。可分为钢制锚具和混凝土制成的锚具等。

（4）按锚具使用的部位不同来分。可分为张拉端锚具和固定端锚具两种。有时同一锚具可用在张拉端，亦可用在固定端。

三、建筑结构中常用的锚具

（一）精轧螺纹钢筋端锚具（支承式）

拉力由钢筋端部的螺纹通过剪切作用传给螺帽并挤压垫板和混凝土。精轧螺纹钢筋是不带纵肋的直条钢筋，这种钢筋沿全长表面热轧成大螺距的螺纹，任何一处都可截断并用连接器或锚具进行连接或锚固，如图 4-85 所示。

（二）JM-12 锚具（夹片式）

如图 4-86 所示，JM—12 锚具用于锚固 3～6 根直径 $d=12$mm 的相平行放置的钢筋束，或 5～6 根 7Φ^{s}4 的钢绞线。这种锚具由锚环和 3～6 个夹片组成，锚环可嵌入混凝土构件中，也可凸出在构件外。夹具的块数与预应力筋或钢绞线的根数相同，夹片呈楔形，其截面为扇形，每一块夹片有两个圆弧形槽，槽内有齿纹，用以锚住预应力筋，依靠摩擦力将预应力传给夹片，夹片依靠其斜面上的承压力将预应力传给锚环，后者再通过承压力将预应力传给混凝土构件。

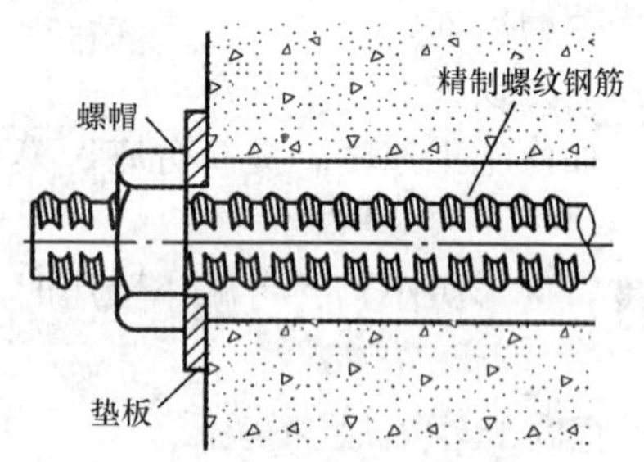

图 4-85 精轧螺纹钢筋端锚具

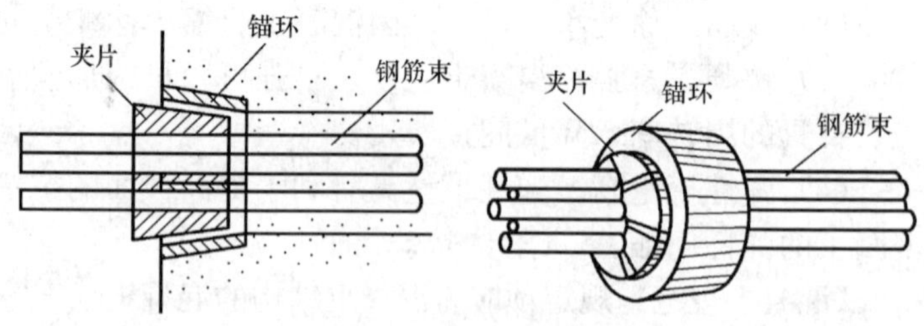

图 4-86 JM—12 锚具

这种锚具既可用于张拉端，也可用于固定端。张拉时采用特制的双作用千斤顶。双作用千斤顶有两个油缸同时进行工作，一个用于夹住钢筋进行张拉，另一个用于在张拉钢筋的同时将夹片顶入锚环，将预应力筋挤紧，牢牢锚住。

（三）锥塞式锚具

如图 4-87 所示，用于锚固钢丝束或钢绞线束，通常同时锚固 12 根直径为 5mm、7mm、9mm 的钢丝，或锚固 12 根直径为 13mm、15mm 的钢绞线。锚具由带锥孔的锚环和锥形锚塞两部分组成。锚环在构件混凝土浇筑前预先埋置在构件端部，预应力筋被夹在两者中间，并在端部形成喇叭形。

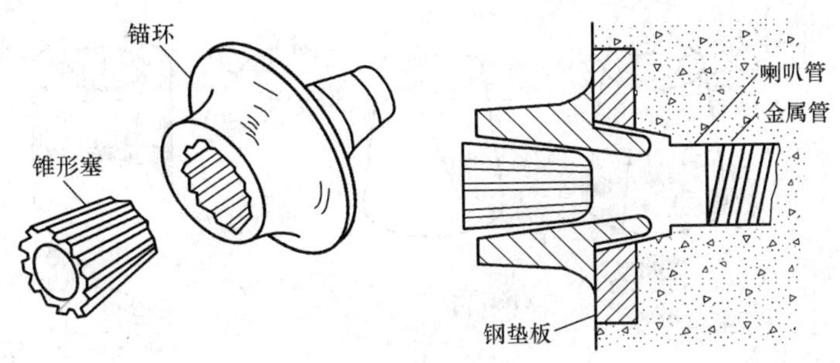

图 4-87 锥塞式锚具

这种锚具可用于张拉端，也可用于固定端。张拉时采用特制的双作用或三作用弗氏千斤顶。三作用弗氏千斤顶（法国的弗来西奈发明）除具有在张拉的同时顶紧锚塞的两个作用外，还设有将夹持钢绞线或钢丝的楔块自动松脱的装置。

（四）墩头锚具

墩头锚具用于锚固钢丝束或钢筋束。张拉端采用锚环，如图 4-88（a）所示，固定端采用采用锚板，如图 4-88（b）所示。先将钢丝或钢筋端头镦粗成球形，穿入锚环孔内，边张拉边拧紧锚环的螺帽。每个锚具可同时锚固几根到一百多根的 5～7mm 直径的高强钢丝，也可用于单根粗钢筋。采用这种锚具时，要求钢丝或钢筋的下料长度精确度较高，否则会使预应力筋受力不均匀。

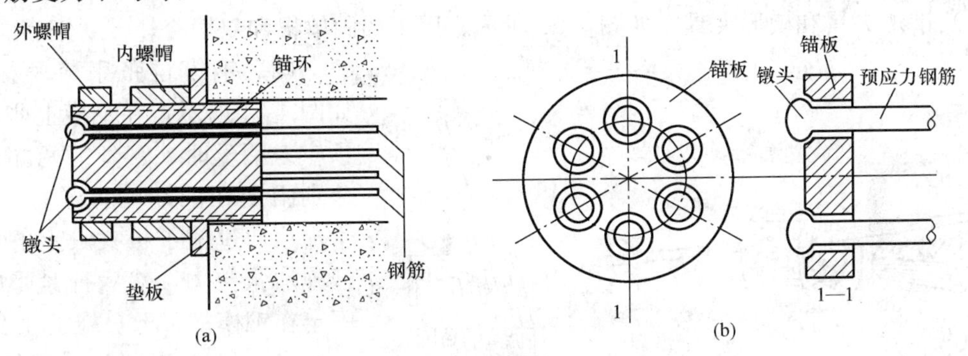

图 4-88 墩头锚具

（a）张拉端墩头锚具；（b）固定端墩头锚具

（五）QM 型夹片式锚具

QM 型锚具；可锚固钢绞线或钢丝束。锚具由锚环和夹片组成，分单孔和多孔两类，如图 4-89（b）、（c）所示。根据钢绞线的根数可选用不同孔数的锚具。多孔锚具又称群锚，其特点是每根钢绞线均分开锚固，分别由一组三个楔形夹片夹紧，各自独立地放置在锚环的一个锥形孔内，任何一组夹具滑移、破裂或钢绞线拉断，都不会影响同束中其他钢绞线的锚固，故其锚固可靠，互换性好，自锚性能强。

（六）XM 型夹片式锚具

XM 型锚具的工作原理与 QM 型锚具相似，各单元均系分开锚固，它与 QM 型锚具不同之处在于夹片的结构不同，其夹片沿轴向切开的方向有偏转角（即斜开缝），偏转角的方向与钢绞线的扭转角相反，以保证钢绞线的锚固效果，如图 4-89（a）所示。

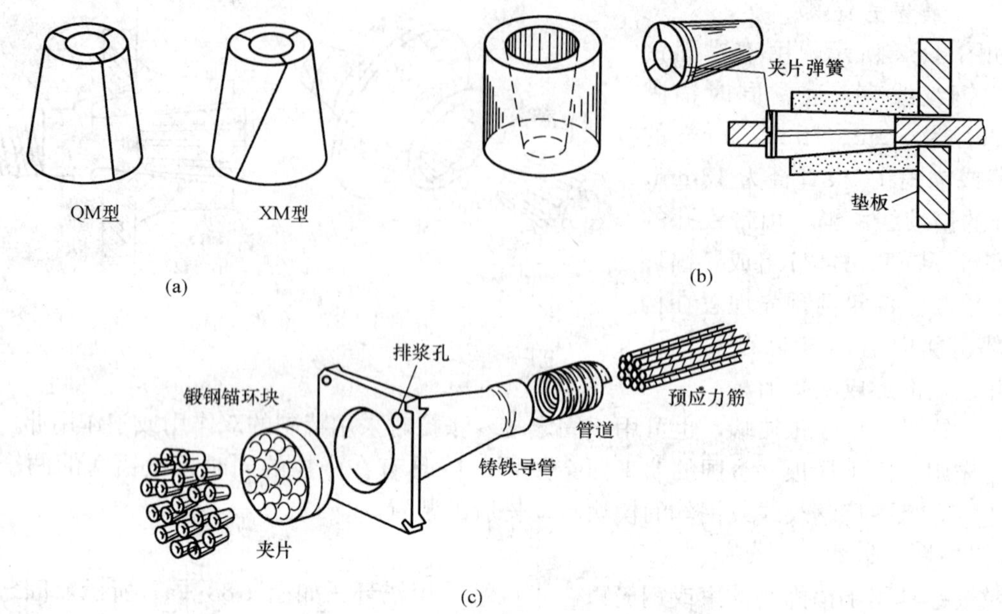

图 4-89 夹片式锚具

(a) QM 型与 XM 型锚具夹片；(b) QM 型单孔锚具；(c) QM 型多孔锚具

四、常用的先张法夹具

(1) 锥形夹具和楔形夹具，如图 4-90 所示。用于锚固单根和双根冷轧带肋钢筋。

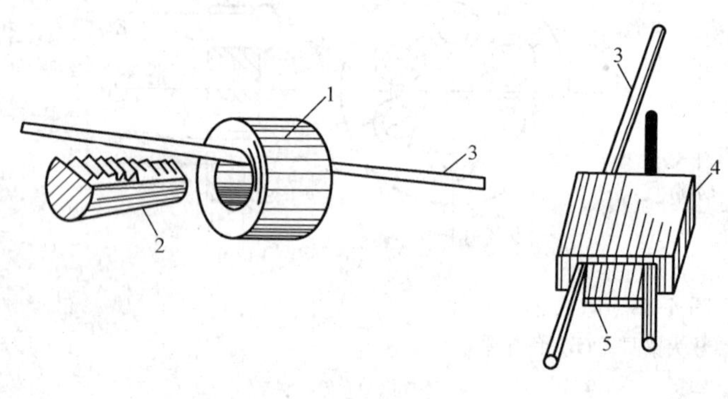

图 4-90 锥形夹具和楔形夹具

1—套筒；2—锥销；3—预应力钢筋；4—锚板；5—楔块

(2) 钢模拉张用梳子板夹具，如图 4-91 所示，在钢模上张拉多根预应力钢丝时，钢丝的两端用墩头分别固定在两端的梳子板夹具上，千斤顶通过梳子板夹具上的两个螺杆施加张拉力，然后拧紧螺帽临时固定在钢模横梁上，施工速度很快。

(3) 工具式锚杆，如图 4-92 所示，用于与精轧螺纹钢筋连接后固定于支撑架上。与精轧螺纹钢筋连接可采用套筒式连接器连接。

4.7.5 张拉控制应力

张拉控制应力是指张拉预应力筋时，张拉设备的测力仪表所显示的总张拉力除以预应力钢筋截面面积所得的应力值，以 σ_{con} 表示。它是预应力筋在构件受荷以前所经受的最大应力。张拉控制应力 σ_{con} 取值越高，预应力筋对混凝土的预压作用越大，可以使预应力筋充分发挥作用。但 σ_{con} 取值过高，则会产生以下问题：①在施工阶段会使构件的某些部位受到拉力甚至开裂，还可能使后张法构件端部混凝土产生局部受压破坏；②使构件开裂荷载与破坏荷载很接近，构件破坏前无明显的预兆，呈脆性破坏；③为了减少预应力损失，往往要进行超张拉，由于钢材材质的不均匀，钢

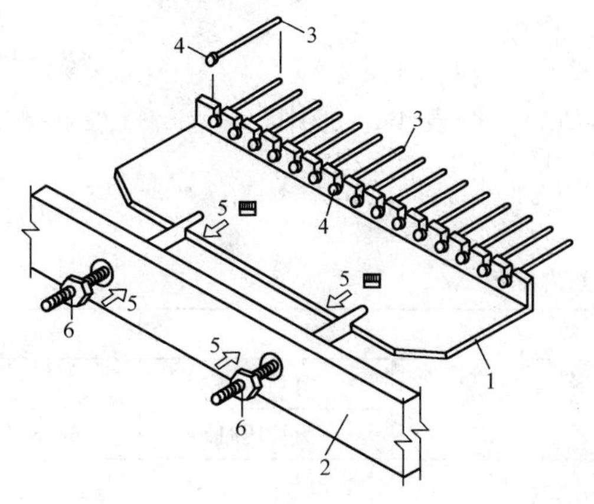

图 4-91 钢模张拉用梳子夹具

1—梳子板；2—钢模横梁；3—钢丝；4—镦头；5—千斤顶张拉时瓜钩孔及支撑位置示意；6—固定用螺帽

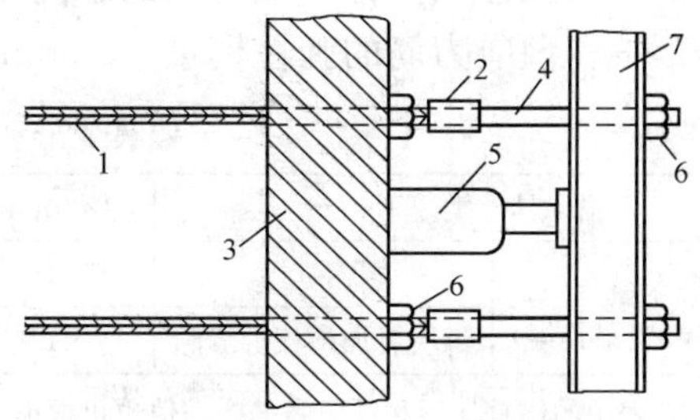

图 4-92 工具式锚杆

1—预应力钢筋；2—套筒式连接器；3—台座固定传力架；4—工具式螺杆；5—千斤顶；6—螺帽；7—活动钢横梁

筋的强度有一定的离散性，有可能在超张拉过程中使个别钢筋被拉断。另外，σ_{con}过高，还会增大预应力筋的松弛损失。因此，《混凝土规范》规定，预应力筋的张拉控制力σ_{con}应符合下列规定。

(1) 消除应力钢丝、钢绞线

$$\sigma_{con} \leqslant 0.75 f_{ptk} \tag{4-114}$$

(2) 中强度预应力钢丝

$$\sigma_{con} \leqslant 0.70 f_{ptk} \tag{4-115}$$

(3) 预应力螺纹钢筋

$$\sigma_{con} \leqslant 0.85 f_{pyk} \tag{4-116}$$

式中 f_{ptk}——预应力筋极限强度标准值；

f_{pyk}——预应力螺纹钢筋屈服强度标准值。

消除应力钢丝、钢绞线、中强度预应力钢丝的张拉控制应力值不应小于$0.4 f_{ptk}$；预应力螺纹钢筋的张拉控制应力值不宜小于$0.5 f_{pyk}$。

当符合下列情况之一时，上述张拉控制应力限值可相应提高$0.05 f_{ptk}$或$0.05 f_{pyk}$：

1) 要求提高构件在施工阶段的抗裂性能而在使用阶段受压区内设置的预应力筋；

2) 要求部分抵消由于应力松弛、摩擦、钢筋分批张拉以及预应力筋与张拉台座之间的温差等因素产生的预应力损失。

4.7.6 预应力损失

由于预应力施工工艺和材料性能等原因，使得预应力筋中的初始预应力，在制作、运输及使用过程中不断降低，这种现象称为预应力损失。预应力损失从张拉钢筋开始，在整个使用期间都存在。下面分项讨论引起预应力损失的原因，损失值的计算以及减少损失的措施。

一、锚具变形和预应力筋内缩引起的预应力损失 σ_{l1}

(一) 预应力损失 σ_{l1} 的计算

直线预应力筋经张拉后，便锚固在台座或构件上，由于锚具受力后的变形、垫板缝隙被挤紧以及钢筋在锚具中的内缩滑移，引起的预应力损失σ_{l1}按式 (4-117) 计算

$$\sigma_{l1}=\frac{a}{l}E_s \tag{4-117}$$

式中 a——张拉端锚具变形和预应力筋内缩值，mm，按表 4-16 采用；

l——张拉端至锚固端之间的距离，mm；

E_s——预应力筋的弹性模量，N/mm²。

表 4-16 锚具变形和预应力筋内缩值 a

锚具类别		a/mm	锚具类别		a/mm
支承式锚具（钢丝束镦头锚具等）	螺帽缝隙	1	夹片式锚具	有顶压时	5
	每块后加垫板的缝隙	1		无顶压时	6～8

注 1. 表中的锚具变形和预应力筋内缩值也可根据实测数据确定；
2. 其他类型的锚具变形和预应力筋内缩值应根据实测数据确定。

锚具变形引起的损失只考虑张拉端。因为锚固端锚具变形已在张拉钢筋的过程中完成，不会因卸掉千斤顶后再次变形而引起损失。

对块体拼成的结构，其预应力损失尚计及块体间填缝的预压变形。当采用混凝土或砂浆为填缝材料时，每条填缝的预压变形值可取为 1mm。

（二）减小预应力损失 σ_{l1} 的措施

减小此项预应力损失的措施有：

（1）选择锚具变形小或使预应力筋内缩小的锚具、夹具，尽量少用垫板，因为每增加一块垫板，a 值就增加 1mm。

（2）增加台座长度。在锚具、钢材等相同时，构件长度（或台座）越长，则预应力损失 σ_{l1} 越小，两者之间成反比。对于先张法应尽量采用长线台座生产预应力构件，当台座长度为 100m 以上时，σ_{l1} 可以忽略不计。

二、预应力筋与孔道壁之间的摩擦引起的预应力损失 σ_{l2}

后张法张拉预应力筋是在混凝土构件上进行的。预应力筋放置在预留的孔道内，由于孔道壁表面粗糙不平，孔道中心与预应力筋中心不完全重合造成的局部偏差，以及曲线配筋时预应力筋对孔道壁的径向压力等，都使预应力筋与孔道壁之间产生摩擦力，使预应力筋的应力随距张拉端距离的增大而逐渐减小，这种应力差称为摩擦损失 σ_{l2}。

（一）预应力损失 σ_{l2} 的计算

其值可按式（4-118）计算：

$$\sigma_{l2}=\sigma_{con}\left(1-\frac{1}{e^{\kappa x+\mu\theta}}\right) \tag{4-118}$$

式中 κ——考虑孔道每米长度局部偏差的摩擦系数，按表 4-17 采用；

x——从张拉端至计算截面的孔道长度，可近似取该段孔道在纵轴上的投影长度，m，如图 4-93 所示；

θ——从张拉端至计算截面曲线孔道各部分切线的夹角之和，rad，如图 4-93 所示；

μ——预应力筋与孔道壁之间的摩擦系数，按表 4-17 采用。

当 $\kappa x+\mu\theta\leqslant 0.3$ 时，σ_{l2} 可按下式近似计算

$$\sigma_{l2}=(\kappa x+\mu\theta)\sigma_{con} \tag{4-119}$$

表 4-17　摩擦系数

序号	孔道成型方式	κ	μ	
			钢绞线、钢丝束	预应力螺纹钢筋
1	预埋金属波纹管	0.001 5	0.25	0.50
2	预埋塑料波纹管	0.001 5	0.15	—
3	预埋钢管	0.001 0	0.30	—
4	抽芯成型	0.001 4	0.55	0.60
5	无黏结预应力筋	0.004 0	0.09	—

注　表中系数也可根据实测数据确定。

（二）减小预应力损失 σ_{l2} 的措施

（1）两端张拉。对较长的构件采用两端张拉，可使摩擦损失减小一半。

（2）采用超张拉。张拉程序为：张拉应力由零加至 $1.1\sigma_{con}$ 持荷 2min，而后将张拉应力降至 $0.85\sigma_{con}$，再增到 σ_{con}，预应力损失就会减小，预应力分布也比较均匀。

对先张法预应力构件，当采用折线型预应力筋时，应考虑预应力筋在转折处因垂直压力引起的摩擦损失，即式（4-119）中的 $\mu\theta$ 项。

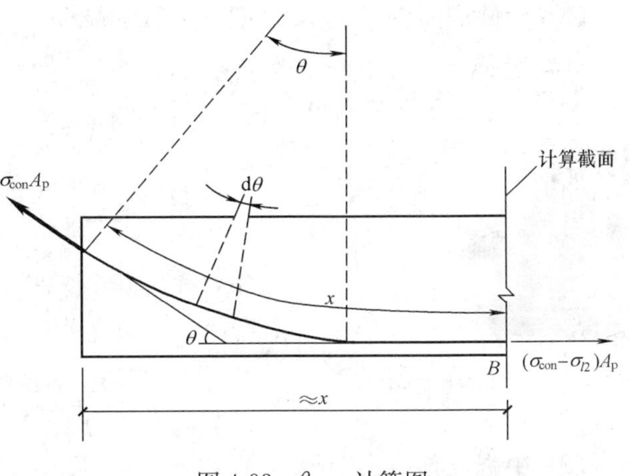

图 4-93　θ、x 计算图

三、温差引起的预应力损失 σ_{l3}

先张法中受张拉的预应力筋与承受拉力的台座支墩之间，因蒸汽养护产生的温差所引起的预应力损失称为 σ_{l3}。

（一）预应力损失 σ_{l3} 的计算

在先张法构件的生产过程中，为了缩短其生产周期，浇筑混凝土后常采用蒸汽养护的方法来加速混凝土的凝结。升温时，新浇的混凝土尚未结硬，预应力筋受热自由膨胀，但两端的台座是固定不动的，亦即距离保持不变，这样，张紧的预应力筋就有点放松，致使预应力筋产生预应力损失 σ_{l3}。降温时，预应力筋与混凝土结成整体一起回缩，因两者的温度线膨胀系数相近，此时将产生基本相同的收缩，其应力不再变化，使得预应力损失 σ_{l3} 无法恢复。

若预应力筋与台座之间的温差为 Δt（℃），预应力筋的温度线膨胀系数为 $\alpha=0.000\ 01/℃$，则 σ_{l3} 可按式（4-120）计算

$$\sigma_{l3}=\alpha E_s\Delta t=0.000\ 01\times 2\times 10^5\times\Delta t=2\Delta t \tag{4-120}$$

（二）减小预应力损失 σ_{l3} 的措施

（1）采用分段升温养护的方法。先在常温下养护，待混凝土达到一定强度后再升温养护，此时预应力筋与混凝土已结成整体，两者能够一起膨胀而不会再产生预应力损失；

（2）钢模上张拉预应力筋。由于预应力筋是锚固在钢模上，升温时两者温度相同，则无温差损失。

四、预应力筋应力松弛引起的预应力损失 σ_{l4}

预应力筋在高应力长期作用下具有随时间增长产生塑性变形的性质。在预应力筋长度保持不变的情况下，预应力筋应力值会随时间的增长而逐渐降低，这种现象称为预应力筋的应力松弛。此外，在预应力筋应力保持不变的条件下，其应变会随时间的增长而逐渐增大，这一现象称为预应力筋的徐变。因预应力筋的松弛和徐变所引起预应力筋的预应力损失统称为钢筋应力松弛损失 σ_{l4}。

（一）预应力筋应力松弛引起的预应力损失 σ_{l4} 的计算

《规范》根据应力松弛的长期试验结果，建议应力松弛损失 σ_{l4} 的计算如下

（1）消除应力钢丝、钢绞线

普通松弛

$$\sigma_{l4} = 0.4\left(\frac{\sigma_{con}}{f_{ptk}} - 0.5\right)\sigma_{con} \tag{4-121}$$

低松弛

当 $\sigma_{con} \leqslant 0.7 f_{ptk}$ 时

$$\sigma_{l4} = 0.125\left(\frac{\sigma_{con}}{f_{ptk}} - 0.5\right)\sigma_{con} \tag{4-122}$$

当 $0.7 f_{ptk} < \sigma_{con} \leqslant 0.8 f_{ptk}$ 时

$$\sigma_{l4} = 0.2\left(\frac{\sigma_{con}}{f_{ptk}} - 0.575\right)\sigma_{con} \tag{4-123}$$

（2）中强度预应力钢丝

$$\sigma_{l4} = 0.08\sigma_{con} \tag{4-124}$$

（3）预应力螺纹钢筋

$$\sigma_{l4} = 0.03\sigma_{con} \tag{4-125}$$

当 $\sigma_{con}/f_{ptk} \leqslant 0.5$ 时，预应力筋的应力松弛损失值可取为零。

（二）减小预应力损失 σ_{l4} 的措施

（1）进行超张拉。先将控制张拉应力达到（1.05～1.1）σ_{con}，持荷 2～5min，待卸荷后再次张拉应力至 σ_{con}，这样就可以减小松弛引起的预应力损失。

（2）采用低松弛的高强钢材。

五、混凝土的收缩、徐变引起的预应力损失 σ_{l5}

混凝土结硬时产生体积收缩，而在预应力作用下，沿压力方向混凝土发生徐变。这都使得构件缩短，从而使预应力筋回缩，引起预应力损失。收缩与徐变虽然是两种性质完全不同的现象，但他们的影响因素和变化规律较为相似，为此《混凝土规范》将两种预应力损失合在一起考虑。

（一）混凝土的收缩、徐变引起预应力损失的计算

《混凝土规范》给出了下列计算公式

（1）先张法构件

$$\sigma_{l5} = \frac{60 + 340\dfrac{\sigma_{pc}}{f'_{cu}}}{1 + 15\rho} \tag{4-126}$$

$$\sigma'_{l5}=\frac{60+340\frac{\sigma'_{pc}}{f'_{cu}}}{1+15\rho'} \tag{4-127}$$

（2）后张法构件

$$\sigma_{l5}=\frac{55+300\frac{\sigma_{pc}}{f'_{cu}}}{1+15\rho} \tag{4-128}$$

$$\sigma'_{l5}=\frac{55+300\frac{\sigma'_{pc}}{f'_{cu}}}{1+15\rho'} \tag{4-129}$$

式中　σ_{pc}、σ'_{pc}——受拉区、受压区预应力筋合力点处的混凝土法向压应力；计算 σ_{pc}、σ'_{pc} 时，仅考虑混凝土预压前的第一批损失；σ_{pc}、σ'_{pc} 值不得大于 $0.5f'_{cu}$；当 σ'_{pc} 为拉应力时，取 $\sigma'_{pc}=0$ 计算。

f'_{cu}——施加预应力时的混凝土立方体抗压强度。

ρ、ρ'——受拉区、受压区预应力筋和非预应力筋的配筋率，如图 4-94 所示。

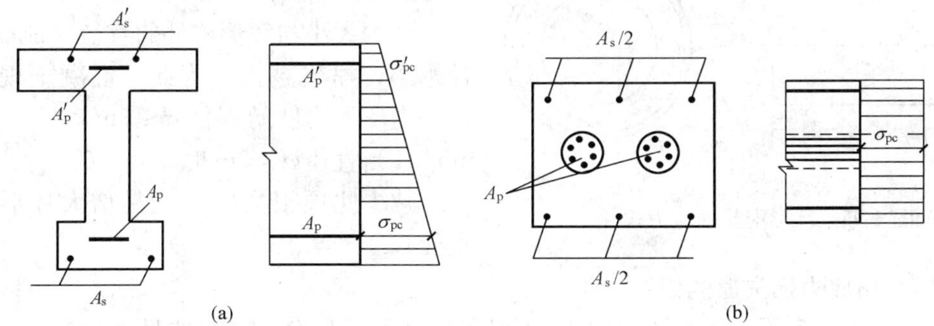

图 4-94　计算 σ_{l5} 时配筋率的确定

（a）受弯构件；（b）轴心受拉构件

对先张法构件

$$\rho=\frac{A_p+A_s}{A_0},\ \rho'=\frac{A'_p+A'_s}{A_0} \tag{4-130}$$

对后张法构件

$$\rho=\frac{A_p+A_s}{A_n},\ \rho'=\frac{A'_p+A'_s}{A_n} \tag{4-131}$$

对于对称配置预应力筋和非预应力筋的构件，配筋率 ρ、ρ' 应按钢筋总截面面积的一半计算。

对先张法构件

$$\rho=\rho'=\frac{A_p+A_s}{2A_0} \tag{4-132}$$

对后张法构件

$$\rho=\rho'=\frac{A_p+A_s}{2A_n} \tag{4-133}$$

式中　A_0——先张法构件换算截面面积，$A_0=A_c+\alpha_{Ep}A_p+\alpha_{Es}A_s$；

A_n——先张法构件扣除孔道后的净截面面积，$A_n=A_c+\alpha_{Es}A_s$；

α_{Ep}、α_{Es}——预应力筋和非预应力钢筋的弹性模量与混凝土弹性模量的比值。

在此应注意以下几点：

（1）式（4-126）～式（4-129）右边第一项分数代表收缩引起的损失值（后张法比先张

法损失值小），第二项分数代表徐变引起的损失值；

（2）式（4-126）～式（4-129）是在一般相对湿度条件下得出的计算公式，当结构处于年平均相对湿度低于40%的环境下，σ_{l5}和σ'_{l5}值应增加30%；

（3）混凝土收缩、徐变引起的预应力损失在全部预应力损失中占有很大的比例，应采取有效措施减少混凝土收缩与徐变，以提高有效预应力值。

（二）减小预应力损失的措施

（1）采用高标号水泥，减小水泥用量，降低水胶比，采用干硬性混凝土；

（2）采用级配较好的骨料，加强振捣，提高混凝土的密实性；

（3）加强养护，以减少混凝土的收缩。

六、环形截面构件受张拉的螺旋式预应力筋挤压混凝土引起的预应力损失σ_{l6}

采用螺旋式预应力筋作配筋的环形构件，由于预应力筋对混凝土的挤压，使环形构件的直径有所减小，预应力筋中的拉应力就会降低，从而引起预应力筋的应力损失σ_{l6}，如图4-95所示。

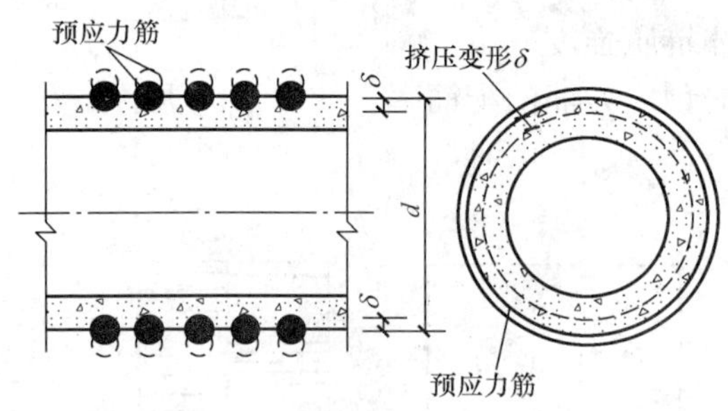

图4-95 环形配筋预应力构件

σ_{l6}的大小与环形构件的直径d成反比，直径越小，损失越大。为此《混凝土规范》规定：当环形构件的直径$d\leqslant 3\text{m}$时，$\sigma_{l6}=30\text{N/mm}^2$，当直径$d>3\text{m}$时，$\sigma_{l6}=0$。

减少此项损失的措施是增大环形构件的直径。

4.7.7 预应力损失值的组合

上面介绍的六种预应力损失并不同时存在，也不同时发生。有的只发生在先张法构件中，有的只发生在后张法构件中，有的是两种构件都发生，且是分批产生的。如先张法（除采用折线预应力筋时）不会有摩擦损失，后张法构件不应有温差引起的损失。为了分析计算方便，《混凝土规范》将预应力损失分为两个阶段：第一阶段指预应力损失在混凝土预压时能完成的，称为第一批损失，用$\sigma_{l\text{I}}$表示；第二阶段指预应力损失是在混凝土预压后逐渐完成的，称为第二批损失，用$\sigma_{l\text{II}}$表示。总的预应力损失为$\sigma_l=\sigma_{l\text{I}}+\sigma_{l\text{II}}$。对于预应力构件在各阶段的预应力损失值可按表4-18的规定进行相应的组合。

表4-18 各阶段预应力损失值的组合

预应力损失值的组合	先张法构件	后张法构件
混凝土预压前（第一批）的损失$\sigma_{l\text{I}}$	$\sigma_{l1}+\sigma_{l2}+\sigma_{l3}+\sigma_{l4}$	$\sigma_{l1}+\sigma_{l2}$
混凝土预压后（第二批）的损失$\sigma_{l\text{II}}$	σ_{l5}	$\sigma_{l4}+\sigma_{l5}+\sigma_{l6}$

注 先张法构件由于预应力筋应力松弛引起的损失值σ_{l4}在第一批和第二批损失中所占的比例，如需区分，可根据实际情况确定，一般可各取50%。

当进行制作、运输、吊装等施工阶段验算时，应按构件的实际情况考虑预应力损失值的组合，σ_{l5}还应考虑时间对混凝土收缩和徐变损失的影响系数，详见《混凝土规范》的规定。

考虑到预应力损失计算的误差，避免因总损失计算值过小而产生的不利影响，《混凝土规范》规定当计算求得的预应力总损失值小于下列数值时，应按下列数值取用：

先张法构件 100N/mm²；

后张法构件 80N/mm²。

4.7.8 预应力混凝土构造要求

(1) 先张法预应力筋之间的净间距不应小于其公称直径或等效直径的2.5倍和混凝土粗骨料最大直径的1.25倍（当混凝土振捣密实性具有可靠保证时，净间距可放宽至最大粗骨料直径的1.0倍），且应符合下列规定：对预应力钢丝，不应小于15mm；对三股钢绞线，不应小于20mm；对七股钢绞线，不应小于25mm 。

(2) 对先张法预应力混凝土构件端部宜采取下列构造措施：

1) 对单根配置的预应力筋，其端部宜设置螺旋筋；

2) 对分散布置的多根预应力筋，在构件端部10d（d为预应力筋的公称直径），且不小于100mm范围内宜设置3～5片与预应力筋垂直的钢筋网片；

3) 对采用预应力钢丝配筋的薄板，在板端100mm长度范围内宜适当加密横向钢筋；

4) 对槽形板类构件，应在构件端部100mm长度范围内沿构件板面设置附加横向钢筋，其数量不应少于2根。

(3) 对预制肋形板，宜设置加强其整体性和横向刚度的横肋。端横肋的受力钢筋应弯入纵肋内。当采用先张长线法生产有端横肋的预应力混凝土肋形板时，应在设计和制作上采取防止放张预应力时端横肋产生裂缝的有效措施。

(4) 在预应力混凝土屋面梁、吊车梁等构件靠近支座的斜向主拉应力较大部位，宜将一部分预应力筋弯起配置。

(5) 对预应力筋在构件端部全部弯起的受弯构件或直线配筋的先张法构件，当构件端部与下部支撑结构焊接时，应考虑混凝土收缩、徐变及温度变化所产生的不利影响，宜在构件端部可能产生裂缝的部位设置纵向构造钢筋。

(6) 后张法预应力筋所用锚具、夹具和连接器等的形式和质量应符合国家现行有关标准的规定。

(7) 后张法预应力筋及预留孔道布置应符合下列构造规定：

1) 对预制构件，预留孔道之间的水平净间距不宜小于50mm，且不宜小于粗骨料直径的1.25倍；孔道至构件边缘的净间距不宜小于30mm，且不宜小于孔道直径的50%。

2) 现浇混凝土梁中，预留孔道在竖直方向的净间距不应小于孔道外径，水平方向的净间距不宜小于1.5倍孔道外径，且不应小于粗骨料径的1.25倍；从孔道外壁至构件边缘的净间距，对梁底不宜小于50mm，对梁侧不宜小于40mm；裂缝控制等级为三级的梁，梁底、梁侧分别不宜小于60mm和50mm。

3) 预留孔道的内径宜比预应力束外径及需穿过孔道的连接器外径大6～15mm；且孔道的截面积宜为穿入预应力束截面积的3.0～4.0倍。

4) 当有可靠经验并能保证混凝土浇筑质量时，预留孔道可水平并列贴紧布置，但并排的数量不应超过2束。

5) 在现浇楼板中采用扁形锚固体系时，穿过每个预留孔道的预应力钢数量宜为3～5根。在常用荷载情况下，孔道在水平方向的净间距不应超过8倍板厚及1.5m中的较大值。

6) 板中单根无粘结预应力筋间距不宜大于板厚的6倍，且不宜大于1m；带状束的无粘结预应力筋根数不宜多于 5 根，带状束间距不宜大于板厚的 12 倍，且不宜大于 2.4m。

7）梁中集束布置的无粘结预应力筋，集束的水平净间距不宜小于 50mm，束至构件边缘的净距不宜小于 40mm。

（8）后张法预应力混凝土构件的端部锚固区，应按下列规定配置间接钢筋：

1）采用普通垫板时，应按规定进行局部受压承载力计算，并配置间接钢筋，其体积配筋率不应小于 0.5%，垫板的刚性扩散角应取 45°。

2）局部受压承载力计算时，局部压力设计值对有粘结预应力混凝土构件取 1.2 倍张拉控制力，对无粘结预应力混凝土构件取 1.2 倍张拉控制力和（$f_{tpk}A_p$）中的较大值。

3）当采用整体铸造垫板时，其局部受压区的设计应符合相关标准的规定。

4）在局部受压间接钢筋配置区以外，在构件端部长度 l 不小于截面重心线上部或下部预应力筋的合力点至邻近边缘的距离 e 的 3 倍、但不大于构件端部截面高度 h 的 1.2 倍，高度为 $2e$ 的附加配筋区范围内，应均匀配置附加防劈裂箍筋或网片，如图 4-96 所示，配筋面积可按下列公式计算：

$$A_{sb}=0.18\left(1-\frac{l_l}{l_b}\right)\frac{P}{f_{yv}} \tag{4-134}$$

且体积配筋率不应小于 0.5%。

式中 P——作用在构件端部截面重心线上部或下部预应力筋的合力，可按本条第 2）款的规定确定；

l_l、l_b——分别为沿构件高度方向 A_l、A_b 的边长或直径，A_l、A_b 按本章局部受压承载力计算的相关要求确定；

f_{yv}——附加防劈裂钢筋的抗拉强度设计值。

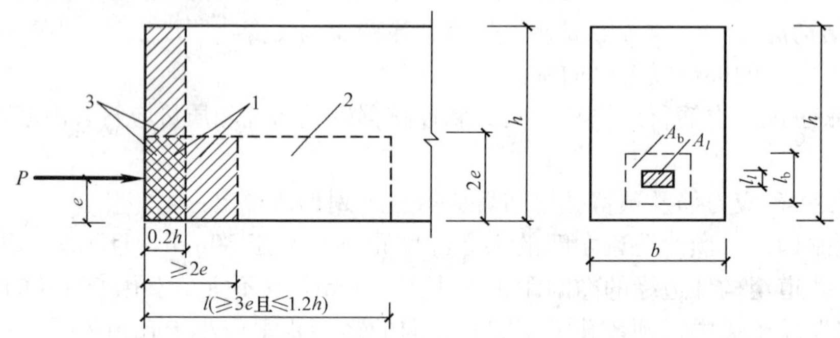

图 4-96 防止端部裂缝的配筋范围

1—局部受压间接钢筋配置区；2—附加防劈裂配筋区；3—附加防端面裂缝配筋区

5）当构件端部预应力筋需集中布置在截面下部或集中布置在上部和下部时，应在构件端部 $0.2h$ 围内设置附加竖向防端面裂缝构造钢筋，如图 4-96 所示，其截面面积应符合下列公式要求：

$$A_{sv}\geqslant\frac{T_s}{f_{yv}} \tag{4-135}$$

$$T_s=\left(0.25-\frac{e}{h}\right)P \tag{4-136}$$

式中 T_s——锚固端端面拉力；

P——作用在构件端部截面重心线上部或下部预应力筋的合力设计值，可按本条第2）款的规定确定；

e——截面重心线上部或下部预应力筋的合力点至截面近边缘的距离；

h——为构件端部截面高度。

当e大于$0.2h$时，可根据实际情况适当配置构造钢筋。竖向防端面裂缝钢筋宜靠近端面配置，可采用焊接钢筋网、封闭式箍筋或其他的形式，且宜采用带肋钢筋。

当端部截面上部和下部均有预应力筋时，附加竖向钢筋的总截面面积应按上部和下部的预加力合力分别计算的较大值采用。

在构件端面横向也应按上述方法计算抗端面裂缝钢筋，并与上述竖向钢筋形成网片筋配置。

(9) 当构件在端部有局部凹进时，应增设折线构造钢筋或其他有效的构造钢筋，如图4-97所示。

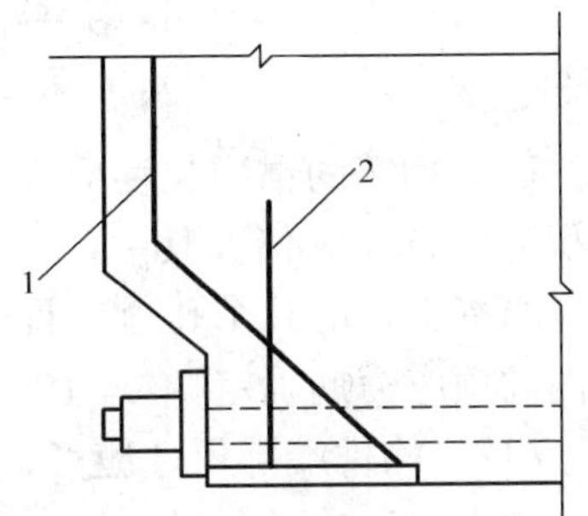

图4-97 端部凹进处构造钢筋
1—折线构造钢筋；
2—竖向构造钢筋

(10) 后张法预应力混凝土构件中，当采用曲线预应力时束，其曲率半径r_p宜按下列公式计算确定，但不宜小于4m。

$$r_p \geqslant \frac{P}{0.35 f_c d_p} \tag{4-137}$$

式中 P——预应力束的合力设计值；

r_p——预应力束的曲率半径，m；

d_p——预应力束孔道的外径；

f_c——混凝土轴心抗压强度设计值；当验算张拉阶段曲率半径时，可取与施工阶段混凝土立方体抗压强度f'_{cu}对应的抗压强度设计值f'_c，按表3-4以线性内插法确定。

对于折线配筋的构件，在预应力束弯折处的曲率半径可适当减小。当曲率半径r_p不满足上述要求时，可在曲线预应力束弯折处内侧设置钢筋网片或螺旋筋。

(11) 在预应力混凝土结构中，当沿构件凹面布置曲线预应力束时，如图4-98所示，应进行防崩裂设计。当曲率半径r_p满足下列公式要求时，可仅配置构造U形箍筋。

$$r_p \geqslant \frac{P}{f_t(0.5d_p + c_p)} \tag{4-138}$$

当不满足时，每单肢U形插筋的截面面积应按下列公式确定：

$$A_{sv1} \geqslant \frac{P s_v}{2 r_p f_{yv}} \tag{4-139}$$

式中 P——预应力束的合力设计值；

f_t——混凝土轴心抗拉强度设计值；或与施工张拉阶段混凝土立方体抗压强度f'_{cu}相应的抗拉强度设计值f'_t，按表3-4以线性内插法确定；

c_p——预应力束孔道净混凝土保护层厚度；

A_{sv1}——每单肢插筋截面面积；

s_v——U形插筋间距；

f_{yv}——U形插筋抗拉强度设计值，按表3-2采用，当大于360N/mm^2时取360N/mm^2。

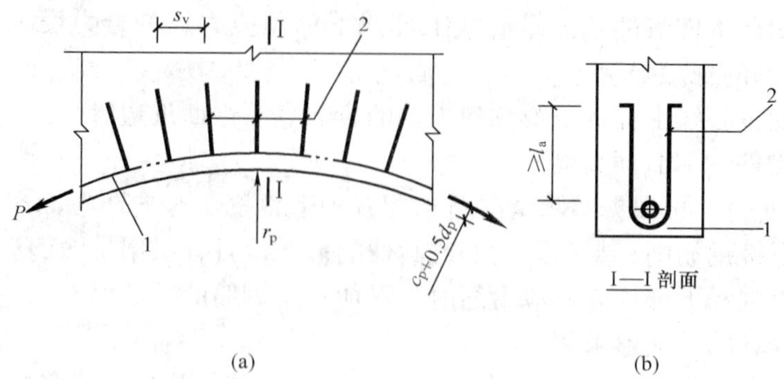

图 4-98 抗崩裂 U 形插筋构造示意

(a) 抗崩裂 U 形插筋布置示意；(b) 抗崩裂 U 形插筋示意

1—预应力束；2—沿曲线预应力束均匀布置的 U 形插筋

U 形插筋的锚固长度应大于 l_a；当实际锚固长度 l_e 小于 l_a 时，每单肢 U 形插筋的截面面积可按 A_{sv1}/k 值。其中，k 取 $l_e/15d$ 和 $l_e/200$ 中的较小值，且不大于 1.0。

当有平行的几个孔道，且中心距不大于 $2d_p$ 时，预应力筋的合力设计值应按相邻全部孔道内的预应力筋确定。

(12) 构件端部尺寸应考虑锚具的布置、张拉设备的尺寸和局部受压的要求，必要时应适当加大。

(13) 后张预应力混凝土外露金属锚具，应采取可靠的防锈及耐火措施，并应符合下列规定：

1) 无粘结预应力筋外露锚具应采用注有足量防腐油脂的塑料帽封闭锚具端头，并应采用无收缩砂浆或细石混凝土封闭。

2) 对处于二 b、三 a、三 b 类环境条件下的无粘结预应力锚固系统，应采用全封闭的防腐蚀体系，其封锚端及各连接部位应能承受 10kPa 的静水压力而不得透水。

3) 采用混凝土封闭时，其混凝土强度宜与构件混凝土强度等级一致，且不应低于 C30。封锚混凝土与构件混凝土应可靠粘结，如锚具在封闭前应将周围混凝土界面凿毛并冲洗干净，且宜配置 1～2 片钢筋网，钢筋网应与构件混凝土拉结。

4) 采用无收缩砂浆或混凝土封闭保护时，其锚具及预应力筋端部的保护层厚度不应小于：一类环境时 20mm，二 a、二 b 环境时 50mm，三 a、三 b 环境时 80mm。

思 考 题

4-1 梁的截面尺寸是如何确定的？

4-2 构造上对梁纵筋的直径、根数、间距和排列有哪些规定？

4-3 试述梁内各类钢筋名称，及作用，其设置构造要求是什么？

4-4 何谓配筋率？配筋率对梁的正截面承载力有何影响？

4-5 适筋梁从开始加载到破坏，经历了哪几个阶段？各阶段截面上的应力-应变分布、裂缝开展、中和轴位置以及梁的跨中挠度的变化规律各是怎样？各阶段的主要特征是什么？每个阶段分别是哪种极限状态计算的基础？

4-6　正截面承载力计算的基本假定是什么？等效矩形应力图形的等效原则是什么？

4-7　适筋梁的破坏特征是怎样的？已给定截面尺寸的适筋梁，承载力主要取决于什么？

4-8　超筋梁的破坏特征是什么？已给定截面尺寸的超筋梁，承载力主要取决于什么？

4-9　何谓“界限破坏”？ξ_b是如何得到的？它与哪些因素相关？

4-10　试述混凝土弯曲受压时的极限压应变ε_{cu}取值规则。

4-11　在应用单筋矩形截面受弯承载力的计算公式时，为什么要求满足$\xi \leqslant \xi_b$和$\rho \geqslant \rho_{min}$？

4-12　符号ρ、ξ、α_s、γ_s分别代表什么？互相之间关系如何？

4-13　钢筋混凝土梁的最小配筋率ρ_{min}是如何确定的？

4-14　影响钢筋混凝土受弯承载力的主要因素有哪些？截面尺寸一定时，改变混凝土和钢筋的强度对受弯承载力的影响哪个更有效？

4-15　根据如图4-99所示的4种受弯截面情况回答下列问题：

(1) 破坏时的钢筋应力情况如何？

(2) 破坏时钢筋和混凝土的强度是否被充分利用？

(3) 4个截面破坏的原因和破坏的性质有何不同？

(4) 4个截面的开裂弯矩M_{cr}大致相等吗？为什么？

(5) 破坏时哪些截面能利用力的平衡条件写出受压区高度x的计算公式？哪些截面则不能？

(6) 破坏时截面的极限弯矩M_u多大？

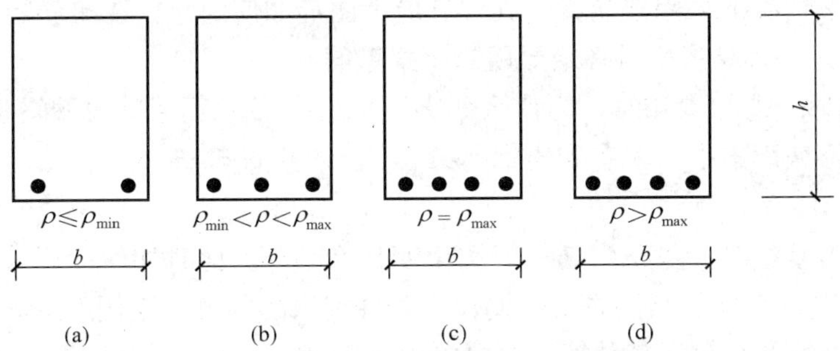

图4-99　思考题4-15图

4-16　如图4-100所示4种截面，当材料强度相同时，试确定：

(1) 各截面开裂弯矩的大小次序？

(2) 各截面最小配筋面积的大小次序？

(3) 当承受的设计弯矩相同时，各截面的配筋大小次序？

4-17　简支梁计算跨度为6.6m，承受均布荷载设计值为36kN/m（包括自重），跨中弯矩设计值$M=166\text{kN}\cdot\text{m}$，试计算表4-19中5种情况的$A_s$，并进行讨论：

(1) 提高混凝土的强度等级对配筋量的影响；

(2) 提高钢筋级别对配筋量的影响；

(3) 加大截面高度对配筋量的影响；

(4) 加大截面宽度对配筋量的影响；

(5) 提高混凝土的强度等级或钢筋级别对受弯构件的破坏弯矩有什么影响？从中可得出

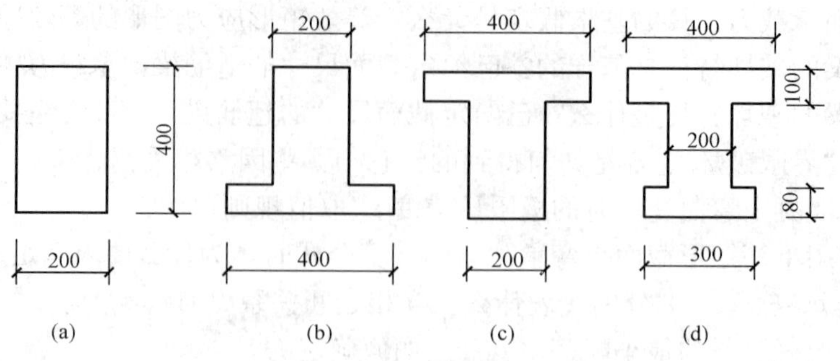

图 4-100 思考题 4-16 图

什么结论？该结论在工程实践中及理论上有哪些意义？

表 4-19 **思考题 4-17 表**

序号	梁高/mm	梁宽/mm	混凝土强度等级	钢筋级别	钢筋面积 A_s
1	500	200	C30	HRB400	
2	500	200	C35	HRB400	
3	500	200	C35	HRB500	
4	600	200	C35	HRB500	
5	500	250	C35	HRB500	

4-18 在什么情况下采用双筋梁？其计算应力图形如何确定？在双筋矩形截面中受压钢筋起什么作用？为什么双筋截面必须要用封闭式箍筋？

4-19 当 A_s 及 A'_s 均未知时，为什么令 $x=\xi_b h_0$ 可使双筋梁的总用钢量最少？

4-20 当矩形截面梁中已配有受压钢筋 A'_s，若计算的 $\xi>\xi_b$ 或 $x<2a'_s$ 时，各如何计算受拉钢筋 A_s，为什么？

4-21 承载力复核时，当 $x<2a'_s$ 时，说明什么问题？此时如何计算其承载力？

4-22 两类 T 形截面的判别式是根据什么条件定出的？怎样应用？

4-23 T 形截面受压翼缘的计算宽度是如何确定的？

4-24 验算 T 形截面的 $\rho=\frac{A_s}{bh_0}\geqslant\rho_{min}$ 时，b 应取什么宽度？为什么？

4-25 两类 T 形截面在截面设计和承载力复核时是如何判别的？分别写出第一、二类 T 型截面承载力计算（设计、复核）的步骤。

4-26 现浇肋形楼盖中连续梁的跨中截面和支座截面各按何种截面形式计算？如何确定翼缘的宽度？

4-27 钢筋混凝土梁在荷载作用下为何出现斜裂缝？斜裂缝有几种类型？

4-28 何谓剪跨比？它对梁的斜截面抗剪有什么影响？

4-29 影响梁的斜截面受剪承载力的主要因素有哪些？

4-30 梁斜截面受剪破坏的主要形态有哪几种？它们分别在什么情况下发生？破坏特征如何？

4-31 在设计中采取什么措施来防止斜压破坏和斜拉破坏？

4-32 在斜截面受剪承载力计算时，梁上应考虑哪些危险截面的计算？

4-33 均布荷载作用下钢筋混凝土简支梁，沿梁长配置直径相同的等间距箍筋，如单从受力角度来考虑，是否合理？如果综合地从受力、施工、构造等要求来考虑则又如何？如果按计算不需配置箍筋和弯起钢筋，这时梁中是否还要配置腹筋？

4-34 在一般情况下，限制箍筋及弯起钢筋的最大间距的目的是什么？为什么设计箍筋时构造上还要满足其直径不小于最小直径的要求？当箍筋满足最小直径及最大间距要求时，是否必然满足最小配筋率的要求？

4-35 如图4-101所示的两个钢筋混凝土矩形截面梁，在荷载作用下出现斜裂缝时，试画出两梁的斜裂缝指向示意图。如需设置弯筋抗剪时，弯起钢筋应如何布置？

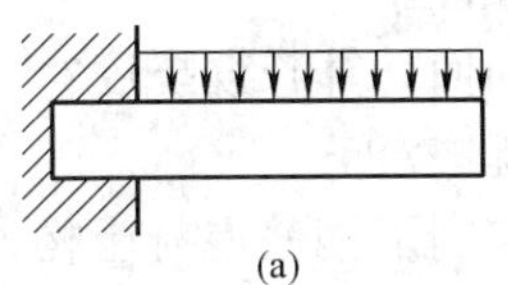

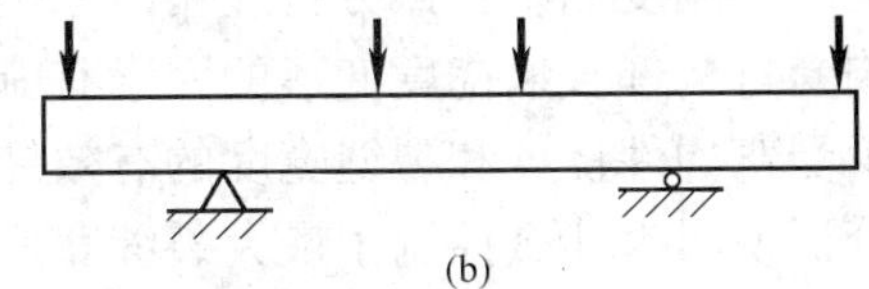

图4-101 思考题4-35图

4-36 何谓抵抗弯矩图？它与弯矩图有何关系？如何绘制？

4-37 试述如图4-102所示抵抗弯矩图中画法错误。

4-38 钢筋伸入支座的锚固长度有哪些要求？钢筋切断时有哪些要求？梁中部分受弯纵筋弯起用于抗剪时应注意哪些问题？

4-39 鸭筋或吊筋的作用是什么？为什么不能布置成浮筋？

4-40 请举出工程中受扭构件的实例。

4-41 在弯剪扭构件中，为什么采用封闭式箍筋和纵筋的配筋形式？

4-42 何谓平衡扭转？何谓协调扭转？

4-43 受扭构件的开裂扭矩是按什么方法计算的？

4-44 抗扭钢筋的合理配置形式是怎样的？

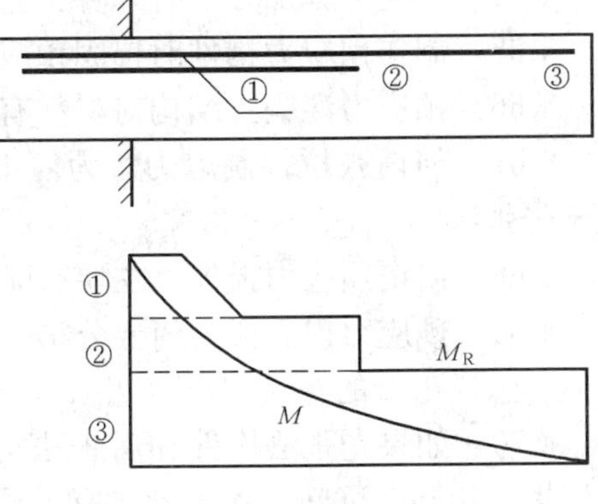

图4-102 思考题4-37图

4-45 钢筋混凝土纯扭构件的破坏形态有哪几类？应避免哪类破坏形态？如何避免？

4-46 纵向钢筋与箍筋的配筋强度比ζ的含义是什么？起什么作用？有何限制？

4-47 β_t的物理意义是什么？

4-48 在剪扭构件承载力计算中如符合下列条件，说明了什么？

$$\frac{V}{bh_0}+\frac{T}{W_t}>0.7f_t \text{ 和 } \frac{V}{bh_0}+\frac{T}{0.8W_t}\leqslant 0.25\beta_c f_c$$

4-49 简述弯剪扭构件的承载力计算步骤。

4-50 根据刚度计算公式分析，提高抗弯刚度的措施有哪些？下列措施中哪几种比较有效：①提高混凝土强度等级；②增加钢筋面积；③增加截面高度；④增加截面宽度。

4-51 引起混凝土构件裂缝的原因有哪些？

4-52 设计结构构件时，为什么要控制裂缝宽度和变形？受弯构件的裂缝宽度和变形计算应以哪一受力阶段为依据？

4-53 简述裂缝的出现、分布和开展的过程。影响裂缝间距的因素有哪些？

4-54 说明钢筋应变不均匀系数ψ的物理意义。为什么裂缝间距和宽度的计算中要用ρ_{te}而不用ρ？

4-55 最大裂缝宽度公式是怎样建立起来的？为什么不用裂缝宽度的平均值而用最大值作为评价指标？

4-56 何谓构件的截面抗弯刚度？怎样建立受弯构件的刚度公式？

4-57 何谓最小刚度原则？试分析应用该原则的合理性。

4-58 影响受弯构件长期挠度变形的因素有哪些？如何计算长期挠度？

4-59 减少受弯构件挠度和裂缝宽度的有效措施有哪些？

4-60 试分析说明为什么控制了最大裂缝宽度等于控制了钢筋混凝土构件中受拉钢筋抗拉强度设计值的提高？

4-61 与普通混凝土构件相比，预应力混凝土构件有何优缺点？

4-62 何谓预应力混凝土结构？为什么要对构件施加预应力？

4-63 为什么在普通钢筋混凝土结构中一般不采用高强度钢筋？而在预应力混凝土结构中则必须采用高强度钢筋及高强度混凝土？

4-64 预应力施加方法有几种？它们主要区别是什么？其特点和适用范围如何？

4-65 制作预应力构件时锚固预应力钢筋的锚具形式有哪些？对锚具有何要求？

4-66 预应力混凝土结构对材料有哪些要求？

4-67 何谓张拉控制应力？为何不能取得过高、也不能取得过低？为何后张法的σ_{con}略低于先张法？

4-68 何谓预应力损失？主要有哪些因素引起的？如何针对不同情况减少预应力损失？

4-69 预应力损失值为何要分第一批损失和第二批损失？先张法和后张法各项预应力损失值是怎样组合的？

4-70 如果先张法构件和后张法构件（都为轴心受拉构件）采用相同的控制应力σ_{con}，且损失值相同，试问当加载到混凝土预压应力为零时，两种构件中的钢筋应力是否相同？为什么？

4-71 锚具损失中值α包含哪些方面的影响？

4-72 预应力混凝土构件主要构造要求有哪些？

习 题

4-1 一矩形截面简支梁，承受的最大弯矩设计值$M=160\text{kN}\cdot\text{m}$，环境等级为一类。试按下列条件计算所需的受拉钢筋截面积A_s，并进行对比分析。

（1）截面尺寸$b\times h=200\text{mm}\times 550\text{mm}$，混凝土强度等级C25，采用HRB400级钢筋；

（2）截面尺寸、混凝土强度等级同上，改用HRB500级钢筋；

（3）截面尺寸、钢筋级别同（1），改用C35混凝土强度等级；

（4）混凝土强度等级及钢筋级别同（1），截面尺寸改为$b\times h=200\text{mm}\times 650\text{mm}$；

(5) 混凝土强度等级及钢筋级别同 (1)，截面尺寸改为 $b \times h = 200\text{mm} \times 500\text{mm}$。

4-2 一矩形截面梁，承受的最大弯矩设计值 $M = 185\text{kN} \cdot \text{m}$，环境等级为一类。试按下列条件设计梁的截面（求 $b \times h$ 及 A_s）。

(1) 采用 C25 混凝土强度等级和 HRB335 级钢筋；

(2) 采用 C30 混凝土强度等级和 HRB400 级钢筋。

4-3 一矩形截面简支梁，计算跨度 $l_0 = 6.9\text{m}$，承受均布设计荷载 32kN/m（包括自重)，混凝土强度等级 C30，HRB335 级钢筋，构件的安全等级为二级，环境等级为二 a 类。试设计该梁（求截面尺寸 $b \times h$ 及受拉钢筋数量 A_s）。

4-4 某矩形截面梁，截面尺寸为 $b \times h = 200\text{mm} \times 500\text{mm}$，采用混凝土等级为 C20，配有 HRB400 级钢筋 4Φ16（$A_s = 804\text{mm}^2$），构件的安全等级为二级，环境等级为一类。如承受弯矩设计值 $M = 66\text{kN} \cdot \text{m}$，试验算此梁正截面是否安全。

4-5 已知钢筋混凝土矩形梁，截面尺寸 $b \times h = 200\text{mm} \times 500\text{mm}$，混凝土强度等级 C30，钢筋采用 8Φ18（$A_s = 2036\text{mm}^2$），HRB400 级钢筋，环境等级为一类。试求此截面受弯极限承载力 M_u。

4-6 已知一矩形截面梁，截面尺寸为 $b \times h = 200\text{mm} \times 400\text{mm}$，构件的安全等级为二级，环境等级为二 a 类。求下列条件下梁所能承受的设计弯矩 M。

(1) 采用 C30 混凝土强度等级，HRB335 级钢筋 3Φ25；

(2) 采用 C35 混凝土强度等级，HRB500 级钢筋 3Φ25。

4-7 一矩形截面简支梁，计算跨度 $l_0 = 6.3\text{m}$，承受均布设计荷载 $q = 48\text{kN/m}$（已包括自重)，采用 C30 混凝土强度等级，HRB400 级钢筋，构件的安全等级为二级，环境等级为一类。截面尺寸为 $b \times h = 250\text{mm} \times 600\text{mm}$。

(1) 计算跨中截面所需钢筋截面积并选配钢筋；

(2) 制作梁时，由于施工错误及质量原因，实际混凝土强度等级为 C25，且受力纵筋被混凝土上挤 25mm，问此时梁在使用荷载作用下是否安全?

4-8 一矩形截面简支梁，截面尺寸为 $b \times h = 200\text{mm} \times 400\text{mm}$，承受设计弯矩值 $M = 145\text{kN} \cdot \text{m}$，混凝土强度等级 C25，采用 HRB400 级钢筋，环境等级为一类。试确定梁的配筋。

4-9 已知梁的截面尺寸为 $b \times h = 200\text{mm} \times 500\text{mm}$，混凝土强度等级为 C30，HRB400 级钢筋，环境等级为一类。承受弯矩设计值 $M = 230\text{kN} \cdot \text{m}$。试设计梁截面配筋。

4-10 已知条件同习题 4-9，但在受压区已配置 HRB335 级钢筋 2Φ20，求受拉钢筋截面积。

4-11 已知一矩形截面简支梁，截面尺寸为 $b \times h = 250\text{mm} \times 500\text{mm}$，采用 C25 混凝土强度等级，HRB400 级钢筋，环境等级为二 a 类。受压区已配有 2Φ18 的受力钢筋，承受弯矩设计值 $M = 155\text{kN} \cdot \text{m}$，求受拉钢筋截面积。

4-12 某矩形简支梁，截面尺寸为 $b \times h = 200\text{mm} \times 500\text{mm}$，该梁在不同荷载组合下受到变号弯矩作用，其设计值分别为 $M = -90\text{kN} \cdot \text{m}$，$M = +165\text{kN} \cdot \text{m}$，采用 C30 混凝土强度等级，HRB500 级钢筋，环境等级为二 a 类。试求：

(1) 按单筋矩形截面计算在 $M = -90\text{kN} \cdot \text{m}$ 作用下，梁顶面需配置的受拉钢筋 A'_s；

(2) 按单筋矩形截面计算在 $M = +165\text{kN} \cdot \text{m}$ 作用下，梁底面需配置的受拉钢筋 A_s；

(3) 将按 (1) 计算所得的 A'_s 作为已知的受压钢筋，按双筋矩形截面计算在

$M=+165\mathrm{kN\cdot m}$ 作用下梁底面需配置的受拉钢筋 A_s；

（4）按单筋矩形截面及双筋矩形截面的计算结果，比较梁全部纵向钢筋用量。

4-13 已知某矩形截面简支梁，截面尺寸为 $b\times h=250\mathrm{mm}\times600\mathrm{mm}$，采用C30混凝土强度等级，HRB400级钢筋，受压区配置2Ф16的受力钢筋，受拉区配有钢筋4Ф25+2Ф22的受力钢筋；环境等级为一类。求该截面所能承受的最大弯矩设计值。

4-14 已知某矩形截面简支梁，截面尺寸为 $b\times h=200\mathrm{mm}\times550\mathrm{mm}$，采用C25混凝土强度等级，HRB335级钢筋，受压区配置2Φ16的受力钢筋，受拉区配有钢筋3Φ25+2Φ22的受力钢筋；环境等级为一类。控制截面承受的弯矩设计值 $M=366\mathrm{kN\cdot m}$，试验算该梁正截面是否安全。

4-15 某T形截面梁，$b'_f=400\mathrm{mm}$，$h'_f=100\mathrm{mm}$，$b=200\mathrm{mm}$，$h=600\mathrm{mm}$，采用C30混凝土强度等级，HRB400级钢筋，环境等级为一类。试计算以下情况该梁的配筋（取 $a_s=60\mathrm{mm}$）：

（1）承受的弯矩设计值 $M=160\mathrm{kN\cdot m}$；

（2）承受的弯矩设计值 $M=290\mathrm{kN\cdot m}$；

（3）承受的弯矩设计值 $M=360\mathrm{kN\cdot m}$。

4-16 一T形截面简支梁，$b'_f=600\mathrm{mm}$，$h'_f=120\mathrm{mm}$，$b=250\mathrm{mm}$，$h=650\mathrm{mm}$。承受均布设计荷载102kN/m（包括自重），梁的计算跨度 $l_0=5.4\mathrm{m}$。采用C30混凝土强度等级，HRB400级钢筋，构件的安全等级为二级，环境等级为二a类。求受拉钢筋截面面积 A_s。

4-17 一T形截面吊车梁，$b'_f=650\mathrm{mm}$，$h'_f=100\mathrm{mm}$，$b=300\mathrm{mm}$，$h=700\mathrm{mm}$。计算跨度 $l_0=6000\mathrm{mm}$，跨中截面承受弯矩设计值 $M=480\mathrm{kN\cdot m}$。采用C35混凝土强度等级，HRB500级钢筋，环境等级为二a类。求受拉钢筋截面积 A_s。

4-18 一T形截面简支梁，$b'_f=650\mathrm{mm}$，$h'_f=100\mathrm{mm}$，$b=250\mathrm{mm}$，$h=600\mathrm{mm}$。采用C25混凝土强度等级，HRB335级钢筋，环境等级为一类。跨中截面承受弯矩设计值 $M=260\mathrm{kN\cdot m}$。求受拉钢筋截面面积 A_s。

4-19 如图4-103所示为某厂房肋形结构的次梁，跨长 $l_0=5500\mathrm{mm}$，承受弯矩设计值 $M=109\mathrm{kN\cdot m}$；采用混凝土C30，HRB400级钢筋，试计算并选配梁的受拉纵筋 A_s。

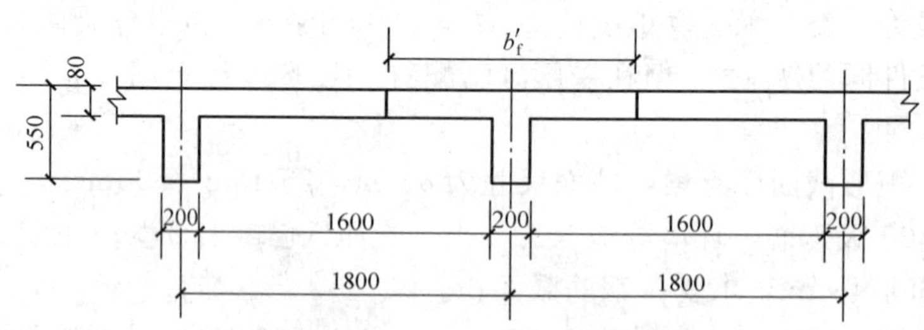

图4-103 习题4-19图

4-20 某T形截面预制梁，截面尺寸为 $b'_f=500\mathrm{mm}$，$h'_f=100\mathrm{mm}$，$b=200\mathrm{mm}$，$h=650\mathrm{mm}$，采用C30混凝土强度等级，受拉区配有3Φ22的HRB400级钢筋，环境等级为二a类。求该梁能够承受的最大弯矩设计值。

4-21 一T形截面梁，截面尺寸 $b'_f=500\mathrm{mm}$，$h'_f=100\mathrm{mm}$，$b=200\mathrm{mm}$，$h=660\mathrm{mm}$，

采用C25混凝土强度等级，配置4 Φ 22的HRB400级钢筋，环境等级为一类。承受设计弯矩 $M=610\text{kN}\cdot\text{m}$，试验算该梁正截面是否安全。

4-22　一T形截面梁，截面尺寸 $b'_f=500\text{mm}$，$h'_f=80\text{mm}$，$b=250\text{mm}$，$h=650\text{mm}$，采用C30混凝土强度等级，受拉区配有6 Φ 20的HRB400级钢筋，环境等级为一类。求该梁能够承受的最大弯矩设计值。

4-23　某楼面T形大梁，截面尺寸 $b'_f=400\text{mm}$，$h'_f=100\text{mm}$，$b=200\text{mm}$，$h=500\text{mm}$，承受设计弯矩值 $M=198.8\text{kN}\cdot\text{m}$，已配有受压钢筋2 Φ 14，混凝土强度等级为C35，HRB500级钢筋，环境等级为一类。试计算受拉钢筋面积并选配钢筋。

4-24　承受均布荷载作用的矩形截面简支梁，支座为厚度370mm的砌体墙，净跨 $L_n=5.63\text{m}$，承受均布荷载设计值 $q=60\text{kN/m}$（包括梁自重）。梁截面尺寸 $b\times h=250\text{mm}\times600\text{mm}$，混凝土强度等级为C25级，箍筋采用HPB300级钢筋，环境等级为一类。试确定所需要配置的箍筋。

4-25　矩形截面简支梁截面尺寸 $b\times h=200\text{mm}\times500\text{mm}$，支座为厚度240mm的砌体墙，净跨 $L_n=4.76\text{m}$，荷载作用情况如图4-104所示，$P=150\text{kN}$，梁自重设计值 $q=18\text{kN/m}$。混凝土强度等级为C25，箍筋和纵筋均采用HRB335级钢筋，环境等级为一类。已按正截面受弯承载力计算配置6 Φ 18。试确定所需要配置的箍筋和弯起筋。

4-26　一矩形截面伸臂梁，截面尺寸 $b\times h=200\text{mm}\times500\text{mm}$，所受荷载作用情况如图4-105所示，$P=160\text{kN}$，$q=70\text{kN/m}$。混凝土强度等级为C30级，箍筋采用HRB400级钢筋，环境等级为二a类。试确定所需要配置的箍筋。

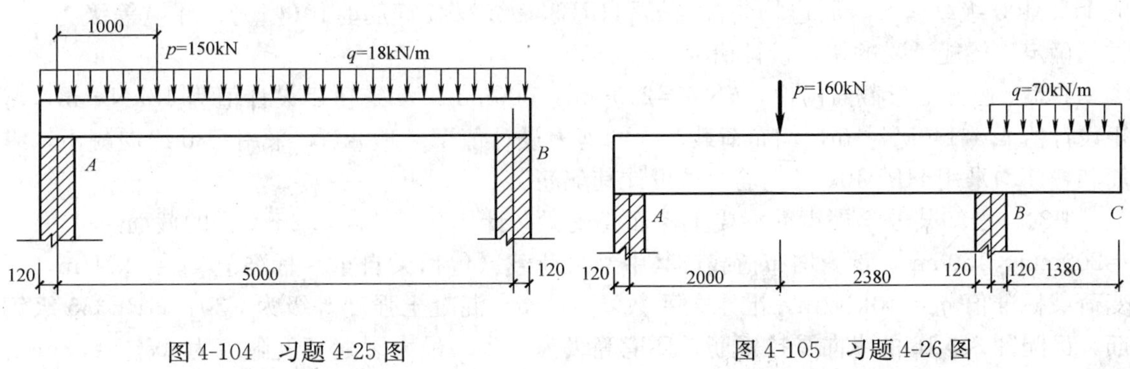

图4-104　习题4-25图　　图4-105　习题4-26图

4-27　某车间工作平台梁如图4-106所示，截面尺寸 $b\times h=250\text{mm}\times700\text{mm}$，梁上永久荷载标准值 $g_k=40\text{kN/m}$，活荷载标准值 $q_k=50\text{kN/m}$，混凝土强度等级为C30，箍筋采用HRB335级钢筋，纵筋采用HRB400级钢筋，构件的安全等级为二级，环境等级为二a类。设计此梁并画出抵抗弯矩图，进行钢筋布置，画出纵横剖面配筋图，并将钢筋抽出表示。抗剪按设置箍筋及弯筋设计。

4-28　一T形截面简支梁，截面尺寸为 $b'_f=600\text{mm}$，$h'_f=80\text{mm}$，$b=200\text{mm}$，$h=600\text{mm}$，净跨 $L_n=6.67\text{m}$，混凝土强度等级为C30，构件的安全等级为二级，环境等级为一类。沿梁全长已配

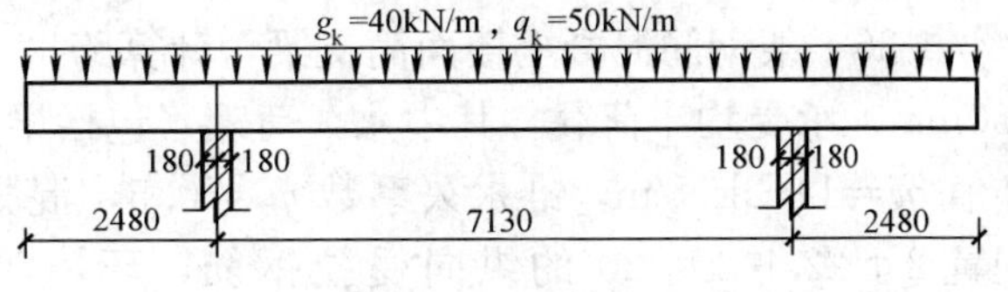

图4-106　习题4-27图

置 HRB400 级Φ 8@200 双肢箍筋，试按受剪承载力确定该梁所能承受的均布荷载设计值。

4-29　如图 4-107 所示矩形截面简支梁，截面尺寸 $b\times h=200\text{mm}\times 450\text{mm}$，支座为厚度 240mm 的砌体墙，计算跨度 $l_0=2.9\text{m}$，所受荷载设计值 P=120kN。混凝土强度等级为 C30，箍筋和纵筋均采用 HRB400 级钢筋，构件的安全等级为二级，环境等级为一类。试确定：

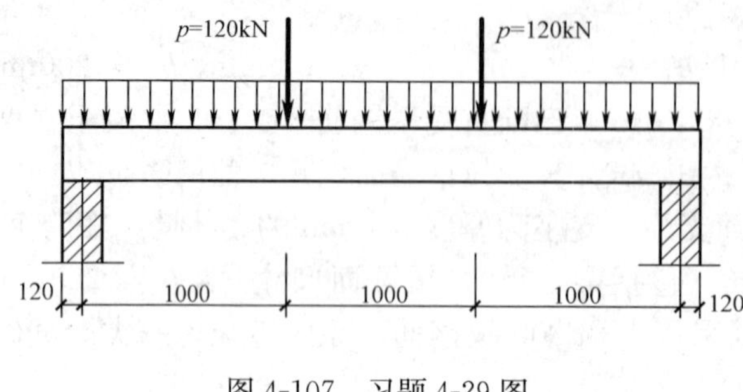

图 4-107　习题 4-29 图

(1) 所需纵向受力筋；

(2) 受剪箍筋（无弯起筋）；

(3) 利用部分纵筋弯起时，所需箍筋。

4-30　一矩形截面简支梁，截面尺寸 $b\times h=200\text{mm}\times 400\text{mm}$，混凝土强度等级为 C30，箍筋采用 HRB335 级钢筋，已配有双肢箍Φ 6@100，构件的安全等级为二级，环境等级为一类。求该梁所能承受的最大剪力设计值 V，若梁的净跨 $l_n=3.76\text{m}$，计算跨度 $l_0=4\text{m}$，由正截面强度计算已配置了 3 Φ 16 的纵向受拉钢筋，求梁所能承受均布荷载设计值 $g+q$（含自重）是多少？

4-31　已知矩形截面纯扭构件，$b\times h$=250mm×500mm，承受扭矩设计值为 15kN·m，采用 C30 混凝土强度等级，纵筋采用 HRB400 级钢筋，箍筋采用 HRB335 级钢筋，设计其配筋。

4-32　某矩形截面梁 $b\times h$=250mm×550mm，采用 C30 混凝土强度等级，配置了 6 Φ 16 的 HRB400 级纵筋（沿周边均匀配置），HRB335 级双肢箍筋Φ 10@100，环境等级为二 a 类。确定该梁能承受的扭矩设计值 T。

4-33　已知矩形截面构件，$b\times h$=250mm×600mm，承受扭矩设计值为 18kN·m，弯矩设计值 M=140kN·m，均布荷载产生的剪力设计值 V=190kN，采用 C30 级混凝土，纵筋和箍筋均采用 HRB400 级钢筋，试设计其配筋。

4-34　已知某教学楼钢筋混凝土楼面简支梁，计算跨度 $l_0=5.2\text{m}$，梁的截面尺寸 $b\times h$=200mm×450mm，承受均布荷载，其中永久荷载（包括梁自重）标准值 $g_k=5\text{kN/m}$，可变荷载标准值 $q_k=10\text{kN/m}$，准永久系数 $\psi_q=0.5$，混凝土强度等级为 C30，HRB335 级钢筋，已配置 3 Φ 16 的纵向受拉钢筋，环境等级为一类。最大裂缝宽度限值为 $w_{lim}=0.3\text{mm}$，试验算梁的最大裂缝宽度是否满足要求？

4-35　矩形截面简支梁，计算跨度 $l_0=4.5\text{m}$，梁的截面尺寸 $b\times h$=200mm×500mm，承受均布荷载，其中永久荷载（包括梁自重）标准值 $g_k=17.5\text{kN/m}$，可变荷载标准值 $q_k=11.5\text{kN/m}$，可变荷载的准永久系数 $\psi_q=0.5$，混凝土强度等级为 C25，HRB400 级钢筋，已配置 2 Φ 16+2 Φ 14 的纵向受拉钢筋，环境等级为一类。若挠度限值为 $f_{lim}=l_0/250$，试验算梁的挠度是否满足要求？

4-36　某钢筋混凝土楼面简支梁，计算跨度 $l_0=6.3\text{m}$，梁的截面尺寸 $b\times h$=250mm×650mm，承受均布荷载，其中永久荷载（包括梁自重）标准值 $g_k=18.5\text{kN/m}$，可变荷载标准值 $q_k=14.2\text{kN/m}$，准永久系数 $\psi_q=0.5$，混凝土强度等级为 C30，HRB400 级钢筋，已配置 2 Φ 22＋2 Φ 20 的纵向受拉钢筋，环境等级为一类。最大裂缝宽度限值为 $w_{lim}=0.3\text{mm}$，挠度限值为 $f_{lim}=l_0/200$，试验算梁的最大裂缝宽度和挠度是否满足要求？

第5章　钢筋混凝土板

5.1　板的概述

板是一个具有较大平面尺寸但却只有较小厚度的平面形状构件，通常在水平方向设置，承受垂直于板面方向的竖向荷载，以受弯曲为主。

5.1.1　板的分类

（1）按材料分。钢筋混凝土板，钢板和木板等。

（2）按平面形状分。正方形板，矩形板，圆形板，三角形板，梯形板，扇形板等。

（3）按支承分。简支板，悬臂板和连续板。

（4）按截面形状分。实心板，空心板，正、倒槽型板，单、双T形板，叠合夹心板，密肋板和压型钢板等。

5.1.2　板的实际支承

对于常见现浇钢筋混凝土梁板结构，板在荷载作用下发生如图5-1（a）所示变形。此时，板的计算简图可近似按图5-1（a）处理。

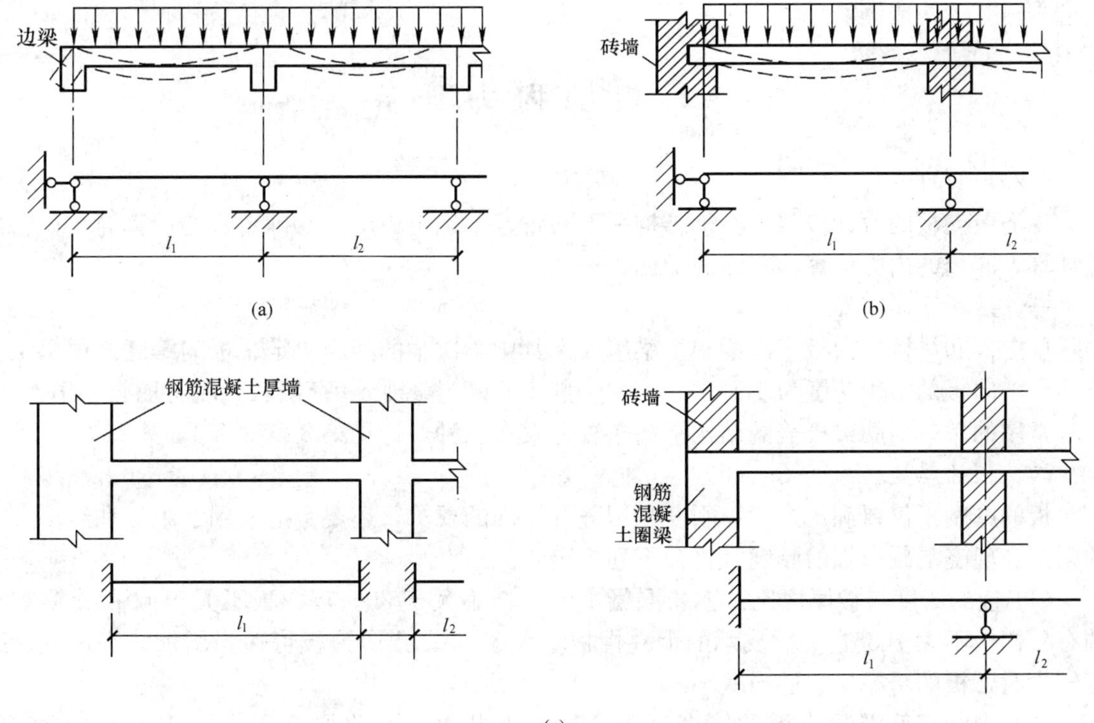

图5-1　板的实际支承情况

若板支承在砖墙上，如图5-1（b）所示，板的边支承处虽受到上下层砖墙的嵌固约束，但由于砖砌体的弹性模量比混凝土低得多，在荷载作用下板面端支承处绕砖墙产生一定程度的转动，此时，板的计算简图可近似按图 5-1（b）处理。

若板与较厚的钢筋混凝土墙或较大截面的钢筋混凝土圈梁浇筑在一起时，板的计算简图可近似按图 5-1（c）处理。

5.1.3 单向板和双向板

只有两对边或只有一系列平行的边支承的板，无论简支、连续还是固定或自由都称为单向支承板，板上的荷载通过板的受弯传到两边（或一边）支承的梁或墙上。四边支承（或两相邻侧边和三边支承）板都可称为双向支承板，板上的荷载通过板的双向受弯传到四边（或两相邻边和三边）支承的梁或墙上。

对于四边支承的板，理论上沿两个方向都传递荷载。在实际工程中，当板上荷载主要沿短跨方向传递给支承构件，而沿长跨方向传递的荷载可忽略不计，这种主要沿短跨方向弯曲的板称为单向板。当沿长跨方向传递的荷载不能忽略时，这种在两个方向弯曲的板称为双向板。

为设计上的方便，《混凝土结构设计规范》规定：

（1）两对边支承的板应按单向板计算；

（2）四边支承的板应按下列规定计算：

当长边与短边长度之比小于或等于 2.0 时，应按双向板计算；

当长边与短边长度之比大于 2.0，但小于 3.0 时，宜按双向板计算；

当长边与短边长度之比大于或等于 3.0 时，宜按沿短边方向受力的单向板计算，并应沿长边方向布置构造钢筋。

5.2 板的内力计算

5.2.1 单向板

现浇单向板的设计步骤为：①结构平面布置；②确定板厚；③确定板的计算简图；④荷载计算；⑤板的内力计算；⑥板的配筋。

一、结构平面布置

单向板肋梁楼盖由板、次梁和主梁组成。其中，次梁的间距决定了板的跨度。根据工程实际，单向板的常用跨度为 1.7～2.5m，一般不宜超过 3.0m，荷载较大时宜取较小值。

常用的单向板肋梁楼盖的结构平面布置方案有三种，详见第 8 章 8.2 节。

二、板的厚度

板的厚度不仅要满足强度、刚度和裂缝等方面的要求，还要考虑使用、施工和经济方面的因素。现浇混凝土板的厚度宜符合下列规定：

（1）板的跨度与板厚之比：钢筋混凝土单向板不大于 30，双向板不大于 40；无梁支承的有柱帽板不大于 35，无梁支承的无柱帽板不大于 30；预应力板可适当增加；当荷载、跨度较大时，板的跨厚比宜适当减小。

（2）现浇钢筋混凝土板的厚度 h 取 10mm 为模数，最小厚度不应小于表 5-1 规定的数值。

三、计算简图

在现浇单跨单向板中，板的计算模型为单跨简支板，其中，砖墙或次梁是板的支座。在内力分析之前，应按照尽可能符合结构实际受力情况和简化计算的原则，确定结构构件的计算简图。其内容包括确定支承条件、计算跨度、荷载分布及其大小。

表 5-1 **现浇钢筋混凝土板的最小厚度** mm

<table>
<tr><th colspan="2">板的类别</th><th>最小厚度</th></tr>
<tr><td rowspan="4">单向板</td><td>屋面板</td><td>60</td></tr>
<tr><td>民用建筑楼板</td><td>60</td></tr>
<tr><td>工业建筑楼板</td><td>70</td></tr>
<tr><td>行车道下的楼板</td><td>80</td></tr>
<tr><td colspan="2">双向板</td><td>80</td></tr>
<tr><td rowspan="2">密肋楼盖</td><td>面板</td><td>50</td></tr>
<tr><td>肋高</td><td>250</td></tr>
<tr><td rowspan="2">悬臂板(根部)</td><td>悬臂长度不大于 500mm</td><td>60</td></tr>
<tr><td>悬臂长度 1200mm</td><td>100</td></tr>
<tr><td colspan="2">无梁楼板</td><td>150</td></tr>
<tr><td colspan="2">现浇空心楼盖</td><td>200</td></tr>
</table>

（一）支承条件

当板支承在砖墙上时，由于其嵌固作用较小，可假定为铰支座，其嵌固的影响可在构造设计中加以考虑。

当板的支承是次梁时，则次梁对板将有一定的嵌固作用，为简化计算通常亦假定为铰支座，由此引起的误差将在内力计算时加以调整。

（二）计算跨度

板的计算跨度 l_0 是指在内力计算时所采用的跨间长度，该值与支座反力分布有关，即与构件本身的抗弯刚度和支承长度有关。在设计中，单跨板的计算跨度 l_0 一般按表 5-2 的规定取用。

表 5-2 **单跨板的计算跨度 l_0**

支承情况	计算跨度 l_0
两端搁置在墙上	$l_0=l_n+h$
一端与梁整体连接另一端搁置在墙上	$l_0=l_n+h/2$
两端与梁整体连接	$l_0=l_n$

注 l_n 为支座间净跨，h 为板的厚度。

（三）计算单元

结构内力分析时，常常不是对整个结构进行分析计算，而是从实际结构中选取有代表性的一部分作为计算对象，称为计算单元。

如图 5-2 所示为承受均布荷载的现浇单跨板，可取 1m 宽度的板带（阴影线部分）作为计算单元。

四、荷载

楼盖上的荷载分永久荷载和可变荷载两大类。永久荷载包括结构自身重力、构造层重、固定设备等；活荷载包括人群、堆料和临时设备等。

永久荷载的标准值可按其几何尺寸和材料的重力密度计算。民用建筑楼面均布活荷载的标准值可从附录 1 中的附表 1.2 根据房屋类别查得。工业建筑楼面活荷载，在生产使用或检修安装时，由设备、管道、运输工具及可能拆移的隔墙产生的局部荷载，均应按实际情况考

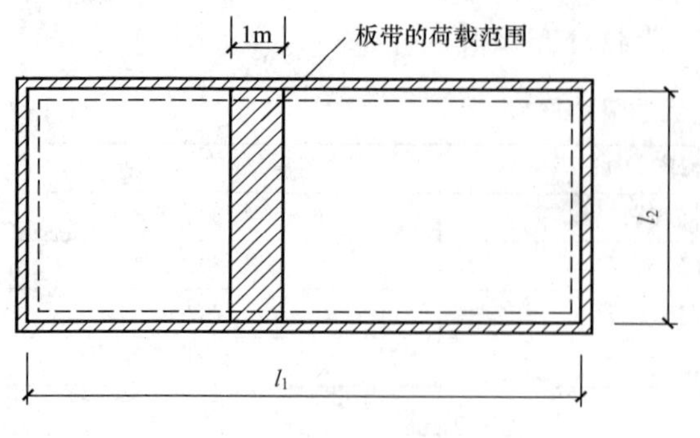

图 5-2 单向板的计算单元

虑，可采用等效均布活荷载代替。

确定荷载效应组合的设计值时，永久荷载的分项系数取为：当其效应对结构不利时，对由可变荷载效应控制的组合，应取 1.2，对由永久荷载效应控制的组合，应取 1.35；当其效应对结构有利时，一般情况下应取 1.0，对结构的倾覆和滑移的验算应取 0.9。可变荷载的分项系数一般情况下应取 1.4，对楼面活荷载标准值大于 $4kN/m^2$ 的工业厂房楼面结构的活荷载，应取 1.3。

五、内力计算

单跨板的内力按简支构件计算。

【例 5-1】 如图 5-3 所示，某教学楼的内廊为简支在砖墙上的现浇钢筋混凝土板（重力密度为 $25kN/m^3$），跨度 $l=2.7m$，板上作用的均布活荷载标准值为 $q_k=2.5kN/m^2$。水磨石地面及细石混凝土垫层共 30mm 厚（平均重力密度为 $22kN/m^3$），板底白灰砂浆粉刷 12mm 厚（重力密度为 $17kN/m^3$），构件的安全等级为二级。求跨中截面的弯矩设计值。

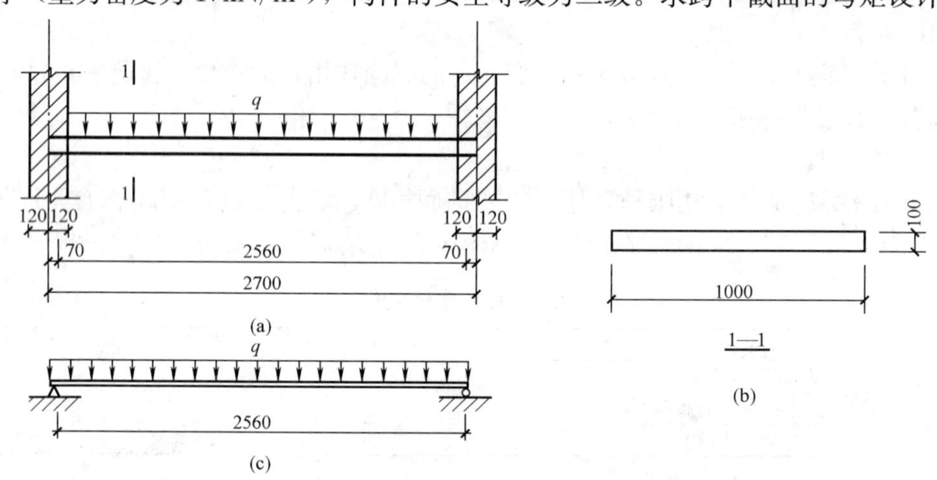

图 5-3 ［例 5-1］计算简图

解 （1）截面尺寸。

取 1m 宽的板带作为计算单元。即 $b=1000mm$，板厚 $\geqslant l/30=2700/30=90mm$，取板厚 $h=100mm$，如图 5-3（b）所示。

（2）荷载设计值的计算。

1）永久荷载标准值

30mm 厚水磨石地面 $(1.0\times0.03\times22)kN/m=0.66kN/m$

100mm 厚现浇钢筋混凝土板 $(1.0\times0.10\times25)kN/m=2.5kN/m$

12m 厚底板白灰砂浆粉刷 $(1.0\times0.012\times17)kN/m=0.204kN/m$

则 $g_k=(0.66+2.5+0.204)kN/m=3.364kN/m$

2）可变荷载标准值 $q_k=(2.5\times1.0)kN/m=2.5kN/m$

3）荷载设计值

由可变荷载效应控制的组合，取荷载分项系数 $\gamma_G=1.2$，$\gamma_Q=1.4$

$$q=\gamma_G g_k+\gamma_Q q_k=(1.2\times3.364+1.4\times2.5)\text{kN/m}=7.537\text{kN/m}$$

由永久荷载效应控制的组合，取荷载分项系数 $\gamma_G=1.35$，$\gamma_Q=1.4$；组合值系数 $\psi_c=0.7$

$$q=\gamma_G g_k+\gamma_Q q_k\psi_c=(1.35\times3.364+1.4\times2.5\times0.7)\text{kN/m}=6.991\text{kN/m}$$

故取荷载设计值 $q=7.537\text{kN/m}$

（3）板的计算跨度 l_0。

净跨度 $l_n=2700-2\times120=2460\text{mm}$

计算跨度 l_0。根据表 5-2，$l_0=l_n+h=2460+100=2560\text{mm}=2.56\text{m}$，如图 5-3（c）所示。

（4）跨中截面的弯矩设计值。

构件的安全等级为二级，$\gamma_0=1.0$

$$M=\gamma_0\frac{1}{8}ql_0^2=1.0\times\frac{1}{8}\times7.537\times2.56^2=6.174\text{kN}\cdot\text{m}$$

六、板的配筋

单向板内的配筋一般有纵向受力钢筋和分布钢筋，如图 5-4 所示，受力钢筋沿板的跨度方向在受力区配置，分布钢筋配置在受力钢筋的内侧，与受力钢筋垂直，交点用细铁丝绑扎或焊接。受力钢筋的常用直径为 6mm、8mm、10mm、12mm，同一板中受力钢筋可以用两种不同直径，但两种直径宜相差在 2mm 以上。

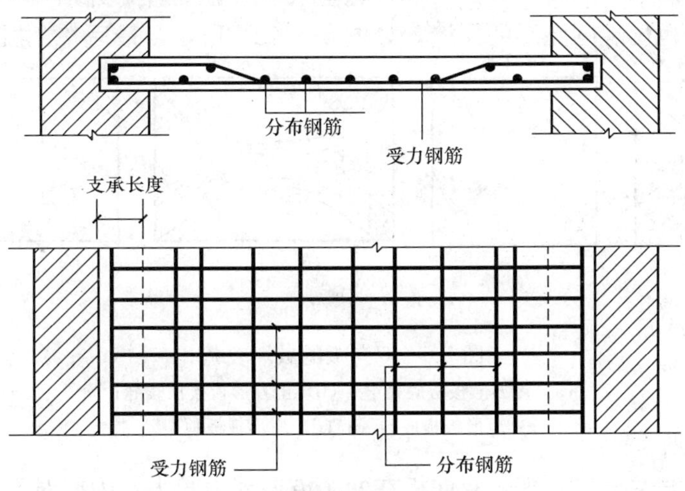

图 5-4 板的配筋

为传力均匀及避免混凝土局部破坏，板中受力钢筋的间距（中距）不能太大，当板厚 $h\leqslant150\text{mm}$ 时，不宜大于 200mm；当板厚 $h>150\text{mm}$ 时，不宜大于 $1.5h$，且不宜大于 250mm；对于厚度 $\geqslant1000\text{mm}$ 的现浇板，不宜大于板厚的 1/3，且不应大于 500mm。为便于施工，板中钢筋的间距也不要过密，最小间距为 70mm，即每米板宽中最多放 14 根钢筋。

采用分离式配筋的多跨板，板底钢筋宜全部伸入支座；板面钢筋向跨内的延伸长度应能够覆盖负弯矩图，并满足钢筋锚固的要求。简支板板底受力钢筋伸入支座边的长度不应小于受力钢筋直径的5倍。连续板的板底受力钢筋应伸过支座中心线，且不应小于受力钢筋直径的5倍；当板内温度、收缩应力较大时，伸入支座的长度宜适当增加。

当板中采用钢筋焊接网片配筋时，应符合国家现行有关标准的规定。

5.2.2 双向板

当长边与短边长度之比 $l_{02}/l_{01} \leqslant 2$ 时，按双向板计算；双向板受力性能较好，板较薄，经济美观。

一、双向板的受力特点及试验研究

四边支承的板，当 $l_{02}/l_{01} > 2$ 时，板上94%以上的均布荷载沿短跨 l_{01} 方向传递，使板主要在短跨度方向弯曲，沿长跨 l_{02} 方向传递的荷载及板在长跨方向的弯曲都比较小，可以忽略不计，故称为单向板。当 $l_{02}/l_{01} \leqslant 2$ 时，沿长跨方向传递的荷载及板在长跨方向的弯曲都已比较大，不能忽略，故称为双向板。这是按弹性理论判别四边支承板属于单向板还是双向板的理论根据。

对于均布荷载作用下的四边简支正方形板，通过试验表明：在裂缝出现之前，板基本上处于弹性工作阶段。随着荷载的逐渐增加，第一批裂缝出现在板底中间部分，随后沿对角线方向向四角延伸，如图5-5（a）所示。当荷载增加到板接近破坏时，在板顶面的四角附近也出现垂直于对角线方向且大体呈圆弧形的裂缝，如图5-5（b）所示。这种裂缝的出现，促使对角线方向裂缝的进一步发展，最后跨中钢筋达到屈服，整个板即告破坏。

对于四边简支矩形板，在均布荷载作用下，第一批裂缝出现在板底中间平行于长边方向，如图5-5（c）所示。随着荷载的增加，这些裂缝逐渐延伸，并沿45°角向四角扩展，然后在板顶面的四角也出现圆弧形的裂缝，如图5-5（d）所示，最后整个板发生破坏。

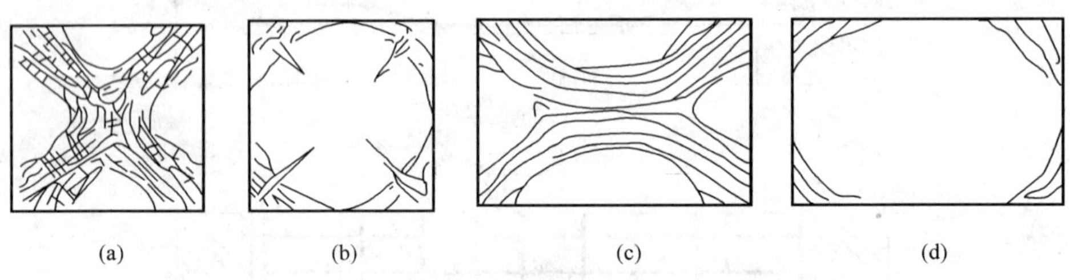

图5-5 双向板的破坏裂缝

（a）正方形板板底裂缝；（b）正方形板板顶裂缝；

（c）矩形板板底裂缝；（d）矩形板板顶裂缝

通过对双向板试验研究发现，双向板在两个方向受力较大，因此对于双向板要在两个方向同时配置受力钢筋。

二、双向板的计算简图

双向板的支承形式可以是四边支承、三边支承、两相邻边支承或四点支承；承受的荷载可以是均布荷载、三角形分布荷载或局部荷载；板的平面形状可以是矩形、正方形、圆形、三角形或其他形状。在楼盖设计中，最常见的是均布荷载作用下的四边支承正方形和矩形板，按其四边支撑的不同情况，可分为如图5-6所示的6种计算简图。

双向板在设计时要在两个方向上各取1m宽板带作为计算单元，如图5-7所示。

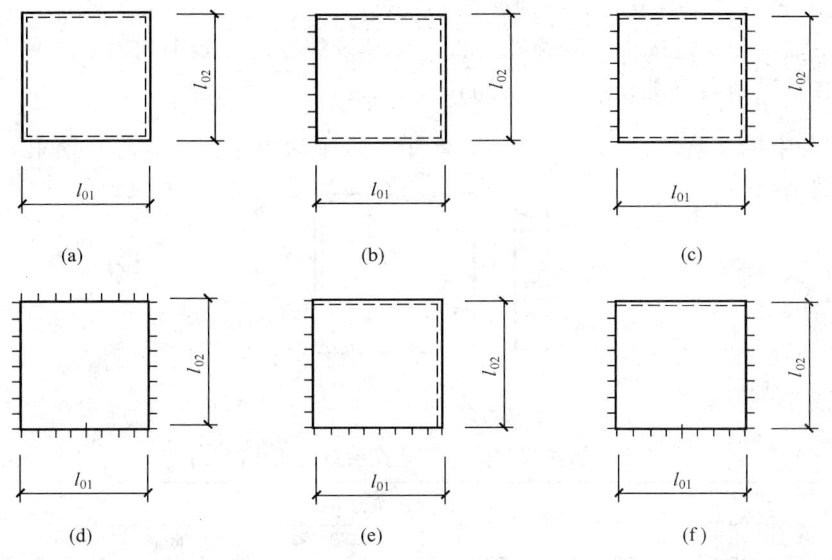

图 5-6　双向板的计算简图

(a) 四边简支；(b) 一边固定、三边简支；(c) 两对边固定、两对边简支；(d) 四边固定；(e) 两临边固定、两临边简支；(f) 三边固定、一边简支

三、双向板按弹性理论的计算

双向板在荷载作用下的内力计算由弹性理论和塑性理论两种方法，本书仅介绍弹性理论计算方法；有关双向板的塑性理论计算方法，请参阅有关书籍资料。

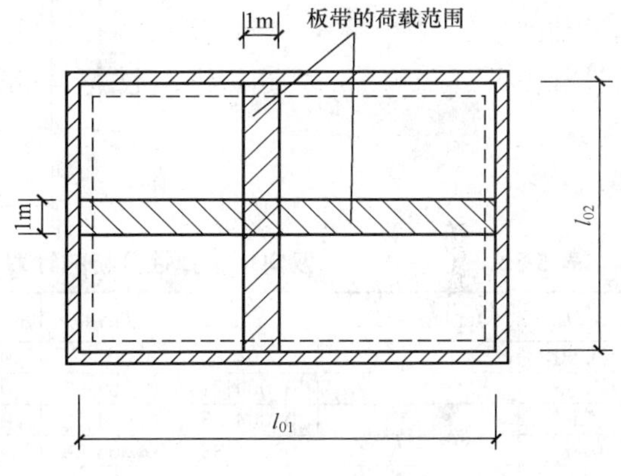

图 5-7　双向板的计算单元

当板厚 h 远小于平面尺寸，挠度不超过 $h/5$ 时，双向板可按弹性薄板小挠度理论计算，但计算较为复杂，对于工程应用而言，现以列出计算表格，可供在工程计算中应用。

(一) 单跨双向板的计算

计算时，只需根据实际支承情况和短跨与长跨的比值，从表 5-3 中直接查出相应的弯矩系数，即可算出有关弯矩：

$$m = \text{表中弯矩系数} \times pl_{01}^2 \tag{5-1}$$

式中　m——跨中或支座单位板宽内的弯矩设计值，kN・m/m；

p——均布荷载设计值，kN/m²，$p=g+q$；

l_{01}——短跨方向的计算跨度，m，计算方法与单向板计算时相同。

当 $\upsilon\neq0$ 时，其挠度和支座中点弯矩仍可按表 5-3 查得；但求跨内弯矩时，可按下式计算

$$m_1^{\upsilon} = m_1 + \upsilon m_2 \tag{5-2}$$

$$m_2^{\upsilon} = m_2 + \upsilon m_1 \tag{5-3}$$

对于钢筋混凝土板，可取 $\upsilon=0.2$。

（二）双向板在均布荷载作用下的弯矩系数表

表 5-3a～表 5～3f 是按小挠度弹性薄板计算理论编制的，表中列出了 6 种四边支承情况的双向板，在均匀荷载下泊松比 $\upsilon=0$ 时的弯矩系数和挠度系数。

挠度＝表中挠度系数× $\dfrac{pl_{01}^4}{B_c}$ ；$\upsilon=0$，弯矩＝表中弯矩系数× pl_{01}^2 ；这里 $l_{01}<l_{02}$。

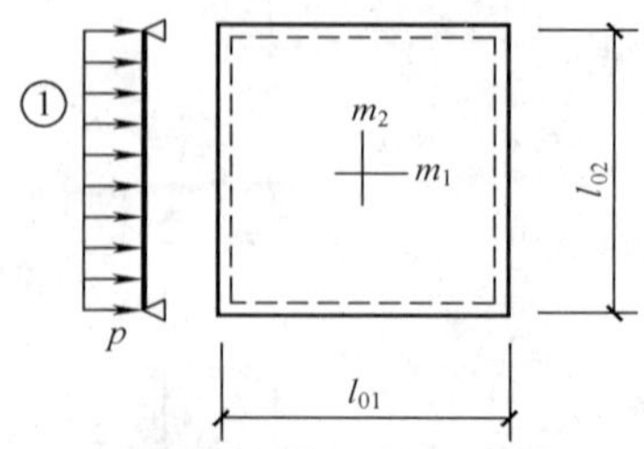

表 5-3a　　双向板按弹性分析的计算系数（四边简支）

l_{01}/l_{02}	f	m_1	m_2	l_{01}/l_{02}	f	m_1	m_2
0.50	0.010 13	0.096 5	0.017 4	0.80	0.006 03	0.056 1	0.033 4
0.55	0.009 40	0.089 2	0.021 0	0.85	0.005 47	0.050 6	0.034 8
0.60	0.008 67	0.082 0	0.024 2	0.90	0.004 96	0.045 6	0.035 8
0.65	0.007 96	0.075 0	0.027 1	0.95	0.004 49	0.041 0	0.036 4
0.70	0.007 27	0.068 3	0.029 6	1.00	0.004 06	0.036 8	0.036 8
0.75	0.006 63	0.062 0	0.031 7				

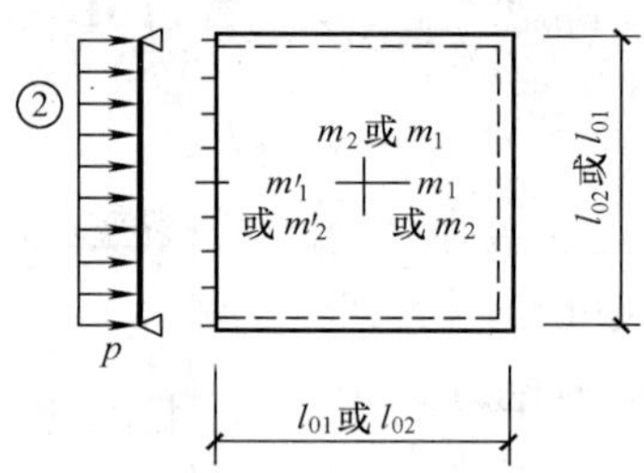

表 5-3b　　双向板按弹性分析的计算系数（一边固定、三边简支）

l_{01}/l_{02}	$(l_{01})<(l_{02})$	f	$f_{1\max}$	m_1	$m_{1\max}$	m_2	$m_{2\max}$	m'_1 或(m'_2)
0.50		0.004 88	0.005 04	0.058 3	0.064 6	0.00 60	0.006 3	−0.121 2
0.55		0.004 71	0.004 92	0.056 3	0.061 8	0.008 1	0.008 7	−0.118 7
0.60		0.004 53	0.004 72	0.053 9	0.058 9	0.010 4	0.011 1	−0.115 8
0.65		0.004 32	0.004 48	0.051 3	0.055 9	0.012 6	0.013 3	−0.112 4
0.70		0.004 10	0.004 22	0.048 5	0.052 9	0.014 8	0.015 4	−0.108 7
0.75		0.003 88	0.003 99	0.045 7	0.049 6	0.016 8	0.017 4	−0.104 8
0.80		0.003 65	0.003 76	0.042 8	0.046 3	0.018 7	0.019 3	−0.100 7
0.85		0.003 43	0.003 52	0.040 0	0.043 1	0.020 4	0.021 1	−0.096 5
0.90		0.003 21	0.003 29	0.037 2	0.040 0	0.021 9	0.026 6	−0.092 2
0.95		0.002 99	0.003 06	0.034 5	0.036 9	0.023 2	0.023 9	−0.088 0
1.00	1.00	0.002 79	0.002 85	0.031 9	0.034 0	0.024 3	0.024 9	−0.083 9
	0.95	0.0031 6	0.003 24	0.032 4	0.034 5	0.028 0	0.028 7	−0.088 2
	0.90	0.003 60	0.003 68	0.032 8	0.034 7	0.032 2	0.033 0	−0.092 6
	0.85	0.004 09	0.004 17	0.032 9	0.034 7	0.037 0	0.037 8	−0.097 0
	0.80	0.004 64	0.004 73	0.032 6	0.034 3	0.042 4	0.043 3	−0.101 4
	0.75	0.005 26	0.005 36	0.031 9	0.033 5	0.048 5	0.049 4	−0.105 6
	0.70	0.005 95	0.006 05	0.030 8	0.032 3	0.053 3	0.056 2	−0.109 6
	0.65	0.006 70	0.006 80	0.029 1	0.030 6	0.062 7	0.063 7	−0.113 3
	0.60	0.007 52	0.007 62	0.026 8	0.028 9	0.070 7	0.071 7	−0.116 6
	0.55	0.008 38	0.008 48	0.023 9	0.027 1	0.079 2	0.080 1	−0.119 3
	0.50	0.009 27	0.009 35	0.020 5	0.024 9	0.088 0	0.088 8	−0.121 5

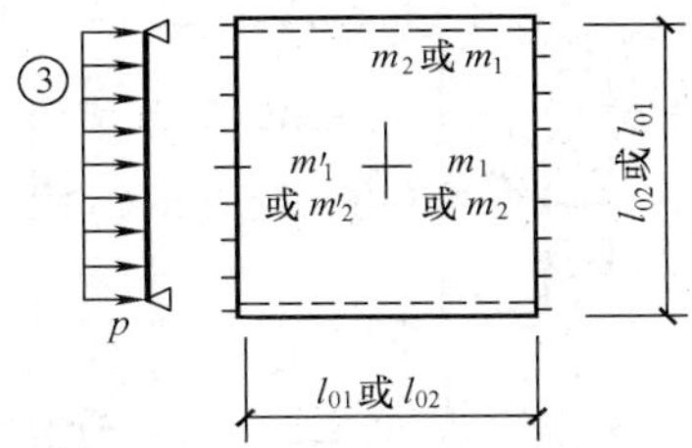

表 5-3c　双向板按弹性分析的计算系数（两对边固定、两对边简支）

l_{01}/l_{02}	$(l_{01})<(l_{02})$	f	m_1	m_2	m'_1 或 (m'_2)
0.50		0.002 61	0.041 6	0.001 7	−0.084 3
0.55		0.002 59	0.041 0	0.002 8	−0.084 0
0.60		0.002 55	0.040 2	0.004 2	−0.083 4
0.65		0.002 50	0.039 2	0.005 7	−0.082 6
0.70		0.002 43	0.037 9	0.007 2	−0.081 4
0.75		0.002 36	0.036 6	0.008 8	−0.079 9
0.80		0.002 28	0.035 1	0.010 3	−0.078 2
0.85		0.002 20	0.033 5	0.011 8	−0.076 3
0.90		0.002 11	0.031 9	0.013 3	−0.074 3
0.95		0.002 01	0.030 2	0.014 6	−0.072 1
1.00	1.00	0.001 92	0.028 5	0.0158	−0.069 8
	0.95	0.002 23	0.029 6	0.018 9	−0.074 6
	0.90	0.002 60	0.030 6	0.022 4	−0.079 7
	0.85	0.003 03	0.031 4	0.026 6	−0.085 0
	0.80	0.003 54	0.031 9	0.031 6	−0.090 4
	0.75	0.004 13	0.032 1	0.037 4	−0.095 9
	0.70	0.004 82	0.031 8	0.044 1	−0.101 3
	0.65	0.005 60	0.030 8	0.051 8	− 0.106 6
	0.60	0.006 47	0.029 2	0.060 4	− 0.111 4
	0.55	0.007 43	0.026 7	0.069 8	−0.115 6
	0.50	0.008 44	0.023 4	0.079 8	−0.119 1

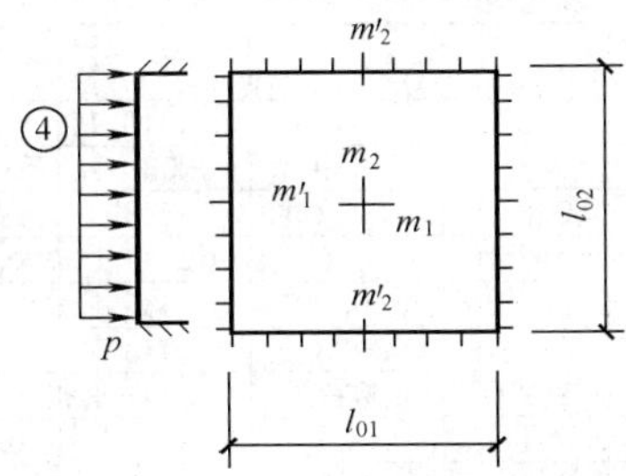

表 5-3d　双向板按弹性分析的计算系数（四边固定）

l_{01}/l_{02}	f	m_1	m_2	m'_1	m'_2
0.50	0.002 53	0.040 0	0.003 8	−0.082 9	−0.057 0
0.55	0.002 46	0.038 5	0.005 6	−0.081 4	−0.057 1
0.60	0.002 36	0.036 7	0.007 6	−0.079 3	−0.057 1
0.65	0.002 24	0.034 5	0.009 5	−0.076 6	−0.057 1
0.70	0.002 11	0.032 1	0.011 3	−0.073 5	−0.056 9
0.75	0.001 97	0.029 6	0.013 0	−0.070 1	−0.056 5
0.80	0.001 82	0.027 1	0.014 4	−0.066 4	−0.055 9
0.85	0.001 68	0.024 6	0.015 6	−0.062 6	−0.055 1
0.90	0.001 53	0.022 1	0.016 5	−0.058 8	−0.054 1
0.95	0.001 40	0.019 8	0.017 2	−0.055 0	−0.052 8
1.00	0.001 27	0.017 6	0.017 6	−0.051 3	−0.051 3

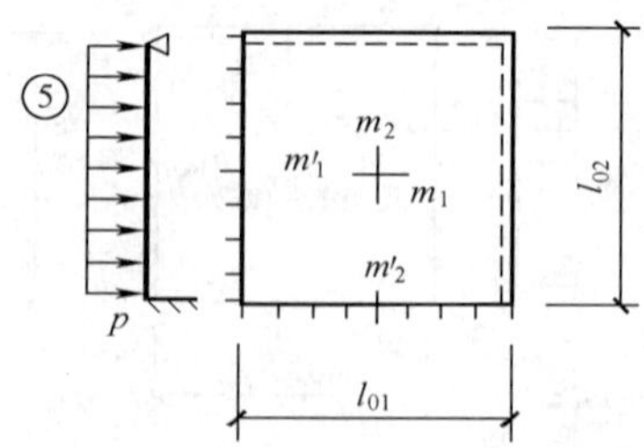

表 5-3e　　双向板按弹性分析的计算系数（两邻边固定、两邻边简支）

l_{01}/l_{02}	f	f_{max}	m_1	m_{1max}	m_2	m_{2max}	m'_1	m'_2
0.50	0.004 68	0.004 71	0.055 9	0.056 2	0.007 9	0.013 5	−0.117 9	−0.078 6
0.55	0.004 45	0.004 54	0.052 9	0.053 0	0.010 4	0.015 3	−0.114 0	−0.078 5
0.60	0.004 19	0.004 29	0.049 6	0.049 8	0.012 9	0.016 9	−0.109 5	−0.078 2
0.65	0.003 91	0.003 99	0.046 1	0.046 5	0.015 1	0.018 3	−0.104 5	−0.077 7
0.70	0.003 63	0.003 68	0.042 6	0.043 2	0.017 2	0.019 5	−0.099 2	−0.077 0
0.75	0.003 53	0.003 40	0.039 0	0.039 6	0.018 9	0.020 6	−0.093 8	−0.076 0
0.80	0.003 08	0.003 13	0.035 6	0.036 1	0.020 4	0.021 8	−0.088 3	−0.074 8
0.85	0.002 81	0.002 86	0.032 2	0.032 8	0.021 5	0.022 9	−0.082 9	−0.073 3
0.90	0.002 56	0.002 61	0.029 1	0.029 7	0.022 4	0.023 8	−0.077 6	−0.071 6
0.95	0.002 32	0.002 37	0.026 1	0.026 7	0.023 0	0.024 4	−0.072 6	−0.069 8
1.00	0.002 10	0.002 15	0.023 4	0.024 0	0.023 4	0.024 9	−0.067 7	−0.067 7

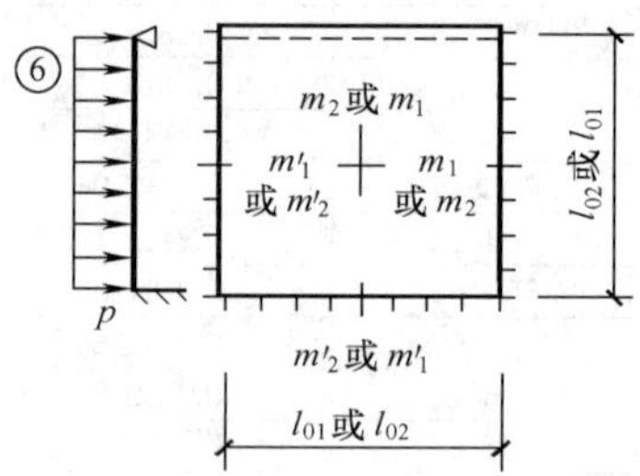

表 5-3f　　双向板按弹性分析的计算系数（三边固定、一边简支）

l_{01}/l_{02}	$(l_{01})<(l_{02})$	f	f_{max}	m_1	m_{1max}	m_2	m_{2max}	m'_1	m'_2
0.50		0.002 57	0.002 58	0.040 8	0.040 9	0.002 8	0.008 9	−0.083 6	−0.056 9
0.55		0.002 52	0.002 55	0.039 8	0.039 9	0.004 2	0.009 3	−0.082 7	−0.057 0
0.60		0.002 45	0.002 49	0.038 4	0.038 6	0.005 9	0.010 5	−0.081 4	−0.057 1
0.65		0.002 37	0.002 40	0.036 8	0.037 1	0.007 6	0.011 6	−0.079 6	−0.057 2
0.70		0.002 27	0.002 29	0.035 0	0.035 4	0.009 3	0.012 7	−0.077 4	−0.057 2
0.75		0.002 16	0.002 19	0.033 1	0.033 5	0.010 9	0.013 7	−0.075 0	−0.057 2
0.80		0.002 05	0.002 08	0.031 0	0.031 4	0.012 4	0.014 7	−0.072 2	−0.057 0
0.85		0.001 93	0.001 96	0.028 9	0.029 3	0.013 8	0.015 5	−0.069 3	−0.056 7
0.90		0.001 81	0.001 84	0.026 8	0.027 3	0.015 9	0.016 3	−0.066 3	−0.056 3
0.95		0.001 69	0.001 72	0.024 7	0.025 2	0.016 0	0.017 2	−0.063 1	−0.055 8
1.00	1.00	0.001 57	0.001 60	0.022 7	0.023 1	0.016 8	0.018 0	−0.060 0	−0.055 0
	0.95	0.001 78	0.001 82	0.022 9	0.023 4	0.019 4	0.020 7	−0.062 9	−0.059 9
	0.90	0.002 01	0.002 06	0.022 8	0.023 4	0.022 3	0.023 8	−0.065 6	−0.065 3
	0.85	0.002 27	0.002 33	0.022 5	0.023 1	0.025 5	0.027 3	−0.068 3	−0.071 1
	0.80	0.002 56	0.002 62	0.021 9	0.022 4	0.029 0	0.031 1	−0.070 7	−0.077 2
	0.75	0.002 86	0.002 94	0.020 8	0.021 4	0.032 9	0.035 4	−0.072 9	−0.083 7
	0.70	0.003 19	0.003 27	0.019 4	0.020 0	0.037 0	0.040 0	−0.074 8	−0.090 3
	0.65	0.003 52	0.003 65	0.017 5	0.018 2	0.041 2	0.044 6	−0.076 2	−0.097 0
	0.60	0.003 86	0.004 03	0.015 3	0.016 0	0.045 4	0.049 3	−0.077 3	−0.103 3
	0.55	0.004 19	0.004 37	0.012 7	0.013 3	0.049 6	0.054 1	−0.078 0	−0.109 3
	0.50	0.004 49	0.004 63	0.009 9	0.010 3	0.053 4	0.058 8	−0.078 4	−0.114 6

注　挠度＝表中挠度系数$\times\frac{pl_{01}^4}{B_c}\left[\text{或}\times\frac{p\ (l_{01})^4}{B_c}\right]$；$\upsilon=0$，弯矩＝表中弯矩系数$\times pl_{01}^2$［或$\times p\ (l_{01})^2$］；这里 $l_{01}<l_{02}$，$(l_{01})<(l_{02})$。

表 5-3 中有关符号说明如下：

$$B_c=\frac{Eh^3}{12(1-\upsilon^2)}$$

式中 B_c——板的截面抗弯刚度；

E——弹性模量；

h——板厚；

υ——泊松比；

f、f_{max}——分别为板中心点的挠度和最大挠度；

m_1、m_{1max}——分别为平行于 l_{01} 方向板中心点单位板宽内的弯矩和板跨内最大弯矩；

m_2、m_{2max}——分别为平行于 l_{02} 方向板中心点单位板宽内的弯矩和板跨内最大弯矩；

m'_1——固定边中点沿 l_{01} 方向单位板宽内的弯矩；

m'_2——固定边中点沿 l_{02} 方向单位板宽内的弯矩。

⊥⊥⊥⊥⊥⊥⊥表示固定边；— — — — — — —表示简支边。

正负号的规定：①弯矩——使板的受荷面受压者为正；②挠度——变位方向与荷载方向相同者为正。

四、内力计算

【例 5-2】 某楼面单跨钢筋混凝土双向板的结构平面布置如图 5-8 所示，承受均布面荷载 $p=10\text{kN/m}^2$，混凝土泊松比 $\upsilon=0.2$，求下列不同支撑情况下板的跨中和支座中点处的弯矩。

(a) B_1：四边简支，$l_{01}=6.40\text{m}$，$l_{02}=7.40\text{m}$；

(b) B_2：两对边固定、两对边简支，$l_{01}=5.4\text{m}$，$l_{02}=6.40\text{m}$；

(c) B_3：三边固定、一边简支，$l_{01}=5.44\text{m}$，$l_{02}=6.80\text{m}$；

(d) B_4：四边固定，$l_{01}=5.80\text{m}$，$l_{02}=6.80\text{m}$。

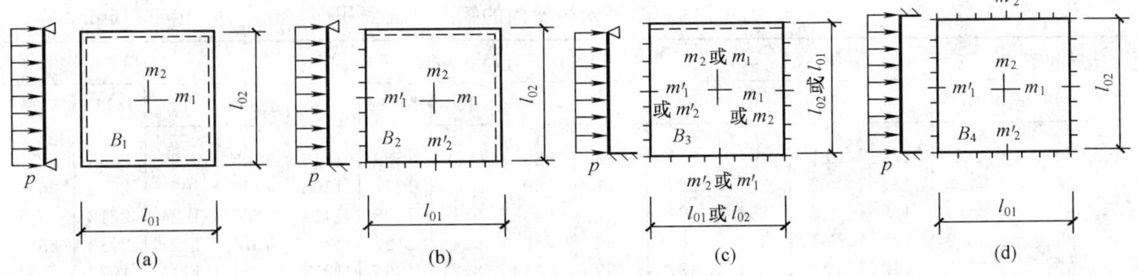

图 5-8 ［例 5-2］双向板的计算简图

解 根据楼面板 B_1、B_2、B_3、B_4 支承情况从表 5-3 查弯矩系数。各个板的弯矩计算过程见表 5-4。

表 5-4 **按弹性理论计算板的弯矩值** (kN·m)

板	B_1	B_2	B_3	B_4
l_{01}/m	6.40	5.40	5.44	5.80
l_{02}/m	7.40	6.40	6.80	6.80
l_{01}/l_{02}	0.87	0.84	0.80	0.85

续表

板	B_1	B_2	B_3	B_4
m_1	$(0.0486+0.2\times0.0352)\times10\times6.4^2=22.79$	$(0.0329+0.2\times0.0213)\times10\times5.4^2=10.84$	$(0.031+0.2\times0.0124)\times10\times5.44^2=9.91$	$(0.0246+0.2\times0.0156)\times10\times5.8^2=9.33$
m_2	$(0.0352+0.2\times0.0486)\times10\times6.4^2=18.40$	$(0.0213+0.2\times0.0329)\times10\times5.4^2=8.13$	$(0.0124+0.2\times0.031)\times10\times5.44^2=5.50$	$(0.0156+0.2\times0.0246)\times10\times5.8^2=6.90$
m_1'	0	$-0.084\times10\times5.4^2=-24.49$	$-0.0722\times10\times5.44^2=-21.37$	$-0.0626\times10\times5.8^2=-21.06$
m_2'	0	$-0.0736\times10\times5.4^2=-21.46$	$-0.057\times10\times5.44^2=-16.87$	$-0.0551\times10\times5.8^2=-18.54$

5.2.3 连续板

当相邻的现浇板板顶标高相同且在交界处配有受力负筋时，为连续板。连续板的内力可按结构力学方法计算。

5.3 受弯构件（板）的配筋计算

5.3.1 单向板的配筋计算

单向板的配筋计算如下：

（1）荷载计算；

（2）板的内力计算，计算跨中或连续板支座弯矩；

（3）计算板的配筋，同单筋正截面抗弯配筋的设计步骤。

$$\alpha_s=\frac{M}{\alpha_1 f_c b h_0^2}\text{，}\xi=1-\sqrt{1-2\alpha_s}\text{，}A_s=\xi b h_0\frac{\alpha_1 f_c}{f_y}$$

查表 5-5 选配钢筋。

表 5-5 各种钢筋间距时每米板宽内的钢筋截面面积 （mm^2）

钢筋间距/mm	钢筋直径/mm													
	3	4	5	6	6/8	8	8/10	10	10/12	12	12/14	14	14/16	16
70	101	179	281	404	561	719	920	1121	1369	1616	1908	2199	2536	2872
75	94.3	167	262	377	524	671	859	1047	1277	1508	1780	2053	2367	2681
80	88.4	157	245	354	491	629	805	981	1198	1414	1669	1924	2218	2513
85	83.2	148	231	333	462	592	758	924	1127	1331	1571	1811	2088	2365
90	78.5	140	218	314	437	559	716	872	1064	1257	1484	1710	1972	2234
95	74.5	132	207	298	414	529	678	826	1008	1190	1405	1620	1868	2116
100	70.6	126	196	283	393	503	644	785	958	1131	1335	1539	1775	2011
110	64.2	114	178	257	357	457	585	714	871	1028	1214	1399	1614	1828
120	58.9	105	163	236	327	419	537	654	798	942	1112	1283	1480	1676
125	56.5	100	157	226	314	402	515	628	766	905	1068	1232	1420	1608
130	54.4	96.6	151	218	302	387	495	604	737	870	1027	1184	1366	1547
140	50.5	89.7	140	202	281	359	460	561	684	808	954	1100	1268	1436
150	47.1	83.8	131	189	262	335	429	523	639	754	890	1026	1188	1340
160	44.1	78.5	123	177	246	314	403	491	599	707	834	962	1110	1257
170	41.5	73.9	115	166	231	296	379	462	564	665	786	906	1044	1183

续表

钢筋间距/mm	钢筋直径/mm													
	3	4	5	6	6/8	8	8/10	10	10/12	12	12/14	14	14/16	16
180	39.2	69.8	109	157	218	279	358	436	532	628	742	855	985	1117
190	37.2	66.1	103	149	207	265	339	413	504	595	702	810	934	1053
200	35.3	62.8	98.2	141	196	251	322	393	479	565	668	770	888	1005
220	32.1	57.1	89.3	129	178	228	292	357	436	514	607	700	807	914
240	29.4	52.4	81.9	118	164	209	268	327	399	471	556	641	740	838
250	28.3	50.2	78.5	113	157	201	258	314	383	452	534	616	710	804
260	27.2	48.3	75.5	109	151	193	248	302	368	435	514	592	682	773
280	25.2	44.9	70.1	101	140	180	230	281	342	404	477	550	634	718
300	23.6	41.9	65.5	94	131	168	215	262	320	377	445	513	592	670
320	22.1	39.2	61.4	88	123	157	201	245	299	353	417	481	554	628

【例 5-3】 条件同［例 5-1］的现浇钢筋混凝土板，混凝土强度等级 C30，采用 HRB400 级钢筋，环境等级为一类，求板所需的纵向受拉钢筋。

解　(1) 确定基本数据。

由表 3-4、表 4-2 查得，混凝土的设计强度 $f_c=14.3\text{N/mm}^2$，$f_t=1.43\text{N/mm}^2$；$\alpha_1=1.0$；

由表 3-2、表 4-3 查得，钢筋的设计强度 $f_y=360\text{N/mm}^2$，$\xi_b=0.518$；

由表 3-11 查得，钢筋的混凝土保护层最小厚度为 15mm，取 $a_s=20\text{mm}$，则板的有效高度

$$h_0=h-a_s=100-20=80\text{mm}$$

(2) 求 α_s。

$$\alpha_s=\frac{M}{\alpha_1 f_c b h_0^2}=\frac{6.174\times10^6}{1\times14.3\times1000\times80^2}=0.067$$

$$\xi=1-\sqrt{1-2\alpha_s}=1-\sqrt{1-2\times0.067}=0.069<\xi_b=0.518\text{，满足要求。}$$

(3) 求受拉钢筋 A_s。

$$A_s=\xi b h_0\frac{\alpha_1 f_c}{f_y}=0.069\times1000\times80\times\frac{1\times14.3}{360}=219.27\text{mm}^2$$

(4) 选配钢筋直径及根数。

查表 5-5 选配 6 Φ@120，实际配筋面积 $A_s=236\text{mm}^2$，配筋如图 5-9 所示。

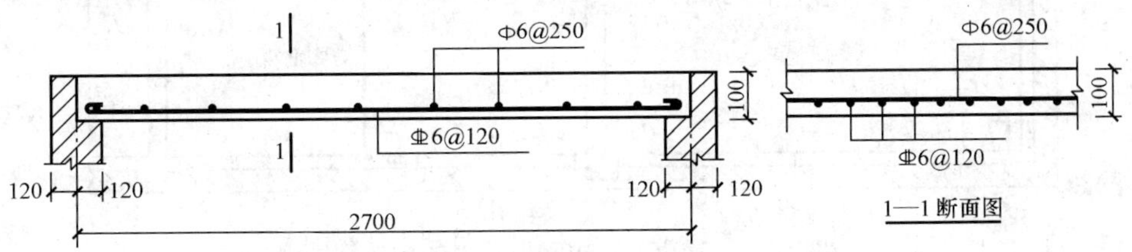

图 5-9　［例 5-3］截面配筋图

(5) 验算适用条件。

ρ_{min} 取 0.2% 和 $45f_t/f_y$(%) 中的较大值，$45f_t/f_y(\%)=45\times1.43/360=0.18\%$，故取 $\rho_{min}=0.2\%$。

$A_{smin}=\rho_{min}bh=0.2\%\times1000\times100=200mm^2<A_s=236mm^2$，满足要求。

5.3.2 双向板和连续板的配筋计算

双向板和连续板的配筋计算详见第8章。

5.4 板的构造配筋

5.4.1 板的上部构造钢筋和分布钢筋

（1）浇板的受力钢筋与梁平行时，应沿板边在梁长度方向上配置间距不大于200mm且与梁垂直的上部构造钢筋。其直径不宜小于8mm，单位长度内的总截面面积不宜小于板中单位宽度内受力钢筋截面面积的三分之一，伸入板内的长度从梁边算起每边不宜小于$l_0/4$，l_0为板计算跨度，如图5-10所示。

（2）与支承结构整体浇筑的混凝土板，应沿支承周边配置上部构造钢筋，其直径不宜小于8mm，间距不宜大于200mm，并应符合下列规定：

1）现浇楼盖周边与混凝土梁或混凝土墙整体浇筑的板，垂直于板边构造钢筋的截面面积不宜小于跨中相应方向纵向钢筋截面面积的三分之一；

2）该钢筋自梁边或墙边伸入板内的长度，不宜小于$l_0/4$，l_0为板的计算跨度，如图5-11所示；

3）在板角处该钢筋应沿两个垂直方向布置、放射状布置或斜向平行布置；

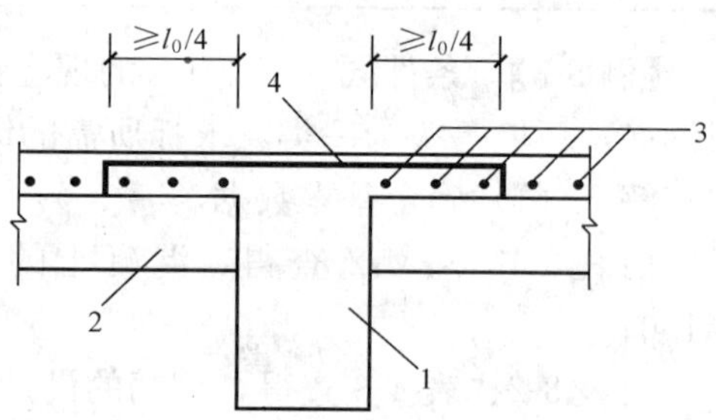

图5-10 现浇板中与梁垂直的构造钢筋
1—主梁；2—次梁；3—板的受力钢筋；4—上部构造钢筋

4）当柱角或墙的阳角凸出到板内且尺寸较大时，构造钢筋伸入板内的长度应从柱边或墙边算起，且应按受拉钢筋锚固在梁内、墙内或柱内。

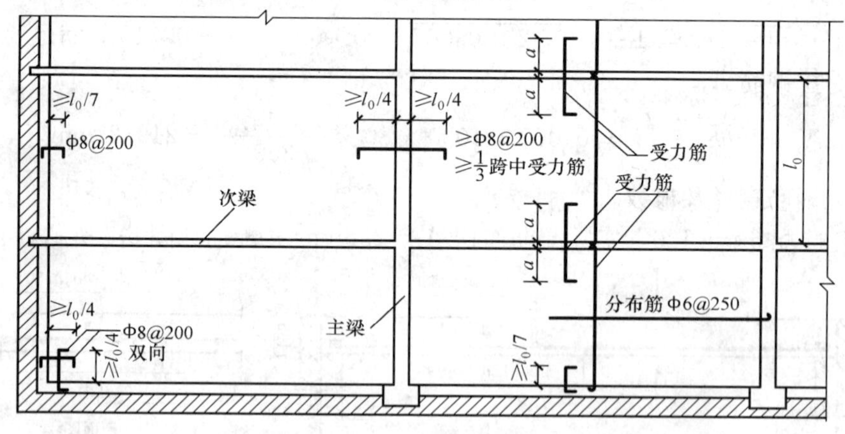

图5-11 梁边、墙边和板角处的构造钢筋

（3）嵌固在砌体墙内的现浇混凝土板，应沿支承周边配置上部构造钢筋，其直径不宜小于8mm，间距不宜大于200mm，并应符合下列规定：

1）沿板的受力方向配置的上部构造钢筋，其截面面积不宜小于该方向跨中受力钢筋截面面积的三分之一；沿非受力方向配置的上部构造钢筋，可适当减少；

2）与板边垂直的构造钢筋伸入板内的长度，从墙边算起不宜小于$l_0/7$，l_0为板的短边跨度，如图5-11所示；

3）在两边嵌固于墙内的板角部分，应配置沿两个垂直方向布置（如图5-11所示）、放射状布置或斜向平行布置的上部构造钢筋；该钢筋伸入板内的长度从墙边算起不宜小于$l_0/4$，l_0为板的短边跨度。

（4）单向板应在垂直于受力的方向布置分布钢筋，其截面面积不宜小于受力钢筋的15%，且配筋率不宜小于0.15%。分布钢筋的间距不宜大于250mm，直径不宜小于6mm。当集中荷载较大时，分布钢筋的截面面积尚应增加，且间距不宜大于200mm。

当有实践经验或可靠措施时，预制单向板的分布钢筋可不受本条的限制。

分布钢筋的作用是：①浇筑混凝土时固定受力钢筋的位置；②承担混凝土收缩和温度变化所产生的内力；③承担并分布板上局部荷载产生的内力；④对四边支承的单向板，可承担在长跨方向内实际存在的弯矩。

（5）在温度、收缩应力较大的现浇板区域，应在板的未配筋表面双向配置防裂构造钢筋。配筋率均不宜小于0.1%，间距不宜大于200mm。防裂构造钢筋可利用原有钢筋贯通布置，也可另行设置构造钢筋，并与原有钢筋按受拉钢筋的要求搭接或在周边构件中锚固。

楼板平面的瓶颈部位宜适当增加板厚和配筋。沿板的洞边、凹角部位宜加配防裂构造钢筋，并采取可靠的锚固措施。

5.4.2　板柱结构

混凝土板中配置抗冲切箍筋或弯起钢筋时，应符合下列构造要求：

1）板的厚度不应小于150mm；

2）按计算所需的箍筋及相应的架立钢筋应配置在与45°冲切破坏锥面相交的范围内，且从集中荷载作用面或柱截面边缘向外的分布的长度不应小于$1.5h_0$［如图5-12（a）所

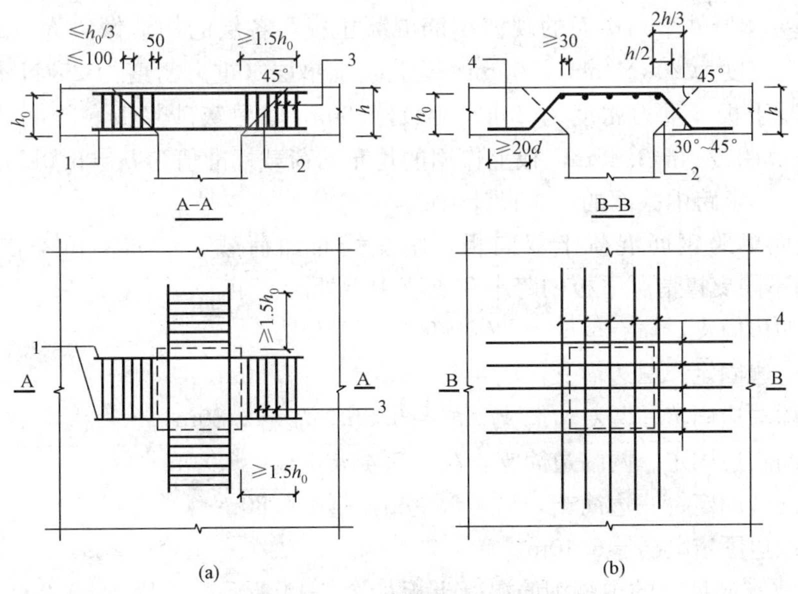

图5-12　板中抗冲切钢筋布置

（a）用箍筋作抗冲切钢筋；（b）用弯起钢筋作抗冲切钢筋

1—架立钢筋；2—冲切破坏锥面；3—箍筋；4—弯起钢筋

示]；箍筋应做成封闭式，直径不应小于6mm，间距不应大于$h_0/3$，且不应大于100mm；

3）按计算所需弯起钢筋的弯起角度可根据板的厚度在30°～45°之间选取；弯起钢筋的倾斜段应与冲切破坏锥面相交［如图5-12（b）所示］其交点应在集中荷载作用面或柱截面边缘以外（1/2～2/3）h的范围内。弯起钢筋直径不宜小于12mm，且每一方向不宜少于3根。

思考题

5-1 何谓单向板和双向板？它们的受力有何不同？

5-2 简述钢筋混凝土板结构设计的一般步骤。

5-3 单跨板的计算跨度如何确定？

5-4 试说明在均布荷载作用下，如图5-13所示中哪些时单向板？哪些是双向板？

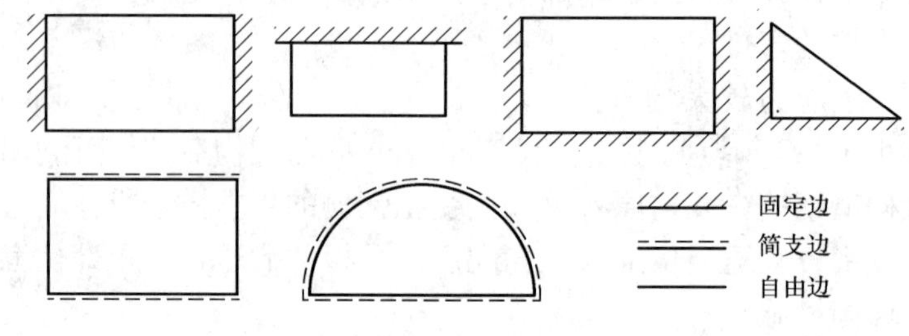

图5-13 思考题5-4图

5-5 单向板有哪些构造配筋？这些构造配筋的作用是什么？

习题

5-1 某半导体器件车间楼面的现浇钢筋混凝土板，各层的构造做法为：20mm厚水泥砂浆抹面（重力密度为20kN/m³），50mm厚混凝土垫层（重力密度为25kN/m³），120mm厚现浇钢筋混凝土板（重力密度为25kN/m³），16mm厚白灰砂浆板底粉刷（重力密度为17kN/m³），计算跨度$l_0=3.48$m，板上作用的均布活荷载标准值为$q_k=6.0$kN/m²。构件的安全等级为二级。求跨中截面的弯矩设计值。

5-2 某楼面单跨钢筋混凝土双向板，承受均布面荷载$p=6$kN/m²，混凝土泊松比$\upsilon=0.2$，求下列不同支撑情况下板的跨中和支座中点处的弯矩。

（1）B_1：四边简支，$l_{01}=5.60$m，$l_{02}=6.60$m；

（2）B_2：一边固定、三边简支，$l_{01}=6.60$m，$l_{02}=7.60$m；

（3）B_3：两对边固定、两对边简支，$l_{01}=5.8$m，$l_{02}=6.80$m；

（4）B_4：两临边固定、两临边简支，$l_{01}=5.44$m，$l_{02}=6.80$m；

（5）B_5：三边固定、一边简支，$l_{01}=6.80$m，$l_{02}=7.80$m；

（6）B_6：四边固定，$l_{01}=6.40$m，$l_{02}=7.40$m。

5-3 某简支在砖墙上的现浇钢筋混凝土板如图5-14所示，跨度$l=3.0$m，板上作用的均布活荷载设计值为$q=6.0$kN/m²（包括板自重）。混凝土强度等级C30，采用HRB400级钢筋，环境等级为一类，试确定现浇板的厚度所需的纵向受拉钢筋并画出截面配筋图。

5-4　如图 5-15 所示雨篷板，已知雨篷板根部厚度为 100mm，端部厚度为 80mm，跨度为 1000mm，各层做法如图所示。板除承受恒载外，在板上还作用活荷载标准值为 0.5kN/m²，混凝土强度等级 C30，采用 HRB335 级钢筋，环境等级为二 a 类，试确定雨篷板所需的纵向受拉钢筋并画出截面配筋图。

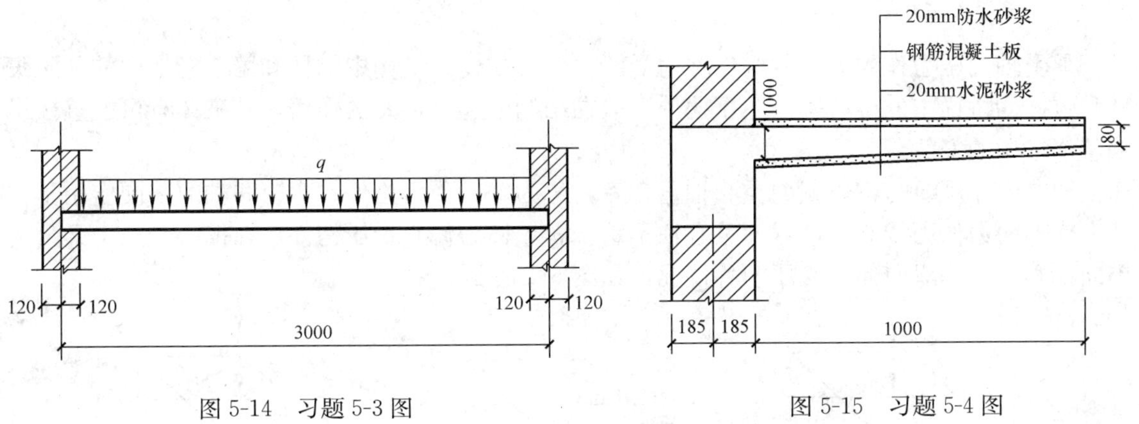

图 5-14　习题 5-3 图　　　　图 5-15　习题 5-4 图

5-5　某走道简支板如图 5-16 所示，混凝土强度等级 C30，采用 HRB400 级钢筋，截面配筋Φ 8@150，30mm 厚水磨石面层（平均重力密度为 22kN/m³），100mm 厚现浇钢筋混凝土楼板（重力密度为 25kN/m³），12mm 厚板底白灰砂浆粉刷（重力密度为 17kN/m³），构件的安全等级为二级，环境等级为一类。求走道板能够承受的最大标准活荷载 q_k。

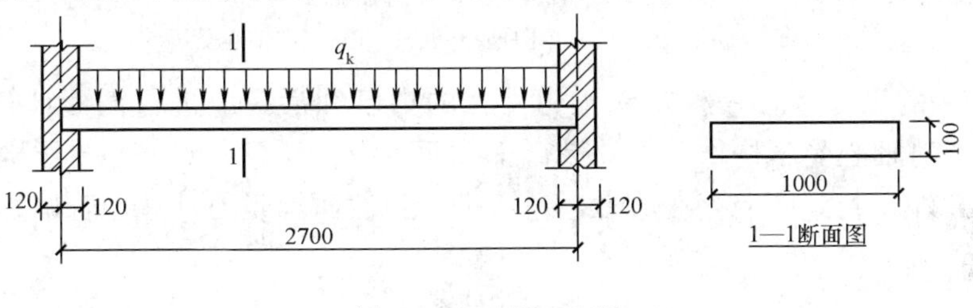

图 5-16　习题 5-5 图

第6章 钢筋混凝土柱

承受轴向压力作用为主的构件称为受压构件，如建筑结构中的柱和墙、桁架中的受压腹杆和弦杆、桥梁中的桥墩等。受压构件一般在结构中起着重要的作用，其破坏有可能直接影响整个结构的安危。

轴向力作用线与构件截面重心轴重合者，称为轴心受压构件；弯矩和轴力共同作用于构件上或轴向力作用线与构件截面重心轴不重合者，称为偏心受压构件。在偏心受压中又分为单向偏心受压和双向偏心受压两种情况，如图6-1所示。

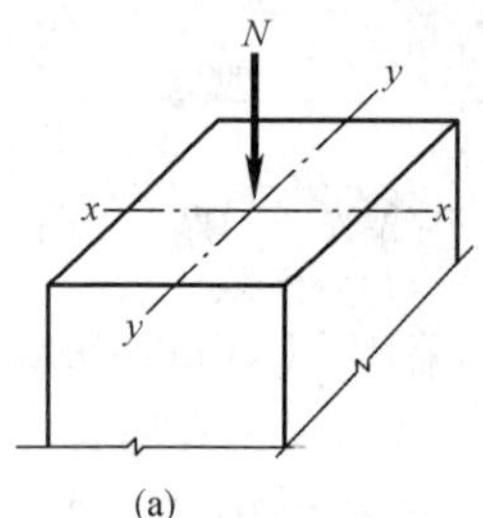

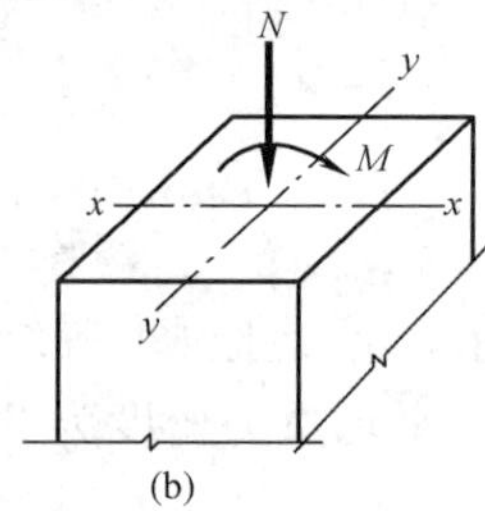

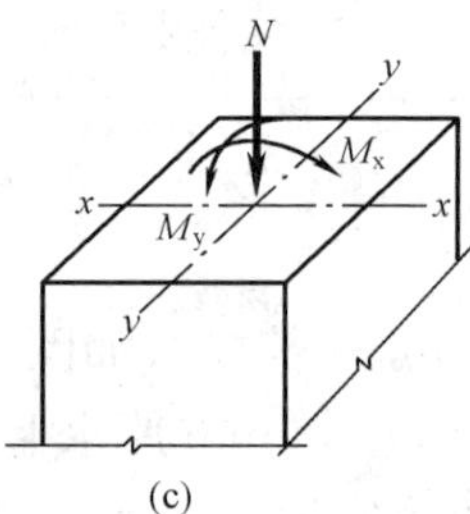

图6-1 轴心受压与偏心受压

(a) 轴心受压；(b) 单向偏心受压；(c) 双向偏心受压

与其他构件的设计过程一样，受压构件在内力已知后，应进行截面计算和构造处理。在截面计算时，对轴心受压构件，仅需进行正截面承载力计算。对偏心受压构件，除进行正截面承载力计算外，若截面上存在剪力，还需进行斜截面承载力计算，若偏心较大，还需进行裂缝宽度验算。

6.1 构造要求

受压构件除满足承载力计算要求外，还应满足相应的构造要求。故本章在介绍钢筋混凝土受压构件的计算方法之前，首先介绍其构造方面的要求。

6.1.1 材料的强度等级

混凝土强度等级对受压构件的承载能力影响较大。为了充分利用混凝土承压，减小构件的截面尺寸，节省钢材，宜采用较高强度等级的混凝土。一般设计中常用的混凝土强度等级为C30～C50，对于高层建筑的底层柱，必要时可采用高强度等级的混凝土。

纵向受力普通钢筋应采用HRB400、HRB500、HRBF400、HRBF500钢筋；箍筋宜采用HRB400、HRBF400、HPB300、HRB500、HRBF500钢筋，也可采用HRB335、HRBF335钢筋。

6.1.2 截面形式和尺寸

为制作方便，截面一般采用矩形。从受力合理考虑，轴心受压构件和在两个方向偏心距大小接近的双向偏心受压构件宜采用正方形，而单向偏心和主要在一个方向偏心的双向偏心受压构件则宜采用长方形（较大弯矩方向通常为长边）。对于装配式单层厂房的预制柱，当截面尺寸较大时，为减轻自重，也常采用工字形截面。当偏心压力和偏心距均很大时，还可采用双肢柱。

构件截面尺寸应能满足承载力、刚度、配筋率、建筑使用和经济等方面的要求，不能过小，也不宜过大。可根据每层构件的高度、两端支承情况和荷载的大小来选用。矩形截面的宽度一般为250～400mm，截面高度一般为300～800mm，一般长细比宜控制在$l_0/b\leqslant30$、$l_0/h\leqslant25$、$l_0/d\leqslant25$，此处l_0为柱的计算高度，b、h、d分别为柱的短边、长边尺寸和圆形柱的截面直径。对于现浇的钢筋混凝土柱，由于混凝土自上灌下，为避免造成浇筑混凝土困难，截面最小尺寸宜不小于250mm。对于预制的工字形截面柱，为防止翼缘过早出现裂缝，其厚度不宜小于120mm。为避免混凝土浇捣困难，腹板厚度不宜小于100mm。此外，考虑到模板的规格，柱截面尺寸宜取整数。在800mm以下者，取50mm为模数，在800mm以上者，取100mm为模数。

6.1.3 纵向钢筋

一、受力纵筋的作用

对于轴心受压构件和偏心距较小，截面上不存在拉力的偏心受压构件，纵向受力钢筋主要用来帮助混凝土承压，以减小截面尺寸；另外，也可增加构件的延性以及抵抗偶然因素所产生的拉力。对偏心较大，部分截面上产生拉力的偏心受压构件，截面受拉区的纵向受力钢筋则是用来承受拉力。

二、受力纵筋的配筋率

为了具有上述功能，受压构件纵向受力钢筋的截面面积不能太少。除满足计算要求外，还需满足最小配筋率要求。全部纵向钢筋最小配筋百分率，对强度级别为300N/mm^2、335N/mm^{2}的钢筋为0.6%，对强度级别为400N/mm^{2}的钢筋为0.55%，对强度级别为500N/mm^{2}的钢筋为0.5%，同时一侧钢筋的配筋率不应小于0.2%（见表4-4）。纵向受力钢筋配筋率也不宜过高，以免造成施工困难和不经济，受压构件全部受力纵筋的配筋率不宜大于5%。常用的配筋率为：轴心受压及小偏心受压0.8%～2%；大偏心受压1%～2.5%。

三、纵筋的布置和间距

为使柱能有效地抵抗偶然因素或偏心力产生的法向拉力，钢筋应尽可能靠近柱边，但其外周应具有足够厚的混凝土保护层。轴心受压柱的受力钢筋原则上沿截面周边均匀、对称布置，且每角需布置一根。故矩形截面时，钢筋根数不得少于4根且为偶数，如图6-2（a）所示。偏心受压柱的受力纵筋则沿着与弯矩方向垂直的两条边布置，如图6-2（b）所示。当为圆形截面时，纵筋宜沿周边均匀布置，根数不宜少于8根，也不应少于6根。为了保证混凝土的浇灌质量，钢筋的净距应不小于50mm；对水平浇筑的预制柱，其纵向钢筋的最小净距应按梁的规定取值。为了保证受力钢筋能在截

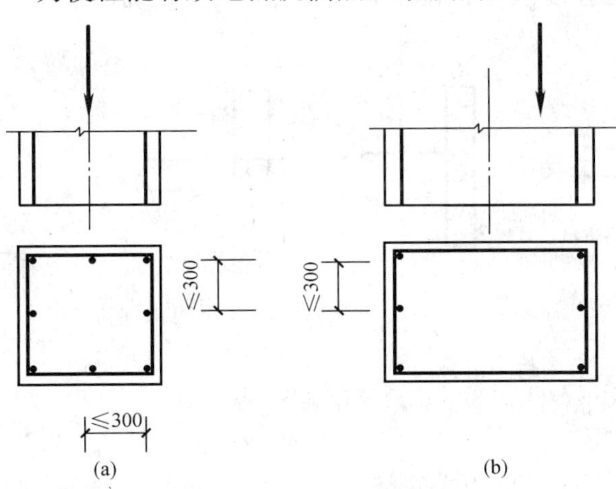

图6-2 柱受力纵筋的布置
（a）轴心受压柱；（b）偏心受压柱

面内正常发挥作用，受力钢筋的间距也不能过大，轴心受压柱中各边的纵向受力筋，以及偏心受压柱中垂直于弯矩作用平面的受力钢筋，其中距不宜大于 300mm，如图 6-2 所示。

四、受力纵筋的直径

为了能形成比较刚劲的骨架，并防止受压纵筋的侧向弯曲（外凸），受压构件纵筋的直径宜粗些，但过粗也会造成钢筋加工、运输和绑扎的困难。因此，纵向受力钢筋直径不宜小于 12mm，其直径 d 一般在 12 ～32mm 范围内选用。

五、纵向构造钢筋

当偏心受压柱的截面高度 $h \geqslant 600$mm 时，在柱截面的两个侧面应设置直径不小于 10mm 的纵向构造钢筋，其净间距不宜大于 300mm，以防止构件因温度变化和混凝土收缩应力而产生裂缝，并相应地设置拉筋或复合箍筋，如图 6-3 所示。拉筋的直径和间距可与基本箍筋相同，位置与基本箍筋错开。

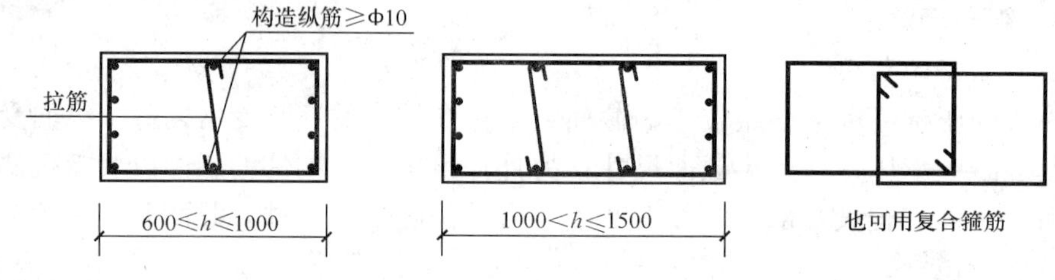

图 6-3 偏压柱构造纵筋的设置

6.1.4 箍筋

一、箍筋的作用

在受压构件中配置箍筋的作用是为了架立和约束受压纵向钢筋，防止其受压后外凸；承担剪力、扭矩；并与纵筋一起形成对芯部混凝土的围箍约束，提高混凝土强度。

二、箍筋的形式

一般采用封闭式箍筋，特殊情况下采用焊接圆环式或螺旋式。

当柱截面有内折角时，如图 6-4（a）所示；但不可采用带内折角的箍筋，如图 6-4（b）所示。因为内折角处受拉箍筋的合力向外，会使该处的混凝土保护层崩裂。正确的箍筋形式如图 6-4（c）或图 6-4（d）所示。

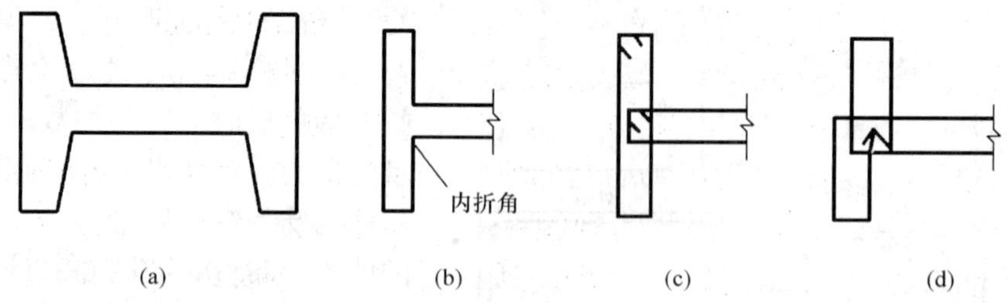

图 6-4 截面有内折角的箍筋

（a）柱截面有内折角；（b）箍筋错误；（c）箍筋正确；（d）箍筋正确

三、矩形截面柱的复合箍筋

当柱截面短边尺寸大于 400mm 且各边纵向钢筋多于 3 根时，或当柱截面短边尺寸不大于 400mm 但各边纵向钢筋多于 4 根时，应设置复合箍筋，如图 6-5 所示；复合箍筋的直径

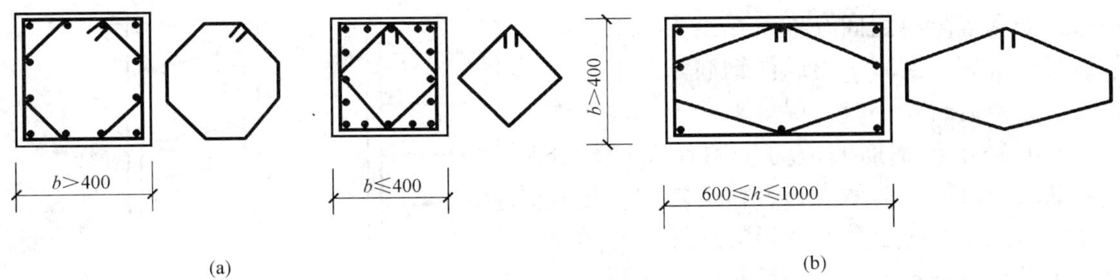

图 6-5　柱的复合箍筋

（a）轴压柱；（b）偏压柱

与间距与普通箍筋相同。

四、普通箍筋的直径和间距

箍筋直径不应小于 $d/4$ 且不应小于 6mm，d 为纵向钢筋的最大直径。

箍筋间距不应大于 400mm 及构件截面的短边尺寸，且不应大于 $15d$。在柱内纵筋绑扎搭接长度范围内的箍筋间距应加密至 $5d$ 且不应大于 100mm（纵筋受拉时），或 $10d$ 且不应大于 200mm（纵筋受压时），d 为纵向钢筋的最小直径。

五、纵筋高配筋率时对箍筋的要求

当柱中全部纵向受力钢筋的配筋率大于 3%时，箍筋直径不应小于 8mm，间距不应大于 $10d$ 且不应大于 200mm；箍筋末端应做成 135°弯钩，且弯钩末端平直段长度不应小于 $10d$，d 为纵向受力钢筋的最小直径。

六、密排式箍筋（焊接圆环或螺旋环）

在配置连续螺旋式箍筋、焊接环式箍筋或连续复合螺旋式箍筋的柱中，如计算中考虑间接钢筋的作用，则间接钢筋的间距不应大于 80mm 及 $d_{cor}/5$，且不宜小于 40mm，d_{cor}为按间接钢筋内表面确定的核心截面直径。

6.2　轴心受压构件的计算

在实际结构中，理想的轴心受压构件几乎是不存在的。通常由于混凝土质量不均匀、荷载作用位置的偏差和施工制造的误差等原因，往往存在一定的初始偏心距。但有些构件，如以恒载为主的等跨多层房屋的内柱、桁架中的受压腹杆等，因为主要承受轴向压力，弯矩很小，一般忽略弯矩的影响，仍近似按轴心受压构件进行计算。

按照钢筋混凝土柱中箍筋的配置方式和作用不同，轴心受压构件分为两种情况：普通箍筋柱和螺旋箍筋柱，如图 6-6 所示。普通箍筋的作用是防止纵筋压屈，改善构件的延性，并与纵筋形成骨架，便于施工。纵筋则协助混凝土承受压力、承受可能存在的不大的弯矩以及混凝土收缩和温度变形引起的拉应力，并避免受压构件产生突然的脆性破坏。螺旋箍筋柱中，箍筋的形状为圆形（在纵筋外围连续缠绕或焊接），且间距较密，除了具有普通箍筋的作用外，还对核心部分的混凝土起约束作用，提高了混凝土抗压强度和延性。

6.2.1　轴心受压构件破坏特征

一、轴心受压短柱的受力分析及破坏特征

钢筋混凝土短柱在轴心荷载作用下，整个截面的压应变沿构件长度上基本为均匀分布，由于钢筋和混凝土之间存在着黏结力，从开始加载直至破坏，混凝土与纵向钢筋始终保持共同变形。当荷载较小时，混凝土处于弹性工作阶段，混凝土与钢筋的应力按照弹性规律分布，其应力比值约为两者弹性模量之比。随着荷载的增大，混凝土塑性变形的发展和变形模量的降低，混凝土应力增长逐渐变慢，而钢筋应力的增加则越来越快。当达到极限荷载时，在构件最薄弱区段的混凝土内将出现由微裂纹发展而成的肉眼可见的纵向裂纹，随着压应变的增长，这些裂纹将相互贯通，在混凝土保护层剥落之后，核心部分的混凝土将在纵向裂缝之间被完全压碎。在这个过程中，混凝土的侧向膨胀将向外推挤钢筋，从而使纵向受压钢筋在箍筋之间呈灯笼状向外受压屈服，如图 6-7 所示。破坏时，一般中等强度的钢筋均能达到其抗压屈服强度，混凝土能达到轴心抗压强度，钢筋和混凝土都得到充分的利用。柱的承载力由混凝土和钢筋两部分组成，轴心受压短柱的承载力计算公式可写成

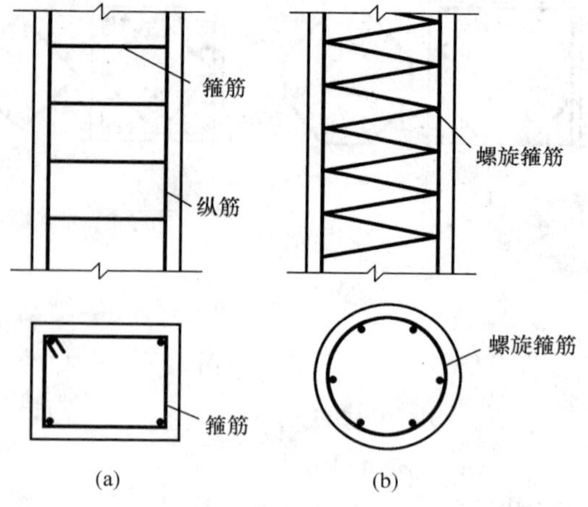

图 6-6 钢筋混凝土柱

（a）普通箍筋柱；（b）螺旋箍筋柱

$$N_u = f_c A + f'_y A'_s \tag{6-1}$$

式中 f_c ——混凝土轴心抗压强度设计值；

A ——构件截面面积；

f'_y ——纵向钢筋抗压强度设计值；

A'_s ——全部纵向受压钢筋截面面积。

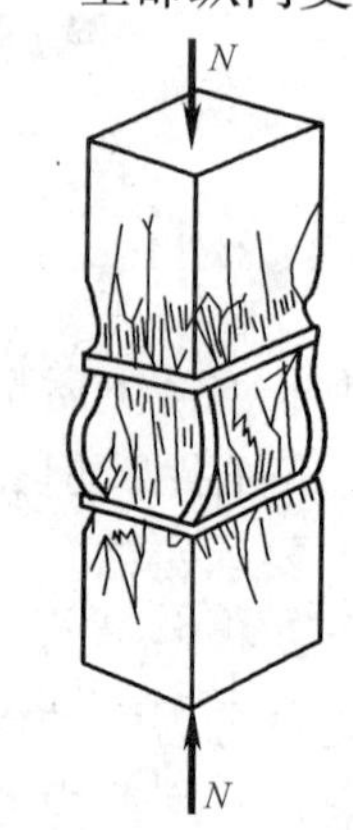

图 6-7 轴心受压短柱的破坏形态

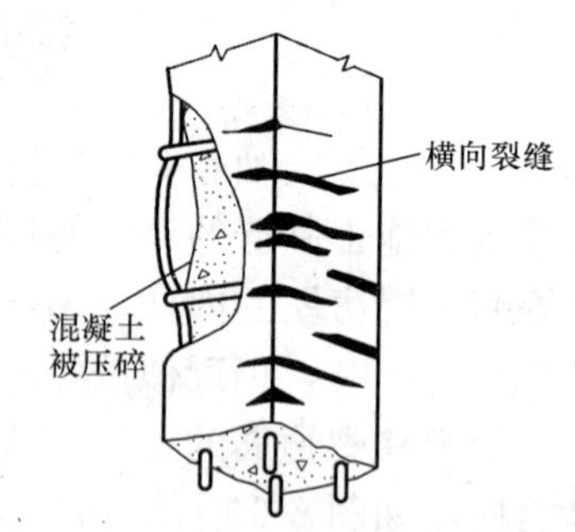

图 6-8 轴心受压长柱的破坏形态

二、轴心受压长柱的破坏特征及稳定系数

对于钢筋混凝土轴心受压长柱，由于存在初始偏心距，在加载后将产生附加弯矩和相应的侧向挠度，而侧向挠度又增大了荷载的偏心距；随着荷载的增加，侧向挠度和附加弯矩将不断增大，这样相互影响的结果，使长柱在轴力 N 和弯矩 M 的共同作用下破坏。破坏时，首先在凹侧出现纵向裂缝，接着混凝土被压碎，纵向钢筋压屈向外凸出，凸侧混凝土出现垂

直于纵轴方向的横向裂缝，侧向挠度急剧增大，柱子破坏，如图6-8所示。特别细长的柱还可能发生失稳破坏。

试验证明：长柱的承载力低于相同条件下短柱的承载力。《混凝土规范》采用一个降低系数φ来反映这种承载力随长细比增大而降低的现象，称之为“稳定系数”。稳定系数φ的大小主要与构件的长细比有关，而混凝土强度等级及配筋率对其影响较小。轴心受压构件稳定系数φ的取值见表6-1。

表6-1　钢筋混凝土轴心受压构件的稳定系数φ

l_0/b	≤8	10	12	14	16	18	20	22	24	26	28
l_0/d	≤7	8.5	10.5	12	14	15.5	17	19	21	22.5	24
l_0/i	≤28	35	42	48	55	62	69	76	83	90	97
φ	1.00	0.98	0.95	0.92	0.87	0.81	0.75	0.70	0.65	0.60	0.56
l_0/b	30	32	34	36	38	40	42	44	46	48	50
l_0/d	26	28	29.5	31	33	34.5	36.5	38	40	41.5	43
l_0/i	104	111	118	125	132	139	146	153	160	167	174
φ	0.52	0.48	0.44	0.40	0.36	0.32	0.29	0.26	0.23	0.21	0.19

注　1. 表中l_0为构件的计算长度，对钢筋混凝土柱可按表6-2规定取用；
2. b为矩形截面的短边尺寸；d为圆形截面的直径；i为截面的最小回转半径。

对于一般多层房屋中梁柱为刚接的框架结构各层柱段，其计算长度l_0按表6-2的规定取用。

表6-2　框架结构各层柱段的计算长度

楼盖类型	柱的类别	计算长度
现浇楼盖	底层柱	$1.0H$
	其余各层柱	$1.25H$
装配式楼盖	底层柱	$1.25H$
	其余各层柱	$1.5H$

注　表中H对底层柱为从基础顶面到一层楼盖顶面的高度；对其余各层柱为上、下两层楼盖顶面之间的高度。

6.2.2　正截面承载力计算公式

一、计算公式

根据如图6-9所示柱截面计算简图，轴心受压构件的正截面承载力计算公式为

$$N \leqslant N_u = 0.9\varphi(f_c A + f'_y A'_s) \tag{6-2}$$

式中　N——轴向压力设计值；
φ——钢筋混凝土构件的稳定系数，按表6-1采用；
f_c——混凝土轴心抗压强度设计值；
f'_y——纵向钢筋抗压强度设计值；
A'_s——全部纵向受压钢筋截面面积；
A——构件截面面积。

当纵向受压钢筋配筋率ρ'大于3%时，式（6-2）中A应改为A_n，其中$A_n = A - A'_s$。

二、配筋率

由于混凝土在长期荷载作用下具有徐变的特性，因此，钢筋混凝土轴心受压柱在长期荷

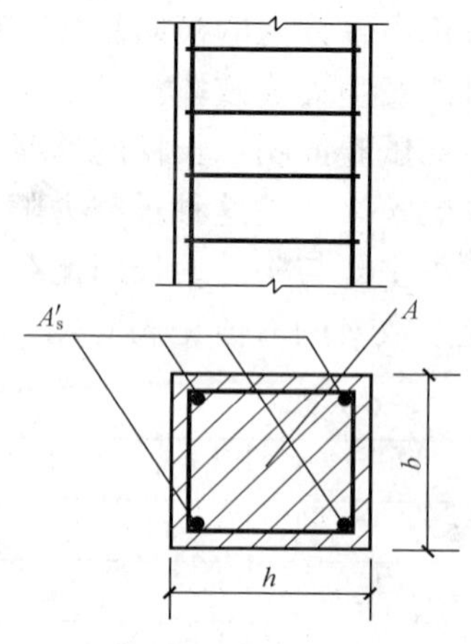

图 6-9　配置箍筋的钢筋混凝土轴心受压构件截面

载作用下，混凝土和钢筋将产生应力重分布，混凝土压应力将减少，而钢筋压应力将增大。配筋率越小，钢筋压应力增加越大，所以为了防止在正常使用荷载作用下，钢筋压应力由于徐变而增大到屈服强度，《混凝土规范》规定了受压构件的最小配筋率（见表 4-4）。

但受压构件的配筋也不宜过多，考虑到实际工程中存在受压构件突然卸载的情况，如果配筋率太大，卸载后钢筋回弹，可能造成混凝土受拉甚至开裂。同时，为了施工方便和经济，受压构件配筋率不宜超过 5%。

6.2.3　设计计算方法

一、截面设计

已知：轴向力设计值 N，柱的计算长度 l_0 和材料的强度等级 f_c、f'_y。计算柱的截面尺寸 $b\times h$ 及配筋 A'_s。

此时，A'_s、A、φ 均为未知数，有许多组解答。求解时先假设 $\varphi=1$，$\rho'=0.6\%\sim5\%$（一般取 $\rho'=1\%$），估算出 A，然后利用式（6-2）确定出 A'_s。

【例 6-1】　某钢筋混凝土柱，承受轴心压力设计值 $N=2400\text{kN}$，柱的计算长度 $l_0=4.8\text{m}$，混凝土强度等级为 C30，纵向钢筋采用 HRB400 级钢筋，HPB300 级箍筋。试求该柱的截面尺寸并配置钢筋。

解　（1）确定基本数据。

由表 3-4 查得，混凝土的设计强度 $f_c=14.3\text{N/mm}^2$；

由表 3-2 查得，钢筋的设计强度 $f'_y=360\text{N/mm}^2$。

（2）确定截面形式和尺寸。

设稳定系数 $\varphi=1$，$\rho'=1\%$，由式（6-2）得

$$A=\frac{N}{0.9\varphi(f_c+f'_y\rho)}=\frac{2400\times10^3}{0.9\times1\times(14.3+360\times1\%)}=148\ 976\text{mm}^2$$

由于是轴心受压构件，因此采用方形截面形式，则有方形截面的边长

$$b=h=\sqrt{A}=\sqrt{148\ 976}=385.97\text{mm}\text{，取 }b=400\text{mm}$$

（3）求稳定系数 φ

$$\frac{l_0}{b}=\frac{4800}{400}=12\text{，查表 6-1，得 }\varphi=0.95$$

（4）计算纵向钢筋

$$A'_s=\frac{\dfrac{N}{0.9\varphi}-f_cA}{f'_y}=\frac{\dfrac{2400\times10^3}{0.9\times0.95}-14.3\times400\times400}{360}=1441.72\text{mm}^2$$

纵向受压钢筋选 4 Φ 22，实际配筋面积 $A'_s=1520\text{mm}^2$。

（5）验算纵向钢筋配筋率

$$\rho'=\frac{A'_s}{bh}=\frac{1520}{400\times400}=0.95\%>\rho'_{min}=0.55\%\text{且}<\rho'_{max}=5\%\text{，满足要求。}$$

箍筋选用双肢箍Φ 6@300，符合构造要求。

二、承载力校核

已知：柱的截面尺寸 $b\times h$ 及配筋 A'_s、柱的计算长度 l_0、材料强度等级 f_c、f'_y。求柱所能承担的轴向压力设计值 N_u。

直接用式（6-2）求解即可。

6.3 偏心受压构件正截面承载力计算

6.3.1 偏心受压构件的受力性能

一、偏心受压构件的破坏性能

试验证明：偏心受压构件的最终破坏都是由于受压区混凝土的压碎而造成的。由于引起混凝土压碎的原因不同，其破坏特征也不同，可将偏心受压构件的破坏特征分为两类：大偏心受压破坏和小偏心受压破坏。

（一）大偏心受压破坏（受拉破坏）

当构件截面相对偏心距 e_0/h_0 较大，且受拉钢筋 A_s 配置合适时，在偏心距较大的轴向压力 N 的作用下，远离纵向偏心力较远一侧的截面受拉，离纵向偏心力较近一侧的截面受压。当轴向压力 N 增大到一定程度时，受拉边缘混凝土达到其极限拉应变，拉区混凝土首先出现垂直于构件轴线的裂缝，受拉侧钢筋的应力随荷载增加发展较快，首先达到屈服。随着荷载继续增加，裂缝逐渐加宽并向受压一侧延伸，受压区高度减小。最后，受压边缘混凝土达到其极限压应变 ε_{cu}，受压区混凝土被压碎而导致构件破坏。破坏时，混凝土压碎区较短，受压钢筋一般都能屈服。大偏心受压构件的破坏形态如图 6-10（a）所示。

从以上分析可以看出，大偏心受压构件的破坏特征与配有受压钢筋的适筋梁相似，受拉钢筋首先达到屈服，然后受压钢筋达到屈服，最后受压区混凝土压碎而导致构件破坏。这种破坏形态在破坏前有明显的预兆，裂缝开展显著，变形急剧增大，其破坏属于塑性破坏。由于这种破坏是从受拉区开始的，故又称为“受拉破坏”。

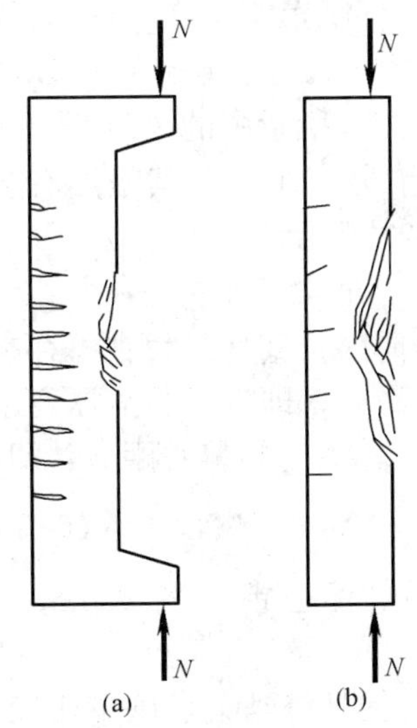

图 6-10 偏心受压柱的破坏形态
（a）大偏心受压破坏；
（b）小偏心受压破坏

（二）小偏心受压破坏（受压破坏）

当构件截面的相对偏心距 e_0/h_0 较小，或虽然相对偏心距 e_0/h_0 较大，但受拉侧钢筋 A_s 配置较多时，截面受压混凝土和钢筋的应力较大，而受拉侧钢筋应力较小。受压构件破坏时，受压区混凝土的压应变达到极限压应变，混凝土被压碎，受压侧钢筋 A'_s 达到屈服，而受拉侧钢筋 A_s 未达到受拉屈服，破坏具有脆性性质，如图 6-10（b）所示。由于这种破坏是从受压区开始的，故又称为“受压破坏”。产生小偏心受压破坏的条件和破坏形态有三种：

（1）相对偏心距 e_0/h_0 较小。此时，截面上大部分处于受压状态，甚至全截面受压，而受拉侧无论如何配筋，截面最终均产生受压破坏。

（2）相对偏心距 e_0/h_0 较大，但受拉侧纵向钢筋 A_s 配置较多。这种情况类似双筋截面超筋梁，也即受压破坏是由于受拉侧钢筋 A_s 配置过多造成的，一般可能出现在对称配筋的情况。

(3) 相对偏心距 e_0/h_0 很小，距轴向压力 N 较远一侧的钢筋 A_s 配置过少。此时还可能出现远离纵向偏心压力一侧边缘混凝土的应变首先达到极限压应变，混凝土被压碎，最终构件破坏的现象，又称为“反向破坏”。

二、N_u-M_u 相关曲线

对于给定截面、材料强度和配筋的偏心受压构件，达到正截面压弯承载力极限状态时，其压力 N_u 和弯矩 M_u 是相互关联的。随着偏心距的增大，抗压承载力降低，但当偏心距增大到一定值时，抗压承载力 N_u 和抗弯承载力 M_u 的关系将发生变化，因此，可用 N_u-M_u 相关曲线来表示。该曲线可由偏心受压构件试验和理论计算得到，如图 6-11 所示。

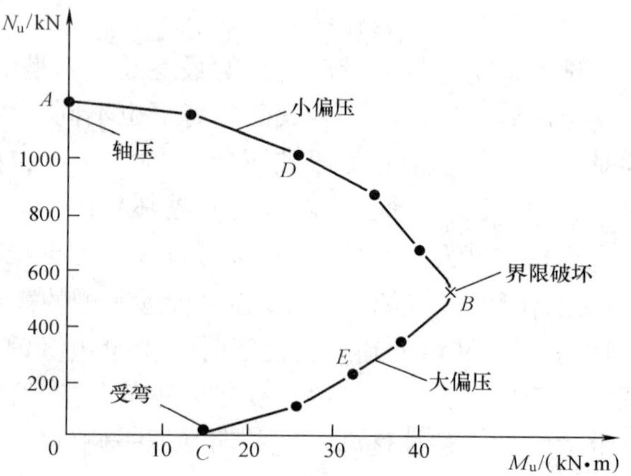

图 6-11 N_u-M_u 相关曲线

N_u-M_u 相关曲线反映了钢筋混凝土截面在压力和弯矩共同作用下正截面压弯承载力的规律，具有以下一些特点：

(1) N_u-M_u 相关曲线上的任一点代表截面处于正截面承载能力极限状态时的一种内力组合。若一组内力（M、N）在曲线内侧，说明截面未达到承载能力极限状态，是安全的；若（M、N）在曲线外侧，则说明截面承载力不足。

(2) 当弯矩 M 为零时，轴向承载力 N_u 达到最大，即代表了轴心受压构件，对应如图 6-11 所示中的 A 点；当轴力 N 为零时，为受纯弯承载力 M_u，即代表纯受弯构件，对应如图6-11所示中的 C 点；AB 段表示小偏心受压构件；BC 段表示大偏心受压构件；B 点即代表了大、小偏心受压的界限构件，该点抗弯承载力 M_u 最大。

(3) 在大偏心受压构件的范围内，M_u 随着 N 的增加而增加。如图 6-11 所示中的 BEC 段；在小偏心受压构件的范围内，M_u 随着 N 的增加而减小，如图 6-11 所示中的 ADB 段。

掌握 N_u-M_u 相关曲线的上述规律对偏心受压构件的设计计算十分有用。尤其是当有多种内力组合时，可以根据 N_u-M_u 相关曲线的规律确定出最不利的内力组合。

三、附加偏心距

由于荷载作用位置的不准确性、材料的不均匀性及施工误差等原因，实际工程中不存在理想的轴心受压构件。为考虑这些因素的不利影响，引入附加偏心距 e_a，即在正截面压弯承载力计算中，偏心距取计算偏心距 $e_0=M/N$ 与附加偏心距 e_a 之和，称为初始偏心距 e_i，即

$$e_i = e_0 + e_a \tag{6-3}$$

参考以往工程经验和国外规范，我国《混凝土规范》规定附加偏心距 e_a 取 20mm 与 $h/30$ 两者中的较大值，此处 h 是指偏心方向的截面最大尺寸。

《混凝土规范》规定的附加偏心距也考虑了对偏心受压构件正截面计算结果的修正作用，以补偿基本假定和实际情况不完全相符带来的计算误差。

四、偏心受压长柱的受力特点及设计弯矩计算方法

(一) 偏心受压长柱的附加弯矩或二阶弯矩

钢筋混凝土受压构件在承受偏心受压荷载后，会产生纵向弯曲变形，即侧向挠度。对于

长细比较小的柱，即所谓的短柱，由于侧向挠度小，在设计时一般可忽略不计。而对于长细比较大的长柱，由于侧向挠度的影响，各个截面所受的弯矩不再是 Ne_0，而变为 $N(e_0+y)$，其中 y 为构件任意点的水平侧向挠度，则在柱高中点处，侧向挠度最大的截面中的弯矩为 $N(e_0+f)$。f 随着荷载的增大而不断加大，因而弯矩的增长也就越来越明显，如图 6-12 所示。偏心受压构件计算中把截面弯矩中的 Ne_0 称为初始弯矩或一阶弯矩（不考虑纵向弯曲效应构件截面中的弯矩），将 Ny 或 Nf 称为附加弯矩或二阶弯矩。

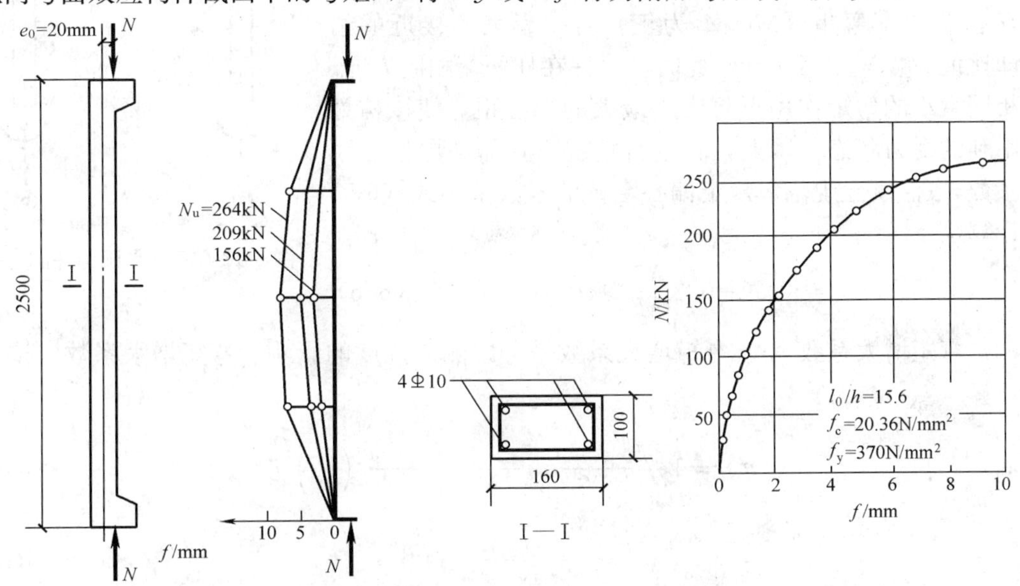

图 6-12　钢筋混凝土长柱实测 N-f 的关系曲线

当长细比较小时，偏心受压构件的纵向弯曲变形很小，附加弯矩的影响可忽略。因此《混凝土规范》规定：对于弯矩作用平面内截面对称的偏心受压构件，当同一主轴方向的杆端弯矩比 M_1/M_2 不大于 0.9 且轴压比不大于 0.9 时，若构件的长细比满足式（6-4）的要求，可不考虑轴向压力在该方向构件自身挠曲产生的附加弯矩影响；当不满足式（6-4）时，需按截面的两个主轴方向分别考虑轴向压力在构件自身挠曲产生的附加弯矩影响。

$$\frac{l_c}{i} \leqslant 34 - 12\left(\frac{M_1}{M_2}\right) \tag{6-4}$$

式中　M_1、M_2——分别为已考虑侧移影响的偏心受压构件两端截面按结构弹性分析确定的对同一主轴的组合弯矩设计值，绝对值较大端为 M_2，绝对值较小端为 M_1，当构件按单曲率弯曲时，M_1/M_2 为正，如图 6-13（a）所示，否则为负，如图 6-13（b）所示；

l_c——构件的计算长度，可近似取偏心受压构件相应主轴方向上下支撑点之间的距离；

i——偏心方向的截面回转半径。

（二）柱端截面附加弯矩——偏心距调节系数和弯矩增大系数

实际工程中最常遇到的是长柱，即不满足上述条件，在确定偏心受压构件的内力设计值时，需考虑构件的侧向挠度而引起的附加弯矩（二阶弯矩）的影响，工程设计中，通常采用增大系数法。

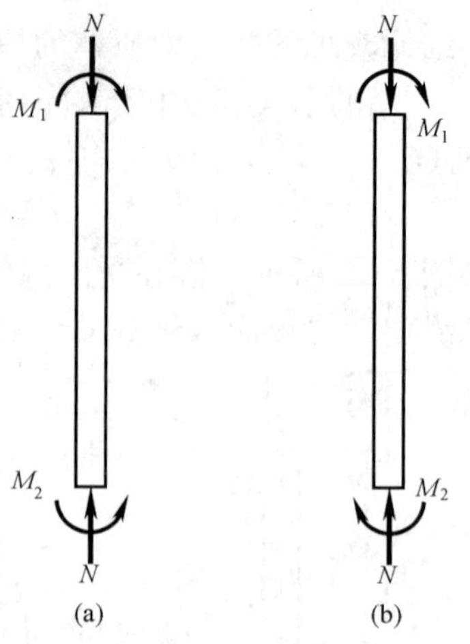

图 6-13　偏心受压构件的弯曲

《混凝土规范》中，将柱端的附加弯矩计算用偏心距调节系数和弯矩增大系数来表示，即偏心受压柱的设计弯矩为原柱端最大弯矩 M_2 乘以偏心距调节系数 C_m 和弯矩增大系数 η_{ns} 而得。

（1）偏心距调节系数 C_m。对于弯矩作用平面内截面对称的偏心受压构件，同一主轴方向两端的杆端弯矩大多不相同，但也存在单曲率弯矩（M_1/M_2 为正）时二者大小接近的情况，即比值 M_1/M_2 大于 0.9，此时，该柱在柱两端相同方向、几乎相同大小的弯矩作用下将产生最大的偏心距，使该柱处于最不利的受力状态。因此，在这种情况下，需考虑偏心距调节系数，《混凝土规范》规定偏心距调节系数采用式（6-5）进行计算

$$C_m = 0.7 + 0.3\frac{M_1}{M_2} \geqslant 0.7 \tag{6-5}$$

（2）弯矩增大系数 η_{ns}。弯矩增大系数是考虑侧向挠度的影响。弯矩增大系数应按下列公式计算

$$\eta_{ns} = 1 + \frac{1}{1300\,(M_2/N + e_a)/h_0}\left(\frac{l_c}{h}\right)^2 \zeta \tag{6-6}$$

$$\zeta = \frac{0.5 f_c A_c}{N} \leqslant 1.0 \tag{6-7}$$

式中　η_{ns}——弯矩增大系数；

M_2——偏心受压构件两端截面按结构弹性分析确定的组合弯矩设计值中绝对值较大的弯矩设计值；

N——与弯矩设计值 M_2 相应的轴向压力设计值；

ζ——截面曲率修正系数，当计算值大于 1.0 时 1.0。

（三）控制截面设计弯矩计算方法

除排架结构柱以外的偏心受压构件，在其偏心方向上考虑杆件自身挠曲影响（即附加弯矩或二阶弯矩）的控制截面弯矩设计值可按式（6-8）计算

$$M = C_m \eta_{ns} M_2 \tag{6-8}$$

其中，当 $C_m\eta_{ns}$ 小于 1.0 时，取 $C_m\eta_{ns}$ 等于 1.0；对剪力墙及核心筒墙，可取 $C_m\eta_{ns}$ 等于 1.0。

五、大、小偏心受压破坏的界限

从上述两类破坏特征可以看出，大、小偏心受压之间的根本区别在于构件截面破坏时受拉钢筋能否达到屈服，这和受弯杆件的适筋与超筋破坏两种情况完全一致。因此，大、小偏心受压破坏形态的界限条件是，在破坏时纵向钢筋 A_s 的应力达到抗拉屈服强度，同时受压区混凝土也达到极限压应变 ε_{cu} 值，此时其相对受压区高度称为界限受压区高度 ξ_b。

当 $\xi \leqslant \xi_b$ 时，属于大偏心受压破坏；当 $\xi > \xi_b$ 时，属于小偏心受压破坏。

6.3.2 矩形截面偏心受压构件承载力计算公式

偏心受压构件正截面承载力计算的基本假定与受弯构件相同，根据基本假定可画出偏心受压构件的应力图形，进而得出正截面承载力计算公式。

一、矩形截面大偏心受压构件承载力计算

（一）基本公式

大偏心受压构件破坏时的应力计算图形如图 6-14（a）所示，由平衡条件，可得出基本计算公式为

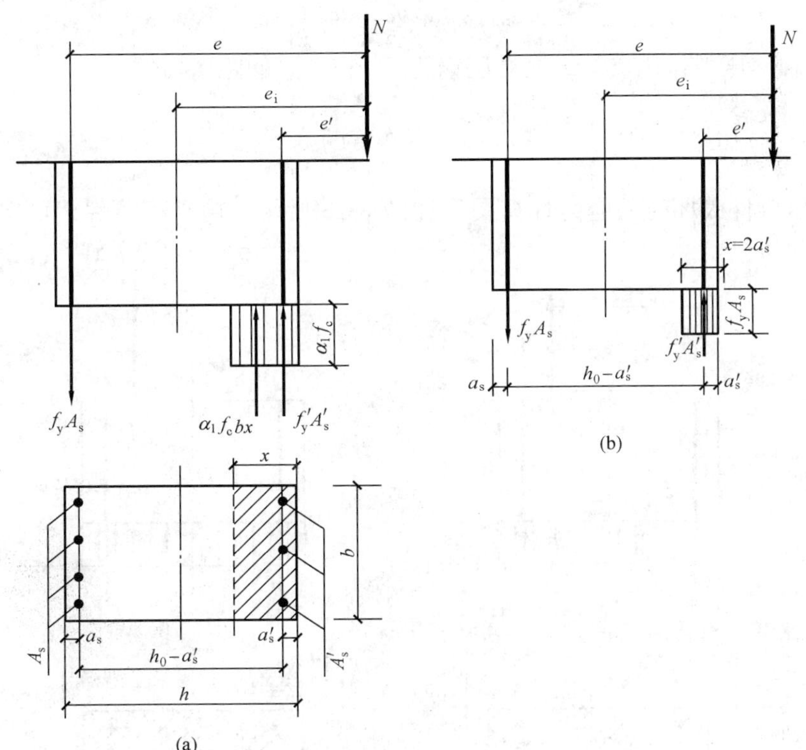

图 6-14 大偏心受压计算图形

$$N \leqslant N_u = \alpha_1 f_c bx + f'_y A'_s - f_y A_s \tag{6-9}$$

$$Ne \leqslant \alpha_1 f_c bx \left(h_0 - \frac{x}{2}\right) + f'_y A'_s (h_0 - a'_s) \tag{6-10}$$

其中

$$e = e_i + \frac{h}{2} - a_s \tag{6-11}$$

式中 N——轴向压力设计值；

α_1——系数，当混凝土强度等级不超过 C50 时，α_1 取为 1.0，为 C80 时，α_1 取为 0.94，其间按线性内插法取用；

x——混凝土的受压区高度；

e——轴向压力作用点至纵向受拉钢筋 A_s 合力点的距离。

（二）公式的适用条件

(1) 为了保证构件破坏时，受拉区钢筋应力能达到屈服强度，设计时应满足

$$x \leqslant \xi_b h_0 \tag{6-12}$$

（2）为了保证构件破坏时，受压钢筋应力能达到抗压屈服强度，设计时应满足

$$x \geqslant 2a'_s \tag{6-13}$$

当 $x < 2a'_s$ 时，受压钢筋应力 A'_s 不能屈服，与双筋受弯构件类似，可取 $x = 2a'_s$。其应力图形如图 6-14（b）所示，近似认为受压区混凝土所承担的压力的作用位置与受压钢筋承担压力 $f'_yA'_s$ 位置相重合。由平衡条件，得

$$Ne' = f_yA_s(h_0 - a'_s) \tag{6-14}$$

则有

$$A_s = \frac{Ne'}{f_y(h_0 - a'_s)} \tag{6-15}$$

式中 e'——轴向压力作用点至纵向受压钢筋 A'_s 合力点的距离，$e' = e_i - \frac{h}{2} + a'_s$。

二、小偏心受压构件承载力计算

（一）基本公式

小偏心受压构件破坏时的应力计算图形如图 6-15 所示，由平衡条件，可得出基本计算公式：

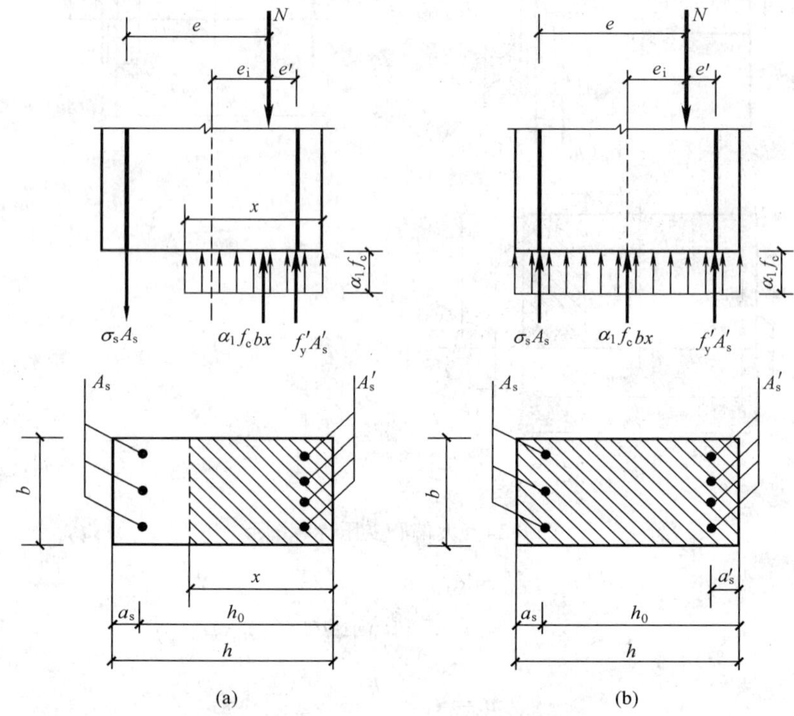

图 6-15 小偏心受压计算图形

$$N \leqslant N_u = \alpha_1 f_c bx + f'_yA'_s - \sigma_sA_s = \alpha_1 f_c bh_0\xi + f'_yA'_s - \sigma_sA_s \tag{6-16}$$

$$Ne \leqslant \alpha_1 f_c bx\left(h_0 - \frac{x}{2}\right) + f'_yA'_s(h_0 - a'_s) = \alpha_1 f_c bh_0^2\xi(1 - 0.5\xi) + f'_yA'_s(h_0 - a'_s) \tag{6-17}$$

$$\sigma_s = \frac{\xi - \beta_1}{\xi_b - \beta_1} f_y \tag{6-18}$$

式中 ξ_b——界限相对受压区高度；

β_1 ——混凝土压区等效矩形应力图系数，见表 4-2。

其他符号含义同大偏心受压构件。

此时计算的钢筋应力应满足 $f'_y \leqslant \sigma_s \leqslant f_y$ 。

（二）公式的适用条件

(1) $x > \xi_b h_0$;

(2) $x \leqslant h$，当 $x > h$ 时，取 $x = h$。

三、垂直于弯矩作用平面的承载力验算

小偏心受压构件除应计算弯矩作用平面的受压承载力外，尚应按轴心受压构件验算垂直于弯矩作用平面的受压承载力［式（6-2）］，此时，可不考虑弯矩的作用，但应考虑稳定系数 φ 的影响，并取短边尺寸 b 作为截面高度，A'_s 取全部纵向钢筋的截面面积。

6.3.3 矩形截面非对称配筋时的承载力计算

在进行截面设计时，应先初步判别其破坏形态，即判别构件是属于大偏心受压还是小偏心受压，以便采用不同的方法进行配筋计算。但在进行设计计算之前，由于钢筋截面面积 A_s 、A'_s 为未知数，构件截面的混凝土相对受压区高度 ξ 将无法计算，因此不能直接利用 ξ 与 ξ_b 关系来判别截面属于大偏心受压还是小偏心受压。在正常配筋情况下，可按下列方法作初步的判别：

当 $e_i \leqslant 0.3h_0$ 时，可按小偏心受压构件进行计算；

当 $e_i > 0.3h_0$ 时，可先按大偏心受压构件进行计算，计算过程中得到 ξ 后，再根据 ξ 的值最终确定截面属于哪一种受力情况。

一、截面设计

已知截面尺寸 $b \times h$ ，混凝土强度等级 f_c，钢筋种类及强度 f_y 、f'_y ，轴向力设计值 N、柱端弯矩设计值 M_1 、M_2 ，构件的计算长度 l_c，计算纵向钢筋截面面积 A_s 和 A'_s 的步骤为：

（一）判别大小偏心受压

由式（6-4）确定是否需要考虑附加弯矩的影响。若需要考虑附加弯矩的影响，则由式（6-8）确定柱控制截面弯矩设计值 M，然后计算偏心距 $e_0 = M/N$、附加偏心距 e_a 和初始偏心距 $e_i = e_0 + e_a$。当 $e_i > 0.3h_0$时，可先按大偏心受压构件进行计算，当 $e_i \leqslant 0.3h_0$时，按小偏心受压构件进行计算。

（二）大偏心受压构件

(1) 受拉钢筋 A_s 和受压钢筋 A'_s 均未知。

两个基本公式式（6-9）、式（6-10）中有三个未知数 A_s 、A'_s 和 x ，故无惟一解，须补充一个条件才能求解。为了使总配筋面积（ $A_s + A'_s$ ）达到最小，与双筋受弯构件一样，可取 $x = \xi_b h_0$ ，则由式（6-10）可得

$$A'_s = \frac{Ne - \alpha_1 f_c b h_0^2 \xi_b (1 - 0.5\xi_b)}{f'_y (h_0 - a'_s)} \tag{6-19}$$

1) 如果所求得的 A'_s 满足最小配筋率 ρ'_{min} 的要求，即 $A'_s \geqslant \rho'_{min} bh$ ，则将所求得的 A'_s 和 $x = \xi_b h_0$ 代入式（6-9），即可求得受拉钢筋 A_s

$$A_s = \frac{\alpha_1 f_c b h_0 \xi_b + f'_y A'_s - N}{f_y} \tag{6-20}$$

当按上式计算的 $A_s \geqslant \rho_{min} bh$ 时，按计算的 A_s 配筋；当计算的 $A_s < \rho_{min} bh$ 或为负值时，

应取 $A_s = \rho_{min}bh$ 进行配筋。

2）如果按式（6-19）求得的 A'_s 不满足最小配筋率的要求，即 $A'_s < \rho'_{min}bh$ 或为负值时，则应按最小配筋率和构造要求确定 A'_s，即取 $A'_s = \rho'_{min}bh = 0.002bh$，然后按 A'_s 为已知的情况计算 A_s。

（2）受压钢筋 A'_s 为已知。

当 A'_s 已知时，从式（6-9）及式（6-10）中可以看出，仅有两个未知数 A_s 和 x，有惟一解。由式（6-10）求得 x 后可能有以下几种情况：

1）若 $2a'_s \leqslant x \leqslant \xi_b h_0$ 时，将 x 代入式（6-9）求得 A_s。

2）若 $x > \xi_b h_0$，说明 A'_s 过小，按 A_s 和 A'_s 均未知的情况计算。

3）若 $x < 2a'_s$，应按式（6-15）计算 A_s。

以上求得的 A_s 若小于 $\rho_{min}bh$，应取 $A_s = \rho_{min}bh$。

【例 6-2】 某框架结构柱，截面尺寸 $b \times h = 400\text{mm} \times 450\text{mm}$，柱计算高度 $l_c = 5\text{m}$，承受轴向力设计值 $N = 336\text{kN}$，柱端较大弯矩设计值 $M_2 = 399\text{kN} \cdot \text{m}$，混凝土强度等级为 C30，钢筋采用 HRB400 级钢筋，$a_s = a'_s = 40\text{mm}$。求纵向钢筋截面面积 A_s 和 A'_s（按两端弯矩相等 $M_1/M_2 = 1$ 考虑）。

解 （1）确定基本数据。

由表 3-4、表 4-2 查得，混凝土的设计强度 $f_c = 14.3\text{N/mm}^2$，$\alpha_1 = 1.0$，$\beta_1 = 0.8$；

由表 3-2、表 4-3 查得，钢筋的设计强度 $f_y = f'_y = 360\text{N/mm}^2$，$\xi_b = 0.518$；

$a_s = a'_s = 40\text{mm}$，$h = 450\text{mm}$，则 $h_0 = 450 - 40 = 410\text{mm}$。

（2）求框架柱设计弯矩 M。

由于 $M_1/M_2 = 1$，$i = \sqrt{\dfrac{I}{A}} = \dfrac{h}{2\sqrt{3}} = \dfrac{450}{2\sqrt{3}} = 129.9\text{mm}$，则

$$\frac{l_c}{i} = \frac{5000}{129.9} = 38.49 > 34 - 12\left(\frac{M_1}{M_2}\right) = 22$$

因此，需要考虑附加弯矩影响。

$$\zeta = \frac{0.5f_c A_c}{N} = \frac{0.5 \times 14.3 \times 400 \times 450}{336\,000} = 3.83 > 1，取 \zeta = 1$$

$$C_m = 0.7 + 0.3\frac{M_1}{M_2} = 1 > 0.7$$

$e_a = \dfrac{h}{30} = \dfrac{450}{30} = 15\text{mm} < 20\text{mm}$，取 $e_a = 20\text{mm}$

$$\eta_{ns} = 1 + \frac{1}{1300(M_2/N + e_a)/h_0}\left(\frac{l_c}{h}\right)^2\zeta$$

$$= 1 + \frac{1}{1300 \times (399 \times 10^6/336\,000 + 20)/410} \times \left(\frac{5000}{450}\right)^2 \times 1 = 1.032$$

框架结构柱弯矩设计值为

$$M = C_m \eta_{ns} M_2 = 1 \times 1.032 \times 399 = 411.77\text{kN} \cdot \text{m}$$

（3）求 e_i，判别大、小偏心受压。

$$e_0 = \frac{M}{N} = \frac{411.77 \times 10^6}{336 \times 10^3} = 1225.5\text{mm}$$

$$e_i = e_0 + e_a = 1225.5 + 20 = 1245.5\text{mm}$$

由于 $e_i = 1245.5\text{mm} > 0.3h_0 = 0.3 \times 410 = 123\text{mm}$，可先按大偏心受压计算。

(4) 求 A_s 及 A'_s。

$$e = e_i + \frac{h}{2} - a_s = 1245.5 + \frac{450}{2} - 40 = 1430.5\text{mm}$$

$$A'_s = \frac{Ne - \alpha_1 f_c b h_0^2 \xi_b (1 - 0.5\xi_b)}{f'_y (h_0 - a'_s)}$$

$$= \frac{336 \times 10^3 \times 1430.5 - 1.0 \times 14.3 \times 400 \times 410^2 \times 0.518 \times (1 - 0.5 \times 0.518)}{360 \times (410 - 40)}$$

$$= 837.65\text{mm}^2 > A'_s = \rho'_{min} bh = 0.002 \times 400 \times 450 = 360\text{mm}^2$$

$$A_s = \frac{\alpha_1 f_c b h_0 \xi_b + f'_y A'_s - N}{f_y}$$

$$= \frac{1.0 \times 14.3 \times 400 \times 410 \times 0.518 + 360 \times 837.65 - 336\ 000}{360}$$

$$= 3278.8\text{mm}^2$$

(5) 选配钢筋直径及根数。受压钢筋选配 3 Φ 20，实际配筋面积 $A'_s = 942\text{mm}^2$；受拉钢筋选配 7 Φ 25，实际配筋面积 $A_s = 3436\text{mm}^2$。

(6) 验算配筋率

$$A_s + A'_s = 3436 + 942 = 4378\text{mm}^2, \rho = \frac{4378}{400 \times 450} = 2.43\% > 0.55\%$$

满足要求。

(三) 小偏心受压构件

(1) 小偏心受压构件截面设计时，由式 (6-16) ～式 (6-18) 可知，共有四个未知数 x (或 ξ)、A'_s、A_s 和 σ_s，三个独立方程，故需补充一个条件才能求解。由于小偏心受压破坏时，远离纵向偏心力一侧的纵向钢筋 A_s 不论受拉还是受压，其应力均不能达到屈服强度。因此，A_s 可按最小配筋率配置，即取 $A_s = \rho_{min} bh$，这样得出的 ($A'_s + A_s$) 一般为最经济。A_s 值确定以后，小偏心受压基本公式中就只有三个未知数，即 x (或 ξ)、A'_s 和 σ_s，故可求得惟一解。

将确定的 A_s 及式 (6-18) 代入基本计算公式式 (6-16)，可首先求得 x (或 ξ)；若 $\xi \leqslant 2\beta_1 - \xi_b$，说明 $-f_y \leqslant \sigma_s \leqslant f_y$，将 ξ 代入式 (6-17) 得

$$A'_s = \frac{Ne - \alpha_1 f_c b h_0^2 \xi (1 - 0.5\xi)}{f'_y (h_0 - a'_s)}$$

若 $2\beta_1 - \xi_b < \xi \leqslant h/h_0$，此时 σ_s 达到 $-f'_y$，计算时，取 $\sigma_s = -f'_y$，由式 (6-16) 重新计算 x (或 ξ)，再由式 (6-17) 求得 A'_s，且使 $A'_s \geqslant 0.002bh$，否则取 $A'_s = 0.002bh$。

若 $\xi > h/h_0$，则为全截面受压，此时应取 $\xi = h/h_0$，并令 $\sigma_s = -f_y$，再由基本公式式 (6-17) 可求得 A'_s，且使 $A'_s \geqslant 0.002bh$，否则取 $A'_s = 0.002bh$。

(2) 若纵向偏心力 $N > f_c bh$，偏心距很小，A_s 应取按式 (6-21) 计算和 $A_s = \rho_{min} bh$ 中的较大值，然后按步骤 (1) 进行设计计算。此时，轴向力作用点靠近截面重心，计算时不考虑偏心距增大系数，初始偏心距取 $e_i = e_0 - e_a$。

$$A_s = \frac{N\left[\frac{h}{2} - a'_s - (e_0 - e_a)\right] - \alpha_1 f_c bh\left(h'_0 - \frac{h}{2}\right)}{f'_y(h'_0 - a_s)} \tag{6-21}$$

式中 h'_0——A'_s 合力作用点至离纵向力较远一侧边缘的距离，$h'_0 = h - a'_s$。

【例 6-3】 已知矩形截面偏心受压柱，截面尺寸 $b \times h = 450\text{mm} \times 500\text{mm}$，柱计算高度 $l_c = 4\text{m}$，承受轴向力设计值 $N = 2244\text{kN}$，柱两端弯矩设计值相等为 $M_1 = M_2 = 204\text{kN} \cdot \text{m}$，混凝土强度等级为 C35，钢筋采用 HRB400 级钢筋，$a_s = a'_s = 40\text{mm}$。求纵向钢筋截面面积 A_s 和 A'_s。

解 (1) 确定基本数据。

由表 3-4、表 4-2 查得，混凝土的设计强度 $f_c = 16.7\text{N/mm}^2$，$\alpha_1 = 1.0$，$\beta_1 = 0.8$；

由表 3-2、表 4-3 查得，钢筋的设计强度 $f_y = f'_y = 360\text{N/mm}^2$，$\xi_b = 0.518$；

$a_s = a'_s = 40\text{mm}$，$h = 500\text{mm}$，则 $h_0 = 500 - 40 = 460\text{mm}$。

(2) 求框架柱设计弯矩 M。

由于 $M_1/M_2 = 1$，$i = \sqrt{\frac{I}{A}} = \frac{h}{2\sqrt{3}} = \frac{500}{2\sqrt{3}} = 144.3\text{mm}$，则

$$\frac{l_c}{i} = \frac{4000}{144.3} = 27.72 > 34 - 12\left(\frac{M_1}{M_2}\right) = 34 - 12 \times 1 = 22$$

因此，需要考虑附加弯矩影响。

$$\zeta = \frac{0.5 f_c A_c}{N} = \frac{0.5 \times 16.7 \times 450 \times 500}{2\ 244\ 000} = 0.84$$

$$C_m = 0.7 + 0.3\frac{M_1}{M_2} = 0.7 + 0.3 \times 1 = 1 > 0.7$$

$$e_a = \frac{h}{30} = \frac{500}{30} = 16.67\text{mm} < 20\text{mm}，取 e_a = 20\text{mm}$$

$$\eta_{ns} = 1 + \frac{1}{1300(M_2/N + e_a)/h_0}\left(\frac{l_c}{h}\right)^2\zeta$$

$$= 1 + \frac{1}{1300 \times [204 \times 10^6/(2244 \times 10^3) + 20]/460} \times \left(\frac{4000}{500}\right)^2 \times 0.84 = 1.172$$

框架结构柱弯矩设计值为

$$M = C_m \eta_{ns} M_2 = 1.0 \times 1.172 \times 204 = 239.09\text{kN} \cdot \text{m}$$

(3) 求 e_i，判别大、小偏心受压。

$$e_0 = \frac{M}{N} = \frac{239.09 \times 10^6}{2244 \times 10^3} = 106.55\text{mm}$$

$$e_i = e_0 + e_a = 106.55 + 20 = 126.55\text{mm} < 0.3h_0 = 0.3 \times 460 = 138\text{mm}$$

则按小偏心受压构件计算。

(4) 求 A_s 及 A'_s。

$$e = e_i + \frac{h}{2} - a_s = 126.55 + \frac{500}{2} - 40 = 336.55\text{mm}$$

因 $N = 2244\text{kN} < f_c bh = 16.7 \times 450 \times 500 = 3757.5\text{kN}$，故取 $A_s = 0.002bh = 0.002 \times 450 \times 500 = 450\text{mm}^2$，选配 3 Φ 14，实际配筋面积 $A_s = 461\text{mm}^2$。

$$\sigma_s = \frac{\xi - \beta_1}{\xi_b - \beta_1} f_y = \frac{\frac{x}{460} - 0.8}{0.518 - 0.8} \times 360 = 1021.28 - 2.7752x$$

代入式（6-16）和式（6-17）联立求解

$$\begin{cases} 2244 \times 10^3 = 1.0 \times 16.7 \times 450x + 360A'_s - (1021.28 - 2.7752x) \times 461 \\ 2244 \times 10^3 \times 336.55 = 1.0 \times 16.7 \times 450x\left(460 - \frac{x}{2}\right) + 360A'_s(460 - 40) \end{cases}$$

解得 $\xi_b h_0 = 0.518 \times 460 = 238.3\text{mm} < x = 290.2\text{mm} < (2\beta_1 - \xi_b)h_0 = 497.7\text{mm}$

$$x = 290.2\text{mm}$$

$$A_s = 453.2\text{mm}^2 > A'_s = \rho'_{min} bh = 0.002 \times 450 \times 500 = 450\text{mm}^2$$

因采用 HRB400 级钢筋，全部纵向钢筋得最小配筋率为 0.55%，即

$$A_s + A'_s \geqslant 0.0055bh = 0.0055 \times 450 \times 500 = 1237.5\text{mm}^2$$

由于受拉纵向钢筋已配置 3 Φ 14（$A_s = 461\text{mm}^2$），则

$$A_s \geqslant 1237.5 - 461 = 776.5\text{mm}^2$$

选配 4 Φ 16，实际配筋面积 $A'_s = 804\text{mm}^2$

（5）全部纵向钢筋得配筋率。

$$\rho = \frac{A_s + A'_s}{bh} = \frac{461 + 804}{450 \times 500} = 0.56\% > 0.55\%$$

满足要求。

（6）验算垂直于弯矩作用平面承载力。

由 $\frac{l_0}{b} = \frac{4000}{450} = 8.9$ 查表 6-1 得 $\varphi = 0.99$，则由式（6-2）

$$\begin{aligned} 0.9\varphi[f_c A + f'_y(A_s + A'_s)] &= 0.9 \times 0.99 \times [16.7 \times 450 \times 500 + 360 \times (461 + 804)] \\ &= 3753.7 \times 10^3\text{N} = 3753.7\text{kN} > N = 2244\text{kN} \end{aligned}$$

满足要求。

二、截面复核

当截面尺寸（$b \times h$）、截面配筋 A_s 和 A'_s、材料强度（f_c、f_y、f'_y）以及构件的计算长度 l_0 均为已知时，根据构件轴力和弯矩的作用方式，截面承载力复核分为有两种情形。

（一）给定轴向力设计值 N，求弯矩作用平面的弯矩设计值 M

根据已知条件，未知数只有 x 和 M 两个。先将已知配筋量和 $x = \xi_b h_0$ 代入式（6-9）求得界限轴向力 N_b。

如果给定的轴向力设计值 $N \leqslant N_b$，则为大偏心受压，可按式（6-9）重新求解截面的受压区高度 x。如果 $x \geqslant 2a'_s$，则将 x 代入式（6-10）求解 e，由式（6-3）及式（6-11）求解 e_0；如求得的 $x < 2a'_s$，则取 $x = 2a'_s$ 利用式（6-14）求解 e'、e_i，由式（6-3）求解 e_0；弯矩设计值 $M = Ne_0$。

如果给定的轴向力设计值 $N > N_b$，则为小偏心受压，按式（6-16）和式（6-18）求解截面的受压区高度 x（或 ξ）。

（1）若 $\xi_b \leqslant \xi \leqslant 2\beta_1 - \xi_b$ 且 $\xi \leqslant h/h_0$，可通过式（6-17）、式（6-3）及式（6-11）求解 e_0。

（2）若 $2\beta_1 - \xi_b < \xi \leqslant h/h_0$，取 $\sigma_s = -f'_y$ 代入式（6-16）重新计算 x，然后通过式

(6-17)、式 (6-3) 及式 (6-11) 求解 e_0 。

(3) 若 $\xi > 2\beta_1 - \xi_b$ 且 $\xi > h/h_0$，取 $x = h$，再通过式 (6-17)、式 (6-3) 及式 (6-11) 求解 e_0 。

(二) 给定轴向力作用的偏心矩 e_0 ，求轴向力设计值 N

此时的未知数为 x 和 N 两个。

因截面配筋已知，故可先按大偏心受压情况，即按图 6-14 (a) 对轴向力 N 作用点取矩，根据力矩平衡条件得

$$\alpha_1 f_c bx\left(e' - a'_s + \frac{x}{2}\right) + f'_y A'_s e' - f_y A_s e = 0 \tag{6-22}$$

式中 e' ——轴向力作用点至纵向受压钢筋合力点之间的距离。

$e' = e_i - h/2 + a'_s$ ，当轴向力 N 作用在 A_s 和 A'_s 之间时，e' 为负值；当轴向力 N 作用在 A_s 和 A'_s 之外时，e' 为正值。

由式 (6-22) 求得 x（或 ξ）值后可能有以下几种情况：

(1) 若 $\xi \leqslant \xi_b$，则为大偏心受压构件，将 ξ 代入大偏心受压构件基本计算公式式 (6-9) 即可求出轴力设计值 N。

(2) 若 $\xi > \xi_b$，则为小偏心受压构件，此时式 (6-22) 中的 f_y 应用 σ_s 代替，由小偏心受压基本公式重新联立求解 x（或 ξ）值，并应类似于第一种情况判断 ξ 的范围，根据 x（或 ξ）值范围由小偏心受压基本公式求出轴力设计值 N。

对小偏心受压构件还应按轴心受压构件验算垂直于弯矩平面的受压承载力，并与上面求得的 N 比较后，取较小值。

【例 6-4】 已知矩形截面偏心受压柱，截面尺寸 $b \times h = 400\text{mm} \times 500\text{mm}$，柱计算高度 $l_c = 5.5\text{m}$，承受轴向力设计值 $N = 800\text{kN}$，已配纵向钢筋 A'_s (2 Φ 16)，A_s (2 Φ 20)，柱两端弯矩相等，混凝土强度等级为 C30，钢筋采用 HRB400 级钢筋，$a_s = a'_s = 40\text{mm}$。求柱端能承担的弯矩设计值 M_2。

解 (1) 确定基本数据。

由表 3-4、表 4-2 查得，混凝土的设计强度 $f_c = 14.3\text{N/mm}^2$，$\alpha_1 = 1.0$，$\beta_1 = 0.8$；

由表 3-2、表 4-3 查得，钢筋的设计强度 $f_y = f'_y = 360\text{N/mm}^2$，$\xi_b = 0.518$；

$$a_s = a'_s = 40\text{mm},\ h = 500\text{mm},\ 则\ h_0 = 500 - 40 = 460\text{mm}$$

$$2\,\Phi\,16,\ A'_s = 402\text{mm}^2;\ 2\,\Phi\,20,\ A_s = 628\text{mm}^2$$

$$e_a = \frac{h}{30} = \frac{500}{30} = 16.67\text{mm} < 20\text{mm}\ ，取\ e_a = 20\text{mm}$$

(2) 判别大、小偏心受压。

求得界限轴向力 N_b

$$\begin{aligned} N_b &= \alpha_1 f_c b h_0 \xi_b + f'_y A'_s - f_y A_s \\ &= 1.0 \times 14.3 \times 400 \times 460 \times 0.518 + 360 \times 402 - 360 \times 628 \\ &= 1281.6 \times 10^3\text{N} = 1281.6\text{kN} > N = 800\text{kN} \end{aligned}$$

故为大偏心受压柱。

(3) 求 x 。

由式 (6-9) 得

$$x=\frac{N-f'_yA'_s+f_yA_s}{\alpha_1 f_c b}=\frac{800\times10^3-360\times402+360\times628}{1.0\times14.3\times400}=154\text{mm}$$

且 $2a'_s=80\text{mm}<x<\xi_b h_0=0.518\times460=238.28\text{mm}$

(4) 求 e_0 。

由式(6-10)得

$$e=\frac{\alpha_1 f_c bx(h_0-0.5x)+f'_yA'_s(h_0-a'_s)}{N}$$

$$=\frac{1.0\times14.3\times400\times154\times(460-0.5\times154)+360\times402\times(460-40)}{800\,000}=497.7\text{mm}$$

由式(6-11)得

$$e_i=e-\frac{h}{2}+a_s=497.7-\frac{500}{2}+40=287.7\text{mm}$$

由式(6-3)得

$$e_0=e_i-e_a=287.7-20=267.7\text{mm}$$

(5) 求 M。

截面弯矩设计值为 $M=Ne_0=800\times267.7=214.16\times10^3\text{N}=214.16\text{kN}\cdot\text{m}$

$$C_m=0.7+0.3\frac{M_1}{M_2}=1$$

大偏心受压构件 $\zeta=1$

$$\frac{M}{M_2}=C_m\eta_{ns}=1+\frac{1}{1300\ (M_2/N+e_a)/h_0}\left(\frac{l_c}{h}\right)^2\zeta$$

$$\frac{214.16\times10^6}{M_2}=1+\frac{1}{1300\times[M_2/(800\times10^3)+20]/460}\times\left(\frac{5500}{500}\right)^2\times1.0$$

解得 $M_2=182.67\text{kN}\cdot\text{m}$

6.4 对称配筋矩形截面偏心受压构件正截面承载力计算

实际工程中,偏心受压构件在不同荷载(风荷载、地震作用、竖向荷载)组合作用下,在同一截面内常承受变号弯矩的作用,即截面在一种荷载组合作用下为受拉的部位,在另一种荷载组合作用下变为受压,截面中原来受拉的钢筋则会变为受压;同时,为了在施工过程中避免把 A'_s 和 A_s 的位置放错,以及在预制构件中,为保证吊装时不出现差错,一般都采用对称配筋。所谓对称配筋,是指在偏心受压构件截面的受拉区和受压区配置相同面积、相同强度等级、同一规格的纵向受力钢筋,即:$A_s=A'_s$ 、$f_y=f'_y$ 、$a_s=a'_s$ 。

6.4.1 截面设计

一、大小偏心的判别

将 $A_s=A'_s$ 、$f_y=f'_y$ 代入式(6-9),可得

$$N=\alpha_1 f_c bx=\alpha_1 f_c bh_0\xi \tag{6-23}$$

由式(6-23)可得

$$\xi=\frac{N}{\alpha_1 f_c bh_0} \tag{6-24}$$

当 $\xi\leqslant\xi_b$ 时,为大偏心受压构件;当 $\xi>\xi_b$ 时,为小偏心受压构件。

二、大偏心受压构件

先用式（6-24）计算 ξ 值及 $x=\xi h_0$ 。

若 $2a'_s \leqslant x < \xi_b h_0$ ，由式（6-10）可直接求得 A'_s ，并使 $A_s = A'_s$ 。

若 $x < 2a'_s$ ，则表示受压钢筋不能达到屈服强度，这时可由式（6-15）求得 A_s ，并使 $A'_s = A_s$ 。

无论哪种情况，所配置的钢筋面积均应满足最小配筋量的要求。

三、小偏心受压构件

将 $A_s = A'_s$ 、$f_y = f'_y$ 及 σ_s 代入式（6-16），基本公式变为

$$N = \alpha_1 f_c b h_0 \xi + f'_y A'_s - f'_y A'_s \frac{\xi - \beta_1}{\xi_b - \beta_1}$$

解得
$$f_y A_s = f'_y A'_s = (N - \alpha_1 f_c b h_0 \xi) \frac{\xi_b - \beta_1}{\xi_b - \xi}$$

将上式代入式（6-17）得

$$Ne \frac{\xi_b - \xi}{\xi_b - \beta_1} = \alpha_1 f_c b h_0^2 \xi (1 - 0.5\xi) \frac{\xi_b - \xi}{\xi_b - \beta_1} + (N - \alpha_1 f_c b h_0 \xi)(h_0 - a'_s) \tag{6-25}$$

这是一个 ξ 的三次方程，计算很麻烦。分析表明，在小偏心受压构件中，对于常用材料，经近似简化并整理后，可得到求解 ξ 的公式为

$$\xi = \frac{N - \xi_b \alpha_1 f_c b h_0}{\dfrac{Ne - 0.43\alpha_1 f_c b h_0^2}{(\beta_1 - \xi_b)(h_0 - a'_s)} + \alpha_1 f_c b h_0} + \xi_b \tag{6-26}$$

将求得的 ξ 代入式（6-17）即可求得

$$A_s = A'_s = \frac{Ne - \alpha_1 f_c b h_0^2 \xi (1 - 0.5\xi)}{f'_y (h_0 - a'_s)} \tag{6-27}$$

当求得 $A_s + A'_s > 0.05bh$ 时，说明截面尺寸过小，宜加大柱截面尺寸。

当求得 $A'_s < 0$ 时，表明柱的截面尺寸较大，这时，应按受压钢筋最小配筋率配置钢筋，可取 $A_s = A'_s = 0.002bh$ ，并使 $A_s + A'_s$ 不小于全部纵筋的最小配筋量。

6.4.2 截面复核

对称配筋截面复核的计算与非对称配筋情况基本相同，只是此时应取 $f_y A_s = f'_y A'_s$ ，在这里不再重述。并且由于 $A_s = A'_s$ ，因此不必再进行反向破坏验算。

【例 6-5】 已知条件同［例 6-2］但取 N=525kN，并采用对称配筋。求纵向钢筋截面面积 $A_s = A'_s$ 。

解 （1）确定基本数据。

由表 3-4、表 4-2 查得，混凝土的设计强度 f_c=14.3N/mm^2，α_1=1.0，β_1=0.8；

由表 3-2、表 4-3 查得，钢筋的设计强度 $f_y = f'_y$=360N/mm^2，ξ_b=0.518；

$a_s = a'_s$=40mm，h=450mm，则 h_0=450−40=410mm

（2）求框架柱设计弯矩 M。

由于 $M_1/M_2=1$，$i=\sqrt{\dfrac{I}{A}} = \dfrac{h}{2\sqrt{3}} = \dfrac{450}{2\sqrt{3}} = 129.9\text{mm}$ ，则

$$\frac{l_c}{i} = \frac{5000}{129.9} = 38.49 > 34 - 12\left(\frac{M_1}{M_2}\right) = 22$$

因此，需要考虑附加弯矩影响。

$$\zeta=\frac{0.5f_cA_c}{N}=\frac{0.5\times14.3\times400\times450}{525\ 000}=2.45>1,\text{取}\ \zeta=1$$

$$C_m=0.7+0.3\frac{M_1}{M_2}=1>0.7$$

$$e_a=\frac{h}{30}=\frac{450}{30}=15\text{mm}<20\text{mm},\text{取}\ e_a=20\text{mm}$$

$$\begin{aligned}\eta_{ns}&=1+\frac{1}{1300(M_2/N+e_a)/h_0}\left(\frac{l_c}{h}\right)^2\zeta\\&=1+\frac{1}{1300\times(399\times10^6/525\ 000+20)/410}\times\left(\frac{5000}{450}\right)^2\times1\\&=1.05\end{aligned}$$

框架结构柱弯矩设计值为

$$M=C_m\eta_{ns}M_2=1\times1.05\times399=418.95\text{kN}\cdot\text{m}$$

(3) 判别大、小偏心受压。

$$\xi=\frac{N}{\alpha_1f_cbh_0}=\frac{525\times10^3}{1.0\times14.3\times400\times410}=0.224<\xi_b=0.518$$

为大偏心受压，则

$$x=\xi\cdot h_0=0.224\times410=91.84\text{mm}>2a'_s=80\text{mm}$$

(4) 求 A_s 及 A'_s。

$$e_0=\frac{M}{N}=\frac{418.95\times10^6}{525\times10^3}=798\text{mm}$$

$$e_i=e_0+e_a=798+20=818\text{mm}$$

$$e=e_i+\frac{h}{2}-a_s=818+\frac{450}{2}-40=1003\text{mm}$$

$$A_s=A'_s=\frac{Ne-\alpha_1f_cbx\left(h_0-\frac{x}{2}\right)}{f'_y(h_0-a'_s)}$$

$$=\frac{525\times10^3\times1003-1.0\times14.3\times400\times91.84\times\left(410-\frac{91.84}{2}\right)}{360\times(410-40)}$$

$$=2517.4\text{mm}^2>A'_s=\rho'_{min}bh=0.002\times400\times450=360\text{mm}^2$$

(5) 选配钢筋直径及根数。

每边选配 4 Φ 25+2 Φ 20，实际配筋面积 $A_s=A'_s=1964+628=2592\text{mm}^2$。

(6) 验算配筋率。

$$A_s+A'_s=2592\times2=5184\text{mm}^2,\ \rho=\frac{5184}{400\times450}=2.88\%>0.55\%$$

满足要求。

6.5 偏心受压构件斜截面受剪承载力计算

偏心受压构件除了作用有轴向力 N 和弯矩 M 外，还有可能作用有较大的剪力 V（如地震作用的框架柱），需要验算其斜截面受剪承载力。由于轴向压力 N 的存在，延缓了斜裂缝的出现和开展，使截面保留有较大的混凝土剪压区面积，可以提高斜截面承载力。

《混凝土规范》对矩形截面偏心受压构件的受剪承载力按式（6-28）计算

$$V \leqslant \frac{1.75}{\lambda + 1.0} f_t b h_0 + f_{yv} \frac{A_{sv}}{s} h_0 + 0.07N \tag{6-28}$$

式中 N——与剪力设计值 V 相应的轴向压力设计值：当 $N > 0.3 f_c A$ 时，取 $N = 0.3 f_c A$，此处 A 为构件的截面面积；

λ——偏心受压构件计算截面的剪跨比，取 $\lambda = \frac{M}{V h_0}$。

思考题

6-1 何谓轴心受压构件和偏心受压构件？试举例说明。

6-2 轴心受压短柱的受力特征如何？轴心受压长柱的破坏特征与短柱有何区别？

6-3 轴心受压柱中配纵向钢筋的作用是什么？

6-4 受压构件中纵向钢筋和箍筋各有哪些构造要求？

6-5 受压构件中对材料强度等级和截面尺寸各有哪些构造要求？

6-6 偏心受压柱正截面破坏形态有几种？破坏特征怎样？与哪些因素有关？

6-7 对于非对称配筋柱和对称配筋柱，应怎样分别判断属于大偏心还是小偏心？

6-8 试解释偏心距调节系数和弯矩增大系数的概念，分别如何计算？

6-9 偏心受压承载力计算中，柱端设计弯矩如何确定？

6-10 受压构件中为什么要控制配筋率？试布置如图 6-16 所示截面的箍筋。

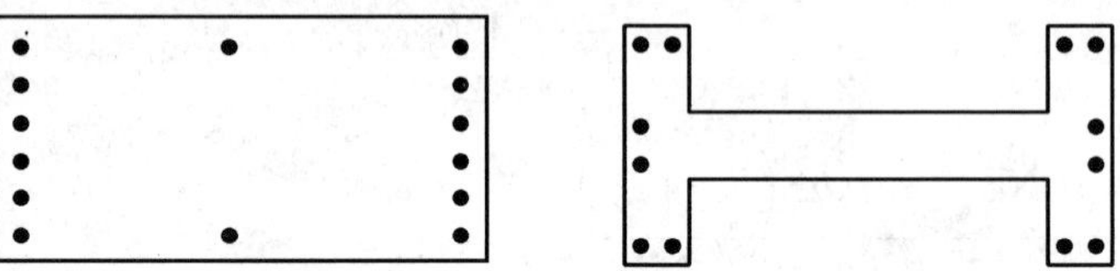

图 6-16 思考题 6-10 图

习题

6-1 某现浇多层钢筋混凝土框架柱，底层中柱按轴心受压构件计算，承受的轴向压力设计值 N=2450kN，柱高 H=6.4m，混凝土强度等级为 C30，HRB335 级纵向钢筋。试求柱截面尺寸和纵向钢筋。

6-2 某轴心受压柱，截面尺寸为 400mm×400mm，柱的计算长度 l_0=5.4m。混凝土强度等级为 C30，钢筋采用 HRB400 级，已配置 4 Φ 22 的纵向钢筋。试求该柱所能承担的轴向压力设计值 N_u。

6-3 某矩形截面钢筋混凝土框架柱，截面尺寸为 $b \times h$=400mm×550mm，柱计算高度 l_0=6.3m，混凝土强度等级为 C30，钢筋采用 HRB400 级钢筋，$a_s = a'_s$=40mm，已知该柱承受的轴向力设计值 N=2000kN，柱端弯矩设计值 $M_1 = M_2$=500kN·m。试求柱所需的纵向钢筋 A_s 和 A'_s。

6-4 已知条件同习题 6-3，但承受的轴向力设计值为 $N=800\text{kN}$，柱端弯矩设计值 $M_1=380\text{kN}\cdot\text{m}$，$M_2=420\text{kN}\cdot\text{m}$。试求柱所需的纵向钢筋 A_s 和 A'_s。

6-5 一钢筋混凝土框架柱，截面尺寸为 $b\times h=450\text{mm}\times 500\text{mm}$，柱的计算长度 $l_0=6\text{m}$。混凝土强度等级为 C30，钢筋采用 HRB400 级，$a_s=a'_s=40\text{mm}$，已知该柱承受的轴向力设计值 $N=3600\text{kN}$，柱端弯矩设计值 $M_1=400\text{kN}\cdot\text{m}$，$M_2=420\text{kN}\cdot\text{m}$。试求柱所需的纵向钢筋 A_s 和 A'_s。

6-6 已知条件同习题 6-3，采用对称配筋，试求 $A_s=A'_s$。

6-7 已知条件同习题 6-5，采用对称配筋，试求 $A_s=A'_s$。

6-8 一钢筋混凝土框架柱，截面尺寸为 $b\times h=500\text{mm}\times 600\text{mm}$，柱的计算长度 $l_0=7\text{m}$。混凝土强度等级为 C30，钢筋采用 HRB400 级，$a_s=a'_s=40\text{mm}$，已知该柱承受的轴向力设计值 $N=4000\text{kN}$，柱端弯矩设计值 $M_1=M_2=450\text{kN}\cdot\text{m}$。采用对称配筋，试求柱所需的纵向钢筋 $A_s=A'_s$。

6-9 已知矩形截面柱，截面尺寸为 $b\times h=400\text{mm}\times 500\text{mm}$，柱的计算长度 $l_0=5\text{m}$。混凝土强度等级为 C30，钢筋采用 HRB400 级，$a_s=a'_s=40\text{mm}$，纵向钢筋为对称配筋 3Φ20。设轴向力的偏心距 $e_0=300\text{mm}$，试求柱的承载力 N_u。

6-10 已知条件同习题 6-9，设轴向力设计值 $N=280\text{kN}$，试求柱能承担的最大弯矩设计值。

第7章　钢筋混凝土受拉构件

钢筋混凝土受拉构件，与受压构件相同，也可分为轴心受拉构件和偏心受拉构件两类。当纵向拉力作用在构件截面重心时，为轴心受拉构件；当纵向拉力作用点偏离截面重心，或构件上既作用有轴向拉力又作用有弯矩时，为偏心受拉构件。在钢筋混凝土结构中，桁架[如图 7-1（a）所示]或拱的拉杆、承受内压力的圆管管壁和圆形贮液池的筒壁[如图 7-1（b）所示]，通常按轴心受拉构件计算。矩形水池的池壁[如图 7-1（c）所示]、煤斗或料仓的壁板、埋在地下受土压力和内水压力共同作用的环形截面管壁[如图 7-1（d）所示]、工业厂房中双肢柱的肢杆等，属于偏心受拉构件。本章主要介绍轴心受拉构件和偏心受拉构件正截面承载力的计算和裂缝宽度的验算，了解受拉构件斜截面承载力计算。

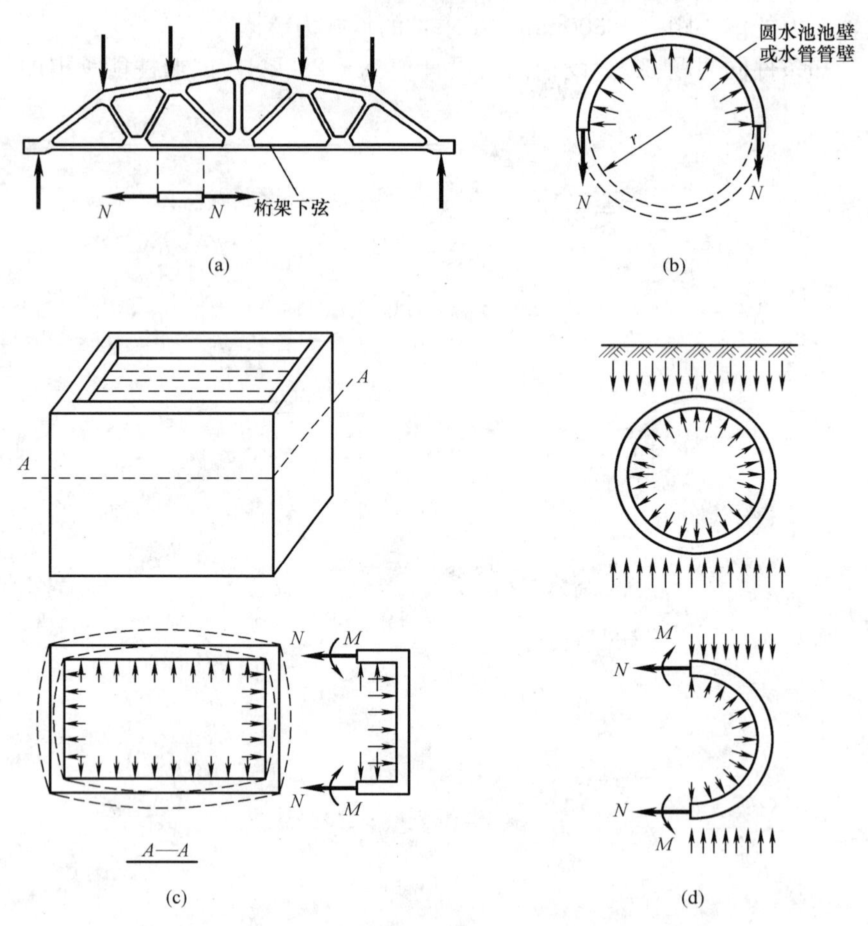

图 7-1　受拉构件的受力

（a）桁架拉杆的受力；（b）圆形截面池壁或管壁的受力；（c）矩形水池池壁的受力；（d）环形截面管壁的受力

7.1　轴心受拉构件正截面受拉承载力计算

钢筋混凝土轴心受拉构件开裂前，混凝土与钢筋共同承担拉力；开裂以后，开裂截面处的混凝土退出工作，全部拉力由钢筋承担；当钢筋应力达到屈服时，构件达到极限承载力。根据如图 7-2 所示的计算图，轴心受拉构件正截面受拉承载力计算公式为

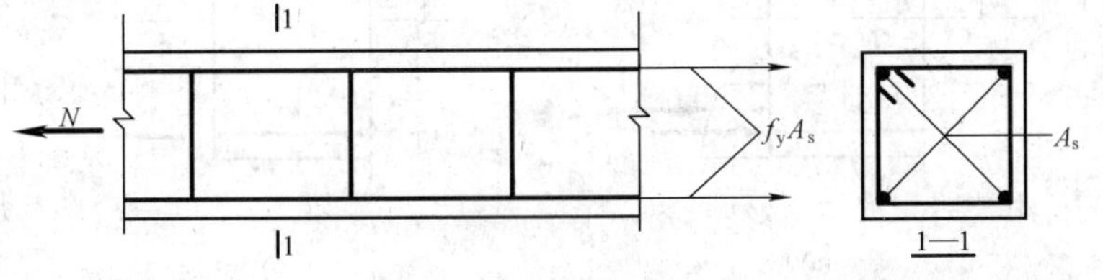

图 7-2　轴心受拉构件的正截面受拉承载力计算图

$$N \leqslant f_y A_s \tag{7-1}$$

式中　N——轴向拉力设计值；

f_y——纵向受拉钢筋的抗拉强度设计值；

A_s——纵向钢筋的全部截面面积。

【例 7-1】　已知某钢筋混凝土屋架下弦，截面尺寸 $b \times h = 200\text{mm} \times 150\text{mm}$，其所受的轴向拉力设计值为 285kN（轴向拉力准永久组合值为 220kN），混凝土强度等级 C25，采用 HRB400 级钢筋。求该轴心受拉构件的截面配筋。

解　(1) 确定基本数据。

由表 3-4 查得，混凝土的设计强度 $f_t = 1.27\text{N/mm}^2$；

由表 3-2 查得，纵向钢筋的设计强度 $f_y = 360\text{N/mm}^2$。

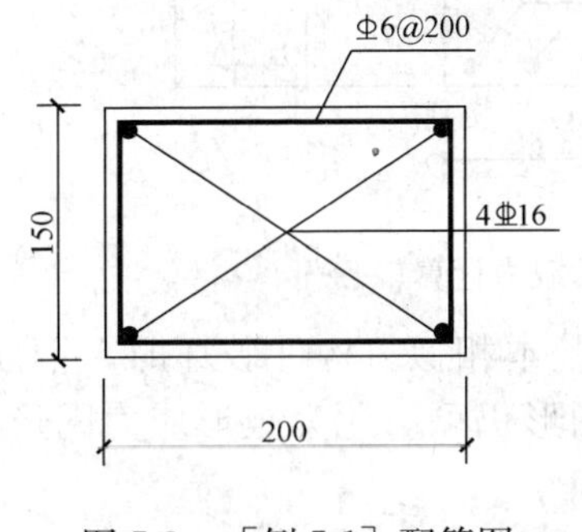

图 7-3　[例 7-1] 配筋图

(2) 计算纵向受拉钢筋 $A_s = \dfrac{N}{f_y} = \dfrac{285 \times 10^3}{360} = 791.67\text{mm}^2$。

(3) 选配钢筋直径及根数。

选配 4 Φ 16，实际配筋面积 $A_s = 804\text{mm}^2$，配筋如图 7-3 所示。

(4) 验算适用条件。

轴心受拉构件一侧的受拉钢筋 $\rho_{\min}$ 取 0.2% 和 $45f_t/f_y$ (%) 中的较大值，$45f_t/f_y$ (%) $= 45 \times 1.27/360 = 0.16\%$，故取 $\rho_{\min} = 0.2\%$

$$A_{s\min} = \rho_{\min} bh = 0.2\% \times 200 \times 150 = 60\text{mm}^2 < A_s/2 = 402\text{mm}^2，满足要求。$$

7.2　偏心受拉构件正截面受拉承载力计算

偏心受拉构件按其纵向拉力 N 的作用位置不同，可分为大偏心受拉与小偏心受拉两种情况。对于如图 7-4 所示的矩形截面，截面上作用有轴向拉力 N，其偏心距 e_0，距轴向拉力 N 较近一侧的纵向钢筋截面面积为 A_s，较远一侧的为 A'_s。当轴向拉力 N 不作用在钢筋 A_s 合力点和 A'_s 合力点之间时，属于大偏心受拉构件；当轴向力 N 作用在钢筋 A_s 合力点和

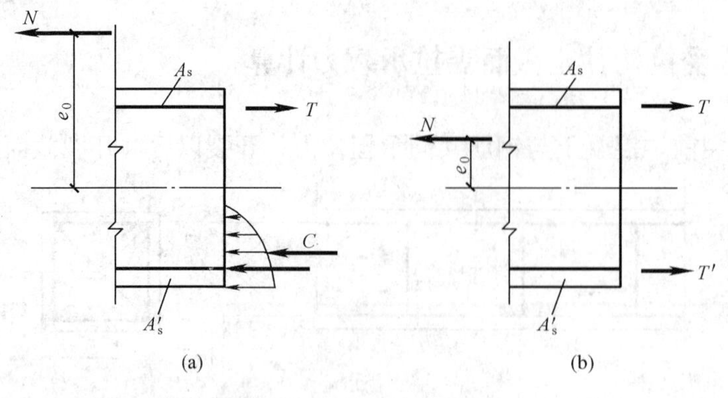

图 7-4 两种偏心受拉构件
(a) 大偏心受拉构件；(b) 小偏心受拉构件

A'_s合力点之间时，属于小偏心受拉构件。

7.2.1 大偏心受拉构件正截面受拉承载力计算

当大偏心受拉时，距轴向拉力 N 较近一侧的混凝土受拉，较远一侧的混凝土受压。随着荷载 N 的增加，当受拉侧混凝土拉应变达到其极限拉应变时截面部分开裂，但截面上始终存在受压区，截面不会裂通。当 N 增大至一定值时，离轴向拉力 N 较近一侧的受拉钢筋首先达到屈服，裂缝进一步向受压区开展延伸，使受压区面积减小，混凝土的压应力和压应变增大，直至受压侧边缘混凝土达到极限压应变，受压区混凝土被压碎而破坏，同时，受压钢筋达到屈服。

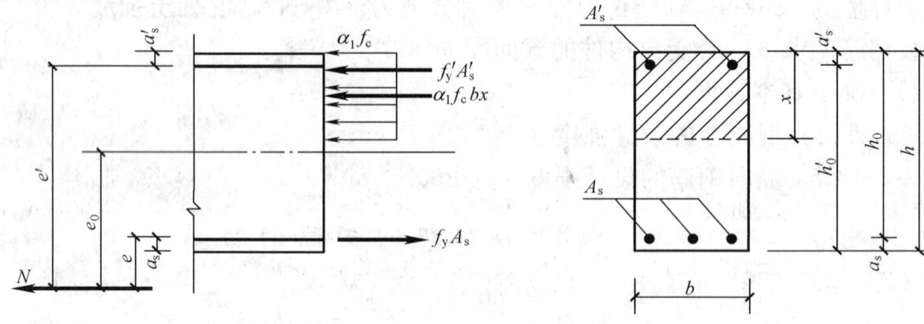

图 7-5 矩形截面大偏心受拉构件正截面受拉承载力计算

可以看出，大偏心受拉构件破坏特征与大偏心受压构件基本相似。构件破坏时，钢筋 A_s 及 A'_s 的应力都达到屈服强度，受压区混凝土的计算应力图形仍可简化为矩形应力图形，受压区混凝土强度为 $\alpha_1 f_c$，截面应力图形如图 7-5 所示。

根据平衡条件，可以得到矩形截面大偏心受拉构件正截面受拉承载力计算的基本公式为

$$N \leqslant f_y A_s - f'_y A'_s - \alpha_1 f_c bx \tag{7-2}$$

$$Ne \leqslant \alpha_1 f_c bx \left(h_0 - \frac{x}{2}\right) + f'_y A'_s (h_0 - a'_s) \tag{7-3}$$

$$e = e_0 - \frac{h}{2} + a_s \tag{7-4}$$

上列公式的适用条件为：

(1) 为保证受拉钢筋 A_s 达到屈服强度 f_y，应满足 $x \leqslant \xi_b h_0$；

(2) 为保证受压钢筋 A'_s 达到屈服强度 f'_y，应满足 $x \geqslant 2a'_s$。

当 $x > \xi_b h_0$ 时，受拉钢筋不屈服，这种情况是由于受拉钢筋的配筋率过大引起的，与受弯构件超筋梁类似，应避免采用。当 $x < 2a'_s$ 时，截面破坏时受压钢筋应力达不到屈服，此

时可取$x=2a'_s$，并对受压钢筋A'_s合力点取矩，可得矩形截面大偏心受拉构件正截面受拉承载力计算公式为

$$Ne' \leqslant f_y A_s (h_0 - a_s) \tag{7-5}$$

$$e' = e_0 + \frac{h}{2} - a'_s \tag{7-6}$$

式中　e'——轴向拉力作用点至受压钢筋A'_s合力点之间的距离。

由此可见，大偏心受拉构件的截面设计与大偏心受压构件类似，所不同的只是轴向拉力N的方向与偏心受压相反。

一、截面设计

已知截面尺寸（$b \times h$），轴向拉力设计值（N）及截面弯矩设计值（M），混凝土的强度等级和钢筋的种类（f_c、f_y、f'_y），求受拉钢筋截面积A_s和受压钢筋截面积A'_s。

为了充分发挥混凝土的抗压作用，使钢筋的总用量（$A_s+A'_s$）为最少，可采用与大偏心受压构件相同的方法，可先令$x=\xi_b h_0$，然后代入式（7-3）求解A'_s，将A'_s及x代入式（7-2）求得A_s。如果解得的A'_s小于最小配筋率的要求，可取$A'_s=\rho'_{min}bh$，并按A'_s为已知的情况下，由式（7-3）重新求得x，代入式（7-2）求出A_s。A_s需满足最小配筋率的要求，即$A_s \geqslant \rho_{min}bh$。当计算得到的$x<2a'_s$时，说明受压钢筋不屈服，应取$x=2a'_s$，按式（7-5）计算$A_s$。

二、承载力复核

已知截面尺寸（$b \times h$），混凝土的强度等级和钢筋的种类（f_c、f_y、f'_y），受拉钢筋和受压钢筋截面面积（A_s、A'_s），求截面的承载力或复核截面承载力是否能抵抗轴向拉力N。

联立解式（7-2）、式（7-3）求得x。在x值满足适用条件的前提下，可由式（7-2）求解截面所能承受的轴向拉力N_u；如果$x>\xi_b h_0$，则取$x=\xi_b h_0$代入式（7-3）求解N_u；如果$x<2a'_s$，则由式（7-5）求解N_u。

对称配筋时，由于$A_s=A'_s$和$f_y=f'_y$，将其代入基本公式式（7-2）后，必然会求得x为负值，即属于$x<2a'$的情况。此时可按式（7-5）并取$A'_s=0$分别计算A_s的值，最后按所得较小值配筋。

【例 7-2】　已知某矩形水池，壁厚为$h=300$mm，经内力分析，求得跨中水平方向每米宽度上最大弯矩设计值$M=130$kN·m，相应的每米宽度上的轴向拉力设计值$N=260$kN，如图 7-6 所示，该水池的混凝土强度等级为 C30，采用 HRB400 级钢筋，环境等级为二 b 类。求水池在该处所需的A_s及A'_s值。

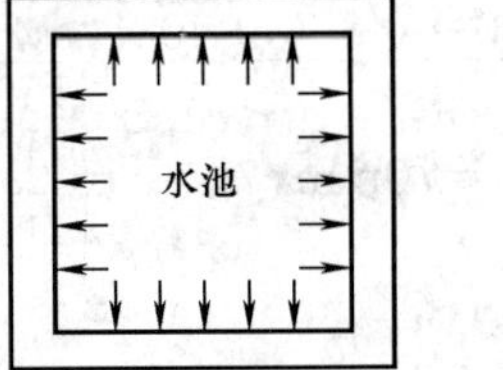

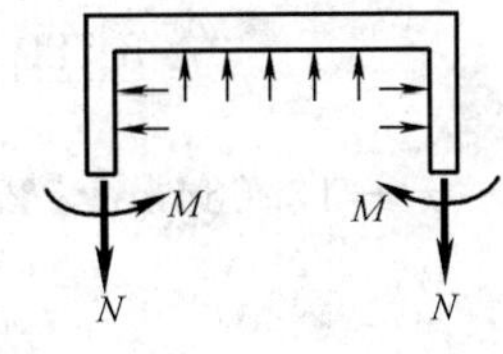

图 7-6　矩形水池池壁弯矩M和拉力N的示意图

解　（1）确定基本数据。

由表 3-4、表 4-2 查得，混凝土的设计强度$f_c=14.3\text{N/mm}^2$，$f_t=1.43\text{N/mm}^2$；$\alpha_1=1.0$；

由表 3-2、表 4-3 查得，钢筋的设计强度$f_y=f'_y=360\text{N/mm}^2$，$\xi_b=0.518$；

截面尺寸 $b\times h=1000\text{mm}\times 300\text{mm}$；

由表 3-11 查得，钢筋的混凝土保护层最小厚度为 25mm，取 $a_s=a'_s=35\text{mm}$，则有效高度

$$h_0=h-a_s=300-35=265\text{mm}$$

（2）判别偏心情况。

$$e_0=\frac{M}{N}=\frac{130}{260}=0.5\text{m}=500\text{mm}>h/2-a_s=150-35=115\text{mm}$$

轴向拉力 N 不作用在钢筋 A_s 合力点和 A'_s 合力点之间时，属于大偏心受拉构件。

$$e=e_0-\frac{h}{2}+a_s=500-150+35=385\text{mm}$$

（3）求 A'_s。

先假定 $x=x_b=\xi_b h_0=0.518\times 265=137.27\text{mm}$ 来计算 A'_s 值，因为这样能使（$A_s+A'_s$）的用量为最少。

$$A'_s=\frac{Ne-\alpha_1 f_c b x_b(h_0-x_b/2)}{f'_y(h_0-a'_s)}$$

$$=\frac{260\times 10^3\times 385-1.0\times 14.3\times 1000\times 137.27\times(265-137.27/2)}{360\times(265-35)}<0$$

按构造要求，$\rho'_{\min}$ 取 0.2%和 $45f_t/f_y$（%）中的较大值，$45f_t/f_y$（%）$=45\times 1.43/360=0.18\%$，故取 $\rho'_{\min}=0.2\%$，所以 $A'_s=\rho'_{\min}bh=0.002\times 1000\times 300=600\text{mm}^2$，选用 HRB400 级钢筋，Φ 10@130mm，$A'_s=604\text{mm}^2$。

（4）求 A_s。

这样该题由求算 A'_s 及 A_s 的问题转化为已知 A'_s 求 A_s 的问题。此时 x 不再是界限值 x_b，必须重新求算 x 值，计算方法与偏心受压构件计算类同。由式（7-3）计算 x 值

$$\alpha_1 f_c bx\left(h_0-\frac{x}{2}\right)+f'_y A'_s(h_0-a'_s)-Ne=0$$

代入数据得

$$1.0\times 14.3\times 1000\times x\times(265-x/2)+360\times 600\times(265-35)-260\times 10^3\times 385=0$$

整理得

$$7150x^2-3\ 789\ 500x+50\ 420\ 000=0$$

$$x=\frac{3\ 789\ 500-\sqrt{3\ 789\ 500^2-4\times 7150\times 50\ 420\ 000}}{2\times 7150}=13.66\text{mm}$$

$x=13.66\text{mm}<2a'_s=70\text{mm}$，取 $x=2a'_s$，并对 A'_s 合力点取矩，可求得 A_s，$e'=e_0+\frac{h}{2}-a'_s$

$$A_s=\frac{Ne'}{f_y(h_0-a_s)}=\frac{260\times 10^3\times(500+300/2-35)}{360\times(265-35)}=1931\text{ mm}^2$$

另外取 $A'_s=0$，由式（7-3）重求 x 值

$$\alpha_1 f_c bx\left(h_0-\frac{x}{2}\right)-Ne=0$$

代入数据得 $7150x^2-3\ 789\ 500x+50\ 420\ 000=0$

$$1.0\times 14.3\times 1000\times x(265-x/2)-260\times 10^3\times 385=0$$

$$7150x^2-3\ 789\ 500x+100\ 100\ 000=0$$

$$x=\frac{3\ 789\ 500-\sqrt{3\ 789\ 500^2-4\times 7150\times 100\ 100\ 000}}{2\times 7150}=27.88\text{mm}$$

由式（7-2）重求得 A_s 值

$$A_s=\frac{N+f'_yA'_s+\alpha_1 f_c bx}{f_y}=\frac{260\times 10^3+0+1.0\times 14.3\times 1000\times 27.88}{360}=1830\text{mm}^2$$

从上面计算中取较小值配筋。取 $A_s=1830\text{mm}^2$，选配Φ16@110mm（$A_s=1828\text{mm}^2$），配筋如图 7-7 所示。

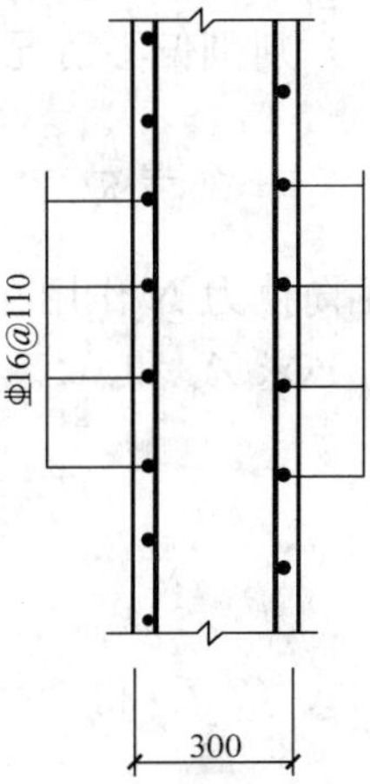

图 7-7　［例 7-2］配筋图

7.2.2　小偏心受拉构件正截面受拉承载力计算

在小偏心拉力作用下，临破坏前整个截面混凝土全部裂通，混凝土全部退出工作，拉力完全由钢筋承担，如图 7-8 所示。构件破坏时，钢筋 A_s 及 A'_s 的应力都达到屈服强度。

根据平衡条件，可以得到矩形截面小偏心受拉构件正截面受拉承载力计算的基本公式为

$$Ne=f_yA'_s(h_0-a'_s) \tag{7-7}$$

$$Ne'=f_yA_s(h'_0-a_s) \tag{7-8}$$

式中　e'——轴向拉力作用点至 A'_s 合力点的距离，$e'=\frac{h}{2}+e_0-a'_s$；

e——轴向拉力作用点至 A_s 合力点的距离，$e=\frac{h}{2}-e_0-a_s$。

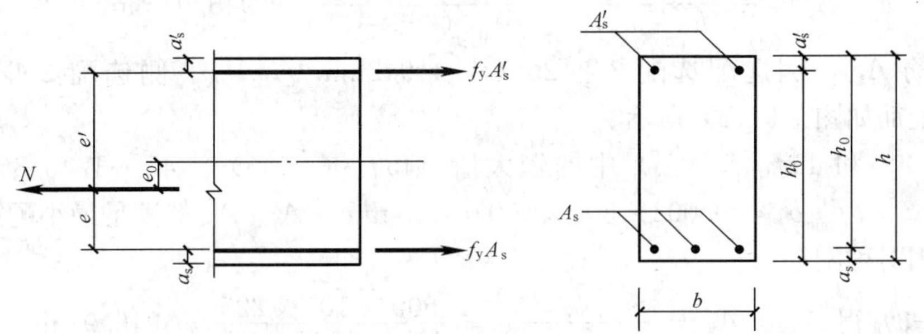

图 7-8　矩形截面小偏心受拉构件正截面受拉承载力计算

当采用对称配筋时，离纵向拉力较远一侧的钢筋 A'_s 的应力达不到其抗拉屈服强度设计值。因此，设计截面时可按下列公式计算

$$A'_s=A_s=\frac{Ne'}{f_y(h_0-a_s)} \tag{7-9}$$

$$e'=\frac{h}{2}+e_0-a'_s$$

在轴心受拉和小偏心受拉构件中，纵向受力钢筋的接头应采用可靠焊接。

【例 7-3】　矩形截面偏心受拉构件，$b=300\text{mm}$，$h=400\text{mm}$，承受轴向拉力设计值 $N=500\text{kN}$，弯矩设计值 $M=45\text{kN}\cdot\text{m}$，采用 C30 级混凝土，HRB400 级钢筋，环境等级为二 b 类。求该偏心受拉构件的纵向钢筋。

解　(1) 确定基本数据。

由表 3-4、表 4-2 查得，混凝土的设计强度 $f_c=14.3\text{N/mm}^2$，$f_t=1.43\text{N/mm}^2$；

$\alpha_1=1.0$；

由表 3-2、表 4-3 查得，钢筋的设计强度 $f_y=360\text{N/mm}^2$，$\xi_b=0.518$；

由表 3-11 查得，钢筋的混凝土保护层最小厚度为 25mm，取 $a_s=a'_s=35\text{mm}$，则有效高度

$$h_0=h-a_s=400-35=365\text{mm}，h'_0=h-a'_s=400-35=365\text{mm}$$

（2）判别偏心情况。

$$e_0=\frac{M}{N}=\frac{45}{500}=0.09\ \text{m}=90\text{mm}<h/2-a_s=200-35=165\ \text{mm}$$

轴向拉力 N 作用在钢筋 A_s 合力点和 A'_s 合力点之间时，属于小偏心受拉构件。

（3）求 A_s 和 A'_s。

$$e'=\frac{h}{2}+e_0-a'_s=200+90-35=255\text{mm}$$

$$e=\frac{h}{2}-e_0-a_s=200-90-35=75\text{mm}$$

由式（7-7）得

$$A'_s=\frac{Ne}{f_y(h_0-a'_s)}=\frac{500\times10^3\times75}{360\times(365-35)}=315.66\text{mm}^2$$

由式（7-8）得

$$A_s=\frac{Ne'}{f_y(h'_0-a_s)}=\frac{500\times10^3\times225}{360\times(365-35)}=946.97\ \text{mm}^2$$

选配钢筋 A_s 一侧选配选配 3 Φ 20（$A_s=942\text{mm}^2$），A'_s 一侧选配 2 Φ 14（$A'_s=308\text{mm}^2$），配筋如图 7-9（a）所示。

ρ_{min}取 0.2%和 $45f_t/f_y$（%）中的较大值，$45f_t/f_y$（%）$=45\times1.43/360=0.18\%$，故取 $\rho_{min}=0.2\%$，$\rho_{min}bh=0.002\times300\times400=240\ \text{mm}^2$，$A_s$、$A'_s$ 都满足最小配筋率的要求。

（4）采用对称配筋。

由式（7-9）得 $A'_s=A_s=\dfrac{Ne'}{f_y(h_0-a_s)}=\dfrac{500\times10^3\times225}{360\times(365-35)}=946.97\ \text{mm}^2$

每侧均选配 3 Φ 20（$A_s=942\text{mm}^2$），配筋如图 7-9（b）所示。

(a)

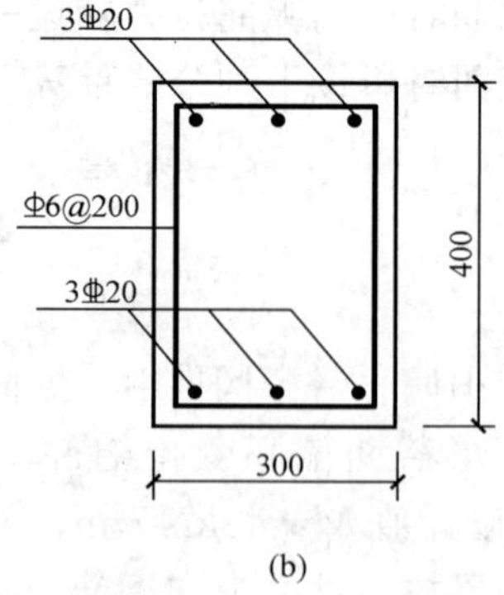

(b)

图 7-9 ［例 7-3］配筋图

（a）非对称配筋；（b）对称配筋

7.3　偏心受拉构件斜截面受剪承载力计算

一、轴向拉力对斜截面抗剪强度的影响

偏心受拉构件同时承受较大的剪力作用时，需验算其斜截面的受剪承载力。轴向拉力 N 的存在将使斜裂缝提前出现，在小偏心受拉情况下甚至会形成贯通全截面的斜裂缝，使斜截面受剪承载力降低。受剪承载力的降低与轴向拉力 N 几乎成正比。

二、计算公式

通过对试验资料的分析，矩形截面的钢筋混凝土偏心受拉构件，其斜截面受剪承载力可按式（7-10）计算

$$V \leqslant \frac{1.75}{\lambda+1} f_t b h_0 + f_{yv} \frac{A_{sv}}{s} h_0 - 0.2N \tag{7-10}$$

式中　N——与剪力设计值 V 相应的轴向拉力设计值；

λ——计算截面的剪跨比，其取值与偏心受压构件相同。

当式（7-10）右边的计算值小于 $f_{yv} \frac{A_{sv}}{s} h_0$ 时，则斜裂缝贯通全截面，剪力全部由箍筋承担，受剪承载力应取等于 $f_{yv} \frac{A_{sv}}{s} h_0$。为防止斜拉破坏，此时 $f_{yv} \frac{A_{sv}}{s} h_0$ 值不得小于 $0.36 f_t b h_0$。

7.4　钢筋混凝土受拉构件的裂缝宽度验算

钢筋混凝土受拉构件与受弯构件相比，由于轴向拉力的作用，增加了混凝土的拉应力和拉应变，使得受拉构件裂缝提前出现，而且裂缝的开展在荷载效应的准永久组合下可能要宽，所以对于受拉构件，除进行正截面承载力、斜截面承载力的计算外，还必须进行裂缝宽度的验算。《混凝土规范》对钢筋混凝土轴心受拉、偏心受拉构件，按荷载准永久组合并考虑长期作用的影响，最大裂缝宽度的计算采用统一的计算表达式，即

$$w_{max} = \alpha_{cr} \psi \frac{\sigma_{sq}}{E_s} l_{cr}$$

（1）对于轴心受拉构件，最大裂缝宽度的计算公式为

$$w_{max} = 2.7 \psi \frac{\sigma_{sq}}{E_s} \left(1.9 c_s + 0.08 \frac{d_{eq}}{\rho_{te}}\right) \tag{7-11}$$

式中　ρ_{te}——纵向受拉钢筋的有效配筋率，取 $\rho_{te} = A_s / bh$；

σ_{sq}——按荷载准永久组合计算的纵向受拉钢筋的应力。

$$\sigma_{sq} = \frac{N_q}{A_s} \tag{7-12}$$

式中　N_q——按荷载准永久组合计算的轴向力值；

A_s——全部纵向钢筋截面面积。

（2）对于偏心受拉构件，最大裂缝宽度的计算公式为

$$w_{max} = 2.4 \psi \frac{\sigma_{sq}}{E_s} \left(1.9 c_s + 0.08 \frac{d_{eq}}{\rho_{te}}\right) \tag{7-13}$$

在荷载准永久组合下，钢筋混凝土构件受拉区纵向钢筋的应力按式（7-14）计算

$$\sigma_{sq}=\frac{N_q e'}{A_s\ (h_0-a'_s)} \tag{7-14}$$

式中 e'——轴向拉力作用点至受压区或受拉较小边纵向钢筋合力点的距离；

A_s——受拉较大边的纵向钢筋截面面积。

其他符合意义同前。

【例 7-4】 条件同［例 7-1］的屋架下弦，环境等级为一类，裂缝控制等级为三级。最大裂缝宽度的限值为 $w_{lim}=0.3\text{mm}$，试验算是否满足正常使用要求？

解 （1）确定基本数据。

由表 2-5 查得，混凝土轴心抗拉强度标准值 $f_{tk}=1.78\text{N/mm}^2$；

由表 2-4 查得，钢筋的弹性模量 $E_s=2.0\times10^5\text{N/mm}^2$；

由表 3-11 查得，钢筋的混凝土保护层最小厚度为 25mm；

$$A_s=804\text{mm}^2$$

（2）计算纵向钢筋的应力。

$$\sigma_{sq}=\frac{N_q}{A_s}=\frac{220\times10^3}{804}=273.63\text{N/mm}^2$$

（3）纵向受拉钢筋的有效配筋率。

$$\rho_{te}=\frac{A_s}{A_{te}}=\frac{804}{200\times150}=0.0268$$

（4）计算受拉钢筋应变不均匀系数 ψ。

$$\psi=1.1-0.65\times\frac{f_{tk}}{\rho_{te}\sigma_s}=1.1-0.65\times\frac{1.78}{0.0268\times273.63}=0.94$$

（5）最大裂缝宽度验算。

$$\begin{aligned}w_{max}&=2.7\psi\frac{\sigma_{sq}}{E_s}\left(1.9c_s+0.08\frac{d_{eq}}{\rho_{te}}\right)\\&=2.7\times0.94\times\frac{273.63}{2.0\times10^5}\times\left(1.9\times25+0.08\times\frac{16}{0.0268}\right)\\&=0.331\text{mm}>w_{lim}=0.3\text{mm}\end{aligned}$$

裂缝宽度不满足要求，需重新选配钢筋。

采用减小钢筋直径的办法，选用 4 Φ 14＋2 Φ 12，实际配筋面积 $A_s=841\text{mm}^2$，重新验算

$$\sigma_{sq}=261.59\text{N/mm}^2,\ \rho_{te}=0.028,\ \psi=0.94$$

$$d_{eq}=\frac{\sum n_i d_i^2}{\sum n_i\nu_i d_i}=\frac{4\times14^2+2\times12^2}{4\times1\times14+2\times1\times12}=13.4$$

$$\begin{aligned}w_{max}&=2.7\psi\frac{\sigma_{sq}}{E_s}\left(1.9c_s+0.08\frac{d_{eq}}{\rho_{te}}\right)\\&=2.7\times0.94\times\frac{261.59}{2.0\times10^5}\times\left(1.9\times25+0.08\times\frac{13.4}{0.028}\right)\\&=0.285\text{mm}<w_{lim}=0.3\text{mm}\end{aligned}$$

裂缝宽度满足要求。

思　考　题

7-1　何谓轴心受拉构件和偏心受拉构件？试举例说明。

7-2　大小偏心受拉的界限是如何划分的？试写出对称配筋矩形截面大小偏心受拉界限时的轴力和弯矩。

7-3　试说明为什么对称配筋矩形截面偏心受拉构件：（1）在小偏心受拉情况下，A'_s 不可能达到 f_y；（2）在大偏心受拉情况下，A'_s 不可能达到 f'_y，也不可能出现 $\xi > \xi_b$ 的情况。

7-4　大、小偏心受拉构件的破坏特征有何不同？

7-5　大偏心受拉构件的适用条件是什么？

7-6　试比较不对称配筋矩形截面在承受的弯矩相同的情况下，分别在受弯、大偏心受压和大偏心受拉时截面的总配筋量。

7-7　大偏心受拉构件的正截面承载力计算中，ξ_b 为什么取与受弯构件相同？

7-8　轴向拉力对受剪承载力有何影响？当斜裂缝贯通全截面时，如何计算受剪承载力？

习　　题

7-1　已知某钢筋混凝土屋架下弦，截面尺寸 $b \times h = 200\text{mm} \times 300\text{mm}$，其所受的轴向拉力设计值为 230kN，混凝土强度等级 C25，采用 HRB335 级钢筋，环境等级为一类。求该轴心受拉构件的截面配筋。

7-2　已知某构件承受轴向拉力设计值 $N=550\text{kN}$，弯矩设计值 $M=50\text{kN}\cdot\text{m}$，构件的截面尺寸为 $b=300\text{mm}$，$h=400\text{mm}$，混凝土强度等级为 C30，钢筋采用 HRB400 级，环境等级为二 b 类。试计算构件的截面配筋。

7-3　矩形截面偏心受拉构件，截面尺寸为 $b=300\text{mm}$，$h=500\text{mm}$，承受轴向拉力设计值 $N=660\text{kN}$，弯矩设计值 $M=46.2\text{kN}\cdot\text{m}$，混凝土强度等级为 C30，钢筋采用 HRB400 级，环境等级为一类。计算构件的截面配筋。

7-4　已知矩形截面，$b=300\text{mm}$，$h=400\text{mm}$，对称配筋 $A_s = A'_s = 942\text{mm}^2$（3 Φ 20）。承受的弯矩 $M=80\text{kN}\cdot\text{m}$，试确定该截面所能承受的最大轴向拉力和最大轴向压力（不考虑附加偏心距和偏心距增大系数）。

7-5　已知某屋架下弦按轴心受拉构件设计，截面尺寸 $b \times h = 200\text{mm} \times 160\text{mm}$，配置 4 Φ 16HRB400级钢筋，轴向拉力准永久组合值为 150kN，混凝土强度等级为 C40，环境等级为二 a 类，裂缝控制等级为三级。最大裂缝宽度的限值为 $w_{lim}=0.2\text{mm}$，试验算是否满足正常使用要求？

7-6　已知某矩形水池，壁厚为 $h=300\text{mm}$，经内力分析，求得跨中水平方向每米宽度上最大弯矩设计值 $M=120\text{kN}\cdot\text{m}$（最大弯矩准永久组合值为 $88.89\text{kN}\cdot\text{m}$），相应的每米宽度上的轴向拉力设计值 $N=240\text{kN}$（轴向拉力准永久组合值为 177.78kN），该水池的混凝土强度等级为 C30，采用 HRB335 级钢筋，环境等级为二 b 类。求：（1）水池在该处所需的 A_s 及 A'_s 值。（2）裂缝控制等级为三级，最大裂缝宽度的限值为 $w_{lim}=0.2\text{mm}$。试验算是否满足正常使用要求？

第8章　钢筋混凝土楼盖

对于现浇整体单向板肋形楼盖，要求掌握结构平面布置；熟练掌握按弹性理论及塑性内力的计算方法；建立折算荷载、塑性铰、内力重分布、弯矩调幅等概念；深入理解连续梁、板截面设计特点及配筋构造要求。对于现浇双向板肋形楼盖，要求了解静力工作特点；掌握内力按弹性理论计算的近似方法；熟悉这种楼盖结构的截面设计和构造要求。

8.1　概　　述

钢筋混凝土楼盖是由梁、板、柱（或板、柱）组成的梁板结构体系，它是工业与民用建筑中的屋盖、楼盖、阳台、雨篷、楼梯等构件广泛采用的一种结构形式。此外，其他属于梁板结构体系的结构构件还很多，例如板式基础、桥梁的桥面结构、水池的底板和顶板、挡土墙等。其中楼盖和屋盖是最典型的梁板结构，因此了解楼盖结构的选型，正确布置板格，掌握结构的计算和构造，具有普遍的工程意义。

8.1.1　楼盖的结构类型

通常有三种分类方法：

(1) 按受力形式不同，分为单向板肋梁楼盖、双向板肋梁楼盖、井式楼盖、密肋楼盖和无梁楼盖。其中，单向板肋梁楼盖和双向板肋梁楼盖应用最普遍。

(2) 按施工方法不同，分为现浇式、装配式和装配整体式三种。现浇混凝土楼盖的刚度大，整体性好，抗震性强，防水性能好。现浇楼盖、屋盖适用于各种特殊的情况。例如，有较重的集中设备荷载或有较复杂的孔洞，有振动荷载作用，平面布置不规则，高层建筑以及抗震结构等。缺点是需要现场支模和铺设钢筋，现场的工作量大，且工期较长。

装配式楼盖、屋盖是采用混凝土预制件在现场安装连接而成，便于工业化生产和机械化施工，可减轻劳动强度，提高生产率，减少现场湿作业。但是这种楼面由于整体性、抗震性、防水性能较差，不便于开设孔洞，在一些地区的建筑中，装配式楼盖的使用常受到限制。

装配整体式楼盖、屋盖是将各种预制梁、板在现场吊装就位后，通过整结措施和现浇混凝土构成整体。装配整体式楼盖的刚度、整体性和抗震性能比装配式的好，又比现浇式的节省模板和支承，但是装配整体式的焊接工作量往往较大，并且需要混凝土二次浇灌。

(3) 按施加应力情况可分为钢筋混凝土楼盖和预应力混凝土楼盖两种。预应力混凝土楼盖用得最广泛的是无黏结预应力混凝土平板楼盖；预应力楼盖可有效地减轻结构自重，降低建筑物层高，增大楼板跨度，减小裂缝的发生和发展。

8.1.2　肋梁楼盖和无梁楼盖

用梁将楼板分成多个区格，从而形成整浇的连续板和连续梁，因板厚也是梁高的一部分，故梁的截面形状为T形。这种由梁板组成的现浇楼盖，通常称为肋梁楼盖。随着板区格平面尺寸比的不同，又可分为单向板肋梁楼盖和双向板肋梁楼盖，如图8-1 (a)、(b)

所示。

肋梁楼盖一般由板、次梁和主梁组成。次梁承受板传来的荷载，并通过自身的受弯将荷载传递到主梁上，主梁作为次梁的不动支点承受次梁传来的荷载，并将荷载传递给主梁的支承——柱或墙。即传力路线为：板→次梁→主梁→柱或墙→基础。肋梁楼盖中的主梁可以是连续梁，也可以与柱子构成的框架结构，即主梁是框架梁。

用梁将楼板划分成若干个正方形或接近正方形的小区格，两个方向的梁截面相同，不分主梁和次梁，都直接承受板传来的荷载，这种楼盖称为井式楼盖，如图 8-1（c）所示。

用间距较密的小梁作为楼板的支承构件而形成的楼盖称为密肋楼盖，如图 8-1（d）所示。

不设梁，将板直接支承在柱上的楼盖称为无梁楼盖，如图 8-1（e）所示。无梁楼盖与柱构成板柱结构，在柱的上端通常要设置柱帽。

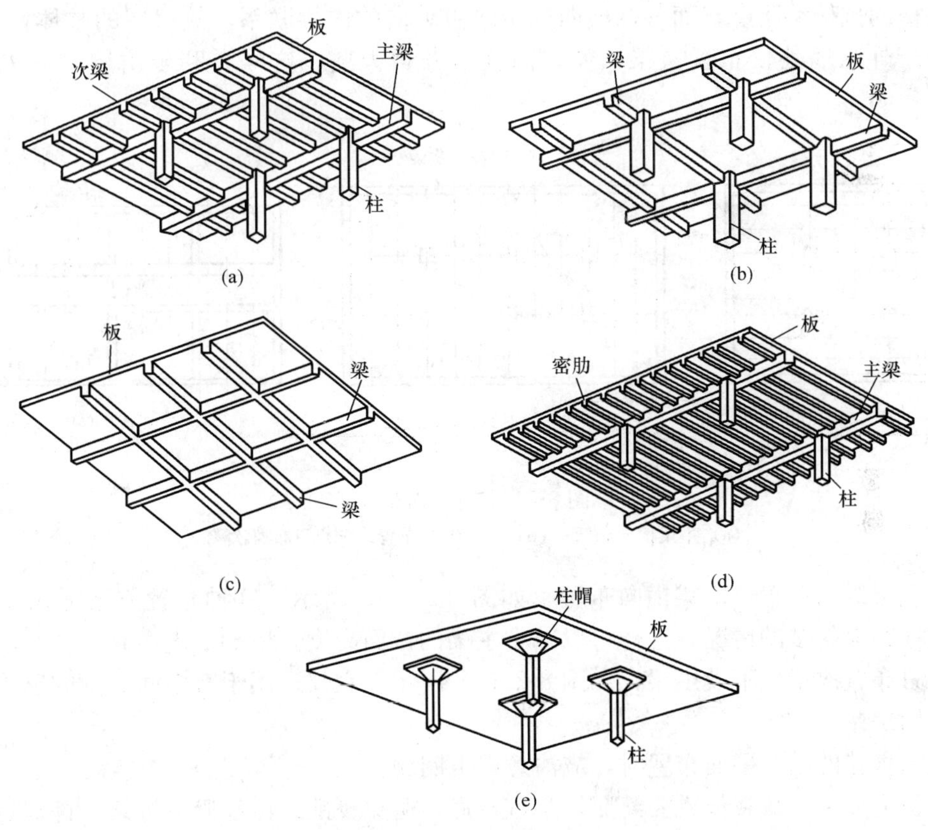

图 8-1　楼盖的结构类型

（a）单向板肋梁楼盖；（b）双向板肋梁楼盖；（c）井式楼盖；（d）密肋楼盖；（e）无梁楼盖

8.2　现浇单向板肋梁楼盖

现浇单向板肋梁楼盖是由板、次梁和主梁组成。其荷载的传递路线是：荷载→板→次梁→主梁→柱或墙→基础，即板的支座为次梁，次梁的支座为主梁，主梁的支座为柱或墙。

现浇单向板肋梁楼盖的设计步骤为：①结构平面布置，确定板厚和主、次梁的截面尺寸；②确定梁、板的计算简图；③荷载计算；④梁、板的内力计算；⑤截面承载力计算（变形及裂缝宽度验算），配筋及构造处理；⑥绘施工图。

8.2.1 结构平面布置

在现浇单向板肋梁楼盖中，次梁的间距决定了板的跨度，主梁的间距决定了次梁的跨度，柱或墙的间距决定了主梁的跨度。根据工程实际，单向板、次梁和主梁的常用跨度为：

单向板：(1.7～2.5)m，一般不宜超过 3.0m，荷载较大时宜取较小值；

次梁：(4～6)m；

主梁：(5～8)m。

常用的单向板肋梁楼盖的结构平面布置方案有以下三种：

(1) 主梁横向布置，次梁纵向布置，如图 8-2 (a) 所示，主梁和柱可形成横向框架，提高房屋的横向抗侧移刚度，而各榀横向框架间由纵向的次梁联系，故房屋的整体性能较好。此外，由于外纵墙处仅布置次梁，窗户高度可开得大些，这样有利于房屋室内的采光和通风。

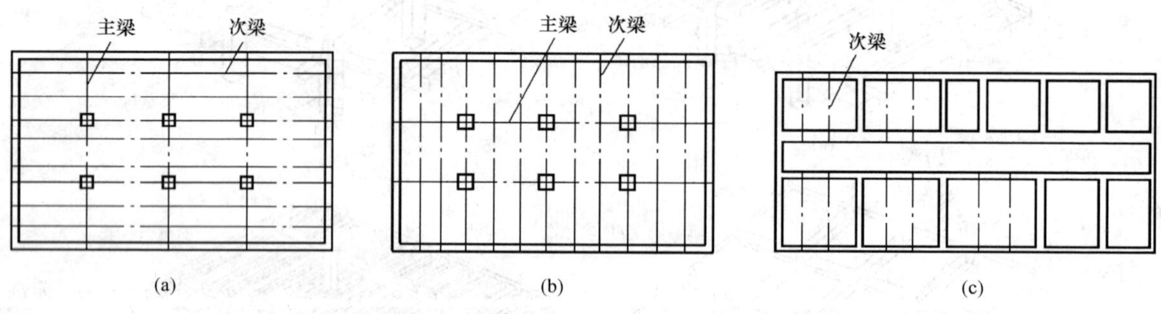

图 8-2 梁的平面布置
(a) 主梁横向布置；(b) 主梁纵向布置；(c) 只布置次梁

(2) 主梁纵向布置，次梁横向布置，如图 8-2 (b) 所示。这种布置方案适用于横向柱距比纵向柱距大得多的情况，这样可以减小主梁的截面高度，增加室内净高。

(3) 只布置次梁，不设主梁，如图 8-2 (c) 所示。它仅适用于有中间走廊的砌体墙承重的混合结构房屋。

在进行楼盖的结构平面布置时，应注意以下问题：

(1) 受力处理。荷载传递要简捷，梁宜拉通，避免凌乱；尽量避免将梁，特别是主梁搁置在门、窗过梁上，否则会增大过梁的荷载，影响门窗的开启；在楼、屋面上有机器设备、冷却塔、悬吊装置和隔墙等荷载比较大的地方，宜设次梁承重；主梁跨内最好不要只放置一根次梁，以减小主梁跨内弯矩的不均匀；楼板上开有较大尺寸（大于 800mm）的洞口时，应在洞边设置小梁。

(2) 满足建筑要求。不封闭的阳台、厨房和卫生间的板面标高宜低于相邻板面（30～50）mm；当房间不做吊顶时，一个房间平面内不宜只放一根梁，否则会影响美观。

(3) 方便施工。梁的布置尽可能规则，梁的截面类型不宜过多，特别是采用钢模板时，梁截面尺寸应考虑支模的方便。

8.2.2　计算简图

在现浇单向板肋梁楼盖中，板、次梁、主梁的计算模型为连续板或连续梁。

为了简化计算，通常做如下简化假定：

（1）梁板能自由转动，支座处没有竖向位移；

（2）不考虑薄膜效应对板内力的影响；

（3）在确定板传给次梁的荷载以及次梁传给主梁的荷载时，为了方便，分别忽略板、次梁的连续性，每一跨都按简支构件来计算其支座竖向反力。

在内力分析之前，应按照尽可能符合结构实际受力情况和简化计算的原则，确定结构构件的计算简图。其内容包括确定支承条件、计算跨度和跨数、荷载分布及其大小。

一、支承条件

对于板和次梁，不论其支承是砌体还是现浇在一起的钢筋混凝土梁，均可简化成集中于一点的支承连杆。

主梁可支承在砖柱上，也可以与钢筋混凝土柱现浇在一起。对于前者，可视为铰支承；对于后者，应根据梁与柱的抗弯线刚度比值确定，如果梁比柱的抗弯线刚度大很多（如大于5），仍可将主梁视为铰支于钢筋混凝土柱上的连续梁进行计算，否则应按框架横梁设计。

支座处没有竖向位移，实质上忽略了次梁的竖向变形对板的影响，主梁的竖向变形对次梁的影响，柱的竖向变形对主梁的影响。

上述将支座看成铰支承忽略约束所引起的误差，可以通过适当调整板和次梁的荷载设计值以及梁的支座截面弯矩设计值和剪力设计值的方法来弥补。

二、计算跨数

对于五跨和五跨以内的连续梁、板，按实际跨数计算；对于实际跨数超过五跨的等跨连续梁、板，可简化为五跨计算，因为中间各跨的内力与第三跨的内力非常接近，为了减少计算工作量，所有中间跨的内力和配筋均可按第三跨处理，如图8-3所示；对于非等跨，但跨度相差不超过10%的连续梁、板可按等跨计算。

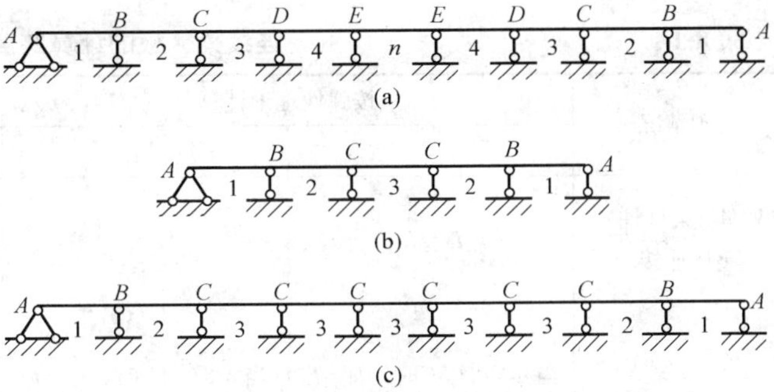

图8-3　连续梁、板的计算简图

（a）实际简图；（b）计算简图；（c）配筋构造简图

三、计算跨度

梁、板的计算跨度 l_0 是指在内力计算时所采用的跨间长度，该值与支座反力分布有关，也即与构件的支承长度和构件的抗弯刚度有关。从理论上讲，某一跨的计算跨度应取为两端支座处转动点之间的距离。当按弹性理论计算时，根据边支座的支承形式，板和次梁边跨的计算跨度取值与中间跨的取值方法不同。

（1）当边跨端支座为固定支座时，如图8-4所示，边跨和中间跨的计算跨度 l_0 都取为支座中到中的长度，即

边跨
$$l_0 = l_n + \frac{a}{2} + \frac{b}{2} \tag{8-1}$$

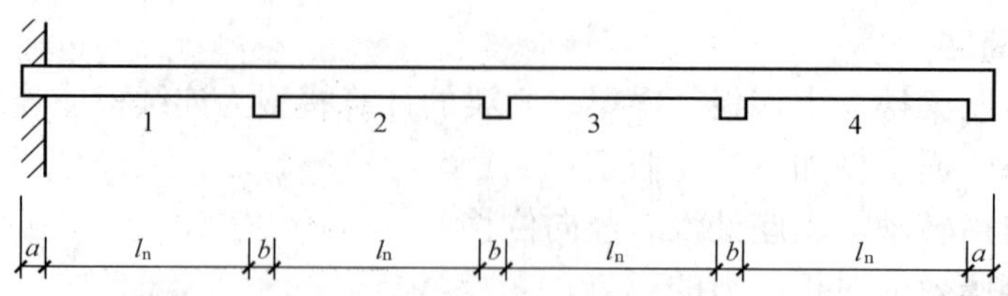

图 8-4 计算跨度的确定

中间跨 $$l_0 = l_n + b \tag{8-2}$$

式中 a、b——分别为边支座、中间支座或第一内支座的长度；

l_n——净跨长。

（2）当边跨端支座为简支支座时，如图 8-4 所示，对于板，当板厚 h 不小于 a，对于主、次梁，a 不小于 $0.05l_n$，边跨的计算跨度仍按式（8-1），否则按式（8-3）、式（8-4）计算。

对于板，当 $h<a$ 时， $$l_0 = l_n + \frac{b}{2} + \frac{h}{2} \tag{8-3}$$

对于主、次梁，当 $a<0.05l_n$时， $$l_0 = l_n + \frac{b}{2} + 0.025l_n \tag{8-4}$$

这是为了防止边支座 a 过长时，合力作用点可能内移而作出的规定（板的边支座合力作用点位置主要与板厚有关，主次梁则主要与其跨度有关）。

当按塑性理论计算时，板和次梁的计算跨度取值，边跨一般取 $l_n+h/2$，中间跨取 l_n。

梁、板的计算跨度也可按表 8-1 采用。

表 8-1 **连续梁、板的计算跨度 l_0**

支承情况	按弹性理论计算		按塑性理论计算	
	梁	板	梁	板
两端与梁（柱）整体连接	$l_0=l_c$	$l_0=l_c$	$l_0=l_n$	$l_0=l_n$
两端搁置在墙上	当 $a\leqslant 0.05l_c$时，$l_0=l_c$ 当 $a>0.05l_c$时， $l_0=1.05l_n$	当 $a\leqslant 0.1l_c$时，$l_0=l_c$ 当 $a>0.1l_c$时， $l_0=1.1l_n$	$l_0=1.05l_n\leqslant l_n+b$	$l_0=l_n+h\leqslant l_n+a$
一端与梁整体连接另一端搁置在墙上	$l_0=l_c\leqslant 1.025l_n+b/2$	$l_0=l_n+b/2+h/2$	$l_0=l_n+a/2\leqslant 1.025l_n$	$l_0=l_n+h/2\leqslant l_c+a/2$

注 表中的 l_c为支座中心线间的距离，l_n为净跨，h 为板的厚度，a 为板、梁在墙上的支承长度，b 为板、梁在梁或柱上的支承长度。

四、计算单元及从属面积

结构内力分析时，常常不是对整个结构进行分析计算，而是从实际结构中选取有代表性的一部分作为计算对象，称为计算单元。

如图 8-5 所示为承受均布荷载的单向肋梁楼盖，对于板可取 1m 宽度的板带作为计算单元，主、次梁的计算宽度取梁两侧各延伸 1/2 梁间距的范围。板承受楼面均布荷载，次梁承受板传来的均布线荷载，主梁承受次梁传来的集中荷载。在确定板、次梁以及主梁间荷载传递时，为了简化计算，分别忽略板、次梁的连续性，按简支构件计算支座竖向反力值。

从属面积是指计算构件负荷范围内的实际面积。图8-5阴影线部分给出了板、次梁、主梁的从属面积。

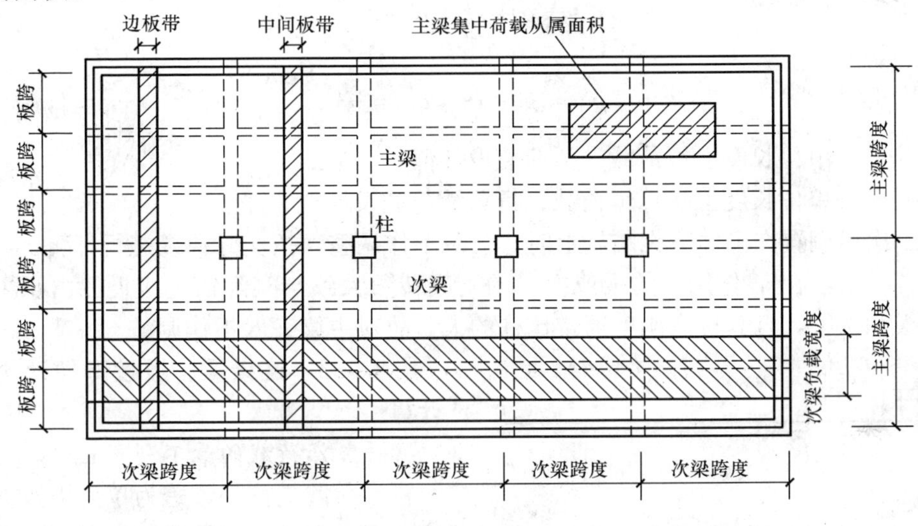

图8-5　板、梁的荷载计算范围

五、荷载

楼盖上的荷载详见第5章5.2节。

对于民用建筑，当楼面梁的从属面积较大时，从属面积内同时满布活荷载标准值的可能性相当小，故可以对活荷载标准值进行折减，折减系数依据房屋的类别和楼面梁的从属面积大小，在0.6～1.0范围内变动。

六、折算荷载

在计算简图中，常将与支座整体浇筑的梁、板假定为铰支承，对于等跨连续梁、板，当活荷载沿各跨均为满布时，是可行的。因为此时梁、板在中间支座发生的转角很小，按铰支简图计算的内力与实际情况相差甚微。但是当活荷载不利布置时，情况则不相同。现以支承在次梁上的连续板为例来说明。如图8-6所示的连续板，当按铰支简图计算时，板绕支座的转角为θ值。实际上，由于板与次梁整体浇在一起，当板受荷载弯曲在支座发生转动时，将带动次梁绕次梁轴线一起转动。而次梁实际上是具有一定抗扭刚度的，且两端又受到主梁的约束，这样次梁将阻止板自由转动，最终只能发生两者变形协调的约束转动角θ'，其值小于铰支承时的转动角θ，这样也就减小了板的内力。同样，主梁将阻止次梁的自由转动，也将减小次梁的内力，为了使计

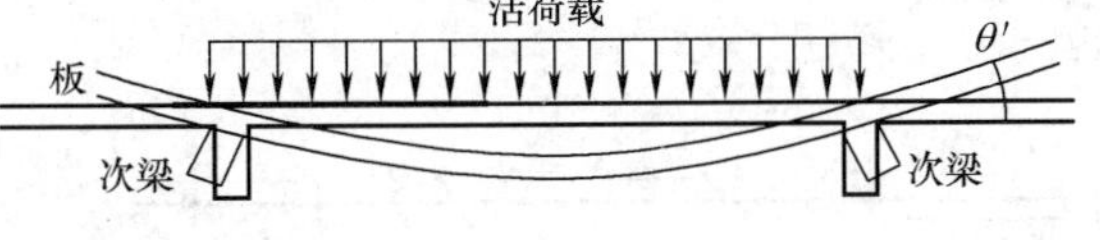

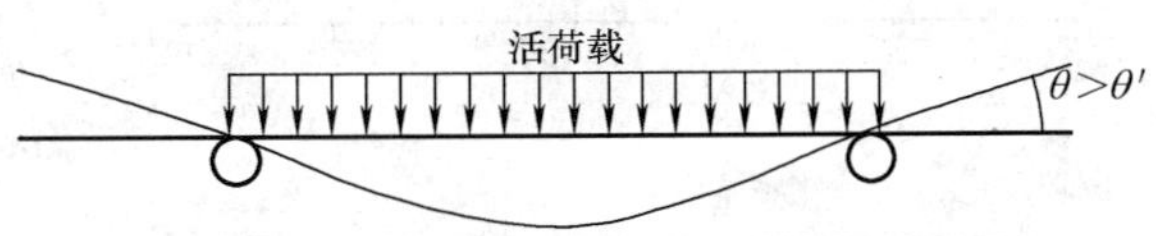

图8-6　次梁抗扭刚度对板的影响

算结果比较符合实际情况，可以进行适当的调整。

由于板或次梁在支承处的转动主要是由活荷载的不利布置产生的，因此比较简便的修正方法是在荷载总值不变的条件下，采取增大恒荷载，相应地减小活荷载，即在计算板和次梁的内力时，采用折算荷载

连续板 $$g' = g + \frac{q}{2}, q' = \frac{q}{2} \tag{8-5}$$

连续次梁 $$g' = g + \frac{q}{4}, q' = \frac{3q}{4} \tag{8-6}$$

式中 g、q——单位长度上恒荷载、活荷载设计值；

g'、q'——单位长度上折算恒荷载、折算活荷载设计值。

当板、次梁搁置在砌体或钢结构上时，荷载不作调整，按实际荷载进行计算。

这样调整后，在 q' 作用下的板或次梁的支座转角大致与实际情况接近。由于主梁的重要性高于板和次梁，且其抗弯刚度通常比柱的大，故对主梁一般不作调整。

8.2.3 连续梁、板按弹性理论的内力计算

一、活荷载的最不利布置

活荷载是按一整跨为单元来改变其位置的，因此在设计连续梁、板时，应研究活荷载如何布置将使梁、板内支座截面或跨内截面的内力绝对值最大，这种布置称为活荷载的最不利布置。

图 8-7 所示为五跨连续梁分别于不同跨单独布置活荷载后的弯矩图和剪力图。当活荷载布置在连续梁的 1、3、5 跨时，这些活荷载各自在梁的 1、3、5 跨跨中所产生的弯矩都是正弯矩，从而使梁在 1、3、5 跨中出现正弯矩最大值；如果活荷载布置在 2、4 跨，就会在 2、4 跨跨中出现正弯矩最大值或在 1、3、5 跨跨中产生负弯矩，即使跨中正弯矩减小；当活荷载布置在 1、2、4 跨时，在 B 支座出现最大负弯矩及最大剪力，如图 8-8 所示。由此可知，活荷载在连续梁各跨满布时，并不是梁最不利的布置。

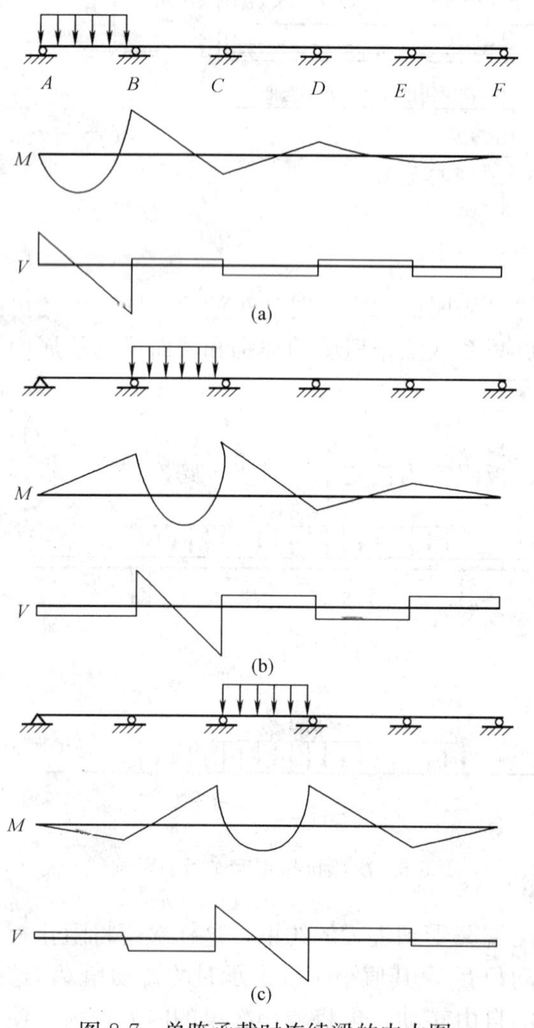

图 8-7 单跨承载时连续梁的内力图

通过分析图 8-7 中的弯矩和剪力分布规律以及不同组合后的效果，不难得出确定截面最不利活荷载布置的规律：

(1) 求某跨跨内最大正弯矩时，应在本跨布置活荷载，然后隔跨布置；

(2) 求某跨跨内最大负弯矩时，本跨不

布置活荷载，而在其左右邻跨布置，然后隔跨布置；

(3) 求某支座绝对值最大的负弯矩时，或支座左、右截面最大剪力时，应在该支座左右两跨布置活荷载，然后隔跨布置。

恒荷载应按实际情况分布。

二、内力计算

活荷载最不利布置确定后，可按《结构力学》中讲述的方法计算弯矩和剪力。对于等跨的连续梁、板的内力，可由附录 2 查出相应的弯矩及剪力系数，利用下列公式计算跨内或支座截面的最大内力。

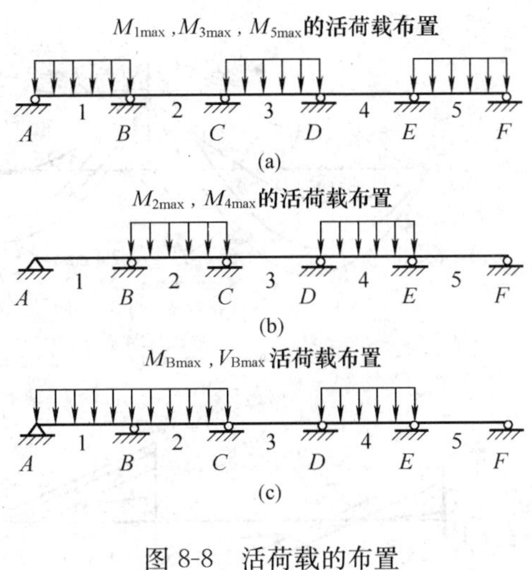

图 8-8 活荷载的布置

在均布及三角形荷载作用下

$$M = k_1 gl^2 + k_2 ql^2 \tag{8-7}$$

$$V = k_3 gl + k_4 ql \tag{8-8}$$

在集中荷载作用下

$$M = k_5 Gl + k_6 Pl \tag{8-9}$$

$$V = k_7 G + k_8 P \tag{8-10}$$

式中 g、q——单位长度上的均布恒荷载设计值、均布活荷载设计值；

G、P——集中恒荷载设计值、集中活荷载设计值；

l——计算跨度；

k_1、k_2、k_5、k_6——附录 2 中相应栏中的弯矩系数；

k_3、k_4、k_7、k_8——附录 2 中相应栏中的剪力系数。

三、内力包络图

当求出跨内截面和支座截面的最大弯矩值和最大剪力值后，就可以进行正截面和斜截面承载力设计，确定钢筋用量。但这只能确定跨内截面和支座截面的配筋，而不能确定钢筋在跨内的变化情况，例如梁上部纵向钢筋的截断与下部纵向钢筋的弯起。这就需要知道每一跨内其他截面最大弯矩和最大剪力沿跨度的变化情况，即内力包络图。

内力包络图是由内力叠合图形的外包线构成。现以承受均布线荷载的五跨连续梁的弯矩包络图来说明。根据活荷载的不利布置情况，每一跨都可以画出四个弯矩分布图形，分别对应于跨内最大正弯矩、跨内最小正弯矩（或负弯矩）和左、右支座截面的最大负弯矩。当端支座为简支时，边跨只能画出三个弯矩分布图。将这些弯矩分布图全部叠画在同一基线上，就是弯矩的叠合图形。弯矩叠合图形的外包线所对应的弯矩值代表了各截面上可能出现的弯矩上、下限值，如图 8-9 (a) 所示，故由弯矩叠合图形外包线所构成的弯矩图称为弯矩包络图。

用类似的方法可以绘出剪力包络图，如图 8-9 (b) 所示。剪力叠合图形可只画两个：左支座最大剪力和右支座最大剪力。

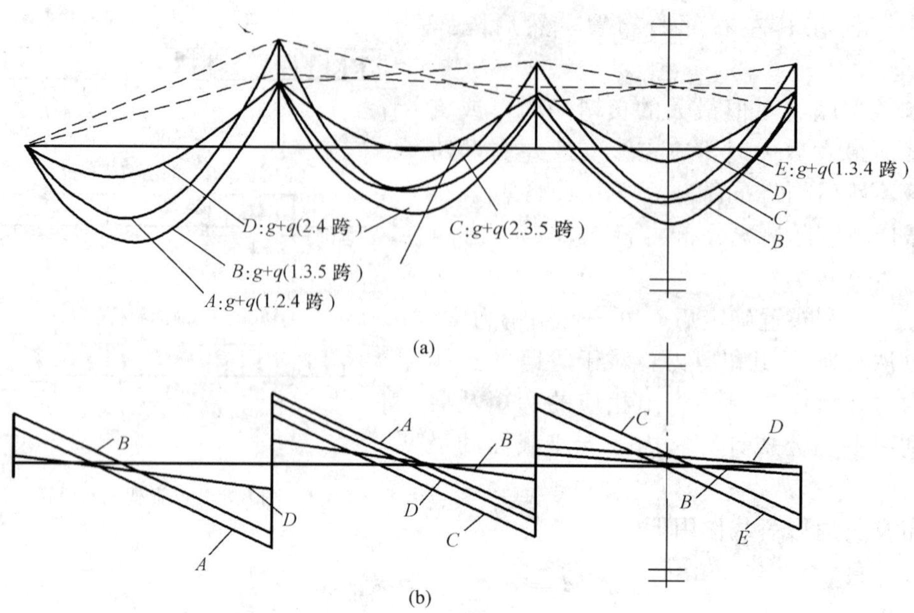

图 8-9 内力包络图

(a) 弯矩包络图；(b) 剪力包络图

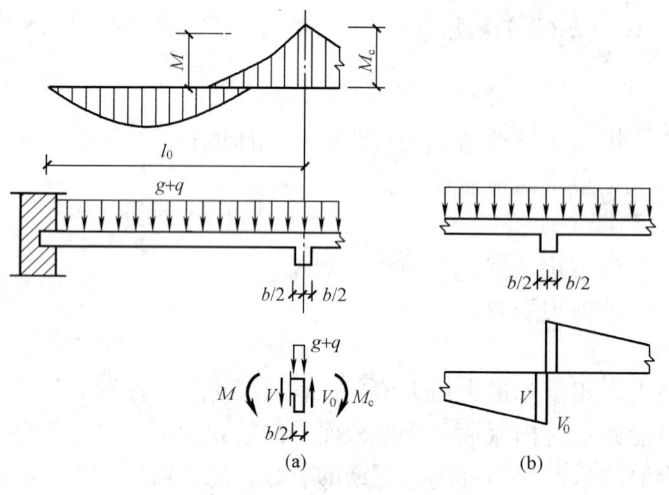

图 8-10 设计内力的修正

(a) 弯矩设计值；(b) 剪力设计值

四、支座弯矩和剪力设计值的修正

按弹性理论计算连续梁内力时，中间跨的计算跨度取为支座中心线间的距离，忽略了支座宽度，这样求得的支座截面负弯矩和剪力值都是支座中心位置的。实际上，正截面受弯承载力和斜截面受剪承载力的控制截面应在支座边缘，内力设计值应按支座边缘截面确定，如图 8-10 所示，并按以下公式计算：

支座边缘截面的弯矩设计值

$$M = M_c - V_0 \frac{b}{2} \quad (8\text{-}11)$$

支座边缘截面的剪力设计值：

均布荷载
$$V = V_c - (g+q)\frac{b}{2} \quad (8\text{-}12)$$

集中荷载
$$V = V_c \quad (8\text{-}13)$$

式中 M_c、V_c——支承中心处的弯矩、剪力设计值；

V_0——按简支梁计算的支座中心处的剪力设计值，取绝对值；

b——支座宽度。

8.2.4　连续梁、板按塑性理论的内力计算

一、基本概念

（一）应力重分布与内力重分布

超静定结构的内力不仅与荷载大小有关，而且还与结构的计算简图以及各部分抗弯刚度的比值有关。如果计算简图或刚度的比值发生了变化，内力也要随之改变。由于钢筋混凝土结构材料的非线性，其截面的受力全过程一般有三个工作阶段：开裂前弹性阶段、开裂后的带裂缝阶段和钢筋屈服后的破坏阶段。在弹性阶段，刚度不变，内力和荷载成正比。进入带裂缝阶段后，各截面的刚度比值发生了变化，故各截面间内力的比值也将随之改变。内力最大的截面受拉钢筋屈服后进入破坏阶段而形成塑性铰，引起结构计算简图改变，从而导致各截面内力变化规律发生变化。混凝土结构由于刚度比值改变或出现塑性铰引起结构计算简图变化，从而引起结构各截面内力之间的关系不再服从线弹性规律的现象，称为内力重分布或塑性内力重分布。

内力重分布与应力重分布两者之间是有区别的。应力重分布是指截面上各纤维层间的应力变化规律不同于弹性理论，并且不论是静定的还是超静定的混凝土结构都具有的一种基本属性。内力重分布则是指结构上各个截面间内力变化规律不同于弹性理论，并且只有超静定结构才有内力重分布现象，对静定结构是不存在内力重分布的，因为静定结构的内力与截面刚度无关，而且出现一个塑性铰就意味着结构的破坏。

（二）钢筋混凝土受弯构件的塑性铰

以图 8-11（a）所示跨中受一集中荷载作用的简支梁为例，说明钢筋混凝土塑性铰的特点。图 8-11（b）、（d）分别给出了梁从加载到破坏的 M 图和 M-ϕ 关系曲线。图中，M_y 为受拉钢筋屈服时的截面弯矩，对应的截面曲率为 ϕ_y；M_u 为破坏时截面的极限弯矩，对应的截面曲率为 ϕ_u。在破坏阶段，由于受拉钢筋已屈服，塑性应变增大而钢筋应力维持不变。随着截面受压区高度的减小，中和轴上升，内力臂略有增大，截面的弯矩也有所增加，但弯矩的增量（$M_u - M_y$）不大，而截面的曲率增值（$\phi_u - \phi_y$）却很大，在 M-ϕ 图上基本是一条水平线。这样，在弯矩基本维持不变的情况下，截面曲率急剧增加，截面“屈服”形成了一个能转动的“铰”，这种铰称为塑性铰，如图 8-11（c）所示。

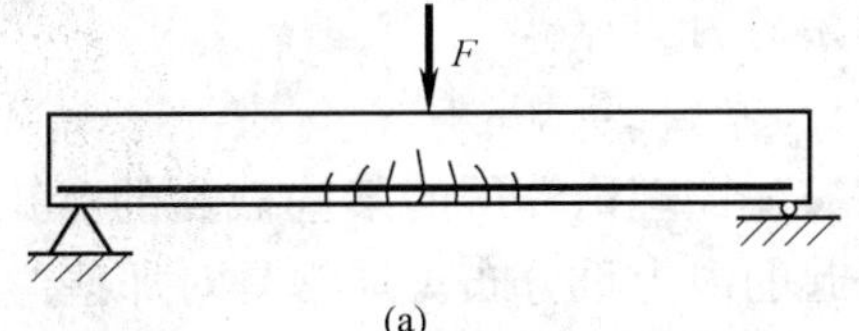

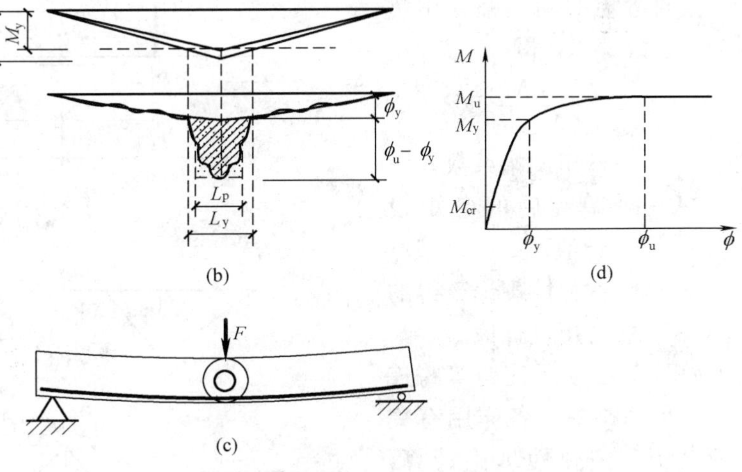

图 8-11　钢筋混凝土受弯构件的塑性铰

试验表明，跨中截面弯矩从 M_y 增加到 M_u 的过程中，上述截面“屈服”并不仅限于受拉钢筋首先屈服的那个截面，与它相邻的一些截面的钢筋也会进入屈服，受压区混凝土的塑性变形也在一定区域内发展，而且混凝土和钢筋混凝土间的黏结作用也可能发生局部破坏。通常将这一非弹性变形集中产生的区域理想化为集中于一个截面上的塑性铰，该区域的长度称为塑性铰长度 l_p，所产生的转角称为塑性铰的转角 θ_p。

可见，塑性铰在破坏阶段开始时形成，且具有一定长度，能承受一定的弯矩，并在弯矩作用方向转动，直至截面破坏。

将塑性铰与结构力学的理想铰比较，两者有以下三点主要区别：①理想铰不能承担任何弯矩，而塑性铰则能承担一定的弯矩 $M_y \leqslant M \leqslant M_u$；②理想铰在两个方向都可以产生无限的转动，而塑性铰为单向铰，只能沿弯矩 M_u 作用方向作有限的转动；③理想铰集中于一点，塑性铰则是有一定长度的。

塑性铰有钢筋铰与混凝土铰两种。对于配置具有明显屈服点钢筋的适筋梁，塑性铰形成的起因是受拉钢筋先屈服，故称为钢筋铰。当截面配筋率超过界限配筋率时，此时钢筋未屈服，转动主要是受压区混凝土的非弹性变形引起的，则称为混凝土铰，其转动量小，截面破坏突然。混凝土铰大都出现在受弯构件的超筋截面或小偏心受压构件中，钢筋铰则出现在受弯构件的适筋截面或大偏心受压构件中。钢筋铰的转动能力较大，延性好，是连续梁、板结构中允许出现的。

二、连续梁、板按调幅法的内力计算

（一）弯矩调幅法的概念和原则

弯矩调幅法就是对结构按弹性理论算得的某些截面的弯矩值和剪力值进行适当的调整，以考虑结构非弹性变形所引起的内力重分布。通常是对那些弯矩绝对值较大的截面弯矩进行调整，然后按调整后的内力进行截面设计和配筋构造。

截面弯矩的调整幅度用弯矩调幅系数表示，即

$$\beta = \frac{M_e - M_a}{M_e} \quad (8\text{-}14)$$

式中 β——弯矩调幅系数；

M_a——调幅后的弯矩设计值；

M_e——按弹性理论算得的弯矩设计值。

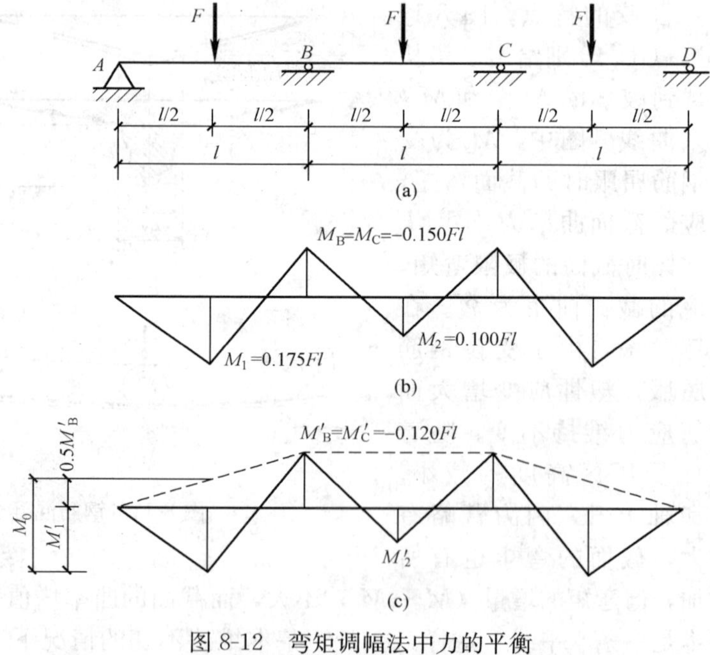

图 8-12 弯矩调幅法中力的平衡

（a）三跨等跨连续梁；（b）调幅前弯矩图；（c）调幅后弯矩图

如图 8-12 所示三跨等跨连续梁，在每跨中点各作用有集中荷载 F。按弹性理论计算，支座弯矩 $M_e = -0.15Fl$，跨度中点的弯矩 $M_1 = 0.175Fl$，$M_2 = 0.100Fl$。现将支座弯矩调整为 $M_a = -0.12Fl$，则支座弯矩调幅系数 $\beta =$

$\frac{(0.15-0.12)Fl}{0.15Fl}=0.20$，即调幅值为20％。此时，跨度中点的弯矩值可根据静力平衡条件确定。由图8-12（c），$M_0=Fl/4$，可求得

$$M'_1=\frac{1}{4}Fl-\frac{1}{2}\times 0.12Fl=0.19Fl$$

$$M'_2=\frac{1}{4}Fl-0.12Fl=0.13Fl$$

弯矩调幅法按下列步骤进行：

（1）用线弹性方法计算内力，并确定荷载最不利布置下的结构控制截面上的弯矩最大值M_e。

（2）采用调幅系数β降低各支座截面弯矩，即设计值按下列计算

$$M=(1-\beta)M_e \tag{8-15}$$

其中β值，对于钢筋混凝土梁支座或节点边缘截面的负弯矩调幅幅度不宜大于25％；板的负弯矩调幅幅度不宜大于20％。

（3）结构的跨中截面弯矩值应取弹性分析所得的最不利弯矩值和按式（8-16）计算值中之较大值

$$M=1.02M_0-\frac{1}{2}(M^l+M^r) \tag{8-16}$$

式中　M_0——按简支梁计算的跨中弯矩设计值；

M^l、M^r——连续梁或连续单向板的左、右支座截面弯矩调幅后的设计值；

1.02——保证梁达到设计承载力而取用的系数。

（4）调幅后，支座和跨中截面的弯矩值均应不小于M_0的1/3。

（5）各控制截面的剪力设计值按荷载最不利布置和调幅后的支座弯矩由静力平衡条件计算确定。

应用弯矩调幅法在设计时应遵守下列原则：

1）弯矩调幅后引起结构内力图形和正常使用状态的变化，应进行验算，或有造构措施加以保证；

2）受力钢筋宜采用HRB400级和HRB500级热轧钢筋，混凝土强度等级宜在C25～C45范围；

3）弯矩调幅后的截面的相对受压区高度ξ应满足$0.10\leqslant\xi\leqslant 0.35$；

4）在可能产生塑性铰的区段，受剪箍筋应比计算值增大20％后配置。

（二）用调幅法计算等跨连续梁、板

（1）承受均布荷载的等跨连续梁、板。

1）等跨连续梁、板弯矩设计值。在均布荷载作用下，各跨跨中和支座截面的弯矩设计值M可按式（8-17）计算

$$M=\alpha_{mb}(g+q)l_0^2 \tag{8-17}$$

式中　M——弯矩设计值；

α_{mb}——连续梁、板考虑塑性内力重分布的弯矩计算系数，按表8-2采用；

g、q——沿梁单位长度上的恒荷载设计值、活荷载设计值；

l_0——计算跨度，按表8-1采用。

梁、板截面名称如图 8-13 所示。

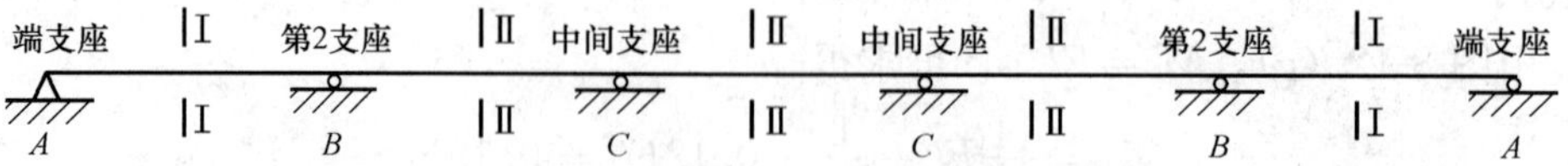

端支座 Ⅰ 第2支座 Ⅱ 中间支座 Ⅱ 中间支座 Ⅱ 第2支座 Ⅰ 端支座
A Ⅰ B Ⅱ C Ⅱ C Ⅱ B Ⅰ A

图 8-13 塑性计算梁、板截面名称

表 8-2 连续梁和连续单向板考虑塑性内力重分布的弯矩计算系数 α_{mb}

<table>
<tr><th colspan="2" rowspan="3">端支座支承情况</th><th colspan="6">截 面 位 置</th></tr>
<tr><th>端支座</th><th>边跨跨中</th><th>离端第 2 支座</th><th>离端第 2 跨跨中</th><th>中间支座</th><th>中间跨跨中</th></tr>
<tr><th>A</th><th>Ⅰ</th><th>B</th><th>Ⅱ</th><th>C</th><th>Ⅲ</th></tr>
<tr><td colspan="2">梁、板搁置在墙上</td><td>0</td><td>1/11</td><td rowspan="4">二跨连续
−1/10
三跨以上连续
−1/11</td><td rowspan="4">1/16</td><td rowspan="4">−1/14</td><td rowspan="4">1/16</td></tr>
<tr><td>板</td><td rowspan="2">与梁整浇连接</td><td>−1/16</td><td>1/14</td></tr>
<tr><td>梁</td><td>−1/24</td><td>1/14</td></tr>
<tr><td colspan="2">梁与柱整浇连接</td><td>−1/16</td><td>1/14</td></tr>
</table>

注 1. 表中系数适用于荷载比 $q/g>0.3$ 的等跨连续梁和连续板；

2. 连续梁和连续单向板的各跨长度不等，但相邻两跨的长跨与短跨之比值小于 1.10 时，仍可采用表中弯矩系数值。计算支座弯矩时应取相邻两跨中的较长跨度值，计算跨中弯矩时应取本跨长度。

2）等跨连续梁剪力设计值。在均布荷载作用下，等跨连续梁支座边缘的剪力设计值 V 可按式（8-18）计算

$$V=\alpha_{vb}(g+q)l_n \tag{8-18}$$

式中 V——剪力设计值；

α_{vb}——考虑塑性内力重分布梁的剪力计算系数，按表 8-3 采用；

l_n——净跨度。

表 8-3 连续梁考虑塑性内力重分布的剪力系数 α_{vb}

<table>
<tr><th rowspan="2">荷载情况</th><th rowspan="2">端支座支承情况</th><th colspan="5">截 面 位 置</th></tr>
<tr><th>端支座右侧</th><th>离端第 2 支座左侧</th><th>离端第 2 支座右侧</th><th>中间支座左侧</th><th>中间支座右侧</th></tr>
<tr><td rowspan="2">均布荷载</td><td>梁搁置在墙上</td><td>0.45</td><td>0.60</td><td rowspan="2">0.55</td><td rowspan="2">0.55</td><td rowspan="2">0.55</td></tr>
<tr><td>梁与梁或梁与柱整浇连接</td><td>0.50</td><td>0.55</td></tr>
<tr><td rowspan="2">集中荷载</td><td>梁搁置在墙上</td><td>0.42</td><td>0.65</td><td rowspan="2">0.60</td><td rowspan="2">0.55</td><td rowspan="2">0.55</td></tr>
<tr><td>梁与梁或梁与柱整浇连接</td><td>0.50</td><td>0.60</td></tr>
</table>

均布荷载作用下，当 $q/g>0.3$ 时，对于端支座梁搁置在墙上的五跨连续梁，表 8-2 和表 8-3 中的 α_{mb} 和 α_{vb} 值如图 8-14 所示。

（2）承受等间距等大小集中荷载的等跨连续梁：

1）等跨连续梁弯矩设计值。在间距相同、大小相等的集中荷载作用下，各跨跨中和支座截面的弯矩设计值 M 可按式（8-19）计算

$$M=\eta\alpha_{mb}(G+Q)l_0 \tag{8-19}$$

式中　η——集中荷载修正系数，根据一跨内集中荷载的不同情况按表 8-4 采用；

α_{mb}——连续梁、板考虑塑性内力重分布的弯矩计算系数，按表 8-2 采用；

G、Q——一个集中恒荷载设计值、活荷载设计值；

l_0——计算跨度，按表 8-1 采用。

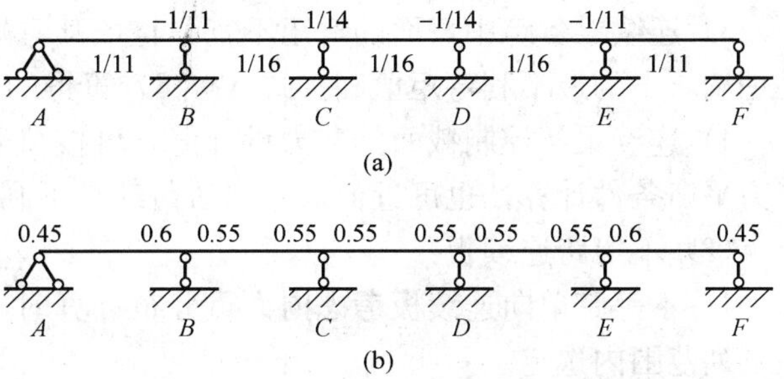

图 8-14　搁置在墙上的板和次梁考虑塑性内力重分布的弯矩、剪力计算系数

(a) 板和次梁的 α_{mb}；(b) 次梁的 α_{vb}

2) 等跨连续梁剪力设计值。在间距相同、大小相等的集中荷载作用下，等跨连续梁支座边缘的剪力设计值 V 可按式（8-20）计算

$$V = \alpha_{vb} n(G + Q) \tag{8-20}$$

式中　α_{vb}——考虑塑性内力重分布梁的剪力计算系数，按表 8-3 采用；

n——跨内集中荷载的个数；

G、Q——一个集中恒荷载设计值、活荷载设计值。

表 8-4　　集中荷载修正系数 η

荷载情况	截面位置					
	A	Ⅰ	B	Ⅱ	C	Ⅲ
在跨中二分点处作用有一个集中荷载	1.5	2.2	1.5	2.7	1.6	2.7
在跨中三分点处作用有两个集中荷载	2.7	3.0	2.7	3.0	2.9	3.0
在跨中四分点处作用有三个集中荷载	3.8	4.1	3.8	4.5	4.0	4.8

（三）用调幅法计算不等跨连续梁、板

对承受均布荷载或间距相同、大小相等的集中荷载作用下的多跨不等跨连续梁、板，当相邻两跨的长跨与短跨之比小于 1.10 时，各跨跨中及支座截面的弯矩设计值和剪力设计值仍可按上述等跨连续梁、板的规定确定。对于不满足上述条件的不等跨连续梁、板或各跨荷载值相差较大的等跨连续梁、板，现行规程提出了简化方法，可分别按下列步骤进行计算：

(1) 不等跨连续梁：

1) 应用弹性理论分别求出荷载最不利布置下的连续梁各控制截面的弯矩最大值 M_e；

2) 在弹性弯矩包络图的基础上，降低各支座截面的弯矩，其调幅系数 β 不宜超过 0.25；在进行正截面受弯承载力计算时，连续梁各支座截面的弯矩设计值可按下列公式计算。

当连续梁搁置在墙上时

$$M = (1 - \beta) M_e \tag{8-21}$$

当连续梁两端与梁或柱整体连接时：

$$M = (1 - \beta) M_e - V_0 b/3 \tag{8-22}$$

式中　V_0——按简支梁计算的支座剪力设计值；

b——支座宽度。

3）连续梁各跨中截面的弯矩不宜调整，其弯矩设计值取考虑荷载最不利布置，并按弹性理论求出的最不利弯矩值和按式（8-16）算得的弯矩之间的较大值；

4）连续梁各控制截面的剪力设计值，可按荷载最不利布置，根据调整后的支座弯矩用静力平衡条件计算，也可近似取考虑活荷载最不利布置按弹性理论算得的剪力值。

（2）不等跨连续板：

1）不等跨单向连续板考虑内力重分布计算时，计算先从较大跨度开始，其跨内弯矩值在下列范围内选定。

边跨
$$\frac{(g+q)l_0^2}{14} \leqslant M \leqslant \frac{(g+q)l_0^2}{11} \tag{8-23}$$

中间跨
$$\frac{(g+q)l_0^2}{20} \leqslant M \leqslant \frac{(g+q)l_0^2}{16} \tag{8-24}$$

2）按照所选定的跨中弯矩设计值，根据静力平衡条件，确定出较大跨度板两端支座弯矩设计值，再以两端支座弯矩设计值为已知值，重复上述条件和步骤，计算出邻跨的跨中弯矩和相邻支座的弯矩设计值。

8.2.5 单向板肋梁楼盖的截面设计与构造

一、单向板的截面设计与构造

（一）板的设计要点

现浇钢筋混凝土单向板的计算单元通常取为1m，按单筋矩形截面设计。由于板的混凝土用量占整个楼盖的50%以上，因此，在满足刚度和裂缝要求、经济和施工条件的前提下，板厚应尽可能做得薄些。板的配筋率一般为0.3%～0.8%。

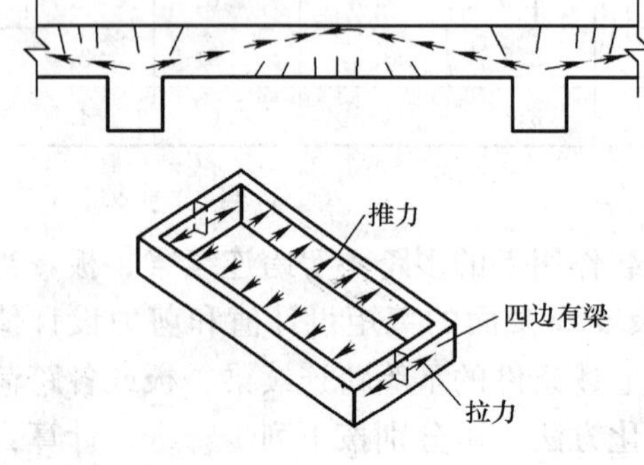

图 8-15 板的内拱作用

连续单向板按考虑内力重分布计算时，板带形成的破坏机构是：支座截面在负弯矩作用下上部开裂，跨内则由于正弯矩的作用在下部开裂，这就使支座和跨内实际中和轴连线成为拱形，如图 8-15 所示。因此在荷载作用下，板将有如拱的作用而产生水平推力，对于四周有梁约束的板，梁能对板提供这种水平推力，从而减少该板在竖向荷载作用下的截面弯矩值。

因此，对于四周都与梁整体连接的板区格，为了考虑拱作用的有利因素，其跨中截面弯矩和支座截面弯矩的设计值可减少 20%。

单向板肋梁楼盖中，当楼盖的四周支承在砌体上时，其端区格的单向板与中间区格的单向板，它们的边界条件是不同的。对于边区各板，三边与梁浇筑在一起，角区格板仅两相邻边与梁浇筑，故弯矩一律不予折减；中间区格板的四周与梁浇筑在一起，弯矩设计值可减少 20%，如图 8-16 所示。

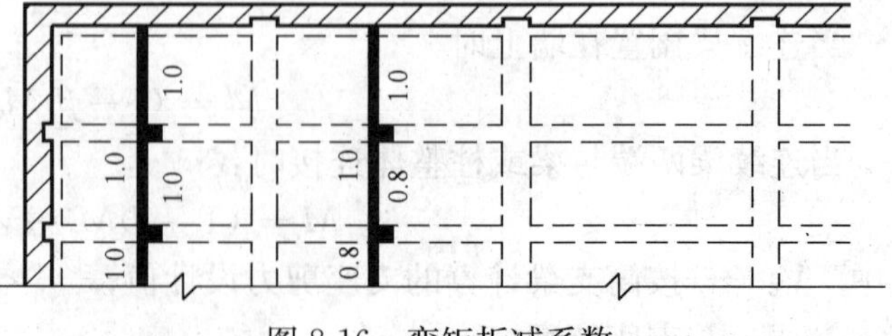

图 8-16 弯矩折减系数

现浇板在砌体上的支承长度不

宜小于 120mm。

由于板的跨高比远比梁大，对于一般工业与民用建筑楼盖，仅混凝土就足以承担剪力，故不必进行斜截面受剪承载力计算。

（二）板的配筋构造

（1）板中受力钢筋：配置在板中的钢筋有承受正弯矩的正筋和承受负弯矩的板面负筋两种。设计过程中需要解决的内容有：选择受力纵筋的直径、间距、明确配筋方式并确定弯起钢筋的数量和钢筋的弯起和截断位置。

钢筋直径：常用直径为 6mm、8mm、10mm、12mm 等。为了便于钢筋施工架立和不易被踩下，板面负筋宜采用较大直径的钢筋，一般不小于 8mm。

钢筋间距：钢筋间距不宜小于 70mm；当板厚 $h \leqslant 150$mm 时，不宜大于 200mm；当板厚 $h > 150$mm 时，不宜大于 $1.5h$，且不宜大于 250mm。下部伸入支座的钢筋，其间距不应大于 400mm，且截面不得少于跨内受力钢筋的 1/3。简支板板底受力钢筋伸入支座边的长度不应小于受力钢筋直径的 5 倍。连续板的板底受力钢筋应伸过支座中心线，且不应小于受力钢筋直径的 5 倍；当板内温度、收缩应力较大时，伸入支座的长度宜适当增加。

为了施工方便，选择板内正、负钢筋时，一般宜使它们的间距相同而直径不同，但直径不宜多于两种。

配筋方式：连续板受力钢筋的配筋方式有弯起式和分离式两种，如图 8-17 所示。弯起式配筋可先按跨内正弯矩的需要，确定所需钢筋的直径和间距，然后考虑在距支座边 $l_n/6$ 处部分弯起，如果钢筋面积不满足支座截面负钢筋需要，可另加直的负钢筋；确定连续板的钢筋时，应注意相邻两跨跨内钢筋和中间支座钢筋直径和间距的相互配合，通常做法是调整钢筋直径，采用相同的间距。

分离式配筋的钢筋锚固稍差，耗钢量比弯起式配筋略高，但设计和施工都比较方便，是目前常用的配筋方式。当板厚超过 120mm，且承受的动荷载较大时，不宜采用分离式配筋。

钢筋的弯起：承受正弯矩的受力钢筋，弯起角度一般为 30°。当 $h > 120$mm 时，可采用 45°，弯起式配筋的钢筋锚固较好，可节省钢材，但施工较复杂。

钢筋的截断：跨内承受正弯矩的钢筋，当部分截断时，截断位置可取在距支座边 $l_n/10$ 处；支座承受负弯矩的钢筋，可在距支座边 a 处截断，如图 8-17 所示，图中 a 的取值为：

当 $q/g \leqslant 3$ 时　　$a = l_n/4$

当 $q/g > 3$ 时　　$a = l_n/3$

式中　g、q——板上均布恒荷载，均布活荷载；

l_n——板的净跨长。

如果连续板相邻跨度差超过 20%，或各跨荷载相差较大时，则钢筋的弯起和切断点应按弯矩包络图确定。

（2）板中构造钢筋：详见第 5 章 5.4 节。

二、次梁的计算和构造要点

（一）计算要点

次梁的跨度一般为(4～6)m，梁高为跨度的 1/18～1/12，梁宽为梁高的 1/3～1/2，因梁与板整结在一起，故梁宽可取偏小值；纵向钢筋的配筋率一般为(0.6～1.5)%。

在现浇肋梁楼盖中，板可作为次梁的上翼缘，在跨内正弯矩区段，板位于受压区，故次

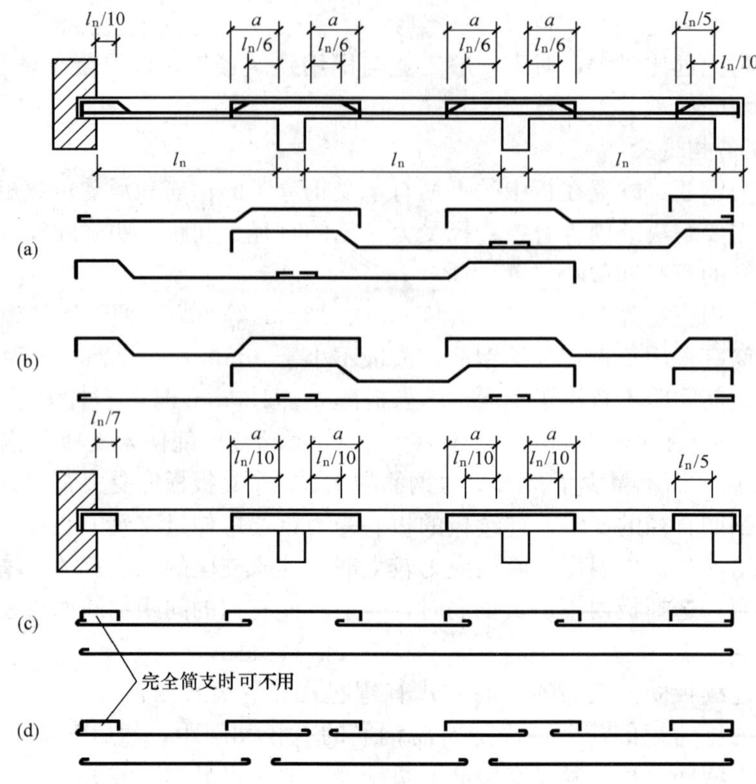

图 8-17 连续单向板的配筋方式

(a) 一端弯起式；(b) 两端弯起式；(c)、(d) 分离式

梁的跨内截面应按 T 形截面计算，翼缘计算宽度 b'_f可按第 4 章有关规定确定；在支座附近的负弯矩区段，板处于受拉区，应按矩形截面计算纵向受拉钢筋。

当次梁考虑塑性内力重分布设计时，调幅截面的相对受压区高度应满足 $\xi \leqslant 0.35$ 的限制，此外在斜截面受剪承载力计算中，为避免梁由于剪切破坏而影响其内力重分布，还应将计算所需要的箍筋面积增加 20%。增大范围：当为集中荷载时，取支座边至最近一个集中荷载之间的区段；当为均布荷载时，取 $1.05h_0$，h_0为梁截面的有效高度。

对于边次梁，尚应考虑板对次梁产生的扭矩影响，次梁的箍筋和纵筋宜增加 20%。

（二）次梁的构造要求

次梁的一般构造要求与第 4 章受弯构件的配筋构造相同。

当梁各跨内和支座截面的配筋数量确定后，沿梁长纵向钢筋的弯起和截断，原则上应按弯矩及剪力包络图确定。但根据工程经验总结，对于相邻跨跨度相差不超过 20%，活荷载与恒荷载的比值 $q/g \leqslant 3$ 的连续次梁，可参考图 8-18 所示布置钢筋。

按图 8-18（a）所示，中间支座钢筋的弯起，第一排的上弯点距支座边缘为 50mm，第二排、第三排上弯点距支座边缘分别为 h 和 $2h$。

支座处上部受力钢筋总面积为 A_s，第一次截断的钢筋面积不得超过 A_s的 50%，截断点在距支座边缘 $l_n/5+20d$ 处（此处 d 为被截断钢筋的直径），第二次截断的钢筋面积不得超过 A_s的 25%，截断点在距支座边缘 $l_n/3$ 处。所余下的纵筋面积不小于 $A_s/4$，且不得少于两根，可用来承担部分负弯矩并兼做架立钢筋，其伸入边支座的锚固长度不得小于 l_a。

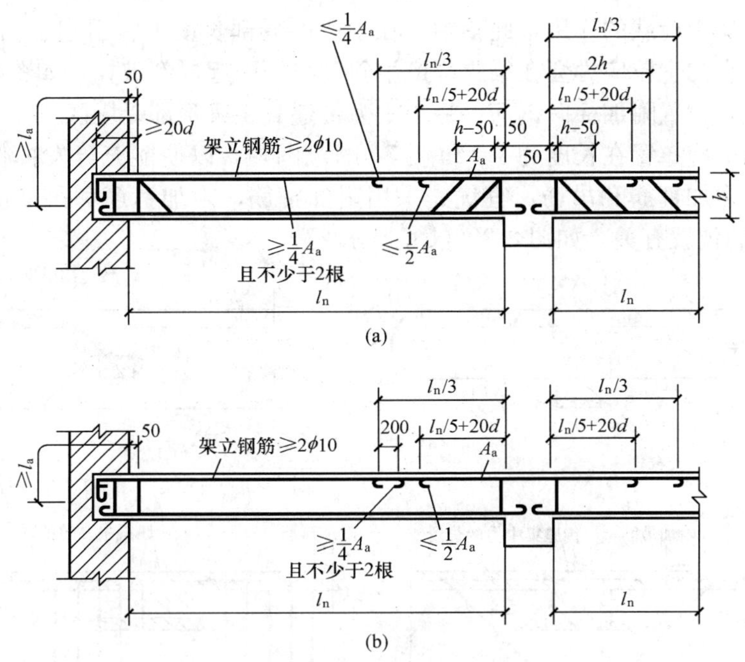

图 8-18　次梁的钢筋布置

(a) 有弯起钢筋；(b) 无弯起钢筋

位于连续次梁下部弯起后剩余的纵向钢筋，应全部伸入支座，不得在跨间截断。下部纵向钢筋伸入边支座和中间支座的锚固长度详见第 4 章。

连续次梁因截面上、下均配置有受力纵筋，所以一般均沿梁全长配置封闭式箍筋，第一根箍筋可距支座边 50mm 处开始布置，同时在简支端的支座范围内，一般宜布置一根箍筋。

三、主梁的计算和构造要点

(1) 主梁跨度一般在(5～8)m 为宜;梁高为跨度的 1/15～1/10。

主梁除承受自重和直接作用在主梁上的荷载外，主要是次梁传来的集中荷载。为简化计算，也可将主梁的自重等效成集中荷载，其作用点与次梁的位置相同。

如果主梁是框架横梁，这时主梁的内力不仅因竖向荷载产生，而且水平力（如风力、水平地震作用等）也会在横梁中引起内力，此时应按框架横梁设计。

(2) 因梁板整体浇筑，故主梁跨内正弯矩所需纵筋应按 T 形截面计算，支座截面按矩形截面计算。

在主梁支座处，主梁与次梁截面的上部纵筋相互交叉重叠，而主梁的上部纵筋位置须放在次梁和板的纵筋下面，如图 8-19 所示。致使主梁承受负弯矩的纵筋位置下移，梁的有效高度减小。所以在计算主梁支座截面负纵筋时，截面有效高度 h_0 可取：

一排钢筋时　$h_0 = h-(50\sim60)\text{mm}$

两排钢筋时　$h_0 = h-(70\sim80)\text{mm}$

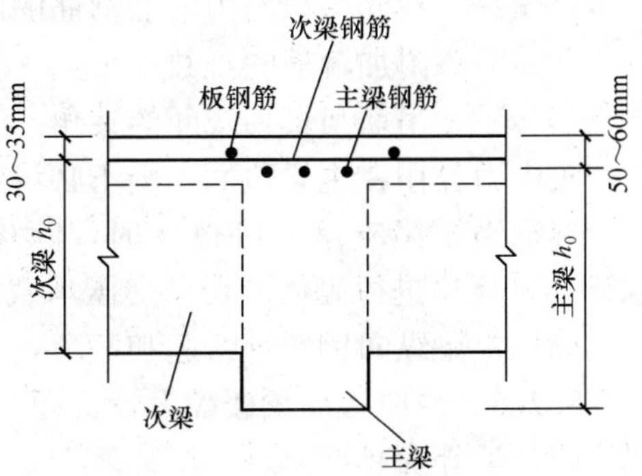

图 8-19　主梁支座截面纵筋布置

(3) 主梁和次梁相交处，在主梁高度范围内受到次梁传来的集中荷载的作用，此集中力在主梁的局部长度上将引起法向应力和剪应力，此局部应力所产生的主拉应力会在梁腹部产生斜裂缝而引起局部破坏，如图 8-20（a）所示。因此应在次梁两侧设置附加横向钢筋，将集中力传递到主梁顶部受压区。

附加横向钢筋应布置在长度为 $s=2h_1+3b$ 的范围内，以便能充分发挥作用。所需附加横向钢筋可以是附加箍筋和吊筋，宜优先采用附加箍筋，附加箍筋和吊筋应设置在 s 范围中，s 与集中力的位置有关，如图 8-20（b）所示。

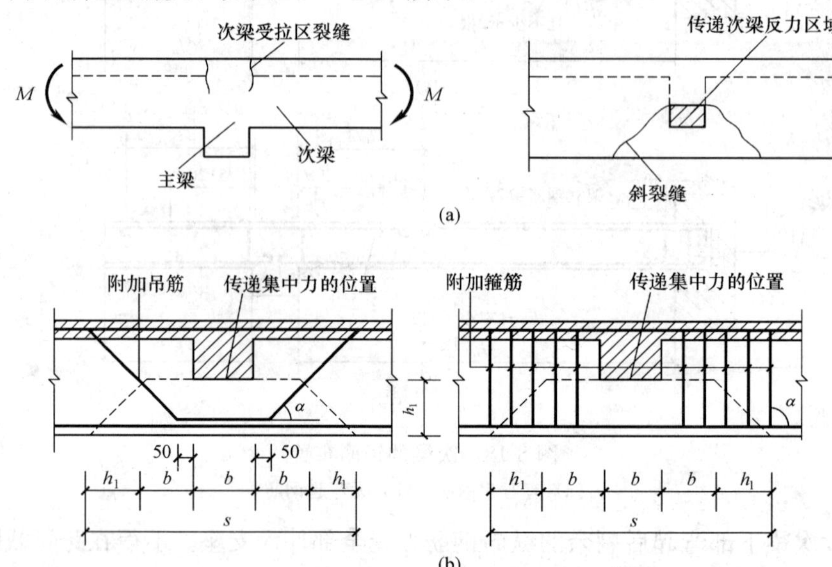

图 8-20　附加横向箍筋和吊筋布置

（a）次梁和主梁相交处的裂缝情况；（b）集中荷载处附加横向钢筋的布置

附加箍筋和吊筋的总截面面积按式（8-25）计算

$$F_l \leqslant 2f_y A_{sb}\sin\alpha + mnf_{yv}A_{sv1} \tag{8-25}$$

式中　F_l——由次梁传递的集中力设计值；

f_y——吊筋的抗拉强度设计值；

f_{yv}——附加箍筋的抗拉强度设计值；

A_{sb}——一根吊筋的截面面积；

A_{sv1}——单肢箍筋的截面面积；

n——在同一截面内附加箍筋的肢数；

m——附加箍筋的排数；

α——吊筋与梁轴线间的夹角。

集中力作用在主梁顶面，则不必设置附加箍筋或吊筋。

（4）当主梁支承在砌体上时，除应保证足够的支承长度外（一般取支承长度不少于370mm）还应进行砌体的局部受压承载力计算，主梁下应设置梁垫。

（5）主梁纵向钢筋的弯起和截断，原则上应按弯矩包络图确定。

8.2.6　单向板肋梁楼盖设计例题

一、设计资料

某多层工业建筑采用混合结构方案，其标准层楼面布置如图 8-21 所示，楼面拟采用现

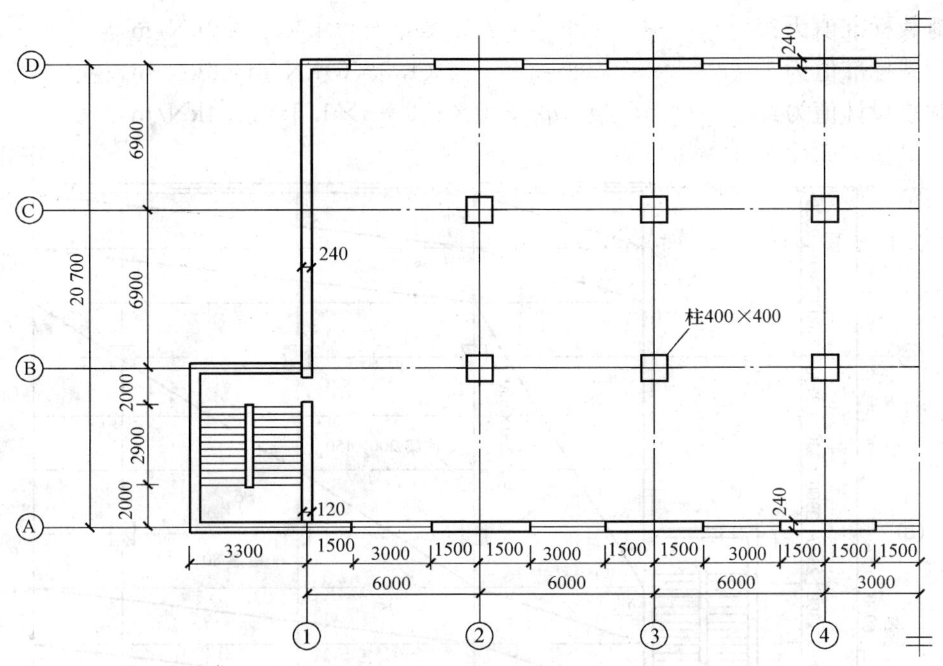

图 8-21 标准层楼面（单位：mm）

浇钢筋混凝土单向板肋梁楼盖，对此楼面进行设计。

（1）楼面做法：30mm 厚水磨石地面；钢筋混凝土现浇板；20mm 厚底板石灰砂浆抹灰。

（2）楼面荷载：均布的活荷载标准值为 $6kN/m^2$。

（3）材料：梁板混凝土强度等级均采用 C30，梁内受力纵筋采用 HRB400，板内受力筋和梁内箍筋均采用 HRB335，其余钢筋采用 HPB300。

二、楼面的结构平面布置

主梁横向布置，跨度为 6.9m，则次梁的跨度为 6m，主梁每跨内布置两根次梁，板跨为 2.3m，楼面的结构平面布置如图 8-22 所示。

板厚：工业建筑楼板的最小厚度为 70mm，取 $h=80$mm，$2300/80=28.75<30$，满足高跨比条件。

次梁：截面高度应满足 $h=1/18\sim1/12=6000/18\sim6000/12=(333\sim500)$mm，取 $h=450$mm，截面宽度取为 $b=200$mm。

主梁：截面高度应满足 $h=1/15\sim1/10=6900/15\sim6900/10=(460\sim690)$mm，取 $h=650$mm，截面宽度取为 $b=300$mm。

三、板的设计

板按考虑塑性内力重分布方法计算，取 1m 宽板带为计算单元。

（1）荷载计算。

30mm 厚水磨石地面 $(1.0\times0.03\times22)kN/m=0.66kN/m$

80mm 厚现浇钢筋混凝土板 $(1.0\times0.08\times25)kN/m=2.0kN/m$

20m 厚底板白灰砂浆抹灰 $(1.0\times0.02\times17)kN/m=0.34kN/m$

恒荷载标准值为：　3.0kN/m

活荷载标准值为：　(1.0×6)kN/m=6kN/m

荷载总设计值为：　$g+q=3.0\times1.2+6\times1.3=11.4$kN/m

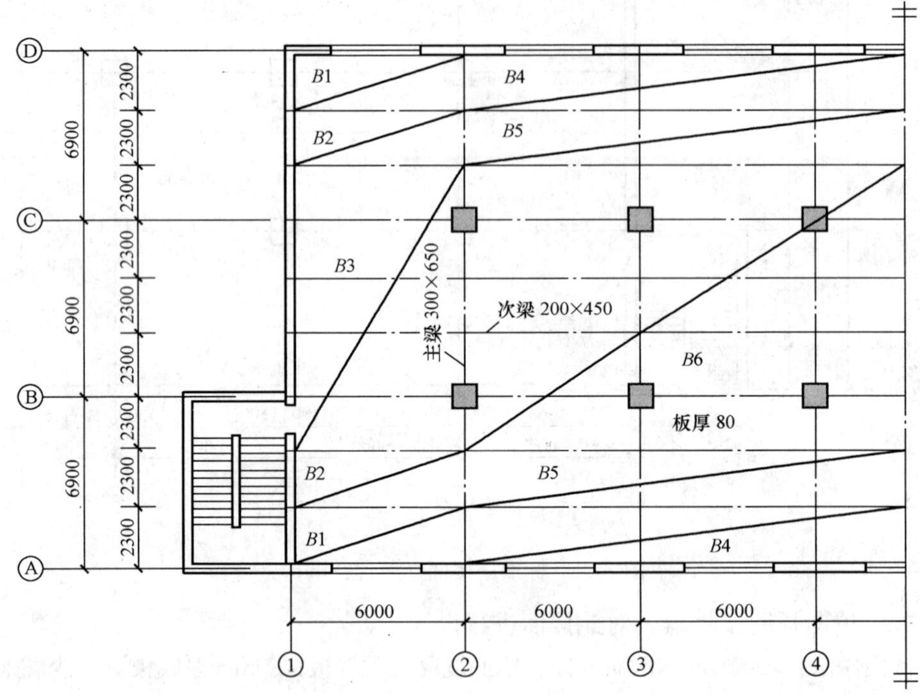

图 8-22　楼面结构平面布置图（单位：mm）

（2）计算简图。

板在墙上的支承长度取为 $a=120$mm，次梁的截面为 $b\times h=200\times450$mm，则板的计算跨度为：

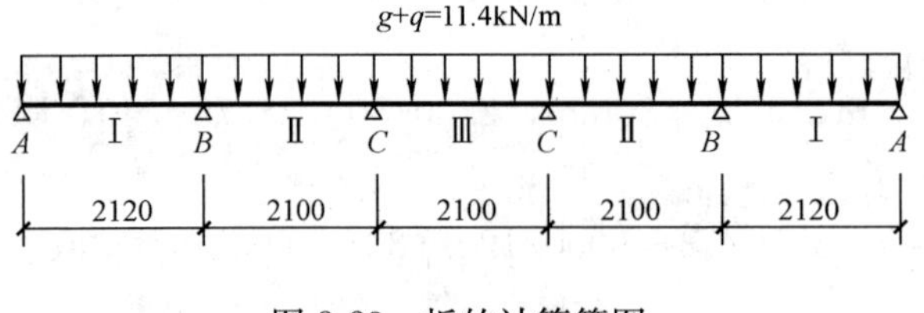

图 8-23　板的计算简图

边跨：$l_{01}=l_n+h/2=(2300-120-100)+80/2=2120\text{mm}<l_c+a/2=(2300-60-100)+120/2=2290\text{mm}$，取 $l_{01}=2120$mm

中跨：$l_{02}=l_n=2300-200=2100$mm

跨度相差小于 10%，可按等跨连续板计算，计算简图如图 8-23 所示。

（3）内力计算（见表 8-5）。

表 8-5　板的弯矩设计值计算

截　面	边跨跨中（Ⅰ）	离端第二支座（B）	离端第二跨跨中（Ⅱ）和中间跨跨中（Ⅲ）	中间支座（C）
弯矩系数 α	1/11	−1/11	1/16	−1/14
$M=\alpha(g+q)l^2$/（kN·m）	4.66	−4.66	3.16	−3.59

（4）正截面承载力计算。

板宽 1000mm，板厚 80mm，$h_0=80-20=60$mm。C30 混凝土，$\alpha_1=1$，$f_c=14.3$N/mm²，$f_t=1.43$N/mm²，HRB335 钢筋，$f_y=300$N/mm²。考虑到②～④轴线间板与次梁整浇，则其中跨中和中间支座截面的弯矩设计值可折减 20%。板的配筋计算过程见表 8-6。

表 8-6　板的配筋计算

截面位置	I	B	Ⅱ（Ⅲ）		C	
			①～②轴线	②～④轴线	①～②轴线	②～④轴线
M/(kN·m)	4.66	−4.66	3.16	3.16×0.8	−3.59	−3.59×0.8
$\alpha_s=M/\alpha_1 f_c b h_0^2$	0.088 1	0.088 1	0.061 4	0.049 1	0.069 7	0.055 8
$\xi=1-\sqrt{1-2\alpha_s}$	0.092 4	0.092 4	0.063 4	0.050 4	0.072 3	0.057 5
$A_s=\xi b h_0 \alpha_1 f_c/f_y$ /mm²	264.26	264.26	181.32	144.14	206.78	164.45
选用配筋	Φ 8@180	Φ 8@180	Φ 6/8@180	Φ 6@180	Φ 8@200	Φ 8@200
实际配筋面积/mm²	279	279	218	157	251	251

四、次梁设计

次梁按考虑塑性内力重分布方法计算，此工程为工业建筑，根据实际使用的情况不考虑活荷载的折减。

（1）荷载计算。

由板传来恒载　　3.0×2.3=6.90kN/m

次梁自重　　25×0.2×(0.45−0.08)=1.85kN/m

次梁粉刷　　17×0.02×(0.45−0.08)×2=0.25kN/m

恒载标准值　　9.0kN/m

活载标准值　　6×2.3=13.8kN/m

荷载总设计值　　$g+q=9.0\times1.2+13.8\times1.3=28.74$kN/m

（2）计算简图。

次梁在墙上的支承长度为 240mm，主梁的截面为 300×650mm，则次梁的计算跨度为：

边跨：$l_{01}=l_n+a/2=(6000-120-150)+240/2=5850\text{mm}<1.025l_n=5873\text{mm}$，取 $l_{01}=5850$mm

中跨：$l_{02}=l_n=6000-300=5700$mm

跨度相差小于 10%，可按等跨连续梁计算，计算简图如图 8-24 所示。

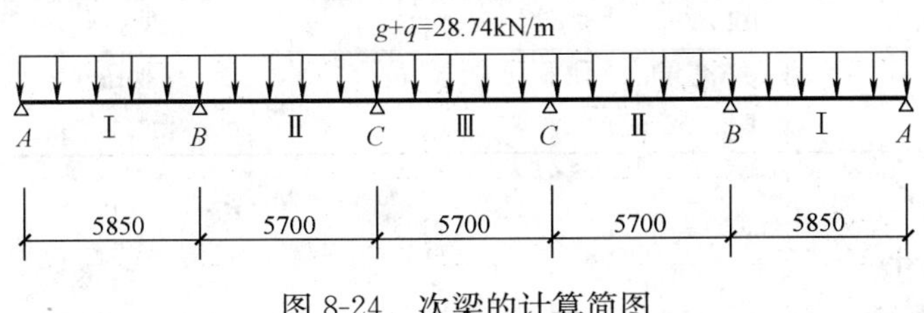

图 8-24　次梁的计算简图

（3）内力计算。如表 8-7、表 8-8 所示。

表 8-7 次梁的弯矩设计值计算

截面	边跨跨中（Ⅰ）	离端第二支座（B）	离端第二跨跨中（Ⅱ）和中间跨跨中（Ⅲ）	中间支座（C）
弯矩系数 α_{mb}	1/11	−1/11	1/16	−1/14
$M=\alpha_m(g+q)l_0^2$/（kN·m）	89.41	−89.41	61.47	−70.25

表 8-8 次梁的剪力设计值计算

截面	A 支座（右）	B 支座（左）	B 支座（右）	C 支座（左、右）
剪力系数 α_{vb}	0.45	0.6	0.55	0.55
$M=\alpha_{vb}(g+q)l_n$/kN	74.11	98.81	90.10	90.10

（4）承载力计算

1）正截面受弯承载力。

支座按矩形截面计算；跨中按 T 形截面计算，翼缘高 $h'_f=80\text{mm}$，翼缘宽度取为：

边跨：按计算跨度 l_0 考虑 $b'_f=\frac{l_0}{3}=\frac{1}{3}\times 5850=1950\text{mm}$

按梁（肋）净距 s_n 考虑 $b'_f=b+s_n=2300\text{mm}$

按翼缘高度 h'_f 考虑 $h'_f/h_0=80/415=0.193>0.1$，不按翼缘高度考虑

取 $b'_f=1950\text{mm}$。

中跨：按计算跨度 l_0 考虑 $b'_f=\frac{l_0}{3}=\frac{1}{3}\times 5700=1900\text{mm}$

纵向受力钢筋均布置一排，$h_0=450-35=415\text{mm}$

次梁采用 C30 混凝土，$\alpha_1=1$，$f_c=14.3\text{N/mm}^2$，$f_t=1.43\text{N/mm}^2$，纵筋采用 HRB400，$f_y=360\ \text{N/mm}^2$，箍筋采用 HRB335，$f_{yv}=300\ \text{N/mm}^2$。

$$\alpha_1 f_c b'_f h'_f\left(h_0-\frac{h'_f}{2}\right)=1\times14.3\times1900\times80\times(415-40)=815.5\text{kN}\cdot\text{m}>89.41\text{kN}\cdot\text{m}$$

所以次梁跨中截面均可按第一类型 T 形截面计算。计算过程如表 8-9 所示。

表 8-9 次梁正截面受弯承载力计算

截面位置	边跨跨中（Ⅰ）	离端第二支座（B）	离端第二跨跨中（Ⅱ）和中间跨跨中（Ⅲ）	中间支座（C）
b（b'_f）/mm	1950	200	1900	200
M/（kN·m）	89.41	−89.41	61.47	−70.25
$\alpha_S=M/\alpha_1 f_c bh_0^2$	0.019	0.182	0.013	0.143
$\xi=1-\sqrt{1-2\alpha_s}$	0.019	0.203<0.35	0.013	0.155
$A_s=\xi bh_0\alpha_1 f_c/f_y$/mm²	610.76	669.28	407.17	511.03
选用配筋	3⌀16（弯 1）	2⌀18+1⌀16（弯 1）	2⌀12+1⌀16（弯 1）	2⌀14+1⌀16（弯 1）
实际配筋面积/mm²	603	710.1	427.1	509.1

2）斜截面受剪承载力。

①验算截面尺寸。

因为 $h_w=h-h'_f=450-80=370\text{mm}$，$h_w/b=370/200=1.85<4$

所以 $0.25\beta_c f_c bh_0 = 0.25 \times 1 \times 14.3 \times 200 \times 415 = 296.73 \times 10^3 \text{N} = 296.73\text{kN} > V_{max} = 98.81\text{kN}$

故截面尺寸满足要求。

$0.7 f_t bh_0 = 0.7 \times 1.43 \times 200 \times 415 = 84.08 \times 10^3 \text{N} = 83.08\text{kN} < V_{max} = 98.81\text{kN}$

需按计算配置箍筋。

②计算腹筋用量。

采用Φ 6 双肢箍筋，按剪力最大的 B 支座左侧截面进行计算。

由 $$V_{cs} = 0.7 f_t bh_0 + f_{yv} \frac{A_{sv}}{s} h_0$$

可得 $$s = \frac{f_{yv} A_{sv} h_0}{V_{BL} - 0.7 f_t bh_0} = \frac{300 \times 57 \times 415}{98\ 810 - 0.7 \times 1.43 \times 200 \times 415} = 451\text{mm}$$

取 s=180mm。为了施工方便，梁沿全长均配置Φ 6@180 的箍筋。

③验算最小配箍率。

考虑弯矩调幅的最小配箍率为 $\rho_{svmin} = 0.24 \times \frac{f_t}{0.8 f_{yv}} = 0.3 \times \frac{1.43}{300} = 0.143\%$

实际配箍率 $\rho_{sv} = \frac{A_{sv}}{bs} = \frac{57}{200 \times 180} = 0.158\% > 0.143\%$ 满足要求。

五、主梁设计

主梁按弹性理论设计。

(1) 荷载计算。

主梁的自重等效为集中荷载。

由次梁传来恒载	9.0×6.0=54.0kN
主梁自重	25×2.3×0.3×(0.65−0.08)=9.83kN
主梁粉刷	17×2.3×0.02×(0.65−0.08)×2=0.89kN
恒载标准值	64.72kN
活载标准值	6×2.3×6=82.8kN
恒载设计值	G=64.72×1.2=77.66kN
活载设计值	Q=82.8×1.3=107.64kN

(2) 计算简图。

主梁在墙上的支承长度为 240mm，柱的截面为 400×400mm，主梁视为铰接于柱顶的连续梁，则主梁的计算跨度为：

边跨：l_{n1}=6900−120−200=6580mm

因为 $1.025 l_{n1} + b/2$=6944.5mm>l_c=6900mm

取 $l_{01} = l_c = l_{n1} + a/2 + b/2$= 6580+120+200=6900mm

中跨：l_{02}=6900mm

计算简图如图 8-25 所示。

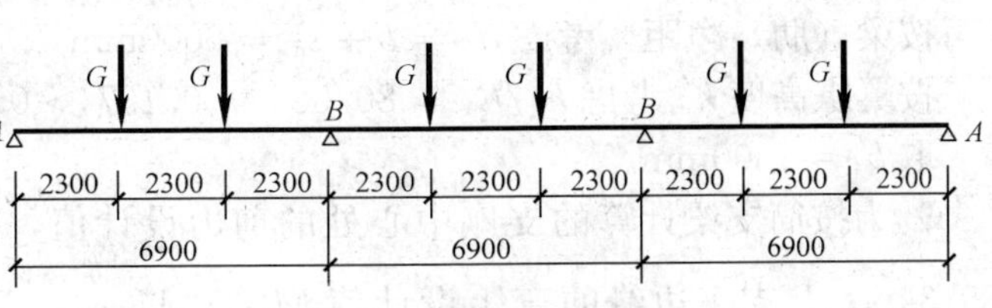

图 8-25 主梁的计算简图

(3) 内力计算及内力包络图。

主梁为等截面的三等跨连续

梁，可通过查附录2中附表2.2系数计算内力，各种荷载作用下的内力计算及不利组合如表8-10所示。

表8-10　各种荷载作用下的内力值及其不利组合

项次	荷载简图	弯矩/(kN·m)				剪力/kN		
		$(k)\ M_1$	$(k)\ M_B$	$(k)\ M_2$	$(k)\ M_c$	$(k)\ V_A$	$(k)\ V_{Bl}$	$(k)\ V_{Br}$
①	G G G G G G	(0.244) 130.75	(−0.267) −143.07	(0.067) 35.90	(−0.267) −143.07	(0.733) 56.92	(−1.267) −98.40	(1.00) 77.66
②	Q Q Q Q	(0.229) 170.08	(−0.311) −230.98	(0.170) 126.26	(−0.089) −66.10	(0.689) 74.16	(−1.311) −141.12	1.222 131.54
③	Q Q Q Q	(0.289) 214.64	(−0.133) −98.78	(−0.133) −98.78	(−0.133) −98.78	0.866 93.22	(−1.134) −122.06	(0) 0
④	Q Q	(−0.044) −32.68	(−0.133) −98.78	(0.200) 148.54	(−0.133) −98.78	(−0.133) −14.32	(−0.133) −14.32	(1.00) 107.64
内力不利组合	①+②	300.83	−374.05	162.16	−209.17	131.08	−239.52	209.2
	①+③	345.39	−241.85	−62.88	−241.85	150.14	−220.46	77.66
	①+④	98.07	−241.85	184.44	−241.85	42.6	−112.72	185.3

弯矩设计值　　$M=k_1Gl+k_2Ql$

剪力设计值　　$V=k_3G+k_4Q$

根据表8-10中各截面的内力值绘出的弯矩和剪力包络图如图8-26所示。绘制弯矩包络图时以相邻支座弯矩值的连线为基线来判断最大（小）值的位置，通过做平行线的方法来确定另一集中荷载作用点处的弯矩值，或在基线上叠加集中荷载作用下简支梁弯矩的方法来确定跨内集中荷载作用点处的弯矩值。

（4）承载力计算。

主梁采用C30混凝土，$\alpha_1=1$，$f_c=14.3\text{N/mm}^2$，$f_t=1.43\text{N/mm}^2$，纵筋采用HRB400，$f_y=360\text{N/mm}^2$，箍筋采用HRB335，$f_{yv}=300\text{N/mm}^2$。

1）正截面受弯承载力。

支座按矩形截面计算；跨中按T形截面计算，翼缘高 $h'_f=80\text{mm}$，翼缘宽度取为：

按计算跨度 l_0 考虑 $b'_f=\dfrac{l_0}{3}=\dfrac{1}{3}\times6900=2300\text{mm}$

按梁（肋）净距 s_n 考虑 $b'_f=b+s_n=6000\text{mm}$

按翼缘高度 h'_f 考虑 $h'_f/h_0=80/585=0.137>0.1$，不按翼缘高度考虑

取 $b'_f=2300\text{mm}$。

V_0为按简支梁计算的支座中心处的剪力设计值，$V_0=2(G+Q)/2=77.66+107.64=185.3\text{kN}$；$B$支座边缘的弯矩设计值 $M_B=M_{B\max}-V_0\dfrac{b}{2}=374.05-185.3\times0.4/2=$

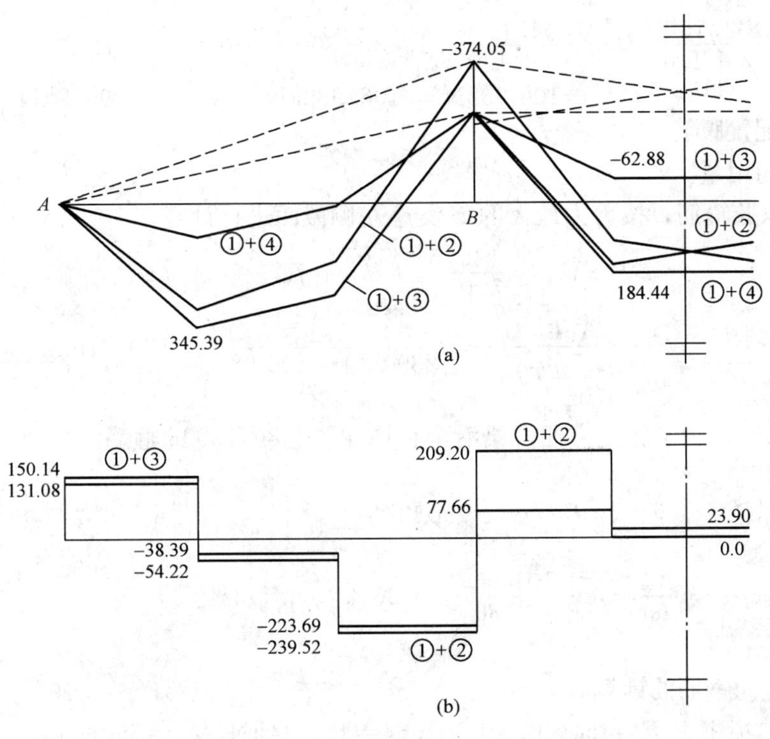

图 8-26 主梁的内力包络图

(a) 弯矩包络图；(b) 剪力包络图

336.99kN·m。纵向受力钢筋均布置两排，跨中截面 $h_0=650-65=585\text{mm}$，支座截面 $h_0=650-80=570\text{mm}$；中跨上部纵向受力钢筋布置为一排，$h_0=650-40=610\text{mm}$。跨中截面经判别均属于第一类T形截面。配筋计算如表 8-11 所示。

表 8-11　　主梁正截面受弯承载力计算

截面位置	1	B	2	
$b(b'_f)$/mm	2300	300	2300	300
M/(kN·m)	345.39	−336.99	184.44	−62.88
$\alpha_S=M/\alpha_1 f_c b h_0^2$	0.031	0.242	0.016	0.04
$\xi=1-\sqrt{1-2\alpha_s}$	0.031	0.282	0.016	0.04
$A_s=\xi b h_0 \alpha_1 f_c/f_y$ /mm²	1656.83	1915.49	855.14	290.77
选用配筋	2Φ18+6Φ16(弯2)	4Φ22+3Φ16(弯2)	2Φ18+2Φ16(弯)	2Φ22
实际配筋面积/mm²	1715	2123	911	760

主梁纵筋的弯起和切断按弯矩包络图来确定。

2) 斜截面受剪承载力。

①验算截面尺寸。

因为 $h_w=h-h'_f=650-80=570\text{mm}$，$h_w/b=570/300=1.9<4$

所以 $0.25\beta_c f_c b h_0=0.25\times1\times14.3\times300\times570\times10^{-3}=611.33\text{kN}>V_{Bl}=239.52\text{kN}$

故截面尺寸满足要求。

$$\lambda=\frac{a}{h_0}=\frac{2300}{570}=4.04>3.0 \text{ 取 } \lambda=3.0$$

$$\frac{1.75}{\lambda+1.0}f_t bh_0=\frac{1.75}{3+1.0}\times 1.43\times 300\times 570$$
$$=106\ 982\text{N}=106.982\text{kN}<V_{Bl}=239.52\text{kN}$$

应按计算配置腹筋。

②计算腹筋用量。

采用Φ 8 双肢箍筋，按剪力最大的 B 支座左侧截面进行计算。

由
$$V_{cs}=\frac{1.75}{\lambda+1.0}f_t bh_0+f_{yv}\frac{A_{sv}}{s}h_0$$

可得
$$s=\frac{f_{yv}A_{sv}h_0}{V_{Bl}-\frac{1.75}{\lambda+1}f_t bh_0}=\frac{300\times 101\times 570}{239\ 520-106\ 982}=130.31\text{mm}$$

取 s=130mm。为了施工方便，梁沿全长均配置Φ 8@130 的箍筋。

③验算最小配箍率。

最小配箍率 $\rho_{svmin}=0.24\frac{f_t}{f_y}=0.24\times\frac{1.43}{300}=0.114\%$

实际配箍率 $\rho_{sv}=\frac{A_{sv}}{bs}=\frac{101}{300\times 130}=0.26\%>0.114\%$

满足要求。

(5) 附加横向钢筋的计算。

次梁传来的集中力 $F_L=54\times 1.2+107.64=172.44$kN，$h_1=650-450=200$mm，附加横向钢筋的布置长度为：$s=2h_1+3b=2\times 200+3\times 200=1000$mm。在次梁的两侧各布置 3 排双肢Φ 8 的箍筋，间距 200mm，另加 1 Φ 16 的吊筋。则附加横向钢筋所能承受的集中力：

$F=2f_yA_{sb}\sin\alpha+mnf_{yv}A_{sv1}=2\times 360\times 201.1\times 0.707+6\times 2\times 300\times 50.3=283.45$kN $>F_l=172.44$kN 满足要求。

六、绘制施工图

板配筋、次梁配筋、主梁配筋图分别如图 8-27～图 8-29 所示。

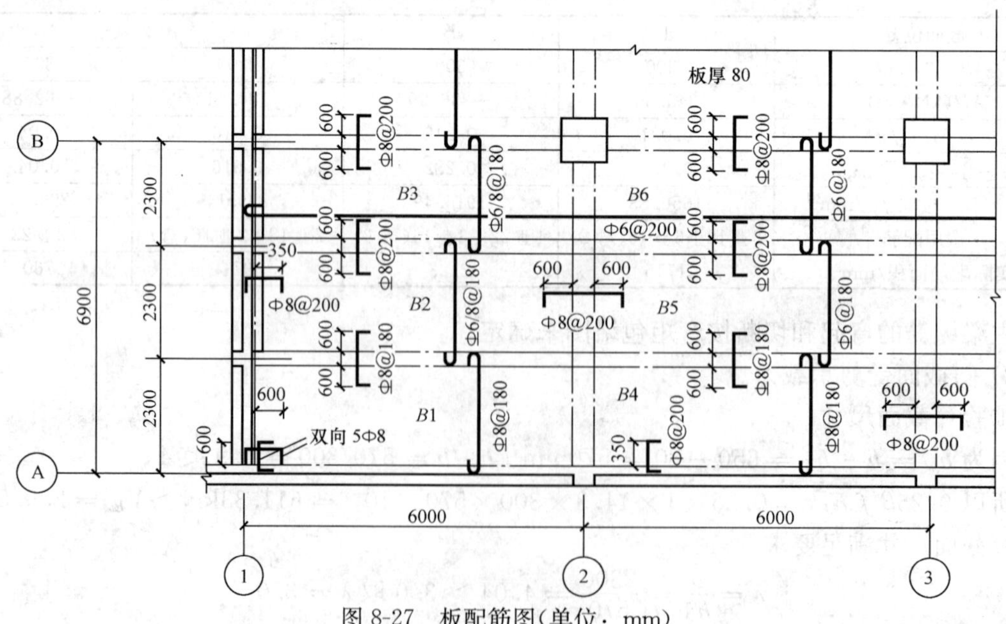

图 8-27 板配筋图(单位：mm)

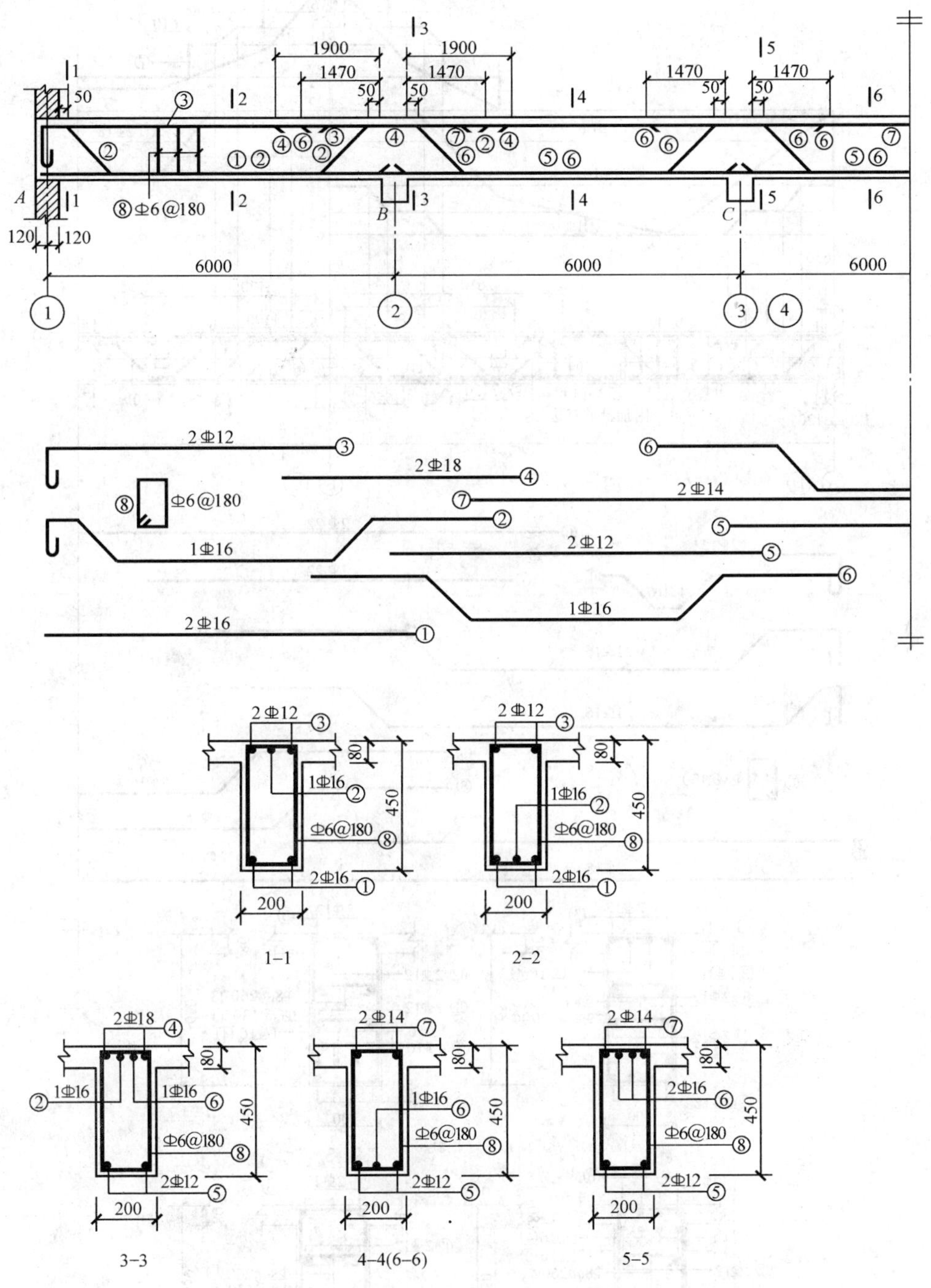

图 8-28　次梁配筋图(单位：mm)

1290
1290
1540
1Φ16
1Φ16
1Φ16
610
2Φ22
2Φ22
610
① 2Φ18
② 4Φ16
③1Φ16
④1Φ16
① 2Φ18
⑧1Φ16
⑨1Φ16
650
50
2610
1850
2170
1190
1190
1Φ16 ⑪
Φ8@130 ⑩
Φ8@130 ⑩
650
50
50
120
120
附加箍筋每边3道
Ⓐ Ⓓ
Ⓑ Ⓒ
2Φ22
2Φ12
1Φ16
2Φ22
1Φ16
1Φ16
Φ8@130
1Φ16
1Φ16
4Φ16
2Φ18
2Φ12 ⑤
③1Φ16
1Φ16④
⑫2Φ12
Φ8@260⑬
Φ8@130⑩
⑬2Φ12
② 4Φ16
①2Φ18
300
1-1
⑫ 2Φ12
⑫ 2Φ12
③ 1Φ16
② 4Φ16
1Φ16 ④
①2Φ18
2-2
2Φ22
2Φ22 ⑥
③ 1Φ16
⑧ 1Φ16
⑫2Φ12
⑫2Φ12
1Φ16④
1Φ16⑨
Φ8@260 ⑬
Φ8@130 ⑩
①2Φ18
3-3
⑫2Φ12
⑫2Φ12
⑧1Φ16
1Φ16⑨
① 2Φ18
4-4
80
650
300

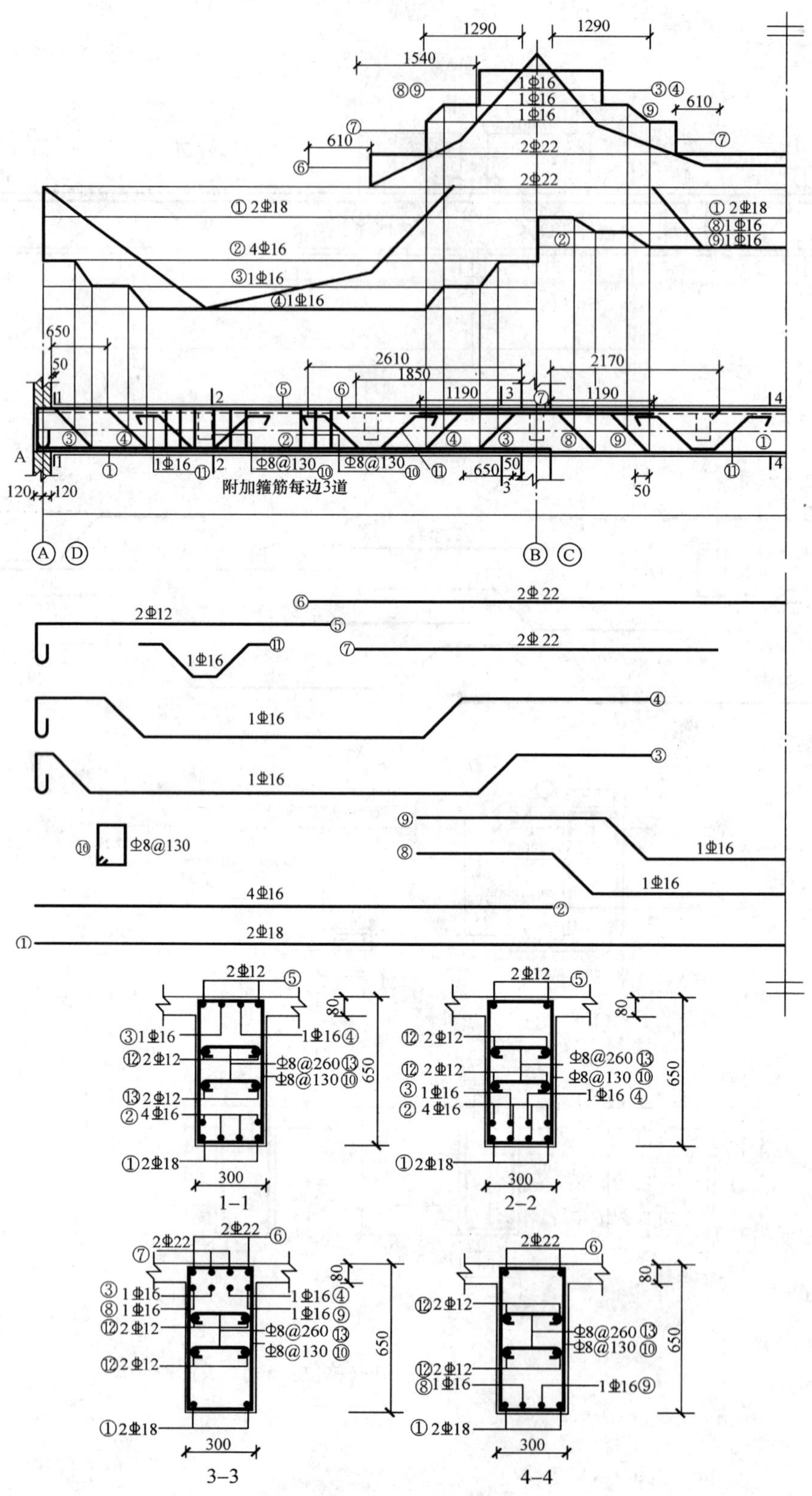

图 8-29 主梁配筋图

8.3 双向板肋梁楼盖

由双向板和梁组成的现浇楼盖即双向板肋梁楼盖，有两种计算方法，即弹性理论计算方法和塑性理论计算方法。本节介绍弹性理论的计算方法。

一、多跨连续双向板计算

多跨连续双向板的内力计算是很复杂的，在工程中多采用以单区格板计算为基础的实用计算方法。此方法假定支承梁的抗弯刚度很大，不产生竖向位移且不受扭；同时还规定双向板沿同一方向相邻跨度的比值 $l_{min}/l_{max} \geqslant 0.75$，以免计算误差过大。

（一）跨中最大正弯矩

为了求连续板跨中最大正弯矩，其均布活荷载 q 的最不利位置，应按如图 8-30 所示的棋盘式布置。为方便利用单区格板的计算表格，可将以这种方式布置的荷载（满布各跨的均布恒荷载 g 和隔跨布置的均布活荷载 q）分解为满布各跨的荷载 $g+q/2$ 和隔跨交替布置的荷载 $\pm q/2$ 两部分之和，分别如图 8-30（a）～（d）所示。

当各区格均满布荷载 $g+q/2$ 时，由于内区格板支座两边结构对称且荷载对称或接近对称布置，故各支座不转动或发生很小的转动，因此可认为各区格板中间支座都是四边固定支

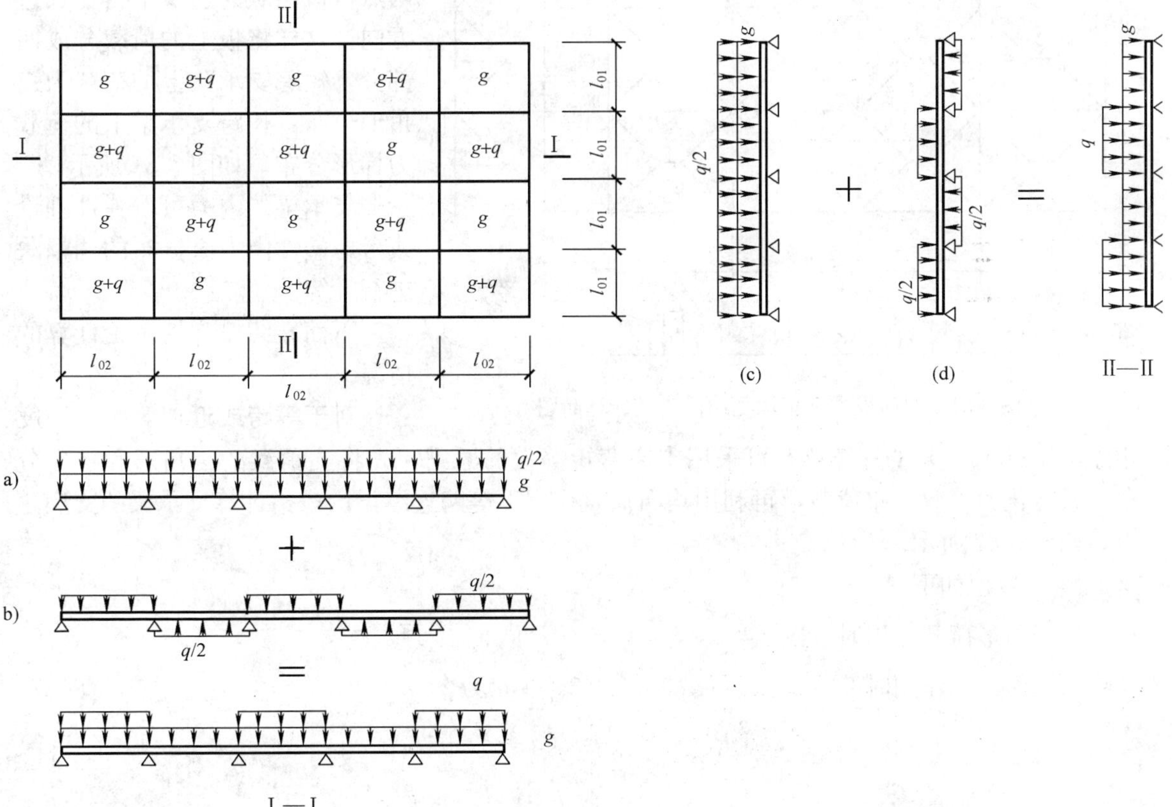

图 8-30　连续双向板的计算图式

（a）、（c）满布荷载 $g+q/2$；（b）、（d）间隔布置荷载 $\pm q/2$

座；当所求区格板作用有荷载$+q/2$，相邻区格板作用荷载有$-q/2$，其余区格板均间隔布置时，如图 8-30（b）、（d）所示，可看作承受反对称荷载$\pm q/2$的连续板，这样在支座两侧的转角大小都相等、方向相同、无弯矩产生，故可认为各区格板在中间支座处都是简支的。

在上述两种荷载作用下的楼盖周边区格板，其外边界的支座按实际支承情况确定。

最后，将各区板在上述两种荷载作用下的跨中弯矩叠加，即可求出各区格的跨中最大正弯矩。

（二）支座最大负弯矩

求支座最大负弯矩时，可近似地在各区格按满布活荷载布置求得，故认为各区格板都是固定在中间支座上，楼盖周边仍可按实际支承情况确定；然后按单跨双向板计算出各支座的负弯矩。当相邻区格板在同一支座上分别求出的负弯矩不相等时，可取绝对值较大者作为该支座的最大负弯矩。

二、双向板支承梁的设计

双向板上的荷载，必定向最近的支承梁传递。因此，支承梁承受的荷载范围可用从每一区格板的四角作 45°等分角线的方法确定。如正方形，四条分角线将汇交于一点，双向板支承梁的荷载均为三角形分布。如矩形板，四条分角线分别汇交于两点，该两点的连线平行于长边方向，这样将板上的荷载分成四部分，短跨支承梁上的荷载为三角形分布，长跨支承梁上的荷载为梯形分布，如图 8-31 所示。

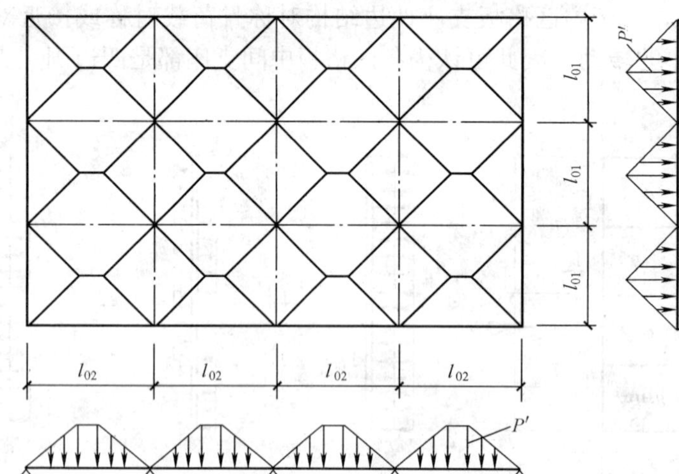

图 8-31 双向板支承梁承受的荷载及计算简图

支承梁的内力可按弹性理论或考虑塑性内力重分布的调幅法进行计算。

下面介绍按弹性理论计算的情况。

对于等跨或近似等跨（跨度相差不超过 10%）的连续梁，可采用支座弯矩等效的原则，先将支承梁的三角形和梯形分布荷载转化为等效均布荷载，再利用均布荷载作用下等跨连续梁的表格计算支承梁的支座弯矩，如图 8-32 所示。

P_e 的取值如下：

当三角形荷载作用时
$$P_e=\frac{5}{8}P' \tag{8-26}$$

当梯形荷载作用时
$$P_e=(1-2\alpha_1^2+\alpha_1^3)P' \tag{8-27}$$

$$P'=P\frac{l_{01}}{2}=(g+q)\frac{l_{01}}{2}$$

$$\alpha_1=\frac{l_{01}}{2l_{02}}$$

式中 g、q——分别为板面的均布恒荷载和均布活荷载；

l_{01}、l_{02}——分别为长跨与短跨的计算跨度。

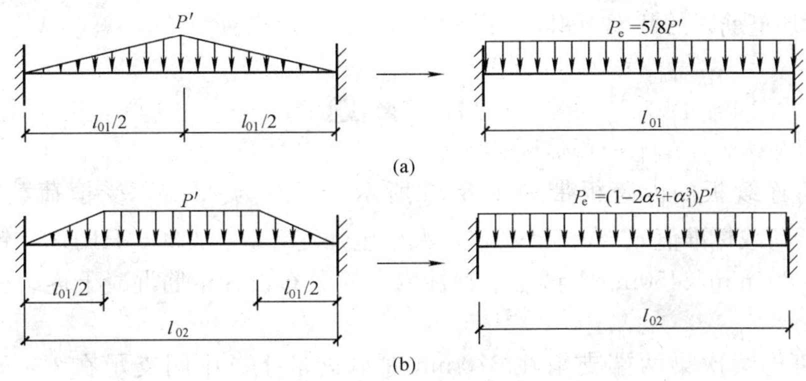

图 8-32　分布荷载转化为等效均布荷载

(a) 三角形分布荷载；(b) 梯形分布荷载

在按等效均布荷载求出支座弯矩后（此时仍需考虑各跨活荷载的最不利布置），可根据所求出的支座弯矩和梁的实际分布，由平衡条件计算梁的跨中弯矩和支座剪力。

对于无内柱的双向板楼盖，通常称为井字形楼盖。这种楼盖的双向板，仍按连续双向板计算，其支承梁的内力，则按结构力学的交叉梁系所用方法计算，或查阅有关计算手册。

思　考　题

8-1　钢筋混凝土梁板结构设计的一般步骤是怎样的？

8-2　钢筋混凝土楼盖有哪几种类型？说明他们各自的受力特点和适用范围。

8-3　现浇单向板肋形楼盖结构布置可从哪几个方面来体现结构的合理性？

8-4　何谓活荷载的最不利布置？活荷载最不利布置的规律是怎样的？

8-5　现浇单向板肋形楼盖中的板、次梁和主梁，当其内力按弹性理论计算时，如何设计其计算简图？当按塑性理论计算时，其简图又如何确定？如何绘制主梁的弯矩包络图？

8-6　何谓塑性铰？试比较钢筋混凝土塑性铰与结构力学中的理想铰有何异同。

8-7　试比较内力重分布和应力重分布。

8-8　按弹性理论计算肋形楼盖的连续板、梁时，什么情况下要将荷载化为折算荷载来计算？原因为何？如按考虑塑性内力重分布方法计算时，为什么可不必进行荷载的折减？

8-9　试绘出四边简支矩形板裂缝出现和开展的过程及破坏时板底裂缝分布示意图。

8-10　何谓弯矩调幅？简述弯矩调幅法的基本步骤。考虑塑性内力重分布计算钢筋混凝土连续梁的内力时，为什么要控制弯矩调幅？

8-11　考虑塑性内力重分布计算钢筋混凝土连续梁时，为什么要限制截面受压区高度？

8-12　何谓内力包络图？为什么要作内力包络图？

8-13　为什么在计算主梁的支座截面配筋时，应取支座边缘处的弯矩？

8-14　现浇单向板肋形楼盖中，板、次梁和主梁的配筋计算和构造有哪些要点？

8-15　利用单跨双向板弹性弯矩系数计算连续双向板跨中最大弯矩和最小负弯矩时，采用了一些什么假定？

8-16　在主次梁交接处，为什么要在主梁中设置吊筋或附加箍筋？如何确定横向附加钢筋（吊筋或附加箍筋）的截面面积？

习　　题

8-1　五跨连续板的内跨板带如图 8-33 所示，板跨为 2.1m，受恒荷载标准值 $g_k=2.8kN/m^2$，活荷载标准值 $q_k=3.5kN/m^2$；混凝土强度等级为 C30，HRB335 钢筋；次梁截面尺寸 $b\times h=200mm\times450mm$。试考虑塑性内力重分布设计钢筋混凝土连续板，并绘出配筋图。

8-2　五跨连续次梁两端支承在 370mm 厚的砖墙上，中间支承在 $b\times h=300mm\times700mm$ 主梁上，如图 8-34 所示，承受板传来的恒载荷标准值 $g_k=20kN/m$，活载荷标准值 $q_k=100kN/m$，混凝土强度等级为 C30，纵筋采用 HRB400 级钢筋，箍筋采用 HRB335 级钢筋，试考虑塑性内力重分布设计该梁，并绘出配筋图。

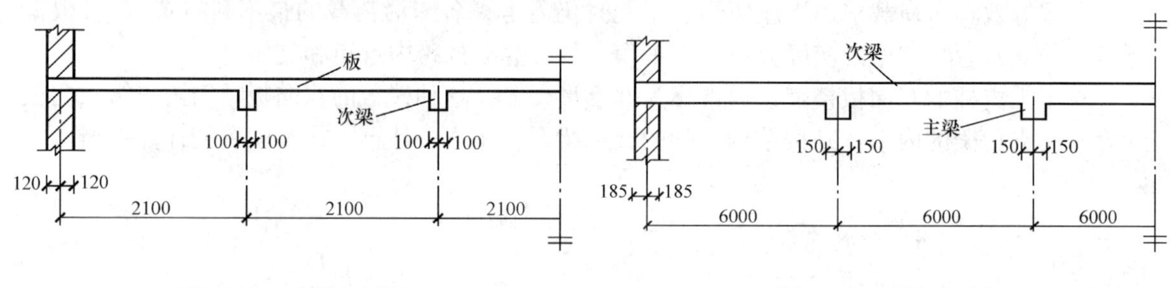

图 8-33　习题 8-1 图　　图 8-34　习题 8-2 图

8-3　钢筋混凝土连续梁如图 8-35 所示，截面尺寸 $b\times h=250mm\times600mm$。承受恒载标准值 $G_k=25kN$，集中活载荷标准值 $Q_k=50kN$。混凝土强度等级为 C30，纵筋采用 HRB400 级钢筋，箍筋采用 HRB335 级钢筋。试按弹性理论计算内力，绘出此梁的弯矩包络图和剪力包络图，并对其进行截面配筋计算。

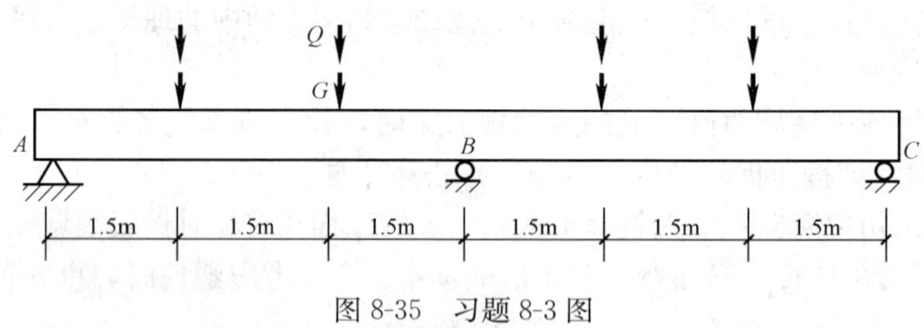

图 8-35　习题 8-3 图

8-4　钢筋混凝土现浇单向肋形楼盖课程设计。

（一）设计资料

某多层厂房，采用钢筋混凝土单向板肋形楼盖，其楼面结构布置简图如图 8-36 所示，楼面荷载、材料及构造等设计资料如下：

（1）楼面荷载：均布活载荷标准值 $q_k=2.0、2.5、3.0、3.5、4.0、4.5、5kN/m^2$；

（2）楼面做法：20mm 厚水泥砂浆面层、30mm 厚水磨石面层，钢筋混凝土现浇板，20mm 混合砂浆抹底。

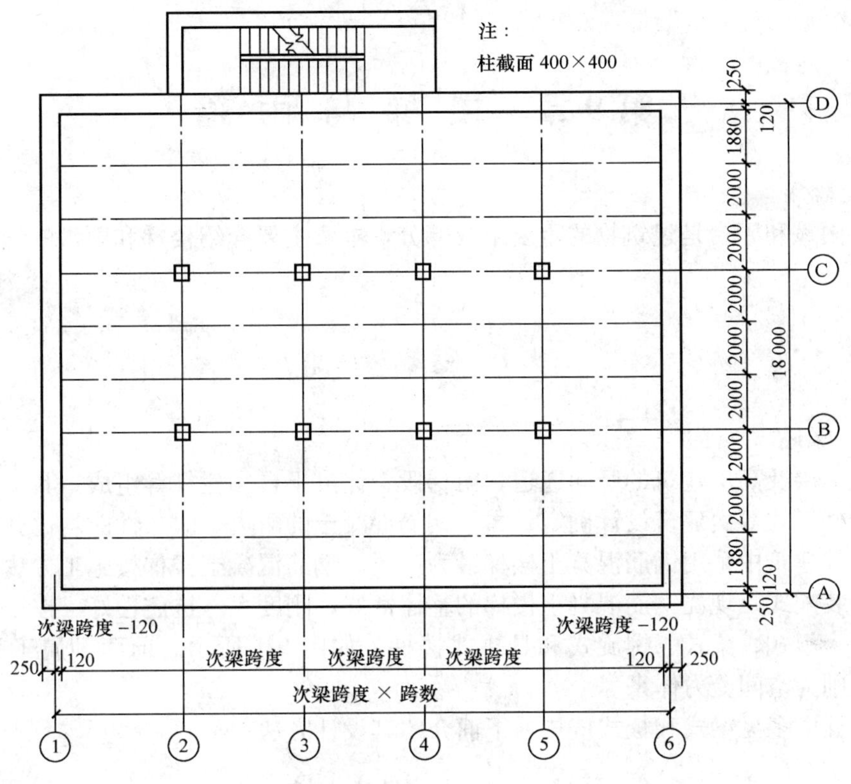

图 8-36　习题 8-4 图

（3）材料：梁板混凝土强度等级均采用 C30，梁内受力纵筋采用 HRB400，板内受力筋和梁内箍筋均采用 HRB335，其余钢筋采用 HPB300。

（4）板伸入墙内 120mm，次梁伸入墙内 240mm，主梁伸入墙内 370mm；柱的截面尺寸为 400mm×400mm。

（5）主梁跨度为 6m，次梁跨度为 4.2、4.5、4.8、5.1、5.4、5.7、6.0m。

[共 7（活载荷标准值）×2（楼面做法）×7（次梁跨度）＝98 个题]

（二）设计内容和要求

（1）板和次梁按考虑塑性内力重分布方法计算内力；主梁按弹性理论计算内力，并绘出弯矩包络图和剪力包络图。

（2）绘楼盖结构施工图。

第9章 楼梯与雨篷

楼梯、雨篷和阳台是建筑物的重要组成部分，本章主要介绍楼梯和雨篷的结构计算及构造要求。

9.1 楼　　梯

9.1.1 概述

楼梯是多层及高层建筑的竖向通道，由梯段、休息平台和栏杆等组成。其平面布置、踏步尺寸、栏杆形式等由建筑设计确定。由于钢筋混凝土的耐火、耐久性能均比其他材料制作的楼梯好，故建筑中采用钢筋混凝土楼梯最为广泛。钢筋混凝土楼梯按施工方法的不同可分为现浇式和装配式。现浇钢筋混凝土楼梯的整体性好，刚度大，抗震性好。按结构形式的不同，又可分为板式、梁式、螺旋式和悬挑式楼梯，如图9-1所示。前两种属于平面受力体系，后两种则为空间受力体系。

由于工程中多见梁式和板式楼梯，下面介绍其设计方法。

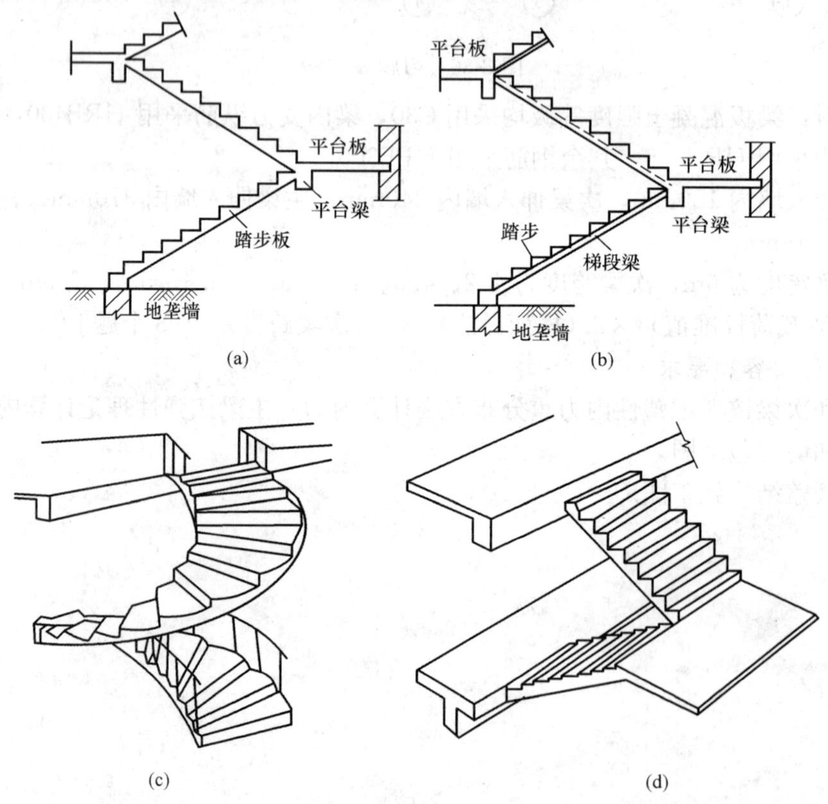

图9-1　各种形式楼梯的示意图

(a) 板式楼梯；(b) 梁式楼梯；(c) 螺旋式楼梯；(d) 悬挑式楼梯

楼梯结构设计包括以下内容：

（1）根据使用要求和施工条件，确定楼梯的结构形式和结构布置；

（2）根据建筑类别，按《荷载规范》确定楼梯的活荷载标准值；

（3）根据楼梯的组成和传力路线，进行楼梯各部件的内力计算和截面设计；

（4）处理好连接部位的配筋构造，绘制施工图。

9.1.2　板式楼梯的计算与构造

板式楼梯由梯段板、平台板和平台梁组成，梯段板是一块斜放的齿形板，板端支承在平台梁和楼层梁上，最下端的梯段可支承在地垄墙上，如图9-1（a）所示。板式楼梯的下表面平整，施工支模方便，外观比较轻巧，一般适用于梯段板的水平投影在3m以内的楼梯，其缺点是斜板较厚，为水平长度的1/25～1/30；当荷载较大，且水平投影大于3m时，采用梁式楼梯较为经济。

板式楼梯的计算包括梯段板、平台板和平台梁。

一、梯段板

梯段斜板可简化为两端支承在平台梁的简支板，按简支梁计算，计算跨度取平台梁间的斜长净距 l'_0，它的正截面是与梯段板垂直的，设梯段板单位长度上的竖向均布荷载 $p=g+q$，g 为沿斜板斜向单位长度的恒荷载化为沿水平单位长度的竖向荷载，如图9-2所示，q 为沿水平方向的竖向活荷载。

单位水平长度上的竖向均布荷载 p 可等效转化为沿斜板单位长度上的竖向均布荷载 p'，$pl_0=p'l'_0$，$p'=pl_0/l'_0=p\cos\alpha$，l_0 为梯段板的水平净跨长，α 为梯段板与水平线间的夹角。将 p' 分解为

$$p'_x = p'\cos\alpha = p\cos\alpha\cos\alpha \qquad (9\text{-}1)$$

$$p'_y = p'\sin\alpha = p\cos\alpha\sin\alpha \qquad (9\text{-}2)$$

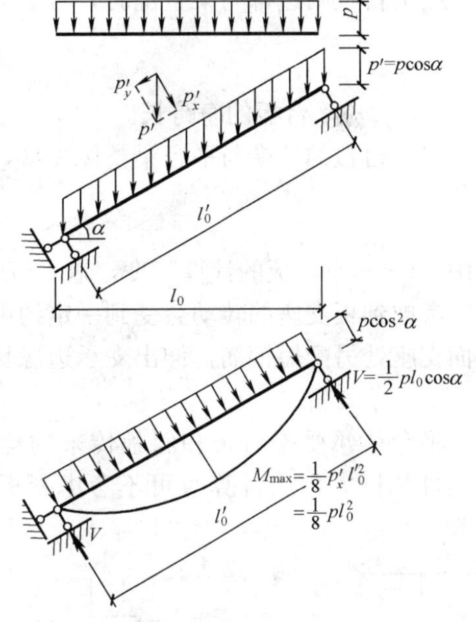

图9-2　梯段板的计算简图

此处 p'_x、p'_y 分别为 p' 在垂直于斜板方向及沿斜板方向的分力，其中 p'_y 使斜板产生轴向力，可忽略对梯段板的影响，只考虑 p'_x 对梯段板的弯曲作用。

斜板的跨中最大弯矩和支座最大剪力为

$$M_{max} = \frac{1}{8}p'_x(l'_0)^2 = \frac{1}{8}pl_0^2 \qquad (9\text{-}3)$$

$$V_{max} = \frac{1}{2}p'_x l'_0 = \frac{1}{2}pl_0\cos\alpha \qquad (9\text{-}4)$$

由上式可知，简支斜梁在竖向均布荷载 p 作用下的最大弯矩，等于其相应水平投影长度的简支梁在 p 作用下的最大弯矩；最大剪力等于相应水平投影长度的简支梁在 p 作用下的最大剪力值乘以 $\cos\alpha$。

斜板正截面受弯承载力计算时，截面高度应垂直于斜面量取，取其齿形的最薄处。

斜板与平台梁是整浇在一起的，并非铰接，平台梁对斜板的转动变形有一定的约束作用，即减少了斜板的跨中弯矩。故计算板的跨中弯矩时，可近似取

$$M = pl_0^2/10 \tag{9-5}$$

式中 l_0——梯段板的水平投影净跨长。

斜板的厚度一般取 $l/25 \sim l/30$，常用厚度为 100mm～120mm。为避免斜板在支座处产生裂缝，应在板上面配置一定数量的钢筋，一般取为Φ 8@200mm，离支座边缘距离为 $l_0/4$。斜板内分布钢筋可采用Φ 6 或Φ 8，放置在受力钢筋的内侧，每级踏步不少于一根。

二、平台板

平台板一般设计成单向板，可取 1m 宽板带进行计算。

当平台板两边都与梁整浇时，考虑梁对板的约束，板跨中弯矩可按式（9-6）计算

$$M = pl_0^2/10 \tag{9-6}$$

式中 l_0——平台板的净跨长。

当平台板的一端与平台梁整体连接，另一端支承在砖墙上时，板跨中弯矩可按下式计算

$$M = pl^2/8 \tag{9-7}$$

式中 l——平台板的计算跨度，取 $l = l_0 + h/2$（l_0 平台板的净跨长，h 为平台板厚度）。

考虑到板支座的转动会受到一定约束，一般应将板下部钢筋在支座附近弯起一半，或在板面支座处另配短钢筋，伸出支承边缘长度为 $l_0/4$，如图 9-3 所示。

三、平台梁

平台梁承受平台板和斜板传来的均布荷载，如图 9-4 所示，其计算和构造与一般受弯构件相同，内力计算时可不考虑斜板之间的空隙，即荷载按全跨满布考虑，按简支梁计算。

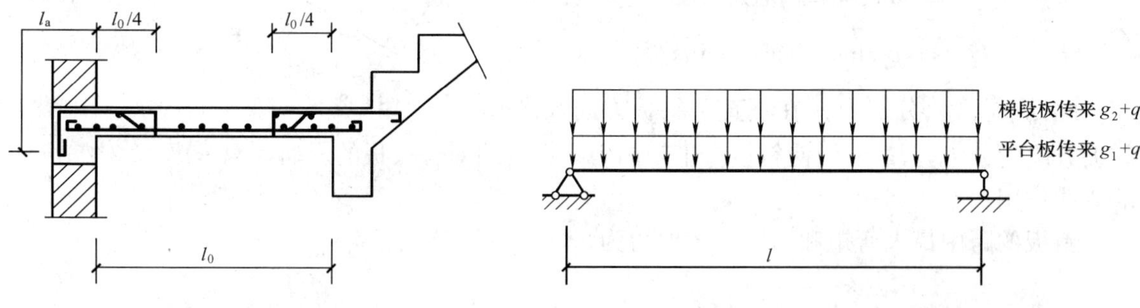

图 9-3 平台板配筋　　　　图 9-4 平台梁的计算简图

四、现浇板式楼梯的一些构造处理

（1）楼梯斜板配筋构造，如图 9-5 所示。

（2）折线形斜板的计算和配筋构造。

当楼梯下净高不够时，可将楼层梁向内移动，这样板式楼梯的梯段板成为折线形，如图 9-6（a）所示。

折线形楼梯斜板（斜梁）的计算与普通板（梁）式楼梯一样，一般将斜梯段上的荷载化为沿水平长度方向的荷载，然后再按简支梁计算 M 和 V 的值，如图 9-6（b）所示。

由于折线形斜板（斜梁）在曲折处形成内折角，设计应注意两个问题：①梯段板中的水平段，其板厚应与梯段斜板相同，不能和平台板同厚；②折角处的下部受拉钢筋不允许沿板底弯折，以免产生向外的合力，将使该处混凝土保护层剥落，钢筋被拉出而失去作用，如图 9-7（a）所示，因此，在内折角处，应将纵筋断开并各自延伸至上面分别予以锚固。若板的弯折位置靠近楼层梁，板内可能出现负弯矩，则板上面还应配置承担负弯矩的短钢筋，如图 9-7（b）所示。

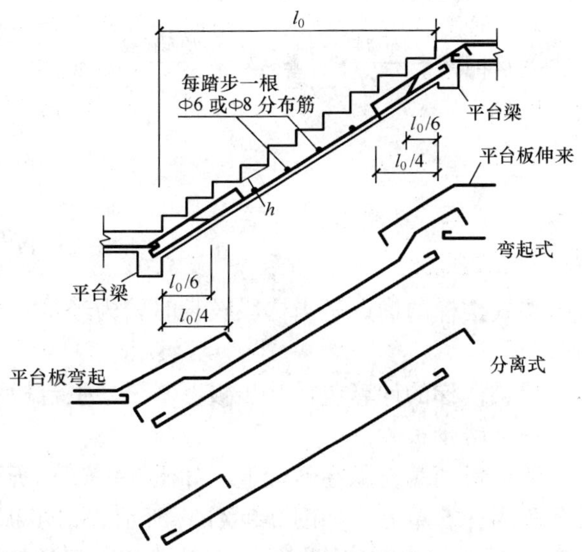

图 9-5 板式楼梯梯段斜板配筋

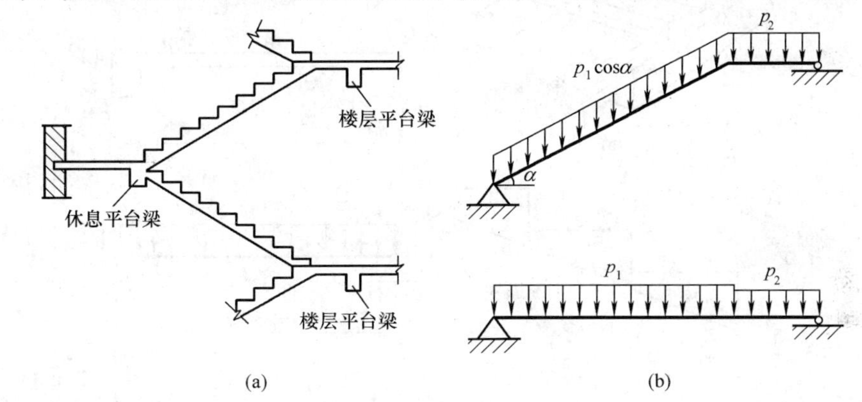

图 9-6 楼层梁内移

（a）折线形斜板；（b）折线形斜板的计算简图

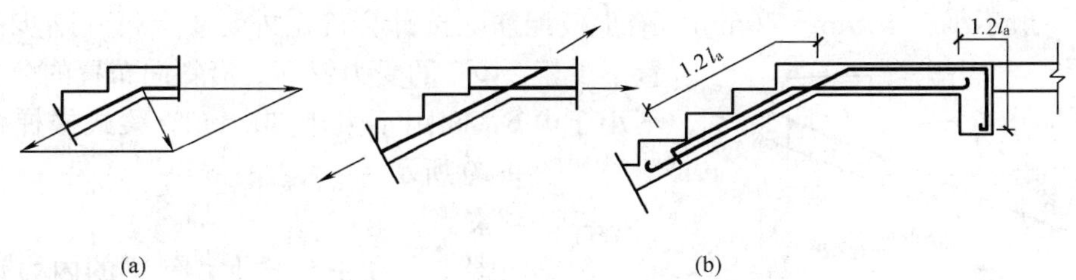

图 9-7 板内折角处的配筋

（a）混凝土保护层剥落，钢筋被拉出；（b）内折角处钢筋的锚固

9.1.3 梁式楼梯的计算与构造

梁式楼梯由踏步板、斜梁、平台板和平台梁组成，梁式楼梯的踏步板支承在斜梁上，斜梁再支承于平台梁上，其荷载传递路线见图 9-8：

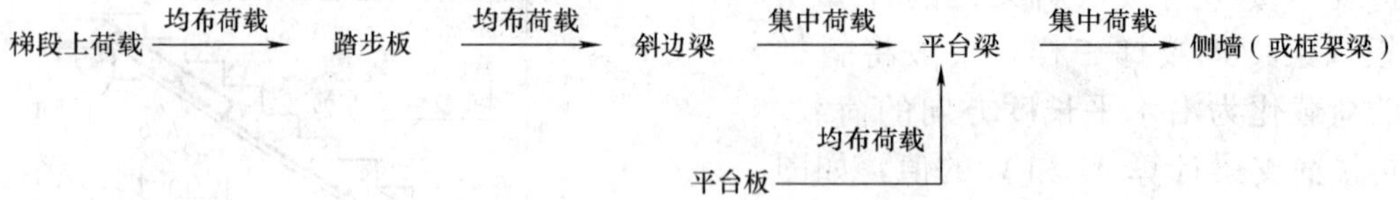

梯段上荷载 —均布荷载→ 踏步板 —均布荷载→ 斜边梁 —集中荷载→ 平台梁 —集中荷载→ 侧墙（或框架梁）

平台板 —均布荷载→ 平台梁

图 9-8 荷载传递路线

梁式楼梯的优点是当梯段较长时较为经济，但支模和施工都较板式楼梯复杂，外观也显得笨重。

梁式楼梯的计算包括踏步板、斜梁、平台板和平台梁。

一、踏步板

踏步板两端支承在斜梁上，如图 9-9（a）所示，按两端简支的单向板计算，一般取一个踏步作为计算单元，如图 9-9（b）所示。踏步板为梯形截面，板截面计算高度可近似取平均高度 $h=(h_1+h_2)/2$，按矩形截面简支梁计算，计算简图如图 9-9（c）所示。

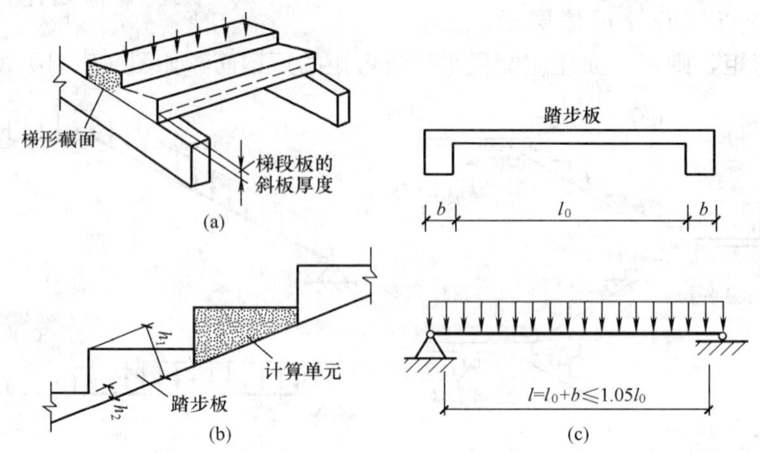

图 9-9 梁式楼梯踏步板的构造简图和计算简图

（a）构造简图；（b）计算单元；（c）计算简图

板厚一般不小于 30mm～40mm。踏步板配筋除按计算确定外，要求每一踏步一般需配置不少于 2Φ6 的受力钢筋，沿斜向布置的分布筋直径不小于Φ6，间距不大于 300mm。梁式楼梯踏步板的配筋如图 9-10 所示。

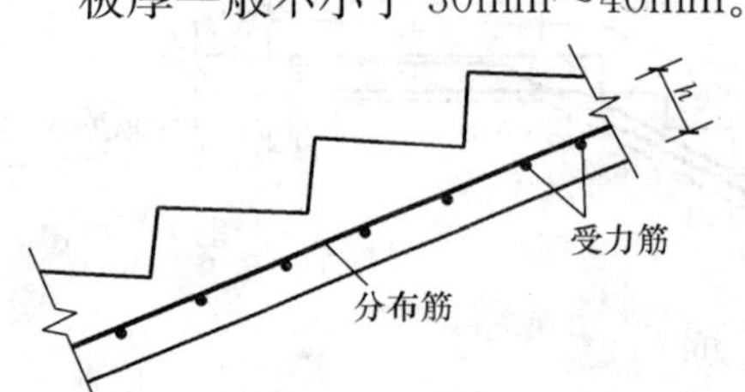

图 9-10 梁式楼梯踏步板配筋示意图

二、斜梁

斜梁两端支承在平台梁上，斜梁的内力计算与板式楼梯的斜板计算相同。斜梁的计算中不考虑平台梁的约束作用，按简支计算，跨中弯矩可近似取为 $M=pl_0^2/8$。踏步板可能位于斜梁截面高度的上部，也可能位于下部，位于上部时，斜梁实为倒 L 形截面，位于下部时，为 L 形截面，计算时可近似取为矩形截面。斜梁的截面高度一般取 $h\geqslant l_0/20$，斜梁的配筋与一般梁相同，如图 9-11 所示。

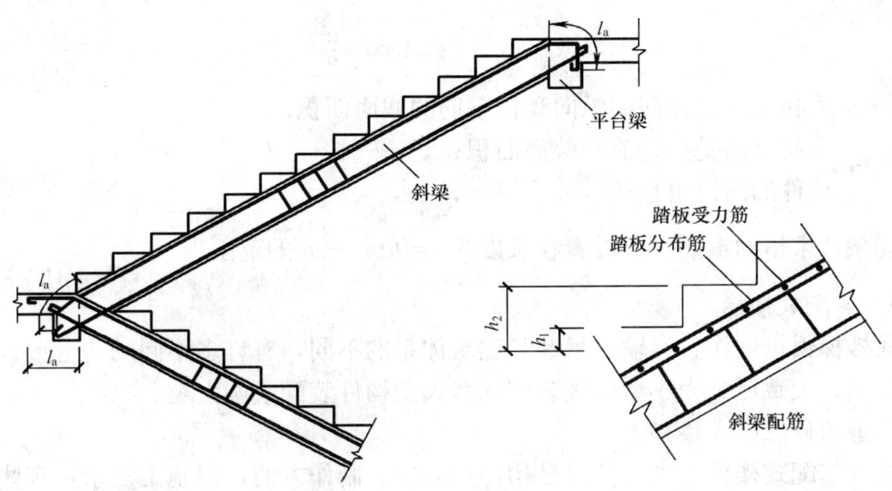

图 9-11　斜梁配筋示意图

三、平台板与平台梁

梁式楼梯平台板的计算及构造与板式楼梯相同。

平台梁支承在楼梯间两侧的横墙上，按简支梁计算，承受斜梁传来的集中荷载和平台板传来的均布荷载。其计算简图如图 9-12 所示。

四、现浇梁式楼梯的一些构造处理

(1) 斜梁的配筋构造，如图 9-11 所示。

(2) 折线形斜梁内折角的配筋构造。

楼层梁内移后，会出现折线形斜梁。折线梁内折角处的受拉纵向钢筋应分开配置，并各自延伸以满足锚固要求，同时还应在该处增设附加箍筋，如图 9-13 所示。该箍筋应足以承受未在受压区锚固的纵向受拉钢筋的合力，且在任何情况下不应小于全部纵向受拉钢筋合力的 0.35 倍。

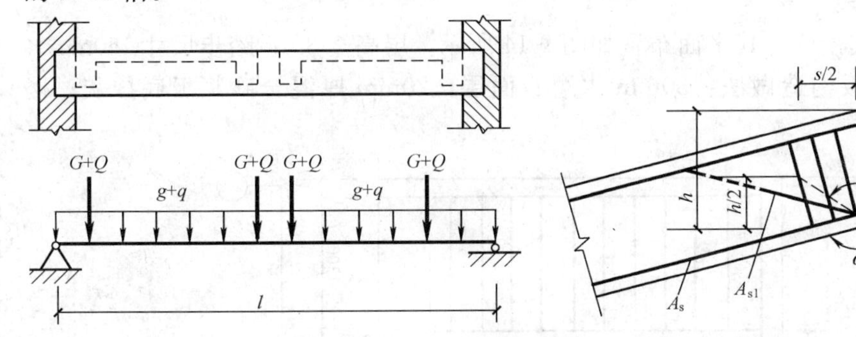

图 9-12　平台梁的计算简图　　图 9-13　折线形斜梁内折角处的配筋

由附加箍筋承受的纵向受拉钢筋的合力按下式计算：

未在受压区锚固的纵向受拉钢筋的合力为

$$N_{s1} = 2f_yA_{s1}\cos\frac{\alpha}{2} \tag{9-8}$$

全部纵向受拉钢筋合力的 0.35 倍为

$$N_{s2}=0.7f_yA_s\cos\frac{\alpha}{2} \tag{9-9}$$

式中 A_{s1}——未在受压区锚固的纵向受拉钢筋的截面面积；

A_s——全部纵向受拉钢筋的截面面积；

α——构件的内折角。

按上述条件求得的箍筋，应设置在长度为 $s=h\tan\frac{3}{8}\alpha$ 的范围内。

9.1.4 装配式楼梯

装配式楼梯根据制作、运输、吊装和建筑体系的不同，有许多不同的构造形式。由于构件尺度的不同，大致可分为小型构件装配式和大型构件装配式两大类。

一、小型构件装配式楼梯

小型构件装配式楼梯的主要特点是构件小而轻，制作方便，但施工复杂，有些还要用较多的人力和湿作业，适用于施工条件较差的地区。一般预制踏步和其支承结构是分开的。

小型构件装配式楼梯由预制的踏步板、斜梁、平台梁和平台板组成。踏步板一般为倒 L 形，斜梁为锯齿形，平台梁为 L 形，平台板则采用空心板。这些预制构件的设计计算与一般受弯构件相同。

最简单的小型装配式楼梯由踏步板和平台板组成，它们均搁在砖墙上。施工时，随砌随搁。这种预制踏步板可以是平板、倒 L 形或 L 形。跨度在 1.5m 左右，适用于居住建筑。

二、大型构件装配式楼梯

大型构件装配式楼梯的主要特点是减少了预制构件的品种和数量，可以利用吊装工具进行安装，简化了施工过程，加快了施工速度，减轻了劳动强度。

大型构件装配式楼梯由预制整体梯段、平台梁和平台板组成。梯段有板式和梁式两种。

设计装配式楼梯时，须特别重视各组成构件之间的连接构造，一般应通过预埋件采用焊接连接。

9.1.5 楼梯设计例题

某办公楼的现浇板式楼梯，其平面布置如图 9-14 所示，层高 3.3m，踏步尺寸 150mm×300mm。楼梯段和平台板构造做法：30mm 水磨石面层，20mm 厚混合砂浆板底抹灰；楼

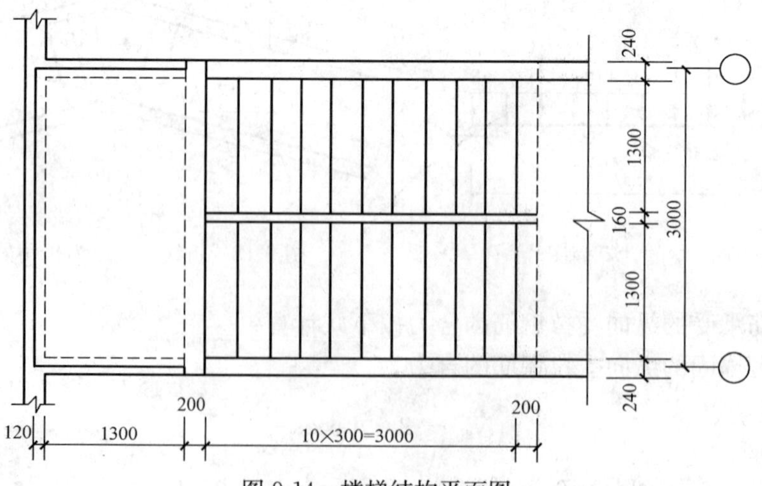

图 9-14 楼梯结构平面图

梯上的均布荷载标准值 $q_k=2.5\text{kN/m}^2$。混凝土采用C30，板、梁的纵向受力钢筋采用HRB335，环境等级为一类。试设计该楼梯。

一、楼梯斜板设计

斜板厚 $h=\frac{l_0}{28}=\frac{3000}{28}=107.14\text{mm}$，取 $h=110\text{m}$

（一）荷载计算（取1m宽板带计算）

恒载标准值：	水磨石面层	（0.3+0.15）×0.65/0.3=0.975kN/m
	混凝土踏步	0.3×0.15/2×25/0.3=1.875kN/m
	混凝土斜板	0.11×25×3.424/3.0=3.139kN/m
	板底抹灰	0.02×17×3.424/3.0=0.388kN/m
	活载标准值：	6.38kN/m
	荷载设计值：	2.50kN/m

由可变荷载效应控制的组合，取荷载分项系数 $\gamma_G=1.2$，$\gamma_Q=1.4$

$$p=1.2\times6.38+1.4\times2.5=11.16\text{kN/m}$$

由永久荷载效应控制的组合，取荷载分项系数 $\gamma_G=1.35$，$\gamma_Q=1.4$；组合值系数 $\psi_c=0.7$

$$p=1.35\times6.38+1.4\times0.7\times2.5=11.06\text{kN/m}$$

则斜板荷载设计值为

$$p=11.16\text{kN/m}$$

（二）截面设计

(1) 配筋计算。

斜板的水平计算跨度 $l_0=3.0\text{m}$，弯矩设计值 $M=\frac{1}{10}pl_0^2=\frac{1}{10}\times11.16\times3^2=10.044\text{kN}\cdot\text{m}$。

$h_0=110-20=90\text{mm}$。

$$\alpha_s=\frac{M}{\alpha_1 f_c bh_0^2}=\frac{10.044\times10^6}{1.0\times14.3\times1000\times90^2}=0.085$$

$$\xi=1-\sqrt{1-2\alpha_s}=1-\sqrt{1-2\times0.085}=0.09<\xi_b=0.55$$

$$A_s=\xi bh_0\frac{\alpha_1 f_c}{f_y}=0.09\times1000\times90\times\frac{1\times14.3}{300}=386.1\text{mm}^2$$

选配Φ 8@100，$A_s=503\text{mm}^2$。

(2) 验算适用条件。

ρ_{min}取0.2%和 $45f_t/f_y$（%）中的较大值，$45f_t/f_y$（%）$=45\times1.43/300=0.21\%$，故取 $\rho_{min}=0.21\%$。

$A_{smin}=\rho_{min}bh=0.21\%\times1000\times110=231\text{mm}^2<A_s=503\text{mm}^2$，满足要求。

每个踏步布置1根Φ 8，斜板的配筋见图9-15。

二、平台板设计

平台板厚 h 取为60mm，取1m宽的板带计算。

（一）荷载计算

恒载标准值：水磨石面层　　$0.65\times1=0.65\text{kN/m}$

混凝土板　　$0.06\times25\times1=1.50\text{kN/m}$

板底抹灰　　$0.02\times17\times1=0.34\text{kN/m}$

活载标准值：　　2.49kN/m

荷载设计值：　　2.50kN/m

$$p=1.2\times2.49+1.4\times2.5=6.49\text{kN/m}$$

（二）截面设计

（1）配筋计算。

平台板的计算跨度 $l=l_0+h/2=1.3+0.06/2=1.33\text{m}$；$h_0=60-20=40\text{mm}$

弯矩设计值 $M=\frac{1}{8}pl^2=\frac{1}{8}\times6.49\times1.33^2=1.435\text{kN}\cdot\text{m}$

$$\alpha_s=\frac{M}{\alpha_1 f_c b h_0^2}=\frac{1.435\times10^6}{1.0\times14.3\times1000\times40^2}=0.063<\alpha_{smax}=0.3988$$

$$\gamma_s=\frac{1+\sqrt{1-2\alpha_s}}{2}=\frac{1+\sqrt{1-2\times0.063}}{2}=0.967$$

$$A_S=\frac{M}{\gamma_s f_y h_0}=\frac{1.435\times10^6}{0.967\times300\times40}=123.66\text{mm}^2$$

选配Φ 8@200，$A_s=251\text{mm}^2$。

（2）验算适用条件。

ρ_{min} 取 0.2% 和 $45f_t/f_y$（%）中的较大值，$45f_t/f_y$（%）$=45\times1.43/300=0.21\%$，故取 $\rho_{min}=0.21\%$。

$A_{smin}=\rho_{min}bh=0.21\%\times1000\times60=126\text{mm}^2<A_s=251\text{mm}^2$，满足要求。

分布筋选用Φ 6@200，平台板的配筋见图 9-15。

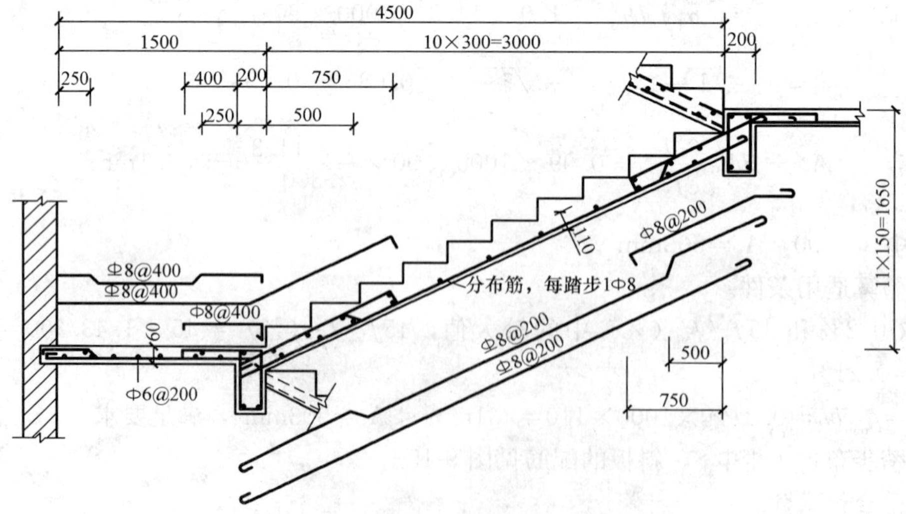

图 9-15　楼梯斜板及平台板配筋图

三、平台梁的设计

平台梁的计算跨度 $l=l_0+a=(3.0-0.24)+0.24=3.0\text{m}>l=1.05l_0=1.05\times2.76=2.90\text{m}$，取 $l=2.90\text{m}$。

平台梁的截面尺寸 $h=\dfrac{l}{12}=\dfrac{2900}{12}=242\text{mm}$，取为 $b\times h=200\text{mm}\times350\text{mm}$。

（一）荷载计算

恒载标准值：斜板传来　　$6.38\times3.0/2=9.57\text{kN/m}$

平台板传来　　$2.49\times(1.3/2+0.2)=2.12\text{kN/m}$

梁自重　　$0.2\times(0.35-0.06)\times25=1.45\text{kN/m}$

梁侧抹灰　　$0.02\times(0.35-0.06)\times2\times17=0.20\text{kN/m}$

活载标准值：　　13.34kN/m

荷载设计值：　　$2.5\times(3.0/2+1.3/2+0.2)=5.88\text{kN/m}$

由可变荷载效应控制的组合，取荷载分项系数 $\gamma_G=1.2$，$\gamma_Q=1.4$

$$p=1.2\times13.34+1.4\times5.88=24.24\text{kN/m}$$

由永久荷载效应控制的组合，取荷载分项系数 $\gamma_G=1.35$，$\gamma_Q=1.4$；组合值系数 $\psi_c=0.7$

$$p=1.35\times13.34+1.4\times0.7\times5.88=23.77\text{kN/m}$$

则平台梁的荷载设计值为

$$p=24.24\text{kN/m}$$

（二）截面设计

（1）内力计算。

弯矩设计值　　$M=\dfrac{1}{8}pl^2=\dfrac{1}{8}\times24.24\times2.9^2=25.48\text{kN}\cdot\text{m}$

剪力设计值　　$V=\dfrac{1}{2}pl_0=\dfrac{1}{2}\times24.24\times2.76=33.45\text{kN}$

（2）正截面承载力计算。

1）平台梁配筋计算

截面按倒 L 形计算，受压翼缘的计算宽度

按计算跨度 l 考虑　　$b'_f=l/6=2900/6=483\text{mm}$

按梁（肋）净距 s_n 考虑 $b'_f=b+s_n/2=200+1300/2=850\text{mm}$

按翼缘高度 h'_f 考虑 $h'_f/h_0=60/315=0.19>0.1$，不按翼缘高度考虑

故取 $b'_f=483\text{mm}$，$h_0=350-35=315\text{mm}$

因　　$\alpha_1 f_c b'_f h'_f\left(h_0-\dfrac{h'_f}{2}\right)$

$$=1.0\times14.3\times483\times60\times(315-60/2)=116.12\times10^6\text{N}\cdot\text{mm}$$

因　　$116.12\text{kN}\cdot\text{m}>M=25.48\text{kN}\cdot\text{m}$

故属于第一类 T 形截面。

$$\alpha_s=\frac{M}{\alpha_1 f_c b h_0^2}=\frac{25.48\times10^6}{1.0\times14.3\times483\times315^2}=0.037$$

$$\xi=1-\sqrt{1-2\alpha_s}=1-\sqrt{1-2\times0.037}=0.038<\xi_b=0.55$$

$$A_s = \xi bh_0 \frac{\alpha_1 f_c}{f_y} = 0.038 \times 483 \times 315 \times \frac{1 \times 14.3}{300} = 276\text{mm}^2$$

选配 2 Φ 14，$A_s = 308\text{mm}^2$。

2）验算适用条件。

ρ_{min}取 0.2%和 $45f_t/f_y$(%) 中的较大值，$45f_t/f_y(\%) = 45 \times 1.43/300 = 0.21\%$，故取 $\rho_{min} = 0.21\%$。

$$A_{smin} = \rho_{min} bh = 0.21\% \times 200 \times 350 = 147\text{mm}^2 < A_s = 308\text{mm}^2$$，满足要求。

（3）斜截面承载力计算。

1）验算截面尺寸是否符合要求。

$$0.25\beta_c f_c bh_0 = 0.25 \times 1 \times 14.3 \times 200 \times 315 = 225.23 \times 10^3\text{N}$$

$$= 225.23\text{kN} > V = 33.45\text{kN}$$

截面尺寸满足要求。

2）判别是否需要按计算配置腹筋。

$$0.7f_t bh_0 = 0.7 \times 1.43 \times 200 \times 315 = 63.06 \times 10^3\text{N}$$

$$= 63.06\text{kN} > V = 33.45\text{kN}$$

需要按构造配置腹筋，箍筋选用双肢箍Φ 6@200。

3）验算适用条件。

$$\rho_{sv} = \frac{nA_{sv1}}{bs} = \frac{2 \times 28.3}{200 \times 200} = 0.142\% > \rho_{sv,min}$$

$$= 0.24\frac{f_t}{f_{yv}} = 0.24 \times \frac{1.43}{300} = 0.114\%$$

且选择箍筋间距和直径均满足构造要求。

平台梁的配筋见图 9-16。

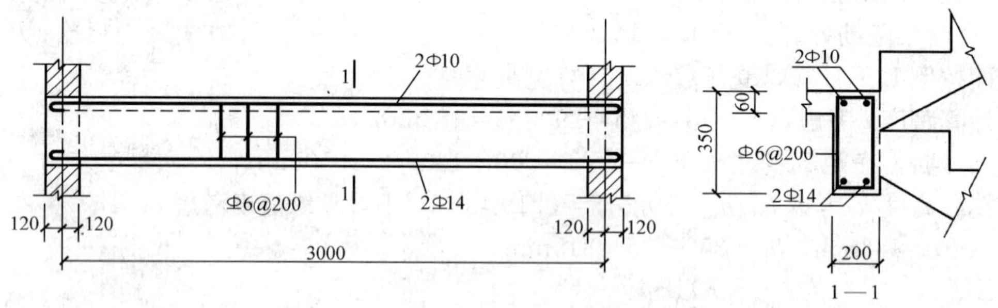

图 9-16 平台梁配筋图

9.2 雨篷等悬挑构件

9.2.1 概述

雨篷、外阳台、挑檐是建筑工程中最常见的悬挑构件。根据悬挑长度的大小，可分为板式结构和梁板式结构布置方案。一般悬挑长度大于1.5m时，需设计成有悬挑边梁的梁板式结构；1.5m以内时，则常设计成板式结构。它们的设计除了与一般梁板结构相似外，还存在倾覆翻倒的危险，因此，还应进行抗倾覆验算。本节以雨篷为例，讲述其计算和构造要求。

板式雨篷一般由雨篷和雨篷梁组成，如图9-17所示。雨篷梁除支承雨篷板外，还兼作门窗过梁，承受上部墙体的重量和楼面梁板或楼梯平台传来的荷载。

梁板式雨篷一般由雨篷板和悬挑边梁组成。悬挑边梁支承雨篷板。

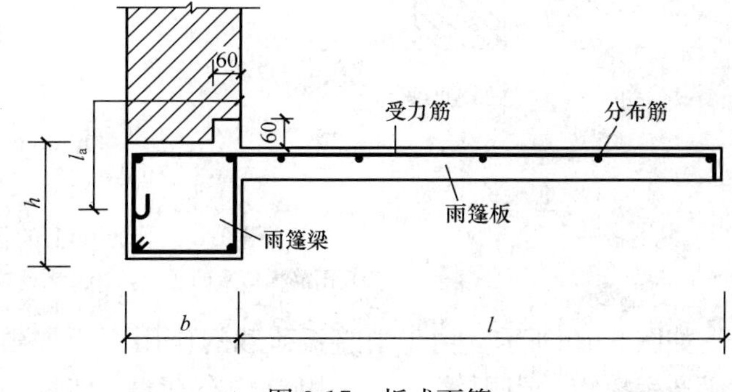

图9-17 板式雨篷

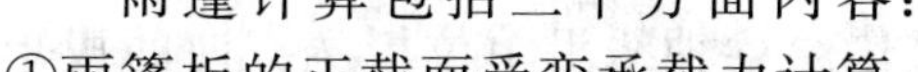
雨篷计算包括三个方面内容：①雨篷板的正截面受弯承载力计算；②雨篷梁、悬挑边梁在弯矩、剪力和扭矩共同作用下的承载力计算；③雨篷抗倾覆验算。

9.2.2 雨篷计算

一、雨篷板的计算

雨篷板的荷载有恒荷载（包括自重、粉刷等）、雪荷载、均布活荷载，以及施工或检修集中荷载。以上荷载中，雨篷均布活荷载与雪荷载不同时考虑，取两者中较大值；施工或检修集中荷载按作用于板悬臂端考虑。每一施工或检修集中荷载值为1.0kN，进行承载力计算时，沿板宽每隔1.0m取一个集中荷载；进行倾覆验算时，沿板宽每隔2.5～3m取一个集中荷载。施工集中荷载与均布活荷载不同时考虑。

雨篷板通常取1m宽进行内力分析，当为板式结构时，其受力特点和一般悬臂板相同，应按恒荷载g与均布活荷载q组合［如图9-18（a）所示］和恒荷载g与集中荷载P组合［如图9-18（b）所示］分别计算内力，取较大的弯矩值进行正截面受弯承载力计算，计算截面取在梁截面外边缘，即雨篷板根部截面。

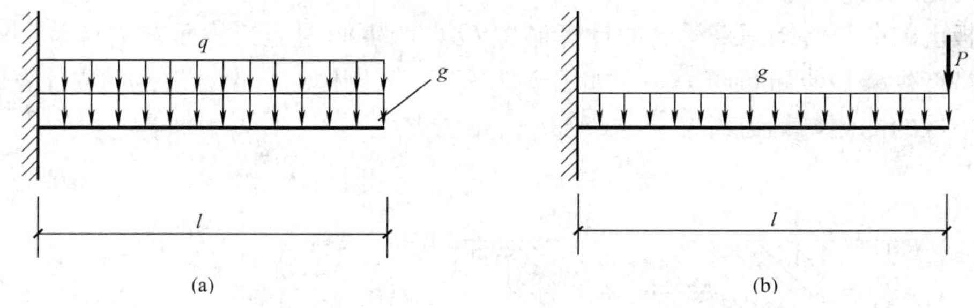

图9-18 雨篷板的计算简图

（a）恒荷载g与均布活荷载q组合；（b）恒荷载g与集中荷载P组合

对于梁板式结构的雨篷，其受力特点与一般梁板结构相同。

二、雨篷梁的计算

雨篷梁所承受的荷载有自重、雨篷板传来的荷载、梁上砌体重，可能计入的楼盖传来的荷载。

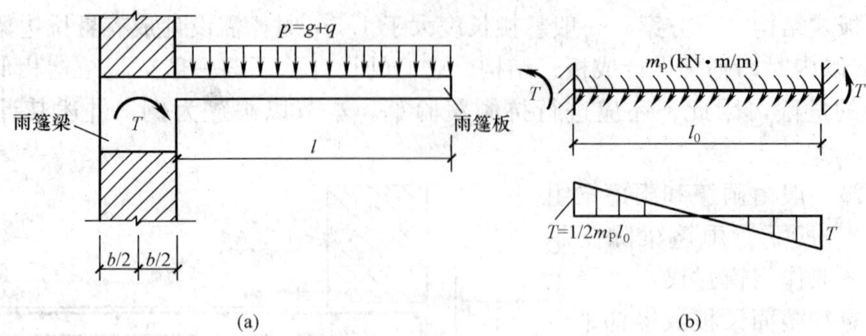

图 9-19 雨篷梁上的扭矩

(a) 雨篷板传来的扭矩；(b) 雨篷梁上的扭矩分布

如图 9-19 所示，由于雨篷板荷载的作用面不在雨篷梁的竖向对称平面内，故这些荷载对梁产生扭矩。当雨篷板上作用有均布荷载 p 时，板传给梁轴线沿单位板宽方向的扭矩 m_p 为

$$m_p = pl\left(\frac{l+b}{2}\right) \quad (\text{kN} \cdot \text{m/m}) \tag{9-10}$$

由 m_p 在梁支座处产生的最大扭矩为

$$T = m_p l_0 / 2 \tag{9-11}$$

式中 l_0——雨篷梁的计算跨度，可近视取为 $l_0 = 1.05 l_n$（l_n 为梁的净跨）；

l——雨篷板的悬挑长度；

b——雨篷梁的宽度。

雨篷梁在自重、梁上砌体重等荷载作用下产生弯矩和剪力；在雨篷板荷载作用下不仅产生扭矩，还产生弯矩和剪力。因此，雨篷梁是受弯、受剪和受扭的构件。

雨篷梁应按受弯、剪、扭构件计算所需纵向钢筋和箍筋的截面面积，并满足构造要求。

三、雨篷抗倾覆验算

雨篷板上的荷载将绕雨篷梁底的计算倾覆 O 点产生倾覆力矩。而梁上自重、梁上砌体重等荷载将产生绕 O 点抗倾覆力矩。如图 9-20 所示。《砌体结构设计规范》取计算倾覆点 O 位于墙外边缘的内侧，其距离为 $x_0 = 0.13 l_1$。要求满足

$$M_r \geqslant M_{0V} \tag{9-12}$$

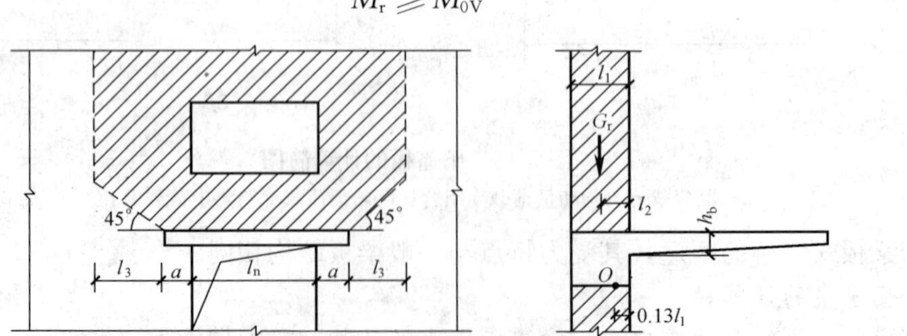

图 9-20 雨篷的抗倾覆荷载

式中 M_{0V}——雨篷板的荷载设计值对计算倾覆点产生的倾覆力矩。

M_r——雨篷的抗倾覆力矩设计值。$M_r = 0.8G_r(l_2 - x_0)$。

G_r——雨篷的抗倾覆荷载，为雨篷梁尾端上部45°扩散角范围（其水平长度为 $l_3 = l_n/2$）内的砌体与楼面恒荷载标准值之和，不考虑楼面活荷载。

l_2——G_r 作用点至墙外边缘的距离，$l_2 = l_1/2$。

当式（9-12）不满足时，可适当增加雨篷梁两端埋入砌体的支承长度，以增大抗倾覆的能力，或者采用其他拉结措施。

四、雨篷板、梁的构造

一般雨篷板的挑出长度为0.6～1.2m或更长，视建筑要求而定。根据雨篷板为悬臂板的受力特点，可设计成变厚度板，一般取根部板厚为1/10挑出长度，当悬臂长度不大于500mm时，板厚不小于60mm；当悬臂长度不大于1000mm时，板厚不小于100mm；当悬臂长度不大于1500mm时，板厚不小于150mm；端部板厚不小于60mm。雨篷板周围往往设置凸沿以便能有组织排水。雨篷板受力按悬臂板计算确定，最小不得少于Φ 6@200mm，受力钢筋必须伸入雨篷梁，并与梁中箍筋连接。此外，还必须按构造要求配置分布钢筋，一般不少于Φ 6@300mm，如图9-21所示为一悬臂板式雨篷的配筋图。

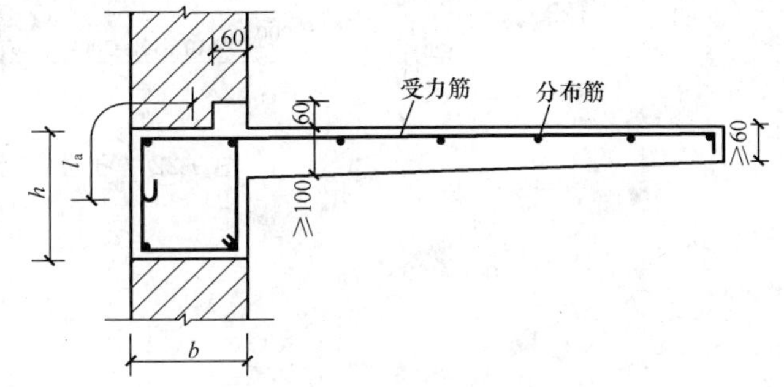

图9-21 悬臂板式雨篷的配筋图

雨篷梁的宽度一般与墙厚相同，梁的高度按承载力确定。梁两端埋入砌体的长度应考虑雨篷抗倾覆的因素来确定。一般当梁净跨长 $l_n < 1.5$m时，梁一端埋入砌体的长度 a 宜取 $a \geqslant 300$mm，当 $l_n \geqslant 1.5$m时，宜取 $a \geqslant 500$mm。雨篷梁按弯、剪、扭构件设计配筋，其箍筋必须按受扭箍筋要求制作。

思考题

9-1 常用楼梯有哪几种类型？它们的优缺点及适用范围有何不同？如何确定楼梯各组成构件的计算简图？

9-2 板式楼梯与梁式楼梯的荷载传递路线有何异同？

9-3 折线形斜板（斜梁）设计时应注意哪些问题？

9-4 雨篷板和雨篷梁有哪些计算要点和构造要求？

9-5 雨篷梁主要承受哪些荷载？进行抗倾覆验算时，雨篷梁的抗倾覆荷载如何考虑？

习题

9-1 某公共建筑的现浇板式楼梯，其平面布置如图9-22所示，层高3.3m，踏步尺寸150mm×300mm。楼梯段和平台板构造做法：20mm水泥砂浆面层，20mm厚混合砂浆板底抹灰；楼梯上的均布荷载标准值 $q_k = 2.5\text{kN/m}^2$。混凝土采用 C30，板、梁的纵向受力钢筋采用 HRB335，环境等级为一类。试设计该楼梯。

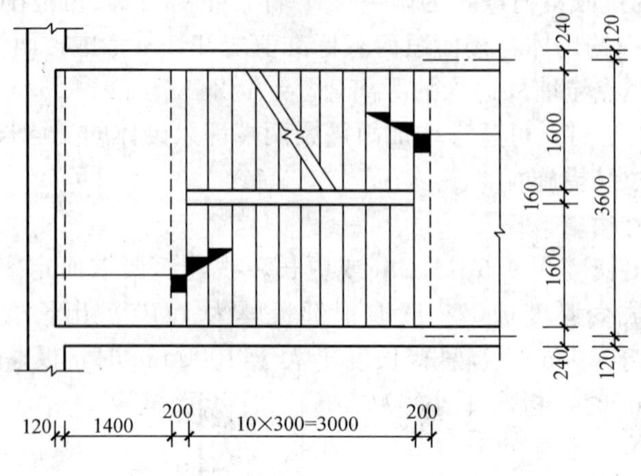

图 9-22 习题 9-1 图

第10章　多层框架结构

10.1　多高层建筑结构体系简介

10.1.1　多高层建筑结构的概念

目前，世界各国对多层和高层建筑的划分标准尚不统一。我国 JGJ 3—2002《高层建筑混凝土结构技术规程》规定：10 层及 10 层以上或房屋高度大于 28m 的建筑物，称为高层建筑；9 层及 9 层以下或房屋高度不超过 28m 的建筑物，称为多层建筑。

随着社会生产力的发展，建筑科学技术的进步以及人们生活水平的提高，高层建筑迅速发展。高层建筑具有节约用地、减少市政基础设施投资、美化城市环境等优点。但随着建筑物高度增加，结构在水平力作用下的内力与侧移增大，工程造价提高，对建筑科学与技术水平的要求也越来越高。

如我国上海于 1998 年建成的金茂大厦，建筑面积 28.7 万 m^2，88 层，总高度 412.5m，3～50 层为办公室，53～85 层为五星级酒店，88 层为公众的观光层。此结构系筒体结构，建筑平面尺寸 53.4m×53.4m，内筒 27m×27m。辅楼有商场、会展中心、会议中心等。这幢具有强烈时代感和地方特色的塔式建筑，已成为上海浦东金融贸易区的重要标志建筑之一。

10.1.2　多高层建筑的结构体系

目前，多高层建筑常用的结构体系有：框架结构、剪力墙结构、框架-剪力墙结构、筒体结构以及巨型结构等。

一、框架结构体系

框架结构体系是由梁和柱为主要构件组成的承受竖向和水平作用的结构体系（见图 10-1）。按施工方法不同，可分为现浇框架、装配框架和装配整体式框架。框架体系的突出优点是平面布置灵活、易于设置较大的房间、使用方便；但缺点是结构抗侧刚度小，在水平力作用下的侧向位移较大。因此这种结构体系适用于办公楼、医院、学校等多层建筑及高度不太大的高层建筑。

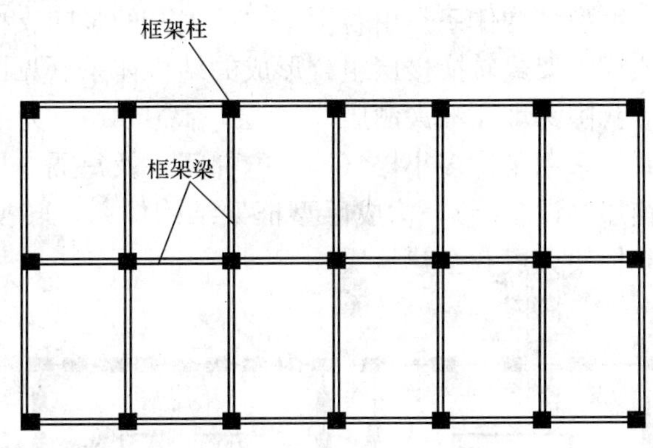

图 10-1　框架结构平面布置

二、剪力墙结构体系

剪力墙结构是由一系列横向和纵向的剪力墙体组成的受力体系，剪力墙体一般采用钢筋混凝土现浇施工。剪力墙结构的整体性好、刚度大、承载力高，尤其在水平力作用下的侧向变形较小、加之抗震性能好，是高层建筑中常见的一种结构形式（见图 10-2）。但剪力墙结构受楼板等构件跨度的限制，剪力墙的间距一般为 3～8m，因此多用于高层小空间房屋，如高层和小高层住宅、高层旅馆建筑等，为满足公共建筑大空间

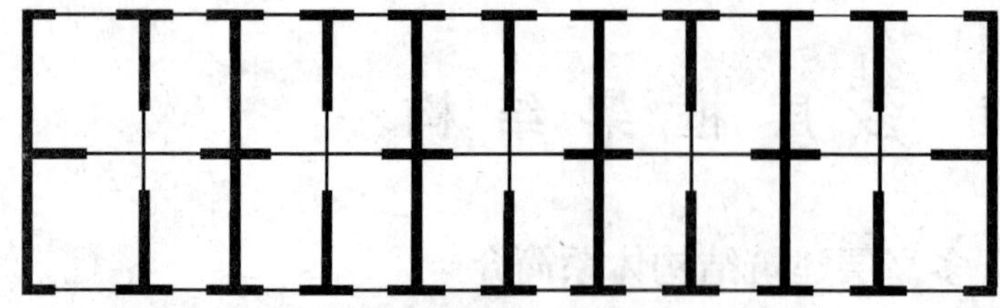
图 10-2 剪力墙结构平面布置

的使用要求，工程中也有用底层框架替代剪力墙，以获得底层大空间的剪力墙结构体系，但这样组合的结构体系一般具有下柔上刚的特点，对房屋抗震极为不利。

三、框架—剪力墙结构体系

框架—剪力墙结构体系是在框架结构中布置一定数量的剪力墙所组成的结构体系（见图10-3）。在框架-剪力墙结构体系中，竖向荷载分别由框架和剪力墙承担，而水平作用则主要由剪力墙承担。由于这种结构体系具有框架结构和剪力墙结构两者的优点，因此，在公共建筑和办公楼等建筑中得到了广泛应用。

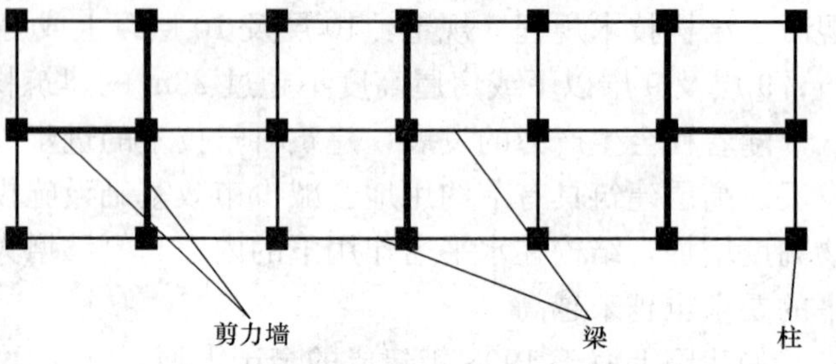

图 10-3 框架—剪力墙结构平面布置

四、筒体结构体系

筒体结构体系是由竖向筒体为主组成的承受竖向和水平作用的高层建筑结构。筒体结构的筒体分剪力墙组成的薄壁筒和由密柱框架或壁式框架围成的框筒等（见图 10-4）。筒体结构是一种空间受力性能较好的结构体系，它比框架结构或剪力墙结构具有更大的承载力和刚度，犹如一个固定于基础上的封闭箱形悬臂构件，具有良好的抗弯抗扭性能，因此适应于更大高度的建筑物。

筒体结构依照筒的构成、布置和数量可分为框架-核心筒结构、筒中筒结构、束筒结构等。框架-核心筒结构是由核心筒与外围的框架组成的高层建筑结构；筒中筒结构是由核心筒与外围框筒组成的高层建筑结构；束筒结构是由多个框筒组合在一起形成的筒束高层建筑结构。

五、巨型结构体系

巨型结构体系是由若干个“巨大”的竖向支撑结构（如组合柱、角筒体等）作为柱并与梁式或桁架式转换楼层组合形成的结构体系（见图 10-5）。

我国深圳亚洲大酒店（37 层，高 114m）为巨型框架结构体系，采用了许多小楼（楼，电梯间）及每隔 6 层设置一梁式转换层（设备层），构成巨型框架结构体系，转换楼层之间再用小框架分成 6 个建筑层。

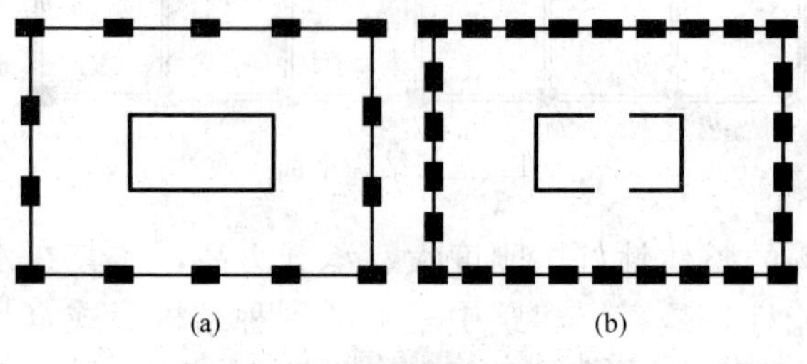

图 10-4 筒体结构平面布置

（a）框架-核心筒结构；（b）筒中筒结构

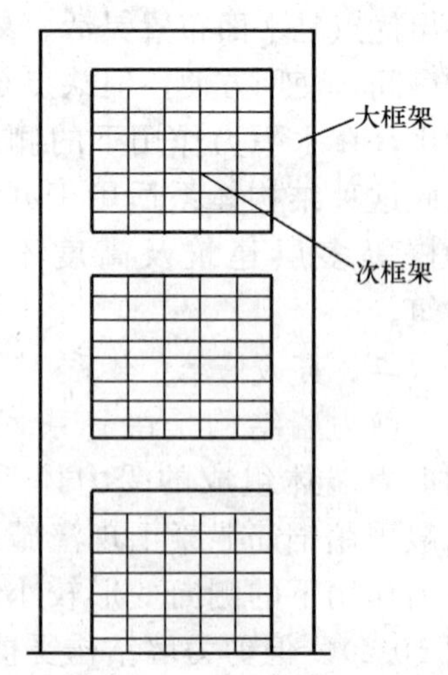

图 10-5 巨型结构体系

10.2　多层框架的结构布置

10.2.1　多层框架结构的组成

多层框架由横梁和立柱组成（见图10-6）。梁柱交接处的框架节点通常为刚接，有时也将部分节点做成铰接或半铰接。柱底一般为固定支座，必要时也设计成铰支座。框架可以是等跨或不等跨的，也可以是层高相同或不完全相同；有时因工艺和使用要求，也可以做成在某层缺柱或某跨缺梁的形式（见图10-7）。

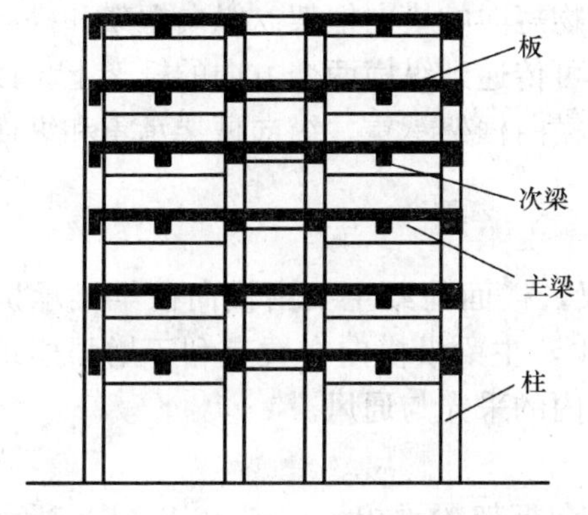

图10-6　多层多跨框架的组成

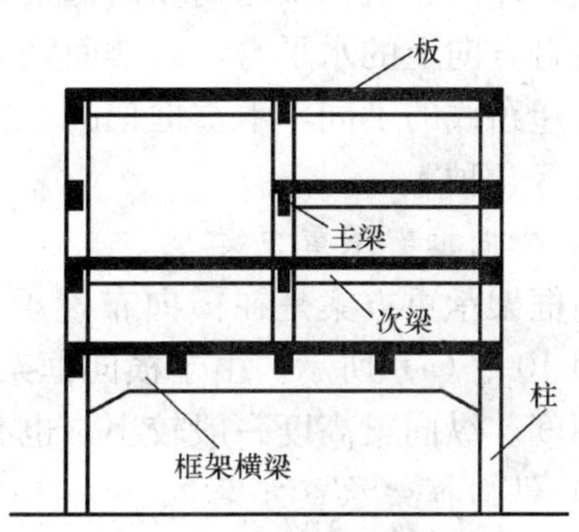

图10-7　缺梁缺柱的框架

框架结构若高度太大，其抗侧刚度就相对较小，故常用于高度不超过50m的建筑中，需要内部大空间的多层民用与工业建筑常采用框架结构。

框架既是竖向承重体系，也作为水平承载体系承受侧向作用力，如风荷载或水平地震作用等。一般情况下，填充墙宜采用轻质材料，计算时通常不考虑填充墙对框架抗侧移的作用。

按施工方法的不同，混凝土框架结构可分为现浇式、装配式和装配整体式等。现浇式框架的梁、柱、楼板均为现场整体浇筑，故整体性强，抗震性能好，对复杂结构的适应性也好。其缺点是现场施工的工作量大，工期长，模板工程量较大。装配式框架是指梁、柱、楼板均为预制，然后通过焊接拼装后连接成整体的框架结构。由于所有构件均为预制，可实现标准化、工厂化、机械化生产。因此，其施工速度快、生产效率高。但这种结构的预埋件多，而且整体性相对较差，抗震性能不好，在地震区不宜采用。装配整体式框架的梁、柱、楼板均为预制，在构件吊装就位后，焊接或绑扎节点区钢筋，然后浇筑节点区混凝土及在预制楼板上覆盖现浇钢筋混凝土整浇层，从而将梁、柱、楼板连成整体。装配整体式框架具有良好的整体性和抗震性能，又可采用预制构件，减少现场浇筑混凝土的工作量，因此它兼有现浇式框架和装配式框架的优点。但在节点区仍需连接钢筋和现场浇筑混凝土，施工较为复杂。鉴于目前国内外泵送混凝土技术和商品混凝土的普及，工程大多采用现浇钢筋混凝土框架，而其他形式已经很少见。

10.2.2　框架结构的布置

框架房屋的结构布置主要是确定柱网尺寸和层高。框架结构的布置既要满足生产工艺和建筑功能的要求，又要使结构受力合理，施工方便。

一、柱网布置的原则

柱网是由于柱在平面上其轴线常形成矩形网格而得名。柱网的布置原则有：

（1）工业建筑的柱网布置应满足生产工艺的要求；

（2）柱网布置应满足建筑平面功能的要求；

（3）柱网布置应使结构受力合力；

（4）柱网布置应方便施工，以加快施工进度，降低工程造价。

二、承重框架的布置

框架结构是空间受力体系，但为方便结构分析，可将实际框架结构看成纵横两个方向的平面框架，即沿建筑物长向的纵向框架和沿建筑物短向的横向框架。纵向框架和横向框架分别承受各自方向上的水平力，而楼面竖向荷载则可传递到纵横两个方向的框架上。按楼面竖向荷载传递路线的不同，承重框架的布置方案有横向框架承重、纵向框架承重和纵横向框架混合承重等几种。

（一）横向框架承重方案

横向框架承重方案是在横向布置承重框架梁，楼面荷载主要由横向框架梁承担并传至柱，如图10-8（a）所示。由于横向框架跨数较少，主梁沿横向布置有利于增强建筑物的横向抗侧刚度。纵向梁高度一般较小，也有利于室内的采光与通风。

（二）纵向框架承重方案

在纵向布置框架承重梁，楼面荷载主要由纵向框架梁承担，如图10-8（b）所示。因为

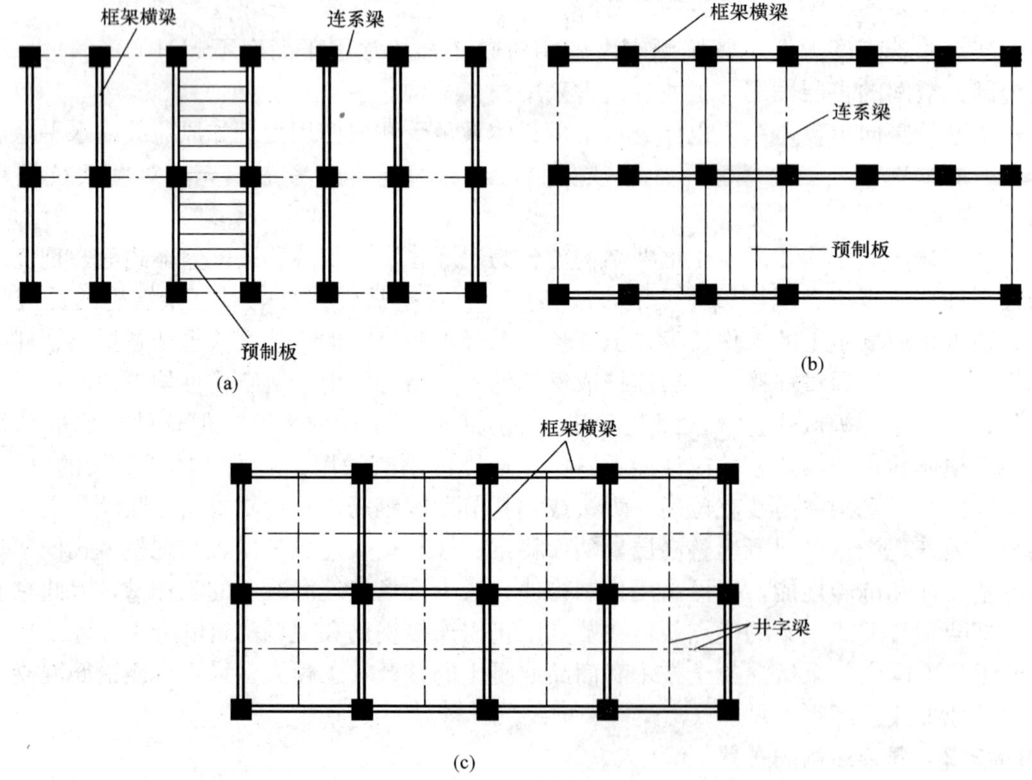

图10-8 承重框架布置方案

（a）横向框架承重方案；（b）纵向框架承重方案；（c）纵横向框架混合承重方案

楼面荷载由纵向梁传至柱，所以横向框架梁高度较小，有利于设备管线的穿行；当房屋纵向需要较大空间时，纵向框架承重方案可获得较大的室内净高。该承重方案的缺点是房屋的横向抗侧刚度较小。

（三）纵横向框架混合承重方案

纵横向框架混合承重方案是在两个方向均需布置框架承重梁以承受楼面荷载。当采用现浇板楼盖时，其布置如图 10-8（c）所示。当楼面上作用有较大荷载，或楼面有较大开洞，或当柱网布置为正方形或接近正方形时，常采用这种承重方案。纵横向框架混合承重方案具有较好的整体工作性能，对抗震有利。

10.2.3 变形缝的位置

变形缝分为伸缩缝和沉降缝，在地震区还需要按规定设置防震缝。在多层及高层建筑结构中，应尽量少设缝或不设缝，因为这可简化构造、方便施工、降低造价、增强结构整体性和空间刚度。因此，在建筑设计时，可采取调整平面形状、尺寸、体型等措施；在结构设计时，可采取选择节点连接方式、配置构造钢筋、设置刚性层等措施；在施工方面，可采取分阶段施工、设置后浇带或加强带、做好保温隔热层等措施，来防止由于温度变化、不均匀沉降、地震作用等因素所引起的结构或非结构构件的损坏。但当建筑物平面较狭长，或平立面特别不规则、各部分刚度、高度、质量相差悬殊，且上述措施都无法解决时，则设置伸缩缝、沉降缝、防震缝也是完全必要的。

一、伸缩缝

伸缩缝设置的目的在于减小由于混凝土收缩和温度变化引起的结构内应力，主要与结构的长度有关。钢筋混凝土结构伸缩缝的最大间距应满足表 10-1 的规定。当结构的长度超过规范规定的容许值时，应验算温度应力并采取相应的构造措施。伸缩缝应从基础顶面开始，将两个温度区段的上部结构完全断开，并留出一定宽度的缝隙，使温度变化时上部结构可自由伸缩，从而减少温度应力，不致引起房屋开裂。

表 10-1 **钢筋混凝土结构伸缩缝最大间距** (m)

结构类别		室内或土中	露天
排架结构	装配式	100	70
框架结构、板柱结构	装配式	70	50
	现浇式	50	30
剪力墙结构	装配式	60	40
	现浇式	40	30
挡土墙、地下室墙壁等类结构	装配式	40	30
	现浇式	30	20

注 1. 装配整体式结构以及叠合式结构的伸缩缝间距可根据结构的具体布置情况取表中装配式结构与现浇式结构之间的数值；

2. 框架—剪力墙结构或框架—核心筒结构房屋的伸缩缝间距可根据结构的具体布置情况取表中框架结构与剪力墙结构之间的数值；

3. 当屋面无保温或隔热措施时，框架结构、剪力墙结构的伸缩缝间距宜按表中露天栏的数值取用；

4. 现浇挑檐、雨罩等外露结构的局部伸缩缝间距不宜大于 12m。

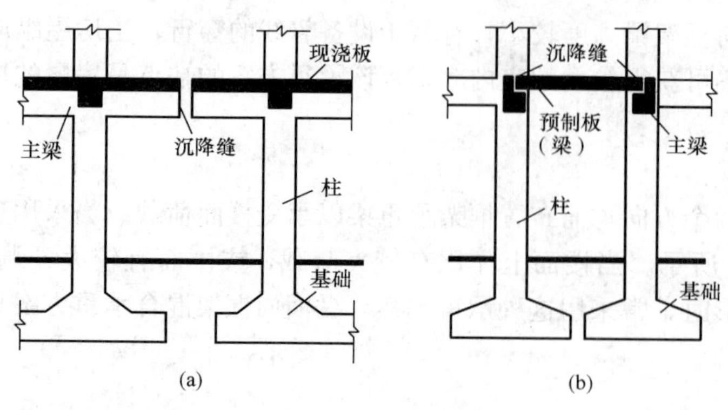

图 10-9　沉降缝的做法

二、沉降缝

沉降缝的设置主要与基础荷载及场地地质条件有关。当上部荷载差异较大，或地基土的物理力学指标相差较大，则应设沉降缝。沉降缝可利用挑梁（悬挑）或搁置预制板、预制梁（简支）等方法形成，如图 10-9 所示。

伸缩缝与沉降缝的宽度一般不宜小于 50mm。因基础基本不受温度变化的影响，伸缩缝在基础处可不断开，而沉降缝必须从基础断开。

三、防震缝

防震缝的设置主要与建筑平面形状、立面高差、刚度、质量分布等因素有关。防震缝的设置，是为了使分缝后各结构单元成为体型简单、规则，刚度和质量分布均匀的单元，以减小结构的地震反应。为避免各结构单元在地震发生时互相碰撞，防震缝的宽度不应小于 70mm，同时还应满足 GB 50011—2010《建筑抗震设计规范》的相关要求。

结构如设伸缩缝和沉降缝，则应该与防震缝协调。在非地震区的沉降缝，可兼作伸缩缝；在地震区如设伸缩缝或沉降缝，缝宽应符合防震缝的要求。当仅需设置防震缝时，则基础可不分开，但在防震缝处基础应加强构造和连接。

10.3　框架结构内力与水平位移的近似计算方法

框架结构是由纵、横向框架组成的空间受力体系，如图 10-9（a）所示。结构分析时有按空间结构分析和简化成平面结构分析两种方法。目前多用电算进行框架的内力分析，有很多通用程序可供选择，程序多采用空间杆系分析模型，能直接求出结构的变形、内力，以至各截面的配筋。但是，在初步设计阶段或设计层数不多且较规则的框架时，常采用近似计算方法分析框架的内力。另外，近似的手算方法虽然计算精度不如电算，但概念明确，可判断电算结果的合理性。本节重点介绍框架结构的近似手算方法，包括竖向荷载作用下的分层法，水平荷载用下的反弯点法和改进反弯点法（D 值法）。

10.3.1　框架结构的计算简图

一、杆件截面尺寸

（一）框架梁

框架梁的截面尺寸有矩形、T 形、倒 L 形等。梁的截面高度 $h_b=(1/18\sim1/10)l_0$（单跨用较大值，多跨用较小值）；截面宽度 $b_b=(1/2\sim1/3)h_b$，且不宜小于 200mm。

在初步选择好梁尺寸后，可将全部荷载乘以 0.8 后按简支梁核算抗弯、抗剪承载力，以判断初选尺寸的合理性。

（二）框架柱

框架柱的截面形式一般采用矩形、方形、圆形或多边形等，截面高、宽可取（1/15～1/20）的层高；同时要求：①截面宽度不宜小于 350mm，截面高度不宜小于 400mm。②截面尺寸以 50mm 为模数。③柱的净高与柱截面长边之比不宜小于 4。

对于承受轴力为主的柱，取（1.2～1.4）N 按轴心受压柱验算柱初选截面的合理性，N 为柱分担的轴向力设计值。若遇水平荷载较大时，柱中轴力取 1.2N，柱中弯矩可近似按反弯点法确定，然后按偏压构件验算柱初选截面的合理性。

二、计算单元的确定

当框架较规则时，为了计算简便，常不计结构纵向和横向之间的空间联系而将纵向框架和横向框架分别按平面框架进行分析计算，如图 10-10（c）、（d）所示。当建筑横向框架榀数较多时，如果横向框架的间距相同，作用于各横向框架上的荷载相同，框架的抗侧刚度相同，则各榀横向框架的内力与变形相近，结构设计时可取中间有代表性的一榀横向框架进行分析。取出的平面框架所承受的竖向荷载与楼盖结构的布置方案有关，同时须承受如图 10-10（b）所示阴影宽度范围内的竖向荷载和水平荷载，水平荷载一般可简化为作用于楼层节点的集中力，如图 10-10（c）所示。

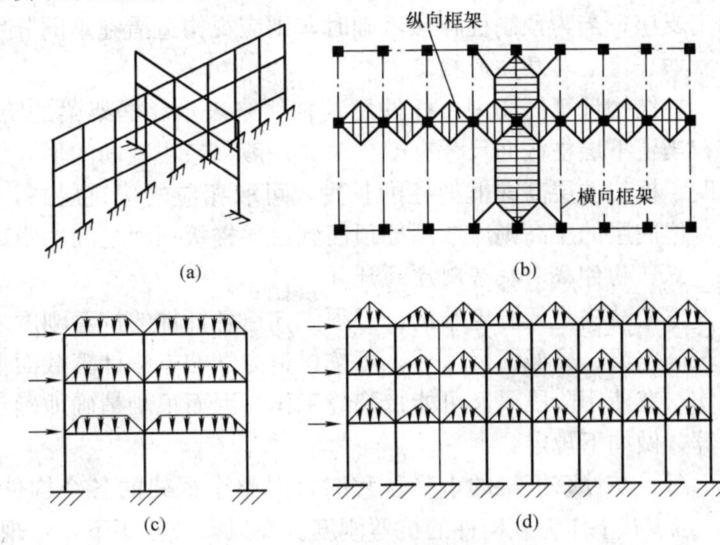

图 10-10　框架结构计算简图

三、节点的简化

框架节点可根据其实际施工方案和构造措施简化为刚接、铰接或半铰接。现浇框架结构中，梁、柱的纵向钢筋都将穿过节点或锚入节点区，节点可视为刚接节点，如图 10-11 所示。

装配式框架结构则是在梁底和柱适当部位预埋钢板，安装就位后再焊接。由于钢板自身平面外的刚度很小，难以保证结构受力后梁柱间没有相对转动，相应节点一般视为铰接节点或半铰接节点，如图 10-12 所示。

在装配整体式框架结构中，梁（柱）中的钢筋在节点处或为焊接或为搭接，并现场浇筑

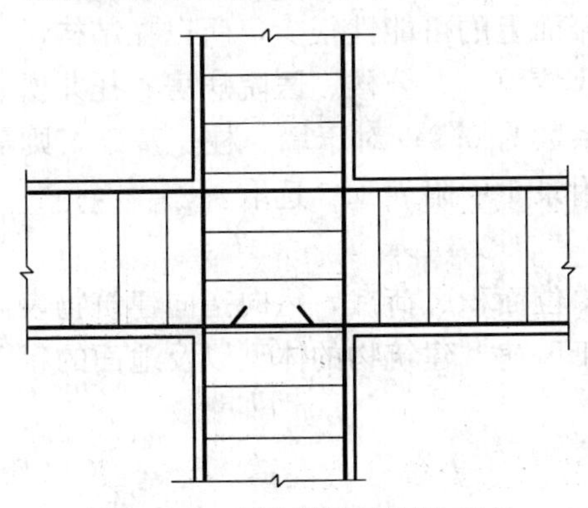
图 10-11　现浇框架的刚性节点

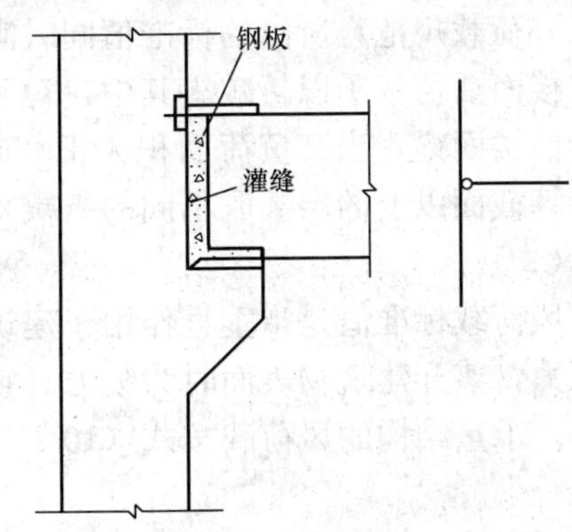

图 10-12　装配式框架的铰节点

节点部分的混凝土。节点左右梁端均可有效地传递弯矩，因此可认为是刚接节点。然而，这种节点的刚性不如现浇式框架好，节点处梁端的实际负弯矩要小于按刚性节点假定所得到的计算值。

框架柱与基础的连接可分为固定支座和铰支座，当为现浇钢筋混凝土柱时，一般设计成固定支座；当为预制柱杯形基础时，则应视构造措施不同分别作为固定支座或铰支座。

四、跨度与层高的确定

在结构计算简图中，杆件用其轴线来表示。框架梁的跨度一般取顶层柱轴线之间的距离；当上下层柱截面尺寸有变化时，一般以最小截面的形心线来确定，即取顶层柱中心线的间距。框架的层高即框架柱的长度，可取相应的建筑层高，即取本层楼面至上层楼面的高度，但底层的层高则应取基础顶面到二层楼板顶面之间的距离。

五、构件截面抗弯刚度的计算

框架结构是超静定结构，必须先知道各杆件的抗弯刚度才能计算结构的内力和变形。在初步确定梁、柱截面尺寸后，可按材料力学的方法计算截面惯性矩。但是由于楼板参加梁的工作，在使用阶段梁又可能带裂缝工作，因而很难精确地确定梁截面的抗弯刚度。为了简化计算，做如下规定：

(1) 在计算框架的水平位移时，对整个框架的各个构件引入一个统一的刚度折减系数 β_c，以 $\beta_c E_c I$ 作为该构件的抗弯刚度。在风荷载作用下，对现浇框架，β_c 取 0.85；对装配式框架，β_c 可取 0.7～0.8。

(2) 对于现浇楼盖结构的中部框架，其梁的惯性矩 I 可取用 $2I_0$；对现浇楼盖结构的边框架，其惯性矩 I 可取用 $1.5I_0$。其中，I_0 为矩形截面梁的惯性矩。

(3) 对于装配式楼盖，梁截面惯性矩按梁本身截面计算。

(4) 对于做整浇层的装配整体式楼盖，中间框架梁可按 1.5 倍梁的惯性矩取用，边框架梁可按 1.2 倍梁的惯性矩取用。但若楼板开洞过多，仍宜按梁本身的惯性矩取用。

六、荷载计算

作用于框架结构上的荷载有竖向荷载和水平荷载两种。竖向荷载包括建筑结构自重及楼（屋）面活荷载，一般为分布荷载，有时也以集中荷载的形式出现。水平荷载包括风荷载和水平地震作用，一般均简化成作用于框架梁柱节点处的水平集中力。

（一）楼（屋）面活荷载

楼（屋）面荷载的计算与梁板结构基本相同。考虑到作用于多、高层建筑中的楼面活荷载以《荷载规范》所给的标准值同时满足于所有的楼面上的可能性很少，所以在结构设计时可将楼面活荷载予以折减。其中，对于住宅、宿舍、旅馆、办公楼、医院病房、托儿所、幼儿园的楼面梁，当其负荷面积大于 25m^2 时，折减系数为 0.9；对于墙、柱、基础，则需根据计算截面以上的层数取不同的折减系数，具体按附录 1 中附表 1.3 选取。

（二）风荷载

风荷载标准值是指垂直作用于建筑物表面上的单位面积风荷载，风向指向建筑物表面时为压力，离开建筑物表面时为吸力。它的大小取决于风速、建筑物的体型以及地面的粗糙程度等。承重结构的风荷载按式（10-1）计算：

$$w_k = \beta_z \mu_s \mu_z w_0 \tag{10-1}$$

式中 w_k——风荷载标准值；

β_z——高度 z 处的风振系数；

μ_s——风荷载体型系数；

μ_z——风压高度变化系数；

w_0——建筑物所在地区的基本风压。

(1) 基本风压 w_0。基本风压 w_0 是以当地空旷平坦地面上 10m 高度处 10min 的平均风速观测数据，经概率统计得到的 50 年一遇的最大风速 v_0 (m/s)，按 $w_0=0.5\rho \cdot v_0^2$ 确定的风压，ρ 为空气的重力密度 (t/m^3)。各地的基本风压值应按《荷载规范》中给出的 50 年一遇的风压采用，但不得小于 0.3kN/m²。如北京为 0.45kN/m²，广州为 0.50kN/m²，上海为 0.55kN/m²。

(2) 风压高度变化系数 μ_z。在大气边界层内，风速随离地面高度的增大而增大，风速增大的规律主要取决于地面粗糙度，通常认为在离地面高度超过 300～500m 以后，风速才不再受地面粗糙度的影响。根据地面地貌情况，《荷载规范》将地面粗糙度分为 A、B、C、D 四类：

A 类指近海海面和海岛、海岸、湖岸及沙漠地区；

B 类指田野、乡村、丛林、丘陵以及房屋比较稀疏的乡镇和城市郊区；

C 类指有密集建筑群的城市市区；

D 类指有密集建筑群且房屋较高的城市市区。

对于平坦或稍有起伏的地形，风压高度变化系数应根据地面粗糙度类别按表 10-2 取用。对于山区的建筑物，风压高度变化系数可按平坦地面的粗糙度类别，由表 10-2 取值后，还应考虑地形条件进行修正；对于远海海面和海岛的建筑物和构筑物，风压高度变化系数可按 A 类粗糙度类别，由表 10-2 取值后，还应考虑离海岸距离进行修正。

表 10-2　　风压高度变化系数 μ_z

离地面或海平面高度 /m	地面粗糙程度类别			
	A	B	C	D
5	1.17	1.00	0.74	0.62
10	1.38	1.00	0.74	0.62
15	1.52	1.14	0.74	0.62
20	1.63	1.25	0.84	0.62
30	1.8	1.42	1.00	0.62
40	1.92	1.56	1.13	0.73
50	2.03	1.67	1.25	0.84
60	2.12	1.77	1.35	0.93
70	2.20	1.86	1.45	1.02
80	2.27	1.95	1.54	1.10
90	2.34	2.02	1.62	1.19
100	2.40	2.09	1.70	1.27
150	2.64	2.38	2.03	1.61
200	2.83	2.61	2.30	1.92

续表

离地面或海平面高度/m	地面粗糙程度类别			
	A	B	C	D
250	2.99	2.80	2.54	2.19
300	3.12	2.97	2.75	2.45
350	3.12	3.12	2.94	2.68
400	3.12	3.12	3.12	2.91
≥450	3.12	3.12	3.12	3.12

(3) 风荷载体型系数 μ_s。风荷载体型系数 μ_s 是指风作用在建筑物表面上所引起的实际压力（或吸力）与基本风压的比值，它描述的是建筑物表面在稳定风压作用下的静态压力分布规律，要与建筑物的体型和尺度有关，也与周围环境和地面粗糙度有关。图 10-3 所示为封闭式双坡屋面和封闭式房屋的 μ_s 值，正值为压力，负值为吸力。常见建筑体型系数值可查阅《荷载规范》，计算时一般应考虑左风和右风两种情况。

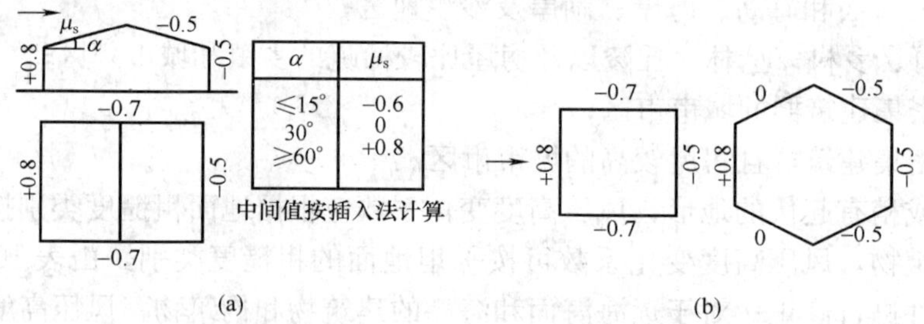

图 10-13 风荷载体型系数

(a) 封闭式双坡屋面；(b) 封闭式房屋与构筑物

(4) 实际上风速是变化的，对建筑结构必然产生动力影响，可用风振系数 β_z 来反映该影响。对于一般低层和多层建筑（高度 30m 以下），动力影响很小，可以忽略，取应 $\beta_z=1.0$。《荷载规范》规定了要考虑风振系数的情况及计算方法。

框架结构的风荷载一般由框架负荷范围内的墙面向柱集中为线荷载，因风压高度变化系数不同，应沿高度分层计算各层柱上因风压引起的线荷载，风压高度变化系数按各层柱顶高程选取，层间风压按倒梯形荷载计算。为简化计算，可将每层节点上下各半层的线荷载向节点集中为水平力，顶层节点集中力应取顶层上半层层高加上屋顶女儿墙的风荷载。

(三) 水平地震作用

当多层框架结构高度不超过 40m，且质量和刚度沿高度分布比较均匀时，可采用底部剪力法计算水平地震作用。

10.3.2 竖向荷载作用下的框架内力分析——分层法

在竖向荷载作用下，多层多跨框架的受力特定是：侧移对内力（特别是对设计起控制作用的内力）的影响较小；此外，如果在框架的某一层施加外荷载，在整个框架中只有直接受荷的梁及与其相连的上、下层柱弯矩较大，其他各层梁柱的弯矩均很小，尤其是当梁的线刚度大于柱的线刚度时，这一特点更加明显。因此，如果在内力计算中，忽略这些较小的内力，则可使计算大为简化。

基于以上分析，分层法作下列假定：

假定1：在竖向荷载作用下，多层多跨框架的侧移忽略不计；

假定2：各层梁上的荷载对其他各层梁的影响忽略不计。

根据这两个假定，可将框架的各层梁及其上、下柱作为独立的计算单元分层进行计算，如图10-14所示。分层计算所得的梁内弯矩即为梁在该荷载下的最后弯矩；而每一柱的柱端弯矩则取上、下两层计算所得弯矩之和。

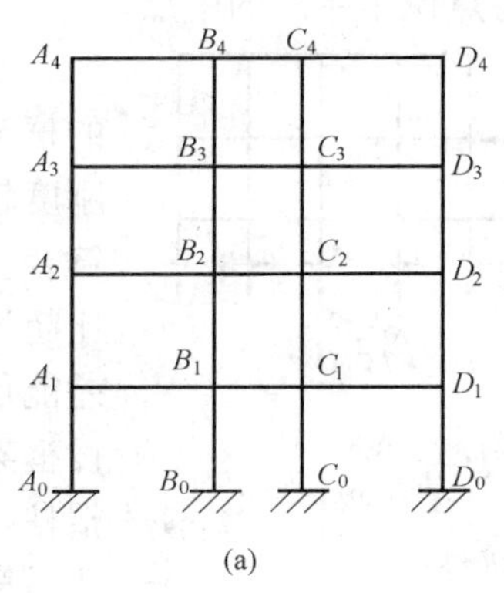

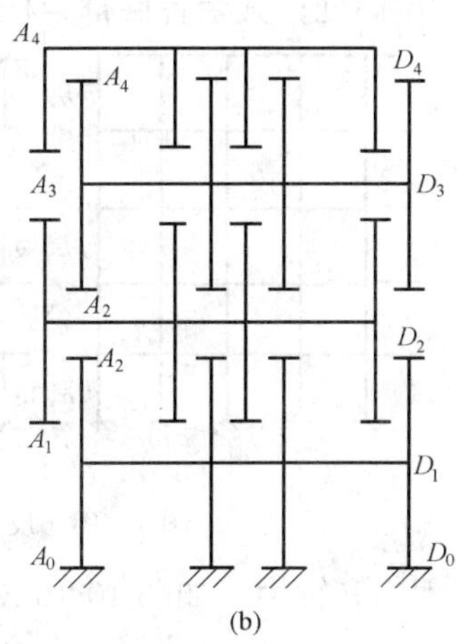

图10-14　分层法的计算单元

实际上各个开口刚架的上下端除底层柱的下端外，并非如图10-14所示的固定端，柱端均有转角产生，处于铰支与固定支承之间的弹性约束状态。为了改善由此引起的误差，在按图10-14所示的计算简图进行计算时，应作以下修正：除底层外，其他各层柱的线刚度均乘0.9的折减系数；除底层外（底层柱不折减，且传递系数为1/2），其他各层柱的弯矩传递系数取为1/3。

在求得各开口刚架的内力以后，原框架结构中柱的内力，为相邻两个开口刚架中同层柱的内力叠加。而分层计算所得的各层梁的内力，即为原框架结构中相应层梁的内力。用分层法计算所得的框架节点处的弯矩会出现不平衡。为提高精度，可对不平衡弯矩较大的节点，特别是边节点不平衡弯矩再作一次分配（无需往远端传递）。

在用分层法计算时，可只在各层进行最不利活载布置。为简化起见，当楼面活荷载产生的内力远小于恒载和水平力产生的内力时，可在各跨同时满布活载，计算所得的支座弯矩为考虑活载不利布置的支座弯矩，而跨中弯矩乘以1.10～1.20的放大系数以考虑活荷载不利布置的影响。

10.3.3　水平荷载作用下的框架内力分析——反弯点法

风荷载或地震作用对框架结构的水平作用，一般可简化为作用于框架节点的等效水平力。框架结构在节点水平力作用下的弯矩图如图10-15所示，各杆的弯矩图都呈直线形，且一般都有一个零弯矩点即反弯点。

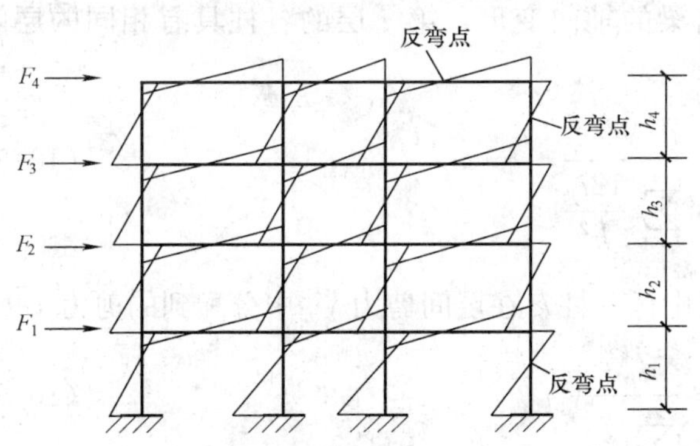

图10-15　框架在水平力作用下的弯矩图

实际计算中可忽略梁的轴向变形，故同层各节点的侧向位移相同，同层各柱的层间位移也相同。

在图10-15中，如能确定各柱内的剪力及反弯点的位置，便可求得各柱的柱端弯矩，并进而由节点平衡条件求得梁端弯矩及整个框架结构的其他内力。反弯点法正是基于这一设想，且通过以下假定来实现的：

假定 1：各柱上下端都不发生角位移，即认为梁柱线刚度比无限大。

假定 2：除底层以外，各柱的上、下端节点转角均相同，即底层柱的反弯点在距基础 2/3层高处；其余各层框架柱的反弯点位于层高的中点。

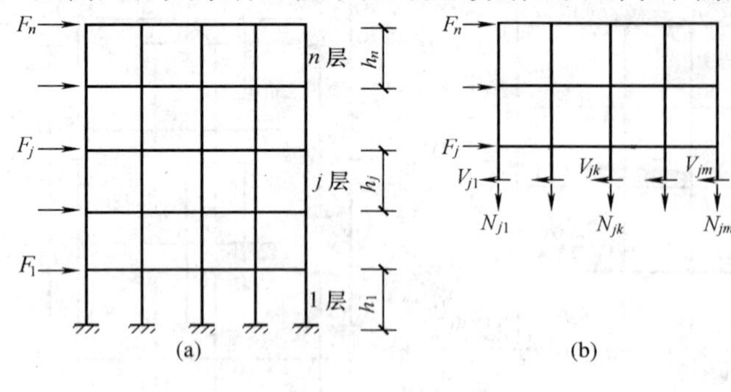

图 10-16 反弯点法推导

对于层数较少且楼面荷载较大的框架结构，柱的刚度较小，梁的刚度较大；假定 1 与实际情况较为符合。一般认为，当梁柱的线刚度比超过 3 时，由假定 1 所引起的误差能够满足工程设计的精度要求。设框架结构共有 n 层，每层内有 m 根柱，如图 10-16（a）所示。将框架沿第 j 层各柱的反弯点处切开代以剪力和轴力，如图 10-16（b）所示。则由水平力的平衡条件有

$$V_j = \sum_{i=j}^{n} F_i \tag{10-2}$$

$$V_j = V_{j1} + \cdots + V_{jk} + \cdots + V_{jm} = \sum_{k=1}^{m} V_{jk} \tag{10-3}$$

式中 F_i——作用在楼层 i 的水平力；

V_j——水平力 F 在第 j 层所产生的层间剪力；

V_{jk}——第 j 层 k 柱所承受的剪力；

m——第 j 层内的柱子数；

n——楼层数。

设该层的层间侧向位移为 Δ_j，由假定 1 知，各柱的两端只有水平位移而无转角，则有

$$V_{jk} = \frac{12 i_{jk}}{h_j^2} \Delta_j \tag{10-4}$$

式中 i_{jk}——第 j 层 k 柱的线刚度；

h_j——第 j 层柱子高度。

将式（10-4）代入式（10-3），由于忽略梁的轴向变形，第 j 层的各柱具有相同的层间侧向位移 Δ_j，因此有：

$$\Delta_j = \frac{V_j}{\sum_{k=1}^{m} \frac{12 i_{jk}}{h_j^2}} \tag{10-5}$$

将式（10-5）代入式（10-4），得 j 楼层中任一柱 k 在层间剪力 V_j 中分配到的剪力

$$V_{jk} = \frac{i_{jk}}{\sum_{k=1}^{m} i_{jk}} V_j \tag{10-6}$$

求得各柱所承受的剪力 V_{jk} 以后，由假定2便可求得各柱的杆端弯矩，对于底层柱有：

$$M_{cjk}^{u}=V_{jk}\frac{h_1}{3} \tag{10-7a}$$

$$M_{cjk}^{l}=V_{jk}\frac{2h_1}{3} \tag{10-7b}$$

对于上部各层柱有

$$M_{cjk}^{u}=M_{cjk}^{l}=V_{jk}\frac{h_1}{2} \tag{10-8}$$

式（10-7a）、式（10-7b）、式（10-8）中的下标c表示柱，j、k 表示第 j 层第 k 号柱，上标 u、l 分别表示柱的上端和下端。

求得柱端弯矩后，由节点弯矩平衡条件（见图10-17）即可求得梁端弯矩

$$M_{bl}=\frac{i_{bl}}{i_{bl}+i_{br}}(M_{cu}+M_{cl}) \tag{10-9a}$$

$$M_{br}=\frac{i_{br}}{i_{bl}+i_{br}}(M_{cu}+M_{cl}) \tag{10-9b}$$

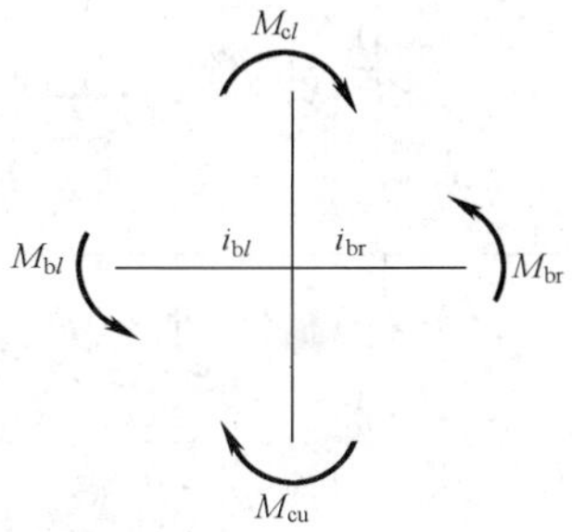

式中 M_{bl}、M_{br}——节点处左、右的梁端弯矩；

M_{cu}、M_{cl}——节点处柱上、下端弯矩；

i_{bl}、i_{br}——节点左、右的梁的线刚度。

图10-17 节点平衡条件

以各个梁为脱离体，将梁的左右端弯矩之和除以该梁的跨度，便得梁内剪力。自上而下逐层叠加节点左右的梁端剪力，即可得到柱在水平荷载作用下的轴力。

10.3.4 水平荷载作用下的框架内力分析——D值法

反弯点法假定梁柱线刚度比无穷大，其次又假定柱的反弯点高度为一定值，使反弯点法的应用受到限制。柱的侧移刚度不仅与柱的线刚度和层高有关，还取决于柱上下端的约束情况。另外，柱的反弯点高度也与梁柱线刚度比、上下层横梁的线刚度比、上下层层高的变化等因素有关。D 值法是在反弯点法的基础上，考虑上述影响因素，对反弯点法的柱侧移刚度和反弯点高度进行修正，故又称为改进反弯点法。该方法中，柱的侧移刚度以 D 表示，因而得名。

D 值法除了对柱的侧移刚度与反弯点高度进行修正外，其余均与反弯点法相同，计算步骤如下：

（1）计算各层柱的侧移刚度。

修正后的柱侧移刚度 D 可表示为

$$D_{jk}=\alpha\frac{12i_{jk}}{h_j^2} \tag{10-10}$$

式中 i_{jk}——第 j 层第 k 柱的线刚度；

h_j——第 j 层柱子高度；

α——节点转动影响系数，由梁、柱线刚度，按表10-3取用。

表 10-3 节点转动影响系数

层	边柱	中柱	α
一般层	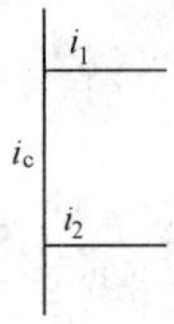 $\overline{K}=\dfrac{i_1+i_2}{2i_c}$	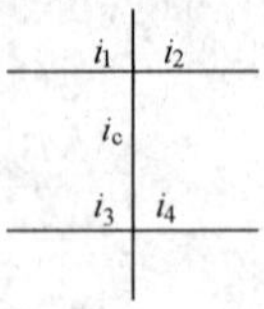 $\overline{K}=\dfrac{i_1+i_2+i_3+i_4}{2i_c}$	$\alpha=\dfrac{\overline{K}}{2+\overline{K}}$
底层	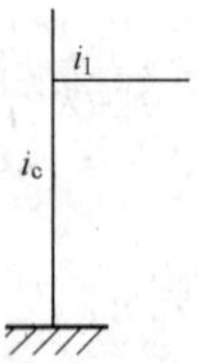 $\overline{K}=\dfrac{i_1}{i_c}$	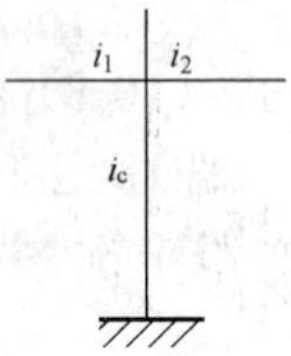 $\overline{K}=\dfrac{i_1+i_2}{i_c}$	$\alpha=\dfrac{0.5+\overline{K}}{2+\overline{K}}$

(2) 计算各柱所分配的剪力 V_{jk}。

$$V_{jk}=\frac{D_{jk}}{\sum_{k=1}^{m}D_{jk}}V_j \tag{10-11}$$

式中 V_{jk}——第 j 层第 k 根柱所分配的剪力；

V_j——第 j 层楼层剪力；

D_{jk}——第 j 层第 k 根柱的侧移刚度；

$\sum_{k=1}^{m}D_{jk}$——第 j 层所有各柱的侧移刚度之和。

(3) 确定反弯点高度 yh。

$$yh=(y_0+y_1+y_2+y_3)h \tag{10-12}$$

式中 y_0——标准反弯点高度比，由框架总层数、该柱所在层数及梁柱平均线刚度比 $\overline{K}$ 确定（见《混凝土规范》）；

y_1——某层上、下梁线刚度不同时对 y_0 的修正值（见《混凝土规范》），按以下方式确定；

y_2——上层高度（h_u）与本层高度（h）不同时（见图 10-19）对 y_0 的修正值，可根据 $\alpha_2=\dfrac{h_u}{h}$ 和 $\overline{K}$ 由《混凝土结构设计规范》查得；

y_3——下层高度（h_l）与本层高度（h）不同时（见图 10-19）对 y_0 的修正值，可根据 $\alpha_2=\dfrac{h_l}{h}$ 和 $\overline{K}$ 由《混凝土结构设计规范》查得。

当 $i_1+i_2<i_3+i_4$ 时，令

$$\alpha_1=\frac{i_1+i_2}{i_3+i_4} \tag{10-13}$$

这时反弯点上移，故 y_1 取正值，如图 10-18 (a) 所示，当 $i_1+i_2>i_3+i_4$ 时，令

$$\alpha_1 = \frac{i_3 + i_4}{i_1 + i_2} \qquad (10\text{-}14)$$

这时反弯点下移，故 y_1 取负值，如图10-18（b）所示，对于首层不考虑 y_1 值。

（4）计算柱端弯矩如图10-20所示，柱端弯矩可由柱剪力 V_{ij} 和反弯点高度 yh，按下式求得

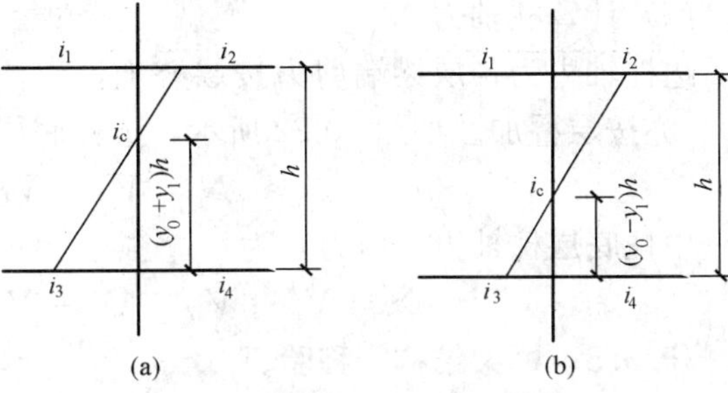

图10-18　上下层梁线刚度比不同时反弯点高度比修正

柱上端弯矩

$$M_{cjk}^{u} = V_{jk}(1-y)h \qquad (10\text{-}15a)$$

柱下端弯矩

$$M_{cjk}^{l} = V_{jk} \times yh \qquad (10\text{-}15b)$$

（5）计算梁端弯矩 M_b。

梁端弯矩可按照节点弯矩平衡条件，将节点上、下柱端弯矩之和按左、右梁的线刚度比例反号分配，同反弯点法。

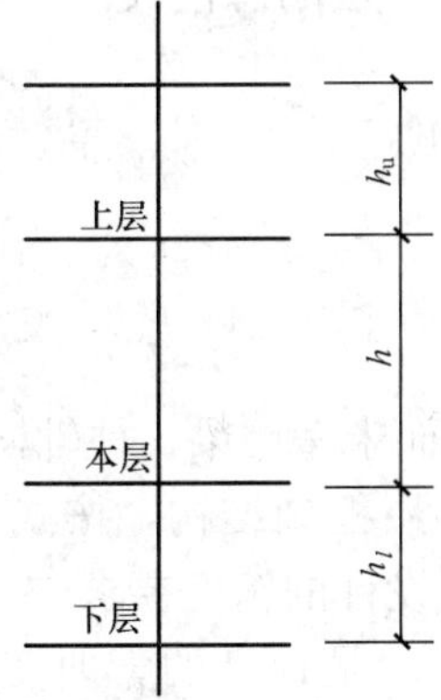

图10-19　上下层高度与本层高度示意图

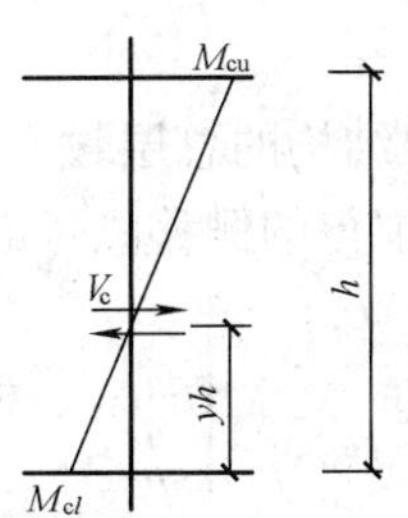

图10-20　柱剪力和反弯点高度

（6）计算梁端剪力 V_b。

如图10-21所示，根据梁的两端弯矩，按下式计算

$$V_b = \frac{M_{bl} + M_{br}}{l} \qquad (10\text{-}16)$$

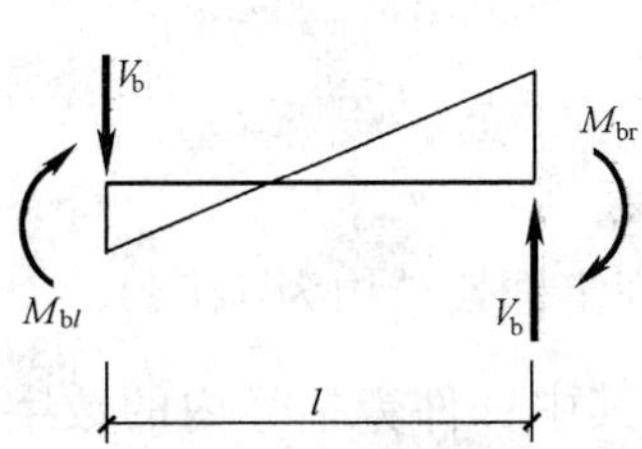

图10-21　梁两端弯矩计算图

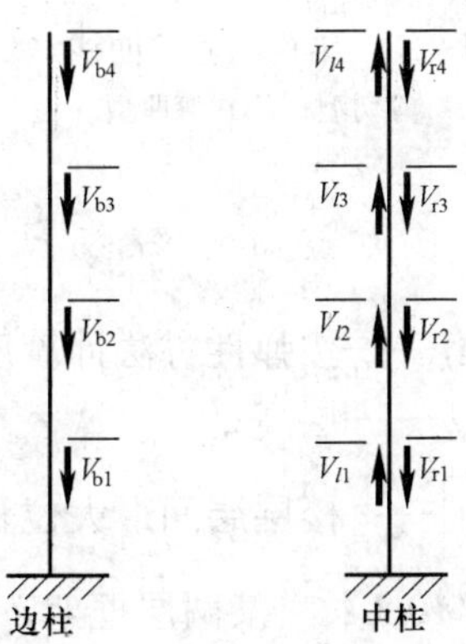

图10-22　边柱轴力及中柱轴力

(7) 计算柱轴力 N。

边柱轴力为各层梁端剪力按层叠加，中柱轴力为柱两侧梁端剪力之代数和（以向下为正），亦按层叠加。如图 10-22 所示，边柱底层柱轴力为

$$N = V_{b1} + V_{b2} + V_{b3} + V_{b4}$$

中柱底层柱轴力（压力）为

$$N = V_{r1} + V_{r2} + V_{r3} + V_{r4} - V_{l1} - V_{l2} - V_{l3} - V_{l4}$$

10.3.5 框架结构侧移验算

验算框架结构层间侧移时，其层间剪力应取标准组合。

一、侧移的近似计算

求出柱抗侧刚度 D 值后，可按式（10-17）计算第 j 层框架层间水平位移 Δ_j

$$\Delta_j = \frac{V_j}{\sum_{k=1}^{m} D_{jk}} \tag{10-17}$$

式中 D_{jk}——第 j 层第 k 号柱的抗侧刚度，m 为框架第 j 层的总柱数；

V_j——第 j 层层间剪力。

框架顶点的总水平位移△应为各层层间位移之和，即

$$\Delta = \sum_{j=1}^{n} \Delta_j \tag{10-18}$$

式中 n——框架结构的总层数。

按上述方法求得的侧移只考虑了梁、柱弯曲变形，而未考虑梁、柱轴向变形和剪切变形的影响。但对一般的多层框架结构，按式（10-18）计算的框架侧移已能满足工程设计的精度要求。

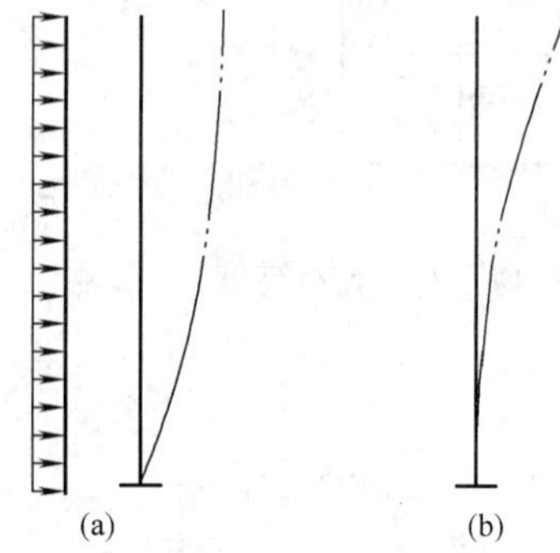

图 10-23 结构的侧移曲线
(a) 剪切型；(b) 弯曲型

虽然在设计中计算的是杆件的弯曲变形，但一般框架的整体变形实际上却是剪切型的，与水平荷载作用下的悬臂梁由剪力所引起的剪切变形曲线相似，如图 10-23（a）所示，而与由弯矩引起的弯曲变形曲线［见图 10-23（b）］是不同的。

二、弹性层间侧移验算

框架的弹性层间位移角 θ_e 过大将导致框架中的隔墙等非承重的填充构件等压裂，故规范规定了框架的最大弹性层间位移 Δ_j 与层高之比不能超过其限值，即要求

$$\frac{\Delta_j}{h} \leqslant \left[\frac{\Delta_j}{h}\right] \tag{10-19}$$

式中 Δj——按弹性方法计算所得的楼层层间水平位移；

h——层高；

$\left[\frac{\Delta_j}{h}\right]$——楼层层间最大位移与层高之比的限值，规范规定框架结构为 1/550。

【例 10-1】 某两层框架，计算简图如图 10-24 所示，其中杆件旁括号内的数字为相应杆的线刚度（单位为 $10^{-4}Em^3$，其中 E 为混凝土弹性模量）。要求用分层法计算框架杆件弯矩，并绘制弯矩图。

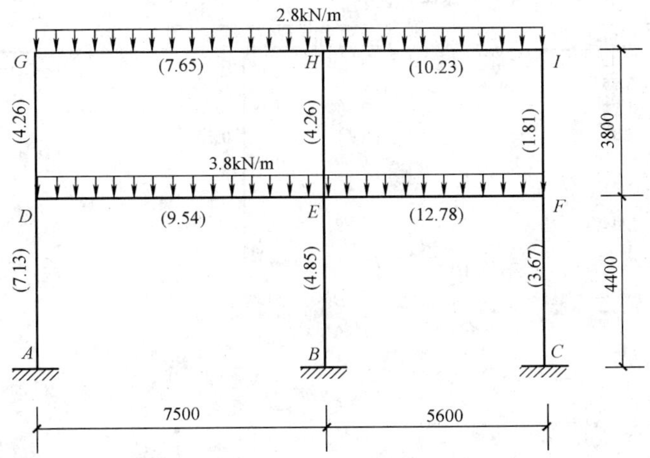

图 10-24 ［例 10-1］分层法框架示意图

解 该框架可分为两层计算，从下到上计为第 1 层、第 2 层，如图 10-25 所示。

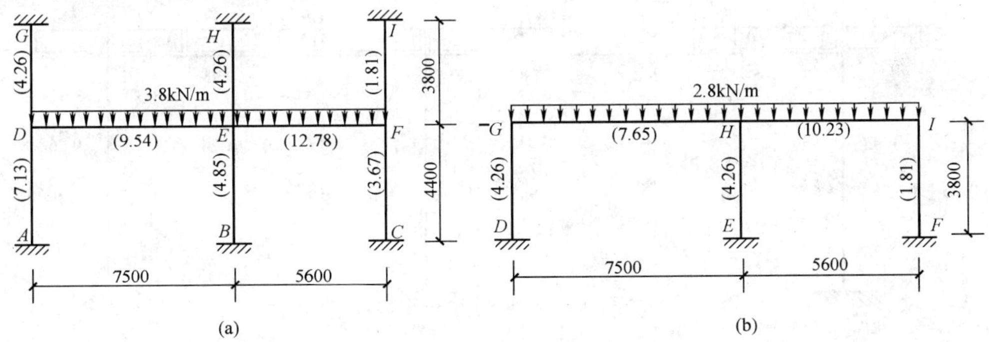

图 10-25 ［例 10-1］按分层法的计算简图

（1）第 1 层的计算。

计算简图如图 10-25（a）所示。D 节点的各杆端分配系数为

$$\mu_{DA}=\frac{4\times 7.13}{4\times(7.13+0.9\times 4.26+9.54)}=0.3477$$

$$\mu_{DG}=\frac{4\times 0.9\times 4.26}{4\times(7.13+0.9\times 4.26+9.54)}=0.1870$$

$$\mu_{DE}=\frac{4\times 9.54}{4\times(7.13+0.9\times 4.26+9.54)}=0.4653$$

注意柱线刚度乘以 0.9 折减（底层柱除外）。E、F 节点的分配系数可类似算得。

分层法计算过程如图 10-25 所示。注意柱远端传递系数，除底层取 0.5 外，其余层为 1/3。

（2）第 2 层的计算。

计算简图如图 10-25（b）所示。G 节点的各杆端分配系数为

$$\mu_{GH}=\frac{4\times 7.65}{4\times(7.65+0.9\times 4.26)}=0.6661$$

$$\mu_{GD}=\frac{4\times 0.9\times 4.26}{4\times(7.65+0.9\times 4.26)}=0.3339$$

H、I 节点的分配系数可类似算得。计算过程如图 10-26 所示。

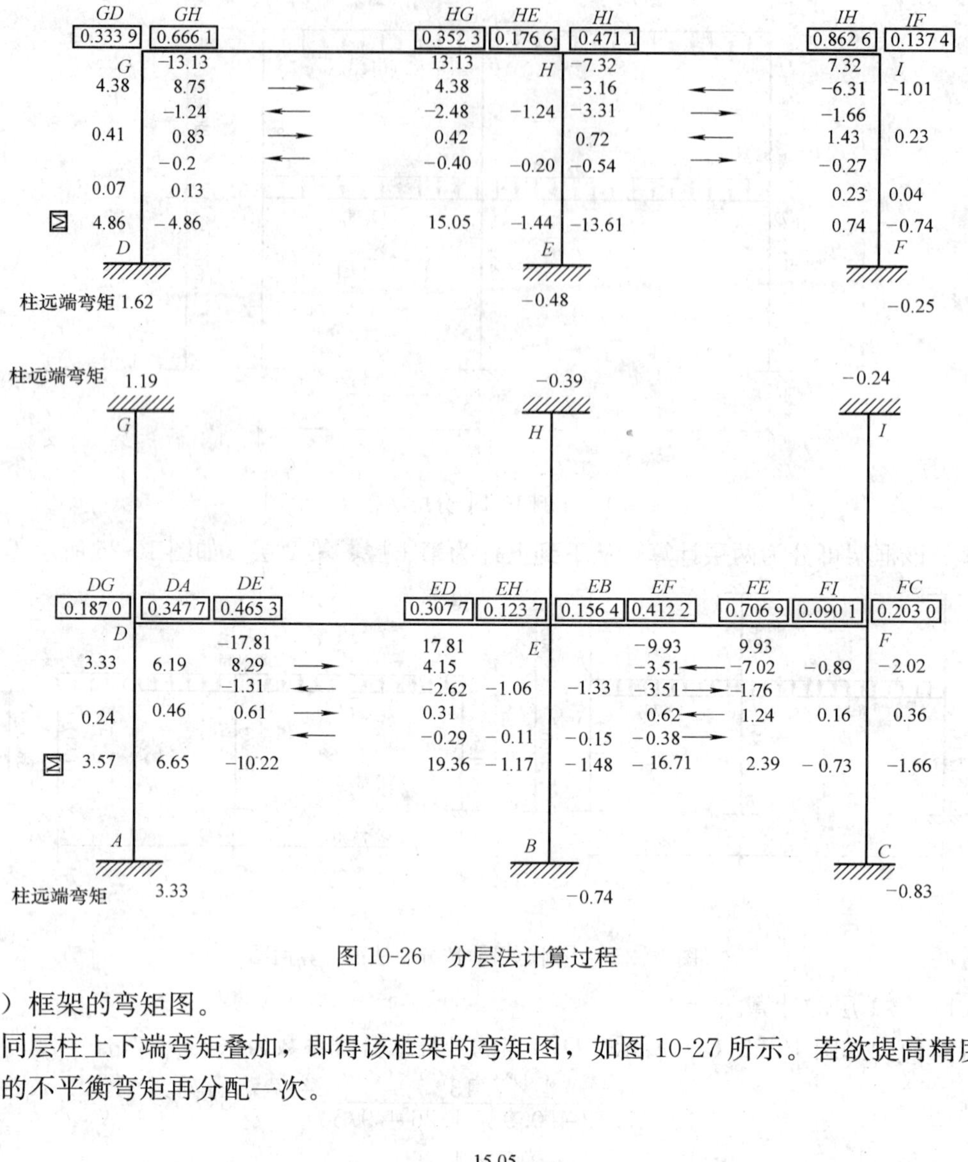

GD GH HG HE HI IH IF
0.333 9 0.666 1 0.352 3 0.176 6 0.471 1 0.862 6 0.137 4
G H I
−13.13 13.13 −7.32 7.32
4.38 8.75 → 4.38 −3.16 ← −6.31 −1.01
−1.24 ← −2.48 −1.24 −3.31 → −1.66
0.41 0.83 → 0.42 0.72 ← 1.43 0.23
−0.2 ← −0.40 −0.20 −0.54 → −0.27
0.07 0.13 0.23 0.04
Σ 4.86 −4.86 15.05 −1.44 −13.61 0.74 −0.74
D E F
柱远端弯矩 1.62 −0.48 −0.25

柱远端弯矩 1.19 −0.39 −0.24
G H I
DG DA DE ED EH EB EF FE FI FC
0.187 0 0.347 7 0.465 3 0.307 7 0.123 7 0.156 4 0.412 2 0.706 9 0.090 1 0.203 0
D E F
−17.81 17.81 −9.93 9.93
3.33 6.19 8.29 → 4.15 −3.51 ← −7.02 −0.89 −2.02
−1.31 ← −2.62 −1.06 −1.33 −3.51 → −1.76
0.24 0.46 0.61 → 0.31 0.62 ← 1.24 0.16 0.36
← −0.29 −0.11 −0.15 −0.38 →
Σ 3.57 6.65 −10.22 19.36 −1.17 −1.48 −16.71 2.39 −0.73 −1.66
A B C
柱远端弯矩 3.33 −0.74 −0.83

图 10-26 分层法计算过程

（3）框架的弯矩图。

将同层柱上下端弯矩叠加，即得该框架的弯矩图，如图 10-27 所示。若欲提高精度，可把节点的不平衡弯矩再分配一次。

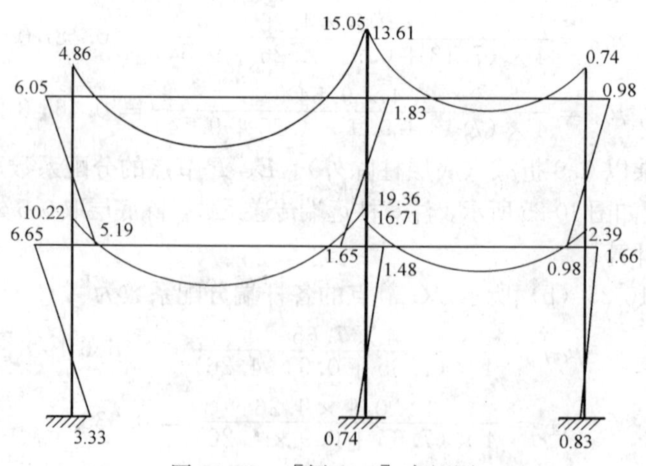

图 10-27 ［例 10-1］弯矩图

【例 10-2】　某框架结构及所受的风荷载如图 10-28 所示，其中杆件旁的数字为相应杆的线刚度 i（单位为 $10^{-4}Em^3$，其中 E 为混凝土弹性模量）。试用 D 值法求解该框架的弯矩并作弯矩图。

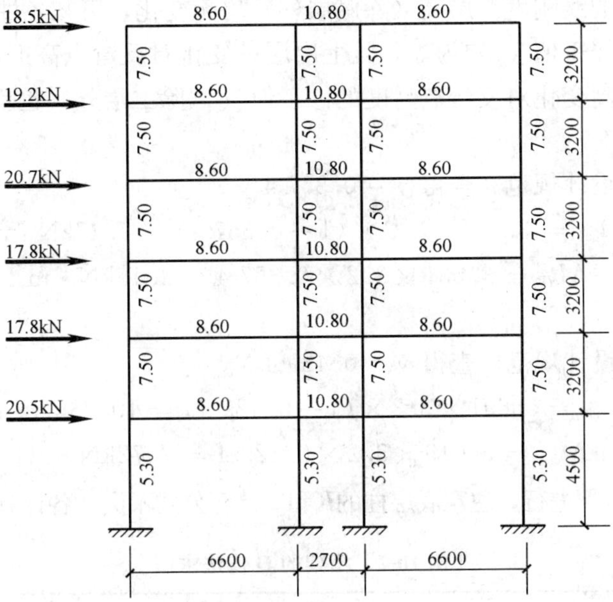

图 10-28　[例 10-2] 框架简图与荷载

解　(1) 求顶层各柱的抗侧刚度 D 值。

1) 左 1 柱
$$\overline{K}=\frac{8.6+8.6}{2\times 7.5}=1.147$$

$$\alpha=\frac{1.147}{2+1.147}=0.3644$$

$$D=0.3644\times\frac{12\times 7.5\times 10^{-4}}{3.2^2}=3.203\times 10^{-4}Em^3$$

2) 左 2 柱
$$\overline{K}=\frac{8.6+10.8+8.6+10.8}{2\times 7.5}=2.587$$

$$\alpha=\frac{2.587}{2+2.587}=0.5640$$

$$D=0.5640\times\frac{12\times 7.5\times 10^{-4}}{3.2^2}=4.957\times 10^{-4}Em^3$$

3) 顶层抗侧刚度 D 值总和

$$\sum D=2\times(3.203+4.957)\times 10^{-4}=16.320\times 10^{-4}Em^3$$

(2) 求顶层各柱分配到的剪力。

1) 左 1 柱
$$\frac{D}{\sum D}=\frac{3.203}{16.320}=0.1963$$

$$V_{61}=\frac{D}{\sum D}V_6=0.1963\times 18.5=3.631\text{kN}$$

2) 左 2 柱
$$\frac{D}{\sum D}=\frac{4.957}{16.320}=0.3037$$

$$V_{62}=\frac{D}{\sum D}V_6=0.3037\times18.5=5.619\text{kN}$$

（3）求各层各柱反弯点高度及柱端弯矩。

各柱因上下层梁的线刚度及层高（除底层外）均无变化，可知各柱的上下层横梁线刚度之比对反弯点高度的修正值 y_1 均为零，且上层层高变化对反弯点高度的修正值 y_2（除底层外）均为零，下层层高变化对反弯点高度的修正值 y_3（除二层外）也均为零。

1）左一柱。

由《混凝土结构设计规范》查得 $y_0=0.3574$，$y=y_0$

$$M_{cu1}=3.631\times3.2\times(1-0.3574)=7.47\text{kN}\cdot\text{m}$$

$$M_{cl1}=3.631\times3.2\times0.3574=4.15\text{kN}\cdot\text{m}$$

2）左二柱。

由《混凝土结构设计规范》查得 $y_0=0.4294$，$y=y_0$

$$M_{cu2}=5.691\times3.2\times(1-0.4294)=10.26\text{kN}\cdot\text{m}$$

$$M_{cl2}=5.619\times3.2\times0.4294=7.72\text{kN}\cdot\text{m}$$

其余各层参照此步骤进行，注意底层柱的$\overline{K}$和α计算公式不同，各计算数值详见表 10-4。

表 10-4　［例 10-2］框架的 D 值法求解

柱	楼层	楼层剪力 V_i/kN	$\overline{K}$	α	D /($\times10^{-4}E$)	$\frac{D}{\sum D}$	V_{ij}/kN	y	M_{cu} /(kN·m)	M_{cl} /(kN·m)
左边第1根柱	6	18.5	1.147	0.364 4	3.203	0.196 3	3.63	0.357 4	7.47	4.15
	5	37.7	1.147	0.364 4	3.203	0.196 3	7.40	0.407 4	14.03	9.65
	4	58.4	1.147	0.364 4	3.203	0.196 3	10.46	0.450 0	20.18	16.51
	3	76.2	1.147	0.364 4	3.203	0.196 3	14.96	0.457 4	25.97	21.89
	2	94.0	1.147	0.364 4	3.203	0.196 3	18.45	0.500 0	29.52	29.52
	1	114.5	1.623	0.585 9	1.840	0.222 0	25.42	0.587 7	47.16	67.23
左边第2根柱	6	18.5	2.587	0.564 0	4.957	0.303 7	5.62	0.429 4	10.26	7.72
	5	37.7	2.587	0.564 0	4.957	0.303 7	10.45	0.450 0	20.15	16.49
	4	58.4	2.587	0.564 0	4.957	0.303 7	17.74	0.479 4	29.55	27.21
	3	76.2	2.587	0.564 0	4.957	0.303 7	23.14	0.500 0	37.03	37.03
	2	94.0	2.587	0.564 0	4.957	0.303 7	28.55	0.500 0	45.68	45.68
	1	114.5	3.660	0.735 0	2.308	0.278 0	31.83	0.550 0	64.46	78.78

（4）由节点平衡求梁端弯矩。

将节点处柱端弯矩之和反号按左右两的线刚度之比进行分配，即可得到水平荷载作用下的梁端弯矩。计算结构如图 10-29 所示。

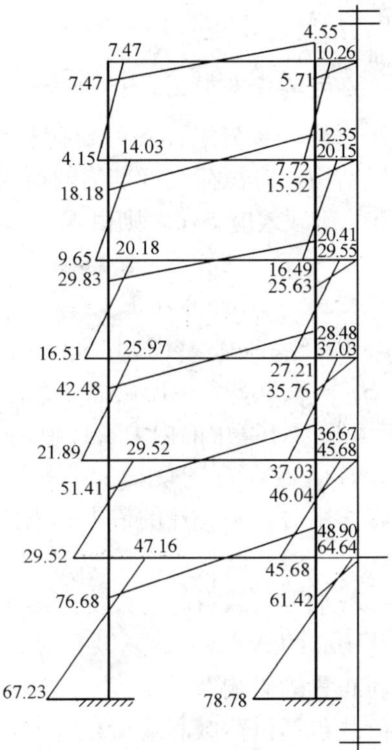

图 10-29　框架弯矩图

（未表示出与之对称部分弯矩图）

10.4　多层框架内力组合

10.4.1　控制截面的确定

框架横梁的控制截面是支座截面和跨中截面。在支座截面处，一般产生最大负弯矩和最大剪力（在水平荷载作用下还有正弯矩产生，故还要注意组合可能出现的正弯矩）；跨中截面则是最大正弯矩作用处（也要注意组合可能出现的负弯矩）。

对于框架柱，由弯矩图可知，弯矩最大值在柱的端部，剪力和轴力通常在一层内无变化或变化很小，因此，柱的控制截面是柱的上、下端。

还应注意在截面配筋计算时应采用构件端部截面的内力，而不是轴线节点处的内力，即求得的梁端内力在进行截面设计时，可考虑柱宽的影响。具体做法同梁板结构。

10.4.2　荷载效应组合

框架结构截面设计内力应采用荷载效应的基本组合，《荷载规范》规定，对多层框架结构，荷载效应的基本组合可采用简化方法，并按下列组合值中取最不利值确定：

（1）由可变荷载效应控制的组合。

$$S = \gamma_G S_{GK} + \gamma_{Q1} S_{Q1K} \tag{10-20}$$

$$S = \gamma_G S_{GK} + 0.9\sum_{i=1}^{n} \gamma_{Qi} S_{QiK} \tag{10-21}$$

（2）由永久荷载效应控制的组合。

$$S = \gamma_G S_{GK} + \sum_{i=1}^{n} \gamma_{Qi}\psi_{ci}S_{QiK} \tag{10-22}$$

式中符号见第3章。对于式（10-22），参与组合的可变荷载仅限于竖向荷载，此时取 $\gamma_G=1.35$。对于一般民用建筑的框架结构，有恒荷载标准值的荷载效应 S_{GK}，竖向活荷载标准值的荷载效应 S_{QK}，风荷载标准值的荷载效应 S_{WK}，则由式（10-20）～式（10-22）可写为

$$S_1 = 1.2S_{GK} + 1.4S_{QK} \tag{10-23}$$

$$S_2 = 1.2S_{GK} + 1.4S_{WK} \tag{10-24}$$

$$S_3 = 1.2S_{GK} + 0.9 \times 1.4(S_{QK} + S_{WK}) \tag{10-25}$$

$$S_4 = 1.35S_{GK} + 1.4 \times 0.7S_{QK} \tag{10-26}$$

取 S_1～S_4 中的最大值确定承载力计算中的内力设计值。

10.4.3 最不利内力组合

多层框架结构在不考虑地震作用时，梁、柱的最不利内力组合为：

（1）梁端截面：$-M_{max}$、V_{max}。

（2）梁跨内截面：$+M_{max}$；若水平荷载引起的梁端弯矩不大，可简化近似取跨中截面。

（3）柱端截面：$|M|_{max}$及相应的 N、V；N_{max}及相应的 M、V；N_{min}及相应的 M、V。

10.4.4 竖向活荷载最不利布置的影响

作用于框架结构上的竖向荷载包括恒荷载和或荷载。恒荷载是永久荷载，一旦作用在结构上将不再发生变化，因此，只要按恒荷载全部作用的情况计算出框架内力，然后参与荷载组合即可。但是活荷载是可变荷载，计算时应考虑其最不利布置。

在用计算机进行计算时，可将活荷载逐层逐跨单独作用在框架上，求出每种活荷载作用下的框架内力。然后，针对各控制截面最不利内力的几种类型，分别进行组合。手算时，在保证设计精度的前提下，考虑活荷载最不利布置影响的方法有分跨计算组合法、最不利荷载位置法、分层组合法和满布荷载法等，因前三种方法分析过程较麻烦，在多高层框架结构内力分析中常用的方法为满布荷载法。

当活载产生的内力远小于恒载及水平力所产生的内力时，可不考虑活荷载的最不利布置，而将活载同时作用于所有的框架梁上，这样求得的内力在支座处与按最不利荷载位置法求得的内力极为相近，可直接进行内力组合。但求得的梁跨中弯矩却比最不利荷载位置法的计算结果要小，因此对梁跨中弯矩应乘以1.1～1.2的系数予以增大。

10.4.5 梁端弯矩调幅

按照强柱弱梁的设计思路，梁端允许出现塑性铰，为方便混凝土浇捣，也希望减少节点处梁的上部钢筋；因此，在进行框架结构设计时，一般均对梁端弯矩进行调幅，即人为地减小梁端负弯矩，以减少节点附近梁上部钢筋。

设某框架梁 AB 在竖向荷载作用下，梁端最大负弯矩分别为 M_{A0}、M_{B0}，梁跨中最大正弯矩为 M_{C0}，则调幅后梁端弯矩可按下式计算

$$M_A = \beta M_{A0} \tag{10-27a}$$

$$M_B = \beta M_{B0} \tag{10-27b}$$

式中 β——弯矩调幅系数。

对于现浇框架，可取 $\beta=0.8\sim0.9$；对于装配整体式框架，由于框架梁端的实际弯矩比弹性计算值要小，弯矩调幅系数允许取得低一些，一般取 $\beta=0.7\sim0.8$。

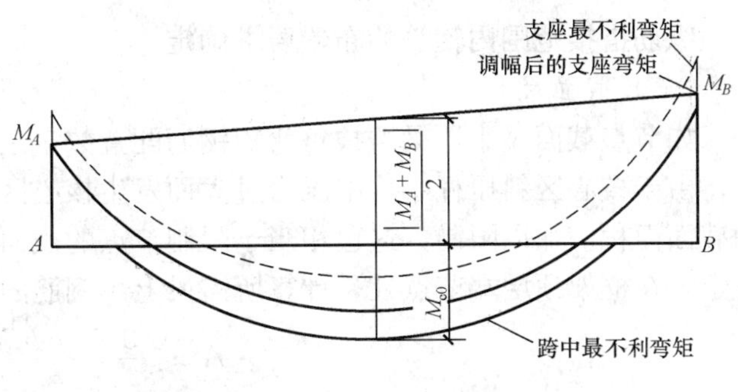

图 10-30　支座弯矩调幅

梁端弯矩调幅后，在相应荷载作用下的跨中弯矩将增加，如图 10-30 所示。这时应校核该梁的静力平衡条件，即调幅后梁端弯矩 M_A、M_B 的平均值与跨中最大正弯矩 M_{C0} 之和应大于按简支梁计算的跨中弯矩值 M_0。

$$\frac{|M_A+M_B|}{2}+M_{C0}\geqslant M_0 \tag{10-28}$$

同时应保证调幅后，支座及跨中控制截面的弯矩值均不小于 M_0 的 1/3。

梁端弯矩调幅将增大梁的裂缝宽度及变形，故对裂缝宽度及变形控制较严格的结构不应进行弯矩调幅。

必须指出，弯矩调幅只对竖向荷载作用下的内力进行，即水平荷载作用产生的弯矩不参加调幅，因此，弯矩调幅应在内力组合之前进行。

10.5　框架结构构件设计

对无抗震设防要求的框架，按照上述方法得到控制截面的基本组合内力后，可进行梁柱截面设计。对框架梁来说，和前述的基本构件截面承载力设计方法完全相同；而框架柱的截面设计需考虑侧向约束条件对计算长度的影响。构件截面承载力设计完成后，应进行梁柱节点设计，确保结构的整体性及受力性能。

10.5.1　柱的计算长度

梁与柱刚接的钢筋混凝土框架柱，其计算长度应根据框架不同的侧向约束条件及荷载情况，并考虑柱的二阶效应（由轴向力与柱的挠曲变形所引起的附加弯矩）对柱截面设计的影响程度来确定。若计算框架内力时已采用考虑二阶效应的分析方法，则不必再考虑计算长度及相应的偏心矩增大系数。框架柱计算长度的取值详见第 6 章表 6-2。

10.5.2　框架节点的构造要求

因节点失效后果严重，故节点的重要性大于一般构件，因而有强节点弱构件的设计原则。节点设计应保证整个框架结构安全可靠、经济合理且便于施工。在非地震区，框架节点的承载能力可通过相应构造措施来保证。

一、一般要求

（一）混凝土强度

框架节点区的混凝土强度等级，应不低于柱的混凝土强度等级。

（二）箍筋

在框架节点范围内箍筋按柱箍设置，并应符合现行混凝土设计规范柱中箍筋的构造要求。当顶层端节点内设有梁上部纵筋和柱外侧纵筋的搭接接头时，节点内水平箍筋的布置应依照纵筋搭接范围内箍筋的布置要求确定。

（三）截面尺寸

如节点截面过小，梁、柱负弯矩钢筋配置数量过高时，以承受静力荷载为主的顶层端节点将由于核心区斜压杆结构中压力过大而发生核心区混凝土的斜向压碎。因此对梁上部纵筋的截面面积应加以限制，这也相当于限制节点的截面尺寸不能过小。《混凝土结构设计规范》规定，在框架顶层端节点处，计算所需梁上部钢筋的面积 A_s 应满足下式要求

$$A_s \leqslant \frac{0.35 f_c b_b h_{b0}}{f_y} \tag{10-29}$$

式中 b_b——梁腹板宽度；

h_{b0}——梁截面有效高度。

二、梁柱纵筋在节点区的锚固

（一）中间层中节点

框架中间节点梁上部纵向钢筋应贯穿中间节点，该钢筋自柱边伸向跨中的截断位置应根据梁端负弯矩确定。梁下部纵向钢筋的锚固要求如图 10-31 所示，当计算中不利用下部钢筋强度时，其伸入节点的锚固长度可按简支梁 $V>0.7f_cbh_0$ 的情况取用。否则其下部纵筋应伸入节点内锚固。图 10-31（a）为直线锚固方式，适用于柱截面尺寸较大的情况；图 10-31（b）所示为带 90°弯折的锚固方式，适用于柱截面尺寸不够时的情况。锚固长度 l_a 在第 2 章已有介绍。梁下部纵向钢筋也可贯穿框架节点，在节点外梁内弯矩较小部位搭接，如图 10-31（c）所示，钢筋搭接长度 l_l 详见第 2 章。当计算中充分利用钢筋的抗压强度时，其下部纵向钢筋应按受压钢筋的要求锚固，锚固长度应不小于 $0.7l_a$。

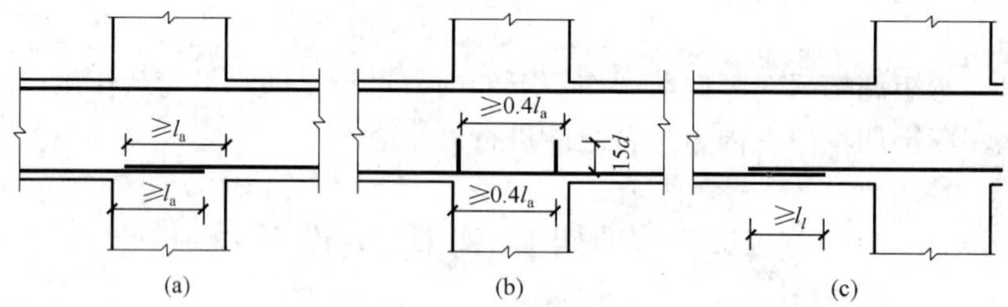

图 10-31 框架中间节点梁纵向钢筋的锚固

（a）节点中的直线锚固；（b）节点中的弯折锚固；（c）节点范围外的搭接

（二）中间层端节点

框架中间层端节点应将梁上部纵向钢筋伸至节点外边并向下弯折，如图 10-32 所示。当柱截面尺寸足够时，框架梁的上部纵向钢筋可用直线方式伸入节点。梁下部纵向钢筋在端节点的锚固要求与中间节点相同。

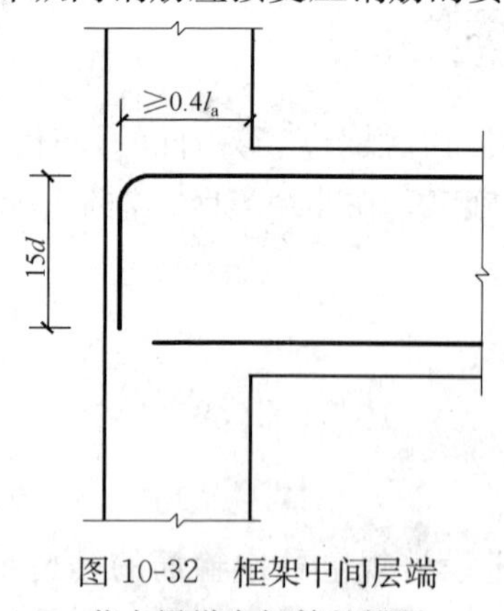

图 10-32 框架中间层端节点梁纵向钢筋的锚固

框架柱纵筋应贯穿中间层中节点和端节点。柱纵筋接头位置应尽量选择在层高中间弯矩较小的区域。

（三）顶层中节点

顶层柱的纵筋应在节点内锚固。当顶层节点处梁截面高度足够时，柱纵筋可用直线方式锚固，同时必须伸至梁顶面，如图 10-33（a）所示；当顶层节点处梁截面高度小于柱

纵筋锚固长度时，如图 10-33（b）所示，柱纵向钢筋应伸至梁顶面然后向节点内水平弯折；当楼盖为现浇，且板厚不小于 80mm、混凝土强度等级不低于 C20 时，柱纵向钢筋水平段亦可向外弯折，如图 10-33（c）所示。

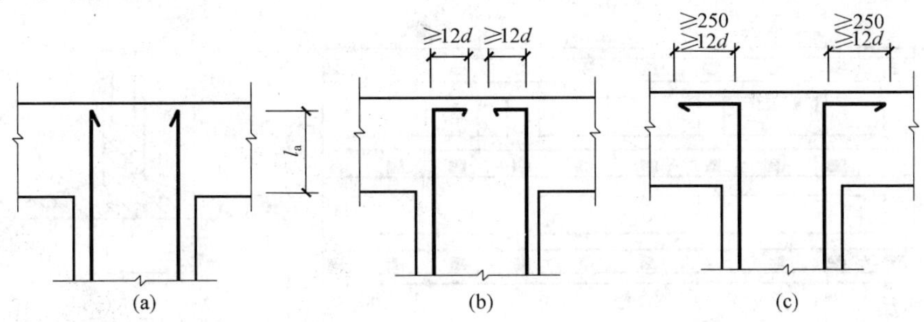

图 10-33 顶层中节点柱纵向钢筋的锚固

（四）顶层端节点

框架顶层端节点应尽量将柱外侧纵向钢筋弯入梁内作为梁上部纵向受力钢筋使用，可使施工方便，亦可将梁上部纵向钢筋和柱外侧纵向钢筋在顶层端节点及其临近部位搭接，如图 10-34 所示。应注意，顶层端节点的梁柱外侧纵筋不是在节点内锚固，而是在节点处搭接，在该节点处梁柱弯矩相同。

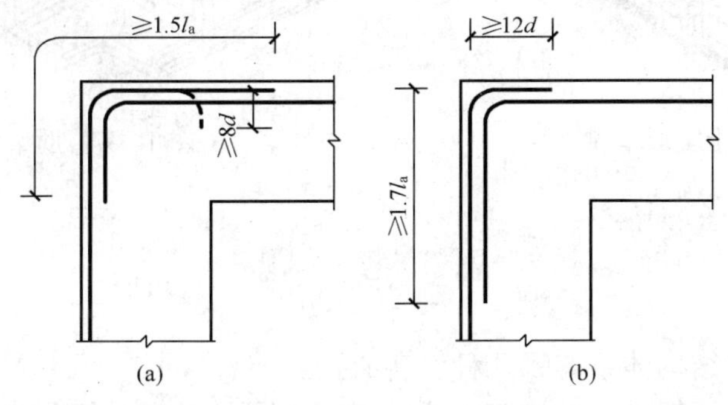

图 10-34 梁上部纵向钢筋与柱外侧纵向钢筋在顶层端节点的搭接

（a）位于节点外侧和梁端顶部的弯矩搭接接头；（b）位于柱外侧的直线搭接接头

10.6 多层框架结构基础

多层框架房屋的基础，包括柱下单独基础、条形基础、十字形基础、片筏基础以及桩基础等。

柱下单独基础用于框架层数不多、地基土均匀且柱距较大的情形；条形基础布置成条状，把上部各片框架连成整体，使其沉降差小（图 10-35）；十字形基础布置成十字，即不但在垂直于各片框架的方向上，而且在另一方向上也布置成条状，从而使上部结构在纵横两个方向都相互连接（图 10-36）；若十字形基础的地面面积不能满足地基土的承载力与上部结构容许变形的要求，以至需要使底板覆盖房屋所有底层面积甚至更大，则基础可作为片筏基础。片筏基础分为平板式和肋梁式。平板式片筏基础实际上是一大片厚度达 1～3m 的平板，肋梁式片筏基础则类似一倒置的肋梁楼盖（图 10-37）；当上部结构的荷载大而地基又软弱时，往往采用桩基础对软弱地基进行处理。桩基础由桩及其上的承台组成。

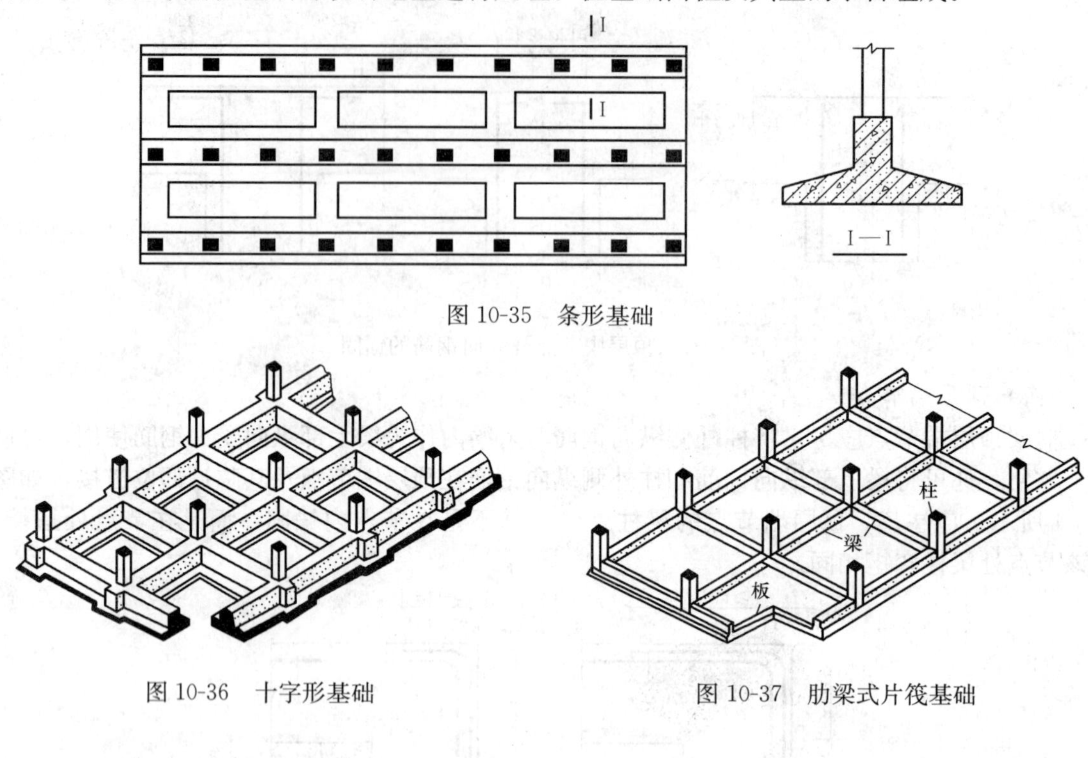

图 10-35　条形基础

图 10-36　十字形基础

图 10-37　肋梁式片筏基础

思　考　题

10-1　多高层建筑结构体系有哪几种？各有何特点？

10-2　钢筋混凝土框架结构按施工方式的不同有哪些形式？各有何优缺点？

10-3　框架设计中要考虑哪些荷载？风荷载是如何计算的？

10-4　框架结构的计算简图如何确定？

10-5　框架结构承重方案有哪几种？各有哪些优缺点？

10-6　分层法在计算中采用了哪些基本假定？简述分层法的主要计算步骤？

10-7　反弯点法和 D 值法的异同点是什么？D 值法的物理意义是什么？

10-8　水平荷载作用下框架的变形有何特征？

10-9　梁端弯矩调幅应在内力组合前还是组合后进行？为什么？

习　　题

10-1　试分别用弯矩二次分配法和分层法计算图 10-38 所示钢筋混凝土框架的弯矩，绘制弯矩图，并进行比较分析。(图中括号内数值为各杆件的相对线刚度)。

10-2　试分别用反弯点法和 D 值法计算图 10-39 所示的框架结构的内力（弯矩、剪力、轴力和水平位移)。图中在各杆件旁标出了该杆件的相对线刚度。

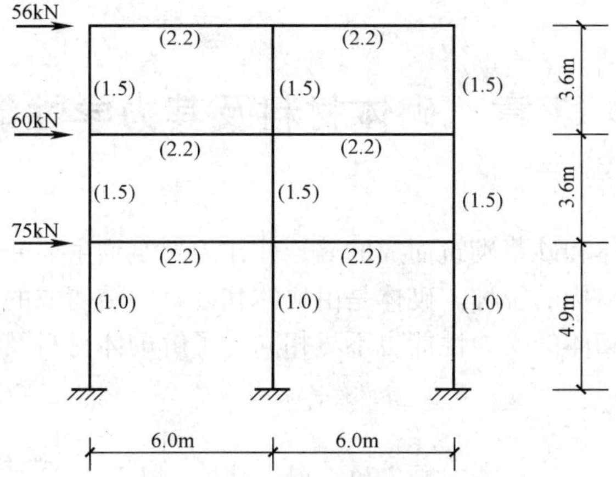

图 10-38 习题 10-1 图

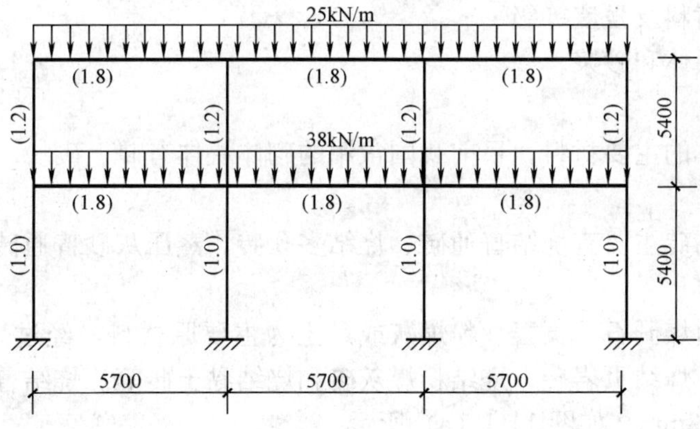

图 10-39 习题 10-2 图

第11章　砌体材料及其力学性能

砌体结构是指由块体和砂浆砌筑而成的墙、柱作为建筑物主要受力构件的结构，是砖砌体、砌块砌体和石砌体结构的统称。砌体是由块体和砂浆粘结而成的复合体。组成砌体的块材、砂浆的种类不同，砌体的受力性能也不尽相同。了解砌体材料及其力学性能是掌握砌体结构设计和计算的基础。

11.1　砌 体 材 料

11.1.1　砌体材料及强度等级

砌体材料包括块体和砂浆。

一、块体

块体是组成砌体的主要材料。目前我国常用的砌体块体有砖、砌块、石材。

（一）砖

用于砌体结构的砖主要有烧结普通砖、烧结多孔砖、蒸压灰砂普通砖、蒸压粉煤灰普通砖和混凝土砖五种。

烧结普通砖是由煤矸石、页岩、粉煤灰或黏土为主要原材料，经过焙烧而成的实心砖。分为烧结煤矸石砖、烧结页岩砖、烧结粉煤灰砖和烧结黏土砖等。烧结普通砖的规格尺寸为240mm×115mm×53mm，如图11-1（a）所示。

烧结多孔砖是以煤矸石、页岩、粉煤灰或黏土为主要原料，经焙烧而成、孔洞率不大于35%，孔的尺寸小而数量多，主要用于承重部位的砖。多孔砖分为P型砖和M型砖，P型砖的规格尺寸为240 mm×115 mm×90 mm，如图11-1（b）所示，M型砖的规格尺寸为190mm×190mm×90mm，如图11-1（c）所示。另外，用煤矸石、页岩、粉煤灰或黏土等原料还可经焙烧制成孔洞较大、孔洞率大于35%的烧结空心砖，用于围护结构，如图11-1（d）所示。烧结多孔砖与实心砖相比，可减轻结构自重、节省砌筑砂浆、提高工效、保温隔热性能好，此外黏土用量与耗能亦可相应减少。

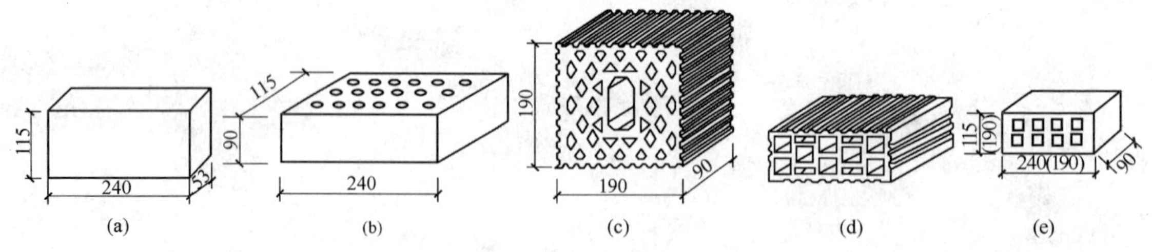

图11-1　砖的规格

（a）烧结普通砖；（b）P型多孔砖；（c）M型多孔砖；（d）烧结空心砖；（e）混凝土多孔砖

蒸压灰砂普通砖是以石灰等钙质材料和砂等硅质材料为主要原料，经坯料制备、压制排气成型、高压蒸汽养护而成的实心砖。

蒸压粉煤灰普通砖是以石灰、消石灰（如电石渣）或水泥等钙质材料与粉煤灰等硅质材料及集料（砂等）为主要原料，掺加适量石膏，经坯料制备、压制排气成型、高压蒸汽养护而成的实心砖。

混凝土砖是以水泥为胶结材料，以砂、石等为主要集料，加水搅拌、成型、养护制成的一种多空的混凝土半盲孔砖或实心砖。多孔砖的主要规格尺寸为 240mm×115mm×90mm、240mm×190mm×90mm、190mm×190mm×190mm 等，如图 11-1（e）所示；实心砖的主要规格尺寸为 240mm×115mm×53mm、240mm×115mm×90mm 等，可替代粘土砖砌筑承重墙体。

（二）混凝土砌块

由普通混凝土或轻集料混凝土制成。主规格尺寸为 390mm×190mm×190mm，空心率为 25%～50%的空心砌块，简称为混凝土砌块或砌块，如图 11-2 所示。

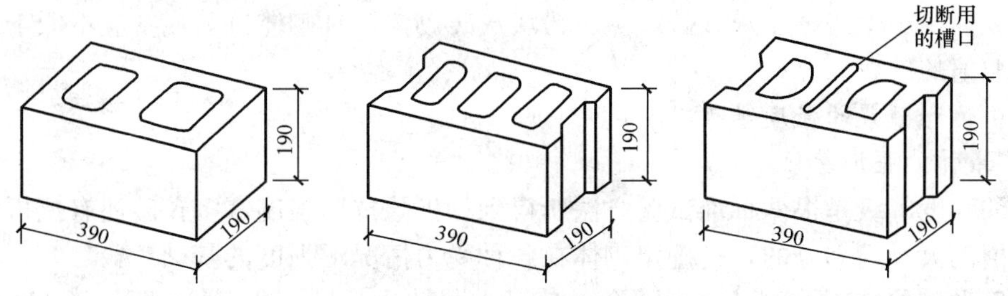

图 11-2　混凝土砌块

（三）石材

在承重结构中，常用的天然石材有花岗岩、石灰岩和凝灰岩等经过加工制成的块体。石材具有强度高、耐磨性好、抗冻及耐久性能好等优点，可在各种工程中用于承重和装饰。且其资源分布较广，蕴藏量丰富，是所有块体材料中应用历史最悠久、最广泛的土木工程材料之一。但石材传热性较高，所以用于砌筑炎热及寒冷地区的房屋墙体时，需要很大的厚度。

石材按其加工后的外形规则程度，可分为毛石和料石两类。毛石形状不规则，中部厚度不应小于 200mm，长度约 300～400mm。料石为比较规则的六面体，其截面高度与宽度不宜小于 200mm，且不宜小于长度的 1/4；料石按加工平整程度不同分为细料石、粗料石和毛料石 3 种。其中细料石价格较高，一般用于镶面材料。粗料石、毛料石和毛石一般用于承重结构。

二、砂浆

砂浆是由胶凝材料（如水泥、石灰等）及细集料（如粗砂、中砂、细砂）加水搅拌而成的粘结块体的材料。砂浆的作用是将块体粘结成受力整体，抹平块体间的接触面，使应力均匀传递。同时，砂浆填满块体间的缝隙，减少了砌体的透气性，提高了砌体的隔热、防水和抗冻性能。

按砂浆的组成和使用条件可分为以下几类。

（一）水泥砂浆

由水泥与砂加水拌合而成的砂浆称为水泥砂浆，由于水泥砂浆无塑性掺和料（石灰浆或粘土浆），其强度高、耐久性好，但可塑性和保水性较差，适用于砂浆强度要求较高的砌体和潮湿环境中的砌体。

（二）混合砂浆

在水泥砂浆中掺入一定塑性掺和料（石灰浆或黏土浆）所形成的砂浆称为混合砂浆。这种砂浆具有一定的强度和耐久性，而且可塑性和保水性较好，适用于砌筑一般墙、柱砌体。

（三）非水泥砂浆

非水泥砂浆是指不含水泥的石灰砂浆、石膏砂浆、黏土砂浆等。这类砂浆强度低、耐久性较差，只适用于砌筑受力不大的砌体或临时性简易建筑的砌体。

（四）混凝土砌块（砖）专用砌筑砂浆

由水泥、砂、水以及根据需要掺入的掺和料和外加挤等组分，按一定比例，采用机械拌和制成，专门用于砌筑混凝土砌块的砌筑砂浆。简称砌块专用砂浆。

（五）蒸压灰砂普通砖、蒸压粉煤灰普通砖专用砌筑砂浆

由水泥、砂、水以及根据需要掺入的掺和料和外加挤等组分，按一定比例，采用机械拌和制成，专门用于砌筑蒸压灰砂砖或蒸压粉煤灰砖砌体，且砌体抗剪强度应不低于烧结普通砖砌体的取值的砂浆。

三、块体和砂浆的强度等级

（一）块体的强度等级

块体的强度等级是根据标准试验方法所得到的极限抗压强度（多孔砖还有抗折强度的要求）标准值的大小而划分的，是确定砌体在各种受力情况下强度的基础。

烧结普通砖的抗压强度试件为两个半砖（半截砖边长应大于100mm），断口反向叠置，中间用强度等级为32.5或42.5MPa的水泥调制成稠度适宜的水泥净浆粘结，厚度不大于5mm；上下表面用同样的水泥浆抹平，厚度不大于3mm；上下面应平行，并垂直于侧面；砌块试件采用单块砌块；石材通常采用边长为70mm的立方体试块。

块体的强度等级用符号“MU”加相应数字表示，其数字表示块体的强度大小，单位为MPa（即N/mm^2）。

（1）承重结构的块体的强度等级。

1）烧结普通砖、烧结多孔砖的强度等级，共分为5级，依次为MU30、MU25、MU20、MU15和MU10。

2）蒸压灰砂普通砖、蒸压粉煤灰普通砖的强度等级，共分为3级，依次为MU25、MU20和MU15。

3）混凝土普通砖、混凝土多孔砖的强度等级，共分为4级，依次为MU30、MU25、MU20和MU15。

4）混凝土砌块、轻集料混凝土砌块的强度等级，共分为5级，依次为MU20、MU15、MU10、MU7.5和MU5。

5）石材的强度等级，共分为7级，依次为MU100、MU80、MU60、MU50、MU40、MU30和MU20。

用于承重的双排孔或多排孔轻集料混凝土砌块砌体的孔洞率不应大于35%；对用于承重的多孔砖及蒸压硅酸盐砖的折压比限值和用于承重的非烧结材料多孔砖的孔洞率、壁及肋尺寸限值及碳化、软化性能要求应符合现行国家GB 50574—2010《墙体材料应用统一技术规范》的有关规定。

当石材试件采用表11-1所列边长尺寸的立方体时，应对其试验结果乘以相应的换算系

数后方可作为石材的强度等级。

表 11-1　石材强度等级的换算系数

立方体边长 (mm)	200	150	100	70	50
换算系数	1.43	1.28	1.14	1.0	0.86

（2）自承重墙的空心砖、轻集料混凝土砌块的强度等级。

1）空心砖的强度等级，共分为 4 级，依次为 MU10、MU7.5、MU5 和 MU3.5。

2）轻集料混凝土砌块的强度等级，共分为 4 级，依次为 MU10、MU7.5、MU5 和 MU3.5。

（二）砂浆的强度等级

砂浆的强度等级用符号“M”、“Ms”、“Mb”加相应数字表示，其数字表示砂浆的强度大小，单位为 MPa。

1）烧结普通砖、烧结多孔砖、蒸压灰砂普通砖和蒸压粉煤灰普通砖砌体采用的普通砂浆强度等级，共分为 5 级，依次为 M15、M10、M7.5、M5 和 M2.5。

2）蒸压灰砂普通砖和蒸压粉煤灰普通砖砌体采用的专用砌筑砂浆强度等级，共分为 4 级，依次为 Ms15、Ms10、Ms7.5、Ms5。

3）混凝土普通砖、混凝土多孔砖、单排孔混凝土砌块和煤矸石混凝土砌块砌体采用的砂浆强度等级，共分为 5 级，依次为 Mb20、Mb15、Mb10、Mb7.5 和 Mb5。

4）双排孔或多排孔轻集料混凝土砌块砌体采用的砂浆强度等级，共分为 3 级，依次为 Mb10、Mb7.5 和 Mb5。

5）毛料石、毛石砌体采用的砂浆强度等级，共分为 3 级，依次为 M7.5、M5 和 M2.5。

确定砂浆强度等级时应采用同类块体为砂浆强度试块的底模。按标准方法制作的 70.7mm 的立方体试块，在温度为 15°～25°环境下养护 28d，经抗压试验所测的抗压强度的平均值来确定。当验算施工阶段砂浆尚未硬化的新砌砌体的强度和稳定性时，可按砂浆强度为零确定其砌体强度。

（三）对砂浆质量的要求

为了满足工程设计需要和施工质量，砂浆应满足以下要求：

（1）砂浆应有足够的强度，以满足砌体强度及建筑物耐久性要求；

（2）砂浆应具有较好的可塑性，以便于砂浆在砌筑时能很容易且较均匀地铺开，保证砌筑质量和提高工效；

（3）砂浆应具有适当的保水性，使其在存放、运输和砌筑过程中不出现明显的泌水、分层、离析现象，以保证砌筑质量、砂浆强度和砂浆与块体之间的粘结力。

四、砌块灌孔混凝土

在混凝土砌块建筑中，为了提高房屋的整体性、承载力和抗震性能，常在砌块竖向孔洞中设置钢筋并浇筑灌孔混凝土，使其形成钢筋混凝土芯柱。在有些混凝土砌块砌体中，虽然孔内并没有配钢筋，但为了增大砌体横截面面积，或为了满足其他功能要求，也需要灌孔。混凝土砌块灌孔混凝土是由水泥、集料、水以及根据需要掺入的掺和料和外加挤等组分，按一定比例，采用机械搅拌后，用于浇注混凝土砌块砌体芯柱或其他需要填实部位孔洞的混凝土。简称砌块灌孔混凝土。砌块灌孔混凝土应具有较大的流动性，其坍落度应控制在 200～250mm，强度等级用“Cb”表示。

11.1.2　砌体的种类

砌体可按照所用材料、砌法以及在结构中所起作用等方面的不同进行分类。按照所用材料不同可分为砖砌体、砌块砌体及石砌体；按砌体中有无配筋可分为无筋砌体和配筋砌体；按在结构中所起的作用不同可分为承重砌体和非承重砌体等。

一、无筋砌体

根据块体的种类不同，无筋砌体可分为以下几种：

（一）砖砌体

由砖和砂浆砌筑而成的砌体称为砖砌体。在房屋建筑中广泛用于内外墙、柱、基础等承重结构以及围护墙与隔墙等非承重结构等。承重结构一般为实心砖砌体墙，常用的砌筑方式有一顺一丁（砖长面与墙长度方向平行的则为顺砖，砖短面与墙长度方向平行的则为丁砖）、三顺一丁或梅花丁，如图 11-3 所示。

试验表明，采用同强度等级的材料，按照上述几种方法砌筑的砌体，其抗压强度相差不大。但应注意，上下两皮顶砖间的顺砖数量越多，则意味着宽为 240mm 的两片半砖墙之间的联系越弱，很容易产生通缝形成“两片皮”的效果，如图 11-4 所示，从而使砌体的承载能力急剧降低。

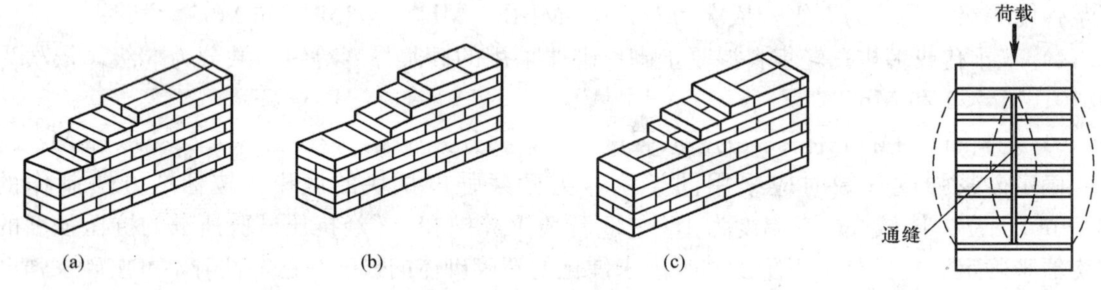

图 11-3　实心砖墙的砌筑方式

（a）一顺一丁；（b）三顺一丁；（c）梅花丁

图11-4　通缝示意图

标准砌筑的实心墙体厚度为 240mm（一砖）、370mm（一砖半）、490mm（二砖）620mm（二砖半）、740mm（三砖）等。有时为节约材料，墙厚可不按半砖长而按 1/4 砖长的倍数进位，即有些砖需侧砌而构成 180mm、300mm、420mm 等厚度的墙体。试验表明，这些墙体的强度是符合要求的。

烧结多孔砖在砌筑时，其孔是沿竖向放置的，如图 11-5 所示。标准砌筑的墙体厚度为 190mm、240mm、370mm。

砖砌体使用面广，故确保砌体的质量尤为重要。例如，在砌筑承重结构的墙体或砖柱时，应严格遵守施工规程，应防止强度等级不同的砖混用，特别是要防止大量混入低于设计要求强度等级的砖，并应使配制的砂浆强度符合设计强度等级的要求。此外，应严禁用包心砌法砌筑砖柱，这种柱仅四边搭接，整体性极差，承受荷载后柱的变形大，强度不足，极易引起严重的工程事故。

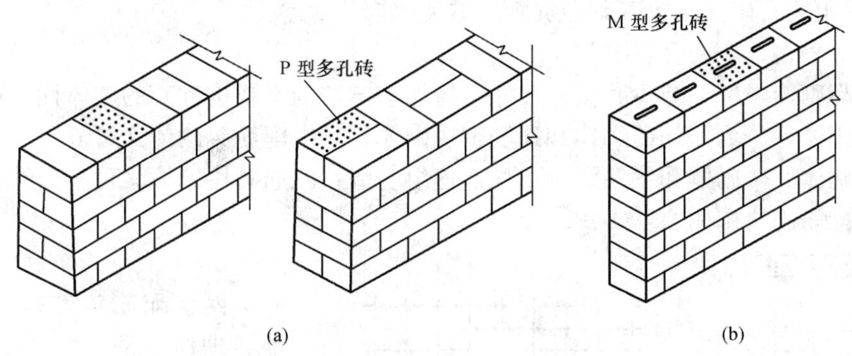

图 11-5　多孔砖墙的砌筑方式
(a) P 型多孔砖的砌筑方式；(b) M 型多孔砖的砌筑方式

(二) 砌块砌体

由砌块和砂浆砌筑而成的砌体称为砌块砌体。目前国内外常用的砌块砌体以混凝土空心砌块砌体为主，其中包括普通混凝土空心砌块砌体和轻骨料混凝土空心砌块砌体。

采用砌块砌体可减轻劳动强度，减少高空作业，有利于提高劳动生产率，并具有较好的经济技术效果。另外，砌块表观密度较小，可减轻结构的自重，保温隔热性能好，能充分利用工业废料、价格便宜。目前已广泛用于房屋的墙体，在有些地区，小型砌块已成功用于高层建筑的承重墙体。

砌块大小的选用主要取决于房屋墙体的分块情况和吊装能力。但排列砌块是设计工作中的一个重要环节，要充分利用其规律性，尽量减少砌块类型和规格，使其排列整齐，避免通缝，并砌筑牢固。

(三) 石砌体

由天然石材和砂浆（或混凝土）砌筑而成的砌体称为石砌体。石砌体一般分为料石砌体、毛石砌体、毛石混凝土砌体，如图 11-6 所示。料石砌体和毛石砌体是用砂浆砌筑；毛石混凝土砌体是在模板内交替铺置混凝土层及形状不规则的毛石构成。

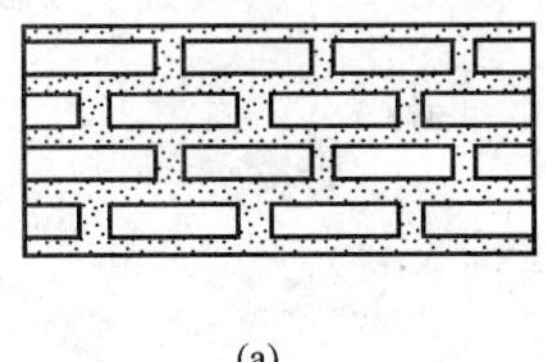
(a)

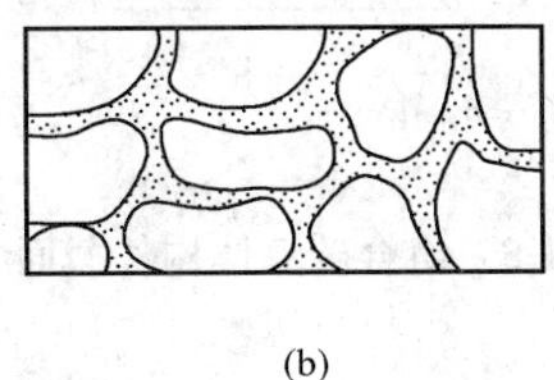
(b)

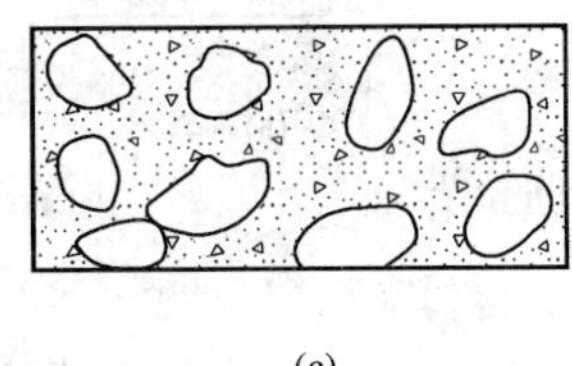
(c)

图 11-6　石砌体的分类
(a) 料石砌体；(b) 毛石砌体；(c) 毛石混凝土砌体

石材是最古老的土木工程材料之一，用石材建造的砌体结构物具有很高的抗压强度、良好的耐磨性和耐久性，且石砌体表面经加工后美观并富于装饰性。利用石砌体具有永久保存的可能性，人们用它来建造重要的建筑物和纪念性的结构物。此外，石砌体中的石材资源分布广，蕴藏量丰富，便于就地取材，生产成本低，故古今中外在修建城垣、桥梁、房屋、道路和水利等工程中多有应用。如用料石砌体砌筑房屋上部结构、石拱桥、渡槽和储液池等建

（构）筑物，用毛石砌体砌筑基础、堤坝、城墙、挡土墙等。

二、配筋砌体

为了提高砌体强度、减少其截面尺寸、增加砌体结构（或构件）的整体性，可采用配筋砌体。配筋砌体可分为配筋砖砌体和配筋砌块砌体，其中配筋砖砌体又可分为网状配筋砖砌体、组合砖砌体、砖砌体和钢筋混凝土构造柱组合墙；配筋砌块砌体又可分为约束配筋砌块砌体和均匀配筋砌块砌体。

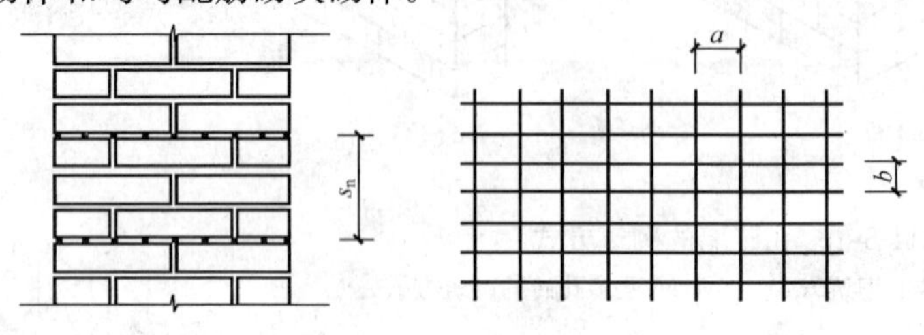

图 11-7 网状配筋砖砌体

（一）网状配筋砖砌体

网状配筋砖砌体又称横向配筋砖砌体，是砖柱或砖墙中每隔几皮砖在其水平灰缝中设置直径为 3mm～4mm 的方格网式钢筋网片砌筑而成的砌体结构，如图 11-7 所示。在砌体受压时，网状配筋可约束和限制砌体的横向变形以及竖向裂缝的开展和延伸，从而提高砌体的抗压强度。网状配筋砖砌体可用作承受较大轴心压力或偏心距较小的较大偏心压力的墙、柱。

（二）组合砖砌体

组合砖砌体是由砖砌体和钢筋混凝土面层或钢筋砂浆面层组成的构件，可以承受较大的偏心轴压力，如图 11-8 所示。

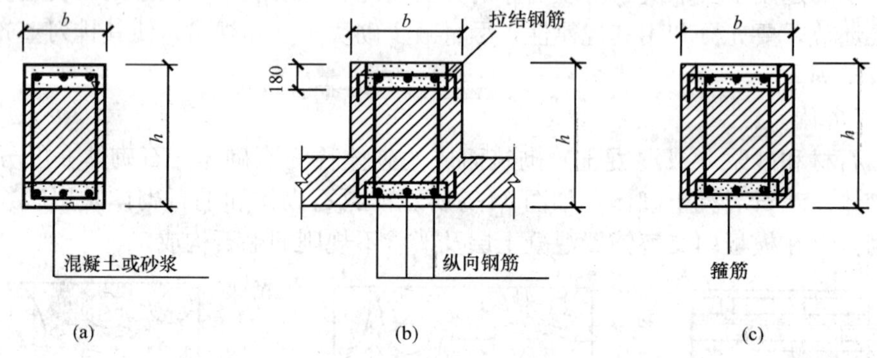

图 11-8 组合砖墙体构件截面

（三）砖砌体和钢筋混凝土构造柱组合墙

砖砌体和钢筋混凝土构造柱组合墙是在砖砌体的转角、纵横墙交接处以及每隔一定距离设置钢筋混凝土构造柱，并在各层楼盖处设置钢筋混凝土圈梁，使砖砌体墙与钢筋混凝土构造柱和圈梁组成一个整体结构，共同受力，如图 11-9 所示。

（四）配筋砌块砌体

配筋砌块砌体是在混凝土空心砌块砌体的水平灰缝中配置水平钢筋，在孔洞中配置竖向钢筋并用混凝土灌实的一种配筋砌体。约束配筋砌块砌体是仅在砌块墙体的转角、接头部位及较大洞口的边缘砌块孔洞中设置竖向钢筋，并在这些部位砌体的水平灰缝中设置一定数量的钢筋网片，主要用于中、低层建筑；均匀配筋砌块砌体是在砌块墙体上下贯通的竖向孔洞中插入竖向钢筋，并用灌孔混凝土灌实，使竖向和水平钢筋与砌体形成一个共同工作的整体，故又称配筋砌块剪力墙，可用于大开间建筑和中、高层建筑，如图 11-10 所示。

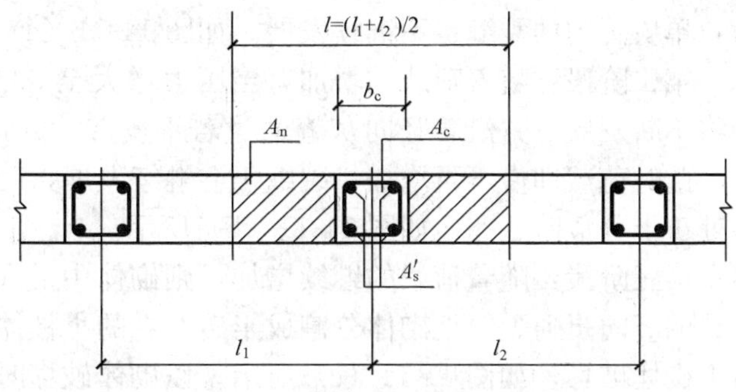

图 11-9　砖砌体和构造柱组合墙截面

配筋砌体不仅加强了砌体的各种强度和抗震性能，还扩大了砌体结构的使用范围，比如高强混凝土砌块通过配筋与浇筑灌孔混凝土，作为承重墙体可砌筑 10～20 层的建筑物，而且相对于钢筋混凝土结构具有不需要支模、不需在作贴面处理且耐火性能更好等优点。

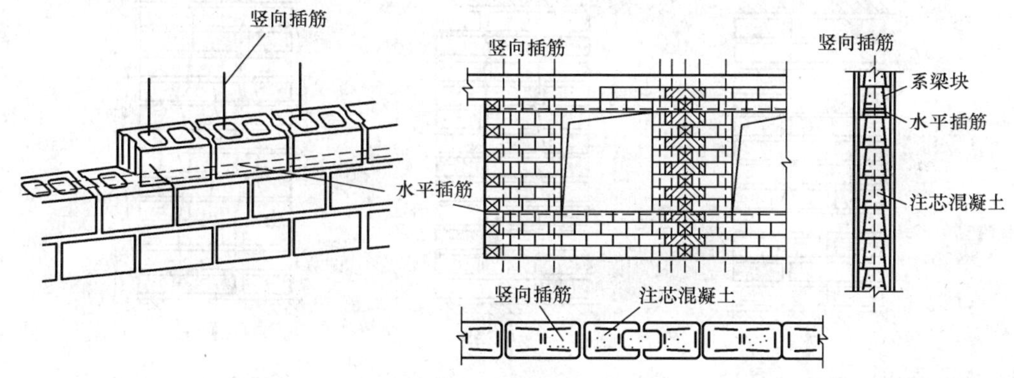

图 11-10　配筋砌块砌体

三、墙板

目前我国的预制大型墙板有矿渣混凝土墙板、空心混凝土墙板、振动砖墙板及采用滑模工艺生产的整体混凝土墙板等。墙板的高度一般相当于房间的高度，宽度可相当于房屋的一个或半个开间（或进深）。大型墙板可进行工厂化定型生产，整体快速安装，大大减轻砌筑墙体繁重的体力劳动，加快施工进度，促进建筑工业化，施工机械化，还可在其墙板材料的内部或表面加入其他材料做成具有保温、隔热、吸声或其他特殊功能的墙板，满足建筑物对墙体在这些方面的功能要求，是一种有发展前途的墙体体系。但墙板在安装时，对施工吊装设备及施工工艺水平方面的要求亦有所提高。

11.2　砌体的受压性能

11.2.1　砌体的受压破坏特征

试验研究表明，砌体轴心受压从开始受力到破坏，按照裂缝的出现、发展和最终破坏，大致经历三个阶段，如图 11-11 所示。

第一阶段：从砌体受压开始，普通砖砌体当压力增大至 50%～70%的破坏荷载时，多孔砖砌体当压力增大至 70%～80%的破坏荷载时，砌体内某些单块砖在拉、弯、剪复合作用下出现第一条（批）裂缝。在此阶段砖内裂缝细小，未能穿过砂浆层，如果不再增加压力，单块砖内的裂缝也不继续发展。如图 11-11（a）所示。

第二阶段：随着荷载的增加，当压力增大至 80%～90%的破坏荷载时，单块砖内的裂缝将不断发展，并沿着竖向灰缝通过若干皮砖，并逐渐在砌体内连接成一段段较连续的裂缝。此时荷载即使不再增加，裂缝仍会继续发展，砌体已临近破坏，在工程实践中可视为构件处于十分危险状态。如图 11-11（b）所示。

第三阶段：随着荷载的继续增加，则砌体中的裂缝迅速延伸、宽度扩展，并连成通缝，连续的竖向贯通裂缝把砌体分割成半砖左右的小柱体（个别砖可能被压碎）失稳，从而导致整个砌体破坏，如图 11-11（c）所示。以砌体破坏时的压力除以砌体截面面积所得的应力值称为该砌体的极限抗压强度。

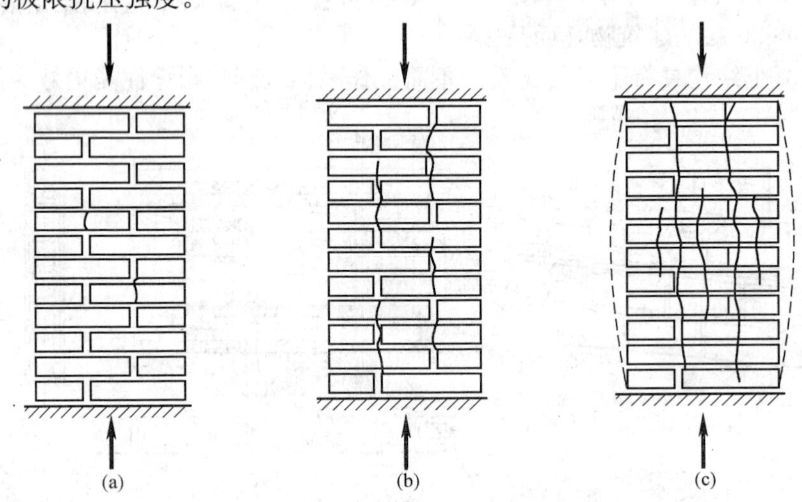

图 11-11 轴心受压砌体的破坏形态

（a）单砖开裂；（b）砌体内形成一段段裂缝；（c）竖向贯通裂缝形成

11.2.2 砌体的受压应力状态

试验结果表明，砖柱的抗压强度明显低于它所用砖的抗压强度，这一现象主要是由于单块砖在砌体中的受力状态决定的。在压力作用下，砌体内单块砖应力状态有以下特点：

一、单块砖在砌体内并非均匀受压

由于砖块受压面并不完全规则平整，加之所铺砂浆厚度和密实性不均匀，使得单块砖在砌体内并不是均匀受压，而是处于受弯、受剪和局部受压的复杂应力状态，如图 11-12 所示。由于砖的抗拉强度较低，当弯、剪应力引起的主拉应力超过砖的抗拉强度时，砖就会因受拉而开裂，所以砌体内第一批裂缝的出现是由单块砖的受弯受剪引起的。

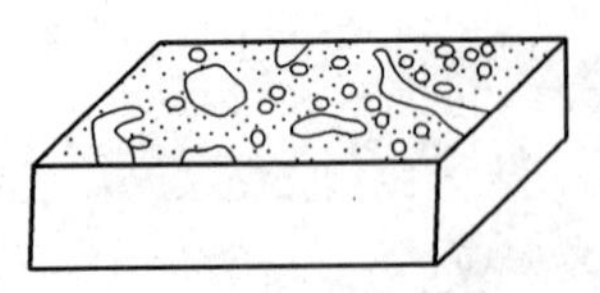

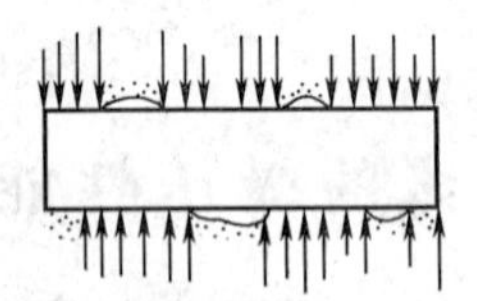

图 11-12 砌体内砖的受力状态示意图

砖砌体内的砖所受弯曲应力和剪应力的大小不仅与灰缝厚度和密实性有关，还与砂浆的弹性性质有关。每块砖可视为作用在弹性地基上的“梁”，其下面的砌体即可视为“弹性地基”。“地基”的弹性模量越小，砖的弯曲变形就越大，砖内产生的弯、剪应力就越高。

二、砌体横向变形时砖和砂浆存在交互作用

砌体中的砖和砂浆属于两种不同的材料，砖的弹性模量大、横向变形系数小，而砂浆（中等强度等级及以下）的弹性模量小、横向变形系数大，如图 11-13 所示。因此在砌体受压时，由于二者的交互作用，砌体的横向变形将介于两种材料之间，即砖的横向变形因砂浆的横向变形较大而增大，并由此在砖内产生了横向拉应力，所以单块砖在砌体中处于压、弯、剪及拉的复合应力状态，其抗压强度降低；而砂浆的横向变形受砖的约束而减少，砂浆处于三向受压状态，其抗压强度提高，如图 11-14 所示。由于砖和砂浆这种交互作用，使得砌体的抗压强度比单块砖的强度要低得多，而对于用较低强度等级砂浆砌筑的砌体抗压强度有时较砂浆本身的强度高得多，甚至刚砌筑好的砌体（砂浆强度为零）也能承受一定荷载。砖和砂浆的交互作用在砖内产生了附加拉应力，从而加快了砖内裂缝的出现，因此在用较低强度等级砂浆砌筑的砌体内，砖内裂缝出现较早。

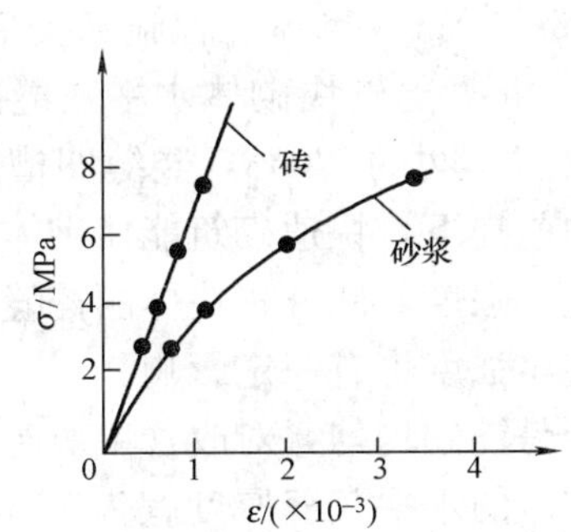

图 11-13　砖、砂浆的受压应力—应变曲线

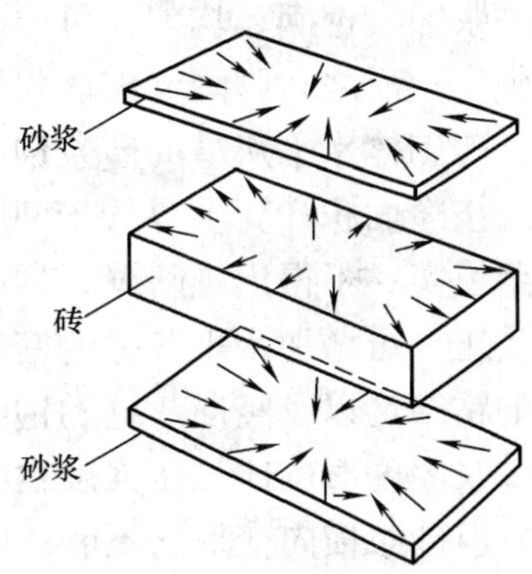

图 11-14　砂浆对砖的作用力

三、竖向灰缝的应力集中

砌体的竖向灰缝不饱满、不密实，易在竖向灰缝上产生应力集中，同时竖向灰缝内的砂浆和砖的黏结力也不能保证砌体的稳定性。因此，在竖向灰缝上的砖内将产生拉应力和剪应力的集中，从而加快砖的开裂，引起砌体强度的降低。

11.2.3　影响砌体抗压强度的因素

从砌体轴心受压时的受力分析及试验结果可以看出，影响砌体抗压强度的主要因素有：

一、块体与砂浆的等级强度

块体与砂浆的强度等级是确定砌体强度的最主要因素。单个块体的抗弯、抗拉强度在某种程度上决定了砌体的抗压强度。一般来说，块体和砂浆的强度越高，砌体的强度也越高，但并不与块体和砂浆强度等级的提高成正比。试验表明，对于一般砖砌体，当砖的强度等级提高一倍时，砌体的抗压强度可提高 50%左右；当砂浆的强度等级提高一倍时，砌体的抗压强度可提高 20%左右。可见提高砖的强度等级比提高砂浆强度等级的效果好。在可能的条件下，应尽量采用强度等级高的砖。

二、块体的尺寸与形状

块体的尺寸、几何形状及表面的平整程度对砌体的抗压强度有较大影响。砌体中块体的截面高度越大，其截面的抗弯、抗剪及抗拉的能力越强，砌体的抗压强度越大；块体的长度越大，其截面的弯剪应力越大，砌体的抗压强度越低；块体的形状越规则，表面越平整，块体的受弯、受剪作用越小，砌体的抗压强度越高。

三、砂浆的流动性、保水性及弹性模量的影响

砂浆的流动性、保水性和变形能力均对砌体的抗压强度有影响。砂浆的流动性大和保水性好时，容易铺成厚度均匀和密实性良好的灰缝，可减少单块砖内的弯剪应力，从而提高砌体强度。纯水泥砂浆的流动性较差，不易铺成均匀的灰缝层，影响砌体的强度，所以同一强度等级的混合砂浆砌筑的砌体强度要比相应纯水泥砂浆砌体高；砂浆弹性模量的大小对砌体强度亦具有较大的影响，当砖强度不变时，砂浆的弹性模量决定其变形率，砂浆的强度等级越低，变形越大，块体受到的拉剪应力就越大，砌体强度也就越低；而砂浆的弹性模量越大，其变形率越小，相应砌体的抗压强度也越高。

四、砌筑质量与灰缝的厚度

砂浆铺砌饱满、均匀，可改善块体在砌体中的受力性能，使之较均匀地受压而提高砌体抗压强度；反之，则降低砌体强度。因此，GB 50203—2011《砌体工程施工质量验收规范》规定，砖砌体水平灰缝的砂浆饱满度不得小于80%。混凝土砌块砌体水平灰缝的砂浆饱满度，应按净面积计算不得低于90%；竖向灰缝饱满度不得小于80%，竖缝凹槽部位应用砌筑砂浆填实；不得出现瞎缝、透明缝。在保证质量的前提下，快速砌筑能使砌体在砂浆硬化前即受压，可增加水平灰缝的密实性而提高砌体的抗压强度。此外，块体的搭缝方式、砖和砂浆的粘结性以及竖向灰缝的饱满程度等对砌体的抗压强度也有一定影响。

砂浆厚度对砌体抗压强度也有影响。灰缝厚，容易铺砌均匀，对改善单块砖的受力性能有利，但砂浆横向变形的不利影响也相应增大。砖砌体的水平灰缝厚度宜为10mm，但不应小于8mm，也不应大于12mm。混凝土砌块墙体的水平灰缝厚度和竖向灰缝宽度宜为10mm，但不应大于12mm，也不应小于8mm。为增加砖和砂浆的粘结性能，砖在砌筑前要提前浇水湿润，避免砂浆"脱水"，影响砌筑质量。

11.2.4 砌体的抗压强度设计值

《砌体工程施工质量验收规范》根据施工现场的质量管理、砂浆和混凝土强度、砂浆拌合方式、砌筑工人技术等级等方面的综合水平，把砌体施工质量控制等级分为A、B、C三级。施工质量控制等级的选择由设计单位和建设单位商定，并应在工程设计图中明确设计采用的施工质量控制等级。

龄期为28d的以毛截面计算的各类砌体抗压强度设计值，当施工质量控制等级为B级时，应根据块体和砂浆的强度等级分别按表11-2～表11-8采用。当施工质量控制等级为C级时，表中数值应乘以调整系数 $\gamma_a=1.6/1.8=0.89$；当施工质量控制等级为A级时，可将表中砌体强度设计值提高5%。

一、烧结普通砖和烧结多孔砖砌体

烧结普通砖和烧结多孔砖砌体的抗压强度设计值，按表11-2采用。

表11-2 烧结普通砖和烧结多孔砖砌体的抗压强度设计值 MPa

砖强度等级	砂浆强度等级					砂浆强度
	M15	M10	M7.5	M5	M2.5	0
MU30	3.94	3.27	2.93	2.59	2.26	1.15

续表

砖强度等级	砂浆强度等级					砂浆强度
	M15	M10	M7.5	M5	M2.5	0
MU25	3.60	2.98	2.68	2.37	2.06	1.05
MU20	3.22	2.67	2.39	2.12	1.84	0.94
MU15	2.79	2.31	2.07	1.83	1.60	0.82
MU10	—	1.89	1.69	1.50	1.30	0.67

注　当烧结多孔砖的孔洞率大于 30%时，表中数值应乘以 0.9。

二、混凝土普通砖和混凝土多孔砖砌体

混凝土普通砖和混凝土多孔砖砌体的抗压强度设计值，按表 11-3 采用。

表 11-3　混凝土普通砖和混凝土多孔砖砌体的抗压强度设计值　MPa

砖强度等级	砂浆强度等级					砂浆强度
	Mb20	Mb15	Mb10	Mb7.5	Mb5	0
MU30	4.61	3.94	3.27	2.93	2.59	1.15
MU25	4.21	3.60	2.98	2.68	2.37	1.05
MU20	3.77	3.22	2.67	2.39	2.12	0.94
MU15	—	2.79	2.31	2.07	1.83	0.82

三、蒸压灰砂普通砖和蒸压粉煤灰普通砖砌体

蒸压灰砂普通砖和蒸压粉煤灰普通砖砌体的抗压强度设计值，按表 11-4 采用。

表 11-4　蒸压灰砂普通砖和蒸压粉煤灰普通砖砌体的抗压强度设计值　MPa

砖强度等级	砂浆强度等级				砂浆强度
	M15	M10	M7.5	M5	0
MU25	3.60	2.98	2.68	2.37	1.05
MU20	3.22	2.67	2.39	2.12	0.94
MU15	2.79	2.31	2.07	1.83	0.82

注　当采用专用砂浆砌筑时，其抗压强度设计值按表中数值采用。

四、单排孔混凝土砌块和轻集料混凝土砌块对孔砌筑砌体

单排孔混凝土砌块和轻集料混凝土砌块对孔砌筑砌体的抗压强度设计值，按表 11-5 采用。

表 11-5　单排孔混凝土砌块和轻集料混凝土砌块对孔砌筑砌体的抗压强度设计值　MPa

砌块强度等级	砂浆强度等级					砂浆强度
	Mb20	Mb15	Mb10	Mb7.5	Mb5	0
MU20	6.30	5.68	4.95	4.44	3.94	2.33
MU15	—	4.61	4.02	3.61	3.20	1.89
MU10	—	—	2.79	2.50	2.22	1.31
MU7.5	—	—	—	1.93	1.71	1.01
MU5	—	—	—	—	1.19	0.70

注　1. 对独立柱或厚度为双排组砌的砌块砌体，应按表中数值乘以 0.7；

2. 对 T 形截面墙体、柱，应按表中数值乘以 0.85。

五、双排孔或多排孔轻集料混凝土砌块砌体

双排孔或多排孔轻集料混凝土砌块砌体的抗压强度设计值，按表 11-6 采用。

表 11-6 双排孔或多排孔轻集料混凝土砌块砌体的抗压强度设计值 MPa

砌块强度等级	砂浆强度等级			砂浆强度
	Mb10	Mb7.5	Mb5	0
MU10	3.08	2.76	2.45	1.44
MU7.5	—	2.13	1.88	1.12
MU5	—	—	1.31	0.78
MU3.5	—	—	0.95	0.56

注 1. 表中的砌块为火山渣、浮石和陶粒轻骨料混凝土砌块；

2. 对厚度方向为双排组砌的轻骨料混凝土砌块砌体的抗压强度设计值，应按表中数值乘以 0.8。

六、毛料石砌体

毛料石砌体的抗压强度设计值，按表 11-7 采用。

表 11-7 毛料石砌体的抗压强度设计值 MPa

毛料石强度等级	砂浆强度等级			砂浆强度
	M7.5	M5	M2.5	0
MU100	5.42	4.80	4.18	2.13
MU80	4.85	4.29	3.73	1.91
MU60	4.20	3.71	3.23	1.65
MU50	3.83	3.39	2.95	1.51
MU40	3.43	3.04	2.64	1.35
MU30	2.97	2.63	2.29	1.17
MU20	2.42	2.15	1.87	0.95

注 对细料石砌体、粗料石砌体和干砌勾缝石砌体，表中数值应分别乘以调整系数 1.4、1.2 和 0.8。

七、毛石砌体

毛石砌体的抗压强度设计值，按表 11-8 采用。

表 11-8 毛石砌体的抗压强度设计值 MPa

毛石强度等级	砂浆强度等级			砂浆强度
	M7.5	M5	M2.5	0
MU100	1.27	1.12	0.98	0.34
MU80	1.13	1.00	0.87	0.30
MU60	0.98	0.87	0.76	0.26
MU50	0.90	0.80	0.69	0.23
MU40	0.80	0.71	0.62	0.21
MU30	0.69	0.61	0.53	0.18
MU20	0.56	0.51	0.44	0.15

11.3 砌体的受拉、受弯、受剪性能

砌体大多数用来承受压力，以充分利用其抗压性能；但也有用于受拉、受弯、受剪的情况，比如圆形水池的池壁上存在拉力，挡土墙受到土侧压力形成的弯矩作用，砌体过梁在自

重和楼面荷载作用下受到的弯、剪作用，拱支座处的剪力作用等。

11.3.1　砌体的轴心受拉性能

在砌体结构中常遇到的轴心受拉构件是圆形水池的池壁，在静水压力作用下，池壁环向承受轴心拉力。

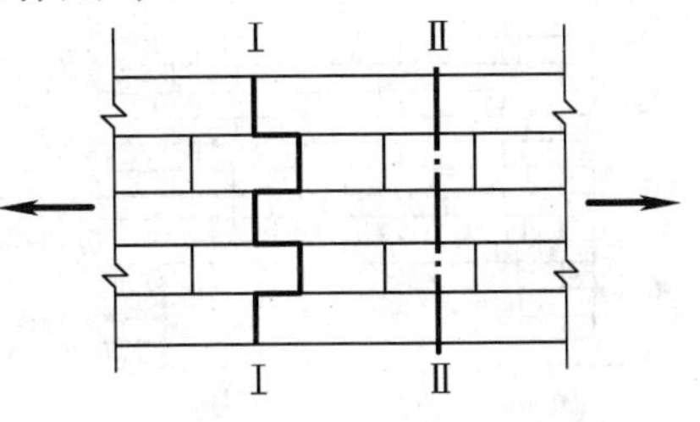

图 11-15　砌体轴心受拉的破坏形态

砌体在轴心拉力作用下，可能出现两种不同的破坏形态：沿齿缝截面Ⅰ—Ⅰ破坏和沿竖缝与块体截面Ⅱ—Ⅱ破坏，如图 11-15 所示。一般情况下，构件一般沿齿缝截面破坏，此时砌体的抗拉强度主要取决于块体与砂浆连接面的黏结强度，并与齿缝破坏面水平灰缝的总面积有关，由于块体与砂浆间的黏结强度取决于砂浆强度等级，故此时砌体的轴心抗拉强度可由砂浆的强度等级来确定。当块体的强度等级较低，而砂浆的强度等级较高时，砌体则可能沿块体与竖向灰缝截面破坏，此时砌体的轴心抗拉强度取决于块体的强度等级。为了防止沿块体与竖向灰缝的受拉破坏，提高了块体的最低强度等级。

11.3.2　砌体的受弯性能

在砌体结构中常遇到受弯及大偏心受压，如带壁柱的挡土墙、地下室墙体等。按其受力特征可分为沿齿缝截面受弯破坏、沿通缝截面受弯破坏及沿块体与竖向灰缝截面受弯破坏三种，如图 11-16 所示。

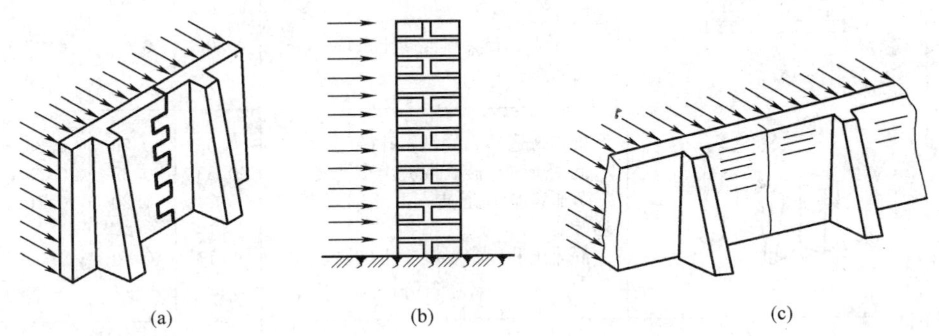

图 11-16　砌体的受弯破坏

(a) 沿齿缝；(b) 沿通缝破坏；(c) 沿块体与竖向缝破坏

与轴心受拉时相同，沿齿缝截面受弯破坏发生于灰缝黏结强度低于块体本身的抗拉强度情况，故与砂浆的强度等级有关；沿水平通缝截面受弯破坏主要取决于砂浆与块体之间的法向黏结强度，故也与砂浆的强度等级有关；沿块体与竖向通缝截面受弯破坏发生于灰缝黏结强度高于块体本身抗拉强度的情况，故主要取决于块体强度等级。由于《砌体结构设计规范》提高了块体的最低强度等级，防止了沿块体与竖向灰缝截面的受弯破坏。

11.3.3　砌体的受剪性能

在砌体结构中常遇到的受剪构件有门窗过梁、拱过梁、墙体的过梁等。

砌体在受剪时，可发生沿阶梯形截面的受剪破坏、沿通缝截面的受剪破坏及沿块体截面或灰缝的受剪破坏，如图 11-17 所示。

11.3.4　砌体的轴心抗拉、弯曲抗拉和抗剪强度设计值

龄期为 28d 的以毛截面计算的各类砌体的轴心抗拉强度设计值、弯曲抗拉强度设计值和

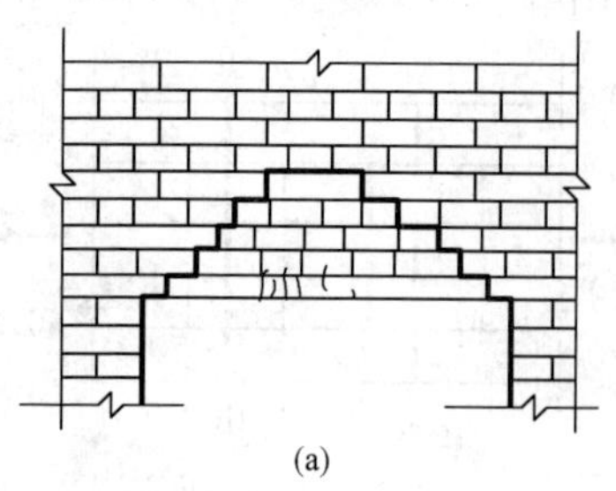
(a)

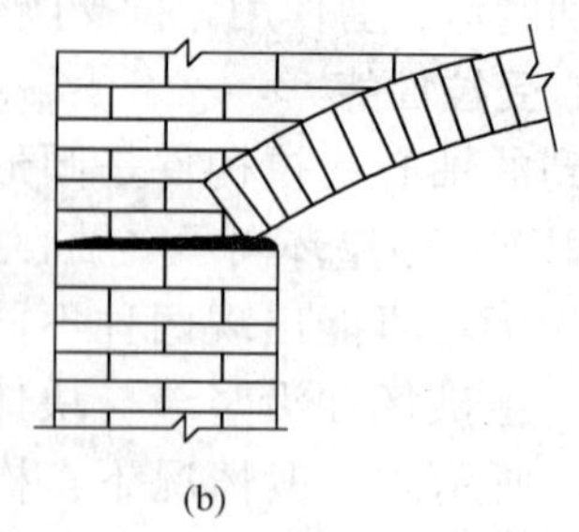
(b)

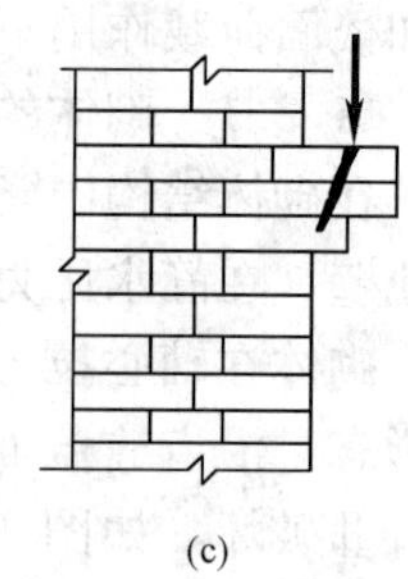
(c)

图 11-17 砌体的受剪破坏
(a) 沿阶梯形截面；(b) 沿通缝；(c) 沿块体

抗剪强度设计值，当施工质量控制等级为B级时，强度设计值按表11-9采用。

表 11-9 沿砌体灰缝截面破坏时砌体的轴心抗拉强度设计值、弯曲抗拉强度设计值和抗剪强度设计值 MPa

强度类别	破坏特征及砌体种类		砂浆强度等级			
			≥M10	M7.5	M5	M2.5
轴心抗拉	沿齿缝	烧结普通砖、烧结多孔砖	0.19	0.16	0.13	0.09
		混凝土普通砖、混凝土多孔砖	0.19	0.16	0.13	—
		蒸压灰砂普通砖、蒸压粉煤灰普通砖	0.12	0.10	0.08	—
		混凝土和轻集料混凝土砌块	0.09	0.08	0.07	—
		毛石	—	0.07	0.06	0.04
弯曲抗拉	沿齿缝	烧结普通砖、烧结多孔砖	0.33	0.29	0.23	0.17
		混凝土普通砖、混凝土多孔砖	0.33	0.29	0.23	—
		蒸压灰砂普通砖、蒸压粉煤灰普通砖	0.24	0.20	0.16	—
		混凝土和轻集料混凝土砌块	0.11	0.09	0.08	—
		毛石	—	0.11	0.09	0.07
	沿通缝	烧结普通砖、烧结多孔砖	0.17	0.14	0.11	0.08
		混凝土普通砖、混凝土多孔砖	0.17	0.14	0.11	—
		蒸压灰砂普通砖、蒸压粉煤灰普通砖	0.12	0.10	0.08	—
		混凝土和轻集料混凝土砌块	0.08	0.06	0.05	—
抗剪	烧结普通砖、烧结多孔砖		0.17	0.14	0.11	0.08
	混凝土普通砖、混凝土多孔砖		0.17	0.14	0.11	—
	蒸压灰砂普通砖、蒸压粉煤灰普通砖		0.12	0.10	0.08	—
	混凝土和轻集料混凝土砌块		0.09	0.08	0.06	—
	毛石		—	0.19	0.16	0.11

注 1. 对于用形状规则的块体砌筑的砌体，当搭接长度与块体高度的比值小于1时，其轴心抗拉强度设计值 f_t 和弯曲抗拉强度设计值 f_{tm} 应按表中数值乘以搭接长度与块体高度比值后采用；
2. 表中数值是依据普通砂浆砌筑的砌体确定，采用经研究性试验且通过技术鉴定的专用砂浆砌筑的蒸压灰砂普通砖、蒸压粉煤灰普通砖砌体，其抗剪强度设计值按相应普通砂浆强度等级砌筑的烧结普通砖砌体采用；
3. 对混凝土普通砖、混凝土多孔砖、混凝土和轻集料混凝土砌块砌体，表中的砂浆强度等级分别为：≥Mb10、Mb7.5、Mb5。

11.3.5　砌体强度设计值的调整系数

考虑到实际工程中的一些不利的因素，各类砌体的强度设计值，当符合表 11-10 所列情况时，其砌体强度设计值应乘以调整系数 γ_a。

表 11-10　砌体强度设计值的调整系数

使用情况		γ_a
构件截面面积 A 小于 0.3m² 的无筋砌体		A+0.7
构件截面面积 A 小于 0.2m² 的配筋砌体		A+0.8
当砌体用强度等级小于 M5.0 的水泥砂浆砌筑时	对表 11-2～表 11-8 中的数值	0.9
	对表 11-9 中的数值	0.8
当验算施工中房屋的构件时		1.1

注　1. 表中构件截面面积 A 以 m² 计；

2. 当砌体同时符合表中所列几种使用时，应将砌体的强度设计值连续乘以调整系数 γ_a。

施工阶段砂浆尚未硬化的新砌砌体的强度和稳定性，可按砂浆强度为零进行验算。对于冬期施工采用掺盐砂浆法施工的砌体，砂浆强度等级按常温施工的强度等级提高一级，砌体强度和稳定性可不验算。配筋砌体不得用掺盐砂浆施工。

11.4　砌体的变形和其他性能

11.4.1　砌体的弹性模量和剪变模量

为便于应用，现行《规范》对砌体受压弹性模量采用了更为简化的结果，按砂浆的不同强度等级，取弹性模量与砌体的抗压强度设计值成正比关系。而对于石材抗压强度和弹性模量均远高于砂浆相应值的石砌体，砌体的受压变形主要集中在灰缝砂浆中，故石砌体弹性模量可仅按砂浆的强度等级来确定。各类砌体的弹性模量见表 11-11。

砌体的剪变模量 G 可取弹性模量的 0.4 倍。

表 11-11　砌体的弹性模量　MPa

砌体种类	砂浆强度等级			
	≥M10	M7.5	M5	M2.5
烧结普通砖、烧结多孔砖砌体	$1600f$	$1600f$	$1600f$	$1390f$
混凝土普通砖、混凝土多孔砖砌体	$1600f$	$1600f$	$1600f$	—
蒸压灰砂普通砖、蒸压粉煤灰普通砖砌体	$1060f$	$1060f$	$1060f$	—
非灌孔混凝土砌块砌体	$1700f$	$1600f$	$1500f$	—
粗料石、毛料石、毛石砌体	—	5650	4000	2250
细料石砌体	—	17 000	12 000	6750

注　1. 轻骨料混凝土砌块砌体的弹性模量，可按表中混凝土砌块砌体的弹性模量采用；

2. 表中砌体抗压强度设计值不按表 11-10 进行调整；

3. 表中砂浆为普通砂浆，采用专用砂浆砌筑的砌体的弹性模量也按此表取值；

4. 对混凝土普通砖、混凝土多孔砖、混凝土和轻集料混凝土砌块砌体，表中的砂浆强度等级分别为：≥Mb10、Mb7.5 和 Mb5；

5. 对蒸压灰砂普通砖和蒸压粉煤灰普通砖砌体，当采用专用砂浆砌筑时，其强度设计值按表中数值采用；

6. 单排孔且对孔砌筑的混凝土砌块灌孔砌体的弹性模量，应按式 $E=2000f_g$ 计算，f_g 为灌孔砌体的抗压强度设计值。

11.4.2 砌体的线膨胀系数和收缩率

砌体的线膨胀系数和收缩率，其取值见表11-12。

表 11-12 砌体的线膨胀系数和收缩率

砌 体 类 别	线膨胀系数 (10^{-6}/℃)	收缩率 (mm/m)
烧结普通砖、烧结多孔砖砌体	5	−0.1
蒸压灰砂普通砖、蒸压粉煤灰普通砖砌体	8	−0.2
混凝土普通砖、混凝土多孔砖、混凝土砌块砌体	10	−0.2
轻集料混凝土砌块砌体	10	−0.3
料石和毛石砌体	8	—

注 表中的收缩率系由达到收缩允许标准的块体砌筑28d的砌体收缩系数。当地方有可靠的砌体收缩试验数据时，亦可采用当地的试验数据。

砌体浸水时体积膨胀，失水时体积干缩，而且收缩变形较膨胀变形大的多，因此工程中对砌体的干缩变形应予以重视。

11.4.3 砌体的摩擦系数

在砌体结构的抗滑移和抗剪承载力计算中要用到砌体的摩擦系数，其值与摩擦面的材料和干湿程度有关。其取值见表11-13。

表 11-13 砌体的摩擦系数

材料类别	摩擦面情况		材料类别	摩擦面情况	
	干 燥	潮 湿		干 燥	潮 湿
砌体沿砌体或混凝土滑动	0.70	0.60	砌体沿砂或卵石滑动	0.60	0.50
砌体沿木材滑动	0.60	0.50	砌体沿粉土滑动	0.55	0.40
砌体沿钢滑动	0.45	0.35	砌体沿粘性土滑动	0.50	0.30

11.5 砌体结构的耐久性

砌体结构的耐久性包括两个方面，一是对配筋砌体结构构件的钢筋的保护，二是对砌体材料保护。砌体结构耐久性问题表现为：配筋砌体结构构件表面出现锈渍或锈胀裂缝；砌体材料表面出现可见的耐久性损伤（粉化、酥裂、剥落等）。

鉴于砌体结构材料性能劣化的规律不确定性很大，目前除个别特殊工程以外，一般建筑结构的耐久性问题只能采用经验性的方法解决。

一、砌体结构的环境类别

砌体结构的耐久性与结构所处的使用环境有密切关系。同一结构在强腐蚀环境中的使用寿命要比一般大气环境中的使用寿命短，对砌体结构使用环境进行分类，可以在设计时针对不同的环境类别和耐久性作用等级采取相应的措施，达到设计使用年限的要求。我国《规范》规定，砌体结构的耐久性应根据环境类别和设计使用年限进行设计。环境类别的划分见表11-14。

表 11-14　**砌体结构的环境类别**

环境类别	条　件
1	正常居住及办公建筑的内部干燥环境
2	潮湿的室内或室外环境，包括与无侵蚀性土和水接触的环境
3	严寒和使用化冰盐的潮湿环境（室内或室外）
4	与海水直接接触的环境，或处于滨海地区的盐饱和的气体环境
5	有化学侵蚀的气体、液体或固态形式的环境，包括有侵蚀性土壤的环境

二、砌体中钢筋的耐久性选择

当设计使用年限为 50 年时，砌体中钢筋的耐久性选择应符合表 11-15 的规定。

表 11-15　**砌体中钢筋耐久性的选择**

环境类别	钢筋种类和最低保护要求	
	位于砂浆中的钢筋	位于灌孔混凝土中的钢筋
1	普通钢筋	普通钢筋
2	重镀锌或有等效保护的钢筋	当采用混凝土灌孔时，可为普通钢筋；当采用砂浆灌孔时应为重镀锌或有等效保护的钢筋
3	不锈钢或有等效保护的钢筋	重镀锌或有等效保护的钢筋
4 和 5	不锈钢或等效保护的钢筋	不锈钢或等效保护的钢筋

注　1. 对夹心墙的外叶墙，应采用重镀锌或有等效保护的钢筋；

2. 表中的钢筋即为国家现行标准 GB 50010《混凝土结构设计规范》和 JGJ 95《冷轧带肋钢筋混凝土结构技术规程》等标准规定的普通钢筋或非预应力钢筋。

三、砌体中钢筋的保护层厚度

设计使用年限为 50 年时，砌体中钢筋保护层厚度，应符合下列规定：

(1) 配筋砌体中钢筋的最小混凝土保护层应符合表 11-16 的规定；

(2) 灰缝中钢筋外露砂浆保护层厚度不应小于 15mm；

(3) 所有钢筋端部均应有与对应钢筋的环境类别条件相同的保护层厚度；

(4) 对填实的夹心墙或特别的墙体构造，钢筋的最小保层厚度，应符合下列规定：

1) 用于环境类别 1 时，应取 20mm 厚砂浆或灌孔混凝土与钢筋直径较大者；

2) 用于环境类别 2 时，应取 20mm 厚灌孔混凝土与钢筋直径较大者；

3) 采用重镀锌钢筋时，应取 20mm 厚砂浆或灌孔混凝土与钢筋直径较大者；

4) 采用不锈钢筋时，应取钢筋的直径。

表 11-16　**钢筋的最小保护层厚度**

环境类别	混凝土强度等级			
	C20	C25	C30	C35
	最低水泥含量(kg/m³)			
	260	280	300	320
1	20	20	20	20

续表

环境类别	混凝土强度等级			
	C20	C25	C30	C35
	最低水泥含量（kg/m³）			
	260	280	300	320
2	—	25	25	25
3	—	40	40	30
4	—	—	40	40
5	—	—	—	40

注 1. 材料中最大氯离子含量和最大碱含量应符合现行国家标准 GB 50010《混凝土结构设计规范》规定；
2. 当采用防渗砌体块体和防渗砂浆时，可以考虑部分砌体（含抹灰层）的厚度作为保护层，但对环境类别 1、2、3，其混凝土保护层的厚度相应不应小于 10mm、15mm、20mm；
3. 钢筋砂浆面层的组合砌体构件的钢筋保护层厚度宜比上款规定的混凝土保护层厚度数值增加 5～10mm；
4. 对安全等级为一级或设计使用年限为 50 年以上的砌体结构，钢筋保护层的厚度应至少增加 10mm。

四、满足耐久性要求应采取的防护措施

设计使用年限为 50 年时，夹心墙的钢筋连接件或钢筋网片、连接钢板、锚固螺栓或钢筋，应采用重镀锌或等效的防护涂层，镀锌层的厚度不应小于 290g/m^2；当采用环氯涂层时，灰缝钢筋涂层厚度不应小于 290μm，其余部件涂层厚度不应小于 450μm。

五、砌体材料的耐久性规定

设计使用年限为 50 年时，砌体材料的耐久性应符合下列规定：

（1）地面以下或防潮层以下的砌体、潮湿房间的墙或环境类别 2 的砌体，所用材料的最低强度等级应符合表 11-17 的规定。

表 11-17　地面以下或防潮层以下的砌体、潮湿房间的墙所用材料的最低强度等级

潮湿程度	烧结普通砖	混凝土普通砖、蒸压普通砖	混凝土砌块	石材	水泥砂浆
稍潮湿的	MU15	MU20	MU7.5	MU30	M5
很潮湿的	MU20	MU20	MU10	MU30	M7.5
含水饱和的	MU20	MU25	MU15	MU40	M10

注 1. 在冻胀地区，地面以下或防潮层以下的砌体，不宜采用多孔砖，如采用时，其孔洞应用不低于 M10 的水泥砂浆预先灌实；当采用混凝土空心砌块时，其孔洞应采用强度等级不低于 Cb20 的混凝土预先灌实；
2. 对安全等级为一级或设计使用年限大于 50 年的房屋，表中材料强度等级应至少提高一级。

（2）处于环境类别 3～5 等有侵蚀性介质的砌体材料应符合下列规定：

1）不应采用蒸压灰砂普通砖、蒸压粉煤灰普通砖；

2）应采用实心砖，砖的强度等级不应低于 MU20，水泥砂浆的强度等级不应低于 M10；

3）混凝土的砌块的强度等级不应低于 MU15，灌孔混凝土的强度等级不应低于 Cb30，砂浆的强度等级不应低于 Mb10；

4）应根据环境条件对砌体材料的抗冻指标、耐酸、耐碱性能提出要求，或符合有关规

范的规定。

思　考　题

11-1　何谓砌体和砌体结构？砌体的种类有哪些？

11-2　砂浆在砌体中起什么作用？有哪些砂浆类型？

11-3　块体和砂浆的强度等级如何表示？在什么情况下砂浆强度取为零？

11-4　何谓配筋砌体，配筋砌体有何优点及用途？

11-5　砌体的选用原则是什么？

11-6　轴心受压砌体的破坏特征有哪些？

11-7　砌体在轴心压力作用下单块砖及砂浆可能处于怎样的应力状态？它对砌体的抗压强度有何影响？

11-8　影响砌体抗压强度的因素有哪些？

11-9　轴心受拉、弯曲受拉及剪切破坏的砌体构件有哪些破坏形态？其破坏形态主要取决于哪些因素？

11-10　什么是砌体施工控制等级，在设计中如何体现？

第12章　砌体构件承载力计算

12.1　受压构件承载力的计算

在试验研究和理论分析的基础上，规范规定无筋砌体受压构件的承载力应按式（12-1）计算

$$N \leqslant \varphi f A \tag{12-1}$$

式中　N——轴向力设计值；

φ——高厚比 β 和轴向力的偏心矩 e 对受压构件承载力的影响系数，按附录3附表3.1～附表3.3采用；

f——砌体的抗压强度设计值，按表11-2～表11-8采用；

A——截面面积，对各类砌体均应按毛截面计算。

由于砌体材料的种类不同，构件的承载力有较大的差异，因此，在计算影响系数 φ 或查 φ 值表时，构件高厚比 β 应按下式计算：

对矩形截面

$$\beta = \gamma_\beta \frac{H_0}{h} \tag{12-2}$$

对T形截面

$$\beta = \gamma_\beta \frac{H_0}{h_T} \tag{12-3}$$

式中　γ_β——不同砌体材料构件的高厚比修正系数，按表12-1采用；

H_0——受压构件的计算高度，按表13-2确定；

h——矩形截面轴向力偏心方向的边长，当轴心受压时为截面较小边长；

h_T——T形截面的折算厚度，可近似按3.5i计算；

i——截面回转半径。

表12-1　高厚比修正系数 γ_β

砌体材料类别	γ_β
烧结普通砖、烧结多孔砖	1.0
混凝土普通砖、混凝土多孔砖、混凝土及轻集料混凝土砌块	1.1
蒸压灰砂普通砖、蒸压粉煤灰普通砖、细料石	1.2
粗料石、毛石	1.5

注　对灌孔混凝土砌块砌体，γ_β 取1.0。

对矩形截面构件，当轴向力偏心方向的截面边长大于另一方向的边长时，除按偏心受压计算外，还应对较小边长方向，按轴心受压进行验算。

轴向力的偏心距 e 按内力设计值计算。当轴向力的偏心距 e 较大时，构件截面的受拉边将出现水平裂缝，从而导致截面面积 A 减少，构件刚度降低，纵向弯矩的影响增大，构件的承载能力显著降低，这样的结构即不安全也不够经济。因此，受压构件承载力计算公式式（12-1）的适用条件是

$$e \leqslant 0.6y \tag{12-4}$$

式中　y——截面重心到轴向力所在偏心方向截面边缘的距离。

当轴向力的偏心距 e 超过 $0.6y$ 时，宜采用组合砖砌体构件；也可在梁端或屋架端部处设置带中心装置的垫块或带缺口垫块，以减少偏心距，如图 12-1 所示。

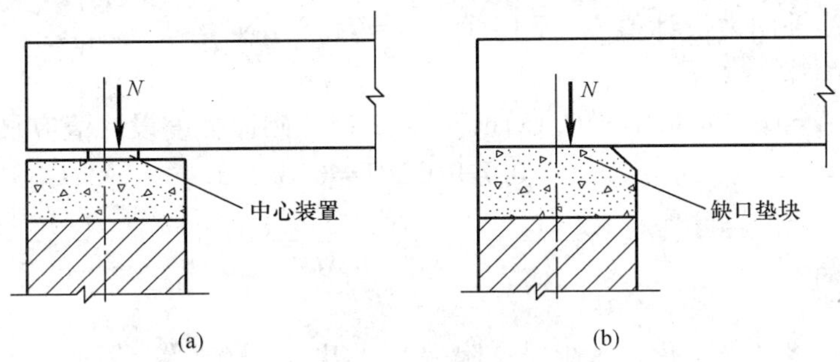

图 12-1　减小偏心距的措施

(a) 设置中心装置垫块；(b) 设置带缺口的垫块

【例 12-1】 一无筋砌体砖柱，截面尺寸为 370mm×490mm，柱的计算高度为 3.3m，承受的轴向压力标准值 N_k=190kN（其中永久荷载 160kN，包括砖柱自重），结构的安全等级为二级，采用 MU15 蒸压灰砂普通砖和 M5 混合砂浆砌筑，施工质量控制等级为 B 级。试验算该砖柱的承载力。若施工质量控制等级降为 C 级，该砖柱的承载力是否还能满足要求？

解　(1) 轴向力设计值的计算

第一种组合为：$N=1.2\times160+1.4\times(190-160)=234\text{kN}$

第二种组合为：$N=1.35\times160+1.4\times0.7\times(190-160)=245.4\text{kN}>234\text{kN}$

所以最不利轴向力设计值 $N=245.4\text{kN}$

(2) 施工质量控制等级为 B 级的承载力验算

柱截面面积 $A=0.37\times0.49=0.181\text{m}^2<0.3\text{m}^2$，砌体强度设计值应乘以调整系数 γ_a

$$\gamma_a=0.7+0.181=0.881$$

查表 11-4 得砌体抗压强度设计值 1.83MPa，$f=0.881\times1.83=1.612\text{MPa}$

$$\beta=\gamma_\beta\frac{H_0}{h}=1.2\times\frac{3.3}{0.37}=10.7$$

查附录 3 附表 3.1 得　$\varphi=0.853$

$\varphi fA=0.853\times1.612\times0.181\times10^6=248.88\times10^3\text{N}=248.88\text{kN}>N=245.4\text{kN}$

满足要求。

(3) 施工质量控制等级为 C 级的承载力验算

当施工质量控制等级为 C 级时，砌体抗压强度设计值应予降低，此时

$$f=1.612\times\frac{1.6}{1.8}=1.612\times0.89=1.435$$

$$\varphi fA=0.853\times1.435\times0.181\times10^6=221.55\times10^3\text{N}=221.55\text{kN}<N=245.4\text{kN}$$

不满足要求。

【例 12-1】 一承受轴心压力的砖柱，截面尺寸为 370mm×490mm，采用 MU15 混凝土普通砖和混合砂浆砌筑，施工阶段，砂浆尚未硬化，施工质量控制等级为 B 级。柱顶截面承受的轴向压力设计值 N=53kN，柱的计算高度为 3.5m，砖砌体的重力密度 22kN/m³。试验算该砖柱的承载力是否满足要求？

解 （1）轴向力设计值的计算

砖柱自重 22×0.37×0.49×3.5×1.35=18.85kN（采用以承受自重为主的内力组合）

柱底截面上的轴向力设计值 $N=53+18.85=71.85\text{kN}$

（2）承载力验算

柱截面面积 $A=0.37\times0.49=0.181\text{m}^2<0.3\ \text{m}^2$，砌体强度设计值应乘以调整系数 γ_a

$$\gamma_a=0.7+0.181=0.881$$

$$\beta=\gamma_\beta\frac{H_0}{h}=1.1\times\frac{3.5}{0.37}=10.41$$

轴心受压砖柱 $e=0$

施工阶段，砂浆尚未硬化，查附录 3 附表 3.3 得：$\varphi=0.512$

当验算施工中房屋的构件时，γ_a 为 1.1

查表 11-3 得砌体抗压强度设计值 $f=0.82\text{MPa}$

$$\gamma_a f=1.1\times0.881\times0.82=0.795\text{MPa}$$

$$\varphi(\gamma_a f)A=0.512\times0.795\times0.181\times10^6=73.67\times10^3\text{N}$$
$$=73.67\text{kN}>N=71.85\text{kN}$$

满足要求。

【例 12-3】 如图 12-2 所示带壁柱窗间墙，采用 MU10 烧结普通砖和 M2.5 混合砂浆砌筑，施工质量控制等级为 B 级，计算高度 $H_0=6.5\text{m}$，承受轴向力设计值 $N=325\text{kN}$，弯矩设计值 $M=40.3\text{kNm}$，轴向力作用点位于翼缘一侧，试验算窗间墙的承载力。

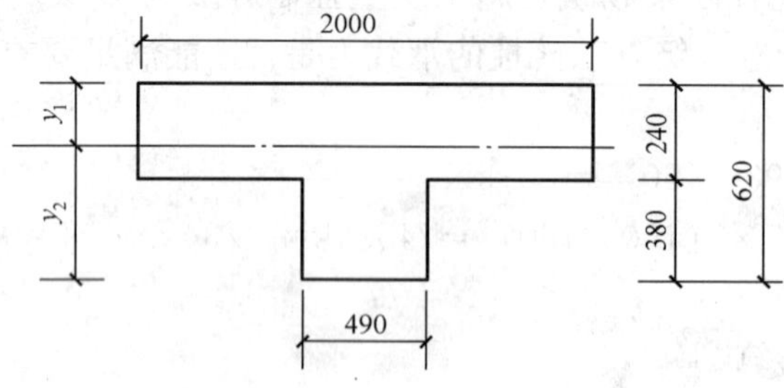

图 12-2 带壁柱砖墙截面图

解 （1）确定截面几何尺寸。

$$A=2000\times240+380\times490=666\ 200\text{mm}^2=0.666\ 2\text{m}^2>0.3\text{m}^2,\gamma_a=1.0$$

$$y_1=\frac{2000\times240\times120+490\times380\times(240+190)}{666\ 200}=206.6\text{mm}$$

$$y_2=620-206.6=413.4\text{mm}$$

$$I=\frac{2000\times240^3}{12}+2000\times240\times(206.6-120)^2+\frac{490\times380^3}{12}$$
$$+490\times380\times(413.4-190)^2$$
$$=1.744\times10^{10}\text{mm}^4$$

回转半径 $$i=\sqrt{\frac{I}{A}}=\sqrt{\frac{1.744\times10^{10}}{666\ 200}}=161.8\text{mm}$$

T 形截面折算厚度 $h_T=3.5i=3.5\times161.8=566\text{mm}$

（2）偏心距。

$$e=M/N=40\ 300/325=124\text{mm}=0.6y_1=0.6\times206.6=124\text{mm}$$

$$\frac{e}{h}=\frac{124}{566}=0.219,\ \beta=\gamma_\beta\frac{H_0}{h}=1.0\times\frac{6500}{566}=11.48$$

查附录 3 附表 3.2 得：$\varphi=0.38$

（3）承载力。

查表11-2得砌体抗压强度设计值 $f=1.3\text{MPa}$

$$\varphi fA=0.38\times1.3\times0.6662\times10^{6}=329.1\times10^{3}\text{N}=329.1\text{kN}>N=325\text{kN}$$

满足要求。

12.2　局部受压承载力的计算

当轴向力只作用在砌体的局部截面上时，称为局部受压。如果砌体的局部受压面积 A_l 上受到的压应力是均匀分布的，称为局部均匀受压；否则，为局部非均匀受压。例如，支承轴心受压柱的砌体基础为局部均匀受压；梁或屋架支承处的砌体一般为局部非均匀受压，如图12-3所示。

12.2.1　局部抗压强度提高系数

砌体局部受压时，直接受压的局部范围内的砌体抗压强度有较大程度的提高，这主要有两方面的原因，一是局部受压的砌体在产生纵向变形的同时还产生横向变形，未直接承受压力的周围砌体像套箍一样约束其横向变形，使在一定高度范围内的砌体处于三向或双向受压状态，大大地提高了砌体的局部抗压强度，称为“套箍强化”作用；另一方面是由于砌体搭缝砌筑，局部压应力能够向未直接承受压力的周围砌体迅速扩散，从而使应力很快变小，称为“应力扩散”作用。

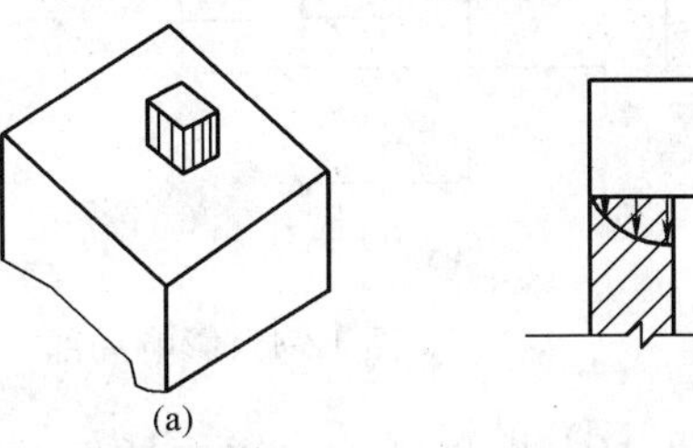

图12-3　砌体的局部受压

(a) 局部均匀受压；(b) 局部非均匀受压

砌体的抗压强度为 f，其局部抗压强度可取为 γf，γ 称为局部抗压强度提高系数，按式(12-5)计算

$$\gamma=1+0.35\sqrt{\frac{A_0}{A_l}-1} \tag{12-5}$$

式中　A_l——局部受压面积；

A_0——影响砌体局部抗压强度的计算面积。

为了避免 $\frac{A_0}{A_l}$ 大于某一限值时会在砌体内出现危险的劈裂破坏，规定对按式（12-5）计算所得的 γ 值，尚应符合下列规定：

(1) 在图12-4 (a) 的情况下，$\gamma\leqslant2.5$；

(2) 在图12-4 (b) 的情况下，$\gamma\leqslant2.0$；

(3) 在图12-4 (c) 的情况下，$\gamma\leqslant1.5$；

(4) 在图12-4 (d) 的情况下，$\gamma\leqslant1.25$；

(5) 对混凝土砌块灌孔砌体，在 (1)、(2) 的情况下，尚应符合 $\gamma\leqslant1.5$；未灌孔混凝土砌块砌体，$\gamma=1.0$；

(6) 对多孔砖砌体孔洞对以灌实时，应按 $\gamma=1.0$ 取用。

影响砌体局部抗压强度的计算面积可按下列规定采用：

(1) 在图12-4 (a) 的情况下　$A_0=(a+c+h)h$

(2) 在图12-4 (b) 的情况下　$A_0=(b+2h)h$

(3) 在图12-4 (c) 的情况下　$A_0=(a+h)h+(b+h_1-h)h_1$

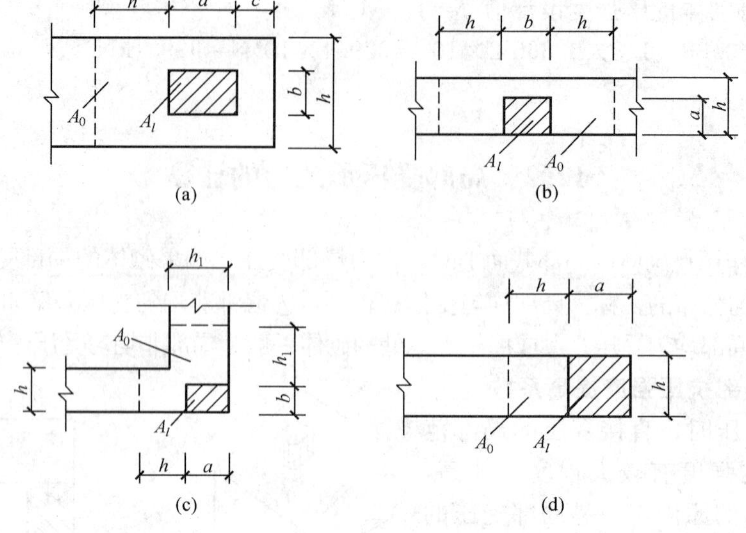

图 12-4 影响局部抗压强度的面积 A_0

(4) 在图 12-4 (d) 的情况下 $A_0=(a+h)h$

式中 a、b——矩形局部受压面积 A_l 的边长；

h、h_1——墙厚或柱的较小的边长，墙厚；

c——矩形局部受压面积的外边缘至构件边缘的较小距离，当大于 h 时，应取为 h。

12.2.2 局部均匀受压承载力计算

砌体截面中受局部均匀压力时的承载力计算公式为

$$N_l \leqslant \gamma f A_l \tag{12-6}$$

式中 N_l——局部受压面积上的轴向力设计值；

γ——砌体局部抗压强度提高系数；

f——砌体的抗压强度设计值，局部受压面积小于 0.3m²，可不考虑强度调整系数 γ_a 的影响；

A_l——局部受压面积。

12.2.3 梁端支承处砌体局部受压

一、梁端有效支承长度

当梁端支承在砌体上时，由于梁的挠曲变形和支承处砌体的压缩变形，使梁末端向上翘并与部分砌体脱开，因而梁端有效支承长度 a_0 可能小于其实际支承长度 a，而且梁下砌体的局部压应力也非均匀分布，如图 12-5 所示。

《砌体结构设计规范》给出梁端有效支承长度的计算公式为

$$a_0 = 10\sqrt{\frac{h_c}{f}} \tag{12-7}$$

式中 a_0——梁端有效支承长度，mm，当 a_0 大于 a 时，应取 a_0 等于 a；

h_c——梁的截面高度，mm；

f——砌体的抗压强度设计值，N/mm²。

二、梁端支承处砌体局部受压承载力计算

梁端下面砌体局部面积上受到的压力包括两部分：①梁端支承压力 N_l；②上部砌体传至梁端下面砌体局部面积上的轴向力 N_0。但由于梁端底部砌体的局部变形而产生“拱作用”，如图 12-6 所示，使上部砌体传至梁下砌体的平均压力减小为 ψN_0。

根据试验结果，梁端支承处砌体的局部受压承载力应按下列公式计算

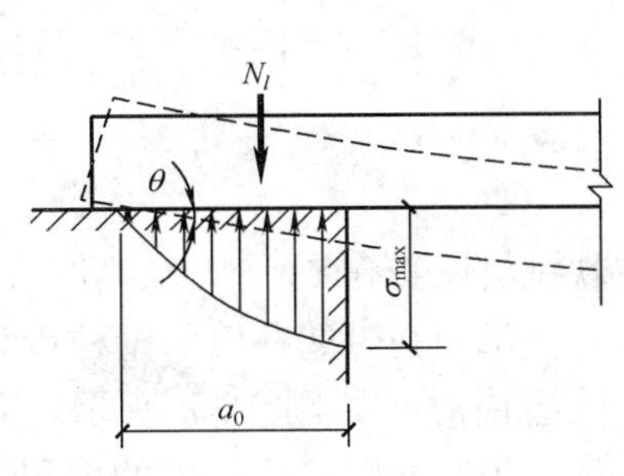

图 12-5　梁端局部受压

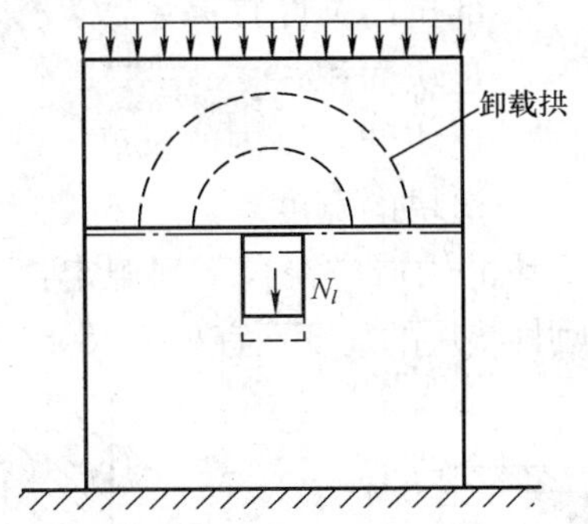

图 12-6　上部荷载对局部抗压强度的影响

$$\psi N_0 + N_l \leqslant \eta\gamma f A_l \tag{12-8}$$

$$\psi = 1.5 - 0.5\frac{A_0}{A_l} \tag{12-9}$$

$$N_0 = \sigma_0 A_l \tag{12-10}$$

$$A_l = a_0 b \tag{12-11}$$

式中　ψ——上部荷载的折减系数，当 $A_0/A_l \geqslant 3$ 时，应取 ψ 等于 0；

N_0——局部受压面积内上部轴向力设计值，N；

N_l——梁端支承压力设计值，N；

σ_0——上部平均压应力设计值，N/mm^2；

η——梁端底面压应力图形的完整系数，可取 0.7，对于过梁和墙梁可取 1.0；

a_0——梁端有效支承长度，按式（12-7）计算；

b——梁的截面宽度，mm；

f——砌体的抗压强度设计值，N/mm^2。

12.2.4　梁下设有刚性垫块

当梁端局部受压承载力不满足要求时，在梁端下设置预制或现浇混凝土垫块扩大局部受压面积，是较为有效的方法之一。当垫块的高度 $t_b \geqslant 180$mm，且垫块自梁边缘起挑出的长度不大于垫块的高度时，称为刚性垫块。刚性垫块不但可以增大局部受压面积，还可以使梁端压力较好地传至砌体表面。试验表明，垫块底面积以外的砌体对局部抗压强度仍能提供有利的影响，但考虑到垫块底面压应力分布不均匀，偏于安全取垫块外砌体面积的有利影响系数 $\gamma_1 = 0.8\gamma$（γ 为砌体的局部抗压强度提高系数）。试验还表明，刚性垫块下砌体的局部受压可采用砌体偏心受压的公式计算。

在梁端设有预制或现浇刚性垫块的砌体局部受压承载力按下列公式计算

$$N_0 + N_l \leqslant \varphi\gamma_1 f A_b \tag{12-12}$$

$$N_0 = \sigma_0 A_b \tag{12-13}$$

$$A_b = a_b b_b \tag{12-14}$$

式中 N_0——垫块面积 A_b 内上部轴向力设计值；

φ——垫块上 N_0 及 N_l 合力的影响系数，应采用附录 3 附表 3.1～表 3.3 中当 $\beta \leqslant 3$ 时的 φ 值；

γ_1——垫块外砌体面积的有利影响系数，γ_1 应为 0.8γ，但不小于 1.0，γ 为砌体局部抗压强度提高系数，按式（12-5）以 A_b 代替 A_l 计算得出；

A_b——垫块面积；

a_b——垫块伸入墙内的长度；

b_b——垫块的宽度。

刚性垫块的构造应符合下列规定：

（1）刚性垫块的高度不宜小于 180mm，自梁边算起的垫块挑出长度不宜大于垫块高度 t_b；

（2）在带壁柱墙的壁柱内设刚性垫块时，如图 12-7 所示，其计算面积应取壁柱范围内的面积，而不应计算翼缘部分，同时壁柱上垫块伸入翼墙内的长度不应小于 120mm；

（3）当现浇垫块与梁端整体浇筑时，垫块可在梁高范围内设置。

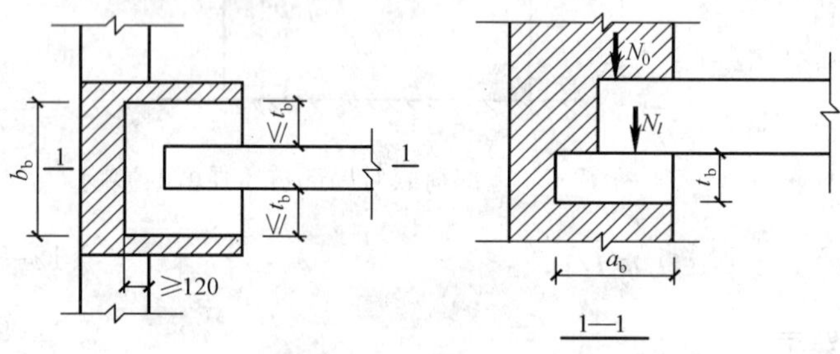

图 12-7 壁柱上设有垫块时梁端局部受压

梁端设有刚性垫块时，梁端有效支承长度 a_0 应按下式确定

$$a_0 = \delta_1 \sqrt{\frac{h}{f}} \tag{12-15}$$

式中 δ_1——刚性垫块的影响系数，可按表 12-2 采用。

垫块上 N_l 作用点的位置可取 $0.4a_0$ 处。

表 12-2 系 数 δ_1 值 表

σ_0/f	0	0.2	0.4	0.6	0.8
δ_1	5.4	5.7	6.0	6.9	7.8

注 表中其间的数值可采用插入法求得。

12.2.5 梁下设有长度大于 πh_0 的钢筋混凝土垫梁

在实际工程中，常在梁或屋架端部下面的砌体墙上设置连续的钢筋混凝土梁，如圈梁等。此钢筋混凝土梁可将承受的局部集中荷载扩散到一定范围的砌体墙上起到垫块的作用，故称为垫梁，如图 12-8 所示。

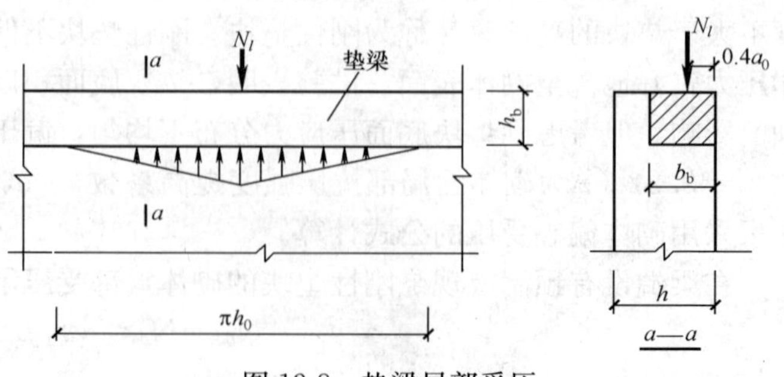

图 12-8 垫梁局部受压

根据试验分析，当垫梁长度大于 πh_0 时，在局部集中荷载作用下，垫梁下砌体受到的竖向压应力在长度 πh_0 范围内分布为三角形，应力

峰值可达 $1.5f$。此时，垫梁下的砌体局部受压承载力可按下列公式计算

$$N_0 + N_l \leqslant 2.4\delta_2 f b_b h_0 \tag{12-16}$$

$$N_0 = \frac{\pi b_b h_0 \sigma_0}{2} \tag{12-17}$$

$$h_0 = 2\sqrt[3]{\frac{E_c I_c}{Eh}} \tag{12-18}$$

式中　N_0——垫梁上部轴向力设计值；

b_b——垫梁在墙厚方向的宽度；

δ_2——当荷载沿墙厚方向均匀分布时 δ_2 取 1.0，不均匀时 δ_2 可取 0.8；

h_0——垫梁折算高度；

E_c、I_c——分别为垫梁的混凝土弹性模量和截面惯性矩；

E——砌体的弹性模量；

h——墙厚。

垫梁上梁端有效支承长度 a_0 可按式（12-15）计算。

【例 12-4】　某房屋的基础采用 MU15 混凝土普通砖和 Mb7.5 水泥砂浆砌筑，其上支承截面尺寸为 250mm×250mm 的钢筋混凝土柱，如图 12-9 所示，柱作用于基础顶面中心处的轴向力设计值 N_l＝215kN，试验算柱下砌体的局部受压承载力是否满足要求。

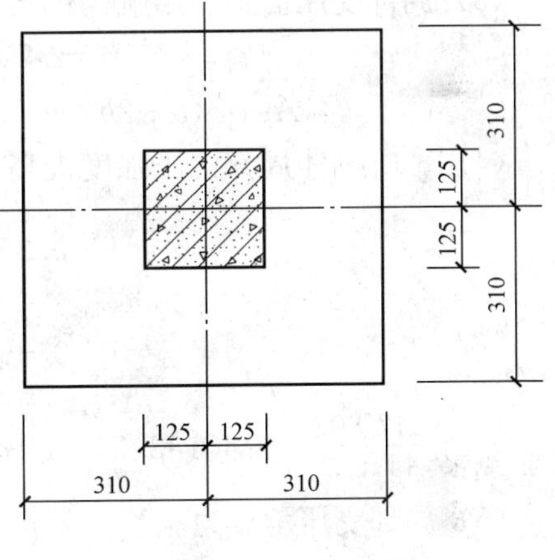

图 12-9　基础平面图

解：（1）查表 11-3 得砌体抗压强度设计值 f＝2.07MPa

砌体的局部受压面积 $A_l = 0.25 \times 0.25 = 0.0625\text{m}^2$

影响砌体抗压强度的计算面积 $A_0 = 0.62 \times 0.62 = 0.3844\text{m}^2$

（2）砌体局部抗压强度提高系数

$$\gamma = 1 + 0.35\sqrt{\frac{A_0}{A_l} - 1} = 1 + 0.35\sqrt{\frac{0.3844}{0.0625} - 1} = 1.79 < 2.5$$

（3）砌体局部受压承载力

$\gamma f A_l = 1.79 \times 2.07 \times 0.0625 \times 10^6 = 231.58 \times 10^3\text{N} = 231.58\text{kN} > N_l = 215\text{kN}$

满足要求。

【例 12-5】　某房屋窗间墙上梁的支承情况如图 12-10 所示。梁的截面尺寸为 $b \times h$＝200mm×550mm，在墙上的支承长度 a＝240mm。窗间墙截面尺寸为 1200mm×370mm，采用 MU10 烧结普通砖和 M2.5 混合砂浆砌筑，梁端支承压力设计值 N_l＝80kN，梁底墙体截面处的上部荷载轴向力设计值为 165kN，试验算梁端支承处砌体的局部受压承载力。

解　（1）查表 11-2 得砌体抗压强度设计值 f＝1.30MPa

梁端底面压应力图形的完整系数 η＝0.7

（2）梁端有效支承长度。

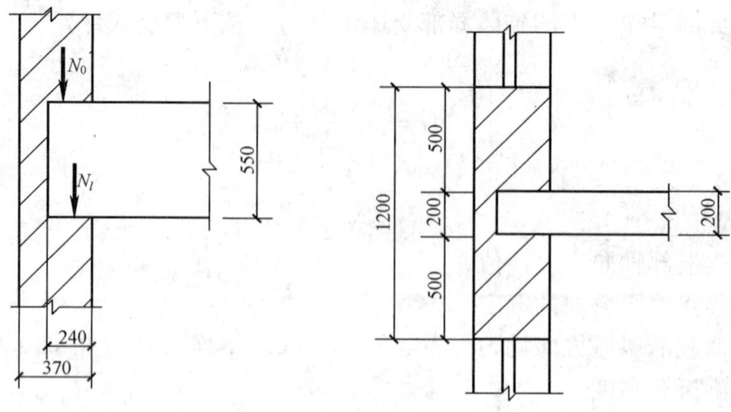

图 12-10 窗间墙上梁的支承情况

$$a_0=10\sqrt{\frac{h_c}{f}}=10\sqrt{\frac{550}{1.3}}=205.7\text{mm}<a=240\text{mm}，取\ a_0=205.7\text{mm}$$

（3）局部受压面积、影响砌体局部抗压强度的计算面积。

$$A_l=a_0b=205.7\times200=41\ 140\text{mm}^2$$

$$A_0=(b+2h)\ h=(200+2\times370)\times370=347\ 800\text{mm}^2$$

（4）影响砌体局部抗压强度提高系数。

$$\gamma=1+0.35\sqrt{\frac{A_0}{A_l}-1}$$

$$=1+0.35\sqrt{\frac{347\ 800}{41\ 140}-1}=1.96<2.0$$

$\frac{A_0}{A_l}=\frac{347\ 800}{41\ 140}=8.45>3.0$，故不考虑上部荷载的影响，取 $\psi=0$

（5）局部受压承载力验算。

$$\eta\gamma fA_l=0.7\times1.96\times1.3\times41\ 140$$

$$=73.38\times10^3\text{N}=73.38\text{kN}<N_l=80\text{kN}$$

不满足要求。

【例 12-6】 如图 12-11 所示，窗间墙截面尺寸为 1600mm×370mm，采用 MU15 蒸压粉煤灰普通砖和 M5 混合砂浆砌筑，承受截面为 $b\times h=200\text{mm}\times500\text{mm}$ 的钢筋混凝土梁，梁端的支承压力设计值 $N_l=160\text{kN}$，支承长度 $a=240\text{mm}$。上层传来的轴向力设计值为 250kN，梁端下部设置钢筋混凝土垫梁，其截面尺寸为 240mm×240mm，长 1600mm，混凝土为 C20，$E_c=2.55\times10^4\text{N/mm}^2$。试验算局部受压承载力。

解 （1）查表 11-4 得砌体抗压强度设计值 $f=1.83\text{MPa}$

查表 11-11 得砌体的弹性模量 $E=1060f=1060\times1.83=1940\text{N/mm}^2$

（2）应用式（12-18）得垫梁折算高度

$$h_0=2\sqrt[3]{\frac{E_cI_c}{Eh}}=2\times\sqrt[3]{\frac{2.55\times10^4\times\frac{1}{12}\times240\times240^3}{1940\times370}}=428\text{mm}$$

$$\pi h_0=3.14\times428=1344\text{mm}<1600\text{mm（梁长）}$$

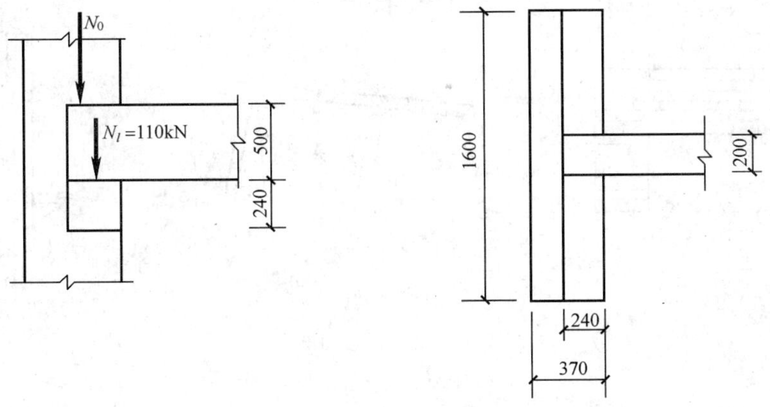

图 12-11　垫梁局部受压

(3) 上部平均压应力设计值

$$\sigma_0 = \frac{250\ 000}{1600 \times 370} = 0.422\text{N/mm}^2$$

(4) 应用式（12-17）求垫梁上部轴向力设计值

$$N_0 = \frac{\pi b_b h_0 \sigma_0}{2} = \frac{3.14 \times 240 \times 428 \times 0.422}{2} = 68\ 056\text{N} \approx 68.06\text{kN}$$

(5) 因荷载沿墙厚方向分布不均匀取 $\delta_2 = 0.8$，应用式（12-16）得局部受压承载力为

$$2.4\delta_2 f b_b h_0 = 2.4 \times 0.8 \times 1.83 \times 240 \times 428 = 360\ 917\text{N} \approx 360.92\text{kN}$$

(6) $N_0 + N_l = 68.06 + 160 = 228.06\text{kN} < 360.92\text{kN}$，满足要求。

12.3　轴心受拉、受弯和受剪构件

12.3.1　轴心受拉构件

砌体的抗拉强度很低，故实际工程中很少采用砌体轴心受拉构件。对容积较小的圆形水池或筒仓，在液体或松散材料的侧压力作用下，池壁或筒壁内只产生环向拉力时，可采用砌体结构，如图 12-12 所示。

砌体轴心受拉构件的承载力应按式（12-19）计算

$$N_t \leqslant f_t A \qquad (12\text{-}19)$$

式中　N_t——轴心拉力设计值；

f_t——砌体的轴心抗拉强度设计值，应按表 11-8 采用。

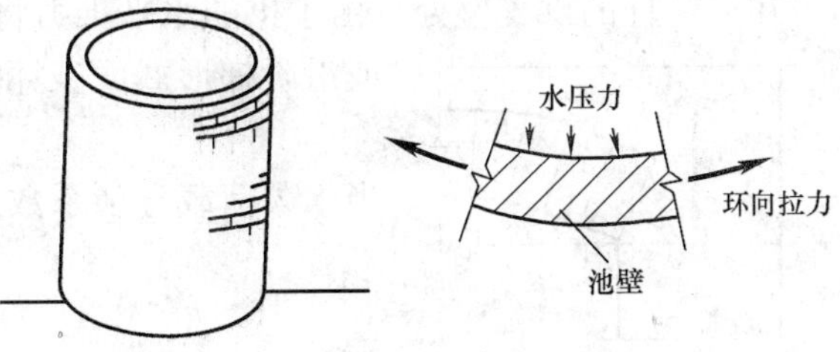

图 12-12　圆形水池壁受拉

12.3.2　受弯构件

砖砌平拱过梁及挡土墙均属于受弯构件，在弯矩作用下砌体可能沿齿缝截面［图 12-13（a）、(b)］或沿通缝截面［图 12-13（c)］因弯曲受拉而破坏，应进行受弯承载力计算。此外，在支座处有时还存在较大的剪力，还应进行相应的受剪承载力计算。

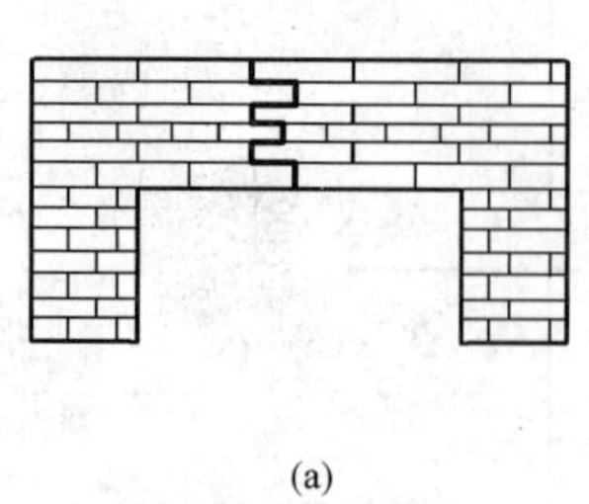

(a)

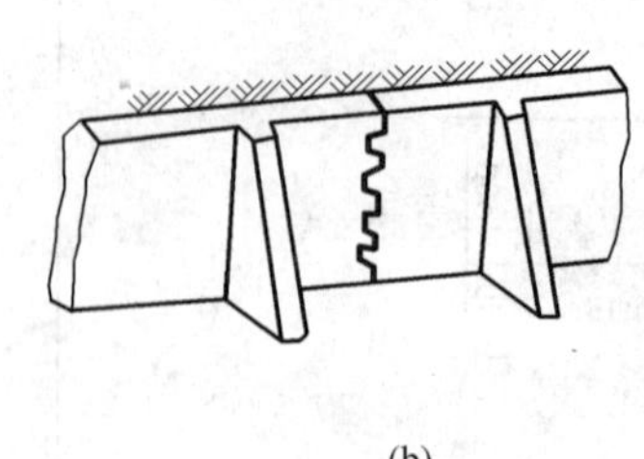

(b)

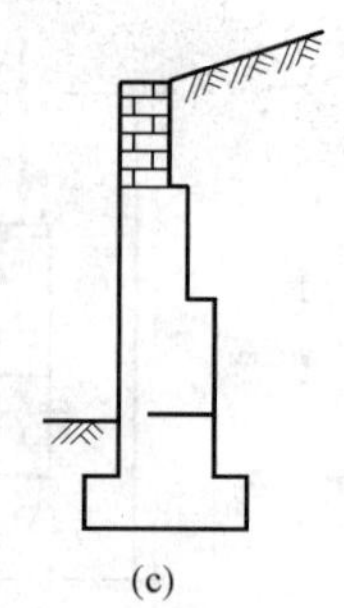

(c)

图 12-13 受弯构件

一、受弯承载力计算

受弯构件的受弯承载力应按式（12-20）计算

$$M \leqslant f_{tm} W \tag{12-20}$$

式中 M——弯矩设计值；

f_{tm}——砌体弯曲抗拉强度设计值，应按表 11-9 采用；

W——截面抵抗矩，矩形截面的宽度和高度为 b、h 时，$W=\frac{1}{6}bh^2$。

二、受剪承载力计算

受弯构件的受剪承载力应按下式计算

$$V \leqslant f_V b z \tag{12-21}$$

式中 V——剪力设计值；

f_V——砌体的抗剪强度设计值，应按表 11-9 采用；

z——内力臂，$z=\frac{I}{S}$，当截面为矩形时取 $z=\frac{2h}{3}$；

b、h——截面的宽度和高度；

I——截面惯性矩；

S——截面面积矩。

12.3.3 受剪构件

在无拉杆的拱支座处，由于拱的水平推力将使支座砌体受剪，如图 12-14 所示。沿通缝或沿阶梯形截面破坏时受剪构件的承载力应按下列公式计算

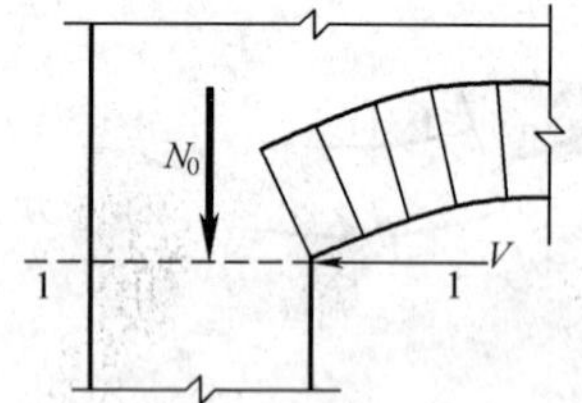

图 12-14 拱支座截面受剪

$$V \leqslant (f_V + \alpha\mu\sigma_0)A \tag{12-22}$$

当永久荷载分项系数 $\gamma_G=1.2$ 时，

$$\mu = 0.26 - 0.082\frac{\sigma_0}{f} \tag{12-23}$$

当永久荷载分项系数 $\gamma_G=1.35$ 时，

$$\mu = 0.23 - 0.065\frac{\sigma_0}{f} \tag{12-24}$$

式中 V——截面剪力设计值。

A——水平截面面积。

f_V——砌体抗剪强度设计值，按表 11-9 采用，对灌孔的混凝土砌块砌体取 f_{vg}。

α——修正系数，当永久荷载分项系数 $\gamma_G=1.2$ 时，砖（含多孔砖）砌体取 0.60，混凝土砌块砌体取 0.64；当永久荷载分项系数 $\gamma_G=1.35$ 时，砖（含多孔砖）砌体取 0.64，混凝土砌块砌体取 0.66。

μ——剪压复合受力影响系数。

f——砌体的抗压强度设计值。

σ_0——永久荷载设计值产生的水平截面平均压应力，其值不应大于 $0.8f$。

思　考　题

12-1　偏心距如何计算？在受压承载力计算中偏心距的大小有何限制？

12-2　为什么砌体局部受压时抗压强度有明显的提高？

12-3　何谓砌体局部抗压强度提高系数？如何计算？

12-4　何谓梁端有效支承长度？如何计算？

12-5　混凝土刚性垫块有何要求？如何计算设置刚性垫块后的砌体局部受压？

习　　题

12-1　已知一轴心受压柱，柱的截面尺寸为 $b\times h=370\text{mm}\times 490\text{mm}$，采用 MU15 混凝土普通砖、Mb5 混合砂浆砌筑，施工质量控制等级为 B 级，柱的计算高度 $H_0=3.6\text{m}$，承受轴向力设计值 $N=140\text{kN}$，试验算该柱的受压承载力。

12-2　一矩形截面偏心受压柱，柱的截面尺寸为 $b\times h=490\text{mm}\times 620\text{mm}$，采用 MU15 蒸压灰砂普通砖、M7.5 混合砂浆砌筑，施工质量控制等级为 B 级，柱的计算高度 $H_0=7\text{m}$，承受轴向力设计值 $N=350\text{kN}$，沿长边方向弯矩设计值 $M=11.2\text{kN}\cdot\text{m}$，试验算该柱的受压承载力。

12-3　某单层厂房纵墙窗间墙截面尺寸如图 12-15 所示，采用 MU15 蒸压粉煤灰普通砖、M7.5 混合砂浆砌筑，施工质量控制等级为 B 级，柱的计算高度 $H_0=7.2\text{m}$，承受轴向力设计值 $N=630\text{kN}$，弯矩设计值 $M=73\text{kN}\cdot\text{m}$（偏心压力偏向翼缘一侧），试验算该窗间墙的承载力是否满足要求。

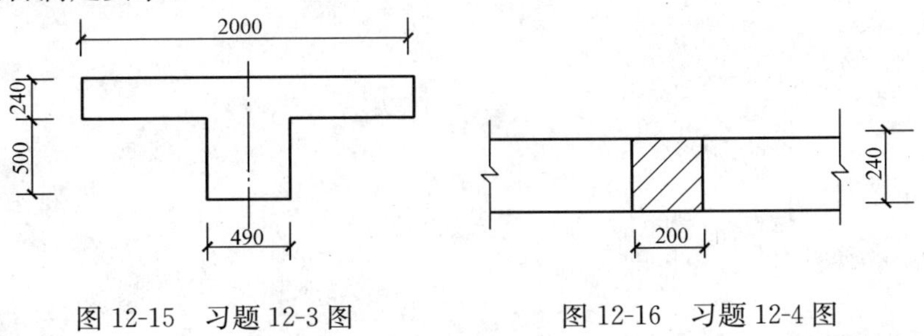

图 12-15　习题 12-3 图　　图 12-16　习题 12-4 图

12-4　如图 12-16 所示一钢筋混凝土柱，柱的截面尺寸为 $b\times h=200\text{mm}\times 240\text{mm}$，支承在砖墙上，墙厚 240mm，采用 MU15 混凝土普通砖、Mb5 混合砂浆砌筑，施工质量控制等级为B级，柱传给墙的轴向力设计值 $N=135\text{kN}$，试验算柱下砌体局部受压承载力。

12-5 某窗间墙截面尺寸为1000mm×240mm，采用MU10烧结普通砖、M5混合砂浆砌筑，施工质量控制等级为B级，墙上支承钢筋混凝土梁，支承长度240mm，梁截面尺寸 $b\times h=200\text{mm}\times 500\text{mm}$，梁端支承压力设计值为 $N_l=50\text{kN}$，梁底截面上部荷载传来的轴向力设计值为120kN，试验算梁端砌体局部受压承载力。

12-6 某房屋窗间墙上梁的支承情况如图12-17所示，窗间墙截面尺寸为1200mm×370mm，采用MU10烧结多孔砖、M5混合砂浆砌筑，施工质量控制等级为B级，墙上支承钢筋混凝土梁，支承长度240mm，梁截面尺寸 $b\times h=250\text{mm}\times 500\text{mm}$，梁端支承压力设计值为 $N_l=100\text{kN}$，梁底截面上部荷载传来的轴向力设计值为175kN，试验算梁端砌体局部受压承载力。

12-7 一圆形砖砌水池，壁厚240mm，采用MU15烧结普通砖、M7.5混合砂浆砌筑，施工质量控制等级为B级，池壁承受的最大环向拉力设计值为36kN/m，试验算池壁的受拉承载力。

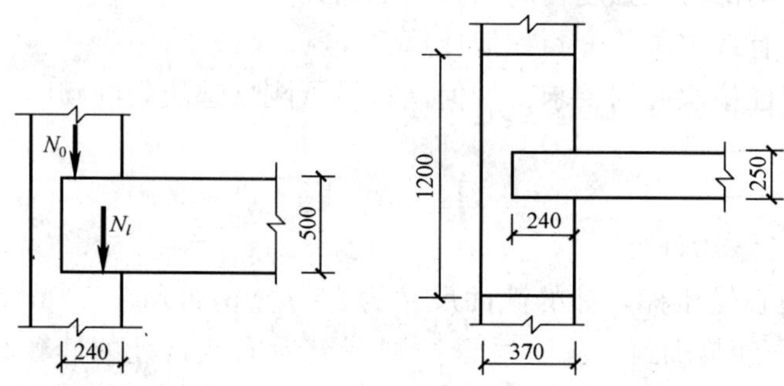

图12-17 习题12-6图

第 13 章　砌体结构房屋墙、柱设计

砌体结构房屋通常是指屋盖、楼盖等水平承重结构的构件采用钢筋混凝土、轻钢或木材，而墙体、柱、基础等竖向承重结构的构件采用砌体（砖、石、砌块）材料。由于砌体结构房屋的墙体材料通常可就地取材，因此砌体结构房屋具有造价低的优点，被广泛应用于多层住宅、宿舍、办公楼、中小学教学楼、商店、酒店、食堂等民用建筑中，若采用配筋砌体，还可用于小高层住宅、公寓及中小型单层及多层工业厂房、仓库等工业建筑中。

在砌体结构房屋中，通常将平行于房屋长向布置的墙体称为纵墙；平行于房屋短向布置的墙体称为横墙；房屋四周与外界隔离的墙体称为外墙；外横墙又称为山墙；其余的墙体称为内墙，内墙中仅起隔断作用而不承受楼板荷载的墙称作隔墙，其厚度可适当减小。

砌体结构房屋墙体的设计主要包括：结构布置方案、计算简图、荷载统计、内力计算、内力组合、构件截面承载力验算等。

13.1　砌体结构房屋的结构布置和静力计算方案

13.1.1　砌体结构房屋的结构布置方案

砌体结构房屋的结构布置方案主要是指承重墙体和柱的布置方案。墙体和柱的布置要满足建筑和结构两方面的要求。根据竖向荷载传递路线的不同，房屋的结构布置可分为纵墙承重、横墙承重、纵横墙混合承重和内框架承重四种方案。

一、纵墙承重方案

纵墙承重方案是指纵墙直接承受屋面、楼面荷载的结构方案。如图 13-1 所示为某仓库屋面结构布置图，其屋盖为预制屋面大梁或屋架和屋面板。这种方案房屋的竖向荷载的主要传递路线为：

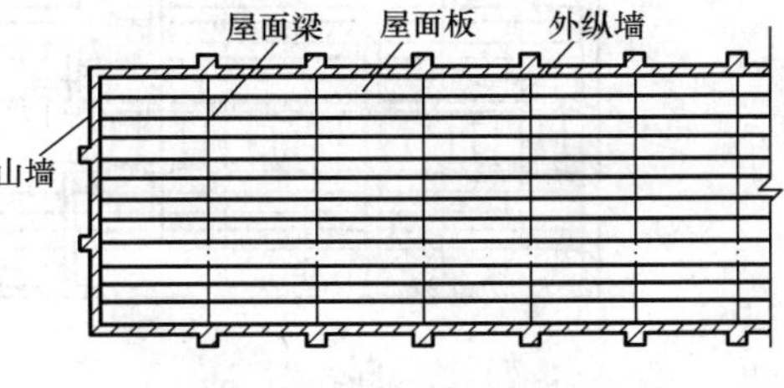

图 13-1　纵墙承重方案

板→梁（屋架）→纵墙→基础→地基

这种承重方案的特点是房屋空间较大，平面布置比较灵活。但是由于纵墙上有大梁或屋架，纵墙承受的荷载较大，设置在纵墙上的门窗洞口大小和位置受到一定限制，而且由于横墙数量少，房屋的横向刚度较差，一般适用于单层厂房、仓库、酒店、食堂等建筑。

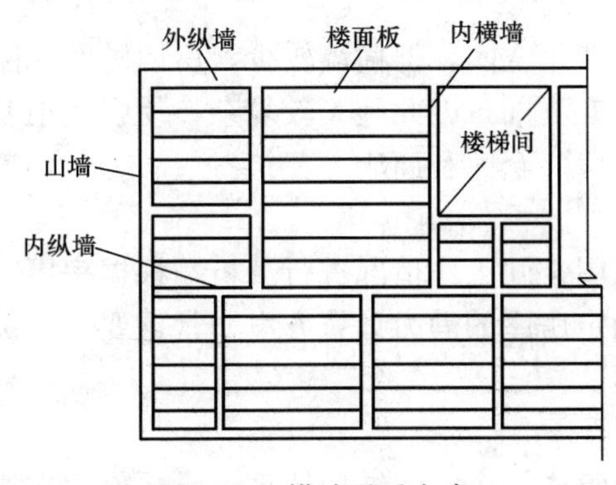

图 13-2　横墙承重方案

二、横墙承重方案

由横墙直接承受屋面、楼面荷载的结构方案。如图 13-2 所示为某住宅楼（一个单元）标准层的

结构布置图，房间的楼板直接支承在横墙上，纵墙仅承受墙体本身自重。这种方案房屋的竖向荷载的主要传递路线为：

楼（屋）面板→横墙→基础→地基

这种承重方案的特点是横墙数量多、间距小，房屋的横向刚度大，整体性好；由于纵墙是非承重墙，对纵墙上设置门窗洞口的限制较少，立面处理比较灵活。横墙承重适合于房间大小较固定的宿舍、住宅、旅馆等建筑。

三、纵横墙混合承重方案

当建筑物的功能要求房间的大小变化较多时，为了结构布置的合理性，通常采用纵横墙混合承重方案，如图 13-3 所示。这种方案房屋的竖向荷载的主要传递路线为：

楼（屋）面板→{梁→纵墙；横墙或纵墙}→基础→地基

这种承重方案的特点是既可保证有灵活布置的房间，又具有较大的空间刚度和整体性，所以适用于办公楼、教学楼、医院等建筑。

四、内框架承重方案

内框架承重方案由房屋内部的钢筋混凝土框架和外部的砖墙、砖柱组成，如图 13-4 所示，该结构布置为楼板铺设在梁上，梁两端支承在外纵墙上，中间支承在柱上。这种方案房屋的竖向荷载的主要传递路线为：

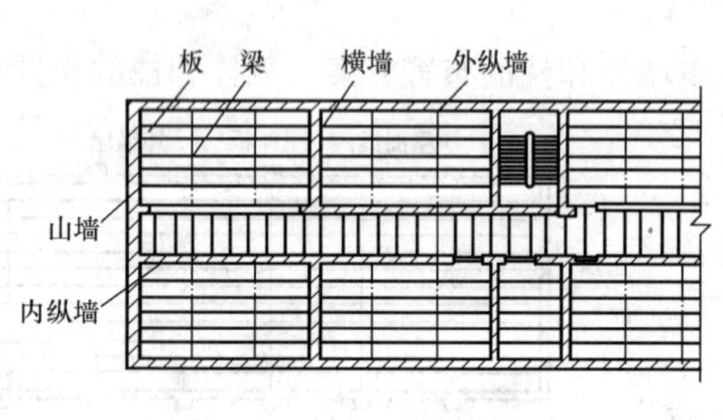

图 13-3 纵横墙混合承重方案

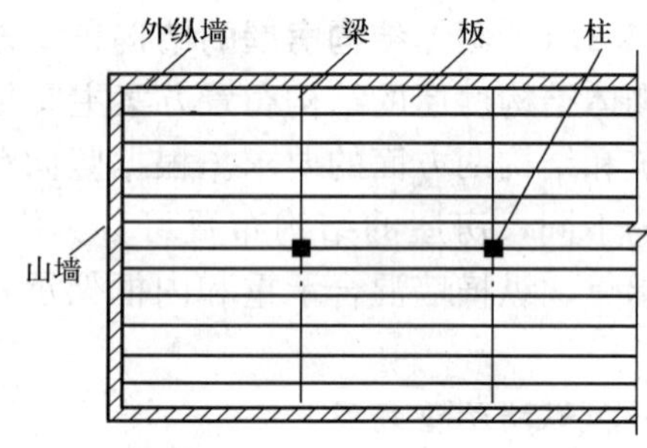

图 13-4 内框架承重方案

楼（屋）面板→梁→{外纵墙→外纵墙基础；柱→柱基础}→地基

这种承重方案的特点是平面布置灵活，有较大的使用空间，但横墙较少，房屋的空间刚度较差。另外由于竖向承重构件材料不同，基础形式亦不同，因此施工较复杂，易引起地基不均匀沉降。内框架承重方案一般适用于多层工业厂房、仓库和商店等建筑。

13.1.2 砌体结构房屋的静力计算方案

确定房屋的静力计算方案，实际上就是通过对房屋空间工作情况进行分析，根据房屋空间刚度的大小确定墙、柱设计时的结构计算简图。确定房屋的静力计算方案非常重要，是关系到墙、柱的构造要求和承载力计算方法的重要根据。

一、房屋的空间工作情况

砌体结构房屋中的屋盖、楼盖、墙柱和基础共同组成一个空间结构体系，承受作用在房屋上的竖向荷载和水平荷载。房屋的竖向荷载由楼盖和屋盖承受，并通过墙或柱传递到基础和地基上去。作用在外墙上的水平荷载（如风荷载、地震作用）一部分通过屋盖和楼盖传给横墙，再由横墙传至基础和地基，另一部分直接由纵墙传给基础和地基。

在水平荷载作用下，屋盖和楼盖的工作相当于一根在水平方向受弯的梁，要产生水平位移，而房屋的墙柱和楼、屋盖连接在一起，因此墙柱顶端也将产生水平位移。由此可见，砌体结构房屋在荷载作用下，各种构件相互联系、相互影响，处于空间工作情况，因此在静力计算分析中必须要考虑房屋的空间工作。

二、房屋的静力计算方案

GB 50003—2001《砌体结构设计规范》根据房屋空间刚度的大小将房屋的静力计算方案分为刚性方案、弹性方案和刚弹性方案三种。

（一）刚性方案

当横墙间距小、楼屋盖水平刚度较大时，房屋的空间刚度也较大，在水平荷载作用下，房屋的水平位移很小。在确定墙柱的计算简图时，可以忽略房屋的水平位移，将楼屋盖视为墙柱的不动铰支承，则墙柱的内力可按不动铰支承的竖向构件计算，如图 13-5（a）所示。这种房屋称为刚性方案房屋。一般多层住宅、办公楼、教学楼、宿舍等均为刚性方案房屋。

（二）弹性方案

当房屋的横墙间距较大，楼屋盖水平刚度较小，则在水平荷载作用下，房屋的水平位移很大，不可以忽略。故在确定墙柱的计算简图时，不能把楼屋盖视为墙柱的不动铰支承，而应视为可以自由位移的悬臂端，按平面排架计算墙柱的内力，如图 13-5（b）所示。这种房屋称为弹性方案房屋。一般单层厂房、仓库、礼堂等多属于弹性方案房屋。

（三）刚弹性方案

这是介于“刚性”和“弹性”两种方案之间的房屋。其楼盖或屋盖具有一定的水平刚度，横墙间距不太大，能起一定的空间作用，在水平荷载作用下，其水平位移较弹性方案的水平位移小，但又不能忽略。这种房屋称为刚弹性方案房屋。刚弹性方案房屋的墙柱内力计算应按屋盖或楼盖处具有弹性支承的平面排架计算，如图 13-5（c）所示。

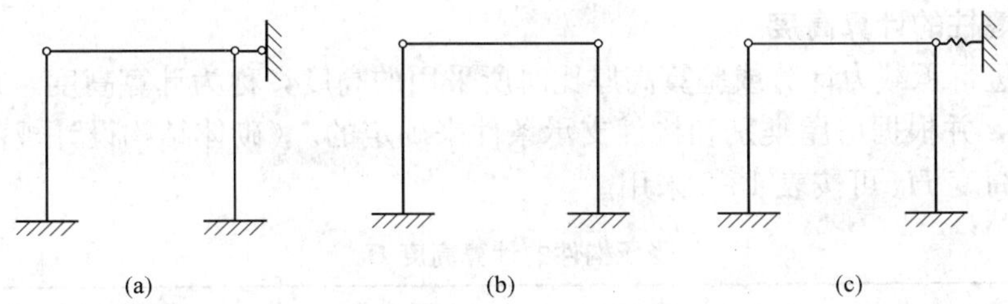

图 13-5　三种计算静力方案计算简图

（a）刚性方案；（b）弹性方案；（c）刚弹性方案

影响房屋空间性能的因素很多，除上述的屋盖刚度和横墙间距外，还有屋架的跨度、排架的刚度、荷载类型及多层房屋层与层之间的相互作用等。《砌体结构设计规范》为方便计算，仅考虑屋盖刚度和横墙间距两个主要因素的影响，按房屋空间刚度（作用）大小，将砌体结构房屋静力计算方案分为三种（见表 13-1）。

表 13-1 房屋的静力计算方案

序号	屋盖或楼盖类别	刚性方案	刚弹性方案	弹性方案
1	整体式、装配整体式和装配式无檩体系钢筋混凝土屋盖或钢筋混凝土楼盖	$s<32$	$32\leqslant s\leqslant 72$	$s>72$
2	装配式有檩体系钢筋混凝土屋盖、轻钢屋盖和有密铺望板的木屋盖或木楼盖	$s<20$	$20\leqslant s\leqslant 48$	$s>48$
3	瓦材屋面的木屋盖和轻钢屋盖	$s<16$	$16\leqslant s\leqslant 36$	$s>36$

注 1. 表中 s 为房屋横墙间距，其长度单位为 m；

2. 当屋盖、楼盖类别不同或横墙间距不同时，可按规范第 4.2.7 条的规定确定房屋的静力计算方案；

3. 对无山墙或伸缩缝处无横墙的房屋，应按弹性方案考虑。

需要注意的是，从表 13-1 中可以看出，横墙间距是确定房屋静力计算方案的一个重要条件，因此作为刚性和刚弹性方案房屋的横墙，《砌体结构设计规范》规定应符合下列要求：

(1) 横墙中开有洞口时，洞口的水平截面面积不应超过横墙截面面积的 50%；

(2) 横墙的厚度不宜小于 180mm；

(3) 单层房屋的横墙长度不宜小于其高度，多层房屋的横墙长度不宜小于 $H/2$（H 为横墙总高度）。

当横墙不能同时符合上述要求时，应对横墙的高度进行验算。如其最大水平位移值 $\mu_{max}\leqslant H/4000$ 时，仍可视作刚性或刚弹性方案房屋的横墙。

13.2 墙柱高厚比验算

砌体结构房屋中的墙、柱均是受压构件，除了应满足承载力的要求外，还必须保证其稳定性，《砌体结构设计规范》规定，用验算墙、柱高厚比的方法来保证墙、柱的稳定性。

高厚比验算包括两方面，一是允许高厚比的限值；二是墙、柱实际高厚比的确定。

13.2.1 墙柱的计算高度

对墙、柱进行承载力计算或验算高厚比时所采用的高度，称为计算高度。它是由墙、柱的实际高度 H，并根据房屋类别和构件支承条件来确定的。《砌体结构设计规范》规定，受压构件的计算高度 H_0 可按表 13-2 采用。

表 13-2 受压构件的计算高度 H_0

<table>
<tr><td colspan="3" rowspan="2">房屋类别</td><td colspan="2">柱</td><td colspan="3">带壁柱墙或周边拉结的墙</td></tr>
<tr><td>排架方向</td><td>垂直排架方向</td><td>$s>2H$</td><td>$2H\geqslant s>H$</td><td>$s\leqslant H$</td></tr>
<tr><td rowspan="3">有吊车的单层房屋</td><td rowspan="2">变截面柱上段</td><td>弹性方案</td><td>$2.5H_u$</td><td>$1.25H_u$</td><td colspan="3">$2.5H_u$</td></tr>
<tr><td>刚性、刚弹性方案</td><td>$2.0H_u$</td><td>$1.25H_u$</td><td colspan="3">$2.0H_u$</td></tr>
<tr><td colspan="2">变截面柱下段</td><td>$1.0H_l$</td><td>$0.8H_l$</td><td colspan="3">$1.0H_l$</td></tr>
</table>

续表

房屋类别			柱		带壁柱墙或周边拉结的墙		
			排架方向	垂直排架方向	$s>2H$	$2H\geqslant s>H$	$s\leqslant H$
无吊车的单层和多层房屋	单跨	弹性方案	$1.5H$	$1.0H$	$1.5H$		
		刚弹性方案	$1.2H$	$1.0H$	$1.2H$		
	多跨	弹性方案	$1.25H$	$1.0H$	$1.25H$		
		刚弹性方案	$1.10H$	$1.0H$	$1.1H$		
	刚性方案		$1.0H$	$1.0H$	$1.0H$	$0.4s+0.2H$	$0.6s$

注　1. 表中 H_u 为变截面柱的上段高度；H_l 为变截面柱的下段高度；

2. 对于上段为自由端的构件，$H_0=2H$；

3. 独立砖柱，当无柱间支撑时，柱在垂直排架方向的 H_0 应按表中数值乘以 1.25 后采用；

4. s 为房屋横墙间距；

5. 自承重墙的计算高度应根据周边支撑或拉接条件确定。

对有吊车的房屋，当荷载组合不考虑吊车作用时，变截面柱上段的计算高度可按表13-2规定采用；变截面柱下段的计算高度可按下列规定采用（本规定也适用于无吊车房屋的变截面柱）：

（1）当 $H_u/H\leqslant 1/3$ 时，取无吊车房屋的 H_0；

（2）当 $1/3<H_u/H<1/2$ 时，取无吊车房屋的 H_0 乘以修正系数 μ；其中 $\mu=1.3-0.3I_u/I_l$，I_u 为变截面柱上段的惯性矩，I_l 为变截面柱下段的惯性矩；

（3）当 $H_u/H\geqslant 1/2$ 时，取无吊车房屋的 H_0；但在确定 β 值时，应采用上柱截面。

表 13-2 中的构件高度 H 应按下列规定采用：

（1）在房屋底层，为楼板顶面到构件下端支点的距离。下端支点的位置，可取在基础顶面。当埋置较深且有刚性地坪时，可取室外地面以下 500mm 处；

（2）在房屋其他层，为楼板或其他水平支点间的距离；

（3）对于无壁柱的山墙，可取层高加山墙尖高度的 1/2；对于带壁柱的山墙可取壁柱处的山墙高度。

13.2.2　墙柱的允许高厚比及其修正

一、墙柱的允许高厚比

墙、柱高厚比的限值称允许高厚比，用 [β] 表示。《砌体结构设计规范》按砂浆强度等级的大小规定了无洞口的承重墙、柱的允许高厚比 [β]，见表 13-3。

表 13-3　　墙、柱的允许高厚比 [β] 值

砌体类型	砂浆强度	墙	柱
无筋砌体	M2.5 M5.0 或 Mb5.0、Ms5.0 ≥M7.5 或 Mb7.5、Ms7.5	22 24 26	15 16 17
配筋砌块砌体	—	30	21

注　1. 毛石墙、柱的允许高厚比应按表中数值降低 20%；

2. 带有混凝土或砂浆面层的组合砖砌体构件的允许高厚比，可按表中数值提高 20%，但不得大于 28；

3. 验算施工阶段砂浆尚未硬化的新砌砌体构件高厚比时，允许高厚比对墙取 14，对柱取 11。

二、允许高厚比的修正

自承重墙是房屋中的次要构件，仅承受自重作用。根据弹性稳定理论，对用同一材料制成的等高、等截面构件，在两端支承条件相同的条件下，构件仅承受自重作用时失稳的临界荷载比上端受有集中荷载时要大，所以自承重墙的允许高厚比的限值可适当放宽，即表13-3中的［β］值可乘以大于1的系数予以提高。《砌体结构设计规范》规定，厚度$h \leqslant 240$mm的自承重墙，允许高厚比修正系数μ_1应按下列规定采用：

当$h=240$mm时，$\mu_1=1.2$；

当$h=90$mm时，$\mu_1=1.5$；

当240mm$>h>$90mm时，μ_1可按插入法取值。

上端为自由端墙的允许高厚比，除按上述规定提高外，尚可提高30%；工程实践表明，对于厚度小于90mm的墙，当双面用不低于M10的水泥砂浆抹面，包括抹面层的墙厚不小于90mm时，可按墙厚等于90mm验算高厚比。

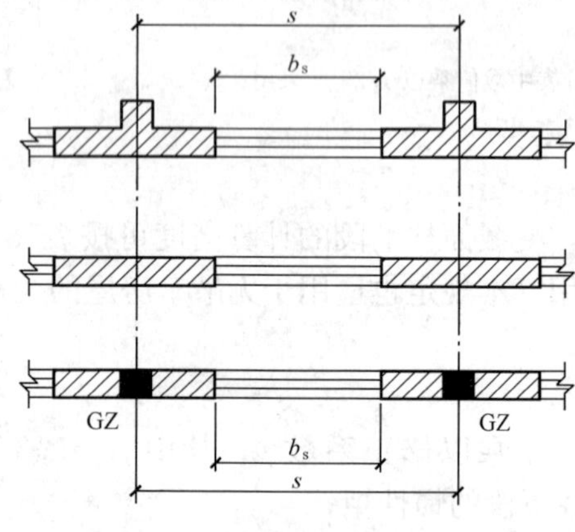

图13-6 门窗洞口宽度示意图

对有门窗洞口的墙，其刚度因开洞而降低，其允许高厚比应按表13-3中所列的［β］值乘以降低系数μ_2，μ_2应按式（13-1）计算

$$\mu_2 = 1 - 0.4\frac{b_s}{s} \tag{13-1}$$

式中 b_s——在宽度s范围内的门窗洞口总宽度（如图13-6所示）；

s——相邻窗间墙或壁柱之间的距离。

当按式（13-1）计算的μ_2的值小于0.7时，μ_2取0.7；当洞口高度等于或小于墙高的1/5时，μ_2取1.0；当洞口高度大于或等于墙高的4/5时，可按独立墙段验算高厚比。

13.2.3 墙柱的高厚比验算

一、一般墙、柱的高厚比验算

$$\beta = \frac{H_0}{h} \leqslant \mu_1\mu_2[\beta] \tag{13-2}$$

式中 H_0——墙、柱的计算高度，按表13-2采用；

h——墙厚或矩形柱与H_0相对应的边长；

μ_1——自承重墙允许高厚比的修正系数；

μ_2——有门窗洞口墙允许高厚比的修正系数，按式（13-1）计算；

［β］——墙、柱的允许高厚比，按表13-3采用。

当与墙连接的相邻两横墙间的距离$s \leqslant \mu_1\mu_2[\beta]h$时，墙的高度可不受式（13-2）的限制；变截面柱的高厚比可按上、下截面分别验算，其计算高度可按表13-2及其有关规定采用。验算上柱的高厚比时，墙、柱的允许高厚比可按表13-3的数值乘以1.3后采用。

二、带壁柱墙的高厚比验算

（一）整片墙的高厚比验算

$$\beta = \frac{H_0}{h_T} \leqslant \mu_1\mu_2[\beta] \tag{13-3}$$

式中　h_T——带壁柱墙截面的折算厚度，$h_T=3.5i$；

i——带壁柱墙截面的回转半径，$i=\sqrt{I/A}$；

I、A——分别为带壁柱墙截面的惯性矩和截面面积。

当确定带壁柱墙的计算高度 H_0 时，s 应取相邻横墙间的距离 s_w，如图 13-7 所示；在确定截面回转半径 i 时，带壁柱墙的计算截面翼缘宽度可按下列规定采用：

(1) 多层房屋，当有门窗洞口时，可取窗间墙宽度；当无门窗洞口时，每侧翼墙宽度可取壁柱高度（层高）的 1/3，但不应大于相邻壁柱间距离；

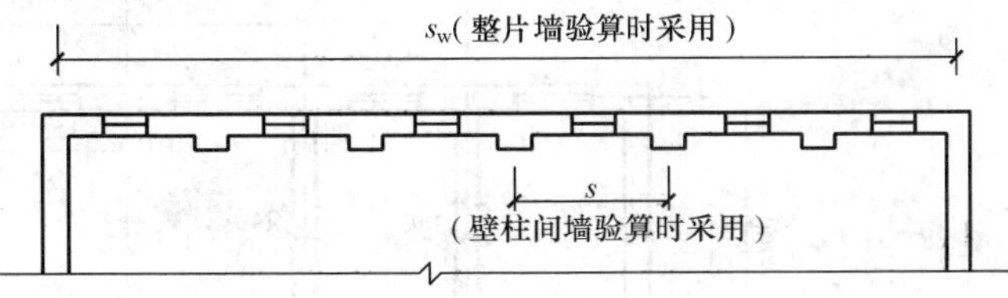

图 13-7　带壁柱墙验算图

(2) 单层房屋，可取壁柱宽加 2/3 墙高，但不大于窗间墙宽度和相邻壁柱间距离；

(3) 计算带壁柱墙的条形基础时，可取相邻壁柱间的距离。

（二）壁柱间墙的高厚比验算

壁柱间墙的高厚比可按无壁柱墙公式式（13-2）进行验算。此时可将壁柱视为壁柱间墙的不动铰支座。因此计算 H_0 时，s 应取相邻壁柱间的距离，而且不论带壁柱墙体的房屋的静力计算采用何种计算方案，H_0 一律按表 13-2 中的刚性方案取用。

三、带构造柱墙的高厚比验算

（一）整片墙的高厚比验算

$$\beta=\frac{H_0}{h_T}\leqslant\mu_1\mu_2\mu_c[\beta] \tag{13-4}$$

式中　μ_c——带构造柱墙允许高厚比 $[\beta]$ 提高系数，可按式（13-5）计算。

$$\mu_c=1+\gamma\frac{b_c}{l} \tag{13-5}$$

式中　γ——系数，对细料石砌体，$\gamma=0$；对混凝土砌块、混凝土多孔砖、粗料石、毛料石及毛石砌体，$\gamma=1.0$；其他砌体，$\gamma=1.5$。

b_c——构造柱沿墙长方向的宽度。

l——构造柱的间距。

当 $b_c/l>0.25$ 时，取 $b_c/l=0.25$，当 $b_c/l<0.25$ 时，取 $b_c/l=0$。

由于在施工过程中大多是采用先砌筑墙体后浇筑构造柱，因此考虑构造柱有利作用的高厚比验算不适用于施工阶段，并应注意采取措施保证构造柱在施工阶段的稳定性。

（二）构造柱间墙的高厚比验算

构造柱间墙的高厚比仍可按式（13-2）进行验算。此时可将构造柱视为壁柱间墙的不动铰支座。因此计算 H_0 时，s 应取相邻壁柱间的距离，而且不论带构造柱墙体的房屋的静力计算采用何种计算方案，H_0 一律按表 13-2 中的刚性方案取用。

设有钢筋混凝土圈梁的带壁柱墙或带构造柱墙，当 $b/s\geqslant 1/30$ 时，圈梁可视作壁柱间墙或构造柱间墙的不动铰支点（b 为圈梁宽度）。这是由于圈梁的水平刚度较大，能够限制壁柱间墙或构造柱间墙的侧向变形的缘故。当不满足上述条件且不允许增加圈梁宽度时，可按墙体平面外等刚度原则增加圈梁高度，此时，圈梁仍可视为壁柱间墙或构造柱间墙的不动铰支点。

【例 13-1】　某混合结构办公楼底层平面图如图 13-8 所示，采用装配式钢筋混凝土楼（屋）盖，外墙厚 370mm，内纵墙与横墙厚 240mm，隔墙厚 120mm，底层墙高 $H=4.5$m（从基础顶面算起），隔墙高 $H=3.5$m。承重墙采用 M5 砂浆；隔墙采用 M2.5 砂浆。试验算底层墙的高厚比。

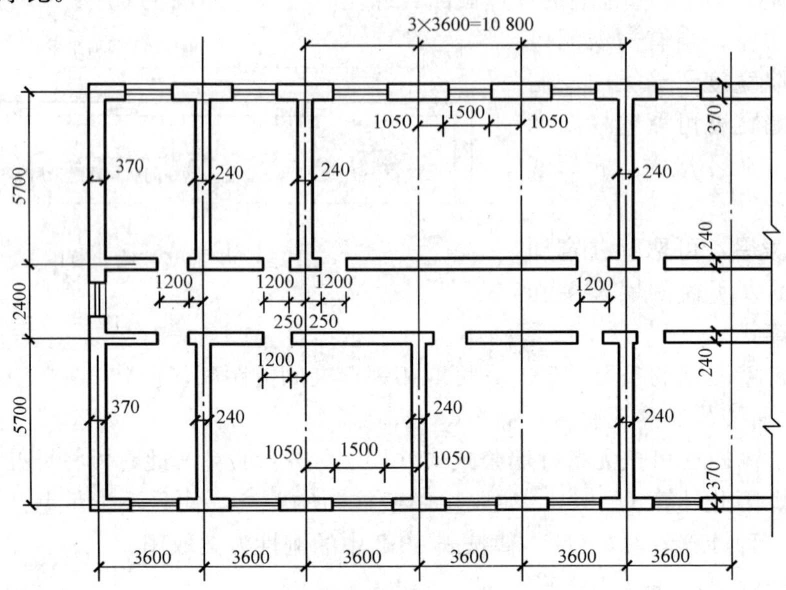

图 13-8　办公楼底层平面图

解　(1) 确定静力计算方案。

最大横墙间距 $s=3.6\times3=10.8\text{m}<32\text{m}$，查表 13-1 属刚性方案。

(2) 外纵墙高厚比验算。

$s=3.6\times3=10.8\text{m}>2H=2\times4.5=9\text{m}$，查表 13-2，计算高度 $H_0=1.0H=4.5\text{m}$

砂浆强度等级 M5，表 13-3 得允许高厚比 $[\beta]=24$。外墙为承重墙，故 $\mu_1=1.0$

$$\mu_2=1-0.4\frac{b_s}{s}=1-0.4\times\frac{1.5}{3.6}=0.833>0.7$$

$$\beta=\frac{H_0}{h}=\frac{4.5}{0.37}=12.16<\mu_1\mu_2[\beta]=1.0\times0.833\times24=19.99$$，满足要求。

(3) 内纵墙高厚比验算。

内纵墙为承重墙，故 $\mu_1=1.0$

$$\mu_2=1-0.4\frac{b_s}{s}=1-0.4\times\frac{1.2}{3.6}=0.867>0.7$$

$$\beta=\frac{H_0}{h}=\frac{4.5}{0.24}=18.75<\mu_1\mu_2[\beta]=1.0\times0.867\times24=20.81$$，满足要求。

(4) 内横墙高厚比验算。

纵墙间距 $s=5.7$m，$H=4.5$m，所以 $H<s<2H$

查表 13-2，计算高度 $H_0=0.4s+0.2H=0.4\times5.7+0.2\times4.5=3.18\text{m}$

内纵墙为承重墙且无洞口，故 $\mu_1=1.0$，$\mu_2=1.0$

$$\beta=\frac{H_0}{h}=\frac{3.18}{0.24}=13.25<\mu_1\mu_2[\beta]=1.0\times1.0\times24=24$$，满足要求。

（5）隔墙高厚比验算。

隔墙一般后砌在地面垫层上，上端用斜放立砖顶住楼板，故应按顶端为不动铰支承点考虑。

如隔墙与纵墙同时砌筑，则 $s=5.7\text{m}$，$H=3.5\text{m}$，$H<s<2\text{H}$

查表 13-2，计算高度 $H_0=0.4s+0.2H=0.4\times5.7+0.2\times3.5=2.98\text{m}$

隔墙为非承重墙，厚 $h=120\text{mm}$，内插得 $\mu_1=1.44$，隔墙上未开洞 $\mu_2=1.0$

砂浆强度等级 M2.5，查表 13-3 得允许高厚比 $[\beta]=22$

$$\beta=\frac{H_0}{h}=\frac{2.98}{0.12}=24.83<\mu_1\mu_2[\beta]=1.44\times1.0\times22=31.68\text{，满足要求。}$$

如隔墙为后砌墙，与两端纵墙无拉结作用，可按 $s>2H$ 查表 13-2 求计算高度，此时 $H_0=1.0H=3.5\text{m}$

$$\beta=\frac{H_0}{h}=\frac{3.5}{0.12}=29.17<\mu_1\mu_2[\beta]=1.44\times1.0\times22=31.68\text{，满足要求。}$$

13.3　刚性方案房屋墙体的设计计算

13.3.1　单层刚性方案房屋承重纵墙的计算

房屋承重纵墙计算时，一般应取荷载较大、截面削弱最多具有代表性的一个开间作为计算单元。由于结构的空间作用，房屋纵墙顶端的水平位移很小，在作内力分析时可认为水平位移为零。

一、计算简图

在结构简化为计算简图的过程中，考虑了下列假定：

（1）纵墙、柱下端在基础顶面处固接，上端与屋面大梁（或屋架）铰接；

（2）屋盖结构可作为纵墙上端的不动铰支座。

根据上述假定，其计算简图为无侧移的平面排架，如图 13-9（b）所示，每片纵墙均可以按上端支承在不动铰支座和下端支承在固定支座上的竖向构件单独进行计算，使计算简化，如图 13-9（c）所示。

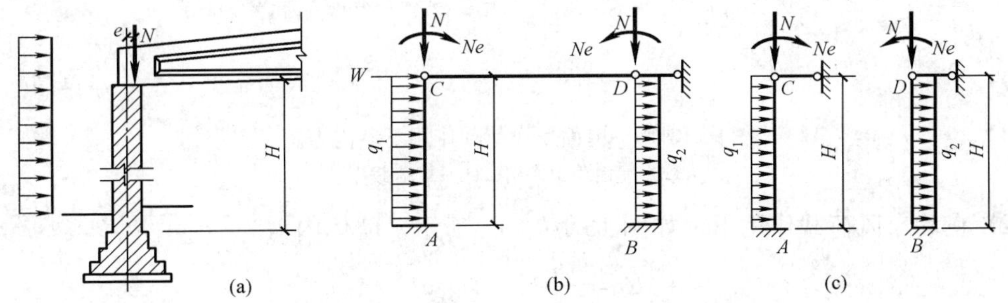

图 13-9　单层刚性方案房屋承重纵墙的计算简图

（a）荷载作用；（b）计算简图；（c）构件计算

二、荷载计算

（1）屋面荷载。屋面荷载包括屋面构件的自重、屋面活荷载或雪荷载，有的还有积灰荷载，这些荷载通过屋架或屋面大梁以集中力的形式作用于墙体顶端。通常情况下，屋架或屋面大梁传至墙体顶端的集中力 N 的作用点对墙体中心线有一个偏心距 e，如图 13-9（a）所示，所以作用于墙体顶端的屋面荷载由轴心压力 N 和 $M=Ne$ 组成。

（2）风荷载作用。由作用于屋面上和墙面上的风荷载两部分组成。屋面上的风荷载（包括作用在女儿墙上的风荷载）一般简化为作用于墙、柱顶端的集中荷载 W，对于刚性方案房屋，W 直接通过屋盖传至横墙，再由横墙传至基础后传给地基。墙面上的风荷载为均布荷载，应考虑两种风向，即按迎风面（压力）、背风面（吸力）分别考虑，如图 13-9（b）所示。

（3）墙体自重。包括砌体、内外粉刷及门窗的自重，作用于墙体的轴线上。当墙、柱为等截面时，自重不引起弯矩；当墙、柱为变截面时，上阶柱自重 G_1 对下阶柱各截面产生弯矩 $M_1=G_1e_1$（e_1 为上下阶柱轴线间距离）。因 M_1 在施工阶段就已经存在，应按悬臂构件计算。

三、内力计算

（1）在屋面荷载作用下，对于等截面墙、柱，内力可直接选用结构力学的方法，按一次超静定求解，如图 13-10（a）所示，其内力为

$$\left.\begin{aligned} R_C&=-R_A=-\frac{3M}{2H}\\ M_C&=M\\ M_A&=-M/2\\ M_x&=\frac{M}{2}\left(2-3\,\frac{x}{H}\right)\end{aligned}\right\}\tag{13-6}$$

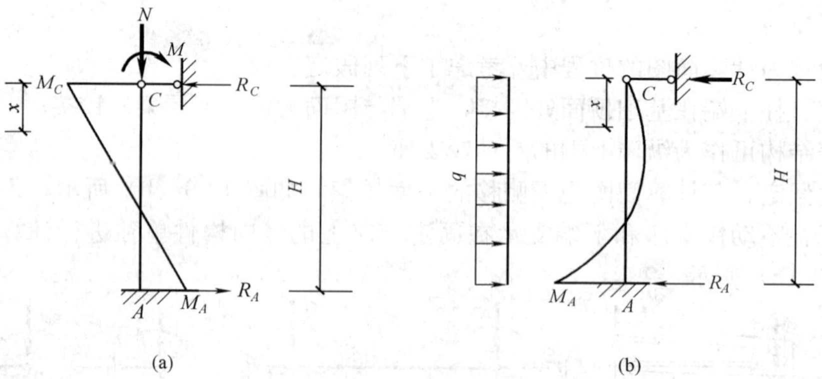

图 13-10　屋面及风荷载作用下墙内力图

（a）屋面荷载作用；（b）风荷载作用

（2）在均布风荷载作用下，如图 13-10（b）所示，墙体内力为

$$\left.\begin{aligned} R_C&=\frac{3q}{8}H\\ R_A&=\frac{5q}{8}H\\ M_A&=\frac{q}{8}H^2\\ M_x&=-\frac{qH}{8}x\left(3-4\,\frac{x}{H}\right)\end{aligned}\right\}\tag{13-7}$$

当 $x=\frac{3}{8}H$ 时，$M_{max}=-\frac{9qH^2}{128}$。

对迎风面 $q=q_1$，对背风面 $q=q_2$。

四、控制截面与内力组合

在进行承重墙、柱设计时，应先求出各种荷载单独作用下的内力，然后根据荷载规范考虑多种荷载组合，再找出墙柱的控制截面，求出控制截面的内力组合，最后选出各控制截面的最不利内力进行墙柱承载力验算。

墙截面宽度取窗间墙宽度。其控制截面为：墙柱顶端Ⅰ—Ⅰ截面、墙柱下端Ⅲ—Ⅲ截面和风荷载作用下的最大弯矩 M_{max} 对应的Ⅱ—Ⅱ截面，如图 13-11 所示。Ⅰ—Ⅰ截面既有轴力 N 又有弯矩 M，按偏心受压验算承载力，同时还需验算梁下的砌体局部受压承载力；Ⅱ—Ⅱ、Ⅲ—Ⅲ截面均按偏心受压验算承载力。

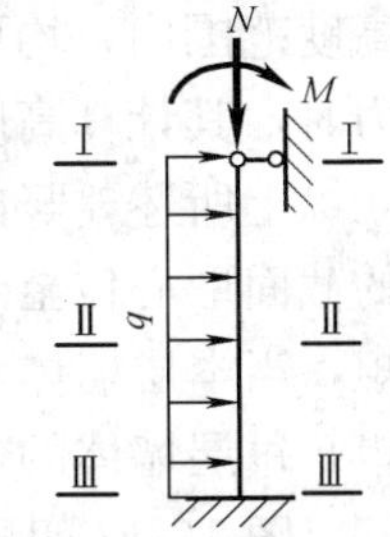

图 13-11　墙柱控制截面

13.3.2　多层刚性方案房屋承重纵墙的计算

对多层民用房屋，如宿舍、住宅、办公楼、教学楼等，由于横墙间距较小，一般属于刚性方案房屋。设计时除验算墙柱的高厚比外，还需验算墙柱在控制截面处的承载力。

一、计算单元

设计时选取有代表性的一段墙柱（一个开间）作为计算单元。一般情况下，计算单元的受荷宽度为一个开间 $(l_1+l_2)/2$，如图 13-12 所示。有门窗洞口时，内外纵墙的计算截面宽度 B 一般取一个开间的门间墙或窗间墙；无门窗洞口时，计算截面宽度 B 为 $(l_1+l_2)/2$；如壁柱间的距离较大且层高较小时，B 按式（13-8）取用

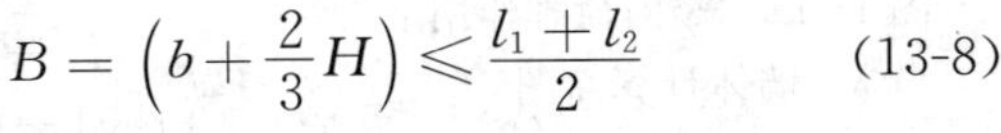

$$B=\left(b+\frac{2}{3}H\right)\leqslant\frac{l_1+l_2}{2} \tag{13-8}$$

式中　b——壁柱宽度。

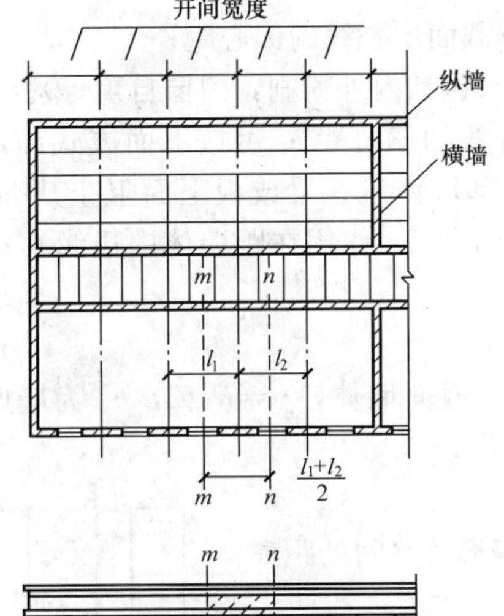

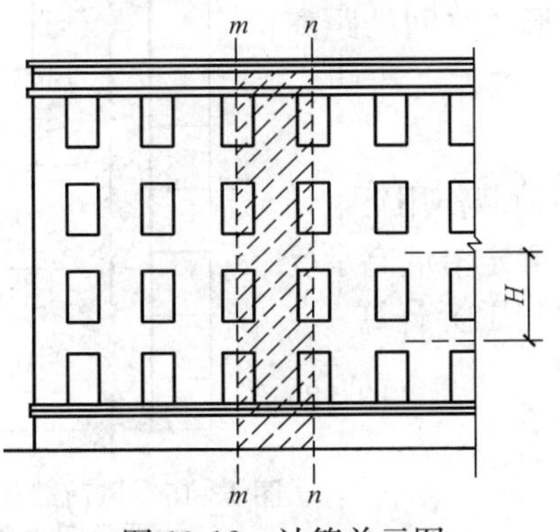

图 13-12　计算单元图

二、竖向荷载作用下的计算

在竖向荷载作用下，多层刚性方案房屋的承重墙如同一竖向连续梁，屋盖、楼盖及基础顶面作为连续梁的支承点，如图 13-13（b）所示。由于屋盖、楼盖

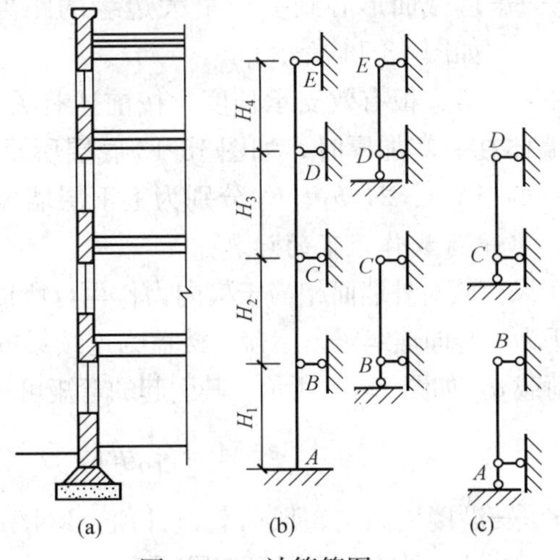

图 13-13　计算简图

中的梁或板伸入墙内搁置，致使墙体的连续性受到削弱，因此在支承点处所能传递的弯矩很小。为了简化计算，假定连续梁在屋盖、楼盖处为铰接。在基础顶面处的轴向力远比弯矩大，所引起的偏心距 $e=M/N$ 也很小，按轴心受压和偏心受压的计算结果相差不大，因此，墙体在基础顶面处也可假定为铰接。这样在竖向荷载作用下，多层刚性方案房屋的墙体在每层高度范围内，均可简化为两端铰接的竖向构件进行计算，如图 13-13（c）所示。计算每层内力时，其计算高度等于每层层高，底层计算高度要算至基础顶面。

综上所述，竖向荷载作用下多层刚性方案房屋的计算原则为：上部各层荷载沿上一层墙体的截面形心传至下层；在计算某层墙体弯矩时，要考虑梁、板支承压力对本层墙体产生的弯矩，当本层墙体与上层墙体形心不重合时，要考虑上层墙体传来的荷载对本层墙体产生的弯矩。每层墙体的弯矩按三角形变化，上端弯矩最大，下端为零。

以图 13-12 四层办公楼的第二层墙为例，说明其在竖向荷载作用下内力计算方法。

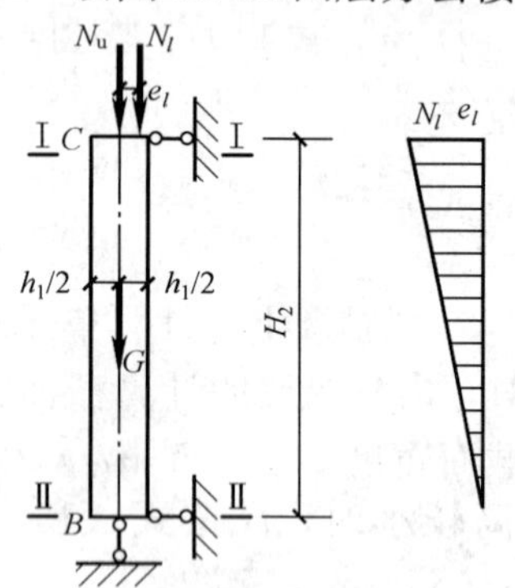

图 13-14　竖向荷载作用下墙体计算简图

第二层墙计算简图如图 13-14 所示，上端Ⅰ—Ⅰ截面内力

$$\left.\begin{aligned} N_{\mathrm{I}} &= N_u + N_l \\ M_{\mathrm{I}} &= N_l e_l \end{aligned}\right\} \tag{13-9}$$

下端Ⅱ—Ⅱ截面内力

$$\left.\begin{aligned} N_{\mathrm{II}} &= N_u + N_l + G \\ M_{\mathrm{II}} &= 0 \end{aligned}\right\} \tag{13-10}$$

式中　N_l——本层墙顶楼盖的梁或板传来的荷载即支承力；

N_u——由上层墙传来的荷载；

e_l——N_l 对本层墙体截面形心线的偏心距；

G——本层墙体自重（包括内外粉刷，门窗自重等）。

N_l 对本层墙体截面形心线的偏心距 e_l 可按下面方式确定：当梁、板支承在墙体上时，有效支承长度为 a_0，由于上部墙体压在梁或板上面阻止其端上翘，使 N_l 作用点内移。《砌体结构设计规范》规定，这时取 N_l 作用在距墙体内边缘 $0.4a_0$ 处，因此 N_l 对墙体截面产生的偏心距 e_l 为

$$e_l = y - 0.4a_0 \tag{13-11}$$

式中　y——墙截面形心到受压最大边缘的距离，对矩形截面墙体，$y=h_1/2$，h_1 为墙厚，如图 13-14 所示；

a_0——梁、板有效支承长度，按前述有关公式计算。

当墙体在一侧加厚时，如图 13-13 底层所示，上下墙形心线间的距离为 $e_u=(h_2-h_1)/2$，h_1、h_2 分别为上下层墙体的厚度。

三、水平荷载作用下的计算

由于风荷载对外墙面相当于横向力作用，所以在水平风荷载作用下，计算简图仍为一竖向连续梁，屋盖、楼盖为连续梁的支承，并假定沿墙高承受均布线荷载 q，如图 13-15 所示，其引起的弯矩可近似按式（13-12）计算

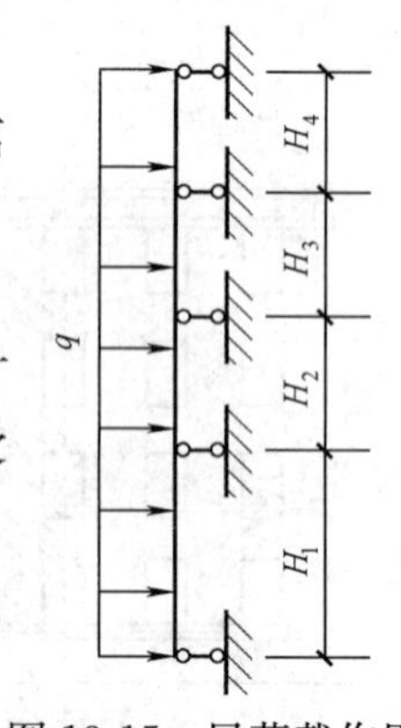

图 13-15　风荷载作用计算简图

$$M = \frac{1}{12}qH_i^2 \tag{13-12}$$

式中　q——沿楼层高均布风荷载设计值，kN/m；

H_i——第 i 层墙高，即第 i 层层高，m。

计算时应考虑左右风，使风荷载作用下计算的弯矩组合值绝对值最大。

当刚性方案多层房屋的外墙符合下列要求时，静力计算可不考虑风荷载的影响：

1）洞口水平截面面积不超过全截面面积的 2/3；

2）层高和总高不超过表 13-4 的规定；

3）屋面自重不小于 0.8kN/m²。

表 13-4　外墙不考虑风荷载影响时的最大高度

基本风压值(kN/m²)	层高(m)	总高(m)
0.4	4.0	28
0.5	4.0	24
0.6	4.0	18
0.7	3.5	18

注　对于多层混凝土砌块房屋，当外墙厚度不小于 190mm，当层高不大于 2.8m，总高不大于 19.6m，基本风压不大于 0.7kN/m² 时，可不考虑风荷载的影响。

四、选择控制截面进行承载力计算

每层墙取两个控制截面，上截面可取墙体顶部位于大梁（或板）底的墙体截面Ⅰ—Ⅰ，该截面承受弯矩 M_{I} 和轴力 N_{I}，因此需进行偏心受压承载力和梁下局部受压承载力验算。下截面可取墙体下部位于大梁（或板）底稍靠上的砌体截面Ⅱ—Ⅱ，底层墙则取基础顶面，该截面轴力 N_{II} 最大，仅考虑竖向荷载时弯矩为零，按轴向受压计算；若需考虑风荷载，则该截面弯矩 $M=\frac{1}{12}qH_i^2$，因此需按偏心受压进行承载力计算。

若 n 层墙体的截面及材料强度等级相同，则只需验算最下一层即可。

当楼面梁支承于墙上时，梁端上下的墙体对梁端转动有一定的约束作用，因而梁端也有一定的约束弯矩。当梁的跨度较小时，约束弯矩可以忽略；但当梁的跨度较大时，约束弯矩不可忽略，约束弯矩将在梁端上下墙体内产生弯矩，使墙体偏心距增大（曾出现过因梁端约束弯矩较大引起的事故），为防止这种情况，《规范》规定：对于梁跨度大于 9m 的墙承重的多层房屋，按上述方法计算时，应考虑梁端约束弯矩的影响。可按梁两端固结计算梁端弯矩，再将其乘以修正系数 γ 后，按墙体线性刚度分到上层墙底部和下层墙顶部，修正系数 γ 可按下式计算：

$$\gamma = 0.2\sqrt{\frac{a}{h}} \tag{13-13}$$

式中　a——梁端实际支承长度；

h——支承墙体的厚度，当上下墙厚不同时取下部墙厚，当有壁柱时取 h_{T}。

此时Ⅱ—Ⅱ截面的弯矩不为零，不考虑风荷载时也应按偏心受压计算。

13.3.3　多层刚性方案房屋承重横墙的计算

在以横墙承重的房屋中，横墙间距较小，纵墙间距（房屋的进深）亦不大，一般情况均属于刚性方案房屋。其承载力计算按下列方法进行。

一、计算单元和计算简图

刚性方案房屋的横墙一般承受屋盖、楼盖中楼板传来的均布线荷载，且很少开设洞口，因此，通常取宽度 $B=1\mathrm{m}$ 的横墙作为计算单元，如图 13-16（a）所示，计算简图为每层横墙视为两端不动铰接的竖向构件，构件的高度为层高。但当顶层为坡屋顶时，则取层高加山尖高度的一半。

横墙承受的荷载也和纵墙一样，但对中间墙则承受两边楼盖传来的竖向力，即 N_u，N_{l1}、N_{l2}、G，如图 13-16（b）所示，其中 N_{l1}、N_{l2} 分别为横墙左、右两侧楼板传来的竖向力。

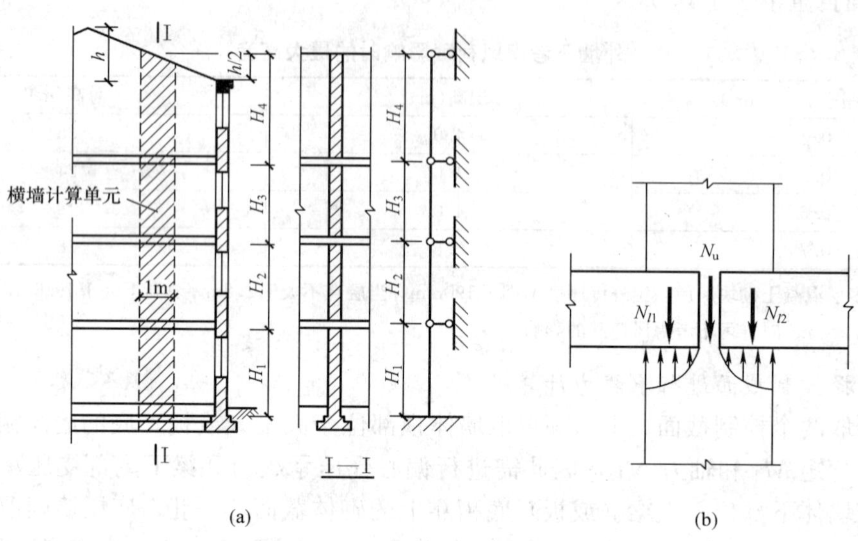

图 13-16 横墙计算简图

二、控制截面的承载力验算

当 $N_{l1}=N_{l2}$ 时，沿整个横墙高度承受轴心压力，横墙的控制截面取该层墙体的底部截面，此处轴力最大。当 $N_{l1}\neq N_{l2}$ 时，顶部截面将产生弯矩，则需验算顶部截面的偏心受压承载力。当墙体支承梁时，还需验算砌体局部受压承载力。

当横墙上有洞口时应考虑洞口削弱的影响。对直接承受风荷载的山墙，其计算方法同纵墙。

【例 13-2】 某三层办公楼，采用混合结构，如图 13-17 所示。砖墙厚 240mm，大梁截面尺寸为 $b\times h=200\text{mm}\times 500\text{mm}$，梁在墙上的支承长度为 240mm，采用 MU10 普通砖和 M7.5 混合砂浆砌筑。屋盖恒荷载的标准值为 4.5kN/m²，活荷载标准值为 0.5kN/m²；楼盖恒荷载的标准值为 2.5kN/m²，活荷载标准值为 2.0kN/m²，窗重 0.3kN/m²，墙双面抹灰重 5.24kN/m²，层高 3.6m。试验算外纵墙和横墙高厚比和承载力。

解 （一）高厚比验算

（1）确定静力计算方案。

最大横墙间距 $s=3.3\times 3=9.9\text{m}<32\text{m}$，查表 13-1 属刚性方案。

（2）外纵墙高厚比验算。

纵墙厚 240mm，高度 $H=3.85+0.65=4.5\text{m}$

$s=9.9\text{m}>2H=2\times 4.5=9\text{m}$，查表 13-2，计算高度 $H_0=1.0H=4.5\text{m}$

砂浆强度等级 M7.5，表 13-3 得允许高厚比 $[\beta]=26$。外墙为承重墙，故 $\mu_1=1.0$

$$\mu_2=1-0.4\frac{b_s}{s}=1-0.4\times\frac{1.5}{3.3}=0.818>0.7$$

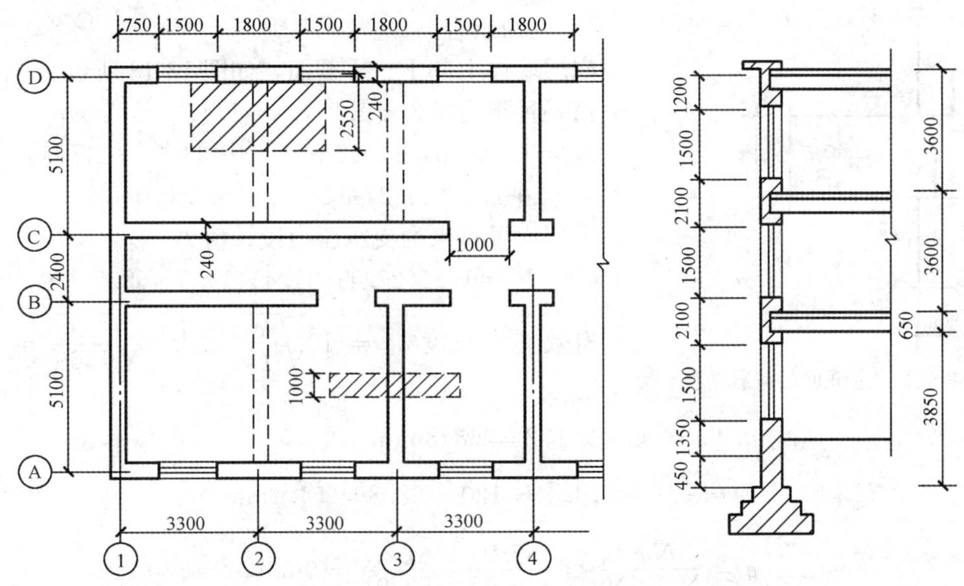

图 13-17　某办公楼的平剖面图

$\beta=\frac{H_0}{h}=\frac{4.5}{0.24}=18.75<\mu_1\mu_2[\beta]=1.0\times0.818\times26=21.27$，满足要求。

由于横墙上未开洞，故只验算底层外纵墙即可。

（二）外纵墙内力计算和截面承载力验算

（1）计算单元。

外纵墙取一个开间为计算单元；根据图 13-17，取图中斜、虚线部分为纵墙计算单元的受荷面积，窗间墙为计算截面。纵墙承载力由外纵墙（A、D 轴线）控制，内纵墙由于洞口的面积较小，不起控制作用，因而不必计算。

（2）控制截面。

墙体截面相同，材料相同，可仅取底层墙体上部Ⅰ—Ⅰ截面和基础顶部Ⅱ—Ⅱ截面进行验算。

（3）各层墙体内力标准值计算。

1）屋面传来荷载。

恒荷载的标准值 $4.5\times3.3\times5.1/2+0.2\times0.5\times25\times5.1/2=44.24\text{kN}$

活荷载的标准值 $0.5\times3.3\times5.1/2=4.21\text{kN}$

2）楼面传来荷载（考虑二、三层楼面活荷载折减系数 0.85）。

恒荷载的标准值 $2.5\times3.3\times5.1/2+0.2\times0.5\times25\times5.1/2=27.41\text{kN}$

活荷载的标准值 $2.0\times3.3\times(5.1/2)\times0.85=14.3\text{kN}$

3）二层以上每层墙体自重及窗重标准值。

$$(3.3\times3.6-1.5\times1.5)\times5.24+1.5\times1.5\times0.3=51.14\text{kN}$$

楼面至大梁底的一段墙重为

$$3.3\times(0.5+0.15)\times5.24=11.24\text{kN}$$

底层墙体自重及窗重标准值

$$(3.3\times3.85-1.5\times1.5)\times5.24+1.5\times1.5\times0.3=55.46\text{kN}$$

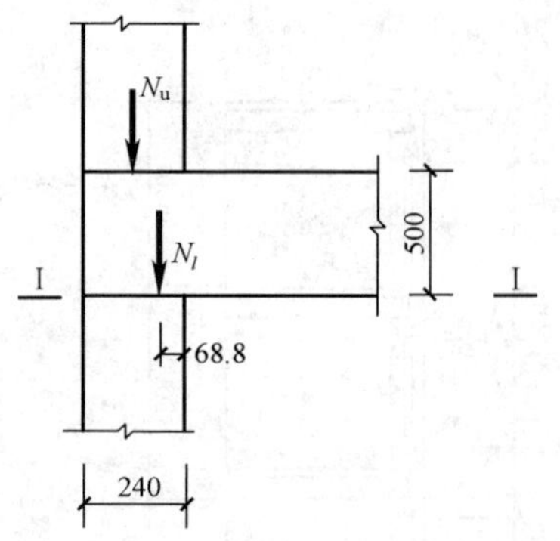

图 13-18 Ⅰ—Ⅰ截面的荷载情况

4）内力组合。

底层墙体上部Ⅰ—Ⅰ截面，如图 13-18 所示。

第一种组合（$\gamma_G=1.2$，$\gamma_Q=1.4$）

$$N_u=1.2\times(51.14\times2+11.24+44.24+27.41)+1.4\times(4.21+14.3)=248.12\text{kN}$$

本层大梁传来的支承压力设计值为

$$N_l=1.2\times27.41+1.4\times14.3=52.91\text{kN}$$

有效支承长度 $a_0=10\sqrt{\dfrac{h}{f}}=10\times\sqrt{\dfrac{500}{1.69}}=172\text{mm}<240\text{mm}$

$$0.4a_0=0.4\times172=68.8\text{mm}$$

$$e_l=\frac{240}{2}-0.4a_0=120-68.8=51.2\text{mm}$$

$$e=\frac{N_le_l}{N_u+N_l}=\frac{52.91\times51.2}{248.12+52.91}=9\text{mm}$$

第二种组合（$\gamma_G=1.35$，$\gamma_Q=1.4$，$\psi_c=0.7$）

$$N_u=1.35\times(51.14\times2+11.24+44.24+27.41)+1.4\times0.7\times(4.21+14.3)=268.11\text{kN}$$

本层大梁传来的支承压力设计值为

$$N_l=1.35\times27.41+1.4\times0.7\times14.3=51.02\text{kN}$$

$$e=\frac{N_le_l}{N_u+N_l}=\frac{51.02\times51.2}{268.11+51.02}=8.19\text{mm}$$

基础顶部Ⅱ—Ⅱ截面

第一种组合

$$N=1.2\times55.46+248.12+52.91=367.58\text{kN}$$

第二种组合

$$N=1.35\times55.46+268.11+51.02=394\ \text{kN}$$

所以，取 $N=394\text{kN}$

5）截面承载力验算。

底层墙体上部Ⅰ—Ⅰ截面（$A=1800\times240=432\,000\text{mm}^2$，$f=1.69\text{MPa}$）

第一种组合

$\dfrac{e}{h}=\dfrac{9}{240}=0.038$　$\beta=\dfrac{H_0}{h}=\dfrac{4.5}{0.24}=18.75$　查附录 3 附表 3.1 得 $\varphi=0.577$

$\varphi fA=0.577\times1.69\times432\,000=421.26\times10^3\text{N}=421.26\text{kN}>N_u+N_l=248.12+52.91=301.03\text{kN}$，满足要求。

第二种组合

$\dfrac{e}{h}=\dfrac{8.19}{240}=0.034$　$\beta=18.75$　查附录 3 附表 3.1 得 $\varphi=0.584$

$\varphi fA=0.584\times1.69\times432\,000=426.37\times10^3\text{N}=426.37\text{kN}>N_u+N_l=268.11+51.02=319.13\text{kN}$，满足要求。

基础顶部Ⅱ—Ⅱ截面

$e=0$，$\beta=18.75$，查附录 3 附表 3.1 得 $\varphi=0.651$

$\varphi fA=0.651\times1.69\times432\,000=475.28\times10^3\text{N}=475.28\text{kN}>N=394\text{kN}$，满足要求。

6）大梁下局部受压承载力验算。

砌体的局部受压面积 $A_l=a_0\times b=0.172\times0.2=0.034\,4\text{m}^2$

影响砌体抗压强度的计算面积 $A_0=0.24\times(0.2+0.24\times2)=0.163\,2\text{m}^2$

$\dfrac{A_0}{A_l}=\dfrac{0.163\,2}{0.034\,4}=4.74>3$，取 $\psi=0$

$$\eta=0.7,\ \gamma=1+0.35\sqrt{\frac{A_0}{A_l}-1}=1+0.35\sqrt{\frac{0.163\,2}{0.034\,4}-1}=1.68<2.0$$

$\eta\gamma fA_l=0.7\times1.68\times1.69\times0.034\,4\times10^6=68.37\times10^3\text{N}=68.37\text{kN}>N_l=52.91\text{kN}$

满足要求。

三、横墙内力计算和截面承载力验算

取 1m 宽墙体作为计算单元，沿纵向取 3.3m 为受荷宽度，计算截面面积 $A=0.24\times1=0.24\text{m}^2$，由于房屋开间、荷载均相同，因此近似按轴心受压验算。

基础顶部Ⅱ—Ⅱ截面（考虑二、三层楼面活荷载折减系数 0.85）

第一种组合

$$\begin{aligned}N&=1.2\times(1\times3.6\times5.24\times2+1\times4.5\times5.24+1\times3.3\times4.5+1\times3.3\times2.5\times2)\\&\quad+1.4\times(1\times3.3\times0.5+0.85\times1\times3.3\times2\times2)\\&=111.19+18.02=129.21\text{kN}\end{aligned}$$

第二种组合

$$\begin{aligned}N&=1.35\times(1\times3.6\times5.24\times2+1\times4.5\times5.24+1\times3.3\times4.5+1\times3.3\times2.5\times2)\\&\quad+1.4\times0.7(1\times3.3\times0.5+0.85\times1\times3.3\times2\times2)\\&=125.09+12.61=137.7\text{kN}\end{aligned}$$

所以，取 $N=137.7$ kN

$e=0$，底层 $H=4.5\text{m}$，纵墙间距 $s=5.1\text{m}$，所以 $H<s<2H$，查表 13-2，计算高度 $H_0=0.4s+0.2H=0.4\times5.1+0.2\times4.5=2.94\text{m}$，$\beta=\gamma_\beta H_0/h=1.0\times2.94/0.24=12.25$，查附录 3 附表 3.1 得 $\varphi=0.814$。

$\varphi fA=0.814\times1.69\times0.24\times10^6=330.16\times10^3N=330.16\text{kN}>N=137.7\text{kN}$，满足要求。

13.4　墙柱的基本构造措施

13.4.1　一般构造要求

设计砌体结构房屋时，除进行墙、柱的承载力计算和高厚比的验算外，尚应满足下列一般构造要求：

（1）预制钢筋混凝土板在混凝土圈梁上的支承长度不应小于 80mm，板端伸出的钢筋应与圈梁可靠连接，且同时浇筑；预制钢筋混凝土板在墙上的支承长度不应小于 100mm，并应按下列方法进行连接：

1）板支承于内墙时，板端钢筋伸出长度不应小于 70mm，且与支座处沿墙配置的纵筋绑扎，用强度等级不应低于 C25 的混凝土浇筑成板带；

2）板支承于外墙时，板端钢筋伸出长度不应小于 100mm，且与支座处沿墙配置的纵筋绑扎，并用强度等级不应低于 C25 的混凝土浇筑成板带；

3）预制钢筋混凝土板与现浇板对接时，预制板钢筋应伸入现浇板中进行连接后，再浇筑现浇板。

（2）墙体转角处和纵横墙交接处应沿竖向每隔 400～500mm 设拉结钢筋，其数量为每 120mm 墙厚不少于 1 根直径 6mm 的钢筋；或采用焊接钢筋网片，埋入长度从墙的转角或交接处算起，对实心砖墙每边不小于 500mm，对多孔砖墙和砌块墙不小于 700mm。

（3）填充墙、隔墙应分别采取措施与周边主体结构构件可靠连接，连接构造和嵌缝材料应能满足传力、变形、耐久和防护要求。

（4）在砌体中留槽洞及埋设管道时，应遵守下列规定：

1）不应在截面长边小于 500mm 的承重墙体、独立柱内埋设管线；

2）不宜在墙体中穿行暗线或预留、开凿沟槽，无法避免时应采取必要的措施或按削弱后的截面验算墙体的承载力。

对受力较小或未灌孔的砌块砌体，允许在墙体的竖向孔洞中设置管线。

（5）承重的独立砖柱截面尺寸不应小于 240mm×370mm。毛石墙的厚度不宜小于 350mm，毛料石柱较小边长不宜小于 400mm。当有振动荷载时，墙、柱不宜采用毛石砌体。

（6）支承在墙、柱上的吊车梁、屋架及跨度大于或等于下列数值的预制梁的端部，应采用锚固件与墙、柱上的垫块锚固：

1）对砖砌体为 9m；

2）对砌块和料石砌体为 7.2m。

（7）跨度大于 6m 的屋架和跨度大于下列数值的梁，应在支承处砌体上设置混凝土或钢筋混凝土垫块；当墙中设有圈梁时，垫块与圈梁宜浇成整体。

1）对砖砌体为 4.8m；

2）对砌块和料石砌体为 4.2m；

3）对毛石砌体为 3.9m。

（8）当梁跨度大于或等于下列数值时，其支承处宜加设壁柱，或采取其他加强措施：

1）对 240mm 厚的砖墙为 6m；对 180mm 厚的砖墙为 4.8m；

2）对砌块、料石墙为 4.8m。

（9）山墙处的壁柱或构造柱宜砌至山墙顶部，且屋面构件应与山墙可靠拉接。

（10）砌块砌体应分皮错缝搭砌，上下皮搭砌长度不得小于 90mm。当搭砌长度不满足上述要求时，应在水平灰缝内设置不少于 2 根直径不小于 4mm 的焊接钢筋网片（横向钢筋的间距不应大于 200mm），网片每端应伸出该垂直缝不小于 300mm。

（11）砌块墙与后砌隔墙交接处，应沿墙高每 400mm 在水平灰缝内设置不少于 2 根直径不小于 4mm、横筋间距不应大于 200mm 的焊接钢筋网片，如图 13-19 所示。

（12）混凝土砌块房屋，宜将纵横墙交接处，距墙中心线每边不小于 300mm 范围内的孔洞，采用不低于 Cb20 混凝土沿全墙高灌实。

（13）混凝土砌块墙体的下列部位，如未设圈梁或混凝土垫块，应采用不低于 Cb20 混凝土将孔洞灌实：

1）搁栅、檩条和钢筋混凝土楼板的支承面下，高度不应小于 200mm 的砌体；

2）屋架、梁等构件的支承面下，长度不应小于 600mm，高度不应小于 600mm 的砌体；

3）挑梁支承面下，距墙中心线每边不应小于 300mm，高度不应小于 600mm 的砌体。

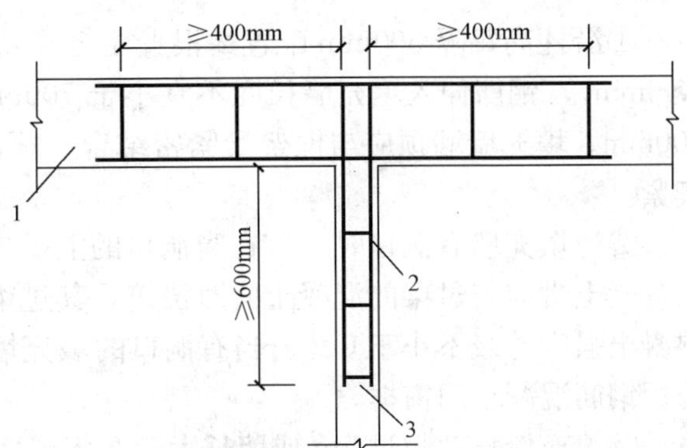

图 13-19　砌块墙与后砌隔墙交接处钢筋网片
1—砌块墙；2—焊接钢筋网片；3—后砌隔墙

13.4.2　框架填充墙

（1）框架填充墙墙体除应满足稳定要求外，尚应考虑水平风荷载及地震作用的影响。地震作用可按现行国家标准 GB 50011《建筑抗震设计规范》中非结构构件的规定计算。

（2）在正常使用和正常维护的条件下，填充墙的使用年限宜于主体结构相同，结构的安全等级可按二级考虑。

（3）填充墙的构造设计，应符合下列规定：

1）填充墙宜选用轻质块体材料，其强度等级应符合规范的有关规定；

2）填充墙砌筑砂浆的强度等级不宜低于 M5（Mb5、Ms5）；

3）填充墙墙体墙厚不应小于 90mm；

4）用于填充墙的夹心复合砌块，其两肢块体之间应有拉结。

（4）填充墙与框架的连接，可根据设计要求采用脱开或不脱开方法。有抗震设防要求时宜采用填充墙与框架脱开的方法。

1）当填充墙与框架采用脱开的方法时，宜符合下列规定：

①填充墙两端与框架柱，填充墙顶面与框架梁之间留出不小于 20mm 的间隙。

②填充墙端部应设置构造柱，柱间距宜不大于 20 倍墙厚且不大于 4000mm，柱宽度不小于 100mm。柱竖向钢筋不宜小于 $\phi 10$，箍筋宜为 $\phi^R 5$，竖向间距不宜大于 400mm。竖向钢筋与框架梁或其挑出部分的预埋件或预留钢筋连接，绑扎接头时不小于 $30d$，焊接时（单面焊）不小于 $10d$（d 为钢筋直径）。柱顶与框架梁（板）应预留不小于 15mm 的缝隙，用硅酮胶或其他弹性密封材料封缝。当填充墙有宽度大于 2100mm 的洞口时，洞口两侧应加设宽度不小于 50mm 的单筋混凝土柱。

③填充墙两端宜卡入设在梁、板底及柱侧的卡口铁件内，墙侧卡口板的竖向间距不宜大于 500mm，墙顶卡口板的水平间距不宜大于 1500mm。

④墙体高度超过 4m 时宜在墙高中部设置与柱连通的水平系梁。水平系梁的截面高度不小于 60mm。填充墙高不宜大于 6m。

⑤填充墙与框架柱、梁的缝隙可采用聚苯乙烯泡沫塑料板条或聚氨酯发泡材料充填，并用硅酮胶或其他弹性密封材料封缝。

⑥所有连接用钢筋、金属配件、铁件、预埋件等均应作防腐防锈处理，并应符合耐久性的规定。嵌缝材料应能满足变形和防护要求。

2）当填充墙与框架采用不脱开的方法时，宜符合下列规定：

①沿柱高每隔 500mm 配置 2 根直径 6mm 的拉结钢筋（墙厚大于 240mm 时配置 3 根直径 6mm），钢筋伸入填充墙长度不宜小于 700mm，且拉结钢筋应错开截断，相距不宜小于 200mm。填充墙墙顶应与框架梁紧密结合。顶面与上部结构接触处宜用一皮砖或配砖斜砌楔紧。

②当填充墙有洞口时，宜在窗洞口的上端或下端、门洞口的上端设置钢筋混凝土带，钢筋混凝土带应与过梁的混凝土同时浇筑，其过梁的断面及配筋由设计确定。钢筋混凝土带的混凝土强度等级不小于 C20。当有洞口的填充墙尽端至门窗洞口边距离小于 240mm 时，宜采用钢筋混凝土门窗框。

③填充墙长度超过 5m 或墙长大于 2 倍层高时，墙顶与梁宜有拉接措施，墙体中部应加设构造柱；墙高度超过 4m 时宜在墙高中部设置与柱连接的水平系梁，墙高超过 6m 时，宜沿墙高每 2m 设置与柱连接的水平系梁，梁的截面高度不小于 60mm。

13.4.3 夹心墙

（1）夹心墙的夹层厚度，不宜大于 120mm。

（2）外叶墙的砖及混凝土砌块的强度等级，不应低于 MU10。

（3）夹心墙的有效面积，应取承重或主叶墙的面积。高厚比验算时，夹心墙的有效厚度，按下式计算：

$$h_l = \sqrt{h_1^2 + h_2^2} \tag{13-14}$$

式中 h_l ——夹心复合墙的有效厚度；

h_1、h_2 ——分别为内、外叶墙的厚度。

（4）夹心墙外叶墙的最大横向支承间距，宜按下列规定采用：设防烈度为 6 度时不宜大于 9m，7 度时不宜大于 6m，8、9 度时不宜大于 3m。

（5）夹心墙的内、外叶墙，应有拉结件可靠拉结，拉结件宜符合下列规定：

1）当采用环行拉结件时，钢筋直径不应小于 4mm，当为 Z 形拉结件时，钢筋直径不应小于 6mm，拉结件应沿竖向梅花形布置，拉结件的水平和竖向最大间距分别不宜大于 800mm 和 600mm，对有振动或有抗震设防要求时，其水平和竖向最大间距分别不宜大于 800mm 和 400mm。

2）当采用可调拉结件时，钢筋直径不应小于 4mm，拉结件的水平和竖向最大间距均不宜大于 400mm。叶墙间灰缝的高差不大于 3mm，可调拉结件中孔眼和扣钉间的公差不大于 1.5mm。

3）当采用钢筋网片作拉结件时，网片横向钢筋的直径不应小于 4mm，其间距不应大于 400mm；网片的竖向间距不宜大于 600mm，对有振动或有抗震设防要求时，不宜大于 400mm。

4）拉结件在叶墙上的搁置长度，不应小于叶墙厚度的 2/3，并不应小于 60mm。

5）门窗洞口周边 300mm 范围内应附加间距不大于 600mm 的拉结件。

（6）夹心墙拉结件或网片的选择与设置，应符合下列规定：

1）夹心墙宜用不锈钢拉结件。拉结件用钢筋制作或采用钢筋网片，应先进行防腐处理，并应符合耐久性的有关规定。

2）非抗震设防地区的多层房屋，或风荷载较小地区的高层的夹心墙可采用环形或 Z 形拉结件；风荷载较大地区的高层建筑房屋宜采用焊接钢筋网片。

3）抗震设防地区的砌体房屋（含高层建筑房屋）夹心墙应采用焊接钢筋网作为拉结件。焊接网应沿夹心墙连续通长设置，外叶墙至少有一根纵向钢筋。钢筋网片可计入内叶墙的配筋率，其搭接与锚固长度应符合有关规范的规定。

4）可调节拉结件宜用于多层房屋的夹心墙，其竖向和水平间距均不应大于 400mm。

13.4.4　防止或减轻墙体开裂的措施

引起墙体开裂的一种因素是温度变形和收缩变形。当气温变化或材料收缩时，钢筋混凝土屋盖、楼盖和砖墙由于线膨胀系数和收缩率的不同，将产生各自不同的变形，而引起彼此的约束作用而产生应力。当温度升高时，由于钢筋混凝土温度变形大，砖砌体温度变形小，砖墙阻碍了屋盖或楼盖的伸长，必然在屋盖和楼盖中引起压应力和剪应力，在墙体中引起拉应力和剪应力，当墙体中的主拉应力超过砌体的抗拉强度时，将产生斜裂缝。反之，当温度降低或钢筋混凝土收缩时，将在砖墙中引起压应力和剪应力，在屋盖或楼盖中引起拉应力和剪应力，当主拉应力超过混凝土的抗拉强度时，在屋盖或楼盖中将出现裂缝。采用钢筋混凝土屋盖或楼盖的砌体结构房屋的顶层墙体常出现裂缝，如内外纵墙和横墙的八字裂缝，沿屋盖支承面的包角裂缝和水平裂缝以及女儿墙水平裂缝等就是上述原因产生的。

地基产生过大的不均匀沉降，也是造成墙体开裂的一种原因。当地基为均匀分布的软土，而房屋长高比较大时，或地基土层分布不均匀、土质差别很大时，或房屋体型复杂或高差较大时，都有可能产生过大的不均匀沉降，从而使墙体产生附加应力。当不均匀沉降在墙体内引起的拉应力和剪应力一旦超过墙体的强度时，就会产生裂缝。

（1）为了防止或减轻房屋在正常使用条件下，由温差和砌体干缩引起的墙体竖向裂缝，应在墙体中设置伸缩缝。伸缩缝应设在因温度和收缩变形引起应力集中、砌体产生裂缝可能性最大处。伸缩缝的间距可按表 13-5 采用。

表 13-5　砌体房屋伸缩缝的最大间距　　m

屋盖或楼盖类别		间　距
整体式或装配整体式钢筋混凝土结构	有保温层或隔热层的屋盖、楼盖	50
	无保温层或隔热层的屋盖	40
装配式无檩体系钢筋混凝土结构	有保温层或隔热层的屋盖、楼盖	60
	无保温层或隔热层的屋盖	50
装配式有檩体系钢筋混凝土结构	有保温层或隔热层的屋盖	75
	无保温层或隔热层的屋盖	60
瓦材屋盖、木屋盖或楼盖、轻钢屋盖		100

注　1. 对烧结普通砖、烧结多孔砖、配筋砌块砌体房屋，取表中数值；对石砌体、蒸压灰砂普通砖、蒸压粉煤灰普通砖、混凝土砌块、混凝土普通砖和混凝土多孔砖房屋，取表中数值乘以 0.8 的系数。当墙体有可靠外保温措施时，其间距可取表中数值。
2. 在钢筋混凝土屋面上挂瓦的屋盖应按钢筋混凝土屋盖采用。
3. 层高大于 5m 的烧结普通砖、烧结多孔砖、配筋砌块砌体结构单层房屋，其伸缩缝间距可按表中数值乘以 1.3。
4. 温差较大且变化频繁地区和严寒地区不采暖的房屋及构筑物墙体的伸缩缝的最大间距，应按表中数值予以适当减小。
5. 墙体的伸缩缝应与结构的其他变形缝相重合，缝宽度应满足各种变形缝的变形要求；在进行立面处理时，必须保证缝隙的变形作用。

（2）为防止或减轻房屋顶层墙体的裂缝，宜根据情况采取下列措施：

1）屋面应设置保温、隔热层；

2）屋面保温（隔热）层或屋面刚性面层及砂浆找平层应设置分隔缝，分隔缝间距不宜大于 6m，其缝宽不小于 30mm，并与女儿墙隔开；

3）采用装配式有檩体系钢筋混凝土屋盖和瓦材屋盖；

4）顶层屋面板下设置现浇钢筋混凝土圈梁，并沿内外墙拉通，房屋两端圈梁下的墙体内宜设置水平钢筋；

5）顶层墙体有门窗等洞口时，在过梁上的水平灰缝内设置 2～3 道焊接钢筋网片或 2 根直径 6mm 的钢筋，焊接钢筋网片或钢筋应洞口两端墙内不小于 600mm；

6）顶层及女儿墙砂浆强度等级不低于 M7.5（Mb7.5、Ms7.5）；

7）女儿墙应设置构造柱，构造柱间距不宜大于4m，构造柱应伸至女儿墙顶并与现浇钢筋混凝土压顶整浇在一起；

8）对顶层墙体施加竖向预应力。

（3）为防止或减轻房屋底层墙体的裂缝，宜根据情况采取下列措施：

1）增大基础圈梁的刚度；

2）在底层的窗台下墙体灰缝内设置 3 道焊接钢筋网片或 2 根直径 6mm 钢筋，并应伸入两边窗间墙内不小于 600mm。

（4）在每层门、窗过梁上方的水平灰缝内及窗台下第一和第二道水平灰缝内，宜设置焊接钢筋网片或 2 根直径 6mm 的钢筋，焊接钢筋网片或钢筋应伸入两边窗间墙内不小于 600mm。当墙长大于 5m 时，宜在每层墙高度中部设置 2～3 道焊接钢筋网片或 3 根直径 6mm 的通长水平钢筋，竖向间距为 500mm。

（5）房屋两端和底层第一、第二开间门窗洞处，可采用下列措施：

1）在门窗洞口两边墙体的水平灰缝中，设置长度不小于 900mm、竖向间距为 400mm 的 2 根直径 4mm 的焊接钢筋网片；

2）在顶层和底层设置通长钢筋混凝土窗台梁，窗台梁高宜为块材高度的模数，梁内纵筋不少于 4 根，直径不小于 10mm，箍筋直径不小于 6mm，间距不大于 200mm，混凝土强度等级不低于 C20；

3）在混凝土砌块房屋门窗洞口两侧不少于一个洞口中设置直径不小于 12mm 的竖向钢筋，竖向钢筋应在楼层圈梁或基础内锚固，孔洞用不低于 Cb20 混凝土灌实。

（6）填充墙砌体与梁、柱或混凝土墙体结合的界面处（包括内、外墙），宜在粉刷前设置钢丝网片，网片宽度可取 400mm，并沿界面缝两侧各延伸 200mm，或采取其他有效的防裂、盖缝措施。

（7）当房屋刚度较大时，可在窗台下或窗台角处墙体内、在墙体高度或厚度突然变化处设置竖向控制缝。竖向控制缝宽度不宜小于 25mm，缝内填以压缩性能好的填充材料，且外部用密封材料密封，并采用不吸水的、闭孔发泡聚乙烯实心圆棒（背衬）作为密封膏的隔离物，如图 13-20所示。

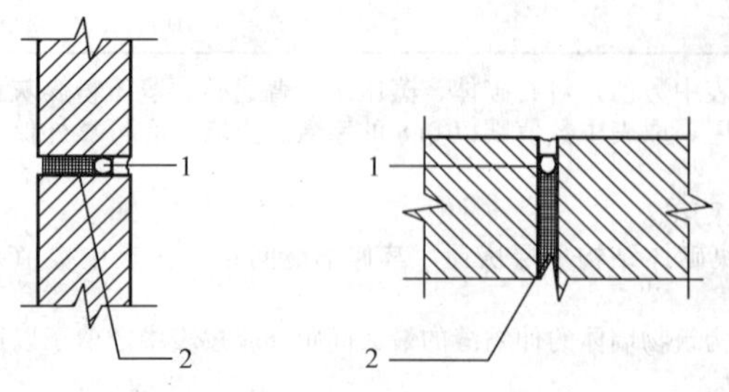

图 13-20　控制缝构造
1—用不吸水的、闭孔发泡聚乙烯实心圆棒；
2—柔软、可压缩的填充物

（8）夹心复合墙的外叶墙宜在建筑墙体适当部位设置控制缝，其间距宜为 6～8m。

13.5　过梁、圈梁和构造柱

13.5.1　过梁

一、过梁的分类及应用范围

设置在门窗洞口顶部承受洞口上部一定范围内荷载的梁称为过梁。常用的过梁有钢筋混凝土过梁和砖砌过梁两类，如图 13-21 所示。砖砌过梁按其构造不同又分为钢筋砖过梁和砖砌平拱等形式。

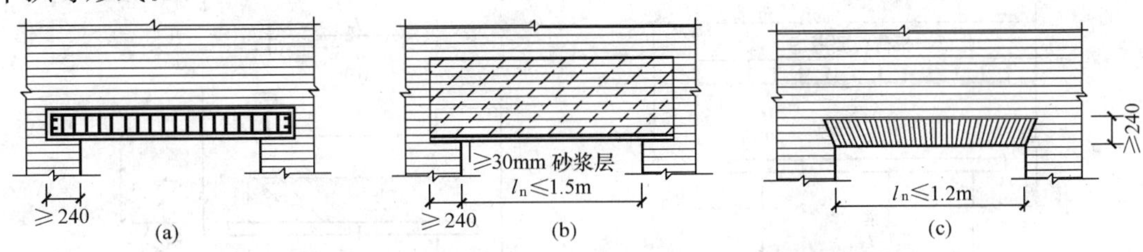

图 13-21　过梁的分类

（a）钢筋混凝土过梁；（b）钢筋砖过梁；（c）砖砌平拱

砖砌过梁延性较差，对振动荷载和地基不均匀沉降反应敏感，跨度也不宜过大。因此，对有较大振动荷载或可能产生不均匀沉降的房屋，或当门窗洞口宽度较大时，应采用钢筋混凝土过梁。《砌体结构设计规范》规定：砖砌过梁的跨度，对钢筋砖过梁不应超过 1.5m，对砖砌平拱不应超过 1.2m。砖砌过梁截面计算高度内砖的强度等级不应低于 MU10，砂浆强度等级不宜低于 M5；砖砌平拱用竖砖砌筑部分的高度不应小于 240mm；钢筋砖过梁底面砂浆层处的钢筋，其直径不应小于 5mm，间距不宜大于 120mm，钢筋伸入支座砌体内的长度不宜小于 240mm，砂浆层的厚度不宜小于 30mm。

二、过梁上的荷载

过梁上的荷载有两种：一种是仅承受墙体荷载；另一种是除承受墙体荷载外，还承受过梁上梁板传来的荷载。试验表明，当过梁上的砖砌体采用水泥混合砂浆砌筑，砖的强度较高时，砌筑的高度接近宽度的一半，跨中挠度的增量将明显减小。此时，过梁上砌体的当量荷载相当于高度等于跨度 1/3 的砌体自重。这是由于砌体砂浆随时间增长而逐渐硬化，参加工作的砌体高度不断增加，使砌体的组合作用不断增强。试验还表明，当在砖砌体高度等于跨度的 0.8 倍左右位置处施加外荷载时，过梁挠度变化极微。可以认为，在高度等于或大于跨度的砌体上施加荷载时，梁板荷载并不由过梁承担。为了简化计算，《砌体结构设计规范》规定过梁的荷载应按下列规定采用。

（一）梁、板荷载

对砖和小型砌块砌体，当梁、板下的墙体高度 $h_w < l_n$ 时，应计入梁、板传来的荷载。当梁、板下的墙体高度 $h_w \geqslant l_n$ 时，可不考虑梁、板荷载，如图 13-22（a）所示。

（二）墙体荷载

（1）对砖砌体，当过梁上的墙体高度 $h_w < l_n/3$ 时（l_n 为过梁的净跨），应按墙体的均布自重采用。当墙体高度 $h_w \geqslant l_n/3$ 时，应按高度为 $l_n/3$ 墙体的均布自重采用，如图 13-22

(b)、(c) 所示。

(2) 对混凝土砌块砌体，当过梁上的墙体高度 $h_w < l_n/2$ 时，应按墙体的均布自重采用。当墙体高度 $h_w \geqslant l_n/2$ 时，应按高度为 $l_n/2$ 墙体的均布自重采用，如图 13-22 (b)、(c) 所示。

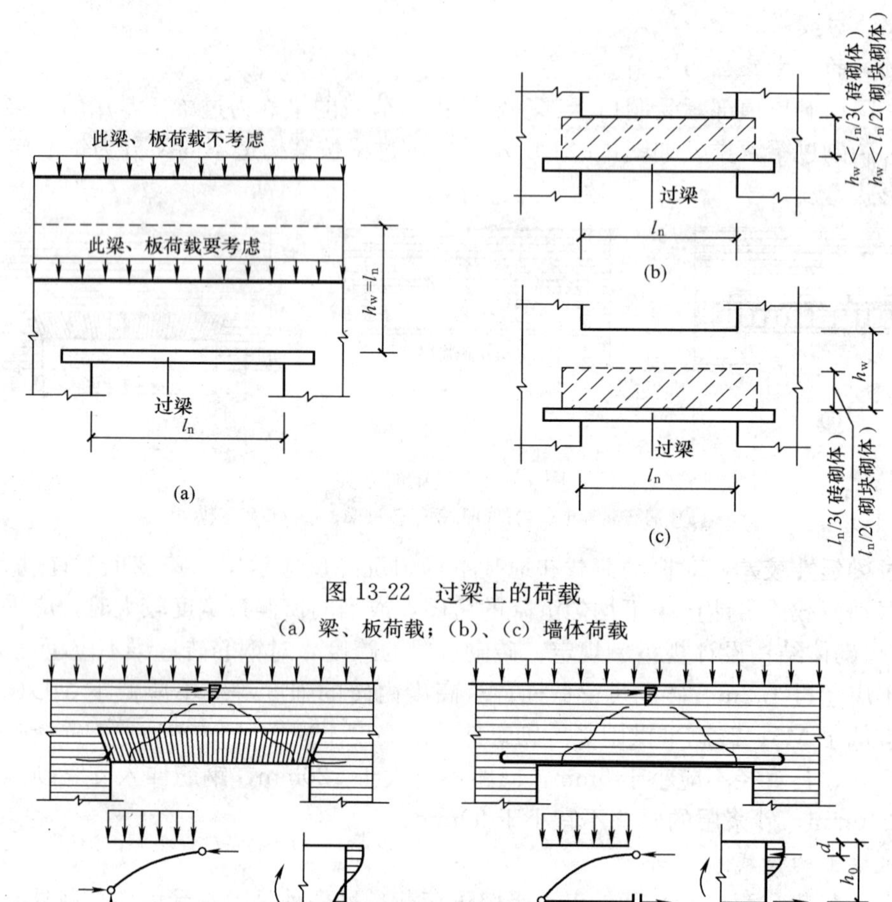

图 13-22 过梁上的荷载

(a) 梁、板荷载；(b)、(c) 墙体荷载

图 13-23 砖砌过梁的破坏特征

(a) 砖砌平拱；(b) 钢筋砖过梁

三、过梁的计算

如图 13-23 所示的砖砌过梁，当竖向荷载较小时，与受弯构件受力一样，上部受压，下部受拉。随着荷载的不断增加，当跨中竖向截面的拉应力或支座斜截面的主拉应力超过砌体的抗拉强度时，将先后在跨中出现竖向裂缝，在支座处出现阶梯形斜裂缝。这两种裂缝出现后，对于砖砌平拱过梁将形成由两侧支座水平推力来维持平衡的三铰拱，如图 13-23 (a) 所示。对于钢筋砖过梁将形成有钢筋承受拉力的有拉杆三铰拱，如图 13-23 (b) 所示。过梁破坏主要有：过梁跨中截面因受弯承载力不足而破坏；过梁支座附近截面因受剪承载力不足，沿灰缝产生 45°方向的阶梯形裂缝扩展而破坏；外墙端部因端部墙体宽度不够，引起水平灰缝的受剪承载力不足而发生支座滑动破坏。

（一）砖砌平拱的计算

根据过梁的工作特征和破坏形态，砖砌平拱过梁应进行跨中正截面的受弯承载力和支座斜截面的受剪承载力计算。

跨中正截面受弯承载力按式（12-20）计算，砌体的弯曲抗拉强度设计值 f_{tm} 采用沿齿缝截面的弯曲抗拉强度值。

支座截面的受剪承载力按式（12-21）计算。

（二）钢筋砖过梁的计算

根据过梁的工作特征和破坏形态，钢筋砖过梁应进行跨中正截面受弯承载力和支座斜截面受剪承载力计算。

（1）受弯承载力按下列公式计算

$$M \leqslant 0.85 h_0 f_y A_s \tag{13-15}$$

式中　M——按简支梁计算的跨中弯矩设计值。

f_y——受拉钢筋的抗拉强度设计值。

A_s——受拉钢筋的截面面积。

h_0——过梁截面的有效高度，$h_0 = h - a_s$。

h——过梁的截面计算高度，取过梁底面以上的墙体高度，但不大于 $l_n/3$；当考虑梁、板传来的荷载时，则按梁、板下的高度采用。

a_s——受拉钢筋重心至截面下边缘的距离。

（2）钢筋砖过梁的受剪承载力仍按式（12-21）计算。

（三）钢筋混凝土过梁

钢筋混凝土过梁承载力，应按钢筋混凝土受弯构件计算。验算过梁下砌体局部受压承载力时，可不考虑上层荷载的影响，其 $\psi=0$；梁端底面压应力图形完整系数可取 $\eta=1.0$，梁端有效支承长度可取实际支承长度，但不应大于墙厚。

【例 13-3】　已知砖砌平拱过梁净跨 $l_n=1.2$m，墙厚 240mm，过梁构造高度为 240mm，采用 MU10 普通砖和 M5 混合砂浆砌筑。求该过梁所能承受的均布荷载设计值。

解　查表 11-9 得 $f_{tm}=0.23\text{N/mm}^2$，$f_v=0.11\text{N/mm}^2$

平拱过梁计算高度　$h = \dfrac{l_n}{3} = \dfrac{1.2}{3} = 0.4\text{m}$

受弯承载力为 $f_{tm}W = 0.23 \times \dfrac{1}{6} \times 240 \times 400^2 = 1\,472\,000\text{N}\cdot\text{mm}$

平拱的允许均布荷载设计值　$q_1 = \dfrac{8 f_{tm} W}{l_n^2} = \dfrac{8 \times 1\,472\,000 \times 10^{-6}}{1.2^2} = 8.18\text{kN/m}$

受剪承载力为　$z = \dfrac{2}{3} h = \dfrac{2}{3} \times 400 = 267\text{mm}$

$$f_v b z = 0.11 \times 240 \times 267 = 7049\text{N} = 7.049\text{kN}$$

其允许均布荷载设计值　$q_2 = \dfrac{2 f_v b z}{l_n} = \dfrac{2 \times 7.049}{1.2} = 11.75\text{kN/m}$

取 q_1 和 q_2 中的较小值，则 $q=8.18\text{kN/m}$。

13.5.2　圈梁

在房屋的檐口、窗顶、楼层、吊车梁顶或基础顶面标高处，沿砌体墙水平方向设置封闭状的按构造配筋的混凝土梁式构件，称为圈梁。位于房屋±0.000 以下基础顶面处设置的圈梁，称为地圈梁或基础圈梁。位于房屋檐口处的圈梁，称为檐口圈梁。

在房屋的墙体中设置圈梁，可以增强房屋的整体性和空间刚度，防止由于地基的不均匀沉降或较大振动荷载等对房屋引起的不利影响。

一、圈梁的设置

圈梁的设置通常根据房屋类型、层数、所受的振动荷载、地基情况等条件来决定圈梁设置的位置和数量。当房屋发生不均匀沉降时，墙体沿纵向发生弯曲。若将墙体比拟成钢筋混凝土梁，圈梁就成了其中的钢筋，砌体就成了砌筑的混凝土。因此设置在基础顶面和檐口部位的圈梁抵抗不均匀沉降的作用最为有效。当房屋中部沉降较两端大时，位于纵向基础顶面的圈梁受拉，其作用较大。当房屋两端沉降较中部大时，位于房屋纵向檐口部位的圈梁受拉，其作用较大。

《砌体结构设计规范》对在墙体中设置钢筋混凝土圈梁作如下规定：

（1）车间、仓库、食堂等空旷的单层房屋应按下列规定设置圈梁：

1）砖砌体房屋，檐口标高为5～8m时，应在檐口标高处设置圈梁一道，檐口标高大于8m时，应增加设置数量；

2）砌块及料石砌体房屋，檐口标高为4～5m时，应在檐口标高处设置圈梁一道，檐口标高大于5m时，应增加设置数量；

3）对有吊车或较大振动设备的单层工业房屋，当未采用有效地隔振措施时，除在檐口或窗顶标高处设置现浇混凝土圈梁外，尚应增加设置数量。

（2）多层工业与民用建筑应按下列规定设置圈梁：

1）住宅、办公楼等多层砌体结构民用房屋，且层数为3～4层时，应在底层和檐口标高处各设置一道圈梁。当层数超过4层时，除应在底层和檐口标高处各设置一道圈梁外，至少应在所有纵、横墙上隔层设置；

2）多层砌体工业房屋，应每层设置现浇钢筋混凝土圈梁；

3）设置墙梁的多层砌体结构房屋，应在托梁、墙梁顶面和檐口标高处设置现浇钢筋混凝土圈梁；

4）采用现浇混凝土楼（屋）盖的多层砌体结构房屋，当层数超过5层时，除应在檐口标高处设置一道圈梁外，可隔层设置圈梁，并应与楼（屋）面板一起现浇。未设置圈梁的楼面板嵌入墙内的长度不应小于120mm，应沿墙长配置不少于2根直径为10mm的纵向钢筋。

（3）建筑在软弱地基或不均匀地基上的砌体结构房屋，除按上述规定设置圈梁外，尚应符合现行国家标准GB 50007—2011《建筑地基基础设计规范》的有关规定。

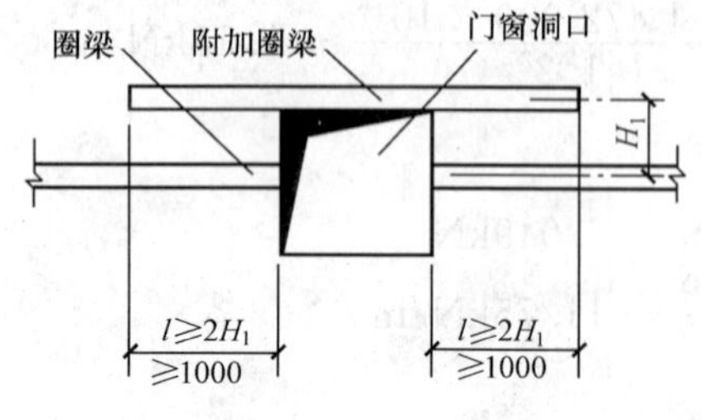

图13-24 附加圈梁

二、圈梁的构造要求

（1）圈梁宜连续地设在同一水平面上，并形成封闭状；当圈梁被门窗洞口截断时，应在洞口上部增设相同截面的附加圈梁，附加圈梁与圈梁的搭接长度不应小于其中到中垂直间距的两倍，且不得小于1m，如图13-24所示。

（2）纵横墙交接处的圈梁应可靠的连接，如图13-25所示。刚弹性和弹性方案房屋，圈梁应与屋架、大梁等构件可靠连接。

（3）混凝土圈梁的宽度宜与墙厚相同，当墙厚不小于240mm时，其宽度不宜小于墙厚2/3。圈梁高度不应小于120mm。纵向钢筋数量不应少于4根，直径不应小于10mm，绑扎

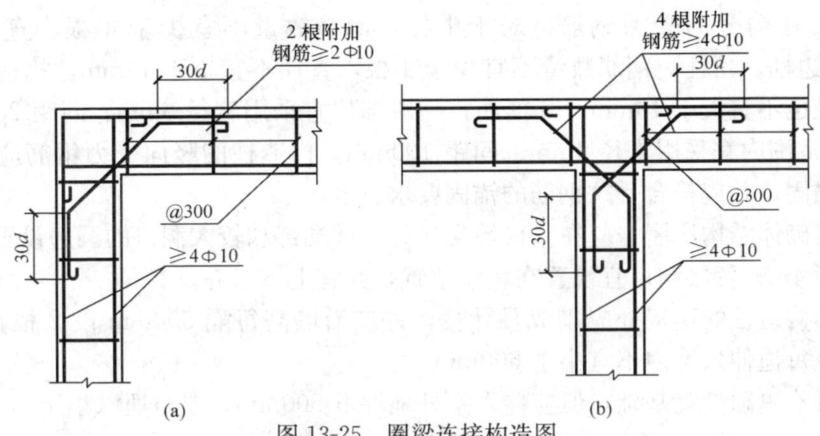

图 13-25　圈梁连接构造图

(a) 转角处钢筋排列；(b) 丁字交叉处钢筋排列

接头的搭接长度按受拉钢筋考虑，箍筋间距不应大于 300mm。

(4) 圈梁兼作过梁时，过梁部分的钢筋应按计算用量另行增配。

13.5.3　构造柱

在砌体房屋墙体的规定部位，按构造配筋，并按先砌墙后浇灌混凝土柱的施工顺序制成的混凝土柱。通常称为混凝土构造柱，简称构造柱。其主要作用是与各层圈梁连接，形成空间骨架，对砌体起约束作用，可以明显改善多层砌体结构房屋的抗震性能，增加其变形能力和延性。

混凝土构造柱的一般做法如图 13-26 所示。构造柱的混凝土强度等级不宜低于 C20；构造柱的截面尺寸不宜小于 240mm×240mm，其厚度不应小于墙厚，边柱、角柱的截面宽度

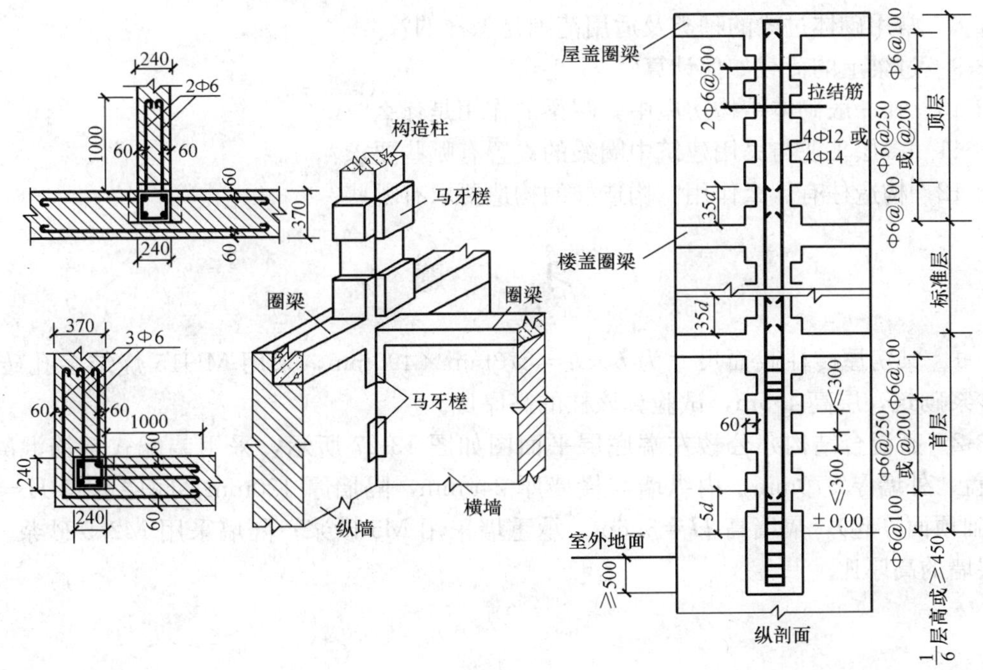

图 13-26　钢筋混凝土构造柱的示意图

宜适当加大。柱内竖向受力钢筋，对于中柱，钢筋数量不宜少于 4 根、直径不宜小于 12mm；对于边柱、角柱，钢筋数量不宜少于 4 根，直径不宜小于 14mm。构造柱的竖向受力钢筋的直径也不宜大于 16mm。其箍筋，一般部位宜采用直径 6mm、间距 200mm，楼层上下 500mm 范围内宜采用直径 6mm、间距 100mm。构造柱的竖向受力钢筋应在基础梁和楼层圈梁中锚固，并应符合受拉钢筋的锚固要求。

组合砖墙砌体结构房屋，应在纵横墙交接处、墙端部和较大洞口的洞边设置构造柱，其间距不宜大于 4m；各层洞口宜设置在相应位置，并宜上下对齐。

砖砌体与构造柱的连接处应砌成马牙槎，并应沿墙高每隔 500mm 设 2 根直径 6mm 的拉结钢筋，且每边伸入墙内不宜小于 600mm。

构造柱可不单独设置基础，但应伸入室外地坪下 500mm，或与埋深小于 500mm 的基础梁相连。

组合砖墙的施工顺序应为先砌墙后浇混凝土构造柱。

思 考 题

13-1 砌体结构房屋的结构布置方案有哪些？其特点是什么？

13-2 如何确定房屋的静力计算方案？

13-3 为什么要验算墙、柱高厚比？怎样验算？

13-4 简述刚性方案房屋墙柱静力计算简图，什么情况下可不考虑风荷载？

13-5 砌体结构房屋墙柱承载力验算时，如何选取控制截面？

13-6 引起墙体开裂的主要因素是什么？

13-7 为防止或减轻房屋顶层墙体的裂缝，可采取什么措施？

13-8 常用砌体过梁的种类及适用范围是怎样的？

13-9 过梁上的荷载如何计算？

13-10 在一般砌体结构房屋中，圈梁的作用是什么？

13-11 多层工业与民用建筑中圈梁的设置有哪些要求？

13-12 构造柱有什么作用？构造柱的构造要求有哪些？

习 题

13-1 某房屋砖柱截面尺寸为 $b \times h = 370\text{mm} \times 490\text{mm}$，采用 MU15 烧结多孔砖、M5 混合砂浆砌筑，层高 4.5m，试验算该柱的高厚比。

13-2 某混合结构办公楼左端底层平面图如图 13-27 所示，采用装配式钢筋混凝土楼（屋）盖，外墙厚 370mm，内纵墙与横墙厚 240mm，隔墙厚 120mm，底层墙高 $H=4.8\text{m}$（从基础顶面算起），隔墙高 $H=3.6\text{m}$。承重墙采用 M5 砂浆；隔墙采用 M2.5 砂浆。试验算底层墙的高厚比。

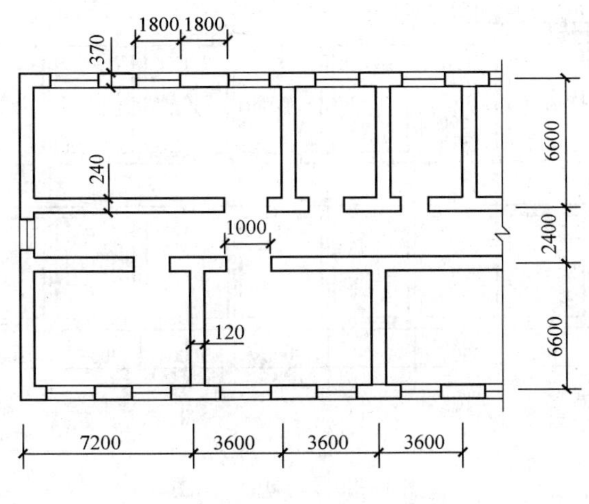

图 13-27　习题 13-2 图

13-3　某单层无吊车厂房，全长 30m，宽 12m，层高 4.8m，室内地坪到基础顶面的距离为 0.7m，如图 13-28 所示，四周墙体采用 MU15 蒸压灰砂砖和 M5 砂浆砌筑，构造柱截面尺寸为 240mm×240mm，装配式无檩体系钢筋混凝土屋盖，计算单元柱顶受集中风荷载标准值 $W_k=0.6kN$，迎风柱均布荷载 $q_{1k}=1.6kN/m$，背风柱均布荷载 $q_{2k}=1.2kN/m$，屋面恒载为 2.4kN/m²，屋面活横载为 0.7kN/m²。试验算外纵墙和山墙的高厚比，计算纵墙的弯矩。

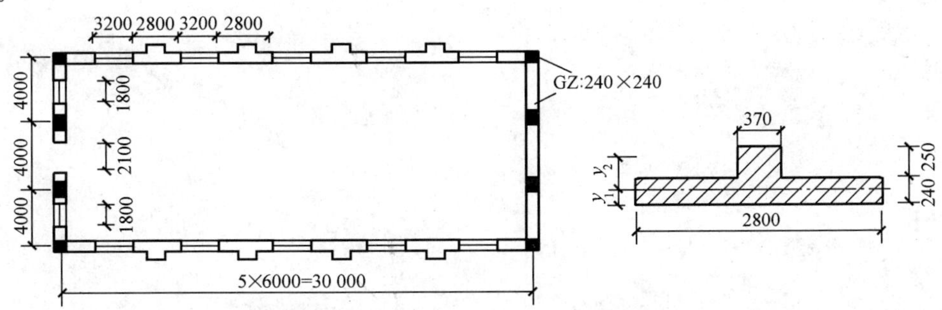

图 13-28　习题 13-3 图

13-4　某四层宿舍楼平面布置如图 13-29 所示，采用 190mm 厚 MU10 混凝土砌块砌筑，Mb5 砂浆。屋盖恒荷载的标准值为 4.6kN/m²，活荷载标准值为 0.5kN/m²；楼盖恒荷载的标准值为 2.5kN/m²，活荷载标准值为 2.0kN/m²，窗重 0.25kN/m²，墙双面抹灰重 2.08kN/m²；层高 3.1m，室内地坪到基础顶面的距离为 0.95m。试验算各墙的高厚比和横墙的承载力。

13-5　已知砖砌平拱过梁净跨 $l_n=1.2m$，采用 MU15 混凝土普通砖和 Mb5 混合砂浆砌筑，墙厚 240mm，在距洞口顶面 1.0m 处作用梁板荷载 4.6kN/m，试验算该过梁的承载力。

13-6　已知某墙窗洞口净跨 $l_n=1.5m$，墙厚 240mm，采用钢筋砖过梁，用 MU10 烧结多孔砖和 M5 混合砂浆砌筑，钢筋砖过梁已配置 2Φ6 的 HPB300 级钢筋。试求该过梁所能承受的允许均布荷载。

13-7　已知过梁净跨 $l_n=3.6m$，过梁上墙体高度为 1.0m，墙厚 240mm，承受梁板荷载

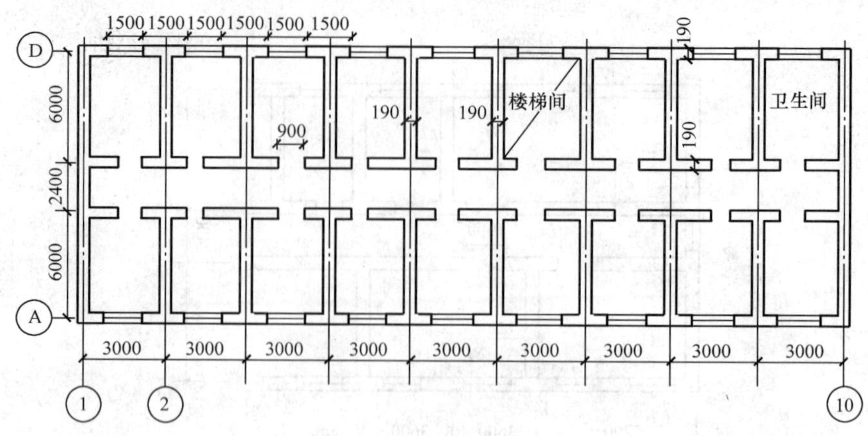

图 13-29　习题 13-4 图

12.6kN/m（其中活荷载 5.25kN/m），采用 MU15 蒸压灰砂普通砖和 M5 混合砂浆砌筑，过梁混凝土强度等级为 C25，纵筋为 HRB400 级钢筋，箍筋为 HPB300 级钢筋。试设计该混凝土过梁。

第14章　钢结构材料

14.1　钢结构对材料的要求

钢结构的原材料是钢材，钢材的种类繁多，性能差别很大，符合钢结构性能要求的钢材只有碳素钢及合金钢中的少数几种。用作钢结构的钢材必须具有下列性能：

(1) 较高的强度。即抗拉强度 f_u 和屈服点 f_y 比较高。屈服点高可以减小结构构件截面尺寸，从而减轻结构自重，节约钢材和降低造价。抗拉强度高可以使结构或构件具有更高的安全储备。

(2) 足够的变形能力。即塑性和韧性性能好。塑性好则结构或构件破坏前变形明显从而具有预告性，可避免发生突然的脆性破坏危险，另外还能通过较大的塑性变形调整局部高峰应力，使各截面应力趋于平缓。韧性好表示在动荷载作用下破坏时要吸收比较多的能量，同样也降低脆性破坏的危险程度。

(3) 良好的加工性能。即适合冷、热加工，同时具有良好的可焊性。良好的加工性能不但要易于加工成各种形式的结构，而且不致因材料加工因素对结构的强度、塑性及韧性带来不利影响。

此外，根据结构的具体工作条件，有时还要求钢材具有适应低温、有害介质侵蚀以及重复荷载作用的性能。

GB 50017—2003《钢结构设计规范》推荐的普通碳素结构钢 Q235 钢和低合金高强度结构钢 Q345、Q390 及 Q420 是符合上述要求的较为理想的结构钢。

14.2　钢材的破坏形式

钢材有两种性质完全不同的破坏形式，即塑性破坏和脆性破坏。钢结构所用的材料虽然有较高的塑性和韧性，在正常使用的条件下，一般为塑性破坏，但在某些条件下，仍然存在发生脆性破坏的可能性。

塑性破坏是由于构件的变形达到并超过材料或构件的应变能力而产生的，破坏断口呈纤维状，色泽发暗，破坏前有较大的塑性变形，且变形持续的时间较长，容易及时发现并采取有效补救措施，不致引起严重后果。另外，塑性变形后出现内力重分布，使结构中原先受力不等的部分应力趋于均匀，因而提高结构的承载能力。

脆性破坏是在塑性变形很小，甚至没有塑性变形的情况下突然发生的，破坏时构件的应力可能小于钢材的屈服点 f_y。破坏的断口平直，呈有光泽的晶粒状或有人字纹。由于破坏前没有任何预兆，破坏速度又极快，无法及时察觉和补救，而且一旦发生常引发整个结构的破坏，后果非常严重。因此，在钢结构的设计、施工和使用过程中，要特别注意防止出现脆性破坏。

14.3 钢材的主要性能

14.3.1 钢材在单向一次拉伸时的工作性能

钢材在常温、静载条件下单向一次拉伸所表现的性能最具有代表性，拉伸试验也比较容易进行，并且便于规定标准的试验方法和多项性能指标。所以，钢材的主要强度指标和变形性能都是根据标准试件单向一次拉伸试验确定的。

低碳钢和低合金钢单向一次拉伸时的应力-应变曲线如图 14-1（a）所示，简化的光滑曲线如图 14-1（b）所示。由应力—应变规律表示的各种力学性能指标如下。

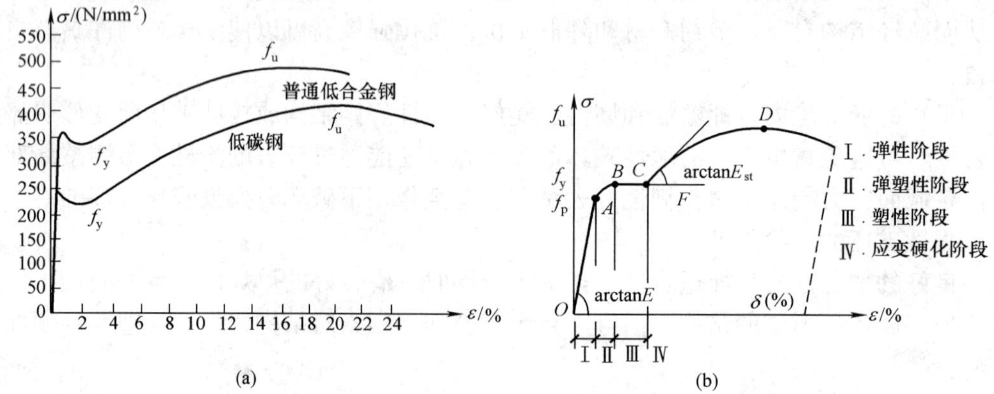

图 14-1 钢材的单向一次拉伸应力-应变曲线

（1）比例极限 f_p。这是应力-应变图中直线段的最大应力值。实际上，比 f_p 略高处还存在弹性极限，但弹性极限与 f_p 十分接近，所以通常略去弹性极限的点，将 f_p 看做是弹性极限。这样，当应力不超过 f_p 时，应力与应变成正比，卸荷后变形完全恢复，符合虎克定律。这一阶段是图 14-1（b）中的弹性阶段 OA。

（2）屈服点 f_y。应变 ε 在 f_p 之后不再与应力成正比，而是逐渐加大，应力-应变间成曲线关系，一直到达屈服点。这一阶段是图 14-1（b）中的弹塑性阶段 AB，B 点的应力为屈服点 f_y，在此之后应力保持不变而应变持续发展，形成水平线段即屈服平台 BC。这是塑性流动阶段。应力超过比例极限 f_p 后，任一点的变形中都将包括弹性变形和塑性变形两部分，其中弹性变形在卸荷后立即恢复，但塑性变形在卸荷后不再恢复，故称为残余变形。

屈服点是建筑钢材的一个重要力学特征。其意义在于以下两个方面：

（1）作为结构计算中材料强度标准，或材料抗力标准。应力达到 f_y 时的应变（约为 ε=0.15%）与 f_p 时的应变（约为 ε=0.1%）较接近，可以认为应力达到 f_y 时为弹性变形的终点。同时，达到 f_y 后在一个较大的应变范围内（约从 ε=0.15%～ε=0.25%）应力不会继续增加，表示结构一时丧失继续承担更大荷载的能力，故此以 f_y 作为弹性计算时强度的标准。

（2）形成理想弹塑性体的模型，为发展钢结构计算理论提供基础。钢材在屈服点 f_y 以前，接近理想弹性体工作；屈服点 f_y 以后，屈服平台阶段又近似于理想的塑性体工作，这样就可把钢材视为理想的弹塑性体，其应力-应变模型表现为双直线，如图 14-2 所示。钢结构设计规范对塑性设计的规定，就以材料是理想弹塑性体的假设为依据，忽略了应变硬化的有利作用。

有屈服平台并且屈服平台末端的应变比较大，这就有足够的塑性变形来保证截面上的应力最终都达到 f_y。因此一般的强度计算中不考虑应力集中和残余应力。在拉杆中截面的应力按均匀分布计算，即以此为基础。

调质处理的低合金钢没有明显的屈服点和屈服平台，应力—应变曲线呈一条连续曲线。对于没有明显屈服点的钢材，一般取卸荷后试件中残余应变为 0.2%时所对应的应力作为钢材强度的标准，通常称为名义屈服点，用 $\sigma_{0.2}$表示，如图 14-3 所示。

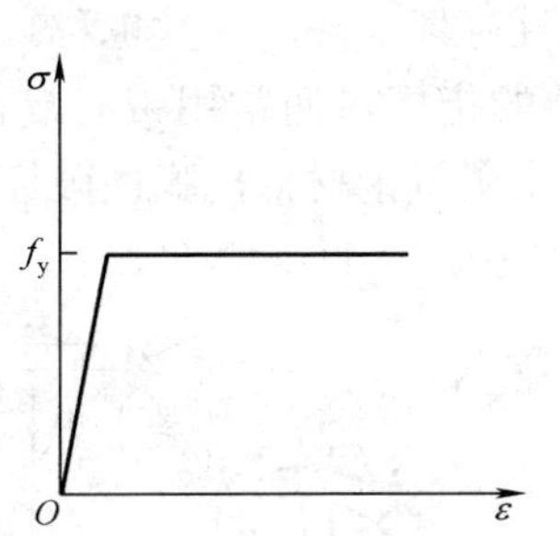

图 14-2 理想弹塑性体的应力-应变模型

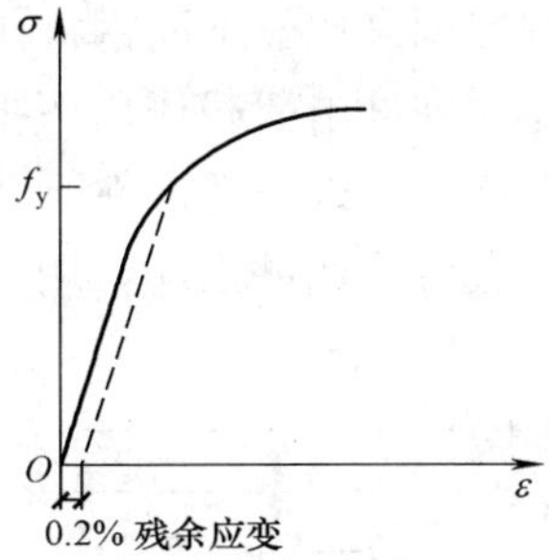

σ
f_y
O
ε
0.2% 残余应变

图 14-3 钢材的名义屈服点

(3) 抗拉强度 f_u 超过屈服平台，材料出现应变硬化，曲线上升（此段曲线也称为强化段），直至曲线最高处的 D 点，这是应变硬化阶段 CD，如图 14-1（b）所示。最高点应力为抗拉强度 f_u。到达 f_u 后试件出现局部横向收缩变形，即发生“颈缩”现象，随后断裂。

由于到达 f_y 后构件产生较大变形，故将其取为计算构件的强度标准；由于到达 D 点时构件开始断裂破坏，故 f_u 是材料的安全储备。

(4) 伸长率 δ_5 或 δ_{10}。伸长率代表材料断裂前具有的塑性变形的能力。伸长率是指试件被拉断后原标距的伸长值与原标距之比的百分数，即

$$\delta = \frac{l_1 - l_0}{l_0} \times 100\% \tag{14-1}$$

式中 l_1——试件拉断后标距间长度；

l_0——试件原标距长度。

显然，δ 值越大，钢材的塑性越好。试件 $l_0/d_0=5$ 和 $l_0/d_0=10$时测得的伸长率分别以 δ_5 和 δ_{10}表示，$\delta_5>\delta_{10}$，d_0 为试件直径。

屈服点、抗拉强度和伸长率是钢材的三个重要力学性能指标。钢结构中所采用的钢材都应满足钢结构设计规范对这三项力学性能指标的要求。

14.3.2 冷弯性能

钢材的冷弯性能由冷弯试验确定。试验时，根据钢材的牌号和试样的不同厚度，按规定的弯心直径将试样弯曲 180°，以试件表面及侧面无裂纹或分层则为“冷弯试验合格”，如图 14-4 所示。冷弯试验不仅能检验材料承受规定的弯曲变形能力的大小，还能显示其内部的冶金缺陷，因此，冷弯性能是

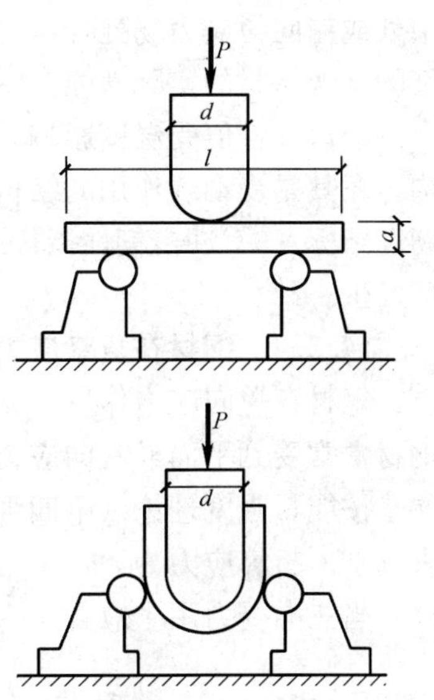

图 14-4 冷弯试验

判别钢材塑性变形能力和冶金质量的综合指标。重要结构中需要有良好的冷热加工的工艺性能时，应有冷弯试验合格保证。

14.3.3 冲击韧性

韧性是钢材断裂时吸收机械能能力的度量。吸收较多能量才断裂的钢材，即为韧性好的钢材。钢材在单向一次拉伸静载作用下断裂时所吸收的能量，用单位体积吸收的能量来表示，其值等于应力—应变曲线下的面积。塑性好的钢材，其应力-应变曲线下的面积大，所以韧性值大。然而在实际工作中，并不采用上述方法来衡量钢材的韧性，因为没有考虑应力集中和动载作用的影响，只能用来比较不同钢材在正常情况下的韧性好坏。冲击韧性也称缺口韧性，是评定带有缺口的钢材在冲击荷载作用下抵抗脆性破坏能力的指标，通常用带有夏比 V 型缺口的标准试件做冲击试验，以击断试件所消耗的冲击功大小来衡量钢材抵抗脆性破坏的能力，如图 14-5 所示。冲击韧性也叫冲击功，用 A_{kv} 或 C_v 表示，单位为 J（1J=1N×1m）。

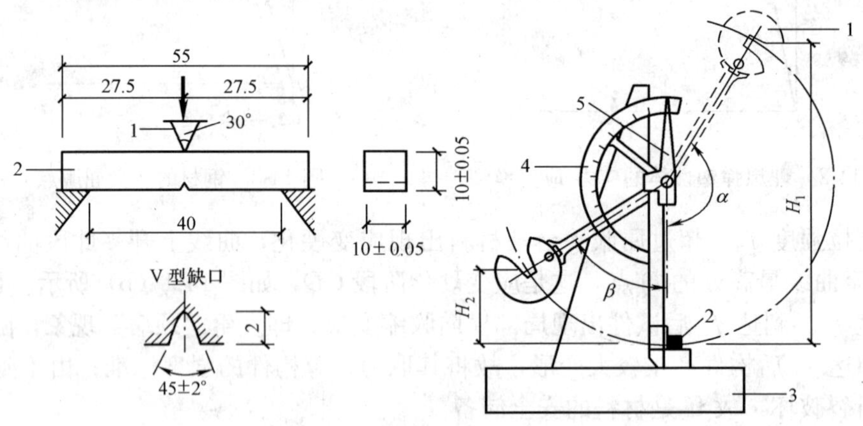

图 14-5 夏比 V 型缺口冲击试验和标准试件

1—摆锤；2—试件；3—试验机台座；4—刻度盘；5—指针

冲击试验采用 V 型缺口试件是考虑到钢材的脆性断裂常常发生在裂纹和缺口等应力集中处或三向拉应力场处，试件的 V 型缺口根部比较尖锐，与实际缺陷情况相近，因此能更好的反映钢材的实际性能。

缺口韧性值受温度影响，温度低于某值时将急剧降低。设计处于不同环境温度的重要结构，尤其是受动载作用的结构时，要根据相应的环境温度对应提出常温（20℃±5℃）冲击韧性指标、0℃冲击韧性指标或负温（−20℃或−40℃）冲击韧性指标的要求，以防脆性破坏发生。

14.3.4 钢材在复杂应力状态下的屈服条件

钢材在单向应力作用下，当应力达到屈服点 f_y 时，钢材进入塑性状态。实际结构中，钢材常常受到平面或三向应力作用，如图 14-6 所示。钢材由弹性状态过渡到塑性状态的条件是按能量强度理论（第四强度理论）计算的折算应力 σ_{red} 与单向应力下的屈服点 f_y 相比较来判别。折算应力为

当三向受力用主应力 σ_1、σ_2、σ_3 表示时

$$\sigma_{red}=\sqrt{\frac{1}{2}\left[(\sigma_1-\sigma_2)^2+(\sigma_2-\sigma_3)^2+(\sigma_3-\sigma_1)^2\right]} \tag{14-2}$$

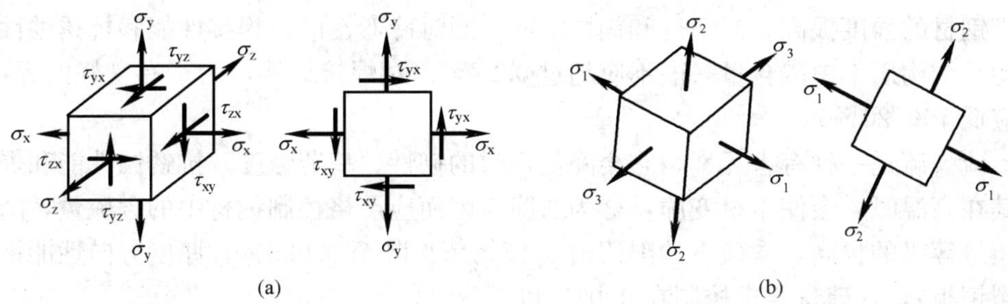

图 14-6　复杂应力状态

(a) 一般应力分量状态；(b) 主应力状态

当三向受力用应力分量 σ_x、σ_y、σ_z、τ_{xy}、τ_{yz}、τ_{zx}表示时

$$\sigma_{red}=\sqrt{\sigma_x^2+\sigma_y^2+\sigma_z^2-(\sigma_x\sigma_y+\sigma_y\sigma_z+\sigma_z\sigma_x)+3(\tau_{xy}^2+\tau_{yz}^2+\tau_{zx}^2)} \tag{14-3}$$

当 $\sigma_{red}<f_y$ 时，为弹性状态，当 $\sigma_{red}\geqslant f_y$ 时，为塑性状态。

由式（14-2）可以明显看出，当 σ_1、σ_2、σ_3 为同号应力且数值接近时，即使它们各自的应力都远大于 f_y，折算应力 σ_{red}仍小于 f_y，说明钢材很难进入塑性状态；当为三向拉应力作用时，甚至直到破坏也没有明显的塑性变形产生，破坏变形为脆性。这是因为钢材的塑性变形主要是铁素体沿剪切面滑动产生的，同号应力场剪应力很小 $\left(\tau_{max}=\dfrac{\sigma_1-\sigma_2}{2}\right)$，钢材转变为脆性。相反，在异号应力场下，剪应变增大，钢材会较早地进入塑性状态，提高了钢材的塑性性能。

在平面应力状态下（如钢材厚度较小，厚度方向的应力可忽略不计），式（14-3）可写为

$$\sigma_{red}=\sqrt{\sigma_x^2+\sigma_y^2-\sigma_x\sigma_y+3\tau_{xy}^2} \tag{14-4}$$

在单向受弯的梁中，只有正应力和剪应力，则有

$$\sigma_{red}=\sqrt{\sigma^2+3\tau^2} \tag{14-5}$$

当承受纯剪时，$\sigma_{red}=\sqrt{3\tau^2}=\sqrt{3}\tau=f_y$，则有

$$\tau=0.58f_y \tag{14-6}$$

因此，钢结构设计规范确定钢材抗剪设计强度为抗拉设计强度的 0.58 倍。

14.4　影响钢材性能的因素

14.4.1　化学成分的影响

钢是含碳量小于 2%的铁碳合金，碳大于 2%时则为铸铁。制造钢结构所用的材料有碳素结构钢中的低碳钢及低合金结构钢。

碳素结构钢由纯铁、碳及其他元素组成，其中纯铁约占 99%，碳和其他元素约占 1%。低合金结构钢中，除上述元素外还加入少量合金元素，后者总量通常不超过 3%。碳和其他元素虽然所占比重不大，但对钢材的力学性能有着决定性的影响。

（1）碳。碳是碳素结构钢中仅次于铁的元素，是影响钢材强度的主要因素。随着碳含量

的增加，钢材的强度提高，而塑性和韧性下降，同时冷弯性能、焊接性能和抗锈蚀性能也变差。因此，结构用钢中碳含量一般不应超过0.22%；对焊接结构，为了有良好的焊接性能，碳含量应低于0.20%。

(2) 硫。硫是一种有害元素，它会降低钢材的韧性、疲劳强度、抗锈蚀性能和焊接性能等，尤其在高温时，会使钢材变脆，称为热脆。因而应严格控制钢材中的含硫量，随着钢材牌号和质量等级的提高，含硫量的限值由0.05%依次降至0.025%，厚度方向性能钢板（抗层状撕裂钢板），含硫量要求控制在0.01%以下。

(3) 磷。磷既是有害元素也是能利用的合金元素。磷的存在使钢材的强度和抗锈蚀能力提高，但严重降低钢材的塑性、韧性、冷弯性能和焊接性能，特别在低温时，会使钢材变脆，称为冷脆。因此，磷的含量也要严格控制，随着钢材牌号和质量等级的提高，含磷量的限值由0.045%依次降至0.025%。但是当采取特殊的冶炼工艺时，磷可作为一种合金元素来制造含磷的低合金钢，此时其含量可达0.12%～0.13%。

(4) 氧和氮。均为钢材的有害杂质。氧的作用和硫类似，使钢材热脆；而氮的作用和磷类似，使钢材冷脆。故其含量均应严格控制。

(5) 锰。锰是有益元素，在普通碳素钢中，是一种弱脱氧化剂，可提高钢材的强度，消除硫对钢材的热脆影响，同时不显著降低钢材的塑性和韧性。在碳素结构钢中锰的含量为0.3%～0.8%，在低合金钢中为1.0%～1.7%。但锰可使钢材的焊接性能降低，因此含量也不宜过多。

(6) 硅。硅是有益元素，在普通碳素钢中，它是一种强脱氧化剂，适量的硅，可以细化晶粒，提高钢材的强度，而对塑性、韧性、冷弯性能和焊接性能无显著不良影响，硅的含量在碳素镇静钢中为0.12%～0.30%，在低合金钢中为0.2%～0.55%。过量的硅会恶化焊接性能和抗锈蚀性能。

为改善钢材的性能，还可掺入一定数量的其他合金元素，如铝、铬、镍、铜、钛、钒等。

14.4.2 冶金缺陷

常见的冶金缺陷有偏析、非金属夹杂、气孔及分层等。偏析是指钢中化学成分分布不均匀，特别是硫、磷偏析严重恶化钢材的性能；非金属夹杂是指钢中含有硫化物、氧化物等杂质；气孔是浇铸钢锭时，由于氧化铁与碳作用所生成的一氧化碳不能充分逸出而滞留在钢锭内形成的微小孔洞。这些缺陷都将降低钢材的性能。非金属夹杂物在轧制后能造成钢材的分层，分层使钢材沿厚度受拉的性能大大降低。

冶金缺陷对钢材性能的影响，不仅在结构或构件受力工作时表现出来，有时在加工制作过程中也可表现出来。

14.4.3 钢材的硬化

根据其机理不同，钢材的硬化又可分为冷作硬化和时效硬化两类。

(1) 冷作硬化。经冷加工（冷拉、冷弯、冲孔、机械剪切等）使钢材产生较大塑性变形的情况下，卸荷后再重新加载，钢材的屈服点提高，塑性和韧性降低的现象称为冷作硬化，如图14-7所示。由于减小了塑性和韧性性能，普通钢结构中不利用硬化现象所提高的强度。重要结构还会将钢板因剪切而硬化的边缘部分刨去。

(2) 时效硬化。在高温时融化于铁中的少量氮和碳，随着时间的推移逐渐从纯铁中析出，生成碳化物和氮化物，对纯铁体的塑性变形起遏制作用，从而使钢材的强度提高，塑性和韧性下降，这种现象称为时效硬化，俗称老化。产生时效硬化的过程一般较长，但在振动荷载、反复荷载及温度变化等情况下，会加速发展。

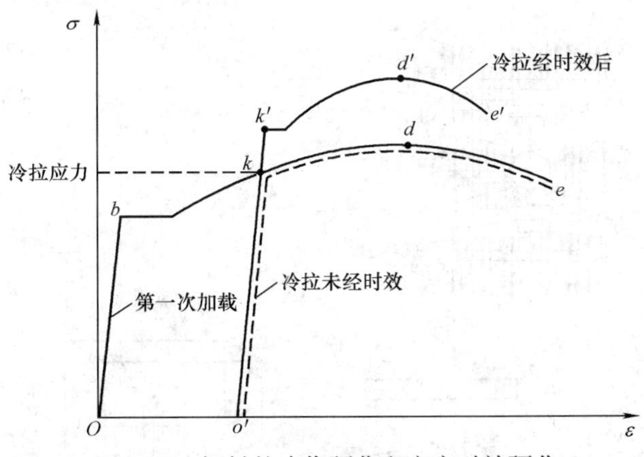

图 14-7　钢材的冷作硬化和应变时效硬化

在钢材产生一定数量的塑性变形后，铁中的氮和碳将更容易析出，从而使已经冷作硬化的钢材又发生时效硬化现象，称为应变时效硬化，如图 14-7 所示。这种硬化在高温作用下发展特别迅速，人工时效就是据此提出来的，方法是：先使钢材产生 10%左右的塑性变形，卸载后再加热至 250℃，保持一小时后在空气中冷却。有些重要结构要求对钢材进行人工时效后检验其冲击韧性，以保证结构具有足够的抗脆性破坏能力。

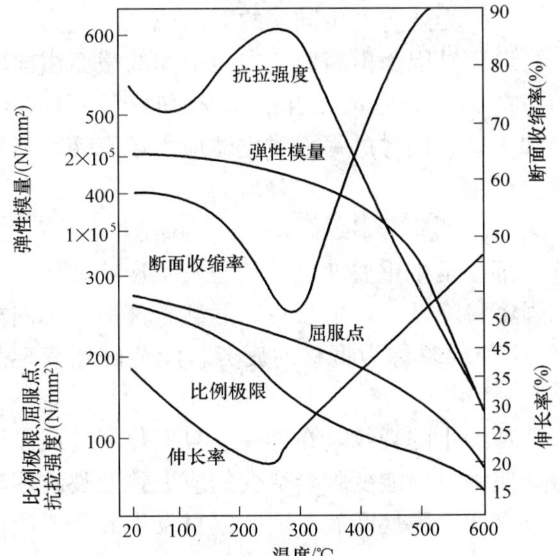

图 14-8　温度对低碳钢性能的影响

14.4.4　温度的影响

钢材对温度相当敏感，温度升高与降低都会使钢材性能发生变化。

图 14-8 给出了低碳钢在不同正温下的单向拉伸试验结果。由图可见，在 150℃以内，钢材的强度、弹性模量和塑性均与常温相近，变化不大。但在 250℃左右时，抗拉强度有局部提高，伸长率和断面收缩率均降至最低，材料有转脆倾向，钢材表面氧化膜呈现蓝色，称为蓝脆现象。故应避免钢材在蓝脆温度范围内进行热加工。当温度超过 300℃后，强度和弹性模量均开始显著下降，塑性显著上升；600℃时强度已很低，丧失承载力。

当温度低于常温时，随着温度的降低，钢材的强度提高，而塑性和韧性降低，材料逐渐变脆，这种性质称为钢材的低温冷脆。图 14-9 是钢材冲击韧性与温度的关系曲线。由图可见，温度由 T_2 向 T_1 降低的过程中，钢材的冲击功急剧下降，材料由韧性破坏转变为脆性破坏，这一转变是在一个温度区间 T_1T_2 内完成的，此温度区间 T_1T_2 称为脆性转变温度区。曲线的反弯点（最陡点）所对应的温度 T_0 称为转变温度。不同牌号和等级的钢材具有不同的转变温度区和转变温度，均应通过试验确定。在结构设计中要求避免完全脆性破坏，所以结构所处温度应大于 T_1；而不要求一定大

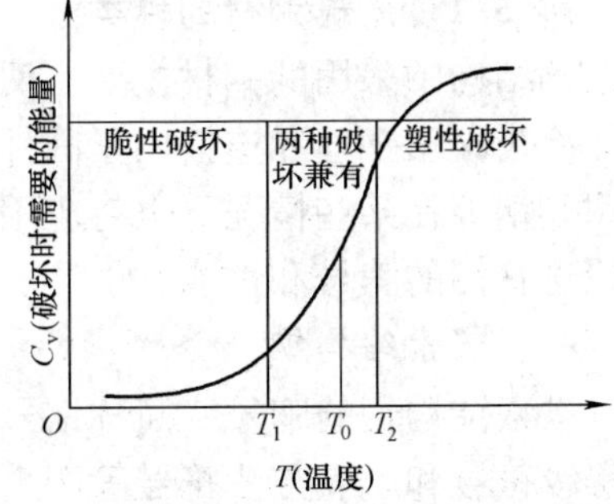

图 14-9　冲击功 C_v 与温度的关系

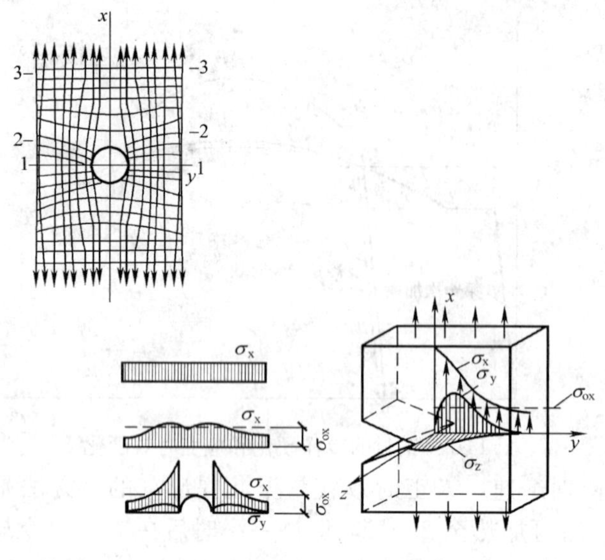

图 14-10　孔洞、缺口处的应力集中

于 T_2，因为那样虽然安全，但对材质要求过严将会造成浪费。

14.4.5　应力集中的影响

在钢结构的构件中有时存在着孔洞、刻槽、凹角、裂纹以及截面的厚度或宽度突然改变，此时，构件中的应力分布将变得很不均匀。在缺陷或截面变化处截面，应力线曲折、密集、出现高峰应力的现象称为应力集中，如图 14-10 所示。孔洞或缺口边缘的最大应力 σ_{max} 与净截面的平均应力 σ_0（$\sigma_0 = N/A_n$，A_n 为净截面面积）之比称为应力集中系数，$K=\sigma_{max}/\sigma_0$。孔边高峰应力处将产生同号的双向或三向应力。这是因为由高峰拉应力引起的截面横向收缩受到附近低应力区的阻碍而引起垂直于内力方向的拉应力 σ_y，当板厚较大时还将引起 σ_z，使材料处于复杂受力状态，由能量强度理论得知，这种同号的平面或立体应力场有使钢材变脆的趋势。应力集中系数愈大，变脆的倾向亦愈严重。

14.4.6　反复荷载作用

钢材在反复荷载作用下，结构的抗力及性能都会发生重要变化，甚至发生疲劳破坏。在直接的、连续反复的动力荷载作用下，钢材的强度将降低，即低于一次静载条件下的单向拉伸的抗拉强度 f_u，甚至还可能低于屈服点 f_y，这种现象称为钢材的疲劳。疲劳破坏表现为突然发生的脆性断裂。

钢材发生疲劳一般认为是由于钢材内部有微观细小的裂纹，在连续反复变化的荷载作用下，裂纹根部产生应力集中，其中同号的应力场使钢材性能变脆，交变的应力致使裂纹逐渐扩展，构件截面削弱，这种累积的损伤最后导致突然地脆性断裂。因此钢材发生疲劳对应力集中也最为敏感。

14.5　建筑钢材的种类、规格及选用

14.5.1　建筑钢材的种类

钢结构中采用的钢材主要有两类，即碳素结构钢和低合金高强度结构钢。优质碳素结构钢在冷拔碳素钢丝和连接用紧固件中也有应用。另外，铸钢、厚度方向性能钢板、焊接结构用耐候钢等在某些情况下也有应用。下面就碳素结构钢和低合金高强度结构钢这两个钢种分别论述它们的牌号和性能。

一、碳素结构钢

碳素结构钢的牌号（简称钢号）由代表屈服点的字母 Q、屈服点的数值（N/mm^2）、质量等级符号和脱氧方法符号等四个部分按顺序组成。碳素结构钢分为 Q195、Q215、Q235、Q255、Q275 五种不同强度等级的牌号。该牌号钢材又根据化学成分和冲击韧性的不同划分

为A、B、C、D四个质量等级，按字母顺序由A到D，表示质量等级由低到高。最后为一个表示脱氧方法的符号如b或F。从Q195到Q275，是按强度从低到高排列的。

Q195及Q215的强度比较低，而Q255的含碳量上限和Q275的含碳量都超出低碳钢的范围。所以建筑结构在碳素结构钢这一钢种中主要应用Q235这一牌号，该牌号钢材强度适中，塑性、韧性均较好，加工和焊接方面的性能也都比较好。

在浇铸过程中由于脱氧程度的不同钢材有沸腾钢、半镇静钢和镇静钢之分。用汉语拼音字首表示，符号分别为F、b和Z。此外还有用铝补充脱氧的特殊镇静钢，用TZ表示。按国家标准规定，符号Z和TZ在表示牌号时可以省略不写。对Q235钢来说，A、B两级的脱氧方法可以是F、b和Z；C级只能是Z；D只能是TZ。这样，其钢号表示法及代表意义为：

Q235 A・F——屈服强度为235N/mm²，A级，沸腾钢；

Q235 A・b——屈服强度为235N/mm²，A级，半镇静钢；

Q235 A——屈服强度为235N/mm²，A级，镇静钢；

Q235B・F——屈服强度为235N/mm²，B级，沸腾钢；

Q235 B・b——屈服强度为235N/mm²，B级，半镇静钢；

Q235 B——屈服强度为235N/mm²，B级，镇静钢；

Q235 C——屈服强度为235N/mm²，C级，镇静钢；

Q235 D——屈服强度为235N/mm²，D级，特殊镇静钢。

《钢结构规范》将Q235牌号的钢材选为承重结构用钢。Q235钢的化学成分和力学性能均应符合附录4附表4.3的规定。

二、低合金高强度结构钢

低合金高强度结构钢是在钢的冶炼过程中添加少量几种合金元素使钢的强度明显提高，合金元素的总量低于5%，故称为低合金高强度结构钢。低合金高强度结构钢分为Q295、Q345、Q390、Q420、Q460五种不同强度等级的牌号。其中Q345、Q390和Q420是钢结构设计规范规定选用的钢种，其质量等级分为A、B、C、D、E五级，字母顺序越靠后的钢材质量越高，这三种牌号的钢材均具有较高的强度和较好的塑性、韧性、焊接性能。其牌号与碳素结构钢牌号的表示方法类似，只是前者的A、B级属于镇静钢，C、D、E级属于特殊镇静钢。这三种牌号钢材的化学成分和力学性能均应符合附录4附表4.3的规定。

14.5.2 建筑钢材的规格

钢结构所用钢材主要为热轧成型的钢板、型钢及冷弯成型的薄壁型钢，如图14-11及图14-12所示。现分别介绍如下。

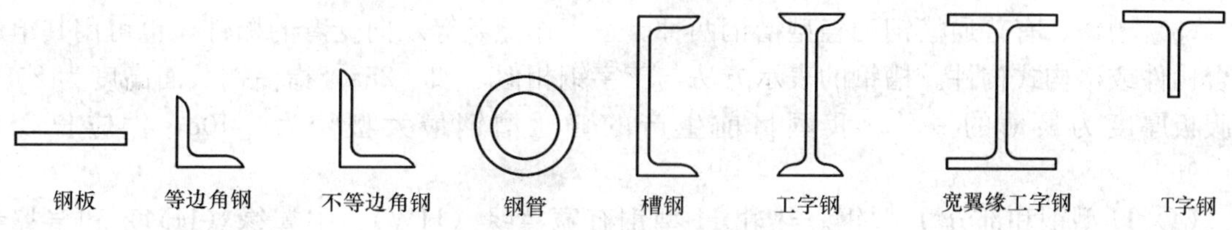

图14-11 热轧型材截面

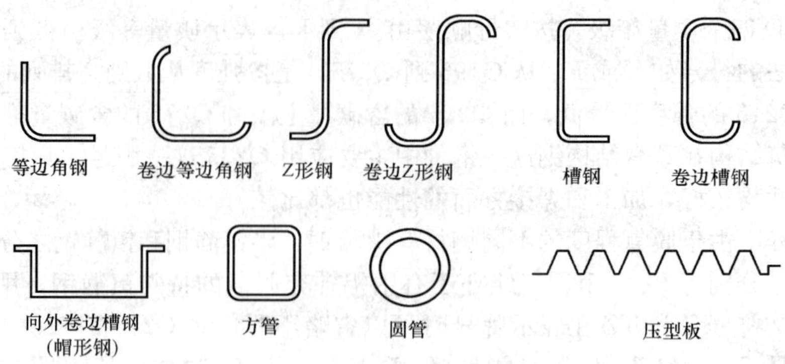

图 14-12 冷弯薄壁型钢的截面形式

一、热轧钢板

热轧钢板分厚钢板及薄钢板两种。厚钢板常用来组成焊接构件和连接钢板；薄钢板主要用来制造冷弯薄壁型钢。在图纸中钢板的表示方法为在符号“—”后加“宽度×厚度×长度”，如—800×10×3100，单位为 mm。钢板的供应规格如下：

厚钢板：厚度 4.5～60mm，宽度 600～3000mm，长度 4～12m；

薄钢板：厚度 0.35～4mm，宽度 500～1500mm，长度 0.5～4m。

二、热轧型钢

钢结构常用的型钢是角钢、工字型钢、槽钢、H 型钢和钢管等。

(1) 角钢。有等边（也叫等肢）和不等边（也叫等肢）两种，主要用来制作桁架等格构式结构的杆件和支撑等连接杆件。角钢型号的表示方法为在符号“L”后加“边长×厚度”（对等边角钢，如 L100×8），或加“长边宽×短边宽×厚度”（对不等边角钢，如 L125×80×10），单位为 mm。我国目前生产的角钢最大边长为 200mm，角钢的供应长度一般为 4～19m。

(2) 工字钢。有普通工字钢和轻型工字钢两种。普通工字钢和轻型工字钢的两个主轴方向的惯性矩相差较大，不宜单独用作受压构件，而宜用作腹板平面内受弯的构件，或由工字型和其他型钢组成的组合构件或格构式构件。

普通工字钢的型号用符号“I”后加截面高度的厘米数表示，截面高度 20cm 以上的工字钢，又按腹板厚度的不同，分为 a、b 或 a、b、c 等类别，a 类腹板最薄、翼缘最窄，b 类腹板较厚、翼缘较宽，c 类腹板最厚、翼缘最宽，例如 I 40a，表示截面高度为 40cm，腹板厚度为 a 类的工字钢。轻型工字钢可用汉语拼音“轻”的拼音字首符号“Q”表示，如 I30Q 等，轻型工字钢由于壁厚已薄故不再按厚度划分。轻型工字钢的翼缘要比普通工字钢的翼缘宽而薄，回转半径较大。普通工字钢的型号为 10～63 号，轻型工字钢为 10～70 号，供应长度均为 5～19m。

(3) 槽钢。有普通槽钢和轻型槽钢两种。适于作檩条等双向受弯的构件，也可用其组成组合构件或格构式构件。槽钢的表示方法与工字钢相似，如［25a，指槽钢截面高度为 25cm 且腹板厚度为最薄的一种。我国目前生产的普通槽钢最大型号为［40c，供应长度为 5～19m。

(4) H 型钢和部分 T 型钢。热轧 H 型钢有宽翼缘（HW）、中翼缘（HM）和窄翼缘（HN）三类。部分 T 型钢也分为三类，代号分别为 TW、TM 和 TN。H 型钢和相应的 T

型钢的型号分别为代号后加“截面高度×翼缘宽度×腹板厚度×翼缘厚度”，单位为mm，例如HW350×350×12×19和TM175×350×12×19等。宽翼缘和中翼缘H型钢可用于钢柱等受压构件，窄翼缘H型钢则适用于钢梁等受弯构件。我国目前生产的最大型号H型钢为HN700×30013×24。供货长度可与生产厂家协商，长度大于24m的H型钢不成捆交货。

（5）钢管。有热轧无缝钢管和焊接钢管两种。由于回转半径较大，常用作桁架、网架、网壳等平面和空间格构式结构的杆件；在钢管混凝土柱中也有广泛的应用。型号可用代号“D”后加“外径×壁厚”表示，单位为mm，如D180×9等。国产热轧无缝钢管的最大外径可达630mm，供货长度为3～12m。焊接钢管的外径可以做得更大，一般由施工单位卷制。

三、冷弯薄壁型钢

冷弯薄壁型钢是由厚度为1.5～12mm的薄钢板经冷弯或模压制成，如图14-12所示。薄壁型钢的截面形式和尺寸均可按受力特点合理设计，能充分利用钢材的强度，节约钢材，在轻钢结构中得到广泛的应用。压型钢板是冷弯薄壁型钢的另一种形式，它是用厚度为0.4～2mm的钢板、镀锌钢板或彩色涂层钢板经冷轧而成的波形板，用做轻型屋面、墙面等构件。

热轧型钢的型号及截面几何特性见附录4附表4.1。薄壁型钢的常用型号及截面几何特性见GB 50018—2002《冷弯薄壁型钢结构技术规范》的附录。

14.5.3　建筑钢材的选用

钢材的选用既要使结构安全可靠和满足使用要求，又要最大可能节约钢材和降低造价。为保证承重结构的承载能力和防止在一定条件下出现的脆性破坏，应根据结构的重要性、荷载特性、结构形式、应力状态、连接方法、钢材厚度和工作环境等因素综合考虑，选用合适的钢材牌号和材性。

对于直接承受动力荷载或振动荷载的构件和结构（吊车梁、工作平台梁或直接承受车辆荷载的栈桥构件等）、重要的构件或结构（屋面楼面大梁、框架梁柱、桁架、大跨度结构等）、采用焊接连接的结构以及处于低温下工作的结构，应采用质量较高的钢材。对承受静力荷载的受拉及受弯的重要焊接构件和结构，宜选用较薄的型钢和板材构成；对处于外露环境，且对耐腐蚀有特殊要求的或在腐蚀性气态和固态介质作用下的承重结构，宜采用耐候钢；当选用的型材或板材的厚度较大时，宜采用质量较高的钢材，以防钢材中较大的残余应力和缺陷等与外力共同作用形成三向拉应力场，引起脆性破坏。

承重结构采用的钢材应具有抗拉强度、伸长率、屈服强度和硫、磷含量的合格保证，对焊接结构尚应具有碳含量的合格保证。焊接承重结构以及重要的非焊接承重结构采用的钢材还应具有冷弯试验的合格保证。

对于需要验算疲劳的焊接结构，应采用具有常温冲击韧性合格保证的B级钢。当这类结构处于温度较低的环境时，若结构工作温度在0℃～－20℃之间，Q235和Q345应选用具有0℃冲击韧性合格的C级钢，Q390和Q420则应选用－20℃冲击韧性合格的D级钢。若结构工作温度不高于－20℃时，则钢材的质量级别还要提高一级，Q235和Q345选用D级钢而Q390和Q420选用E级钢。非焊接的构件发生脆性断裂的危险性比焊接结构相对较小，对材质的要求可比焊接结构适当放宽，但需要验算疲劳的构件仍应选用有常温冲击韧性保证的B级钢。当结构工作温度不高于－20℃时，Q235和Q345应选用具有0℃冲击韧性合格的C级钢，Q390和Q420应选用−20℃冲击韧性合格的D级钢。

钢结构的连接材料，如焊条、自动焊或半自动焊的焊丝及螺栓的钢材应与主体金属的强度相适应。

思 考 题

14-1 简述钢结构对钢材的要求、指标，规范推荐使用的钢材有哪些？

14-2 钢材有哪两种主要破坏形式？

14-3 衡量材料力学性能的好坏，常用那些指标？它们的作用如何？

14-4 引起钢材脆性破坏的主要因素有哪些？应如何防止脆性破坏的发生？

14-5 影响钢材性能的主要化学成分有哪些？碳、硫、磷对钢材的性能有哪些影响？

14-6 钢材中常见的冶金缺陷有哪些？

14-7 随着温度的变化，钢材的力学性能有何变化？

14-8 什么情况下会产生应力集中，应力集中对材性有何影响？

14-9 何谓钢材的疲劳？

14-10 何谓冷作硬化、时效硬化、应变时效硬化？

14-11 选用钢材应考虑的因素有哪些？

第15章 钢结构的连接

钢结构是由型钢、钢板通过必要的连接构件，安装构成的整体结构。在传力过程中，连接部位应有足够的强度、刚度和延性。被连接构件间应保持正确的相对位置，以满足传力和使用要求。因此，选定合适的连接方案和节点构造是钢结构设计的一个很重要的环节。

15.1 钢结构的连接方法

钢结构的连接方法可分为焊缝连接、铆钉连接和螺栓连接三种，如图15-1所示。

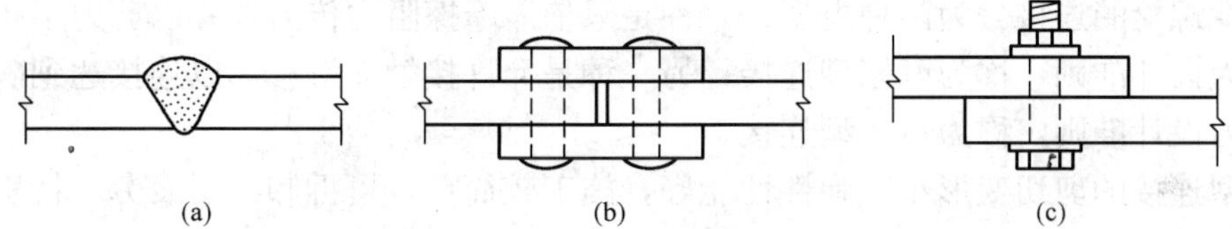

图15-1 钢结构的连接方法

(a) 焊缝连接；(b) 铆钉连接；(c) 螺栓连接

15.1.1 焊缝连接

焊缝连接是通过电弧产生的热量使焊条和焊件局部融化，经冷却凝结形成焊缝，从而将焊件连成一体。焊缝连接是现代钢结构最主要的连接方法。其优点是：构造简单，可焊任何形状；用料经济，不削弱构件截面；制作加工方便，易于采用自动化操作；连接的密封性好，刚度大。其缺点是：焊缝附近钢材因焊接高温作用形成热影响区，钢材的金属相组织和机械性能发生改变，导致局部材质变脆；焊接残余应力和残余变形也对结构有不利影响；焊接结构对裂缝很敏感，局部裂缝一旦发生，极容易扩展成整体裂缝而破坏，若局部裂缝发生又遇到低温环境，则裂缝扩展会更迅速。

15.1.2 铆钉连接

铆钉连接是将铆钉加热后插入构件的钉孔中，用铆钉枪制作封闭钉头。随后钉杆由高温逐渐冷却而发生收缩，将被连接的钢板压紧。铆钉连接的优点是塑性和韧性较好，传力可靠，质量易于检查，适用于直接承受动载结构的连接。缺点是构造复杂，费钢费工，目前已很少采用。

15.1.3 螺栓连接

螺栓连接分普通螺栓连接和高强度螺栓连接两种。

一、普通螺栓连接

普通螺栓连接的优点是施工简单、拆装方便。缺点是用钢量多。适用于安装连接和需要经常拆装的结构。普通螺栓连接分为A、B、C三级。A级与B级为精制螺栓，C级为粗制螺栓。C级螺栓材料性能等级为4.6级或4.8级。小数点前数字表示螺栓的抗拉强度不小于400N/mm^2，小数点及小数点以后数字表示其屈强比（屈服点与抗拉强度之比）为0.6或0.8。A级和B级螺栓材料性能等级则为5.6级和8.8级，其抗拉强度分别不小于500N/mm^{2}和

800N/mm²，屈强比分别为0.6和0.8。

C级螺栓由圆钢压制而成，螺栓表面粗糙，螺栓孔的直径比螺栓杆的直径大1.5～3mm，对制孔的质量要求不高，一般采用在单个零件上一次冲成或不用钻模钻出设计孔径（Ⅱ类孔）。对于采用C级螺栓的连接，由于螺栓杆与螺栓孔间有较大的空隙，受剪力作用时将会产生较大的剪切滑移，连接变形大。但其安装方便，且能有效的传递拉力，故一般可用于沿螺栓杆轴受拉的连接中，或次要结构的抗剪连接或用作安装时的临时固定。

A、B级精致螺栓是由毛坯在车床上经过切削加工精制而成的。其表面光滑，尺寸准确，螺杆直径与螺栓孔径相同，对成孔质量要求较高。一般采用钻模成孔或冲后扩孔，孔壁平滑，质量较高（属Ⅰ类孔）。由于其有较高的精度，因而受剪性能好，但制作和安装复杂，价格较高，已很少在结构中采用。

二、高强度螺栓连接

高强度螺栓的连接分为两种类型：一种是只依靠摩擦阻力传力，并以剪力不超过接触面摩擦力作为设计准则，称为摩擦型连接；另一种是允许接触面滑移，以连接达到破坏的极限承载力作为设计准则，称为承压型连接。

摩擦型连接的剪切变形小，弹性性能好，施工较简单，可拆卸，耐疲劳，特别适用于受动力荷载的结构。承压型连接的承载力高于摩擦型，连接紧凑，但剪切变形大，故不得用于承受动力荷载的结构中。

高强度螺栓一般采用45号钢、40B钢和20MnTiB钢加工而成，经热处理后，螺栓抗拉强度应分别不低于800N/mm²和1000N/mm²，即前者的性能等级为8.8级，后者的性能等级为10.9级。摩擦型连接高强度螺栓的孔径比螺栓公称直径d大1.5～2.0mm，承压型连接高强度螺栓的孔径比螺栓的公称直径d大1.0～1.5mm。

除上述常用连接外，在冷弯薄壁型钢结构中还经常采用射钉、自攻螺丝和钢拉铆钉等连接方式，主要用于压型钢板之间和压型钢板与冷弯型钢等支承之间的连接，具有施工简单、操作方便的特点。

15.2 焊接方法和焊缝连接形式

15.2.1 钢结构常用焊接方法

钢结构中常采用的焊接方法有电弧焊、气体保护焊和电阻焊等。

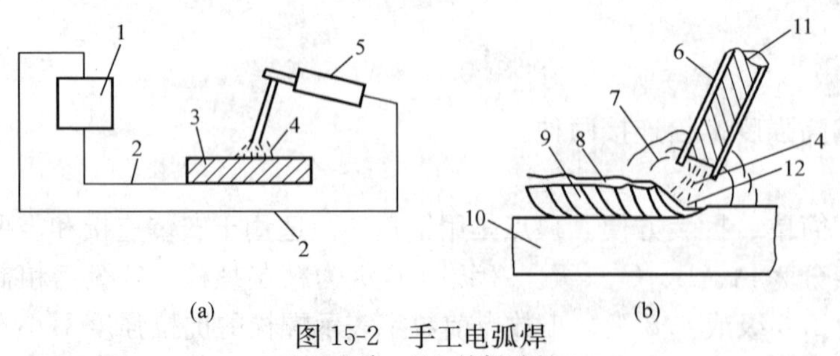

图15-2 手工电弧焊
(a) 电路；(b) 施焊过程
1—电焊机；2—导线；3—焊件；4—电弧；5—焊钳；6—药皮；7—起保护作用的气体；8—熔渣；9—焊缝金属；10—主体金属；11—焊丝；12—熔池

一、电弧焊

电弧焊可分为手工电弧焊和埋弧焊。

(1) 手工电弧焊。这是最常用的一种焊接方法，其工作原理如图15-2所示。它是由焊条、焊钳、焊件、电焊机和导线等组成电路。通电后，在涂有焊药的焊条与焊件间产生电弧，由电弧提供热源，使焊条溶化，滴落在焊件上被电弧所吹成的小凹槽熔池中。由焊条药皮形成的熔渣和气体覆盖着熔池，防止空气中的氧、氮等有害气体与熔化的液体金属接触，避免形成脆性易脆的化合物。焊缝金属冷却后就与焊件熔成一体。

手工电弧焊的设备简单，操作灵活方便，适于任意空间位置的焊接，特别适于焊接短焊缝。但生产效率低，劳动强度大，焊接质量在一定程度上取决于焊工的技术水平。

手工电弧焊所用焊条应与焊件金属强度相适应，对Q235钢焊件采用E43系列型焊条，对Q345钢焊件采用E50系列型焊条，对Q390和Q420钢焊件采用E55系列型焊条。对不同钢种的钢材相焊接时，宜用与低强度钢材相适应的焊条。

(2) 埋弧焊（自动或半自动焊）。埋弧焊是电弧在焊剂层下燃烧的一种电弧焊方法。焊丝送进和电弧按焊接方向的移动有专门机构控制完成称为埋弧自动电弧焊，如图15-3所示；焊丝送进有专门机构控制，而电弧按焊接方向的移动靠人手工操作完成的称埋弧半自动电弧焊。埋弧焊的焊丝不涂药皮，但施焊端靠焊剂漏斗自动流下的颗粒状焊剂所覆盖，电弧完全被埋在焊剂之内，埋弧焊电弧热量集中，熔深大，适于厚板的焊接，具有很高的生产率。由于采用了自动或半自动化操作，焊接时的工艺条件稳定，焊缝的化学成分均匀，故形成的焊缝质量好，焊件变形小。同时，高的焊速也减小了热影响区的范围，但埋弧焊对焊件边缘的装配精度（如间隙）要求比手工焊高。

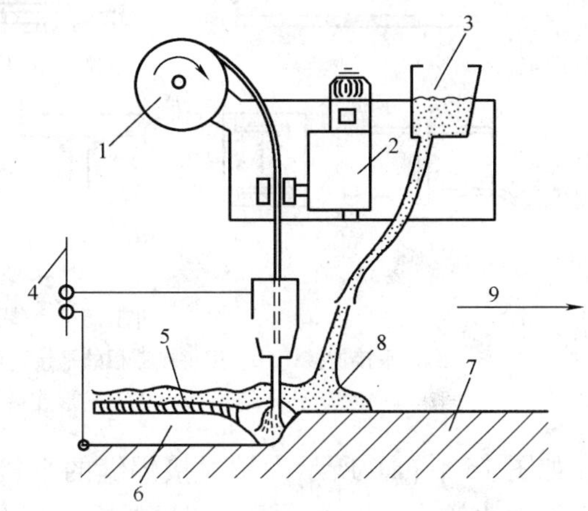

图15-3 埋弧自动电弧焊

1—焊丝转盘；2—转动焊丝的电动机；3—焊剂漏斗；4—电源；5—熔化的焊丝；6—焊缝金属；7—焊件；8—焊剂；9—移动方向

埋弧焊所用的焊丝和焊剂应与主体金属强度相适应，即要求焊缝与主体金属等强度。

二、气体保护焊

气体保护焊是利用二氧化碳气体或其他惰性气体作为保护介质的一种电弧熔焊的方法。它直接依靠保护气体在电弧周围形成局部的保护层，以防止有害气体的侵入并保证焊接过程中的稳定性。

气体保护焊的焊缝熔化区没有熔渣，焊工能够清晰地看到焊缝成型的过程；由于保护气体是喷射的，有助于熔滴的过渡；又由于电弧加热集中，熔化深度大，焊接速度快，故所形成的焊缝强度比手工电弧焊高，塑性和抗腐蚀性好，适用于全位置的焊接。气体保护焊在操作时应采取避风措施，否则容易出现焊坑、气孔等缺陷。

三、电阻焊

电阻焊是利用电流通过焊件接触点表面的电阻所产生的热量来熔化金属，再通过压力使其焊合。在一般钢结构中，电阻焊只适用于板叠厚度不大于12mm的焊件。对冷弯薄壁型钢构件，电阻焊可用来缀合壁厚不超过3.5mm的构件，如将两个冷弯槽钢或C型钢组合成工字形截面构件等。

15.2.2 焊缝连接形式及焊缝形式

一、焊接连接形式

焊接连接形式按被连接构件间的相对位置可分为平接、搭接、T形连接和角部连接四种，如图15-4所示。这些连接所采用的焊缝形式主要有对接焊缝和角焊缝。

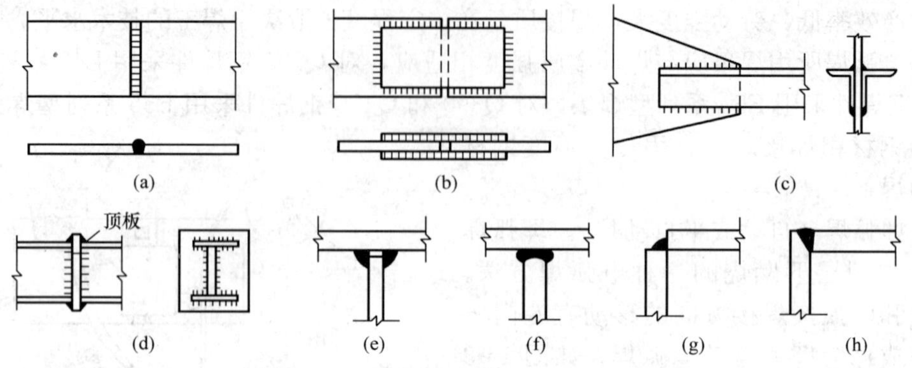

图15-4 焊缝连接的形式

(a) 平接连接；(b) 用拼接盖板的平接连接；(c) 搭接连接；(d) 用顶板的平接连接；(e)、(f) T形连接；(g)、(h) 角部连接

如图15-4 (a) 所示为用对接焊缝的平接连接，由于相互连接的两构件在同一平面内，因而传力比较均匀平缓，没有明显的应力集中，承受动力荷载的性能较好，且用料经济，当符合一、二级焊缝质量检验标准时，焊缝和被焊构件的强度相等。但是焊件边缘需要加工，对被连接两板的间隙和坡口尺寸有严格的要求。

如图15-4 (b) 所示为用双层盖板和角焊缝的平接连接，这种连接传力不均匀、费料，但施工简便，所连接两板的间隙大小无需严格控制。

如图15-4 (c) 所示为用角焊缝的搭接连接，它特别适用于不同厚度构件的连接。这种连接传力不均匀，材料较费，但构造简单，施工方便，目前还在广泛应用。

如图15-4 (d) 所示为用顶板和角焊缝的平接连接，施工简便，用于受压构件较好。受拉构件为了避免层间撕裂，不宜采用。

如图15-4 (e) 所示为用双面角焊缝的T形连接，这种连接焊件间存在缝隙，截面突变，应力集中现象严重，疲劳强度较低，可用于不直接承受动力荷载的结构的连接中。

如图15-4 (f) 所示为焊透的T形连接，其焊缝形式为对接与角接的组合，它可以减小应力集中现象，对于直接承受动力荷载的结构，如重级工作制吊车梁，其上翼缘与腹板的连接应采用这种形式。

如图15-4 (g)，(h) 为用角焊缝和对接焊缝的角部连接，主要用于制作箱形截面。

二、焊接形式

对接焊缝按所受力的方向分为正对接焊缝[图15-5(a)]和斜对接焊缝[图15-5(b)]。角焊缝[图15-5(c)]可分为正面角焊缝(焊缝长度方向垂直于力作用方向)和侧面角焊缝(焊缝长度方向平行于力作用方向)。

焊缝沿长度方向的布置分为连续角焊缝和断续角焊缝两种，如图15-6所示。连续角焊

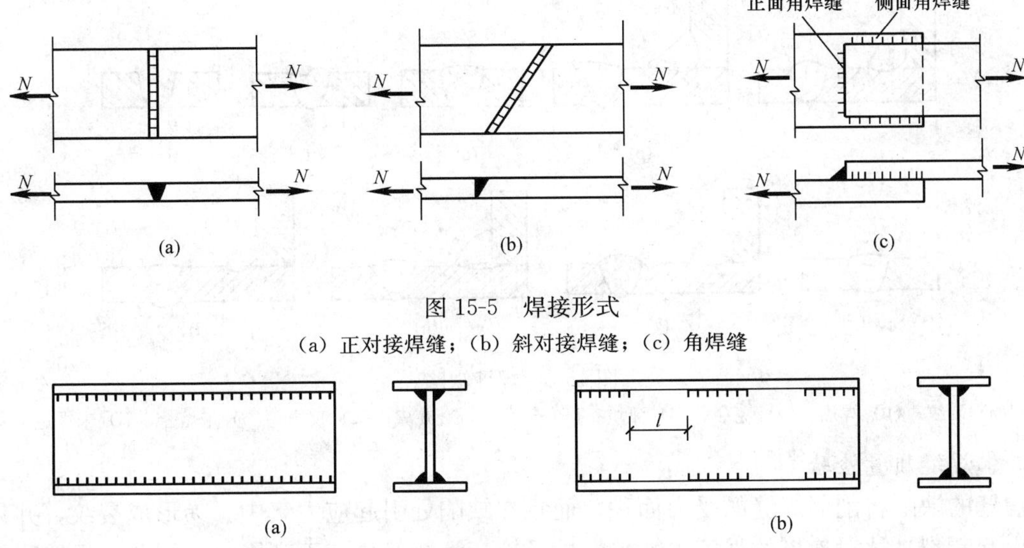

图 15-5 焊接形式

(a) 正对接焊缝；(b) 斜对接焊缝；(c) 角焊缝

图 15-6 连续角焊缝和断续角焊缝

(a) 连续角焊缝；(b) 断续角焊缝

缝的受力性能好，为主要的角焊缝形式。断续角焊缝的起、灭弧处容易引起应力集中，重要结构应避免采用，它只用于一些次要构件的连接或次要焊缝中。断续焊缝的间断距离 l 不宜过长，以免连接不紧密，潮气侵入引起构件锈蚀。一般在受压构件中应满足 $l \leqslant 15t$，在受拉构件中 $l \leqslant 30t$，t 为较薄焊件的厚度。

焊接按施焊位置可分为平焊、横焊、立焊及仰焊，如图 15-7 所示。平焊（又称俯焊）施焊方便，质量最好。立焊和横焊的质量及生产效率比平焊差一些。仰焊的操作条件最差，焊缝质量不易保证，因此应尽量避免采用仰焊。

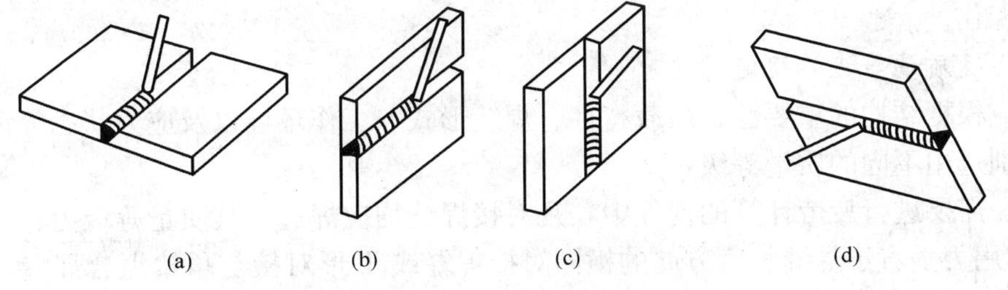

图 15-7 焊缝施焊位置

(a) 平焊；(b) 横焊；(c) 立焊；(d) 仰焊

15.2.3 焊缝缺陷及焊缝质量检验

一、焊缝缺陷

焊缝缺陷是指焊接过程中产生于焊缝金属或附近热影响区钢材表面或内部的缺陷。常见的缺陷有裂纹、焊瘤、烧穿、弧坑、气孔、夹渣、咬边、未熔合、未焊透等，如图 15-8 所示，以及焊缝尺寸不符合要求、焊缝成形不良等。裂纹是焊缝连接中最危险的缺陷。产生裂纹的原因很多，如钢材的化学成分不当，焊接工艺条件（如电流、电压、焊速、施焊次序等）选择不合适，焊接表面油污未清除干净等。

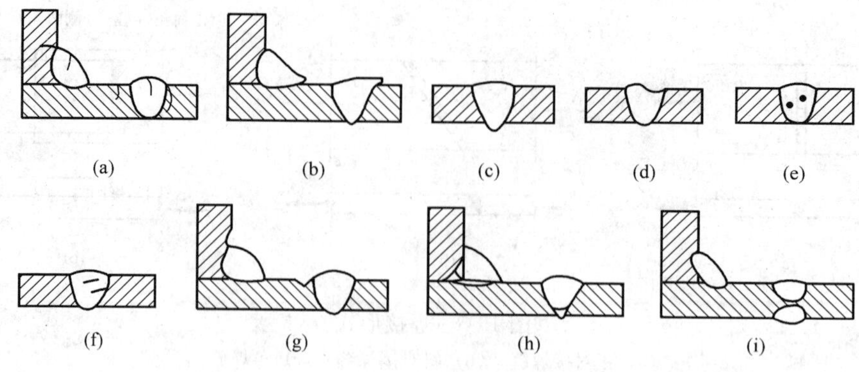

图 15-8 焊缝缺陷

(a) 裂纹；(b) 焊瘤；(c) 烧穿；(d) 弧坑；(e) 气孔；(f) 夹渣；(g) 咬边；(h) 未熔合；(i) 未焊透

二、焊缝质量检验

焊缝的缺陷将削弱焊缝的受力面积，而且在缺陷处引起应力集中，易形成裂纹，并易于扩展引起断裂，故对连接的强度、冲击韧性及冷弯性能等均有不利影响。因此，焊缝质量检验极为重要。

焊缝质量检验一般可用外观检查及内部无损检验，前者可检查外观缺陷和几何尺寸，后者可检查内部缺陷。内部无损检验目前广泛采用超声波检验。

GB 50205—2001《钢结构工程施工质量验收规范》规定焊缝按其检验方法和质量要求分为一级、二级和三级。三级焊缝只要求对全部焊缝作外观检查且符合三级质量标准，即检查焊缝实际尺寸是否符合设计要求，有无用肉眼看得见的裂纹、咬边或未焊满的凹槽等缺陷。对于重要结构或要求焊缝金属强度等于被焊金属强度的对接焊缝，必须进行一级或二级质量检验，即在外观检查的基础上再作无损检验。其中二级要求用超声波检验每条焊缝的20%长度，一级要求用超声波检验每条焊缝的全部长度。对承受动载的重要构件焊缝，还可增加射线探伤。

三、焊缝质量等级的规定

焊缝应根据结构的重要性、荷载特性、焊缝形式、工作环境以及应力状态等情况，按下述原则分别选用不同的质量等级：

(1) 在需要进行疲劳计算的构件中，凡对接焊缝均应焊透，其质量等级为：

1) 作用力垂直于焊缝长度方向的横向对接焊缝或 T 形对接与角接组合焊缝，受拉时应为一级，受压时应为二级；

2) 作用力平行于焊缝长度方向的纵向对接焊缝应为二级。

(2) 不需要计算疲劳的构件中，凡要求与母材等强的对接焊缝应于焊透，其质量等级当受拉时应不低于二级，受压时宜为二级。

(3) 重级工作制和起重量 $Q\geqslant50$t 的中级工作制吊车梁的腹板与上翼缘之间以及吊车桁架上弦杆与节点板之间的 T 形接头焊缝均要求焊透，焊缝形式一般为对接与角接的组合焊缝，其质量等级不应低于二级。

(4) 不要求焊透的 T 形接头采用的角焊缝或部分焊透的对接与角接组合焊缝，以及搭接连接采用的角焊缝，其质量等级为：

1) 对直接承受动力荷载且需要验算疲劳的结构和吊车起重量等于或大于 50t 的中级工

作制吊车梁，焊缝的外观质量标准应符合二级；

2）对其他结构，焊缝的外观质量标准可为三级。

15.2.4　焊缝代号

在钢结构施工图上要用焊缝代号标明焊缝形式、尺寸和辅助要求。按《焊缝符号表示法》规定：焊缝代号由引出线、图形符号和辅助符号三部分组成。引出线由横线和带箭头的斜线组成。箭头指到图形上的相应焊缝处，横线的上面和下面用来标注图形符号和焊缝尺寸。当引出线的箭头指向焊缝所在的一面时，应将图形符号和焊缝尺寸等标注在水平横线的上面。当箭头指向对应焊缝所在的另一面时，则应将图形符号和焊缝尺寸标注在水平横线的下面。必要时，可在水平横线的末端加一尾部作为其他说明之用。图形符号表示焊缝的基本形式，如用“⊿”表示角焊缝，用“V”表示V形坡口的对接焊缝。辅助符号表示焊缝的辅助要求，如用“▶”表示现场安装焊缝等。表15-1列出了一些常用焊缝代号，可供设计时参考。

表15-1　　**焊　缝　代　号**

	角焊缝				对接焊缝	塞焊缝	三面围焊
	单面焊缝	双面焊缝	安装焊缝	相同焊缝			
形式	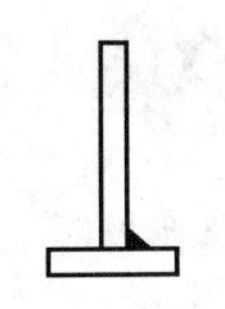	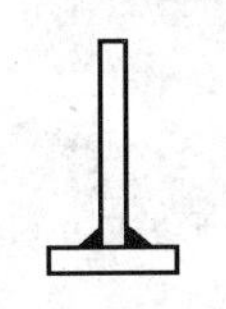	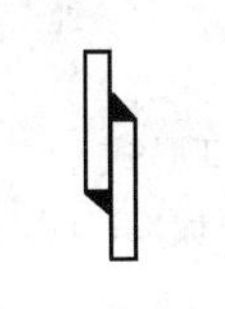		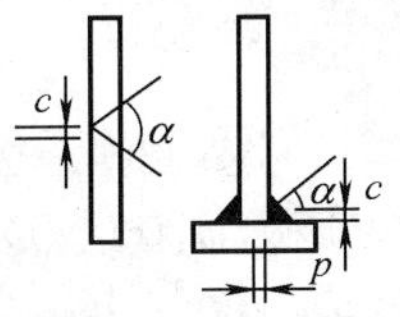	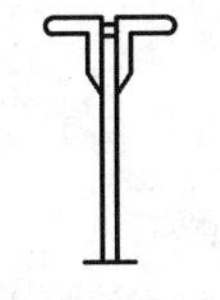	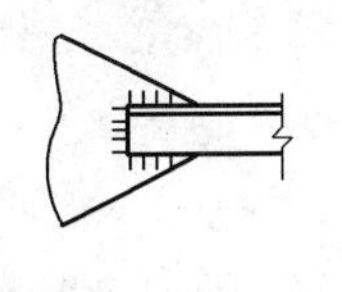
标注方法	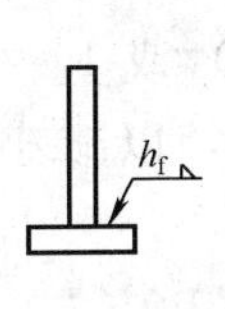	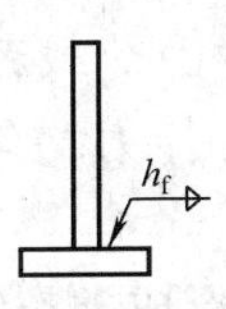	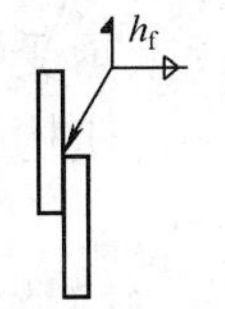	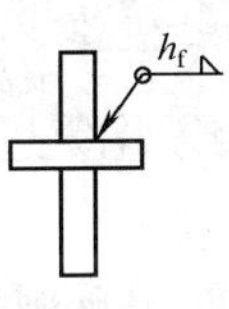	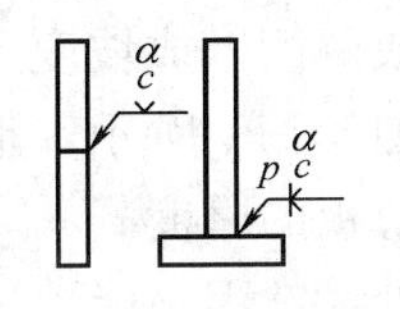	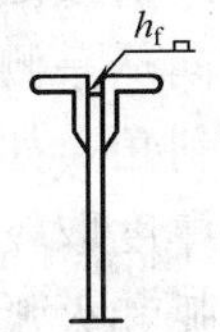	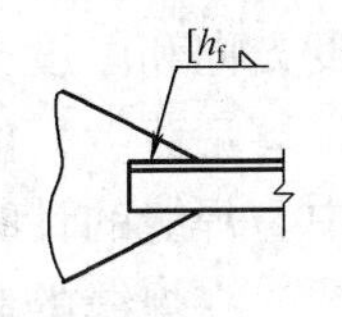

当焊缝分布比较复杂或用上述标注不能表达清楚时，在标注焊缝代号的同时，可在图形上加粗线或栅线表示，如图15-9所示。

(a)　(b)　(c)

图15-9　栅线表示

（a）正面焊缝；（b）背面焊缝；（c）安装焊缝

15.3　对接焊缝的构造与计算

对接焊缝按是否焊透分焊透的对接焊缝和部分焊透的对接焊缝两种。焊透的对接焊缝强度高，受力性能好。一般均采用焊透的对接焊缝。部分焊透的对接焊缝由于未焊透，应力集中和残余应力严重，《钢结构设计规范》规定在直接承受动力荷载的结构中，垂直于受力方向的焊缝不宜采用部分焊透的对接焊缝。因此，只有在板件较厚而内力较小或不受力时，才采用部分焊透的对接焊缝，以省工省料、减小焊接变形。

下面仅对焊透的对接焊缝进行较详细的论述。

15.3.1 对接焊缝的构造

对接焊缝的焊件常将焊件边缘做成坡口，故又叫坡口焊缝。坡口形式与焊件厚度有关。当焊件厚度很小（$t \leqslant 10$mm）时，可采用不切坡口的 I 形缝。对于一般厚度（$t=10 \sim 20$mm）的焊件，可采用具有斜坡口的单边 V 形或 V 形焊缝。斜坡口和根部间隙 c 共同组成一个焊条能够运转的施焊空间，使焊缝易于焊透；钝边 p 有托住熔化金属的作用。对于较厚的焊件（$t > 20$mm），采用 U 形、K 形和 X 形坡口，如图 15-10 所示。对于 V 形缝和 U 形缝，需对焊缝根部进行补焊。关于坡口的形式与尺寸可参看行业标准《建筑钢结构焊接技术规程》。

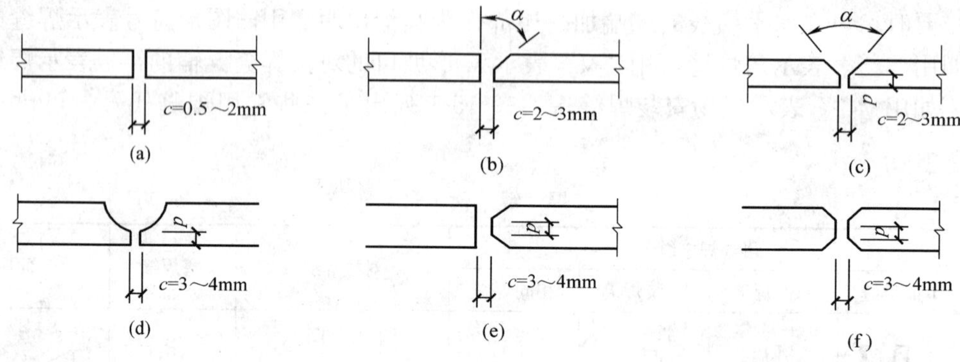

图 15-10　对接焊缝的坡口形式

(a) I 形缝；(b) 单边 V 形坡口；(c) V 形坡口；(d) U 形坡口；(e) K 形坡口；(f) X 形坡口

在对接焊缝的拼接处，当焊件的宽度不同或厚度在一侧相差 4mm 以上时，应分别在宽度方向和厚度方向从一侧或两侧做成坡度不大于 1∶2.5（承受静力荷载者）或 1∶4（需要计算疲劳者）的斜角，如图 15-11 所示，形成平缓过渡，使构件传力均匀，以减小应力集中。焊缝的计算厚度取较薄板的厚度。

在焊缝的起弧和灭弧处，常因不能熔透而出现弧坑等缺陷，形成类裂纹和应力集中。为消除焊口缺陷，焊接时可将焊缝的起点和终点延伸至引弧板上，如图 15-12 所示，焊后将引弧板切除，并用砂轮沿受力方向将表面磨平。当受条件限制无法采用引弧板时，允许不设置引弧板，此时计算每条焊缝长度时取实际长度减 $2t$（t 为焊件的较小厚度）。

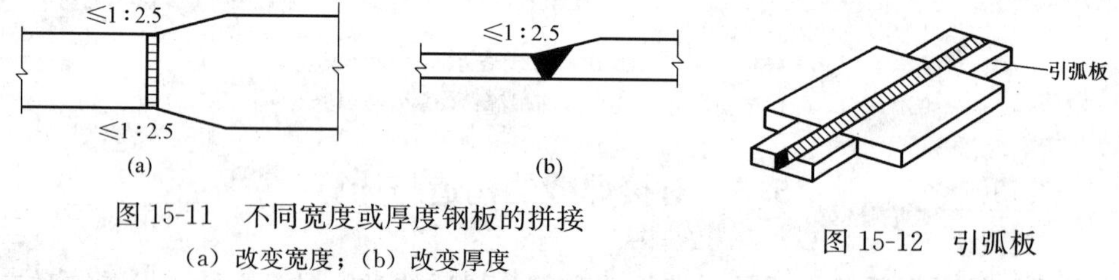

图 15-11　不同宽度或厚度钢板的拼接

(a) 改变宽度；(b) 改变厚度

图 15-12　引弧板

15.3.2 对接焊缝的计算

对接焊缝的应力分布情况基本上与焊件原来的情况相同，可用计算焊件的方法进行计算。对于重要的构件，按一、二级标准验收焊缝质量，焊缝与构件强度等强，不必另行验算。

一、轴心受力对接焊缝的计算

轴心受力的对接焊缝如图 15-13 所示，应按式（15-1）计算，即

$$\sigma=\frac{N}{l_{w}t}\leqslant f_{t}^{w}\text{ 或 }f_{c}^{w} \tag{15-1}$$

式中　N——轴心拉力或压力的设计值。

l_{w}——焊缝的计算长度，当采用引弧板施焊时，取焊缝实际长度；当未采用引弧板时，每条焊缝取实际长度减去 $2t$。

t——在对接接头中为连接件的较小厚度，在 T 形接头中为腹板的厚度。

f_{t}^{w}、f_{c}^{w}——对接焊缝的抗拉、抗压强度设计值，按附录 4 中附表 4.4 采用。

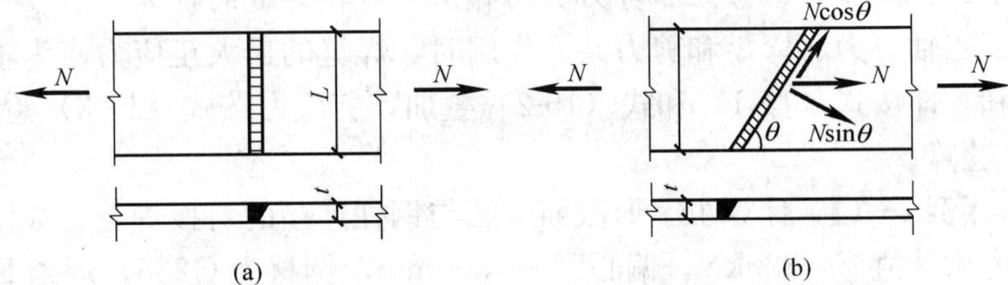

图 15-13　轴心力作用下对接焊缝连接
（a）直焊缝；（b）斜焊缝

如图 15-13（a）所示的直焊缝连接的强度低于焊件的强度时，为了提高连接的承载能力，可改用如图 15-13（b）所示的斜焊缝。但用斜焊缝时较费材料。规范规定当斜焊缝和作用力间的夹角 θ 满足 $\tan\theta\leqslant1.5$（$\theta\leqslant56°$）时，斜焊缝的强度不低于焊件强度，可不再进行验算。

二、弯矩和剪力共同作用时对接焊缝的计算

如图 15-14（a）所示为对接接头受到弯矩和剪力的共同作用。由于焊缝截面是矩形，正应力和剪应力分布分别为三角形与抛物线形，应分别计算正应力和剪应力。按下列公式计算，即

$$\sigma_{max}=\frac{M}{W_{w}}=\frac{6M}{l_{w}^{2}t}\leqslant f_{t}^{w} \tag{15-2}$$

$$\tau_{max}=\frac{VS_{w}}{I_{w}t}=\frac{3}{2}\times\frac{V}{l_{w}t}\leqslant f_{v}^{w} \tag{15-3}$$

式中　W_{w}——焊缝截面的截面模量；

S_{w}——焊缝截面在计算剪应力处以上或以下部分截面对中和轴的面积矩；

I_{w}——焊缝截面对中和轴的惯性矩；

f_{v}^{w}——对接焊缝的抗剪强度设计值，按附录 4 中附表 4.4 采用。

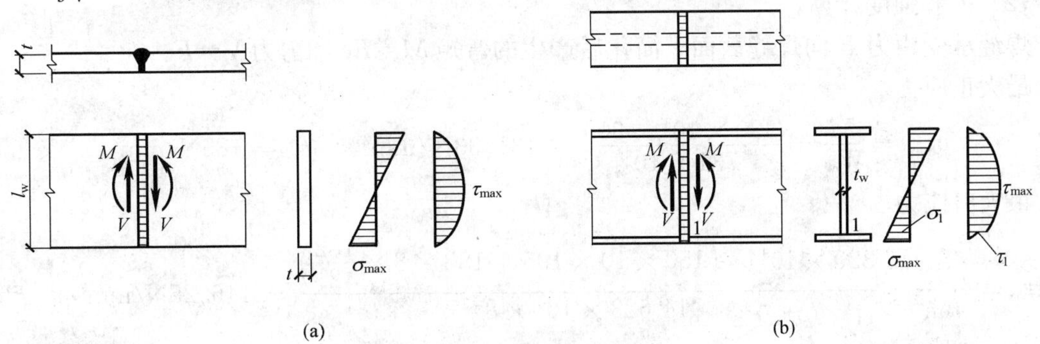

图 15-14　对接焊缝受弯矩和剪力共同作用
（a）矩形截面对接焊缝；（b）工字形截面对接焊缝

如图 15-14（b）所示为在弯矩和剪力的共同作用下工字形截面梁的接头，采用对接焊缝，除应分别验算焊缝截面最大正应力和剪应力外，对于同时受有较大的正应力和剪应力处，例如腹板与翼缘的交点处，还应按式（15-4）验算折算应力，即

$$\sqrt{\sigma_1^2 + 3\tau_1^2} \leqslant 1.1 f_t^w \tag{15-4}$$

式中 σ_1、τ_1——验算点处焊缝截面的正应力和剪应力；

1.1——考虑到最大折算应力只在局部出现，而将强度设计值适当提高的系数。

三、轴心力、弯矩和剪力共同作用时对接焊缝的计算

当轴心力、弯矩和剪力共同作用时，焊缝的最大正应力应为轴心力和弯矩引起的正应力之和，即按式（15-1）和式（15-2）叠加，剪应力按式（15-3）验算，折算应力仍按式（15-4）验算。

【例 15-1】 计算工字形截面牛腿与钢柱连接的对接焊缝，如图 15-15 所示。牛腿承受竖向力设计值 $F=320\text{kN}$，偏心距 $e=300\text{mm}$，钢材为 Q235，焊条 E43 系列，手工焊，施焊时无引弧板，焊缝质量标准为三级。

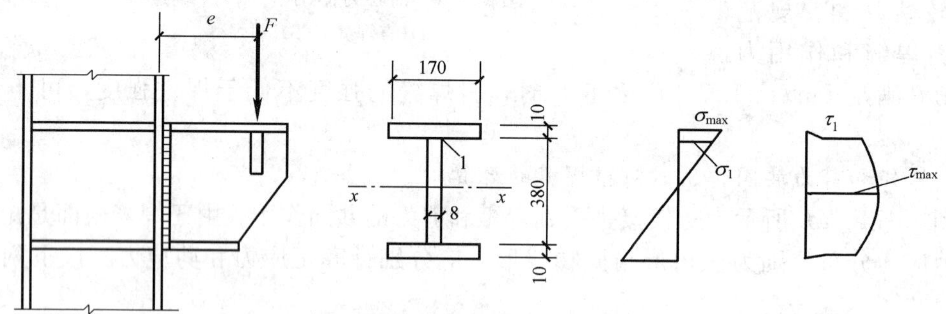

图 15-15 ［例 15-1］图

解 （1）焊缝有效截面的几何特性。

因施焊时无引弧板，故每条焊缝的计算长度为焊缝实际长度减去两倍板件的厚度。

$$I_w = \frac{1}{12} \times 0.8 \times (38-1.6)^3 + 2 \times 1 \times (17-2) \times 19.5^2 = 14\ 623\text{cm}^4$$

$$W_w = \frac{14\ 623}{20} = 731\text{cm}^3$$

（2）焊缝强度计算。

焊缝承受由力 F 向焊缝截面上简化后产生的弯矩 $M=Fe$ 和剪力 $V=F$。

最大正应力

$$\sigma_{max} = \frac{M}{W_w} = \frac{320 \times 10^3 \times 300}{731 \times 10^3} = 131.33\text{N/mm}^2 < f_t^w = 185\text{N/mm}^2$$

最大剪应力

$$\tau_{max} = \frac{VS_w}{I_w t} = \frac{320 \times 10^3 \times \left(150 \times 10 \times 195 + 182 \times 8 \times \frac{182}{2}\right)}{14\ 623 \times 10^4 \times 8} = 116.25\text{N/mm}^2 < f_v^w = 125\text{N/mm}^2$$

上翼缘和腹板交接处“1”点的正应力

$$\sigma_1 = 131.33 \times \frac{190}{200} = 124.76\text{N/mm}^2$$

剪应力

$$\tau_1 = \frac{VS_{w1}}{I_w t} = \frac{320 \times 10^3 \times 150 \times 10 \times 195}{14\ 623 \times 10^4 \times 8} = 80.01\text{N/mm}^2$$

由于“1”点同时受有较大的正应力和剪应力，故应按式（15-4）验算折算应力

$$\sqrt{\sigma_1^2 + 3\tau_1^2} = \sqrt{124.76^2 + 3 \times 80.01^2} = 186.47\text{N/mm}^2 < 1.1 f_t^w = 1.1 \times 185 = 203.5\text{N/mm}^2$$

焊缝强度满足要求。

15.4 角焊缝的构造与计算

15.4.1 角焊缝的形式和构造

一、角焊缝的形式

角焊缝按两焊脚边的夹角可分为直角角焊缝（图 15-16）和斜角角焊缝（图 15-17）两种。直角角焊缝的受力性能较好，应用广泛；斜角角焊缝当两焊脚边夹角 $\alpha > 135°$ 或 $\alpha < 60°$ 时，除钢管结构外，不宜用作受力焊缝。本节主要对直角角焊缝的构造和计算方法加以详细论述。

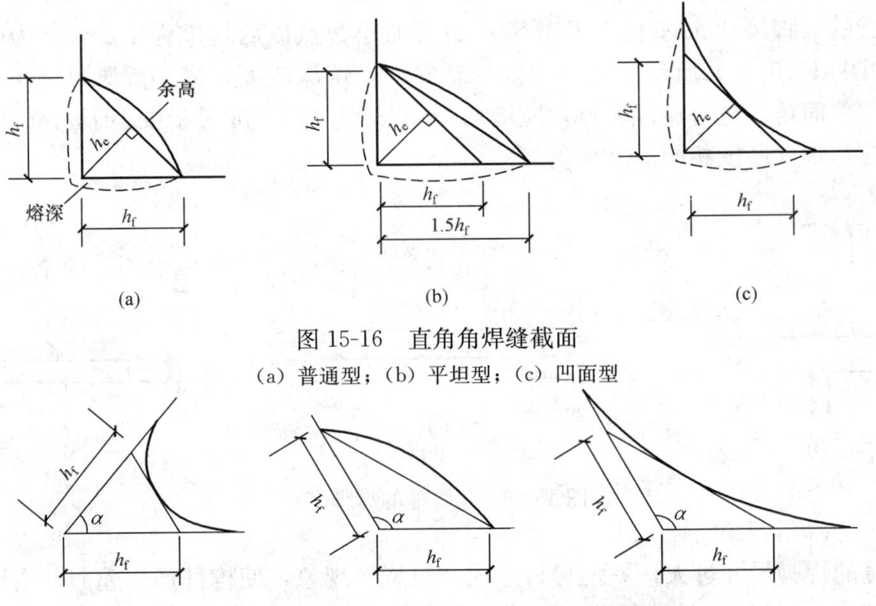

图 15-16 直角角焊缝截面

（a）普通型；（b）平坦型；（c）凹面型

图 15-17 斜角角焊缝截面

角焊缝按其与外力作用方向的不同可分为平行于力作用方向的侧面角焊缝、垂直于力作用方向的正面角焊缝和与力作用方向呈斜交的斜向角焊缝，如图 15-18 所示。

角焊缝按其截面形式可分为普通型、平坦型和凹面型三种，如图 15-16 所示。一般采用普通型截面角焊缝，其两焊脚尺寸比例为 1∶1，近似于等腰直角三角形，但其力线弯折，应力集中严重。对直接承受动力荷载的结构，为使传力平缓，正面角焊缝宜采用两焊角尺寸

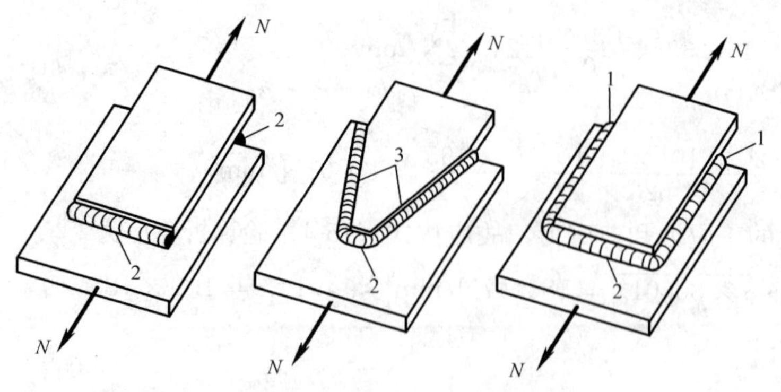

图 15-18 角焊缝的受力形式
1—侧面角焊缝；2—正面角焊缝；3—斜向角焊缝

比例为 1∶1.5 的平坦型（长焊角尺寸顺内力方向），侧面角焊缝则宜采用比例为 1∶1 的凹面型。

普通型角焊缝截面的两个直角边长 h_f 称为焊脚尺寸。计算焊缝承载力时，按最小截面即 $\alpha/2$ 角处截面（直角角焊缝在 45°角处截面）计算，该截面又称为有效截面或计算截面。其截面厚度称为有效厚度 h_e，如图 15-16（a）所示。

直角角焊缝的有效厚度 $h_e=0.7h_f$，不计凸出部分的余高。平坦型和凹面型焊缝的 h_f 和 h_e 按图 15-16（b）、（c）采用。

二、角焊缝的构造要求

（一）最小焊脚尺寸

角焊缝的焊脚尺寸与焊件厚度有关，如果焊件较厚而焊脚尺寸过小时，则在焊缝金属中由于冷却速度快而产生淬硬组织，易使焊缝附近主体金属产生裂纹。《钢结构设计规范》规定：角焊缝的焊脚尺寸 h_f 不得小于 $1.5\sqrt{t}$（计算时小数点以后均进为 1mm，t 为较厚焊件的厚度），如图 15-19（a）所示。自动焊因热量集中，熔深较大，最小焊脚尺寸可减少 1mm；T 形连接的单面角焊缝可靠性较差，应增加 1mm。当焊件厚度等于或小于 4mm 时，则最小焊脚尺寸应与焊件厚度相同。

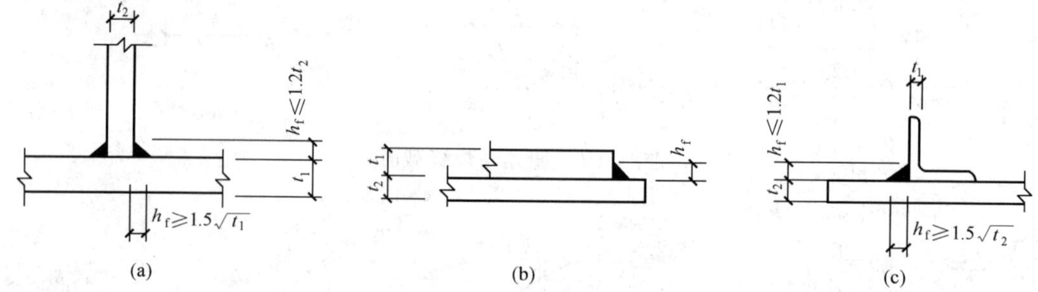

图 15-19 角焊缝的焊脚尺寸

（二）最大焊脚尺寸

角焊缝的焊脚尺寸过大，易使母材形成“过烧”现象，使构件产生翘曲、变形和较大的焊接残余应力。《钢结构设计规范》规定：角焊缝的焊脚尺寸不宜大于较薄焊件厚度的 1.2 倍（钢管结构除外），如图 15-19（a）所示。但板件（厚度为 t）边缘的角焊缝最大焊脚尺寸，尚应符合下列要求[图 15-19(b)]：

1）当 $t\leqslant 6$mm 时，$h_f\leqslant t$；

2）当 $t>6$mm 时，$h_f\leqslant t-(1\sim 2)$mm。

（三）不等焊脚尺寸

当两焊件厚度相差较大且用等焊脚尺寸不能满足最大、最小焊脚尺寸的要求时，可采用不等焊脚尺寸，按满足图 15-19（c）所示要求采用。

（四）角焊缝的最小计算长度

角焊缝焊脚尺寸大而焊缝长度过小时，焊件的局部加热严重，且焊缝起灭弧的弧坑相距太近，以及可能产生的其他缺陷，使焊缝不够可靠。此外，焊缝集中在一段很短距离，焊件的应力集中也较大。因此，侧面角焊缝或正面角焊缝的计算长度不得小于 $8h_f$ 和 40mm，即其最小实际长度应为 $8h_f+2h_f=10h_f$。

（五）侧面角焊缝的最大计算长度

侧面角焊缝沿长度方向的剪应力分布很不均匀，两端大而中间小，且随焊缝长度与其焊脚尺寸之比值的增大而差别愈大。当此比值过大时，焊缝两端应力就会达到极值而破坏，而中部焊缝还未充分发挥其承载能力。这种现象对承受动力荷载的构件更为不利。因此，侧面角焊缝的计算长度不宜大于 $60h_f$。当大于上述数值时，其超过部分在计算中不予考虑。若内力沿侧面角焊缝全长分布时，其计算长度不受此限。例如工字形截面柱或梁的翼缘与腹板的连接焊缝等。

（六）角焊缝的其他构造要求

当板件端部仅有两条侧面角焊缝连接时，为了避免应力传递的过分弯折而使构件中应力过分不均匀，应使每条侧面角焊缝的长度不宜小于它们之间的距离，即 $l_w \geqslant b$。同时为了避免焊缝横向收缩时引起板件的拱曲过大，还宜使 $b \leqslant 16t$（$t>12$mm）或 190mm（$t \leqslant 12$mm），t 为较薄焊件的厚度，如图 15-20（a）所示。当宽度 b 不满足此规定时，应加正面角焊缝，或加槽焊[图 15-20(b)]或塞焊[图 15-20(c)]。

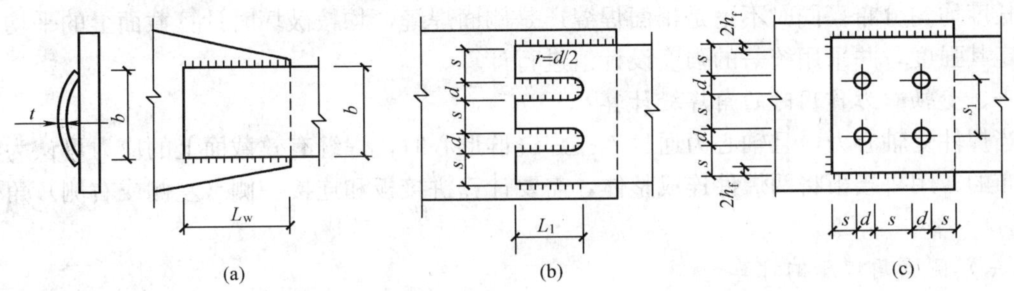

图 15-20　由槽焊和塞焊防止板件拱曲

（a）焊缝长度及两侧焊缝间距；（b）槽焊 $d>1.5t$，$s=(1.5\sim2.5)t$ 且 $\leqslant$200mm，其中：t 为开槽板厚度；L_1 为开槽长度由设计控制；（c）塞焊 $d\leqslant2.5t$，$s\leqslant$200mm，$s_1>4d$

在搭接连接中，当仅采用正面角焊缝时，搭接连接不能只用一条正面角焊缝传力，如图 15-21（a）所示，并且搭接长度不得小于焊件较小厚度的 5 倍，并不得小于 25mm，以减少收缩应力以及因偏心在钢板与连接件中产生的次应力。

杆件端部搭接采用三面围焊时，在转角处截面突变，会产生应力集中，如在此处起灭

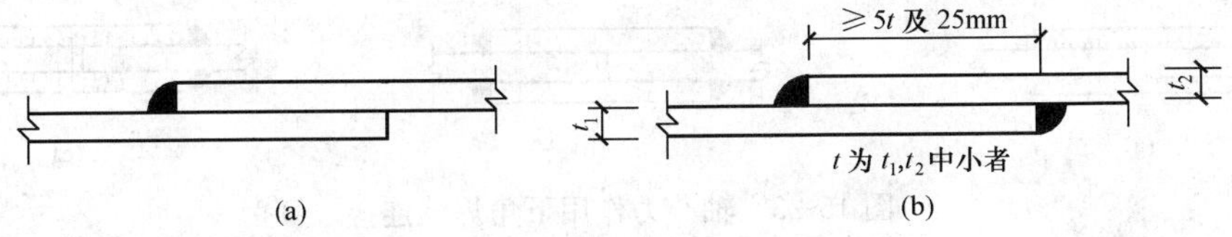

图 15-21　搭接连接

弧，可能出现弧坑或咬肉等缺陷，而加大应力集中的影响。故所有围焊的转角处必须连续施焊。对于非围焊情况，当角焊缝的端部在构件转角处时，可连续地作长度为 $2h_f$ 的绕角焊，如图 15-20（c）所示。

杆件与节点板的连接焊缝宜采用两面侧焊，也可用三面围焊，对角钢杆件可采用 L 形围焊，所有围焊的转角处也必须连续施焊，如图 15-22 所示。

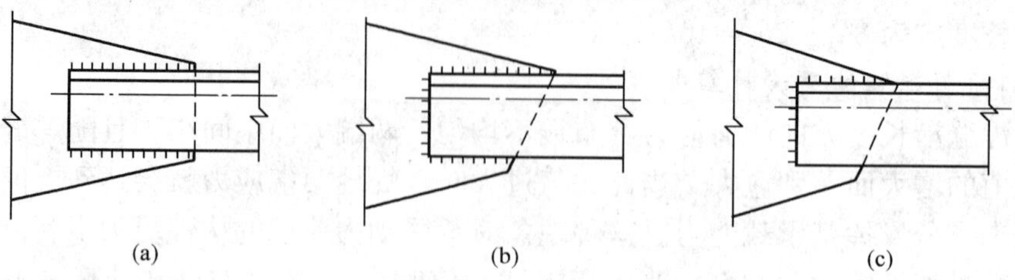

图 15-22 杆件与节点板的焊缝连接

（a）两面侧焊；（b）三面围焊；（c）L 形围焊

15.4.2 角焊缝的计算

侧面角焊缝因其外力与焊缝长度方向平行，故主要受剪应力作用；正面角焊缝因外力垂直于焊缝方向，其应力状态比较复杂，且分布不均匀。正面角焊缝的强度比侧面角焊缝的强度高，但塑性变形能力差，常呈脆性破坏。由于要对角焊缝进行精确计算十分困难，实际计算采用简化的方法，即假定角焊缝的破坏截面均在最小截面，其面积为角焊缝的有效厚度 h_e 与焊缝计算长度 l_w 的乘积，此截面称为角焊缝的有效截面。又假定截面上的应力沿焊缝计算长度均匀分布。同时不论是正面焊缝还是侧面焊缝，均按破坏时计算截面上的平均应力来确定其强度，并采用统一的强度设计值进行计算。

一、受轴心力作用时的角焊缝计算

当焊件受轴心力，且轴心力通过连接焊缝群形心时，焊缝有效截面上的应力可认为是均匀分布的，用拼接板将两焊件连成整体，需要计算拼接板和连接一侧（左侧或右侧）角焊缝强度。

（一）侧面角焊缝的计算

如图 15-23（a）所示为矩形拼接板，侧面角焊缝连接。此时，作用力 N 平行于焊缝长度方向，可按式（15-5）计算焊缝有效截面上的剪应力，即

$$\tau_f = \frac{N}{h_e \sum l_w} \leqslant f_f^w \tag{15-5}$$

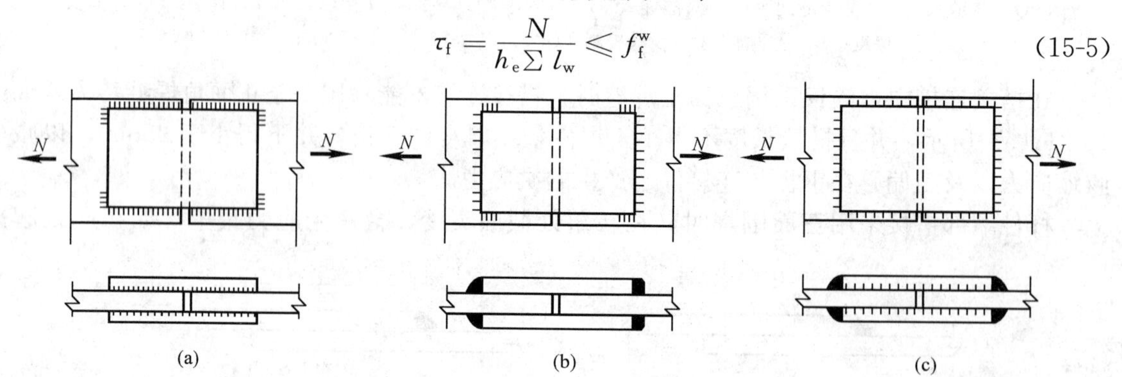

图 15-23 轴心力作用下角焊缝连接

（a）矩形拼接板侧面角焊缝连接；（b）矩形拼接板正面角焊缝连接；（c）矩形拼接板三面围焊缝连接

式中 h_e——角焊缝的有效厚度；

$\sum l_w$——连接一侧所有角焊缝的计算长度之和，对每条焊缝取其实际长度减去 $2h_f$；

f_f^w——角焊缝的强度设计值，按附录4中附表4.4采用。

（二）正面角焊缝的计算

如图15-23（b）所示为矩形拼接板，正面角焊缝连接。此时作用力 N 垂直于焊缝长度方向，按式（15-6）计算焊缝有效截面上的应力，即

$$\sigma_f = \frac{N}{h_e \sum l_w} \leqslant \beta_f f_f^w \tag{15-6}$$

式中 β_f——正面角焊缝的强度设计值增大系数，对承受静力荷载或间接承受动力荷载的结构取 $\beta_f=1.22$，对直接承受动力荷载的结构取 $\beta_f=1.0$。

（三）三面围焊缝的计算

如图15-23（c）所示为矩形拼接板，三面围焊缝连接。可先按式（15-6）计算正面角焊缝所承担的内力 N_1，再由 N-N_1 按式（15-5）计算侧面角焊缝。

如三面围焊缝直接承受动力荷载作用，由于 $\beta_f=1.0$，则按轴心力由连接一侧角焊缝有效截面面积平均承担计算，即

$$\frac{N}{h_e \sum l_w} \leqslant f_f^w \tag{15-7}$$

（四）承受斜向轴心力的角焊缝计算

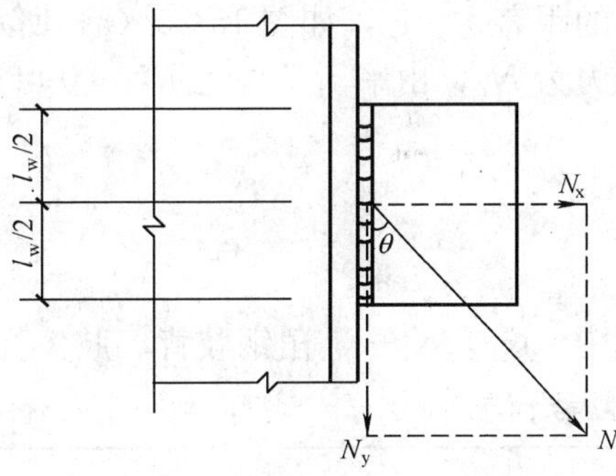

图15-24 斜向轴心力作用

如图15-24所示作用力 N 与焊缝长度方向成 θ 角，可先将 N 分解为平行和垂直于焊缝长度方向的分力 $N_y = N\cos\theta$ 和 $N_x = N\sin\theta$，其分别产生的焊缝应力为

$$\tau_f = N_y / h_e \sum l_w \quad \sigma_f = N_x / h_e \sum l_w$$

然后将 σ_f 除以 β_f 后按下式作矢量叠加计算，即

$$\sqrt{\left(\frac{\sigma_f}{\beta_f}\right)^2 + \tau_f^2} \leqslant f_f^w \tag{15-8}$$

$$\sqrt{\left(\frac{N\sin\theta}{\beta_f h_e \sum l_w}\right)^2 + \left(\frac{N\cos\theta}{h_e \sum l_w}\right)^2} \leqslant f_f^w$$

取 $\beta_f=1.22$，代入上式并简化，可得

$$\frac{N}{\beta_{f\theta} h_e \sum l_w} \leqslant f_f^w \tag{15-9}$$

$$\beta_{f\theta} = \frac{1}{\sqrt{1 - \frac{\sin^2\theta}{3}}} \tag{15-10}$$

式中 $\beta_{f\theta}$——斜向角焊缝的强度设计值增大系数，其值介于1～1.22之间；对直接承受动力荷载结构中的焊缝，取 $\beta_{f\theta}=1.0$；

θ——作用力与焊缝长度方向的夹角。

（五）角钢角焊缝计算

角钢与钢板的连接焊缝一般采用两面侧焊，有时采用三面围焊，特殊情况也允许采用L

形围焊，如图 15-25 所示。当角钢与钢板用角焊缝连接时，为避免偏心受力，应使焊缝传递的合力作用线与角钢杆件的轴线重合。

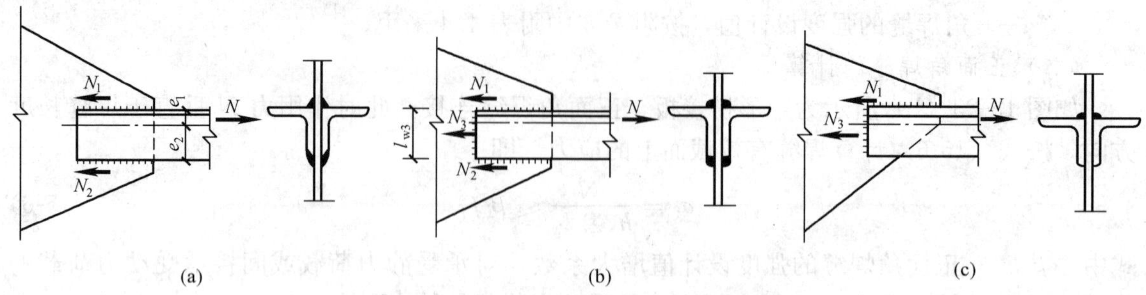

图 15-25　角钢与钢板的连接焊缝

（a）两侧面角焊缝连接；（b）三面围焊缝连接；（c）L 形围焊缝连接

（1）当采用两面侧焊缝时，虽然轴心力通过角钢截面形心，但肢背焊缝和肢尖焊缝到形心的距离 $e_1 \neq e_2$，如图 15-25（a）所示，受力大小不等。设肢背焊缝受力为 N_1，肢尖焊缝受力为 N_2，由平衡条件 $\sum M = 0$ 可得

$$N_1 = \frac{e_2}{e_1 + e_2} N = K_1 N \tag{15-11}$$

$$N_2 = \frac{e_1}{e_1 + e_2} N = K_2 N \tag{15-12}$$

式中　K_1、K_2——角钢肢背、肢尖焊缝内力分配系数，可按表 15-2 的值取用。

表 15-2　　角钢角焊缝内力分配系数

角钢类型	连接形式	分配系数	
		角钢肢背 K_1	角钢肢尖 K_2
等边	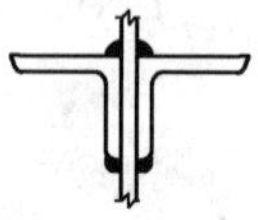	0.70	0.30
不等边（短肢相连）	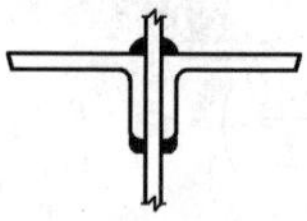	0.75	0.25
不等边（长肢相连）		0.65	0.35

（2）当采用三面围焊时，如图 15-25（b）所示。可先选定正面角焊缝的焊脚尺寸 h_{f3}，求出正面角焊缝所承担的轴心力 N_3。当杆件为双角钢组成的 T 形截面时，有

$$N_3 = 2 \times 0.7 h_{f3} l_{w3} \beta_f f_f^w$$

由平衡条件 $\sum M = 0$ 可得

$$N_1 = \frac{e_2}{e_1 + e_2} N - \frac{N_3}{2} = K_1 N - \frac{N_3}{2} \tag{15-13}$$

$$N_2 = \frac{e_1}{e_1 + e_2}N - \frac{N_3}{2} = K_2 N - \frac{N_3}{2} \tag{15-14}$$

(3) 当采用L形围焊时，如图15-25 (c) 所示。由于只有正面角焊缝和角钢肢背上的侧面角焊缝，令式 (15-14) 中的 $N_2=0$，得

$$N_3 = 2K_2 N \tag{15-15}$$

$$N_1 = N - N_3 \tag{15-16}$$

求出各条角焊缝承担的内力后，按构造要求假定角钢肢背和肢尖焊缝的焊脚尺寸 h_{f1} 和 h_{f2}，即可分别求出焊缝的计算长度。例如对双角钢截面：

角钢肢背焊缝

$$l_{w1} = \frac{N_1}{2 \times 0.7 h_{f1} f_f^w} \tag{15-17}$$

角钢肢尖焊缝

$$l_{w2} = \frac{N_2}{2 \times 0.7 h_{f2} f_f^w} \tag{15-18}$$

对L形围焊角钢肢背上的角焊缝计算长度可按式 (15-17) 计算，角钢端部的正面角焊缝的长度已知，可按式 (15-19) 计算其正面角焊缝的焊脚尺寸，即

$$h_{f3} = \frac{N_3}{2 \times 0.7 l_{w3} \beta_f f_f^w} \tag{15-19}$$

采用的每条焊缝实际长度应取其计算长度加 $2h_f$。

【例15-2】 试设计如图15-26所示一双拼接盖板的对接连接。已知钢板宽 $B=310$mm，厚度 $t_1=16$mm，拼接盖板厚度 $t_2=10$mm，该连接承受轴心力设计值 $N=1000$kN（静力荷载），钢材为Q235，手工焊，焊条为E43型。

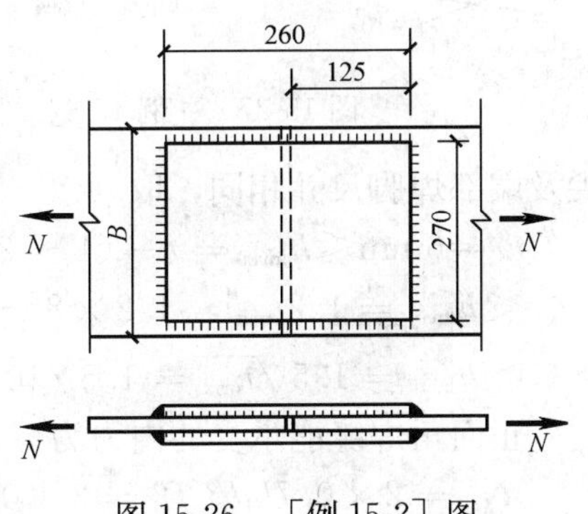

图15-26 ［例15-2］图

解 设计拼接盖板的对接连接有两种方法：一种方法是假定焊脚尺寸求焊缝长度，再由焊缝长度确定盖板的尺寸；另一种方法是先假定焊脚尺寸和拼接盖板的尺寸，然后验算焊缝的承载力。当假定的焊缝尺寸不能满足承载力要求时，则应调整焊脚尺寸，再行验算，直到满足承载力的要求为止。

首先确定角焊缝的焊脚尺寸。由于此处的焊缝在板件边缘施焊，且拼接盖板厚度 $t_2=10\text{mm}>6\text{mm}$，$t_2<t_1$，则

$$h_{fmax} = t - (1 \sim 2)\text{mm} = 10 - (1 \sim 2) = 9 \sim 8\text{mm}$$

$$h_{fmin} = 1.5\sqrt{t} = 1.5\sqrt{16} = 6\text{mm}$$

取 $h_f=8$mm，查附录4中附表4.4得角焊缝强度设计值 $f_f^w = 160\ \text{N/mm}^2$

确定连接方式。拼接盖板的宽度 b 就是两条侧面角焊缝之间的距离，应根据强度条件和构造要求确定。根据强度条件，在钢材种类相同的情况下，拼接盖板的截面积 A' 应等于或大于被连接钢板的截面积。

选定拼接盖板宽度 $b=270$mm，则

$A'=270\times2\times10=5400\text{mm}^2>A=310\times16=4960\text{mm}^2$

满足强度要求。

根据构造要求，应满足 $b<16t=16\times10=160\text{mm}$，但实际取 $b=270\text{mm}>160\text{mm}$。为防止因仅用侧面角焊缝引起板件拱曲过大，应采用三面围焊。

已知正面角焊缝的长度 $l_{w1}=b=270\text{mm}$，则正面角焊缝所能承受的内力为

$$N_1=2h_e l_{w1} b\beta_f f_f^w=2\times0.7\times8\times270\times1.22\times160=590\ 285\text{N}$$

连接一侧侧面角焊缝的总长度为

$$\sum l_w=\frac{N-N_1}{h_e f_f^w}=\frac{1\ 000\ 000-590\ 285}{0.7\times8\times160}=457\text{mm}$$

连接一侧共有 4 条侧面角焊缝，则一条侧面角焊缝的长度为

$$l_w=\frac{\sum l_w}{4}+8=\frac{457}{4}+8=122\text{mm}$$

拼接盖板的总长度为

$$L=2l_w+10=2\times122+10=254\text{mm}，取 260\text{mm}。$$

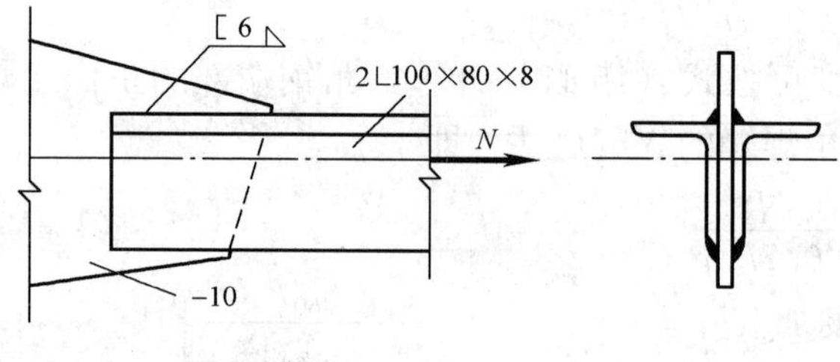

图 15-27 ［例 15-3］图

【例 15-3】 如图 15-27 所示角钢与节点板的连接角焊缝。已知轴心力设计值 $N=510\text{kN}$（静力荷载），角钢为 2L100×80×8（长肢相连），连接板厚度 $t=10\text{mm}$，钢材 Q235，手工焊，焊条 E43 系列。试确定所需焊脚尺寸和焊缝长度。

解 采用三面围焊，设角钢肢背、肢尖及端部焊脚尺寸相同，取

$$h_f=6\text{mm}\leqslant h_{f\max}=t-(1\sim2)=8-(1\sim2)=7\sim6\text{mm}（角钢肢尖）$$

$$<h_{f\max}=1.2t_{\min}=1.2\times8=9.6\text{mm}（角钢肢背）$$

$$>h_{f\min}=1.5\sqrt{t_{\max}}=1.5\sqrt{10}=4.7\text{mm}$$

正面角焊缝能承受的内力为

$$N_3=2\times0.7h_f b\beta_f f_f^w=2\times0.7\times6\times100\times1.22\times160=164\times10^3\text{N}=164\text{kN}$$

肢背和肢尖焊缝分担的内力分别为

$$N_1=K_1N-\frac{N_3}{2}=0.65\times510-\frac{164}{2}=249.5\text{kN}$$

$$N_2=K_2N-\frac{N_3}{2}=0.35\times510-\frac{164}{2}=96.5\text{kN}$$

肢背和肢尖焊缝所需要的实际长度为

$$l_{w1}=\frac{N_1}{2\times0.7h_f\times f_f^w}+6=\frac{249.5\times10^3}{2\times0.7\times6\times160}+6=192\text{mm}，取 195\text{mm}$$

$$l_{w2}=\frac{N_2}{2\times0.7h_f\times f_f^w}+6=\frac{96.5\times10^3}{2\times0.7\times6\times160}+6=78\text{mm}，取 80\text{mm}$$

二、弯矩、剪力和轴心力共同作用时 T 形接头的角焊缝计算

如图 15-28（a）所示为双面角焊缝连接，承受偏心斜向拉力 F 作用的 T 形连接。可将 F 力分解并向角焊缝有效截面的形心简化，与图 15-28（b）所示的 $M=Ve$，V 和 N 单独作用等效。三种应力状态叠加后，焊缝的 A 点为最危险点。

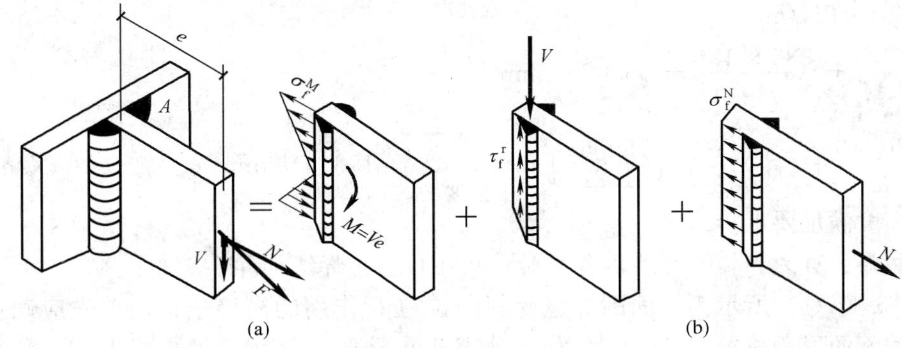

图 15-28　弯矩、剪力和轴心力共同作用时 T 形接头的角焊缝

A 点垂直于焊缝长度方向的应力由两部分组成，即由弯矩 M 产生的应力

$$\sigma_f^M = \frac{M}{W_f^w} = \frac{6M}{2 \times 0.7 h_f l_w^2} \tag{15-20}$$

由轴心拉力 N 产生的应力

$$\sigma_f^N = \frac{N}{A_f^w} = \frac{N}{2 \times 0.7 h_f l_w} \tag{15-21}$$

式中　W_f^w ——角焊缝有效面积的抵抗矩；

A_f^w ——角焊缝有效截面面积。

A 点平行于焊缝长度方向的应力由剪力 V 产生，即

$$\tau_f^V = \frac{V}{A_f^w} = \frac{V}{2 \times 0.7 h_f l_w} \tag{15-22}$$

将垂直于焊缝长度方向的应力 σ_f^M 和 σ_f^N 相加，代入式（15-8），A 点焊缝应满足

$$\sqrt{\left(\frac{\sigma_f^M + \sigma_f^N}{\beta_f}\right)^2 + (\tau_f^V)^2} \leqslant f_f^w \tag{15-23}$$

当仅有弯矩和剪力共同作用，即上式中 $\sigma_f^N = 0$ 时，可得

$$\sqrt{\left(\frac{\sigma_f^M}{\beta_f}\right)^2 + (\tau_f^V)^2} \leqslant f_f^w \tag{15-24}$$

【例 15-4】　如图 15-29 所示牛腿与柱连接的角焊缝。荷载设计值 $F=335\text{kN}$（静力荷载），偏心距 $e=200\text{mm}$，$h_f=8\text{mm}$，钢材 Q235，焊条 E43 系列，手工焊。试验算该焊缝的强度。

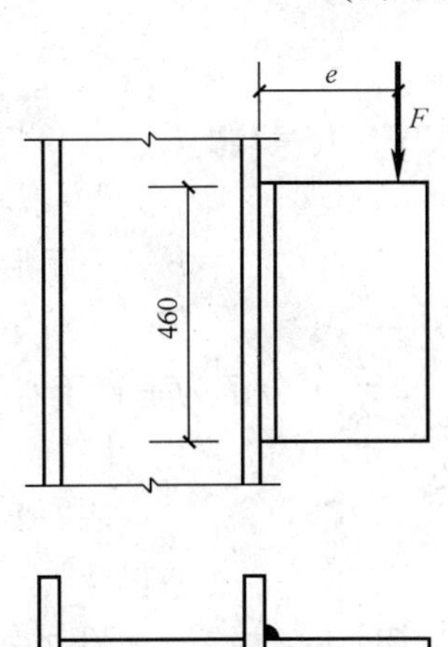

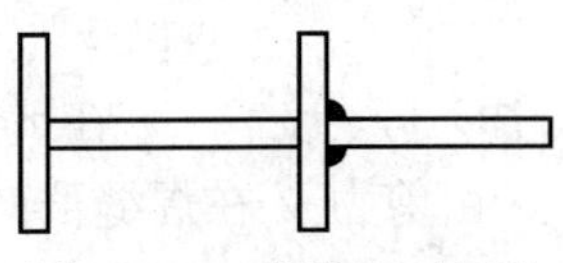

图 15-29　[例 15-4] 图

解　(1) 计算焊缝的内力。

$M=Fe=335\times10^3\times200=67\times10^6\text{N}\cdot\text{mm}$，$V=F=335\times10^3\text{N}$

(2) 计算焊缝有效截面的几何特性。

转角处有绕角焊，故焊缝计算长度不考虑起灭弧影响。

$$A_f^w = 2 \times 0.7 \times 0.8 \times 460 = 5152\text{mm}^2$$

$$W_f^w = 2 \times \frac{1}{6} \times 0.7 \times 8 \times 460^2 = 394\ 987\text{mm}^3$$

(3) 计算焊缝的强度。

$$\sigma_f^M = \frac{M}{W_f^w} = \frac{67 \times 10^6}{394\ 987} = 169.63\text{N/mm}^2 < \beta_f f_f^w = 1.22 \times 160$$

$= 195.2\text{N/mm}^2$

$$\tau_f^V = \frac{V}{A_f^w} = \frac{335 \times 10^3}{5152} = 65.02\text{N/mm}^2$$

$$\sqrt{\left(\frac{\sigma_f^M}{\beta_f}\right)^2 + (\tau_f^V)^2} = \sqrt{\left(\frac{169.63}{1.22}\right)^2 + 65.02^2} = 153.5\text{N/mm}^2 < f_f^w = 160\text{N/mm}^2$$

焊缝强度满足要求。

三、扭矩、剪力和轴心力共同作用时搭接连接的角焊缝计算

如图 15-30（a）所示为三面围焊缝受斜向拉力 F 作用的搭接连接。首先应确定三面围焊缝计算截面的形心位置 O，然后将力 F 分解并向形心 O 简化，可与图 15-30（b）所示的 $T=Ve$、V 和 N 单独作用等效。

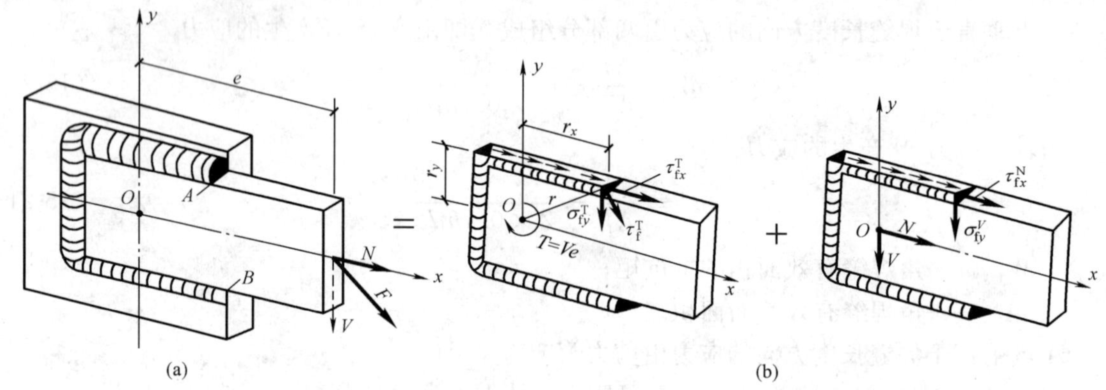

图 15-30 扭矩、剪力和轴心力共同作用时搭接连接的角焊缝

在扭矩 T 单独作用下，计算时采取下述假定：被连接件是绝对刚性体，而焊缝则是弹性工作；被连接件在扭矩作用下绕焊缝有效截面形心 O 旋转，焊缝群上任一点的应力方向垂直于该点与形心 O 的连线，且应力大小与此连线的距离 r 成正比，故最危险点在 r 最大处，即图中的 A 或 B 点。

在扭矩 $T=Ve$ 单独作用下 A 点的应力按式（15-25）计算，即

$$\tau_f^T = \frac{Tr}{I_p} \tag{15-25}$$

式中 $I_p = I_x + I_y$——角焊缝有效截面绕形心 O 的极惯性矩，I_x、I_y 分别为角焊缝有效截面绕 x 轴、y 轴的惯性矩；

r——距形心最远点到形心的距离；

T——扭矩设计值。

τ_f^T 可分解为垂直于水平焊缝长度方向的分应力 σ_{fy}^T 和平行于水平焊缝长度方向的分应力 τ_{fx}^T，有

$$\sigma_{fy}^T = \frac{Tr_x}{I_p},\ \tau_{fx}^T = \frac{Tr_y}{I_p} \tag{15-26}$$

式中 r_x、r_y——r 在 x 轴和 y 轴方向的投影长度。

由剪力 V 在焊缝群产生的应力按均匀分布，则在 A 点产生的垂直于焊缝长度方向的应力按式（15-27）计算，即

$$\sigma_{fy}^{V}=\frac{V}{h_e\sum l_w} \tag{15-27}$$

由轴心力 N 在焊缝群产生的应力按均匀分布，则在 A 点产生的平行于焊缝长度方向的应力按式（15-28）计算，即

$$\tau_{fx}^{N}=\frac{N}{h_e\sum l_w} \tag{15-28}$$

这样在 A 点的应力有 σ_{fy}^{T}，σ_{fy}^{V}，τ_{fx}^{T}，τ_{fx}^{N}。代入式（15-8），A 点焊缝应满足

$$\sqrt{\left(\frac{\sigma_{fy}^{T}+\sigma_{fy}^{V}}{\beta_f}\right)^2+(\tau_{fx}^{T}+\tau_{fx}^{N})^2}\leqslant f_f^w \tag{15-29}$$

【例 15-5】　如图 15-31 所示厚度为 12mm 的支托板和柱搭接连接，采用三面围焊的角焊缝。荷载设计值 $F=150$kN（静力荷载），至柱翼缘边距离为 220mm，钢材 Q235，焊条 E43 系列。试验算该焊缝的强度。

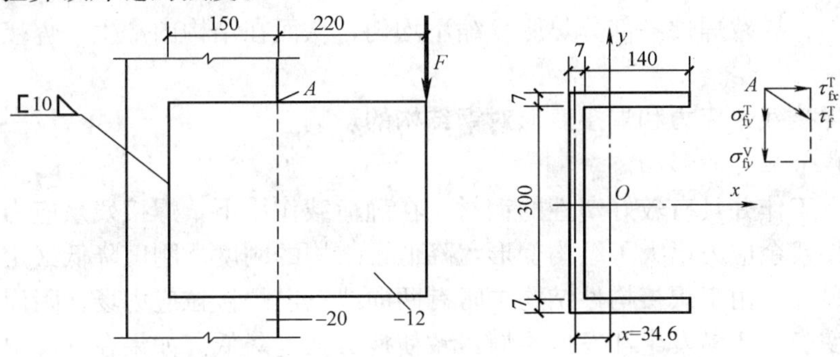

图 15-31　［例 15-5］图

解　（1）确定焊脚尺寸。

$$h_f=10\text{mm}<h_{fmax}=1.2t_{min}=1.2\times12=14.4\text{mm}$$

$$<h_{fmax}=t-(1\sim2)=12-(1\sim2)=11\sim10\text{mm}$$

$$>h_{fmin}=1.5\sqrt{t_{max}}=1.5\sqrt{20}=6.7\text{mm}$$

（2）计算焊缝有效截面的几何特征。

$$x=\frac{2\times0.7\times1.0\times14\times\left(\frac{1}{2}\times14+0.35\right)}{0.7\times1.0\times(2\times14+31.4)}=3.46\text{cm}$$

$$I_x=\frac{1}{12}\times0.7\times1\times31.4^3+2\times0.7\times1\times14\times15.35^3=6424\text{cm}^2$$

$$I_y=0.7\times1\times31.4\times3.46^2+2\times\left[\frac{1}{12}\times0.7\times1\times14^3+0.7\times1\times14\times\left(\frac{14}{2}+0.35-3.46\right)^2\right]=880\text{cm}^4$$

$$I_p=6424+880=7304\text{cm}^4$$

（3）计算 A 点焊缝强度。

$$T=150\times(22+15+0.35-3.46)=5083.5\text{kN}\cdot\text{cm}$$

$$\sigma_{fy}^{T}=\frac{Tr_x}{I_p}=\frac{5083.5\times10^4\times(140+3.5-34.6)}{7304\times10^4}=75.79\text{N/mm}^2$$

$$\tau_{fx}^{T}=\frac{Tr_y}{I_p}=\frac{5083.5\times10^4\times(150+7)}{7304\times10^4}=109.27\text{N/mm}^2$$

$$\sigma_{fy}^{V}=\frac{V}{A_f^w}=\frac{150\times10^3}{0.7\times10\times(2\times140+314)}=36.08\text{N/mm}^2$$

$$\sqrt{\left(\frac{\sigma_{fy}^{T}+\sigma_{fy}^{V}}{\beta_f}\right)^2+(\tau_{fx}^{T})^2}=\sqrt{\left(\frac{75.79+36.08}{1.22}\right)^2+109.27^2}$$

$$=142.65\text{N/mm}^2<f_f^w=160\text{ N/mm}^2$$

焊缝强度满足要求。

15.5 焊接残余应力和残余变形

在焊接过程中，焊件局部范围加热至熔化，而后又冷却凝固，结构经历了一个不均匀的升温和冷却过程，导致焊件各部分热胀冷缩不均匀，从而在结构内产生了焊接残余应力和残余变形。

15.5.1 焊接残余应力和焊接变形对钢结构的影响

一、焊接残余应力的影响

对在常温下工作并具有较好塑性的钢材，在静荷载作用下，焊接残余应力不会影响结构的强度，但焊接残余应力增大了结构变形，降低了结构的刚度。刚度降低必定影响构件的稳定承载能力。另外，由于焊接构件结构中常有两向或三向焊接拉应力场，阻碍了塑性变形的发展，使钢材变脆，容易发生和发展裂缝，致使疲劳强度降低。如果在低温下工作，脆性倾向更大，焊接残余应力通常是导致焊接结构产生低温冷脆的主要原因。

二、焊接残余变形的影响

在焊接过程中，由于各部分受热不均匀，在焊接区局部产生了热塑性压缩，使构件冷却后产生一些残余变形，如横向缩短，纵向缩短，角变形，弯曲变形和扭曲变形等，如图 15-32 所示。这些变形如果超过验收规范的规定，变形应进行校正，使其不致影响构件的使用和承载能力。

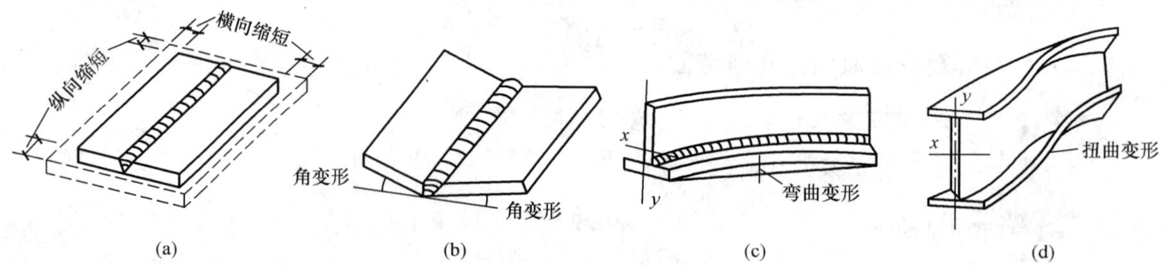

图 15-32 焊接变形的基本形式

（a）横向缩短和纵向缩短；（b）角变形；（c）弯曲变形；（d）扭曲变形

15.5.2 减少和限制焊接残余应力和残余变形的措施

一、设计方面的措施

（1）焊缝尺寸要适当，在保证结构承载能力的条件下，设计时可以采用较小的焊脚尺寸，并加大焊缝长度，以免因焊脚尺寸过大而引起过大的焊接残余应力。焊缝过厚还可能引起施焊时烧穿、过热等现象。

（2）焊缝的位置要合理，焊缝的布置应尽可能对称于截面中性轴，以减少焊接变形。

（3）焊缝不宜过分集中，如几块钢板交汇一处进行连接时，应采用如图15-33（b）所示的方式，避免采用如图15-33（a）所示的方式，以免热量集中，引起过大的焊接变形和应力，恶化母材的组织构造。

（4）应尽量避免三条焊缝垂直交叉，为此可使次要焊缝中断，主要焊缝连续通过，如图15-33（c）所示。

（5）要考虑钢板的分层问题。如图15-33（e）所示的构造措施是正确的，而如图15-33（d）所示的构造常引起钢板的层状撕裂。

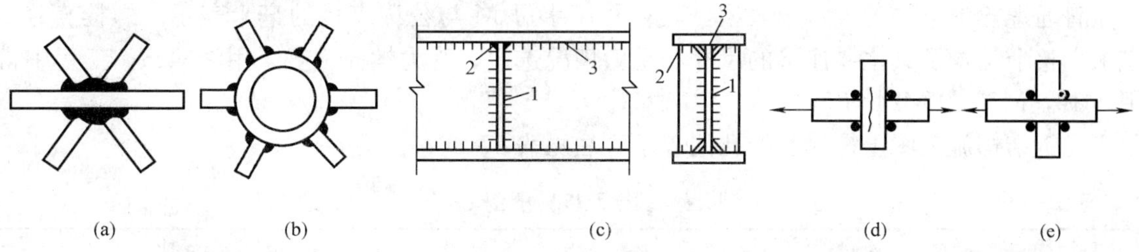

图15-33　合理的焊缝设计

二、工艺上的措施

（1）采用合理的施焊次序，例如钢板对接时采用分段退焊，厚焊缝采用分层焊，工字形截面采用对角跳焊等，如图15-34所示。

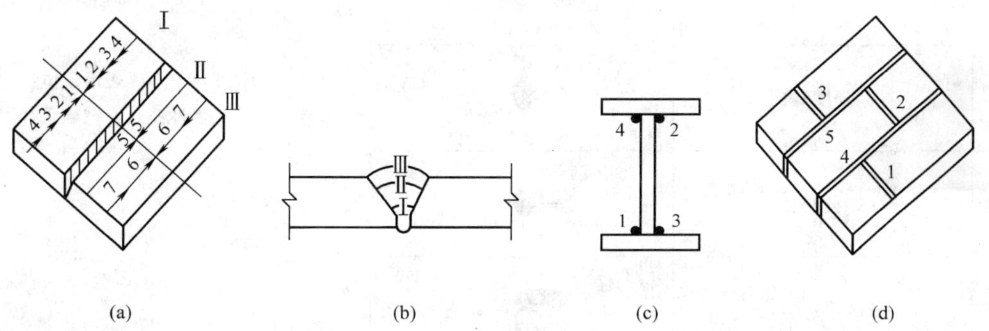

图15-34　合理的施焊次序

（a）分段退焊；（b）沿厚度分层焊；（c）对角跳焊；（d）钢板分块拼接

（2）施焊前可使构件有一个和焊接变形相反的预变形（反变形），使构件在焊接后产生的焊接变形与之正好抵消，如图15-35（a）、（b）所示。

（3）尽可能采用小电流以减小热影响区与焊件间的温度差。

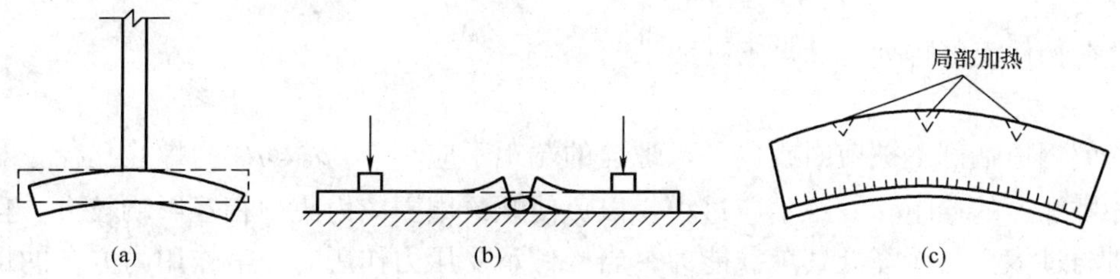

图15-35　反变形及局部加热

(4) 对于小尺寸的焊件，在施焊前预热，或焊接后回火加热到600℃左右，然后缓慢冷却，可以消除焊接残余应力。也可用机械方法或氧—乙炔局部加热反弯，如图15-35 (c) 所示。另外可采用焊接后锤击，以减少焊接应力和焊接变形。

15.6 普通螺栓连接的构造与计算

15.6.1 普通螺栓连接的构造

一、螺栓的形式和规格

普通螺栓的形式为大六角头型，其代号用字母M与公称直径的毫米表示。螺栓直径 d 应根据整个结构及其主要连接的尺寸和受力情况选定，受力螺栓一般采用≥M16，工程中常用M16，M20和M24等。

在钢结构施工图上螺栓及栓孔的表示方法见表15-3。

表15-3 螺栓及栓孔图例

序号	名 称	图 例	说 明
1	永久螺栓		1. 细"+"线表示定位线 2. 必须标注孔、螺栓直径
2	安装螺栓		
3	高强度螺栓		
4	螺栓圆孔	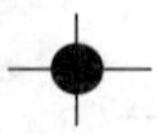	
5	长圆形螺栓孔	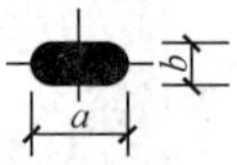 b a	

二、螺栓的排列

螺栓的排列应遵循简单紧凑、整齐划一和便于安装紧固的原则，通常分为并列和错列两种形式，如图15-36所示。并列比较简单整齐，所用连接板尺寸小，但由于螺栓孔的存在，对构件截面削弱较大。错列可减小螺栓孔对截面的削弱，但螺栓孔排列不如并列紧凑，连接板尺寸较大。

螺栓在构件上的排列应满足下列要求：

(一) 受力要求

为避免钢板端部不被剪断或撕裂，螺栓的端距不应小于 $2d_0$，d_0 为螺栓孔径。对于受拉构件，各排螺栓的栓距和线距不应过小，以免使螺栓周围应力集中相互影响较大，且使钢板的截面削弱过多，从而降低其承载能力。当构件承受压力作用时，沿作用力方向的螺栓距不宜过大，否则螺栓间钢板会发生鼓曲和张口现象。

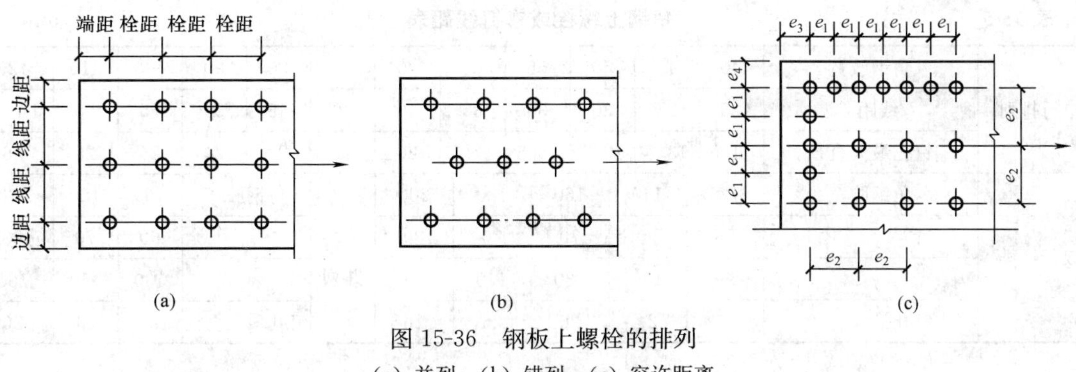

图 15-36　钢板上螺栓的排列

（a）并列；（b）错列；（c）容许距离

（二）构造要求

螺栓的栓距和线距过大时，被连接构件不能紧密贴合，潮气易于侵入缝隙使钢材锈蚀。

（三）施工要求

螺栓间应有足够空间以便于转动扳手拧紧螺帽。

根据上述要求，规范规定钢板上螺栓的最大和最小容许距离如图 15-36 及表 15-4 所示。在角钢、普通工字钢、槽钢截面上排列螺栓的线距应满足图 15-37 及表 15-5～表 15-7 的要求。在 H 型钢截面上排列螺栓的线距，腹板上的 c 值可参照普通工字钢，翼缘上的 e 值或 e_1、e_2 值可根据外伸宽度参照角钢。

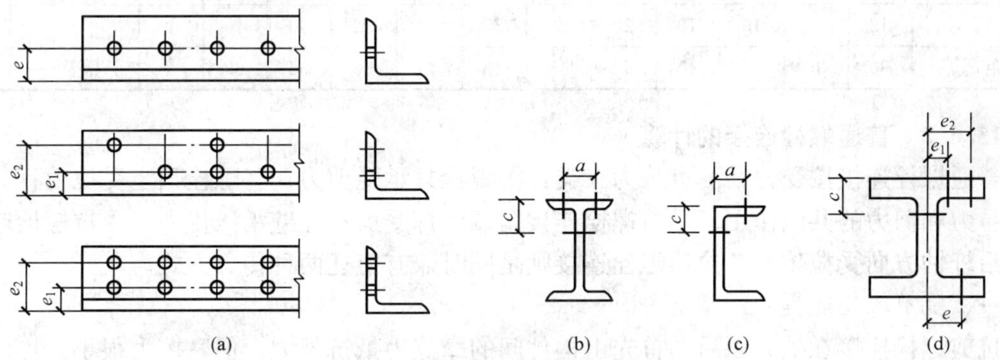

图 15-37　型钢的螺栓排列

表 15-4　　**螺栓和铆钉的最大、最小容许距离**

<table>
<tr><th>名　称</th><th colspan="3">位 置 和 方 向</th><th>最大容许距离
（取两者的较小值）</th><th>最小容许距离</th></tr>
<tr><td rowspan="3">中心间距</td><td rowspan="3">任意方向</td><td colspan="2">外　排</td><td>$8d_0$ 或 $12t$</td><td rowspan="3">$3d_0$</td></tr>
<tr><td rowspan="2">中间排</td><td>构件受压力</td><td>$12d_0$ 或 $18t$</td></tr>
<tr><td>构件受拉力</td><td>$16d_0$ 或 $24t$</td></tr>
<tr><td rowspan="4">中心至构件
边缘的距离</td><td colspan="3">顺内力方向</td><td rowspan="4">$4d_0$ 或 $8t$</td><td>$2d_0$</td></tr>
<tr><td rowspan="3">垂直内力
方向</td><td colspan="2">切割边</td><td rowspan="2">$1.5d_0$</td></tr>
<tr><td rowspan="2">轧制边</td><td>高强度螺栓</td></tr>
<tr><td>其他螺栓或铆钉</td><td>$1.2d_0$</td></tr>
</table>

注　1. d_0 为螺栓孔或铆钉孔的直径，t 为外层较薄板件厚度；

2. 钢板边缘与刚性构件（如角钢、槽钢等）相连的螺栓或铆钉的最大间距，可按中间排的数值采用。

表 15-5 **角钢上螺栓或铆钉线距表** mm

<table>
<tr><td rowspan="3">单行排列</td><td>角钢肢宽</td><td>40</td><td>45</td><td>50</td><td>56</td><td>63</td><td>70</td><td>75</td><td>80</td><td>90</td><td>100</td><td>110</td><td>125</td></tr>
<tr><td>线距 e</td><td>25</td><td>25</td><td>30</td><td>30</td><td>35</td><td>40</td><td>40</td><td>45</td><td>50</td><td>55</td><td>60</td><td>70</td></tr>
<tr><td>钉孔最大直径</td><td>11.5</td><td>13.5</td><td>13.5</td><td>15.5</td><td>17.5</td><td>20</td><td>22</td><td>22</td><td>24</td><td>24</td><td>26</td><td>26</td></tr>
<tr><td rowspan="4">双行错排</td><td>角钢肢宽</td><td>125</td><td>140</td><td>160</td><td>180</td><td colspan="2">200</td><td rowspan="4">双行并列</td><td colspan="2">角钢肢宽</td><td>160</td><td>180</td><td>200</td></tr>
<tr><td>e_1</td><td>55</td><td>60</td><td>70</td><td>70</td><td colspan="2">80</td><td colspan="2">e_1</td><td>60</td><td>70</td><td>80</td></tr>
<tr><td>e_2</td><td>90</td><td>100</td><td>120</td><td>140</td><td colspan="2">160</td><td colspan="2">e_1</td><td>130</td><td>140</td><td>160</td></tr>
<tr><td>钉孔最大直径</td><td>24</td><td>24</td><td>26</td><td>26</td><td colspan="2">26</td><td colspan="2">钉孔最大直径</td><td>24</td><td>24</td><td>26</td></tr>
</table>

表 15-6 **工字钢和槽钢腹板上的螺栓线距表** mm

工字钢型号	12	14	16	18	20	22	25	28	32	36	40	45	50	56	63
线距 c_{min}	40	45	45	45	50	50	55	60	60	65	70	75	75	75	75
槽钢型号	12	14	16	18	20	22	25	28	32	36	40	—	—	—	—
线距 c_{min}	40	45	50	50	55	55	55	60	65	70	75	—	—	—	—

表 15-7 **工字钢和槽钢翼缘上的螺栓线距表** mm

工字钢型号	12	14	16	18	20	22	25	28	32	36	40	45	50	56	63
线距 a_{min}	40	40	50	55	60	65	65	70	75	80	80	85	90	95	95
槽钢型号	12	14	16	18	20	22	25	28	32	36	40	—	—	—	—
线距 a_{min}	30	35	35	40	40	45	45	45	50	56	60	—	—	—	—

15.6.2 普通螺栓连接的计算

普通螺栓连接按受力情况可分为三类：①螺栓只承受剪力；②螺栓只承受拉力；③螺栓承受拉力和剪力的共同作用。受剪螺栓连接是靠栓杆受剪和孔壁承压传力；受拉螺栓连接则是靠沿杆轴方向受拉传力，拉剪螺栓连接则是同时兼有上述两种传力方式。

一、抗剪螺栓连接

抗剪螺栓连接在受力以后，首先由构件间的摩擦力抵抗外力。但摩擦力很小，构件间不久就出现滑移，螺栓杆与螺栓孔壁发生接触，使螺栓杆受剪，同时螺栓杆和孔壁间互相接触挤压。

(一) 破坏形式

抗剪螺栓连接达到极限承载力时，可能的破坏形式有：①当螺栓杆直径较小，板件较厚时，螺栓杆可能先被剪断[图 15-38(a)]；②当螺栓杆直径较大，板件相对较薄时，板件可能先被挤坏[图 15-38(b)]；由于螺栓杆和板件的挤压是相对的，故也可把这种破坏叫做螺栓承压破坏；③当螺栓孔对板件的削弱过于严重时，板件可能在削弱处被拉断[图 15-38(c)]；④当端距太小时，端距范围内的板件有可能受冲剪而破坏[图 15-38(d)]；⑤板叠厚度较大时，可能引起螺栓杆弯曲过大而影响承载能力[图 15-38(e)]。

上述第③种破坏属于构件的强度计算；第④种破坏形式由螺栓端距 $e_3 \geqslant 2d_0$ 来保证；第⑤种破坏可以通过限制板叠厚度不超过 $5d$ 来避免。因此，普通螺栓的抗剪连接计算只考虑第①、②两种破坏形式。

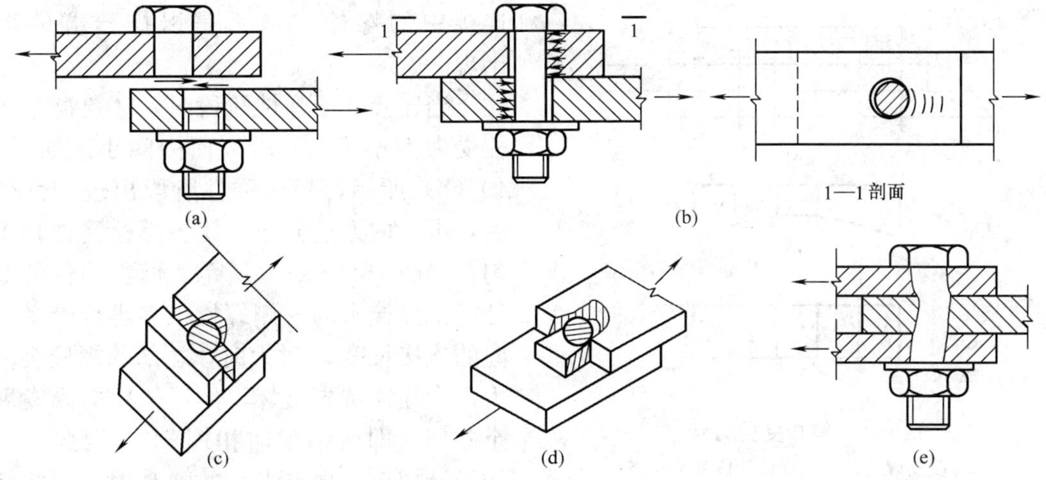

图 15-38　螺栓连接的破坏形式

(a) 螺栓杆剪断；(b) 孔壁挤坏；(c) 钢板被拉断；(d) 板端被剪断；(e) 螺栓杆弯曲

（二）单个普通螺栓的抗剪承载力

(1) 假定螺栓受剪面上的剪应力为均匀分布，则单个螺栓的抗剪承载力设计值为

$$N_{v}^{b}=n_{v}\frac{\pi d^{2}}{4}f_{v}^{b} \tag{15-30}$$

式中　n_v——螺栓受剪面数（图 15-39），单剪 $n_v=1$，双剪 $n_v=2$，四剪 $n_v=4$ 等；

d——螺栓杆直径；

f_v^b——螺栓的抗剪强度设计值，按附录 4 中附表 4.4 采用。

(2) 螺栓孔壁的实际压应力分布很不均匀，为了简化计算，假定压应力沿螺栓直径的投影面均匀分布，则单个螺栓的承压承载力设计值为

$$N_{c}^{b}=d\sum tf_{c}^{b} \tag{15-31}$$

式中　$\sum t$——在同一受力方向承压的构件较小总厚度，在图 15-39（c）中，对于四剪面$\sum t$取（$t_1+t_3+t_5$）或（t_2+t_4）的较小值；

f_c^b——螺栓的承压强度设计值，按附录 4 中附表 4.4 采用。

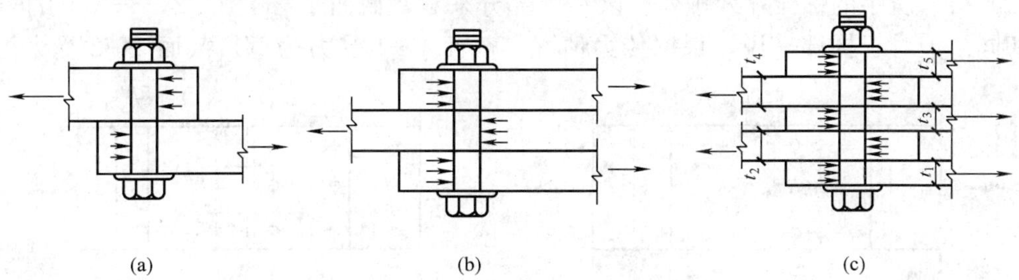

图 15-39　抗剪螺栓连接

(a) 单剪；(b) 双剪；(c) 四剪

单个抗剪螺栓的承载力设计值应该取 N_v^b 和 N_c^b 的较小者 N_{min}^b。

（三）螺栓群的抗剪承载力计算

按规定，每一杆件在节点上以及拼接接头的一端，永久螺栓数不宜少于两个，因此螺栓

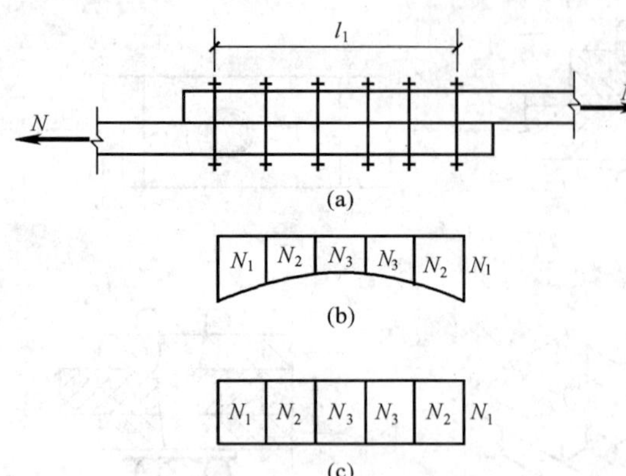

图 15-40 螺栓受剪力状态

（a）受剪螺栓；（b）弹性阶段受力状态；（c）塑性阶段受力状态

连接中的螺栓一般都是以螺栓群的形式出现。

当连接处于弹性阶段时，螺栓群中各螺栓受力不相等，两端大而中间小，如图 15-40（b）所示，超过弹性阶段出现塑性变形后，由于内力重分布，使各螺栓受力趋于均匀，如图 15-40（c）所示。但当构件的节点处或拼接接头的一侧螺栓很多，且沿受力方向的连接长度 l_1 过大时，端部的螺栓会因受力最大往往首先破坏，然后依次向内发展逐个破坏（即所谓解纽扣现象）。因此《钢结构设计规范》规定当 $l_1 > 15d_0$ 时，应将螺栓（包括高强度螺栓）的承载力设计值乘以下列折减系数给予降低，即

$$\beta = 1.1 - \frac{l_1}{150d_0} \geqslant 0.7 \tag{15-32}$$

（1）螺栓群受轴心力作用时的抗剪计算。

当外力通过螺栓群形心时，在连接长度范围内，假定诸螺栓平均分担剪力，如图 15-41（a）中连接一侧所需要的螺栓数目为

$$n = \frac{N}{N_{\min}^{\mathrm{b}}} \tag{15-33}$$

由于螺栓孔削弱了板件的截面，为防止构件或拼接板因螺孔削弱在净截面处被拉断，还应按下式验算净截面强度，即

$$\sigma = \frac{N}{A_{\mathrm{n}}} \leqslant f \tag{15-34}$$

式中 A_n ——构件或拼接板的净截面面积。

净截面强度验算应选择构件或拼接板的最不利截面，即内力最大或螺孔较多的截面。如图 15-41（a）所示的螺栓并列排列，以左半部分来看，截面 1—1，2—2，3—3 的净截面面积均相同。但对于构件来说，根据传力情况，截面 1—1 受力为 N，截面 2—2 受力为 $N-$

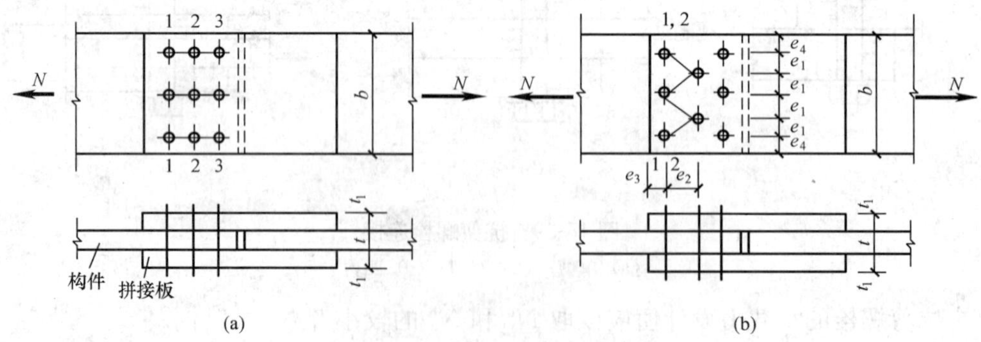

图 15-41 净截面面积计算

（a）并列；（b）错列

$\frac{n_1}{n}N$ ，截面 3—3 受力为 $N-\frac{n_1+n_2}{n}N$，以截面 1—1 受力最大。其净截面面积为

$$A_n=(b-n_1d_0)t \tag{15-35}$$

对拼接板各截面，因受力相反，截面 3—3 受力最大，其净截面面积为

$$A_n=2t_1(b-n_3d_0) \tag{15-36}$$

式中 n_1、n_3——分别为截面 1—1 和 3—3 上的螺栓孔数；

t、t_1——分别为构件和拼接板的厚度；

d_0——螺栓孔直径；

b——构件和拼接板的宽度。

如图 15-41（b）所示的螺栓错列排列，对于构件不仅需要考虑沿直线截面 1—1 破坏的可能，此时按式（15-35）计算净截面面积，还需要考虑沿折线截面 2—2 破坏的可能，其净截面面积为

$$A_n=[2e_4+(n_2-1)\sqrt{e_1^2+e_2^2}-n_2d_0]t \tag{15-37}$$

式中 n_2——折线截面 2—2 上的螺栓数。

计算拼接板的净截面面积时，其方法相同。不过计算的部位应在拼接板受力最大处。

【例 15-6】 试计算两角钢用 C 级普通螺栓的拼接，已知角钢型号为 L100×6，所承受轴心拉力设计值为 $N=195\text{kN}$，拼接角钢的型号与构件相同，钢材为 Q235 钢，螺栓选用 M20，孔径 $d_0=21.5\text{mm}$。

解 1）计算螺栓数。

单个螺栓的抗剪承载力设计值

$$N_v^b=n_v\frac{\pi d^2}{4}f_v^b=1\times\frac{\pi\times20^2}{4}\times140=44\times10^3\text{N}=44\text{kN}$$

单个螺栓的承压承载力设计值

$$N_c^b=d\Sigma tf_c^b=20\times10\times305=61\times10^3\text{N}=61\text{kN}$$

连接一侧所需螺栓数

$$n=\frac{N}{N_{\min}^b}=\frac{195}{44}=4.43$$

取 5 个，连接构造如图 15-42（a）所示。

2）构件净截面强度验算。

角钢的毛截面面积为 $A=11.93\text{cm}^2$；将角钢按中线展开，如图 15-42（b）所示。直线截面 1—1 净截面面积为

$$A_{n1}=A-n_1d_0t=11.93-1\times2.15\times0.6=10.64\text{cm}^2$$

折线截面 2—2 净截面面积为

$$\begin{aligned}A_{n2}&=[2e_4+(n_2-1)\sqrt{e_1^2+e_2^2}-n_2d_0]t\\&=[2\times3.5+(2-1)\sqrt{4^2+12.4^2}-2\times2.15]\times0.6=9.44\text{cm}^2\end{aligned}$$

$$\sigma=\frac{N}{A_{n,\min}}=\frac{195\times10^3}{9.44\times10^2}=207\text{N/mm}^2<f=215\text{N/mm}^2$$

（2）螺栓群受偏心力作用时的抗剪计算。

承受偏心力的螺栓连接，可先按构造要求布置螺栓，然后计算受力最大的螺栓所承受的

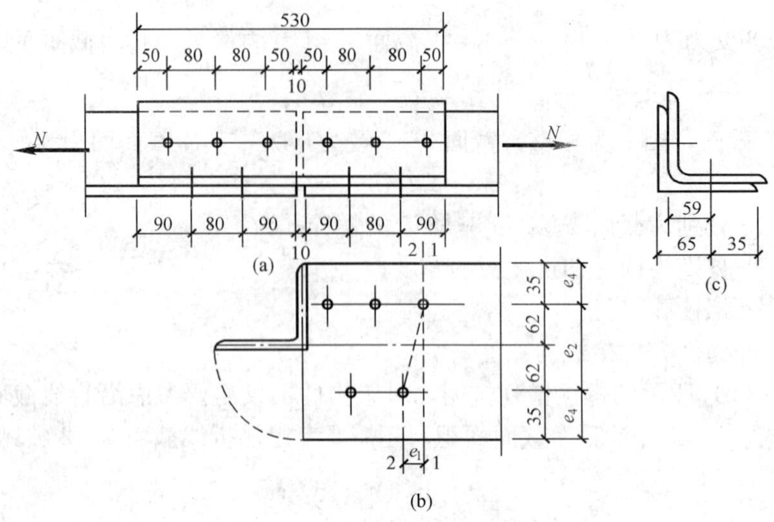

图 15-42 [例 15-6] 图

剪力，并与单个抗剪螺栓的承载力设计值 N_{min}^{b} 进行比较。

如图 15-43（a）所示为一受偏心力 F 作用的螺栓搭接连接。将 F 力向螺栓群的形心 O 简化后，可与图 15-43（b）所示的 $T=Fe$，$V=F$ 单独作用等效，扭矩 T 和剪力 V 均使螺栓群受剪。

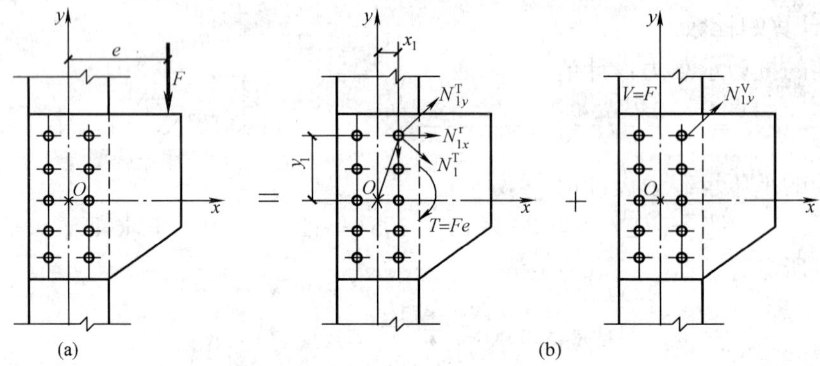

图 15-43 偏心力作用下抗剪螺栓计算

计算扭矩 T 作用下螺栓承受的剪力时采用如下假定：被连接构件是刚性的，而螺栓是弹性的；各螺栓绕螺栓群形心 O 旋转，其受力大小与其至螺栓群形心的距离成正比，力的方向与其和螺栓群形心的连线相垂直。

因此，每个螺栓 i 所受的剪力 N_i^{T} 的方向垂直于该螺栓与 O 的连线，而其大小则与此连线的距离 r_i 成正比，螺栓 1 距离 O 最远，故其所受的剪力 N_1^{T} 最大，其值可按式（16-38）计算，即

$$N_1^{T}=\frac{Tr_1}{\sum r_i^2}=\frac{Tr_1}{\sum x_i^2+\sum y_i^2} \tag{15-38}$$

式中 $\sum x_i^2$、$\sum y_i^2$ ——螺栓群全部螺栓的横坐标和纵坐标的平方和。

为计算方便，将 N_1^{T} 分解为沿 x 轴和 y 轴的两个分量，即

$$N_{1x}^{\mathrm{T}}=N_1^{\mathrm{T}}\frac{y_1}{r_1}=\frac{Ty_1}{\sum x_i^2+\sum y_i^2} \tag{15-39}$$

$$N_{1y}^{\mathrm{T}}=N_1^{\mathrm{T}}\frac{x_1}{r_1}=\frac{Tx_1}{\sum x_i^2+\sum y_i^2} \tag{15-40}$$

剪力 V 通过螺栓群的形心，故每个螺栓受力相等，螺栓1所受剪力为

$$N_{1y}^{\mathrm{V}}=\frac{V}{n} \tag{15-41}$$

由此可得螺栓群偏心受剪时，受力最大的螺栓1所受合力为

$$N_1=\sqrt{(N_{1x}^{\mathrm{T}})^2+(N_{1y}^{\mathrm{T}}+N_{1y}^{\mathrm{V}})^2}\leqslant N_{\min}^{\mathrm{b}} \tag{15-42}$$

【例 15-7】 试验算一C级普通螺栓连接的强度（图15-44）。柱翼缘厚度为10mm，连接板厚度8mm。荷载设计值 $F=125\mathrm{kN}$，偏心距 $e=300\mathrm{mm}$，钢材为Q235钢，螺栓选用M22。

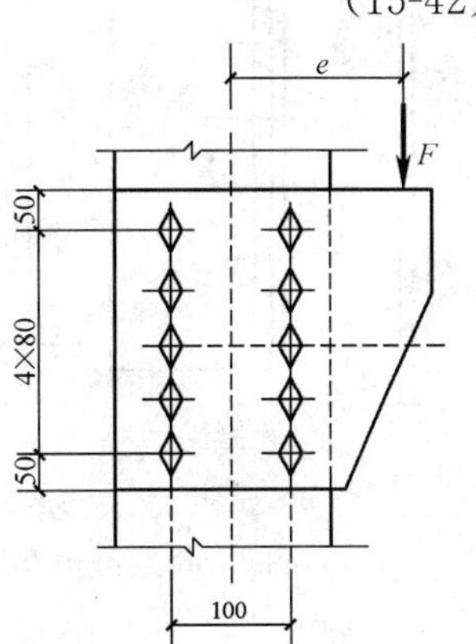

图15-44 ［例15-7］图

解 (1) 单个抗剪螺栓的承载力设计值。

$$N_{\mathrm{v}}^{\mathrm{b}}=n_{\mathrm{v}}\frac{\pi d^2}{4}f_{\mathrm{v}}^{\mathrm{b}}=1\times\frac{\pi\times 22^2}{4}\times 140=49.4\times 10^3\mathrm{N}=49.4\mathrm{kN}$$

$$N_{\mathrm{c}}^{\mathrm{b}}=d\Sigma f_{\mathrm{c}}^{\mathrm{b}}=20\times 8\times 305==48.8\times 10^3\mathrm{N}=48.8\mathrm{kN}$$

$$N_{\min}^{\mathrm{b}}=48.8\mathrm{kN}$$

(2) 螺栓强度验算。

$$\Sigma x_i^2+\Sigma y_i^2=10\times 5^2+4\times(8^2+16^2)=1530\mathrm{cm}^2$$

扭矩作用下，最外螺栓承受剪力最大，为

$$N_{1x}^{\mathrm{T}}=\frac{Ty_1}{\sum x_i^2+\sum y_i^2}=\frac{125\times 30\times 16}{1530}=39.22\mathrm{kN}$$

$$N_{1y}^{\mathrm{T}}=\frac{Tx_1}{\sum x_i^2+\sum y_i^2}=\frac{125\times 30\times 5}{1530}=12.25\mathrm{kN}$$

剪力作用时，每个螺栓承受剪力为

$$N_{1y}^{\mathrm{V}}=\frac{V}{n}=\frac{125}{10}=12.5\mathrm{kN}$$

受力最大螺栓承受的合力为

$$\begin{aligned}N_1&=\sqrt{(N_{1x}^{\mathrm{T}})^2+(N_{1y}^{\mathrm{T}}+N_{1y}^{\mathrm{V}})^2}\\&=\sqrt{39.22^2+(12.25+12.5)^2}\\&=46.4\mathrm{kN}<N_{\min}^{\mathrm{b}}=48.8\mathrm{kN}\end{aligned}$$

二、抗拉螺栓连接

在抗拉螺栓连接中，外力趋向于将被连接构件拉开而使螺栓受拉，最后导致栓杆被拉断而破坏，其破坏部位多在被螺纹削弱的截面处。

(一) 单个抗拉螺栓的承载力设计值

假定拉应力在螺栓螺纹处的截面上均匀分布，因此单个螺栓的抗拉承载力设计值为

$$N_{\mathrm{t}}^{\mathrm{b}}=A_{\mathrm{e}}f_{\mathrm{t}}^{\mathrm{b}}=\frac{\pi d_{\mathrm{e}}^2}{4}f_{\mathrm{t}}^{\mathrm{b}} \tag{15-43}$$

式中 A_{e}、d_{e}——螺栓螺纹处的有效截面面积和有效直径；

f_t^b——螺栓的抗拉强度设计值。

（二）螺栓群的抗拉螺栓计算

（1）螺栓群受轴心力作用时的抗拉计算。

当外力 N 通过螺栓群形心时，假定每个螺栓所受的拉力相等，因此连接所需的螺栓数目为

$$n = \frac{N}{N_t^b} \tag{15-44}$$

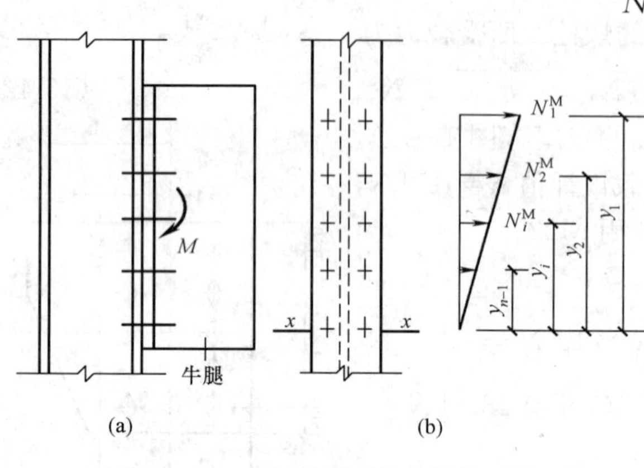

图 15-45 弯矩作用下抗拉螺栓计算

（2）螺栓群受弯矩作用时的抗拉计算。

如图 15-45 所示为一工字形截面柱翼缘与牛腿用螺栓的连接。在弯矩作用下，其上部螺栓受拉，因而有使连接上部牛腿与翼缘分离的趋势，使螺栓群形心下移。与螺栓群拉力相平衡的压力产生于下部的接触面上，精确确定中和轴的位置比较复杂，为便于计算，通常假定中和轴在弯矩指向一侧最外排螺栓处，如图 15-45（b）所示。连接变形为绕最外排螺栓处的水平轴转动，各排螺栓所受拉力大小与该排螺栓距中和轴的距离成正比。因此，弯矩作用下螺栓所受的最大拉力为

$$N_1^M = \frac{My_1}{m\sum y_i^2} \leqslant N_t^b \tag{15-45}$$

式中 m——螺栓排列的纵向列数；

y_1、y_i——最外排螺栓和第 i 排螺栓到中和轴的距离。

三、螺栓群同时承受剪力和拉力的计算

如图 15-46 所示连接，螺栓群承受剪力和拉力作用，这种连接可以有两种算法。

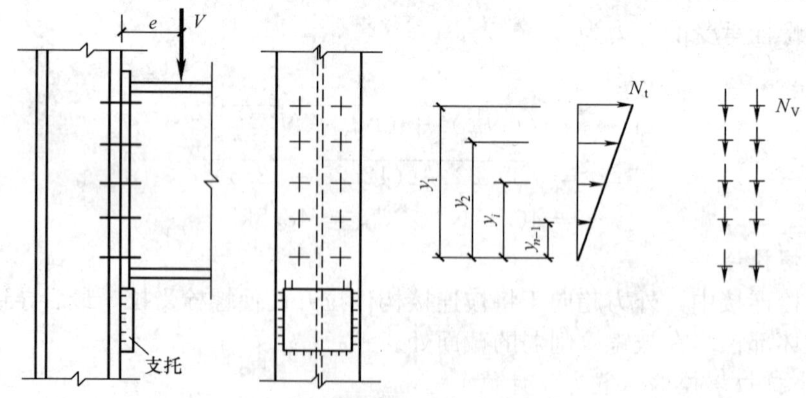

图 15-46 螺栓群同时承受剪力和拉力

（1）当不设置支托或支托仅起安装作用时，剪力 V 不通过支托传递。此时螺栓群受拉力和剪力共同作用，应满足相关方程，即

$$\sqrt{\left(\frac{N_{v}}{N_{v}^{b}}\right)^{2}+\left(\frac{N_{t}}{N_{t}^{b}}\right)^{2}}\leqslant 1 \tag{15-46}$$

满足式（15-46）说明螺栓不会因受拉和受剪破坏，但当板较薄时，可能承压破坏，故还要满足式（15-47）

$$N_{v}=\frac{V}{n}\leqslant N_{c}^{b} \tag{15-47}$$

式中 N_v、N_t——单个螺栓所承受的剪力和拉力；

N_v^b、N_t^b、N_c^b——单个螺栓的抗剪、抗拉和承压承载力设计值。

（2）支托承受剪力，弯矩由螺栓承受，按式（15-45）计算。支托和柱翼缘用角焊缝连接，按式（15-49）计算

$$\tau_{f}=\frac{\alpha V}{h_{e}\sum l_{w}}\leqslant f_{f}^{w} \tag{15-48}$$

式中，α 为考虑 V 力对焊缝的偏心影响，其值取 1.25～1.35。

【例 15-8】 如图 15-47 所示的梁柱节点，采用 C 级螺栓连接，螺栓直径为 20mm，钢材为 Q235 钢，手工焊，焊条为 E43 型，承受的静力荷载设计值为 $V=260\text{kN}$，$M=35\text{kN}\cdot\text{m}$，梁端支承板下设有支托，试设计此连接。

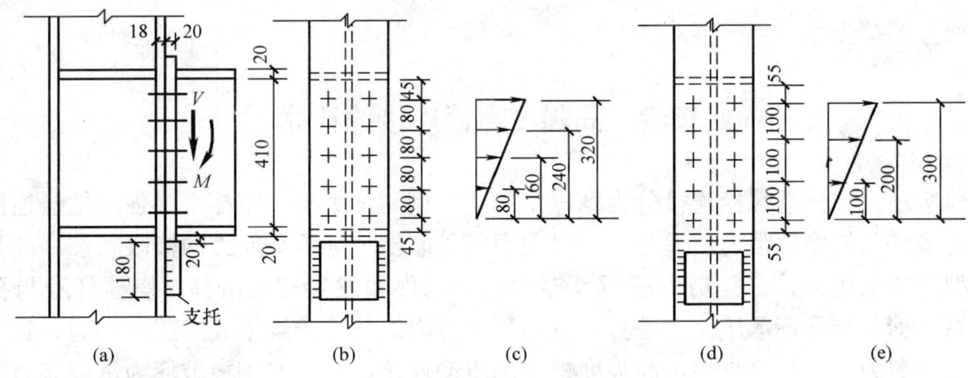

图 15-47 ［例 15-8］图

解 （1）假定支托仅起安装作用。

1）单个抗剪螺栓的承载力设计值。

$$N_{v}^{b}=n_{v}\frac{\pi d^{2}}{4}f_{v}^{b}=1\times\frac{\pi\times 20^{2}}{4}\times 140=43.96\times 10^{3}\text{N}=43.96\text{kN}$$

$$N_{c}^{b}=d\sum tf_{c}^{b}=20\times 18\times 305=109.8\times 10^{3}\text{N}=109.8\text{kN}$$

$$N_{t}^{b}=A_{e}f_{t}^{b}=244.8\times 170=41.6\times 10^{3}\text{N}=41.6\text{kN}$$

初选 10 个螺栓，螺栓排列及弯矩作用下螺栓受力分布如图 15-47（b）、（c）所示。

2）连接验算。

作用于单个螺栓的剪力

$$N_{v}=V/n=260/10=26\text{kN}<N_{c}^{b}=109.8\text{kN}$$

作用于单个螺栓的最大拉力

$$N_{t}=\frac{my_{1}}{m\sum y_{i}^{2}}=\frac{35\times 32\times 10^{2}}{2\times(8^{2}+16^{2}+24^{2}+32^{2})}=29.17\text{kN}$$

剪力和拉力共同作用下

$$\sqrt{\left(\frac{N_{\mathrm{v}}}{N_{\mathrm{v}}^{\mathrm{b}}}\right)^{2}+\left(\frac{N_{\mathrm{t}}}{N_{\mathrm{t}}^{\mathrm{b}}}\right)^{2}}=\sqrt{\left(\frac{26}{43.96}\right)^{2}+\left(\frac{29.17}{41.6}\right)^{2}}=0.922<1$$

(2) 假定支托为永久性的。

支托承受剪力，螺栓只承受拉力，故螺栓数可减少一些，初选 8 个螺栓，其排列及螺栓受力分布如图 15-47 (d)、(e) 所示。

1) 螺栓验算。

作用于单个螺栓的最大拉力

$$N_{\mathrm{t}}=\frac{my_{1}}{m\sum y_{i}^{2}}=\frac{35\times 30\times 10^{2}}{2\times(10^{2}+20^{2}+30^{2})}=37.5\mathrm{kN}<N_{\mathrm{t}}^{\mathrm{b}}=41.6\mathrm{kN}$$

2) 支托和柱翼缘的连接焊缝计算。

采用侧面角焊缝，取焊脚尺寸 h_{f} 为 10mm。

$$\begin{aligned}\tau_{\mathrm{f}}&=\frac{\alpha V}{h_{\mathrm{e}}\sum l_{\mathrm{w}}}=\frac{1.35\times 260\times 10^{3}}{2\times 0.7\times 10\times(180-20)}\\&=156.7\times 10^{3}\mathrm{N/mm^{2}}=156.7\mathrm{kN/mm^{2}}<f_{\mathrm{f}}^{\mathrm{w}}\\&=160\mathrm{kN/mm^{2}}\end{aligned}$$

所以该梁柱连接安全。

15.7 高强度螺栓连接的计算

如前所述，高强度螺栓连接分为摩擦型和承压型两种类型。摩擦型高强度螺栓连接单纯依靠被连接件间的摩擦阻力传递剪力，以剪力等于摩擦力为承载能力的极限状态。高强度螺栓承压型连接的传力特征是剪力超过摩擦力时，构件间发生相互滑移，螺栓杆身与孔壁接触，开始受剪并与孔壁承压。但是另一方面，摩擦力随外力继续增大而逐渐减弱，到连接接近破坏时，剪力全由杆身承担。高强度螺栓承压型连接以螺栓或钢板破坏为承载能力的极限状态，可能的破坏形式和普通螺栓相同。栓杆预拉力（即板件间的法向挤压力）、连接表面的抗滑移系数和钢材种类都直接影响到高强螺栓连接的承载力。

15.7.1 高强度螺栓的预拉力

高强度螺栓的预拉力是通过拧紧螺帽实现的。一般采用扭矩法、转角法和扭剪法。

(1) 扭矩法。采用可直接显示扭矩的特制扳手，根据事先测定的扭矩和螺栓拉力之间的关系施加扭矩，使之达到预定的预拉力。

(2) 转角法。分初拧和终拧两步。初拧是先用普通扳手使被连接构件相互紧密贴合，终拧就是以初拧的贴紧位置为起点，根据按螺栓直径和板叠厚度所确定的终拧角度，用强有力的扳手旋转螺母，拧到预定角度值时，螺栓的拉力即达到了所需要的预拉力数值。

(3) 扭剪法。扭掉螺栓尾部梅花头。先对螺栓初拧，然后用特制电动扳手的两个套筒分别套住螺母和螺栓尾部梅花头，如图 15-48 所示。操作时，大套筒正转施加紧固扭矩，小套筒则施加紧固反扭矩。待螺栓紧固后，进而沿尾部槽口将梅花头拧掉。由于槽口深度是按终拧扭矩和预拉力之间的关系确定的，故当梅花头被拧掉螺栓即达到规定的预拉力数值。

GB 50017—2003《钢结构设计规范》规定的高强度螺栓预拉力设计值，见表 15-8。

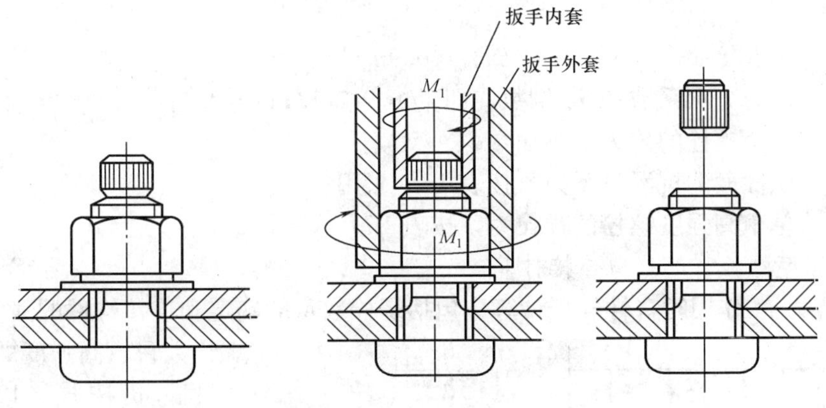

图 15-48　扭剪型高强度螺栓连接副的安装过程

表 15-8　一个高强度螺栓的预拉力 P　kN

螺栓的性能等级	螺栓公称直径/mm					
	M16	M20	M22	M24	M27	M30
8.8 级	80	125	150	175	230	280
10.9 级	100	155	190	225	290	355

15.7.2　高强度螺栓连接摩擦面的抗滑移系数

高强度螺栓摩擦型连接完全依靠被连接构件间的摩擦阻力传力，而摩擦阻力的大小不仅和螺栓的预拉力有关，还与被连接构件材料及其接触面的表面处理有关。《钢结构设计规范》规定的高强度螺栓连接摩擦面的抗滑移系数 μ 值见表 15-9。承压型连接的构件接触面只要求清除油污及浮锈。

表 15-9　摩擦面的抗滑移系数 μ

在连接处构件接触面的处理方法	构件的钢号		
	Q235 钢	Q345 钢、Q390 钢	Q420 钢
喷砂（丸）	0.45	0.50	0.50
喷砂（丸）后涂无机富锌漆	0.35	0.40	0.40
喷砂（丸）后生赤锈	0.45	0.50	0.50
钢丝刷清除浮锈或未经处理的干净轧制表面	0.30	0.35	0.40

试验证明，构件摩擦面涂红丹后 $\mu<0.15$，即使经处理后仍然较低，故严禁在摩擦面上涂刷红丹。另外连接在潮湿或淋雨状态下进行拼装，也会降低 μ 值，故应采取防潮措施并避免雨天施工，以保证连接处干燥。

15.7.3　高强度螺栓摩擦型连接计算

和普通螺栓连接一样，高强度螺栓连接按传力方式亦可分为抗剪螺栓连接、抗拉螺栓连接和拉剪螺栓连接三种。

一、高强度螺栓摩擦型抗剪连接计算

（一）单个高强度螺栓的抗剪承载力设计值

高强度螺栓摩擦型连接承受剪力时的设计准则是外力不得超过摩擦阻力。单个高强度螺

栓的抗剪承载力设计值为

$$N_v^b = 0.9 n_f \mu P \tag{15-49}$$

式中 0.9——抗力分项系数的 γ_R 倒数，即 $1/\gamma_R = 1/1.111 = 0.9$；

n_f——单个螺栓的传力摩擦面数；

μ——摩擦面的抗滑移系数，按表 15-9 采用；

P——单个高强度螺栓的预拉力，按表 15-8 采用。

（二）高强度螺栓群的抗剪连接计算

(1) 轴心力 N 作用时，螺栓群计算应包括螺栓数目的确定和连接构件的强度验算。

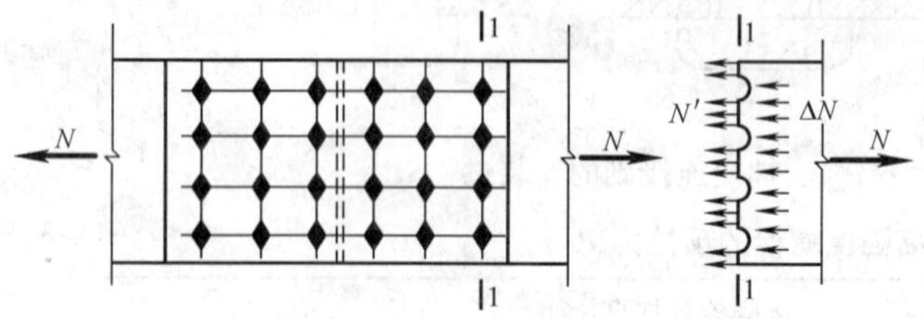

图 15-49 摩擦型高强度螺栓孔前传力

螺栓数目：高强度螺栓连接所需螺栓数目，仍按式（15-33）计算，其中 N_{min}^b 对摩擦型按式（15-49）算得的 N_v^b 值。

构件的净截面强度验算：高强度螺栓摩擦型连接，要考虑由于摩擦阻力作用，一部分剪力已由孔前接触面传递，如图 15-49 所示。规范规定孔前传力占该列螺栓传力的 50%。这样截面 1—1 净截面传力为

$$N' = N\left(1 - \frac{0.5 n_1}{n}\right) \tag{15-50}$$

式中 n_1——计算截面上的螺栓数；

n——连接一侧的螺栓总数。

连接构件的净截面强度应满足下式要求

$$\sigma = \frac{N'}{A_n} \leqslant f \tag{15-51}$$

(2) 扭矩 T 作用时，及扭矩 T、剪力 V 和轴心力 N 共同作用时，高强度螺栓连接的抗剪计算与普通螺栓相同，只是用高强度摩擦型连接的承载力设计值。

【例 15-9】 设计高强度螺栓摩擦型连接的双拼接板连接。承受的轴心拉力为 $N=1150$kN，钢板截面为 340mm×12mm，拼接板采用两块截面为 340mm×8mm，钢材为 Q345 钢，采用 8.8 级的 M22 高强度螺栓，孔径 $d_0=24$mm，连接构件的接触面用喷砂处理。

解 (1) 确定螺栓数。

由表 15-8 查得预拉力 $P=150$kN，由表 15-9 查得 $\mu=0.5$。

单个螺栓的抗剪承载力设计值

$$N_v^b = 0.9 n_f \mu P = 0.9 \times 2 \times 0.5 \times 150 = 135\text{kN}$$

所需螺栓数为

$$n = n = \frac{N}{N_v^b} = \frac{1150}{135} = 8.52$$

每侧用 9 个，螺栓排列如图 15-50 所示。

(2) 构件净截面强度验算。

$$N' = N\left(1 - \frac{0.5n_1}{n}\right) = 1150\left(1 - \frac{0.5 \times 3}{9}\right) = 958.33\text{kN}$$

$$A_n = t(b - n_1 d_0) = 12 \times (340 - 3 \times 24) = 3216\text{mm}^2$$

$$\sigma = \frac{N'}{A_n} = 298\text{N/mm}^2 < f = 310\text{N/mm}^2$$

二、高强度螺栓摩擦型抗拉连接计算

（一）单个高强度螺栓的抗拉承载力设计值

在高强度螺栓受到沿螺栓杆轴方向的外拉力之前，高强度螺栓已有很高的预拉力，当施加外拉力时，由实验分析得知，只要板层之间压力未完全消失，螺栓杆中的拉力只增加5%～10%，所以高强度螺栓连接所承受的外拉力，基本上只使板层间压力减小，而对螺栓杆的预拉力没有大的影响。直到外拉力大于螺栓杆的预拉力，板叠完全松开后，螺栓杆受力才与外力相等。因此，为了使板件间保留一定的压紧力，规范规定单个高强度螺栓的抗拉承载力设计值为

$$N_t^b = 0.8P \tag{15-52}$$

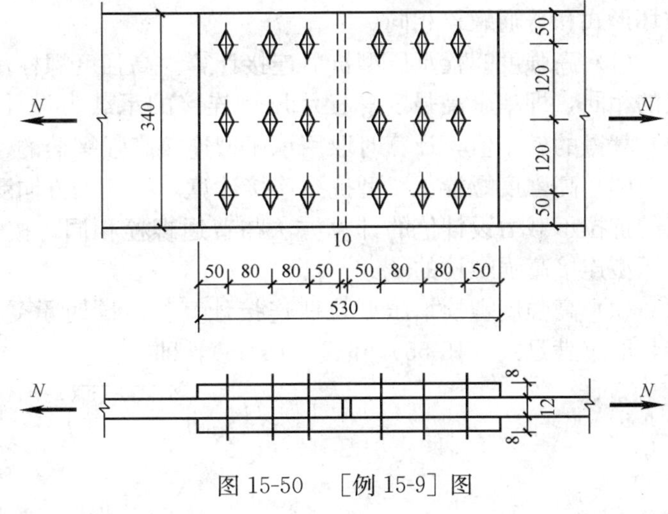

图 15-50　［例 15-9］图

（二）高强度螺栓群的抗拉连接计算

（1）轴心拉力作用时，高强度螺栓群轴心受拉连接，其受力分析方法和普通螺栓一样，故亦可用式（15-44）确定连接所需螺栓数目，其中 $N_t^b = 0.8P$ 。

（2）受弯矩作用时，在弯矩作用下，当受力最大的高强度螺栓的拉力没有达到预拉力时，被连接构件的接触面将始终保持紧密贴合。中和轴像梁一样位置在截面高度中央，可以认为就在螺栓群的形心轴上，如图 15-51 所示，最外排螺栓受力最大，其值可按式（15-53）计算，即

$$N_{t1} = \frac{My_1}{m\sum y_i^2} \leqslant N_t^b = 0.8P \tag{15-53}$$

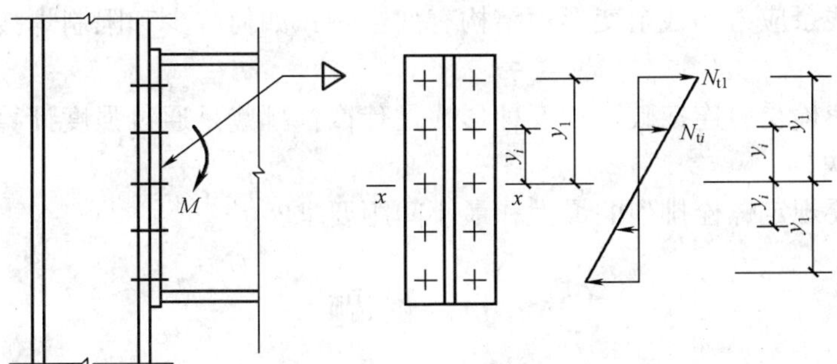

图 15-51　承受弯矩的高强度螺栓连接

三、高强度螺栓摩擦型拉剪连接计算

当高强度螺栓承受沿杆轴方向的外拉力作用时，构件间的挤压力将降低。每个螺栓的抗剪承载力也随之减小。另外，由试验知，抗滑移系数也随板件间挤压力的减小而降低。规范规定每个螺栓的承载力按式（15-54）计算，抗滑移系数仍用原值。

$$\frac{N_v}{N_v^b}+\frac{N_t}{N_t^b}\leqslant 1 \tag{15-54}$$

式中 N_v、N_t——单个高强度螺栓所承受的剪力和拉力设计值；

N_t^b、N_v^b——单个高强度螺栓的受剪、受拉承载力设计值。

15.7.4 高强度螺栓承压型连接计算

高强度螺栓承压型连接以栓杆受剪破坏或孔壁承压破坏为承载能力的极限状态，可能的破坏形式和普通螺栓相同。

（1）高强度螺栓承压型抗剪连接计算。高强度螺栓承压型连接的计算方法和普通螺栓连接的相同，即单个高强度螺栓承压型连接的承载力设计值 N_{min}^b 取按式（15-30）和式（15-31）算得的较小值，计算时取用承压型连接高强螺栓的 f_v^b、f_c^b。

（2）高强度螺栓承压型抗拉连接计算。在杆轴方向受拉的连接中，高强度螺栓承压型连接的抗拉承载力设计值的计算方法与普通螺栓相同，按式（15-43）进行计算，计算时取用承压型连接高强螺栓的 f_t^b。

（3）高强度螺栓承压型拉剪连接计算。对同时承受剪力和拉力的高强度螺栓承压型连接，即应满足式（15-55）和式（15-56），即

$$\sqrt{\left(\frac{N_v}{N_v^b}\right)^2+\left(\frac{N_t}{N_t^b}\right)^2}\leqslant 1 \tag{15-55}$$

$$N_v\leqslant\frac{N_c^b}{1.2} \tag{15-56}$$

式中 1.2——承压强度设计值降低系数。

思 考 题

15-1 钢结构常用的连接方法有哪几种？各有什么特点？

15-2 按被连接构件的相互位置焊缝连接形式分为几种？其特点如何？

15-3 焊缝的质量分几个等级？与钢材等强的受拉和受弯对接焊缝需采用几级？

15-4 为何要规定角焊缝焊脚尺寸的最大和最小限值？

15-5 焊接残余应力和残余变形对结构有何影响？如何减少和限制焊接残余应力和残余变形？

15-6 普通螺栓受剪连接破坏的五种形式是什么？哪些是通过强度计算解决的？哪些是通过构造措施解决的？

15-7 为何要规定螺栓排列的最大和最小间距要求？

习 题

15-1 计算如图 15-52 所示的两块钢板的对接连接焊缝。已知截面尺寸 $B=400$mm，$t=$

12mm，承受轴心拉力设计值 $N=820$kN（静力荷载），钢材为Q235钢，焊条E43系列，手工焊，焊缝质量等级三级，施焊时没有引弧板。

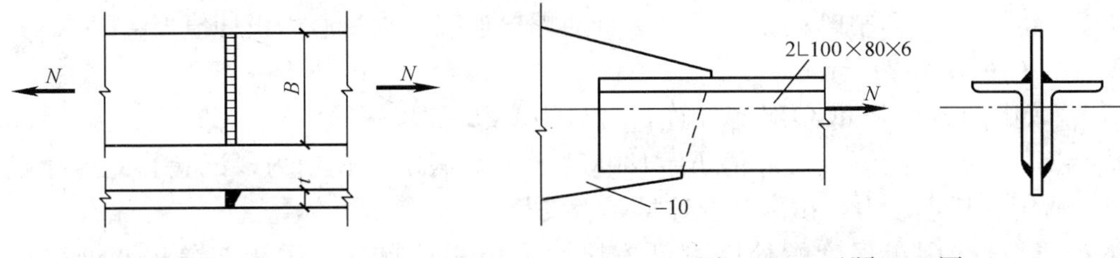

图15-52　习题15-1图　　图15-53　习题15-2图

15-2　如图15-53所示角钢与节点板的连接角焊缝。已知轴心力设计值 $N=450$kN（静力荷载），角钢为2L100×80×8（长肢相连），连接板厚度 $t=10$mm，钢材Q235，手工焊，焊条E43系列。试确定所需焊脚尺寸和焊缝长度。试按下列情况分别计算其焊缝：(1) 采用两面侧焊缝；(2) 采用三面围焊缝。

15-3　试设计如图15-54所示一双拼接盖板的对接连接。已知钢板宽 $B=360$mm，厚度 $t_1=14$mm，拼接盖板厚度 $t_2=8$mm，该连接承受轴心力设计值 $N=1000$kN（静力荷载），钢材为Q235，手工焊，焊条为E43型。

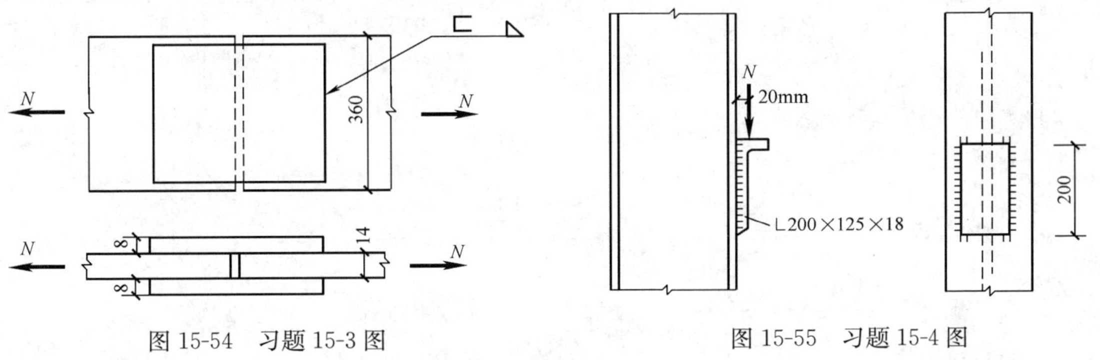

图15-54　习题15-3图　　图15-55　习题15-4图

15-4　如图15-55所示一支托角钢，两边用角焊缝与柱翼缘相连，钢材为Q345钢，焊条E50系列，手工焊，外力设计值 $N=400$kN（静力荷载），试确定焊缝厚度。

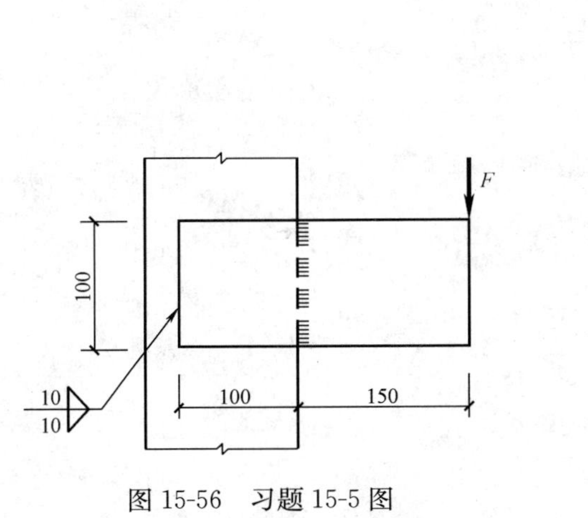

图15-56　习题15-5图

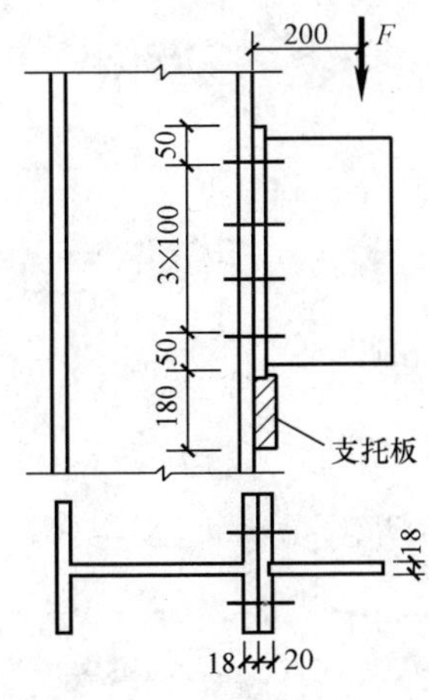

图15-57　习题15-7图

15-5 试验算如图 15-56 所示连接角焊缝的强度。荷载设计值 $F=47$kN（静力荷载）。钢材 Q235，焊条 E43 系列，手工焊。

15-6 将习题 15-3 中的钢板改用 C 级普通螺栓连接，承受心力设计值 $F=720$kN，螺栓采用 M20，孔径 $d_0=21.5$mm。

15-7 如图 15-57 所示 C 级螺栓连，钢材为 Q235 钢，螺栓采用 M20，$d_e=17.65$mm，孔径 $d_0=21.5$mm 承受荷载设计值 $F=150$kN。（1）假定支托承力，试验算此连接是否安全?（2）假定支托不承力，试验算此连接是否安全?

15-8 试设计用高强度螺栓摩擦型连接的钢板拼接连接。采用双盖板，钢板截面为 340×20，盖板截面为 340×10 的钢板，钢材为 Q345 钢，螺栓 8.8 级，M22，接触面采用喷砂处理，承受轴心拉力设计值 $N=1600$kN。

第16章 钢结构构件设计

16.1 受弯构件(梁)

受弯构件是指主要承受横向荷载作用的构件。钢结构中最常用的受弯构件就是钢梁，它是组成钢结构的基本构件之一，在房屋建筑和桥梁工程中得到广泛应用。例如，楼盖梁、屋盖梁、工作平台梁、墙梁、吊车梁、檩条以及梁式桥、大跨斜拉桥、悬索桥中的桥面梁等。

16.1.1 受弯构件(梁)的类型

钢梁按制作方法的不同可分为型钢梁和组合梁两类，如图16-1所示。型钢梁又可分为热轧型钢梁和冷弯薄壁型钢梁两种。热轧型钢梁常用普通工字钢、槽钢或H型钢做成[图16-1(a)、(b)、(c)]，制造简单方便，成本低，故应用最为广泛。对受荷较小，跨度不大的梁用带有卷边的冷弯薄壁槽钢[图16-1(d)、(f)]或Z型钢[图16-1(e)]制作，可以有效地节约钢材。由于型钢梁具有加工制造方便和成本较低的优点，在结构设计中应优先选用。

当荷载和跨度较大时，型钢梁由于受尺寸和规格的限制，往往不能满足承载力或刚度的要求，这时需要采用组合梁。组合梁按其连接方法和使用材料的不同，可分为焊接组合梁、高强度螺栓连接组合梁、钢与混凝土组合梁等。

最常用的组合梁是由两块钢板和一块腹板焊接而成的工字形截面组合梁，如图16-1(g)所示；当所需翼缘板较厚时可采用双层翼缘板组成的截面，如图16-1(i)所示。若荷载或跨度较大，而截面高度又受限制或对抗扭刚度要求较高时，可采用箱型截面，如图16-1(k)所示。当梁承受动力荷载时，由于对疲劳性能要求较高，需要采用高强度螺栓连接的工字形组合梁，如图16-1(j)所示。还有制成如图16-1(l)所示的钢与混凝土的组合梁，这可以充分发挥两种材料的优势，经济效果较明显。组合梁的截面组成灵活，材料在截面上的分布合理，故用钢量省。

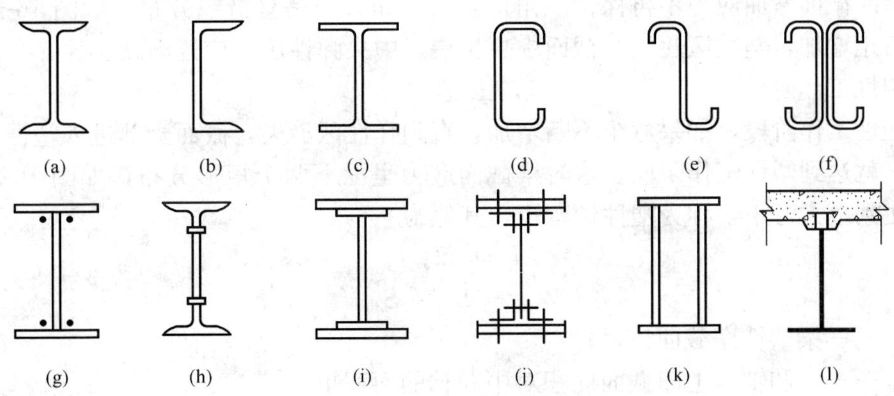

图16-1 钢梁的类型

钢梁按支撑情况可分为简支梁、连续梁和伸臂梁等。简支梁制造和安装均较方便，而且不受支座沉陷和温度变化的影响，故应用最广。

钢梁按荷载作用情况，可分为只在一个主平面内受弯的单向弯曲梁和在两个主平面内受弯的双向弯曲梁（如墙梁、檩条、吊车梁等）。

16.1.2　梁的强度和刚度

为了确保安全适用、经济合理，梁在设计时必须同时满足承载能力极限状态和正常使用极限状态的要求，承载能力极限状态中须对梁做强度、整体稳定和局部稳定的计算；正常使用极限状态须对梁的刚度进行计算。

一、梁的强度

梁在承受弯矩作用的同时，一般还伴随有剪力作用，有时还有局部压力作用，故应分别计算其抗弯、抗剪和局部承压强度；对于梁内有正应力、剪应力及局部压应力共同作用处，还应验算其折算应力。

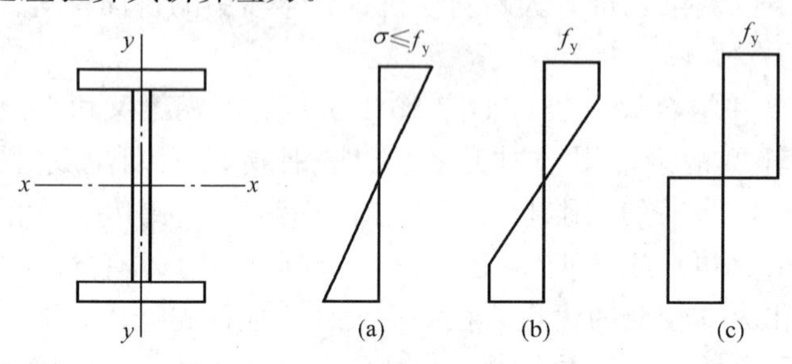

图 16-2　梁的正应力分布

（a）弹性工作阶段；（b）弹塑性工作阶段；（c）塑性工作阶段

（一）抗弯强度

梁在弯矩作用下，截面上弯曲应力的发展可分为三个工作阶段。如图 16-2 所示为一双轴对称工字形截面梁的弹性、弹塑性和塑性工作阶段的应力分布情况。

（1）弹性工作阶段。

当作用于梁上的弯矩较小时，截面上的弯曲应力呈三角形直线分布，截面最外边缘纤维应力不超过屈服点，属于弹性工作阶段，如图 16-2（a）所示。弹性工作阶段的最大弯矩为

$$M_e = W_n f_y \tag{16-1}$$

式中　f_y——钢材屈服强度，

W_n——梁净截面模量。

（2）弹塑性工作阶段。

弯矩继续增加，梁的两块翼缘板逐渐屈服，随后腹板上下侧也部分屈服，中央部分仍保持弹性。这时截面弯曲应力不再保持三角形直线分布，而是呈折线分布，如图 16-2（b）所示。随着弯矩增加，塑性区逐渐向截面中央扩展，中央弹性区相应逐渐减小。

（3）塑性工作阶段。

在弹塑性工作阶段，如果弯矩不断增加，直到弹性区消失，截面全部进入塑性状态，形成塑性铰，就达到塑性工作阶段。这时梁截面应力呈上下两个矩形分布，如图 16-2（c）所示。弯矩达到最大弯矩，称为塑性铰弯矩，其值为

$$M_p = W_{pn} f_y \tag{16-2}$$

$$W_{pn} = S_{1n} + S_{2n} \tag{16-3}$$

式中　W_{pn}——梁塑性净截面模量；

S_{1n}——中和轴以上净截面面积对中和轴的面积矩；

S_{2n}——中和轴以下净截面面积对中和轴的面积矩。

中和轴是和弯曲主轴平行的截面面积平分线，中和轴两边的面积相等，对于双轴对称截面即为形心轴。

由式（16-1）和式（16-2）可见，梁的塑性铰弯矩 M_p 与弹性阶段最大弯矩 M_e 的比值

仅与截面几何性质有关，而与材料的强度无关。一般将毛截面的模量比值 W_p/W 称为截面的形状系数 F。对于矩形截面，$F=1.5$；圆形截面，$F=1.7$；圆管截面，$F=1.27$；工字形截面，对 x 轴 $F=1.10\sim1.17$，对 y 轴 $F=1.5$。

实际设计中为了避免产生过大的非弹性变形，将梁的极限弯矩取在式（16-1）和式(16-2)之间。钢结构设计规范对不需要计算疲劳的受弯构件，允许考虑截面有一定程度的塑性发展，所取截面的塑性发展系数分别为 γ_x 和 γ_y。例如图 16-3 所示的双轴对称工字形截面取 $\gamma_x=1.05$，$\gamma_y=1.2$；箱形截面取 $\gamma_x=\gamma_y=1.05$，均较截面的形状系数 F 为小。

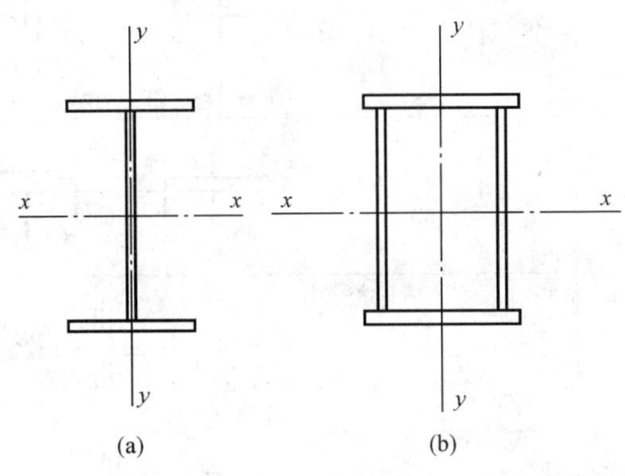

图 16-3　截面图

规范规定梁的正应力计算公式为

单向弯曲时

$$\frac{M_x}{\gamma_x W_{nx}} \leqslant f \tag{16-4}$$

双向弯曲时

$$\frac{M_x}{\gamma_x W_{nx}} + \frac{M_y}{\gamma_y W_{ny}} \leqslant f \tag{16-5}$$

式中　M_x、M_y——梁在最大刚度平面内（绕 x 轴）和最小刚度平面内（绕 y 轴）的弯矩设计值；

W_{nx}、W_{ny}——对 x 轴和 y 轴的净截面模量；

γ_x、γ_y——截面塑性发展系数，按表 16-1 采用；

f——钢材的抗弯强度设计值。

对截面塑性发展系数有两条规定：

1）当梁受压翼缘板的自由外伸宽度与其厚度之比大于 $13\sqrt{235/f_y}$ 而不超过 $15\sqrt{235/f_y}$ 时，应取 $\gamma_x=1.0$，以免翼缘因全塑性而出现局部稳屈曲。f_y 为钢材屈服点，对 Q235 取 $f_y=235\text{N/mm}^2$，对 Q390 钢取 $f_y=390\text{N/mm}^2$。

2）对需要计算疲劳的梁，不考虑截面塑性发展，即取 $\gamma_x=\gamma_y=1.0$。

表 16-1　截面塑性发展系数 γ_x 和 γ_y 值

项次	截面形式	γ_x	γ_y
1		1.05	1.2
2			1.05

续表

项次	截 面 形 式	γ_x	γ_y
3		$\gamma_{x1}=1.05$ $\gamma_{x2}=1.2$	1.2
4			1.05
5		1.2	1.2
6		1.15	1.15
7		1.0	1.05
8			1.0
备注	当压弯构件受压翼缘的自由外伸宽度与其厚度之比大于 $13\sqrt{235/f_y}$，应取 $\gamma_x=1.0$		

（二）抗剪强度

在横向荷载作用下，梁在受弯的同时又承受剪力。对工字形截面和槽形截面，其最大剪应力在腹板上，剪应力的分布如图 16-4 所示，其截面上任一点的剪应力应按下式计算，即

$$\tau=\frac{VS}{It_w}\leqslant f_v \quad (16\text{-}6)$$

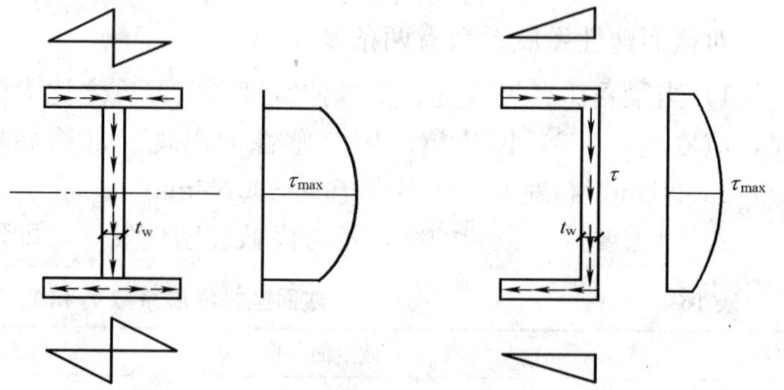

图 16-4 梁的弯曲剪应力分布

式中 V——计算截面沿腹板平面作用的剪力；

I——毛截面惯性矩；

S——计算剪应力处以上毛截面对中和轴的面积矩；

t_w——腹板厚度；

f_v——钢材的抗剪强度设计值。

（三）局部承压强度

当梁上翼缘受有沿腹板平面作用的固定集中荷载(包括支座反力)，且该荷载处又未设置

支撑加劲肋时[图 16-5(a)、(b)]，或受有移动集中荷载(如吊车轮压)作用时[图 16-5(c)]，荷载通过翼缘传至腹板，使之受压。腹板边缘在压力 F 作用点处所产生的压应力最大，向两侧边则逐渐减小，其压应力的实际分布并不均匀，如图 16-5(d)所示。在计算中假定压力 F 均匀分布在一段较短范围 l_z 之内。规范规定分布长度 l_z 取为：

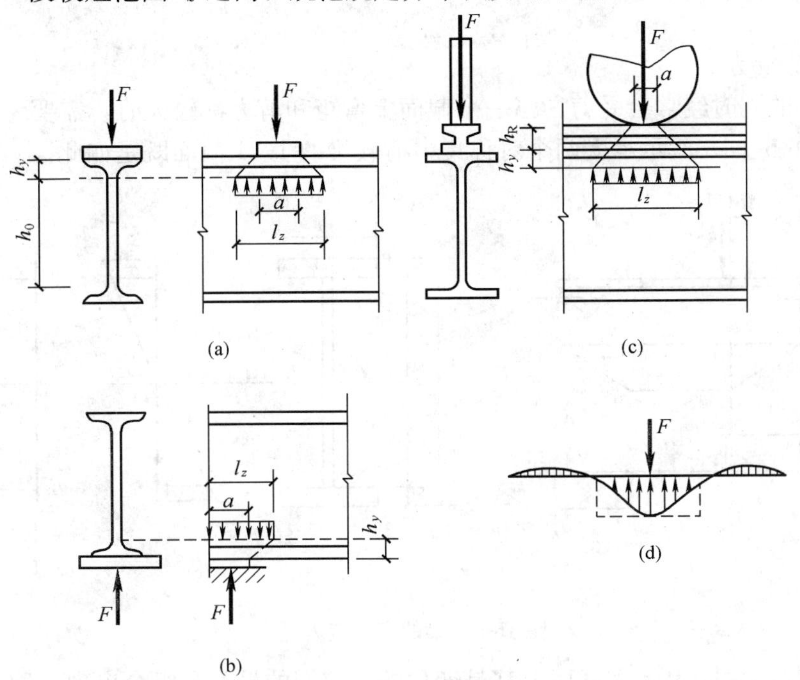

图 16-5　局部压应力

用于图 16-5(a)、(c)

$$l_z = a + 5h_y + 2h_R \tag{16-7}$$

用于图 16-5（b）

$$l_z = a + 2.5h_y \tag{16-8}$$

式中　a——集中荷载沿梁跨方向的支撑长度，对钢轨上的轮压可取为 50mm；

h_y——自梁顶面（或底面）至腹板计算高度上边缘的距离；

h_R——轨道的高度，对梁顶无轨道的梁 $h_R = 0$。

腹板的计算高度边缘为：

1）对型钢梁为腹板与上、下翼缘相接处两内弧起点；

2）焊接组合梁为腹板高度；

3）对铆接或高强度螺栓连接的组合梁，取为上、下翼缘与腹板连接的栓钉线间最近距离。

按式（16-9）计算腹板计算高度边缘处的局部压应力，即

$$\sigma_c = \frac{\psi F}{t_w l_z} \leqslant f \tag{16-9}$$

式中　F——集中荷载设计值，对动力荷载应考虑动力系数；

ψ——集中荷载增大系数，对重级工作制吊车梁 $\psi = 1.35$，对其他梁 $\psi = 1.0$；

f——钢材抗压强度设计值。

当局部承压强度不满足式（16-9）的要求时，对于固定集中荷载可设置支撑加劲肋，对于移动集中荷载则需要增加腹板厚度。

对于翼缘上承受均布荷载的梁，因腹板上边缘局部压力不大，不需进行局部压应力的验算。

（四）折算应力

梁在受弯的同时经常会受剪。当一个截面上弯矩和剪力都较大时，需要考虑它们的组合效应。如图 16-6（a）所示承受两个对称集中荷载梁的 1—1 截面既是如此。

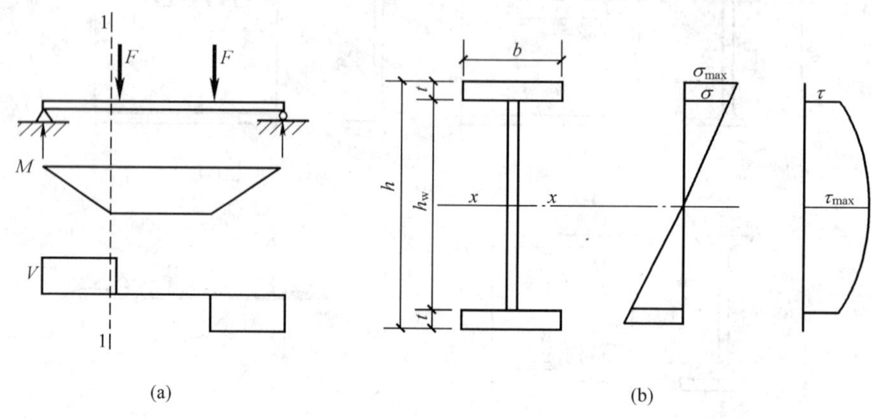

图 16-6 梁的弯剪应力组合

工字形截面梁的 σ 和 τ 在截面上都是变化的，它们的最不利组合出现在腹板边缘，如图 16-6（b）所示。该处达到屈服时，相邻材料都还处于弹性阶段，不致妨碍梁继续承受更大的荷载，因而折算应力公式为

$$\sqrt{\sigma^2+3\tau^2}\leqslant 1.1f \tag{16-10}$$

式中 1.1——强度设计值提高系数；

σ、τ——腹板计算高度边缘同一点上同时产生的弯曲应力和剪应力，τ 按式（16-6）计算，σ 按式（16-11）计算。

$$\sigma=\frac{My_1}{I_n} \tag{16-11}$$

式中 I_n——梁净截面惯性矩；

y_1——所计算点至中和轴的距离。

在组合梁的腹板计算高度边缘处，若同时还受有局部压应力 σ_c 时，应按复杂应力状态用式（16-12）计算其折算应力，即

$$\sqrt{\sigma^2+\sigma_c^2-\sigma\sigma_c+3\tau^2}\leqslant\beta_1 f \tag{16-12}$$

式中 σ_c——腹板计算高度边缘同一点上产生的局部压应力，σ_c 按式（16-9）计算；

β_1——计算折算应力的强度设计值提高系数，当 σ 与 σ_c 异号时取 $\beta_1=1.2$，当 σ 与 σ_c 同号时或 $\sigma_c=0$ 时，取 $\beta_1=1.1$。

β_1 系考虑最大折算应力只产生于梁的局部区域，且几种应力都以最大值在同一截面出现

的几率较小，故用其对强度设计值予以提高。另外，当σ与σ_c异号时易进入塑性状态，故β_1取值较大。

二、梁的刚度

梁的刚度用变形来衡量，梁的刚度不足时将出现挠度过大，使用者会感觉不舒适和不安全，同时还可能引起过大的振动，使某些附着物如顶棚抹灰脱落。吊车梁挠度过大，还可能影响吊车的正常运行。梁的刚度一般是在经强度计算截面确定以后进行验算，但对细长的梁则可能由刚度条件控制。

对梁的最大挠度v_{max}或最大相对挠度v_{max}/l加以限制，应符合下列要求

$$v_{max} \leqslant [v] \tag{16-13}$$

或

$$\frac{v_{max}}{l} \leqslant \left[\frac{v}{l}\right] \tag{16-14}$$

式中　$[v]$——梁的容许挠度，按表16-2采用。

对等截面简支梁，可按下式计算，即

$$\frac{v}{l} = \frac{5}{384} \times \frac{q_k l^3}{EI_x} = \frac{5}{48} \times \frac{M_x l}{EI_x} \approx \frac{M_x l}{10EI_x} \leqslant \frac{[v]}{l} \tag{16-15}$$

式中　I_x——跨中毛截面惯性矩；

M_x——荷载标准值作用下梁的最大弯矩。

梁的刚度属于正常使用极限状态，故计算时应采用荷载标准值（不计荷载分项系数），且可不考虑螺栓孔引起的截面削弱。对动力荷载标准值不乘动力系数。

表16-2　受弯构件挠度容许值

项次	构件类别	挠度容许值	
		$[v_t]$	$[v_Q]$
1	吊车梁和吊车桁架（按自重和起重量最大的一台吊车计算挠度）		—
	(1) 手动吊车和单梁吊车（含悬挂吊车）	$l/500$	
	(2) 轻级工作制桥式吊车	$l/800$	
	(3) 中级工作制桥式吊车	$l/1000$	
	(4) 重级工作制桥式吊车	$l/1200$	
2	手动或电动葫芦的轨道梁	$l/400$	—
3	有重轨（重量等于或大于38kg/m）轨道的工作平台梁	$l/600$	—
	有轻轨（重量等于或小于24kg/m）轨道的工作平台梁	$l/400$	
4	楼（屋）盖梁或桁架、工作平台梁（第3项除外）和平台板		
	(1) 主梁或桁架（包括设有悬挂起重设备的梁和桁架）	$l/400$	$l/500$
	(2) 抹灰顶棚的次梁	$l/250$	$l/350$
	(3) 除(1)(2)款外的其他梁（包括楼梯梁）	$l/250$	$l/300$
	(4) 屋盖檩条		
	支撑无积灰的瓦楞铁和石棉瓦屋面者	$l/150$	—
	支撑压型金属板、有积灰的瓦楞铁和石棉瓦等屋面者	$l/200$	—
	支撑其他屋面材料者	$l/200$	—
	(5) 平台板	$l/150$	—

续表

项次	构件类别	挠度容许值	
		$[v_T]$	$[v_Q]$
5	墙架构件（风荷载不考虑阵风系数）		
	(1) 支柱	—	$l/400$
	(2) 抗风桁架（作为连续支柱的支撑时）	—	$l/1000$
	(3) 砌体墙的横梁（水平方向）	—	$l/300$
	(4) 支撑压型金属板、瓦楞铁和石棉瓦墙面的横梁（水平方向）	—	$l/200$
	(5) 带有玻璃窗的横梁（竖直和水平方向）	$l/200$	$l/200$

注 1. l 为受弯构件的跨度（对悬臂梁和伸臂梁为悬伸长度的 2 倍）。

2. $[v_T]$ 为永久和可变荷载标准值产生的挠度（如有起拱应减去拱度）的容许值；$[v_Q]$ 为可变荷载标准值产生的挠度的容许值。

16.1.3 梁的整体稳定性

一、梁的整体稳定的概念

为了有效地发挥材料的作用，梁截面常设计成窄而高且壁厚较薄的开口截面，以提高梁的承载能力和刚度。梁在最大刚度平面内受荷载作用而弯曲时，如果梁的剪心轴在最大刚度平面内，则梁处于平面弯曲状态。当梁在最大刚度平面内受弯时，若弯矩较小，梁仅在弯矩作用平面内弯曲，但当弯矩逐渐增加，达到某一数值时，梁将突然发生侧向弯曲和扭转，并丧失继续承载的能力，这种现象称为梁的弯曲扭转屈曲（弯扭屈曲）或梁丧失整体稳定，如图 16-7 所示。失稳的起因是上翼缘在压力作用下类似一根轴心压杆，在达到临界状态时出现侧向弯曲。整体失稳是在强度破坏之前突然发生的，往往事先无明显征兆，因而比强度破坏更为危险，故设计、施工时必须特别予以注意。

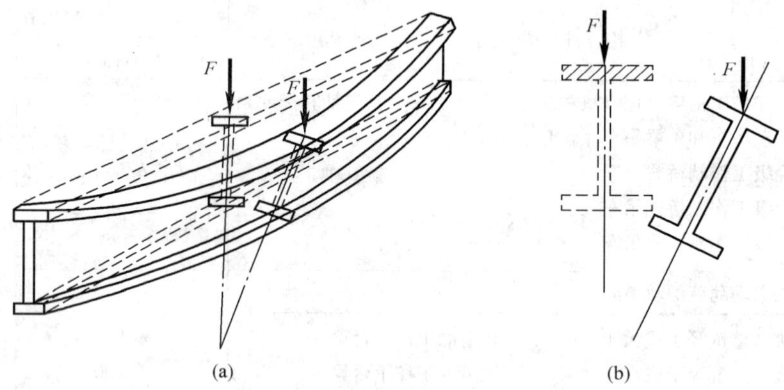

图 16-7 梁丧失整体稳定现象

横向荷载的临界值和其沿梁高的作用位置有关。荷载作用在上翼缘时，如图 16-8 (a) 所示，在梁产生微小侧向位移和扭转的情况下，荷载 F 将产生绕剪力中心的附加扭矩 Fe，并对梁侧向弯曲和扭转起促进作用，使梁加速丧失整体稳定。反之，当荷载 F 作用在梁的下翼缘时，如图 16-8 (b) 所示，将产生反方向的附加扭矩 Fe，有利于阻止梁的侧向弯曲扭转，延缓梁丧失整体稳定。显然，后者的临界荷载（或临界弯矩）将高于前者。

梁的失稳是从稳定的平衡状态转变为不稳定平衡状态，并产生侧向弯扭屈曲，两种平衡状态过渡时梁所能承受的最大弯矩和截面的最大弯矩应力称为临界弯矩 M_{cr} 和临界应力 σ_{cr}。整体稳定的计算就是要保证梁在荷载作用下产生的最大正应力不超过丧失稳定时的临界应力。

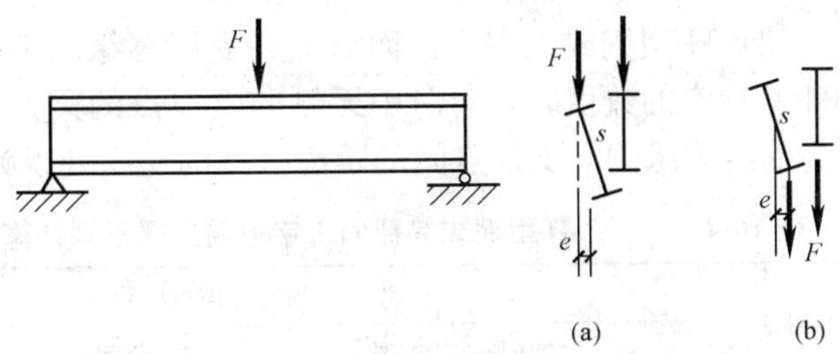

图 16-8　荷载位置对整体稳定的影响

根据弹性稳定理论，双轴对称工字形截面简支梁［图 16-7（a）］的临界弯矩 M_{cr} 和相应的临界应力 σ_{cr} 可用下式计算，即

$$M_{cr}=k\frac{\sqrt{EI_yGI_t}}{l_1} \tag{16-16}$$

$$\sigma_{cr}=\frac{M_{cr}}{W_x}=k\frac{\sqrt{EI_yGI_t}}{W_xl_1} \tag{16-17}$$

式中　l_1——梁受压翼缘的侧向自由长度；

I_y——梁对弱轴（y 轴）的毛截面惯性矩；

I_t——梁的毛截面抗扭惯性矩；

E、G——钢材的弹性模量和剪变模量；

k——梁的屈曲系数，按表 16-3 采用。

表 16-3　　梁的整体稳定屈曲系数 k

荷　载　种　类	k
纯弯曲	$\pi\sqrt{1+\pi^2\psi}$
均布荷载	$3.54(\sqrt{1+11.9\psi}\mp1.44\sqrt{\psi})$
跨中央一个集中荷载	$4.23(\sqrt{1+12.9\psi}\mp1.74\sqrt{\psi})$

注　1. $\psi=\left(\frac{h}{2l_1}\right)^2\frac{EI_y}{GI_t}$。

2. 表中的 ∓ 号为："－"号用于荷载作用在梁的上翼缘时，"＋"号用于荷载作用在梁的下翼缘时。

由式(16-16)和式(16-17)可以看出，影响梁整体稳定的因素很多，可总结出如下规律：

1）梁的侧向抗弯刚度 EI_y、抗扭刚度 GI_t 越大，则临界弯矩越大；

2）梁的受压翼缘的自由长度 l_1 越小，则临界弯矩越大；

3）荷载形式不同，临界弯矩亦不同；

4）荷载作用于下翼缘比作用于上翼缘的临界弯矩大；

5）梁端约束程度越大，则临界弯矩越大。

二、保证梁整体稳定的措施

在实际工程中可采取一定措施以保证梁的整体稳定，如将梁的翼缘宽度适当加大，或在梁的侧向增设支撑点等以提高梁的抗扭和侧向抗弯能力。具体说，符合下列情况之一时，都不必计算梁的整体稳定性。

（1）有铺板（各种钢筋混凝土板和钢板）密铺在梁的受压翼缘上并与其牢固相连接，能阻止梁受压翼缘的侧向位移时。

（2）H 型钢或工字形截面简支梁受压翼缘的侧向自由长度 l_1 与其宽度 b 之比不超过表 16-4 所规定的数值时，对跨中无侧向支撑点的梁，l_1 为其跨度；对跨中有侧向支撑点的梁，l_1 为受压翼缘侧向支撑点间的距离（梁的支座处视为有侧向支撑），如图 16-9（a）所示。

表 16-4　H 型钢或等截面工字形简支梁不需计算整体稳定性的最大 l_1/b 值

钢号	跨中无侧向支撑点的梁		跨中受压翼缘有侧向支撑点的梁，不论荷载作用于何处
	荷载作用在上翼缘	荷载作用在下翼缘	
Q235	13.0	20.0	16.0
Q345	10.5	16.5	13.0
Q390	10.0	15.5	12.5
Q420	9.5	15.0	12.0

注　其他钢号的梁不需计算整体稳定性的最大 l_1/b 值，应取 Q235 钢的数值乘以 $\sqrt{235/f_y}$。

（3）箱形截面简支梁，如图 16-10 所示，其截面尺寸满足 $h/b_0 \leqslant 6$，且 l_1/b_0 不超过 95（$235/f_y$）时，不必计算梁的整体稳定性。

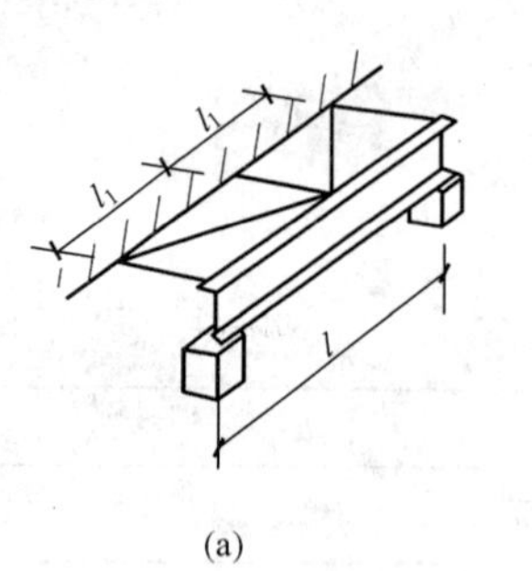

(a)　(b)

图 16-9　侧向有支撑点的梁

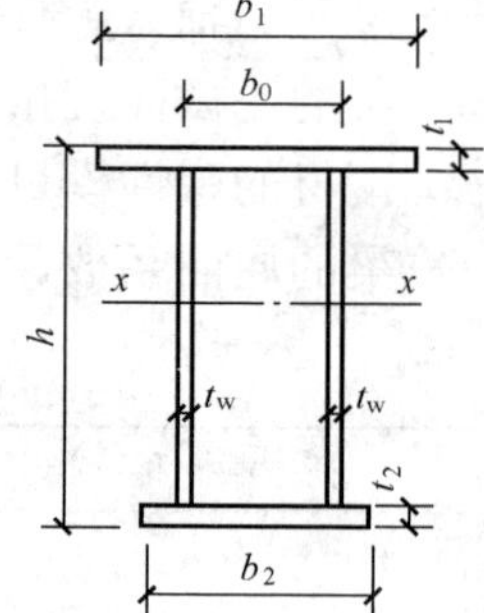

图 16-10　箱形截面梁

三、梁整体稳定的计算

为保证梁整体稳定，要求梁在荷载设计值作用下最大应力 σ 应满足式(16-18)要求，即

$$\sigma = \frac{M_x}{W_x} \leqslant \frac{\sigma_{cr}}{\gamma_R} = \frac{\sigma_{cr}}{f_y} \times \frac{f_y}{\gamma_R} = \varphi_b f \tag{16-18}$$

式（16-18）也可以写作

$$\frac{M_x}{\varphi_b W_x} \leqslant f \tag{16-19}$$

式中　M_x——荷载设计值在梁内产生的绕强轴（x 轴）作用的最大弯矩；

W_x——按受压翼缘确定的梁毛截面模量；

γ_R——钢材抗力系数；

φ_b——梁的整体稳定系数。

对于上式中的 φ_b 值，《钢结构设计规范》根据理论分析结果，列出梁各种情况的 φ_b 值。下面介绍其中常用的两种。

（一）对等截面焊接工字形和轧制 H 型钢简支梁

$$\varphi_b = \beta_b \frac{4320}{\lambda_y^2} \times \frac{Ah}{W_x} \left[\sqrt{1 + \left(\frac{\lambda_y t_1}{4.4h} \right)^2} + \eta_b \right] \frac{235}{f_y} \tag{16-20}$$

式中 h——梁截面高度；

λ_y——梁截面对弱轴（y 轴）的长细比，$\lambda_y = l_1 / i_y$，i_y 为梁毛截面对 y 轴的回转半径，l_1 为梁受压翼缘的自由长度；

t_1——受压翼缘厚度；

A——梁的毛截面积；

β_b——梁整体稳定的等效临界弯矩系数，见附录 4 中附表 4.6；

η_b——截面不对称影响系数；对双轴对称截面［图 16-11（a）、（d）］：$\eta_b=0$；对单轴对称工字形截面［图 16-11（b）、（c）］：加强受压翼缘，$\eta_b=0.8(2\alpha_b-1)$，加强受拉翼缘，$\eta_b=2\alpha_b-1$；$\alpha_b=\dfrac{I_1}{I_1+I_2}$；

I_1，I_2——受压翼缘和受拉翼缘对 y 轴的惯性矩。

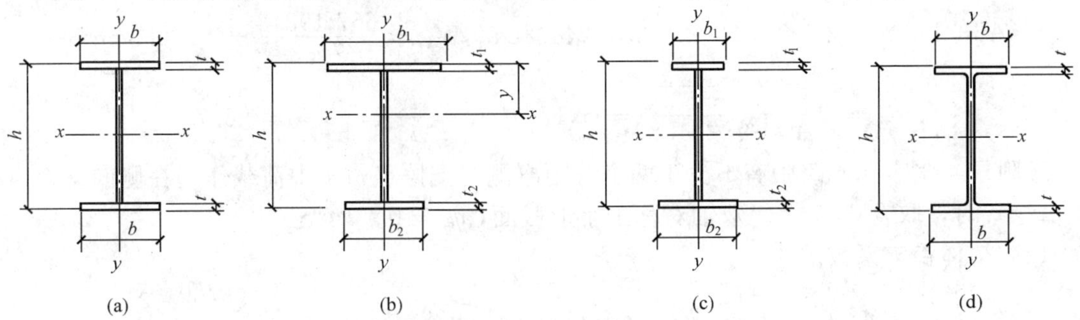

图 16-11 焊接工字形和轧制 H 型钢截面

上述整体稳定性系数 φ_b 是按照弹性工作阶段导出的。对于钢梁，当考虑残余应力时，可取比例极限 $f_p=0.6f_y$。因此，当 $\sigma_{cr}>0.6f_y$，即当算得的稳定系数 $\varphi_b>0.6$ 时，梁已进入了弹塑性工作，其临界弯矩有明显的降低。应按式（16-21）对稳定系数进行修正

$$\varphi'_b = 1.07 - \frac{0.282}{\varphi_b} \leqslant 1.0 \tag{16-21}$$

进而用修正所得系数 φ'_b 代替式（16-19）中的 φ_b 值作整体稳定计算。

（二）轧制普通工字钢简支梁

由于轧制普通工字钢简支梁的截面尺寸有一定规格，《钢结构设计规范》按式（16-20）将其 φ_b 计算结果编制成表格，见附录 4 中附表 4.6，因此其 φ_b 值可按荷载情况、工字钢型号和受压翼缘的自由长度 l_1 直接由表查得。当所得的 φ_b 值大于 0.6 时，应按式（16-21）算得相应的 φ'_b 代替 φ_b 值。

【例 16-1】 一焊接工字形等截面简支梁如图 16-12 所示，跨度 15m，自重 1.9kN/m（标准值）。承受次梁传来的两个集中荷载 $F=410$kN（设计值），分别作用于跨度的三分点处，钢材为 Q345 钢。试验算次梁的整体稳定。

解 梁受压翼缘的自由长度 l_1 与其宽度 b 的比值 $l_1/b=5000/320=15.6>13.0$，超过表 16-4 规定的数值，故应进行梁整体稳定性验算。

（1）梁截面的几何特征。

$$I_x = \frac{1}{12}\times 1.2\times 140^3 + 2\times 32\times 1.2\times 70.6^2 = 657\ 198.8\text{cm}^4$$

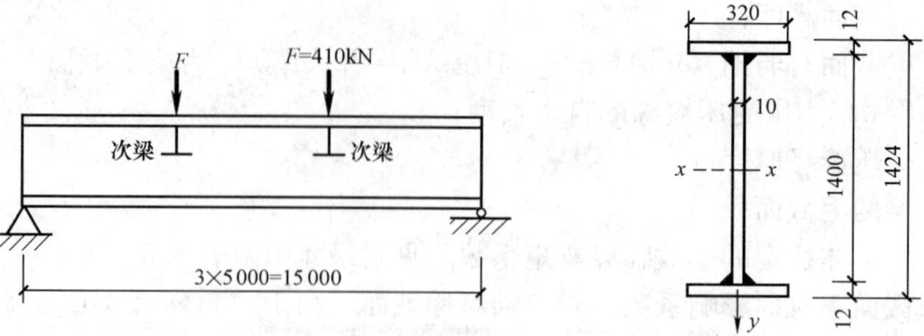

图 16-12 ［例 16-1］图

$$I_y = 2 \times \frac{1}{12} \times 1.2 \times 32^3 = 6553.6\text{cm}^4$$

$$A = 140 \times 1.2 + 2 \times 32 \times 1.2 = 244.8\text{cm}^2, W_x = \frac{657\,198.8}{71.2} = 9230.3\text{cm}^3$$

$$i_y = \sqrt{\frac{I_y}{A}} = \sqrt{\frac{6553.6}{244.8}} = 5.17\text{cm}, \lambda_y = \frac{l_1}{i_y} = \frac{500}{5.17} = 96.7$$

按附录 4 附表 4.6 跨中有不少于两个等距离侧向支撑点，集中荷载作用在侧向支撑点处（上翼缘）时，取 $\beta_b = 1.2$ 。双轴对称工字形截面，$\eta_b = 0$。

（2）整体稳定系数。

$$\varphi_b = \beta_b \frac{4320}{\lambda_y^2} \cdot \frac{Ah}{W_x} \left[\sqrt{1+\left(\frac{\lambda_y t}{4.4h}\right)^2} + \eta_b\right] \frac{235}{f_y}$$

$$= 1.2 \times \frac{4320}{96.7^2} \times \frac{244.8 \times 142.4}{9230.3} \times \left[\sqrt{1+\left(\frac{96.7 \times 1.2}{4.4 \times 142.4}\right)^2}\right] \times \frac{235}{345}$$

$$= 1.45 > 0.6$$

$$\varphi'_b = 1.07 - \frac{0.282}{\varphi_b} = 1.07 - \frac{0.282}{1.45} = 0.876$$

最大弯矩设计值

$$M_{max} = 1.2 \times \frac{1}{8} \times 1.9 \times 15^2 + 410 \times 5 = 2114.13\text{kN} \cdot \text{m}$$

$$\frac{M_{max}}{\varphi'_b W_x} = \frac{2114.13 \times 10^6}{0.875 \times 9230.3 \times 10^3} = 261.8\ \text{N/mm}^2 < f = 300\ \text{N/mm}^2$$

16.1.4 梁的局部稳定

为提高组合梁的抗弯强度、刚度和整体稳定性，组合梁常常采用宽而薄的翼缘板和高而薄的腹板。但是当它们的宽厚比（或高厚比）过大时，有可能在弯曲压应力、剪应力和局部压应力作用下，板件出现偏离其平面位置的波状屈曲（图 16-13），这种现象称为梁局部失稳。

组合梁的翼缘和腹板出现局部失稳，虽然不会使梁立即失去承载能力，但会使梁的工作性能恶化。板件局部屈曲部位退出工作后，截面变得不对称，将使梁的刚度减小，强度和整体稳定性降低。梁的局部稳定问题的实质是组成梁的矩形薄板在各种应力如弯曲压应力、剪

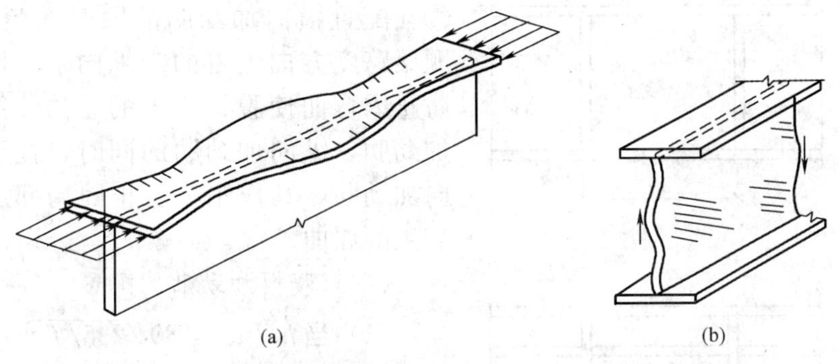

图 16-13　梁局部失稳
(a) 翼缘；(b) 腹板

应力和局部压应力作用下的屈曲问题。

为了避免梁的局部失稳，可采取两种措施：一种是限制板件的宽厚比或高厚比，另一种是垂直于钢板的平面方向设置具有一定刚度的加劲肋。

一、受压翼缘板的宽厚比

梁的翼缘板远离截面的形心，强度一般能够得到比较充分的利用。同时，翼缘板发生局部屈曲，会很快导致梁丧失继续承载的能力。因此常采用限制翼缘宽厚比的办法，亦即保证必要的厚度的办法，来防止其局部失稳。

组合梁受压翼缘的外伸部分可按三边简支、一边自由的纵向均匀受压板计算。《钢结构设计规范》规定：梁受压翼缘自由外伸宽度 b_1 与其厚度 t 之比（图 16-14），即宽厚比应满足式（16-22）

$$\frac{b_1}{t} \leqslant 15\sqrt{\frac{235}{f_y}} \tag{16-22}$$

b_1 的取值为：对焊接梁，取腹板边至翼缘板边缘的距离；对型钢梁，取内圆弧起点至翼缘板边缘的距离。

如考虑截面部分发展塑性时，为保证局部稳定，翼缘宽度比限值应加严，即须满足

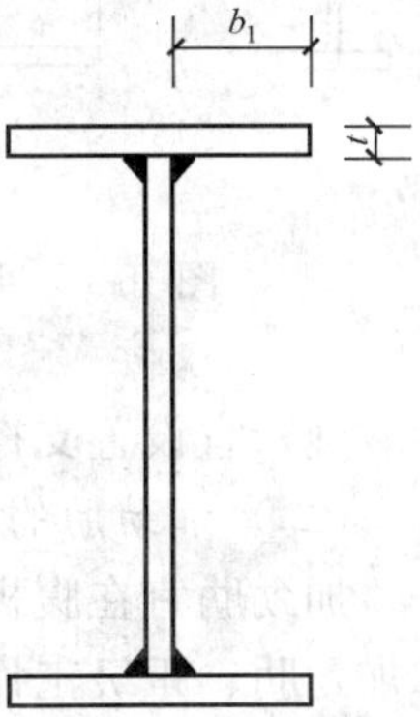

图 16-14　翼缘宽厚比

$$\frac{b_1}{t} \leqslant 13\sqrt{\frac{235}{f_y}} \tag{16-23}$$

二、腹板加劲肋

对承受静力荷载或间接承受动力荷载的组合梁，《钢结构设计规范》允许考虑腹板屈曲后的强度，即此时允许腹板发生局部屈曲失稳，并按腹板屈曲后强度计算承载力。有关腹板屈曲后强度的概念及设计方法可参见规范。对直接承受动力荷载的吊车梁及类似构件或其他不考虑腹板屈曲后强度的组合梁，则通常采用设置加劲肋，并通过计算来保证局部稳定要求。加劲肋的布置方法有三种（图 16-15）：①与梁跨度方向垂直的为横向加劲肋，其作用是防止因剪切使腹板产生的屈曲；

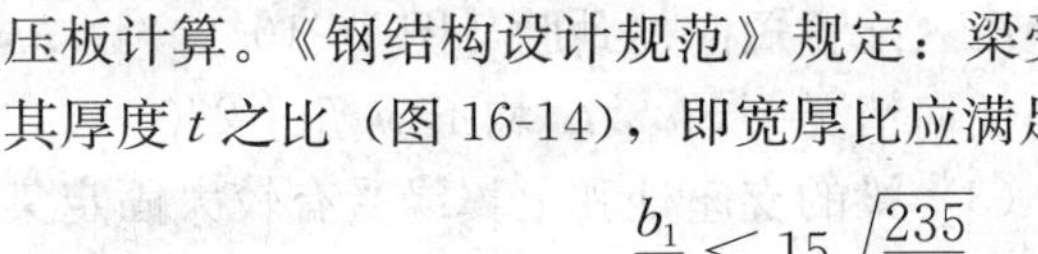

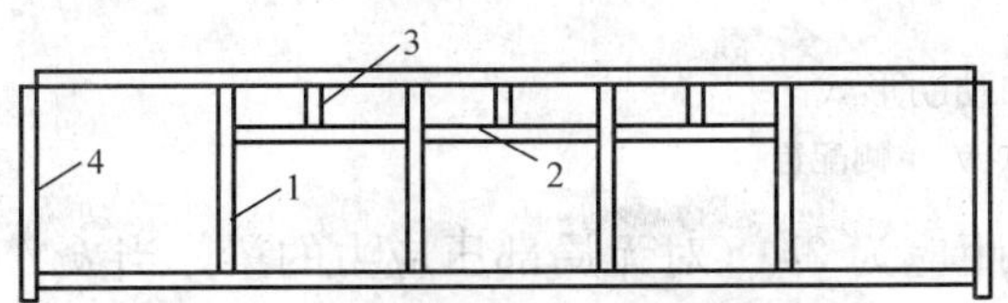

图 16-15　梁的加劲肋示例
1—横向加劲肋；2—纵向加劲肋；
3—短加劲肋；4—支承加劲肋

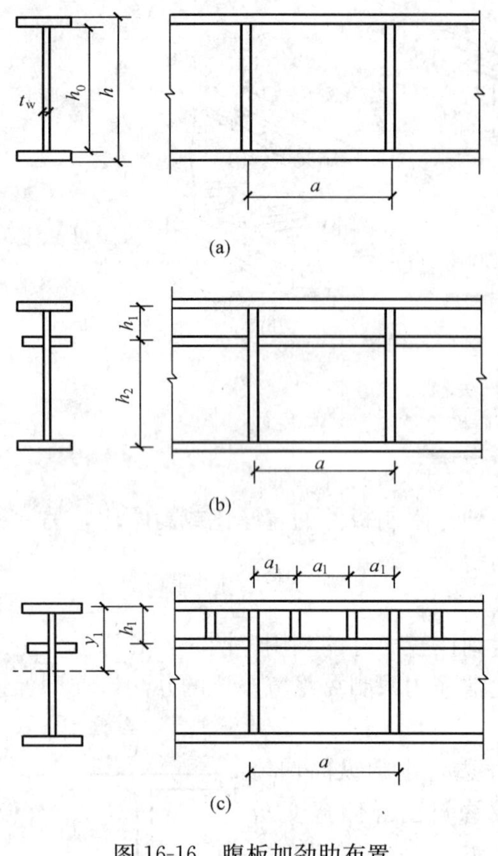

图 16-16 腹板加劲肋布置

②在配置横向加劲肋的同时在腹板的受压区，顺梁跨度方向设置的为纵向加劲肋，其作用是防止因弯曲使腹板产生的屈曲；③在配置横向加劲肋、纵向加劲肋的同时，在受压区配置短向加劲肋，其作用是防止因局部压应力使腹板产生的屈曲。

（一）腹板加劲肋的配置

（1）当$h_0/t_w \leqslant 80\sqrt{235/f_y}$时，对有局部应力（$\sigma_c \neq 0$）的梁，应按构造配置横向加劲肋[图 16-16（a)]；但对无局部压应力（$\sigma_c = 0$）的梁，可不配置加劲肋。

（2）当$h_0/t_w > 80\sqrt{235/f_y}$时，应配置横向加劲肋。其中，当$h_0/t_w > 170\sqrt{235/f_y}$（受压翼缘扭转受到约束，如连有刚性铺板、制动板或焊有钢轨时）或$h_0/t_w > 150\sqrt{235/f_y}$（受压翼缘扭转未受到约束时），或按计算需要时，应在弯曲应力较大区格的受压区增加配置纵向加劲肋［图 16-16（b)]。局部压应力很大的梁，必要时尚宜在受压区配置短向加劲肋［图 16-16（c)]。

任何情况下，h_0/t_w均不应超过 250。

（3）梁的支座处和上翼缘受有较大固定集中荷载处，宜设置支撑加劲肋。

（二）加劲肋的截面选择和构造要求

加劲肋宜在腹板两侧成对配置［图 16-17（a)]，也可单侧配置［图 16-17（b)]，但支撑加劲肋、重级工作制吊车梁的加劲肋不应单侧配置。加劲肋可以用钢板或型钢做成，焊接梁一般常用钢板。

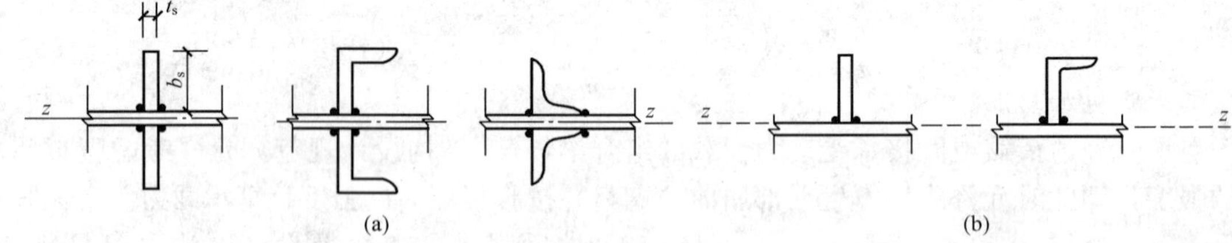

图 16-17 加劲肋形式

（a）成对配置；（b）单侧配置

横向加劲肋的最小间距应为$0.5h_0$，最大间距应为$2h_0$（对无局部压应力的梁，当$h_0/t_w \leqslant 100$时，可采用$2.5h_0$）。纵向加劲肋至腹板计算高度受压边缘的距离在$h_c/2.5 \sim h_c/2$范围内。

为了保证梁腹板的局部稳定，加劲肋应具有一定的刚度，为此要求：

（1）在腹板两侧成对配置的钢板横向加劲肋，其截面尺寸应符合下式要求

外伸宽度
$$b_s \geqslant \frac{h_0}{30} + 40\ (\mathrm{mm}) \tag{16-24}$$

厚度
$$t_s \geqslant \frac{b_s}{15} \tag{16-25}$$

（2）仅在腹板一侧配置的钢板横向加劲肋，其外伸宽度应大于按式（16-24）算得的 1.2 倍，厚度不应小于其外伸宽度的 1/15。

（3）在同时用横向加劲肋和纵向加劲肋加强的腹板中，应在其相交处将纵向加劲肋断开，横向加劲肋保持连续（图 16-18）。此时横向加劲肋的截面尺寸除应符合上述规定外，其对腹板水平 z 轴（图 16-17）的截面惯性矩 I_z 尚应满足式（16-26）要求，即

$$I_z \geqslant 3h_0 t_w^3 \tag{16-26}$$

纵向加劲肋对腹板竖直 y 轴的截面惯性矩 I_y 应满足下列公式要求

当 $a/h_0 \leqslant 0.85$ 时　$I_y \geqslant 1.5\, h_0 t_w^3$　(16-27)

当 $a/h_0 > 0.85$ 时　$I_y \geqslant \left(2.5 - 0.45\dfrac{a}{h_0}\right)\left(\dfrac{a}{h_0}\right)^2 h_0 t_w^3$　(16-28)

（4）当配置有短向加劲肋时，短向加劲肋的最小间距为 $0.75h_1$。短向加劲肋外伸宽度应取横向加劲肋外伸宽度的 0.7～1.0 倍，厚度不应小于短向加劲肋外伸宽度的 1/15。

为了避免焊缝交叉，减少焊接应力，横向加劲肋的端部应切去宽约 $b_s/3$（但不大于 40mm），高约 $b_s/2$（但不大于 60mm）的斜角（图 16-18），以使梁的翼缘焊缝连续通过。在纵向加劲肋与横向加劲肋相交处，应将纵向加劲肋两端切去相应的斜角，使横向加劲肋与腹板连接的焊缝连续通过。

吊车梁横向加劲肋的上端应与上翼缘刨平顶紧，当为焊接吊车梁时，尚宜焊接。中间横向加劲肋的下端一般在距受拉翼缘 50～100mm 处断开［图 16-18（c）］，不应与受拉翼缘焊接，以改善梁的抗疲劳性能。

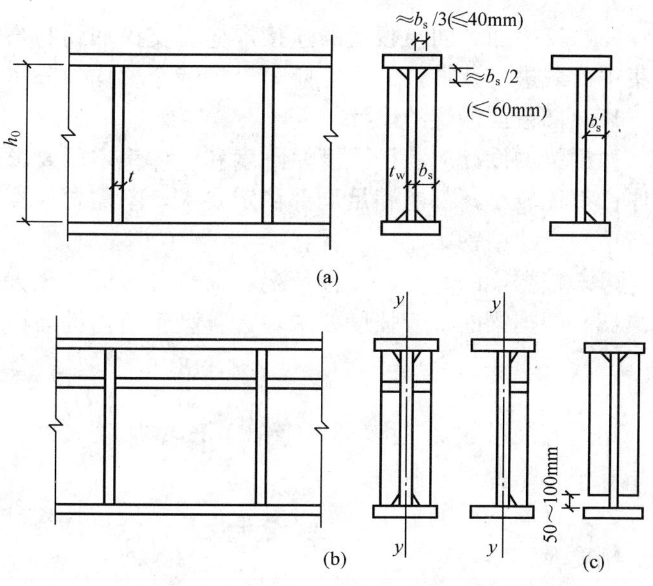

图 16-18　加劲肋构造

（三）支撑加劲肋的计算

支撑加劲肋是指承受支座反力或固定集中荷载的横向加劲肋，支撑加劲肋应在腹板两侧成对配置，如图 16-19 所示，其截面常较一般中间横向加劲肋的截面为大，应对其进行稳定、端面承压和焊缝连接计算。

（1）支撑加劲肋的稳定性计算。支撑加劲肋按承受固定集中荷载或梁支座反力的轴心受压构件，计算其在腹板平面外的稳定性。此受压构件的截面面积 A 包括加劲肋和加劲肋每侧 $15t_w\sqrt{235/f_y}$ 范围内的腹板面积，如图 16-19 所示中阴影部分面积，计算长度取腹板高度 h_0。

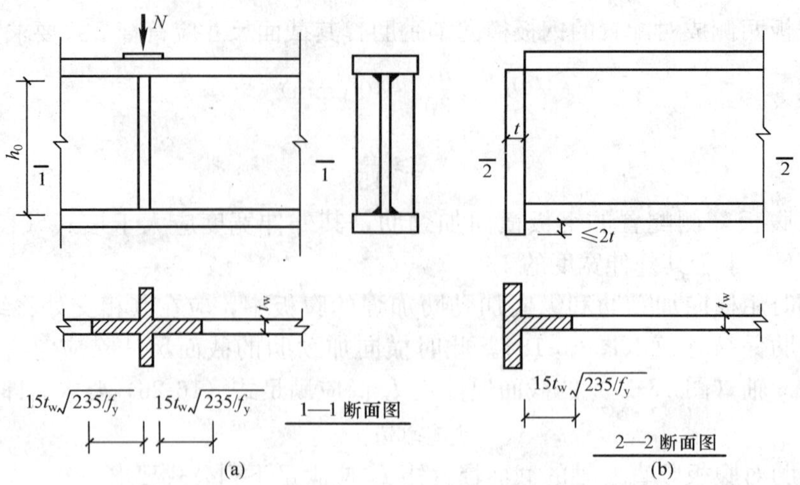

图 16-19　支撑加劲肋

(2) 端面承压强度。梁支撑加劲肋的端部应按所承受的支座反力或固定集中荷载计算，当加劲肋的端部刨平顶紧时，按下式计算其端面承压应力，即

$$\sigma = \frac{N}{A_{ce}} \leqslant f_{ce} \tag{16-29}$$

式中　A_{ce} ——端面承压面积，即支撑加劲肋与翼缘或与柱顶相接触的面积；

f_{ce} ——钢材端面承压强度设计值，按附录 4 中附表 4.4 采用。

对于突缘式支座，支撑加劲肋的伸出长度不得大于其厚度的 2 倍，如图 16-19 (b) 所示。

(3) 支撑加劲肋与腹板的连接焊缝。支撑加劲肋与腹板的连接焊缝应按承受的支座反力或集中荷载进行计算，并假定应力沿焊缝全长均匀分布。

16.1.5　型钢梁的设计

型钢梁的设计应满足强度、刚度和整体稳定的要求。因型钢梁受轧制条件限制，其板件宽厚比都比较小，都能满足局部稳定要求，不需要计算。

单向弯曲型钢梁设计步骤：

(1) 根据梁的跨度、支撑情况和荷载计算梁的最大内力；

(2) 根据梁的抗弯强度要求，计算型钢所需的净截面模量：

$$W_{nx} = \frac{M_{max}}{\gamma_x f} \tag{16-30}$$

塑性发展系数 γ_x 对普通工字钢和 H 型都取 1.05。算得截面模量 W_{nx} 后可以直接由型钢规格表中选出合适的截面。

(3) 计算钢梁的自重荷载及其弯矩，然后按计入自重的总荷载和弯矩，分别验算梁的强度、刚度及整体稳定。

16.2　轴心受力构件

16.2.1　轴心受力构件的应用和截面形式

轴心受力构件广泛地应用于钢结构承重构件中，如桁架、网架和塔架等杆系结构的杆件。轴心受压构件还常用于工业建筑的平台和其他结构的支柱等。各种支撑系统也常常由许多轴心受力构件组成。根据杆件承受的轴心力的性质可分为轴心受拉构件和轴心受压构件。

轴心受力构件的截面形式有三种，如图 16-20 所示。第一种是热轧型钢截面，如图 16-20（a）中的圆钢、圆管、方管．角钢、工字钢、H 型钢、T 型钢、槽钢等；第二种是冷弯薄壁型钢截面，如图 16-20（b）中的带卷边或不带卷边的角钢、槽形截面和方管等；第三种是用型钢和钢板连接而成的组合截面；图 16-20（c）所示都是实腹式组合截面，图 16-20（d）所示则是格构式组合截面。

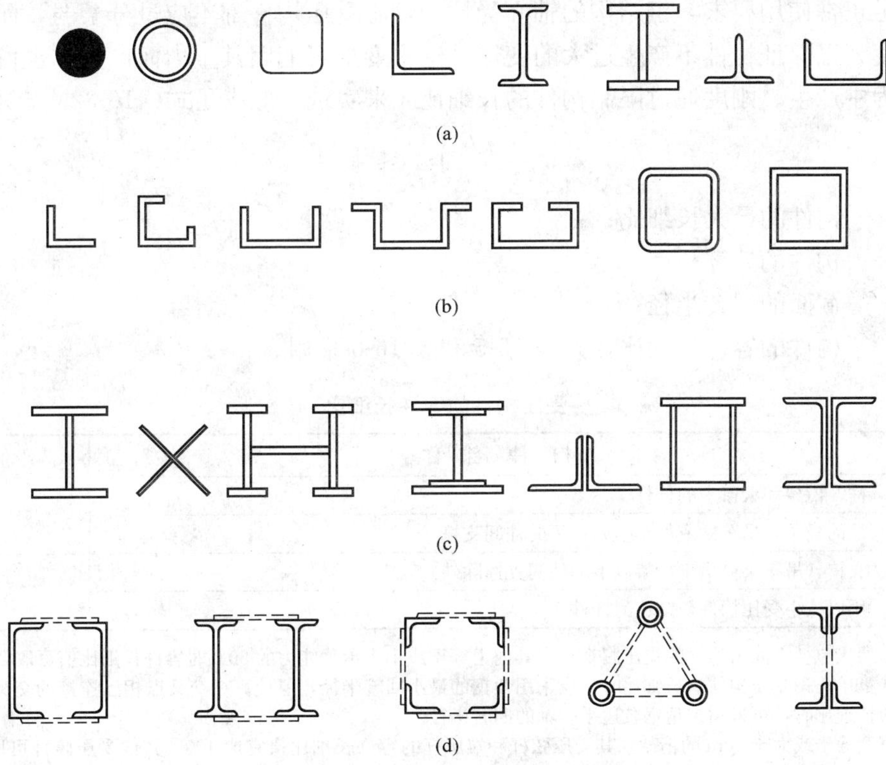

图 16-20　轴心受力构件的截面形式

（a）热轧型钢截面；（b）冷弯薄壁型钢截面；（c）实腹式组合截面；（d）格构式组合截面

对轴心受力杆件截面形式的要求：

1）能提供承载力所需要的截面积；

2）制作比较简单；

3）便于和相邻的构件连接；

4）截面开展而壁厚较薄，以满足刚度要求。

16.2.2　轴心受力构件的强度和刚度

轴心受力构件的计算和受弯构件一样，亦要满足两种极限状态的要求。对承载能力极限状态，轴心受拉构件只有强度问题，而轴心受压构件则同时有强度和稳定问题；正常使用极限状态，每类构件都有刚度方面的要求。

一、轴心受拉构件和轴心受压构件的强度

《钢结构设计规范》对轴心受力构件的强度计算，规定净截面的平均应力不应超过钢材

的强度设计值。因此轴心受拉构件和轴心受压构件的强度按式（16-31）计算，即

$$\sigma = \frac{N}{A_n} \leqslant f \tag{16-31}$$

式中 N——轴心拉力设计值或轴心压力设计值；

A_n——构件的净截面面积；

f——钢材的抗拉强度设计值或抗压强度设计值。

二、轴心受拉构件和轴心受压构件的刚度

为满足正常使用要求，钢结构的轴心受拉和轴心受压构件都不应过分柔弱，而应该具有必要的刚度，以保证构件不产生过大的变形。这种变形可能因其重力而产生，也可能在运输或安装过程中产生。刚度通过限制构件的长细比 λ 来实现，应满足式（16-32）要求，即

$$\lambda_{max} = \left(\frac{l_0}{i}\right)_{max} \leqslant [\lambda] \tag{16-32}$$

式中 λ——构件的最大长细比；

l_0——构件的计算长度；

i——截面的回转半径；

$[\lambda]$——构件的容许长细比，按表 16-5 和表 16-6 采用。

表 16-5 受压构件的容许长细比

项次	构件名称	容许长细比
1	柱、桁架和天窗中的杆件	150
	柱的缀条、吊车梁或吊车桁架以下的柱间支撑	
2	支撑（吊车梁或吊车桁架以下的柱间支撑除外）	200
	用以减小受压构件长细比的杆件	

注 1. 桁架（包括空间桁架）的受压腹杆，当其内力等于或小于承载能力的 50%时容许长细比值可取 200。
2. 计算单角钢受压构件的长细比时，应采用角钢的最小回转半径，但计算在交叉点相互连接的交叉杆件平面外的长细比时，可采用与角钢肢边平行轴的回转半径。
3. 跨度等于或大于 60m 的桁架，其受压弦杆和端压杆的容许长细比值宜取 100，其他受压腹杆可取 150（承受静力荷载或间接承受动力荷载）或 120（直接承受动力荷载）。
4. 由容许长细比控制截面的杆件，在计算其长细比时，可不考虑扭转效应。

表 16-6 受拉构件的容许长细比

项次	构件名称	承受静力荷载或间接承受动力荷载的结构		直接承受动力荷载的结构
		一般建筑结构	有重级工作制吊车的厂房	
1	桁架的杆件	350	250	250
2	吊车梁或吊车桁架以下的柱间支撑	300	200	—
3	其他拉杆、支撑、系杆等（张紧的圆钢除外）	400	350	—

注 1. 承受静力荷载的结构中，可仅计算受拉构件在竖向平面内的长细比。
2. 在直接或间接承受动力荷载的结构中，单角钢受拉构件长细比的计算方法与表 16-5 注 2 相同。
3. 中、重级工作制吊车桁架下弦杆的长细比不宜超过 200。
4. 在设有夹钳或刚性料耙等硬钩吊车的厂房中，支撑（表中第 2 项除外）的长细比不宜超过 300。
5. 受拉构件在永久荷载和风荷载组合作用下受压时，其长细比不宜超过 250。
6. 跨度等于或大于 60m 的桁架，其受拉弦杆和腹杆的长细比不宜超过 300（承受静力荷载或间接动力荷载）或 250（直接承受动力荷载）。

三、轴心受压构件的整体稳定

轴心受压构件除了较为粗短或截面有较大削弱时，可能因其净截面的平均应力达到屈服强度而丧失承载能力破坏外，一般情况下，轴心受压构件的承载能力是由稳定条件决定的。

（一）理想轴心压杆的整体稳定

理想轴心压杆是指杆件本身绝对挺直，材料是匀质、各向同性，荷载沿杆件形心轴作用，杆件在受荷之前内部没有初始应力，也没有初弯曲和初偏心等缺陷。此种杆件失稳，屈曲形式可分为三种。

（1）弯曲屈曲。只发生弯曲变形，构件的截面只绕一个主轴弯曲，构件的轴心线由直线变为曲线，是双轴对称截面最常见的屈曲形式，如图16-21（a）所示。

（2）扭转屈曲。失稳时杆件除支承端外的各个截面均绕轴线扭转，某些双轴对称截面压杆可能发生这种屈曲形式（如十字形截面），如图16-21（b）所示。

（3）弯扭屈曲。单轴对称截面绕对称轴屈曲时，杆件在发生弯曲变形的同时必然伴随着扭转（如T形截面），如图16-21（c）所示。

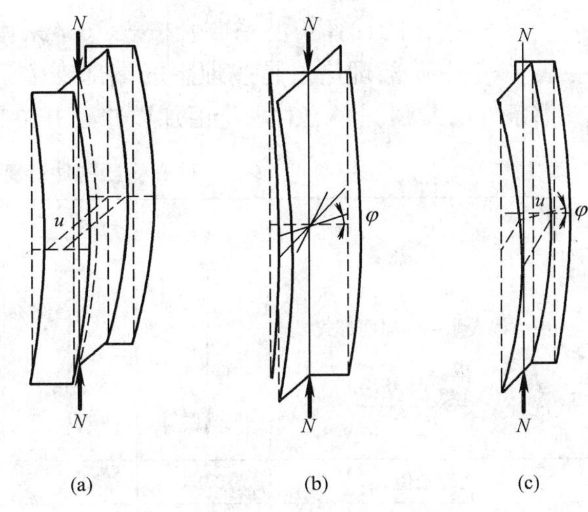

图16-21 轴心受压构件的屈曲形式

（a）弯曲屈曲；（b）扭转屈曲；（c）弯扭屈曲

这三种屈曲形式中弯曲屈曲是最基本、最简单的屈曲形式。

由材料力学的欧拉公式可知，两端铰接的轴心受压杆件的临界力为

$$N_{cr} = \frac{\pi^2 EI}{l_0^2} \tag{16-33}$$

式中 E——材料的弹性模量；

I——构件毛截面惯性矩；

l_0——构件的计算长度。

由式（16-32）可求得构件的临界应力为

$$\sigma_{cr} = \frac{\pi^2 E}{\lambda^2} \tag{16-34}$$

当荷载达到临界应力 N_{cr}，即杆件应力达到临界应力 σ_{cr} 时，轴心压杆只要受到任意微小的干扰，或荷载稍有增加，就会产生巨大的变形而破坏，所以临界应力 σ_{cr} 就是稳定计算的极限应力。

欧拉公式的推导是以构件的材料为弹性体并服从虎克定律为基础的，即式（16-34）只当 $\sigma_{cr} \leqslant f_y$ 时才正确。当 $\sigma_{cr} > f_y$ 时构件进入弹塑性工作状态，采用切线模量更接近实验结果，这时杆件的临界应力按式（16-35）计算，即

$$\sigma_{cr} = \frac{\pi^2 E_t}{\lambda^2} \tag{16-35}$$

式中 E_t——材料的切线模量。

（二）杆端约束对轴心受压构件整体稳定性的影响

在实际结构中两端铰接的压杆很少。轴心压杆当与其他构件相连接而端部受到约束时，可以根据杆端的约束条件用等效的计算长度 l_0 来代替杆的几何长度 l，即取 $l_0=\mu l$，从而将其简化为两端铰接的杆。相应的构件临界力为

$$N_{cr}=\frac{\pi^2 EI}{l_0^2}=\frac{\pi^2 EI}{(\mu l)^2} \tag{16-36}$$

式中 l——构件的几何长度；

μ——构件的计算长度系数，按表 16-7 采用。

表 16-7 中 μ 的理论值是按理想的端部支撑条件求出的，考虑到实际端部支撑条件与理想支撑条件的差别。因此对理论值加以修正并给出建议值，供实际设计使用。

表 16-7　　轴心受压构件计算长度系数 μ

图中虚线表示柱的屈曲形式	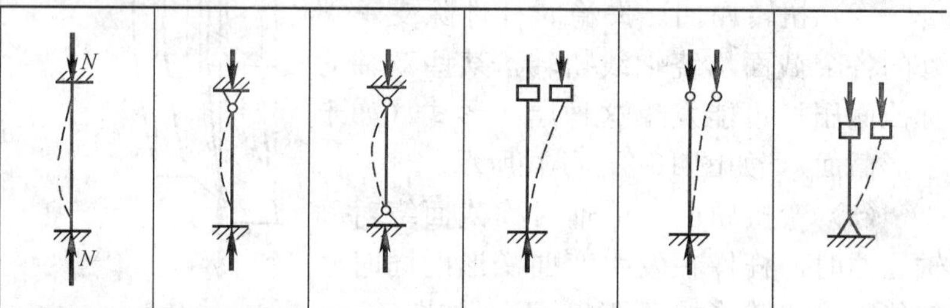 N / N					
μ 的理论值	0.50	0.70	1.0	1.0	2.0	2.0
μ 的建议值	0.65	0.80	1.0	1.2	2.1	2.0
端部条件符号	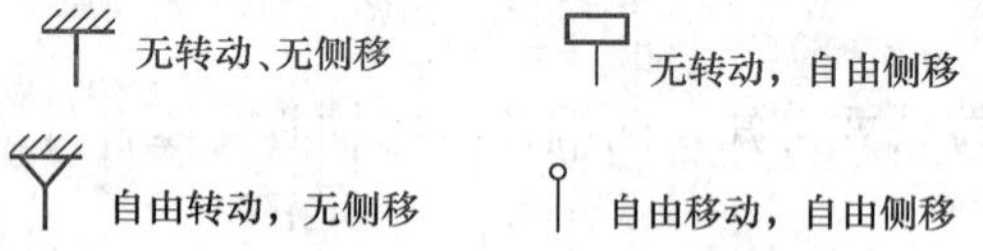 无转动、无侧移；无转动，自由侧移；自由转动，无侧移；自由移动，自由侧移					

（三）实际轴心压杆的极限承载力

实际轴心压杆和理想轴心压杆有很大差别，实际工程中真正的轴心受压构件是不存在的；在构件中常有各种影响稳定承载能力的因素，其中主要有：

(1) 初始缺陷。初始缺陷包括初弯曲和初偏心。实际的轴心压杆在制造、运输和安装过程中不可避免地会存在微小的弯曲。由于构造和施工的原因及构件尺寸的变异，作用在杆端的轴压力实际上不可避免地会偏离截面的形心而形成初偏心。这样，在压力作用下，构件侧向挠度从加载起就会不断增加，所以构件除受有轴向力外，实际上还存在因构件挠曲而产生的弯矩，从而降低了构件的承载能力。

(2) 残余应力。残余应力是指结构在受力前构件内部就已经存在的自相平衡的初始应力。例如焊接应力就是残余应力的一种，其他如钢材轧制、火焰切割、冷弯、变形校正等过程中产生的塑性变形，也都会在构件中产生残余应力。残余应力的存在将使构件部分截面提前进入塑性状态，降低了构件的刚度和稳定承载能力。

如前所述，钢结构中实际构件都具有一定初始缺陷和残余应力。为了能更真实地反映构件实际承载能力，《钢结构设计规范》根据现有理论研究成果，取具有初弯曲及残余应力的构件按压溃理论进行弹塑性分析来确定其稳定承载能力。实际计算中，可应用计算机采用有

限元概念，根据内、外力平衡条件，用数值分析方法模拟计算出压溃荷载，即轴心受压构件的整体稳定极限承载力 N_u。轴心受压构件所受应力应不大于整体稳定的临界应力，考虑抗力分项系数 γ_R 后，即

$$\sigma=\frac{N}{A}\leqslant\frac{\sigma_{cr}}{\gamma_R}=\frac{\sigma_{cr}}{f_y}\times\frac{f_y}{\gamma_R}=\varphi f$$

《钢结构设计规范》规定的计算稳定性的公式为

$$\frac{N}{\varphi A}\leqslant f \tag{16-37}$$

式中 N——轴心压力设计值；

A——构件的毛截面面积；

f——钢材的抗压强度设计值；

φ——轴心受压构件的稳定系数，按附录 4 附表 4.7 采用。

（四）多条柱曲线和稳定系数 φ

在钢结构中轴心受压构件的类型很多，当构件的长细比相同时，其承载力往往有很大差别。可以根据设计中经常采用柱的不同截面形式和不同的加工条件，画出考虑初弯曲和残余应力影响的一系列柱的曲线。在图 16-22 中以两条虚线标示这一系列柱曲线变动范围的上限和下限，实际轴心受压柱的稳定系数基本上都在这两条虚线之间。因此，只用一条柱曲线来设计各种不同的钢柱不是经济合理的。规范在上述计算资料的基础上，经过数理统计分析认为，把诸多柱曲线划分为四类比较经济合理。图 16-22 中 a、b、c 和 d 四条柱曲线各自代表一组截面柱的 φ 值的平均值。《钢结构设计规范》的 a、b、c 和 d 四类截面的轴心受压构件的稳定系数见附录 4 中附表 4.7。规范中各种截面的分类见表 16-8a 和表 16-8b。

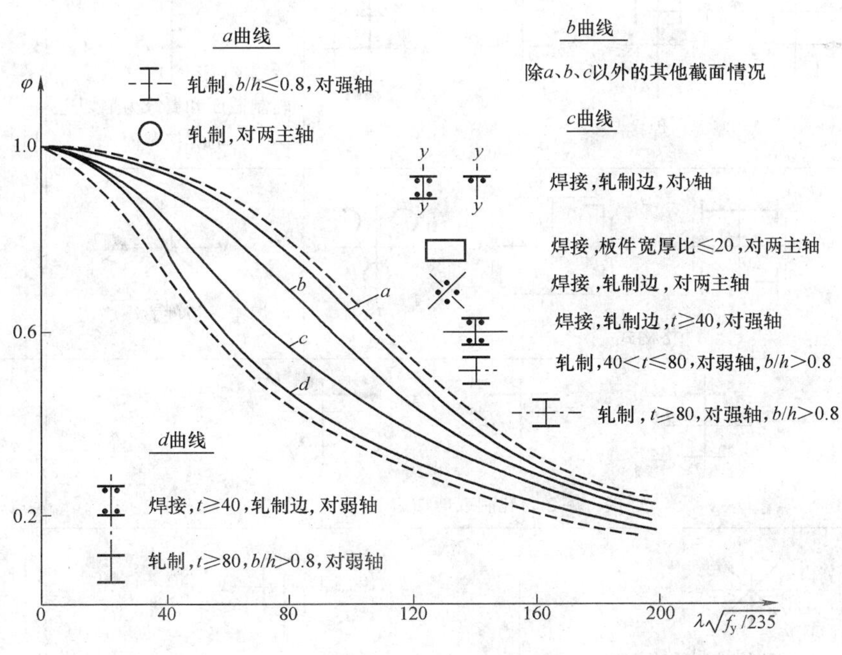

图 16-22 《钢结构设计规范》的柱子曲线

表 16-8a **轴心受压构件的截面分类**（板厚 $t<40$mm）

截 面 形 式	对 x 轴	对 y 轴
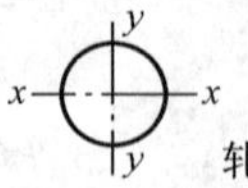 轧制	a类	a类
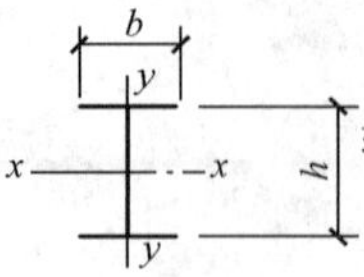 轧制，$b/h\leqslant 0.8$	a类	b类
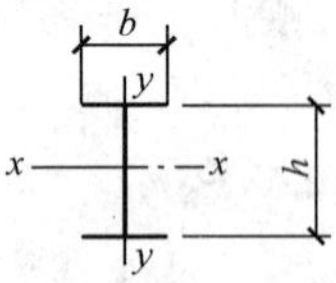 轧制，$b/h>0.8$；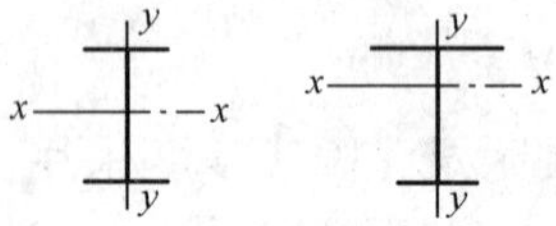 焊接，翼缘为焰切边；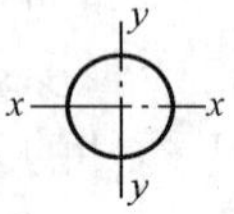 焊接	b类	b类
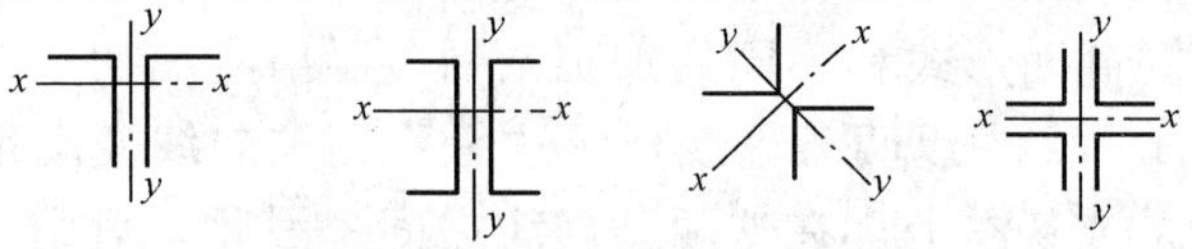 轧制；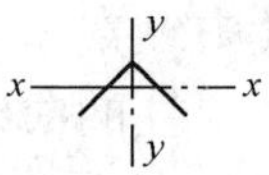 轧制，等边角钢	b类	b类
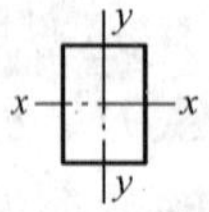 轧制，焊接（板件宽厚比>20）；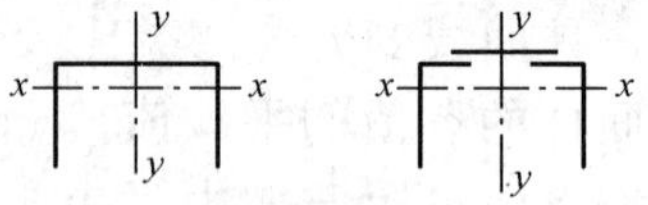 轧制或焊接	b类	b类
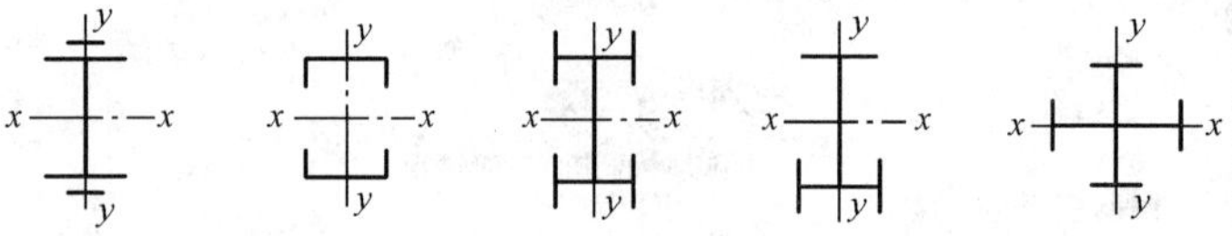 焊接；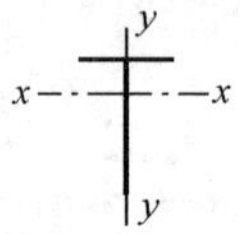 轧制截面和翼缘为焰切边的焊接截面	b类	b类
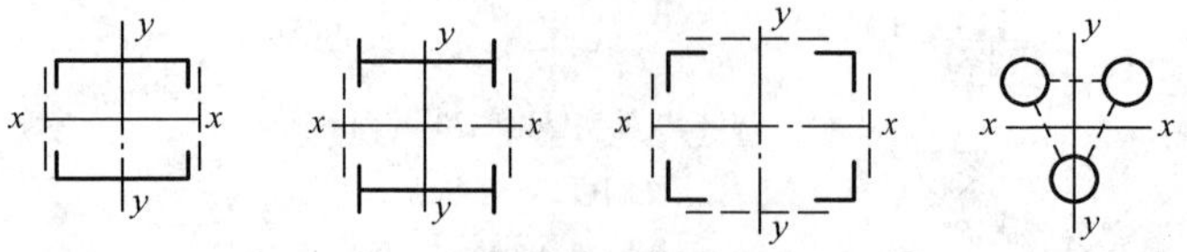 格构式；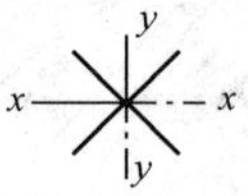 焊接，板件边缘焰切	b类	b类
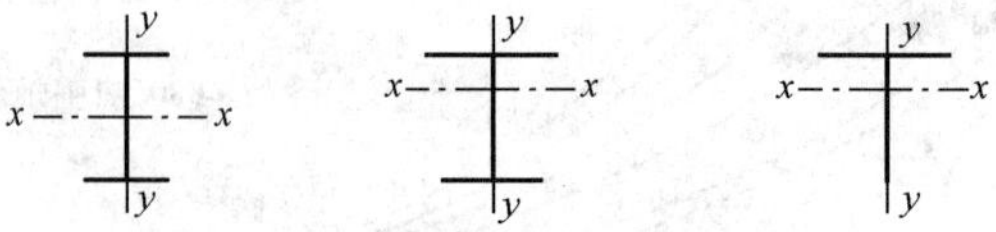 焊接，翼缘为轧制或剪切边	b类	c类
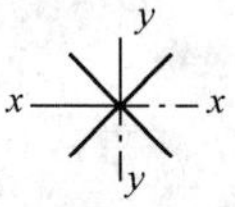 焊接，板件边缘轧制或剪切；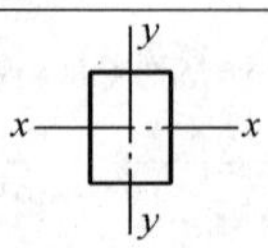 焊接，板件宽厚比$\leqslant$20	c类	c类

表 16-8b　　**轴心受压构件的截面分类**（板厚 $t \geqslant 40$mm）

截　面　形　式		对 x 轴	对 y 轴
轧制工字形或 H 形截面	$t<80$mm	b 类	c 类
	$t \geqslant 80$mm	c 类	d 类
焊接工字形截面	翼缘为焰切边	b 类	b 类
	翼缘为轧制或剪切边	c 类	d 类
焊接箱形截面	板件宽厚比>20	b 类	b 类
	板件宽厚比≤20	c 类	c 类

四、轴心受压构件的局部稳定

对于轴心受压构件，主要以限制板件宽（高）厚比不能过大来保证板件的稳定临界应力不低于构件整体稳定临界应力。这样在构件丧失整体稳定之前，不会发生局部失稳。

对于工字形、H 形截面的翼缘板自由外伸部分宽厚比的限值为

$$\frac{b_1}{t} \leqslant (10+0.1\lambda)\sqrt{\frac{235}{f_y}} \tag{16-38}$$

式中　b_1——翼缘板的外伸宽度；

t——翼缘板的厚度；

λ——构件两方向长细比的较大值；当 $\lambda<30$ 时，取 $\lambda=30$，当 $\lambda>100$ 时，取 $\lambda=100$。

对于工字形、H 形截面的腹板高厚比的限值为

$$\frac{h_0}{t_w} \leqslant (25+0.5\lambda)\sqrt{\frac{235}{f_y}} \tag{16-39}$$

式中　h_0——腹板高度；

t_w——腹板厚度；

λ——构件两方向长细比的较大值；当 $\lambda<30$ 时，取 $\lambda=30$，当 $\lambda>100$ 时，取 $\lambda=100$。

箱形截面受压构件中，受压翼缘在两腹板之间的无支撑宽度 b_0 与其厚度 t 之比、腹板计算高度 h_0 与其厚度 t_w 之比应符合下式要求，即

$$\frac{h_0}{t_w} \text{或} \frac{b_0}{t} \leqslant 40\sqrt{\frac{235}{f_y}} \tag{16-40}$$

式（16-38）～式（16-40）中各项截面尺寸如图 16-23 所示。

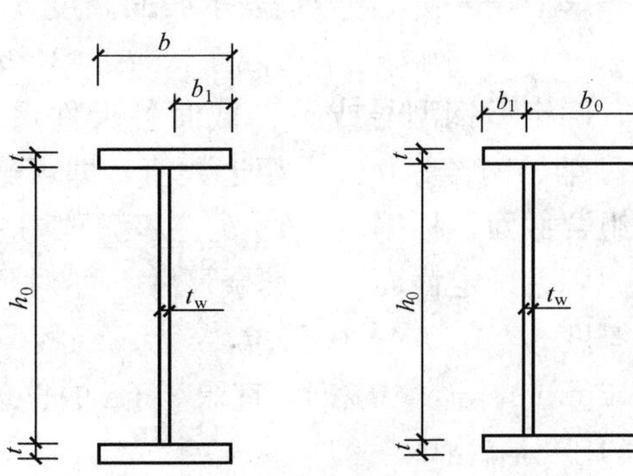

图 16-23　工形截面和箱形截面尺寸

16.2.3 实腹式轴心受压构件的截面设计

一、截面设计原则

为避免弯扭失稳，实腹式轴心受压构件一般采用双轴截面，其常用截面形式如图 16-20 所示。

为了获得经济与合理的设计效果，选择实腹式轴心受压构件的截面形式时，应考虑以下几个原则：

(1) 宽肢薄壁。在满足板件宽（高）厚比限值的条件下，截面面积的分布应尽量开展，以增大截面的惯性矩和回转半径，提高构件的整体稳定承载力和刚度，达到用料合理。

(2) 等稳定性。使构件两个主轴方向的稳定系数或长细比接近相等（$\varphi_x \approx \varphi_y$ 或 $\lambda_x \approx \lambda_y$），以使杆件在两个主轴方向的稳定承载力相同，使其充分发挥截面的承载能力。

(3) 制造省工、连接简便。构件应便于与其他构件连接，尽可能构造简单、取材方便，能充分利用现代化的制造工具和减少制造工作量。

二、设计步骤

（一）选择截面尺寸

首先根据截面设计原则和使用要求、材料供应、加工方法、轴心压力 N 的大小、两方向的计算长度 l_{0x} 和 l_{0y} 等条件确定截面形式和钢材钢号，然后按下述步骤试选型钢型号或组合截面尺寸。

(1) 假定长细比 λ，根据以往的设计经验，对于荷载小于 1500kN，计算长度为 5～6m 的压杆，可假定 $\lambda=80 \sim 100$，荷载为 3000～3500kN 的压杆，可假定 $\lambda=60 \sim 70$。再根据截面形式和加工条件由表 16-8 知截面分类，而后从附录 4 附表 4.7 查出相应的稳定系数，并算出对应于假定长细比的回转半径 $i=l_0/\lambda$；按照整体稳定的要求算出所需要的截面积 $A=N/(\varphi f)$，同时利用附录 4 附表 4.5 中截面回转半径和轮廓尺寸的近似关系，$i_x=\alpha_1 h$ 和 $i_y=\alpha_2 b$ 确定截面的高度 h 和宽度 b，并根据等稳条件，便于加工和板件稳定的要求确定截面各部分的尺寸。即

$$
\text{由}\lambda\begin{cases}
\text{查表得 } \varphi_x、\varphi_y \rightarrow \text{选其中 } \varphi_{\min}，\text{求 } A=\dfrac{N}{\varphi_{\min} f} \\[2ex]
\text{求对 } x \text{ 轴需要的回转半径 } i_x=\dfrac{l_{0x}}{\lambda} \rightarrow \text{由 } i_x \text{ 求 } h \approx \dfrac{i_x}{\alpha_1} \\[2ex]
\text{求对 } y \text{ 轴需要的回转半径 } i_y=\dfrac{l_{0y}}{\lambda} \rightarrow \text{由 } b \approx \dfrac{i_y}{\alpha_2}
\end{cases}
$$

式中 α_1、α_2 ——系数，分别表示截面高度 h、宽度 b 与回转半径 i_x、i_y 间的近似数值关系，例如工字形截面 $\alpha_1=0.43$，$\alpha_2=0.24$，对其他形式截面见附录 4 中附表 4.5。

(2) 确定型钢型号或组合截面各板件尺寸。对于型钢，根据 A、i_x、i_y 查型钢（工字钢、H 型钢、钢管等）表中相近数值，即可选择合适的型钢型号。

对组合截面，根据 A、h、b，并考虑构造、制造、焊接工艺的需要以及宽肢薄壁、连接简便等原则，确定截面所有其余尺寸。如对焊接工字形截面，可取 $b \approx h$；为用料合理，宜取腹板厚度 $t_w=(0.4 \sim 0.7)t$，t 为翼缘板厚度，但不小于 6mm；腹板高度 h_0 和翼缘宽度 b 宜取 10mm 的倍数，t 和 t_w 宜取 2mm 的倍数。

（二）验算截面

对初选的截面须作如下几方面验算：

（1）强度——按式（16-31）计算。

（2）刚度——按式（16-32）计算。

（3）整体稳定——按式（16-37）计算。需同时考虑两主轴方向，但一般可取其中长细比的较大值进行计算。

（4）局部稳定——对热轧型钢截面一般能满足要求，可不验算。对于组合工字形截面按式（16-38）和式（16-39）计算。

如验算结果不满足要求，应调整截面尺寸后重新验算，直到满足要求为止。

三、构造规定

当实腹式构件的腹板高厚比 $h_0/t_w > 80\sqrt{235/f_y}$ 时，为防止腹板在施工和运输过程中发生扭转变形，提高构件的抗扭刚度，应配置横向加劲肋，其间距不得大于 $3h_0$，在腹板两侧成对配置，截面尺寸应满足式（16-24）和式（16-25）的要求，如图16-24所示。

为了保证构件的截面形状不变和增加构件的刚度，应该设置如图16-25所示的横隔，它们之间的中距不应大于构件截面较大宽度的9倍，也不应大于8m，且每个运送单元的端部应设置横隔。横隔可用钢板或角钢组成，如图16-25（a）和图16-25（b）所示。

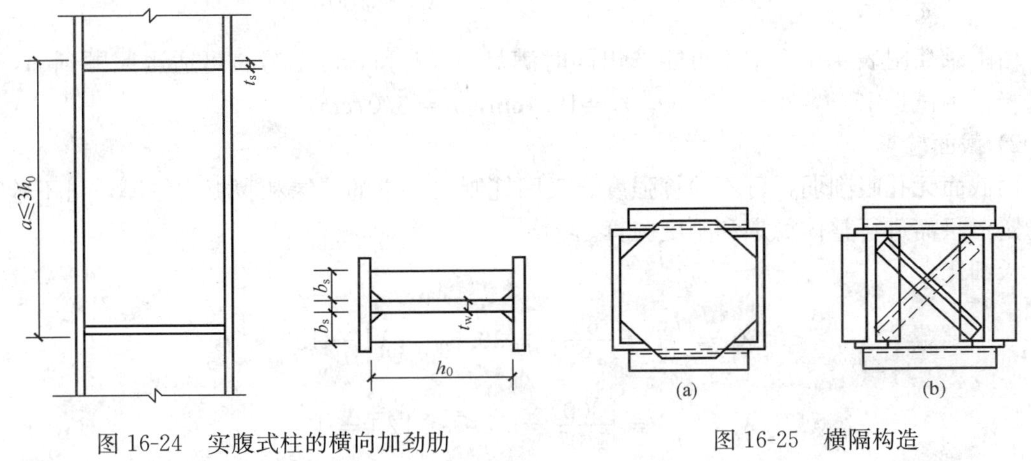

图16-24 实腹式柱的横向加劲肋

图16-25 横隔构造

轴心受压实腹柱板件间的纵向连接焊缝只承受柱初弯曲或偶然横向力作用等产生的很小的剪力，因此不必计算，焊脚尺寸可按焊缝构造要求采用。

【例16-2】 如图16-26所示为一管道支架柱，其支柱的压力设计值为 $N=1380\text{kN}$，柱两端铰接，钢材为Q235，截面无孔眼削弱。试分别用：（1）普通轧制工字钢；（2）热轧H型钢；（3）焊接工字形截面，翼缘板为焰切边，设计此支柱的截面，并比较三种设计结果。

解 支柱在两个方向的计算长度不相等，故取如图16-26（b）所示的截面朝向，将强轴顺 x 轴方向，弱轴顺 y 轴方向。这样，柱在两个方向的计算长度分别为

$$l_{0x}=600\text{cm}，l_{0y}=300\text{cm}$$

（1）轧制工字钢。

1）试选截面。

试选截面如图16-26（b）所示。假定 $\lambda=100$，对于轧制工字钢，当绕 x 轴失稳时属于a类截面，由附录4附表4.7.1查得 $\varphi_x=0.638$；绕 y 轴失稳时属于b类截面，由附录4附表4.7.2查得 $\varphi_y=0.555$。需要的截面几何量为

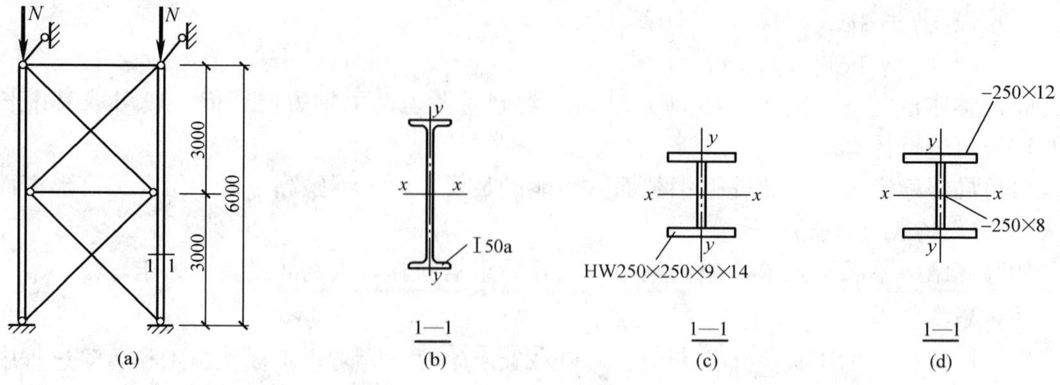

图 16-26 ［例 16-2］图

$$A=\frac{N}{\varphi_{\min} f}=\frac{1380\times 10^3}{0.555\times 215\times 10^2}=115.65\ \text{cm}^2$$

$$i_x=\frac{l_{0x}}{\lambda}=\frac{600}{100}=6\text{cm}, i_y=\frac{l_{0y}}{\lambda}=\frac{300}{100}=3\text{cm}$$

由附录 4 附表 4.1.1 中不可能选出同时满足 A、i_x和 i_y的型号，可适当照顾到 A，i_y进行选择。现试选 I50a，$A=119\text{cm}^2$，$i_x=19.7\text{cm}$，$i_y=3.07\text{cm}$。

2）截面验算。

因截面无孔眼削弱，可不验算强度。又因轧制工字钢的翼缘和腹板均较厚，可不验算局部稳定，只需进行整体稳定和刚度验算。

长细比

$$\lambda_x=\frac{l_{0x}}{i_x}=\frac{600}{19.7}=30.5<[\lambda]=150$$

$$\lambda_y=\frac{l_{0y}}{i_y}=\frac{300}{3.07}=97.7<[\lambda]=150$$

λ_y 远大于 λ_x，故由 λ_y 查得 $\varphi=0.570$。

$$\frac{N}{\varphi A}=\frac{1380\times 10^3}{0.570\times 119\times 10^2}=203.45\text{N/mm}^2<f=205\text{N/mm}^2$$

（2）热轧 H 型钢。

1）试选截面。

试选截面如图 16-26（c）所示。由于热轧 H 型钢可以选用宽翼缘的形式，截面宽度较大，因此长细比的假设值可适当减小，假设 $\lambda=70$。对宽翼缘 H 型钢，因 $b/h>0.8$，所以不论对 x 轴或 y 轴都属于 b 类截面，当 $\lambda=70$ 时，由附录 4 附表 4.7.2 查得 $\varphi=0.751$，所需截面几何量为

$$A=\frac{N}{\varphi f}=\frac{1380\times 10^3}{0.751\times 215\times 10^2}=85.47\ \text{cm}^2$$

$$i_x=\frac{l_{0x}}{\lambda}=\frac{600}{70}=8.57\ \text{cm}, i_y=\frac{l_{0y}}{\lambda}=\frac{300}{70}=4.29\text{cm}$$

由附录4附表4.1.5试选HW250×250×9×14，则

$$A=92.18\text{cm}^2, \ i_x=10.8\text{cm}, \ i_y=6.29\text{cm}$$

2）截面验算。

因截面无孔眼削弱，可不验算强度。又因为轧制型钢，亦可不验算局部稳定，只需进行整体稳定和刚度验算。

长细比

$$\lambda_x=\frac{l_{0x}}{i_x}=\frac{600}{10.8}=55.6<[\lambda]=150, \lambda_y=\frac{l_{0y}}{i_y}=\frac{300}{6.29}=47.7<[\lambda]=150$$

因对x轴或y轴均属于b类截面，故由长细比的较大值$\lambda_x=55.6$查附录4附表4.7.2得$\varphi=0.83$，

$$\frac{N}{\varphi A}=\frac{1380\times10^3}{0.83\times92.18\times10^2}=180.37\text{N/mm}^2<f=215\text{N/mm}^2$$

（3）焊接工字形截面。

1）试选截面。

参照H型钢截面，选用截面如图16-26（d）所示，翼缘2-250×12，腹板1-250×8，其截面面积

$$A=2\times25\times1.2+25\times0.8=80\text{cm}^2$$

$$I_x=\frac{1}{12}\times(25\times27.4^3-24.2\times25^3)=11\ 345.5\ \text{cm}^4, \ I_y=2\times\frac{1}{12}\times1.2\times25^3=3125\text{cm}^4$$

$$i_x=\sqrt{\frac{11\ 345.5}{80}}=11.9\text{cm}, \ i_y=\sqrt{\frac{3125}{80}}=6.25\text{cm}$$

2）整体稳定和长细比验算。

长细比

$$\lambda_x=\frac{l_{0x}}{i_x}=\frac{600}{11.9}=50.4<[\lambda]=150, \ \lambda_y=\frac{l_{0y}}{i_y}=\frac{300}{6.25}=48<[\lambda]=150$$

因对x轴或y轴均属于b类截面，故由长细比的较大值$\lambda_x=50.4$查附录4附表4.7.2得$\varphi=0.854$。

$$\frac{N}{\varphi A}=\frac{1380\times10^3}{0.854\times80\times10^2}=202\text{N/mm}^2<f=215\text{N/mm}^2$$

3）局部稳定验算。

翼缘外伸部分

$$\frac{b_1}{t}=\frac{12.1}{1.2}=10.08<(10+0.1\lambda)\sqrt{\frac{235}{f_y}}=(10+0.1\times50.4)\times\sqrt{\frac{235}{235}}=15.04$$

腹板的局部稳定

$$\frac{h_0}{t_w}=\frac{25}{0.8}=31.25<(25+0.5\lambda)\sqrt{\frac{235}{f_y}}=(25+0.5\times50.4)\times\sqrt{\frac{235}{235}}=50.2$$

截面无孔眼削弱，可不验算强度。

4）构造。

因腹板高厚比小于 80，故不必设置横向加劲肋。翼缘与腹板的连接焊缝最小焊角尺寸 $h_{min}=1.5\sqrt{t}=1.5\times\sqrt{12}=5.2$mm，采用 $h_f=6$mm。

以上采用三种不同截面的形式对柱进行了设计，由计算结果可知，轧制普通工字钢截面比热轧 H 型钢截面和焊接工字形截面大 30%～50%，这是因为普通工字钢绕弱轴的回转半径太小。在本例情况中，尽管弱轴方向的计算长度仅为强轴方向计算长度的 1/2，前者的长细比仍远大于后者，因而支柱的承载能力是由弱轴所控制的，对强轴则有较大的富裕，这显然是不经济的。若必须采用此种截面，亦再增加侧向支撑的数量。对于轧制 H 型钢和焊接工字形截面，由于其两个方向的长细比非常接近，基本上做到了等稳定性，用料最经济，但焊接工字形截面的焊接工作量大，在设计轴心受压实腹式柱时宜优先选用 H 型钢。

思 考 题

16-1　梁的计算包括哪几部分内容？简支梁须满足何种条件在抗弯强度计算时才能考虑部分截面发展塑性？

16-2　影响梁整体稳定的因素有哪些？$\varphi_b>0.6$ 时为什么要用 φ'_b 代替 φ_b？

16-3　符合哪些条件时可不验算梁的整体稳定？

16-4　何谓梁的局部稳定？与梁整体稳定有何区别？

16-5　规范规定如何保证梁的局部稳定？梁腹板加劲肋的配置原则是什么？

16-6　简述横向加劲肋尺寸的构造要求。

16-7　受压构件和受拉构件满足承载能力极限状态的要求有何区别？

16-8　理想轴心压杆有哪三种屈曲形式？与什么因素有关？

16-9　试分析影响轴心受压构件稳定承载力的因素以及提高稳定承载力的措施。

16-10　试写出实腹式轴心受压构件截面设计的步骤。

习　　题

16-1　试选择如图 16-27 所示一般桁架的轴心拉杆双角钢截面。轴心拉力设计值为 250kN，计算长度为 3m，螺栓杆孔径为 21.5mm，钢材为 Q235，计算时可忽略连接偏心和构件自重的影响。

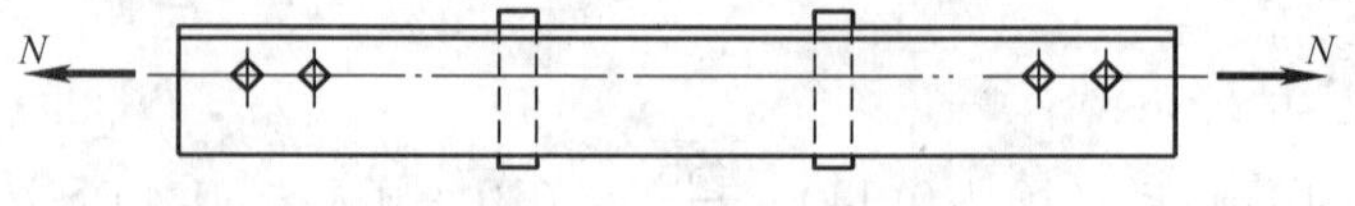

图 16-27　习题 16-1 图

16-2　焊接简支工字梁如图 16-28 所示，跨度为 12m，跨中 6m 处梁上翼缘有简支侧向支撑，钢材为 Q235。集中荷载设计值为 $F=330$kN，间接动力荷载，验算该梁的整体稳定是否满足要求。如果跨中不设侧向支撑，所能承受的集中荷载下降到多少？

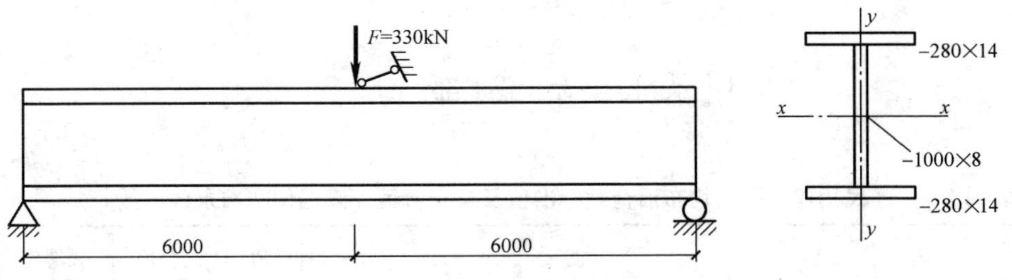

图 16-28　习题 16-2 图

16-3　试计算如图 16-29 所示两种焊接工字钢截面（截面面积相等）轴心受压柱所能承受的最大轴心压力设计值和局部稳定，并作比较说明。柱高 10m，两端铰接，翼缘为火焰切割边，钢材为 Q235。

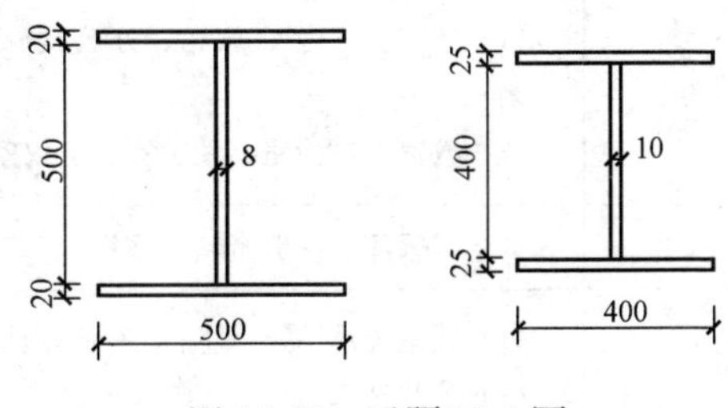

图 16-29　习题 16-3 图

16-4　验算如图 16-30 所示焊接工字形截面轴心受压构件的稳定性。钢材采用 Q235 钢，翼缘为火焰切割边，沿两个主轴平面的支撑条件及截面尺寸如图所示。已知构件承受的轴心压力设计值 $N=1600$kN。

16-5　一两端铰接焊接工字形截面轴心受压柱，翼缘为火焰切割边，截面如图 16-31 所示，杆长为 12m，承受的轴心压力设计值 $N=450$kN。钢材采用 Q235 钢，试验算该柱的整体稳定及板件的局部稳定性是否满足？

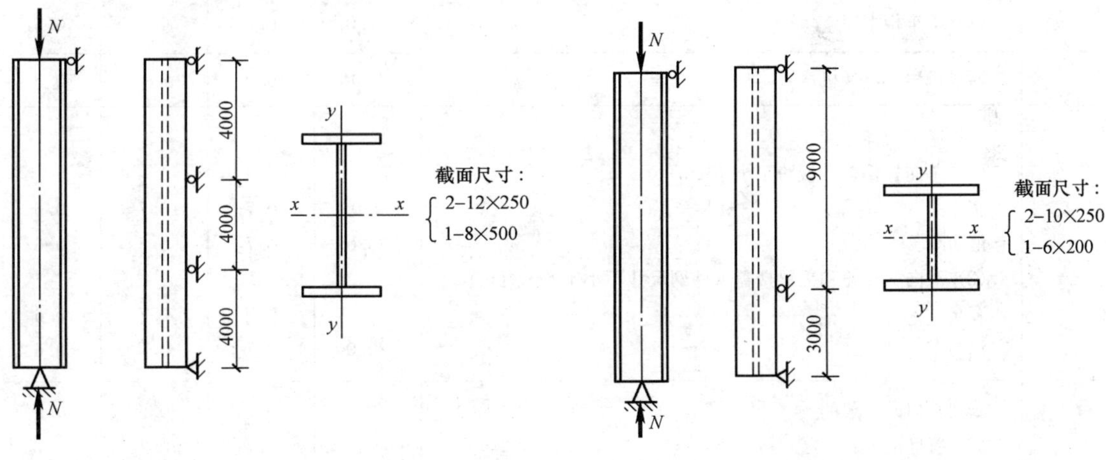

图 16-30　习题 16-4 图　　图 16-31　习题 16-5 图

附录1 荷 载 部 分 用 表

附表1.1　民用建筑楼面均布活荷载标准值及其组合值、频遇值和准永久系数

项次	类别	标准值（kN/m²）	组合值系数 ψ_c	频遇值系数 ψ_f	准永久值系数 ψ_q
1	（1）住宅、宿舍 、旅馆、办公楼、医院病房、托儿所、幼儿园 （2）教室、试验室、阅览室、会议室、医院门诊室	2.0	0.7	0.5 0.6	0.4 0.5
2	食堂、餐厅、一般资料档案室	2.5	0.7	0.6	0.5
3	（1）礼堂 、剧院、影院 、有固定座位的看台 （2）公共洗衣房	3.0 3.0	0.7 0.7	0.5 0.6	0.3 0.5
4	（1）商店、展览厅、车站、港口、机场大厅极其旅客等候室 （2）无固定座位的看台	3.5 3.5	0.7 0.7	0.6 0.5	0.5 0.3
5	（1）健身房、演出舞台 （2）舞厅	4.0 4.0	0.7 0.7	0.6 0.6	0.5 0.3
6	（1）书库、档案库、储藏室 （2）密集柜书库	5.0 12.0	 0.9	 0.9	 0.8
7	通风机房、电梯机房	7.0	0.9	0.9	0.8
8	汽车通道及停车库： （1）单向板楼盖（板跨不小于2m） 客车 消防车 （2）双向板楼盖和无梁楼盖（柱网尺寸不小于6m×6m） 客车 消防车	 4.0 35.0 2.5 20.0	 0.7 0.7 0.7 0.7	 0.7 0.7 0.7 0.7	 0.6 0.6 0.6 0.6
9	厨房：（1）一般的 （2）餐厅的	2.0 4.0	0.7 0.7	0.6 0.7	0.5 0.7
10	浴室、厕所、盥洗室： （1）第1项中的民用建筑 （2）其他民用建筑	 2.0 2.5	 0.7 0.7	 0.5 0.6	 0.4 0.5
11	走廊、门厅、楼梯： （1）宿舍 、旅馆、医院病房托儿所、幼儿园、住宅 （2）办公室、教室、餐厅，医院门诊部 （3）消防疏散楼梯、其他民用建筑	 2.0 2.5 3.5	 0.7 0.7 0.7	 0.5 0.6 0.5	 0.4 0.5 0.3

续表

项次	类别	标准值（kN/m^2）	组合值系数 ψ_c	频遇值系数 ψ_f	准永久值系数 ψ_q
12	阳台： （1）一般情况 （2）当人群有可能密集时	2.5 3.5	0.7	0.6	0.5

注 1. 本表所给各项活荷载适用于一般使用条件，当使用荷载较大或情况特殊时，应按实际情况采用。

2. 第6项书库活荷载当书架高度大于2m时，书库活荷载尚应按每米书架高度不小于2.5kN/m^2确定。

3. 第8项中的客车活荷载只适用于停放载人不少于9人的客车；消防车活荷载是适用于满荷载总重为300kN的大型车辆；当不符合本表的要求时，应将车轮的局部荷载按结构效应的等效原则，换算为等效均布荷载。

4. 第11项楼梯活荷载，对预制楼梯踏步平板，尚应按1.5kN集中荷载验算。

5. 本表各项荷载不包括隔墙自重和二次装修荷载。对固定隔墙的自重应按恒荷载考虑，当隔墙位置可灵活自由布置时，非固定隔墙的自重应取每延米长墙重（kN/m）的1/3作为楼面活荷载的附加值（kN/m^2））计入，附加值不小于1.0kN/m^2。

附表 1.2　活荷载按楼层的折减系数

墙、柱、基础计算截面以上的层数	1	2～3	4～5	6～8	9～20	>20
计算截面以上各楼层活荷载总和的折减系数	1.00 (0.90)	0.85	0.70	0.65	0.60	0.55

注 当楼面梁的从属面积超过25m^2时，应采用括号内的系数。

附表 1.3　屋面均布活荷载

项次	类型	标准值（kN/m^2）	组合值系数 Ψ_c	频遇值系数 Ψ_f	准永久值系数 Ψ_q
1	不上人的屋面	0.5	0.7	0.5	0
2	上人的屋面	2.0	0.7	0.5	0.4
3	屋顶花园	3.0	0.7	0.6	0.5

注 1. 不上人的屋面，当施工或维修荷载较大时，应按实际情况采用；对不同结构应按有关设计规范的规定，将标准值作0.2kN/m^2的增减。

2. 上人屋面，兼做其他用途时，应按相应楼面活荷载采用。

3. 对于因屋面排水不畅、堵塞等引起的积水荷载，应采取构造措施加以防止；必要时，应按积水的可能深度确定屋面活荷载。

4. 屋顶花园活荷载不包括花圃土石等材料自重。

附表 1.4　屋面积灰荷载

<table>
<tr><th rowspan="3">项次</th><th rowspan="3">类别</th><th colspan="3">标准值（kN/m^2）</th><th rowspan="3">组合值系数 Ψ_c</th><th rowspan="3">频遇值系数 Ψ_f</th><th rowspan="3">准永久值系数 Ψ_q</th></tr>
<tr><th rowspan="2">屋面无挡风板</th><th colspan="2">屋面有挡风板</th></tr>
<tr><th>挡风板内</th><th>挡风板外</th></tr>
<tr><td>1</td><td>机械厂铸造车间（冲天炉）</td><td>0.50</td><td>0.75</td><td>0.30</td><td rowspan="3">0.9</td><td rowspan="3">0.9</td><td rowspan="3">0.8</td></tr>
<tr><td>2</td><td>炼钢车间（氧气转炉）</td><td>—</td><td>0.75</td><td>0.30</td></tr>
<tr><td>3</td><td>锰、铬铁合金车间</td><td>0.75</td><td>1.00</td><td>0.30</td></tr>
</table>

续表

<table>
<tr><th rowspan="3">项 次</th><th rowspan="3">类 别</th><th colspan="3">标准值（kN/m²）</th><th rowspan="3">组合值系数 Ψ_c</th><th rowspan="3">频遇值系数 Ψ_f</th><th rowspan="3">准永久值系数 Ψ_q</th></tr>
<tr><th rowspan="2">屋面无挡风板</th><th colspan="2">屋面有挡风板</th></tr>
<tr><th>挡风板内</th><th>挡风板外</th></tr>
<tr><td>4</td><td>硅、钨铁合金车间</td><td>0.30</td><td>0.50</td><td>0.30</td><td rowspan="5">0.9</td><td rowspan="5">0.9</td><td rowspan="5">0.8</td></tr>
<tr><td>5</td><td>烧结室、一次混合室</td><td>0.50</td><td>1.00</td><td>0.20</td></tr>
<tr><td>6</td><td>烧结厂通廊及其他车间</td><td>0.30</td><td>—</td><td>—</td></tr>
<tr><td>7</td><td>水泥厂有灰源车间（窑房、磨坊、联合储库 、烘干房、破碎房）</td><td>1.00</td><td>—</td><td>—</td></tr>
<tr><td>8</td><td>水泥厂无灰源车间（空气压缩机站、机修间、材料库、配电站）</td><td>0.50</td><td>—</td><td>—</td></tr>
</table>

注 1. 表中的积灰均布荷载，仅应用于屋面坡度 $\alpha \leqslant 25°$；当 $\alpha \geqslant 45°$时，可不考虑积灰荷；当 $25° < \alpha < 45°$时，可按插值法取值。

2. 清灰设施的荷载另行考虑。

3. 对第 1～4 项的积灰荷载，仅应用于距烟筒中心 20m 半径范围内的屋面；当邻近建筑在该范围时，其积灰荷载对第 1、3、4 项应按车间屋面无挡风板的采用，对 2 项应按车间屋面挡风板外的采用。

附表 1.5　　高炉邻近建筑的屋面积灰荷载

<table>
<tr><th rowspan="3">高炉容积 /m³</th><th colspan="3">标准值（kN/m²）</th><th rowspan="3">组合系数 Ψ_c</th><th rowspan="3">频遇值系数 Ψ_f</th><th rowspan="3">准永久值系数 Ψ_q</th></tr>
<tr><th colspan="3">屋面离高炉距离/m</th></tr>
<tr><th>≤50</th><th>100</th><th>200</th></tr>
<tr><td><255</td><td>0.50</td><td>—</td><td>—</td><td rowspan="3">1.0</td><td rowspan="3">1.0</td><td rowspan="3">1.0</td></tr>
<tr><td>255～620</td><td>0.75</td><td>0.30</td><td>—</td></tr>
<tr><td>>620</td><td>1.00</td><td>0.50</td><td>0.30</td></tr>
</table>

注 1. 附表 1.4 中的注 1 和注 2 也适用于本表。

2. 当邻近建筑屋面离高炉距离为表内中间值时，可按插入法取值。

附录 2　混凝土结构用表

附表 2.1～附表 2.4 为等截面等跨连续梁在常用荷载作用下的内力系数表。

1. 在均布及三角形荷载作用下：

$$M = \text{表中系数} \times ql^2 (\text{或} \times gl^2)$$

$$V = \text{表中系数} \times ql (\text{或} \times gl)$$

2. 在集中荷载作用下：

$$M = \text{表中系数} \times Ql (\text{或} \times Gl)$$

$$V = \text{表中系数} \times Q (\text{或} \times Gl)$$

3. 内力正负号规定：

M——使截面上部受压、下部受拉为正；

V——对临近截面所产生的力矩沿顺时针方向者为正。

附表 2.1　　**两　跨　梁**

荷载简图	跨内最大弯矩		支座弯矩	剪力		
	M_1	M_2	M_B	V_B	V_{Bl} V_{Br}	V_C
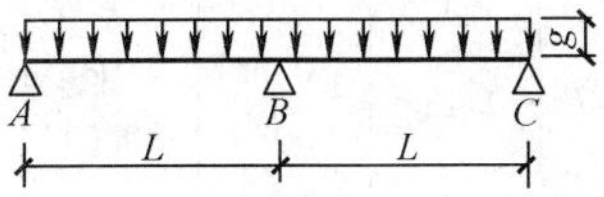	0.070	0.070 3	−0.125	0.375	−0.625 0.625	−0.375
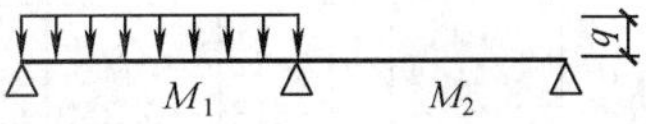	0.096	—	−0.063	0.437	−0.563 0.063	0.063
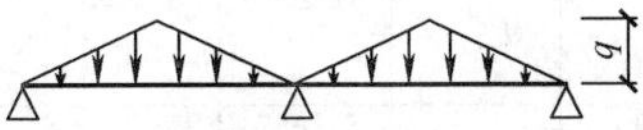	0.048	0.048	−0.078	0.172	−0.328 0.328	−0.172
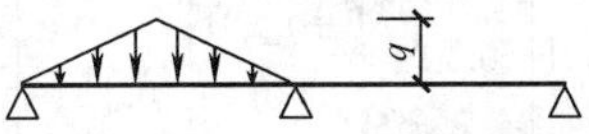	0.064	—	−0.039	0.211	−0.289 0.039	0.039
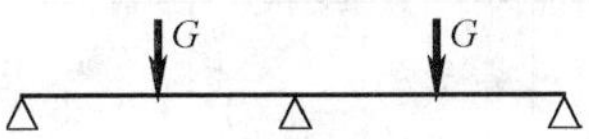	0.156	0.156	−0.188	0.312	−0.688 0.688	−0.312
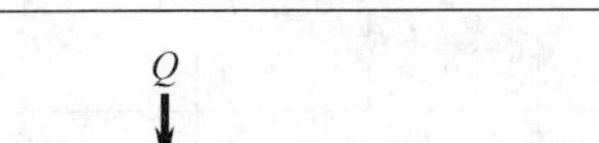	0.203	—	−0.094	0.406	−0.594 0.094	0.094
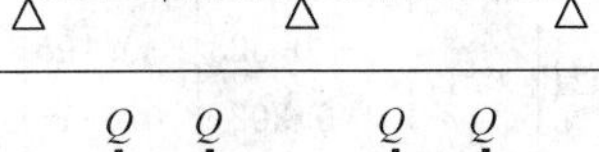	0.222	0.222	−0.333	0.667	−1.333 1.333	−0.667
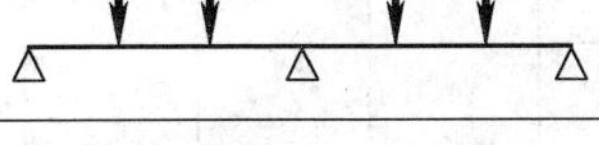	0.278	—	−0.167	0.833	−1.167 0.167	0.167

附表 2.2　　三　跨　梁

荷载简图	跨内最大弯矩		支座弯矩		剪　力			
	M_1	M_2	M_B	M_C	V_A	V_{Bl} V_{Br}	V_{Cl} V_{Cr}	V_D
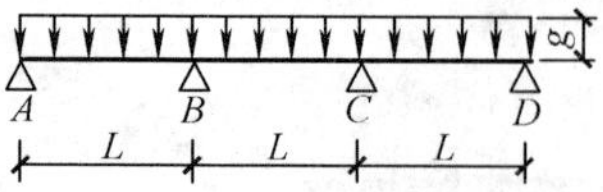	0.080	0.025	−0.100	−0.100	0.400	−0.600 0.500	−0.500 0.600	−0.400
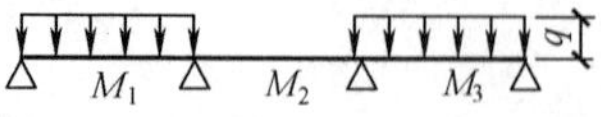	0.101	—	−0.050	−0.050	0.450	−0.550 0	0 0.550	−0.450
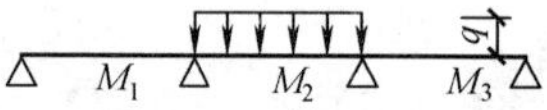	—	0.075	−0.050	−0.050	0.050	−0.050 0.500	−0.500 0.050	0.050
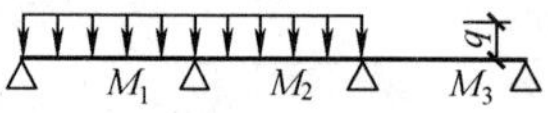	0.073	0.054	−0.117	−0.033	0.383	−0.617 0.583	−0.417 0.033	0.033
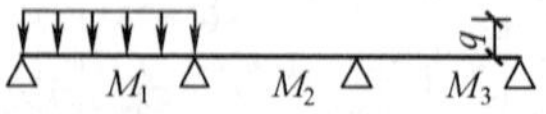	0.094	—	−0.067	0.017	0.433	−0.567 0.083	0.083 −0.017	−0.017
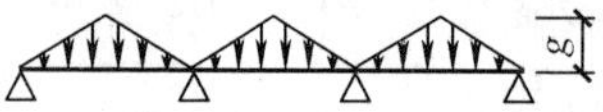	0.054	0.021	−0.063	−0.063	0.183	−0.313 0.250	−0.250 0.313	−0.188
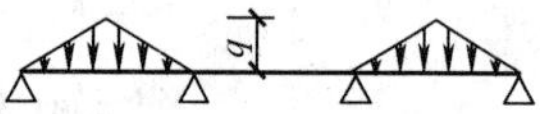	0.068	—	−0.031	−0.031	0.219	−0.281 0	0 0.281	−0.219
	—	0.052	−0.031	−0.031	0.031	−0.031 0.250	−0.250 0.051	0.031
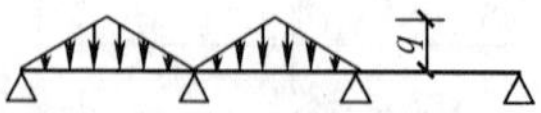	0.050	0.038	−0.073	−0.021	0.177	−0.323 0.302	−0.198 0.021	0.021
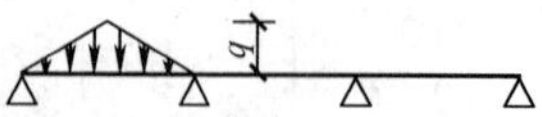	0.063	—	−0.042	0.010	0.208	−0.292 0.052	0.052 −0.010	−0.010

续表

荷载简图	跨内最大弯矩		支座弯矩		剪力			
	M_1	M_2	M_B	M_C	V_A	V_{Bl} V_{Br}	V_{Cl} V_{Cr}	V_D
G G G	0.175	0.100	−0.150	−0.150	0.350	−0.650 0.500	−0.500 0.650	−0.350
Q Q	0.213	—	−0.075	−0.075	0.425	−0.575 0	0 0.575	−0.425
Q	—	0.175	−0.075	−0.075	−0.075	−0.075 0.500	−0.500 0.075	0.075
Q Q	0.162	0.137	−0.175	−0.050	0.325	−0.675 0.625	−0.375 0.050	0.050
Q	0.200	—	−0.100	0.025	0.400	−0.600 0.125	0.125 −0.025	−0.025
G G G G G G	0.244	0.067	−0.267	0.267	0.733	−1.267 1.000	−1.000 1.267	−0.733
Q Q Q Q	0.289	—	−0.133	−0.133	0.866	−1.134 0	0 1.134	−0.866
Q Q	—	0.200	−0.133	0.133	−0.133	−0.133 1.000	−1.000 0.133	0.133
Q Q Q Q	0.229	0.170	−0.311	−0.089	0.689	−1.311 1.222	−0.778 0.089	0.089
Q Q	0.274	—	−0.178	0.044	0.822	−1.178 0.222	0.222 −0.044	−0.044

附表 2.3 四 跨 梁

荷载简图	跨内最大弯矩				支座弯矩			剪力				
	M_1	M_2	M_3	M_4	M_B	M_C	M_D	V_A	V_{Bl} V_{Br}	V_{Cl} V_{Cr}	V_{Dl} V_{Dr}	V_E
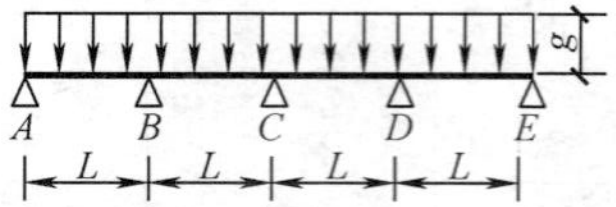	0.077	0.036	0.036	0.077	−0.107	−0.071	−0.107	0.393	−0.607 0.536	−0.464 0.464	−0.536 0.607	−0.393
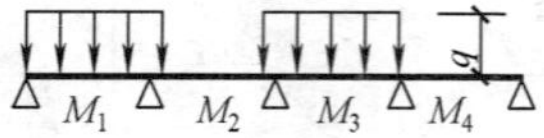	0.100	—	0.081	—	−0.054	−0.036	−0.054	0.446	−0.554 0.018	0.018 0.482	−0.518 0.054	0.054
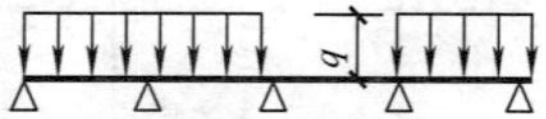	0.072	0.061	—	0.098	−0.121	−0.018	−0.058	0.380	−0.620 0.603	−0.397 −0.040	−0.040 0.558	−0.442
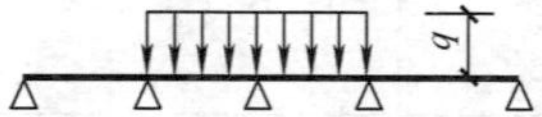	—	0.056	0.056	—	−0.036	−0.107	−0.036	−0.036	−0.036 0.429	−0.571 0.571	−0.429 0.036	0.036
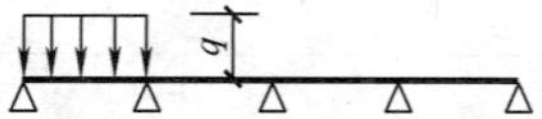	0.094	—	—	—	−0.067	0.018	−0.004	0.433	−0.567 0.085	0.085 −0.022	−0.022 0.004	0.004
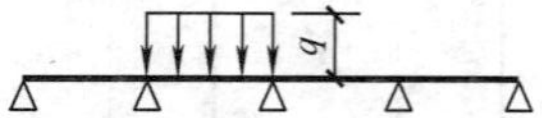	—	0.071	—	—	−0.049	−0.054	0.013	−0.049	−0.049 0.496	−0.504 0.067	0.067 −0.013	−0.013
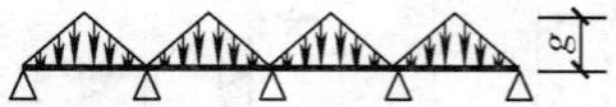	0.052	0.028	0.028	0.052	−0.067	−0.045	−0.067	0.183	−0.317 0.272	−0.228 0.228	−0.272 0.317	−0.183
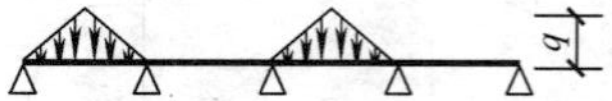	0.067	—	0.055	—	−0.034	−0.022	−0.034	0.217	−0.284 0.011	0.011 0.239	−0.261 0.034	0.034

续表

荷载简图	跨内最大弯矩				支座弯矩			剪力				
	M_1	M_2	M_3	M_4	M_B	M_C	M_D	V_A	V_{Bl} V_{Br}	V_{Cl} V_{Cr}	V_{Dl} V_{Dr}	V_E
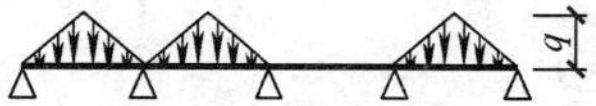 b	0.049	0.042	—	0.066	−0.075	−0.011	−0.036	0.175	−0.325 0.314	−0.186 −0.025	−0.025 0.286	−0.214
 b	—	0.040	0.040	—	−0.022	−0.067	−0.022	−0.022	−0.022 0.205	−0.295 0.295	−0.205 0.022	0.022
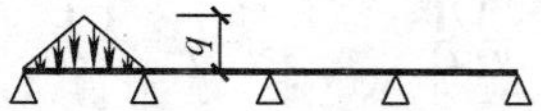 b	0.063	—	—	—	−0.042	0.011	−0.003	0.208	−0.292 0.053	0.063 −0.014	−0.014 0.003	0.003
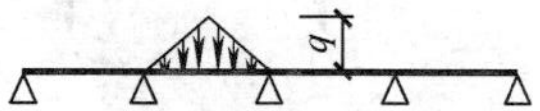 b	—	0.051	—	—	−0.031	−0.034	0.008	−0.031	−0.031 0.247	−0.253 0.042	0.042 −0.008	−0.008
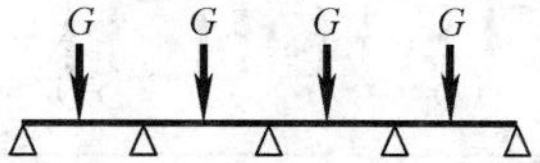 G G G G	0.169	0.116	0.116	0.169	−0.161	−0.107	−0.161	0.339	−0.661 0.554	−0.446 0.446	−0.554 0.661	−0.339
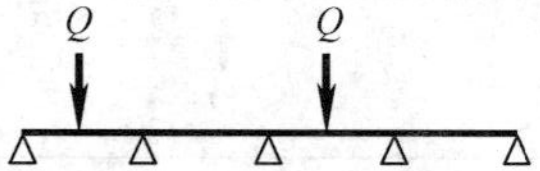 Q Q	0.210	—	0.183	—	−0.080	−0.054	−0.080	0.420	−0.580 0.027	0.027 0.473	−0.527 0.080	0.080
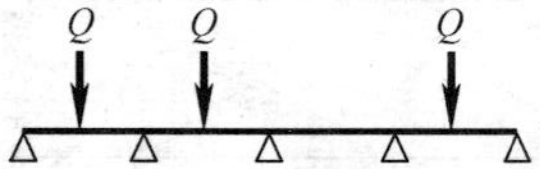 Q Q Q	0.159	0.146	—	0.206	−0.181	−0.027	−0.087	0.319	−0.681 0.654	−0.346 −0.060	−0.060 0.587	−0.413
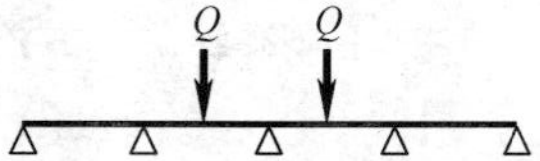 Q Q	—	0.142	0.142	—	−0.054	−0.161	−0.054	0.054	−0.054 0.393	−0.607 0.607	−0.393 0.054	0.054

续表

荷载简图	跨内最大弯矩				支座弯矩			剪力				
	M_1	M_2	M_3	M_4	M_B	M_C	M_D	V_A	V_{Bl} V_{Br}	V_{Cl} V_{Cr}	V_{Dl} V_{Dr}	V_E
Q	0.200	—	—	—	−0.100	0.027	−0.007	0.400	−0.600 0.127	0.127 −0.033	−0.033 0.007	0.007
Q	—	0.173	—	—	−0.074	−0.080	0.020	−0.074	−0.074 0.493	−0.507 0.100	0.100 −0.020	−0.020
G G G G G G G G	0.238	0.111	0.111	0.238	−0.286	−0.191	−0.286	0.714	1.286 1.095	−0.905 0.905	−1.095 1.286	−0.714
Q Q Q Q	0.286	—	0.222	—	−0.143	−0.095	−0.143	0.857	−1.143 0.048	0.048 0.952	−1.048 0.143	0.143
Q Q Q Q Q Q	0.226	0.194	—	0.282	−0.321	−0.048	−0.155	0.679	−1.321 1.274	−0.726 −0.107	−0.107 1.155	−0.845
Q Q Q Q	—	0.175	0.175	—	−0.095	−0.286	−0.095	−0.095	−0.095 0.810	−1.190 1.190	−0.810 0.095	0.095
Q Q	0.274	—	—	—	−0.178	0.048	−0.012	0.822	−1.178 0.226	0.226 −0.060	−0.060 0.012	0.012
Q Q	—	0.198	—	—	−0.131	−0.143	0.036	−0.131	−0.131 0.988	−1.012 0.178	0.178 −0.036	−0.036

附表 2.4

五 跨 梁

荷载简图	跨内最大弯矩			支座弯矩				剪力					
	M_1	M_2	M_3	M_B	M_C	M_D	M_E	V_A	V_{Bl} V_{Br}	V_{Cl} V_{Cr}	V_{Dl} V_{Dr}	V_{El} V_{Er}	V_F
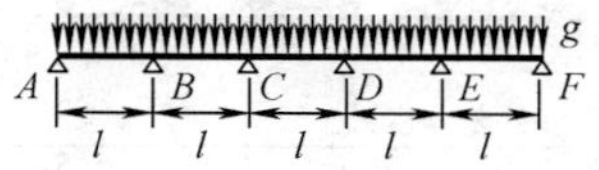	0.078	0.033	0.046	−0.105	−0.079	−0.079	−0.105	0.394	−0.606 0.526	−0.474 0.500	−0.500 0.474	−0.526 0.606	−0.394
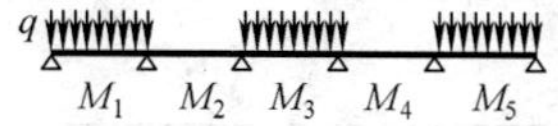	0.100	—	0.085	−0.053	−0.040	−0.040	−0.053	0.447	−0.553 0.013	0.013 0.500	−0.500 −0.013	−0.013 0.533	−0.447
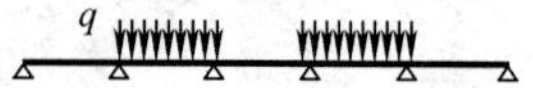	—	0.079	—	−0.053	−0.040	−0.040	−0.053	−0.053	−0.053 0.513	−0.487 0	0 0.487	−0.513 0.053	0.053
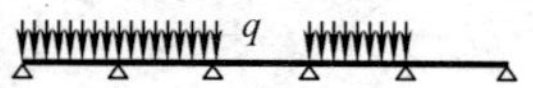	0.073	(2)0.059 0.078	—	−0.119	−0.022	−0.044	−0.051	0.380	−0.620 0.598	−0.402 −0.023	−0.023 0.493	−0.507 0.052	0.052
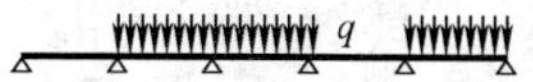	(1)— 0.098	0.055	0.064	−0.035	−0.111	−0.020	−0.057	0.035	0.035 0.424	0.576 0.591	−0.409 −0.037	−0.037 0.557	−0.443
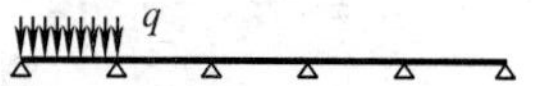	0.094	—	—	−0.067	0.018	−0.005	0.001	0.433	0.567 0.085	0.086 0.023	0.023 0.006	0.006 −0.001	0.001
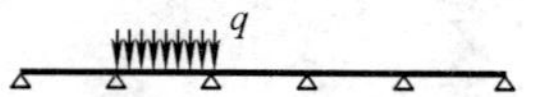	—	0.074	—	−0.049	−0.054	0.014	−0.004	0.019	−0.049 0.496	−0.505 0.068	0.068 −0.018	−0.018 0.004	0.004
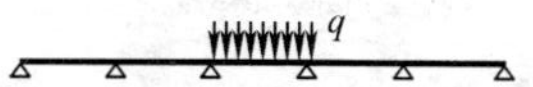	—	—	0.072	0.013	0.053	0.053	0.013	0.013	0.013 −0.066	−0.066 0.500	−0.500 0.066	0.066 −0.013	0.013

续表

荷载简图	跨内最大弯矩			支座弯矩				剪力					
	M_1	M_2	M_3	M_B	M_C	M_D	M_E	V_A	V_{Bl} V_{Br}	V_{Cl} V_{Cr}	V_{Dl} V_{Dr}	V_{El} V_{Er}	V_F
	0.053	0.026	0.034	−0.066	−0.049	0.049	−0.066	0.184	−0.316 0.266	−0.234 0.250	−0.250 0.234	−0.266 0.316	0.184
	0.067	—	0.059	−0.033	−0.025	−0.025	0.033	0.217	0.283 0.008	0.008 0.250	−0.250 −0.006	−0.008 0.283	0.217
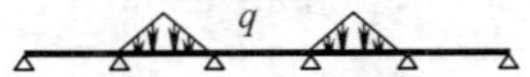	—	0.055	—	−0.033	−0.025	−0.025	−0.033	0.033	−0.033 0.258	−0.242 0	0 0.242	−0.258 0.033	0.033
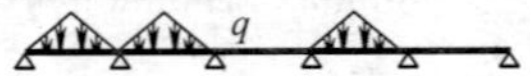	0.049	(2)0.041 0.053	—	−0.075	−0.014	−0.028	−0.032	0.175	0.325 0.311	−0.189 −0.014	−0.014 0.246	−0.255 0.032	0.032
	(1)— 0.066	0.039	0.044	−0.022	−0.070	−0.013	−0.036	−0.022	−0.022 0.202	−0.298 0.307	−0.193 −0.028	−0.023 0.286	−0.214
	0.063	—	—	−0.042	0.011	−0.003	0.001	0.208	−0.292 0.053	0.053 −0.014	−0.014 0.004	0.004 −0.001	−0.001
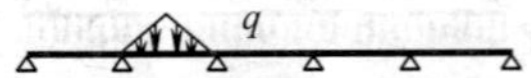	—	0.051	—	−0.031	−0.034	0.009	−0.002	−0.031	−0.031 0.247	−0.253 0.043	0.043 −0.011	−0.011 0.002	0.002
	—	—	0.050	0.008	−0.033	−0.033	0.008	0.008	0.008 −0.041	−0.041 0.250	−0.250 0.041	0.041 −0.008	−0.008

续表

荷载简图	跨内最大弯矩			支座弯矩				剪力					
	M_1	M_2	M_3	M_B	M_C	M_D	M_E	V_A	V_{Bl} V_{Br}	V_{Cl} V_{Cr}	V_{Dl} V_{Dr}	V_{El} V_{Er}	V_F
	0.171	0.112	0.132	−0.158	−0.118	−0.118	−0.158	0.342	−0.658 0.540	−0.460 0.500	−0.500 0.460	−0.540 0.658	−0.342
	0.211	—	0.191	−0.079	−0.059	−0.059	−0.079	0.421	−0.579 0.020	0.200 0.500	−0.500 −0.020	−0.020 0.579	−0.421
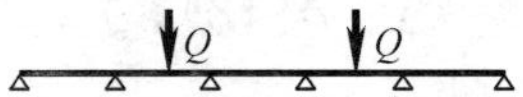	—	0.181	—	−0.079	−0.059	−0.059	−0.079	−0.079	−0.079 0.520	−0.480 0	0 0.480	−0.520 0.079	0.079
	0.160	$\frac{(2)0.144}{0.178}$	—	−0.179	−0.032	−0.066	−0.077	0.321	−0.679 0.647	−0.353 −0.034	−0.034 0.489	−0.511 0.077	0.077
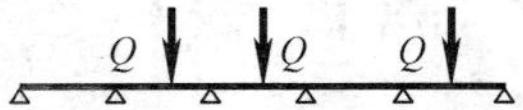	$\frac{(1)-}{0.207}$	0.140	0.151	−0.052	−0.167	−0.031	−0.086	−0.052	−0.052 0.385	−0.615 0.637	−0.363 −0.056	−0.056 0.586	−0.414
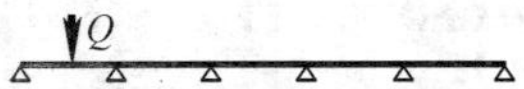	0.200	—	—	−0.100	0.027	−0.007	0.002	0.400	−0.600 0.127	0.127 −0.031	−0.034 0.009	0.009 −0.002	−0.002
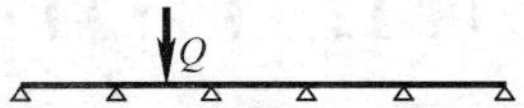	—	0.173	—	−0.073	−0.081	0.022	−0.005	−0.073	−0.073 0.493	−0.507 0.102	0.102 −0.027	−0.027 0.005	0.005
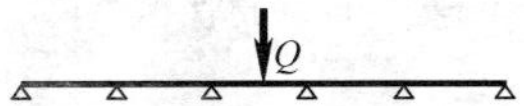	—	—	0.171	0.020	−0.079	−0.079	0.020	0.020	0.020 −0.099	−0.099 0.500	−0.500 0.099	0.099 −0.020	−0.020

续表

荷载简图	跨内最大弯矩			支座弯矩				剪力					
	M_1	M_2	M_3	M_B	M_C	M_D	M_E	V_A	V_{Bl} V_{Br}	V_{Cl} V_{Cr}	V_{Dl} V_{Dr}	V_{El} V_{Er}	V_F
	0.240	0.100	0.122	−0.281	−0.211	−0.211	−0.281	0.719	−1.281 1.070	−0.930 1.000	−1.000 0.930	1.070 1.281	−0.719
	0.287	—	0.228	−0.140	−0.105	−0.105	−0.140	0.860	−1.140 0.035	0.035 1.000	1.000 −0.035	−0.035 1.140	−0.860
	—	0.216	—	−0.140	−0.105	−0.105	−0.140	−0.140	−0.140 1.035	−0.965 0.000	0.000 0.965	−1.035 0.140	0.140
	0.227	(2)0.189 0.209	—	−0.319	−0.057	−0.118	−0.137	0.681	−1.319 1.262	−0.738 −0.061	−0.061 0.981	−1.019 0.137	0.137
	(1)— 0.282	0.172	0.198	−0.093	−0.297	−0.054	−0.153	−0.093	−0.093 0.796	−1.204 1.243	−0.757 −0.099	−0.099 1.153	−0.847
	0.274	—	—	−0.179	0.048	−0.013	0.003	0.821	−1.179 0.227	0.227 −0.061	−0.061 0.016	0.016 −0.003	−0.003
	—	0.198	—	−0.131	−0.144	0.038	−0.010	−0.131	−0.131 0.987	−1.013 0.182	0.182 −0.048	−0.048 0.010	0.010
	—	—	0.193	0.035	−0.140	−0.140	0.035	0.035	0.035 −0.175	−0.175 1.000	−1.000 0.175	0.175 −0.035	−0.035

附录3 砌体结构用表

附表 3.1 **影响系数 φ（砂浆强度等级≥M5）**

β	$\frac{e}{h}$或$\frac{e}{h_T}$												
	0	0.025	0.05	0.075	0.10	0.125	0.15	0.175	0.20	0.225	0.25	0.275	0.30
≤3	1.0	0.99	0.97	0.94	0.89	0.84	0.79	0.73	0.68	0.62	0.57	0.52	0.48
4	0.98	0.95	0.90	0.85	0.80	0.74	0.69	0.64	0.58	0.53	0.49	0.45	0.41
6	0.95	0.91	0.86	0.81	0.75	0.69	0.64	0.59	0.54	0.49	0.45	0.42	0.38
8	0.91	0.86	0.81	0.76	0.70	0.64	0.59	0.54	0.50	0.46	0.42	0.39	0.36
10	0.87	0.82	0.76	0.71	0.65	0.60	0.55	0.50	0.46	0.42	0.39	0.36	0.33
12	0.82	0.77	0.71	0.66	0.60	0.55	0.51	0.47	0.43	0.39	0.36	0.33	0.31
14	0.77	0.72	0.66	0.61	0.56	0.51	0.47	0.43	0.40	0.36	0.34	0.31	0.29
16	0.72	0.67	0.61	0.56	0.52	0.47	0.44	0.40	0.37	0.34	0.31	0.29	0.27
18	0.67	0.62	0.57	0.52	0.48	0.44	0.40	0.37	0.34	0.31	0.29	0.27	0.25
20	0.62	0.57	0.53	0.48	0.44	0.40	0.37	0.34	0.32	0.29	0.27	0.25	0.23
22	0.58	0.53	0.49	0.45	0.41	0.38	0.35	0.32	0.30	0.27	0.25	0.24	0.22
24	0.54	0.49	0.45	0.41	0.38	0.35	0.32	0.30	0.28	0.26	0.24	0.22	0.21
26	0.50	0.46	0.42	0.38	0.35	0.33	0.30	0.28	0.26	0.24	0.22	0.21	0.19
28	0.46	0.42	0.39	0.36	0.33	0.30	0.28	0.26	0.24	0.22	0.21	0.19	0.18
30	0.42	0.39	0.36	0.33	0.31	0.28	0.26	0.24	0.22	0.21	0.20	0.18	0.17

附表 3.2 **影响系数 φ（砂浆强度等级 M2.5）**

β	$\frac{e}{h}$或$\frac{e}{h_T}$												
	0	0.025	0.05	0.075	0.10	0.125	0.15	0.175	0.20	0.225	0.25	0.275	0.30
≤3	1.0	0.99	0.97	0.94	0.89	0.84	0.79	0.73	0.68	0.62	0.57	0.52	0.48
4	0.97	0.94	0.89	0.84	0.78	0.73	0.67	0.62	0.57	0.52	0.48	0.44	0.40
6	0.93	0.89	0.84	0.78	0.73	0.67	0.62	0.57	0.52	0.48	0.44	0.40	0.37
8	0.89	0.84	0.78	0.72	0.67	0.62	0.57	0.52	0.48	0.44	0.40	0.37	0.34
10	0.83	0.78	0.72	0.67	0.61	0.56	0.52	0.47	0.43	0.40	0.37	0.34	0.31
12	0.78	0.72	0.67	0.61	0.56	0.52	0.47	0.43	0.40	0.37	0.34	0.31	0.29
14	0.72	0.66	0.61	0.56	0.51	0.47	0.43	0.40	0.36	0.34	0.31	0.29	0.27
16	0.66	0.61	0.56	0.51	0.47	0.43	0.40	0.36	0.34	0.31	0.29	0.26	0.25
18	0.61	0.56	0.51	0.47	0.43	0.40	0.36	0.33	0.31	0.29	0.26	0.24	0.23
20	0.56	0.51	0.47	0.43	0.39	0.36	0.33	0.31	0.28	0.26	0.24	0.23	0.21
22	0.51	0.47	0.43	0.39	0.36	0.33	0.31	0.28	0.26	0.24	0.23	0.21	0.20
24	0.46	0.43	0.39	0.36	0.33	0.31	0.28	0.26	0.24	0.23	0.21	0.20	0.18
26	0.42	0.39	0.36	0.33	0.31	0.28	0.26	0.24	0.22	0.21	0.20	0.18	0.17
28	0.39	0.36	0.33	0.30	0.28	0.26	0.24	0.22	0.21	0.20	0.18	0.17	0.16
30	0.36	0.33	0.30	0.28	0.26	0.24	0.22	0.21	0.20	0.18	0.17	0.16	0.15

附表 3.3　　　　影响系数 φ（砂浆强度 0）

β	$\frac{e}{h}$或$\frac{e}{h_T}$												
	0	0.025	0.05	0.075	0.10	0.125	0.15	0.175	0.20	0.225	0.25	0.275	0.30
≤3	1.0	0.99	0.97	0.94	0.89	0.84	0.79	0.73	0.68	0.62	0.57	0.52	0.48
4	0.87	0.82	0.77	0.71	0.66	0.60	0.55	0.51	0.46	0.43	0.39	0.36	0.33
6	0.76	0.70	0.65	0.59	0.54	0.50	0.46	0.42	0.39	0.36	0.33	0.30	0.28
8	0.63	0.58	0.54	0.49	0.45	0.41	0.38	0.35	0.32	0.30	0.28	0.25	0.24
10	0.53	0.48	0.44	0.41	0.37	0.34	0.32	0.29	0.27	0.25	0.23	0.22	0.20
12	0.44	0.40	0.37	0.34	0.31	0.29	0.27	0.25	0.23	0.21	0.20	0.19	0.17
14	0.36	0.33	0.31	0.28	0.26	0.24	0.23	0.21	0.20	0.18	0.17	0.16	0.15
16	0.30	0.28	0.26	0.24	0.22	0.21	0.19	0.18	0.17	0.16	0.15	0.14	0.13
18	0.26	0.24	0.22	0.21	0.19	0.18	0.17	0.16	0.15	0.14	0.13	0.12	0.12
20	0.22	0.20	0.19	0.18	0.17	0.16	0.15	0.14	0.13	0.12	0.12	0.11	0.10
22	0.19	0.18	0.16	0.15	0.14	0.14	0.13	0.12	0.12	0.11	0.10	0.10	0.09
24	0.16	0.15	0.14	0.13	0.13	0.12	0.11	0.11	0.10	0.10	0.09	0.09	0.08
26	0.14	0.13	0.13	0.12	0.11	0.11	0.10	0.10	0.09	0.09	0.08	0.08	0.07
28	0.12	0.12	0.11	0.11	0.10	0.10	0.09	0.09	0.08	0.08	0.08	0.07	0.07
30	0.11	0.10	0.10	0.09	0.09	0.09	0.08	0.08	0.07	0.07	0.07	0.07	0.06

附录4　钢 结 构 用 表

附表 4.1　型 钢 规 格 表

普 通 工 字 钢

符号：h——高度；

b——翼缘高度；

d——腹板厚；

t——翼缘平均厚度；

I——惯性矩；

W——截面抵抗矩；

i——回转半径；

S_x——半截面的面积矩。

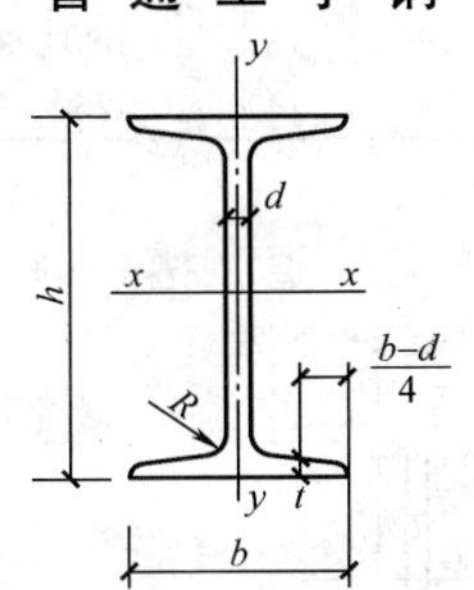

长度：型号 10～18，
长 5～19m；
型号 20～63，
长 6～19m。

附表 4.1.1

型号	尺寸/mm					截面积/cm²	质量/（kg/m）	x—x 轴				y—y 轴		
	h	b	d	t	R			I_x/cm⁴	W_x/cm³	i_x cm	I_x/S_x/cm	I_y/cm⁴	W_y/cm³	i_y/cm
10	100	68	4.5	7.6	6.5	14.3	11.2	245	49	4.14	8.59	33	9.7	1.52
12.6	126	74	5.0	8.4	7.0	18.1	14.2	488	77	5.19	16.8	47	12.7	1.61
14	140	80	5.5	9.1	7.5	21.5	16.9	712	102	5.79	12.0	64	16.1	1.73
16	160	88	6.0	9.9	8.0	26.1	20.5	1130	141	6.58	13.8	93	21.2	1.89
18	180	94	6.5	10.7	8.5	30.6	24.1	1660	185	7.36	15.4	122	26.0	2.00
20a	200	100	7.0	11.4	9.0	35.5	27.9	2370	237	8.15	17.2	158	31.5	2.12
b	200	102	9.0	11.4	9.0	39.5	31.1	2500	250	7.96	16.9	169	33.1	2.06
22a	220	110	7.5	12.3	9.5	42.0	33.0	3400	309	8.99	18.9	225	40.9	2.31
b	220	112	9.5	12.3	9.5	46.4	36.4	3570	325	8.78	18.7	239	42.7	2.27
25a	250	116	8.0	13.0	10.0	48.5	38.1	5020	402	10.18	21.6	280	48.3	2.40
b	250	118	10.0	13.0	10.0	53.5	42.0	5280	423	9.94	21.3	309	52.4	2.40
28a	280	122	8.5	13.7	10.5	65.4	43.4	7110	508	11.3	24.6	345	56.6	2.49
b	280	124	10.0	13.7	10.5	61.0	47.9	7480	534	11.1	24.2	379	61.2	2.49
a	320	130	9.5	15.0	11.5	67.0	52.7	11 080	692	12.8	27.5	460	70.8	2.62
32b	320	132	11.5	15.0	11.5	73.4	57.7	11 620	726	12.6	27.1	502	76.0	2.61
c	320	134	13.5	15.0	11.5	79.9	62.8	12 170	760	12.3	26.8	544	81.2	2.61
a	360	136	10.0	15.8	12.0	76.3	59.9	15 760	875	14.4	30.7	552	81.2	2.69
36b	360	138	12.0	15.8	12.0	83.5	65.6	16 530	919	14.1	30.3	582	84.3	2.64
c	360	140	14.0	15.8	12.0	90.7	71.2	17 310	962	13.8	29.9	612	87.4	2.60
a	400	142	10.5	16.5	12.5	86.1	67.6	21 720	1090	15.9	34.1	660	93.2	2.77
40b	400	144	12.5	16.5	12.5	94.1	73.8	22 780	1140	15.6	33.6	692	96.2	2.71
c	400	146	14.5	16.5	12.5	102	80.1	23 850	1190	15.2	33.2	727	99.6	2.65
a	450	150	11.5	18.0	13.5	102	80.4	32 240	1430	17.7	38.6	855	114	2.89
45b	450	152	13.5	18.0	13.5	111	87.4	33 760	1500	17.4	38.0	894	118	2.84
c	450	154	15.5	18.0	13.5	120	94.5	35 280	1570	17.1	37.6	938	122	2.79
a	500	158	12.0	20	14	119	93.6	46 470	1860	19.7	42.8	1120	142	3.07
50b	500	160	14.0	20	14	129	101	48 560	1940	19.4	42.4	1170	146	3.01
c	500	162	16.0	20	14	139	109	50 640	2080	19.0	41.8	1220	151	2.96

续表

型号	尺寸/mm					截面积 /cm²	质量 /(kg/m)	x—x 轴				y—y 轴		
	h	b	d	t	R			I_x /cm⁴	W_x /cm³	i_x cm	I_x/S_x /cm	I_y /cm⁴	W_y /cm³	i_y /cm
a	560	166	12.5	21	14.5	135	106	65 590	2342	22.0	47.7	1370	165	3.18
56b	560	168	14.5	21	14.5	146	115	68 510	2447	21.6	47.2	1487	174	3.16
c	560	170	16.5	21	14.5	158	124	71 440	2551	21.3	46.7	1558	183	3.16
a	630	176	13.0	22	15	155	122	93 920	2981	24.6	54.2	1701	193	3.31
63b	630	178	15.0	22	15	167	131	98 080	3164	24.2	53.5	1812	204	3.29
c	630	180	17.0	22	15	180	141	102 250	3298	23.8	52.9	1925	214	3.27

普 通 槽 钢

符号：同普通工字型钢

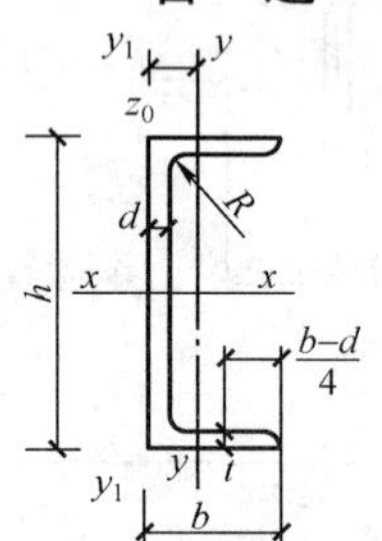

长度：型号 5～8，长 5～12m；
型号 10～18，长 5～19m；
型号 20～40，长 6～19m。

附表 4.1.2

型号	尺寸/mm					截面面积 /cm²	质量 /(kg/m)	x—x 轴			y—y 轴		y1—y1 轴		z_0/cm
	h	b	d	t	r			I_x/cm⁴	W_x /cm³	i_x /cm	I_y /cm⁴	W_y /cm³	i_y /cm	I_{y1} /cm⁴	
5	50	37	4.5	7.0	7.0	6.9	5.4	26	10.4	1.94	8.30	3.55	1.10	20.9	1.35
6.3	63	40	4.8	7.5	7.5	8.4	6.6	51	16.1	2.45	11.9	4.50	1.18	28.4	1.36
8	80	43	5.0	8.0	8.0	10.2	8.0	101	25.3	3.15	16.6	5.79	1.27	37.4	1.43
10	100	48	5.3	8.5	8.5	12.7	10.0	198	39.7	3.95	25.6	7.8	1.41	55	1.52
12.6	126	53	5.5	9.0	9.0	15.7	12.4	391	62.1	4.95	38.0	10.2	1.57	77	1.59
14a	140	58	6.0	9.5	9.5	18.5	14.5	564	80.5	5.52	53.2	13.0	1.70	107	1.71
b	140	60	8.0	9.5	9.5	21.3	16.7	609	87.1	5.35	61.1	14.1	1.69	121	1.67
16a	160	63	6.5	10	10.0	21.9	17.2	866	108	6.28	73.3	16.3	1.83	144	1.80
b	160	65	8.5	10	10.0	25.1	19.7	934	117	6.10	83.4	17.5	1.82	161	1.75
18a	180	68	7.0	10.5	10.5	25.7	20.2	1273	141	7.04	98.6	20.0	1.96	190	1.88
b	180	70	9.0	10.5	10.5	29.3	23.0	1370	152	6.84	111	21.5	1.95	210	1.84
20a	200	73	7.0	11.0	11.0	28.8	22.6	1780	178	7.86	128	24.2	2.11	244	2.01
b	200	75	9.0	11.0	11.0	32.8	25.8	1914	191	7.64	144	25.9	2.09	268	1.95
22a	220	77	7.0	11.5	11.5	31.8	25.0	2394	218	8.67	158	28.2	2.23	298	2.10
b	220	79	9.0	11.5	11.5	36.2	28.4	2571	234	8.42	176	30.0	2.21	326	2.03
a	250	78	7.0	12.0	12.0	34.9	27.5	3370	270	9.82	175	30.5	2.24	322	2.07
25b	250	80	9.0	12.0	12.0	39.9	31.4	3530	282	9.40	196	32.7	2.22	353	1.98
c	250	82	11.0	12.0	12.0	44.9	35.3	3696	295	9.07	218	35.9	2.21	384	1.92
a	280	82	7.5	12.5	12.5	40.0	31.4	4765	340	10.9	218	35.7	2.33	388	2.10
28b	280	84	9.5	12.5	12.5	45.6	35.8	5130	366	10.6	242	37.9	2.30	428	2.02
c	280	86	11.5	12.5	12.5	51.2	40.2	5495	393	10.3	268	40.3	2.29	463	1.95

续表

型号	尺寸/mm					截面面积/cm²	质量/(kg/m)	x—x 轴			y—y 轴		y1—y1 轴		z_0/cm
	h	b	d	t	r			I_x/cm⁴	W_x/cm³	i_x/cm	I_y/cm⁴	W_y/cm³	i_y/cm	I_{y1}/cm⁴	
a	320	88	8.0	14.0	14.0	48.7	38.2	7598	475	12.5	305	46.5	2.50	552	2.24
32b	320	90	10.0	14.0	14.0	55.1	43.2	8144	509	12.1	336	49.2	2.47	593	2.16
c	320	92	12.0	14.0	14.0	61.5	48.3	8690	543	11.9	374	52.6	2.47	643	2.09
a	360	96	9.0	16.0	16.0	60.9	47.8	11 870	660	14.0	455	63.5	2.73	818	2.44
36b	360	98	11.0	16.0	16.0	68.1	53.4	12 650	703	13.6	497	66.8	2.70	880	2.37
c	360	100	13.0	16.0	16.0	75.3	59.1	13 430	746	13.4	536	70.0	2.67	948	2.34
a	400	100	10.5	18.0	18.0	75.0	58.9	17 580	879	15.3	592	78.8	2.81	1068	2.49
40b	400	102	12.5	18.0	18.0	83.0	65.2	18 640	932	15.0	640	82.5	2.78	1136	2.44
c	400	104	14.5	18.0	18.0	91.0	71.5	19 710	986	14.7	688	86.2	2.75	1221	2.42

附表 4.1.3　　　等 肢 角 钢

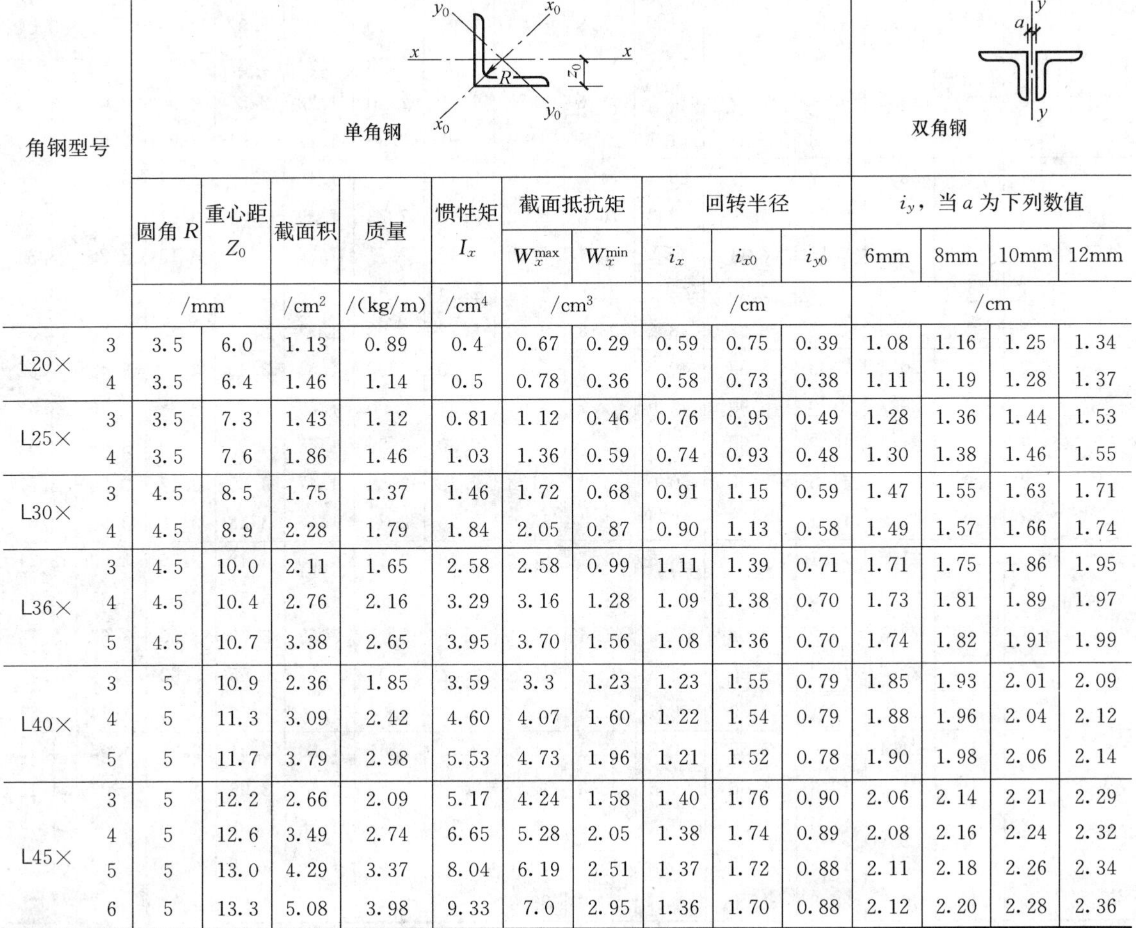

角钢型号		圆角 R	重心距 Z_0	截面积	质量	惯性矩 I_x	截面抵抗矩		回转半径			i_y，当 a 为下列数值			
							W_x^{max}	W_x^{min}	i_x	i_{x0}	i_{y0}	6mm	8mm	10mm	12mm
		/mm		/cm²	/(kg/m)	/cm⁴	/cm³		/cm			/cm			
L20×	3	3.5	6.0	1.13	0.89	0.4	0.67	0.29	0.59	0.75	0.39	1.08	1.16	1.25	1.34
	4	3.5	6.4	1.46	1.14	0.5	0.78	0.36	0.58	0.73	0.38	1.11	1.19	1.28	1.37
L25×	3	3.5	7.3	1.43	1.12	0.81	1.12	0.46	0.76	0.95	0.49	1.28	1.36	1.44	1.53
	4	3.5	7.6	1.86	1.46	1.03	1.36	0.59	0.74	0.93	0.48	1.30	1.38	1.46	1.55
L30×	3	4.5	8.5	1.75	1.37	1.46	1.72	0.68	0.91	1.15	0.59	1.47	1.55	1.63	1.71
	4	4.5	8.9	2.28	1.79	1.84	2.05	0.87	0.90	1.13	0.58	1.49	1.57	1.66	1.74
L36×	3	4.5	10.0	2.11	1.65	2.58	2.58	0.99	1.11	1.39	0.71	1.71	1.75	1.86	1.95
	4	4.5	10.4	2.76	2.16	3.29	3.16	1.28	1.09	1.38	0.70	1.73	1.81	1.89	1.97
	5	4.5	10.7	3.38	2.65	3.95	3.70	1.56	1.08	1.36	0.70	1.74	1.82	1.91	1.99
L40×	3	5	10.9	2.36	1.85	3.59	3.3	1.23	1.23	1.55	0.79	1.85	1.93	2.01	2.09
	4	5	11.3	3.09	2.42	4.60	4.07	1.60	1.22	1.54	0.79	1.88	1.96	2.04	2.12
	5	5	11.7	3.79	2.98	5.53	4.73	1.96	1.21	1.52	0.78	1.90	1.98	2.06	2.14
L45×	3	5	12.2	2.66	2.09	5.17	4.24	1.58	1.40	1.76	0.90	2.06	2.14	2.21	2.29
	4	5	12.6	3.49	2.74	6.65	5.28	2.05	1.38	1.74	0.89	2.08	2.16	2.24	2.32
	5	5	13.0	4.29	3.37	8.04	6.19	2.51	1.37	1.72	0.88	2.11	2.18	2.26	2.34
	6	5	13.3	5.08	3.98	9.33	7.0	2.95	1.36	1.70	0.88	2.12	2.20	2.28	2.36

续表

角钢型号		单角钢										双角钢			
		圆角 R	重心距 Z_0	截面积	质量	惯性矩 I_x	截面抵抗矩		回转半径			i_y，当 a 为下列数值			
							W_x^{max}	W_x^{min}	i_x	i_{x0}	i_{y0}	6mm	8mm	10mm	12mm
		/mm		/cm²	/(kg/m)	/cm⁴	/cm³		/cm			/cm			
L50×	3	5.5	13.4	2.27	2.33	7.18	5.36	1.96	1.55	1.96	1.00	2.26	2.33	2.41	2.49
	4	5.5	13.8	3.90	3.06	9.26	6.71	2.56	1.54	1.94	0.99	2.28	2.35	2.43	2.51
	5	5.5	14.2	4.80	3.77	11.21	7.89	3.13	1.53	1.92	0.98	2.30	2.38	2.45	2.53
	6	5.5	14.6	5.69	4.46	13.05	8.94	3.68	1.52	1.91	0.98	2.32	2.40	2.48	2.56
L56×	3	6	14.8	3.34	2.62	10.2	6.89	2.48	1.75	2.20	1.13	2.49	2.57	2.64	2.71
	4	6	15.3	4.39	3.45	13.2	8.63	3.24	1.73	2.18	1.11	2.52	2.59	2.67	2.75
	5	6	15.7	5.41	4.25	16.0	10.2	3.97	1.72	2.17	1.10	2.54	2.62	2.69	2.77
	6	6	16.8	8.37	6.57	23.6	14.0	6.03	1.68	2.11	1.09	2.60	2.67	2.75	2.83
L63×	4	7	17.0	4.98	3.91	19.0	11.2	4.13	1.96	2.46	1.26	2.80	2.87	2.94	3.02
	5	7	17.4	6.14	4.82	23.2	13.3	5.08	1.94	2.45	1.25	2.82	2.89	2.97	3.04
	6	7	17.8	7.29	5.72	27.1	15.2	6.0	1.93	2.43	1.24	2.84	2.91	2.99	3.06
	8	7	18.5	9.51	7.47	34.5	18.6	7.75	1.90	2.40	1.23	2.87	2.95	3.02	3.10
	10	7	19.3	11.66	9.15	41.1	21.3	9.39	1.88	2.36	1.22	2.91	2.99	3.07	3.15
L70×	4	8	18.6	5.57	4.37	26.4	14.2	5.14	2.18	2.74	1.40	3.07	3.14	3.21	3.28
	5	8	19.1	6.87	5.40	32.2	16.8	6.32	2.16	2.73	1.39	3.09	3.17	3.24	3.31
	6	8	19.5	8.16	6.41	37.8	19.4	7.48	2.15	2.71	1.38	3.11	3.19	3.26	3.34
	7	8	19.9	9.42	7.40	43.1	21.6	8.59	2.14	2.69	1.38	3.13	3.21	3.28	3.36
	8	8	20.3	10.7	8.37	48.2	23.8	9.68	2.12	2.68	1.37	3.15	3.23	3.30	3.38
L75×	5	9	20.4	7.38	5.82	40.0	19.6	7.32	2.33	2.92	1.50	3.30	3.37	3.45	3.52
	6	9	20.7	8.80	6.90	47.0	22.7	8.64	2.31	2.90	1.49	3.31	3.38	3.46	3.53
	7	9	21.1	10.2	7.98	53.0	25.4	9.93	2.30	2.89	1.48	3.33	3.40	3.48	3.55
	8	9	21.5	11.5	9.03	60.0	27.9	11.2	2.28	2.88	1.47	3.35	3.42	3.50	3.57
	10	9	22.2	14.1	11.1	72.0	32.4	13.6	2.26	2.84	1.46	3.38	3.46	3.53	3.61
L80×	5	9	21.5	7.91	6.21	48.8	22.7	8.34	2.48	3.13	1.60	3.49	3.56	3.63	3.71
	6	9	21.9	9.40	7.38	57.3	26.1	9.87	2.47	3.11	1.59	3.51	3.58	3.65	3.72
	7	9	22.3	10.9	8.52	65.6	29.4	11.4	2.46	3.10	1.58	3.53	3.60	3.67	3.75
	8	9	22.7	12.3	9.66	73.5	32.4	12.8	2.44	3.08	1.57	3.55	3.62	3.69	3.77
	10	9	23.5	15.1	11.9	88.4	37.6	15.6	2.42	3.04	1.56	3.59	3.66	3.74	3.81
L90×	6	10	24.4	10.6	8.35	82.8	33.9	12.6	2.79	3.51	1.80	3.91	3.98	4.05	4.13
	7	10	24.8	12.3	9.66	94.8	38.2	14.5	2.78	3.50	1.78	3.93	4.00	4.07	4.15
	8	10	25.2	13.9	10.9	106	42.1	16.4	2.76	3.48	1.78	3.95	4.02	4.09	4.17
	10	10	25.9	17.2	13.5	129	49.7	20.1	2.74	3.45	1.76	3.98	4.05	4.13	4.20
	12	10	26.7	20.3	15.9	149	56.0	23.0	2.71	3.41	1.75	4.02	4.10	4.17	4.25

续表

角钢型号		单角钢										双角钢			
		圆角 R	重心距 Z_0	截面积	质量	惯性矩 I_x	截面抵抗矩		回转半径			i_y，当 a 为下列数值			
							W_x^{max}	W_x^{min}	i_x	i_{x0}	i_{y0}	6mm	8mm	10mm	12mm
		/mm		/cm^2	/(kg/m)	/cm^4	/cm^3		/cm			/cm			
L100×	6	12	26.7	11.9	9.37	115	43.1	15.7	3.10	3.90	2.00	4.30	4.37	4.44	4.51
	7	12	27.1	13.8	10.8	132	48.6	18.1	3.09	3.89	1.99	4.31	4.39	4.46	4.53
	8	12	27.6	15.6	12.3	148	53.7	20.5	3.08	3.88	1.98	4.34	4.41	4.48	4.56
	10	12	28.4	19.3	15.1	179	63.2	25.1	3.05	3.84	1.96	4.38	4.45	4.52	4.60
	12	12	29.1	22.8	17.9	2.9	71.9	29.5	3.03	3.81	1.95	4.41	4.49	4.56	4.63
	14	12	29.9	26.3	20.6	236	79.1	33.7	3.00	3.77	1.94	4.45	4.53	4.60	4.68
	16	12	30.6	29.6	23.3	262	89.6	37.8	2.98	3.74	1.94	4.49	4.56	4.64	4.72
L110×	7	12	29.6	15.2	11.9	177	59.9	22.0	3.41	4.30	2.20	4.72	4.79	4.86	4.92
	8	12	30.1	17.2	13.5	199	64.7	25.0	3.40	4.28	2.19	4.75	4.82	4.89	4.96
	10	12	30.9	21.3	16.7	242	78.4	30.6	3.38	4.25	2.17	4.78	4.86	4.93	5.00
	12	12	31.4	25.2	19.8	283	89.4	36.0	3.35	4.22	2.15	4.81	4.89	4.96	5.03
	14	12	32.6	29.1	22.8	321	99.2	41.3	3.32	4.18	2.14	4.85	4.93	5.00	5.07
L125×	8	14	33.7	19.7	15.5	297	88.1	32.5	3.88	4.88	2.50	5.34	5.41	5.48	5.55
	10	14	34.5	24.4	19.1	362	105	40.0	3.85	4.85	2.49	5.38	5.45	5.52	5.59
	12	14	35.3	28.9	22.7	423	120	47.2	3.83	4.82	2.46	5.41	5.48	5.56	5.63
	14	14	36.1	33.4	26.2	482	133	54.2	3.80	4.78	2.45	5.45	5.52	5.60	5.67
L140×	10	14	38.2	27.4	21.5	515	135	50.6	4.34	5.46	2.78	5.98	6.05	6.12	6.19
	12	14	39.0	32.5	25.5	604	155	59.8	4.31	5.43	2.76	6.02	6.09	6.16	6.23
	14	14	39.8	37.6	29.5	689	173	68.7	4.28	5.40	2.75	6.05	6.12	6.20	6.27
	16	14	40.6	42.5	33.4	770	190	77.5	4.26	5.36	2.74	6.09	6.16	6.24	6.31
L160×	10	16	43.1	31.5	24.7	119	180	66.7	4.98	6.27	3.20	6.78	6.85	6.92	6.99
	12	16	43.9	37.4	29.4	917	208	79.0	4.95	6.24	3.18	6.82	6.89	6.96	7.02
	14	16	44.7	43.3	34.0	1048	234	90.9	4.92	6.20	3.16	6.85	6.92	6.99	7.07
	16	16	45.5	49.1	38.5	1175	258	103	4.89	6.17	3.14	6.89	6.96	7.03	7.10
L180×	12	16	48.9	42.2	33.2	1321	271	101	5.59	7.05	3.58	7.63	7.70	7.77	7.84
	14	16	49.7	48.9	38.4	1514	305	116	5.56	7.02	3.56	7.66	7.73	7.81	7.87
	16	16	50.5	55.5	43.5	1701	338	131	5.54	6.98	3.55	7.70	7.77	7.84	7.91
	18	16	51.3	62.0	48.6	1875	365	146	5.50	6.94	3.51	7.73	7.80	7.87	7.94
L200×	14	18	54.6	54.6	42.9	2104	387	145	6.20	7.82	3.98	8.47	8.53	8.04	8.67
	16	18	55.4	62.0	48.7	2366	428	164	6.18	7.79	3.96	8.50	8.57	8.60	8.71
	18	18	56.2	69.3	54.4	2621	467	182	6.15	7.75	3.94	8.54	8.61	8.67	8.75
	20	18	56.9	76.5	60.1	2867	503	200	6.12	7.72	3.93	8.56	8.64	8.71	8.78
	24	18	58.7	90.7	71.2	3338	570	236	6.07	7.64	3.90	8.65	8.73	8.80	8.87

附表 4.1.4

不等肢角钢

角钢型号		圆角 R	重心距 Z_x	重心距 Z_y	截面积	质量	惯性矩 I_x	惯性矩 I_y	回转半径 i_x	回转半径 i_y	回转半径 i_{y0}	i_{y1}，当 a 为下列数值 6mm	8mm	10mm	12mm	i_{y2}，当 a 为下列数值 6mm	8mm	10mm	12mm
单角钢 / 双角钢		/mm	/mm	/mm	/cm^2	/(kg/m)	/cm^4	/cm^4	/cm	/cm	/cm	/cm	/cm	/cm	/cm	/cm	/cm	/cm	/cm
L25×16×	3	3.5	4.2	8.6	1.16	0.91	0.22	0.70	0.44	0.78	0.34	0.84	0.93	1.02	1.11	1.40	1.48	1.57	1.65
	4	3.5	4.6	9	1.50	1.18	0.27	0.88	0.43	0.77	0.34	0.87	0.96	1.05	1.14	1.42	1.51	1.60	1.68
L32×20×	3	3.5	4.9	10.8	1.49	1.17	0.46	1.53	0.55	1.01	0.43	0.97	1.05	1.14	1.22	1.71	1.79	1.88	1.96
	4	3.5	5.3	11.2	1.94	1.52	0.57	1.93	0.54	1.00	0.42	0.99	1.08	1.16	1.25	1.74	1.82	1.90	1.99
L40×25×	3	4	5.9	13.2	1.89	1.48	0.93	3.03	0.70	1.28	0.54	1.13	1.21	1.30	1.38	2.06	2.14	2.22	2.31
	4	4	6.3	13.7	1.47	1.94	1.18	3.93	0.69	1.26	0.54	1.16	1.24	1.32	1.41	2.09	2.17	2.26	2.34
L45×28×	3	5	6.4	14.7	2.15	1.69	1.34	4.45	0.79	1.44	0.61	1.23	1.31	1.39	1.47	2.28	2.36	2.44	2.52
	4	5	6.8	15.1	2.81	2.20	1.70	4.69	0.78	1.42	0.6	1.25	1.33	1.41	1.50	2.30	2.38	2.49	2.55
L50×32×	3	5.5	7.3	16	2.43	1.91	2.02	6.24	0.91	1.60	0.7	1.38	1.45	1.53	1.60	2.49	2.56	2.64	2.72
	4	5.5	7.7	16.5	3.18	2.49	2.58	8.02	0.90	1.59	0.69	1.40	1.48	1.56	1.64	2.52	2.59	2.67	2.75
L56×36×	3	6	8	17.8	2.74	2.15	2.92	8.88	1.03	1.80	0.79	1.51	1.58	1.66	1.74	2.75	2.83	2.90	2.98
	4	6	8.5	18.2	3.59	2.82	3.76	11.4	1.02	1.79	0.79	1.54	1.62	1.69	1.77	2.77	2.85	2.93	3.01
	5	6	8.8	18.7	4.41	3.47	4.49	13.9	1.01	1.77	0.78	1.55	1.63	1.71	1.79	2.80	2.87	2.96	3.04
L63×40×	4	7	9.2	20.4	4.06	3.18	5.23	16.5	1.14	2.02	0.88	1.67	1.74	1.82	1.90	3.09	3.16	3.24	3.32
	5	7	9.5	20.8	4.99	3.92	6.31	20.0	1.12	2.00	0.87	1.68	1.76	1.83	1.91	3.11	3.19	3.27	3.35
	6	7	9.9	21.2	5.91	4.64	7.29	23.4	1.11	1.98	0.86	1.70	1.78	1.86	1.94	3.13	3.21	3.29	3.37
	7	7	10.3	21.5	6.80	5.34	8.24	26.5	1.10	1.96	0.86	1.73	1.80	1.88	1.97	3.15	3.23	3.30	3.39
L70×45×	4	7.5	10.2	22.4	4.55	3.57	7.55	23.2	1.29	2.26	0.98	1.84	1.92	1.99	2.07	3.40	3.48	3.56	3.62
	5	7.5	10.6	22.8	5.61	4.40	9.13	27.9	1.28	2.23	0.98	1.86	1.94	2.01	2.09	3.41	3.49	3.57	3.64
	6	7.5	10.9	23.2	6.65	5.22	10.6	32.5	1.26	2.21	0.98	1.88	1.95	2.03	2.11	3.43	3.51	3.58	3.66
	7	7.5	11.3	23.6	7.66	6.01	12.0	37.2	1.25	2.20	0.97	1.90	1.98	2.06	2.14	3.45	3.53	3.61	3.69

续表

角钢型号		单角钢										双角钢				双角钢			
		圆角	重心距		截面积	质量	惯性矩		回转半径			i_{y1}，当 a 为下列数值				i_{y2}，当 a 为下列数值			
		R	Z_x	Z_y			I_x	I_y	i_x	i_y	i_{y0}	6mm	8mm	10mm	12mm	6mm	8mm	10mm	12mm
		/mm			/cm²	/(kg/m)	/cm⁴		/cm			/cm				/cm			
L75×50×	5	8	11.7	24.0	6.12	4.81	12.6	34.9	1.44	2.39	1.10	2.05	2.13	2.20	2.28	3.60	3.68	3.76	3.83
	6	8	12.1	24.4	7.26	5.70	14.7	41.1	1.42	2.38	1.08	2.07	2.15	2.22	2.30	3.63	3.71	3.78	3.86
	8	8	12.9	25.2	9.47	7.43	18.5	52.4	1.40	2.35	1.07	2.12	2.19	2.27	2.35	3.67	3.75	3.83	3.91
	10	8	13.6	26.0	11.6	9.10	22.0	62.7	1.38	2.33	1.06	2.16	2.23	2.31	2.40	3.72	3.80	3.88	3.98
L80×50×	5	8	11.4	26.0	6.37	5.00	12.8	42.0	1.42	2.56	1.10	2.02	2.09	2.17	2.24	3.87	3.95	4.02	4.10
	6	8	11.8	26.5	7.56	5.93	14.9	49.5	1.41	2.55	1.08	2.04	2.12	2.19	2.27	3.90	3.98	4.06	4.14
	7	8	12.1	26.9	8.72	6.86	17.0	56.2	1.39	2.54	1.08	2.06	2.13	2.21	2.28	3.92	4.00	4.08	4.15
	8	8	12.5	27.3	9.87	7.74	18.8	62.8	1.38	2.52	1.07	2.08	2.15	2.23	2.31	3.94	4.02	4.10	4.18
L90×56×	5	9	12.5	29.1	7.21	5.66	18.3	60.4	1.59	2.90	1.23	2.22	2.29	2.37	2.44	4.32	4.40	4.47	4.55
	6	9	12.9	29.5	8.56	6.72	21.4	71.0	1.58	2.88	1.23	2.24	2.32	2.39	2.46	4.34	4.42	4.49	4.57
	7	9	13.3	30.0	9.83	7.76	24.4	81.0	1.57	2.86	1.22	2.26	2.34	2.41	2.49	4.37	4.45	4.52	4.60
	8	9	13.6	30.4	11.2	8.78	27.1	91.0	1.56	2.85	1.21	2.28	2.35	2.43	2.50	4.39	4.47	4.55	4.62
L100×63×	6	10	14.3	32.4	9.62	7.55	30.9	99.1	1.79	3.21	1.38	2.49	2.56	2.63	2.71	4.78	4.85	4.93	5.00
	7	10	14.7	32.8	11.1	8.72	35.8	113	1.78	3.20	1.38	2.51	2.58	2.66	2.73	4.80	4.87	4.95	5.03
	8	10	15.0	33.2	12.6	9.88	39.4	127	1.77	3.18	1.37	2.52	2.60	2.67	2.75	4.82	4.89	4.97	5.05
	10	10	15.8	34.0	15.5	12.1	47.1	154	1.74	3.15	1.35	2.57	2.64	2.72	2.79	4.86	4.94	5.02	5.09
L100×80×	6	10	19.7	29.5	10.6	8.35	61.2	107	2.40	3.17	1.72	3.30	3.37	3.44	3.52	4.54	4.61	4.69	4.76
	7	10	20.1	30.0	12.3	9.66	70.1	123	2.39	3.16	1.72	3.32	3.39	3.46	3.54	4.57	4.64	4.71	4.79
	8	10	20.5	30.4	13.9	10.9	78.6	138	2.37	3.14	1.71	3.34	3.41	3.48	3.56	4.59	4.66	4.74	4.81
	10	10	21.3	31.2	17.2	13.5	94.6	167	2.35	3.12	1.69	3.38	3.45	3.53	3.60	4.63	4.70	4.78	4.85

续表

角钢型号		单角钢										双角钢				双角钢			
		圆角	重心距		截面积	质量	惯性矩		回转半径			i_{y1}，当 a 为下列数值				i_{y2}，当 a 为下列数值			
		R	Z_x	Z_y			I_x	I_y	i_x	i_y	i_{y0}	6mm	8mm	10mm	12mm	6mm	8mm	10mm	12mm
		/mm			/cm²	/(kg/m)	/cm⁴		/cm			/cm				/cm			
L110×70×	6	10	15.7	35.3	10.6	8.35	42.9	133	2.01	3.54	1.54	2.74	2.81	2.88	2.97	5.22	5.29	5.36	5.44
	7	10	16.1	35.7	12.3	9.66	49.0	153	2.00	3.53	1.53	2.76	2.83	2.90	2.98	5.24	5.31	5.39	5.46
	8	10	16.5	36.2	13.9	10.9	54.9	172	1.98	3.51	1.53	2.78	2.85	2.93	3.00	5.26	5.34	5.41	5.49
	10	10	17.2	37.0	17.2	13.5	65.9	208	1.9	3.48	1.51	2.81	2.89	2.96	3.04	5.3	5.38	5.46	5.53
L125×80×	7	11	18.0	40.1	14.1	11.1	74.4	228	2.30	4.02	1.76	3.11	3.18	3.26	3.32	5.89	5.97	6.04	6.12
	8	11	18.4	40.6	16.0	12.6	83.5	257	2.28	4.01	1.75	3.13	3.2	3.27	3.34	5.92	6.00	6.07	6.15
	10	11	19.2	41.4	19.7	15.5	101	312	2.26	3.98	1.74	3.17	3.24	3.31	3.38	5.96	6.04	6.11	6.19
	12	11	20.0	42.2	23.4	18.3	117	364	2.24	3.95	1.72	3.21	3.28	3.35	3.43	6	6.08	6.15	6.23
L140×90×	8	12	20.4	45.0	18.0	14.2	121	366	2.59	4.50	1.98	3.49	3.56	3.63	3.70	6.58	6.65	6.72	6.79
	10	12	21.2	45.8	22.3	17.5	146	445	2.56	4.47	1.96	3.52	3.59	3.66	3.74	6.62	6.69	6.77	6.84
	12	12	21.9	46.6	26.4	20.7	170	522	2.54	4.44	1.95	3.55	3.62	3.70	3.77	6.66	6.74	6.81	6.89
	14	12	22.7	47.4	30.5	23.9	192	594	2.51	4.42	1.94	3.59	3.67	3.74	3.81	6.70	6.78	6.85	9.93
L160×100×	10	13	22.8	52.4	25.3	19.9	205	669	2.85	5.14	2.19	3.84	3.91	3.98	4.05	7.56	7.63	7.70	7.78
	12	13	23.6	53.2	30.1	23.6	239	785	2.82	5.11	2.17	3.88	3.95	4.02	4.09	7.60	7.67	7.75	7.82
	14	13	24.3	54	34.7	27.2	271	896	2.80	5.08	2.16	3.91	3.98	4.05	4.12	7.64	7.71	7.79	7.86
	16	13	25.1	54.8	39.3	30.8	302	1003	2.77	5.05	2.16	3.95	4.02	4.09	4.17	7.68	7.75	7.83	7.91
L180×110×	10	14	24.4	58.9	28.4	22.3	278	956	3.13	5.80	2.42	4.16	4.23	4.29	4.36	8.47	8.56	8.63	8.71
	12	14	25.2	59.8	33.7	26.5	325	1125	3.10	5.78	2.40	4.19	4.26	4.33	4.40	8.53	8.61	8.68	8.76
	14	14	25.9	60.6	39	30.6	370	1287	3.08	5.75	2.39	4.22	4.29	4.36	4.43	8.57	8.65	8.72	8.80
	16	14	26.7	61.4	44.1	34.6	412	1443	3.06	5.72	2.38	4.26	4.33	4.40	4.47	8.61	8.69	8.76	8.84
L200×125×	12	14	28.3	65.4	37.9	29.8	483	1571	3.57	6.44	2.74	4.75	4.81	4.88	4.95	9.39	9.47	9.54	9.61
	14	14	29.1	66.2	43.9	34.4	551	1801	3.54	6.41	2.73	4.78	4.85	4.92	4.99	9.43	9.50	9.58	9.65
	16	14	29.9	67	49.7	39.0	615	2023	3.52	6.38	2.71	4.82	4.89	4.96	5.03	9.47	9.54	9.62	9.69
	18	14	30.6	67.8	55.5	43.6	677	2238	3.49	6.35	2.7	4.85	4.92	4.99	5.07	9.51	9.58	9.66	9.74

附表 4.1.5 **宽、中、窄翼缘 H 型钢**

类别	型号（高度×宽度）	截面尺寸/mm				截面面积/cm^2	理论重量/kg/m	截面特性参数					
		$H\times B$	t_1	t_2	r			惯性矩/cm^4		惯性半径/cm		截面模数/cm^3	
								I_x	I_y	i_x	i_y	W_x	W_y
HW	100×100	100×100	6	8	10	21.90	17.2	383	134	4.18	2.47	76.5	26.7
	125×125	125×125	6.5	9	10	30.31	23.8	847	294	5.29	3.11	136	47.0
	150×150	150×150	7	10	13	40.55	31.9	1660	564	6.39	3.73	221	75.1
	175×175	175×175	7.5	11	13	51.43	40.3	2900	984	7.50	4.37	331	112
	200×200	200×200	8	12	16	64.28	50.5	4770	1600	8.61	4.99	477	160
		#200×204	12	12	16	72.28	56.7	5030	1700	8.35	4.85	503	167
	250×250	250×250	9	14	16	92.18	72.4	10 800	3650	10.8	6.29	867	292
		#250×255	14	14	16	104.7	82.2	11 500	3880	10.5	6.09	919	304
	300×300	#294×302	12	12	20	108.3	85.0	17 000	5520	12.5	7.14	1160	365
		300×300	10	15	20	120.4	94.5	20 500	6760	13.1	7.49	1370	450
		300×305	15	15	20	135.4	106	21 600	7100	12.6	7.24	1440	466
	350×350	#344×348	10	16	20	146.0	115	33 300	11200	15.1	8.78	1940	646
		350×350	12	19	20	173.9	137	40 300	13 600	15.2	8.84	2300	776
	400×400	#388×402	15	15	24	179.2	141	49 200	16 300	16.6	9.52	2540	809
		#394×398	11	18	24	187.6	147	56 400	18 900	17.3	10.0	2860	951
		400×400	13	21	24	219.5	172	66 900	22 400	17.5	10.1	3340	1120
		#400×408	21	21	24	251.5	197	71 100	23 800	16.8	9.73	3560	1170
		#414×405	18	28	24	296.2	233	93 000	31 000	17.7	10.2	4490	1530
		#428×407	20	35	24	361.4	284	119 000	39 400	18.2	10.4	5580	1930
		*458×417	30	50	24	529.3	415	187 000	60 500	18.8	10.7	8180	2900
		*498×432	45	70	24	770.8	605	298 000	94 400	19.7	11.1	12 000	4370
HM	150×100	148×100	6	9	13	27.25	21.4	1040	151	6.17	2.35	140	30.2
	200×150	194×150	6	9	16	39.76	31.2	2740	508	8.30	3.57	283	67.7
	250×175	244×175	7	11	16	56.24	44.1	6120	985	10.4	4.18	502	113
	300×200	294×200	8	12	20	73.03	57.3	11 400	1600	12.5	4.69	779	160
	350×250	340×250	9	14	20	101.5	79.7	21 700	3650	14.6	6.00	1280	292
	400×300	390×300	10	16	24	136.7	107	38 900	7210	16.9	7.26	2000	481
	450×300	440×300	11	18	24	157.4	124	56 100	8110	18.9	7.18	2550	541
	500×300	482×300	11	15	28	146.4	115	60 800	6770	20.4	6.80	2520	451
		488×300	11	18	28	164.4	129	71 400	8120	20.8	7.03	2930	541
	600×300	582×300	12	17	28	174.5	137	103 000	7670	24.3	6.63	3530	511
		588×300	12	20	28	192.5	151	118 000	9020	24.8	6.85	4020	601
		#594×302	14	23	28	222.4	175	137 000	10 600	24.9	6.90	4620	701

续表

类别	型号（高度×宽度）	截面尺寸/mm				截面面积/cm^2	理论重量/kg/m	截面特性参数					
								惯性矩/cm^4		惯性半径/cm		截面模数/cm^3	
		$H\times B$	t_1	t_2	r			I_x	I_y	i_x	i_y	W_x	W_y
HN	100×50	100×50	5	7	10	12.16	9.54	192	14.9	3.98	1.11	38.5	5.96
	126×60	126×60	6	8	10	17.01	13.3	417	29.3	4.95	1.31	66.8	9.75
	150×75	150×75	5	7	10	18.16	14.3	679	49.6	6.12	1.65	90.6	13.2
	175×90	175×90	5	8	10	23.21	18.2	1220	97.6	7.26	2.05	140	21.7
	200×100	198×99	4.5	7	13	23.59	18.5	1610	114	8.27	2.20	163	23.0
		200×100	5.5	8	13	27.57	21.7	1880	134	8.25	2.21	188	26.8
	250×125	248×124	5	8	13	32.89	25.8	3560	255	10.4	2.78	287	41.1
		250×125	6	9	13	37.87	29.7	4080	294	10.4	2.79	326	47.0
	300×150	298×149	5.5	8	16	41.55	32.6	6460	443	12.4	3.26	433	59.4
		300×150	6.5	9	16	47.53	37.3	7350	508	12.4	3.27	490	67.7
	350×175	346×174	6	9	16	53.19	41.8	11 200	792	14.5	3.86	649	91.0
		350×175	7	11	16	63.66	50.0	13 700	985	14.7	3.93	782	113
	#400×150	#400×150	8	13	16	71.12	55.8	18 800	734	16.3	3.21	942	97.9
	400×200	396×199	7	11	16	72.16	56.7	20 000	1450	16.7	4.48	1010	145
		400×200	8	13	16	84.12	66.0	23 700	1740	16.8	4.54	1190	174
	#450×150	#450×150	9	14	20	83.41	65.5	27 100	793	18.0	3.08	1200	106
	450×200	446×199	8	12	20	84.95	66.7	29 000	1580	18.5	4.31	1300	159
		450×200	9	14	20	97.41	76.5	33 700	1870	18.6	4.38	1500	187
	#500×150	#500×150	10	16	20	98.23	77.1	38 500	907	19.8	3.04	1540	121
	500×200	496×199	9	14	20	101.3	79.5	41 900	1840	20.3	4.27	1690	185
		500×200	10	16	20	114.2	89.6	47 800	2140	20.5	4.33	1910	214
		#506×201	11	19	20	131.3	103	56 500	2580	20.8	4.43	2230	257
	600×200	596×199	10	15	24	121.2	95.1	69 300	1980	23.9	4.04	2330	199
		600×200	11	17	24	135.2	106	78 200	2280	24.1	4.11	2610	228
		#606×201	12	20	24	153.3	120	91 000	2720	24.4	4.21	3000	271
	700×300	#692×300	13	20	28	211.5	166	172 000	9020	28.6	6.53	4980	602
		700×300	13	24	28	235.5	185	201 000	10 800	29.3	6.78	5760	722
	*800×300	*729×300	14	22	28	243.4	191	254 000	9930	32.3	6.39	6400	662
		*800×300	14	26	28	267.4	210	292 000	11 700	33.0	6.62	7290	782
	*900×300	*890×299	15	23	28	270.9	213	345 000	10 300	35.7	6.16	7760	688
		*900×300	16	28	28	309.8	243	411 000	12 600	36.4	6.39	9140	843
		*912×302	18	34	28	364.0	286	498 000	15 700	37.0	6.56	10 900	1040

注 1.“#”表示的规格为非常用规格；

2.“*”表示的规格，目前国内尚未生产；

3. 型号属同一范围的产品，其内侧尺寸高度是一致的；

4. 截面面积计算公式为“$t_1(H-2t_2)+2Bt_2+0.858r^2$”。

附表 4.1.6

部分 T 型钢

类别	型号（高度×宽度）	截面尺寸/mm					截面面积/cm²	理论重量/(kg/m)	截面特性参数							对应H型钢系列
									惯性矩/cm⁴		惯性半径/cm		截面模数/cm³		重心/cm	
		h	B	t_1	t_2	r			I_x	I_y	i_x	i_y	W_x	W_y	C_x	型号
TW	50×100	50	100	6	8	10	10.95	8.56	16.1	66.9	1.21	2.47	4.03	13.4	1.00	100×100
	62.5×125	62.5	125	6.5	9	10	15.16	11.9	35.0	147	1.52	3.11	6.91	23.5	1.19	125×125
	75×150	75	150	7	10	13	20.28	15.9	66.4	282	1.81	3.73	10.8	37.6	1.37	150×150
	87.5×175	87.5	175	7.5	11	13	25.71	20.2	115	492	2.11	4.37	15.9	56.2	1.55	175×175
	100×200	100	200	8	12	16	32.14	25.2	185	801	2.40	4.99	22.3	80.1	1.73	200×200
		#100	204	12	12	16	36.14	28.3	256	851	2.66	4.85	32.4	83.5	2.09	
	125×250	125	250	9	14	16	46.09	36.2	412	1820	2.99	6.29	39.5	146	2.08	250×250
		#125	255	14	14	16	52.34	41.1	589	1940	3.36	6.09	59.4	152	2.58	
	150×300	#147	302	12	12	20	54.16	42.5	858	2760	3.98	7.14	72.3	183	2.83	300×300
		150	300	10	15	20	60.22	47.3	798	3380	3.64	7.49	63.7	225	2.47	
		150	305	15	15	20	67.72	53.1	1110	3550	4.05	7.24	92.5	233	3.02	
	175×350	#172	348	10	16	20	73.00	57.3	1230	5620	4.11	8.78	84.7	323	2.67	350×350
		175	350	12	19	20	86.94	68.2	1520	6790	4.18	8.84	104	388	2.86	
	200×400	#194	402	15	15	24	89.62	70.3	2480	8130	5.26	9.52	158	405	3.69	400×400
		#197	398	11	18	24	93.80	73.6	2050	9460	4.67	10.0	123	476	3.01	
		200	400	13	21	24	109.7	86.1	2480	11 200	4.75	10.1	147	560	3.21	
		#200	408	21	21	24	125.7	98.7	3650	11 900	5.39	9.73	229	584	4.07	
		#207	405	18	28	24	148.1	116	3620	15 500	4.95	10.2	213	766	3.68	
		#214	407	20	35	24	180.7	142	4380	19 700	4.92	10.4	250	967	3.90	
TM	74×100	74	100	6	9	13	13.63	10.7	51.7	75.4	1.95	2.35	8.80	15.1	1.55	150×100
	97×150	97	150	6	9	16	19.88	15.6	125	254	2.50	3.57	15.8	33.9	1.78	200×150
	122×175	122	175	7	11	16	28.12	22.1	289	492	3.20	4.18	29.1	56.3	2.27	250×175
	147×200	147	200	8	12	20	36.52	28.7	572	802	3.96	4.69	48.2	80.2	2.82	300×200
	170×250	170	250	9	14	20	50.76	39.9	1020	1830	4.48	6.00	73.1	146	3.09	350×250
	200×300	195	300	10	16	24	68.37	53.7	1730	3600	5.03	7.26	108	240	3.40	400×300
	220×300	220	300	11	18	24	78.69	61.8	2680	4060	5.84	7.18	150	270	4.05	450×300

续表

类别	型号（高度×宽度）	截面尺寸/mm					截面面积/cm²	理论重量/(kg/m)	截面特性参数							对应H型钢系列
									惯性矩/cm⁴		惯性半径/cm		截面模数/cm³		重心/cm	
		h	B	t_1	t_2	r			I_x	I_y	i_x	i_y	W_x	W_y	C_x	型号
TM	250×300	241	300	11	15	28	73.23	57.5	3420	3380	6.83	6.80	178	226	4.90	500×300
		244	300	11	18	28	82.23	64.5	3620	4060	6.64	7.03	184	271	4.65	
	300×300	291	300	12	17	28	87.25	68.5	6360	3830	8.54	6.63	280	256	6.39	600×300
		294	300	12	20	28	96.25	75.5	6710	4510	8.35	6.85	288	301	6.08	
		#297	302	14	23	28	111.2	87.3	7920	5290	8.44	6.90	339	351	6.33	
TN	50×50	50	50	5	7	10	6.079	4.79	11.9	7.45	1.40	1.11	3.18	2.98	1.27	100×50
	62.5×60	62.5	60	6	8	10	8.499	6.67	27.5	14.6	1.80	1.31	5.96	4.88	1.63	125×60
	75×75	75	75	5	7	10	9.079	7.11	42.7	24.8	2.17	1.65	7.46	6.61	1.78	150×75
	87.5×90	87.5	90	5	8	10	11.60	9.11	70.7	48.8	2.47	2.05	10.4	10.8	1.92	175×90
	100×100	99	99	4.5	7	13	11.80	9.26	94.0	56.9	2.82	2.20	12.1	11.5	2.13	200×100
		100	100	5.5	8	13	13.79	10.8	115	67.1	2.88	2.21	14.8	13.4	2.27	
	125×125	124	124	5	8	13	16.45	12.9	208	128	3.56	2.78	21.3	20.6	2.62	250×125
		125	125	6	9	13	18.94	14.8	249	147	3.62	2.79	25.6	23.5	2.78	
	150×150	149	149	5.5	8	16	20.77	16.3	395	221	4.36	3.26	33.8	29.7	3.22	300×150
		150	150	6.5	9	16	23.76	18.7	465	254	4.42	3.27	40.0	33.9	3.38	
	175×175	173	174	6	9	16	26.60	20.9	681	396	5.06	3.86	50.0	45.5	3.68	350×175
		175	175	7	11	16	31.83	25.0	816	492	5.06	3.93	59.3	56.3	3.74	
	200×200	198	199	7	11	16	36.08	28.3	1190	724	5.76	4.48	76.4	72.7	4.17	400×200
		200	200	8	13	16	42.06	33.0	1400	868	5.76	4.54	88.6	86.8	4.23	
	225×200	223	199	8	12	20	42.54	33.4	1880	790	6.65	4.31	109	79.4	5.07	450×200
		225	200	9	14	20	48.71	38.2	2160	936	6.66	4.38	124	93.6	5.13	
	250×200	248	199	9	14	20	50.64	39.7	2840	922	7.49	4.27	150	92.7	5.90	500×200
		250	200	10	16	20	57.12	44.8	3210	1070	7.50	4.33	169	107	5.96	
		#253	201	11	19	20	65.65	51.5	3670	1290	7.48	4.43	190	128	5.95	
	300×200	298	199	10	15	24	60.62	47.6	5200	991	9.27	4.04	236	100	7.76	600×200
		300	200	11	17	24	67.60	53.1	5820	1140	9.28	4.11	262	114	7.81	
		#303	201	12	20	24	76.63	60.1	6580	1360	9.26	4.21	292	135	7.76	

注 “#”表示的规格为非常用规格。

附表 4.2　螺栓和锚栓规格

附表 4.2.1　**普 通 螺 栓 规 格**

螺栓直径 d /mm	螺距 p /mm	螺栓有效直径 d_e /mm	螺栓有效面积 A_e/mm^2	备　注
16	2	14.12	156.7	螺栓有效面积 A_e 按下式算得 $A_e=\frac{\pi}{4}(d-0.938\,2p)^2$
18	2.5	15.65	192.5	
20	2.5	17.65	244.8	
22	2.5	19.65	303.4	
24	3	21.19	352.5	
27	3	24.19	459.4	
30	3.5	26.72	560.6	
33	3.5	29.72	693.6	
36	4	32.25	816.7	
39	4	35.25	975.8	
42	4.5	37.78	1121.0	
45	4.5	40.78	1306.0	
48	5	43.31	1473.0	
52	5	47.31	1758.0	
56	5.5	50.84	2030.0	
60	5.5	54.84	2362.0	

附表 4.2.2　**锚 栓 规 格**

		Ⅰ			Ⅱ			Ⅲ				
型　式												
锚栓直径 d/mm		20	24	30	36	42	48	56	64	72	80	90
计算净面积/cm^2		2.45	3.53	5.61	8.17	11.20	14.70	20.30	26.80	34.60	44.44	55.91
Ⅲ型锚栓	锚板宽度 c/mm					140	200	200	240	280	350	400
	锚板厚度 δ/mm					20	20	20	25	30	40	40

附表 4.3　钢材的化学成分和力学性能

附表 4.3.1　**钢材的化学成分**

牌号	质量等级	化学成分(%)										
		C	Mn	Si ≤	P ≤	S ≤	V	Nb	Ti	Al ≥	Cr ≤	Ni ≤
Q235	A	0.14～0.22	0.30～0.65	0.30	0.045	0.050	—	—	—	—	—	—
	B	0.12～0.20	0.30～0.70	0.30	0.045	0.045						
	C	≤0.18	0.35～0.80	0.30	0.040	0.040						
	D	≤0.17	0.35～0.80	0.30	0.035	0.035						

续表

牌号	质量等级	化学成分(%)										
		C	Mn	Si ≤	P ≤	S ≤	V	Nb	Ti	Al ≥	Cr ≤	Ni ≤
Q345	A	≤0.20	1.00～1.60	0.55	0.045	0.045	0.02～0.15	0.015～0.060	0.02～0.20	—	—	—
	B	≤0.20	1.00～1.60	0.55	0.040	0.040	0.02～0.15	0.015～0.060	0.02～0.20			
	C	≤0.20	1.00～1.60	0.55	0.035	0.035	0.02～0.15	0.015～0.060	0.02～0.20	0.015		
	D	≤0.18	1.00～1.60	0.55	0.030	0.030	0.02～0.15	0.015～0.060	0.02～0.20	0.015		
	E	≤0.18	1.00～1.60	0.55	0.025	0.025	0.02～0.15	0.015～0.060	0.02～0.20	0.015		
Q390	A	≤0.20	1.00～1.60	0.55	0.045	0.045	0.02～0.20	0.015～0.060	0.02～0.20	—	0.30	0.70
	B	≤0.20	1.00～1.60	0.55	0.040	0.040	0.02～0.20	0.015～0.060	0.02～0.20	—	0.30	0.70
	C	≤0.20	1.00～1.60	0.55	0.035	0.035	0.02～0.20	0.015～0.060	0.02～0.20	0.015	0.30	0.70
	D	≤0.20	1.00～1.60	0.55	0.030	0.030	0.02～0.20	0.015～0.060	0.02～0.20	0.015	0.30	0.70
	E	≤0.20	1.00～1.60	0.55	0.025	0.025	0.02～0.20	0.015～0.060	0.02～0.20	0.015	0.30	0.70
Q420	A	≤0.20	1.00～1.70	0.55	0.045	0.045	0.02～0.20	0.015～0.060	0.02～0.20	—	0.40	0.70
	B	≤0.20	1.00～1.70	0.55	0.040	0.040	0.02～0.20	0.015～0.060	0.02～0.20	—	0.40	0.70
	C	≤0.20	1.00～1.70	0.55	0.035	0.035	0.02～0.20	0.015～0.060	0.02～0.20	0.015	0.40	0.70
	D	≤0.20	1.00～1.70	0.55	0.030	0.030	0.02～0.20	0.015～0.060	0.02～0.20	0.015	0.40	0.70
	E	≤0.20	1.00～1.70	0.55	0.025	0.025	0.02～0.20	0.015～0.060	0.02～0.20	0.015	0.40	0.70

附表 4.3.2 **钢 材 力 学 性 能**

牌 号	拉 伸 试 验					冷弯实验 d=弯心直径 a=试样厚度	冲击试验	
	钢材厚度 /mm	抗拉强度 /(N/mm²)	屈服点 /(N/mm²)	伸长率 δ_5 (%)			钢材等级 及温度 /℃	V形冲击 功(纵向) /J不小于
			不小于					
Q235	≤16	375～460	235		26	纵向试样 $d=a$		
	>16～40		225		25	横向试样 $d=1.5a$	A	—
	>40～60		215		24	纵向 $d=2a$	B(20℃)	27
	>60～100		205		23	横向 $d=2.5a$	C(0℃)	27
	>100～150		195		22	纵向 $d=2.5a$	D(−20℃)	27
	>150		185		21	横向 $d=3a$		
Q345	≤16	470～630	345	质量等级 A	21	$d=2a$	A	—
	>16～35		325	B	21	$d=3a$	B(20℃)	34
	>35～50		295	C	22	$d=3a$	C(0℃)	34
	>50～100		275	D	22	$d=3a$	D(−20℃)	34
				E	22	$d=3a$	E(−40℃)	27
Q390	≤16	490～650	390	质量等级 A	19	$d=2a$	A	—
	>16～35		370	B	19	$d=3a$	B(20℃)	34
	>35～50		350	C	20	$d=3a$	C(0℃)	34
	>50～100		330	D	20	$d=3a$	D(−20℃)	34
				E	20	$d=3a$	E(−40℃)	27
Q420	≤16	520～680	420	质量等级 A	18	$d=2a$	A	—
	>16～35		400	B	18	$d=3a$	B(20℃)	34
	>35～50		380	C	19	$d=3a$	C(0℃)	34
	>50～100		360	D	19	$d=3a$	D(−20℃)	34
				E	19	$d=3a$	E(−40℃)	27

附表 4.4 钢材、焊缝和螺栓连接的强度设计值

附表 4.4.1 钢材的强度设计值

钢材		抗拉、抗压和抗弯 f /(N/mm²)	抗剪 f_v /(N/mm²)	端面承压(刨平顶紧) f_{ce}/(N/mm²)
牌号	厚度或直径/mm			
Q235 钢	≤16	215	125	325
	>16～40	205	120	
	>40～60	200	115	
	>60～100	190	110	
Q345 钢	≤16	310	180	400
	>16～35	295	170	
	>35～50	265	155	
	>50～100	250	145	
Q390 钢	≤16	350	205	415
	>16～35	335	190	
	>35～50	315	180	
	>50～100	295	170	
Q420 钢	≤16	380	220	440
	>16～35	360	210	
	>35～50	340	195	
	>50～100	325	185	

注 表中厚度系指计算点的厚度，对轴心受力构件系指截面中较厚板件的厚度。

附表 4.4.2 焊缝的强度设计值 N/mm²

焊接方法和焊条型号	构件钢材		对接焊缝				抗拉、抗压和抗剪 f_f^w
	牌号	厚度或直径/mm	抗压 f_c^w	焊缝质量为下列等级时，抗拉 f_t^w		抗剪 f_v^w	
				一级、二级	三级		
自动焊、半自动焊和E43 型焊条的手工焊	Q235 钢	≤16	215	215	185	125	160
		>16～40	205	205	175	120	
		>40～60	200	200	170	115	
		>60～100	190	190	160	110	
自动焊、半自动焊和E50 型焊条的手工焊	Q345 钢	≤16	310	310	265	180	200
		>16～35	295	295	250	170	
		>35～50	265	265	225	155	
		>50～100	250	250	210	145	
自动焊、半自动焊和E55 型焊条的手工焊	Q390 钢	≤16	350	350	300	205	220
		>16～35	335	335	285	190	
		>35～50	315	315	270	180	
		>50～100	295	295	250	170	
自动焊、半自动焊和E55 型焊条的手工焊	Q420 钢	≤16	380	380	320	220	220
		>16～35	360	360	305	210	
		>35～50	340	340	390	195	
		>50～100	325	325	275	185	

注 1. 自动焊和半自动焊采用的焊丝和焊剂，应保证其熔敷金属的力学性能不低于埋弧焊用焊剂国家标准中的有关规定；
2. 焊缝质量等级应符合现行国家标准《钢结构工程质量验收规范》的要求；
3. 对接焊缝抗弯受压区强度设计值取 f_c^w，抗弯受拉区强度设计值取 f_t^w；
4. 同附表 4.4.1 注。

附表 4.4.3　　螺栓的强度设计值　　N/mm²

螺栓的钢材牌号（或性能等级）和构件的钢材牌号		普通螺栓 C级螺栓 抗拉 f_t^b	普通螺栓 C级螺栓 抗剪 f_v^b	普通螺栓 C级螺栓 承压 f_c^b	普通螺栓 A级、B级螺栓 抗拉 f_t^b	普通螺栓 A级、B级螺栓 抗剪 f_v^b	普通螺栓 A级、B级螺栓 承压 f_c^b	锚栓 抗拉 f_t^a	承压型连接高强度螺栓 抗拉 f_t^b	承压型连接高强度螺栓 抗剪 f_v^b	承压型连接高强度螺栓 承压 f_c^b
普通螺栓	4.6级、4.8级	170	140	—	—	—	—	—	—	—	—
	8.8级	—	—	—	400	320	—	—	—	—	—
锚栓	Q235钢	—	—	—	—	—	—	140	—	—	—
	Q345钢	—	—	—	—	—	—	180	—	—	—
承压型连接高强度螺栓	8.8级	—	—	—	—	—	—	—	400	250	—
	10.9级	—	—	—	—	—	—	—	500	310	—
构件	Q235钢	—	—	305	—	—	405	—	—	—	470
	Q345钢	—	—	385	—	—	510	—	—	—	590
	Q390钢	—	—	400	—	—	530	—	—	—	615
	Q420钢	—	—	425	—	—	560	—	—	—	655

注　1. A级螺栓用于 $d\leqslant24$mm 和 $l\leqslant10d$ 或 $l\leqslant150$mm（按较小值）的螺栓；B级螺栓用于 $d>24$mm 或 $l>10d$ 或 $l>150$mm（按较小值）的螺栓。d 为公称直径，l 为螺杆公称长度。

2. A、B级螺栓孔的精度和孔壁表面粗糙度，C级螺栓孔的允许偏差和孔壁表面粗糙度，均应符合现行国家标准《钢结构工程施工质量验收规范》的要求。

附表 4.5　各种截面回转半径的近似值

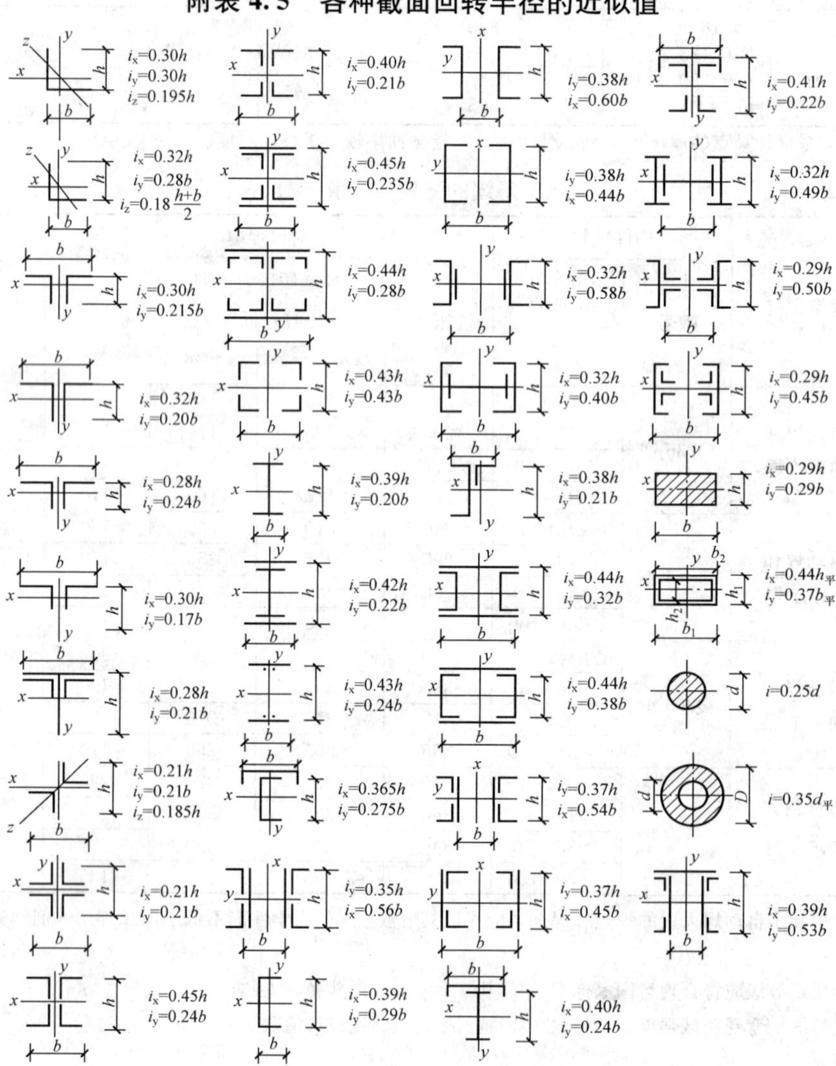

附表 4.6　工字型截面简支梁等效临界弯矩系数和轧制工字钢梁的稳定系数

附表 4.6.1　工字型截面简支梁的等效临界弯矩系数 β_b

项次	侧向支撑	荷载		$\xi=\frac{l_1t_1}{b_1h}$	$\xi\leqslant2.0$	$\xi>2.0$	适用范围
1	跨中无侧向支撑	均布荷载作用在		上翼缘	$0.69+0.13\xi$	0.95	双轴对称及加强受压翼缘的单轴对称工字形截面
2				下翼缘	$1.73-0.20\xi$	1.33	
3		集中荷载作用在		上翼缘	$0.73+0.18\xi$	1.09	
4				下翼缘	$2.23-0.28\xi$	1.67	
5	跨度中点有一个侧向支撑点	均布荷载作用在		上翼缘	1.15		双轴及单轴对称的工字形截面
6				下翼缘	1.40		
7		集中荷载作用在截面高度上任意位置			1.75		
8	跨中有不少于两个等距离侧向支撑点	均布荷载或侧向支撑点间的集中荷载作用在		上翼缘	1.20		
9				下翼缘	1.40		
10	梁端有弯矩，但跨中无横向荷载			$1.75-1.05\left(\frac{M_2}{M_1}\right)+0.3\left(\frac{M_2}{M_1}\right)^2$ 但$\leqslant2.3$			

注　1. b_1 及 l_1 参见 16.1.3 节；

2. M_1、M_2 为梁的端弯矩，使梁产生同向曲率时 M_1 和 M_2 取同号，产生反向曲率时取异号，$|M_1|\geqslant|M_2|$；

3. 表中项次 3、4 和 7 的集中荷载是指一个或少数几个集中荷载位于跨度中央附近的情况；对其他情况的集中荷载，应按表中项次 1、2、5 和 6 内的数值采用；

4. 表中项次 8、9 的 β_b，当集中荷载作用在侧向支撑点处时，取 $\beta_b=1.20$；

5. 荷载作用在上翼缘系指荷载作用点在翼缘表面，方向指向截面形心；荷载作用在下翼缘系指荷载作用点在翼缘表面，方向背向截面形心；

6. 对 $\alpha_b>0.8$ 的加强受压翼缘工字形截面，下列情况的 β_b 值应乘以相应的系数，项次 1，当 $\xi\leqslant1.0$ 时，乘以 0.95；项次 3，当 $\xi\leqslant0.5$ 时乘以 0.90；当 $0.5<\xi\leqslant1.0$ 时，乘以 0.95。

附表 4.6.2　轧制普通工字钢简支梁的 φ_b 值

荷载情况			工字钢型号 \ 自由长度 l_1/m	2	3	4	5	6	7	8	9	10
跨中无侧向支撑点的梁	集中荷载作用于	上翼缘	10～20	2.0	1.30	0.99	0.80	0.68	0.58	0.53	0.48	0.43
			22～32	2.4	1.48	1.09	0.86	0.72	0.62	0.54	0.49	0.45
			36～63	2.8	1.60	1.07	0.83	0.68	0.56	0.50	0.45	0.40
		下翼缘	10～20	3.1	1.95	1.34	1.01	0.82	0.69	0.63	0.57	0.52
			22～40	5.5	2.80	1.84	1.37	1.07	0.86	0.73	0.64	0.56
			45～63	7.3	3.60	2.30	1.62	1.20	0.96	0.80	0.69	0.60
	均布荷载作用于	上翼缘	10～20	1.7	1.12	0.84	0.68	0.57	0.50	0.45	0.41	0.37
			22～40	2.1	1.30	0.93	0.73	0.60	0.51	0.45	0.40	0.36
			45～63	2.6	1.45	0.97	0.73	0.59	0.50	0.44	0.38	0.35
		下翼缘	10～20	2.5	1.55	1.08	0.83	0.68	0.50	0.52	0.47	0.42
			22～40	4.0	2.20	1.45	1.10	0.85	0.70	0.60	0.52	0.40
			45～63	5.6	2.80	1.80	1.25	0.95	0.78	0.65	0.55	0.49
跨中有侧向支撑点的梁（不论荷载作用点在截面高度上的位置）			10～20	2.2	1.39	1.01	0.79	0.66	0.57	0.52	0.47	0.42
			22～40	3.0	1.80	1.24	0.96	0.76	0.65	0.56	0.49	0.43
			45～63	4.0	2.20	1.38	1.01	0.80	0.66	0.56	0.49	0.43
备注			1. 集中荷载是指一个或几个集中荷载位于跨度中央附近的情况，对于其他情况可按均布荷载考虑； 2. 表中的 φ_b 值适用于 Q235 钢。对于其他钢号，表中数值应乘以 $235/f_y$									

附表 4.7 轴心受压构件的稳定系数

附表 4.7.1 **a类截面轴心受压构件的稳定系数 φ**

$\lambda\sqrt{\frac{f_y}{235}}$	0	1	2	3	4	5	6	7	8	9
0	1.000	1.000	1.000	1.000	0.999	0.999	0.998	0.998	0.997	0.996
10	0.995	0.994	0.993	0.992	0.991	0.989	0.988	0.986	0.985	0.983
20	0.981	0.979	0.977	0.976	0.974	0.972	0.970	0.968	0.966	0.964
30	0.963	0.961	0.959	0.957	0.955	0.952	0.950	0.948	0.946	0.944
40	0.941	0.939	0.937	0.934	0.932	0.929	0.927	0.924	0.921	0.919
50	0.916	0.913	0.910	0.907	0.904	0.900	0.897	0.894	0.890	0.886
60	0.883	0.879	0.875	0.871	0.867	0.863	0.858	0.854	0.849	0.844
70	0.839	0.834	0.829	0.824	0.818	0.813	0.807	0.801	0.795	0.789
80	0.783	0.776	0.770	0.763	0.757	0.750	0.743	0.736	0.728	0.721
90	0.714	0.706	0.699	0.691	0.684	0.676	0.668	0.661	0.653	0.645
100	0.638	0.630	0.622	0.615	0.607	0.600	0.592	0.585	0.577	0.570
110	0.563	0.555	0.548	0.541	0.534	0.527	0.520	0.514	0.507	0.500
120	0.494	0.488	0.481	0.475	0.469	0.463	0.457	0.451	0.445	0.440
130	0.434	0.429	0.423	0.418	0.412	0.407	0.402	0.397	0.392	0.387
140	0.383	0.378	0.373	0.369	0.364	0.360	0.356	0.351	0.347	0.343
150	0.339	0.335	0.331	0.327	0.323	0.320	0.316	0.312	0.309	0.305
160	0.302	0.298	0.295	0.292	0.289	0.285	0.282	0.279	0.276	0.273
170	0.270	0.267	0.264	0.262	0.259	0.256	0.253	0.251	0.248	0.246
180	0.243	0.241	0.238	0.236	0.233	0.231	0.229	0.226	0.224	0.222
190	0.220	0.218	0.215	0.213	0.211	0.209	0.207	0.205	0.203	0.201
200	0.199	0.198	0.196	0.194	0.192	0.190	0.189	0.187	0.185	0.183
210	0.182	0.180	0.179	0.177	0.175	0.174	0.172	0.171	0.169	0.168
220	0.166	0.165	0.164	0.162	0.161	0.159	0.158	0.157	0.155	0.154
230	0.153	0.152	0.150	0.149	0.148	0.147	0.146	0.144	0.143	0.142
240	0.141	0.140	0.139	0.138	0.136	0.135	0.134	0.133	0.132	0.131
250	0.130									

附表 4.7.2 **b类截面轴心受压构件的稳定系数 φ**

$\lambda\sqrt{\frac{f_y}{235}}$	0	1	2	3	4	5	6	7	8	9
0	1.000	1.000	1.000	0.999	0.999	0.998	0.997	0.996	0.995	0.994
10	0.992	0.991	0.989	0.987	0.985	0.983	0.981	0.978	0.976	0.973
20	0.970	0.967	0.963	0.960	0.957	0.953	0.950	0.946	0.943	0.939
30	0.936	0.932	0.929	0.925	0.922	0.918	0.914	0.910	0.906	0.903
40	0.899	0.895	0.891	0.887	0.882	0.878	0.874	0.870	0.865	0.861
50	0.856	0.852	0.847	0.842	0.838	0.833	0.828	0.823	0.818	0.813
60	0.807	0.802	0.797	0.791	0.786	0.780	0.774	0.769	0.763	0.757
70	0.751	0.745	0.739	0.732	0.726	0.720	0.714	0.707	0.701	0.694
80	0.688	0.681	0.675	0.668	0.661	0.655	0.648	0.641	0.635	0.628
90	0.621	0.614	0.608	0.601	0.594	0.588	0.581	0.575	0.568	0.561
100	0.555	0.549	0.542	0.536	0.529	0.523	0.517	0.511	0.505	0.499
110	0.493	0.487	0.481	0.475	0.470	0.464	0.458	0.453	0.447	0.442
120	0.437	0.432	0.426	0.421	0.416	0.411	0.406	0.402	0.397	0.392
130	0.387	0.383	0.378	0.374	0.370	0.365	0.361	0.357	0.353	0.349
140	0.345	0.341	0.337	0.333	0.329	0.326	0.322	0.318	0.315	0.311
150	0.308	0.304	0.301	0.298	0.295	0.291	0.288	0.285	0.282	0.279
160	0.276	0.273	0.270	0.267	0.265	0.262	0.259	0.256	0.254	0.251
170	0.249	0.246	0.244	0.241	0.239	0.236	0.234	0.232	0.229	0.227
180	0.225	0.223	0.220	0.218	0.216	0.214	0.212	0.210	0.208	0.206
190	0.204	0.202	0.200	0.198	0.197	0.195	0.193	0.191	0.190	0.188
200	0.186	0.184	0.183	0.181	0.180	0.178	0.176	0.175	0.173	0.172
210	0.170	0.169	0.167	0.166	0.165	0.163	0.162	0.160	0.159	0.158
220	0.156	0.155	0.154	0.153	0.151	0.150	0.149	0.148	0.146	0.145
230	0.144	0.143	0.142	0.141	0.140	0.138	0.137	0.136	0.135	0.134
240	0.133	0.132	0.131	0.130	0.129	0.128	0.127	0.126	0.125	0.124
250	0.123									

附表 4.7.3　　c类截面轴心受压构件的稳定系数 φ

$\lambda\sqrt{\frac{f_y}{235}}$	0	1	2	3	4	5	6	7	8	9
0	1.000	1.000	1.000	0.999	0.999	0.998	0.997	0.996	0.995	0.993
10	0.992	0.990	0.988	0.986	0.983	0.981	0.978	0.976	0.973	0.970
20	0.966	0.959	0.953	0.947	0.940	0.934	0.928	0.921	0.915	0.909
30	0.902	0.896	0.890	0.884	0.877	0.871	0.865	0.858	0.852	0.846
40	0.839	0.833	0.826	0.820	0.814	0.807	0.801	0.794	0.788	0.781
50	0.775	0.768	0.762	0.755	0.748	0.742	0.735	0.729	0.722	0.715
60	0.709	0.702	0.695	0.689	0.682	0.676	0.669	0.662	0.656	0.649
70	0.643	0.636	0.629	0.623	0.616	0.610	0.604	0.597	0.591	0.584
80	0.578	0.572	0.566	0.559	0.553	0.547	0.541	0.535	0.529	0.523
90	0.517	0.511	0.505	0.500	0.494	0.488	0.483	0.477	0.472	0.467
100	0.463	0.458	0.454	0.449	0.445	0.441	0.436	0.432	0.428	0.423
110	0.419	0.415	0.411	0.407	0.403	0.399	0.395	0.391	0.387	0.383
120	0.379	0.375	0.371	0.367	0.364	0.360	0.356	0.353	0.349	0.346
130	0.342	0.339	0.335	0.332	0.328	0.325	0.322	0.319	0.315	0.312
140	0.309	0.306	0.303	0.300	0.297	0.294	0.291	0.288	0.285	0.282
150	0.280	0.277	0.274	0.271	0.269	0.266	0.264	0.261	0.258	0.256
160	0.254	0.251	0.249	0.246	0.244	0.242	0.239	0.237	0.235	0.233
170	0.230	0.228	0.226	0.224	0.222	0.220	0.218	0.216	0.214	0.212
180	0.210	0.208	0.206	0.205	0.203	0.201	0.199	0.197	0.196	0.194
190	0.192	0.190	0.189	0.187	0.186	0.184	0.182	0.181	0.179	0.178
200	0.176	0.175	0.173	0.172	0.170	0.169	0.168	0.166	0.165	0.163
210	0.162	0.161	0.159	0.158	0.157	0.156	0.154	0.153	0.152	0.151
220	0.150	0.148	0.147	0.146	0.145	0.144	0.143	0.142	0.140	0.139
230	0.138	0.137	0.136	0.135	0.134	0.133	0.132	0.131	0.130	0.129
240	0.128	0.127	0.126	0.125	0.124	0.124	0.123	0.122	0.121	0.120
250	0.119									

附表 4.7.4　　d类截面轴心受压构件的稳定系数 φ

$\lambda\sqrt{\frac{f_y}{235}}$	0	1	2	3	4	5	6	7	8	9
0	1.000	1.000	0.999	0.999	0.998	0.996	0.994	0.992	0.990	0.987
10	0.984	0.981	0.978	0.974	0.969	0.965	0.960	0.955	0.949	0.944
20	0.937	0.927	0.918	0.909	0.900	0.891	0.883	0.874	0.865	0.857
30	0.848	0.840	0.831	0.823	0.815	0.807	0.799	0.790	0.782	0.774
40	0.766	0.759	0.751	0.743	0.735	0.728	0.720	0.712	0.705	0.697
50	0.690	0.683	0.675	0.668	0.661	0.654	0.646	0.639	0.632	0.625
60	0.618	0.612	0.605	0.598	0.591	0.585	0.578	0.572	0.565	0.559
70	0.552	0.546	0.540	0.534	0.528	0.522	0.516	0.510	0.504	0.498
80	0.493	0.487	0.481	0.476	0.470	0.465	0.460	0.454	0.449	0.444
90	0.439	0.434	0.429	0.424	0.419	0.414	0.410	0.405	0.401	0.397
100	0.394	0.390	0.387	0.383	0.380	0.376	0.373	0.370	0.366	0.363
110	0.359	0.356	0.353	0.350	0.346	0.343	0.340	0.337	0.334	0.331
120	0.328	0.325	0.322	0.319	0.316	0.313	0.310	0.307	0.304	0.301
130	0.299	0.296	0.293	0.290	0.288	0.285	0.282	0.280	0.277	0.275
140	0.272	0.270	0.267	0.265	0.262	0.260	0.258	0.255	0.253	0.251
150	0.248	0.246	0.244	0.242	0.240	0.237	0.235	0.233	0.231	0.229
160	0.227	0.225	0.223	0.221	0.219	0.217	0.215	0.213	0.212	0.210
170	0.208	0.206	0.204	0.203	0.201	0.199	0.197	0.196	0.194	0.192
180	0.191	0.189	0.188	0.186	0.184	0.183	0.181	0.180	0.178	0.177
190	0.176	0.174	0.173	0.171	0.170	0.168	0.167	0.166	0.164	0.163
200	0.162									

参考文献

[1] 杨鼎久．建筑结构．北京：机械工业出版社，2009.
[2] 侯志国，周绥平．建筑结构．武汉：武汉理工大学出版社，2004.
[3] 钟芳林，马丹丁．建筑结构．北京：科学出版社，2009.
[4] 张宝善．混凝土结构．武汉：武汉理工大学出版社，2003.
[5] 王振武，张伟．混凝土结构．北京：科学出版社，2001.
[6] 东南大学，天津大学，同济大学．混凝土结构(上、下册)．北京：中国建筑工业出版社，2002.
[7] 叶列平．混凝土结构．北京：清华大学出版社，2005.
[8] 江见鲸，陆新征，江波．钢筋混凝土基本构件设计．北京：清华大学出版社，2006.
[9] 刘立新，叶燕华．混凝土结构原理．武汉：武汉理工大学出版社，2010.
[10] 刘立新．砌体结构．武汉：武汉理工大学出版社，2007.
[11] 何培玲，尹维新．砌体结构．北京：北京大学出版社，2006.
[12] 张建勋．砌体结构．武汉：武汉理工大学出版社，2002.
[13] 熊丹安，李京玲．砌体结构．武汉：武汉理工大学出版社，2005.
[14] 周绥平．钢结构．武汉：武汉工业大学出版社，1997.
[15] 张耀春．钢结构设计原理．北京：高等教育出版社，2004.
[16] 陈绍蕃，顾强．钢结构基础．北京：中国建筑工业出版社，2007.
[17] 魏明钟．钢结构．武汉：武汉工业大学出版社，2000.
[18] 中华人民共和国国家标准．混凝土结构设计规范(GB 50010—2010)．北京：中国建筑工业出版社，2011.
[19] 中华人民共和国国家标准．工程结构可靠性设计统一标准(GB 50153—2008)．北京：中国建筑工业出版社，2008.
[20] 中华人民共和国国家标准．建筑抗震设计规范(GB 50011—2010)．北京：中国建筑工业出版社，2010.
[21] 中华人民共和国国家标准．建筑结构荷载规范(GB 50009—2001)．北京：中国建筑工业出版社，2002.
[22] 中华人民共和国国家标准．砌体结构设计规范(GB 50003—2011)．北京：中国建筑工业出版社，2011.
[23] 中华人民共和国国家标准．钢结构设计规范(GB 50017—2003)．北京：中国计划出版社，2003.